I0032812

LES

# POSTES FRANÇAISES

# LES
# POSTES FRANÇAISES

## RECHERCHES HISTORIQUES

SUR

LEUR ORIGINE, LEUR DÉVELOPPEMENT, LEUR LÉGISLATION

PAR

ALEXIS BELLOC

SOUS-CHEF DE BUREAU AU CABINET DU MINISTRE DES POSTES
ET DES TÉLÉGRAPHES

PARIS
LIBRAIRIE DE FIRMIN-DIDOT ET Cie
IMPRIMEURS-LIBRAIRES DE L'INSTITUT
56, RUE JACOB, 56

1886

# PRÉFACE

La poste a légitimement conquis une place si importante dans notre organisation sociale que l'esprit se refuse même à concevoir la possibilité de l'existence d'un État civilisé sans le concours de ce précieux agent qui, par l'action de son ingénieux mécanisme et par le jeu combiné de ses multiples ressorts, transmet la vie et le mouvement au corps social tout entier et resserre les liens d'affection et d'intérêt qui unissent les peuples et les individus.

Auxiliaire et promoteur de toutes les manifestations de l'activité humaine, ce grand service public embrasse aujourd'hui le monde entier dans son gigantesque réseau et remplit ainsi une mission éminemment morale et civilisatrice.

Aussi pouvons-nous dire que, chez tous les peuples, la poste a suivi le mouvement de leur civilisation respective et que, par suite, le degré de leur puissance intellectuelle, commerciale et industrielle peut se mesurer d'après le degré de perfectionnement et d'activité de leurs institutions postales.

L'histoire de la poste nous paraît donc former dans chaque pays une des pages les plus intéressantes de l'*histoire nationale* à laquelle elle est intimement liée.

C'est dans cet esprit que nous avons voulu étudier la *poste française*, remonter à son origine, suivre pas à pas ses développements à travers toutes les époques de notre histoire, et rechercher les transformations successives qu'elle a subies pour arriver à son assiette et à son régime actuels.

Bien que de remarquables travaux aient été déjà publiés sur la matière, nous avons pensé cependant qu'il pouvait y avoir encore place pour une étude approfondie qui, pénétrant plus avant dans la question, ferait peut-être mieux ressortir l'influence des événements historiques sur l'organisation et le développement du service des postes en France, le rôle respectif des personnages qui ont été successivement placés à sa tête et enfin la raison d'être des principales réformes avec les considérations qui les ont dictées.

Tel est le but de ce livre.

Le lecteur pourra se convaincre, par les nombreuses citations, du soin scrupuleux avec lequel nous nous sommes attaché à n'avancer aucun fait et à ne porter aucun jugement qui ne soient appuyés et corroborés par le texte même des actes auxquels ils se rapportent.

Ces citations, d'une exactitude rigoureuse, sont empruntées en partie aux documents authentiques classés à la bibliothèque du ministère des Postes et des Télégraphes, et nous sommes heureux de pouvoir remercier ici notre sympathique bibliothécaire, M. Jacquez, qui a bien voulu faciliter nos recherches et mettre à notre disposition les précieux documents dont il a le dépôt.

Nos autres citations émanent des sources les plus autorisées.

Le plan que nous avons adopté est des plus simples. Nous avons suivi l'ordre chronologique, le seul compatible, du reste, avec la variété des faits et la multiplicité des détails.

L'ouvrage, précédé d'un avant-propos traitant de la *Poste dans l'antiquité*, est complété par une *Notice historique sur l'hôtel des postes de Paris* et par la *Liste chronologique des personnages qui ont dirigé l'Administration*.

On trouvera également dans les *Annexes* une série de tableaux que nous avons établis pour présenter en un seul coup d'œil les *tarifs* successivement appliqués aux différents objets de correspondance depuis l'origine jusqu'à nos jours, ainsi que des *renseignements statistiques* sur la circulation postale, les produits, les colis postaux, les articles d'argent, la caisse d'épargne postale, le service rural, le service ambulant, les services maritimes français subventionnés, etc...

Enfin une table chronologique reproduisant les sommaires placés en tête de chaque chapitre et un relevé des noms de tous les auteurs et personnages cités sont destinés à faciliter les recherches.

Nous serons largement récompensé de nos efforts si notre étude, qui, à défaut d'autre mérite, a, du moins, celui d'être consciencieuse, peut parvenir à intéresser un moment le lecteur.

Qu'il nous soit permis, en terminant, d'exprimer publiquement toute notre gratitude respectueuse à M. le Ministre des Postes et des Télégraphes qui a bien voulu, non seulement nous autoriser à publier ce livre, mais encore nous honorer par avance d'une souscription.

ALEXIS BELLOC.

LES

# POSTES FRANÇAISES

## RECHERCHES HISTORIQUES

SUR

LEUR ORIGINE, LEUR DÉVELOPPEMENT, LEUR LÉGISLATION

L'histoire de la Poste est l'histoire des bienfaits nationaux et internationaux.
(EDWARDS, *Encyclopédie britannique*.)

## AVANT-PROPOS

### LES POSTES DANS L'ANTIQUITÉ

**ÉGYPTE — PERSE — GRÈCE — ROME**

Un écrivain du siècle dernier, Posselt[1], s'exprimait en ces termes, sur l'origine des Postes chez les nations civilisées :

L'origine philosophique des Postes est profondément liée aux origines mêmes de l'État.... Les individus qui n'ont à s'envoyer ni nouvelles ni marchandises, parce qu'ils n'ont entre eux aucunes relations, les sauvages, peuvent se passer de postes. Mais, dès qu'ils forment une société, un État, dès qu'il faut des moyens de communication pour envoyer des provisions et des munitions, pour obtenir de

1. Ernest-Louis POSSELT, historien et publiciste allemand, né à Durlach (Bade) en 1763, mort à Heidelberg en 1804, auteur d'un grand nombre d'ouvrages du plus haut intérêt sur l'histoire ancienne et l'histoire moderne.

prompts renseignements, pour permettre aux lieutenants de voyager, etc., la poste devient un agent indispensable. Le monarque a des ordres à transmettre à ses provinces, et si cette transmission devient fréquente et doit s'effectuer vite, il faut entretenir des chevaux de relais; ces besoins donnent donc naturellement naissance à une institution régulièrement organisée.

Ces paroles sont profondément vraies, car chez la plupart des peuples de l'antiquité, à l'exception de la Grèce qui employait des messagers, nous trouvons des postes rudimentaires fonctionnant sinon pour les particuliers, du moins pour le service de l'État.

Consultons les historiens :

## ÉGYPTE

Le passage suivant de Diodore de Sicile démontre qu'une poste primitive existait dans l'ancienne Égypte :

Après s'être levé dès la pointe du jour, il (le roi) recevait lui-même les dépêches venues de toutes les parties du royaume, afin d'être en mesure de traiter et de régler toutes les affaires le plus sagement possible, après avoir pris une connaissance exacte de tout ce qui se passait dans ses États[1].

## PERSE

Voici maintenant quelle était, d'après Xénophon, l'organisation des Postes chez les Perses :

Nous connaissons encore une autre invention de Cyrus, pour assurer le gouvernement de son vaste empire. C'était un moyen de savoir sans retard tout ce qui se faisait dans les lieux les plus éloignés.

Ayant calculé la distance qu'un cheval peut parcourir en un jour sans être excédé, il fit construire des écuries séparées entre elles par la même distance. Il y plaça des chevaux et des serviteurs pour les soigner. Il préposa sur chaque point un homme intelligent, pour recevoir les dépêches et les transmettre, pour faire rafraîchir les hommes et les chevaux qui arrivaient fatigués, et les remplacer par d'autres.

Souvent la nuit n'arrête pas le message, et au courrier de jour succède le courrier de nuit. Telle est leur vitesse, qu'on a dit qu'ils devançaient le vol des oiseaux. S'il y a de l'exagération dans cette parole, on peut, du moins, affirmer qu'il n'est pas au pouvoir de l'homme de voyager plus rapidement sur terre[2].

Hérodote ajoute que ce fut lors de l'expédition qu'il entreprit contre les Scythes vers l'an 500 avant J.-C., que Cyrus établit les Postes, afin de rester en communication avec son royaume.

Aristote raconte que les rois de Perse avaient placé dans toutes les contrées de l'Asie qu'ils commandaient, des courriers à pied, des

1. Diodore de Sicile.
2. Xénophon, *Cyropédie*.

courriers à cheval, des sentinelles, des gardes et enfin des observateurs de signaux (*cursores etiam*, *exploratoresque*, *statores et custodes stationarii et denique specularii excubitores*) [1].

Parmi les successeurs de Cyrus, Xerxès fut un de ceux qui profitèrent le plus de son institution.

Hérodote nous apprend que de la mer Égée jusqu'à la capitale de l'empire des Perses, il existait 111 gîtes séparés l'un de l'autre par une journée de chemin.

Il dit aussi :

> Après la défaite de Salamine, Xerxès expédia un courrier en Perse pour y porter la mauvaise nouvelle. Rien de si prompt parmi les mortels que ces courriers. Voici en quoi consiste cette invention : Autant il y a de journées d'un lieu à un autre, autant, dit-on, il y a de postes avec un homme et des chevaux tout prêts que ni la neige, ni la pluie, ni la chaleur, ni la nuit, n'empêchent de fournir leur carrière avec toute la célérité possible. Le premier courrier remet ses ordres au second, le second au troisième. Ces ordres passent ainsi de l'un à l'autre, de même que, chez les Grecs, le flambeau passe de main en main aux fêtes de Vulcain [2].

## GRÈCE

Selon les témoignages de la plupart des écrivains de l'antiquité, chacun des États de l'ancienne Grèce avait ses messagers particuliers, mais il ne paraît pas avoir existé chez ce peuple de Postes organisées.

A Sparte, Lycurgue issu lui-même d'une race conquérante parvint à développer chez tous les citoyens la force corporelle qui, avec le système militaire des anciens, était la première des qualités du soldat. La lutte, la course, la chasse dans les montagnes, tels étaient les délassements de la jeunesse jusqu'à l'âge de trente ans.

Aussi les jeunes gens chargés du transport des messages couraient-ils avec une grande rapidité et supportaient-ils sans défaillance les plus grandes fatigues.

Les nouvelles de la guerre étaient portées par des *soldats*, comme le montrent divers exemples.

Une femme spartiate court à la rencontre d'une estafette qui revient du combat :

— Quelles nouvelles ? s'écrie-t-elle.

— Vos cinq fils ont péri, répond le soldat.

— Ce n'est pas ce que je demande. La victoire est-elle à nous ?

— Oui.

— Allons donc rendre grâces aux Dieux !

Plus tard, lorsque Miltiade, avec ses dix mille Athéniens, défit les

1. ARISTOTE, *Traité du monde*, chap. VI.
2. HÉRODOTE, *De Uraniâ.*

cinq cent mille Perses de Darius dans les plaines de Marathon, ce fut encore un *soldat* qui porta la grande nouvelle à Athènes et tomba mort de fatigue en s'écriant :

« Réjouissez-vous, nous sommes vainqueurs. »

Au moment où Léonidas, à la tête de ses trois cents Spartiates, s'apprêtait à sauver par une mort héroïque l'honneur de la Grèce dans le défilé des Thermopyles, il chercha à arracher à la mort deux soldats, ses parents, en les chargeant de porter à Sparte des *lettres* et des *messages*.

— Je suis venu ici, lui répondit l'un d'eux, pour manier des armes et non pour porter des messages.

— Qu'irai-je faire à Sparte? s'écria l'autre. Mes actions lui apprendront ce qu'il importe de connaître.

Quant aux dépêches d'État, elles étaient transportées par des messagers spéciaux :

Les Éphores[1] de Sparte, nous dit Hérodote, communiquaient avec les rois et les généraux en campagne au moyen de la scytala, bâton entouré d'une bande de cuir sur laquelle ils écrivaient leurs ordres. Cette bande déroulée ne présentait que des caractères sans suite, mais le général en retrouvait l'ordre au moyen d'une scytala semblable qu'il portait avec lui[2].

En 395 avant l'ère chrétienne, l'un des plus illustres rois de la Grèce, Agésilas, était allé défendre les colonies grecques d'Asie Mineure contre les entreprises du satrape Tissapherne ; il s'avança à marches forcées à travers les provinces de l'Empire des Perses, battant toutes les troupes qu'il rencontra. Il fut arrêté au milieu de ses succès par un *messager* chargé par les Éphores de lui annoncer qu'une ligue des Thébains et des Athéniens menaçait Sparte d'une guerre dangereuse.

Voici la réponse qu'Agésilas remit au *messager :*

Nous avons soumis une grande partie de l'Asie, nous en avons chassé les barbares; nous avons livré beaucoup de combats heureux. Cependant, comme vous m'ordonnez, en vertu des pouvoirs qui vous appartiennent, de me trouver à Lacédémone le jour que vous me fixez, je pars en même temps que cette lettre, et peut-être arriverai-je avant elle. Ce n'est pas dans mon intérêt que je suis roi, mais dans l'intérêt de la République et de ses alliés. Celui qui commande doit lui-même obéir aux Éphores.

Agésilas était de retour à Sparte trente jours après, et battait l'ennemi à Coronée.

1. A Sparte, il existait au-dessus du roi et du sénat un tribunal composé de cinq éphores qui étaient, en réalité, investis du pouvoir souverain. Cette institution était due à Lycurgue.
2. HÉRODOTE.

Plus tard, Philippe, roi de Macédoine, sut habilement profiter de la guerre sociale pour entretenir en Grèce des agents secrets et organiser dans ce pays, objet de ses convoitises, un merveilleux système de messagers. Démosthènes dénonça hautement ces menées dans ses immortelles Philippiques [1].

Tous ces faits témoignent bien qu'en Grèce, les nouvelles et les ordres officiels étaient transmis par des exprès, mais qu'il n'existait pas chez ce peuple d'organisation analogue à celle de Cyrus.

Quant aux particuliers, c'est par leurs amis, leurs esclaves ou des exprès qu'ils pouvaient expédier leurs lettres missives.

L'activité des relations commerciales fournissait d'ailleurs, tant par terre que par mer, des moyens de communication bien suffisants pour les correspondances de ville à ville.

De la Mare dit dans son *Traité de la Police* [2] :

> Les Grecs étaient divisés en plusieurs États peu considérables par l'étendue de pays, ainsi ils n'avoient pas grand besoin d'avoir recours aux moyens extraordinaires pour entretenir la correspondance intérieure dans chaque Domination ; c'est peut-être pour cela qu'ils n'ont point fait usage des Postes ; du moins on ne trouve pas de preuves suffisantes qu'il y en ait eu de leur temps ; ils auroient sans doute perfectionné cette partie, comme toutes les autres choses auxquelles ils se sont attachés et il en seroit passé quelques vestiges jusqu'à nous.

## LES POSTES ROMAINES

Les Romains, qui étendirent leur pouvoir sur la plupart des peuples de l'Europe, comprirent la nécessité de tracer des routes et de les entretenir. Ils surpassèrent bientôt les Grecs qui, les premiers, avaient ouvert des grands chemins, et les Carthaginois qui imaginèrent de paver les routes.

La première route dont l'histoire fasse mention est la voie Appienne, construite par Appius Claudius. Elle s'étendait sur une longueur de 350 milles de Rome à Capoue et à Brindes (Brindisi) et constituait la grande route pour aller en Grèce et en Orient. Elle était bordée de distance en distance de superbes mausolées et d'autres édifices dont on trouve encore aujourd'hui des vestiges.

Le consul Flaminius fit aussi construire la voie Flaminienne et employa à ces travaux les troupes qui avaient vaincu avec lui les peuples de l'ancienne Ligurie. Par cette judicieuse politique, il sut entretenir ses soldats dans des fatigues à peu près égales à celles de la guerre et les préserver ainsi du relâchement qu'aurait pu produire l'oisiveté.

1. DÉMOSTHÈNES, *les Philippiques*.
2. *Traité de la Police*, par Nicolas DE LA MARE, t. IV, liv. VI, tit. XIV, p. 552 (Paris, 1738).

Auguste est généralement considéré comme le véritable fondateur des Postes romaines; il s'attacha à embellir la ville de Rome, à réparer les routes, à les paver et à en construire de nouvelles.

Il divisa aussi les routes en espaces uniformes appelés *milles*.

La distance était marquée sur des colonnes de pierre qui portaient le nom de *milliaires*. La première colonne milliaire servant de point de départ s'appelait *milliaire dorée* et avait été élevée par Auguste au milieu du marché de Rome près du temple de Saturne.

L'empereur, impatient de savoir ce qui se passait dans les villes frontières de ses États, avait établi, dans les maisons destinées aux postes, un certain nombre de jeunes gens agiles et habitués à la course pour porter ses ordres de station en station. Les dépêches ainsi transmises de mains en mains parvenaient à leur destination avec une rapidité prodigieuse.

D'après Suétone, sous le régime impérial, Auguste créa, pour tout le territoire romain, le *cursus publicus*, sorte de poste d'État. Le beau réseau de routes qui venait d'être à peu près terminé, avait une importance particulière pour ce service. M. le docteur Stéphan, secrétaire d'État au département des Postes de l'Empire d'Allemagne, dit à ce sujet :

Comme dans les reproductions hydrographiques, les grands fleuves représentent d'eux-mêmes le régime normal, de même les milliers de routes romaines se laissent, en dernière analyse, ramener aux cinq principaux réseaux suivants partant de Rome : 1° par Capoue, Naples, passant de Reggio en Sicile et de là à Carthage, etc., 2° par Capoue et Brindisi, allant, par la mer Adriatique, à Dyrrachium, en Macédoine, etc.; 3° par Rimini et Aquilée, conduisant en Istrie, Illyrie, Pannonie (Hongrie), Mœsie, Thrace et Byzance; de là, par le Bosphore, en Asie; 4° par Centum Cellæ (Civita-Vecchia), Pise, Gênes, Marseille, Narbonne et les Pyrénées, en Espagne; 5° par Milan et les passages des Alpes, en Gaule, en Bretagne et en Germanie [1].

Dans son *Histoire de l'art monumental*, le savant Batissier expose ainsi qu'il suit l'organisation des Postes romaines :

On trouvait, de distance en distance, des *mutationes*, relais, où l'on trouvait des chevaux de poste appelés *agminales*, et conduits par des postillons, *veredarii*. Ces établissements étaient tenus par des *statores*.

Il y avait enfin des hôtelleries (*mansiones*) auxquelles étaient préposés des *mancipes*, qui inspectaient les passeports (*diplomata*) des voyageurs. Les *diversoria*, *cauponæ*, *tabernæ*, *diversoriæ*, étaient des maisons où l'on donnait l'hospitalité, de véritables hôtelleries [2].

1. M. le Dr Stephan, dans son traité sur le *Service des échanges dans l'antiquité* (*Das Verkehrsleben im alterthum*).

2. Batissier, *Histoire de l'art monumental*.

Nicolas de la Mare dit à son tour, dans son *Traité de la Police*[1] :

On ne commence à découvrir une forme assurée dans les Postes romaines que sous Auguste; les grandes lumières de ce prince lui firent *appercevoir* que s'il perfectionnoit cet établissement, il s'ouvroit une voye facile pour gouverner l'Empire sans sortir de la capitale; c'est pourquoi il s'attacha d'abord à fixer les stations et à y placer des jeunes gens vigoureux et en état de courir à pied, pour porter partout les dépêches, se les remettant l'un à l'autre jusqu'à ce qu'elles fussent parvenues à leur destination. Comme il y avoit alors fort peu de chemins pavés, ce fut peut-être ce qui donna occasion de disposer les Postes de cette manière sur la plupart des routes; mais les ayant fait paver avec une promptitude presque incroïable, Auguste y établit aussi-tôt des voitures, pour être servi diligemment, de toute part, en toutes saisons et en toutes conjonctures[2].

Les successeurs d'Auguste conservèrent cet établissement avec tous ses avantages; il fut toujours bien flatteur pour eux de se voir à portée de mettre ordre aux événements qui arrivoient dans l'Empire, sans être obligés de se transporter eux-mêmes sur les lieux, ni d'exposer aussi souvent leurs personnes aux risques de longs et pénibles voyages exactement informés par la Poste, de ce qui se passoit dans les Provinces, ils pouvoient par la même voye remédier à tout, en envoyant leurs ordres par des courriers, dont la vitesse avoit de quoi surprendre. Un sophiste (Aristid., t. III, *Orat. ultim.*) dit à ce sujet que les lettres n'étoient pas plutôt écrites, qu'elles étoient portées par la voye de la Poste aussi promptement, que si des oiseaux en eussent été les messagers[3].

De la Mare cite plusieurs exemples qui montrent la rapidité avec laquelle les empereurs se transportaient d'un point à un autre :

On a dit à cette occasion de Dioclétien et de Maximin qu'à peine la Syrie avoit perdu de vuë le premier, qu'il se trouvoit dans la Hongrie; que lorsqu'on croyoit Maximin dans les Gaules, il paroissoit tout à coup à Rome; et que dans le temps où l'on pensoit que ces princes étoient le plus occupés, l'un dans l'Orient et l'autre en Occident, on les voyoit aussi-tôt en Italie[4]. Cette diligence ne doit point surprendre, après ce que Pline a dit de Tibère, que partant de la ville de Lyon, sur la nouvelle de la mort de Drusus Germanicus, il fit en vingt-quatre heures avec trois chariots de relais, deux cent milles italiques, qui reviennent à cent lieuës de France.

On couroit la Poste de deux manières, à cheval et en char.

Pour courir légèrement il y avoit des chevaux exprés nommés *equi singulares*, chevaux seuls, sans être accouplés, ou chevaux de monture; ils servoient principalement à monter les courriers du prince, *cursores regios*.

. . . . . . . . . . . . . . . . . . . . . . . . . . . . . . . . . . . . .

1. *Traité de la Police*, par Nicolas DE LA MARE, t. IV, liv. VI, tit. XIV, p. 552 (Paris, 1738).

2. « Quo celerius et sub manum annuntiari, cognoscique posset, quod in provinciâ quâque gereretur, juvenes primo modicis intervallis per militares vias, dehinc vehicula disposuit. » (SUÉTONE, in Augusto, cap. XLIX.)

3. « Quo circa nihil imperatorem romanum opus est imperium totum misere pervagari, nec variis commeatibus singula stabilire terram calcando, cum possit orbem totum commodissimè per epistolas regere, quæ mox ut scripta sunt, velocissimè tanquam ab avibus deferuntur. » (ARISTID., t. III, *Oratio ultima*.)

4. MAMERTIN, *Histor. natural.*, lib. VI, cap. XX.

Le char le plus en usage pour la Poste se nommoit *Rheda*, d'où les chevaux ont été nommés *Veredi, à vehendâ Rhedâ*, et les postillons *Veredarii* [1].

. . . . . . . . . . . . . . . . . . . . . . . . . . . . . . . . . . . . . . . .

Sur les grands chemins étaient établies des Postes qui prenaient le nom de *mutations* et de *mansions ;* les mansions étaient si bien fournies, qu'outre les provisions de fourrage et d'avoine pour les animaux, on y trouvoit toujours des vivres en abondance ; mais il n'y avait que l'empereur qui pût en disposer ; lorsqu'il vouloit traiter quelqu'un favorablement et avec distinction, il donnoit des lettres particulières nommées *diplomata tractatoria*, au moyen desquelles on ne manquoit d'aucune chose nécessaire à la vie et à la commodité du voyage : ces lettres contenoient même le détail de ce que les officiers des Postes devoient livrer.

Marculfe nous en a conservé une formule :

M... empereur, à tous nos officiers qui sont sur les lieux ; savoir faisons que nous avons envoyé... homme illustre, pour notre ambassadeur à...

A ces causes, nous vous mandons par ces présentes, que vous ayez à lui livrer et fournir tel nombre de chevaux ; ensemble telle quantité de vivres dont il aura besoin. Savoir tant de chevaux ordinaires, et tant de surcroît, tant de pain, tant de muids de vin, tant de muids de bière, tant de livres de lard, tant de viandes, tant de porcs, tant de cochons de lait, tant de moutons, tant d'agneaux, tant d'oisons, tant de faisans, tant de poulets, tant de livres d'huile, tant de saumure, tant de miel, tant de vinaigre, tant de cumin, tant de poivre, tant de girofle, tant de cannelle, tant de grains de mastic, tant de dattes, tant de pistaches, tant d'amandes, tant de livres de cire, tant de sel, tant de chars de foin, d'avoine et de paille.

Ayez soin que toutes ces choses soient pleinement et entièrement fournies et que le « tout soit accompli sans aucun retard ».

Il était défendu, *sous peine de la vie,* de fournir des chevaux de poste à quiconque n'était pas muni de lettres d'évection. Pline le Jeune nous apprend dans une de ses lettres que, pendant sa préfecture d'Asie, il s'estima fort heureux d'obtenir son pardon pour avoir mis une de ces lettres d'évection à la disposition de sa femme appelée auprès de l'une de ses parentes gravement malade.

Les dépêches publiques ou privées du souverain étaient transportées par les *cursores regii* dont l'allure était très rapide.

A Rome, comme en Grèce, les simples particuliers étaient obligés de recourir pour faire porter leurs lettres soit à des messagers, soit à un ami, soit à leurs esclaves. Il se produisait naturellement des retards signalés par les auteurs latins.

*Epistolam tuam accepi post multos menses quam miseras*, disait Sénèque [2].

Pline écrivait de son côté :

*Non accepi litteras et accipere gestio proinde prima quoque occasione mitte.* [3]

1. Festus Pomponius.
2. Sénèque, *Epistola* L.
3. Pline, *Epistola* IX.

Bref, sache, dit Cicéron à Marcus Cœlius, que je n'ai reçu aucune épître de toi depuis la brigue de ton édilité, laquelle m'a fort réjoui et par là je crains que mes lettres te soient aussi peu remises qu'à moi [1].

Les postes ne rendaient donc aucun service aux particuliers, mais, en revanche, elles constituaient pour eux une lourde charge en raison des impôts qu'ils avaient à payer pour leur entretien. Elles ne servaient qu'aux gouverneurs de provinces, aux fonctionnaires impériaux en mission, aux préfets, aux sénateurs, aux envoyés des pays étrangers.

M. Duruy [2] pense que le service des postes devait avoir un bureau central près de l'empereur et même dans les provinces.

Dans les IVe et Ve siècles, le service postal à Rome, dit un historien allemand [3], avait un triple caractère. Les courriers transportaient les dépêches ; outre le cheval qu'ils montaient, ils conduisaient à la main un second cheval chargé des dépêches. Le transport des personnes s'effectuait par voitures légères (*rhedæ*), attelées de chevaux ou de mulets ; le transport du matériel de guerre et des marchandises était fait au moyen de chariots traînés par des bœufs. En outre, non seulement les bateaux de rivières servaient à transporter les lettres et les personnes, mais dans les principaux ports de mer, il devait toujours y avoir des navires de poste prêts à partir.

Les postes romaines, désorganisées lors de l'invasion des barbares, furent rétablies par Théodoric, mais elles ne purent résister aux désordres qui suivirent sa mort.

1. Cicéron.
2. M. V. Duruy, *Histoire des Romains*, vol. Ier.
3. Le professeur Friedlander, dans son ouvrage *Darstellungen aus der Sittengeschichte Roms* (Souvenirs concernant l'histoire des mœurs des Romains).

LES

# POSTES EN FRANCE

## PÉRIODE QUI S'ÉTEND DE L'ORIGINE DE LA GAULE A L'AVÈNEMENT DE LOUIS XI

Les postes en Gaule. — Charlemagne. — Aperçu général de la situation de la France sous les successeurs de Charlemagne. — Messagers des couvents. — L'Université de Paris. — Messageries de l'Université : leurs privilèges, leur organisation.

### GAULE.

Au moment de la conquête des Gaules, César constata qu'une véritable organisation existait dans ce pays pour la transmission des nouvelles importantes. On lit dans ses *Commentaires :*

> Des coureurs étaient placés de distance en distance; l'un courait à l'autre de toutes ses forces, le second portait immédiatement le message reçu avec la même vitesse et ainsi de suite jusqu'au dernier. Les nouvelles ou les ordres étaient transmis d'un point à un autre avec une telle rapidité que ce qui fut fait à Genabum (Orléans) fut connu le même jour chez les Arvernes (Auvergne)[1].

D'après un autre passage des *Commentaires,* les nouvelles se transmettaient également par des cris (*clamoribus*) répétés de colline en colline.

Les Postes subsistèrent en Gaule après la chute de l'empire romain, comme le prouve un passage de Grégoire de Tours dans lequel il est dit que Childebert II, voulant faire périr le duc Rauching, donna des ordres et envoya des affidés munis de lettres et autorisés à se servir des *chevaux publics,* pour mettre la main sur ce qui lui appartenait[2].

1. César, *Commentaires*, liv. VII, chap. ix.
2. Grégoire de Tours, liv. IX.

### CHARLEMAGNE ET SES SUCCESSEURS.

En l'an 807, Charlemagne, après avoir réduit sous son empire l'Italie, l'Allemagne et une partie de l'Espagne, établit trois postes publiques sur trois routes conduisant à chacune de ces provinces [1]. D'après M. François Ilwof, les courriers de Charlemagne partaient d'Auxerre (*Autissiodurum*).

La route d'Italie passait par Autun, Lyon et le mont Saint-Bernard ; celle d'Allemagne par Paris pour aboutir à Aix-la-Chapelle ; enfin, celle d'Espagne par Nevers et Limoges [2].

Le premier de nos rois, Charlemagne fit travailler aux grands chemins. Il releva d'abord les voies militaires romaines et, à l'exemple d'Auguste, il employa à ce travail ses troupes et ses sujets.

La royauté, pouvoir de fait alors, fut aussi forte qu'elle pouvait l'être entre les mains d'un homme dont la volonté brisait tous les obstacles.

Charlemagne fut aussi grand dans la paix que dans la guerre.

Ses lois connues sous le nom de capitulaires prouvent sa sagesse et sa prévoyance.

Un de ces capitulaires, notamment, obligeait les seigneurs prenant péage, à *garantir la sûreté des routes depuis le soleil levant jusqu'au soleil couchant* [3].

Mécontent ou peu sûr des agents réguliers de son administration (ducs, comtes, viguiers, centeniers, etc.), il leur substitua des agents directs et immédiats par l'institution des *missi dominici :* on appelait ainsi les commissaires royaux (évêques et comtes) chargés, dans une circonstance déterminée, d'appliquer la justice, de recevoir les appels de réformer, s'il y avait lieu, les sentences des juges provinciaux eux-mêmes, de contrôler et de rectifier tous les actes de l'Administration, de faire enfin sur les lieux tout ce qu'aurait fait l'empereur auquel ils rendaient compte de leur mission [4].

Cette forte centralisation s'écroula dès qu'il fut mort et les postes sombrèrent aussi dans les troubles de la féodalité.

1. « Carolus Magnus populorum impensis, tres viatorias stationes in Gallia constituit anno Christi octogintesimo septimo, primam propter Italiam a se devictam, alteram propter Germaniam sub jugum missam, tertiam propter Hispanias. » (Julian. Taboëtius, juricons. in Paradox. Regum et summi magistratus privilegiis, in septimo jure regio.)

Bergier, *Histoire des grands chemins*, liv. III, p. 577.

Nicolas de la Mare, *Traité de la Police*. Paris, 1738, t. IV, p. 555.

2. *Les Postes depuis les temps les plus reculés jusqu à nos jours*, par M. François Ilwof (Graetz, 1880).

3. *Histoire de France*, par M. V. Duruy.

4. *Histoire de France*, par Henri Martin.

Toutefois, les postes carlovingiennes existaient encore sous Louis le Débonnaire, qui, en 815, publia à Aix-la-Chapelle, une ordonnance dans laquelle il est dit que la fourniture de chevaux et de vivres aux fonctionnaires royaux en mission est une charge générale imposée à tous les sujets.]

Cette institution ne paraît pas avoir survécu au traité de Verdun (843), bien que, d'après certains auteurs, les autres successeurs de Charlemagne aient eu auprès de leur personne un *grand maître des Postes*, titre que l'ont voit apparaître sous le règne de Louis le Gros.

Un nommé Baudouin, de la maison de Montmorency, signa, en effet, en cette qualité et comme témoin, dans l'acte d'une donation que ce roi fit à l'église Saint-Martin-des-Champs à Paris. Il est qualifié dans cet acte « *Balduinus veredarius* [1] ».

Le titre de *grand maître des Postes* nous semble, cependant, avoir été purement nominal. Il suffit, pour s'en convaincre, de jeter un coup d'œil sur la situation générale de la France à cette époque.

### SITUATION GÉNÉRALE DE LA FRANCE.

Au moment de l'avènement de Louis le Gros, la souveraineté propre du roi de France s'étendait sur l'Ile-de-France et sur une partie de l'Orléanais, correspondant de nos jours aux cinq départements de la Seine, de Seine-et-Oise, de Seine-et-Marne, de l'Oise et du Loiret. Encore s'en fallait-il de beaucoup que ce petit pays, qui n'avait guère que trente lieues de l'est à l'ouest et quarante du nord au sud, fût entièrement soumis à l'autorité royale. Entre Paris et Étampes s'élevait le château du seigneur de Montlhéry ; entre Paris et Orléans, celui du Puiset dont la prise coûta trois années de guerre. Entre Paris et Melun se trouvait le comte de Corbeil. Plus près encore de Paris étaient les seigneurs de Montmorency et de Dammartin, et à l'ouest les comtes de Montfort, de Meulan et de Mantes. Tous ces seigneurs, cantonnés dans leurs châteaux forts, pillaient à l'envi, et malgré les sauf-conduits du roi, les marchands et les pèlerins qui s'aventuraient dans leurs parages... « Beau fils, garde bien cette tour qui m'a donné tant d'ennui, disait un jour le roi Philippe Ier à son fils Louis le Gros, » en lui montrant le château de Montlhéry : « Je me suis envieilli à le combattre et à l'assaillir. De là sont parties des vexations qui m'ont usé avant le temps, et des ruses, des fraudes criminelles qui ne m'ont jamais permis d'obtenir une bonne paix et un repos assuré. »

Ainsi, on pouvait aller encore avec quelque sûreté de Paris à

1. DUCHESNE, *Histoire de la maison de Montmorency*, p. 33. *Glossar*. CANGE, au mot VEREDARIUS.

Saint-Denis, mais au-delà on ne chevauchait plus que la lance sur la cuisse[1].

Secondé par l'habile et savant Suger, Louis le Gros eut des luttes perpétuelles à soutenir contre ses grands vassaux et pour les réduire il s'appuya sur le peuple qui, ruiné par les guerres ou désolé par la famine, était complètement asservi par les seigneurs et faisait les plus généreux efforts pour conquérir sa liberté[2].

Le roi favorisa ce mouvement en accordant au peuple le droit d'élire ses magistrats municipaux ; il réalisa ainsi l'affranchissement des communes qui est son plus beau titre de gloire.

On voit par cet aperçu que l'état de la France à cette époque se prêtait peu au développement d'un service de postes, dont l'existence même est essentiellement subordonnée à la sécurité des routes.

Cette situation déplorable, aggravée en outre par les guerres étrangères et par les Croisades qui appelèrent au dehors l'attention des rois de France, se prolongea longtemps encore et c'est à **Louis XI** qu'était réservée la gloire de créer l'institution des postes en France.

Qu'on nous permette de citer maintenant l'opinion de M. le baron Ernouf[3] sur l'état de la France pendant les années troublées qui suivirent la mort de Charlemagne :

Le morcellement de l'héritage carlovingien, les invasions barbares et l'établissement de la féodalité firent disparaître toute relation intime et habituelle entre les divers territoires, un moment reliés en un seul tout par un prodigieux effort de génie. Les communications devinrent de plus en plus rares et accidentelles, souvent

1. Bachelet, *les Grands Ministres français*. Rouen, 1857.

2. Dans son très intéressant ouvrage intitulé : *le Peuple et la Bourgeoisie*, M. Émile Deschanel nous apprend que les serfs formaient, au moyen âge, les trois quarts de la population : « Les plus opprimés d'entre eux, les serfs des campagnes », ajoute-t-il, « donnèrent aux travailleurs des villes l'exemple de la résistance à main armée contre l'inique oppression. Un trouvère, Wace, dans le *Roman de Rou*, prête à leurs révoltes une voix éloquente; ces malheureux, se comparant à leurs tyrans, s'écrient :

Nous sommes hommes comme ils sont,
Tels membres avons comme ils ont.
Et tout aussi grands corps avons,
Et tout autant souffrir pouvons!
Ne nous faut que cœur seulement.
Allions-nous par serrement :
Aidons-nous et nous défendons
Et tous ensemble nous tenons!
Et s'ils nous veulent guerroyer
Bien avons contre un chevalier
Trente ou quarante paysans
Dispos et forts et combattants!

« Cette marseillaise rustique, œuvre du poète, répétée en réalité, sous forme plus menaçante, par des milliers de serfs et de manants, est comme le tonnerre lointain qui annonce la révolte des Pastoureaux et la terrible explosion de la Jacquerie : le vieux monde semble travaillé d'un déchirement intérieur; noblesse et clergé ont senti, pour la première fois, le sol trembler sous leur pas... »

3. M. le baron Ernouf, *l'Administration des Postes en France, son histoire, sa situation actuelle*. (*Revue contemporaine*, nº du mois de mars 1863.)

tout à fait impossibles, même entre des États unis encore par le lien nominal de la suzeraineté. La féodalité, qui eut sa raison d'être et sa grandeur dans un temps de cataclysme social, tendait essentiellement à la formation de groupes isolés, et ne pouvait leur assurer quelque sécurité qu'à la condition de multiplier autour d'eux les obstacles et les barrières. « On ne pouvait trouver de tranquillité, répète à chaque page un des rares historiens de ces temps malheureux, que dans les localités les mieux cachées ou de l'accès le plus difficile. » Dans cette situation étrange, où la guerre était devenue l'état normal et en quelque sorte permanent, les régions les plus ouvertes devenaient naturellement les plus dangereuses; les grandes routes n'étaient plus que de larges brèches ouvertes à la destruction. Toutefois, l'instinct de sociabilité, violemment refoulé par la barbarie, se manifesta par de fréquentes réactions pendant le moyen âge; la religion, le commerce, la science même, eurent leurs argonautes. La modeste industrie du louage des chevaux à la journée, pour les voyages et transports à courte distance, les labours et la remonte des rivières, n'avait jamais été totalement interrompue, même aux pires époques du moyen âge. Il fallut bien du temps pour faire germer cette humble semence d'avenir; le pouvoir central mit cinq siècles à regagner le terrain qu'il avait perdu en quelques années. Pendant ce long espace de temps, aucun des hommes qui ont porté en France le titre de roi n'a pu songer à faire revivre l'institution des postes, attribut d'une autorité territoriale qu'en fait, ils n'exerçaient pas. Si, dans cet intervalle, quelques grands vassaux se trouvaient désignés dans des chartes sous l'ancien nom de *veredarii*, il ne faut voir dans ce titre qu'une fonction accidentelle ou purement nominale.

Sous saint Louis, les dépêches de la Cour étaient portées par des chevaucheurs qui avaient un droit de réquisition sur les chevaux des particuliers.

Une ordonnance de ce prince rendue le 12 décembre 1254 *pour la réformation des mœurs dans le Languedoc et le Languedoil* dispose, en effet, que dans les terres faisant partie du domaine de la couronne, nul ne pourra réquisitionner un cheval contre le gré du propriétaire de ce cheval, sauf pour le service du Roi et par l'autorité des sénéchaux ou de leurs lieutenants. Les sénéchaux ne pourront prendre les chevaux appartenant aux marchands en voyage, ni aux pauvres, ni aux ecclésiastiques, si ce n'est, en ce qui concerne ces derniers, sur un ordre exprès du Roi[1].

1. Cette ordonnance qualifiée d'*établissement* dans l'édition de Baluze (fol. 68) fut adoptée dans une assemblée de prélats, de barons et de militaires et publiée en latin pour les pays de *langue d'oc* et en français pour ceux de *langue d'oil*. Nous reproduisons ci-dessous les passages mentionnés plus haut, d'après le texte latin qui se trouve dans le *Recueil général des anciennes lois françaises* depuis l'an 420 jusqu'à la Révolution de 1789, publié par Jourdan, Decrusy et Isambert (Paris, 1822-1833. — 29 vol. in-8°, vol. I, p. 274) :

Inhibemus autem ne aliquis in terrâ nostrâ, capiat aliquem equum, contrà voluntatem ejus cujus equus erit, nisi sit pro proprio negotio nostro. Et tunc per senescallos nostros, aut alios inferiores officiales, vel eos qui loco ipsorum erunt, et de equis conductitiis capiatur, et si equi conducticii sufficere nequeant pro nostro servicio faciendo, senescalli, vel alii inferiores officiales non capiant equos mercatorum transeuntium, vel pauperum, sed divitum tantùm, si sufficere possint ad nostrum proprium servitium faciendum.

Inhibemus etiam ne pro servitio nostro, vel alio capiantur equi personarum ecclesiasticarum, nisi

### MESSAGERS DES COUVENTS.

L'organisation par l'État d'un système général de transmission pour l'échange des correspondances entre les particuliers analogue au service postal moderne était alors une notion complètement inconnue ; le morcellement du territoire et les luttes de l'autorité royale contre les seigneurs féodaux ne permettaient pas, d'ailleurs, à une notion semblable de se faire jour ; mais il advint que des particuliers et des corporations religieuses ou autres, bravant les dangers de la circulation, osèrent entreprendre pour leur propre compte ce que le roi de France était impuissant à réaliser.

Des voyageurs, des commerçants, des moines se chargèrent donc, à leurs risques et périls, du transport des lettres et des objets.

Déjà, dès le VII$^{e}$ siècle, une charte du roi Clotaire III avait accordé au couvent de Corbie le droit de faire transporter, par ses messagers, les marchandises qui leur étaient nécessaires.

Lorsque les différents ordres religieux eurent fondé des couvents en France, en Espagne, en Allemagne et dans d'autres pays, ils éprouvèrent aussi le besoin d'organiser des moyens de communications entre leurs établissements.

C'est ainsi que la célèbre abbaye des Bénédictins de Cluny près Mâcon, fondée en 910, avait des messagers à cheval allant d'un côté jusqu'au cœur de l'Espagne et de l'autre jusqu'aux frontières de la Hongrie et de la Pologne.

De même, l'ordre de Cîteaux près Dijon, émané de l'ordre de Saint-Benoît et institué par Robert de Molesme, en 1098, était en relation directe avec ses diverses succursales disséminées sur toutes les parties de l'Europe.

La riche abbaye de Saint-Denis fondée en 637 par Dagobert, dotée successivement par les rois de France, agrandie en outre grâce à de pieuses fondations et à des legs nombreux, possédait aussi des biens immenses non seulement dans les diocèses de Paris, de Chartres, de Beauvais, de Rouen, mais encore jusqu'en Italie, en Espagne, en Angleterre, en Allemagne et avait dû vraisemblablement instituer un système de communications analogues pour son service.

de nostro speciali mandato, nec capiant senescalli, aut alii predicti equos plusquàm fuerit nobis opus, illos etiam quos ceperint, pro pecuniâ non relaxent. Hec autem que de equis capiendis diximus. volumus observari quamdiù nobis placuerit, salvis serviciis nobis debitis, et juribus nostris et alienis.

### MESSAGERIES DE L'UNIVERSITÉ.

Parmi les corporations du moyen âge, l'Université de Paris fut celle qui déploya le plus d'activité dans ce sens et qui contribua ainsi dans une large mesure au développement des relations sociales.

Les écoles de Paris, dont l'ensemble reçut plus tard le nom d'Université, étaient déjà célèbres au XIIe siècle, illustrées qu'elles étaient par les mémorables disputes de Guillaume de Champeaux et d'Abailard, l'esprit le plus puissant et le plus hardi du moyen âge. Aussi, grâce à elles, la ville de Paris était-elle désignée par les savants sous le nom hébreu de *Cariath Sepher,* ville des lettres.

La haute réputation que l'Université s'était acquise attira auprès d'elle un nombre prodigieux d'écoliers de tous les pays, qui venaient se former sous ses grands maîtres. Elle était divisée en quatre Facultés : de *médecine,* de *théologie,* de *droit* et des *arts.* Cette dernière était de beaucoup la plus importante et son chef était le recteur de l'Université [1].

D'après Piganiol de la Force [2], la Faculté des arts était composée de quatre nations, savoir :

1° La nation de France, *honoranda Gallorum natio,* divisée en cinq tribus : Paris, Sens, Reims, Tours et Bourges.

2° La nation de Picardie, *fidelissima Picardorum natio*, divisée également en cinq tribus, Beauvais, Amiens, Noyon, Laon et Terouane.

3° La nation de Normandie, *veneranda Normanorum natio,* qui, ne s'étendant pas au delà de cette province, n'était pas divisée en tribus.

4° La nation d'Allemagne, *constantissima Germanorum natio*, divisée en deux tribus : celle des continents et celle des insulaires.

La tribu des *continents* était composée de deux provinces, dont la première comprenait : la Bohême, Constance, la Pologne, la Hongrie, la Bavière, Mayence, Trèves, Strasbourg, Lausanne, le Danemark, la Suisse, Basle, etc., etc. La seconde province renfermait l'électorat de Cologne, la Hollande, la Prusse, la Saxe, la Lorraine et une partie des pays d'Utrecht et de Liège, dont l'autre partie était de la nation de Picardie, suivant l'accord intervenu entre les nations en 1358.

La tribu des *insulaires* comprenait : l'Écosse, l'Angleterre et l'Hibernie.

1. Voir BULÆUS, *Historia Universitatis.*
CREVIER, *Histoire de l'Université.*
DUBARLE, *Histoire de l'Université.*
2. *Description de Paris,* par PIGANIOL DE LA FORCE, t. Ier.

Ces quatre nations ne commencèrent à être distinguées que vers l'an 1250, mais la présence d'écoliers étrangers à l'Université de Paris dès le XII^e siècle est démontrée par ce fait qu'en 1147, les Danois fondèrent une maison sur la montagne Sainte-Geneviève pour loger les étudiants de leur pays.

C'est, en effet, rue au Feurre [1], sur le versant de la montagne Sainte-Geneviève, extrême limite du quartier d'Outre-Petit-Pont [2], qu'étaient situées les Écoles, à proximité desquelles habitaient les écoliers, les docteurs et les libraires [3].

Il devint nécessaire de créer des communications permanentes entre les écoliers et leurs familles et c'est ainsi que l'Université obtint l'autorisation d'établir des messagers pour aller et venir de Paris dans les provinces et à l'étranger, porter les lettres des écoliers et en rapporter les réponses avec l'argent, les hardes et les paquets que leurs parents avaient à leur envoyer.

Malheureusement, les routes étant peu sûres, surtout en temps de guerres et pendant les troubles si fréquents au moyen âge, les voyages des messagers étaient souvent interrompus et ne s'effectuaient pas dès lors avec toute la régularité désirable. Les besoins des écoliers n'en devenaient que plus pressants et ceux-ci se virent ainsi dans la nécessité de s'adresser à des bourgeois de Paris pour en obtenir des avances d'argent. Ces bourgeois profitèrent de l'occasion pour demander le bénéfice des privilèges accordés aux messagers. Ils y réussirent en faisant entendre aux écoliers qu'ils continueraient volontiers à les aider, si l'Université consentait à les prendre sous sa protection : ce

1. La rue au Feurre, aujourd'hui rue du Fouarre, était ainsi nommée à cause de la paille ou feurre sur laquelle les écoliers s'asseyaient pendant les leçons, l'usage des bancs leur étant interdit par une bulle.

2. Paris était alors divisé en trois quartiers, qui étaient ceux d'*Outre-Grand-Pont*, de la *Cité* et d'*Outre-Petit-Pont*. Le premier s'étendait depuis la rue Meslay actuelle jusqu'à la Seine, le second occupait l'île de la Cité et enfin celui d'Outre-Petit-Pont allait depuis la Seine jusqu'au revers de la montagne Sainte-Geneviève.

3. CHEVILLIER, le savant auteur de la *Dissertation historique et critique de l'origine de l'imprimerie de Paris*, a résumé en 22 propositions les premiers statuts du corps de la librairie au moyen âge.

On y voit que c'était un droit accordé par les rois à l'Université, qu'elle seule put instituer et créer les libraires de Paris ;

Que les libraires étaient officiers et suppôts de l'Université, jouissant des mêmes privilèges, franchises et exemptions que les maîtres et écoliers ;

Qu'ils prêtaient le serment à l'Université et le renouvelaient quand elle le jugeait à propos ;

Qu'ils étaient tenus de comparaître devant elle quand ils étaient cités, et d'assister à ses processions générales ;

Que les tarifs des livres étaient fixés par l'Université ;

Que le gain des libraires ne devait être que de 4 deniers par livre dans la vente de leurs exemplaires aux maîtres et écoliers et de 6 deniers pour les autres.

Jusqu'à l'invention de l'imprimerie et même jusqu'à la fin du XV^e siècle, le corps de la librairie ne se composait que de 30 personnes, savoir 24 libraires, 2 relieurs, 2 enlumineurs et 2 écrivains jurés.

qu'elle fit, en effet, en les agréant sous le titre de *Grands Messagers*, pour les distinguer des *Petits Messagers*.

Les grands messagers furent donc établis pour le service exclusif des maîtres et des écoliers; on les choisissait parmi les notables bourgeois de Paris les plus solvables, afin qu'ils fussent plus en état de venir en aide aux écoliers dont ils étaient les *correspondants*. L'Université les appelait quelquefois dans ses assemblées et leur permettait d'assister aux processions du recteur. Ils avaient une confrérie aux Mathurins en 1478 : leur nombre était fixé à un par diocèse.

Quant aux petits messagers ou messagers ordinaires, ils étaient recrutés parmi de pauvres gens d'une probité notoire.

### PRIVILÈGES DE L'UNIVERSITÉ DE PARIS.

Les privilèges et les franchises dont jouissaient les Universités du moyen-âge répondaient à leur importance respective et à leur caractère propre. Dans quelques-unes, ces privilèges et franchises n'appartenaient qu'aux étudiants; dans d'autres, aux étudiants et à certains maîtres; dans d'autres encore, à tous les étudiants et à tous les professeurs.

A Bologne, à Padoue, et dans les autres Universités de l'Italie, les maîtres et les étudiants n'avaient aucune attache ecclésiastique et jouissaient des droits des citoyens sans en avoir les charges.

A l'Université de Paris, les privilèges des maîtres et des étudiants procédaient, au contraire, du caractère ecclésiastique qui les distingue[1].

Les rois de France, qui avaient intérêt à se mettre bien avec l'Église toute-puissante alors, cherchèrent à s'attacher l'Université de Paris en lui concédant de nombreux privilèges.

Les premiers de ces privilèges sont contenus dans un diplôme de Philippe-Auguste, où il est question du recteur ou chef de cette compagnie.

Sentant combien il importait de protéger les étrangers qu'attiraient à Paris les leçons de l'Université, Philippe-Auguste voulut préserver les écoliers de la justice cruelle et expéditive des prévôts des villes et des seigneurs de fiefs. Il leur accorda d'une manière authentique le privilège d'être soustraits à la justice séculière dans les causes criminelles; il enjoignit aux bourgeois de dénoncer et d'arrêter ceux qui frapperaient un écolier et déclara leur demeure inviolable par la justice civile.

1. LOEPER, *Précis historique sur les messageries universitaires*.

Enfin, en 1200, il imposa aux prévôts de Paris l'obligation de jurer, à leur entrée en charge, l'observation de ces privilèges.

En 1230, saint Louis prescrivit de laisser circuler librement les *messagers* de l'Université de Paris, partout où ils auraient affaire.

Le *committimus* et le droit de parcours forment les deux premières dotations des messagers, mais ils ne s'arrêtent pas là. Plus les obstacles et les tracasseries surgiront autour d'eux, plus ils défendront leur domaine, et plus ils saisiront les occasions d'en étendre les limites, la portée et les bénéfices.

L'Université ne fut que peu ou point inquiétée juqu'à Philippe le Bel; mais sous ce prince commença l'affermage des impôts, système fatal à l'économie du bien-être de la nation, et, en somme, peu productif pour le trésor royal. Philippe le Bel avait fait plusieurs emprunts à deux marchands florentins établis en France, Biccio et Musciato dei Francesi, et il ne put les rembourser directement. Ce fut alors que, pour acquitter sa dette, il les autorisa à percevoir eux-mêmes les tailles sur certaines provinces. Cette mesure exceptionnelle passa en usage et les deux Italiens devinrent banquiers du roi, administrateurs des finances et fermiers généraux. Ce sont les premiers *partisans*. Toutes les villes furent soumises à leur pression et ils multiplièrent les péages et les droits de douanes; ils taxèrent l'entrée du vin à Paris et forcèrent les messagers à s'y assujettir. Ceux-ci s'en plaignirent, et l'Université les appuya des requêtes de son recteur. La querelle dura cinq années consécutives, et les fermiers furent déboutés de leurs prétentions. Néanmoins les suppôts qui voulaient faire entrer du vin, furent désormais obligés de représenter le signet du recteur.

Ce fut vers ce temps-là que certains messagers de Paris et d'Orléans, ayant été violentés sur leur parcours, pour payements de droits auxquels ils se refusaient, Philippe le Bel leur accorda, ainsi qu'aux écoliers, la sauvegarde dont suit la teneur : « Philippe, par la grâce de Dieu, roi des Français, à tous nos justiciers et ministres, qui verront la présente lettre, salut. Sur la demande des écoliers étudiant les belles-lettres, nous accordons volontiers, en ce moment opportun, la marque suivante de notre faveur et de notre affection. Ce qui rend cette faveur opportune est précisément la révolte de Guidon, comte des Flandres, et quelques autres de nos ennemis qui ont osé molester les maîtres et les écoliers de nos universités de Paris et d'Orléans, ainsi que ceux qui sont à leur service. C'est pourquoi nous voulons que les suppôts desdites universités restent sous notre protection et soient par vous défendus contre toute violence et injure. Protégez de même leurs messagers apportant à Paris ou à Orléans l'argent et les choses nécessaires, ou emportant en Flandre les commissions des maîtres et écoliers, à la condition toutefois que ces messagers soient munis de leurs lettres patentes, et qu'ils n'usent ni de fraude ni de ruse dans l'accomplissement de leurs fonctions. Que cette protection s'étende sur eux tant à l'aller qu'au retour. Donné à Paris le XXVIII février de l'an du Seigneur 1296 (1). »

Le 18 août 1297, nouvelles lettres patentes portant que :

> Les maitres et écoliers de Paris de quelque partie du royaume ou de quelque nation qu'ils soient qui passeront par les lieux et districts du royaume seront exempts de tous droits de péage, passages et traites fournies et que s'il s'en trouvait quelques-uns d'arrêtés et saisis, il était enjoint aux sénéchaux, baillifs et autres juges de les delivrer sans aucun délai ni difficultés.

En 1303, Philippe le Bel enjoignit au comte de Boulogne d'accorder un privilège analogue aux familles des écoliers voyageant avec eux.

Par mandement du 3 mai 1304, Philippe le Bel prescrivit au bailli d'Amiens de tenir la main à l'exécution des lettres patentes de 1303 portant exemption des droits de péage en faveur de l'Université, et de ses escoliers et suppôts.

Le 13 août 1307, un mandement fit

> Défenses aux maîtres et surintendants des monnoyes prohibées et autres de ne point prendre, arrester, n'y faire prendre l'argent des écoliers de l'Université venant pour leurs études, quoique prohibé, à moins qu'ils n'en ayent fait usage et dans le cas où ils en auraient pris, de les faire rendre quoique percé ou sa valeur.

Le 23 avril 1313, nouveau mandement de Philippe le Bel ordonnant *à tous les juges des ports et passages et autres préposés pour percer les monnoyes prohibées en entrant dans le royaume, de ne point souffrir qu'on empêche les écoliers d'apporter toutes sortes de monnoye prohibées et de les conduire, au contraire, favorablement sans qu'il leur soit fait aucune peine.*

En février 1315, Philippe le Bel notifia à tous ses agents de palais et autres que, les maîtres, écoliers et *messagers* de l'Université se trouvant sous sa protection, ils étaient tenus de les défendre contre tout grief et toute injure que ses ennemis voudraient tenter contre eux ; il dit, en ce qui concerne les messagers : « dans quelque partie que ce « soit des Flandres, qu'ils soient envoyés pour aller quérir de l'argent « ou d'autres choses [2] ».

Nous devons rappeler ici, pour expliquer ces nombreux privilèges,

1. E.-J. LARDIN, *Études historiques sur les postes en France.*

2. « Nuncios eorum pecuniam sibi Parisiis et Aureliæ alia necessaria afferentes cum patentibus litteris, quas ipsos ad partes Flandriæ mittere, vel de partibus illis ad eos Parisiis et Aureliæ mitti continget, omni tamen suspicione carentibus eundo et redeundo transire more soleto permittentes, etc. » BULÆUS (Duboulaye), *Histor. Universit.*, t. V, page 791.

que Philippe le Bel rencontra dans l'Université de Paris un puissant appui moral pendant la lutte mémorable qu'il eut à soutenir contre le pape Boniface VIII. Ces démêlés, qui commencèrent en 1296 au sujet des impôts mis par le Roi sur les églises de France, prirent un caractère beaucoup plus aigu par suite de l'intervention hautaine du pontife dans les affaires intérieures du pays.

La lutte se termina, comme on sait, à l'avantage du roi de France qui, fort de l'approbation des États généraux (1302), s'empara rudement de la personne du pape. Ce dernier mourut de honte et de chagrin et fut remplacé par un pape français, Clément V, qui se fixa à Avignon (1308) et abandonna à la vengeance et à l'avidité de Philippe le Bel l'ordre militaire des Templiers.

Il n'est donc pas surprenant que Philippe le Bel ait tenu à donner des témoignages authentiques de reconnaissance à l'Université pour les services qu'elle lui avait rendus à cette occasion.

Par lettres patentes du mois de juillet 1315, le roi Louis X confirma tous les privilèges accordés à l'Université par ses prédécesseurs et déclara, en même temps, que les messagers de l'Université auraient la faculté de faire leur service librement et sans être molestés [1].

Une ordonnance du roi Charles VI, en date du 11 janvier 1383, autorisa l'Université de Paris, à avoir: « pour chascun diocèse du « royaume un messager, et pareillement ung ès diocèses hors notre « royaume, dont aura escoliers, estudians en la dite Université. »

Par lettres patentes du 12 juin 1419, le même Roi déclara les maîtres, docteurs, escholiers et suppôts de l'Université, exempts de payer ou contribuer aux tailles, dixmes, impots sur vin ou autre chose quelconque, de faire guet, gardes portes, hommes d'armes en quelque manière que ce fût.

Enfin le roi Charles VII confirma, par lettres patentes du mois de mai 1436, tous les privilèges, libertés et franchises dont l'Université avait bénéficié jusqu'alors, en vertu des lettres patentes de Charles VI et des autres rois, ses prédécesseurs.

Ces privilèges considérables dont jouissait l'Université à une époque où les routes offraient peu de sécurité, firent rechercher, non seulement par les étudiants et leurs familles, mais encore par les particuliers, l'emploi des messagers universitaires qui, par leur complaisance, leur exactitude et leur grande probité, s'étaient acquis la confiance générale.

1. « Concedimus et volumus quod omnes et singuli de quâcumque regione vel natione oriundi, de ejus modi corpore Universitatis existentes et esse volentes ad eam excedere morari, redire et se, nuncios resque suas ubilibet transferre pacifice et libere absque ulla inquietatione possint. » (Bulæus, *Histor. Universit.*, t. IV, page 171.)

ORGANISATION DES MESSAGERS DE L'UNIVERSITÉ.

Les *grands* et les *petits messagers de l'Université* avaient des fonctions bien distinctes.

Les premiers, qui étaient, comme nous l'avons vu, les correspondants des écoliers, étaient en résidence fixe à Paris et c'est chez eux que les écoliers déposaient ou retiraient leurs lettres, leur argent et leurs paquets.

Quant aux *petits messagers*, ils étaient effectivement chargés du transport des lettres et des objets pour le service des étudiants. Mais peu à peu leurs fonctions s'étendirent dans la suite, et, comme nous l'avons dit, ils en vinrent à porter également les lettres des particuliers et tout ce dont on voulait les charger, hardes, argent, sacs de procès, etc... Plus tard, ils allèrent même jusqu'à entreprendre la conduite des personnes et à leur fournir nourriture et logement.

Bien que les registres des Nations désignent les *petits messagers* sous le nom ambitieux de *nuncii volantes*, nous devons ajouter que ces premières messageries étaient cependant bien imparfaites, car il n'y avait alors ni départs réguliers, ni uniformité dans le mode de locomotion. Lorsque l'état des chemins le permettait, on se servait de véhicules rudimentaires ; le reste de la route se faisait tantôt en barque, tantôt sur des chevaux ou des ânes de louage, ou tout simplement à pied.

Dans une miniature du XVe siècle ayant appartenu à l'Université, l'un de ces *petits messagers* est représenté armé d'un pieu et cheminant à pied. Son costume est semblable à celui des anciens courriers suisses dont la statue a été conservée à l'Hôtel de Ville de Bâle, mais il a de plus un manteau court et il est coiffé d'un chaperon.

Dans le principe, l'Université concédait gratuitement les offices de messagers, sous la réserve, toutefois, de l'acquittement des droits, fort modiques du reste, dits *de réception*. Le montant de ces droits était versé entre les mains du procureur de la Nation qui nommait le messager. Une part en revenait au recteur pour l'expédition des lettres ; une autre part était attribuée au doyen, principalement lors de la réception des grands messagers, comme en font foi les registres de la Nation de France. On voit par ces documents que, dans l'assemblée du 26 septembre 1445, la Nation décréta que le recteur serait prié de ne donner la *testimoniale* à aucun messager, si ce n'est *sur le vu du certificat délivré par le procureur de la Nation*[1]. Il avait été constaté que plusieurs particuliers avaient surpris des lettres de provisions pour

1. « Decrevit Natio quod Procurator qui esset pro tempore, requireret D. Rectorem pro tempore, quod nulli nuncio umquam expediret testimonialem, nisi prius esset certificatus

jouir des privilèges de messagers, et c'est à la suite des plaintes fréquentes formulées à cet égard par les généraux des aides que fut prise la décision que nous venons de rapporter.

Cette règle fut rigoureusement observée et aucun messager ne put obtenir la *testimoniale* que sur la présentation des lettres signées par le procureur et scellées du sceau de la Nation quand il s'agissait d'un *grand messager*, ou du sceau du procureur pour un messager ordinaire ou *petit messager*.

Dans la suite, des abus d'une autre nature se produisirent et la concession des offices de *petits messagers* ne fut pas toujours gratuite. Certains procureurs ne se contentèrent pas des 4 sols parisis fixés par le tarif pour l'expédition des lettres; ils allèrent jusqu'à exiger des sommes considérables et vendirent les offices à leur profit. Or, comme ces procureurs ne demeuraient en fonctions qu'un mois, ou deux mois quand ils étaient maintenus, l'Université se trouvait exposée à admettre parmi eux des gens peu scrupuleux.

Les abus devinrent si criants qu'en l'année 1472, les hauts dignitaires de l'Université s'émurent de ce qu'ils considéraient comme préjudiciable au bon renom du corps enseignant, et le 16 novembre de cette année, Jean Raulin, régent de philosophie au collège de Navarre, convoquait une assemblée pour en délibérer.

Les résolutions suivantes arrêtées dans cette assemblée nous ont été conservées dans l'ancien *Livre des statuts et des procureurs de la Nation de France* (année 1472) :

« Quand de nouvelles maladies se présentent, il convient de leur préparer de nouveaux remèdes... Depuis quelque temps, il nous est revenu des plaintes vives et fréquentes sur les abus et excès qui se commettent journellement à propos de la création et de l'investiture des offices de messagers de notre Nation (de France). Quelques-uns de nos procureurs, sans nous avoir préalablement consultés ni convoqués, ont fait, de leur chef, de semblables promotions moyennant finance, transformant ainsi en chose vénale une concession essentiellement libérale et de charité (*pietatis intuitu*). Il en est résulté, dans ce service, une concurrence et une confusion infiniment fâcheuses, non seulement pour les intérêts, mais pour le renom de l'Université, que notre devoir est de conserver pur de toute souillure... A ces causes, nous avons statué : 1° que désormais aucune promotion n'aura lieu, sinon solennellement et en notre présence; 2° que, sous aucun prétexte, soit de promotion, soit du sceau de lettres, soit de tout autre concernant cet office, nos procureurs n'exigeront jamais, ni directement, ni indirectement, de nos messagers, rien au delà de l'ancien tarif, qui était de quatre sous parisis, *car cet office doit revenir par droit de préférence à des gens pauvres*, qui ne doivent pas être injustement pressurés par nos officiers. »

per Procuratorem qui est, vel erit pro tempore, sub signeto proprio, quod talis petens testimonialem sit verus nuncius. — (*Registre de la Nation de France*, 1445. (Voir DE LA MARE, *Traité de la Police*, 4e vol. p. 609.)

L'assemblée décida enfin que tous les procureurs, dans le présent et dans l'avenir, devraient jurer de se conformer à ce règlement. Les prévaricateurs, s'il s'en trouvait encore, seraient destitués, chassés et déclarés parjures.

C'était certes un beau spectacle que donnait là notre vieille Université en proclamant aussi solennellement ces principes de désintéressement et de charité qui faisaient alors sa grandeur et sa force !

# LOUIS XI

(1461-1483)

Création du service des postes en France. — Grand maître des coureurs de France. — Chevaucheurs de l'écurie du Roi. — ROBERT PAON, contrôleur des chevaucheurs. — Organisation du service des postes sous Louis XI.

Si l'on jette un coup d'œil d'ensemble sur l'histoire économique du xve siècle, on voit se détacher trois grands événements destinés à révolutionner le monde et ayant entre eux une certaine corrélation par les idées que leur rapprochement éveille dans l'esprit : l'*invention de l'imprimerie*, qui, en multipliant la pensée enfouie jusqu'alors dans les manuscrits du moyen âge, allait enfin faciliter son expansion ; la *création du service des postes*, qui devait, en la transportant, établir entre tous les peuples un lien intime et permanent ; et enfin la *découverte de l'Amérique*, qui, en ouvrant de nouveaux et immenses débouchés à l'activité industrielle et commerciale de l'ancien continent, appelait le développement de la marine marchande et laissait pressentir nos services maritimes modernes.

### CRÉATION DES POSTES EN FRANCE.

Le véritable fondateur du service des postes est Louis XI, ce monarque que Victor Hugo a appelé *roi plus adroit que le plus adroit courtisan, vieux renard armé des griffes d'un lion, puissant et fin, servi dans l'ombre comme au jour, incessamment couvert de ses gardes comme d'un bouclier et accompagné de ses bourreaux comme d'une épée*[1].

Certains auteurs anciens ont cru pouvoir attribuer à la sollicitude paternelle les motifs qui poussèrent Louis XI à créer les postes.

Louis XI, disaient-ils, « inquiet de la maladie grave du Dauphin, duquel il était éloigné, établit les postes afin de connaître, presque à chaque instant, l'espoir ou la crainte que son état pouvait inspirer ».

1. VICTOR HUGO, *Mélanges littéraires. Notice sur Walter Scott*. Paris, 1823.

Cette assertion est bien invraisemblable, étant donné le caractère de Louis XI, mais on peut admettre aisément que son esprit de dissimulation l'ait porté à faire naître et à accréditer habilement une semblable légende, afin de détourner l'attention du but qu'il s'était réellement proposé. Sa vie agitée, ses démêlés avec ses grands vassaux, et particulièrement avec le duc de Bourgogne, ses intrigues continuelles avec les principales cours de l'Europe près desquelles il avait des agents secrets[1], suffisent à expliquer l'intérêt qu'il avait à créer les postes qui devaient lui donner les moyens de satisfaire à la fois son esprit ombrageux et rusé et ses vues ambitieuses.

L'institution de Louis XI présente à peu près le caractère des postes antiques et notamment des postes romaines (*cursus publicus*). Louis XI n'eut d'autre but que de faciliter l'exercice de son pouvoir royal et de consolider son autorité au moment où la Ligue du *Bien public* allait se constituer en vue de démembrer son royaume. Il avait donc le plus grand intérêt à être rapidement informé de tous les événements imprévus qui pouvaient surgir.

Dans la préface des Mémoires de Commines, Longuet fait de Louis XI le portrait suivant :

> Son activité allait au delà de tout ce qu'on peut dire. On voit, par ses lettres écrites de presque tous les endroits du royaume, qu'il doit en avoir fait le tour deux ou trois fois... Il vouloit tout connaître par lui-même et il exigeoit souvent que les particuliers lui écrivissent.
>
> C'est le moyen qu'il avait trouvé pour éviter les tromperies que lui auroient pu faire ses ministres. Malgré ses précautions, il ne laissait pas d'être quelquefois trompé.

Est-il besoin d'ajouter qu'il n'entrait nullement dans la pensée de Louis XI de créer dans son royaume un service public dont les particuliers seraient appelés à bénéficier?

Il suffit, pour s'en convaincre, de lire l'édit du 19 juin 1464, qui rendit l'institution des postes authentique.

### Édit sur les Postes.

#### Article premier.

Le dit seigneur et roi ayant mis en délibération avec les seigneurs de son conseil, qu'il est moult nécessaire et important à ses affaires et à son estat de sçavoir diligemment nouvelles de tous costez, et y faire, quand bon luy semblera, sçavoir des siennes; d'instituer et d'establir

1. Louis XI, dit Varillas dans son *Histoire de Louis XI*, employa la plupart des quatre millions sept cent mille livres qu'il exigeait tous les ans de ses sujets, à acheter des espions et des créatures dans les États voisins du sien, et dans les cours de ses principaux feudataires.

en toutes les villes, bourgs, bourgades et lieux que besoin sera jugé plus commode, un nombre de chevaux courants de traitte en traitte, par le moyen desquels ses commandements puissent être promptement exécutez, et qu'il puisse avoir nouvelles de ses voisins quand il voudra veut et ordonne ce qui en suit.

ART. 2.

Que sa volonté et plaisir est que dez à présent et doresnavant il soit mis et establi spécialement sur les grands chemins de son dit royaume, de quatre en quatre lieues, personnes féables, et qui feront serment de bien et loyaument servir le Roy, pour tenir et entretenir quatre ou cinq chevaux de légère taille, bien enharnachez et propres à courir le galop durant le chemin de leur traitte, lequel nombre se pourra augmenter s'il est besoin.

ART. 3.

Pour le bien et surentretenement de la présente institution et establissement et générale observation de tout ce qui en dépendra.

ART. 4.

Le Roy nostre seigneur veut et ordonne qu'il y ait en la dite institution et establissement et générale observation et pour en faire l'establissement un office intitulé *Conseiller grand Maistre des coureurs de France,* qui se tiendra près de sa personne après qu'il aura esté faire le dit establissement; pour ce faire lui sera baillé bonne commission.

ART. 5.

Et les autres personnes qui seront ainsi par luy establies de traitte en traitte seront appelées *maistres* tenans les chevaux courans pour le service du Roy.

ART. 6.

Les dits maistres seront tenus, et leur est enjoint de monter sans aucun délay ni retardement, et conduire en personne, s'il leur est commandé, tous et chacuns les courriers et personnes envoyées de la part du dit seigneur ayant son passe-port et attache du grand Maistre des coureurs de France, en payant le prix raisonnable qui sera dit cy après.

ART. 7.

Porteront aussi les dits maistres coureurs toutes despêches et lettres de Sa Majesté qui leur seront envoyées de sa part et des gouverneurs et lieutenans de ses provinces et autres officiers, pourveu qu'il y ait certificat ou passe-port du dit grand Maistre des coureurs de France, qui sera par luy establi en chacune ville frontière de ce royaume et autres bonnes villes de passage que besoin sera; le dit mandement addressant au dit Maistre des coureurs, pour porter sans retardement les dits paquets, ou monter ceux qui seront envoyés pour les affaires du Roy.

ART. 8.

Et afin qu'on puisse sçavoir s'il y aura eu retardement, et d'où il sera procédé, le dit seigneur veut et ordonne que le dit grand Maistre des coureurs, et ses dits commis cottent le jour et l'heure qu'ils auront délivré les dits paquets au premier Maistre coureur, et le premier au second, et aussi semblablement pour tous les autres Maistres coureurs à peine d'estre privez de leurs charges, et des gages, privilèges et exemptions qui leur seront donnés par la présente institution.

ART. 9.

Auxquels Maistres coureurs est prohibé et deffendu de bailler aucuns chevaux à qui que ce soit et de quelque qualité qu'il puisse estre sans le mandement du Roy et du dit grand Maistre des coureurs de France, à peine de la vie. D'autant que le dit seigneur ne veut et n'entend que la commodité du dit establissément ne soit pour autre que pour son service, considéré les inconvéniens qui peuvent survenir à ses affaires, si les dits chevaux servent à toutes personnes indifféremment sans son sceau, ou du dit grand Maistre des coureurs de France.

ART. 10.

Et afin que nostre très saint père le pape et princes étrangers, avec lesquels Sa Majesté a amitié et alliance par le moyen desquels le passage de France est libre à leurs courriers et messagers, n'ayant sujet de se plaindre du présent réglement, sa Majesté entend leur conserver la liberté du passage, suivant et ainsi qu'il est porté par ses ordonnances, leur permettant, si bon leur semble, d'user de la liberté du dit establissement, en payant raisonnablement et obéissant aux ordonnances contenues.

ART. 11.

Mais pour éviter les fraudes que pourraient commettre les courriers et messagers allants et venants en ce royaume, lesquels pour ne se vouloir manifester aux bureaux dudit grand Maistre des coureurs de France, et à ses commis qui y résideront en chacune ville frontière et autres de ce royaume, passeraient par chemins obliques et destournez pour oster la connaissance de leur voyage et entrée en ce dit royaume prenant pour ce faire autres chevaux et guides.

Art. 12.

Sa Majesté veut et leur enjoint de passer par les grands chemins et villes frontières pour se manifester aux bureaux du dit grand Maistre des coureurs et prendre passe-port et mandement tel que sera dit, à peine de confiscation de corps et de biens.

Art. 13.

Seront les dits courriers et messagers visitez par les dits commis du dit grand Maistre, auquel ils seront tenus d'exhiber leurs lettres et argent pour connoistre s'il n'y a rien qui porte préjudice au service du Roy, et qui contrevienne à ses édits et ordonnances, dont le dit commis sera bien instruit pour y rendre son devoir, et pour ce luy sera donné par le dit grand Maistre des coureurs de France plein et entier pouvoir de ce faire, en vertu de celuy qui luy sera attribué par la présente institution et par les lettres de commission qui luy en seront expédiées.

Art. 14.

Après avoir vû et visité par le dit commis les paquets des dits courriers, et connu qu'il n'y avait rien contraire au service du Roy, les cachetera d'un cachet qu'il aura des armes du dit grand Maistre des coureurs, et puis les rendra au dit courrier avec passeport que Sa Majesté veut être en la forme qui ensuit.

Art. 15.

Maistres tenans les chevaux courans du Roy depuis tel lieu jusqu'en tel lieu, montez et laissez passer ce présent courrier nommé tel, qui s'en va en tel lieu avec sa guide et malle, en laquelle sont le nombre de tant de paquets de lettres cachetées du cachet de notre grand Maistre des coureurs de France, lesquelles lettres n'ont été par moy vues, et n'y ay rien trouvé qui préjudicie au Roy notre sire, au moyen de quoy ne lui donnez aucun empêchement, ne portant autres choses prohibées et deffendues que telle somme pour faire son voyage, et sera signé du dit commis, et non d'autres personnes.

Art. 16.

Lequel passeport demeurera ès mains du dernier Maistre coureur où le dit courier se sera arrêté, pour iceluy être apporté au Bureau général du dit grand Maistre des coureurs de France, et des passeports sera fait registre, qui sera appelé le Registre des passeports.

ART. 17.

Les dits commis seront tenus, et leur est enjoint aussitôt que les dits courriers étrangers seront arrivez, et qu'il aura sçu leurs noms, le sujet de leur voyage, et la part où ils vont, de faire courir un billet pour en donner avis à leur grand Maistre des coureurs, qui en avertira Sa Majesté, si le dit courrier n'allait en cour, et prit un autre chemin que celuy où serait le dit seigneur, pour se manifester au dit grand Maistre des coureurs pour le conduire au Roy, soit qu'il fût envoyé vers luy ou non.

Et s'il se trouve aucuns des dits courriers étrangers et autres entrans dans ce royaume et sortans d'iceluy par chemins obliques et faux passages détournez, ou chargez de lettres ou autres choses préjudiciables au Roy notre sire, les dits commis les mettront ès mains des gouverneurs, ou leurs lieutenans en leur absence, et les lettres ou paquets dont ils auront été trouvez saisis, seront envoyez par le dit commis et leur grand Maistre des coureurs, qui les portera au Roy pour sçavoir sur ce sa volonté et plaisir.

ART. 18.

Et d'autant que la charge du dit grand Maistre des coureurs de France est moult d'importance, et requiert avoir fidélité, soigneuse discrétion et sçavoir; et qu'au moyen du dit office de sa dite charge les articles de l'institution et establissement dessus dit, doivent être gardez, entretenus et observez et estant iceluy establissement moult utile au service et à l'intention du Roy, il y requiert y avoir bien notables personnes pour le tenir.

ART. 19.

Le dit seigneur veut et ordonne que nul ne puisse être pourvû du dit office, s'il n'est reconnu fidèle, secret, diligent, et moult addonné à recueillir de toutes contrées, régions, royaumes, terres et seigneuries, les choses qui lui pourraient contribuer, et pour luy apporter les nouvelles et paquets qui luy adviennent par ambassades, lettres et autrement qui touchent en particulier et en général l'état des affaires du Roi et du royaume, et faire de toutes choses requises et nécessaires vrais mémoires et écritures, pour le tout par luy, et non autres, être rapporté à Sa Majesté.

ART. 20.

Veut et ordonne que celuy qui sera pourvû de la dite charge, soit compris de ses conseillers et autres officiers ordinaires, compté et enrollé en l'état de son hôtel, tout ainsi que l'un de ses conseillers et maistres d'hôtel ordinaires, à se trouver par tout où le Roy fera sçavoir et entendre au vray ce qui pourra toucher les affaires du dit seigneur, et l'en avertir et servir de ce qui sera nécessaire, et touchera le dit Etat.

ART. 21.

Veut et ordonne que le dit grand Maistre des coureurs de France ait l'entière disposition de mettre et établir par tout où besoin sera les dits maîtres coureurs, les déposséder si leur devoir ne font, et pourvoir en leur place tel que bon lui semblera, même avénant vacation par mort, résignation ou autrement de leurs charges, luy a donné pouvoir d'y pourvoir et instituer d'autres en leur place, et en délivrer lettres, les faisant faire serment de fidélité, et leur en donner acte sur les dites lettres.

ART. 22.

Veut et ordonne que le dit conseiller grand Maistre des coureurs de France pour l'entretènement de son estat, après avoir fait serment au Roy ès mains de son chancelier, de bien loyaument servir, ait pour gages ordinaires la somme de huit cent livres parisis, lesquels seront pris sur les plus clairs deniers et revenus du dit seigneur, outre et par dessus les droits et émoluments ordinaires qu'il prendra comme officier de l'hostel et maison du dit seigneur, qui par autres ses lettres lui seront ordonnez et payez.

ART. 23.

Et outre il aura pension de mille livres par autres lettres du dit seigneur pour son dit office, qui luy sera assigné et donné chacune année.

ART. 24.

Veut et ordonne que tous maistres coureurs qui seront par le dit grand maistre establis, ayent aussi pour leur entretènement en leurs estats pour gages ordinaires, chacun cinquante livres tournois, et chacun des commis qu'il aura près de sa personne et autres lieux que besoin sera, chacun cent livres pour leur entretènement, et veut que les uns et les autres pendant qu'ils serviront, jouissent des mêmes exemptions et privilèges que les officiers et commensaux de sa maison.

ART. 25.

Et à ce que les Maistres ayent moyen d'entretenir et nourrir leurs personnes et leurs chevaux et qu'ils puissent servir commodément le Roy,

ART. 26.

Il veut et ordonne que tous ceux qui seront envoyés de sa part, ou autrement, avec son passe-port et attache du grand Maistre des coureurs de France ou de ses commis, payent pour chacun cheval qu'ils auront besoin de mener, y compris celui de la guide qui les conduira, la somme de dix sols, pour chacune course de cheval durant quatre lieues, fors et excepté le dit grand Maistre des coureurs, qu'ils seront tenus de monter, sans rien prendre de luy ni de ses gens, qu'il mènera pour son service, allant faire ses chevauchées et son establissement, et pour les affaires de Sa Majesté; ensemble ne prendront rien de ses commis qui voudront courir pour les affaires pressées du Roy, au moins trois ou quatre fois l'an.

ART. 27.

Et quant aux paquets envoyez par le dit seigneur, ou qui lui seront addressez, les dits maistres-coureurs seront tenus de les porter en personne sans aucun délay, de l'un à l'autre avec la cotte ci-mentionnée, sans en prétendre aucun payement; ainsi se contenteront des droits et gages qui leur seront attribuez.

ART. 28.

Veut et ordonne les susdits articles et institution du dit grand office de conseiller grand-maître des coureurs de France et autres choses des susdites, soient à toujours observez et gardez sans enfreindre.

Fait et donné à Luxies près de Doulens le dix-neufvième jour de juin mil quatre cent soixante et quatre.

*Sic signatum :* LOUIS.

Par le Roy, en son conseil de la Loërre.

Collatione facta cum originali :

*Signé :* CHEVETEAU.

On remarquera que l'article 1er de cet édit spécifie très nettement que les postes sont créées uniquement pour le service du Roi et de son gouvernement.

L'article 2 place à la tête de l'institution un conseiller grand maître des coureurs de France.

L'article 7 institue des commis chargés de représenter le grand maître dans certaines villes de France et notamment dans les villes frontières.

Nous voyons dans l'article 8 le soin que l'on prend d'organiser un contrôle pour permettre de constater les retards qui viendraient à se produire dans l'expédition des paquets.

L'article 9 interdit l'usage des postes à qui que ce soit et de quelque qualité qu'il puisse être, à moins d'un ordre du Roi et du grand maître, et ce *à peine de la vie*. Toutefois, l'article 10 s'empresse d'ajouter que cette sévère interdiction ne s'appliquera ni au pape, ni aux princes étrangers des nations amies, ni à leurs courriers ou messagers.

L'esprit soupçonneux de Louis XI se manifeste clairement dans l'article 11 qui prescrit au grand maître et à ses commis des frontières de veiller à ce que des courriers ne puissent pénétrer en France par des chemins détournés. Cet article est complété par le suivant qui prescrit aux courriers étrangers de suivre les *grands chemins et les villes frontières* et de se présenter aux bureaux du grand maître pour demander un passeport, *à peine de confiscation de corps et de biens*.

Nous constatons dans les articles 13 à 17 que Louis XI entend que ses agents prennent connaissance de toutes les correspondances transportées par les courriers et s'assurent qu'elles ne contiennent rien *qui soit contraire au service du Roi*.

On remarque, d'autre part, que le secret professionnel est formellement prescrit aux agents du grand maître par l'article 19 et que la formalité *du serment* leur est imposée par l'article 20.

L'article 21 nous montre que les traitements sont payés non sur les deniers de l'État, mais sur la *cassette royale*.

Enfin, dans l'article 27, nous trouvons l'origine des *franchises*. Les paquets envoyés par le Roi et ceux qui lui sont adressés ne donnent lieu à aucune rémunération et doivent être remis *sans aucun délai*.

Tel est cet édit qui a une importance capitale non seulement au point de vue spécial du service des postes dont il est le point de départ, mais encore au point de vue *politique*.

Il marque officiellement la prise de possession par l'autorité *royale* du territoire français arraché aux mains de la puissance *féodale*. C'est l'unité de la patrie française qui se fonde. Ainsi se trouve réalisée, après cinq siècles de luttes et d'efforts persévérants, cette grande œuvre de concentration et d'unification territoriale commencée par Hugues Capet.

### MÉDAILLE COMMÉMORATIVE DE L'ÉDIT DE 1464.

Une médaille en bronze fut frappée pour perpétuer le souvenir d'un événement si remarquable. Elle est ainsi décrite par Lequien de la Neufville[1] :

1. LEQUIEN DE LA NEUFVILLE, *Usage des postes chez les anciens et les modernes*, Paris, 1730.

Le côté de la tête représente le Roy Louis XI, vêtu fort modestement, avec un petit chapeau orné d'une simple couronne au lieu de cordon. On y lit cette légende :

Ludovicus XI. D. Gra. Francor. Rex christianiss

Au revers, on voit deux courriers en position de retour; leurs chevaux sont au galop. Celuy qui devance l'autre porte une espèce de malle en croupe, et doit être regardé comme le postillon. On lit ce vers à la légende :

Qui pedibus volucres ante irent cursibus auras

c'est-à-dire ceux qui iraient plus vite que les oiseaux et que le vent. A l'exergue on lit : *decursio*.

### RÉCIT DES HISTORIENS SUR L'INSTITUTION DE LOUIS XI.

Il nous a paru intéressant de rechercher les récits des anciens historiens relatifs à la création du service des postes.

Écoutons d'abord Varillas [1] :

Les intrigues du duc de Bretagne n'auraient pu être découvertes à point nommé, si Louis XI ne se fût advisé d'une invention qui dure encore, tant elle a été trouvée convenable à la commodité du public. Comme il changeoit souvent les ordres qu'il avoit donnés, et qu'il prétendoit qu'on les exécutât avec une extrême promptitude, il se trouvoit sujet à des inconvéniens où ses prédécesseurs n'avoient point été exposés. Il n'avoit point un assez grand nombre de courriers, et ses courriers ne faisoient point assez de diligence, et ils ne trouvoient point à propos les hôtelleries et les choses propres à leur rafraîchissement. On n'y pouvoit remédier par les voies ordinaires sans qu'il en coûtât beaucoup; et Louis entreprenoit tant d'affaires en même tems, que, s'il n'eût ménagé sa bourse, elle n'auroit pas suffi pour toutes. Il lui vint en pensée d'établir des postes dans son royaume, et les règlements qu'il fit là-dessus le garantirent à l'avenir de la meilleure partie des frais qu'il faisoit auparavant, et lui attirèrent, de plus, un autre avantage qu'il n'avoit pas prévu, et qui consistoit à ce que ses intrigues s'acheminoient avec plus de secret.

Le Roi, dit Commines [2], qui avait jà ordonné postes en ce royaume, et par n'y en avoit jamais eu, fut bientôt adverty de cette déconfiture du duc de Bourgogne, et à chaque heure en attendoit des nouvelles, pour les advertissements qu'il avoit eu par avant de l'arrivée des Allemands, et de toutes autres choses qui en dépendoient, et y avoit beaucoup de gens qui avoient les oreilles bien ouvertes pour les ouïr le premier et les luy aller dire ; car il donnoit volontiers quelque chose à celuy qui le premier luy apportoit quelques grandes nouvelles, sans oublier les messagers ; et si prenoit plaisir à en parler, avant qu'elles fussent venues, disant : « Je donneray à celui qui m'apportera des nouvelles. » M. Dubouchage et moy eusmes (estant ensemble) le premier message de la bataille de Morat, et ensemble le dismes au Roy, lequel nous donna à chacun 200 marcs d'argent.

Monseigneur du Lude, qui couchoit hors du Plessis, sceut le premier l'arrivée du chevaucheur qui apporta les lettres de cette bataille de Nancy, dont j'ai parlé ; il demanda au chevaucheur qui apporta les lettres, qui ne lui osa refuser, pourquoi il estoit en grande autorité avec le Roy. Le dit seigneur du Lude vint fort matin

1. VARILLAS, *Histoire de Louis XI.*
2. PHILIPPE DE COMMINES, dans ses *Mémoires* (1476), liv. V, chap. x.

(il estoit à grande peine jour) heurter à l'huis plus prochain du Roi : on lui ouvrit; il bailla les dites lettres qu'envoyoit monseigneur de Craon et autres, mais nul n'acertenoit, par les premières lettres, de la mort; mais aucuns disoient qu'on l'avoit veu fuir et qu'il s'estoit sauvé.

Le Roi, de prime-face, fut tant surpris de la joye qu'il eut de cette nouvelle, qu'à grande peine sceut-il quelle contenance tenir.

Le duc de Lorraine, dit Hainault[1], accompagné des Suisses, vint au secours de la place (Nancy), le 5 janvier, attaque et défait le duc Charles, qui y perdit la vie, ayant été trahi par Campobasso, Napolitain. Il ne laissa d'autre héritier que Marie, sa fille unique. En lui finit la deuxième maison de Bourgogne, qui avait duré cent vingt ans, sous quatre princes. Le roi Louis XI, qui, le premier, avoit établi l'usage des postes, jusqu'alors inconnu en France, est bientôt informé de cet événement, et en profite pour reprendre plusieurs villes en Picardie, en Artois et en Bourgogne.

GRAND MAITRE DES COUREURS DE FRANCE. — CONTRÔLEUR DES CHEVAUCHEURS DE L'ÉCURIE DU ROI. — ROBERT PAON, CONTRÔLEUR DES CHEVAUCHEURS.

On ne peut préciser exactement l'époque à laquelle les postes commencèrent à être *assises* sur les grands chemins. D'après Nicolas de la Mare[2], on ne trouve pas même le nom du premier *grand maître,* mais, dit-il, comme l'intention de Louis XI était de confier cette charge à une personne de crédit, intelligente et capable, il se pourrait qu'elle eût été attribuée au grand Écuyer de France, dont les fonctions avaient beaucoup plus de rapport avec la nouvelle charge; le grand écuyer avait, en effet, déjà sous ses ordres les *Chevaucheurs de l'Écurie.*

De la Mare[3] ajoute :

Alain Goyon, grand personnage de ce temps-là, qui avoit mérité les bonnes grâces de Louis XI, à cause des services qu'il avoit rendus à ce prince avant et après son avènement à la couronne, étoit alors grand écuyer; il peut aussi avoir été grand maître des coureurs; cependant, nous n'en avons point de preuve, pas même de l'exercice de cette charge : il semble, au contraire, qu'en 1479 et dans la suite, l'administration principale des Postes ait été entre les mains du controlleur des chevaucheurs de l'écurie.

Le même auteur dit, dans un autre passage, que les chevaucheurs de l'écurie se multiplièrent tellement qu'il fut nécessaire de créer un *controlleur des chevaucheurs* (édit du mois d'octobre 1479),

pour prendre garde à leur conduite, et pour veiller aux abus qu'ils commettoient dans les voyages qu'ils faisoient pour les affaires du Roi. Ce controlleur eut

1. Hainault, *Histoire de France.*
2. Nicolas de la Mare, *Traité de la Police* (Paris, 1738), liv. VI, tit. XIV, chap. II, p. 558.
3. *Id., ibid.*, liv. VI, tit. XIV, chap. V, p. 574.

aussi l'administration des postes, et c'est le même office qui, par succession de temps, a été illustré de fort beaux titres, et enfin de celui de surintendant général des couriers, postes et relais de France ; c'est aussi le premier officier qui paroît avoir été mis en exercice pour le fait des postes, car il n'y a point de monumens qui établissent que la charge de grand maître des coureurs, créée par l'édit de 1464, ait été remplie ; mais on trouve dans les lettres patentes de Charles VIII, du 27 janvier 1487, que maître *Robert Paon* était pourvû de celle de *controlleur des chevaucheurs* dès le mois d'octobre 1479, et que cette charge a été exercée depuis sans interruption.

En l'absence de toute preuve contraire[1], nous pensons que c'est, en effet, Robert Paon qui, en octobre 1479, réunit dans ses mains les deux charges de grand maître des coureurs et de contrôleur de chevaucheurs et fut ainsi investi de l'autorité suprême sur l'institution naissante.

### COUREURS OU CHEVAUCHEURS DE L'ÉCURIE DU ROI.

Les coureurs ou chevaucheurs de l'écurie du Roi étaient, à proprement parler, des courriers de cabinet, dénomination sous laquelle ils furent plus tard désignés. Ils suivaient la cour et devaient être toujours prêts à porter les dépêches du Roi. Ils existaient déjà antérieurement à l'édit de 1464 et il est à présumer que les villes, bourgs ou villages qu'ils rencontraient sur leurs routes, étaient tenus de leur fournir des chevaux de relais[2]. C'est ce qui nous paraît démontré par l'ordonnance de saint Louis du 13 décembre 1254 que nous avons précédemment rapportée, et par une ordonnance de Philippe V, dit le Long, du 11 février 1318, qui donne aux courriers royaux la qualification de *chevaucheurs*.

L'édit de 1464 consacra officiellement l'existence des coureurs ou chevaucheurs et leur donna une organisation régulière et définitive. Leur nombre, fixé d'abord à 230, était de 234 à la mort de Louis XI. Or il est très vraisemblable que dans ce nombre étaient compris les *maistres tenans les chevaux courans pour le service du Roi*, ou *maistres coureurs*, c'est-à-dire les *maîtres de poste* qui étaient également désignés sous le nom de *Chevaucheurs*.

### MAITRES COUREURS OU MAITRES DE POSTE.

Les *maîtres coureurs* étaient établis de traite en traite de quatre en quatre lieues sur les grands chemins pour entretenir quatre

1. Ni Philippe DE COMMINES (dans ses *Mémoires*), ni Jean DE BEAUVAIS (dans ses *Chroniques*), ne fournissent aucune indication sur ce point historique qui, cependant, a son importance.
2. NICOLAS DE LA MARE, *Traité de la police*, liv. VI, titr. XIV, chap. II, p. 574.

ou cinq chevaux de légère taille et propres à courir le galop; ils percevaient, outre leurs gages, un droit par chaque cheval qu'ils fournissaient aux personnes munies d'un passeport du Roi, sous le sceau du grand maître. Ils étaient aussi, comme nous venons de le dire, qualifiés de *Chevaucheurs de l'écurie*, parce qu'ils étaient chargés non seulement d'entretenir des chevaux, mais encore de porter *eux-mêmes* les lettres et paquets du Roi, des gouverneurs, des lieutenants généraux des provinces et autres officiers supérieurs. Il est cependant peu probable que les maîtres coureurs aient effectivement porté de traite en traite les dépêches du Roi, puisqu'il est constant que les dépêches de la cour étaient, en fait, transportées par les véritables chevaucheurs ou *courriers de cabinet*.

Voici, d'ailleurs, l'opinion de Nicolas de la Mare :

Il y a apparence que, dans les commencements, on prit des chevaucheurs de l'écurie pour les placer dans les postes qui furent assises sur les grands chemins, ou que les maîtres de postes furent confondus avec les chevaucheurs de l'écurie et qu'ils furent tous appelés du même nom. Cette conjoncture est fondée : 1° sur ce que les mêmes lettres patentes du 27 janvier 1487 disent précisément que le controlleur des chevaucheurs avoit pris beaucoup de peine et fait de grands frais pour visiter les chevaucheurs et casser d'autres anciens et autres qui n'étoient expédiés pour les voyages nécessaires, en leurs lieux en mettre suffisans, aussi faire plusieurs chevauchées sur les champs qu'il lui convenoit faire pour asseoir et mettre lesdits chevaucheurs en postes, qui lors premiérement y furent mises et assises ;

2° Sur la multitude des chevaucheurs de l'écurie, qui étaient en place à la mort de Louis XI n'étant pas vraisemblable qu'il eut près de sa personne 234 chevaucheurs ou couriers; il est bien plus naturel de penser que ce prince en retenoit quelques-uns à la suite, pour les affaires pressées et que le reste étoit distribué dans les postes : ce nombre parut même si excessif à Charles VIII son successeur, pour toutes les expéditions tant publiques que secrètes, qu'il les réduisit à cent vingt, et créa autant d'offices de chevaucheurs de son écurie, avec défenses au grand écuyer et au controlleur des chevaucheurs d'en recevoir ni registrer d'autres, que ceux qui seroient compris dans le rolle arrêté au conseil.

3° Parce qu'il est dit dans les lettres patentes de Louis XII du 18 janvier 1506 *que les chevaucheurs de l'écurie furent établis ès villes et passages pour bailler chevaux de poste*.

4° Parce que le même prince approuva le retranchement qu'avoit fait Charles VIII, son prédécesseur, et le confirma par édit du mois de février 1509.

5° Sur ce que François Ier, par autres lettres du 5 juillet 1527, défendit à toutes personnes autres que les chevaucheurs, de fournir des chevaux aux couriers.

6° Parce que dans les ordonnances de François Ier et de Henri III des 3 septembre 1543 et août 1576, les maîtres des postes ne sont point nommés autrement que les chevaucheurs de l'écurie et enfin sur ce que dans nombre d'arrêts de la cour des Aydes, entr'autres ceux des 8 janvier 1565, 20 janvier 1567, 1571, 28 mars 1577, 2 avril 1593 rendus en faveur des maîtres des postes pour la conservation de leurs privilèges, ils se trouvent toujours qualifiés *chevaucheurs de l'écurie du Roi*.

Cette argumentation nous paraît irréfutable.

Plus tard, par la force même des choses, les maîtres de postes perdirent la qualité de *chevaucheurs*, ce qui les plaça dans une situation d'infériorité relative vis-à-vis des courriers de cabinet, mais ils regagnèrent en bénéfice ce qu'ils perdirent en dignité.

### ORGANISATION.

La nouvelle institution ne profita d'abord qu'au Roi, à ses délégués dans les provinces, ou aux personnages accrédités auprès des cours étrangères. Aussi les termes mêmes de l'édit qui définissent les attributions du *grand maître*, ont-ils donné, dès le début, à cette charge éminente, un caractère politique.

L'organisation postale créée par Louis XI comprenait deux réseaux bien distincts :

1° Un réseau de relais embrassant les villes les plus importantes et desservi par les coureurs du Roi à cheval ;

2° Un réseau secondaire partant de certains points du grand réseau et desservant les localités secondaires. Ce réseau secondaire était parcouru par des messagers « jurez et reçus en la cour du Parlement ».

Cette organisation est considérée, à juste titre, comme ayant été le point de départ de la poste actuelle, mais l'État ne se reconnaît pas encore comme étant le serviteur du public.

Les lettres des particuliers continuèrent donc à être transportées à peu près exclusivement par les messagers de l'Université. Ceux-ci cependant, du temps même de Louis XI, ne tardèrent pas à se trouver en concurrence avec les messagers royaux qui existaient déjà à cette époque, comme en font foi les nombreuses enquêtes et autres pièces de procédure relatives à des contestations de ce genre mentionnées dans le volumineux recueil manuscrit dit « de Toisy » qui se trouve à la Bibliothèque nationale.

Ces démêlés se prolongèrent dans la suite, avec une vivacité qui naturellement s'accroissait d'autant plus que les intérêts engagés devenaient plus considérables, en raison du progrès incessant de la circulation et des correspondances [1].

1. M. le baron Ernouf, *l'Administration des postes en France, son histoire, sa situation actuelle.* (*Revue contemporaine*. Paris, avril 1863.)

# CHARLES VIII

(1483-1498)

Réduction du nombre de messagers de l'Université et des chevaucheurs de l'écurie du Roi. Charles VIII et la Pragmatique sanction.

## ROBERT PAON CONFIRMÉ DANS SES FONCTIONS DE CONTRÔLEUR DES CHEVAUCHEURS.

Louis XI, l'année même de sa mort, avait expressément recommandé à son fils Charles VIII *de ne changer aucuns officiers*, s'il voulait éviter les malheurs qui avaient fondu sur lui *pour avoir désapointé tous les bons et notables chevaliers du royaume, qui avaient aidé le roi Charles VII à conquérir la Normandie et la Guyenne, à chasser les Anglais hors du royaume et à le remettre en paix et bon ordre* [1].

C'est, sans doute, pour remplir la promesse qu'il en avait faite à Louis XI, que par lettres patentes du 27 janvier 1487, Charles VIII confirma Robert Paon dans ses fonctions de contrôleur des chevaucheurs.

En présence du nombre croissant et envahissant des messagers de l'Université, il jugea prudent de le restreindre par ordonnance du 3 mars 1489, à *un par diocèse françois et un par chaque diocèse des pays étrangers dont il y aurait des escholliers à Paris* [2].

Il réduisit également de 234 à 120 le nombre de ses courriers et chevaucheurs, sans que ce chiffre pût être dépassé dans la suite, et érigea leurs emplois en titre d'office.

1. « En cet an 1483, voulut le Roy voir monseigneur le Dauphin son fils, lequel il n'avoit veu de plusieurs années.. . . . . . . . . . . . . . . . . . . . . . . . .

« Entre toutes ces choses il recommanda à son fils monseigneur le Dauphin aucuns serviteurs, et luy commanda expressément *de ne changer aucuns officiers* luy alléguant que quand le roy Charles VII son père alla à Dieu, et que luy vint à la couronne, il désapointa tous les bons et notables chevaliers du royaume qui avoient aidé et servi son dit père à conquérir la Normandie et Guyenne, et chasser les Anglois hors du royaume, et à le remettre en paix et bon ordre (car ainsi le trouva-il, et bien riche) dont il luy en estoit bien mal pris; car il en eut la guerre appellée le Bien public (dont j'ay parlé ailleurs), qui cuida estre cause de luy oster la couronne. » (*Mémoires de Philippe de Commines*, liv. VI, chap. XI.)

2. Crevier, *Histoire de l'Université*.

Bulæus (Duboulaye), *Histoire de l'Université*.

ÉDIT DE JUILLET 1495. — CHARLES VIII ET LA PRAGMATIQUE SANCTION.

Au mois de juillet 1495, il donna un édit défendant aux courriers, *sous peine de la hart, d'apporter aucune lettre contre les saints décrets de Bâle et contre la Pragmatique sanction*.

On sait que le roi Charles VII, à la suite d'un concile national des évêques et docteurs français, tenu à Bourges, avait rendu, en 1438, une ordonnance royale appelée Pragmatique sanction qui réglait les rapports de l'Église et de l'État, conformément aux décrets de ce concile national et à ceux du concile général alors réuni à Bâle. La Pragmatique établissait, suivant la doctrine ancienne, que le concile général était au-dessus du pape ; elle ratifiait le décret du concile de Bâle sur la réunion des conciles généraux, tous les dix ans, etc., etc. En un mot, elle avait rendu au clergé français ses anciens droits que le pape lui avait enlevés et avait ainsi fixé les privilèges de l'Église de France.

L'édit de juillet 1495 n'aurait-il pas été inspiré à Charles VIII par le remords un peu tardif que lui aurait fait éprouver l'humiliation honteuse à laquelle il s'était soumis le 19 janvier précédent en rendant obédience au pape Alexandre VI et en lui baisant publiquement le pied dans l'église Saint-Pierre de Rome?

Quoi qu'il en soit de ce point d'histoire, l'édit est lui-même une preuve que les courriers étaient établis dans le royaume et qu'ils pouvaient apporter des lettres des pays étrangers.

# LOUIS XII

(1498-1515)

Établissement des maitres de poste dans les villes et passages. — Nombre des chevaucheurs de l'écurie.

LETTRES PATENTES DU 18 JANVIER 1506. — ÉTABLISSEMENT DE CHEVAUCHEURS ÈS PRINCIPALES VILLES ET PASSAGES POUR BAILLER CHEVAUX DE POSTE.

Par lettres patentes du 18 janvier 1506, Louis XII, sur l'avis donné par le contrôleur des chevaucheurs de l'écurie, établit *ès principales villes et passages* les chevaucheurs de son écurie, pour *bailler chevaux de poste*.

Il est à remarquer que, dans ce document, pas plus d'ailleurs que dans le document suivant, il n'est fait aucune mention du *grand maître des coureurs*, ce qui semble indiquer qu'il n'en existait pas et que le *contrôleur général* avait autorité entière sur le service des postes.

ÉDIT DE BLOIS DE FÉVRIER 1509 FIXANT A 120 LE NOMBRE DES CHEVAUCHEURS DE L'ÉCURIE ET PORTANT DÉFENSE A TOUTES AUTRES PERSONNES DE PORTER SUR L'ÉPAULE LES ARMES DU ROI.

Un édit, donné à Blois en février 1509, confirma les dispositions prises par Charles VIII et fixa à 120 le nombre des chevaucheurs.

Nous lisons dans cet édit:

Nous avons ordonné et ordonnons que pour le service de Nous et de nos affaires, il n'y aura doresnavant que six vingt chevaucheurs de nostre Escurie, sans ce que ledit nombre soit, ne puisse estre excédé; duquel nombre nous voulons et déclarons estre compris et entendus ceux qui sont les premiers escripts au roolle cy attaché sous le contre-scel de nostre chancellerie; lesquels six vingt chevaucheurs ordinaires seront préférez ès nos voyages, chevauchées et postes, devant les autres extraordinaires après escripts en icelui roolle, lequel nous avons fait faire de nouveau et signé de nostre amé et feal cousin le sieur Galeas de Saint-Severin nostre grant écuyer et *du contrerolleur desdits chevaucheurs*, pour y comprendre les chevaucheurs qui nous servoient ordinairement auparavant nostre avenement à la couronne, et pour remplir les lieux et places vacans de ceulx qui sont decedez; et lesquels six vingt chevaucheurs ordinaires de nostre dite escuirie ne aucun d'iceulx ne pourront résigner ne bailler leurs offices en quelque manière que ce soit, sinon ausdits extraordinaires, jusques à ce que le nombre d'iceulx extraordinaires soit réuni et remis audit nombre de six vingt.

Le même édit déclarait que les chevaucheurs de l'écurie qui tiendraient *hôtellerie* ne jouiraient pas des privilèges accordés aux autres. Enfin le passage suivant interdisait à toutes personnes autres que les chevaucheurs de porter sur l'épaule les armes du Roi :

Et avecques ce nous voulons donner ordre sur ce que aucuns marchands, sergents, couriers, banquiers et autres manières de gens, mesmement les sergents de nostre ville et seneschaussée de Lyon quand ils chevauchent et vont par nostre royaume pour en déguiser et feindre qu'ils sont du nombre de nos dits chevaucheurs ou héraults et qu'ils vont et viennent pour nos affaires, portent et font porter par leurs gens et serviteurs nos armes et enseignes, et soubz ombre de ce prennent chevaulx de poste et font et commettent plusieurs autres fautes et abus, dont à cause de ce quant il advint que nos dits chevaucheurs sont envoyez pour nos affaires, ils en sont souvent retardez et empêchez qui est et pourroit tourner à notre interest et dommaige et au grant retardement des affaires de nous et de nostre dit royaume défendons bien expressément par ces présentes à tous marchands, couriers, banquiers, sergents et autres manières de gens de quelque état et conditions qu'ils soient, de ne porter nos dites armes sur l'épaule comme dit est, mais seulement pendants et attachés à leurs ceintures et gibecières ainsi que font les sergents de nostre ville de Paris et des autres bonnes villes de notre dit royaume, et ce sur peines des perditions d'icelles armes dont ils seront trouvés saisis et d'amende arbitraire : et en tant que touche les cavalaires de notre duché de Milan nous ordonnous et déclarons qu'ils porteront doresnavant nos armes escartelées de France et de Milan, et non pas plusieurs armes de France...

Dans son ouvrage sur le monopole de la Poste, M. Ernst von Beust vante la rapidité des postes françaises, et cite comme exemple qu'un hérault de Louis XII, du nom de Gilbert Chauveau, n'aurait mis que trois jours *en poste*, pour apporter des lettres de Milan au château d'Amboise où se trouvait le Roi [1].

Louis XII, que sa bonté fit surnommer le *Père du peuple* [2], s'attacha à encourager le commerce. Aidé de son digne ministre, Georges d'Amboise, qui aima le peuple comme lui et comme lui en fut aimé, il rétablit

1. Ernst von Beust, publiciste allemand : *le Monopole de la poste.*
2. « C'est la vérité que par tous lieux où le dict seigneur (Louis XII) passoit, les gens et hommes et femmes s'assembloient de toutes parts et couroient après luy trois ou quatre lieües et quand ils pouvoient atteindre à toucher à sa mule ou à sa robe, ou à quelque chose du sien, ils baisoient leurs mains et s'en frottoient le visage d'aussi grande dévotion qu'ils eussent faict d'aucûns reliquaires. » (*Histoire de Louis XII*, par messire Jean de Sainct-Gelais, nouvellement mise en lumière, par Théod. Godefroy. Paris, 1622.)

si bien l'ordre dans le royaume que l'on put dire sous son règne : *Il y a trois cents ans qu'il ne courut en France si bon temps qu'il fait à présent.* Pour donner une idée de la sécurité des routes et de la facilité des communications à cette époque, il nous suffira de dire que, d'après M. Duruy, « les marchands faisaient moins de difficultés d'aller à Rome et à Naples ou à Londres qu'autrefois à Lyon et à Genève ».

# FRANÇOIS Ier

(1515-1547)

Brusquet, fou du Roi, maître des Postes à Paris. — Récit de Brantôme. — Privilèges des messagers royaux et des messagers de l'Université.

## PRIVILÈGES DE L'UNIVERSITÉ (1515).

Le roi François Ier montra, dans diverses circonstances, ses dispositions bienveillantes à l'égard des messagers de l'Université, des messagers royaux et des maîtres de poste.

C'est ainsi que dès l'année de son avènement, au mois d'avril 1515, il publia des lettres patentes dans lesquelles il est dit :

Tous et chacun des privilèges, franchises, libertés tant en général comme en particulier, avec les autres droits, coutumes et usages de l'Université dont elle a usé et joui, jouit et use à présent, sont ratifiés et confirmés pour en jouir et user dorénavant par les suppôts, officiers et serviteurs de la dite Université.

Le 22 novembre de la même année, la Reine qui avait été proclamée régente pendant la guerre d'Italie, publia une Déclaration portant :

Que l'Université, ses eschölliers, recteurs, docteurs, maîtres, régents et officiers comme conseillers, avocats, procureurs, scelleurs, bedeaux, libraires, écrivains, enlumineurs, relieurs, papetiers, parcheminiers, *messagers* et autres officiers d'icelle Université jouiront de tous les privilèges et immunités à eux accordez jusqu'à ce jour et seront spécialement frans et quittes de la contribution et impot que le Roy, pour subvenir aux grandes affaires de la guerre et du royaume, a demandé à la Ville de Paris.

Nous avons déjà constaté sous Lous XI l'existence des messagers royaux. L'acte suivant confirme également leur existence en 1525.

## TRANSPORT DES PIÈCES DE PROCÉDURE PAR LES MESSAGERS ROYAUX (OCTOBRE 1525).

Par un édit du mois d'octobre 1525, François Ier enjoint et commande aux greffiers des juges d'envoyer les procès des parties *dont aura été apellé au Parlement, après les avoir clos, évangélisés, et scellés par un seul* messagier *s'il se peut, à qui ils donneront une certification, portant le nombre de procès qu'ils lui auront remis pour après être taxez et payez par qui il apartiendra, et autrement ne sera taxé aucune chose à iceux messagiers.*

### ÉTABLISSEMENT DU MONOPOLE EN FAVEUR DES MAÎTRES DE POSTE (1527).

Deux ans après, des lettres patentes rendues en forme de règlement, le 5 juillet 1527, interdirent *à toutes personnes autres que les chevaucheurs, de fournir des chevaux aux courriers.* C'était l'institution du monopole en faveur des maîtres de poste.

### EXEMPTION DU GUET EN FAVEUR DES MESSAGERS ROYAUX ET DE L'UNIVERSITÉ (1539).

En janvier 1539, François Ier donna un édit portant que, suivant un arrêt du Parlement de Paris de 1484, les bedeaux ordinaires de l'Université de Paris, messagers du Roi et de l'Université seraient, pendant leurs absences, exempts de servir au guet de la ville de Paris.

Cet édit fut confirmé de nouveau par lettres patentes du 5 juin 1543 rendues au profit des suppôts, serviteurs et officiers de l'Université.

### PRIVILÈGE DE L'EXEMPTION DE TAILLE ACCORDÉ AUX MAÎTRES DE POSTE (3 SEPTEMBRE 1543).

L'exemption de taille était le plus beau privilège des maîtres de poste; ils en avaient toujours joui depuis leur établissement, à titre de commensaux de la maison du Roi. Une ordonnance de François Ier, en date du 3 septembre 1543, dont nous donnons le texte ci-après, leur confirma ce privilège :

Nous considérons que les six vingt chevaucheurs portènt le titre d'officiers ordinaires de notre escurie; et qu'ils sont de la revue d'icelle et par ce moyen ils soient comme ils sont, et comme tels les estimons, de la vraie nature et qualité que sont nos Domestiques et ayant aussi regard à la continuelle occupation qu'ils sont *tant ez postes assises qu'à la suite de nostre personne* pour faire les courses et voyages par nos exprès affaires, tant dedans que dehors nostre royaume, où ils exposent souvent leurs personnes en très grand péril et danger : Voulons et nous plaist que lesdits six vingts chevaucheurs, comme officiers ordinaires de nostre dite escurie et par conséquent de nostre maison, qui sont et qui, comme dit est, tels les réputons, soient et demeurent francs, quittes et exempts et jouissent eux et leurs successeurs ez dits Estats, de mesmes franchises et exemptions du fait, payement et contribution de nos Tailles, aydes et subsides, impositions et aydes quelconques ; tout ainsi et en la forme et manière que font nosdits officiers domestiques.

### JACQUES DE GENOUILHAC, GRAND ÉCUYER. — CLAUDE GOUFFIER, DUC DE ROUANNAIS, GRAND ÉCUYER.

Il nous reste à mentionner la nomination en 1545 de Jacques de Genouilhac, seigneur d'Assier en Quercy, en qualité de Grand Écuyer, et son remplacement, l'année suivante, par Claude Gouffier, duc de Rouannais.

### BRUSQUET, FOU DU ROI, MAÎTRE DES POSTES A PARIS.

Sous le règne de François Ier, les offices sont concédés à la faveur de trafics peu avouables. « Pour remplir son trésor épuisé, » a dit M. Duruy[1], « François Ier institua l'impôt immoral de la loterie et il recourut souvent à la triste ressource de créer des charges inutiles qu'il vendait au plus offrant. »

On vit même l'importante charge de la poste de Paris confiée au fou du Roi, Brusquet, de bouffonne mémoire, qui égayait les loisirs du Roi et reçut en échange pensions et riches présents.

Voici comment Brantôme, qui l'a connu, raconte l'histoire de cet étrange personnage :

Il faut dire de Brusquet queç'a été le premier homme pour la bouffonnerie qui fut jamais ni ne sera et n'en déplaise au Moret de Florence, fût pour le parler, fût pour le geste, fût pour écrire, fût pour les inventions, bref pour tout, sans offenser ni déplaire.

Son premier avènement fut au camp d'Avignon, où il se jeta, venant de son pays de Provence, pour gagner la pièce d'argent ; et contrefaisant le médecin, se mit pour mieux jouer son jeu, au quartier des suisses et lansquenets desquels il tirait grands deniers. Il en guérissait les uns par hasard, les autres il envoyait « ad patres » menu comme mouches.

Le pis fut qu'il fut découvert par la grande défaite de ces pauvres diables, et qu'il fut accusé. La connaissance en étant venu à M. le connétable, il le voulut faire pendre. Mais on fit rapport à M. le Dauphin, qui était là, que c'était le plus plaisant homme qu'on vit jamais, et qu'il le fallait sauver. M. le Dauphin, depuis notre roi, Henri second, le fit venir à lui, le vit, et le connaissant fort plaisant, et qu'il lui donnerait un jour du plaisir (ce qu'il a fait), il l'ôta des mains du prévôt du camp et le prit à son service. De telle façon que, pour ses plaisanteries, il parvint à être valet de sa garde-robe, puis vallet de chambre ; et puis, qui était le meilleur maître de la poste de Paris, qui valait de ce temps là ce qu'il voulait ; car il n'y avait point pour lors mille coches de voitures, ni chevaux de relais, comme pour le jourd'hui. Aussi, pour un coup, je lui ai compté cent chevaux de poste, et ce,

1. M. Duruy, *Histoire de France.*

d'ordinaire. Et pour ce, en ses titres et qualités, il s'intitulait capitaine de cent chevaux-légers. Je vous assure qu'ils étaient bien légers en toutes façons, tant de la graisse dont ils n'étaient guère chargés, que de la légèreté à bien courir et marcher... Je vous laisse à penser le gain qu'il pouvait faire de sa poste n'y ayant alors point de coches, de chevaux de relais, ni de louage que peu, comme j'ai dit, pour lors dans Paris, et prenant pour chaque cheval, 20 sous s'il était français, et 25 sous s'il était espagnol ou autre étranger.

Brusquet fut victime d'une singulière mésaventure pendant un voyage qu'il fit en Italie à la suite du cardinal de Lorraine. Il avait laissé à Paris sa femme qu'il venait d'épouser depuis peu ; cette dernière ayant appris, on ne sait comment, la nouvelle de la mort de son mari, s'empressa de demander et d'obtenir pour son propre compte le privilège de la poste de Paris. Après avoir ainsi sauvegardé ses intérêts matériels, elle se remaria, de telle sorte qu'à son retour, Brusquet, bien vivant, se trouva à la fois privé de sa femme et de son office.

Sa charge lui fut enfin restituée après une lutte longue et difficile, mais il en fut plus tard dépossédé pour une question de religion et il termina ses jours au service de Diane de Poitiers.

Qu'advint-il de sa femme? L'histoire est muette à cet égard.

# CHARLES IX

(1560-1574)

Jean du Mas, contrôleur général. — Étendue de ses pouvoirs. — Conflit avec le Parlement
Transport des sacs de procédure par les messagers royaux.

### ÉDIT DE SEPTEMBRE 1561 : LES ÉTATS DU DAUPHINÉ. — RELATIONS ENTRE LYON ET TURIN PAR GRENOBLE.

Un édit, daté du mois de septembre 1561 et émanant du roi Charles IX, nous paraît devoir être mentionné.

Les États du Dauphiné avaient représenté au Roi qu'il était très important pour le bien de son royaume et pour celui de cette province, de remettre les postes dans les mêmes lieux où elles avaient été établies avant la conquête de la Savoie par le roi François Ier.

Par cet édit, Charles IX ordonna que les postes seraient rétablies sur les anciennes routes de Lyon à Grenoble ; que de Grenoble on irait à Chorges, de là à Embrun, ensuite à Briançon et enfin à Turin.

En même temps, il était fait « deffenses très expresses au contrôleur général des Postes et aux autres officiers tant de Lyon que du pays du Dauphiné, sur le chemin de Suisse et aux environs, de fournir des chevaux à aucuns courriers sous quelque prétexte que ce pût être et de leur laisser le choix de passer par un autre chemin que par celui qui était prescrit, sur peine de confiscation des chevaux pour la première fois et d'amende arbitraire et en cas de récidive, d'être dépossédés

Il était également enjoint à ces mêmes officiers de ne faire tenir les dépêches que par les routes ordinaires, sous peine d'une amende de 100 livres tournois.

### LETTRES PATENTES DU 26 NOVEMBRE 1565 FIXANT L'ÉTENDUE DES POUVOIRS DU CONTRÔLEUR GÉNÉRAL JEAN DU MAS.

Les documents concernant l'histoire des postes font défaut depuis François Ier jusqu'à l'avènement de Charles IX.

Cette lacune regrettable paraît provenir de ce que les contrôleurs généraux ne reconnaissant pour leur service d'autre juridiction que celle du conseil, la publication d'un assez grand nombre d'édits, de déclarations et de règlements était faite seulement à l'audience du Sceau; aussi n'en existe-t-il aucune trace ni dans les registres du Parlement, ni dans les Livres du Châtelet, ni dans les documents publics. Les contrôleurs généraux étaient, en effet, considérés comme officiers attachés au *service du Roi dépendant du corps de sa maison et conséquemment placés en dehors de l'action des Juges ordinaires*, comme on peut le voir, du reste, par les lettres patentes du 29 novembre 1565, fixant l'étendue des pouvoirs du contrôleur général Jean du Mas et de ses successeurs.

Voici ce document dont l'importance n'échappera pas au lecteur :

Nous ayant mis en considération par devers les gens de notre Conseil privé, les remontrances du dit Du Mas et sçachant que l'institution dudit état de contrôleur général de nosdites Postes est chose qui concerne *notre service particulier et dépendant du corps de notre maison et partant hors la connoissance, jurisdiction et disposition de nos officiers et juges des lieux* : avons par l'avis d'icelui notredit conseil, dit et déclaré; disons et déclarons, voulons et entendons qu'audit Du Mas, contrôleur général de nosdites Postes, et à ses successeurs audit cas seuls, et non à autres, soit et demeure sous notre bon plaisir et volonté l'entière disposition desdites Postes, et qu'en icelles ils puissent commettre et ordonner telles personnes que bon leur semblera, icelles démettre et déposer toutes et quantes fois qu'il leur apparoîtra le bien de nostre service le requérir; sans qu'*aucuns gouverneurs et lieutenans généraux de nos Provinces, et gens de nos cours de Parlemens*, baillifs, sénéchaux, Prévôts et autres juges quelconques en puissent prétendre aucune cour, jurisdiction et connoissance; laquelle nous leur avons interdite et défenduë, interdisons et défendons par ces Présentes; excepté toutefois pour la réparation et punition des délits, à quoi nous voulons qu'il soit par eux soigneusement et diligemment procédé. Leur mandant et ordonnant chacun d'eux, que du contenu en vesdites Présentes ils fassent, souffrent et laissent ledit Du Mas et sesdits successeurs audit état, joüir et user pleinement et paisiblement, cessant et faisant cesser tous troubles et empeschements au contraire; car tel est notre plaisir : en témoin de ce nous avons fait mettre nostre scel à cesdites Présentes.

L'autorité absolue des contrôleurs généraux sur le service des postes se trouva ainsi pleinement établie : cette éminente prérogative leur fut confirmée par Charles IX (lettres patentes du 1er août 1571) et, comme nous le verrons dans la suite, par ses successeurs Henri III (lettres patentes des 28 novembre 1581 et juin 1585), Henri IV (mars 1595) et Louis XIII (25 février 1622).

Voici à quelle occasion ces lettres patentes furent publiées.

Le contrôleur général des postes avait dû, en raison de ses fonctions, accompagner la cour dans les voyages qu'elle fit dans plusieurs provinces du royaume. Il constata dans le service des postes de tels abus qu'il crut devoir, de sa propre autorité, révoquer et remplacer un certain nombre de maîtres de poste, sans avoir intenté aucune action contre eux devant les tribunaux ordinaires.

A notre avis, Jean du Mas n'avait fait qu'user, en cela, du droit que lui conférait formellement l'art. 21 de l'édit de Louis XI, mais une mesure aussi rigoureuse était sans précédent. Les officiers destitués obtinrent des juges ordinaires leur réintégration dans leurs charges, mais comme ils avaient été convaincus depuis, d'avoir réellement commis les malversations qui leur étaient imputées, non seulement leur révocation fut confirmée, mais le Roi voulut encore consacrer par un document authentique l'autorité absolue des contrôleurs généraux sur leurs subordonnés et soustraire leurs décisions à la juridiction des gouverneurs, lieutenants généraux, cours de parlement ou tous autres juges.

### DIFFICULTÉS AVEC LE PARLEMENT POUR L'ENREGISTREMENT DE CES LETTRES PATENTES.

Lorsque le contrôleur général des postes présenta au Parlement les lettres patentes pour les y faire enregistrer conformément à l'ordre du Roi (*lettres patentes du 20 janvier* 1566), le Parlement protesta par l'organe de son procureur général, contre ce qu'il considérait comme une atteinte à ses prérogatives, refusa d'enregistrer la décision royale et fit des remontrances au Roi, en s'appuyant sur ce que, dans ces lettres patentes, les gouverneurs et les lieutenants généraux des provinces avaient été mentionnés *avant la cour du Parlement.*

Par deux jussions successives en date des 18 mars et 2 mai 1571, Charles IX mit de nouveau le Parlement en demeure d'enregistrer les lettres patentes du 26 novembre 1565. Bien que la jussion du 2 mai portât que c'était par inadvertance que le Parlement avait été désigné après les gouverneurs et les lieutenants généraux, les lettres patentes ne furent pas enregistrées, ce qui obligea le contrôleur général à recourir de nouveau à l'autorité souveraine.

Malgré de nouvelles lettres patentes en date du 1er août 1571, confirmatives de celles de 1565, et malgré la défense formelle que le Roi faisait dans ces mêmes lettres, aux cours de parlement et à tous autres juges *de connaître de ces sortes de matières*[1], des maîtres de poste dépossédés soulevaient, à chaque instant, d'incessantes contestations et portèrent leurs plaintes devant les juges supérieurs. Quelques-uns d'entre eux furent même rétablis dans leurs emplois en vertu de jugements

1. Il n'est peut-être pas sans intérêt de faire remarquer l'intention bien arrêtée exprimée par l'autorité royale, de créer une justice administrative à l'encontre de la justice des parlements.

qu'ils obtinrent en leur faveur. Ces difficultés persistèrent après le règne de Charles IX et nous verrons la lutte recommencer sous son successeur Henri III.

## ÉDIT DE JANVIER 1573. — OBLIGATION DE CONFIER EXCLUSIVEMENT AUX MESSAGERS ROYAUX LE TRANSPORT DES SACS DE PROCÉDURE.

Pour ne pas anticiper sur les événements et pour ne pas nous écarter de l'ordre chronologique, nous devons relater ici un édit de Charles IX en date du mois de janvier 1573, enregistré au Parlement de Paris au mois de juin suivant, qui, « attendu la cherté du tems », réduisit de douze deniers tournois par lieue à deux sols tournois la taxe due aux messagers royaux pour le port au greffe du Parlement des « sacs des procès par écrit, enquêtes, informations et autres » que les greffiers des bailliages, sénéchaussées, prévôtés, vicomtés et autres sièges ressortissant au Parlement de Paris étaient tenus d'envoyer par l'intermédiaire des dits messagers « *encore que les parties ne le requissent, sur peine du quadruple toutes fois* ».

Cet acte important n'est pas seulement le témoignage d'une faveur marquée accordée aux messagers royaux ; il constitue aussi, fait digne de remarque, le premier pas vers le monopole de l'État.

Sous le règne de Charles IX, on cite, comme exemple de rapidité extraordinaire, la course de Paris à Madrid qui fut faite en trois jours et trois nuits par un courrier d'Espagne nommé Jean Barouchio, chargé de porter à Madrid la nouvelle du massacre de la Saint-Barthélemy (24 août 1572).

Un autre courrier du nom de Chémerau se rendit de Paris à Varsovie en douze jours, pour annoncer au futur roi de France, Henri III, alors roi de Pologne, la mort de Charles IX.

# HENRI III

(1574-1589)

Coches par terre et par eau. — Création en titre de messagers royaux. — Premier tarif de la taxe des lettres. — Taxe des pièces de procédure. — Départ régulier des courriers. — HUGUES DU MAS, contrôleur général. — Nouveau conflit avec le Parlement.

## LETTRES PATENTES DU 10 OCTOBRE 1575. — PRIVILÈGES ACCORDÉS POUR L'ÉTABLISSEMENT DE COCHES PAR TERRE ET PAR EAU. — PROTESTATIONS DES ÉTATS DE BLOIS.

Henri III chercha, à son tour, à amoindrir l'Université « en créant des concurrents à ses messagers dont elle tirait un revenu de grande considération[1] ».

C'est ainsi que l'année qui suivitson avènement, le 10 octobre 1575, il autorisa, par lettres patentes, l'établissement de coches par terre et par eau pour le transport des voyageurs et des bagages, de Paris à Troyes, à Rouen, à Orléans et à Beauvais. Vainement le tiers-état protesta aux États de Blois (1576) contre la décision royale qui avait pour effet « d'introduire notoirement une chèreté sur la voiture » et demanda qu'il fût permis à toute personne de tenir « coches et chariots pour aller et venir dans tout le royaume ».

Malgré ces doléances, le monopole subsista pendant deux siècles et ce fut seulement au début du règne de Louis XVI (arrêt du 7 août 1775) que le commerce, répétant les mêmes plaintes qu'en 1576, parvint à faire supprimer le privilège des voitures publiques[2].

Par une ordonnance du mois d'août 1576, Henri III confirma aux 120 chevaucheurs de l'écurie *tous les privilèges et franchises, libertés et immunités, droits, hostellages et toutes autres tailles, subsides, emprunts, ports, péages et passages qui leur avaient été accordés par les Rois, ses prédécesseurs.*

1. CREVIER, *Histoire de l'Université*, t. IV.
2. PICOT, *Histoire des États Généraux.*

ÉDIT DE NOVEMBRE 1576. — CRÉATION EN TITRE DE MESSAGERS ORDINAIRES ROYAUX POUR LE TRANSPORT DES ACTES DE PROCÉDURE ET DES LETTRES MISSIVES DES PARTICULIERS. — PREMIER TARIF DE LA TAXE DES LETTRES DANS LE RESSORT D'UN MÊME PARLEMENT. — DÉPART RÉGULIER DES COURRIERS.

L'édit du mois de novembre 1576, qui amplifia et réglementa l'institution des messagers royaux, fut l'événement le plus important qui se soit produit dans l'histoire des postes depuis l'édit de Louis XI.

L'envoi au Parlement des actes de procédure avait donné lieu à de graves abus.

Afin de ne pas payer aux messagers la taxe de 2 sols tournois prescrite par l'édit de 1573, les greffiers avaient jugé préférable, pour leurs intérêts, de porter le plus souvent, eux-mêmes, les pièces de procédure à la cour du Parlement, ou de les faire porter par leurs commis. S'ils s'adressaient à l'intermédiaire des messagers, ceux-ci devaient consentir une réduction sur le prix du transport. Dans ce cas, les messagers exigaient une seconde taxe des parties ou remettaient les sacs de procédure soit aux parties elles-mêmes à charge par elles de les faire parvenir, soit à telles personnes que bon leur semblait en leur donnant ce qu'il leur plaisait.

On conçoit, dès lors, que les dossiers parvenaient le plus souvent au Parlement après les délais prescrits et, ce qui est plus grave, un certain nombre de pièces étaient parfois distraites et d'autres falsifiées.

L'édit de novembre 1576 eut pour but de remédier à ces abus et institua à cet effet, auprès de chaque siège de « bailliage, sénéchaussée ou d'élection » ressortissant aux cours de Parlement et des Aydes un ou deux offices de messagers ordinaires[1], « pour y être pourvus de personnes capables et de prudhomie requise duement cautionnez de la somme de cinq cents livres pour une fois en payant pour les pourveus des dits offices, la finance à laquelle chacun d'iceux sera taxé... lesquels messagers seront reçus et feront le serment en cours de Parlement et des Aydes chacun en sa province ».

L'envoi des pièces de procédure par l'intermédiaire des messagers royaux fut entouré des garanties suivantes :

Auxquels messagers pourveus en chacun siège desdits bailliages, séneschaussées ou élections, seront par chacun des dits greffiers civils ou criminels, enquesteurs adjoints ou leurs commis et autres personnes publiques des dits sièges, délivrez

1. Comme nous l'avons déjà indiqué, il existait déjà des messagers royaux du temps de Louis XI, mais l'édit de 1576 rendit cette institution définitive et régulière.

de jour à autre ainsi que le cas le requerra tous les sacs des procez par écrits, enquestes, informations et autres procédures qu'il sera besoin de porter aux greffes de nos dites cours, dont les dits greffiers tiendront registres, sur lesquels les dits messagers s'en chargeront [1]. Aussi aura le dit messager un registre sur lequel les dits greffiers écriront et signeront de leurs mains les actes de la délivrance qu'ils auront faite des sacs aux dits messagers pour y avoir recours quand besoin sera. Et sur les étiquettes des sacs, chacun des greffiers mettra les noms et surnoms des parties dénommées ès dits procez, enquestes, informations et autres procédures, les lieux et paroisses de leurs demeures, afin que les messagers sachent où les trouver pour faire leur taxe.

Semblablement les dits greffiers mettront le nom du messager le jour que la délivrance lui aura été faite des sacs, afin que les greffiers de nos dites cours puissent connaître si les dits sacs auront été apportez ou envoyez dans le tems prescrit. Ce que nous enjoignons très expressément aux dits messagers, leur défendant d'ouvrir les sacs sur peine de privation de leur état et de punition corporelle. Défendons aussi très expressément à tous les greffiers de nos dites cours de Parlement et des Aydes de recevoir aucun sac des dits procez par écrit, enquestes, informations et autres procédures par les mains d'autres personnes que les dits messagers, même par les mains des greffiers des sièges, à peine de cinq cens livres tournois d'amende. Pareillement défendons à toutes personnes de quelque estat, qualité ou condition autres que les dits messagers ou leurs commis de se charger des sacs pour les porter ès dits greffes sur pareille peine d'amende.

C'est, on le voit, la confirmation du monopole de l'État pour le transport des pièces judiciaires.

L'édit que nous analysons, prescrit que dorénavant les départs et les retours des messagers devront avoir lieu *à jour fixe*.

Lesquels messagers seront tenus toutes les semaines de l'année à partir *à jour certain* de la ville où sera estabii le siège auquel ils seront messagers, pour porter les sacs des procez par escrit, enquestes, informations et autres qui leur auront été délivrez par leur greffier de nos dites cours, ensemble les lettres missives et autres papiers, marchandises, or et argent et toutes autres choses qui leur seront ou auront été délivrez par autres personnes, pour porter en nos villes où seront establies nos dites cours, et de retourner dans la ville de laquelle ils seront partis la semaine prochaine en suivant, aussi à jour certain, lesquels jours ils ne pourront changer, afin que chacun se trouve prest au jour pour envoyer par eux, sur peine de privation de leurs Estats.

C'est pour la première fois que la poste est mise *officiellement* à la disposition des particuliers.

### TAXE DES PIÈCES DE PROCÉDURE.

La taxe due pour le transport des pièces de procédure dans le ressort de chaque parlement, resta fixée à 2 sols tournois par lieue, comme l'avait ordonné l'édit de 1573.

1. Une formalité analogue existe encore aujourd'hui pour les billets d'avertissement en conciliation. En vertu de l'article 356 de l'Instruction générale sur le service des Postes,

TAXE DES LETTRES DES PARTICULIERS.

La taxe des lettres missives dans le ressort de chaque parlement fut fixée de la manière suivante :

10 deniers tournois par chaque lettre, y compris le port de la réponse.
15 — — pour un paquet de trois ou quatre lettres missives;
20 — — pour les paquets de lettres pesant une once ou plus.

Il est à remarquer que ce tarif, le premier qui ait été appliqué en France, consacrait précisément le principe de la taxe uniforme quelle que fût la distance à parcourir dans le ressort d'un même Parlement, principe qui est aujourd'hui adopté non seulement dans le régime intérieur de tous les pays, mais encore dans les relations internationales.

Quant au prix du transport de marchandises, d'or, d'argent ou autres, il devait être débattu de gré à gré entre le messager et l'envoyeur.

Les messagers étaient responsables des objets qui leur étaient confiés, sauf *dans le cas de vol d'iceux qui serait fait en plein jour sur le grand chemin,* ce qui ne donne pas une haute idée de la sécurité des routes !

Enfin, le dernier article de cet édit octroya aux dits messagers et à leurs successeurs tels et semblables privilèges, « franchises, libertez et droits qui ont été donnés et octroyés aux messagers jurés de l'Université de Paris pour en jouir par eux comme font les dits messagers de l'Université. »

Henri III suscitait ainsi une redoutable concurrence aux messageries de l'Université, tout en accordant aux particuliers des facilités nouvelles.

DÉCLARATION ROYALE DE 1582 CONFIRMANT L'ÉDIT DE NOVEMBRE 1576.

L'exécution de l'édit de 1576, qui avait réglementé l'institution des messagers royaux souleva, dès le début, de graves difficultés. Ces emplois étaient, en effet, exercés en vertu de *commissions* délivrées par le Parlement, la cour des aides et même par les juges ordinaires des provinces; les titulaires ne crurent pas devoir se présenter pour

« sur la demande du greffier expéditeur, le préposé qui reçoit les billets d'avertissement en conciliation doit en reconnaître le nombre par l'apposition de sa signature et du timbre à date du bureau, sur le bulletin qui lui est présenté à cet effet. » L'article 357 de la même Instruction prescrit également aux receveurs de tenir note jour par jour du nombre de billets d'avertissement déposés à leur bureau à destination de la circonscription cantonale.

acquitter *la finance* des charges dont ils pensaient être les légitimes possesseurs.

Henri III voyant qu'il n'avait pas atteint son but, publia, le 20 mai 1582, une déclaration confirmant et expliquant son édit de 1576.

Il entendait que *toutes sortes de messagers* ne pourraient continuer leur service qu'à la condition expresse de prendre nouvelle provision et de *payer la finance*, sous peine d'une amende de 100 écus qu'il était défendu aux juges de réduire.

Les offices dont les titulaires ne se seraient pas exécutés seraient déclarés vacants et vendus au profit du Roi.

En dépit des privilèges et immunités universitaires, les messagers de l'Université furent invités à prendre, comme les messagers royaux, une nouvelle *provision* de l'autorité royale pour exercer leurs offices.

L'Université protesta énergiquement contre la prétention royale et eut, en définitive, gain de cause, car la déclaration de 1582 fut annulée plus tard par Henri IV (*Décl. royale du 9 août* 1598), mais la lutte recommencera encore et suivra des phases diverses que nous aurons l'occasion d'étudier.

### HUGUES DU MAS, CONTRÔLEUR GÉNÉRAL (1581). — DÉCLARATION DU 11 JUIN 1585. — NOUVELLES DIFFICULTÉS AVEC LE PARLEMENT DE PARIS AU SUJET DU DROIT DE RÉVOCATION DES MAÎTRES DE POSTE PAR LE CONTRÔLEUR GÉNÉRAL.

Hugues du Mas succéda à son père Jean du Mas, dans la charge de contrôleur général des postes qu'il exerça de 1581 à 1595 et éprouva les mêmes difficultés que lui, à faire reconnaître par le Parlement de Paris son droit de révocation sur les maîtres de poste.

Le sieur Jacques de Paris, qui tenait la poste de Juvisy, avait été révoqué et remplacé dans ses fonctions. Il assigna le sieur Jacques Cottard, son successeur, devant la Chambre des requêtes du Palais, mais malgré l'intervention du contrôleur général dans le procès, la Chambre ordonna que Jacques de Paris reprendrait possession des relais de Juvisy.

Par sa déclaration du 11 juin 1585, Henri III cassa la sentence, confirma le contrôleur général dans tous les pouvoirs qu'il avait sur les postes et défendit à tous juges, quels qu'ils fussent, de s'immiscer dans les différends qui pourraient survenir à cause des provisions, commissions et destitutions dans le service des postes, à peine de 500 écus d'amende et de nullité de procédures qui pourraient s'ensuivre.

Cette déclaration est la dernière que le roi Henri III fit avant sa mort.

**Il nous reste de cette époque une commission de maître de poste; elle émane du futur roi de France Henri IV. En voici textuellement la teneur :**

Henri, par la grâce de Dieu, roy de Navarre, seigneur souverain de Béarne et des terres de Donnezan, de Haubourdin et Annezin, duc de Vendômois, d'Albret et de Beaumont, pair de France, à Anthoine Dupin, habitant de la ville de La Réolle. Comme il soit requis et nécessaire pour le service du roy, monseigneur, durant ces remuances et esmotions, asseoir et mettre postes sur la traverse de Bordeaux à Agen afin qu'il ne puisse advenir inconvénients des pacquets de Sa Majesté, et qu'ils nous puissent estre seurement et dilligemment renduz. A ceste cause, nous vous enjoignons et commandons par ces présentes de recourir incontinent et sans délay dix ou sept chevaux de poste, et avec iceulx vous tenir en la dite ville aux fins susd..., pour l'entretennement d'iceulx ensemble de vos serviteurs, et pour vos gages, nous avons ordonné et ordonnons par chacun moys tant que de nous aurez cette charge la somme de vingt livres. Lesquelles nous mandons à notre amé et féal... (*Ici est un blanc*) trésorier des deniers extraordinaires par nous establi durant ces d.... remuances et esmotions,ou autres ayant pareille charge vous payer et bailler par chascun moys la d.... somme, laquelle en rapportant quictance de vous avec coppie vidimée de la présente commission, voullons icelle somme de vingt livres par moys estre allouée en la despence de ses comptes par les auditeurs d'iceulx, auxquels mandons ainsy de faire sans difficulté et néantmoins vous ordonnons par chacun courrier qui courra sur les d... chevaulx jusqu'à Marmande en montant de Langon en descendant, la somme de vingt sols et par chacun cheval, que les d... courriers seront tenus vous payer. Faisons inhibitions et deffences à tous cappitaines, chefz et conducteurs de gens de guerre et autres membres de soldatz, ne loger, ne souffrir que aucun d'eux loge dans vos maisons et biens, et à tous juges, juratz et consultz soit de la d... ville de la Réolle ou d'ailleurs ne vous cottizer, ne souffrir être cottizé pour raison des détailles, passage et solde des d... gens de guerre, en quelque façon que ce soyt : d'argent, meubles, logis ou autres choses, sur peine de désobéissance.

Donné à Saincte-Bazeille, le vingtiesme jour de janvier, l'an mil cinq cent soixante dix sept.

# HENRI IV

(1589-1610)

Situation de la France. — Création de surintendants, commissaires et contrôleurs généraux des coches et carrosses publics. — GUILLAUME FOUQUET DE LA VARENNE, contrôleur général : ses pouvoirs et prérogatives. — Établissement de relais de chevaux de louage. — Création de deux généraux de relais. — Privilèges des messageries de l'Université. — Règlement sur les tailles. — Réunion des relais aux postes. — Général des postes et relais : ses attributions et juridiction. — Les postes sous Henri IV. — Correspondance entre HENRI IV et SULLY.

Henri III était mort dans la nuit du 1er au 2 août 1589, sous les coups du moine fanatique Jacques Clément; mais ce fut seulement cinq ans après, le 21 mars 1594, que son successeur Henri IV put faire son entrée dans sa bonne ville de Paris, après avoir vaincu la Ligue et abjuré la religion protestante.

Henri IV s'efforça aussitôt d'effacer les désastres de quarante ans de guerres civiles compliquées de guerre étrangère et d'améliorer la condition du peuple.

C'est dans sa correspondance et dans ses harangues que l'on retrouve les qualités qui ont fait de lui le plus populaire des rois de France, c'est-à-dire la bonhomie, la rondeur, la chaleur communicative et le mâle courage.

Nous nous bornerons à reproduire ici sa harangue à l'Assemblée des Notables de Rouen qu'il avait convoquée en 1596, afin d'aviser, disait-il, aux meilleurs et plus puissants moyens qu'il faudrait tenir pour mieux guerroyer et mater l'Espagnol.

« Il fit à l'ouverture d'icelle assemblée, dit un contemporain, une harangue digne de luy et selon son humeur ordinaire, qui estoit de dire et comprendre beaucoup de choses en peu de paroles non recherchées mais pleines d'énergie. »

Voici cette harangue :

Si je faisois gloire de passer pour un excellent orateur, j'aurois apporté ici plus de belles paroles que de bonne volonté, mais mon ambition tend à quelque chose de plus haut que de bien parler : j'aspire au titre glorieux de libérateur et de restaurateur de la France. Déjà par la faveur du ciel, par les conseils de mes fidèles serviteurs, et par l'épée de ma brave et généreuse noblesse, je l'ai tirée de la servitude et de la ruine. Je désire maintenant la remettre en sa première force et en son ancienne splendeur. Participez, mes sujets, à cette seconde gloire, comme vous avez participé à la première. Je ne vous ai point ici appelés, comme faisaient mes prédécesseurs, pour vous obliger d'approuver aveuglément mes volontés ; je vous ai fait assembler pour recevoir vos conseils, pour les suivre ; en un mot, pour me mettre en tutelle entre vos mains. C'est une envie qui ne prend guère aux rois, aux barbes grises et aux victorieux comme moi ; mais l'amour que je porte à mes sujets et l'extrême désir que j'ai de conserver mon État, me font trouver tout facile et tout honorable.

### ÉDIT D'AVRIL 1594. — CRÉATION DE CHARGES DE SURINTENDANTS, COMMISSAIRES ET CONTRÔLEURS GÉNÉRAUX DES COCHES ET CARROSSES PUBLICS.

Henri IV fut admirablement secondé pour mener à bien la tâche glorieuse qu'il s'était imposée, par le génie de son grand ministre et ami Sully.

Dès le début de son règne, son attention se porta tout particulièrement sur le service des postes qu'il s'attacha à affermir et à développer.

Son premier acte fut de créer, par un édit du mois d'avril 1594, des charges de surintendants, commissaires et contrôleurs généraux des coches et carrosses publics.

### LETTRES PATENTES DE JUIN 1594. — CONFIRMATION DES PRIVILÈGES DE L'UNIVERSITÉ.

Henri IV chercha ensuite à s'attirer les bonnes grâces de l'Université en la confirmant, par lettres patentes du mois de juin 1594, dans tous les privilèges, us, libertés, et franchises qui lui avaient été antérieurement octroyés par ses prédécesseurs.

### GUILLAUME FOUQUET DE LA VARENNE, CONTRÔLEUR GÉNÉRAL (6 FÉVRIER 1595).

L'année suivante, le 6 février 1595, il désigna, pour succéder à H. du Mas dans ses fonctions de contrôleur général des postes, Guillaume Fouquet, sieur de la Varenne, commissaire ordinaire des guerres et capitaine de la ville et du château d'Angers.

Le nouveau contrôleur général n'avait guère été préparé à ces hautes fonctions, car il avait commencé par occuper l'emploi beaucoup plus modeste de cuisinier dans l'office de Catherine de Bourbon, sœur d'Henri IV. Il était devenu ensuite porte-manteau du roi qui le chargeait volontiers de porter ses messages d'amour, ce qui, d'après Sully[1], faisait dire à Madame : « La Varenne, tu as plus gagné à porter les poulets de mon frère qu'à plumer les miens. »

Il n'avait fait jusque-là que de la poste clandestine et c'est par ce petit côté seulement qu'il pouvait tenir à l'administration dont la haute direction lui était confiée désormais.

## LETTRES PATENTES DU 8 MARS 1595 CONFÉRANT AU NOUVEAU CONTRÔLEUR GÉNÉRAL LES MÊMES POUVOIRS QUE CEUX QUI AVAIENT ÉTÉ ATTRIBUÉS A SES PRÉDÉCESSEURS.

Il faut croire que l'autorité de la Varenne n'était pas, dès le début, complètement établie, car un certain nombre de personnes obtinrent directement du Roi leur nomination à des emplois dans les postes de Paris et de Lyon.

Sur la plainte de la Varenne, Henri IV annula, par lettres patentes du 8 mars 1595, les nominations ainsi arrachées par surprise et confirma au contrôleur général les pleins pouvoirs dont jouissaient ses prédécesseurs sur le service des postes.

L'autorité judiciaire ne devait, en aucun cas, intervenir dans les différends intéressant ce service, sauf pour la réparation et la punition de certains délits.

C'était la confirmation, au profit de Fouquet de la Varenne et de ses successeurs, des lettres patentes de 1565 dont le Parlement s'obstinait à enfreindre les prescriptions[2].

## ÉDIT DU 8 MAI 1597 PORTANT ÉTABLISSEMENT DE RELAIS DE CHEVAUX DE LOUAGE ET CRÉATION DE DEUX GÉNÉRAUX DES RELAIS.

Il n'était pas aisé de voyager, pour les personnes qui ne suivaient pas exactement les chemins parcourus par les messagers ordinaires.

Aussi, depuis déjà très longtemps, l'usage s'était-il peu à peu introduit en France de louer des chevaux à la journée pour conduire les personnes d'un point à un autre et pour porter toutes sortes de paquets. Le nombre d'établissements de ce genre était devenu si considérable que les particuliers pouvaient entreprendre les plus longs voyages,

1. *Œconomies royales* de SULLY (Londres, 1745), 3 vol. in-4, t. I, p. 292.

2. Comme on l'a déjà vu, le parlement contrecarrait plus d'une fois l'autorité royale. Henri IV étant un jour irrité contre un parlement hostile, un de ses courtisans tentait de l'apaiser en lui disant : « Sire, il n'est si bon cheval qui ne bronche. — Oui, riposta le Roi, mais toute une écurie ! »

Étienne Pasquier disait de son côté : « Le peuple français est composé de trois ordres, Église, Noblesse, Tiers Estat, et encore d'un quatrième alambicqué des trois aultres, qui est la Justice. »

certains qu'ils étaient d'avance, de trouver presque partout, sur leur route, des chevaux de louage. Les maîtres de ces chevaux les louaient même *pour le labourage des terres et pour le tirage des voitures d'eau*. Malheureusement les guerres de religion qui avaient désolé la France sous Henri III et sous Henri IV et les exactions des troupes des deux partis en présence avaient amené la ruine à peu près complète de ces établissements.

Dès qu'Henri IV eut assuré la paix dans son royaume et ramené le calme dans les esprits, il s'attacha, comme nous l'avons déjà dit, à améliorer le plus possible le bien-être général du peuple. Il voulut donc faire revivre les établissements de relais de chevaux de louage, tout en y introduisant une discipline qui n'avait jamais existé. Toutefois, comme les précédents détenteurs ruinés par les guerres, n'étaient pas en état de remonter leurs relais, Henri IV crut devoir placer ce service sous sa main immédiate, au même titre que le service des postes, et par un édit du 8 mai 1597, enregistré au Parlement le 23 janvier 1598, il prescrivit :

1° L'establissement de relais de chevaux de louage, de traite en traite, sur les grands chemins, traverses et le long des rivières pour servir à voyager, porter malles et toutes sortes de hardes et bagages; comme aussi pour servir au tirage des voitures par eau et cultures des terres.

2° La création de deux généraux pour faire faire l'establissement et iceluy entretenir selon les formes et ordres portez dans cet édit et le règlement y mentionné.

Voici les considérants de cet édit qui en montrent bien la portée humanitaire :

Considérant la pauvreté et nécessité à laquelle tous nos sujets sont réduits, à l'accroissement des troubles passez. Que la plupart d'iceux sont destituez de chevaux, non seulement pour le labourage, mais aussi pour voyager et vaquer à leurs négoces accoutumez, n'ayans moyen d'en achepter, n'y de supporter la dépense nécessaire pour la nourriture et entretennement d'iceux; pour raison de quoy, et pour la crainte que nos dits sujets ont des courses et ravages des gens de guerre; comme aussi les commerces accoutumez cessent et sont discontinuez en beaucoup d'endroits, et ne peuvent nos dits sujets librement vaquer à leurs affaires, sinon en prenant la poste, qui leur vient à grande cherté et excessive dépense ou bien les coches lesquels ne sont encore et ne peuvent estre establis en la plupart des contrées de nostre royaume, sont si incommodez que peu de personnes s'en veulent servir. A quoy désirans pouvoir et donner moyen à nos dits sujets de voyager et commodément continuer le labourage, et cependant éviter la dépense qu'il conviendrait faire pour la nourriture des dits chevaux, attendu que dès longtemps la nécessité et commodité a introduit le mesme establissement qu'entendons régler.

. . . . . . . . . . . . . . . . . . . . . . . . . . . . . . . . . . . . . . . .

Avons ordonné et ordonnons que par toutes les villes, bourgs et bourgades de ce dit royaume, et lieux qui seront jugez nécessaires, seront establis des maistres particuliers pour chacune traite et journée..,

La distance entre chaque relais fut calculée sur la journée commune de 12 à 15 lieues. Le prix de ferme fut basé sur le nombre des chevaux de chaque relais et fixé à 10 livres par tête. On arrêta celui de la journée de chaque cheval tant pour l'aller que pour le retour, à 20 sous tournois et 25 sous pour chaque bête d'amble, malliers et chevaux de courbes, c'est-à-dire employés au tirage des voitures par eau.

Les chevaux de relais devaient être considérés comme propriété royale et marqués, à cet effet, sur la cuisse droite, de la lettre H surmontée de la fleur de lys, et sur la cuisse gauche de la lettre initiale du lieu où ils seraient entretenus.

Les voyageurs ne pouvaient faire galoper les chevaux, sous peine de 10 écus d'amende.

Pour rehausser cette institution, Henri IV créa par le même édit deux offices de *généraux des chevaux de relais de louage* indépendants du contrôleur général des postes. En outre, il déclara les maîtres des relais de chevaux de louage « exemps, quittes et immunes des guets (à lui appartenant), gardes de portes, de charges d'eschevins, consuls, capitouls, jurats et de logis de gens de guerre seulement ».

### DÉCLARATION DU 9 AOUT 1598. — NOUVELLE CONFIRMATION DES PRIVILÈGES DE L'UNIVERSITÉ.

Henri IV manifesta très nettement ses intentions bienveillantes à l'égard de l'Université par sa déclaration du 9 août 1598, dans laquelle nous lisons :

> Considérant les grands et excellents biens qui sont advenus au temps passé à notre royaume de par notre dite fille, tant à cause de l'entretenement et exaucement de la foy catholique, que de la doctrine et lumière de science diffuse et épandue, non pas seulement par tous les royaumes chrétiens, mais aussi ès pays et nations des Infidèles et Mécréans, où la dite Université est louée et honorée; et désirant traister favorablement les dits exposans, et les conserver et maintenir en tous et chacuns leurs dits privilèges, avons dit et déclaré, disons et déclarons par ces présentes, que suivant iceux privilèges, tous messagers, jurez de quelque lieu qu'ils soient qui ont été par eux pourvus, jouiront pleinement et paisiblement des dits offices ensemble de tous les privilèges par nos dits prédécesseurs rois octroyez et par nous confirmez sans qu'ils soient troublez et empêchez, pour quelque cause et occasion que ce soit, ni être contraints nous payer aucune finance, en vertu du dit édit auquel n'avons entendu, comme encore n'entendons que les dits messagers jurez soient compris, et les avons exceptez et réservez, exceptons et réservons par ces présentes : *voulons et très expressément ordonnons, que si aucun des dits messagers par eux pourvus ont été contraints payer aucune finance, en vertu de notre commission, que les deniers par eux payez leur soient rendus, et à ce faire contraints ceux qui les auront reçus, par toutes voyes dues et raisonnables.*

Henri IV annulait ainsi la déclaration de 1582.

### DÉCLARATION ROYALE DU 25 JANVIER 1599 ET RÈGLEMENT GÉNÉRAL SUR LE FAIT DES TAILLES.

Une déclaration royale du 25 janvier 1599 et le règlement général sur le fait des tailles du mois de mars 1600 réduisirent à 20 livres la taille que les chevaucheurs et les maîtres de poste avaient à payer et leur accordèrent la faculté de tenir à ferme 30 arpents de terres d'autrui sans déroger à leurs privilèges.

### ÉDIT DU MOIS D'AOUT 1602 POUR LA RÉUNION DES RELAIS AUX POSTES.

Henri IV avait cru être utile à ses sujets en instituant le service des chevaux de relais, mais les postes ne tardèrent pas à se ressentir des funestes effets que leur causait une semblable concurrence. Elles se trouvaient fréquemment démontées; les paquets, les dépêches éprouvaient des retards désastreux et les étrangers, délaissant les postes, pénétraient en France par des chemins détournés au moyen des chevaux de relais et à l'insu des ministres et des gouverneurs des provinces.

Sur la très humble remontrance qui lui en fut faite, le Roi s'empressa de révoquer son édit du 8 mai 1597 et, par un nouvel édit du 3 août 1602, unit et incorpora les offices de généraux de chevaux de relais à la charge du contrôleur général des postes. Il autorisa, en outre, l'établissement de relais, même sur les chemins de traverse et dans chacune des capitales villes du royaume.

Toute l'administration des postes et relais se trouva ainsi placée sous l'autorité absolue de M. de la Varenne qui versa au Trésor pour prix de son monopole la somme de 97 800 livres.

### LETTRES PATENTES DE JANVIER 1608. — LE TITRE DE CONTRÔLEUR GÉNÉRAL DES POSTES EST REMPLACÉ PAR CELUI DE GÉNÉRAL.

Après avoir témoigné une aussi grande sollicitude pour les postes qu'il avait élevées au rang des institutions les plus notables du royaume, Henri IV crut devoir y ajouter un nouvel éclat en remplaçant le titre de contrôleur général des postes par celui de général.

Tel fut l'objet des lettres patentes du mois de janvier 1608 par lesquelles ce dernier titre fut conféré à Fouquet de la Varenne.

Les considérants de ces lettres patentes montrent en quelle haute estime Henri IV tenait le service des postes :

Le soin que nous avons voulu prendre depuis un certain temps de sçavoir bien au vray en quoi consiste la charge de controlleur général des postes de notre royaume, nous a fait entrer en une fort particulière connoissance du mérite d'icelle et juger de quelle façon elle importe au bien de nos affaires. Et après avoir meurement considéré jusqu'où elle s'étend, combien elle est honorable, et avec quelle autorité elle se peut dignement exercer par un homme qui s'en acquittera fidellement. Comme nous avons toute occasion de recevoir un entier contentement de notre amé et féal le sieur de la Varenne conseiller en notre conseil d'Etat, et gouverneur des ville et château d'Angers, lequel en est à présent pourvû. Nous avons estimé qu'il serait à propos d'en changer le nom, attendu que ce nom de controlleur s'est depuis la création du dit office rendu plus commun qu'il n'était au temps d'icelle, par la grande quantité d'officiers qui ont été créez avec cette qualité, aussi que véritablement l'office de controlleur général n'a pas été bien nommé...

Pour ces causes et autres, etc...

LETTRES PATENTES DES 23 JUILLET ET 14 DÉCEMBRE 1609. — COMMISSIONS SPÉCIALES DÉLIVRÉES A DE LA VARENNE POUR QU'IL PÛT JUGER DES DIFFÉRENDS SURVENUS ENTRE DES OFFICIERS DES POSTES.

En conformité de l'édit de réunion des relais aux postes, le Roi avait, par déclaration royale, ordonné que le contrôleur général des postes jouirait des prérogatives qui lui avaient été octroyées par les édits de 1597 et de 1602 et par la dite déclaration, et que défenses seraient faites à tous les officiers des postes et à toutes autres personnes de fournir des chevaux de louage sans la permission expresse du contrôleur général des postes à peine de 20 écus d'amende et de confiscation des chevaux.

Ces prescriptions n'étant pas respectées dans les provinces, le Roi dut, à plusieurs reprises et notamment les 23 juillet et 14 décembre 1609, délivrer à de la Varenne des commissions spéciales pour qu'il pût juger lui-même les différends survenus entre les officiers des postes *par le fait de leurs charges*. Il interdit même au Parlement de Toulouse, qui avait été saisi de deux différends analogues, de connaître de ces affaires relevant de la juridiction du général des postes.

L'année suivante, le 14 mai 1610, Henri IV fut frappé à mort par Ravaillac au moment où il allait tenter de réaliser ses vastes conceptions de politique étrangère.

La France pleura en lui le meilleur et le plus aimé de ses rois.

LES POSTES SOUS HENRI IV.

Au point de vue spécial du service des postes, le fait capital du règne d'Henri IV fut l'institution des relais, qui, en réalité, suscita une concurrence sérieuse aux messagers royaux et aux messagers de l'Université.

Ces trois établissements constamment en contact sur le même terrain d'intérêts antagonistes, étaient naturellement entraînés à des empiétements continuels qui donnaient lieu à des arbitrages et à des jugements sans nombre.

Il n'en est pas moins vrai que le but poursuivi par Henri IV fut pleinement atteint, car la rivalité amenée par ces conflits tourna, en définitive, à l'avantage du peuple qui profita le premier de la facilité et de la multiplicité des communications.

La poste atteignit, sous ce règne, un degré d'activité jusqu'alors inconnu. Henri IV voulait, d'ailleurs, être promptement servi par les courriers. « Il faut, » écrivait-il un jour à Sully, « que vous ayez des lettres de nous tous les jours et même à toute heure ». Aussi les courriers marchaient-ils jour et nuit.

Les dépêches étaient tantôt des autographes du prince en écriture ordinaire, tantôt des lettres écrites soit en chiffres, soit en caractères de convention.

Ce dernier mode était adopté non seulement pour la correspondance échangée entre Henri IV et Sully, mais encore pour les communications diplomatiques émanant des ambassadeurs de France à l'étranger. Sully recevait lui-même, d'autres personnages, des correspondances chiffrées, comme on peut le voir par la lettre suivante que lui écrivait un jour Henri IV. Cette pièce nous montre aussi que le Béarnais ne craignait pas de décacheter les lettres adressées à son ministre et ami, mais sans doute avec l'autorisation de ce dernier.

Mon amy, écrivait Henri IV, je ne vous avois donné congé que pour dix jours, et neantmoins il y en a desja quinze que vous estes party [1] : ce n'est pas vostre coustume de manquer à ce que vous promettez ny d'estre paresseux, partant revenez vous en me trouver : c'est chose nécessaire pour mon service, tant pour voir des lettres que madame de Simiers et un nommé la Font (qui à mon advis est celuy de qui vous sçaviez des nouvelles durant notre grand siège) qui vous escrivent de Roüen, lesquelles sont en chiffres, et par si peu que nous en avons peu deschiffrer, car je les ay fait ouvrir, nous jugeons qu'elles importent à mon service. Il y en a encore une d'un nommé Desportes qui demeure à Vernueil, lequel vous prie de luy mander s'il sera le bien venu pour vous parler d'une chose dont vous conferastes une fois ensemble à Évreux, dans vostre abbaye de Sainct-Taurin que le feu Roi vous donna.

J'ay aussi plusieurs choses à vous dire, et s'en présente tous les jours une infinité, sur lesquelles je seray bien ayse de prendre vos advis, comme j'ay fait sur beaucoup d'autres dont je me suis bien trouvé. Partant partez en diligence et me venez trouver à Fontainebleau, adieu.

Ce troisième septembre 1593. HENRI [2].

1. Sully s'était attardé dans sa terre de Bontin, où il avait été retenu par la vente de ses récoltes très abondantes cette année.

2. *Œconomies royales* ou *Mémoires de Sully*, année 1593.

Henri IV tenait rigoureusement à ce que les courriers fussent régulièrement payés et récompensés.

Mon amy, écrivait-il un autre jour à Sully, je vous fais ce mot en faveur de Baptiste Manchin, courrier, pour vous prier d'adviser à le faire contenter de neuf cens écus qui luy sont dus pour des voyages qu'il a cy-devant faits à Rome pendant ces troubles, entre lesquels est celuy de la nouvelle qu'il apporte de mon absolution.

Fontainebleau, le 29 août 1604.

HENRI.

Le Roi s'entretenait fréquemment avec les courriers pour leur demander des renseignements sur les diverses questions qui l'intéressaient, ce qui lui permettait de reconnaître les plus zélés et les plus intelligents. C'est ainsi qu'il avait remarqué un courrier du nom de Picaud, à qui il confiait ordinairement la correspondance qu'il entretenait avec Sully.

Cette correspondance était des plus actives, notamment lors du séjour du Roi à Amiens. On trouve, en effet, dans les *OEconomies royales*, des lettres écrites d'Amiens les 27 juillet, 4 août, 10 août, 12 août, 18 août, 24 août, 3 septembre, 5 septembre, 6 septembre, 9 septembre, 14 septembre 1597.

La lettre suivante d'Henri IV à Sully montre la rapidité avec laquelle le Roi désirait que les affaires fussent traitées :

Mon amy, je vous fais ce mot pour vous dire qu'au partir de Rennes pour vous rendre à Paris, vous preniez votre chemin direct à Tours, où vous me trouverez, d'autant que j'ay nécessairement à parler à vous, pour chose qu'il importe à mon service du dit Tours; je vous mènerai avec moi en poste à Paris.

Adieu, mon amy.

HENRI.

Sully envoyé en ambassade auprès d'Élisabeth, reine d'Angleterre, entretint avec Henri IV une correspondance journalière. Les lettres de Londres parvenaient au Roi en trois jours, comme on le voit par une autre lettre écrite par Henri IV à Sully et datée de Monceau le 27 juin 1603 :

Mon cousin, le sieur de Sainct-Luc a esté porteur de mes dernières et j'ay reçu le 17 du dit mois les vostres escrites le 14.

Mais un certain nombre de ces missives furent interceptées sans qu'il fût possible de découvrir le coupable.

M. Lardin[1] a cité un fait de soustraction de lettres qui eut alors un grand retentissement. M. de Villeroy, secrétaire d'État, recevait, dit M. Lardin, les dépêches adressées au Roi par les ambassadeurs à l'Étranger, dépêches chiffrées ou en écriture ordinaire. Il avait préposé à

1. *Études historiques sur les Postes en France*, par LARDIN, 1866.

l'ouverture et au déchiffrement un jeune homme nommé Lhoste, son filleul. Celui-ci, ingrat et infidèle, trahit le secret des lettres et le livra aux puissances étrangères. Il fut dénoncé par un Français réfugié en Espagne et s'enfuit. On se mit en devoir de le poursuivre, mais on ne put le prendre que mort, car il se noya en passant la Marne. Le Roi fut fort irrité contre M. de Villeroy, mais cependant lui pardonna bientôt. Vers le même temps, M. de Parabelle avait écrit au Roi : le paquet avait été mis à la poste de Poitiers et ne parvint pas à destination. M. de la Trémouille fut soupçonné d'en avoir favorisé la disparition. Henri IV ordonna une enquête sévère et voulut en savoir jour par jour les progrès, mais nous ignorons comment l'affaire se termina.

9

# LOUIS XIII ET RICHELIEU

(1610-1643)

PIERRE d'ALMÉRAS, général des postes et relais.— RENÉ d'ALMÉRAS, nommé en survivance.— Tarif régulier des lettres et paquets. — Valeurs cotées.— Articles d'argent. — Messagers de l'Université et autres messagers.— Leur responsabilité.— Création de trois charges de surintendants généraux des postes et relais et chevaucheurs de l'écurie. — NICOLAS DE MEY, surintendant général. — Contrôleurs provinciaux. — Leurs attributions. — Développement et régularisation du service des courriers. — Relations avec l'étranger. — ARNOULD DE NOUVEAU, surintendant général. — Attributions respectives de surintendant général et des contrôleurs provinciaux.— Offices de messageries, roulages et voitures. — Les courriers et les maîtres de poste.—Rôle de RICHELIEU dans l'administration des postes.

Le règne de Louis XIII apporta de réelles améliorations au service des postes. La vigueur avec laquelle les prérogatives de cette institution furent maintenues et les heureux changements qui s'y opérèrent, en rendirent l'organisation plus fixe et plus régulière.

Richelieu s'intéressa vivement aux postes qui étaient pour lui un moyen d'influence et d'investigation et il compléta l'œuvre de Louis XI en mettant définitivement ce service à la disposition du public. C'est, en réalité, de Richelieu que date la poste moderne, c'est-à-dire la poste aux lettres.

Dès son avènement, au mois de décembre 1610, Louis XIII renouvela les privilèges de l'Université, *pour en jouir pleinement et paisiblement par elle, ses suppôts, messagers et officiers doresnavant et toujours, sans qu'il leur en soit fait aucun trouble ni empeschement.*

Les messagers de l'Université n'en furent pas moins inquiétés pour acquitter les droits de confirmation, mais ils en furent déchargés par l'arrêt du Conseil du 13 décembre 1612.

## LETTRES PATENTES DU 30 AVRIL 1613. — LES MARCHANDS DE CHEVAUX SONT TENUS D'AVISER LE GRAND ÉCUYER DE L'ARRIVÉE A PARIS DES CHEVAUX QU'ILS ACHÈTERONT A L'ÉTRANGER OU DANS LES PROVINCES.

Pour montrer le prix qu'on attachait alors à l'entretien de l'écurie royale, nous citerons des lettres patentes du 30 avril 1613 invitant les marchands de chevaux à informer le grand écuyer de l'arrivée à Paris des chevaux de carrosse qui leur seraient envoyés de l'étranger et des provinces.

### PIERRE D'ALMÉRAS, GÉNÉRAL DES POSTES ET RELAIS. — RENÉ D'ALMÉRAS, NOMMÉ EN SURVIVANCE (18 NOVEMBRE 1615).

Le 18 novembre 1615, de la Varenne résigna ses fonctions de général des postes et relais en faveur de Pierre d'Alméras, seigneur de Saint-Remy et de Saussaye[1], conseiller du Roi en ses conseils, moyennant le prix de 353 000 livres.

Le traité spécifiait que René d'Alméras aurait la survivance de son frère Pierre.

### LETTRES PATENTES DU 18 OCTOBRE 1616 RELATIVES AUX PRIVILÈGES DU GÉNÉRAL DES POSTES ET RELAIS.

Quelques années après la mort d'Henri IV, les habitants d'un certain nombre de villes troublèrent le nouveau général des postes et relais dans la perception des droits et revenus qne lui procuraient les chevaux de relais et de louage, en alléguant que Louis XIII n'avait confirmé ses prétendus droits dans aucune déclaration. Comme ce trouble causait un réel préjudice au général, celui-ci porta sa plainte devant le Conseil d'État. Les déclarations précédentes furent confirmées par lettres patentes du 18 octobre 1616 qui ordonnèrent que Pierre d'Alméras continuerait à jouir de tous les privilèges accordés à ses prédécesseurs.

### LETTRES PATENTES DU 25 FÉVRIER 1622 CONFIRMANT CELLES DU 18 OCTOBRE 1616. — PRIVILÈGES DU GÉNÉRAL DES POSTES.

Pierre d'Alméras fit de nouveau confirmer par lettres patentes du 25 février 1622 son autorité absolue sur les maîtres de poste. Les parlements et tous autres juges furent, en outre, invités à s'abstenir de s'immiscer dans les décisions prises par le général des postes et relais à l'égard de ses subordonnés.

1. D'Alméras, dit M. Arthur de Rothschild dans son intéressante *Histoire de la poste aux lettres,* était un petit gentillâtre de Chinon, compatriote de Richelieu qui le tira de la province où il végétait pour l'attacher à sa personne. Jusqu'à la mort du cardinal, il fut un des membres de cette camarilla triée avec tant de précautions dont faisaient partie le comte de Rochefort, Bouthillier de Chavigny, Du Tremblay (si célèbre sous le nom de père Joseph) la duchesse d'Aiguillon, etc. C'était le conseil plus ou moins secret chargé de défendre le ministre contre la triple coterie de la reine-mère, de la reine et de Monsieur, frère du Roi.

ARRÊT DU CONSEIL D'ÉTAT, 15 DÉCEMBRE 1622, INTERDISANT A QUI QUE CE SOIT DE LOUER DES CHEVAUX SANS L'AUTORISATION DU GÉNÉRAL DES POSTES ET RELAIS.

Une fois pourvu de ces lettres, Pierre d'Alméras obtint un arrêt du Conseil d'État interdisant à qui que ce fût de louer des chevaux sans autorisation, à peine de confiscation des chevaux.

Par le même arrêt daté du 15 décembre 1622, il fut ordonné que les loueurs de chevaux ne payeraient que 6 livres par an au général au lieu des 10 livres prescrites par le règlement du 12 mars 1604.

DÉCLARATION ROYALE DU 13 DÉCEMBRE 1623 INTERDISANT A TOUTE PERSONNE AUTRE QUE LES MAÎTRES DE POSTE, DE LOUER DES CHEVAUX AUX ÉTRANGERS VOYAGEANT EN FRANCE, A MOINS QU'ILS NE SOIENT MUNIS D'UN PASSEPORT DU ROI OU D'AUTORISATION SPÉCIALE DÉLIVRÉE PAR LE GÉNÉRAL DES POSTES OU LES LIEUTENANTS GÉNÉRAUX DES PROVINCES.

Malgré toutes les prescriptions antérieures, les étrangers continuaient à aller et venir dans le royaume à l'insu des maîtres de poste. Richelieu crut devoir mettre bon ordre à une semblable licence.

A cet effet, la déclaration royale du 13 décembre 1623 confirma toutes les déclarations précédentes et défendit à toute personne, quelle que fût sa qualité, « de fournir des chevaux et toutes autres sortes de commodités et de voitures tant aux courriers qu'aux voyageurs étrangers, sur peine de cinq cents livres d'amende pour la première fois et de punition exemplaire pour la seconde ».

Le Roi ordonna, en outre, que dès leur entrée en France, les étrangers seraient tenus de s'adresser au premier maître des postes sur leur route, pour les conduire dans leur voyage, mais seulement par les grands chemins des postes, à moins d'être munis d'un passeport du Roi, de quelques lieutenants généraux des provinces, du général des postes ou de l'un de ses commis.

Les maîtres de poste devaient également fournir des chevaux de poste, de relais ou de journée, aux courriers et aux voyageurs étrangers, et les faire soigneusement conduire par les courriers nouvellement établis pour aller et venir de Toulouse à Bordeaux et de Lyon à Paris. Dans le cas où ces voyageurs étrangers ne voudraient ni prendre la poste, ni être conduits par les courriers ordinaires, les maîtres de poste de Paris, de Toulouse, de Bordeaux et de Lyon étaient tenus de mettre à leur disposition les voitures qu'ils préféreraient.

Enfin, comme dans ces temps de guerre civile, un certain nombre de maîtres de poste avaient eu à souffrir dans leurs intérêts, au point d'être obligés d'abandonner leur propre maison, la déclaration royale les rétablissait dans leurs charges et dans tous leurs droits et défendait de les troubler dans leurs fonctions.

### RÈGLEMENT DU 16 OCTOBRE 1627 SUR LE PORT DES LETTRES ET LES VALEURS COTÉES.

Depuis longtemps déjà, les particuliers avaient commencé à confier eurs lettres aux exprès portant les dépêches de la cour, mais comme les départs étaient très irréguliers, on ne considérait cette voie que comme un expédient auquel on ne recourait qu'en cas de nécessité réelle; aussi le port des lettres était-il acquitté sous forme de gratifications fort modiques données aux courriers.

La création en 1576 de messagers royaux à itinéraires fixes avait bien, il est vrai, amélioré cette situation, mais d'une façon encore très imparfaite.

Les généraux des postes qui percevaient le produit de la taxe des lettres avaient recherché le moyen d'augmenter les revenus de leur charge tout en accordant au public des facilités plus grandes pour l'envoi de ses correspondances.

D'Alméras y songea plus sérieusement que ses devanciers et en 1622 il commença par établir des courriers ordinaires partant et arrivant à jours fixes, à Paris, à Lyon, à Bordeaux, à Toulouse et à Dijon; il ouvrit en même temps des bureaux dans ces villes et y plaça des commis chargés de la réception et de la distribution des lettres et paquets et de la perception des taxes.

Cette importante amélioration conquit immédiatement la faveur du public, qui, cependant, n'en continua pas moins, suivant l'habitude qu'il avait prise à l'égard des courriers de cabinet, à taxer à sa guise le port des lettres et des paquets. Le procédé n'était pas équitable, car il est certain que la nouvelle organisation si avantageuse avait occasionné au général des postes un supplément de dépense dont il fallait lui tenir compte. Aussi des conflits ne tardèrent-ils pas à éclater entre les particuliers et les commis qui, de leur côté, se mirent à surtaxer les correspondances. Le public protesta énergiquement contre l'application de ces surtaxes et finit par ne plus vouloir payer que demi-port.

Le général des postes intervint alors et usant des pouvoirs et prérogatives de sa charge, il fixa par un règlement du 26 octobre 1627 la taxe des lettres et paquets.

Entre Paris et Lyon la taxe était fixée à 2 sols seulement; le tarif n'était donc pas très élevé.

Indépendamment de ce tarif, le règlement contenait d'autres dispositions importantes.

La police intérieure du royaume ne pouvant parvenir à réprimer les brigandages, la sécurité des routes laissait beaucoup à désirer, mais la poste, étant un service du Roi, semblait être à l'abri de tentatives coupables, ce qui engageait les particuliers à confier à la poste non seulement leurs correspondances, mais encore des sommes d'argent, des bijoux, et d'autres objets précieux qu'ils inséraient dans les lettres.

La responsabilité des courriers se trouvant ainsi sérieusement augmentée et la sécurité des dépêches compromise, Pierre d'Alméras introduisit dans le règlement de 1627 les dispositions suivantes, où l'on voit l'origine du service des articles d'argent et des valeurs cotées :

VALEURS COTÉES.

Et d'autant qu'un chacun se licencie de mettre or, argent ou pierreries dans leurs dits paquets dont ils prétendent rendre responsables nos dits commis et à quoi il se peut commettre plusieurs abus et donner occasion d'entreprendre sur la vie desdits courriers pour les voler.

Défendons très expressément à tous particuliers qui se voudront servir de la dite voye pour l'envoy de leurs dites lettres et paquets d'y mettre or, argent, pierreries ou autres choses précieuses à peine qu'où il en arriverait faute, nosdits commis ni leurs distributeurs n'en demeureront responsables.

ARTICLES D'ARGENT.

Et néanmoins, pour ne priver le public de cette commodité et de l'envoy de petites sommes pour instruction de procès ou autrement, ordonnons à nos commis desdits bureaux de tenir entre eux correspondances de remises et de recevoir les deniers qui leur seront présentez à découvert, dont ils chargeront leurs registres pourvu qu'ils n'excèdent la somme de 100 livres de chaque particulier, et de se contenter d'un prix raisonnable pour le port d'iceux à proportion de la distance des lieux, sauf à nosdits commis d'augmenter leurs dites correspondances pour la commodité publique, selon et ainsi que nous jugerons à propos et qu'il sera par nous ordonné.

ÉDIT DE JANVIER 1629 ORDONNANT AUX GOUVERNEURS DES PROVINCES ET AUTRES FONCTIONNAIRES DE CORRESPONDRE AVEC LA COUR EXCLUSIVEMENT PAR L'INTERMÉDIAIRE DES POSTES.

C'est à partir de l'édit de 1627 que les Postes devinrent réellement un service public.

Bien que ce service inspirât une grande confiance aux particuliers, les gouverneurs des provinces, les lieutenants généraux et autres personnages de distinction n'usaient pas de cette commodité pour correspondre avec la cour et préféraient dépêcher des courriers extraordinaires. Cet usage étant très onéreux pour la poste, en raison des dépenses considérables qu'il entraînait en hommes et en chevaux, le général obtint du Roi un édit ordonnant :

Que toutes les dépêches des gouverneurs des provinces, des lieutenants généraux et tous autres officiers ne seraient plus envoyées que par la voie des postes ordinaires.

Que les généraux feraient charger les maîtres des postes demeurant dans les principales villes du royaume, de tous les paquets qui seraient adressés au Roi, au chancelier garde des sceaux, au surintendant des finances ; que l'on tiendrait registre des parchemins, qu'on mettrait sur l'enveloppe du paquet le jour et l'heure que le courrier serait parti et qu'on enverrait sur l'heure et en diligence les paquets pour la cour, « à peine aux maîtres des postes d'en répondre en leur propre et privé nom ».

L'édit enjoignait, en outre, au surintendant des finances de ne faire payer aucun voyage, à moins que ce ne fût pour des affaires importantes et sans un ordre exprès du Roi.

### ARRÊT DE LA COUR DU PARLEMENT DU 10 FÉVRIER 1629 PORTANT RÈGLEMENT ENTRE LES MESSAGERS JURÉS DE L'UNIVERSITÉ DE PARIS ET LES AUTRES MESSAGERS.

L'Université de Paris luttait toujours pour le maintien de ses anciens privilèges.

Un procès survenu entre Jean Boursault, messager ordinaire de la ville de Bourges et François Guyot, messager juré de l'Université de Paris, se termina par un intéressant arrêt du 16 février 1629 qui nous paraît mériter de fixer l'attention.

François Guyot, s'appuyant sur les prétendus droits que lui conférait le monopole précédemment attribué aux messagers de l'Université et sur les sentences du prévôt de Paris, conservateur des privilèges de l'Université, avait cru pouvoir ouvrir des bureaux et informer le public par voie d'affiches et de placards, qu'il avait le privilège absolu du transport des correspondances, à l'exclusion des messagers locaux.

Pour arrêter ces tentatives, Jean Boursault avait assigné François Guyot devant le baillif du Berry qui, par sentences des 3 et 14 novembre 1627, avait requis l'intervention du procureur général pour « informer des entreprises et monopoles du dit Guyot au préjudice du bien public, et attendu qu'il aurait apposé un placard pour excéder ce qui est de sa charge de messager de l'Université, ordonner qu'il comparaîtrait en personne et que défenses lui étaient faites de s'immiscer en la dite charge jusqu'à ce qu'autrement en ait été ordonné ».

La cause fut appelée le 10 février 1629, devant le Parlement de Paris, qui, sans avoir aucunement égard à l'intervention du recteur et des suppôts de l'Université, confirma le sieur Guyot dans sa charge de messager de l'Université pour le diocèse de Bourges, lui permit d'aller et venir de la ville de Paris en celle de Bourges et autres villes du diocèse porter *lettres, argent et autres choses dont il serait requis par les régens et écoliers de la dite Université étans du diocèse de Bourges* seulement, mais il fit audit Guyot inhibitions et défenses de porter lettres, argent ou paquets pour autres personnes, et établir aucun bureau à cet effet. (Arrêt signé Gallard.)

Il nous paraît inutile d'insister sur l'importance de cet arrêt qui limitait le privilège des messagers de l'Université au service exclusif des écoliers originaires du diocèse de Bourges. Nous verrons cette lutte inégale entre l'État et l'Université se renouveler encore jusqu'au moment où cette dernière finira par succomber.

### ARRÊT DU PARLEMENT DE PARIS DU 15 MARS 1629 EN MATIÈRE DE RESPONSABILITÉ DES MESSAGERS.

Nous croyons devoir reproduire aussi un arrêt du Parlement de Paris en date du 15 mars 1629, qui établit les limites de la responsabilité des messagers en cas de vols faits en leurs bureaux nuitamment et par effraction.

*Extrait du journal des audiences du Parlement de Paris.*

Du 15 mars 1629.

La même matinée, jugé conformément aux conclusions de l'avocat général Talon, qu'un messager n'estoit point responsable du vol fait en son bureau nuitamment et par effraction, de deux malles pleines de hardes et d'une où il y avait de la vaisselle d'argent ny l'hostesse pareillement, estant un cas fortuit auquel ny l'un ny l'autre n'avoient pu apporter de remède, en infirmant la sentence du prévôt de Paris, qui avoit condamné le messager à la juste estimation des hardes estimées 500 livres et ainsi en matière de cas fortuits et inopinez, la maxime est toujours véritable, que *res perit domino*, suivant la loi vulgaire : *quæ fortunis*, cod. de pignorat. Act. la Loy, 1, § Is qui tendunt, ff. de obligat. etc...

Entre Me Joseph Charlot, conseiller au Chastelet de Paris, et le messager d'Angers.

ARRÊT DU CONSEIL D'ÉTAT DU ROI, EN DATE DU 31 DÉCEMBRE 1629 PORTANT SUPPRESSION DES CHARGES DE GÉNÉRAUX DES POSTES ET RELAIS DE FRANCE ET CRÉATION DE TROIS CHARGES DE SURINTENDANTS GÉNÉRAUX DES POSTES ET RELAIS DE FRANCE ET CHEVAUCHEURS DE L'ÉCURIE (ANCIEN, ALTERNATIF, TRIENNAL).

Louis XI et ses successeurs avaient cru devoir se borner à délivrer une simple commission au chef suprême du service des postes afin de pouvoir le remplacer immédiatement, en cas de nécessité.

Cette situation avait donné naissance à des abus que le général des postes, en fonctions à ce moment, était impuissant à réprimer.

C'est ce qui détermina le Roi à supprimer définitivement, par un arrêt du 31 septembre 1629, les charges de généraux des postes et à instituer, en titre d'offices, trois charges de surintendants généraux des postes et relais de France et chevaucheurs de l'écurie (ancien, alternatif, triennal [1]) avec les mêmes droits et prérogatives que ceux dont jouissait le général. Il était stipulé, toutefois, que les titulaires de ces emplois devraient rembourser avant toutes choses, et à l'acquit du Roi, la somme de 350 000 livres que René et Pierre d'Alméras pourvus, à la survivance l'un de l'autre, des charges de généraux des postes, avaient dû verser entre les mains de la Varenne, leur prédécesseur.

ÉDIT DU ROI, EN DATE DU MOIS DE JANVIER 1630 QUI CRÉA LES TROIS OFFICES DE CONSEILLERS DE SA MAJESTÉ SURINTENDANTS DES POSTES ET RELAIS DE FRANCE ET DES CHEVAUCHEURS DE L'ÉCURIE.

En conformité de l'arrêt du 31 décembre 1629, les trois offices de conseillers surintendants généraux des postes et relais et chevaucheurs de l'écurie du Roi furent créés par l'édit du mois de janvier 1630. Nous croyons intéressant de reproduire les termes mêmes de l'édit en ce qui concerne les prérogatives attachées aux fonctions de surintendants généraux :

> A chacun desquels offices nous avons attribué et attribuons trois mille livres de gages par chacun an, tant en exercice que hors d'iceluy, qui est la somme de neuf mille livres au cas qu'ils seraient possédez par une seule personne ; moyennant laquelle attribution ils seront tenus de faire faire à leurs frais et dépens, pendant la dite année d'exercice, le transport de toutes nos dépêches de traverse qui s'envoyeront hors des routes de nos postes, qui est la même somme laquelle par

1. Il en était ainsi, dit Sully, des offices des finances possédés par trois personnes sous le titre d'ancien, d'alternatif et de triennal.

communes années s'employoit ès dites dépenses et le payoit par les mains du trésorier de nos menus et outre ce, en l'année de leur exercice la somme de six mille livres d'appointements en commutation de pension cy devant attribuée à la dite charge de controlleur général. Et ne voulant priver ceux qui entreront ès dites charges des mêmes autoritez, pouvoirs, droits, gratifications et récompenses dont ont joui lesdits controlleurs généraux des postes et relais, nous voulons qu'en la dite année de leur exercice, pendant laquelle ils sont obligez de demeurer assidus près de notre personne, ils ayent le plat et ordinaire en notre maison et suite et logement près de notre dite personne et les trois cens livres d'étrennes accoutumées le premier jour de chacune desdites années. Pareille somme de trois cens livres de récompense par chacun quartier d'icelles années. Et lorsque nous serons hors de notre ville de Paris, pour supporter les grands frais qu'il leur convient faire pour nous suivre, trois cens livres par forme d'extraordinaire par mois...

... Voulons que lesdits surintendants généraux de nos Postes jouissent des autres droits, honneurs, fonctions et attributions dont ont joui les dits généraux des postes et relais, sans en ce comprendre les ports de lettres et paquets qui nous appartiennent et que nous nous réservons comme aussi qu'ils ayent le pouvoir et autorité d'establir, instituer et destituer des maîtres des postes et commis aux controlles des Postes de cour et autres courriers et officiers dépendant de la dite charge... de nommer et pourvoir de personnes dont la probité et capacité leur sera connue, aux charges de maîtres de nos courriers de Rome, Venise, Suisse et autres qu'ils jugeront nécessaires...

Nous avons donné pouvoir et autorité de juger de tous différends, débats et contentions généralement quelconques, qui naîtront entre les maîtres des postes, relais et courriers qui conduiront nos ordinaires, concernant leurs charges et fonctions jusqu'à sentence définitive, qui sera exécutée par provision, nonobstant oppositions ou appels quelconques, à ce que notre public et le service n'en reçoivent préjudice...

### NICOLAS DE MEY, SURINTENDANT GÉNÉRAL (1630). — ÉDIT DE MAI 1630 PORTANT CRÉATION D'OFFICES EN HÉRÉDITÉ DE CONSEILLERS DE SA MAJESTÉ, MAÎTRES DES COURRIERS ÈS BUREAUX DES DÉPÊCHES, ET CONTROLLEURS PROVINCIAUX DES POSTES DE FRANCE. — CONCESSION DE LA FRANCHISE POSTALE AUX DOMESTIQUES ET COMMENSAUX DE LA MAISON DU ROI.

Les trois offices de surintendants généraux furent attribués à une seule personne, Nicolas de Mey, marquis de Boiries, qui les conserva depuis 1630 jusqu'en 1632.

Peu de temps après, parut un nouvel édit (mai 1630), qui créa des conseillers maîtres des courriers contrôleurs provinciaux des postes.

Les contrôleurs provinciaux étaient placés à la tête de chacune des vingt circonscriptions suivantes : Paris, Toulouse, Orléans, Soissons, Tours, Poitiers, Bourges, Bordeaux, Limoges, Montpellier, Riom, Dijon, Lyon, Grenoble, Aix, Nantes, Rouen, Calais, Metz et Moulins.

Six offices analogues étaient également créés pour les correspondances étrangères.

Des bureaux de dépêches dirigés par des *maîtres aes courriers* relevant eux-mêmes des contrôleurs provinciaux, étaient établis dans chacune de ces villes.

Les attributions des contrôleurs provinciaux étaient très étendues. Ils soumettaient des propositions pour les emplois réservés à la nomination directe et exclusive du surintendant général. Ils ne pouvaient exercer leurs fonctions qu'après avoir prêté entre les mains du surintendant général le serment de fidélité au Roi. Enfin, ils conservaient pour eux la taxe des lettres et paquets qui était précédemment attribuée aux surintendants.

Les départs des courriers de Paris auraient lieu deux fois la semaine. Les courriers devraient fournir nuit et jour pendant les sept mois de la belle saison une poste par heure; pendant les cinq mois d'hiver, ils devraient parcourir la même distance en une heure et demie, à peine de privation de leurs charges et de punition exemplaire.

L'édit spécifiait que les domestiques et commensaux de la maison du Roi auraient seuls droit à la franchise postale.

Nous remarquons dans cet édit qu'à cette époque, il existait déjà un service de courriers entre Paris et les villes suivantes : Londres, Bruxelles, Anvers et autres villes des Pays-Bas; que Lyon correspondait également avec l'Italie et la Suisse; que la France était traversée par des ordinaires allant d'Italie en Espagne et *vice-versa;* que les maîtres des courriers étrangers pouvaient renouveler les traités déjà existants [1] avec les généraux et courriers majors des postes d'Espagne, Flandre, Angleterre et autres pays étrangers.

Enfin, les bureaux de poste établis à Saint-Jean-de-Lus, Bayonne, Bordeaux, Rouen, Dieppe, Calais et Nantes devaient être l'objet d'une surveillance spéciale en raison de la réception, de l'envoi et de la distribution de lettres *étrangères*.

« En étudiant avec soin ce mémorable édit de 1630, dit M. le baron Ernouf [2], on y trouve la trace visible de préoccupations de différentes natures. Richelieu voulait à la fois l'avantage de la nation, celui du gouvernement et le sien propre. Peut-être conviendrait-il d'intervertir ces trois termes, pour apprécier exactement leur importance relative dans la pensée du grand ministre. Il jugeait d'abord imprudent, pour sa propre sécurité dans ses démêlés avec la reine-mère, et pour la tranquillité du pouvoir souverain en général, de laisser à la merci d'un seul individu la direction exclusive et suprême de tous les moyens de locomotion et de transmission des dépêches dans le

1. Nous n'avons malheureusement pu trouver aucun renseignement sur les conditio n de ces traités.
2. Auteur déjà cité.

royaume entier. En conséquence, tout en maintenant le titre et les fonctions de surintendant général des postes, il jugea à propos de distraire de ses attributions tout ce qui concernait le transport et la distribution des dépêches publiques et privées, qu'il fractionna en plusieurs offices de contrôleurs, dits conseillers maîtres des courriers, établis dans les généralités de Paris, Orléans, Soissons, Lyon, Grenoble, et dans quinze autres villes des plus considérables du royaume. Il créa également six offices spéciaux du même titre pour les correspondances étrangères, « avec pouvoir de suivre et renouveler les traités faits antérieurement par M. d'Alméras avec les généraux et courriers majors des postes étrangères, et d'en conclure de nouveaux à l'occasion ». Ces maîtres des courriers étaient tenus « de commettre, à leurs frais et dépens, en tous les dits bureaux établis ou à établir, des commis et distributeurs en nombre suffisant..... » dont ils demeuraient civilement responsables. Ils avaient le droit d'établir...... suffisant nombre de courriers pour les ordinaires..... sur toutes les routes de postes, pour porter nuit et jour les dépêches de l'État et celles du public, par toutes les villes de l'intérieur et places frontières, mais sous la condition expresse qu'il ne serait mis ou employé qu'une heure pour chaque poste pendant les sept mois des plus grands jours d'été, et une heure et demie, les cinq mois des plus petits jours d'hiver; à peine de privation de leurs charges pour les maîtres des courriers, et même de punition exemplaire si l'État venait à éprouver quelque préjudice par suite d'infraction à ce commandement d'expresse diligence. Pour en faciliter l'exécution, « tous les maîtres de postes du royaume étoient tenus, chacun en droit soy, » de fournir les montures nécessaires; les gages qu'ils recevaient alors par l'intermédiaire des receveurs généraux de finances étaient affectés à la sûreté de ces fournitures de chevaux, » au remboursement de ce qui aurait été indûment exigé des courriers au-dessus des taux réglementaires ou des frais qu'ils auraient été obligés de faire personnellement par suite de négligences ou vacances dans le service de la poste aux chevaux, etc. Plusieurs de ces conceptions, non moins ingénieuses que hardies, semblent nous emporter d'emblée en plein XIXe siècle. On y reconnait quelque chose de fort semblable à l'organisation de nos modernes bureaux de postes provinciaux, à celle du service des malles-postes jusque dans ces dernières années; enfin, à l'une des répartitions capitales du service dans le système administratif présentement adopté, celle « de la correspondance intérieure et de la correspondance étrangère ». Mais ce mirage d'actualité s'évanouit en présence d'autres dispositions, où se trahissent tantôt les imperfections de l'époque, tantôt les déceptions forcées du génie qui demande à son temps plus qu'il ne peut donner. Ces courriers porteurs de dépêches, dont le grand cardinal accélère si impérieusement le service, ne partent encore que deux fois la semaine. Pour indemnité des obligations qu'il imposait à ses « maîtres des courriers », il leur abandonnait intégralement, et en hérédité, « tous les droits et émoluments provenant du port des lettres des particuliers, tombants à leurs bureaux et en ceux établis ou à établir en l'étendue de leurs circonscriptions, à quelques sommes que lesdits ports se puissent monter » ; tant les esprits les plus clairvoyants soupçonnaient peu alors l'essor prodigieux des communications dans l'avenir, et la possibilité d'une perception immédiate par l'État des richesses qui devaient jaillir de cette veine alors à peine explorée ! Mais il y avait dans la conception de Richelieu un vice insoutenable, c'était la position anormale qu'il avait faite au surintendant des postes. En retirant à ce fonctionnaire la principale source de ses émoluments, les ports de lettres et paquets, on lui laissait la charge de rechercher et de poursuivre les infractions et irrégularités d'un service dont la direction ne lui appartenait plus. C'était une tâche assez semblable à celle de nos modernes inspecteurs généraux ; mais là surtout Richelieu avait intempestivement devancé son siècle. Le résultat pratique de cette innovation ne répondit pas à son attente. »

Aussi, comme nous allons le voir, l'édit de mai 1630 fut-il modifié, deux ans après, par celui du mois de mai 1632.

### ARNOULD DE NOUVEAU, SURINTENDANT GÉNÉRAL. — ORDONNANCE ROYALE DU 23 MARS 1632 RELATIVE AU MODE D'ENVOI D'OBJETS PRÉCIEUX PAR L'INTERMÉDIAIRE DES POSTES.

Malgré toutes les défenses faites, les particuliers persistaient à introduire fréquemment dans les lettres des objets précieux, sans se conformer aux dispositions du règlement de 1627. Ces abus attirèrent l'attention d'Arnould de Nouveau, conseiller, commandeur et grand trésorier des Ordres, qui venait d'être investi de la surintendance générale des postes et qui réunissait dans ses mains les trois charges d'ancien, d'alternatif et de triennal.

C'est pour remédier à ces abus que fut rendue l'ordonnance du 23 mars 1632 qui « fit défense aux officiers des postes et à toutes autres personnes qui y étaient employées, aussi bien qu'aux marchands et autres particuliers, de continuer ces sortes d'envois, à peine de punition exemplaire et de confiscation de leurs effets ».

Cependant, pour ne pas priver le public d'une commodité aussi prompte et aussi fidèle que celle des postes, le Roi permettait ces sortes d'envois aux particuliers, *pourvu qu'ils les fissent voir à décou-*

*vert au fermier des postes, afin qu'il en chargeât son registre et qu'il en demeurât responsable, à l'exception néanmoins du cas du vol, dès qu'ils le justifieraient par les procès-verbaux des juges des lieux où le vol aurait été commis.*

Les particuliers trouvèrent dans cette mesure un moyen régulier de faire parvenir sur tous les points de la France les objets précieux dont la circulation n'aurait pu s'étendre en dehors du service des postes, à cause du peu de relations existant, à cette époque, entre les différentes provinces.

ÉDIT DU MOIS DE MAI 1632 PORTANT UNION AUX CHARGES DE CONSEILLERS ET SURINTENDANTS GÉNÉRAUX DES POSTES, DE TOUS LES POUVOIRS ET FONCTIONS DONT JOUISSAIENT LES CONTRÔLEURS GÉNÉRAUX, MAÎTRES DES COURRIERS ET CONTRÔLEURS PROVINCIAUX DESDITES POSTES ET AUTRES.

L'institution des contrôleurs provinciaux ne répondit pas à ce qu'on en attendait, parce que, disait le Roi dans son édit de mai 1632, « les surintendants des postes étant plus relevés en qualité, mais moins intéressés en la manutention des maîtres de poste et revenus des bureaux, ils ont négligé de poursuivre le règlement d'entre les dits maîtres des postes, messagers et autres, pour empêcher les entreprises des dits messagers, et ainsi les désordres se sont accrus et les dits maîtres des postes, contraints d'abandonner leurs charges. De sorte qu'à présent, il n'y a plus de postes en notre royaume en état de nous servir et le public, et ne se peuvent rétablir sans grande dépense et par personnes intéressées, qui, ayant en mains l'autorité, fassent garder l'ordre qu'il y convient d'apporter. »

En raison de ces considérations, le Roi ordonnait que tous les pouvoirs dont jouissaient les contrôleurs généraux, les contrôleurs provinciaux et les maîtres de poste seraient attribués aux surintendants généraux, qui recevraient, à l'avenir, *les revenus des dépêches non seulement de la Cour, mais encore de tous les bureaux déjà ouverts ou à ouvrir;* « confirmons, ajoutait-il, aux surintendants généraux tous les gages, les appointemens, plats et ordinaires en notre cour et suite, logement près de notre personne extraordinaire, gratification, récompenses, estrennes, revenus des dits relais et chevaux de louage, avec pouvoir de changer, augmenter et diminuer les dites postes, contraindre les maistres d'icelle d'observer les édits, ordonnances et règlemens cy devant faits, et ceux qui seront ou pourront être à l'avenir, ensemble mulcter les dits maistres de poste par retranchement de leur charge, etc..., disposer d'icelles et de toutes les autres qui dépendent d'eux, desquelles choses ils ne seront responsables qu'à notre personne. »

Voici, d'après M. le baron Ernouf, les motifs qui poussèrent Richelieu à rapporter l'édit de 1630 :

En peu de mois, l'administration des postes tomba dans un fort grand désordre, tant parce que les surintendants n'étaient plus maîtres des dépêches ni des bureaux, et qu'ils ne se trouvaient plus intéressés à y tenir la main, qu'à cause du défaut d'autorité et de pouvoir des maîtres des courriers sur les maîtres de poste. Richelieu reconnut bien vite qu'il faisait fausse route, ou du moins qu'on ne pouvait le suivre, et se hâta de rétrogader.

L'édit de 1632 restitua donc au surintendant général la direction suprême de tout ce qui concernait le service des dépêches et l'attribution des produits de ce service, « afin que toute sorte d'ordre, de direction et d'autorité résidant dans la même personne, il pût avec plus de facilité répondre des manquements ». Toutefois, Richelieu tint à garder ce qui semblait présentement utile et praticable dans son œuvre. Le surintendant général eut donc la faculté de conserver, sous sa propre responsabilité et à son profit, les fractionnements du service des dépêches, en maintenant et en installant lui-même des offices de contrôleurs provinciaux.

De la Mare (*Traité de la Police*) dit à ce propos :

En 1632, les offices des maîtres des courriers furent unis avec toutes leurs attributions aux charges de surintendants généraux des postes, qui eurent encore, par le même édit, le droit de nommer ou de commettre aux charges de maîtres des courriers, ce qui donna occasion à M. de Nouveau, qui était revêtu des trois charges, de faire des aliénations de partie des droits aux maîtres des courriers qu'il mit en exercice par sa nomination, en sorte que ce fut plutôt une attribution au surintendant des revenus des postes qu'une suppression effective des maîtres des courriers; car ils ont été maintenus dans leurs fonctions par plusieurs arrêts du conseil des 22 mai 1637, 19 janvier 1645, 2 mars 1651, 17 juin et 16 septembre 1653, 27 juin et 30 décembre 1654 et entre autres par la déclaration du Roi du 17 juin 1655 qui les autorisa expressément à faire partir à tels jours et heures qu'ils jugeraient nécessaire, des courriers ordinaires pour aller de Paris et des autres villes du royaume « porter les dépêches de Sa Majesté avec diligence, conjointement avec celles du public, dans tous les bureaux de poste établis ou à établir dans l'étendue de chaque généralité, soit par poste ou relais, de traite en traite, tant sur les anciennes routes que sur celles où les postes ou relais étaient ou pourraient être établies; et sans qu'autres que les maîtres des courriers puissent faire aucun établissement de chevaux de poste ou relais de traite en traite par correspondance, pour rendre les lettres et paquets à peine d'être procédé contre eux et contre les contrevenants ».

Les charges de maîtres des courriers subsistèrent jusqu'en 1662, époque à laquelle le Roi les supprima et réunit à son domaine tout le revenu des ports de lettres et paquets qui leur avait été attribué, mais en leur réservant la jouissance des mêmes gages et droits pendant les 12 années suivantes pour bien tenir lieu de remboursement de la finance de leurs charges.

Cependant, ils furent définitivement supprimés en 1672, lors de la mise en ferme des Postes.

### DÉCLARATION ROYALE DE JUILLET 1632 ORDONNANT LA VENTE DES OFFICES DE COURRIERS ROYAUX DONT LES TITULAIRES REFUSERAIENT D'ACQUITTER LES DROITS D'HÉRÉDITÉ.

L'édit de mai 1630 avait stipulé que les courriers devaient être expédiés *deux fois par semaine*.

Cette disposition fut confirmée par une déclaration du mois de juillet 1632 qui prescrivit, en outre, la vente des offices de courriers royaux dont les titulaires refuseraient d'acquitter les droits d'hérédité.

### ARRÊT DU CONSEIL D'ÉTAT DU 12 AOUT 1634. — PRIVILÈGE ACCORDÉ AUX MAÎTRES DE POSTE POUR LE TRANSPORT DES ÉTRANGERS.

Deux ans après, les messagers royaux émirent la prétention de conduire toutes sortes de voyageurs dans toute l'étendue du royaume.

Le surintendant général des postes prit énergiquement en mains la défense des maîtres de poste dont les intérêts étaient gravement compromis par cette concurrence. Le Conseil d'État accueillit ses remontrances et, par un arrêt du 12 août 1634, ordonna que les messagers royaux pourraient transporter toutes sortes de personnes qui voudraient aller d'une ville dans une autre du royaume, qu'à cet effet, ils emploieraient des chevaux leur appartenant pour qu'ils n'en pussent louer d'autres; leurs chevaux seraient distingués par une marque particulière. Les messagers royaux qui auraient besoin d'autres chevaux ne pourraient en demander qu'aux maîtres de poste; il leur était interdit, en outre, de recevoir les *étrangers*, ainsi que les personnes partant de la cour, soit pour voyager dans l'intérieur du royaume, soit pour en sortir, la conduite de ces personnes étant réservée aux *courriers*, à l'exclusion des *messagers*.

### ÉDIT D'AOUT 1634 : CRÉATION D'OFFICES DE MESSAGERIES, ROULAGES ET VOITURES. — ÉDIT DE MAI 1635 : ADJONCTION DES OFFICES CI-DESSUS AUX CHARGES DE SURINTENDANTS, COMMISSAIRES ET CONTRÔLEURS GÉNÉRAUX DES COCHES ET CARROSSES PUBLICS.

Un édit du mois d'août 1634 créa pour la direction et police des messageries, roulages et voitures, des offices analogues à ceux qui avaient été établis pour les postes et relais et auxquels un nouvel édit du mois de mars 1635 unit et incorpora les charges de *surintendants, commissaires et contrôleurs généraux des coches et carrosses publics*.

### ÉDIT DE MAI 1635 ANNULANT LES DEUX PRÉCÉDENTS.

Ces deux édits furent annulés par celui du mois de mai 1635.

### DÉCLARATION ROYALE DE NOVEMBRE 1635. — CONFIRMATION DE L'EXEMPTION DE TAILLE EN FAVEUR DES MAÎTRES DE POSTE.

Au mois de novembre de la même année, une déclaration royale confirma l'exemption de taille dont jouissaient les maîtres de poste.

### DÉCISION ROYALE DU 12 MAI 1637. — RÉPRESSION DES ABUS DE FRANCHISE COMMIS SOUS LE COUVERT DES AMBASSADEURS. — CONFIRMATION DE LA FRANCHISE EN FAVEUR DU CHANCELIER, DU SURINTENDANT DES FINANCES, DES SECRÉTAIRES D'ÉTAT ET INTENDANTS DES FINANCES.

Comme nous l'avons vu, les maîtres des courriers qui avaient acheté leurs charges à un prix élevé, percevaient, en échange, le revenu entier de tous les ports de lettres et paquets. Or les ambassadeurs de France à l'étranger bénéficiaient par simple tolérance de la franchise tant pour la transmission que pour la réception de leurs correspondances officielles et particulières. De graves abus ne tardèrent pas à se produire; la correspondance des agents attachés à l'ambassade et celle des particuliers circulèrent sous le couvert des ambassadeurs au grand préjudice des maîtres des courriers qui eurent à constater, de ce fait, des diminutions considérables dans le chiffre de leurs recettes sur la correspondance étrangère, et se plaignirent.

Le Roi, par une décision du 12 mai 1637, accueillit ces doléances et autorisa les maîtres des courriers à « lever et percevoir les ports de lettres et paquets sur toutes sortes de personnes généralement quelconques, conformément au règlement des taxes du 16 octobre 1627, à la réserve toutefois des dépêches concernant le service de Sa Majesté, qui s'addresseront à son chancelier, surintendant des finances, secrétaires d'État et intendants des dites finances ».

Les abus cessèrent momentanément, mais ils ne tardèrent pas à se reproduire.

ARRÊT DU CONSEIL D'ÉTAT DU ROI EN DATE DU 8 OCTOBRE 1638, PORTANT TRÈS EXPRESSES DÉFENSES A TOUS MAÎTRES DE POSTE DE PRENDRE NI EXIGER AUCUNE CHOSE DES COURRIERS ORDINAIRES ÉTABLIS EN CHAQUE PROVINCE DU ROYAUME POUR PORTER LES DÉPÊCHES DE S. M. ET DU PUBLIC CONFORMÉMENT A L'ÉDIT DU MOIS DE MAI 1630 ET ARRÊT DU 30 MARS 1634.

L'année suivante, des abus d'une autre nature se produisirent, mais cette fois de la part des maîtres de poste.

Nous lisons dans l'arrêt du Conseil d'État qui fut rendu à cette occasion, le 8 octobre 1638, que les maîtres de postes, indépendamment de divers privilèges et exemptions, recevaient en outre « neuf vingts livres de gages par an, moyennant quoy ils étaient chargez de fournir gratuitement aux courriers ordinaires despeschez deux fois la semaine de chacun des bureaux des postes les chevaux nécessaires ».

« Néanmoins, ajoute l'arrêt, aucuns maistres des postes sont si malicieux qu'ils exigent par force et violence des dits courriers ordinaires portant les despesches de Sa Majesté et du publicq, les frais de courses des dits chevaux, les battent et excèdent, leur donnent des chevaux las et recreuz et les font mesmes aller en charrette : et bien que par diverses lettres patentes et arrests de Sa Majesté ayent enjoinct aux prévosts des mareschaux de se saisir et emprisonner les dits maistres des postes réfractaires, et que les dits controlleurs provinciaux ayent fait saisir leurs gages pour estre remboursez desdites exactions, il arrive bien souvent que les juges des lieux eslargissent les dits maistres de postes et que les receveurs généraux ne délaissent de leur payer leurs gages nonobstant les saisies des dits controlleurs provinciaux lesquels ne peuvent plus subsister dans ce désordre ny continuer le service qu'ils sont obligez de rendre à sa dite Majesté et au public si la rébellion et désobéissance des dits maistres des postes n'est arrestée, à quoy il est très important de pourvoir..... »

(On voit par là que l'abus était criant.)

Le Roi prescrivit, en conséquence, aux maîtres de poste d'avoir à se conformer à l'édit de mai 1630 et à l'arrêt du 30 mars 1634. Il leur interdit d'exiger quoi que ce fût des courriers ordinaires du Roi, à peine de concussion. Les réfractaires se verraient déchus de leurs privilèges et privés de leurs gages que le surintendant, M. de Nouveau, affecterait au paiement des chevaux nécessaires au transport des courriers.

NOUVELLES DIFFICULTÉS ENTRE L'ÉTAT ET LES MESSAGERIES DE L'UNIVERSITÉ (1632 A 1640). — ARRÊT DU CONSEIL DU 14 DÉCEMBRE 1640 PORTANT CONFIRMATION DES PRIVILÈGES DE L'UNIVERSITÉ.

Ici se place une nouvelle phase de la longue lutte soutenue par l'Université pour la défense de ses privilèges.

Les divers incidents de cette lutte ont été exposés avec une clarté saisissante par M. Lœper [1].

Comme nous l'avons déjà vu, l'édit du mois de mai 1630 avait attribué aux maîtres des courriers et aux contrôleurs provinciaux le produit entier des ports de lettres transportées par eux.

Or les messagers royaux et les messagers de l'Université avaient également le droit de transporter les lettres.

Cette concurrence et la disposition introduite dans l'édit du mois de mai 1630 au sujet du départ bi-hebdomadaire des courriers amenèrent des difficultés et des désordres. Lorsque parut la déclaration royale de juillet 1632 prescrivant la vente des offices de courriers royaux dont les titulaires refuseraient d'acquitter la taxe du droit d'hérédité, l'État voulut appliquer ces dispositions aux messagers universitaires.

Nous devons ajouter que, depuis l'année 1633, l'Université, dérogeant à la rigidité des principes de désintéressement qu'elle avait solennellement affirmés en 1472, avait affermé ses messageries à son propre profit. Les dons volontaires des écoliers ne suffisaient plus, en effet, à rétribuer les professeurs et régents de l'Université depuis l'ouverture du collège de Clermont (actuellement collège Louis-le-Grand) qui était devenu pour elle un concurrent redoutable. L'Université s'était alors décidée à affermer ses messageries en affectant le produit de ces baux à la rétribution de ses professeurs et à l'entretien de ses écoliers.

Elle protesta donc contre les prétentions des maîtres des courriers.

L'affaire fut portée devant le Parlement. Le président de Chivry confirma les droits de l'Université dans les termes suivants :

Messieurs,

La compagnie, ayant eu égard à la justice de votre cause touchant vos messageries, a trouvé bon et à propos de vous conserver en vos droits et privilèges et ce d'autant plus volontiers, qu'il y va du bien et de la conservation de toute l'Université, notre bonne mère, à laquelle nous avons tous, et moi particulièrement, des obligations très étroites. Et si nous avons des lettres et de la capacité pour exercer nos charges, nous lui en sommes redevables et ne saurions en rendre

1. *Précis historique sur les messageries universitaires*, par M. Lœper, directeur des postes à Markirck.

des témoignages assez grands. Enfin, messieurs, vous avez tout ce que vous pouvez désirer. Jouissez, comme vous l'avez fait de tout temps, de toutes vos messageries.

Malgré cet arrêt formel, l'Université ne resta pas longtemps en paix. En août 1634 parut l'édit créant trois charges héréditaires d'intendants et contrôleurs généraux des messagers, voituriers et relais du royaume; ces officiers furent investis de l'autorité qu'on avait voulu attribuer aux inspecteurs supérieurs des postes. On leur prescrivit notamment de proportionner le nombre des messagers universitaires à celui des grands messagers, conformément à la déclaration de Charles VIII promulguée en mars 1488. Il fut interdit à ces derniers de tenir bureau et de transporter d'autres lettres ou espèces que celles des régents et des étudiants. Lorsque cet édit eut été enregistré au grand conseil, l'Université de Paris y fit opposition et obtint, en fin de compte, que ses messagers fussent maintenus dans leurs droits et privilèges.

Quelques années après, en 1640, l'adjudicataire des offices de messagers-voituriers du royaume, Drappier essaya vainement de faire restreindre les droits des messagers universitaires.

L'Université adressa des représentations au Roi et à son conseil et obtint, le 14 décembre 1640, la promulgation d'une décision qui, dans l'histoire de l'Université de Paris, est connue sous le nom de « *célèbre arrêt* ». On y lit ce qui suit :

Le Roi en son conseil... a maintenu et gardé, maintient et garde les petits messagers ordinaires de ladite Université, en la possession de faire voyages à leurs jours ordinaires, comme ils ont toujours fait par le passé concurremment avec les messagers pourvûs par Sa Majesté, et de porter lettres, hardes, paquets, or, argent et autres choses, pour toutes sortes de personnes et de faire la conduite de ceux qui se présenteront à eux sans aucune distinction, leur fournir chevaux et vivres et faire toutes autres fonctions et exercices de messagerie; et à cette fin pourront tenir bureaux en cette Ville de Paris, et en celle de leur établissement, ainsi qu'ils ont fait pour le passé, et fait défense auxdits Drappier et Borée et à tous autres de les y troubler: a ordonné et ordonne Sadite Majesté, que tous les deniers qui proviendront du revenu desdites messageries, seront employez au payement des gages qui seront accordez aux Principaux et aux Régents des collèges de la Faculté des Arts de ladite Université esquels il y a plein et entier exercice, sans aucun divertissement.

Cet arrêt fut enregistré au Parlement, et l'on stipula même expressément qu'il devrait « servir de loi à l'avenir ».

### COUP D'ŒIL GÉNÉRAL SUR LE RÔLE ADMINISTRATIF DE RICHELIEU.

Richelieu mourut le 4 décembre 1642, à l'âge de 57 ans, avec la satisfaction d'avoir réalisé son programme politique.

« Sire, disait-il à Louis XIII la veille de sa mort, voici le dernier adieu. En prenant congé de Votre Majesté, j'ai la consolation de laisser votre royaume plus puissant qu'il n'a jamais été et vos ennemis abattus. »

Nous n'avons pas à examiner ici ce que fut Richelieu, homme d'État, mais il nous appartient d'étudier ce que fut l'administrateur au point de vue spécial du sujet qui fait l'objet de notre étude.

Louis XI avait institué une *poste politique* destinée exclusivement au service de l'État.

Henri III, par son édit du mois de novembre 1576, avait créé le service des *messageries*.

Henri IV avait organisé la *poste aux chevaux*.

Richelieu mit définitivement le service des postes à la disposition du *public* et créa la *poste aux lettres*.

A partir de l'année 1622, les courriers partent à *jour fixe*.

Le règlement de 1627 établit un tarif régulier pour le port des lettres entre les cinq bureaux de Paris, Bordeaux, Toulouse, Dijon et Lyon et crée les services des articles d'argent et des valeurs cotées. En 1629, nous voyons apparaître l'obligation pour les fonctionnaires d'expédier à l'avenir leurs correspondances officielles par *la poste* et non plus par des courriers extraordinaires.

Le même édit de janvier 1629 limite le privilège de la franchise aux correspondances adressées au Roi, au garde des sceaux et au surintendant des finances et prescrit aux maîtres des postes d'en charger leurs registres.

A partir du mois de janvier 1630, les courriers sont tenus de partir de Paris deux fois par semaine sur chaque route des postes. Leur marche est réglée; ils doivent fournir une poste par heure en été et une poste par heure et demie en hiver. En outre, des contrôleurs provinciaux sont créés dans vingt centres importants.

En 1637, Richelieu s'attache à interdire formellement les abus de franchise qui se commettaient sous le couvert des ambassadeurs français à l'étranger.

Signalons enfin les nombreux privilèges qu'il accorda aux maîtres de poste.

Tel est le résumé des améliorations réalisées pendant l'administration de Richelieu.

Aussi pouvons-nous dire avec M. Ernest Delamont[1] que Richelieu fut le fondateur de la poste aux lettres en France.

Comme nous allons le voir, Louvois fut le digne continuateur de l'œuvre de Richelieu.

1. Auteur d'une intéressante notice historique sur la poste aux lettres dans l'antiquité et en France (Bordeaux, 1871), p. 33.

# LOUIS XIV

(1643-1715)

Création d'offices de contrôleurs, peseurs, taxeurs. — Messagers royaux. — Tarif du port des lettres. — Postes et relais de Normandie en 1637 et en 1650. — Départ des courriers de Paris en 1650. — Essai d'établissement de la petite poste à Paris par M. de Vélayer. — Pélisson et Mlle de Scudéry. — La petite poste à Londres. — Jérôme de Nouveau, surintendant général. — Remplacement des offices de contrôleurs, peseurs, taxeurs, par des offices de conseillers intendants. — Commissaires généraux des postes, coches, carrosses, messageries, rouliers, voituriers et courriers à journée. — Départ régulier des courriers. — Surintendants et contrôleurs généraux de coches, carrosses, messageries, roulages et voitures par eau et par terre. — Règlement entre les maîtres des courriers et les messagers royaux et de l'Université. — Colbert et Fouquet : correspondances interceptées. — Communications maritimes entre la Provence et l'Italie. — Droits de péage ; historique de la question. — Louvois, surintendant général. — Établissement d'un bureau français à Genève. — La poste mise en ferme : Lazare Patin, fermier général ; ses privilèges. — Confirmation du bail de la ferme des postes. — Tarif du 11 avril 1676. — Poste aux chevaux : course à deux personnes en chaise roulante. — Deuxième bail de la ferme des postes. — Règlement entre les messagers et les rouliers et voituriers. — Mort de Louvois ; coup d'œil rétrospectif sur son administration ; service international ; difficultés avec l'Angleterre et la Savoie. — Les postes sous Louvois. — Les moyens de communication en France sous Louvois. — Claude Lepelletier, surintendant général ; sa charge transformée en simple commission. — Boîtes aux lettres dans Paris, en 1692. — Le marquis de Pomponne, surintendant général. — Colbert, marquis de Torcy, surintendant général. — Nouveau tarif pour le port des lettres : articles d'argent, valeurs cotées. — Création d'offices de courtiers, facteurs et commissionnaires des rouliers, muletiers et autres voituriers. — Aliénation au clergé de France du produit de la ferme générale des postes jusqu'à concurrence de trente millions de livres. — Le cabinet noir sous Louis XIV d'après la correspondance de Colbert, Saint-Simon, Tallemant des Réaux, Mme de Sévigné, Mme de Maintenon et M. Maxime du Camp (de l'Académie française).

### EXTENSION DU SERVICE.

Les postes firent de nouveaux et importants progrès pendant la première partie du règne de Louis XIV, grâce au génie administratif de Louvois. Nous verrons cette institution grandir tout à coup, se régulariser et devenir non seulement un précieux auxiliaire pour les particuliers, mais encore une source de profits importants pour l'État.

ÉDIT DU 3 DÉCEMBRE 1643 CRÉANT TROIS OFFICES HÉRÉDITAIRES DE CONTRÔLEURS, PESEURS, TAXEURS DE PORTS DE LETTRES ET PAQUETS DANS TOUS LES BUREAUX DE POSTES ET DE MESSAGERIES. — CRÉATION DE MESSAGERS ROYAUX DANS LES VILLES QUI EN SONT DÉPOURVUES.

Le service se développait de plus en plus, les contrôleurs provinciaux ne pouvaient exercer sur tous les points une surveillance suffisamment active. Les relais et les bureaux de poste se multipliaient de jour en jour; le nombre des fermiers et celui des messagers tant royaux que de l'Université augmentaient également. Les commis chargés de la manipulation et de la taxation des lettres et paquets n'étaient plus suffisants pour faire face aux exigences du service.

De plus, les maitres de poste ne pouvant pas toujours assister en personne à l'arrivée des courriers et au dépouillement des dépêches, les commis appliquaient aux correspondances des taxes arbitraires.

Sous le règne précédent, une information avait été ouverte sur ces faits, et le 21 mai 1638, la cour des aides avait même rendu, conformément aux conclusions du procureur général, un arrêt « interdisant aux maitres des postes et à leurs commis, messagers et facteurs d'altérer les ports de paquets et lettres, d'ajouter et de mettre dessus de plus fortes taxes que celles qui se trouveraient y avoir été mises par les expéditeurs et y rien changer en quelque sorte et manière que ce fut, à peine de dix mille livres d'amende, sauf à eux de refuser les lettres et paquets sur lesquels les taxes seraient moindres que celles portées par les règlements ».

Pour remédier à ces abus, il parut nécessaire de créer une nouvelle catégorie d'agents qui effectueraient les multiples opérations intérieures des bureaux avec toute la célérité et la rapidité désirables.

Le Roi créa, à cet effet, dans tous les bureaux de postes et de messageries, trois offices héréditaires (ancien, alternatif, triennal) de contrôleurs, taxeurs et peseurs de lettres et paquets[1]. Les fonctions de ces nouveaux agents consistaient à taxer les lettres à l'arrivée des courriers, d'après les poids en usage dans les villes, à tenir registre de celles qu'ils expédiaient, à recevoir les plaintes du public et, d'une manière générale, à faire exécuter les règlements.

Il était alloué à ces officiers, à titre d'émoluments et en hérédité, « le droit du quart en sus sur tous les ports de lettres et paquets allant par la voye des postes et relais et tombant dans tous les bureaux établis par les maitres des courriers du royaume ».

1. En 1655, ces charges furent supprimées et remplacées par celles d'intendants.

Par le même édit, le Roi créa deux messagers royaux « en toutes les villes et bourgs du royaume où il n'y en a point eu jusqu'à présent d'établis pour jouir par les pourvus desdits offices des mêmes droits et fonctions dont jouissent les autres messagers du royaume ».

Il était formellement interdit aux messagers royaux ou de l'Université « d'établir aucuns chevaux de relais, ny d'en mettre de traite en traite pour faire plus grande diligence qu'ils ne doivent par leur institution, à peine de confiscation de leurs chevaux et d'interdiction de leurs charges ».

### ÉDIT DU 5 DÉCEMBRE 1643 PRESCRIVANT QUE L'UNIVERSITÉ DE PARIS ET TOUS LES AUTRES MESSAGERS SONT DÉPOSSÉDÉS DE LEURS PRIVILÈGES.

Deux jours plus tard, le 5 décembre 1643, l'Université de Paris était amoindrie dans son privilège.

L'édit du 5 décembre 1643 dit expressément :

> Seront les fonctions des messagers de l'Université de Paris réduites et réglées suivant l'arrest du Conseil de décembre 1640, en remboursant à ladite Université la somme de quarante mille livres en un seul et actuel payement, et payant le même revenu à l'Université que celuy qu'elle reçoit à présent des fermiers desdites messageries suivant les baux, sans fraude ni déguisement. Et à faute d'accepter ladite condition par ladite Université dans un mois après la signification qui sera faite et offres à deniers comptans par notaires, seront les deniers consignez, et après la consignation lesdits messagers de l'Université interdits de leurs charges, et permis en cas de contravention de saisir leurs chevaux et équipages.

Tous les autres messagers, étaient comme ceux de l'Université, déchus de leurs fermes et privilèges et tenus de restituer sans retard les lettres de provision qui leur avaient été délivrées.

C'était là une conséquence de la création des contrôleurs, peseurs et taxeurs qui devaient exercer leurs fonctions dans tous les bureaux de postes et de messageries du royaume.

Nous verrons longtemps encore l'Université lutter pour la défense de son privilège, dont elle ne sera réellement et définitivement dépouillée qu'un siècle plus tard.

### RÈGLEMENT ROYAL DE 1644 FIXANT LE PRIX DU PORT DES LETTRES.

En dépit de ces réformes, le public ne cessait de soulever de nouvelles difficultés pour la fixation de la taxe des lettres. Cette considération dicta le règlement royal enregistré par le Parlement en 1644, qui détermina ainsi qu'il suit le prix du port des lettres :

> Les maîtres des courriers de Paris, Lyon, Mascon, Clermont-Ferrand, provinces de Limousin, Poictou et Bourgogne et desdits lieux à Paris prendront quatre sols

des lettres simples, cinq sols des doubles auxquelles il y a enveloppes au-dessoubs d'une once de poids, et sept sols de l'once des gros paquets au-dessus d'une once.

Pour le Dauphiné, le port de la lettre simple fut de 5 sols, ainsi que pour les villes du Midi jusqu'à Marseille; pour la Touraine, l'Anjou et le Maine 3 sols, etc...

ARRÊT DU CONSEIL DU 30 DÉCEMBRE 1645. — CRÉATION DE DEUX NOUVEAUX OFFICES DE MESSAGERS ET AUGMENTATION DU NOMBRE DE COURRIERS DE PARIS POUR LA FRANCE ET L'ÉTRANGER.

En raison de l'extension des relations internationales, le nombre des courriers entre la France et l'étranger était devenu insuffisant, ce qui détermina Mazarin à créer de nouveaux courriers, par un arrêt du Conseil d'État ainsi conçu :

Le Roi considérant que le nombre des messagers et courriers à journées, établis de Paris en Flandre, Hollande, Zélande et aux villes des Pays-Bas et celui des courriers de Lille à Paris, de Rouen en Flandre et de Lyon à Rome n'est pas suffisant pour le service de Sa Majesté et du public, Sa Majesté étant en son conseil, la Reine régente, sa mère, présente, a ordonné et ordonne au surintendant général des postes suivant le pouvoir à lui donné par son édit de viation, d'établir deux offices nouveaux de messagers et courriers à journées de Paris en Flandre, Hollande, Zélande et aux villes des Pays-Bas, un courrier de Paris à Lille, un de Rouen en Flandre, deux de Lyon à Rome, aux mêmes droits et émoluments que ceux établis, auxquels Sa Majesté fait défense d'apporter aucun empêchement en la fonction des nouveaux preneurs et aux ordres que donnera ledit surintendant des postes sur l'exécution du présent arrêt, à peine de trois mille livres d'amende et en cas de contestation, Sa Majesté s'en est réservé la connaissance et à son dit conseil.

DÉCLARATION ROYALE DU 31 JUILLET 1648. — ANNE D'AUTRICHE ET MAZARIN.

Le 31 juillet 1648, c'est-à-dire peu de temps avant la signature de l'important traité de Westphalie qui avait valu l'Alsace à la France et jeté les bases du système de l'équilibre européen, Anne d'Autriche et Mazarin conduisaient au Parlement le jeune roi Louis XIV pour y tenir un lit de justice.

Par suite de la guerre, les finances étaient dans un état déplorable. Le peuple écrasé d'impôts arbitraires, de dîmes ecclésiastiques et de droits féodaux, ne voulait plus rien payer du tout et s'ameutait contre les percepteurs. Les vexations de ces derniers, les violences et les pillages des soldats, les abus de toutes sortes des fermiers et fonctionnaires augmentaient encore l'irritation générale.

Le Parlement avait pris parti pour le peuple contre la cour qui, ne recevant plus aucun subside, manquait littéralement de tout, à tel point que la Reine, elle-même, en fut réduite à emprunter de l'argent aux dames de la cour et à mettre en gage les diamants de la couronne[1].

Anne d'Autriche et Mazarin voulurent essayer de conjurer l'orage, en se rendant au Parlement accompagnés du Roi et en y faisant lire une déclaration qui, tout en rappelant les droits souverains du pouvoir royal, ordonnait qu'en ce qui concernait la justice, les grandes ordonnances de Moulins et d'Orléans émanant du chancelier de l'Hospital, et celles de Blois fussent dorénavant observées. Remise était faite à tous les sujets d'un quart de la taille; des édits *duement enregistrées* déterminaient pour l'avenir les impositions nouvelles, mais les droits et les taxes existants, sauf quelques taxes par trop impopulaires, seraient maintenus jusqu'à ce que l'état des finances permît de les réduire.

Nous relevons dans cette déclaration la défense expresse de transporter de l'or et de l'argent *monnoyé ou non monnoyé* hors du royaume, sans la permission royale, et enfin le passage suivant relatif au service des Postes :

> Et d'autant que nous avons receu diverses plaintes des abus qui se commettent aux taxes des ports de lettres et pacquets, nous voulons et ordonons que les règlemens cy devant faits concernant les lettres et pacquets soient exécutez selon leur forme et teneur, avec défenses aux fermiers et distributeurs de rien exiger au-delà d'iceux, à peine de punition.

Mais le désordre était partout et le mécontentement populaire porté à son comble devait se traduire quelques mois après par la guerre de la Fronde.

### DÉCLARATION ROYALE[2] DU MOIS DE NOVEMBRE 1648. — PRIVILÈGES DES MAÎTRES DE POSTE — OBLIGATION DE RÉSIDENCE.

Aucune décision n'avait fixé, jusqu'à cette époque, la résidence des maîtres de poste. C'est pour combler cette lacune que fut publiée la déclaration royale du mois de novembre 1648 qui, tout en confirmant les privilèges accordés aux maîtres de poste par l'édit de novembre 1635, les obligea à résider dans les paroisses où les postes étaient établies.

1. HENRI MARTIN, *Histoire de France*.
2. *Compilation chronologique et ordonnances, édits, déclarations et lettres patentes des Rois de France*, par GUILL. BLANCHARD, avocat au Parlement (Paris, 1725).

### ÉTAT DES POSTES ET RELAIS DE NORMANDIE EN 1637 ET EN 1650.

L'extrait suivant des registres de la cour des aides de Normandie nous fait connaître le nom des localités de cette province et des provinces voisines qui étaient alors pourvues de relais de poste.

Estat des Postes de Rouen à Saint-Malo et Rennes pour mettre à la cour des aydes de Normandie en suite de l'arrest du conseil d'Estat du 12 mai 1637 :

| | |
|---|---|
| Roüen. | La Pomme d'Or. |
| Grand Couronne. | Pontlevesque. |
| Baugouet. | La Mare aux Pois. |
| Bretot. | Dive ou Cabour. |
| Ponteaudemer. | Sallenelle. |
| Caen. | Mortaing. |
| Sainct-Eaux. | Fontenay. |
| Sainct-Clair de la Pommeraye. | Sainct-Hilaire traverse de Rennes. |
| Condé. | Landelle. |
| Tinchebray. | Sainct-Jamme. |
| Fresne. | Pontorson. |

Fait et arresté par nous soussigné grand maistre des courriers et surintendant général des postes, relais et chevaux de loüage de France, ce 20 de septembre 1637.

Signé : DE NOUVEAU; signé : BECU.

Estat des postes et relais establis pour le service du Roy et commodité publique, sur la route de Roüen à Alençon jusques à Falaize, pour mettre au greffe de la cour des aydes de Normandie, suivant l'arrest du conseil du 12 mai 1637 :

| | |
|---|---|
| Roüen. | Noyer-Menard. |
| Bourgtheroulde. | Sées. |
| Bernay. | Allençon. |
| Les Ogerons ou Montreul. | Argentan. |
| | Falaize. |

Fait, etc...
ce 1er janvier 1650. Signé : DE NOUVEAU ; signé : BECU.

Estat des postes et relais establis pour le service du Roy et commodité publique, depuis Paris jusques au Mans, pour être mis au greffe de la cour des aydes de Paris et Normandie, dépendans du ressort de chacune d'icelles, suivant l'arrest du 12 may 1637 :

| | |
|---|---|
| Paris. | Verneuil. |
| Villepreux. | Sainct-Maurice. |
| Neaulle. | Tourouvre. |
| La Queuë. | Mortagne. |
| Oudan. | Bellesme. |
| Marolles. | Igé. |
| Dreux. | Sainct-Cosme. |
| Nonancourt. | Bonnestable. |
| Tillières. | Le Mans. |

Fait par nous, etc...
ce 1er janvier 1650. Signé : DE NOUVEAU; signé : BECU.

(Collationné aux originaux par moy conseiller, secrétaire du Roy, Maison, couronne de France et des finances.)

DÉPART DES COURRIERS DE PARIS VERS 1650.

On ne lira peut-être pas sans intérêt les renseignements suivants qui indiquent comment était réglé à cette époque le service des courriers qui partaient de Paris pour diverses destinations :

DÉPART DES COURRIERS DE PARIS VERS 1650.

Le règlement de 1627 n'avait prévu que quatre ordinaires partant de Paris et à destination de quatre grandes villes : Dijon, Lyon, Toulouse et Bordeaux.

Vers 1650, des bureaux de départ des postes étaient établis sur quatre points différents, savoir :

1° Rue aux Ours;

2° Devant le grand portail de Saint-Eustache;

3° Dans la rue Saint-Jacques (en face de la rue du Plâtre):

4° Au Marché Neuf.

De la rue *aux Ours* partaient les ordinaires pour la Flandre et l'Angleterre, une fois par semaine;

Devant *Saint-Eustache,* départs :

1° Deux fois par semaine pour Bernay, Sées, etc.; deux fois par semaine, pour Nantes, Rennes, etc.;

2° Tous les jours pour Rouen;

Au *Marché Neuf*, départs :

1° Pour Calais, une fois par semaine;

2° Pour Reims, trois fois par semaine.

De la rue Saint-Jacques, où était le bureau principal des postes, départs :

1° Pour Barcelone, Rome, Genève, une fois par semaine ;

2° Pour Bourges et Lyon, deux fois par semaine ;

3° Pour Metz, Nancy, Bordeaux et Nantes par Angers, deux fois par semaine ;

4° Pour la Provence, Dijon, le Languedoc et la Gascogne, une fois par semaine.

ARRÊT DU CONSEIL PRIVÉ DU 2 MARS 1651. — MESSAGER DE LIMOGES (ATTEINTE AU MONOPOLE D'UN MAÎTRE DES COURRIERS).

Les messagers publics ne cessaient de porter atteinte au monopole des maîtres des courriers.

En 1651, le messager de Limoges émit la prétention d'établir des chevaux de relais sur la route de Limoges à Bordeaux.

Un arrêt du conseil en date du 2 mars 1651 repoussa cette demande et interdit au messager de rien entreprendre au préjudice du maître des courriers et cela « sur les peines portées par l'édit et par les déclarations de 1630 et de 1631 ».

DÉCLARATION DU 30 DÉCEMBRE 1652 QUI CONFIRME L'EXEMPTION DE TAILLE PRÉCÉDEMMENT ACCORDÉE AUX MAÎTRES DE POSTE.

Par déclaration royale du 30 décembre 1652, Louis XIV confirma tous les privilèges précédemment accordés aux maîtres de poste, ce qui n'empêcha pas un certain nombre de ces derniers de refuser des chevaux pour le service des ordinaires à moins d'être payés de chaque course.

ARRÊT DU CONSEIL DU 16 SEPTEMBRE 1653. — OBLIGATION POUR LES MAÎTRES DE POSTE DE FOURNIR GRATUITEMENT ET NUIT ET JOUR DES CHEVAUX AUX COURRIERS ORDINAIRES.

Un arrêt du conseil du 16 septembre 1653 réprima ces tentatives et ordonna « que les maîtres des postes seroient tenus de fournir promptement jour et nuit aux courriers ordinaires dépêchés par les maîtres des courriers ou par leur commis, un cheval seul, bon mallier, sans guide, aux jours ordinaires pour l'aller et pour le retour, sans payer aucune chose pour le port de chaque ordinaire, qui ne pourroit excéder la pesanteur de cent livres; autrement et à faute de ce faire, que les maîtres des postes demeureroient déchus et privés de leurs gages, privilèges et exemptions, lesquels gages seroient employés aux frais des chevaux qu'il seroit nécessaire d'établir pour les courriers ordinaires ».

PREMIER ESSAI D'ÉTABLISSEMENT DE LA PETITE POSTE A PARIS (1653).

Paris communiquait alors avec la province et avec l'étranger, mais il ne communiquait pas encore avec lui-même. Les lettres *de* et *pour* Paris étaient portées par des *petits laquais* ou par des commissionnaires; aucune administration spéciale ne se chargeait de les recevoir ni de les distribuer.

En 1653, après l'apaisement de la Fronde, M. de Vélayer, maître des requêtes, spécialement autorisé par privilège du Roi, essaya de combler cette lacune.

Loret[1], dans sa « Muse historique », s'empressa de porter la nouvelle à la connaissance des Parisiens.

Voici ce qu'on lit dans sa lettre trentième du samedi 16 août 1653 :

On va bientôt mettre en pratique,
Pour la commodité publique,
Un certain establissement,
Mais c'est pour Paris seulement,
Des boëttes nombreuses et drues,
Aux petites et grandes rues,
Où par soi-même ou son laquais,
On pourra porter des paquets,
En dedans, à toute heure, mettre,
Avis, billet, missive ou lettre,
Que des gens commis pour cela,
Feront chercher et prendre là
Pour, d'une diligence habile,
Les porter par toute la ville
A des neveux, à des cousins,
Qui ne seront pas trop voisins,
A des gendres, à des beaux-pères,
A des nonnains, à des commères,
A Jean, Martin, Guilmain, Lucas,
A des clercs, à des avocats,
A des marchands, à des marchandes,
A des galants, à des galantes,
A des amis, à des agents,
Bref, à toutes sortes de gens.
Ceux qui n'ont suivants ni suivantes,
Ny de valets ni de servantes,
Seront ainsi fort soulagez,
Ayant des amis loin logez.
Outre plus, je dis et j'annonce
Qu'en cas qu'il faille avoir réponse,
On l'aura par mesme moyen.
Et si l'on veut savoir combien
Coûtera le port d'une lettre,
Chose qu'il ne faut pas obmettre
Afin que nul n'y soit trompé,
Ce ne sera qu'un sou tapé[2].

Nous transcrivons également, à titre de curiosité, l'instruction que M. de Vélayer fit afficher dans Paris :

1. Loret (Jean), gazetier français, né à Carentan et mort en 1665, quitta sa province pour venir chercher fortune à Paris où il se fit remarquer par son esprit fin et délié. Il obtint de Mazarin une pension de 200 écus sur sa cassette. Pour plaire à Mlle de Longueville qui l'avait logé dans son hôtel, il fit pour elle et ses familiers une gazette (*la Muse historique*) rédigée en vers plaisants ou burlesques et lestement tournés, où il racontait à sa façon les événements et les nouvelles de la semaine.

2. On désignait ainsi les pièces de monnaie frappées à l'effigie royale.

*Instruction pour ceux qui voudront escrire d'un quartier de Paris en un autre, et avoir responce promptement deux et trois fois le jour sans y envoyer personne par le moyen de l'establissement que sa Majesté a permis estre faict par ses Lettres, vérifiées au Parlement, pour la commodité du public et expédition des affaires.*

On faict asçavoir à tous ceux qui voudront escrire d'un quartier de Paris en un autre, que leurs lettres, billets ou mémoires seront fidellement portés et diligemment rendus à leur adresse, et qu'ils en auront promptement responce, pourveu que lorsqu'ils écriront ils mettent avec leurs lettres un billet qui portera *port payé* parce que l'on ne prendra point d'argent, lequel billet sera attaché à ladite lettre ou mis autour de la lettre, ou passé dans la lettre, ou en telle autre manière qu'ils trouveront à propos, de telle sorte néantmoins que le commis le puisse voir et l'oster aysément.

Chacun estant adverty que nulle lettre ny response ne sera portée qu'il n'y aye avec icelle un billet de port payé dont la datte sera remplie du jour et du mois qu'il sera envoyé, à quoy il ne faudra manquer si l'on veut que la lettre soit portée.

Le commis général qui sera au Palais vendra de ces billets de port payé à ceux qui en voudront avoir pour le prix d'un sol marqué et non plus, à peine de concussion et chacun est adverty d'en achepter pour sa nécessité le nõbre qu'il lui plaira, afin que lorsque l'on voudra écrire, l'on ne manque pas pour si peu de chose à faire les affaires. Et en cet endroit les soliciteurs sont advertis de dõner quelque nõbre de ces billets à leurs procureurs et clercs afin qu'ils les puissent informer à tous momens de l'état de leurs affaires, et les pères à leurs enfans qui sont au collège et en religion pour sçavoir de leurs nouvelles, et les bourgeois à leurs artisans, les tourières des religions, les portiers des collèges et communautés, et les geolliers des prisons feront aussi provision de ces billets.

La première raison de ces billets de port payé est que puisque le principal sujet de cet establissement est pour avoir prompte responce, cela ne se pouroit pas si les commis qui porteront lesdites lettres dans les maisons estoient obligés d'attendre partout le payement du port d'icelles.

La seconde raison vient de ce que comme l'on écrit d'ordinaire plustoct pour ses affaires que pour les affaires d'autruy, il est plus juste que celuy qui escrit paye le port que celuy auquel ladite lettre est adressée, et mesme s'il veut responce, il peut en ce cas envelopper dans sa lettre un autre billet de port payé afin que celuy qui le sert le face plus librement quand il verra qu'il ne luy coustera rien.

La troisième raison est, par ce que plusieurs voudront escrire à des personnes ausquelles par considération ils ne voudront pas faire payer le port, comme lorsque les soliciteurs escrivent à leurs advocats ou procureurs, et les bourgeois à leurs artisans pour sçavoir des nouvelles de leurs besognes, etc. Et qu'ainsi il seroit toujours nécessaire qu'il y eust des lettres ou on mist port payé, il est sans doubte que l'on ne porterait pas si asseurement celles-là que les autres sur lesquelles il y auroit port deub, d'où s'ensuiroit la ruine dudit establissement qui est fait pour la commodité publicque, ce qui n'arrivera pas lorsqu'elles seront toutes d'une mesme sorte, et ou on aura non seulement mesme intérêt, mais encores plus de facilité de les porter.

Pour la facilité de faire tenir ses lettres et pour en avoir responce deux et trois fois par jour d'un bout de Paris à l'autre sans y envoyer exprès : le Roy, par ses lettres, a permis pour cet effect de mettre en chaque quartier plusieurs boëttes, lesquelles sont placées de sorte qu'il n'y a point de maison qui ne soit très proche de quelqu'une de ces boëttes, et ou on ne puisse en un instant sans se destourner y faire porter ses lettres.

Il y a aussi plusieurs commis desquels chacun vuidra les boëttes de son quartier trois fois le jour, à six heures du matin, à onze heures et à trois heures et les portera au bureau qui est dans la cour du Palais.

Et au mesme temps on luy donnera tout ce qui sera pour les maisons de son quartier, ou il portera lesdites lettres depuis 7 heures jusques à 10 heures et depuis midy jusques à 3 et depuis 4 heures du soir jusques à ce qu'elles soient toutes renduës, ce qu'il fera facilement et promptement n'ayant qu'à les laisser dans les maisons sans attendre le payement du port desdites lettres.

Les lettres ny les responces ne seront point prises dans les maisons, mais dans les boëttes seulement.

Ces lettres seront cachetées, ou non, comme il plaira à ceux qui escriront.

Ce qui est à observer lorsque l'on escrira est de mettre au-dessus de la lettre, billet ou mémoire :

*A Monsieur........., rue.........*

Et lors la lettre sera portée chez luy.

Et comme l'on escrira souvent à des personnes qui se trouveront plustost au Palais que chez eux, en ce cas, si l'on veut, l'on mettra au-dessus de la lettre pour plus prompte expédition : *A Monsieur...... au Palais*, ou *en la rue*....... et si la lettre n'est prise au Palais, elle sera portée après l'heure du Palais passée, à la maison.

Ce qui est encores à observer, est que tous ceux qui yront au Palais, auront soin en entrant ou sortant de passer au bureau ou d'y envoyer sçavoir s'il n'y a point de lettre pour eux.

Il y a des boëttes dans le Palais affin que comme on voudra escrire quelque billet, ou y faire responce qui soit portée promptement, cela se puisse facillement.

L'une de ces boëttes est dans la grande salle, et les autres dans la cour pour la commodité de ceux qui ne vont dans la salle.

Ne se servira et n'escrira par cette voye qui ne voudra, mais ceux qui n'ont point de valets, ceux qui en ont de malades, ceux qui en ont besoin à la maison, ceux à qui on veut espargner de la peine, ceux qui en ont et qui ne sçavent pas les rues, ny les logis, ceux qui en ont de paresseux, ou qui ayment à se promener : et qui disent après qu'ils n'ont rien trouvé, ceux qui en ont et vont voir leurs parens, et gens de leurs pays au lieu de faire ce qui leur est commandé, trouveront une grande commodité et facilité par cette voye.

Le marchand qui ne peut quitter sa boutique qu'il ne perde quelque occasion de vendre.

L'artisan qui ne peut laisser son travail, et à qui le temps est si cher et qui est obligé souvent d'envoyer advertir celui qui luy a commandé de la besogne, qu'il luy manque encore quelque chose : comme les tailleurs de l'estoffe, de la soye et les autres de mesme.

Ceux qui sont attachez au service de quelqu'un, comme sont tous les domestiques qui n'ont pas la liberté de sortir.

Ceux qui sont incommodez de leur santé ou de leurs créanciers.

Ceux qui sont enfermez dans des prisons, dans des religions et dans des collèges, qui n'ont point de valets.

Les soliciteurs qui ont affaire à tant de monde, et qui outre leurs juges ont besoin du procureur, de l'advocat, du clerc et secrétaire et autres.

Les gens de cour qui courent toujours et qui ne font pas bien souvent la moitié de ce qu'ils voudroient faire.

Enfin les gens de peine et de plaisir, les diligens et les paresseux, les escoliers et les pères, les sains et les malades, les gens de cloistre et du monde, les maistres et les valets, les riches et les pauvres : en un mot presque tous les hommes et toutes les femmes, auront besoin et se serviront très volontiers de cette commodité.

Pour les faux-bourgs Saint-Jacques, Saint-Marcel, Saint-Victor, Saint-Antoine, Saint-Martin et Saint-Denis, il y aura une maison à la porte des dits faux-bourgs où toutes les lettres ou responces qui seront pour ceux qui logent aux dits faux-bourgs seront mises : et ou les particuliers les envoiront quérir si bon leur semble, et ne seront portées les dites lettres dans les maisons des dits faux-bourgs, si ce n'est aux religions et communautez, à l'égard des faux-bourgs Saint-Germain et faux-bourgs Saint-Michel, les lettres seront portées dans les maisons de ceux qui y demeureront.

S'il y a faute par les commis de porter toutes les lettres, on en advertira le bourgeois qui sera nommé en chaque quartier, et lors on fera raison et satisfaction.

Les commis commenceront à aller et à porter les lettres le 8 août 1653. On a donné ce temps-là afin que chacun aye loisir d'achepter des billets.

Ceux qui demeurent ou qui vont pour quelque temps à leurs maisons de campagne proche de Paris et aux environs, comme Saint-Denis, Saint-Cloud, et autres lieux, auront soin de porter avec eux de ces billets de *port payé*, afin que lorsqu'ils voudront escrire à Paris, ils puissent donner à qui que ce soit venant à Paris, leurs lettres avec un des dits billets qui les mettant dans la première boëtte qu'il rencontrera, elles seront rendues à leur adresse.

On s'amusa beaucoup de l'invention de M. de Vélayer et on s'en servit pour toutes sortes de correspondances.

Les habitués des samedis de M^lle^ de Scudéry, par exemple, et notamment Pélisson, s'écrivirent ainsi entre eux.

Voici, du reste, quelques détails fournis à ce sujet par Pélisson lui-même :

En même temps que M. de Vélayer établit les boëstes pour porter des billets, d'un quartier à l'autre, il fit aussi imprimer de certains formulaires de billets d'une douzaine de sortes, comme pour demander de l'argent à un débiteur, pour recommander une affaire à son procureur, un ouvrage à quelque artisan, etc., afin que ceux qui auraient des choses semblables à escrire, se pussent servir de ces billets tout faits, du moins en remplissant quelques lignes de blanc qu'on y laissait comme on fait par exemple, aux quittances des parties casuelles et en une infinité d'autres affaires. Ces billets se vendaient au Palais, avec les autres billets de port payé ; Acante [1] en ayant acheté une douzaine pour cinq sous s'avisa, pour employer son argent, d'envoyer à Sapho par la voie des boëstes celui qui est ici attaché.

1. Autre nom que se donnait Pélisson qui signait aussi Pisandre.

(Suivait le billet du modèle ci-dessous[1] :)

| | |
|---|---|
| *Mademoiselle,*<br><br>*Mandez-moi si vous ne sçavez point quelque bon remède contre l'amour ou contre l'absence, et si vous n'en connaissez point faites moy le plaisir de vous en enquérir, et au cas que vous en trouverez, de l'envoyer à*<br>*Votre très-humble et très-obéissant serviteur,*<br>*PISANDRE.*<br><br>Outre ce billet de port payé que l'on mettra sur cette lettre pour la faire partir, celui qui escrira aura soing, s'il veut avoir responce, d'envoyer un autre billet de port payé, enfermé dans sa lettre. | *Pour Mademoiselle,*<br>*SAPHO,*<br>*demeurant en la rue*<br>*au pays des nouveaux SANSOMATES,*<br>*A PARIS.*<br>*Par billet de port payé.* |

L'invention de ces billets estant toute nouvelle après celle des billets de port payé qui était déjà établie, j'envoyez celui-ci rempli comme il est à Mlle de Scudéry sous une enveloppe de Mme Boquet. Elle fit la réponse, etc...

J'en eusse dit bien d'avantage, écrivait aussi Mlle de Scudéry, mais la boeste des billets s'ouvre à huit heures et c'est par cette voie que je prétends vous envoyer celui-ci.

## Pélisson avait mis en marge de cette lettre l'annotation suivante :

Il est vraisemblable que dans quelques années on ne saura plus ce qu'était la boeste des billets. M. de Vélayer, maistre des requestes, avait imaginé un moyen pour faire porter des billets d'un quartier de Paris à l'autre en mettant des boestes aux coins des principales rues. Il avait obtenu un privilège ou don du Roi pour pouvoir seul establir ces boestes, et avait ensuite establi un bureau au Palais où on vendait pour un sou pièce certains billets imprimés, et marqués d'une marque qui lui était particulière.

Ces billets ne contenaient autre chose que :

*Port payé le...*
*jour de*
*L'an mil six cent cinquante, etc.*

Pour s'en servir, il fallait remplir le blanc de la date du jour et du mois auquel vous écriviez, et, après cela, vous n'aviez qu'à entortiller ce billet autour de celui

1. L'original du billet de Pélisson fait actuellement partie de la collection de M. Feuillet de Conches.

que vous escriviez à votre ami, et les faire jeter ensemble dans la boeste. Il y avait des gens qui avaient ordre de l'ouvrir trois fois par jour et de porter les billets où ils s'adressaient.

Furetière nous apprend quel fut le triste sort de l'invention de M. de Vélayer. Dans un passage du *Roman bourgeois*, il dit, en parlant de Galantine, qui veut rendre à son amant lettre pour lettre :

Comme elle n'avait pas de laquais, elle se contenta de mettre sa lettre dans de certaines boestes qui étaient lors nouvellement attachées à tous les coins de rues, pour faire tenir les lettres de Paris, et sur lesquelles le civil versa de si malheureuses influences qu'aucune lettre ne fut rendue à son adresse et qu'à l'ouverture de ces boestes on trouva pour toutes choses des souris que des malicieux y avaient mis [1].

Un pauvre diable de maître de clavecin, nommé Coutel, voulant donner un concert, mit toutes ses lettres d'invitation à la petite poste, car lui, non plus, n'avait pas de laquais; pas une n'arriva. Des souris lancées par des malveillants avaient tout rongé.

L'institution de M. de Vélayer finit par disparaître et tomba dans l'oubli.

Comme nous le verrons, cette idée fut reprise et réalisée avec plus de succès par M. de Chamousset en 1758.

### ANGLETERRE. — LE PENNY POST (1683).

A l'instar de M. de Vélayer, un tapissier de Londres, Robert Murray, établit dans cette ville, en 1683, une petite poste (*penny post*) destinée à transporter les lettres et les paquets.

Un nommé William Docwray se rendit ensuite acquéreur de l'entreprise et donna à la petite poste une organisation définitive.

Le transport des lettres et paquets d'un poids maximum d'une livre et dont la valeur ne dépassait pas 10 livres sterling, coûtait un penny. Le prix était de deux pences pour les objets transportés dans un rayon de 10 milles anglais.

Plusieurs bureaux furent ouverts dans divers quartiers de Londres et un avis ainsi conçu fut affiché aux endroits les plus apparents :

*On reçoit ici les correspondances pour la ville.*

L'innovation ne tarda pas à gagner la faveur du public, ce qui détermina l'entrepreneur à réaliser de nouvelles et importantes améliorations.

Les levées de boîtes s'effectuèrent régulièrement et le nombre de

1. FURETIÈRE, *Roman bourgeois*

listributions fut porté à quatre dans les quartiers excentriques et à ix ou huit dans les centres les plus populeux.

Malheureusement des difficultés surgirent par suite des plaintes les commissionnaires et le Postmaster général, qui était, à ce moment, e duc d'York, invoquant son monopole, réussit à obtenir des juges me sentence qui dépossédа Docwray de son entreprise moyennant me indemnité qu'il reçut quelques années plus tard.

**ARRÊT DU CONSEIL D'ÉTAT DU 27 JUIN 1654. — PRIVILÈGES ACCORDÉS AUX MAÎTRES DE POSTE; RÉTABLISSEMENT DU MAÎTRE DES COURRIERS DE CHAMPAGNE A REIMS; CONCESSION DE FRANCHISE EN FAVEUR DES MINISTRES ET DES GOUVERNEURS DES VILLES FRONTIÈRES.**

Au mois de juin 1654, les gouverneurs des villes frontières de la province de Champagne représentèrent au Roi que, par suite de l'absence de route et de poste réglée pour l'emploi de courriers extraordinaires, les ordres et les correspondances du Roi ne leur parvenaient pas avec la même rapidité qu'autrefois et qu'ils ne pouvaient pas non plus le tenir informé des événements survenus soit à la frontière, soit à l'étranger. Les ennemis du Roi pouvaient ainsi dissimuler leurs entreprises, au grand préjudice des intérêts de l'État.

Les gouverneurs estimaient, en conséquence, qu'il y aurait intérêt à rétablir le maître des courriers de Champagne dans les anciens droits de sa charge.

Devant des motifs aussi puissants, le Roi ordonna par un arrêt du 27 juin 1654 :

Que le surintendant général des postes établirait une route et des postes;

Que ceux à qui la maîtrise serait donnée jouiraient des mêmes droits et privilèges que les autres maîtres de poste de France;

Que le maître des courriers de Champagne serait rétabli dans son bureau de poste en la ville de Rheims, nonobstant l'arrêt de la cour de Parlement de 1651 et qu'il ferait partir des courriers aux jours et heures qui seraient fixés par le surintendant général, pour porter la correspondance du Roi et celle du public;

Enfin, que les lettres des ministres et des gouverneurs des villes frontières leur seraient rendues sans aucuns frais.

**ARRÊT DU CONSEIL D'ÉTAT DU 31 DÉCEMBRE 1654. — INTERDICTION AU MESSAGER DE REIMS DE S'IMMISCER DANS LE TRANSPORT DES VOYAGEURS ET DES CORRESPONDANCES.**

Cet arrêt fut confirmé par un autre arrêt du 31 décembre suivant, qui interdit au messager de Reims de se prévaloir des arrêts de la cour; d'attenter aux personnes des courriers et à celle des commis du bureau de Reims; de se pourvoir ailleurs qu'au conseil; de tenir des chevaux de relais sur le chemin de Paris à Reims, ni de se charger de lettres ou de paquets pour les frontières de Champagne par delà Reims.

Le surintendant général avait la faculté de faire procéder à l'ouverture des malles en présence du juge royal à l'effet de vérifier si ces malles ne contenaient pas de lettres destinées à des localités situées en dehors de la circonscription des messagers.

En cas de contravention constatée à la charge d'un messager, le surintendant général était autorisé à s'assurer de sa personne et à faire saisir, enlever et vendre les chevaux.

### JÉRÔME DE NOUVEAU, SURINTENDANT GÉNÉRAL (1654).

Ce fut pendant l'année 1654 que Jérôme de Nouveau[1] remplaça son frère Arnould de Nouveau dans sa charge de surintendant général des postes.

### ÉDIT DE MARS 1655 PORTANT SUPPRESSION DES OFFICES DE CONTRÔLEURS PESEURS ET TAXEURS DE LETTRES ET CRÉANT DANS CHAQUE GÉNÉRALITÉ QUATRE OFFICES DE CONSEILLERS INTENDANTS, COMMISSAIRES GÉNÉRAUX DES POSTES, COCHES, CARROSSES, MESSAGERIES, ROULIERS, VOITURIERS ET COURRIERS A JOURNÉE (ANCIEN, ALTERNATIF, TRIENNAL ET QUATRIENNAL). — (L'UNIVERSITÉ EST DÉPOSSÉDÉE EN PRINCIPE, DE SON PRIVILÈGE, MAIS ELLE POURRA CONTINUER A ÉTABLIR DANS CHAQUE DIOCÈSE UN COURRIER POUR SON USAGE EXCLUSIF.)

L'année suivante, à la suite de plaintes nombreuses formulées contre les maîtres des courriers, messagers royaux et de l'Université, le Roi, par un édit du mois de mars 1655, rapporta son édit de décembre 1643. Il supprima les trois offices de contrôleurs, peseurs et taxeurs de lettres (ancien, alternatif, triennal) et créa dans chaque généralité, quatre offices[2] de conseillers intendants, commissaires généraux des postes, coches tant par eau que par terre, carrosses, messageries, rouliers, voituriers et courriers à journée, tant français qu'étrangers. Il adjoignit, en outre, un commis à chaque intendant.

1. La bibliothèque du ministère des postes et des télégraphes possède une commission authentique de maître des courriers, conseiller provincial des postes pour la généralité de Paris, délivrée à Brouard-Dujunca le 20 novembre 1654. Dans cette pièce originale revêtue de la signature de M. de Nouveau, ce dernier est qualifié : « Jérosme de Nouveau, baron de Lignières, seigneur de Fromont, conseiller du Roy en ses conseils, commandeur et grand trésorier des ordres de Sa Majesté, grand maître des courriers et surintendant général des Postes et Relayes de France. »

2. (Ancien, alternatif, triennal et quatriennal.)

La mission des intendants consistait à assister à l'arrivée des courriers, coches, carrosses, etc., à l'ouverture des malles, charrettes, valises et paquets, à vérifier les livres d'envoi, à donner des décharges et à parapher les lettres et paquets sur chacun desquels ils étaient tenus d'apposer une marque destinée à reconnaître si l'envoi avait été fait par la poste ou par messager.

Quant aux commis, ils devraient tenir au courant deux registres paraphés desdits intendants, et destinés l'un à donner décharge aux courriers des objets reçus, le deuxième à prendre ces objets en charge.

Des services de messageries seraient établis entre les parlements qui en étaient encore privés.

L'Université continuerait à jouir de la faculté que lui avait accordée la déclaration du 6 avril 1488, d'établir dans chaque diocèse un courrier chargé du transport des lettres et paquets des régents, des écoliers et des suppôts de l'Université.

Les propriétaires des charges revendues seraient remboursés sur l'argent qui en proviendrait. Quant à l'Université de Paris, elle recevrait également le remboursement de la somme de 40 000 livres qu'elle avait « financée ».

Enfin le Roi voulut qu'on procédât aussi à la revente des charges de surintendants généraux des postes, des maîtres des courriers et des contrôleurs provinciaux, « à la charge de rembourser en deniers comptants les anciens titulaires de leur finance, frais et loyaux cousts, sans que les nouveaux acquéreurs en puissent être dépossédez par doublement, tiercement, ni autrement pendant vingt années, ni qu'ils soient sujets à aucune taxe pour quelque cause et occasion que ce soit. »

DÉCLARATION ROYALE DU 17 JUIN 1655. — CONFIRMATION DES ÉDITS DE JANVIER 1630 ET MAI 1632 QUI N'AVAIENT PU ENCORE ÊTRE EXÉCUTÉS. — DÉPART RÉGULIER DES COURRIERS. — PRIVILÈGE DES MAÎTRES DE POSTE. — POUVOIRS ET PRÉROGATIVES DU SURINTENDANT GÉNÉRAL. — SERMENT DES OFFICIERS DES POSTES.

Des difficultés de politique intérieure avaient retardé l'exécution des anciens édits et des ordonnances récentes concernant les maîtres de poste et les courriers.

Pour remédier à cette situation préjudiciable aux intérêts de l'État et du commerce aussi bien qu'aux officiers des postes, le Roi prescrivit, par sa déclaration du 17 juin 1655, que ses précédents édits des mois de janvier 1630 et mai 1632 seraient exécutés sans nouveau retard.

Il ordonna, en outre :

Que les maîtres des courriers feraient partir des ordinaires à jours et heures réglés pour porter dans toutes les villes du royaume les lettres de Sa Majesté et celles du public, soit par postes ou relais, tant sur les anciennes routes que sur celles où les postes sont ou seront établis ;

Que les seuls maîtres des courriers pourraient faire des établissements de chevaux de postes et de relais de traite en traite, conformément à ses édits et sans qu'ils pussent être troublés ni dans leurs droits, ni dans leurs fonctions ;

Que le surintendant général des postes jouirait de toutes les prérogatives et pouvoirs attachés à sa charge par l'édit de création ;

Que les intendants et commissaires généraux héréditaires des postes et les autres officiers créés par l'édit du mois de mars précédent prêteraient serment entre les mains du surintendant des postes, à qui la nomination de ces offices appartiendrait.

MARS 1657. — PRIVILÈGE ACCORDÉ PAR LETTRES PATENTES A M. DE GIVRY, ÉCUYER DU ROI, POUR ÉTABLIR DANS PARIS DES CARROSSES, CALÈCHES ET CHARIOTS.

Nous signalons incidemment ici les lettres patentes du mois de mars 1657, par lesquelles Sa Majesté accorda au sieur de Givry, l'un de ses écuyers, la permission de « faire établir dans les carrefours, lieux publics et commodes de la ville et faubourgs de Paris tel nombre de carrosses, calèches et chariots attelés de deux chevaux chacun qu'il jugera à propos, pour être exposés depuis 7 heures du matin jusqu'à 7 heures du soir et être loués à ceux qui en auront besoin, soit pour une heure, demi-heure, journée, demi-journée, de ceux qui voudront s'en servir pour être menés d'un lieu à l'autre, tant dans la ville et faubourgs de Paris qu'à quatre ou cinq lieues d'icelle à condition que lesdites voitures ne pourront conduire des voyageurs ni voiturer des marchandises aux villes où il y a des carrosses et coches attelés, à peine de confiscation des chevaux et carrosses, etc.

ÉDIT D'OCTOBRE 1658 PORTANT CRÉATION DES OFFICES DE SURINTENDANTS ET CONTRÔLEURS GÉNÉRAUX DES COCHES, CARROSSES, MESSAGERIES, ROULAGES ET VOITURES DE FRANCE TANT PAR EAU QUE PAR TERRE.

Dans un édit du mois d'octobre 1658, le Roi, reconnaissant les avantages qui étaient résultés, pour la commodité du public et l'intérêt du commerce, de l'institution d'offices de surintendants et contrôleurs généraux de postes et relais, créa pareillement quatre charges et offices analogues de surintendants et contrôleurs généraux des coches et carrosses publics, messageries, roulages et voitures tant par eau que par terre, ancien, alternatif, triennal et quatriennal, en leur attribuant tout le revenu des bureaux desdites voitures et roulages. Les titulaires de ces charges jouiraient conjointement ou séparément des mêmes honneurs, dignités, droits, privilèges, gages, appointements et gratifications ordinaires et extraordinaires qui avaient été attribués aux surintendants généraux des postes par l'édit de leur création en date du mois de janvier 1630. Ces charges seraient réunies à celles d'intendants et contrôleurs généraux créées par l'édit du mois de mars 1655.

Les coches, carrosses, messageries, roulages et voitures seraient exploités soit directement par des titulaires nommés par les surintendants et contrôleurs généraux, à moins qu'ils ne préférassent faire exercer leurs fonctions par des personnes à leur service ou sous-affermer leur entreprise à des personnes de moralité suffisante et répondant de la valeur des marchandises ou objets déposés à leur bureau et dont il serait tenu registre. Les rouliers et voituriers ne pourraient charger leurs voitures que dans lesdits bureaux. Le Roi réservait exclusivement à son Conseil le droit de connaître des différents survenus entre les maîtres des coches, carrosses, messageries, roulages et voitures. Enfin, les offices ainsi créés seraient héréditaires.

28 MAI 1659. — ARRÊT CONTRADICTOIRE DU CONSEIL D'ÉTAT PORTANT DÉCHARGE EN FAVEUR DES MAÎTRES DES COURRIERS POUR RAISON DES TAXES SUR EUX FAITES POUR L'ESTIMATION DE LA CHAMBRE DE JUSTICE.

Le « *traitant* », chargé du recouvrement des taxes faites pour l'extinction de la chambre de justice, voulut comprendre dans le rôle qu'il avait dressé, les maîtres des courriers qui furent poursuivis avec la dernière rigueur.

Ces derniers, s'appuyant sur les termes de l'arrêt du mois de juin 1655 qui les en exemptait, refusèrent de souscrire à cette exigence et se pourvurent devant le Conseil d'État où ils représentèrent qu'ils n'étaient pas officiers comptables; qu'ils ne faisaient aucun maniement des deniers soit du Roi, soit du public; qu'ils se bornaient à percevoir les droits et gages attribués à leurs charges, pour l'exercice desquelles ils avaient dû, à diverses reprises, verser des sommes considérables; que le transport des courriers ordinaires chargés des dépêches du Roi leur occasionnait des grands frais; que ces dépêches étaient remises par eux franches de port; qu'ils n'étaient ni compris, ni désignés dans l'arrêt du 20 mai 1656 relatif au recouvrement des taxes imposées après la révocation de la chambre de justice; qu'ils étaient protégés et garantis contre toute demande de ce genre par la déclaration royale du 17 juin 1655.

Le Roi admit ces raisons et donna gain de cause aux maîtres des courriers.

ARRÊT DU CONSEIL PRIVÉ DU 21 JANVIER 1661. — DIFFICULTÉS ENTRE LES MAÎTRES DE POSTE ET LES COURRIERS ORDINAIRES.

Un maître de poste de la route de Champagne, qui avait cru pouvoir refuser de fournir des chevaux aux courriers ordinaires, avait été blâmé par le surintendant général des postes et invité à satisfaire de nouveau aux réquisitions de cette nature.

Cet agent en appela devant le conseil qui, par son arrêt du 21 janvier 1661, lui ordonna de fournir, à l'aller et au retour, aux courriers ordinaires envoyés par le maître des courriers de Champagne, un cheval en guide deux fois la semaine au choix des courriers à raison de 5 sols pour chaque guide, à la condition, toutefois, que les malles n'excédassent pas le poids de 100 livres.

Par le même arrêt, défenses furent faites aux maîtres de poste d'affermer leurs relais au préjudice et sans le consentement les uns des autres; l'arrêt autorisait les maîtres de poste qui ne voudraient pas affermer leur relais, à arrêter les chevaux de relais qui dépasseraient leurs postes et à les faire vendre par autorité de justice.

ARRÊT DU CONSEIL D'ÉTAT DU ROI EN DATE DU 7 AVRIL 1661 PORTANT RÈGLEMENT ENTRE LES MAÎTRES DES COURRIERS DE FRANCE ET LES MESSAGERS ROYAUX ET DE L'UNIVERSITÉ, TOUCHANT LES POUVOIRS ET FONCTIONS DE LEURS CHARGES.

Des contestations incessantes avaient eu lieu jusqu'à cette époque entre les maîtres des courriers, les messagers royaux et les messagers de l'Université au sujet de l'étendue de leurs droits respectifs et de l'exercice de leurs charges.

Ces différends s'étaient tellement multipliés que quarante messagers royaux ou de l'Université allaient en saisir les Parlements malgré les défenses fréquemment renouvelées, lorsque le surintendant général, prenant énergiquement en mains la défense des maîtres des courriers, fit valoir ses prérogatives et en appela à l'autorité royale.

Sa requête tendait « à ce qu'il plût à Sa Majesté ordonner que les dits deffendeurs seraient assignez au conseil du Roy pour estre contradictoirement avec eux fait règlement général et empêcher qu'il ne soit entrepris par les uns et les autres sur les fonctions de leurs charges ».

Le Conseil d'État, faisant droit à cette requête, ordonna par arrêt du 7 avril 1661 :

Que les édits des mois de mai 1630, de 1632 et de juin 1635 recevraient pleine et entière exécution ;

Que le surintendant général des postes et les maîtres des courriers seraient maintenus en la jouissance de tous leurs droits, pouvoirs et privilèges ; ils conserveraient notamment la faculté de faire partir à tels jours et heures que bon leur semblerait, des courriers en tel nombre qu'ils le jugeront nécessaire, pour porter les dépêches de Sa Majesté et du public en diligence par chevaux de postes et relais jour et nuit de la ville de Paris, en tous les bureaux des postes établis ou à établir dans les villes, étant dans l'étendue de chacune généralité, même d'une généralité à l'autre par traverse, tant sur les anciennes routes que sur icelles où les postes sont ou pourraient être établies par correspondance de traite en traite.

En ce qui concernait les messagers royaux et les messagers de l'Université, leurs privilèges furent singulièrement réduits, comme on va le voir par l'extrait suivant de l'arrêt :

Qu'à l'avenir, les messagers tant royaux que de l'Université, conformément à leur création et institution, partiront de Paris et des villes pour lesquelles ils sont établis à certains jours, marcheront à journées réglées entre deux soleils, ainsi qu'ils soient avant la création des charges des surintendants généraux des postes et maistres des courriers de France de ladite année 1630, sans qu'ils puissent aller en poste, ni la nuit avoir aucuns courriers, ni établir aucuns chevaux de relais ni de traite sur leurs routes, à peine de confiscation des chevaux et valises qui seront vendus et distribués à l'instant par autorité de justice et les deniers en provenants appliquez au profit des hôpitaux des lieux les plus proches où se fera la contravention, mille livres d'amende pour chacune d'icelles, emprisonnement des courriers, et de tous dépens, dommages et interests.

### COLBERT ET FOUQUET.

Mazarin venait de mourir dans la nuit du 8 au 9 mars 1661, après avoir effectivement gouverné la France pendant dix-huit ans.

Colbert, chargé d'acquitter la dette de reconnaissance du cardinal envers le grand Roi, commença par se débarrasser de Fouquet, surintendant des finances, coupable de malversations scandaleuses.

Les relations entre Colbert et Fouquet remontaient au moins à l'année 1650, comme le montre la lettre suivante que Colbert, alors secrétaire particulier de Mazarin, écrivait à Letellier, le 9 août de cette année :

M. Fouquet, qui est icy venu par ordre de Son Eminence, m'a déjà tesmoigné trois fois différentes qu'il avoit une très forte passion d'estre du nombre de vos serviteurs particuliers et amis par une estime très particulière qu'il fait de votre mérite, et qu'il n'avoit point d'attachement particulier avec une autre personne qui luy put empescher de recevoir cet honneur... J'ay cru qu'il estoit bien à propos estant homme de naissance et de mérite et en estat mesme d'entrer un jour dans quelque charge considérable, de luy faire quelques avances de la mesme amitié de vostre part...

Le 16 juin 1657, Colbert recommandait également Fouquet à Mazarin qui éprouvait déjà de l'éloignement pour le surintendant :

*Le sieur procureur général* (Nicolas Fouquet était en même temps surintendant et procureur général), écrivait Colbert, *ayant toujours bien servi Vostre Eminence en toute occasion, mérite assurément de recevoir quelque grâce particulière...*

Ce ne fut que deux ans après, le 1er octobre 1659, pendant le voyage du cardinal à la frontière d'Espagne pour la conclusion du traité des Pyrénées, que Colbert lui adressa un mémoire signalant le désordre des finances et concluant à la nécessité de *mettre le Roi en possession directe de ses revenus.* C'était une dénonciation en règle contre Fouquet.

Le mémoire était accompagné de la lettre suivante :

Paris, le 1er octobre 1659.

Vostre Eminence trouvera cy-joint un mémoire qui m'est échappé des mains quoyque je sçache bien qu'il ne contient que les ombres d'une connoissance dont elle a toutes les lumières. S'il y a quelque chose qui ne lui plaise pas, je la supplie de le jeter au feu dès la première page. Au surplus, Vostre Eminence verra combien il est important qu'il demeure secret.

Pierre Clément [1] va nous apprendre comment ce secret fut gardé :

Le mémoire de Colbert arrêté à la poste par le surintendant Nouveau, créature et pensionnaire de Fouquet, était envoyé en copie à celui-ci par le courrier même qui portait l'original.

Or Fouquet eut l'audace de se plaindre à Mazarin en protestant contre les accusations dont il était l'objet.

Le cardinal, par une lettre du 20 octobre, s'empressa de demander à Colbert des explications au sujet d'un fait aussi insolite. Il en obtint la réponse suivante :

Nevers, 28 novembre 1659.

Je recus hier à Decize les dépesches de Vostre Eminence du 20 de ce mois, auxquelles je feray double réponse. Celle-cy servira, s'il lui plaist, pour ce qui concerne le discours fait par M. le Procureur général et le mémoire que j'ay envoyé à Vostre Eminence.

. . . . . . . . . . . . . . . . . . . . . . . . . . . . . . . . . . . . . . . . . .

Pour ce qui est de la connoissance que ledit sieur procureur général a tesmoigné avoir du mémoire que j'ay envoyé à Vostre Eminence, je puis luy dire avec assurance *que, s'il les sçait, il a esté bien servy par les officiers de la poste, avec lesquels je sçais qu'il a de particulières habitudes*, n'y ayant que Vostre Eminence, celuy qui l'a transcrit et moi qui en ayons eu connoissance, et ne pouvant douter

1. *Introduction aux Lettres, instructions et mémoires de Colbert,* par Pierre Clément.

du tout de celuy qui l'a transcrit, y ayant seize ans qu'il me sert avec fidélité en une infinité de rencontres plus importans que celuy-cy [1].

Le cardinal, dans sa réponse, négligea sans doute de faire allusion à cette lettre, dont le sort donna de nouvelles appréhensions à Colbert, comme on peut le voir par la nouvelle lettre que ce dernier s'empressa d'écrire à Mazarin :

Paris, 16 novembre 1659.

Vostre Eminence ne m'écrit point qu'elle ayt reçu un mémoire que je luy écrivis de Nevers le 28 du passé, en réponse de ce que M. le Procureur général lui avoit dit; et comme M. Le Tellier m'a écrit qu'il avoit remis la dépêche qui le contenoit à un courrier que ledit sieur procureur général envoyoit à Vostre Eminence, cela me met un peu en peine. Je la supplie de me faire sçavoir si elle a reçu mon paquet et le mémoire [2].

Les craintes de Colbert, quoique parfaitement légitimes, n'étaient cependant pas fondées, et, tout en calmant ses appréhensions, le cardinal l'invita à voir personnellement Fouquet au sujet du mémoire du 1er octobre. Cette entrevue eut lieu et Colbert consigna ses impressions dans une longue lettre dont nous détachons les passages suivants :

4 janvier 1660.

Dans l'éclaircissement que Son Eminence m'a ordonné d'avoir avec M. le Procureur général, ayant esté particulièrement important de pénétrer d'où pouvoient provenir les plaintes qu'il a faites de moy et la connoissance qu'il a tesmoigné avoir du mémoire que j'ay envoyé concernant les finances, j'ay estimé devoir mettre par écrit tout ce que j'ay reconnu et toutes les conséquences que l'on peut tirer sur ce sujet...

. . . . . . . . . . . . . . . . . . . . . . . . . . . . . . . . . . . . . . . . . . .

Par tous ces discours, il est aysé de juger que le dit sieur procureur général a vu le mémoire dont il est question, qu'il l'a vu pendant ses voyages, et qu'il m'a voulu donner soupçon de quelqu'un de mes domestiques.

Après avoir examiné les divers moyens que Fouquet peut avoir employés pour connaître le mémoire, Colbert ajoute :

Enfin, après avoir bien examiné et balancé les raisons de toutes parts, je ne puis m'empescher d'estre persuadé que le moyen dont il s'est servy est celui des officiers de la poste, c'est-à-dire M. de Nouveau et ses officiers subalternes, avec lesquels j'ay vu fort souvent qu'il a eu des conférences secrètes fort grandes. Et je suis persuadé que, dans l'envie qu'il avait de découvrir mes sentimens, il a vu toutes mes lettres depuis le départ de Son Eminence, et que le paquet du 1er octobre ayant esté trouvé important pour luy a esté envoyé à Bordeaux, et qu'après avoir lu et mesme copié le mémoire, il l'a laissé passer à Vostre Eminence et a recherché les moyens de le parer et de diminuer les forces de la vérité qui y étoit contenu.

Je suis confirmé dans cette pensée, non seulement parce que le procureur général m'a fait connoistre par ses discours qu'il sçavoit tout ce qui est contenu

1. *Lettres, instructions et mémoires de Colbert*, par Pierre Clément, t. I, p. 392.
2. *Ibid.*, p. 397.

audit mémoire, ce qui ne se pourroit pas si le sieur Picon[1] m'avoit trahy, parce qu'il m'auroit pu rapporter que ce dont il se seroit souvenu, vu qu'il n'a point sorty de mon cabinet jusqu'à ce que la copie ayt esté faite.

Davantage, la lettre à laquelle estoit joint ce mémoire est datée du 1er octobre, est partie de Paris le 2 au matin, devoit arriver à Bordeaux le 5, et à Saint-Jean-de-Luz au plus tard le 8; je trouve que la réponse de Son Eminence n'est point datée; qu'elle m'a esté envoyée par un courrier de M. de Nouveau, et qu'elle commence par ces mots: « J'ay vu le mémoire et achevé de le lire un moment auparavant que M. le surintendant soit arrivé »; ce qui fait juger que la lettre et le mémoire n'ont esté rendus que la veille de son arrivée.

Par une autre réponse de Son Eminence, du 22 octobre, à Saint-Jean-de Luz, il est dit au premier article : « Je vous écrivis hier au long par un courrier de M. de Nouveau, et ayant pris la précaution que personne n'ouvrist le paquet particulier que vous mesme, je m'assure que Picon vous l'aura envoyé. » Cet article est en réponse d'une lettre de moy du 12.

Par cet article, il paroist que la réponse à la lettre du 1er octobre est du 21, et, par ce qui est dit cy-dessus, qu'elle n'aura esté rendue que le 20.

Ce qui est d'autant plus certain, qu'entre ces deux lettres du 1er et du 12, il y en a deux autres de moy du 5 et du 8, auxquelles Son Eminence a fait réponse le 16 et le 19; en sorte que Son Eminence tesmoignant impatience de ravoir ce mémoire, et mesme m'ayant dit qu'elle craignoit de ne pas le ravoir avant l'arrivée dudit procureur général, il n'y a pas d'apparence qu'elle ayt remis si longtemps, c'est-à-dire depuis le 8, qu'elle devoit l'avoir reçue, jusqu'au 20, vu qu'elle a fait les 16 et 19 réponse à deux lettres postérieures qui n'estoient ni si importantes ni si pressées, sans faire mention de ladite lettre.

Toutes ces raisons font voir clairement que la lettre a esté retenue un ordinaire tout entier, et que, pendant ce temps, l'on a eu tout loisir de voir le mémoire et d'en tirer copie[2].

Les manœuvres du surintendant de Nouveau étaient donc percées à jour, mais l'intention de Mazarin n'était pas de briser Fouquet en ce moment et il mit tous ses soins à calmer ses craintes.

Colbert se vit ainsi forcé d'ajourner l'exécution de ses desseins, nous allions dire de sa vengeance, jusqu'à une occasion favorable.

Cette occasion se présenta quelques mois après la mort du cardinal.

On sait qu'au mois d'août 1661, Fouquet commit l'imprudence de donner à Louis XIV une fête féerique dans ce splendide château de Vaux que Sainte-Beuve appelait ingénieusement un *Versailles anticipé*. Son orgueilleuse devise (*Quo non ascendam ?*) et surtout la vue d'un portrait de Mlle de La Vallière dans le cabinet du surintendant irritèrent profondément le Roi. Colbert ne manqua vraisemblablement pas d'exciter encore cette irritation. Quoi qu'il en soit, Fouquet fut arrêté pendant un voyage en Bretagne habilement préparé, jugé, condamné et jeté dans la forteresse de Pignerol (septembre 1661).

1. Secrétaire de Colbert.
2. *Lettres, instructions et mémoires de Colbert*, par Pierre Clément, t. VII, p. 185 et suiv.

Après la disgrâce de Fouquet, l'emploi de surintendant des finances fut supprimé. Le Roi prit en personne le gouvernement des affaires, créa un nouveau conseil des finances, où Colbert entra avec la charge du Trésor royal et du registre des recettes et dépenses. Colbert réunit plus tard dans ses mains les attributions de l'intérieur, du commerce, des finances, celles mêmes de la marine qu'il plaça entre les mains de son fils.

ORDONNANCE ROYALE D'OCTOBRE 1661. — PRIVILÈGE ACCORDÉ A LOUVOIS D'ÉTABLIR DES COMMUNICATIONS MARITIMES RÉGULIÈRES ENTRE LA PROVENCE ET L'ITALIE.

D'après M. Camille Rousset, le Roi voulut, au mois d'octobre 1661, c'est-à-dire un mois après la chute de Fouquet, récompenser les services de Michel Letellier, secrétaire d'État de la guerre, en accordant à son fils Louvois « la permission d'établir entre les ports de Provence et d'Italie un service de communications régulières étant bien aise, disait l'ordonnance, de gratifier ledit sieur marquis de Louvois, en considération des services qu'il nous rend avec beaucoup d'assiduité et de zèle ».

En vertu de cette ordonnance, Louvois était autorisé à établir dans les villes maritimes du pays de Provence, aux endroits les plus commodes pour le commerce, tel nombre de barques, tartanes, chaloupes, brigantins ou vaisseaux qui serait jugé nécessaire, et à les faire partir à jours certains et réglés pour aller en la ville de Gènes et autres villes qui sont sur la côte d'Italie. C'était une partie du monopole du commerce du Levant.

Louvois était précédemment conseiller au Parlement de Metz. Il n'avait que vingt-deux ans lorsque son père, qui avait obtenu pour lui la survivance de la charge de secrétaire d'État au département de la guerre, lui fit épouser une riche héritière, Anne de Souvré, marquise de Contravaux.

Renonçant à l'existence de plaisirs qu'il avait menée jusqu'alors, Louvois se mit tout entier au travail et s'attacha à conquérir la faveur du Roi qui lui confia en 1668, indépendamment des fonctions de ministre de la guerre, la surintendance générale des postes.

ORDONNANCE DU 27 FÉVRIER 1662 ET ARRÊT DU 13 SEPTEMBRE SUIVANT. — MESURES PRISES POUR RELEVER LE SERVICE DES POSTES.

D'après de la Mare, sur la fin de l'année 1661 et au commencement de l'année suivante, les maîtres de poste se comportèrent comme s'ils n'avaient plus ni général, ni chef; ils s'imaginèrent n'être plus comptables de leur conduite et entendaient régler à leur gré l'exercice de leur profession. En dépit des édits antérieurs, ils persistèrent à vouloir exiger des courriers par force et par violence le paiement des courses. Mais une ordonnance royale du 27 février 1662 les fit rentrer dans le devoir. Cette ordonnance invitait les prévôts des maréchaux et autres juges des lieux à procéder sans délai à une information sur les excès commis par les maîtres de poste et à sévir judiciairement contre les délinquants.

Les postes étaient d'ailleurs dans un très mauvais état et des plaintes s'élevèrent de tous côtés tant de la part des seigneurs que de celle des courriers ordinaires et des particuliers.

Le Roi invita alors M. de Nouveau à lui rendre un compte exact de la situation de ce service. Le surintendant lui exposa que les désordres provenaient de ce que pendant le séjour de la cour à Fontainebleau l'année précédente, il y avait toujours eu sur la route de Paris environ cent chevaux qui presque tous avaient été ou tués ou estropiés;

Que lors du voyage du Roi en Bretagne, on avait dû prendre sur les routes éloignées jusqu'à 700 chevaux dont la plupart avaient péri et que les maîtres de poste n'avaient reçu aucune indemnité pour cette perte considérable;

Que les violences et les mauvais traitements infligés aux chevaux par les courriers extraordinaires avaient forcé les maîtres de poste à abandonner leur service;

Que la difficulté de toucher les gages de l'emploi éloignait les candidats aux postes vacantes;

Qu'enfin les privilèges des maîtres de poste étant l'objet de contestations incessantes et de procès continuels, ceux-ci se trouvaient entraînés dans des dépenses considérables qui les ruinaient.

L'ensemble de tous ces faits révélait une situation si grave qu'un remède énergique s'imposait à bref délai.

Le Roi rendit alors l'arrêt du 13 septembre 1662, par lequel il prescrivit :

Que le surintendant général des postes et les maîtres des courriers provinciaux répartis dans toutes les généralités du royaume dresseraient des procès-verbaux de l'état des postes établies sur les routes et du nombre de chevaux en état de servir;

Qu'on travaillerait sans plus différer, à remettre sur pied les postes vacantes ou abandonnées;

Qu'aucune charge du royaume ne serait acquittée avant que les maîtres de poste eussent été indemnisés des pertes de chevaux qu'ils avaient éprouvées;

Que les maîtres de postes jouiraient des exemptions de logement de gens de guerre, des tailles, des subsistances et des autres impositions dont ils avaient été déchargés par les précédentes déclarations;

Enfin, qu'il serait défendu aux courriers de quelque condition qu'ils fussent, d'user de violence envers les chevaux, et de les maltraiter, sous peine de subir la rigueur des ordonnances.

DROITS DE PÉAGE. — DÉCLARATION DU 31 JANVIER 1663, TOUCHANT LA MANIÈRE D'EXIGER LE DROIT DE PÉAGE. — HISTORIQUE DE LA QUESTION.

A cette époque, la circulation sur les routes et rivières était loin d'être libre comme elle l'est aujourd'hui. Les marchands, voituriers et passants devaient, à chaque pas, acquitter des droits seigneuriaux et, en premier lieu, le droit dit *de péage*, qui était dû aux seigneurs par toute personne traversant leurs domaines (*à pede quod à transeuntibus solvatur,* d'où est venu le nom de *péage*[1]).

Ce droit se percevait sous différents noms : nous citerons notamment :

Le droit de *rivage* (*ripaticum*), mentionné dans les ordonnances de la prévôté et échevinage de Paris, qui se payait sur le vin et autres marchandises entrant à Paris ou en sortant « par la rivière de Seine ».

Le droit de *rouage* qui se percevait sur le vin vendu en gros pour être transporté hors de la seigneurie par charrois et qui devait être acquitté *avant que la roue tourne.* Il était dû aussi pour chaque charrette, chargée de vin, traversant la terre. C'est ainsi que le seigneur d'Ars, près la Châtre en Berry, avait un droit de rouage sur toutes les charrettes chargées de vin qui entraient dans la ville de la Châtre.

Le droit de *barrage* qui se levait sur les marchandises passant dans le détroit de la seigneurie, tant par terre que par eau. Le nom de barrage provenait de la barre qui était placée en travers du chemin pour empêcher la circulation jusqu'à l'acquittement du droit.

Le droit de *traicte* qui, dans l'ancienne coutume de Mehun (art. 11), était dû pour chaque charroi de marchandise transporté hors de la terre de Mehun.

Le droit de *chemage* qui se payait à Sens pour le passage sur un chemin. Un arrêt du 18 avril 1387 avait exempté de ce droit l'abbaye de Saint-Pierre-le-Vif de Sens.

Le droit de *pontanage* dû pour la traversée d'un pont.

Le droit de *rodage* qui, dans la coutume de Saint-Sever (titre X, art. 5, 6) et dans la coutume d'Arcs (titre XII, art. 5, 6), était dû au seigneur, en sus du droit de péage ordinaire auquel était assujettie la

1. *Traité des droits seigneuriaux et des matières féodales*, par Me Noble-François de Boutaric, professeur en droit françois de l'Université de Toulouse avec additions d'un avocat au parlement de Toulouse. (Nîmes, 1781, p. 284.)

marchandise, pour toute charrette vide ou chargée de marchandises passant dans les chemins de la seigneurie.

Nous citerons enfin, comme le dernier raffinement des droits seigneuriaux, le droit de *pulvérage,* autrefois fort commun en Dauphiné et en Provence, que les seigneurs haut-justiciers, fondés en titre ou en possession immémoriale, avaient l'habitude de percevoir sur les troupeaux de moutons qui passaient dans leurs terres, *à cause de la poussière qu'ils y excitent!*

Le droit de péage existait déjà sous l'Empire romain.

Suétone[1] parle, en effet, d'un empereur romain qui faisait exposer des tableaux ou pancartes invitant à acquitter le droit de péage, mais ces tableaux étaient placés en des endroits si élevés et écrits en caractères si peu lisibles que la plupart des passants se trouvaient ainsi en contravention.

En France, le droit de péage n'était pas, à proprement parler, un droit seigneurial, mais un droit royal qui ne pouvait être établi que par concession du prince.

Nous en trouvons la preuve dans ce fait que le tarif contenant les droits de péage devait être intitulé *De par le Roi* et timbré des armes royales et non de celles du seigneur.

Il était concédé aux seigneurs à la condition d'en affecter les revenus à l'entretien des chemins, ponts, chaussées dont ils étaient chargés.

Comme nous l'avons vu, le droit de péage existait déjà du temps de Charlemagne qui, dans un de ses Capitulaires, obligeait les seigneurs péagers à garantir la sûreté des routes depuis le soleil levant jusqu'au soleil couchant.

Saint Louis fit revivre ce capitulaire et par *un arrêt* de l'époque de la Chandeleur en 1259, il obligea le péager à entretenir les ponts et chemins et à balayer et nettoyer la rivière dans toute l'étendue de son péage.

Bouchel, ancien jurisconsulte, rapporte qu'en l'année 1273, sous le règne de Philippe-Auguste, un arrêt décida que les contestations relatives à l'exercice du droit de péage devraient être portées devant le juge royal.

On a déjà vu que les maîtres, écoliers et suppôts de l'Université de Paris furent exemptés du paiement du droit de péage en vertu de lettres patentes du 18 août 1297.

En 1350, des lettres patentes affranchirent de ce droit les officiers des Parlements.

1. Suétone, in *Caligula*, cap. 41.

Deux arrêts du Parlement de Paris, rendus en 1387 et en 1388, en exemptèrent également les Enfants de France et les princes du sang royal *jusqu'à la septième génération*.

Le même privilège fut accordé par arrêt du même Parlement en date du 7 mai 1483, à un abbé de Saint-Denis, alors conseiller au Parlement, et par un autre arrêt du 26 mai 1545 aux secrétaires du Roi.

Étaient également affranchis des droits de péage, les chevaliers de Malte, les religieux mendiants, les officiers des Cours souveraines et des chancelleries, les approvisionnements des armées de terre et de mer, les équipages des ambassadeurs, les marchandises de librairie et enfin *les voitures publiques et messageries*, ce qui fait que la question des droits de péage rentre dans le cadre de notre étude.

Diverses décisions royales avaient cherché à réglementer l'exercice du droit de péage. Nous citerons notamment une déclaration du 24 août 1539, qui avait autorisé les péages dont la possession serait immémoriale ou aurait commencé cent années auparavant, et un édit du 20 novembre 1598, par lequel le roi Louis XII avait ordonné à tous possesseurs de péage sur la rivière de la Loire, de produire les titres justifiant la perception de ce droit.

Un arrêt du Parlement de Paris en date du 9 mars 1539 avait également prescrit aux seigneurs péagers de soumettre à l'approbation du juge royal le plus rapproché, les pancartes ou tableaux affichés à l'endroit où le droit de péage était exigible.

Mais, en dépit de toutes les prescriptions, les seigneurs, profitant des désordres survenus au moment de la Fronde, s'étaient arrogé le droit d'exiger des péages sans aucune justification. Il en résultait des contestations incessantes qui obligèrent l'autorité royale à intervenir.

Ces considérations motivèrent la déclaration du 31 janvier 1663, dont l'article premier contenait :

> Faisons deffenses à toutes personnes de quelle qualité et conditions qu'elles soient, d'établir aucuns nouveaux péages, ni même d'entreprendre de le rétablir, quelques titres qu'ils prétendent avoir recouverts, s'il y a interruption, qu'ils n'ayent lettres de nous, bien et duement enregistrées en nos cours de parlement, à peine de confiscation de corps et de biens, et même de leurs fiefs, que nous déclarons audit cas réunis à notre domaine.

Quant à ceux qui, profitant des récents désordres, avaient réussi à se procurer des lettres d'autorisation de droits de péage en s'adressant à des cours où ils avaient rencontré plus de facilité, et en évitant à dessein de faire intervenir les parlements, il leur était enjoint de soumettre ces lettres dans les trois mois à l'enregistrement des parlements.

L'article 3 relatif à l'affichage des tableaux était ainsi conçu :

Tous propriétaires ou possesseurs d'aucuns desdits droits seront tenus de les inscrire en grosse lettre et bien lisible, dans un tableau d'airain ou fer-blanc, qu'ils afficheront au lieu où la levée s'en doit faire, à telle hauteur et endroit qu'ils puissent être lus par les marchands, voituriers et passants, lesquels demeureront déchargés, comme nous les déchargeons desdits droits, aux jours que lesdits tableaux ne seront exposés et en cas qu'à l'avenir et pendant dix années suivantes et consécutives lesdits seigneurs péagers n'aient leurs dits tableaux exposés, nous déclarons lesdits droits prescrits, et en conséquence nos sujets, soit marchands, voituriers ou autres déchargés d'iceux à perpétuité, sans que lesdits seigneurs péagers puissent être reçus en preuve de leur jouissance et possession qu'en y joignant le fait de l'affiche desdits tableaux, sans lequel nous défendons à toutes nos cours et juges, d'avoir égard à leurs titres et possession prétendue.

L'article 4 prescrivait que les pancartes et tableaux fussent enregistrés, sous peine de déchéance, au greffe du bailliage le plus rapproché.

Les commis et préposés devraient tenir registre des droits perçus et le privilège serait retiré en cas de malversation de la part des fermiers et commis.

Les voituriers par eau devraient charger leurs bateaux en présence d'un officier de justice qui en certifierait le contenu ;

En cas de fraude, les marchandises seraient confisquées.

Telles sont les dispositions principales de l'ordonnance du 31 janvier 1663.

### LA CHARGE DE SURINTENDANT GÉNÉRAL EST RÉDUITE EN SIMPLE COMMISSION (1663).

A la mort de M. de Nouveau, survenue en 1663, le Roi réduisit en simple commission la charge de surintendant général des postes et relais, se réserva l'entière disposition des offices de contrôleurs des postes de la cour et de maitres de poste, et réunit au domaine de l'État les droits et profits du surintendant général.

Jusqu'à cette époque, la poste comprise avec les messageries dans la ferme des aides n'avait rapporté aucun revenu au Roi, car on ne pouvait considérer comme tel le produit de la vente des charges et du privilège accordé depuis quelques années aux officiers des postes de percevoir les ports de lettres à leur profit.

### LOUVOIS, SURINTENDANT GÉNÉRAL DES COURRIERS, POSTES ET CHEVAUX DE LOUAGE (1668).

Le nouveau régime subsista jusqu'en 1668, époque à laquelle « messire François-Michel Le Tellier, chevalier, marquis de *Louvois* et de Courtenvaux, conseiller de Sa Majesté en ses conseils et secrétaire d'État et des commandements », fut nommé grand maître, chef et surintendant général des courriers, postes et chevaux de louage de France.

M. Camille Rousset[1] attribue la cause de l'élévation de Louvois à la surintendance générale des postes, à l'habileté avec laquelle il sut, dans les circonstances suivantes, « plier le service des postes aux nécessités de la politique », au lendemain du traité d'Aix-la-Chapelle.

Toutes les dispositions avaient été prises secrètement par Louvois qui était jaloux de Turenne, en vue de ménager un rapprochement entre le Roi et le prince de Condé, pour placer ce dernier à la tête d'une armée qui envahirait la Franche-Comté. On craignait que l'ennemi ne fût prévenu par des indiscrétions venant de Paris.

« Supprimer le danger des révélations en supprimant les correspondances, tel fut, dit M. Camille Rousset, le procédé très simple imaginé par M. le Prince et exécuté sans la moindre hésitation par Louvois. Le 27 janvier, M. le Prince lui écrivit :

Je crois qu'il ne serait pas mal à propos que le premier courrier fût volé et qu'il ne vînt point ici de lettres de Paris, car elles commencent à être fort concluantes.

Mais déjà, le même jour, Louvois mandait à M. le Prince :

L'ordinaire de Dijon qui partit hier de Paris a été volé hier par mon ordre, auprès de Villeneuve Saint-Georges. Les paquets dont était chargé le courrier seront rapportés la nuit de mardi à mercredi matin dans la boîte de la grande poste par un homme inconnu. De cette sorte, les lettres de Dijon n'arriveront qu'après le départ de Votre Altesse, et le public n'en souffrira pas, puisque les lettres de change et les autres pièces originales et importantes qui pourraient être dans la malle du courrier seront conservées. Pour ce qui est du courrier de Bourgogne, qui devait partir samedi, à midi au plus tard, je le ferai arrêter jusqu'à dimanche matin et le maître du bureau adressera à Lyon le paquet pour Dijon, Besançon et Dôle, et à Dijon le paquet pour Lyon; et par cette méprise simultanée l'on gagnera beaucoup de temps. Voilà tout ce qui m'a été possible de faire en exécution des ordres de Votre Altesse.

Le 25 janvier, il écrivait au prince de Condé :

Je verrai si on ne pourrait pas faire voler les ordinaires à quatre ou cinq lieues de Paris ; je crois que je prendrai cet expédient pour le courrier de jeudi, et pour celui de samedi je le ferai tarder jusqu'à minuit, et ferai donner ordre au courrier d'être douze ou quinze heures en chemin plus qu'il n'a accoutumé.

La lettre du 27 ne laisse aucun doute : Louvois ne faisait qu'exécuter les ordres de Condé. »

1. *Histoire de Louvois*, par M. Camille Rousset (de l'Académie française).

Bien que cet épisode nous montre Louvois sous un jour peu favorable, son arrivée dans l'administration des postes fut le signal de nombreuses et importantes améliorations. Du reste, sous un aussi habile quoique peu scrupuleux administrateur, la poste ne pouvait qu'acquérir une régularité remarquable et une précision sévère. Sa vigilance est attestée par un grand nombre de mesures importantes que nous allons énumérer.

### ORDONNANCE DU 30 JANVIER 1668 PRESCRIVANT AUX COURRIERS DE PRENDRE ET DE REMETTRE LEURS CORRESPONDANCES DANS LES BUREAUX TANT AU DÉPART QU'A L'ARRIVÉE.

Une ordonnance du 30 janvier 1668 prescrit aux courriers de Rouen, d'Amiens et d'Arras à Lille, d'avoir dorénavant à « descendre, dès leur arrivée, au bureau de la poste de Lille pour y consigner leurs malles[1], lettres et paquets pour ladite ville, afin d'y être distribués par l'ordre du commis qui y a été estably par les fermiers ».

Pareillement, au départ de Lille, ils sont tenus de se rendre audit bureau pour prendre les objets à destination des villes et lieux de la route et les remettre au bureau de poste dès leur arrivée.

La même ordonnance nous apprend qu'à Amiens, notamment, le bureau de poste avait été établi dans un cabaret nommé *La Coqueluche*, « ce qui pourrait causer un préjudice notable au service de Sa Majesté, au bien du public et commerce des négociants, s'yl n'y estoit pourvu par Sa Majesté ».

### ORDONNANCE DU 18 AVRIL 1668 INTERDISANT AUX MESSAGERS DE LILLE ET D'ARRAS DE TRANSPORTER DES CORRESPONDANCES POUR D'AUTRES VILLES QUE CELLES DE LILLE ET D'ARRAS, DE RELAYER, NI D'ÉTABLIR DES BOÎTES AUX LETTRES.

En avril 1668, les fermiers du bureau général des postes de Paris avaient signalé au surintendant général qu'au préjudice de leur bail pour le transport des lettres, dépêches et paquets de Paris pour les villes d'Arras, Lille, Douai, Tournai, Oudenarde, Armentières, Courtrai et autres, les messagers d'Arras à Lille et de Lille à Arras, sans tenir compte des arrêts, ordonnances et règlements rendus sur le service des messageries, faisaient aux fermiers une concurrence redou-

1. Sous Louis XIV, le service des lettres se faisait encore au moyen d'une malle attachée au dos du cheval. C'est en mémoire de cet usage que la voiture des courriers s'appela plus tard la *malle* et le cheval attelé, le *mallier*.

table, en transportant des lettres et des paquets avec la même rapidité que les courriers ordinaires; ces messagers voyageaient de jour et de nuit, changeaient de chevaux et de malles malgré les ordonnances, et s'étaient même arrogé le droit d'établir des boîtes dans les rues des villes ci-dessus désignées, pour recevoir des objets et correspondances pour tous pays, tandis qu'ils avaient seulement le droit de transporter les lettres et paquets pour les villes dont ils avaient été institués messagers.

Le Roi accueillit ces doléances et par ordonnance du 18 avril 1668, rappela aux messagers d'Arras et de Lille qu'ils pouvaient marcher seulement entre deux soleils, sans relayer, ni changer de chevaux ni de malle en aucun lieu de leur parcours, qu'ils n'avaient pas le droit de poser des boîtes, ni de transporter des correspondances pour d'autres villes que celles dont ils étaient messagers, et ce à peine d'emprisonnement de leurs personnes, d'une amende de 60 livres parisis et de vente immédiate de leurs bureaux dont le prix, ainsi que l'amende, serait remis à l'hôpital de leur résidence.

### ORDONNANCE DU 2 JUIN 1668 PRESCRIVANT QUE LES PORTES DES VILLES OÙ DOIVENT PASSER PENDANT LA NUIT LES COURRIERS PORTANT LA MALLE LEUR SOIENT OUVERTES DÈS LEUR ARRIVÉE.

Les courriers voyageant de nuit éprouvaient fréquemment des retards dans leur marche parce que dans certaines villes, et même à Paris, ils trouvaient les portes de ces villes fermées et étaient ainsi obligés d'attendre jusqu'au jour.

Pour mettre un terme à ces difficultés, le Roi rendit le 2 juin 1668 une ordonnance prescrivant aux commandants des villes ainsi qu'aux maires et échevins, de tenir la main à ce que les portes des villes traversées la nuit par des courriers leur fussent ouvertes dès leur arrivée.

Ces prescriptions furent généralisées et étendues à toutes les villes par ordonnance du 8 janvier 1669.

### LETTRES PATENTES DU 24 MAI 1668, ENREGISTRÉES AU PARLEMENT LE 14 JUIN 1668, FIXANT A 30 LIVRES L'EXEMPTION DE TAILLE DES MAÎTRES DE POSTE.

Par lettres patentes du 24 mai 1668, enregistrées au Parlement le 14 juin suivant, le Roi ordonna que lorsqu'il serait procédé à la répartition des tailles par les commissaires répartiteurs et par les officiers des élections, les maîtres de poste figurant sur l'état envoyé le 14 juin de la même année à la cour des aides seraient taxés d'office. Toutefois on déduirait d'office de cette taxe la somme de trente livres à laquelle le Roi avait fixé leur exemption de tailles, en leur accordant la permission de tenir hôtellerie pour les courriers seulement et d'exploiter jusqu'à cinquante *arpens* de terre labourable, tant de leur propre bien que de celui de leur ferme. Les maîtres de poste furent, en outre déclarés exempts de tutelle, de curatelle, de logement et de contribution aux dépenses des gens de guerre.

ORDONNANCE DU 8 JANVIER 1669 PORTANT DÉFENSE DE COURIR LA POSTE EN CHAISE, SANS PERMISSION DU GRAND MAÎTRE ET FIXANT A 3 LIVRES LE PRIX DES CHEVAUX TIRANT CES CHAISES ET A 20 SOLS LE PRIX DES AUTRES CHEVAUX.

Un certain nombre de maîtres de poste avaient éprouvé des pertes de chevaux par suite des exigences de certains voyageurs qui les avaient obligés à leur fournir des chevaux pour traîner leurs chaises.

Il en était résulté des désordres dans le service du Roi et du public.

Le Roi, par son ordonnance du 8 janvier 1669, interdit, en conséquence, « à toutes personnes de quelques qualités et conditions qu'elles soient, de faire tirer, par des chevaux de poste, des chaises roulantes, si ce n'est qu'elles en ayent permission par escript du grand maître des courriers et surintendant général des postes et relays de France ».

L'ordonnance fixa ainsi qu'il suit le prix des chevaux de poste :

Veut et entend que ceux auxquels lesdites permissions seront accordées soyent obligez pour indemniser en quelque sorte les maîtres des postes de la fatigue extraordinaire que souffriront leurs chevaux à tirer lesdites chaises, de payer trois livres pour chaque cheval qui tirera leurs chaises et vingt sols pour les autres.

ORDONNANCE DU 12 JANVIER 1669 FIXANT A 20 SOLS LE PRIX DE LA COURSE D'UN CHEVAL.

Signalons encore l'ordonnance du 12 janvier 1669, qui confirma la précédente en fixant à 20 sols le prix de la course d'un cheval que tous gentilhommes ou courriers, autres que les courriers du Roi duement autorisés par le grand maître et surintendant général devront payer en montant à cheval. La même ordonnance prescrit que toutes violences exercées contre les maîtres de poste, leurs domestiques ou leurs postillons devront être sévèrement réprimées.

### ORDONNANCE DU 19 JANVIER 1669. — NOUVEAUX PRIVILÈGES ACCORDÉS AUX MAÎTRES DE POSTE.

Par ordonnance du 19 janvier 1669, le Roi confirma ses lettres patentes du 24 mai 1668 et accorda de nouveaux privilèges aux maîtres de poste, afin, disait l'ordonnance, « non seulement de donner plus de moyens aux maîtres des postes les mieux accomodez, de s'entretenir en leurs charges, mais aussi pour obliger par un si favorable traitement, ceux des postes ruinées ou délaissées, à les rétablir et reprendre, et empêcher ceux qui sont sur le point de les abandonner (dont il y a grand nombre), d'y rester et s'y maintenir, et d'avoir toujours de bons chevaux et en nombre suffisant tant pour notre service que celuy du public ».

En conséquence, les maîtres de poste seraient exempts, à l'avenir, de toutes tailles pour les biens qu'ils possédaient et de toutes autres impositions ou charges publiques. Les collecteurs seraient obligés de leur restituer l'argent qu'ils en auraient reçu. Leurs gages payables de six mois en six mois, leurs chevaux et leurs fourrages seraient insaisissables. Enfin, le Roi leur accordait les mêmes privilèges, franchises, libertés et exemptions dont jouissaient les officiers commensaux de sa maison.

L'ordonnance confirmait en outre tous les privilèges accordés aux maîtres de poste par lettres patentes du 24 mai 1668.

### ORDONNANCE DU 7 FÉVRIER 1669 ENJOIGNANT AUX MAÎTRES DE POSTE DE FOURNIR DES CHEVAUX A TOUTE HEURE AUX COURRIERS ORDINAIRES SANS LES RETARDER NI RIEN EXIGER D'EUX.

Un certain relâchement s'étant produit dans le service des courriers par le fait des maîtres de poste qui retenaient les courriers pendant la nuit pour ne les laisser repartir qu'au jour, Louvois s'en plaignit au Roi qui, par son ordonnance du 7 février 1669, rappela les maîtres de poste à l'observation de leurs devoirs.

Faute de se conformer aux prescriptions de cette ordonnance, les maîtres de poste seraient déchus de leurs gages et privilèges pour la première fois. En cas de récidive, ils seraient privés de leurs charges sans autres formalités de justice et il serait immédiatement pourvu à leur remplacement

ORDONNANCE DU 15 FÉVRIER 1669. — LOUVOIS RAPPELLE AUX MAÎTRES DE POSTE DE LA ROUTE DE LYON QU'ILS SONT TENUS DE FAIRE TRANSPORTER PAR LES POSTES LES FRUITS ET LES LÉGUMES FRAIS POUR LA TABLE DU ROI.

Une ordonnance du 15 février suivant nous apprend que Louis XIV avait l'habitude d'utiliser la poste pour approvisionner sa table de fruits et de légumes frais du Midi, tels que pois verts nouveaux[1], petites oranges, etc...

Par l'ordonnance précitée, Louvois rappela aux maîtres de poste de la route de Lyon qu'ils étaient tenus de faire transporter rapidement ces objets, « outre et par-dessus la pesanteur ordinaire de la malle ».

ARRÊT DU CONSEIL DU 15 FÉVRIER 1669 PORTANT QUE LES GAGES NE POURRONT ÊTRE PAYÉS AUX MAÎTRES DE POSTE QUE SUR LE VU D'ÉTATS CERTIFIÉS PAR LE SURINTENDANT GÉNÉRAL.

Le 15 février 1669, un arrêt du conseil, rendu sur la proposition de Louvois, fait revivre une prescription qui était tombée en désuétude depuis la mort de M. de Nouveau, et aux termes de laquelle il était interdit aux receveurs généraux ou particuliers de payer les gages des maîtres de poste, si ce n'est d'après des états vus et certifiés par le surintendant général.

Le 11 octobre de la même année, Louvois n'hésite pas à révoquer de leurs fonctions, casser et priver de leurs charges, deux maîtres de poste de la cour qui n'avaient tenu aucun compte de l'ordre qui leur avait été donné les 14 septembre et 4 octobre précédents, de se rendre chacun avec dix chevaux à Chambord pour y faire le service de la cour.

ORDONNANCE DU 14 MARS 1669 RELATIVE AU SERVICE BI-HEBDOMADAIRE DES COURRIERS DE LYON A GENÈVE. — TAXE DES CORRESPONDANCES ENTRE CES DEUX VILLES. — OUVERTURE D'UN BUREAU FRANÇAIS A GENÈVE.

Par une ordonnance du 14 mars 1669, Louvois prescrit au maître des courriers de Lyon d'établir deux courriers ordinaires et plus, s'il est

1. Les pois verts étaient alors extrêmement recherchés à la cour et, comme on va le voir, ce goût se transforma ensuite en une véritable passion.

Dans une vie de Colbert écrite en 1695, l'auteur dit que c'est une chose surprenante

nécessaire, pour porter, de jour et de nuit, les lettres deux fois par semaine de Lyon à Genève et autant de fois de Genève à Lyon.

Le maître des courriers est invité à tenir, à cet effet, des commis et un bureau de poste à Genève pour l'expédition, la distribution et la réception des correspondances, avec faculté pour lui, de percevoir :

| | |
|---|---|
| Pour une lettre simple. . . . . . . . . . . . . . | deux sols. |
| — — double. . . . . . . . . . . . . . | trois sols. |
| Pour les paquets. . . . . . . . . . . . . . . . | cinq sols par once. |

DROITS DE PÉAGE. — ORDONNANCE D'AOUT 1669.

Comme nous l'avons déjà vu, une déclaration royale du 31 janvier 1663 avait réglementé le droit de péage que les marchands, voituriers et passants étaient tenus d'acquitter.

Le Roi crut devoir insérer dans l'ordonnance des eaux et forêts du mois d'août 1669 un chapitre spécial sous le nom de *titre des droits de péage, travers et autres,* comprenant six articles.

L'article 1er supprima tous les droits établis depuis cent années, sans titre, sur les rivières et interdit de les percevoir sous aucun prétexte, à peine d'exaction et de répétition du quadruple au profit des marchands et passants, contre les seigneurs ou leurs fermiers et ordonna la suppression immédiate de toutes barrières, digues, chaînes et autres empêchements aux chemins, levées, ponts, passages, rivières, écluses et pertuis.

En vertu de l'article 2, les ecclésiastiques, seigneurs et propriétaires étaient tenus de justifier par titres d'une possession centenaire non interrompue pendant dix ans.

Dans le cas de non-paiement du droit de péage, il était interdit aux propriétaires, fermiers, receveurs et péagers, de saisir et arrêter les chevaux, équipages, bateaux et nacelles. Ils pouvaient seulement saisir les meubles, marchandises et denrées jusqu'à concurrence de la somme légitimement due.

Enfin, en vertu de l'article 5, tout droit de péage disparaissait lorsque les seigneurs et propriétaires, même pourvus de titres réguliers, n'avaient à entretenir ni chaussées, ni bac, ni écluses, ni ponts.

que de voir des personnes assez voluptueuses pour acheter les pois verts cinquante écus le litron.

Le 10 mai 1696, Mme de Maintenon écrivait :

« Le chapitre des pois dure toujours : l'impatience d'en manger, le plaisir d'en avoir mangé, et la joie d'en manger encore, sont les trois points que nos princes traitent depuis quatre jours. Il y a des dames qui, après avoir soupé chez le Roi, et bien soupé, trouvent des pois chez elles pour en manger avant de se coucher au risque d'une indigestion. C'est une mode, une fureur. »

C'est ce qui explique l'ordonnance de Louvois.

### DÉCLARATION ROYALE ET ARRÊTS DU CONSEIL DES 15 ET 19 MARS 1672. LAZARE PATIN, FERMIER GÉNÉRAL.

Nous arrivons à l'acte le plus important de l'administration de Louvois.

Ce ministre jugea qu'il était temps de faire tourner au profit du Roi les produits d'une institution entretenue à ses dépens, sans pour cela en changer la nature, et proposa au Roi de mettre les postes en ferme.

Les postes et messageries avaient été comprises jusque-là dans la ferme des aides. Mais, à partir de l'année 1672, elles devinrent une branche distincte qui fut concédée à l'adjudication.

Par déclaration royale et par arrêts du conseil en date des 15 et 19 mars 1672, Lazare Patin fut reconnu, par un premier bail, fermier général des postes du royaume, à condition qu'il payerait au Trésor un million de livres comptant d'une part, 1 700 000 livres, d'autre part, en douze payements égaux de mois en mois et enfin 1 million aux maîtres des courriers français et étrangers pour l'entier remboursement de leurs offices.

A partir de ce moment commence l'ère des fermes qui dura jusqu'à la Révolution.

Me Lazare Patin, a dit M. le baron Ernouf, fut, en réalité, la cheville ouvrière du grand travail de régularisation dont Louvois avait officiellement tout l'honneur et il fit, à ses risques et périls, les affaires du Roi et celles du public.

Des documents nombreux et irréfragables attestent les difficultés de tout genre qu'il eût à surmonter et qui le mirent plus d'une fois à deux doigts de sa perte. Ce n'était pas chose facile d'établir une sorte d'unité relative dans cet enchevêtrement confus de coutumes, de routines provinciales, de rallier et de discipliner tous les agents locaux qui pouvaient être utilisés dans le nouveau système de centralisation et de désintéresser les autres. Bien qu'une grande partie des anciens titres ait péri dans la Révolution, il reste encore dans les archives publiques et particulières beaucoup de documents qui peuvent faire apprécier la nature et l'étendue des services rendus par Lazare Patin à la chose publique, son indomptable persévérance à surmonter et à tourner tous les obstacles qui l'arrêtaient à chaque pas, tantôt en obtenant des arrêts du conseil qui le débarrassaient de concurrences ou de résistances mal fondées, tantôt en se faisant subroger aux droits légitimes.

### ARRÊT DU CONSEIL D'ÉTAT DU 7 DÉCEMBRE 1673 PROTÉGEANT LE FERMIER GÉNÉRAL CONTRE LES ATTEINTES PORTÉES A SON PRIVILÈGE.

A peine le fermier fut-il en jouissance de son privilège, que le transport frauduleux des lettres et paquets qui avait lieu par l'entremise de personnes étrangères aux postes, l'obligea à demander la résiliation de son bail ou la répression d'abus qui le mettaient dans l'impossibilité de remplir les engagements qu'il avait contractés.

Un arrêt du Conseil d'État fit droit à cette réclamation, dans les termes suivants qui rappelaient ceux de l'édit de 1630 :

Fait Sa Majesté,

Très expresses inhibitions et deffenses à tous maistres et fermiers de carrosses, cochers, muletiers roulliers, voituriers, cocquetiers, poulalliers, beurriers, piétons et autres, tant par eau que par terre, de porter aucunes lettres et paquets de lettres de quelque sorte et nature que ce soit, à l'exception seulement des lettres de voiture des marchandises et hardes dont ils seront chargez, icelles non fermées ni cachetées ; et à tous messagers, d'avoir aucuns bureaux, tenir aucune boëte, recevoir, porter et distribuer aucunes lettres et paquets de lettres ès villes de leur route et passage, ailleurs qu'en celle de leur establissement, à peine contre chacun des contrevenans de quinze cens livres d'amende, payables sans déport, en vertu du présent arrêt, sans qu'il en soit besoin d'autre, et de confiscation des chevaux, mulets et équipages, dépens, dommages et intérêts.

### LETTRES PATENTES DU 16 DÉCEMBRE 1675. — TAXE DES LETTRES VENANT DE L'ÉTRANGER ATTRIBUÉE A LOUVOIS.

Par lettres patentes du 16 décembre 1675, le Roi accorde à Louvois la jouissance des droits de ports de lettres venant de Hollande, Flandres, Allemagne et pays de Liège et adressées en France.

### ARRÊT DU CONSEIL DU 11 AVRIL 1676. — LAZARE PATIN EST CONFIRMÉ DANS SON BAIL POUR UNE PÉRIODE DE SIX ANNÉES.

Un arrêt du conseil en date du 11 avril 1676 confirma dans son bail M^e^ Lazare Patin pour une période de six années à compter du 1^er^ janvier 1677 jusqu'au 31 décembre 1682, et le subrogea à tous les baux des messageries de l'Université en payant le même prix que les détenteurs actuels, ainsi qu'aux droits des messagers royaux.

Le nouveau bail était consenti, moyennant la somme annuelle de 1 220 000 livres payable par avance au commencement de chaque quartier.

### RÈGLEMENT DU 11 AVRIL 1676 POUR LA TAXE DES PORTS DE LETTRES.

L'arrêt prescrivait qu'un nouveau règlement pour la taxe des ports de lettres serait préparé et arrêté par le conseil.

Ce règlement élaboré en Conseil d'État, mais dont l'honneur tout entier revient, en réalité, à Lazare Patin, fut sanctionné par une déclaration royale enregistrée au Parlement le 11 avril 1676.

Le tarif du port des lettres et paquets fut fixé ainsi qu'il suit :

## 1° TARIF INTÉRIEUR

| ORIGINE ET DESTINATION. | | LETTRE SIMPLE. | LETTRE avec ENVELOPPE. | DOUBLE LETTRE. | PAQUETS. |
|---|---|---|---|---|---|
| **Entre PARIS et** | Lyon, Mâcon, Clermont-Ferrand, Riom, le Limousin, le Poitou, la Bourgogne | 4 sols. | 5 sols. | 6 sols. | 12 sols l'once. |
| **Entre PARIS et** | Calais, le Dauphiné | 5 sols. | 6 sols. | 7 sols. | 15 sols l'once. |
| **Entre PARIS et** | Bordeaux, La Rochelle, Toulouse, Montauban, Montpellier, Aix, Avignon, Marseille, Basse-Bretagne | 5 sols. | 6 sols. | 8 sols. | 15 sols l'once. |
| **Entre PARIS et** | Orléans, la Touraine, l'Anjou, le Maine | 3 sols. | 4 sols. | 5 sols. | 9 sols l'once. |
| **Entre PARIS et** | Metz, Toul, Verdun, Lorraine, Barrois | 4 sols. | 5 sols. | 10 sols. | 12 sols l'once. |
| **Entre PARIS et** | Berry, Amiens, Châlons en Champagne, et autres villes de même distance. | 3 sols. | 4 sols. | 5 sols. | 9 sols l'once. |
| **Entre PARIS et** | Basse-Normandie, Saint-Malo, Rennes, Laval, Nantes | 4 sols. | 5 sols. | 6 sols. | 12 sols l'once. |

| ORIGINE ET DESTINATION. | LETTRE SIMPLE. | LETTRE avec ENVELOPPE. | DOUBLE LETTRE. | PAQUETS. |
|---|---|---|---|---|
| Entre **LYON** et. . { Marseille. . . . Aix . . . . . . Avignon . . . . Provence . . . Montpellier . . } | 4 sols. | 5 sols. | 6 sols. | 12 sols l'once. |
| Entre **DIJON** et **LYON** . . . . . . | 3 sols. | 4 sols. | 5 sols. | 9 sols l'once. |
| Entre **PARIS** et. . { Lille . . . . . Douai. . . . . } | 6 patars[1] | 7 patars. | 9 patars. | 18 patars l'once. |
| Entre **PARIS** et **PERPIGNAN**. . . . | 10 sols. | 12 sols. | 16 sols. | 30 sols l'once. |
| Entre **ROUEN** et **LILLE** . . . . . . | 6 patars. | 7 patars. | 9 patars. | 18 sols l'once. |
| Entre **LILLE** et. . { Abbeville . . . Amiens . . . . } | 4 patars. | 5 patars. | 6 patars. | 12 patars l'once. |
| Entre **CALAIS** et **LILLE**. . . . . . | 5 patars. | 6 patars. | 7 patars. | 15 patars l'once. |
| Entre **LILLE** et. . { Bayonne . . . Marseille . . . Provence . . . } | 11 patars. | 12 patars. | 14 patars. | 33 patars l'once. |
| Entre **LYON** et **PERPIGNAN**, etc. . | 6 sols. | 8 sols. | 10 sols. | 18 sols l'once. |

## 2e TARIF INTERNATIONAL

| | | | | |
|---|---|---|---|---|
| Entre **LYON** et. . { Gênes . . . . . Milan . . . . . Rome . . . . . Venise . . . . } | 8 sols | » | 13 sols. | 24 sols l'once. |
| Entre **LYON** et le **PIÉMONT** . . . . | 5 sols. | 6 sols. | 8 sols. | 15 sols l'once. |
| Entre **PARIS** et l'**ANGLETERRE** . . | 10 sols. | 11 sols. | 19 sols. | 30 sols l'once. |
| Entre **ROUEN** et l'**ANGLETERRE** . . | 6 sols. | 7 sols. | 11 sols. | 18 sols l'once. |
| Entre **CALAIS** et l'**ANGLETERRE** . . | 5 sols. | 6 sols. | 9 sols. | 15 sols l'once. |
| Entre { **PARIS** / **ROUEN** } et { Anvers . . . . Bruxelles . . . Gand . . . . . } | 9 sols. | 10 sols. | 13 sols. | 24 sols. |

1. Le Patar ou Patard était une petite monnaie anciennement en usage en Flandre.

| ORIGINE ET DESTINATION. | LETTRE SIMPLE. | LETTRE avec ENVELOPPE. | DOUBLE LETTRE. | PAQUETS. |
|---|---|---|---|---|
| Entre PARIS et. { Hollande . . . / Zélande. . . . / Liège . . . . . } | 16 sols. | 17 sols. | 21 sols. | 48 sols. |
| Entre PARIS et MADRID . . . . . | 10 sols. | 11 sols. | 17 sols. | 30 sols l'once. |
| Entre MADRID et ROUEN. . . . . | 12 sols. | 13 sols. | 19 sols. | 36 sols l'once. |
| Entre MADRID et LILLE . . . . . | 10 patars. | 11 patars. | 14 patars. | 30 patars l'once. |
| Entre HAMBOURG et LILLE . . . . | 7 patars. | 8 patars. | 10 patars. | 21 patars l'once. |
| Entre COLOGNE et LILLE . . . . . | 4 patars. | 5 patars. | 6 patars. | 12 patars l'once. |
| Entre la HOLLANDE et LILLE . . . | 6 patars. | 7 patars. | 9 patars. | 18 patars l'once. |

Nous nous sommes borné à indiquer les tarifs entre les principales villes.

Quant aux villes non désignées dans le règlement, elles devaient acquitter les taxes suivantes établies d'après les distances :

| DISTANCES. | LETTRE SIMPLE. | LETTRE avec ENVELOPPE. | DOUBLE LETTRE. | PAQUETS. |
|---|---|---|---|---|
| Au-dessous de 25 lieues . . . . . . | 2 sols. | 3 sols. | 4 sols. | 6 sols. |
| Entre 25 lieues et moins de 60 . . . | 3 sols. | 4 sols. | 5 sols. | 6 sols. |
| — 60 — 80 . . . | 4 sols. | 5 sols. | 6 sols. | 12 sols. |
| Au-dessus de 80 lieues . . . . . . . . | 5 sols. | 6 sols. | 9 sols. | 15 sols. |

Les tarifs de 1676 subsistèrent jusqu'à l'année 1703.

13 DÉCEMBRE 1676 : ARRÊT DU PARLEMENT DE PARIS. — JURIDICTION DES MESSAGERS DE L'UNIVERSITÉ. — CONDITIONS PRESCRITES POUR LA DÉLIVRANCE DES PAQUETS AUX PARTICULIERS.

Nous signalons incidemment un arrêt du Parlement de Paris en date du 13 décembre 1676, aux termes duquel les messagers de l'Université, en ce qui concerne les messageries, « ne peuvent être assignés que par-devant le prévôt de Paris, conservateur des privilèges de ladite Université ».

L'expédition des paquets est entourée des garanties suivantes :

Les messagers partant de Paris ou y arrivant sont tenus de dresser une feuille contenant exactement tout ce dont ils seront chargés sur leur registre ; chaque feuille devra être signée à la fin et paraphée au bas de chaque page par le messager, ou son principal facteur ; une marge suffisante devra être ménagée sur chaque feuille pour permettre au destinataire d'en donner décharge.

Remise des paquets ne sera faite qu'à ceux qui seront porteurs de lettres d'avis.

Indépendamment du port du paquet, une somme de cinq sols sera payée au facteur qui se transportera dans la maison du marchand ou bourgeois auquel le paquet devra être délivrée.

Les personnes qui intercepteront les lettres d'avis ou qui s'en serviront pour retirer des paquets qui ne leur sont pas destinés, seront punies de la peine du fouet. Quant à ceux qui auront volé ou intercepté les paquets, ils seront poursuivis extraordinairement devant le lieutenant criminel du Chatelet à la requête du substitut du procureur général.

ARRÊT DU CONSEIL DU 15 JANVIER 1678 CONCERNANT LE DÉDOMMAGEMENT DES DROITS CASUELS DES OFFICES DE MESSAGERIES DE L'APANAGE DE MONSIEUR, DUC D'ORLÉANS.

Le Roi avait prescrit par arrêt du conseil en date du 16 octobre 1677 que, sur les revenus de la ferme des Postes, il serait payé au trésorier de Monsieur, duc d'Orléans, la somme de 10000 livres par an pour le dédommagement du droit annuel, résignation et autres droits casuels des messageries des villes et lieux de son apanage réunis à la ferme des Postes.

Il fallait encore que l'adjudicataire fût expressément autorisé à effectuer ce versement.

Aussi le Roi, sur la proposition de Colbert, contrôleur général des finances, ordonna-t-il par un arrêt du 15 janvier 1678 qu'à commencer du 1er octobre 1677, Lazare Patin serait tenu de payer la somme de 10000 livres au trésorier de Monsieur, duc d'Orléans par chaque année restant à expirer de son bail. Faute par lui de ce faire, il y serait contraint comme pour les deniers de Sa Majesté.

« Lorsque ledit Patin rapporterait pour sa décharge le présent arrêt et les quittances du trésorier de la maison d'Orléans, il lui en serait tenu compte sur la somme qu'il devrait verser au trésor royal. »

### ORDONNANCE DU 6 JUIN 1678 ENJOIGNANT A LA CHAMBRE DES COMPTES DE PARIS D'ENREGISTRER LE BAIL CONSENTI A LAZARE PATIN.

Signalons encore une ordonnance du 6 juin 1678 portant injonction à la Chambre des comptes de Paris d'enregistrer le bail et adjudication consentis à Mᵉ Lazare Patin le 14 avril 1676.

### ARRÊT DU CONSEIL DU 25 JUIN 1678 FIXANT LES DROITS ET PRIVILÈGES DU FERMIER GÉNÉRAL DES POSTES.

Le 25 juin 1678, un arrêt du conseil détermine les droits et privilèges du fermier général.

Cet arrêt d'une importance capitale fut rendu sur la demande du sieur Patin qui avait été troublé dans l'exercice de sa ferme. Il était divisé en 21 articles dont nous nous bornerons à citer les dispositions principales.

I. — Maintien et confirmation des édits et déclarations concernant la création et l'exercice des offices de messagers royaux, et notamment de ceux des novembre 1576, 29 mai 1582, février 1620, décembre 1643, 1ᵉʳ juillet 1650, mars 1655.

II. — Permission accordée à Mᵉ Lazare Patin d'établir, en vertu de son bail et pendant toute la durée de ce bail, un ou deux messagers ordinaires dans chaque ville, siège de bailliage, sénéchaussée ou élection relevant des cours de parlement ou des aides, dépourvue de messager et de faire assurer ce service par ses procureurs, sous-fermiers et commis duement assermentés devant les juges des lieux.

III. — Le sieur Patin et ses procureurs, fermiers et commis jouiront de l'exemption du logement des gens de guerre, de la collecte des deniers royaux, du guet et garde des portes, de tutelle, de curatelle et autres charges publiques.

IV. — Interdiction à toutes personnes de porter aucunes lettres, ni paquets de lettres fermées, sans la permission expresse du sieur Patin sous peine de 100 livres d'amende pour chaque contravention dont un tiers pour l'hôpital le plus voisin, un tiers au dénonciateur et le dernier tiers audit Patin.

V. — Faculté laissée aux messagers royaux non encore remboursés de leurs charges et aux messagers de l'Université aux baux desquels le fermier général n'aurait pas encore été subrogé, de continuer à porter des lettres dans les conditions prescrites par les règlements.

VI. — Interdiction à tous roulliers, coquetiers, poullaliers, mulletiers et autres voituriers de porter d'autres lettres que des lettres de voiture délivrées ouvertes, indépendamment de leurs marchandises.

VIII. — Le sieur Patin ainsi que les messagers royaux et ceux de l'Université non encore remboursés et aux baux desquels le fermier général n'aura pas été subrogé pourront se servir de fourgons, chariots, charrettes et autres voitures pourvu qu'elles ne soient pas suspendues, enfoncées ni redelées, mais couvertes seulement de toiles non cirées ni gômées, sur chacune desquelles il ne pourra conduire que trois personnes.

IX. — Pourra ledit Patin, ses fermiers, procureurs et commis et les autres messagers qui seront conservez dans leur exercice, conduire à cheval tel nombre de personnes qui se présenteront aux lieux de leur départ et de passage sur leurs routes, dans lesquels il n'y aura point de messagers établis et employera tel nombre de malliers qu'il avisera.

X. — Les messagers, à l'exclusion de tous autres, se chargeront de la conduite des prisonniers et du port de tous procez civils et criminels.

XII. — Ne sera ledit Patin ni lesdits messagers responsables des vols, s'ils sont faits sur la route entre deux soleils et justifiez par bons procez-verbaux.

. . . . . . . . . . . . . . . . . . . . . . . . . . . . . . .

XV. — Les messagers royaux et des Universitez partiront et arriveront, tant en hyver qu'en été, à jours certains et différens, qui seront réglez par les juges royaux des lieux et pourront encore partir à des jours extraordinaires pour le service et la commodité du public, quand le cas y échera, et laisseront aux voyageurs la liberté de faire leur dépense si bon leur semble.

XVI. — Les droits dûs aux messagers et les jours de leur départ et arrivée, ensemble les lieux de leur route et passage, seront inscrits dans un tableau ou placard affiché sur la porte et dans le lieu le plus apparent de leur bureau, à la diligence du procureur du Roy des lieux.

XVII. — Les messagers, leurs facteurs ou commis seront obligez d'avoir un bon et fidel registre qui contiendra les personnes, marchandises et autres choses dont ils feront voiture, lequel sera paraphé en toutes les feuilles par le juge royal des lieux; leur faisant deffenses de se servir d'autres registres ou feuilles volantes à peine de faux, et sera foy ajoutée à leurs registres comme à ceux des marchands.

XVIII. — Les maitres des coches, carrosses, carioles pourront mener et conduire toutes sortes de personnes pour le prix qui sera réglé par les juges des lieux et ne porteront que trente livres pesant pour chacune personne qu'ils meneront, sans pouvoir se charger de paquets, hardes, ni marchandises pour aucune autre, à peine de cent livres d'amende pour chaque contravention.

XIX. — Fait Sa Majesté défenses à toutes personnes de troubler ledit Patin dans l'exercice et fonction des messageries, dont il aura remboursé la finance ou de celle dont il est en possession, en vertu d'arrest ou ordonnance des sieurs commissaires généraux dudit conseil à ce députez, sous les peines portées par les arrests et règlemens.

XX. — Fait aussi Sa Majesté deffenses audit Patin et aux autres messagers royaux, messagers des Universitez, maistres des coches et carosses, et à tous autres, de troubler ni inquiéter les roulliers, cocquetiers, poullaliers, mulletiers et autres voituriers dans leurs exercices, à la charge par eux d'observer les édits, déclarations, arrests et réglemens.

. . . . . . . . . . . . . . . . . . . . . . . . . . . . . . .

### ORDONNANCE DU 1er JUILLET 1678 RENDUE PAR L'INTENDANT DE PICARDIE, ARTOIS ET BOULONNOIS FIXANT LES PRIVILÈGES DES MAÎTRES DE POSTE DE CES PROVINCES [1].

Nous croyons devoir signaler tout spécialement un curieux document relatif à des privilèges accordés à des maîtres de poste du pays d'Artois.

1. Cette ordonnance fait partie de la collection de la bibliothèque du ministère des postes et des télégraphes.

Ces maîtres de poste se plaignirent de n'avoir pas encore été appelés à bénéficier des privilèges et exemptions qui leur avaient été attribués par la déclaration royale du 19 janvier 1669.

Pour combler cette lacune, François Le Tonnelier Breteuil, conseiller du Roi, maître des requêtes de son hôtel, intendant de justice, police, finances et des troupes de Sa Majesté en Picardie, Artois, Boulonnois, pays conquis et reconquis, rendit le 1er juillet 1678 une ordonnance qui fixa ainsi qu'il suit l'étendue des privilèges des maîtres de poste d'Arras, Saint-Omer, Aire, Béthune, Hesdin, Bapaume, Lens, Saint-Pol, Pernes et Frévent, établis au pays d'Artois :

. . . . . . . . . . . . . . . . . . . . . . . . . . . . . . . . . . . . . . . . . .

Qu'ils peuvent tenir à ferme par leurs mains, jusques à soixante arpens de terres tant en labour qu'en prez, en ce, non compris les heritages à eux appartenans en propre, sans être tenus d'en payer aucun centième, crues extraordinaires des garnisons et autres droits, tant ordinaires qu'extraordinaires, imposés et à imposer, ni même à cause de leurs meubles lucratifs et industrie;

Qu'ils seront exempts de toutes charges publiques, de tous logemens de gens de guerre, de guet, garde et de toutes autres charges de ville, tutelle et curatelle, établissement de sequestre et saisie réelle, et toutes autres charges quelconques, comme aussi de toutes les contributions et fournitures tant en deniers qu'en denrées pour la subsistance et logement desdits gens de guerre, et même de tous les droits sur les boissons, chacun neanmoins pour les quantités desdites boissons ci-après réglées à proportion de leur consommation, sçavoir:

Le maître de la poste d'Arras pour deux brassins de bierre et six muids de vin, suivant l'ancien réglement desdits États;

Celui de Bapaume, pour deux brassins de bierre et trois muids et demi de vin, suivant pareil règlement;

Ceux de Bethune, d'Aire et de Saint-Omer, chacun pour deux brassins et trois muids de vin;

Celui de Lens, pour un brassin de bierre de vingt tonneaux et deux muids de vin;

Celui de Saint-Pol, pour un brassin de bierre et un muid de vin;

Celui de Pernes, pour un brassin de bierre de quinze tonneaux et un muid de vin;

Et celui de Frévent, pour un brassin de bierre et un demi-muid de vin.

Défendant à toutes personnes de troubler lesdits maîtres des postes dans toutes lesdites exemptions, notamment dans celle du centième pour les soixante arpens de terres, outre leur propre, leurs meubles lucratifs et industrie, directement ou indirectement, etc...

## ARRÊT DE LA COUR DES AIDES DE PARIS (11 MARS 1679). — CONFIRMATION DES PRIVILÈGES D'UN MAÎTRE DE POSTE.

Les maîtres de poste étaient fréquemment troublés dans la jouissance des privilèges qui leur avaient été accordés par la déclaration du mois de janvier 1669, mais l'exemption de taille leur était le plus généralement contestée. Aussi les cours des aides retentissaient-elles fréquemment de leurs justes plaintes contre les collecteurs d'impôts. Les juges se trouvaient ainsi dans l'obligation de faire droit sans retard à ces réclamations.

Pour ne citer qu'un fait, le sieur Chomat, maître de la poste de la Croizette, qui avait été, contre toute justice, inscrit sur les rôles des années 1677, 1678 et 1679, avait obtenu du juge du lieu une sentence qui le déclarait exempt de la taille. Il se vit forcé de recourir, en 1679, à la cour des aides de Paris, pour faire confirmer cette sentence contre les échevins et habitants de la ville de Saint-Étienne en Forez.

Par un arrêt du 11 mars 1679, la cour des aides ordonna :

Que le sieur Chomat serait biffé des rôles des années 1677, 1678 et 1679, et ne figurerait plus sur les rôles aussi longtemps qu'il conserverait ses fonctions de maître de poste ;

Que les sommes qu'il avait été contraint de payer et ses dépens lui seraient restitués, « à la charge que le tout serait réimposé sur les habitants aux assiettes des trois années suivantes » ;

Il fut même enjoint aux officiers de l'élection de Saint-Étienne de lui restituer la somme de cent cinq livres induement exigée de lui pour leurs épices [1], avec ordre de se taxer plus modérément à l'avenir, sous peine de destitution.

A titre d'exemple et pour éviter qu'à l'avenir d'autres communautés ne fussent tentées de soulever de semblables contestations, les habitants de Saint-Étienne furent condamnés à l'amende de douze livres et aux dépens du procès liquidés à soixante-quinze livres, non compris les épices et frais de l'arrêt.

## ARRÊT DU CONSEIL DU 3 JUILLET 1680 PORTANT INTERDICTION DE COURIR LA POSTE A DEUX PERSONNES EN CHAISE ROULANTE.

Depuis quelque temps, l'usage s'était répandu dans toutes les provinces, de courir la poste en chaise roulante à deux personnes. Ce mode de voyager occasionnait de fréquentes pertes de chevaux très préjudiciables au service du Roi.

Pour mettre un terme à ces désordres, Louvois obtint un arrêt du conseil en date du 3 juillet 1680, interdisant de courir la poste à deux personnes dans une même chaise, sous peine de confiscation de la voiture, de 300 livres d'amende payables sur-le-champ, moitié au

1. Les épices étaient les honoraires des juges.

Quand on avait gagné un procès, l'usage exigeait qu'on allât offrir des bonbons épicés à ses juges. Saint Louis défendit aux juges d'accepter, dans la semaine, plus de la valeur de dix sous en *épices*, et Philippe le Bel, au delà de ce qu'ils pouvaient consommer journellement en argent. Plus tard, les magistrats trouvèrent plus commode de recevoir de l'argent au lieu de ces paquets de bonbons épicés dont ils ne savaient que faire ; puis, en 1402, ils décidèrent, par un arrêt, que le présent serait obligatoire. Les plaideurs, forcés de payer

maître de poste et moitié au prévôt des maréchaux ou autres officiers de robe courte autorisés à saisir les contrevenants.

ARRÊT DU CONSEIL DU 18 JUIN 1681 INTERDISANT AUX COURRIERS LE TRANSPORT CLANDESTIN DE LETTRES, OR, ARGENT OU OBJETS PRÉCIEUX.

Quoique plusieurs arrêts et règlements eussent défendu aux courriers ordinaires de se charger d'autres choses que des dépêches du Roi et du public, et bien qu'il fût permis aux maîtres de poste de se faire ouvrir les malles pour constater les contraventions et en poursuivre la répression, un certain nombre de courriers n'en continuaient pas moins à transporter clandestinement des lettres, de l'or, de l'argent ou objets précieux et à écraser les chevaux par des surcharges excessives, ce qui causait non seulement des retards considérables aux correspondances, mais encore de sérieux préjudices aux maîtres de poste.

Ces considérations déterminèrent le Roi à interdire, par un arrêt du 18 juin 1681, à tous négociants et autres personnes de charger désormais les courriers de lettres, marchandises ou bijoux, à peine de 300 livres d'amende et de confiscation des effets contre les propriétaires, le fouet et la marque de la fleur de lys étant réservés aux courriers contrevenants.

ARRÊT DU CONSEIL (18 JUIN 1681) INTERDISANT A TOUS MESSAGERS REMBOURSÉS, MAÎTRES DE COCHES, CARROSSES, LITIÈRES, POULAILLERS, ETC., LE TRANSPORT ET LA DISTRIBUTION DE LETTRES OU PAQUETS DE LETTRES.

Lazare Patin, conformément aux lettres patentes du 12 avril 1676 par lesquelles le Roi, en lui affermant les droits de tous les ports de lettres, l'avait autorisé à rembourser la *finance* des messageries royales et subrogé aux baux des messageries de l'Université, s'était empressé de remplir exactement toutes les conditions qui lui avaient été imposées, dans l'espérance de jouir bientôt du bénéfice entier de son bail; mais la plupart de ces messagers royaux et des Universités lui ayant affermé, de leur côté, leurs propres messageries, ne fraudaient que

*après*, finirent par payer *avant* et les magistrats rendirent même ce dernier usage obligatoire, d'où cette formule que l'on trouve en marge des anciens registres du parlement : « On ne délibère qu'après le paiement des épices. »

Les épices ont été supprimées à la Révolution.

L'incendie du palais en 1618 inspira au poète Théophile la curieuse épigramme suivante :

Certes ce fut un triste jeu
Quand à Paris dame Justice
Pour avoir trop mangé d'*épice*
Se mit le Palais tout en feu.

plus impunément les droits auxquels ils avaient renoncé ; pour s'assurer l'impunité et éviter des contraventions, ils remettaient ces dépêches aux voyageurs qui les leur rendaient seulement au lieu de destination. Les maîtres des coches, les rouliers et autres voituriers, au mépris du dernier règlement, portaient également un préjudice considérable aux intérêts de Lazare Patin qui se plaignit au Roi.

Cette plainte fut accueillie et un arrêt du conseil du 18 juin 1681 interdit expressément à tous messagers remboursés, à tous maîtres des coches, rouliers, voituriers et enfin à toutes personnes quelconques de se charger, de porter ou faire distribuer aucunes lettres ou paquets de lettres, ouvertes ou cachetées autres que leurs lettres de voitures, à peine de 300 livres d'amende et de confiscation des équipages qui les recéleraient.

Il fut, en outre, permis au sieur Patin de faire visiter toute espèce de voitures, même les voyageurs y contenus, pour constater les fraudes par procès-verbaux et poursuivre devant le conseil l'adjudication des amendes encourues.

Cette sanction ne fut pas jugée suffisante.

Comme les peines pécuniaires n'auraient peut-être pas retenu un grand nombre de valets qui, n'ayant rien à perdre, n'auraient pas craint de s'exposer même pour un léger intérêt, le Roi voulut que tout contrevenant insolvable fût condamné au fouet et à la fleur de lys.

### ARRÊT DU CONSEIL DU 18 JUIN 1681 INTERDISANT A TOUTES PERSONNES D'ÉTABLIR DES RELAIS SANS L'AUTORISATION DU SURINTENDANT GÉNÉRAL.

Le même jour, 18 juin 1681, un autre arrêt du conseil, renouvelant les prescriptions antérieures, défendit à tous messagers, maîtres des carrosses, rouliers et généralement à tous autres voituriers tant par eau que par terre, d'établir des relais sur grandes routes ou chemins de traverse, sans la permission du surintendant général des postes, à peine de 500 livres d'amende et de confiscation des chevaux et équipages.

### DÉCLARATION ROYALE DU 30 JUIN 1681 CONFIRMANT L'EXEMPTION DE TAILLE PRÉCÉDEMMENT ACCORDÉE AUX MAÎTRES DE POSTE.

Le 30 juin, une déclaration royale confirma l'exemption de taille précédemment accordée aux maîtres de poste.

### ORDONNANCE DE LOUVOIS AUTORISANT LES COURRIERS A RAPPORTER 10 LIVRES DE MARCHANDISES.

Les courriers de Lyon, Toulouse, Bordeaux et Lorraine ayant déclaré qu'il leur serait impossible de subsister s'il ne leur était pas permis de transporter des marchandises, Louvois les autorisa, par ordonnance du 21 octobre 1682, à rapporter des marchandises d'un poids maximum de 10 livres et enveloppées dans un paquet cacheté adressé par le directeur du bureau de poste de départ au directeur du bureau d'arrivée.

### DEUXIÈME BAIL DE LA FERME DES POSTES. — CHARLES PINCHAULT, ADJUDICATAIRE.

En 1683, Charles Pinchault devint adjudicataire de la ferme des postes moyennant 1 800 000 livres, en remplacement de Lazare Patin dont le bail venait d'expirer.

### ARRÊT DU CONSEIL DU ROI RÉGLANT LES DROITS DES MESSAGERS POUR LE PORT ET VOITURE DES PERSONNES, MARCHANDISES, OR, ARGENT ET LA MANIÈRE D'EMBALLER LES CHOSES PRÉCIEUSES.

A peine le fermier eut-il pris ses fonctions qu'il se plaignit au conseil du Roi de ce que, dans un certain nombre de localités desservies par des messagers, les juges des lieux s'étaient arrogé le droit de fixer les tarifs du transport des voyageurs et des marchandises.

Faisant droit à cette réclamation, le Roi fixa les tarifs de la manière suivante, en attendant le règlement qui serait publié prochainement :

Ordonne Sa Majesté qu'il sera payé au suppliant et à ses commis pour la voiture d'une personne à cheval ou en chariot, charrette ou fourgon, cinquante-cinq sols, sans nourriture de personnes et pour les hardes, bagages et marchandises, à raison de trente-cinq pour cent pesant pour la distance de dix lieues communes de France, et à proportion, lorsque la distance sera plus ou moins grande : dans laquelle taxe ne seront compris les paquets au-dessous de dix livres, dont le port sera payé selon le volume et la valeur des choses contenues en iceux.

Les précautions suivantes étaient recommandées pour éviter la détérioration ou la perte des marchandises :

Et afin que les dites messageries soient voiturées sans pouvoir estre gâtées ou mouillées, ordonne Sa Majesté que les choses précieuses comme brocard d'or et d'argent, étoffes de soye, gûipures, rubans et autres semblables, seront mises dans des caisses couvertes de toille cirée avec un emballage au-dessus ; et les autres marchandises grossières, qu'elles seront emballées de serpillières, paille et cordage et qu'à faute de ce, les messagers conducteurs et leurs commis ne seront point responsables du dommage qui en pourroit arriver.

Et à l'égard de l'or et argent monnoyé, ordonne Sa Majesté qu'il en sera payé pour la distance de dix lieues, à raison de quatre deniers pour chaque trois livres des sommes qui seront au-dessous de cent livres, à raison de deux deniers pour chaque trois livres de celles qui sont au-dessus. Et seront tenus ceux qui feront les envois d'or et d'argent monnoyé, vaisselles d'argent, papiers de conséquence, joyaux, pierreries et autres choses précieuses, d'en faire la vérification et compte et un bordereau des espèces, en présence du suppliant ou de ses commis et préposez, et en faire charger les registres du suppliant dans les bureaux où les dites choses seront déposées, autrement le suppliant ni ses commis n'en seront aucunement responsables.

ARRÊT DU CONSEIL D'ÉTAT DU ROI DU 24 JANVIER 1684, PORTANT RÈGLEMENT ENTRE LES MESSAGERS ET LES ROULIERS ET VOITURIERS DU ROYAUME.

Louvois voulut mettre un terme aux difficultés et aux procès continuels auxquels donnait lieu l'exercice des professions de messagers, rouliers et voituriers. Il porta la question devant le conseil du Roi qui rendit, le 24 janvier 1684, un arrêt contenant règlement entre les messagers et les rouliers et voituriers.

En vertu de ce règlement, il était permis à toutes personnes de faire le roulage pour la liberté publique et facilité du commerce, à l'exception des maîtres des coches et carrosses et leurs fermiers, tant qu'ils continueraient à faire l'exercice desdits coches et carrosses seulement.

Toute personne serait libre de faire transporter ce que bon lui semblerait, à la condition, toutefois, que les coquetiers, poulaillers, muletiers et autres voituriers qui n'avaient rien versé au Trésor, ne pourraient empiéter sur les privilèges des messageries, coches, carrosses et chevaux de louage;

Qu'ils feraient le roulage soit par eux-mêmes, soit par leurs valets et domestiques;

Qu'ils ne se serviraient que de chevaux et matériel leur appartenant en propre;

Qu'ils n'auraient pas de jour réglé pour leur départ;

Qu'ils n'ouvriraient aucun bureau;

Qu'ils ne placeraient devant leur porte ni tableau, ni inscription;

Qu'ils n'auraient ni facteurs, ni commissionnaires, ni registre, ni entrepôt soit à Paris, soit dans les départements;

Qu'ils ne conduiraient pas de voyageurs;

Qu'ils ne pourraient transporter de ballots pesant moins de

50 livres, ni réunir en un seul les paquets de personnes différentes, etc...

LETTRES PATENTES D'AOÛT 1685. — ÉTABLISSEMENT DE VOITURES ENTRE PARIS ET LES RÉSIDENCES DE LA COUR.

Mentionnons encore les lettres patentes du mois d'août 1685 par lesquelles le Roi autorisa MM. Louis de Beauvais, capitaine des chasses royales, et Élie Dufrénoy, premier commis de Louvois, à établir entre Paris et les résidences habitées par la Cour tel nombre de voitures qu'ils le voudraient.

TARIF DES CORRESPONDANCES DE ET POUR TOULOUSE ET AUTRES VILLES DU BAS LANGUEDOC (31 MARS 1690).

Le 31 mars 1690, Louvois publia un tarif et un règlement fixant les droits à percevoir pour les ports des lettres simples, des lettres avec enveloppes et des lettres doubles en provenance ou à destination de Toulouse et autres villes du bas Languedoc.

MORT DE LOUVOIS (16 JUILLET 1691).

Ce règlement fut le dernier acte important de Louvois qui mourut subitement le 16 juillet 1691, au moment où Louis XIV, révolté de ses hauteurs, allait, au dire de Saint-Simon, le faire jeter à la Bastille.

## COUP D'ŒIL RÉTROSPECTIF

# SUR L'ADMINISTRATION DE LOUVOIS

« Il y a dans Louvois, » dit M. Camille Rousset, « deux personnages distincts, un administrateur et un politique. Le procès peut être fait au politique; l'administrateur est hors de cause. »

En ce qui concerne l'administration des postes, Louvois s'attacha à imprimer à ce service une marche plus régulière et y introduisit une grande discipline.

### SERVICE POSTAL INTERNATIONAL.

En 1669, Louvois conclut un traité de poste avec les princes de la Tour et Taxis.

Le 26 juillet 1670, il signa un autre traité avec le sieur Giovo, porteur des pleins pouvoirs de don Domingo de Assauza, lieutenant des courriers majors du roi d'Espagne en Italie, Flandre et autres pays, et de Charles Cittadini, général des postes de l'État de Milan et courrier major de Sa Majesté catholique entre Milan et Rome.

Si incomplet que fût ce traité, dit M. Pierre Zaccone[1], les conditions d'échange qu'il stipulait, continuèrent à régler les rapports entre les postes de France et celles d'Espagne, et ces conditions furent successivement renouvelées jusqu'au mois de décembre 1696.

Cependant, sous l'administration de Louvois, les relations postales avec les pays étrangers ont fréquemment donné lieu à des difficultés et même à des complications diplomatiques, comme le montrent les deux exemples suivants :

### DIFFICULTÉS AVEC L'ANGLETERRE.

En 1677, Louvois avait conçu le projet de surtaxer les lettres venant de l'étranger dans le but d'augmenter les revenus du Trésor et de préparer ainsi de nouvelles ressources pour faire face aux dépenses de guerre.

Cette prétention souleva les protestations les plus vives et les plus énergiques de la part des maîtres de poste anglais et du commerce de la cité de Londres. Louis XIV se vit forcé d'abandonner le projet de Louvois et de se rendre aux observations de Courtin, notre ambassadeur à Londres. Il ne faut pas perdre de vue, d'ailleurs, que la France et l'Angleterre entretenaient alors des relations politiques assez étroites et que les échanges commerciaux entre les deux pays avaient acquis une grande activité et une importance considérable.

### CAS DE COMPLICATION DIPLOMATIQUE ENTRE LA FRANCE ET LA SAVOIE.

Dans son *Histoire de Louvois*, M. Camille Rousset[2] cite un autre cas de complication diplomatique survenue entre la France et la Savoie au sujet d'une question de poste internationale.

1. *La Poste anecdotique et pittoresque*, par M. Pierre Zaccone.
2. *Histoire de Louvois*, par M. Camille Rousset.
*Histoire de la poste aux lettres*, par M. Arthur de Rothschild.

Il y avait à Lyon un bureau spécial pour la correspondance avec l'Italie. Le courrier, qui faisait, à certains jours, le transport des malles entre Lyon et Rome, passait et repassait régulièrement par Turin. En 1677, pendant l'ambassade du marquis de Villars, les agents de la douane piémontaise s'étaient plaints que les courriers de France profitassent de leur franchise pour introduire frauduleusement en Piémont des marchandises étrangères. Dans une dépêche du 26 janvier 1679, le marquis de Villars s'était nettement prononcé contre les gens de poste qui prétendaient avoir le droit d'importer et de vendre des menues marchandises sans être inquiétés par les gardes de la douane.

Cependant l'abus dura près de dix ans, lorsque tout à coup, au mois de juillet 1688, la chambre des comptes de Turin rendit une ordonnance pour soumettre au droit de transit les marchandises transportées par les ordinaires de France.

Avant la publication de cette ordonnance, les malles n'étaient pas visitées à leur entrée dans les États du duc de Savoie, mais elles étaient amenées directement à Turin; là, le courrier les ouvrait en présence d'un des gardes de la douane et du commis entretenu à Turin par les fermiers des postes françaises. C'était non pas à Turin même que la fraude pouvait avoir lieu, mais en dehors de cette ville, soit avant soit après le séjour que les courriers étaient obligés d'y faire. On le savait bien et ce fut pour l'empêcher absolument que la chambre des comptes ordonna qu'à l'avenir, les malles fussent plombées par la douane au bureau de Suse si elles venaient de Lyon, au bureau d'Asti, si elles venaient de Rome.

Évidemment, Victor-Amédée était dans son droit; mais pouvait-il légalement sans négociation, sans avis même, changer brusquement les conditions du transit des malles françaises? On fut très irrité à Versailles; la brusquerie du procédé autant que le procédé lui-même indisposèrent vivement Louis XIV. Louvois, comme surintendant des postes, écrivit aussitôt au marquis d'Arcy que le Roi était bien décidé à ne souffrir aucune nouveauté quant au passage des courriers de France à travers les États du duc de Savoie.

Le conflit ne tarda pas à se traduire en voie de fait. Un courrier de Rome ayant refusé de laisser plomber sa malle à Asti, les gens de la douane le violentèrent. Quelques jours après, l'ordinaire de Lyon fut arrêté aux portes même de Turin et sa malle saisie, quoique renfermant des dépêches adressées à l'ambassade de France.

Louis XIV, aussitôt averti, fit déclarer au représentant de Victor-Amédée que si pareil fait arrivait à l'avenir, il donnerait ordre aux gouverneurs de Pignerol et de Casal d'entrer dans les États du duc de Savoie.

Vers le milieu du mois de septembre, Victor-Amédée suspendit l'exécution de l'ordonnance rendue par la chambre des comptes, les courriers passèrent librement. Louis XIV continua de répéter invariablement sa formule : « Il faut en demeurer à l'usage observé depuis vingt ans et rejeter toutes les nouveautés. »

Cependant les mémoires pleuvaient de part et d'autre : mémoires des fermiers de la douane, mémoires des fermiers des postes.

Au mois de décembre, Victor-Amédée envoya en France un négociateur spécial, le sénateur Gazelli. Mais il paraît que Louis XIV refusa de recevoir le sénateur Gazelli. Victor-Amédée protesta doucement d'abord, puis au bout de quelques mois, voyant qu'on n'écoutait pas davantage son envoyé, il s'avisa d'une nouvelle chicane. Vers la fin de mai 1689, on s'étonna de ne plus recevoir à Paris la correspondance de Rome qu'après un retard inaccoutumé; l'explication ne se fit pas attendre : l'ordinaire qui arrivait à Turin le jeudi matin y était retenu quatre jours, de sorte qu'il ne pouvait continuer sa route que le dimanche soir.

Louvois menaça le duc de Savoie de faire rompre tout commerce de lettres entre la France et le Piémont. Aussitôt les ordinaires cessèrent d'être retenus à Turin.

Enfin, le 14 octobre 1689, Louvois, fatigué de toutes ces misères, écrit une dépêche qui explique le refus de Louis XIV d'accorder au duc de Savoie une satisfaction légitime sans doute, mais que les circonstances et les mauvaises dispositions de Victor-Amédée lui semblaient exiger qu'on différât [1].

### LES POSTES EN FRANCE SOUS LOUVOIS.

Certains désordres existaient dans le service des postes avant l'arrivée de Louvois. Comme nous l'avons vu, les maîtres de poste retenaient les courriers chez eux pendant la nuit et ne leur permettaient de continuer leur route que le jour venu.

Louvois s'empressa de remédier à un état de choses aussi fâcheux, par l'édit du 7 février 1669, qui ordonna aux maîtres de poste de fournir des chevaux aux courriers ordinaires à toute heure de jour et de nuit et leur interdit formellement de les retarder sous aucun prétexte dans leur marche.

Sous son administration, nous voyons fonctionner des bureaux de poste complètement organisés avec un chef, le maître des courriers, avec des commis chargés de la perception des taxes, de la réception et

1. Quelque temps après, Victor-Amédée s'alliait avec les ennemis de la France et la guerre ne tarda pas à être déclarée.

de l'expédition des correspondances, avec des tarifs, des services réguliers de transport des dépêches.

L'acte le plus important de Louvois fut la mise en ferme du service des postes qui fut adjugé à Lazare Patin le 15-19 mars 1672.

C'est à partir de ce moment que la poste devint une source de revenus pour l'État.

Signalons en 1676 le renouvellement du bail de Lazare Patin moyennant la somme annuelle de 1 220 000 livres, l'établissement d'un tarif régulier des correspondances tant pour la France que pour l'étranger et le règlement du 31 mars 1690, qui fixa le tarif du port des lettres entre Toulouse et le bas Languedoc d'une part et les bureaux étrangers d'autre part.

Ces réformes considérables mirent fin aux contestations fréquentes soulevées entre les commis et les particuliers, pour la fixation de la taxe des ports de lettres et paquets.

C'était la règle substituée à l'arbitraire.

Mentionnons aussi l'arrêt du parlement de Paris, en date du 13 décembre 1676, qui entoura l'expédition et la remise des paquets des garanties les plus minutieuses.

Quant aux droits et privilèges du fermier général, ils furent très nettement précisés dans l'arrêt du conseil du 25 juin 1678, que nous avons reproduit plus haut.

L'exercice des professions de messagers, rouliers et voituriers fut enfin réglementé par l'arrêt du conseil du 24 janvier 1684.

Tels sont les actes principaux de l'administration de Louvois.

### LES MOYENS DE COMMUNICATION EN FRANCE SOUS LOUVOIS.

D'après deux lettres de Colbert, datées des 19 février 1680 et 27 janvier 1681, Louis XIV, se rendant de Paris à Châlons (distance 43 lieues), couchait cinq fois en route : à Dammartin, à Villers-Cotterets, à Soissons, à Fîmes et à Reims; de Nevers à Bourbon-l'Archambault, il comptait trois étapes, passant la première nuit à Saint-Pierre-le-Moutier, la seconde à Moulin-sur-Allier[1].

Mme de Sévigné nous apprend comment elle voyageait vers la même époque :

> Je vais à deux calèches, écrivait-elle, j'ai sept chevaux de carrosse, un cheval de bât qui porte mon lit, et trois ou quatre hommes à cheval; je serai dans ma calèche tirée par mes deux beaux chevaux; l'autre aura quatre chevaux avec un postillon.

1. *Lettres, instructions et mémoires de Colbert*, par PIERRE CLÉMENT.

Avec ce luxueux équipage, la spirituelle marquise mettait huit jours pour se rendre de Paris à Nantes ou à Vichy et près d'un mois pour revenir de Provence!...

On sait que M^me^ de Sévigné avait en grande estime le service de la poste dont elle était l'une des plus fidèles clientes :

Je suis en fantaisie, écrivait-elle aussi à M^me^ de Grignan, d'admirer l'honnêteté de ces messieurs les postillons qui sont incessamment sur les chemins pour porter et reporter nos lettres ; enfin, il n'y a jour de la semaine où ils n'en portent quelqu'une à vous ou à moi ; il y en a toujours et à toutes les heures par la campagne. Les honnêtes gens ! qu'ils sont obligeants et que c'est une belle invention que la poste, et, ajoutait-elle malicieusement, un bel effet de la Providence que la cupidité ! »

La régularité du service des postes l'émerveillait, comme on le voit par cette citation.

Il n'y a point de lettres perdues, s'écriait-elle avec joie dans une autre lettre.

Le 18 octobre 1675, elle était enchantée de recevoir aux Roches, près de Vitré, une lettre de sa fille, datée du 9 octobre.

Aussi s'empressait-elle d'écrire, dès le surlendemain, à M^me^ de Grignan :

C'est le neuvième jour, c'est tout ce qu'on peut désirer !

Il ne faudrait cependant pas conclure de ces citations que M^me^ de Sévigné fût toujours satisfaite du service des postes.

Dans un assez grand nombre de lettres, elle se plaignait fréquemment des retards dont sa correspondance était victime[1].

La note comique va nous être donnée par ce bon La Fontaine qui, étant parti de Paris pour se rendre à Limoges, écrivait deux jours après à sa femme :

J'ai tout à fait bonne opinion de notre voyage ; nous avons déjà fait trois lieues sans mauvais accident. Présentement, nous sommes à Clamart : là, nous devons nous rafraîchir deux ou trois jours.

Malheureusement la sérénité qui se dégage de ces paroles abandonna La Fontaine avant qu'il eût atteint le terme de son voyage, si nous en jugeons par ce cri de colère que lui arrachèrent les ornières du Limousin :

Qui n'y fait que murmurer
Sans jurer
Gagne cent jours d'indulgence[2].

Quant aux voitures publiques, elles n'allaient pas plus vite que les équipages de M^me^ de Sévigné.

1. *Lettres de M^me^ de Sévigné.*
2. *Fables de La Fontaine.*

Aux termes d'un édit de 1623, les entrepreneurs devaient, en effet, marcher à une vitesse de 9 lieues par jour en été et de 8 lieues en hiver.

C'est ainsi que les deux carrosses qui, en 1692, partaient, chaque semaine de Paris pour Dijon et réciproquement, consacraient à ce trajet de 75 lieues huit jours en hiver et sept en été. Le tarif était de 24 livres par personne, et pour les paquets ou bagages, de 3 sols par livre. Il ne faut pas oublier, ajoute M. de Foville[1] à qui nous empruntons ces renseignements, que dans 24 livres de cette époque, il y avait un poids d'argent correspondant à peu près à 40 francs d'aujourd'hui. Pour un trajet de 80 lieues, cela faisait 50 centimes par lieue, ou 12 centimes et demi par kilomètre. D'après l'échelle générale des prix sous Louis XIV, ces 12 centimes et demi en valaient bien 40 d'aujourd'hui. Le voyage de Paris à Versailles et à Saint-Germain était relativement plus coûteux encore (40, 30 ou 25 sols).

Ce serait une erreur de croire que les difficultés de voyage signalées par les différents auteurs provenaient uniquement de l'imperfection des moyens de transport. La lourdeur des carrosses n'y était certainement pas étrangère, mais la principale cause doit en être attribuée au mauvais état des routes : les historiens sont unanimes à cet égard. Nous nous bornerons à citer l'opinion de l'un de nos romanciers les plus populaires, Élie Berthet, qui, dans le *Cadet de Normandie*[2], a tracé un tableau très intéressant de l'état des voies de communication en France au milieu du XVII^e^ siècle et un portrait curieux d'un maître de poste de cette époque :

Vers le milieu du XVII^e^ siècle, les voies de communication, même aux approches de la capitale, étaient si mal entretenues et si peu sûres que l'on ne doit rien trouver d'extraordinaire dans cette tradition parvenue jusqu'à nous, qu'avant de partir de Lyon pour Paris, on croyait devoir faire son testament. Rien ne ressemblait moins en effet à nos routes royales que les chemins qui étaient alors décorés de ce nom. Livrés à l'insouciance des habitants des pays qu'ils traversaient et aux dégradations égoïstes des voyageurs, ils n'étaient souvent ni plus larges ni plus commodes que certains chemins de petite vicinalité qui, de nos jours, sont abandonnés à l'avare parcimonie des conseils municipaux. La plupart n'étaient point pavés, et les ornières et la boue les rendaient presque impraticables dans la mauvaise saison ; les rivières se passaient à gué d'ordinaire malgré les inondations ; on traversait les fleuves dans des bacs, qui ne présentaient pas toujours la sécurité convenable ; enfin, les auberges étaient rares et mauvaises, et les grappes de pendus qu'on rencontrait à chaque pas sur le bord de la route étaient d'énergiques avertissements des attaques auxquelles on devait s'attendre d'un moment à l'autre. On comprend, d'après ce rapide aperçu, qu'il n'y avait réellement ni faiblesse ni pol-

1. *La Transformation des moyens de transport et ses conséquences économiques et sociales*, par M. Alfred de Foville (Paris, 1880, p. 25).

2. Le *Cadet de Normandie* a été publié pour la première fois, en feuilleton, dans le journal *le Siècle* (numéro du 3 août 1842 et numéros suivants).

tronnerie à nos pères de mettre ordre à leurs affaires avant d'entreprendre une excursion de cent lieues, à travers tant de hasards et de dangers.

A cette époque, la manière la plus ordinaire de voyager était de s'encaisser dans d'immenses coches qui allaient d'une ville à l'autre avec une vitesse d'un quart de lieue à l'heure, dont nos confortables diligences ne pourraient nous donner une idée. Quant à ceux qui n'avaient ni le loisir ni la volonté de s'emprisonner dans ces pesantes machines, souvent pour quinze jours si la distance à parcourir était considérable, ils n'avaient d'autre parti à prendre que de voyager dans une chaise de poste au risque de verser à chaque pas dans les fondrières, ou d'aller à cheval en changeant de monture à chaque relais comme font les estafettes modernes. C'était ce dernier mode de transport qu'avaient adopté les gentilshommes, et s'il était plus expéditif que les autres, il faut avouer qu'il n'était pas moins dangereux et qu'il était surtout plus fatigant. La mauvaise qualité des chevaux qu'on employait à ce service, et l'isolement dans lequel se trouvait le voyageur, exposé ainsi seul aux entreprises des malfaiteurs qui infestaient la voie publique, étaient sans doute des inconvénients graves; mais comme après tout ces courses à cheval fournissaient le moyen le plus sûr d'arriver promptement à destination, les gens de qualité qui n'avaient à leur suite ni femme ni enfants préféraient à toutes les autres cette manière de voyager, qui, du reste, était consacrée par la mode, aussi puissante au dix-septième siècle qu'au temps où nous vivons, pour ne pas dire plus.

C'était donc ce genre de transport qu'avaient choisi, conformément à l'usage, deux personnages dont la tournure et le costume désignaient des gentilshommes et qui, un jour de juillet 1651, vers les deux heures de l'après-midi, se dirigeaient au grand galop de leurs chevaux vers la maison de poste d'un petit village situé seulement à quelques lieues de Paris. Cette maison, bâtie sur le bord de la route de Normandie, était une affreuse bicoque qui semblait consister seulement en une vaste écurie, tant la partie du bâtiment réservée aux créatures humaines était mesquine et misérable. Une forte odeur de foin et d'autres émanations aussi caractéristiques faisaient reconnaître sa présence à plus de cinquante pas à la ronde, et pour comprendre sa destination il n'était pas nécessaire de voir une vieille enseigne suspendue au-dessus de la porte principale et sur laquelle, à côté de l'écusson aux armes de France, on lisait cette inscription à demi effacée : *Maistres tenant les relais courans pour le service du Roi*[1].

Devant cette porte, assis sur un billot de bois, était un homme de quarante ans environ, vêtu à peu près comme les postillons actuels, en grandes bottes, en bonnet fourré et portant sur la poitrine l'écusson particulier de la poste royale; mais ce qui donnait à toute sa personne un air d'étrangeté passablement ridicule, c'était une poignée de paille relevée en forme d'aigrette sur son bonnet. Ce bizarre ornement, qui, eu égard à la profession de celui qui le portait, faisait naître l'idée d'une mauvaise plaisanterie, était alors le signe de ralliement des frondeurs. Aussi ce personnage, qui, malgré la condition inférieure que semblait attester son costume, se permettait d'afficher ainsi ouvertement ses opinions politiques, n'était rien moins que le *maître de poste lui-même*, car alors ces modestes fonctionnaires conduisaient le plus souvent en personne les courriers et les voyageurs qu'ils étaient chargés de faire parvenir au relais suivant.

1. Il paraît y avoir là une inexactitude. Cette inscription devait être libellée ainsi qu'il suit : *Maistre tenant les chevaux courans pour le service du Roi.*

### LE PRÉSIDENT CLAUDE LE PELLETIER, SURINTENDANT GÉNÉRAL (1691).

A la mort de Louvois, Louis XIV confia la direction du service des postes au président Claude Le Pelletier qui occupa ces fonctions de 1691 à 1697.

Le Pelletier, qui avait été nommé successivement président au Parlement, puis prévôt des marchands de Paris, s'était fait remarquer par la manière dont il s'était acquitté de ces difficiles fonctions.

En 1683, il avait remplacé Colbert à la tête de l'administration des finances, mais pénétré lui-même de son insuffisance, il s'était démis de son poste en 1689. Il n'en était pas moins resté ministre d'État et membre du conseil du Roi.

Ce choix de Louis XIV ne fut pas heureux. Il fallait une main ferme et énergique pour maintenir les postes dans la situation florissante où les avait laissées Louvois. Or le président Le Pelletier, honnête homme cependant, manquait totalement d'énergie et d'initiative. Aussi ne réussit-il pas mieux à la surintendance des postes qu'à l'administration des finances.

### ÉDIT DE JANVIER 1692. — TRANSFORMATION EN SIMPLE COMMISSION DE LA CHARGE DE SURINTENDANT GÉNÉRAL.

La charge de surintendant général avait été jusqu'alors essentiellement lucrative, mais dès la mort de Louvois, Louis XIV s'empressa de réunir les postes au domaine de l'État qui en percevrait désormais es bénéfices.

C'est ce que prescrivit l'édit du mois de janvier 1692, qui supprima les privilèges attachés à la charge de surintendant général et transforma cette charge en simple commission. Le même édit supprima également par voie d'extinction et transforma aussi en simples commissions les charges de contrôleurs des postes, des cinq postes de cour et des maîtres de poste.

### DÉCLARATION ROYALE DU 2 AVRIL 1692. — RÉTABLISSEMENT DU PRIVILÈGE DES MAÎTRES DE POSTE.

Une déclaration du 2 avril 1692, enregistrée au Parlement le 16 du même mois, rétablit les maîtres de poste dans tous leurs privilèges et leur permit d'en disposer en faveur de membres de leurs familles. Toutefois le Roi se réservait, en cas de vacance de ces charges soit par suite de mort ou pour toute autre cause, d'y pourvoir directement.

ORDONNANCE DU 16 NOVEMBRE 1693. — AUGMENTATION DU TARIF DES CHEVAUX DE POSTE.

L'année suivante, le Roi, voulant, en raison du prix excessif des fourrages, fournir aux maîtres de poste les moyens de subsister et d'entretenir le nombre de chevaux nécessaire pour son service et la commodité du public, fixa ainsi qu'il suit le prix des chevaux de poste :

Pour un cheval de selle, 25 sols ; pour un cheval de brancard attelé à une chaise roulante, 35 sols par poste. Toutefois, les onze chevaucheurs de l'écurie et courriers de cabinet payeraient seulement, pour chaque cheval de selle, 15 sols.

Nous donnons ici, à titre de renseignement, le nom de ces onze chevaucheurs d'après l'état joint à l'ordonnance du 11 novembre 1693 :

*Chevaucheurs à la suite de Sa Majesté.*

Nicolas Dulaurens ;
Pierre Brassetard, dit Brilieu ;
Claude Guichon ;
Nicolas Langlois ;
Jean Philippoteaux.

*Chevaucheur à la suite du grand écuyer.*

Nicolas Barré.

*Chevaucheurs à la suite des secrétaires d'État.*

Jean Bedet, à la suite de M. de Barbézieux ;
Silvain Parvau, à la suite de M. de Pontchartrain ;
Pécoul, à la suite de M. de Châteauneuf ;
Grégoire Raisin, à la suite de M. de Croissy.

*Chevaucheur à la suite du contrôleur général des finances.*

Duchesne (François-Denis).

ARRÊT DU CONSEIL DU 22 DÉCEMBRE 1693 INTERDISANT AUX MAÎTRES DE POSTE DE CESSER LEUR SERVICE.

En dépit de l'ordonnance du 16 novembre 1693, un certain nombre de maîtres de poste, alléguant la cherté des avoines, manifestèrent l'intention d'abandonner leur service.

Dans la crainte que le désordre ne vînt à se généraliser, le conseil du Roi rendit, le 22 décembre suivant, un arrêt enjoignant aux maîtres de poste qui se trouvaient momentanément démontés, de se pourvoir sans délai des chevaux nécessaires « à quoi faire, disait l'arrêt, ils seront contrains par toutes voyes dues et raisonnables, et sous peine de répondre en leur propre et privé nom du retardement du service de Sa Majesté et des dommages et intérêts des courriers ».

Quant aux postes vacantes, elles devaient être réparties entre les maîtres des postes les plus rapprochés.

### BOÎTES AUX LETTRES DANS PARIS EN 1692.

En dehors des actes que nous venons d'enregistrer, nous ne voyons guère à signaler que l'augmentation du nombre des boîtes aux lettres dans Paris, en 1692.

Cette amélioration fut annoncée en ces termes, à la population parisienne :

Il y a présentement six boîtes où l'on va tous les jours lever les lettres précisément à midi, et à 8 heures du soir en hiver, et en été à 9 heures, si exactement que les dites heures du soir passées, les lettres survenues demeureront pour les ordinaires suivants, savoir :

Une, en la rue Saint-Jacques au coin de la rue du Plâtre, vis-à-vis la vieille poste ;

Une, au milieu de la place Maubert, vis-à-vis la fontaine ;

Une, au faubourg Saint-Germain, au coin du jeu de paume de Metz ;

Une, rue Saint-Honoré près les Quinze-Vingts, vis-à-vis la rue Saint-Nicaise ;

Une, rue Saint-Martin, au coin de la rue aux Ours ;

Une, rue Saint-Antoine, vis-à-vis l'Ours, devant la rue G. Lasnier, au petit Louvre couronné.

### COMMUNICATIONS DE PARIS AVEC LES PAYS ÉTRANGERS EN 1692.

Il existait aussi des courriers entre Paris et l'étranger. Bien que l'on confiât des correspondances aux conducteurs, ces courriers avaient été surtout établis en vue du service des voyageurs.

Nous trouvons dans la *Poste anecdotique et pittoresque,* de M. Pierre Zaccone, des détails intéressants sur la marche de ces courriers.

Le courrier pour Londres, dit M. Pierre Zaccone, après avoir été longtemps hebdomadaire partit de Paris deux fois par semaine à dater de 1692. Le bureau d'où il était expédié se trouvait rue aux Ours, et les départs avaient lieu les mercredis et samedis.

Le courrier pour Rome partait du bureau principal situé rue Saint-Jacques, le vendredi de chaque semaine. Ce courrier, après avoir desservi la Savoie et les États de l'Italie, correspondait, dit-on, avec Naples, Malte et Constantinople.

Le mardi, partait du même bureau l'ordinaire de Genève, qui entretenait des ramifications avec la Suisse, la Valteline, le pays des Grisons et les États de Venise.

### LE MARQUIS DE POMPONNE, SURINTENDANT GÉNÉRAL (1697-1699).

Le président Le Pelletier fut remplacé en 1697 par le marquis Simon Arnauld de Pomponne, neveu du grand Arnauld, qui avait occupé avec distinction les fonctions d'intendant à Casal, en 1642, de conseiller d'État en 1644, d'intendant général des armées de Naples et de Catalogne, d'ambassadeur à Stockholm en 1666, puis à la Haye en 1669, et enfin celles de ministre secrétaire d'État des affaires étrangères, au moment de la mort de Lionne. Disgrâcié à l'instigation de Colbert et de Louvois en 1679, il était rentré au ministère des affaires étrangères à la mort de ce dernier en 1691.

Pomponne était un homme d'État des plus habiles, ferme, plein d'adresse et d'une loyauté qu'il puisait, dit-on, dans la piété la plus sincère. « C'était, dit Saint-Simon, un homme qui excelloit surtout par un sens droit, juste, exquis, qui pesoit tout et fesoit tout avec maturité, mais sans lenteur; d'une modestie, d'une modération, d'une simplicité de mœurs admirables et de la plus solide et la plus éclairée piété[1]. »

Nul doute qu'un homme de si haute valeur n'eût réalisé dans le service des postes d'importantes améliorations; il n'en eût pas le temps. Il mourut peu de temps après, en 1699.

## LETTRES PATENTES DU 28 SEPTEMBRE 1699 NOMMANT COLBERT, MARQUIS DE TORCY, SURINTENDANT GÉNÉRAL.

Jean-Baptiste Colbert, marquis de Torcy, gendre du marquis de Pomponne, le remplaça, en 1699, comme secrétaire d'État des affaires étrangères et comme surintendant général des postes.

Neveu de Colbert, il avait été préparé à la diplomatie par de nombreux voyages dans les pays et les cours de l'Europe et avait contribué, par son habileté, à l'heureuse conclusion du traité d'Utrecht.

« Il joignit, dit Voltaire, la dextérité à la probité et ne donna jamais de promesse qu'il ne tint. »

On a de lui des mémoires précieux pour l'histoire et comprenant la période du traité de Ryswick au traité d'Utrecht.

Le fait suivant rapporté par Duclos donnera une idée du caractère du marquis de Torcy :

Louis XIV refusa de donner audience à lord Stairs, ambassadeur d'Angleterre, et le renvoya pour les affaires au marquis de Torcy;

Croyant pouvoir abuser du caractère doux et poli du ministre, il s'échappa un jour devant lui en propos sur le roi. Torcy lui dit froidement : « *Monsieur l'ambassadeur, tant que vos insolences n'ont regardé que moi, je les ai passées pour le bien de la paix; mais si jamais en me parlant vous vous écartez du respect qui est dû au Roi, je vous ferai jeter par les fenêtres.* » Stairs se tut, et de ce moment fut plus réservé[2].

1. SAINT-SIMON, dans ses *Mémoires*.
2. DUCLOS.

Nous donnons ci-après le texte des lettres patentes par lesquelles le marquis de Torcy fut appelé à la surintendance des postes :

Louis par la grâce de Dieu, roi de France et de Navarre à notre amé et féal conseiller en tous nos conseils, le sieur Colbert, marquis de Torcy, secrétaire d'État et de nos commandemens, commandeur et grand trésorier de nos ordres, salut. Etant nécessaire de commettre à l'exercice de l'office de surintendant des postes dont nous avions donné le soin au feu sieur Arnault de Pompone, nous avons fait choix de vous, dont la fidélité nous est particulièrement connue pour remplir la même commission. A ces causes, nous vous avons commis et commettons par ces présentes signées de notre main, en qualité de surintendant général des postes et relais de notre royaume, être toujours près de notre personne, pour y recevoir les ordres que nous jugerons à propos de vous donner, concernant les postes et relais et faire exécuter les règlemens touchant notre service et celuy du public; nous proposer en cas de vacance des places de maistres des postes, ceux qui seront plus capables de les remplir, pour leur être expédié et délivré sans frais nos commissions conformément à l'édit du mois de janvier 1692. Arrêter les états pour la distribution des gages aux maistres des postes, ou à ceux qui en auront fait le service, lesquels ne pourront être payez desdits gages, qu'en vertu des certifications de leurs services, que vous mettrez au bas desdits états. De ce faire vous donnons pouvoir, commission et mandement spécial par cesdites présentes, et ce tant qu'il vous plaira. Voulons que les controlleurs des postes, les postes de cour, les courriers et les chevaucheurs de nos écuries, maistres des postes, et autres qu'il appartiendra, vous reconnaissent, obéissent et entendent ès choses que vous leur ordonnerez, concernant les postes, relais et fonctions de leurs charges. Si mandons à nos amez et féaux conseillers, les gens tenans notre chambre des Comptes à Paris, que ces présentes ils ayent à faire enregistrer, pour être exécutées selon leur forme et teneur. Car tel est notre plaisir. Donné à Fontainebleau, le vingt-huitième jour du mois de septembre, l'an de grâce mil six cens quatre-vingt dix-neuf et de notre règne le cinquante septième. Signé : Louis — Et plus bas : Par le Roy, Phelypeaux. — Et scellés du grand sceau de cire jaune.

Le Parlement enregistra ces lettres patentes le 13 octobre 1699, ainsi que la nomination en qualité de directeur général des bâtiments, du duc d'Antin qui succédait à Mansard. Toutefois, l'enregistrement de ces décisions royales souffrit beaucoup de difficultés parce que l'édit de suppression portait que ces charges dont les gages atteignaient 50 000 francs ne pouvaient pas être rétablies.

De Torcy, secondé par l'habile contrôleur général Pajot, s'attacha à améliorer le service et à y introduire un certain nombre de réformes importantes.

### ARRÊT DU CONSEIL DU 13 AVRIL 1701 ET ORDONNANCE DU 28 MAI 1701. EXEMPTION DU LOGEMENT DES TROUPES EN FAVEUR DES MAÎTRES DE POSTE.

Malgré les ordonnances des 26 novembre 1691 et 10 décembre 1693, les maires et échevins de quelques villes avaient expédié des billets de logement de gens de guerre chez les maîtres de poste.

L'arrêt du 13 avril 1701 et l'ordonnance du 28 mai suivant interdirent, en conséquence, « aux maires et échevins, capitouls, jurats, consuls et autres préposez pour prendre soin desdits logements de troupes, de délivrer aucuns billets et bulletins, pour en faire loger dans les maisons des controlleurs, maistres des postes, commis et courriers ordinaires, comme aussi de les comprendre dans aucunes taxes faites ou à faire pour la subsistance, ustensile et autres fournitures pour lesdits gens de guerre, ni pour aucunes charges publiques, ni même de leur faire faire aucun guet et garde ».

### TRAITÉ ENTRE LA FRANCE ET L'ESPAGNE (24 SEPTEMBRE 1701).

Lorsqu'en l'année 1700, le duc d'Anjou, petit-fils de Louis XIV, monta sur le trône d'Espagne sous le nom de Philippe V, les communications n'avaient lieu que tous les *quinze jours* entre Paris et Madrid, au moyen des courriers d'Espagne en Flandre et de Flandre en Espagne.

Dès l'avènement du nouveau Roi, les deux offices furent invités à remédier promptement à une situation aussi fâcheuse, et à augmenter le nombre des ordinaires entre les deux pays.

C'est ainsi qu'un nouveau traité franco-espagnol fut conclu le 24 septembre 1701.

En vertu de ce traité et indépendamment du courrier d'Espagne en Flandre qui partait tous les quinze jours, il fut établi un nouveau courrier d'Espagne en France et un autre de France en Espagne. Les courriers français et espagnols échangeaient leurs dépêches à Oyarsun près Irun.

La marche des courriers espagnols était réglée de la manière suivante:

Départ d'Oyarsun le lundi à 2 heures du soir.
Arrivée à Madrid le vendredi suivant à la même heure.
Départ de Madrid le samedi à midi.
Arrivée à Oyarsun le mercredi suivant même heure.

Le trajet entre Madrid et Oyarsun exigeait donc 96 heures.

Les événements politiques ne permirent malheureusement pas de conserver longtemps le bénéfice de cette amélioration.

### ARRÊT DU CONSEIL DU 18 OCTOBRE 1701 RÉGLANT LE PAIEMENT DES PORTS DE LETTRES DES COMMUNAUTÉS DE BRETAGNE POUR LES AFFAIRES DU ROI.

Au mois de septembre de la même année, à l'occasion de la tenue des États de Bretagne à Nantes, les commissaires délégués du Roi procédèrent à l'examen des comptes des deniers communs et octrois des villes et communautés de cette province, qui leur furent présentés par les receveurs conformément aux arrêts du conseil de l'année 1681 portant règlement pour l'acquittement des charges ordinaires et dettes de chaque communauté.

Cette vérification donna lieu de constater que les receveurs portaient en dépense dans leurs comptes et se faisaient rembourser ensuite, par la chambre des comptes, des sommes considérables pour le port des lettres et paquets adressés aux maires, échevins, syndics, procureurs syndics et receveurs des communautés ou leurs délégués par les commandants et autres autorités de la province;

Qu'en outre, la plupart des maires, échevins et syndics inscrivaient également sur leurs états de menues dépenses, et se faisaient rembourser ensuite le montant des ports de lettres et paquets qui leur étaient adressés.

Pour mettre fin à cet abus préjudiciable à l'intérêt des communautés, les commissaires royaux proposèrent au Roi les mesures suivantes :

1° Fixer la somme annuelle que chaque receveur des communautés pourrait à l'avenir inscrire sur ses comptes pour port desdites lettres et paquets;

2° Ordonner qu'à partir du 1er janvier 1701, les directeurs et fermiers des postes recevraient chaque année des mains des receveurs communaux et d'octrois une somme fixée d'avance pour chaque ville de la province de Bretagne conformément au tableau suivant :

| | | | | | |
|---|---|---|---|---|---|
| Rennes | 75 | livres. | Hédé | 10 | livres. |
| Nantes | 75 | — | Ploermel | 20 | — |
| Vannes | 60 | — | Lannion | 20 | — |
| Quimper | 50 | — | Guingamp | 20 | — |
| Saint-Malo | 70 | — | Lamballe | 10 | — |
| Saint-Brieu | 40 | — | Malestroit | 10 | — |
| Dol | 10 | — | Pontivy | 30 | — |
| Tréguier | 20 | — | Landerneau | 30 | — |
| Saint-Paul de Léon | 20 | — | Josselin | 10 | — |
| Dinan | 20 | — | Vitré | 25 | — |
| Fougères | 20 | — | Quintin | 10 | — |
| Morlaix | 75 | — | Ancenis | 10 | — |
| Hennebont | 45 | — | Montfort | 10 | — |
| Auray | 45 | — | Montcontour | 10 | — |
| Le Croisic | 15 | — | Rhuis | 5 | — |
| Guérande | 15 | — | La Guerche | 5 | — |
| Quimperlé | 20 | — | Rhedon | 20 | — |
| Lesneven | 20 | — | La Roche-Bernard | 10 | — |
| Concarneaux | 10 | — | Chateaubriand | 10 | — |
| Carhaix | 25 | — | Brest | 75 | — |

Toutes les lettres et paquets adressés aux maires, échevins, syndics et receveurs d'octrois par les commandants, premier président et commissaire, contresignés par chacun de ces fonctionnaires et revêtus du cachet de leurs armes seraient rendus francs de port.

Les receveurs verseraient entre les mains des directeurs et fermiers des postes les sommes pour lesquelles chacune des villes ou communautés était inscrite dans la répartition ci-dessus, retireraient quittance de ce versement et en passeraient écriture dans leurs comptes.

Ces propositions furent approuvées par un arrêt du conseil daté de Fontainebleau, le 18 octobre 1701, qui « fit deffenses aux receveurs des octrois des dites villes et communautez, de faire depense dans leurs dits comptes, sous quelque prétexte que ce soit, d'autres sommes pour les dits ports de lettres et paquets, que celles portées par le dit estat, à peine de radiation et de cinquante livres d'amende ».

ARRÊT DU CONSEIL D'ÉTAT QUI SUPPRIME LE DROIT D'AFFRANCHISSEMENT DES LETTRES ET PAQUETS DE LETTRES DE BAYONNE A BORDEAUX ET DES AUTRES VILLES ET LIEUX DU ROYAUME QUI SONT ASSUJETTIS AUDIT DROIT D'AFFRANCHISSEMENT (25 OCTOBRE 1701).

Les députés du commerce présentèrent, en 1701, une requête au Conseil d'État pour demander la revision du tarif de 1676, en raison de certaines anomalies existant dans la réciprocité des taxes.

A l'époque où ce tarif fut mis en vigueur, les messagers qui existaient sur plusieurs routes, étaient autorisés à effectuer le transport des lettres et en percevaient le port, d'après la distance qu'ils parcouraient.

Les lettres de Paris pour Bayonne, par exemple, étaient soumises à une taxe de 5 sous pour le trajet de Paris à Bordeaux; de son côté, le messager de Bordeaux à Bayonne percevait 3 sous, ce qui représentait une taxe totale de 8 sous.

Au retour, il n'était fait à Bordeaux aucun remboursement au messager de Bayonne pour les lettres qu'il apportait de cette ville et qui devaient transiter par Bordeaux : aussi, pour ne pas perdre ses droits, le messager exigeait-il que ces lettres fussent affranchies à Bayonne, au prix de 3 sous jusqu'à Bordeaux.

Plus tard, lorsque le service des messagers eut été remplacé par celui des courriers ordinaires, la taxe de Paris à Bayonne fut portée à 8 sous, mais au retour, l'affranchissement supplémentaire primitivement exigé par les messagers pour le parcours de Bayonne à Bordeaux n'en fut pas moins perçu.

Le motif allégué pour le maintien de cette anomalie était tiré de l'impossibilité de rien changer aux usages établis avec les offices étrangers qui, d'après les traités existants, ne remboursaient les lettres de Bayonne que sur le pied de la taxe de Bordeaux.

Cependant l'injustice de la mesure souleva des protestations générales.

Les commerçants de Bayonne se plaignirent d'être moins bien traités que leurs correspondants de Paris puisqu'ils devaient payer 8 sous pour les lettres venant de Paris et verser en outre 3 sous pour leurs réponses, tandis que les commerçants de Paris payaient simplement 5 sous.

Un certain nombre de villes qui se trouvaient dans le même cas se plaignirent aussi.

On sentit la justice de ces plaintes et, pour y faire droit, un arrêt du conseil rendu le 25 octobre 1701, sur l'avis de Jean Coulombier, fermier général, ordonna que l'affranchissement forcé de Bayonne à Bordeaux et des villes de France assujetties au même affranchissement pour d'autres villes de France n'aurait plus lieu à l'avenir et que les lettres et paquets qui y étaient sujets seraient taxés conformément au tarif de 1676 augmenté de ce droit d'affranchissement, mais qu'il ne serait rien changé à la nécessité d'affranchir pour les pays étrangers, selon le cas et dans les villes où cet usage était pratiqué.

L'égalité se trouva ainsi rétablie, mais malgré cette amélioration de détail, le tarif de 1676 ne tarda pas à être abandonné.

Avant d'aborder l'étude de cette réforme, nous mentionnerons diverses décisions royales intéressant les maîtres de poste, que nous nous bornerons à énumérer :

Arrêt du conseil du 6 février 1702 confirmant l'exemption de taille des maîtres de poste, rendu en faveur de Pierre Du Val, directeur des postes de Magny.

Arrêt du conseil du 11 mai 1702, dispensant les maitres de poste de payer la taxe d'enregistrement de leurs privilèges.

Arrêt du conseil du 4 octobre 1703, déchargeant les maîtres de poste de tous droits d'enregistrement de leurs brevets.

DÉCLARATION ROYALE DU 8 DÉCEMBRE 1703 ÉTABLISSANT UN NOUVEAU TARIF POUR LE PORT DES LETTRES. — SITUATION DE LA FRANCE A CE MOMENT.

La guerre de la ligue d'Augsbourg, qui s'était terminée par le traité de Ryswick (1698), avait épuisé la France.

« Près de la dixième partie du peuple, écrivait Vauban, est réduite à mendier; des neuf autres parties, cinq ne diffèrent guère de celle-là ;

trois sont fort malaisées ; la dixième ne compte pas plus de cent mille familles, dont il n'y a pas dix mille fort à leur aise [1]. »

Le contrôleur général des finances, Ponchartrain, était bien parvenu à rembourser les emprunts faits à des conditions onéreuses pendant la guerre ; mais, depuis la mort de Colbert, les charges publiques s'étaient accrues de 20 millions par an, tandis que les ressources avaient fort baissé. La dette publique de la France était d'environ 1 milliard, 7 à 8 milliards d'aujourd'hui, presque le double de ce qu'étaient alors les dettes de l'Angleterre et de la Hollande réunies.

On dut recourir aux expédients pour suppléer à l'insuffisance des impôts ordinaires.

Ce fut sur ces entrefaites qu'éclata, en 1700, la guerre de la *succession d'Espagne* pendant laquelle Louis XIV eut à lutter contre la coalition de la Hollande, de l'Angleterre et de l'Autriche.

Il fallait donc à tout prix se procurer de nouvelles ressources pour faire face aux dépenses de la guerre.

Louis XIV chercha à augmenter par une élévation de tarif les revenus qu'il retirait de la ferme des postes [2].

Telles sont les considérations d'ordre politique qui déterminèrent Louis XIV à modifier dans le sens d'une aggravation le tarif de 1676.

Dans ce tarif, il est vrai, les taxes n'avaient pas été exactement établies proportionnellement à la distance des lieux, et d'autre part, la taxe de l'once des paquets avait été calculée sur le pied de trois lettres simples, tandis qu'en réalité, le poids d'une once équivalait à six lettres.

Le nouveau tarif fut édicté par la déclaration royale du 8 décembre 1703 et appliqué à partir du 1er janvier 1704.

### POIDS.

On s'attacha à fixer la taxe suivant le poids en usage dans les villes où les bureaux étaient établis.

### PRINCIPE DE LA TAXE.

La distance des lieux fut calculée d'après le nombre de postes réellement parcourues et les routes suivies par les courriers ; la taxe fut établie d'après ce principe, que les frais d'exploitation augmentent

1. *Histoire de France*, par Henri Martin.

2. Le prix du bail avait été de 1 800 000 livres en 1683.
— — 1 400 000 — 1688.
— — 820 000 — 1695.

proportionnellement au plus ou moins d'éloignement existant entre le point de départ et le point d'arrivée.

Le nouveau tarif doubla le nombre des zônes et fut fixé ainsi qu'il suit:

| | | |
|---|---|---|
| Au-dessous de 20 lieues | . . . . . . . . . . . . . . . . | 3 sous |
| de 20 à 40 | — . . . . . . . . . . . . . . . | 4 — |
| — 40 à 60 | — . . . . . . . . . . . . . . . | 5 — |
| — 60 à 80 | — . . . . . . . . . . . . . . . | 6 — |
| — 80 à 100 | — . . . . . . . . . . . . . . . | 7 — |
| — 100 à 120 | — . . . . . . . . . . . . . . . | 8 — |
| — 120 à 150 | — . . . . . . . . . . . . . . . | 9 — |
| — 150 à 200 | — . . . . . . . . . . . . . . . | 10 — |

On espérait produire ainsi un forcement immédiat de recettes et, par suite, obtenir une augmentation plus forte dans le prochain bail.

Pour faire cesser les difficultés résultant de la perception des sommes à rembourser par les postes étrangères, le tarif de 1703 rendit obligatoire l'affranchissement jusqu'à la frontière, des correspondances pour les pays étrangers, sauf pour quelques villes d'Italie où il existait alors des bureaux français.

FRANCHISES.

Les dépêches concernant le service du Roi et adressées au chancelier, aux secrétaires d'État, au contrôleur général, aux directeurs et aux intendants des finances étaient seules admises à circuler en franchise.

COURRIERS.

Il était interdit aux courriers de transporter des lettres ou paquets en dehors de ceux qu'ils recevraient des mains des fermiers, directeurs ou commis.

ARTICLES D'ARGENT ET VALEURS COTÉES.

Le droit à percevoir sur les articles d'argent et les valeurs cotées, qui n'avait pas été réglé jusque-là sur une base fixe, fut uniformément porté à un sou par livre ou cinq pour cent sur toutes sommes.

ÉDIT DE FÉVRIER 1705. — CRÉATION D'OFFICES HÉRÉDITAIRES DE COURTIERS, FACTEURS ET COMMISSIONNAIRES DES ROULIERS, MULETIERS ET AUTRES VOITURIERS.

Des contestations s'étaient fréquemment élevées entre les messagers et maîtres des coches et carrosses, et les rouliers et autres voituriers.

Les messagers et maîtres de coches cherchaient, par tous les moyens, à empêcher les rouliers et autres d'effectuer leur trajet et de transporter des marchandises.

Pour mettre un terme à ces difficultés, le Roi, par un édit du mois de février 1705, créa dans toutes les villes et lieux du royaume où besoin serait, des offices héréditaires de courtiers, facteurs et commissionnaires des rouliers, muletiers et autres voituriers par terre.

Ces courtiers furent autorisés à ouvrir des bureaux pour y tenir registre de l'arrivée et du départ des rouliers, muletiers et autres voituriers par terre, ainsi que des marchandises qui leur seraient confiées.

ARRÊT DU CONSEIL DU 27 AOUT 1706. — PRIVILÈGES D'UN MAÎTRE DE POSTE. — NOMINATION DES MAÎTRES DE POSTE PUBLIÉE AU PRÔNE DE LA PAROISSE.

Nous relevons incidemment une particularité singulière dans un arrêt du conseil en date du 27 août 1706, rendu en faveur d'un nommé Jacques Bullerot, directeur du bureau de poste de Louvre-en-Parisis, contre les collecteurs de cette ville qui avaient réclamé au dit Bullerot le paiement d'une somme de 32 livres 10 sols, pour la taxe dite de l'ustencile.

Cet arrêt nous apprend que les directeurs de poste étaient tenus de faire annoncer leur nomination au prône pendant trois dimanches consécutifs.

Contenant *qu'encore qu'il ait fait connaître aux habitants de la paroisse de Louvre par trois publications faites au prône de ladite paroisse, qu'il est pourvu de la commission des postes audit lieu,* laquelle il exerce publiquement et actuellement, et qu'un des principaux privilèges y attachez soit l'exemption de l'ustencile suivant qu'il a été jugé par plusieurs arrêts du conseil...

ÉDIT D'AVRIL 1707 ALIÉNANT AU CLERGÉ DE FRANCE LE FONDS DE LA FERME GÉNÉRALE DES POSTES JUSQU'A CONCURRENCE DE 30 MILLIONS DE LIVRES.

En l'année 1707, les dépenses de la guerre augmentaient de plus en plus.

Vauban venait de mourir après avoir vainement tenté de faire accepter par le Roi le projet de réforme financière qu'il avait publié sous le titre de la *Dîme royale*. On se vit obligé de recourir à des remèdes empiriques. Le nouveau ministre des finances, Desmaretz, qui venait de succéder à Chamillard, épouvanté du déficit, réussit à créer de nouvelles ressources pour faire subsister les armées.

Comme en 1703, le produit de la poste fut affecté à cet objet.

Par un édit signé à Versailles au mois d'avril 1707, Louis XIV aliéna au clergé de France le fonds de la ferme générale des postes jusqu'à concurrence de 30 millions de livres faisant le principal de 1500 000 livres de rente sur le pied du denier 22.

C'était là une opération financière désastreuse pour l'État, mais on en était réduit aux derniers expédients, puisqu'on avait dépensé par avance la plus grande partie du revenu de 1708 !

### DÉSORDRES EXISTANT DANS LE SERVICE DES POSTES PENDANT LES DERNIÈRES ANNÉES DU RÈGNE DE LOUIS XIV.

Pendant les dernières années du règne de Louis XIV, nous voyons certains désordres se glisser dans le service des postes.

C'est ainsi que, le 14 décembre 1708, le carrosse de Bourges à Paris, porteur de sommes importantes, est dévalisé près de Toury en Beauce.

Le 6 mai 1709, entre 9 et 10 heures du matin, le carrosse de Bordeaux à Paris est arrêté et pillé en Touraine, entre le bourg de la Selle et celui de Mantelan.

Le 26 août 1709, à 5 heures et demie du soir, c'est la voiture des messageries d'Angoulême qui est arrêtée près de la Garenne de Bajers. Le conducteur et un valet sont assassinés.

Une sentence rendue le 6 juin 1710 par le prévôt de Paris déclara les entrepreneurs des carrosses non responsables des sommes volées.

Le 11 décembre 1710, Desmaretz, ministre des finances, transmet à M. Pajot [1], directeur (*sic*), des postes à Paris, l'extrait d'une lettre signalant que le courrier a été volé, que les vols deviennent fréquents entre Saint-Esprit et Pierrelatte et que les voleurs se retirent dans le Comtat. L'auteur de la plainte, M. de Basuille, ajoute :

> La source de tous ces désordres vient de ce que les lettres ne se portent plus par les maistres de postes, mais par des gens qu'on appelle entrepreneurs des relais qui portent les males, et en même tems de l'agent et des billets de monoye. Il est certain que quand un petit garçon de cette sorte sera chargé d'une male ou l'on scaura qu'il y aura dedans l'argent ou des billets de monoye, il sera toujours volé ; je crois que c'est ce qu'il faudroit empêcher, j'en ay écrit fortement à M. de Torcy.

Voici maintenant la lettre de M. Desmaretz à M. Pajot :

A Paris, le 10 décembre 1710.

Je vous envoye, monsieur, l'extrait d'une lettre de M. de Bassuille au sujet du dernier courrier qui a esté volé, l'inconvénient est très considérable par le retardement que les afaires qui regardent le service du Roy en reçoivent, il paroit abso-

1. M. Pajot était adjoint au surintendant général, M. de Torcy.

lument nécessaire d'établir un meilleur ordre pour le port des malles qui contiennent les lettres. Je vous prie de vous trouver demain chez moy, afin que je puisse vous en parler. Je suis, monsieur, tout à vous.

Signé : DESMARETZ[1].

Un commis qui avait été mis en état d'arrestation pour fait de destruction des correspondances, allègue pour sa défense, qu'il ne s'agissait que de lettres dont les destinataires n'avaient pu être trouvés et que, *comme on le fait en pareil cas*, il a détruit ces correspondances.

Des renseignements à cet égard sont demandés par lettre du 26 novembre 1711 au surintendant général, dont nous n'avons malheureusement pas retrouvé la réponse.

Le 3 février 1713, le courrier de Dijon à Auxerre est dévalisé entre Valguzon et Sainte-Seine.

Le 18 du même mois, des désordres d'une autre nature se produisent à Nevers où des cavaliers du régiment de Lenoncourt insultent publiquement la *maîtresse du bureau de poste* et maltraitent à coups de bâton deux personnes qui se trouvaient chez elle.

Le Roi fait blâmer les cavaliers et le commandant du régiment.

Pour terminer l'étude du règne de Louis XIV, il nous reste à dire quelques mots sur le *cabinet noir*.

### LE CABINET NOIR[2] SOUS LOUIS XIV.

Comme l'a très justement fait remarquer M. Maxime Du Camp[3], le cabinet noir « prit réellement naissance en même temps que l'administration des postes, car, ainsi qu'on l'a vu, Louis XI eut soin de spécifier que les courriers royaux ne transporteraient les lettres que si elles avaient été lues préalablement, et si elles ne contenaient rien qui pût porter préjudice à son gouvernement. C'est là l'origine de cette institution, qui, malgré le mal qu'elle s'est donné, l'argent qu'elle a coûté, n'a peut-être jamais fait avorter une conspiration, une émeute, une révolution ou une tentative d'assassinat politique. »

Après Louis XI, Richelieu ne dédaigna pas non plus ce que Beaumarchais a spirituellement appelé *l'art du ramollissement des cachets*.

Richelieu, d'après Tallemant des Réaux, s'était réservé l'ouverture de toutes les correspondances intéressant l'État, et Louis XIII n'en connaissait que ce que le cardinal voulait bien lui montrer; aussi, à la

1. L'original de cette lettre est classé à la bibliothèque du ministère des postes et des télégraphes.
2. Le cabinet noir a complètement disparu de nos mœurs et est passé aujourd'hui à l'état de souvenir historique.
3. *Revue des Deux Mondes*, numéro du 1er janvier 1867 : *l'Administration des Postes*, par M. MAXIME DU CAMP (de l'Académie française).

mort de son ministre, témoigna-t-il de la joie de recevoir les paquets lui-même [1].

« Les moyens les plus infâmes, dit M. Ernest Delamont [2], ne répugnaient pas à Richelieu pour en venir à ses fins et Tallemant raconte que lui et la reine-mère faisaient venir des gens supposés qui apportaient des lettres contre les plus grands de la cour.

Richelieu s'était attaché un jeune homme d'Alby, nommé Antoine Rossignol, qui, d'après Tallemant des Réaux, avait du talent pour déchiffrer les lettres [3], et en effet, il était d'une habileté telle que Bois-Robert lui dit dans une des épîtres qu'il lui a dédiées [4] :

Il n'est plus rien dessous les cieux
Qu'on puisse cacher à tes yeux.
..... Que ton art est important !
On gagne par lui des provinces.
Vraiment cet art est bien commode :
De grâce, apprends-moi ta méthode,
Et justifie en m'instruisant
Les temps passés et le présent,
Car ceux qu'on combat et met en fuite
Jurent qu'un diable est à ta suite
Et que d'invisibles laquais
D'enfer rapportent leurs paquets.

C'est le cardinal de Richelieu, lisons-nous dans le *Grand Dictionnaire universel du XIX^e^ siècle,* qui passe pour avoir donné le triste exemple du bris des cachets ; mais c'est sous Louis XIV que fut créé le cabinet noir par un ministre complaisant qui ne se fit aucun scrupule de violer le secret des lettres pour instruire son maître des motifs qui faisaient correspondre entre elles certaines personnes. Dans ce but, il n'avait trouvé rien de plus simple que de charger des employés spéciaux du soin de décacheter les lettres des particuliers, de prendre connaissance du contenu et de faire un extrait qu'on mettait sous les yeux du roi de France et de Navarre [5].

Le grand Colbert lui-même, malgré la droiture de son caractère, ne sut pas toujours résister au désir de profiter des renseignements que pouvaient contenir les correspondances confiées à la poste. Les exemples ne lui manquaient pas : alors que, secrétaire de Mazarin, il faisait, pour ainsi dire, l'apprentissage du pouvoir, il eut à maintes reprises à se plaindre des infidélités de la poste. Nous avons vu précédemment

1. *Historiettes de Tallemant des Réaux*, édition Monmerqué. Paris, 1861, t. III, p. 78.
2. *Notice historique sur la Poste aux lettres*, par M. Ernest Delamont. Bordeaux, 1871, p. 134.
3. *Historiettes de Tallemant des Réaux*, 2e vol., p. 184.
4. *Epistres du sieur Bois-Robert*, Paris, 1647, p. 151.
5. *Grand Dictionnaire universel du* XIXe *siècle*, par PIERRE LAROUSSE, t. III, p. 17, col. 4.

comment Fouquet avait pu avoir connaissance des lettres confidentielles adressées à son sujet par Colbert au premier ministre. A l'époque de la Fronde, on courait à qui mieux mieux sus aux dépêches : les indiscrétions étaient à redouter autant que les vols. Colbert n'ignorait pas cet état de choses et il le signalait sans cesse à l'attention de Mazarin en insistant sur la nécessité d'user, pour correspondre, du langage secret.

Voici deux lettres qu'il écrivait au cardinal en août et septembre 1651 :

Août 1651.

COLBERT A MAZARIN.

Il est bon que Vostre Eminence sçache que, mercredy dernier, un gentilhomme de M. le Prince, accompagné d'un commis de M. de Nouveau allèrent à Dorman prendre tous les paquets qui venoient de Sedan, Mézières, Mouzon, Charleville et Mont-Olympe, et les apportèrent à Paris, où ils furent ouverts, pour voir s'il n'y auroit point de lettres de Vostre Eminence et quoyque ledit sieur de Nouveau soit tout à fait dans les interests de M. le Coadjuteur et de madame de Chevreuse, il n'a pas laissé de faire en cela ce qu'a désiré M. le Prince, pour tascher de se le concilier et avoir son agrément pour sa promotion à la charge de mondit sieur Le Tellier, moyennant son argent, joint qu'il pourroit bien estre que M. le Prince et les Frondeurs fussent d'accord en tout ce qui peut nuire à Vostre Eminence.

Paris, 1er septembre 1651.

COLBERT A MAZARIN.

Nous avons eu hier et aujourd'huy grande appréhension que vos dépesches n'eussent esté volées par ordre de M. le Prince; et dans un temps comme celuy-cy, si cela se fust trouvé vray, il y alloit de la ruine de tous ceux à qui vous auriez écrit en clair, ou qui, par quelque manière que ce pust estre, auroient esté convaincus de recevoir de vos lettres. Et il n'auroit de rien servy d'alléguer vos affaires particulières, parce qu'ils prétendroient tirer des lumières plus importantes en persécutant ceux qui effectivement ne se meslent que de vos affaires. Ainsy, il est fort bon de se précautionner, ne m'écrivez plus, s'il vous plaist, par la voye de M. le comte de Brienne; vous le pouvez faire par celle de M. de Fabert [1] avec lequel j'auray correspondance, et faites chiffrer entièrement.

M. de Brienne m'avoit assuré ce matin que son seul paquet avoit esté pris sous la couverte d'un nommé Curtius, qui m'avoit donné l'alarme très chaude. Depuis, j'ay appris que le courrier a esté volé, et toutes ses dépesches rompues en pièces, par un party de nostre armée. Ainsi, il est nécessaire que vous envoyiez un duplicata de vos dépesches, au cas qu'il y eust quelque chose de conséquence.

Il fallait que la raison politique fût bien forte pour que Colbert, ayant expérimenté par lui-même les inconvénients du *cabinet noir*, n'en eût pas ordonné à tout jamais la suppression. Alors que, par droiture, il en condamnait l'existence, il était, malgré lui, amené à s'en servir. Aucun doute n'est possible à cet égard.

Par une lettre datée du 28 février 1659, Colbert conseillait à son

1. Abraham de Fabert, marquis d'Esternay, né à Metz en 1599, était l'ami de Mazarin. Gouverneur de Sedan, il devint maréchal de France en 1654, mort en 1662.

frère Charles, intendant d'Alsace, d'intercepter et de faire ouvrir quelques correspondances des jésuites d'Alsace pour connaître leurs sentiments sur l'administration française dans le pays. Vingt jours après, il donnait des ordres contraires :

> Je ne crois pas, écrivait-il à son frère, que vous deviez permettre davantage *que l'on ouvre les lettres ;* ce sont de petites curiosités qui embarrassent fort et qui ne sont pas de grande conséquence. La mauvaise conduite de toutes les personnes dont vous avez découvert quelque malice retournera contre eux ; et assurément, ils vous la feront connoistre en assez de rencontres, sans avoir recours à cet artifice. Pour moy, mon avis est qu'il faut se parer d'estre trompé, mais qu'il ne faut jamais tromper personne.
>
> Je communiqueray à Son Eminence tout ce que vous m'écrivez sur le sujet des jésuites.
>
> Signé : COLBERT [1].

Enfin, quelques années plus tard, Colbert écrivait de Versailles à M. Daguessau, intendant à Toulouse :

> Versailles, 12 juillet 1682.
>
> Le Roy m'ordonne de vous écrire sur une matière très importante et très considérable; sur laquelle Sa Majesté attend l'éclaircissement nécessaire de vos soins et de vostre application.
>
> Quelques gens mal intentionnés, qui sont hors du royaume, *ont écrit des lettres qui ont été interceptées*, par lesquelles on a connu clairement qu'ils avoient à Rome un commerce préjudiciable au service du Roy, qui passoit par leurs correspondans de Languedoc, et comme il y a plusieurs personnes nommées dans ces lettres, Sa Majesté désire que vous vous appliquiez à les découvrir, suivant le mémoire que vous trouverez cy-joint.
>
> COLBERT [2].

Les lettres de Mme de Sévigné révèlent les craintes légitimes que lui faisait éprouver le cabinet noir.

« Je supplie, écrivait-elle à Mme de Grignan le 18 novembre 1671, ceux qui se sont divertis à prendre vos lettres de finir ce jeu jusqu'à ce que vous soyez accouchée. On en veut aussi aux miennes ; j'en suis au désespoir; car vous savez qu'encore que je ne fasse pas grand cas de mes lettres, je veux pourtant toujours que ceux à qui je les écris les reçoivent : ce n'est jamais pour d'autres, ni pour être perdues que je les écris [3]. »

De son côté, Mme de Maintenon, parlant des princes de Conti, qui, étant exilés depuis l'année 1685, expédiaient assez fréquemment des courriers en France, écrivait à son frère :

> Le Roi, ayant voulu savoir ce qui les obligeait d'envoyer incessamment des courriers, en a fait arrêter un; on a pris toutes les lettres et l'on en a trouvé

1. *Lettres, instructions et mémoires de Colbert*, par PIERRE CLÉMENT; Paris, 1861, 6 vol. Introduction.
2. *Ibid.*, Paris, vol. VI, p. 176.
3. *Lettres* de Mme DE SÉVIGNÉ.

plusieurs pleines de ce vice abominable qui règne présentement, de très grandes impiétés et de sentiments pour le Roi.

Écoutons enfin le récit de Saint-Simon :

Louis XIV, dit-il, s'étudiait avec grand soin à être bien informé de ce qui se passait partout, dans les lieux publics, dans les maisons particulières, dans le commerce du monde, dans le secret des familles et des liaisons. Les espions et les rapporteurs étaient infinis. Il en avait de toute espèce; plusieurs qui ignoraient que leurs affaires allassent jusqu'à lui, d'autres qui le savaient. Quelques-uns qui les écrivaient directement en faisant passer leurs lettres par les voies qu'il leur avait prescrites, et ces lettres-là n'étaient vues que de lui et toujours avant toute autre chose; quelques autres enfin, qui lui parlaient secrètement dans ses cabinets par les derrières. Ces voies inconnues rompirent le cou à une infinité de gens de tous états, sans qu'ils en aient jamais pu découvrir la cause, souvent très injustement, et le Roi, une fois prévenu, ne revenait jamais ou si rarement que c'était presque sans exemple... Les dangereuses fonctions de police allèrent toujours croissant, ajoute le même auteur. Ces officiers ont été sous lui plus craints, plus ménagés, aussi considérés que les ministres, jusque par les ministres mêmes, et il n'y avait personne en France, sans excepter les princes de sang, qui n'eut intérêt de les ménager et qui ne le fit. Mais la plus cruelle de toutes les voies par laquelle le Roi fut instruit bien des années avant qu'on s'en fût aperçu et par laquelle l'ignorance et l'imprudence de beaucoup de gens continuèrent toujours encore de l'instruire, fut celle de l'ouverture des lettres. On ne saurait comprendre la promptitude et la dextérité de cette exécution. Le Roi voyait l'extrait de toutes les lettres où il y avait des articles que les chefs de la poste, puis le ministre qui la gouvernait jugèrent devoir aller jusqu'à lui, et les lettres entières quand elles en valaient la peine par leur titre et par la considération de ceux qui étaient en commerce [1].

Nous verrons l'institution du cabinet noir recevoir une organisation plus complète et plus régulière sous Louis XV.

1. Saint-Simon, *Mémoires*.

# LOUIS XV

(1715-1774.)

Régence du duc d'Orléans. — DE TORCY, grand maître et surintendant général des postes. — Conseil d'administration. — Circulaire relative aux billets de la banque privée de Law. — Indemnité accordée à l'Université en échange de ses privilèges. — Constitution définitive du monopole de l'État. — LE CARDINAL DUBOIS, grand maître et surintendant général. — Service de Paris en 1723. — Tarif des coches, carrosses et messageries. — PHILIPPE D'ORLÉANS, ancien régent, grand maître et surintendant général. — Mort de Philippe d'Orléans. — LE DUC DE BOURBON, PRINCE DE CONDÉ, premier ministre, grand maître et surintendant général. — LE CARDINAL FLEURY, surintendant général. — Renouvellement du bail de la ferme des postes. — Monopole. — Tarif des correspondances de et pour la province de Lorraine. — Tarif des voitures et messageries. — Poste aux chevaux : Monopole. — Renouvellement du bail de la ferme des postes. — Franchise et contreseing : Louis XV et la princesse de Condé. — LE COMTE D'ARGENSON, grand maître et surintendant général. — Nouvelle adjudication de la ferme générale des postes et messageries et du droit et privilège exclusif des litières. — Contrôleurs provinciaux et contrôleurs des postes. — ROUILLÉ, COMTE DE JOUY, grand maître et surintendant général. — Tarif du port des lettres. — La petite poste à Paris : M. de Chamousset ; historique, organisation. — La petite poste à Strasbourg, Vienne et Hambourg : projet de petite poste à Bruxelles. — LE DUC DE CHOISEUL, grand maître et surintendant général. — Les postes mises en régie. — RIGOLEY, BARON D'OGNY, intendant général. — Le cabinet noir sous Louis XV d'après Mme du Hausset, femme de chambre de Mme de Pompadour, et le comte Beugnot. — Le cabinet noir en Autriche. — Désordres dans le service des postes. — Service international. — France et Italie, France et Hollande. — Espagne. — Italie. — France et Suisse. — Traités avec la Haute-Allemagne, l'office de Naples et l'Angleterre. — Service postal de Lyon en 1760. — Voyages par coches et par postes en France.

### RÉGENCE DU DUC D'ORLÉANS.

A la mort de Louis XIV survenue le 1er septembre 1715, Louis XV, son arrière-petit-fils, lui succéda sous la régence de Philippe, duc d'Orléans, neveu du feu Roi, qui réussit à obtenir du Parlement l'entière disposition des charges et offices.

De Torcy fut maintenu à la tête de l'administration des postes.

### ÉDIT DE SEPTEMBRE 1715. — CRÉATION DE LA CHARGE DE GRAND MAITRE ET SURINTENDANT GÉNÉRAL DES POSTES. — CONSEIL D'ADMINISTRATION.

Par édit de septembre 1715, le Roi créa de nouveau la charge de grand maître et surintendant général des postes, avec 40 000 livres de gages, et 10 000 livres pour *le plat*. Une indemnité mensuelle de 1000 livres était, en outre, attribuée au grand maître pour le défrayer des dépenses qu'il aurait à supporter dans ses voyages à la suite du Roi.

Le même édit ordonna que les intendants généraux des postes formeraient avec le grand maître un conseil où toutes les affaires concernant les postes et relais et même les contraventions au tarif des ports de lettres seraient rapportées et décidées.

Il n'était fait d'exception que pour les crimes et délits justiciables des juges ordinaires. Ce fut là l'origine du conseil d'administration des postes.

### DÉCLARATION ROYALE D'AOÛT 1716. — RÉDUCTION DES GAGES DU GRAND MAÎTRE.

Sur les représentations du Parlement, le Roi, par déclaration du mois d'août 1716, réduisit à 20 000 livres les gages du grand maître et lui laissa les 10 000 livres qu'il recevait pour son plat. Quant à l'indemnité de 1000 livres pour frais de voyage, elle fut supprimée.

### INSTRUCTIONS SPÉCIALES ADRESSÉES AUX DIRECTEURS DES POSTES AU SUJET DES BILLETS DE LA BANQUE LAW. — 17 AOÛT 1716.

On sait que les guerres de Louis XIV avaient épuisé les finances du pays et que la banqueroute était imminente. On eut alors recours à un banquier écossais, John Law, dont le système financier, après avoir joui pendant quelques mois d'une faveur inouïe, tomba dans un discrédit non moins complet et devint une nouvelle cause de ruine. Le remède fut pire que le mal.

Nous reproduisons ci-après le texte de la circulaire contenant les instructions spéciales qui furent données aux directeurs des postes, dès la fondation de la banque privée de Law, devenue deux ans après Banque royale [1].

### CIRCULAIRE AU SUJET DES BILLETS DE LA BANQUE LAW.

A Paris, le 17e aoust 1716.

L'establissement qu'on a fait d'une banque générale pour la commodité du commerce, me paroist, Monsieur, si bien concertée, que l'on ayme autant avoir en

1. Une de ces circulaires fait partie de la collection de la bibliothèque du ministère des postes et des télégraphes.

caisse à Paris les billets de cette banque, que de l'argent comptant, par la facilité que l'on a d'en avoir la valeur, aussi-tost qu'on les porte à la banque. Je crois devoir vous donner cet avis, afin que vous puissiez vous en servir pour faire la remise des fonds de vostre recepte; et pour cet effet, vous recevrez et vous acquitterez à veüe, sans prendre aucun escompte ny droit, les billets de banque qui vous seront presentez, pourveu que vous ayez des fonds suffisants en caisse pour les payer, et que vous connoissiez ceux qui vous les présenteront, crainte d'acquitter des faux billets ou des billets vollez : vous aurez mesme soin d'en chercher pour faire vos remises à compte ou la soude du quartier, et s'il y avait quelqu'un qui voulût en retirer quelque droit, vous m'en donnerez avis. M. Amyot vous envoyera également des recepissez pour la valeur des billets que vous lui envoyerez : cela ne vous estant proposez que pour une facilité plus grande de remettre vos fonds : vous ne devez pas négliger sous ce prétexte d'acquitter les traites que l'on pourra faire sur vous. Vous aurez soin d'instruire le public que vous acquitterez les billets de banque, autant que vous aurez des fonds, afin qu'on puisse s'en servir pour l'avantage du commerce; et s'il se trouve que vous n'ayez pas assez d'argent pour acquitter les billets, vous indiquerez à ceux qui se présenteront, les receveurs des tailles, qui ne demanderont pas mieux que d'acquitter ces billets, s'ils se trouvent avoir des fonds; et vous leur ajousterez, qu'en cas qu'ils ne puissent y estre payez, s'ils ne peuvent pas attendre, ils peuvent s'addresser à la monnoye la plus prochaine de vostre ville, où les billets de banque, dont ils se trouvent porteurs, seront seurement payez sur le champ. Vous pourrez mesme leur donner lecture de cette lettre pour les mettre mieux au fait, et faire connoistre l'attention que l'on a à faciliter le commerce dans le royaume et avec les pays estrangers. Je suis, monsieur, vostre très-humble et très-affectionné serviteur.

Signé : Pajot Donsenbray.

Le grand placard est pour aficher à la porte de vostre bureau.

### TRAITÉ ENTRE L'OFFICE DES POSTES DE FRANCE ET LE PRINCE DE LA TOUR ET TAXIS (1716).

En vertu d'un traité passé en 1716 entre l'office des postes de France et le prince de la Tour et Taxis, général des postes de l'Empire, les lettres de Paris et des routes y aboutissant à destination de la Saxe, du Danemark, de la Suède, de la Pologne, de la Prusse et de la Russie furent acheminées par Masseick et par Hambourg.

La dépêche de Paris pour Masseick comprenait les correspondances pour la Saxe, la Prusse, la Pologne et la Russie.

Les correspondances pour les autres pays étaient insérées dans la dépêche de Paris pour Hambourg.

Paris faisait deux dépêches par semaine, le lundi et le vendredi pour Hambourg et quatre pour Masseick, les lundi, mardi, vendredi et samedi de chaque semaine.

Le traité de 1716 fut renouvelé en 1722.

LETTRES PATENTES DU 14 AVRIL 1719 ACCORDANT A L'UNIVERSITÉ UNE INDEMNITÉ REPRÉSENTANT LE VINGT-HUITIÈME DU BAIL GÉNÉRAL DES POSTES, EN ÉCHANGE DE SON PRIVILÈGE.

Comme nous l'avons vu, Lazare Patin avait obtenu, en 1672, le privilège de la ferme des postes à la condition de prendre à sa charge les contrats passés par l'Université avec d'autres messagers.

Le successeur de Lazare Patin, Coulombier, fit cependant des difficultés pour rembourser à l'Université le montant de ces contrats, au mois de mai 1686; le Roi lui ayant prescrit de remplir exactement toutes les conditions des traités, il obtint en échange le produit intégral du port des lettres et paquets.

Mais, en 1716, l'Université représenta au Roi que le remboursement de ses contrats ne dépassait pas 47 695 livres, somme de beaucoup inférieure à la perte qu'elle subissait du fait du monopole attribué au fermier général. Elle demanda, en conséquence, une compensation pécuniaire en faisant valoir les services qu'elle rendait par son enseignement gratuit. La question ne fut tranchée que trois années après.

Enfin, par lettres patentes du 14 avril 1719, les messageries de l'Université de Paris furent réunies à la Ferme générale des Postes, moyennant le remboursement à l'Université d'une indemnité égale au vingt-huitième du bail de la ferme des Postes. De son côté, l'Université s'était engagée à fournir l'enseignement gratuit dans les collèges de la Faculté des Arts.

Ces lettres patentes rappelaient les droits de l'Université et les attaques dont elle avait été l'objet. Le recteur de cette compagnie, Rollin, remercia le Régent au nom de tout le personnel de l'Université, dans un discours en latin qui se trouve reproduit dans son *Histoire ancienne*.

Ainsi finit par une transaction honorable cette longue lutte entre l'État et l'Université. D'une part, le bien de l'État ne permettait pas de laisser subsister une telle concurrence contraire au bon ordre et à la marche régulière du service; d'autre part, il était équitable d'indemniser l'Université des dépenses considérables qu'elle s'était imposées et de lui tenir compte, en même temps, des droits incontestables qu'elle s'était acquis à l'estime et à la reconnaissance publiques, en perpétuant en France le goût des sciences et de la littérature par son remarquable enseignement, qui avait brillé d'un si vif éclat au milieu des obscurités du moyen âge!

ARRÊT DU CONSEIL DU 15 MARS 1720, FIXANT A 125 528 LIVRES 18 SOLS 4 DENIERS LA SOMME A REMBOURSER AUX MESSAGERIES DE L'UNIVERSITÉ.

Les lettres patentes du 14 avril 1719 furent confirmées par un arrêt du conseil en date du 15 mars 1720 qui fixa à 125528 livres 18 sols 4 deniers la somme que le fermier général devrait rembourser aux quatre nations de l'Université, somme dont il lui serait, d'ailleurs, tenu compte en déduction du prix de son bail général.

Ces dispositions se trouvent rappelées dans les lettres patentes du 18 avril 1721, que nous allons examiner.

LETTRES PATENTES DU 18 AVRIL 1721, PORTANT RENOUVELLEMENT DU BAIL GÉNÉRAL DES POSTES ET MESSAGERIES FAIT A MAÎTRE JEAN COULOMBIER POUR NEUF ANNÉES A COMMENCER DU 1er JANVIER 1721 ET FINIR AU DERNIER DÉCEMBRE 1729.

Jean Coulombier fut maintenu comme titulaire de la Ferme des Postes pour une nouvelle période de neuf années partant du 1er janvier 1721 et devant finir au 31 décembre 1729, au prix de 3 446 743 livres.

Les extraits suivants permettront d'apprécier l'étendue des privilèges accordés à Jean Coulombier et les conditions du contrat :

Et pour donner des marques de la protection singulière que nous avons toujours accordée à ceux qui ont fait la régie de la dite ferme des postes et messageries pour l'utilité et l'avantage que nostre service et le public en reçoivent, nous avons, conformément aux précédens baux cy-devant faits de la dite ferme, déchargé et déchargeons, dès à présent par ces présentes, le dit Coulombier, ses directeurs, receveurs, caissiers, commis et employez à la régie et exploitation de la dite ferme des postes et messageries de toutes les taxes qui ont esté ou pourront estre faites sur eux ou comprises dans les rolles ou estats de recouvrement de taxes faites sur les directeurs, caissiers, receveurs, commis ou employez dans nos autres fermes ou affaires extraordinaires, sans que l'on puisse leur en demander aucune chose, sous prétexte et par rapport à leurs emplois et commissions dans la régie de la dite ferme des postes et messageries.

III. Joüyra pareillement ledit Coulombier, pendant ledit temps de neuf années, de tous les droits et revenus des messageries, tant en droiture que de traverses, vacantes en nos revenus casuels, ou qui pourront y vaquer, et de celles qui ont esté remboursées, suivant la faculté qui en a esté accordée audit Coulombier par les précédens Baux, même de celles de villes et lieux où il jugera à propos d'en establir pour la commodité publique. Joüyra aussi du droit de permettre ou d'arrester l'establissement des diligences, ainsi qu'il le jugera à propos, et en percevra les droits, ainsi que de ceux des messageries.

Dans les articles IV et V, le fermier était substitué aux droits des propriétaires des messageries royales, moyennant le remboursement des sommes que ces derniers avaient versées dans les caisses de l'État.

Voici enfin les articles relatifs aux messageries de l'Université :

VI. A l'égard des messageries de l'Université de la ville de Paris réunies à la ferme générale des postes et messageries ; ledit Coulombier en joüyra pendant le cours du présent bail, conformément à l'arrest de nostre Conseil et à nos lettres patentes du 14 avril 1719, au moyen du vingt-huitième du prix effectif du sendit bail fixé quant à présent par autre arrest de notre Conseil du 15 mars de l'année dernière 1720, à la somme de 125528 livres 18 sols 4 deniers, qu'il sera tenu de payer par chacun an aux quatre nations de la dite Université, et lui en sera tenu compte en déduction du prix de son bail général, en rapportant les quittances des receveurs de la dite Université de Paris. Quant aux messageries des Universitez des provinces de nostre royaume, ledit Coulombier continuera d'en joüyr de même et tout ainsi qu'il a fait par le passé en vertu de la subrogation accordée à Lazare Patin par les arrests du Conseil des 11 et 14 avril 1676 sans s'arrester aux baux qui pourroient en avoir esté fait depuis.

VII. Les messagers royaux et des Universitez ne pourront marcher qu'entre deux soleils, ny porter aucunes lettres, paquets de lettres ny papiers, que des villes de leur establissement seulement, sans qu'ils en puissent prendre, rendre, ny distribuer que pour lesdits lieux, à peine de 1 500 livres d'amende, et de confiscation des chevaux et équipages pour chacune contravention, applicable moitié à l'hospital général des lieux le plus proche où la contravention aura esté faite, et l'autre moitié audit Coulombier, ses procureurs, sous-fermiers, commis et préposez.

A partir de ce moment, le monopole de l'État est définitivement constitué.

Toutefois, on veut bien, par tolérance, laisser aux messagers royaux et aux messagers de l'Université la faculté de transporter des lettres des particuliers, avec cette double restriction qu'ils ne pourront marcher que *de jour* et qu'ils ne pourront transporter de correspondances que pour l'un ou l'autre de leurs deux points d'attache.

Ces restrictions avaient pour but d'empêcher les messageries de faire concurrence au fermier général qui, en vertu de son bail, représentait l'État.

L'obligation de suspendre leur marche pendant la nuit était une gêne pour les messagers, mais elle constituait aussi une sérieuse garantie pour l'État, puisque les courriers conservant ainsi l'avantage de la rapidité, les particuliers avaient tout intérêt à s'adresser à eux de préférence aux messagers.

Enfin, la sévérité des peines dont seraient passibles les messagers réfractaires, était de nature à empêcher toute fraude.

### ABUS DE FRANCHISE. — ARRÊT DU CONSEIL DU 18 AVRIL 1721 CONCERNANT L'AFFRANCHISSEMENT DES PORTS DE LETTRES ET PAQUETS.

Il avait été stipulé dans la déclaration royale du 8 décembre 1703 et dans le bail de la ferme générale des postes et messageries en date du 28 novembre 1713, que le chancelier, les secrétaires d'État, le contrôleur général et les intendants des finances jouiraient seuls du droit de franchise.

Malgré ces prescriptions limitatives, le nombre des correspondances expédiées en franchise s'était considérablement accru. Des fonctionnaires de la Guerre et de la Justice prétendaient avoir aussi ce privilège et des particuliers même, abusant de leurs relations avec des personnages ayant droit à la franchise, se servaient des cachets de ces derniers et allaient jusqu'à contresigner leurs lettres, ce qui diminuait sensiblement les produits de la ferme des postes.

Le fermier lésé dans ses intérêts, fit appel à l'autorité royale pour demander soit une indemnité proportionnée au préjudice que lui causaient ces abus, soit que le nombre des personnes ayant droit à la franchise fût ramené au chiffre primitif.

L'arrêt du conseil du 18 avril 1721 donna satisfaction à la réclamation légitime du fermier général et ordonna :

1° Que les personnes ayant droit à la franchise devraient tenir la main à ce que d'autres personnes ne puissent faire usage de leurs cachets;

2° Que le fermier général, ses préposés, ses directeurs et ses commis auraient le droit, en cas de suspicion de fraude, de faire ouvrir en leur présence les lettres et paquets par les destinataires;

3° Qu'en cas de contravention, les ports seraient taxés d'office d'après les tarifs en vigueur;

4° Que dans le cas où les destinataires se refuseraient à ouvrir les lettres et paquets, il en serait rendu compte au Roi.

Il est à remarquer que ces prescriptions sont encore en vigueur actuellement.

### LE CARDINAL DUBOIS, GRAND MAÎTRE ET SURINTENDANT GÉNÉRAL DES POSTES (15 OCTOBRE 1721).

Le 15 octobre 1721, de Torcy donna sa démission de grand maître et de surintendant général des postes.

Il fut remplacé par le cardinal Dubois qui conserva ces fonctions jusqu'à sa mort (1723).

### DU 23 SEPTEMBRE 1722. — ORDONNANCE FIXANT LE TARIF DES CHEVAUX DE POSTE.

A la date du 23 septembre 1722, le Roi publia une ordonnance fixant le tarif des chevaux de poste et dont voici les dispositions principales :

Sa Majesté a ordonné et ordonne :

Qu'à commencer du jour de la date de la présente ordonnance, il sera payé par avance et avant de partir de la poste dans l'étendue du royaume par toutes personnes de quelque qualité et condition qu'elles puissent être, François et étrangers qui courront en chaises à deux ou en berlines. Trente sols par poste pour chaque cheval de brancard, même prix pour les bricoliers ou chevaux de timon et de trait, et vingt sols pour les bidets, les postes royales, doubles postes et postes et demy à proportion, et ce pour autant de testes que la voiture et les chevaux attelez à icelle se trouveront chargez de maîtres, domestiques et postillons, non compris les guides.

N'entend Sa Majesté comprendre en la présente ordonnance les courriers du cabinet qui payeront à l'ordinaire quinze sols par postes pour chaque cheval, les postes royales, doubles postes et postes et demye à proportion...

Nous croyons devoir reproduire également le passage suivant de la même ordonnance prescrivant aux maîtres de poste de ne fournir des chevaux qu'aux courriers munis d'un passe-port :

Deffend en outre Sa Majesté aux dits maitres des postes, de donner des chevaux à aucuns courriers en voitures ny en selles que sur des passeports qu'ils se feront représenter lesquels ne pourront être valables que pour le jour de leur départ qui y sera marqué ny de les faire conduire sur d'autres routes que celles qui seront désignées sur lesdits passeports à peine de désobéissance.

. . . . . . . . . . . . . . . . . . . . . . . . . . . .

Fait à Versailles, le vingt-troisième jour de septembre mil sept vingt et deux.

Signé : Louis.

(Au bas est écrit :)

Le cardinal Dubois.

### ORGANISATION DU SERVICE DES POSTES A PARIS EN 1723.

L'almanach royal pour l'année 1723 contient les intéressants renseignements qui suivent, sur l'organisation du service des postes à Paris à cette époque :

#### AVIS

On payera les ports de lettres et paquets qu'on adressera aux procureurs parce qu'ils ne les veulent point recevoir sans être affranchis, et qu'ils restent perdus pour les parties.

On écrira bien le dessus des lettres et paquets, s'en trouvant souvent pour les lieux hors la route des postes qui ne sont pas connus, ce qui est cause de la perte d'iceux. Et pour y remédier, ceux qui écriront, soit dans les bourgs, villages ou chasteaux, observeront de mettre sur leurs lettres le nom de la province et de la ville de la route des postes qui en est le plus proche. Et pour les lettres des officiers de guerre, et tous ceux qui sont dans les troupes, le régiment, le bataillon et la compagnie.

Le public est encore averti qu'il y a sept boëtes où l'on va tous les jours lever les lettres, précisément à huit heures du matin : lesdites heures passées, les lettres demeureront pour les ordinaires suivants ; sçavoir : une en la rue Saint-Jacques au coin de la rue du Plâtre, vis-à-vis la vieille poste. Une, au milieu de la place Maubert, vis-à-vis la fontaine, à l'image Saint François. Une, au faubourg Saint-Germain au coin du jeu de paume de Metz, chez M. Boyet, marchand mercier. Une rue Saint Honoré près les Quinze-vingts vis-à-vis la rue Saint-Nicaise, chez M. Couroye, maître potier d'étain. Une rue Saint-Martin, au coin de la rue aux Ours, chez M. Pillon, marchand épicier. Une rue Saint-Antoine vis-à-vis l'Ours devant la rue Geoffroy l'Asnier, chez M. Perons, maître pâtissier, au Petit louvre couronné. Et une près du Palais, près de la Conciergerie.

Le bureau général pour recevoir les lettres tant françoises qu'étrangères, est à Paris, rue des Déchargeurs, où les lettres pour les lieux cy-dessus seront jettées aux heures susdites, à faute de quoy elles demeureront pour l'ordinaire suivant.

On prend les chevaux pour courir la poste, rue des Poulies.

Les courriers de Versailles, Saint-Germain-en-Laye, Orléans, Rouen, Amiens, Saint-Quentin, Chartres, Troyes et Reims, arrivaient tous les matins à Paris. Les directeurs se réunissaient au bureau de la poste pour taxer les lettres et paquets que huit commis triaient et expédiaient aux huit bureaux de quartier suivants : Saint-André-des-Arts, place Maubert, Isles-Notre-Dame, rue Saint-Antoine, rue Saint-Denis, rue Saint-Honoré, les Halles et le faubourg Saint-Germain.

Les lettres une fois triées, séparées et comptées, étaient distribuées par les dix facteurs attachés à chaque bureau.

Il y avait donc en tout 80 facteurs ou distributeurs de lettre dans Paris.

Le courrier de Lyon arrivait trois fois par semaine ; savoir : les dimanche, mardi et vendredi ;

Celui de Toulouse, tous les lundis ;

Celui de Bretagne, les dimanche, mardi et vendredi ;

Celui de Bordeaux, les mercredi et samedi ;

Celui de Hollande, les lundi et vendredi, et repartait les mêmes jours ;

Les courriers d'Espagne arrivaient tous les quinze jours seulement ;

Pour les correspondances à destination du Canada, de la Guadeloupe, de l'Amérique, de Cayenne, de Saint-Christophe, de Madère, de Madagascar, de Saint-Domingue, du Brésil, etc., le port des lettres devait être payé jusqu'à la Rochelle ou jusqu'aux autres ports d'embarquement, à raison de sept sols la lettre simple, comme aussi les enveloppes doubles et autres à proportion.

Quant aux correspondances pour le Levant et Malte, le port devait en être acquitté jusqu'à Marseille, à raison de 7 sols la lettre simple ; et celles pour l'Italie et le Piémont, jusqu'à Vintimille, à raison de 12 sols la lettre simple.

### SENTENCES CONTRADICTOIRES RENDUES AU CHATELET DE PARIS QUI ONT DÉCHARGÉ LE FERMIER DE LA DILIGENCE PENDANT SA ROUTE, DE PLUSIEURS SOMMES QUI AVAIENT ÉTÉ MISES POUR ÊTRE VOITURÉES. — 20 MARS-7 JUILLET 1723.

Un jugement rendu le 7 juillet 1723 par le Châtelet de Paris nous apprend qu'à la suite d'un vol audacieux commis en plein midi sur la diligence de Lyon à Paris le 26 avril 1721, le fermier de la diligence qui avait été assigné en restitution des sommes volées, fut déclaré non responsable de la perte de ces sommes [1].

### ARRÊT DU CONSEIL DU 26 JUILLET 1723, PORTANT AUGMENTATION D'UN QUART EN SUS SUR LE PRIX DE LA CONDUITE DES PERSONNES ET DU PORT DES BALLOTS ET AUTRES CHOSES QUI SERONT VOITURÉES PAR LA VOIE DES COCHES, CARROSSES ET MESSAGERIES.

Les fermiers des voitures et messageries des différentes provinces adressèrent au Roi des mémoires dans lesquels ils exposaient que « le prix des cuirs, du bois de charonage et de menuiserie, du fer, des chevaux et toutes les autres choses nécessaires pour l'exploitation de leurs fermes, avaient augmenté si excessivement depuis cinq ans, que s'il ne plaisoit à Sa Majesté leur permettre de recevoir doresnavant le tiers en sus d'augmentation, tant sur le prix de la conduite des voyageurs et des prisonniers, que sur celui des ballots, paquets et marchandises, or et argent, papiers, procès civils et criminels, et des autres choses qui sont voiturées par la voye des coches, carrosses

1. Nous croyons devoir reproduire, à titre de curiosité, un extrait de la plainte déposée à cette occasion, devant le lieutenant criminel :

« Plainte rendue par devant le lieutenant général criminel au bailliage de Saulieu, le vingt-sixième jour d'avril 1721, au réquisitoire d'Estienne Sansonnet, cocher des diligences de Paris à Lyon, par le sieur de Chavane, gendarme de la garde du Roy; le sieur Viot-Chatard, marchand à Tours, le sieur Perseville, ancien chevaux-légers de la garde du Roy demeurant à Paris, la dame Levesque de Lyon, le sieur Pougolle, marchand de la ville d'Amiens et le sieur Buchicherre, aussi marchand de ladite ville de Lyon, contenant qu'étant dans le carrosse de la diligence, ils auraient été arrêtés ledit jour 26 avril 1721 environ le midi dans le bois d'Empoignepain, autrement la Grurie, distante dudit Saulieu d'environ quatre à cinq lieues, par six voleurs à cheval, masqués par des bonnets à batteaux qu'ils avaient percés aux endroits des yeux, du nez et de la bouche, deux desquels voleurs auroient arrêté ledit Sansonnet, cocher, Guillaume, postillon, et Ginodin, huitième de la diligence, deux autres se seroient masqués aux portières de ladite diligence, et les deux autres derriere postés, qui auroient fait arrêter le carrosse et descendre les ci-devant nommés, lesquels ils auroient fait asseoir en haie, les auroient fouillés les uns après les autres, et leur auroient pris; sçavoir :

« Audit sieur de Chavane, trente-huit louis d'or de Noailles, sept pièces de quatre pistoles d'Espagne, environ dix écus en pièces de quarante sols, deux écus de sept livres dix sols chacun, un écu de la reine Anne d'Angleterre, une médaille représentant Monsei-

et messageries et autres semblables voitures, ils seroient hors d'état de soutenir leurs entreprises, au moyen de quoy la commodité du commerce seroit interrompue ».

Le Roi jugea que cette plainte méritait d'être prise en considération, mais que la demande d'augmentation du tiers en sus pour l'avenir était exagérée.

L'arrêt du conseil, signé à Meudon le 26 juillet 1723, autorisa, en conséquence, tous les fermiers des voitures publiques du royaume, à l'exception toutefois des voitures de la Cour et des coches d'eau de la ville de Paris à Auxerre, à percevoir pendant un an, à partir du jour de la publication de l'arrêt, « le quart en sus d'augmentation du prix des voitures, tant de la conduite des voyageurs et prisonniers, que celui du transport des ballots paquets et marchandises, or et argent, papiers, procès criminels et civils, et autres choses qui seront voiturées par la voye des dits coches, carrosses et messageries, sans cependant que le present arrest puisse préjudicier à la liberté du roulage permise par arrest du 24 janvier 1684 ».

### ORDONANNCE DE L'INTENDANT DE PARIS DU 1er AOÛT 1723, POUR MAINTENIR LES DIRECTEURS DE LA POSTE AUX LETTRES ET LES MAÎTRES DE POSTE DANS L'EXEMPTION DE LA TAILLE.

Le 1er août 1723, une ordonnance de l'intendant de Paris confirma le privilège de l'exemption de taille en faveur des directeurs de la poste aux lettres et des maîtres de poste établis dans les villes et lieux de la généralité de Paris.

Cette ordonnance fut rendue par Roland Armand Bignon, chevalier conseiller d'État ordinaire, intendant de la généralité de Paris.

gneur l'Électeur de Bavière dans le tems qu'il était vice-roi des Pays-Bas, deux montres d'or à doubles boëtes aussi d'or à répétition, d'Angleterre, dont l'une est garnie de deux diamans, et une épée d'argent avec la dragonne d'or;

« Audit sieur Viot, 12800 livres, etc., etc.

« Ensuite de quoi trois desdits voleurs qui étaient à pied pendant que deux autres tenoient ledit Sansonnet, cocher et ledit postillon à cheval, et un autre encore à cheval éloigné d'environ quinze pas tenant les chevaux des trois à pied, ont coupé les cordes du magasin, et ont tiré quantité de sacs d'or et d'argent qu'ils avaient pris et mis dans des sacs, saccoches, porte-manteaux, manteaux, poches et fonds de pistolet, et qu'ensuite ils etaient montés sur leurs chevaux, ayant déclaré ledit Sansonnet, cocher, que le voleur qui l'avoit arrêté était monté sur un cheval rouge à courte queue.

« Qu'il leur avoit remontré qu'ils les laissoient sans aucuns sols pour faire leur voyage; qu'ils auroient rompu un sac d'argent dont ils en auroient jetté environ quarante écus en deux paquets.....

### PHILIPPE D'ORLÉANS, GRAND MAÎTRE ET SURINTENDANT GÉNÉRAL (10 AOUT 1723).

Après la mort du cardinal Dubois [1] survenue le 10 août 1723, la surintendance des postes passa aux mains du duc Philippe d'Orléans, qui avait cessé ses fonctions de régent le 16 février précédent par suite de la majorité du Roi, mais qui avait conservé la présidence du conseil.

### ARRÊT DU CONSEIL DU 26 JUILLET 1723 AUTORISANT LE FERMIER DES VOITURES DE LA COUR ET DES MESSAGERIES DE VERSAILLES A AUGMENTER LE PRIX DES VOITURES D'UN QUART EN SUS.

Comme nous l'avons vu, l'arrêt du conseil du 27 juillet 1723 qui avait autorisé les fermiers des messageries du royaume à augmenter d'un quart le tarif du transport des voyageurs et des marchandises, avait formellement excepté de cette latitude les voitures de la Cour ainsi que les coches d'eau de la ville de Paris à Auxerre.

Louis Robert, fermier du privilège des voitures établies à la suite de la Cour et de la messagerie de Versailles, représenta au Roi que son exploitation étant de même nature que celle des autres messagers du royaume, l'exception dont il avait été l'objet lui semblait d'autant moins justifiée que les ouvrages, matières, vivres et fourrages nécessaires à ladite exploitation et à la subsistance des hommes et chevaux qu'il employait pour son service, étaient d'un prix bien plus élevé à Paris et à la Cour que dans les provinces.

L'arrêt du conseil du 16 octobre 1723 donna satisfaction à cette demande et autorisa en conséquence Louis Robert à percevoir le quart en sus sur les voyageurs et les marchandises à partir du jour de la publication dudit arrêt jusqu'au 15 mai suivant.

### MORT DE PHILIPPE D'ORLÉANS.

Philippe d'Orléans ne survécut pas longtemps au cardinal Dubois. Il mourut le 2 décembre 1723, enlevé par une attaque d'apoplexie.

1. Dans son *Histoire de la poste aux lettres* (p. 154), M. Arthur de Rothschild rappelle cette épigramme sur Dubois, attribuée à Voltaire :

> Autrefois j'étais du bois
> Dont on fait les cuistres,
> Aujourd'hui je suis du bois
> Dont on fait les ministres.

L'ancien Régent [1] avait occupé pendant quatre mois seulement la surintendance des postes. Il n'a signalé son court passage dans cette administration par aucun acte méritant d'être mentionné. Il n'eut même pas le temps, du reste, de toucher les revenus de sa charge.

Nous lisons, en effet, dans les *Mémoires de la ferme des Postes* [2] (séance du 1er juillet 1738), classés à la bibliothèque du ministère des postes et des télégraphes :

Il paroit par une ordonnance trouvée au dépost, que Mgr le duc d'Orléans, tant qu'il a exercé ladite charge (de grand maître et de surintendant général des courriers, postes et relais) n'avait point touché les gages qui ont été, depuis, alloués à Mgr le duc d'Orléans, son fils, sur le pied de 30 000 livres comme chose à lui due par le Roy.

La finance de ladite charge avoit été fixée à 300 000 pour valeur d'un brevet de retenue de pareille valeur et c'est ainsi que l'avoient possédée *M. le duc d'Orléans, Mgr le cardinal Dubois et M. le Duc* sur qui elle a été supprimée.

## LE DUC DE BOURBON, PRINCE DE CONDÉ, GRAND MAÎTRE ET SURINTENDANT GÉNÉRAL DES POSTES (1723-1726).

A la mort du Régent, le duc de Bourbon, prince de Condé, plus connu sous le nom de M. le Duc, lui succéda dans les fonctions de premier ministre et dans la charge de grand maître et de surintendant général des courriers, postes et relais.

L'évêque de Fréjus, *le prudent et circonspect Fleury*, comme l'appelle Michelet, qui ambitionnait secrètement le gouvernement de l'État, ne crut pas avoir encore assez de crédit pour le disputer à un prince du sang et il le servit même auprès du jeune monarque.

C'est ainsi que le duc de Bourbon obtint le pouvoir avec l'appui de Fleury, qui se réservait de le supplanter dès que son influence aurait suffisamment grandi.

1. Voici des commandements de Dieu d'un nouveau genre qui circulaient dans Paris au temps de la Régence. En communiquant ces vers au duc de Richelieu, Mlle de Charolais faisait la réflexion suivante : « C'est le devoir des François qu'on apprendroit aux enfants même devant les commandemens de Dieu, si ce temps-ci devait durer longtemps. »

Un roi à conserver,
Un État à sauver,
Un régent à brûler,
Un ministre à écarteler,
Un prince à noyer,
Un système à renverser,
La friponnerie à opprimer,
Le courage et la vertu à relever.

2. Les *Mémoires de la ferme des postes* contiennent le relevé jour par jour, de toutes les décisions prises par l'administration, ainsi que des renseignements précieux sur les faits de quelque intérêt concernant le service des postes.

Le document authentique reproduit ci-dessus nous fournit la preuve de ce fait que, contrairement à l'opinion de quelques-uns de nos devanciers, le duc d'Orléans a bien réelle-

ORDONNANCE DU 14 FÉVRIER 1724 PRESCRIVANT AUX MARCHANDS DE CHEVAUX D'INFORMER LE GRAND ÉCUYER DE L'ARRIVÉE A PARIS DES CHEVAUX QU'ILS RECEVRAIENT DE L'ÉTRANGER OU DE PROVINCE.

Comme nous l'avons vu, des lettres patentes du 30 avril 1613 avaient prescrit aux marchands de chevaux d'informer le grand écuyer de l'arrivée à Paris des chevaux de carrosse qu'ils achèteraient à l'étranger ou dans les provinces, afin que l'État se trouvât ainsi à même d'acquérir les chevaux nécessaires pour le service du Roi.

Une ordonnance du 14 février 1724 renouvela les mêmes prescriptions pour les chevaux de selle arrivant à Paris.

ORDONNANCE ROYALE DU 18 MARS 1724 RAPPELANT AUX MARCHANDS DE CHEVAUX QU'ILS SONT TENUS DE DONNER AVIS AU GRAND ÉCUYER DE L'ARRIVÉE DES CHEVAUX DE CARROSSE OU DE SELLE.

Les marchands de chevaux négligeaient de se conformer à ces prescriptions et c'est ce qui détermina le Roi à leur rappeler par l'ordonnance du 18 mars 1724 que ceux qui enfreindraient cette ordonnance seraient passibles de confiscation des chevaux et de 600 livres d'amende.

ORDONNANCE DU DUC DE BOURBON, GRAND MAÎTRE ET SURINTENDANT GÉNÉRAL, DU 24 AVRIL 1724, PORTANT DÉFENSES AUX COURRIERS ORDINAIRES CONDUISANT LES MALLES DES GRANDES ROUTES PAR LA VOIE DES POSTES DE SE CHARGER D'AUCUNES MARCHANDISES, EXCEPTÉ UN PAQUET POUR LEUR COMPTE DU POIDS DE 20 LIVRES.

Les courriers des malles avaient pris l'habitude de transporter en fraude et indépendamment des paquets de lettres, des marchandises dont le poids considérable excédait les chevaux, ce qui les retardait dans leur marche et portait un réel préjudice aux maîtres de poste.

Ces derniers se plaignirent au surintendant général qui, pour rétablir le bon ordre, rendit l'ordonnance du 24 avril 1724, en vertu de laquelle il fut interdit aux courriers ordinaires conduisant les malles des grandes routes par la voie des postes, « de se charger à l'avenir d'aucunes marchandises, excepté seulement un paquet du poids de

ment remplacé à la surintendance générale des postes le cardinal Dubois, et qu'il fut lui-même remplacé par le duc de Bourbon, prince de Condé, plus connu sous le nom de M. le Duc. C'est, à notre avis, pour obéir à un double sentiment de convenance et de préséance que le Régent est mentionné avant le cardinal Dubois, bien que ce dernier ait occupé, avant le Régent, la charge de grand maître et de surintendant général des postes.

20 livres, que, disait le surintendant général, nous leur permettons de porter pour leur compte, à condition que ce paquet sera composé de marchandises permises, et qu'ils en acquitteront les droits, si aucunes y sont sujettes; lequel paquet sera fait et cacheté au bureau des postes à Paris avant le départ desdits courriers pour la province, ainsi qu'aux bureaux des villes capitales de leur départ des provinces pour revenir à Paris, afin que l'on puisse connoître la nature des marchandises dont le paquet du courrier sera composé, et empêcher par ces précautions les contrebandes et les fraudes qu'ils pourroient faire ».

Parmi les marchandises que les courriers avaient l'habitude de transporter en fraude, se trouvaient fréquemment des bijoux et objets précieux et même des espèces monnayées, ce qui était contraire aux règlements déjà en vigueur.

C'est ce qui explique que, pour empêcher ces fraudes, l'ordonnance du 24 avril 1724 contenait aussi les dispositions suivantes :

Défendons, de plus, ausdits courriers de prendre en route aucuns autres paquets de marchandises pour les porter d'une ville à l'autre, et de se charger dans leurs voyages de matières d'or et d'argent ny d'espèces monnoyées, de pierreries et autres choses précieuses.

Le tout à peine de révocation de leurs courses, même de prison ou de plus grande peine si le cas y échoit.

Les contrôleurs provinciaux étaient invités à tenir la main à l'exécution de cette ordonnance et à transmettre, au besoin, leurs procès-verbaux aux intendants généraux des postes chargés d'en faire un rapport au surintendant général.

Cette ordonnance, signée L. H. de Bourbon, portait en tête :

*Ordonnance de Son Altesse Sérénissime Monseigneur le duc de Bourbon.*

Les titres et qualités du duc de Bourbon étaient énoncés ainsi qu'il suit :

Louis-Henry, duc de Bourbon, prince de Condé, prince du sang, gouverneur lieutenant-général pour le Roy en ses provinces de Bourgogne, Bresse, Bugey, Gex, grand maître de la maison de Sa Majesté, premier ministre, grand maître et surintendant général des courriers, postes et relais de France.

### ARRÊT DU CONSEIL DU 29 AOUT 1724 NOMMANT DES COMMISSAIRES CHARGÉS DE LA VÉRIFICATION DES TITRES DES DROITS DE PÉAGES, PASSAGES, PONTONNAGES, ETC., ET ORDONNANT QUE CES TITRES DEVRONT ÊTRE DÉPOSÉS DANS LES QUATRE MOIS DU JOUR DE LA PUBLICATION DE L'ARRÊT.

Le 29 août 1724 intervint un nouvel arrêt concernant les droits de péage.

La multiplicité de ces droits était très préjudiciable au commerce, car elle entravait la circulation et l'échange des marchandises entre les provinces. Il en résultait une augmentation sensible de prix sur les objets de consommation et notamment sur les grains.

Cette situation anormale pouvait d'autant moins être tolérée qu'un certain nombre de droits de péage étaient perçus à tort, la durée de la concession de ces privilèges étant expirée.

L'arrêt du 29 août 1724 prescrivit, en conséquence, à tous propriétaires péagers de faire parvenir dans les quatre mois, à un commissaire spécialement délégué à cet effet, des copies, collationnées et légalisées par les juges les plus rapprochés, des titres en vertu desquels les droits de péage étaient perçus.

ARRÊT DU CONSEIL DU 25 SEPTEMBRE 1724 ORDONNANT AUX MAÎTRES ET ENTREPRENEURS DE CARROSSES, MESSAGERIES ET AUTRES VOITURES PUBLIQUES D'ENREGISTRER LES SOMMES TRANSPORTÉES POUR LE COMPTE DES AGENTS DU TRÉSOR.

Les receveurs particuliers ou autres agents du Trésor à Paris ou dans les provinces utilisaient les carrosses, messageries et voitures publiques pour envoyer des fonds aux receveurs généraux; mais l'expédition de ces fonds n'étant accompagnée d'aucune formalité, des contestations s'étaient élevées entre les expéditeurs et les destinataires.

L'arrêt du conseil du 25 septembre 1724 ordonna, en conséquence, que les maîtres, entrepreneurs de carrosses, messageries et voitures publiques par eau et par terre et leurs commis et préposés tiendraient, à l'avenir, un registre spécial dûment paraphé dans lequel les sommes transportées pour le compte des receveurs et agents comptables des deniers de l'État seraient régulièrement inscrites.

ORDONNANCE ROYALE DU 25 OCTOBRE 1724 PORTANT DÉFENSE DE COURIR LA POSTE EN BERLINE NI EN CHAISE A DEUX PERSONNES.

Depuis quelque temps, l'usage de courir la poste dans des voitures à deux ou à quatre personnes s'était introduit en France.

Cet usage ayant occasionné de grandes pertes de chevaux, le Roi dut, par son ordonnance du 25 octobre 1724, « interdire très expressément et sous peine de prison à tous les maîtres de poste, de donner des chevaux pour mener des berlines ou des chaises à deux personnes, sans une permission par écrit, de Sa Majesté ou du surintendant général des postes ».

Quant à ceux qui courraient en chaise à une seule personne, leurs malles, valises ou porte-manteaux ne pourraient excéder le poids de 100 livres

ARRÊT DU CONSEIL DU 12 MAI 1725. — CESSION DES OFFICES DE MAÎTRE DE POSTE.

Nous signalerons également :

Un arrêt du conseil d'État du Roi, en date du 12 mai 1725, qui interdit aux maîtres de poste, sous peine de destitution, de céder leurs postes sans permission expresse du Roi.

LE CARDINAL FLEURY, SURINTENDANT GÉNÉRAL (AOUT 1726).

Au mois d'août 1726, le duc de Bourbon fut exilé dans sa terre de Chantilly et remplacé par le cardinal Fleury qui, sans bruit, s'était emparé, dit Michelet, du Roi et du royaume.

Un édit du même mois supprima la charge de surintendant général. Le Roi se réserva la liberté de pourvoir à la régie et à la direction des postes dans la forme usitée du temps de son prédécesseur. Fleury se fit allouer un traitement de 15 000 francs.

DÉCLARATION ROYALE DU 29 OCTOBRE 1726 INTERDISANT AUX COURRIERS ORDINAIRES DE SE CHARGER, EN ROUTE, DE MATIÈRES D'OR OU D'ARGENT.

Une déclaration royale de 1725 interdit aux courriers ordinaires, sous peine de neuf années de galères, sans que la peine puisse être remise ni réduite, de se charger dans leurs voyages d'aucunes espèces ou matières d'or et d'argent pour les remettre dans différents lieux de leur route.

Cette déclaration fut motivée par les vols et assassinats qui se commettaient fréquemment sur la personne des courriers et postillons dans le but de s'emparer des objets de valeur qu'ils transportaient.

ARRÊT DU CONSEIL D'ÉTAT DU ROI DU 4 NOVEMBRE 1727, CONCERNANT LA FRANCHISE DES PORTS DE LETTRES.

Les abus de franchise augmentaient dans des proportions inquiétantes, à tel point que les revenus de la ferme des postes diminuaient sensiblement.

Par arrêt du conseil du 4 novembre 1727, le Roi, voulant remédier à cette situation, ordonna que la taxe de tous les ports de lettres et paquets serait payée au taux du tarif en vigueur, à l'exception des dépêches adressées au cardinal de Fleury, au chancelier, au garde des sceaux, aux ministres secrétaires d'État, au contrôleur général, aux intendants des finances ou adressées par eux dans les provinces, ainsi qu'aux personnes qui seraient désignées dans un état spécial.

Copie de cet arrêt fut envoyée aux directeurs des bureaux de poste du royaume, accompagnée d'un mémoire instructif, indiquant les personnes jouissant du droit de franchise.

Nous avons sous les yeux le mémoire qui fut adressé au directeur du bureau de Chaumont.

On y lit cette mention :

*Lettres franches.*

Suivant l'état arrêté par le Roy, des personnes auxquelles Sa Majesté accorde la franchise de leurs lettres, il n'y a d'exempt dans votre province que M. l'intendant et son premier secrétaire.

Toutes les autres personnes sans exception, même MM. les gouverneurs et commandans, doivent payer le port de toutes les lettres et paquets qu'ils recevront.

Et en cas que ceux qui ne doivent pas jouir de l'exemption refusassent d'en payer le port, le directeur ne leur délivrera aucune lettre à l'exception de celles de service contresignées, et si le directeur nonobstant ce qui lui est enjoint en délivroit sans en exiger le port, il ne lui en sera tenu aucun compte.

Dans la seconde partie du mémoire, intitulée *Lettres et paquets contresignez*, des instructions étaient données pour exiger la taxe des correspondances indûment affranchies, en requérir l'ouverture et dresser procès-verbal.

Le mémoire se terminait ainsi :

Il est fort recommandé audit sieur directeur d'exécuter ponctuellement le contenu de ce mémoire, dont chaque article est essentiel pour la conservation des droits de la Ferme, et s'il y a quelque avis à donner, il s'adressera à celuy de nous avec lequel il est en relation pour les affaires de son bureau.

Les controlleurs provinciaux ont ordre de faire incessamment leurs tournées générales dans les provinces et de visiter les bureaux pour examiner si les directeurs donnent toute l'attention qu'ils doivent à l'exécution des ordres contenus en ce mémoire, et d'en rendre compte à la Compagnie, pour y pourvoir suivant l'exigence des cas.

Fait et arrêté à Paris au bureau général des postes, le vingt-six décembre 1727.

*Signé :* Pajot, Delasalle, Petit, Delimeil, Rouillé, Desfilletières, Pasquier.

ARRÊT DU CONSEIL DU 4 NOVEMBRE 1727 DONNANT DÉCHARGE A JEAN COULOMBIER, CHARGÉ DU SERVICE DES ARTICLES D'ARGENT AU BUREAU GÉNÉRAL DES POSTES DE PARIS, D'UNE SOMME DE 47121 LIVRES 10 SOLS MONTANT D'ARTICLES D'ARGENT NON RÉCLAMÉS.

Par arrêt du conseil du 4 novembre 1727, le Roi autorisa Jean Coulombier, chargé de la caisse des envois et des payements des articles d'argent au bureau général des postes de Paris, à verser à la caisse du Trésor royal une somme de 47121 livres 10 sols, montant des articles d'argent non réclamés depuis le 1er mai 1690 jusqu'au 31 décembre 1722, et à conserver encore celle de 10 488 livres 6 sols, représentant les articles d'argent non réclamés pendant les années 1723, 1724, 1725 et 1726.

ORDONNANCE DU 2 FÉVRIER 1728 CONTENANT RÈGLEMENT POUR LE SERVICE DES COURRIERS.

Une ordonnance du cardinal Fleury, rendue en forme de règlement le 2 février 1728, prescrivit aux maîtres de poste de la route de Lyon à Grenoble de faire conduire les malles de l'ordinaire avec la diligence nécessaire pour arriver aux heures fixées par les directeurs des bureaux de poste de Lyon et de Grenoble : la conduite de ces malles devait être confiée à des postillons fidèles dont les maîtres de poste demeureraient garants et responsables.

Pour obliger les maîtres de poste à veiller sur la fidélité des postillons, il leur était enjoint de visiter les malles en dehors pour s'assurer de l'état des voitures et en particulier de la solidité des chaînes et cadenas. En cas d'altération, ils devaient en faire dresser procès-verbal en présence du postillon pour le rendre responsable, conjointement et solidairement avec son maître de poste, de la négligence commise.

Enfin, tous les maîtres de poste étaient déclarés garants et responsables de la perte des objets placés dans les malles.

ARRÊT DU CONSEIL D'ÉTAT DU 3 FÉVRIER 1728 PORTANT DÉFENSE AUX MESSAGERS DE PORTER AUCUNES LETTRES, NI PAPIERS AUTRES QUE DES VILLES DE LEUR ÉTABLISSEMENT A PEINE DE 1500 LIVRES D'AMENDE.

Le sieur Accurse Thiéry qui, par un arrêt du conseil en date du 13 janvier 1728, avait été subrogé au lieu et place du fermier général, Jean Coulombier, représenta au Roi que, malgré les défenses faites, les messagers et voituriers transportaient des lettres au grand préjudice des intérêts du fermier.

Cette réclamation fut reconnue fondée et par arrêt du conseil du 3 février 1728, le Roi renouvela les interdictions précédemment faites aux messagers royaux et de l'Université par l'arrêt du 18 juin 1681 et par les articles 7, 8, 9, du bail général des postes en date du 18 avril 1721, de ne transporter d'autres lettres que celles échangées entre les deux termes de leur parcours.

La même défense fut faite à tous autres messagers, propriétaires, fermiers, loueurs et conducteurs de carrosses, coches, carrioles et charrettes, muletiers, piétons, rouliers, voituriers, poulaillers, beurriers, coquetiers, mariniers, bateliers, marchands, colporteurs, ainsi qu'à toutes personnes quelconques, de porter par eau ou par terre, aucunes lettres ni paquets de lettres, à l'exception des lettres de voitures concernant les marchandises dont ils seraient chargés.

Toutes les autres correspondances devaient être transmises « par la poste, sous peine de 1500 livres d'amende et de confiscation des chevaux et équipages pour chaque contravention ».

Une interdiction analogue fut faite, par le même arrêt, aux maîtres des navires, barques, galiotes et chaloupes, auxquels il était enjoint, aussitôt leur arrivée, de porter ou envoyer dans les bureaux de poste des lieux où ils seront arrivés, toutes les lettres, paquets de lettres et papiers dont ils seront chargés, à peine de pareille amende de 1500 livres et de tous dépens, dommages et intérêts, pour être lesdites lettres envoyées à leur adresse.

Pour l'exécution de cet arrêt, le fermier général était autorisé à faire visiter par ses procureurs, commis et préposés, les coches, carrosses, litières, paniers, valises, bateaux et magasins, pour s'assurer si des lettres n'auraient pas été recélées pour être passées en fraude.

### ORDONNANCE DU CARDINAL DE FLEURY DU 31 MAI 1728 CONCERNANT L'ÉTABLISSEMENT DE COURRIERS CONDUISANT LA MALLE DE PARIS A STRASBOURG, EN PASSANT PAR NANCY.

Le service des postes entre Paris et Strasbourg par Nancy s'effectuait alors trois fois par semaine, mais des maîtres de poste de cette route avaient poussé la négligence jusqu'à laisser séjourner les dépêches chez eux en attendant le passage de courriers extraordinaires pour les faire porter à destination. Il s'était produit ainsi des retards d'une journée et plus dans l'arrivée des dépêches à Paris et à Strasbourg. A la faveur de ce désordre, des correspondances avaient pu être soustraites, sans qu'il fût possible de découvrir les coupables, les maîtres de poste en rejetant la responsabilité les uns sur les autres.

C'est ce qui détermina le cardinal de Fleury à prescrire au fermier général, par son ordonnance du 31 mai 1728, d'établir des courriers chargés de conduire trois fois par semaine la malle ordinaire de Paris à Strasbourg par Nancy, et de Nancy à Strasbourg, sans que chaque courrier pût quitter la malle qui lui était confiée.

Pour l'exécution de cette ordonnance, il fut enjoint aux maîtres de poste français établis sur cette route, de ne faire aucune difficulté de fournir trois chevaux à chaque courrier conduisant la malle, « dont un mallier[1] portant ladite malle en travers; le second cheval pour le courrier ; et le troisième pour le postillon qui mènera en guide à la poste voisine de celle de son départ.

Le courrier devait payer *manuellement* par voyage à chaque poste les guides du postillon qui le conduirait, à raison de 5 sols par poste.

Quant aux maîtres de poste de la route, ils toucheraient de six mois en six mois, outre leurs gages ordinaires du Roi fixés à 180 francs et accordés pour les deux ordinaires existant auparavant, une indemnité supplémentaire de moitié, soit en tout 240 francs de gages.

### ORDONNANCE DU CARDINAL DE FLEURY DU 31 MAI 1728 CONCERNANT LE SERVICE DES MAÎTRES DE POSTE DE LA ROUTE DE PARIS A SOISSONS PENDANT LA DURÉE DU CONGRÈS.

Par une seconde ordonnance du 31 mai 1728, le cardinal Fleury prescrivit l'établissement d'un courrier quotidien entre Paris et Soissons, pendant toute la durée du congrès réuni à ce moment, dans cette dernière ville.

Comme on l'avait fait pour le courrier de Paris à Strasbourg, il fut enjoint aux maîtres de poste de la route, de fournir à chaque courrier trois chevaux de poste dont un pour le courrier, un pour la malle et un troisième pour le postillon.

### ORDONNANCE DU CARDINAL DE FLEURY DU 27 DÉCEMBRE 1728 QUI INTERDIT A TOUS LES COURRIERS DU ROYAUME DE SE CHARGER DE LETTRES OU DE PAQUETS DE PAPIERS ÉCRITS A LA MAIN OU IMPRIMÉS.

Malgré toutes les défenses, les courriers persistaient à transporter des correspondances en fraude.

L'ordonnance du 27 décembre 1728 rappela les prescriptions antérieures et décida que les courriers surpris en contravention seraient punis d'une année de prison et exclus du service des postes.

### JUGEMENT DU CHATELET DE PARIS DU 22 JUIN 1729 QUI CONDAMNE UN COURRIER A 9 ANS DE GALÈRES POUR TRANSPORT DE MATIÈRES D'ARGENT.

L'année suivante, un courrier de Bordeaux à Paris, nommé La Couture, convaincu de s'être chargé de matières d'argent et de les

1. Comme on le voit, le service à cheval entre Paris et Strasbourg comprenait un courrier et un postillon, tous les deux à cheval, conduisant un troisième cheval portant la malle ou valise qui contenait les dépêches. Ce fut seulement à la fin du XVIIIe siècle que le service s'effectua dans des voitures appelées malles-poste.

avoir transportées à Paris malgré la déclaration royale du 29 octobre 1726, fut condamné par contumace à neuf années de galères en vertu d'un jugement rendu le 22 juin 1729 par le Châtelet de Paris.

Nous lisons dans l'extrait des registres de la prévôté et maréchaussée de l'Ile-de-France, relatif à cette affaire :

Le procureur du Roi demandeur et accusateur public.

Et le dit La Couture, courrier de Bordeaux, accusé, absent, fugitif, contumax et défaillant.

. . . . . . . . . . . . . . . . . . . . . . . . . .

Ouï, sur ce, le procureur du Roi, adjugeant le profit du défaut et contumax que ledit La Couture est déclaré dûment atteint et convaincu de s'être chargé, en la ville de Bordeaux, de matières d'argent pour les apporter en cette ville au préjudice des défenses portées par la déclaration du Roi du vingt-neuf octobre mil sept cent vingt six ;

Pour réparation, condamné de servir le Roi comme forçat dans ses galères, pendant le temps et espace de neuf ans, préalablement flétri par l'exécuteur de la haute justice au-devant de la porte des prisons du Grand Châtelet, d'un fer chaud en forme des lettres GAL., sur l'épaule droite, conformément à la déclaration du Roi du quatre mars mil sept cent vingt quatre ;

Et ordonné que lesdites matières d'argent mentionnées au procès verbal de description du 10 mai dernier, seront confisquées au profit de l'hôpital général et portées à l'hôtel de la Monnaie par le greffier dépositaire pour être converties en espèces et ensuite lesdites espèces être remises entre les mains du receveur dudit hôpital général, sur icelles les frais du procès préalablement pris.

. . . . . . . . . . . . . . . . . . . . . . . . . .

Laquelle condamnation sera transcrite dans un tableau attaché à une potence qui, à cet effet, sera plantée en place de Grève.

En outre, ordonné que le présent jugement sera, à la diligence dudit procureur du Roi, imprimé, lu et affiché dans tous les bureaux des postes et messageries de la ville, prévôté et vicomté de Paris et généralité de l'Ile-de-France et partout où besoin sera.

Jugé le vingt-deux juin mil sept cent vingt neuf :

Le Conte, Le Brun, de Berny, Josse, Ycard,
Coquenot, Lepetit.
*Signé :* Marrier, greffier.

BAIL DE LA FERME DES POSTES ET MESSAGERIES DU 11 SEPTEMBRE 1729. — Me ACCURSE THIÉRY, FERMIER GÉNÉRAL.

En vertu d'un bail général du 11 septembre 1729, et des lettres patentes enregistrées le 23 août 1730 à la Cour des comptes, Me Accurse Thiéry fut reconnu fermier général des postes et messageries pour une période de six années à partir du 1er janvier 1730 et au prix de 3 946 143 livres 10 sols.

A cette occasion, le Roi rappela qu'il était interdit à tous messagers, voituriers et autres de transporter des lettres ou paquets autres que les lettres de voiture.

ARRÊT DU CONSEIL DU 30 MAI 1730 CONFIRMANT AU FERMIER GÉNÉRAL LE PRIVILÈGE EXCLUSIF DU TRANSPORT DES PAQUETS, TANT A L'ALLER QU'AU RETOUR, ENTRE LYON, ROME ET LES VILLES DE LA ROUTE.

Les négociants de la ville de Lyon contestèrent au fermier général le privilège exclusif du transport des objets de messagerie par ses courriers de Rome, à moins qu'il ne voulût consentir à réduire son tarif et à effectuer ce transport aux mêmes conditions que les messagers ordinaires.

Me Accurse Thiéry protesta contre cette prétention et représenta au Roi que pour lui aider à supporter les frais du courrier de Rome, s'élevant à plus de 50000 livres par an et dont il ne retirait même pas 12000 livres, il avait toujours joui du privilège exclusif du transport des paquets des messageries du poids de 50 livres et au-dessous entre Lyon et Rome et les villes de la route, et que ce service avait toujours été effectué par les courriers à la satisfaction du public.

Le fermier général reconnaissait que les droits fixés par le tarif établi par Louvois étaient, il est vrai, plus élevés que ceux des messageries ordinaires, mais d'un autre côté, il faisait observer que les marchandises transportées par les courriers jouissaient d'exemptions considérables;

Ces marchandises ne payaient, en effet, par la route ordinaire du Pont-de-Beauvoisin, d'autres droits que ceux de la douane de Valence, et les princes d'Italie avaient accordé de tout temps des privilèges et exemptions en faveur des marchandises traversant leurs États.

Enfin, Me Accurse Thiéry ajoutait, en terminant, qu'ayant pris son bail pour en jouir comme l'avaient fait ses prédécesseurs, il ne serait pas juste de le priver du droit dont les précédents fermiers avaient paisiblement joui;

Que, d'ailleurs, le droit d'avoir de Lyon à Rome un courrier messager exempt de tous droits de douane était acquis à Sa Majesté par un long usage et une possession presque immémoriale, même dans les différents États de l'Italie par lesquels passait ce courrier, et qu'il était enfin de l'avantage et de l'honneur de la Nation de soutenir cette prérogative qui serait perdue si l'on établissait des messageries dans la forme ordinaire et usitée.

Cette supplique fut accueillie, et par un arrêt du conseil du 30 mai 1730, Me Accurse Thiéry fut reconnu comme ayant le privilège exclusif d'exploiter la messagerie de Lyon à Rome, villes de la route et retour dans lesdites villes et à Lyon, ainsi que par le passé.

ARRÊT DU CONSEIL DU 30 MAI 1730 INTERDISANT A TOUS MESSAGERS, MULETIERS, ROULIERS, VOITURIERS, MARCHANDS ET A TOUTES SORTES DE PERSONNES, DE PORTER, TANT PAR EAU QUE PAR TERRE, AUCUNES LETTRES OU PAQUETS DE LETTRES, NI DE TENIR AUCUN ENTREPÔT POUR LES REMETTRE OU LES DISTRIBUER.

Le fermier général eut l'occasion de constater un nouveau genre de fraude dans le transport des lettres.

Sous prétexte de rendre service au public, des particuliers de différentes villes du royaume avaient pris l'habitude de recevoir des lettres en dépôt chez eux en déclarant aux intéressés qu'elles seraient déposées au bureau de poste.

Me Accurse Thiéry s'en plaignit au Roi et fit remarquer que ces particuliers transformaient ainsi leur maison en véritables entrepôts de lettres, ce qui ne pouvait avoir d'autre but que de frauder les droits de la poste et était très préjudiciable à ses intérêts.

A la suite de cette plainte, intervint un arrêt du conseil en date du 30 mai 1730, qui renouvela à tous « messagers, propriétaires, fermiers, loueurs et conducteurs de carrosses, coches, carioles et charrettes, muletiers, rouliers, voituriers, poulaillers, beurriers, coquetiers, mariniers, marchands, colporteurs et à toutes autres sortes de personnes » l'interdiction de porter, tant par eau que par terre, aucunes lettres ni paquets de lettres, à l'exception des lettres de voiture transportées par les voituriers.

Le même arrêt défendit « à tous hôteliers, cabaretiers, aubergistes et autres personnes de quelque état et condition qu'elles fussent, de recevoir dans leurs maisons aucunes lettres ni paquets de lettres sous aucun prétexte, à peine de cinq cents livres d'amende, laquelle, ajoutait l'arrêt, demeurera encourue à la première contravention, et sous plus grande peine en cas de récidive ».

TARIF DES CORRESPONDANCES DE OU POUR LA PROVINCE DE LORRAINE.

Sur la demande du fermier général, son bail fut enregistré au greffe de la Chambre des comptes du duché de Lorraine en vertu d'un arrêt de la Cour des aides de cette province en date du 24 novembre 1730 et le tarif suivant fut adopté pour les correspondances en provenance ou à destination de cette province.

## TARIF DES CORRESPONDANCES

EN PROVENANCE OU A DESTINATION DE LA PROVINCE DE LORRAINE

| ORIGINE. | DESTINATION. | LETTRES SIMPLES. | LETTRES avec ENVELOPPES | LETTRES DOUBLES. | L'ONCE des PAQUETS. |
|---|---|---|---|---|---|
| Paris . . . . . . | Bar-le-Duc, Nancy, Pont-à-Mousson. | 7 sols. | 8 sols. | 12 sols. | 28 sols. |
| Paris . . . . . . | Dieuze, Épinal, Lunéville, Mirecourt, Neufchâteau, Ravon, Remiremont, Saint-Dié, St-Mihiel, Saint-Nicolas. . | 8 sols. | 9 sols. | 14 sols. | 32 sols. |
| Paris . . . . . . | Sainte-Marie-aux-Mines . . . . . | 9 sols. | 10 sols. | 16 sols. | 36 sols. |
| Saint-Dizier, Bar-le-Duc, Saint-Mihiel, Ligny, Void, Toul, Sarrebourg, Dieuze, Marsal, Vic, Saint-Dié, Ravon, Lunéville, Saint-Nicolas, Metz, Sarrelouis, Pont-à-Mousson, Épinal, Mirecourt, Remiremont, Neufchâteau. . . . . . | Nancy. . . . . . | 3 sols. | 4 sols. | 5 sols. | 12 sols. |
| Reims, Châlons, Vitry-le-François, Phalsbourg, Schlestadt, Ste-Marie-aux-Mines | Nancy. . . . . . | 6 sols. | 7 sols. | 10 sols. | 24 sols. |
| Strasbourg, Huningue, Brissac Colmar, Franche-Comté. . . | Nancy. . . . . . | 7 sols. | 8 sols. | 12 sols. | 20 sols. |

| ORIGINE. | DESTINATION. | LETTRES simples. | LETTRES avec enveloppe. | LETTRES doubles. | L'ONCE des paquets. |
|---|---|---|---|---|---|
| Châlons, Verdun, Vitry, Ligny, Saint-Dizier, Void, Toul, Nancy, Metz, Saint-Mihiel . . | Bar-le-Duc. . . . | 4 sols. | 5 sols. | 7 sols. | 16 sols. |
| Reims. . . . . . | Bar-le-Duc. . . . | 6 sols. | 7 sols. | 10 sols. | 24 sols. |
| Metz, Nancy . . . | Dieuze. . . . . . | 3 sols. | 4 sols. | 5 sols. | 12 sols. |
| Strasbourg. . . . | Dieuze. . . . . . | 6 sols. | 7 sols. | 10 sols. | 24 sols. |
| **Tarif des distances entre les villes de Lorraine :** | | | | | |
| 20 lieues et au-dessous . . . . | . . . . . . . . . . | 3 sols. | 4 sols. | 5 sols. | 12 sols. |
| 20 à 40 lieues . . | . . . . . . . . . . | 4 sols. | 5 sols. | 7 sols. | 16 sols. |
| Bureaux de Lorraine[1]. . . . . | Mayence, Francfort, Heidelberg, Nuremberg, Augsbourg, Autriche et Haute-Allemagne. . . | 9 sols. | 10 sols. | 16 sols. | 36 sols. |

1. Affranchissement jusqu'à Rheinhausen.

### ORDONNANCE DU CARDINAL DE FLEURY RÉGLANT LA FRANCHISE DES COMMANDANTS DES PROVINCES (12 MARS 1731).

Le 12 mars 1731, le cardinal de Fleury crut devoir rendre une ordonnance qui régla de la manière suivante la franchise des commandants de provinces.

Ces officiers devaient, aux termes de l'ordonnance, acquitter la taxe des ports de lettres qui leur seraient adressées de Paris et des provinces du royaume situées en dehors de leur commandement ;

Quant aux correspondances émanant de l'intérieur de leur commandement, elles devraient leur être remises franches de port et il en serait tenu par le directeur des postes un état qui serait certifié tous les mois par le commandant destinataire.

Il en serait de même des lettres adressées par les commandants à l'intérieur de leur commandement. Ces lettres devraient être frappées du timbre *Affaires du Roy* et le directeur des postes devrait aussi en tenir un état certifié par le commandant tous les mois. Le montant de cet état serait remboursé au fermier général des postes par le trésor de l'extraordinaire des guerres.

ARRÊT DU CONSEIL DU 26 JUIN 1731 AUTORISANT L'AUGMENTATION PENDANT UNE ANNÉE D'UN QUART SUR LE PRIX DU TRANSPORT DES PERSONNES ET DES MARCHANDISES.

Les fermiers des voitures et messageries publiques ayant représenté au Roi que leur situation était devenue très difficile par suite de la rareté et du prix excessif des fourrages, qui avaient été occasionnés par une extrême sécheresse, un arrêt du conseil en date du 26 juin 1731 les autorisa à augmenter d'un quart pendant une année le prix des voitures servant à transporter les voyageurs, les prisonniers, les ballots, paquets, marchandises, l'or, l'argent, les papiers, les procès criminels et civils.

Il ne fut fait exception que pour les voitures de la Cour et les coches d'eau de la ville de Paris à Auxerre.

ARRÊT DU CONSEIL DU 27 JUILLET 1731 ACCORDANT LE MÊME PRIVILÈGE AUX FERMIERS DE LA COUR ET MESSAGERIES DE VERSAILLES.

Sur la réclamation des fermiers des voitures de la Cour et des messageries de Versailles, le même privilège leur fut accordé pour une année jusqu'au 1er juillet 1732, en vertu d'un arrêt du conseil en date du 27 juillet 1731.

ORDONNANCE ROYALE DU 9 JUIN 1732 QUI CHARGE LA COMMUNAUTÉ DES VILLES, BOURGS OU VILLAGES D'EFFECTUER LE SERVICE DES POSTES VACANTES.

Il se produisait fréquemment des interruptions dans le service des postes par suite de vacances existant dans plusieurs établissements. Ce fait s'étant renouvelé plusieurs fois en 1732, le Roi voulut en prévenir le retour et rendit le 9 juin 1732 une ordonnance en vertu de laquelle le service des postes vacantes devrait être assuré, à défaut d'autre personne capable, par les soins des communautés des villes, bourgs ou villages. Les communautés jouiraient, dans ce cas, des gages, privilèges et exemptions attribués aux maîtres de poste.

ORDONNANCE ROYALE DU 28 JUIN 1733 INTERDISANT A TOUS LOUEURS DE CHEVAUX, HÔTELIERS ET AUTRES DE FOURNIR DES CHEVAUX POUR ALLER EN POSTE.

Un certain nombre de personnes avaient pris l'habitude de courir la poste avec des chevaux de louage, des chaises de poste et des postillons pour les conduire, bien qu'aux termes des édits et règlements sur le service des postes et notamment de l'édit du mois de mai 1597, des lettres patentes des 2 septembre 1607, 18 octobre 1616 et de l'arrêt du conseil du 18 août 1681, il fût interdit à tous loueurs de chevaux et autres personnes de donner des chevaux pour aller en poste, à cheval et en chaise, ou autres voitures avec guides, sur les routes desservies par les postes.

Le Roi crut devoir, en conséquence, confirmer les précédents règlements et, par ordonnance du 28 juin 1733, il interdit de nouveau « à tous loueurs de chevaux, hôteliers, et autres personnes du royaume, de fournir des chevaux pour aller en poste, soit à cheval, chaises ou autres équipages, avec gens pour les guider, ou pour ramener les chevaux sur les routes où les postes sont établies, mais seulement pour aller le pas ou le trot sans guides, le tout à peine de confiscation des chevaux, selles, harnois et équipages en contravention ».

ARRÊT DU CONSEIL DU 7 DÉCEMBRE 1734 CONCERNANT LES DROITS DE PÉAGE ÉTABLIS SUR LE PONT DE MANTES.

Des difficultés se produisirent l'année suivante, au sujet de l'interprétation de la législation sur les droits de péage.

Les préposés à la perception des droits de péage établis sur le pont de Mantes avaient émis la prétention de réclamer ces droits aux maîtres de poste, aux postillons et domestiques conduisant les courriers ou revenant à vide avec leurs chevaux.

D'un autre côté, diverses personnes passaient sans payer en usant de menaces et d'intimidation à l'égard des préposés.

Enfin, des officiers de l'armée prétendaient être dispensés du paiement des droits de péage.

Un arrêt du conseil en date du 7 décembre 1734 ordonna que ces droits seraient, à l'avenir, acquittés par toutes personnes, quelle que que fût leur qualité, à l'exception seulement :

Des officiers des maréchaussées et des archers servant sous leurs ordres ;

Des commis des fermes ;

Des courriers ordinaires portant la malle ;

Des courriers du cabinet ;

Des maîtres de poste, leurs postillons et domestiques conduisant les courriers et non autrement sinon lorsqu'ils reviendront de leurs courses, auxquels cas ils seront pareillement exempts tant pour eux que pour leurs chevaux.

Quant aux autres personnes courant la poste en chaise et autre voiture ou à cheval, ils étaient tenus de payer des droits de péage conformément au tarif inséré dans l'arrêt du 26 janvier 1734, à raison de 5 sols par chaque chaise attelée de deux chevaux et à proportion pour celles qui seraient attelées de plus de deux chevaux, et de 1 sol 6 deniers pour chaque cavalier.

### ORDONNANCE ROYALE DU 19 AOUT 1735 ENJOIGNANT A TOUS BATELIERS QUI EMBARQUERONT QUELQUES PERSONNES QUE CE SOIT, ARRIVANT EN POSTE, DE PAYER 3 LIVRES AU MAÎTRE DE POSTE DU LIEU PAR CHAQUE PERSONNE QUI AURA COURU LA POSTE ET QUI S'EMBARQUERA.

Dans les localités desservies à la fois par des postes et par des bateaux, des disputes s'élevaient fréquemment entre les maîtres de postes et les bateliers, en raison des sollicitations que ces derniers exerçaient sur les voyageurs pour les décider à s'embarquer.

Pour mettre un terme à ces difficultés, tout en conciliant le principe du privilège des maîtres de poste avec la faculté laissée aux particuliers de voyager sur les rivières, le Roi enjoignit, par ordonnance du 19 août 1735, à tous les bateliers qui embarqueraient des voyageurs arrivant en poste, de payer au maître de la poste du lieu une somme de 3 livres pour chaque personne qui aurait couru la poste et qui s'embarquerait.

### ARRÊT DU CONSEIL DU 13 SEPTEMBRE 1735 RELATIF A L'ADMINISTRATION DES POSTES VACANTES OU ABANDONNÉES.

L'ordonnance du 9 juin 1732 avait prescrit que lorsque des postes se trouveraient vacantes et lorsqu'il ne se présenterait aucune personne capable d'en continuer le service, les communautés seraient tenues de les administrer.

L'exécution de cette ordonnance ayant donné lieu à certaines difficultés soit par suite de la distance qui séparait les paroisses du lieu où les postes étaient établies, soit pour d'autres causes, le Roi crut devoir la modifier et la compléter de la manière suivante, par arrêt du conseil en date du 13 septembre 1735 :

Lorsque des postes se trouveront vacantes ou abandonnées et lorsqu'il ne se présentera personne pour les remonter, le service en sera fait par la communauté du lieu; dans ce cas, la personne désignée par la communauté pour faire le service jouira des gages attribués à ces postes et de tous les privilèges, droits et exemptions dont jouissent les autres maîtres de poste.

Dans le cas où la communauté ne pourrait pas seule assurer le service, les intendants et commissaires devraient désigner tel nombre de communautés voisines qui serait nécessaire, à charge par elles de fournir solidairement tant en nature qu'en argent tout ce qui serait nécessaire pour soutenir et remonter entièrement le service.

Si enfin des particuliers consentaient à se charger d'assurer ce service, ils jouiraient, dans les lieux où leurs biens seraient situés, des mêmes exemptions de taille et autres privilèges que si ces biens étaient situés dans les lieux mêmes où les postes étaient établies.

SENTENCE DU CHATELET DE PARIS DU 10 MARS 1736. — CONDAMNATION D'UN COURRIER QUI AVAIT TRANSPORTÉ DES MARCHANDISES EN FRAUDE.

Les interdictions faites aux courriers de transporter des marchandises en fraude n'étaient guère observées à cette époque, si nous en jugeons par une sentence du Châtelet de Paris rendue le 10 mars 1736.

Le sieur Quillot, courrier ordinaire de Lyon, fut, en effet, convaincu d'avoir transporté en fraude six paniers de truffes, deux ballots d'artichauts de Gênes, un baril d'huile et deux caisses d'étoffes.

Ces marchandises furent saisies et le courrier fut condamné à une amende de 100 livres, ainsi qu'un voiturier de Charenton qui s'était rendu complice du délit.

ORDONNANCE DU ROI DU 6 DÉCEMBRE 1736 QUI INTERDIT A TOUTES PERSONNES DE SE FAIRE DÉLIVRER DES CHEVAUX DE POSTE PAR RUSE OU PAR FORCE ET QUI ENJOIGNIT SOUS PEINE DE TROIS MOIS DE PRISON AUX MAÎTRES DE POSTE DE DÉFÉRER AUX ORDRES DE LEURS SUPÉRIEURS ET DE RÉSERVER LES CHEVAUX NÉCESSAIRES.

L'ordonnance royale du 6 décembre 1736, renouvelant d'anciennes ordonnances et notamment celle du 23 septembre 1722, interdit, à peine de désobéissance, à toutes personnes de quelque qualité ou condition qu'elles fussent, de prendre de force ou de se faire donner des chevaux de poste par ruse ou autrement.

D'un autre côté, la même ordonnance enjoignit aux maîtres de poste, sous peine de trois mois de prison, d'exécuter les ordres de leurs supérieurs et de conserver les chevaux qu'il leur serait ordonné de tenir prêts, avec défenses sous les mêmes peines de les donner à qui que ce fût.

### SERVICE ENTRE PARIS ET BRUXELLES.

A la date du 29 novembre 1738, fut publié l'ordre de service suivant relatif au service de courriers existant entre Paris et Bruxelles

29 novembre 1738.

MÉMOIRE ET ORDRE

*Sur l'accélération de la course de Paris à Bruxelles en allant seulement, étant suffisant que le courrier de Bruxelles à Paris y arrive entre 5 et 6 heures du matin.*

La course de Paris à Bruxelles doit être faite en 24 heures en été et en 27 en hiver, savoir de Paris à Saint-Quentin en 16 et 18 heures et de Saint-Quentin à Valenciennes en 8 et 9 heures.

Sur ce principe, le courrier partant de Paris à 2 heures 1/2 ou 3 heures au plus tard doit toujours arriver à 5 heures du soir, mais comme le courrier des Païs bas ne part de Kiévrain qui est à deux lieues de Valenciennes qu'entre 9 et 10, il suffiroit de prendre des mesures assez justes pour faire arriver le courrier de Paris à Valenciennes à 7 heures du soir au plus tard[1].

### ORDONNANCE DU CARDINAL DE FLEURY DU 8 DÉCEMBRE 1738 PORTANT RÈGLEMENT POUR LA DISCIPLINE DES POSTES.

A la suite de nombreuses plaintes formulées tant par les maîtres de poste que par les courriers, le cardinal Fleury crut devoir publier, le 8 décembre 1738, un important règlement, divisé en onze articles et délimitant les droits et les devoirs respectifs de chacun d'eux.

En vertu de ce règlement, il était enjoint aux maîtres de poste :

De se pourvoir du nombre de chevaux nécessaires suivant le passage plus ou moins fréquent des courriers ou des voyageurs, et d'avoir des postillons en nombre suffisant pour conduire les courriers tant ordinaires qu'extraordinaires;

De tenir des chevaux et des postillons toujours prêts pour conduire les grands courriers qui accompagnent les malles renfermant les lettres du Roi et du public.

Dans l'intérêt de la bonne exécution du service, les maîtres de poste étaient invités à vivre entre eux en bonne intelligence.

A cet effet, les courriers ne devraient jamais dépasser les limites de leur poste; les postillons, une fois arrivés à la poste suivante, changeraient de chevaux en tout ou en partie selon que cette

1. Cette pièce est extraite de la collection des *Mémoires de la Ferme des postes*, qui est classée à la bibliothèque du ministère des postes et des télégraphes.

poste serait plus ou moins dégarnie de chevaux en état de marcher.

Comme un certain nombre de courriers portaient fréquemment avec eux des malles, valises ou porte-manteaux d'un poids excessif, ce qui avait occasionné la perte de plusieurs chevaux, il était interdit aux maîtres de poste de fournir des chevaux à tout courrier qui aurait soit devant, soit derrière sa chaise, des valises ou porte-manteaux excédant le poids de 130 livres. Il leur était également défendu de fournir des malliers pour porter en selle un poids dépassant 120 livres, et en croupe le poids de 50 livres porté par le postillon. En aucun cas, les courriers, maîtres ou domestiques ne pourraient charger les chevaux montés d'autres choses que de ce qui pourrait être contenu dans les poches de la selle.

Le règlement rappelait les défenses antérieurement faites aux maîtres de poste de fournir des chevaux pour courir en berline ou en chaise à deux personnes, à moins d'autorisations spéciales signées soit du Roi, soit du grand maître, soit du contrôleur général des postes.

### Me GRÉGOIRE CARLIER, FERMIER GÉNÉRAL (2 NOVEMBRE 1739).

En vertu d'un bail passé le 2 novembre 1739, Me Grégoire Carlier fut reconnu adjudicataire de la ferme des postes au prix de 4 521 400 fr. pour une durée de six années.

A cette occasion, le nouveau fermier général obtint le privilège exclusif du transport des correspondances et il fut interdit à tous messagers, fermiers ou voituriers de le troubler dans l'exercice de ce privilège.

### ARRÊT DU CONSEIL DU 4 NOVEMBRE 1739 CONCERNANT LE PORT DES LETTRES ET PAQUETS ET LA PERMISSION DU CONTRESEING.

Le 4 novembre 1739, un arrêt du conseil rappela que le port des lettres et paquets devrait être acquitté conformément au tarif du 27 novembre 1703, à la déclaration du 8 décembre de la même année, aux arrêts des 18 avril 1721, 4 novembre 1727 et à celui du mois de mai 1734, par toutes personnes, à l'exception de celles qui avaient obtenu la franchise et qui se trouvaient mentionnées dans l'état arrêté le 30 juin 1738.

Aux termes de cet arrêt, les lettres et paquets n'ayant pas droit à la franchise devraient être taxés d'office.

Nous avons relevé dans les *Mémoires de la ferme des postes* un fait qui montre toute l'importance que l'on attachait alors à la question des franchises.

Le comte de Charolais avait demandé à bénéficier de la franchise du port des lettres en raison de sa charge de grand maître de la maison du Roi.

La question fut soumise au Roi qui écrivit en marge de la demande :

Le comte de Charollais ne paiera point de port de lettres, tandis qu'il exercera la charge de grand maître et ne contresignera point.

Le comte de Clermont et le prince de Conti et les autres princes de mon sang paieront à l'ordinaire le port de leurs lettres. — A Versailles, ce 4 décembre 1740.

*Signé :* LOUIS.

### CIRCULAIRE DU 20 DÉCEMBRE 1740 RELATIVE AUX FAUSSES DIRECTIONS.

Une circulaire administrative du 20 décembre 1740 invita tous les directeurs de bureaux de poste à renvoyer régulièrement à l'administration, à partir du 1er janvier 1741, toutes les lettres qui leur parviendraient en fausse direction.

Cet envoi devait être accompagné d'un bordereau détaillé.

L'administration se réservait la constatation des erreurs, afin d'être ainsi en mesure de les réprimer et de tenir en éveil la vigilance des commis.

### ORDONNANCE DU CARDINAL DE FLEURY DU 27 MARS 1741 CRÉANT TROIS ORDINAIRES PAR SEMAINE, TANT A L'ALLER QU'AU RETOUR, ENTRE PARIS ET STRASBOURG.

Une ordonnance du cardinal Fleury en date du 27 mars 1741 créa, à partir du 15 avril suivant, trois ordinaires par semaine tant à l'aller qu'au retour entre Paris et Strasbourg passant par Reims, Châlons, Verdun, Metz et Vic.

### ACCÉLÉRATION DE LA CORRESPONDANCE AVEC LA HAUTE ALLEMAGNE. — SERVICE ENTRE FRANCFORT ET STRASBOURG.

Le prince de la Tour et Taxis profita de l'établissement de ces trois grands courriers entre Paris et Strasbourg pour accélérer la correspondance de la haute Allemagne et créa un service quotidien entre Francfort et Strasbourg. De son côté, sur les instances du prince, l'office de Dresde établit également une correspondance journalière entre Dresde et Strasbourg.

TRAITÉ CONCLU LE 20 MAI 1741 ENTRE LES POSTES DE FRANCE ET L'OFFICE DE NAPLES.

Le 20 mai 1741, un traité de poste fut conclu entre les postes de France et l'office de Naples. En vertu de ce traité, les lettres de France pour les royaumes de Naples et de Sicile ne devaient pas être affranchies; quant à celles émanant de ces pays, elles devaient être frappées d'une double taxe d'affranchissement, l'une du lieu d'origine jusqu'à Rome, la deuxième de Rome jusqu'au lieu de destination. Ces deux taxes devaient être perçues sur le destinataire.

CIRCULAIRE DU 7 OCTOBRE 1741 RELATIVE AUX REMISES DES DIRECTEURS DES POSTES SUR LES ENVOIS D'ARGENT.

Nous avons déjà vu que les directeurs des bureaux étaient rétribués au moyen des remises qui leur étaient allouées à l'arrivée, tant sur les ports de lettres que sur les envois d'articles d'argent.

Il arrivait parfois que les bénéficiaires avaient déjà quitté la ville où les fonds leur étaient adressés, au moment de l'arrivée de l'avis qui devait alors être dirigé sur la nouvelle résidence où le paiement était effectué.

Dans ce cas, chacun des directeurs qui recevaient cet avis se croyait autorisé à percevoir les remises.

Pour faire cesser ces divergences, l'administration crut devoir adresser, le 7 octobre 1741, une circulaire aux directeurs pour établir une règle uniforme.

Nous lisons dans cette circulaire :

La compagnie, pour fixer sur cela l'usage d'une manière invariable, a décidé que dans le cas susdit, le bénéfice appartient au directeur du lieu où la somme est répétée en dernier lieu et où le payement se fait, et qu'ainsi le directeur du lieu où l'envoi a d'abord été fait doit renvoyer l'argent avec le bénéfice ce qu'il doit exécuter avec d'autant moins de répugnance que la loi est égale de part et d'autre, et que s'il perd une fois cette gratification par le départ de la personne qui étoit dans sa ville lors de l'envoi, il le gagnera par l'arrivée d'une autre qui se trouvoit ailleurs lorsque l'argent est parti.

La compagnie avertit les directeurs des principaux bureaux que lorsqu'on leur adresse des sommes d'argent pour les faire passer à des petits bureaux de leur correspondance, ces directeurs des chefs bureaux doivent partager le bénéfice avec les directeurs qui délivrent l'argent aux particuliers.

On croit n'avoir pas besoin d'ajouter ici que tous les directeurs ne sçauraient être trop attentifs à délivrer promptement aux particuliers les lettres qui leur donnent avis qu'on leur envoye de l'argent.

14 MAI 1742. — FRANCHISES. — LOUIS XV REFUSE LA FRANCHISE A LA PRINCESSE DE CONDÉ.

Le fermier général éprouvait toujours de grandes difficultés à obtenir le paiement de la taxe des lettres adressées aux personnages haut placés et il signala notamment la princesse de Condé, abbesse de Saint-Antoine, comme se refusant constamment à acquitter le port de ses correspondances.

Louis XV écrivit de sa propre main, en marge de la plainte que lui adressa le fermier général, l'annotation suivante :

Mon intention est qu'après avoir fait les honnestetés convenables à ma cousine de Bourbon, abbesse de Saint-Antoine, vous lui disiés de ma part qu'elle doit païer les ports de lettres qui lui sont adressées ; et si, ce que j'ai de la peine à croire, elle refusoit d'exécuter mes ordres, vous retiendrés toutes les lettres qu'on lui écrit, et vous en donnerés avis à mon cousin le cardinal de Fleury.

A Fontainebleau, ce 14 mai 1742. *Signé :* LOUIS [1].

LE COMTE D'ARGENSON, GRAND MAÎTRE ET SURINTENDANT GÉNÉRAL.

Le cardinal de Fleury mourut au commencement de l'année 1743, et fut remplacé par le comte Marc-Pierre Voyer de Paulmy d'Argenson.

CORRESPONDANCES POUR LA TOSCANE.

Une circulaire du 1er juin 1743, adressée à tous les directeurs, nous apprend que les lettres de France pour la Toscane devaient être affranchies jusqu'à Gênes, sous peine d'être versées en rebut.

NICOLAS LABBÉ, FERMIER GÉNÉRAL. — LETTRES PATENTES DU 9 OCTOBRE 1744.

Par lettres patentes du 9 octobre 1744, Nicolas Labbé fut reconnu adjudicataire de la ferme générale des postes et messageries et du droit et privilège exclusif des litières pour une période de six années à compter du 1er janvier 1745 au 31 décembre 1750, moyennant la somme de 4551500 livres.

ARRÊT DU CONSEIL DU 25 JANVIER 1746. — JEAN-ANDRÉ ISNARD, FERMIER GÉNÉRAL.

Au mois de janvier 1746, Nicolas Labbé, n'étant plus en mesure de tenir ses engagements, proposa comme subrogé en son lieu et place

1. *Mémoires de la ferme des postes* (2e volume).

pour la période restant à courir jusqu'à l'expiration du bail « Jean-André Isnard ».

Cette subrogation fut acceptée et approuvée par arrêt du conseil en date du 25 janvier 1746.

### CIRCULAIRE DU 3 MARS 1749 CONTENANT DES INSTRUCTIONS POUR LES CONTRÔLEURS PROVINCIAUX.

Les *Mémoires de la ferme des postes* contiennent, à la date du 3 mars 1749, une circulaire qui trace d'une façon très précise la ligne de conduite que devaient tenir les contrôleurs provinciaux dans la vérification des bureaux de poste de leur circonscription.

#### ARTICLES D'ARGENT. — REBUTS.

Aux termes de cette circulaire, les contrôleurs provinciaux devaient s'assurer si les directeurs se conformaient aux instructions concernant le service des rebuts, dresser un état des articles d'argent non payés.

#### CAUTIONNEMENTS.

Vérifier si les *cautionnements* étaient bien réguliers, si les cautions étaient bonnes et solvables, si les biens affectés à ces cautionnements étaient réellement quittes de toutes dettes et hypothèques et faire régulariser par-devant notaire les actes qui étaient sous seing privé.

#### COURRIERS ET RELAIS.

S'assurer si les courriers *font la diligence requise* et si les entrepreneurs ont un nombre suffisant de relais montés de bons chevaux.

L'attention des *contrôleurs provinciaux* était tout particulièrement appelée sur les points suivants :

#### SURVEILLANCE SUR LE SERVICE DES DIRECTEURS.

Veiller à ce que les directeurs qui sont en correspondance les uns avec les autres, n'aient point entre eux des intelligences contraires aux intérêts de la compagnie, c'est-à-dire à ce qu'ils ne chargent point leurs *feuilles d'avis* d'un faux montant pour s'approprier le surplus de ce qui se trouverait y manquer.

Pour arriver à ce résultat, il était recommandé aux contrôleurs de se trouver souvent dans les bureaux à l'arrivée du courrier et d'ouvrir eux-mêmes les dépêches en présence du directeur, mais à l'improviste.

Ils devaient, à cet effet, *garder un profond secret* sur la route qu'ils se proposaient de tenir, feindre même d'en prendre une et revenir ensuite sur leurs pas, ou suivre des chemins de traverse.

Bien qu'il fût difficile de convaincre deux directeurs de s'entendre entre eux, même après avoir constaté des erreurs sur le montant de leurs feuilles d'avis, la peine de la révocation serait appliquée aux directeurs qui seraient trouvés plusieurs fois en défaut.

### RAPPORT DE VÉRIFICATION.

Les contrôleurs provinciaux devaient dresser un rapport succinct de vérification pour chaque bureau et l'adresser au service compétent de l'administration.

Enfin, ils devaient inviter les directeurs des grands bureaux à faire faire à leurs frais un timbre imprimé, et faire fabriquer, eux-mêmes, des timbres analogues pour les directeurs des bureaux situés dans des petites villes ou autres localités secondaires dépourvues d'imprimeur et de graveur.

### 20 AOUT 1757. — INSTRUCTION SUR LE SERVICE DES CONTRÔLEURS DES POSTES.

Une autre instruction du 20 août 1757 sur le service des contrôleurs des postes montre quelle était, à ce moment, l'organisation intérieure des bureaux.

Nous voyons par ce document qu'il existait alors des bureaux de poste et des bureaux de distribution relevant directement des premiers.

Dans les bureaux de poste, le service était exécuté par un directeur assisté d'un ou de plusieurs commis et de piétons.

A côté du directeur se trouvait un contrôleur chargé spécialement de surveiller la gestion du directeur, tout en lui prêtant son concours, et de s'assurer si les commis, entrepreneurs, courriers et piétons exécutaient régulièrement leur service.

Le contrôleur devait se trouver à l'arrivée des courriers et à l'ouverture des malles pour vérifier sur les *parts*[1] le nombre des *dépêches*[2] de manière à s'assurer si ces dépêches ne contenaient pas d'objets étrangers au service. Dans le cas de l'affirmative, il était tenu d'en

1. Nom donné à la feuille de route accompagnant toute dépêche remise à un courrier ou à un agent quelconque chargé de la transporter.
2. On appelle *Dépêche*, la réunion des objets à destination d'un bureau correspondant.

dresser procès-verbal conjointement avec le directeur et d'aviser la ferme générale.

Son attention devait se porter sur les surcharges des chevaux, les heures de départ et d'arrivée des courriers, la concordance entre le nombre des objets de correspondance reçus et le nombre annoncé sur les feuilles d'avis, l'exactitude des taxes appliquées, l'observation des règlements concernant les rebuts et les franchises, les correspondances adressées aux directeurs et aux commis qui ne jouissaient de la franchise que pour les lettres simples.

Il était également recommandé au contrôleur de vérifier si les dépêches ne renfermeraient pas des lettres non taxées et, dans le cas de l'affirmative, de les taxer et de les inscrire comme *bons trouvés*[1], de participer lui-même à la confection des dépêches. Le contrôleur devait tenir la main à ce que les courriers partent régulièrement, à ce que le bureau soit ouvert et fermé aux heures réglementaires, à ce que les distributions s'effectuent avec célérité et par ordre de rue et de maison et enfin à ce que le public ne soit pas admis dans l'intérieur du bureau.

Comme on le voit, l'action du contrôleur devait s'exercer sur toutes les parties du service, à côté et indépendamment de l'action du directeur.

Il existait alors en France 900 bureaux de poste environ.

### ROUILLÉ, COMTE DE JOUY, GRAND MAÎTRE ET SURINTENDANT GÉNÉRAL (1757).

Cette même année 1757, le comte d'Argenson fut exilé dans ses terres, grâce aux intrigues de Mme de Pompadour et remplacé à la surintendance générale des Postes par Rouillé, comte de Jouy, qui avait successivement rempli les fonctions de conseiller au Parlement de Paris, de maître des Requêtes (1717), d'intendant du Commerce (1725), de directeur de la librairie, de ministre de la Marine (1749) et de ministre des Affaires étrangères (1754).

### DÉCLARATION DU 8 JUILLET 1759 PORTANT AUGMENTATION DU TARIF DES PORTS DE LETTRES ET ÉTABLISSEMENT D'UNE POSTE DE VILLE A PARIS. — TARIF.

La monarchie se vit forcée de créer de nouvelles ressources pour faire face aux dépenses de la guerre de Sept Ans dans laquelle la France était engagée depuis 1756.

On reconnut alors que le tarif de la taxe des lettres établi en 1703 n'était plus en rapport avec l'augmentation considérable du prix des denrées et des dépenses d'exploitation de la ferme des postes. De plus,

1. Nom donné à tout objet de correspondance reconnu bon à distribuer par le bureau de destination et que le bureau d'origine a négligé de taxer ou a taxé insuffisamment.

en tenant compte de la dépréciation du marc d'argent et de la grande quantité des espèces en circulation, le tarif de 1703 se trouvait, en réalité, inférieur à la valeur intrinsèque qu'il représentait à l'époque de sa mise en vigueur.

Ces considérations inspirèrent la déclaration du 8 juillet 1759 dont le but ainsi défini consistait donc à augmenter, dans une proportion générale, le tarif de 1703.

En vertu du tarif annexé à la déclaration de 1759, la taxe des lettres simples partant de Paris pour toutes les villes de France fut fixée de la manière suivante :

| | |
|---|---|
| Au-dessous de 20 lieues | 4 sols. |
| De 20 à 40 lieues | 6 — |
| De 40 à 60 lieues | 7 — |
| De 60 à 80 lieues | 8 — |
| De 80 à 100 lieues | 9 — |
| De 100 à 120 lieues | 10 — |
| De 120 à 150 lieues | 12 — |
| De 150 à 200 lieues et au delà | 14 — |

Quant aux lettres simples échangées entre deux provinces sans passer par Paris, leur taxe fut ainsi fixée :

| | |
|---|---|
| Au-dessous de 20 lieues | 4 sols. |
| De 20 à 40 lieues | 6 — |
| De 40 à 60 lieues | 7 — |

et ainsi de suite à raison d'une taxe supplémentaire d'un sol par chaque distance de 20 lieues.

Les lettres avec enveloppe furent assujetties à la même taxe augmentée d'un sol, quelle que fût la distance.

Les lettres doubles, c'est-à-dire pesant plus de deux gros et moins d'une demi-once, furent frappées non pas d'un port double, mais d'une taxe inférieure de 2 sols au port double, à l'exception, toutefois, des lettres de 4 sols qui, quand elles étaient doubles, étaient taxées 7 sols.

La taxe de l'once des paquets fut fixée à quatre fois le port de la lettre simple.

Quant aux lettres expédiées en passe Paris, elles étaient passibles d'une double taxe comprenant :

1° Le port dû depuis le point de départ jusqu'à Paris;

2° Le port dû depuis Paris jusqu'au lieu de destination.

C'est ce qu'on appelait taxer des *deux ports*.

Vingt autres bureaux situés dans les principales villes du royaume et qu'on appelait *chefs-bureaux*, taxaient aussi des deux ports les lettres qui leur arrivaient en passe.

Les chefs-bureaux étaient situés dans les villes de :

| | | |
|---|---|---|
| Nantes. | Nîmes. | Dijon. |
| Rennes. | Bagnols. | Besançon. |
| La Rochelle. | Valence. | Rouen. |
| Bordeaux. | Avignon. | Moulins. |
| Toulouse. | Aix. | Limoges. |
| Narbonne. | Grenoble. | Poitiers. |
| Montpellier. | Lyon. | |

La taxe du double port donnait lieu à des inégalités choquantes ;

C'est ainsi qu'une lettre d'Amiens pour Charenton payait 10 sols pour une distance de 33 lieues, dont 6 sols d'Amiens à Paris et 4 sols de Paris à Charenton, tandis que pour une distance de 45 lieues d'Arras à Paris, par exemple, la taxe était de 7 sols seulement.

Dans la pratique, les administrateurs de la ferme des postes reconnurent eux-mêmes l'impossibilité d'appliquer le double port et d'empêcher la fraude. Paris, Nantes, La Rochelle, Lyon et Bordeaux furent les seuls chefs-bureaux qui continuèrent à percevoir le double port.

D'autre part, l'évaluation de la taxe d'après la longueur des routes réellement parcourues par les courriers comme le prescrivait l'article 2 de la déclaration, n'était pas équitable non plus, car les détours que les courriers étaient obligés de faire dans certaines provinces, augmentaient la taxe en dehors de toute proportion avec la distance réelle des lieux. Aussi, dans certains cas, se borna-t-on à établir la taxe d'après la voie la plus courte.

L'article 4 prescrivait de déférer aux juges ordinaires les commis et distributeurs qui percevraient des taxes contraires au tarif.

L'article 5 renouvela l'interdiction d'insérer de l'or ou de l'argent dans les correspondances, à moins de les présenter à découvert, et régularisa une disposition de l'édit de 1643 qui avait ordonné aux contrôleurs de tenir registre *des paquets de conséquence*.

Enfin, l'article 6 voulut que ceux qui jugeraient à propos de faire charger des lettres ou paquets, les consignassent entre les mains des directeurs des postes qui en chargeraient leurs feuilles d'avis. Le double port fut attribué aux fermiers sur les lettres et paquets chargés, adressés soit à l'intérieur du royaume, soit à destination ou en provenance de l'étranger.

### LA PETITE POSTE DE PARIS. — M. DE CHAMOUSSET.

L'article 7 de la déclaration de 1759 autorisait l'établissement d'une petite poste à Paris ; il était ainsi conçu :

Il sera établi, dans notre ville de Paris, différens bureaux pour porter d'un quartier dans un autre, dans l'enceinte des barrières, des lettres et paquets, sur le pied de deux sols pour une lettre simple, billet ou carte d'une once, soit qu'il y ait enveloppe ou qu'il n'y en ait pas, et de trois sols l'once pour les paquets, et à l'effet de prévenir les abus, le port sera payé d'avance. Les lettres et paquets seront timbrés du timbre particulier à chaque bureau dont ils seront partis; toutes les lettres et paquets seront apportés à un bureau général, pour être de là distribués dans la ville, et ne pourra aucun distributeur se charger en chemin d'aucune lettre ou paquet, ni rendre aucune lettre non timbrée, sous peine de punition corporelle : n'entendons néanmoins, en aucun cas, empêcher les particuliers de faire porter leurs lettres ou paquets dans la ville et les faubourgs de Paris par telles personnes qu'ils jugeront à propos.

HISTORIQUE.

On se rappelle qu'en 1653, M. de Vélayer avait vainement tenté d'établir une petite poste à Paris.

En 1758, M. Piarron de Chamousset, conseiller maître à la chambre des comptes de Paris, « dont la tête, » dit l'abbé de Voisenon, « était toujours en effervescence pour le bien de l'humanité [1] », adressa au Roi un mémoire dans lequel il sollicitait l'autorisation d'établir pour son compte, dans l'intérieur de la ville de Paris, une petite poste analogue à celle qui existait à Londres.

Le post-office anglais avait réuni à son domaine la petite poste fondée par Dockwray. Cet établissement s'était, comme nous l'avons dit, singulièrement développé et fonctionnait à la grande satisfaction du public. Il comprenait alors 6 bureaux principaux et plus de 100 facteurs chargés de la distribution et du relevage des boîtes.

La distribution commençait à 6 heures du matin et se terminait entre 8 et 9 heures du soir. Le service de la petite poste n'était pas limité à la seule ville de Londres; il était effectué dans un rayon de 3 lieues aux environs de Londres, dans les villages, hameaux et dans les maisons de plaisance.

Il n'y avait que deux taxes : celles de 2 sols ou 1 denier sterling pour la ville et celle de 4 sols ou 2 deniers sterling pour la campagne.

La petite poste de Londres transportait aussi les petits paquets pour le même prix, pourvu que le poids n'en excédât pas 16 onces ou une livre et que leur valeur ne fût pas supérieure à 10 livres sterling.

1. M. Claude-Humbert Piarron de Chamousset, né à Paris en 1717, mort en 1773, était un philanthrope dans toute l'acception du mot. Possesseur d'une grande fortune, il passa sa vie à soulager les classes nécessiteuses. Il établit notamment un hôpital modèle à la barrière de Sèvres. Il est l'auteur d'un grand nombre de mémoires sur son sujet favori. Nous citerons les suivants : *Plan d'une maison d'association, Réforme de l'Hôtel-Dieu, Mémoire politique sur les enfants, Plan général pour l'administration des hôpitaux et le bannissement de la mendicité, Soulagement de l'humanité malheureuse en particulier, Boissons salutaires, aliments sains*, etc., etc.

Par lettres patentes du 5 mars 1758, le Roi autorisa M. de Chamousset à établir à ses frais une petite poste à Paris, avec jouissance des revenus pendant une période de trente années qui commencerait à courir du jour de l'enregistrement desdites lettres patentes.

M. de Chamousset rédigea alors un nouveau mémoire très détaillé dans lequel il exposait l'organisation et le fonctionnement de l'administration qu'il se proposait de fonder, et les avantages que le public en retirerait.

C'est à la suite de ce nouveau mémoire qu'il obtint l'enregistrement des lettres patentes de 1758 et l'insertion de l'article 7 dans la déclaration royale du 8 juillet 1759.

Le nouveau service fonctionna à partir du lundi 9 juin 1760.

### ORGANISATION.

Paris fut divisé en neuf circonscriptions dans chacune desquelles était un bureau, savoir :

#### BUREAUX DE QUARTIERS.

1° Bureau qui était en même temps le bureau d'entrepôt, Place de l'École près le Pont-Neuf. Timbre A.

2° Bureau, Cloître culture Sainte-Catherine. Timbre B.

3° Bureau, rue Saint-Martin près la rue aux Ours. Timbre C.

4° Bureau, rue Neuve-des-Petits-Champs, vis-à-vis les écuries de Mgr le duc d'Orléans. Timbre D.

5° Bureau, porte Saint-Honoré. Timbre E.

6° Bureau, rue du Bac entre les rues de Verneuil et de l'Université. Timbre F.

7° Bureau, rue du Petit-Lion et des Quatre-Vents, vers la foire Saint-Germain. Timbre G.

8° Bureau à l'estrapade, à l'entrée de la rue des Postes. Timbre H.

9° Bureau, rue Galande, vis-à-vis la rue des Anglais, près la place Maubert. Timbre J.

Ces bureaux étaient chargés de desservir les rues comprises dans leur circonscription respective. Les rues étaient réparties entre les différents facteurs attachés à chaque bureau. Pour éviter les retards et les fausses directions, il fut décidé en principe que toutes les grandes rues seraient desservies en entier par les bureaux dont la circonscription en embrassait la plus grande partie.

Le bureau de la place de l'École, situé en un point central, servait de lien entre les différents bureaux de Paris.

Toutes les correspondances recueillies soit dans les boîtes de quartier, établies en nombre suffisant, soit dans la boîte de chaque bureau, étaient travaillées par les commis attachés à ce bureau, qui les remettaient ensuite aux différents facteurs chargés d'en assurer la distribution après en avoir établi un bordereau.

Quant aux lettres destinées à d'autres circonscriptions, elles étaient réexpédiées, accompagnées d'un bordereau, au bureau de dépôt qui les faisait parvenir au bureau destinataire.

Une copie de chacun de ces bordereaux devait être envoyée au bureau central de régie qui était chargé d'en effectuer le contrôle.

La petite poste se chargeait aussi, dans les différents quartiers, des lettres destinées à être portées à la grande poste de Paris, moyennant 6 deniers. Celles provenant des localités de la banlieue étaient portées à la grande poste moyennant 1 sol seulement.

### DISTRIBUTION DANS L'INTÉRIEUR DE PARIS. — SERVICE DES FACTEURS.

Le service de la distribution dans Paris fut effectué d'abord par 117 facteurs. Ce nombre fut vite reconnu insuffisant et porté à 200.

Les facteurs étaient munis d'un livret sur lequel ils devaient inscrire le nombre des lettres qui leur étaient remises à chaque distribution et celles qu'ils apportaient.

Ils devaient payer comptant celles qui étaient affranchies.

Quant aux correspondances *contresignées* (c'est-à-dire portant à l'extérieur le nom et l'adresse de l'expéditeur, afin d'en faciliter le renvoi à ce dernier en cas de non-remise), comme la taxe en était perçue sur le destinataire, les facteurs devaient verser par avance cette taxe, sauf remboursement ultérieur s'il y avait lieu.

Le nombre de distributions dans Paris fut d'abord fixé à trois.

La première commençait à 8 heures du matin et comprenait les objets de correspondance recueillis dans la dernière tournée de la veille ou déposés dans les boîtes avant 5 heures du matin.

Les facteurs chargés de la première distribution repassaient une heure après, c'est-à-dire vers 9 heures, pour prendre à la porte des maisons, les réponses aux lettres qu'ils avaient distribuées et les rapporter au bureau de leur quartier.

La deuxième distribution qui avait lieu vers midi, comprenait les réponses ainsi rapportées par les facteurs et les autres objets de correspondance recueillis dans les boîtes.

Enfin, la troisième et dernière distribution avait lieu à 5 heures.

Une heure après les deuxième et troisième distributions, les facteurs se présentaient de nouveau dans les maisons pour recueillir les réponses.

Pour que le public fût averti de leur passage, les facteurs étaient munis d'une crécelle, instrument qui, d'après l'instruction de M. de

Chamousset, était « pareil à celui dont se servaient alors les Hollandais pour donner à ceux qui gardent leurs villes le moyen de s'avertir et de se réunir promptement ».

SERVICE DE LA BANLIEUE.

Le service de la petite poste s'effectuait aussi dans les localités de la banlieue de Paris où la grande poste n'avait pas de bureau. Il avait lieu deux fois par jour depuis Pâques jusqu'à la Saint-Martin et une fois seulement depuis la Saint-Martin jusqu'à Pâques.

Dans ces localités, le facteur, *choisi sur les témoignages avantageux du curé et des habitants notables du lieu,* était autorisé à établir chez lui une boîte aux lettres destinée à recevoir les correspondances des habitants pour les provinces. Ces facteurs rapportaient les correspondances ainsi recueillies, au bureau de quartier dont ils relevaient. Le bureau les expédiait ensuite à la grande poste.

REBUTS.

Les lettres non distribuées étaient brûlées au bout de six mois, si elles n'étaient réclamées avant ce délai.

TARIF.

La taxe était fixée ainsi qu'il suit :

A l'intérieur de Paris, 2 sols pour le port de toutes lettres, cartes, billets et paquets n'excédant pas le poids d'une once, et 3 sols pour les paquets de 3 à 4 onces. Le prix du port des lettres à jeter à la grande poste, était de 6 deniers.

Hors de l'enceinte des barrières et de l'étendue des paroisses de la ville et des faubourgs de Paris, 1 sol de plus que le tarif de l'intérieur de Paris. Quant aux lettres destinées à être jetées à la boîte de la grande poste, 1 sol au lieu de 6 deniers.

La première année d'exploitation de la petite poste rapporta à son fondateur un produit net de 50 000 livres, mais M. de Chamousset ne jouit pas longtemps de son privilège. Il en fut dépossédé quelques années après, moyennant une rente viagère de 25 000 livres, dont la moitié était réversible, à sa mort, sur telle personne désignée par lui.

OPINION D'UN ÉCRIVAIN ALLEMAND SUR LA PETITE POSTE DE PARIS.

La petite poste a inspiré les réflexions suivantes à un écrivain allemand, Grimm.

On lit dans son ouvrage : *Observations d'un voyageur* (*Altenburg* 1775).

Quelles grandes facilités présente l'existence de la petite poste dans une ville aussi vaste ! A tous les coins de rue, on trouve quelqu'un pour recevoir les lettres qu'on lui confie et les remettre au facteur desservant le quartier pour lequel elles sont destinées. Ces gens portent toutes ces lettres au bureau général, rue des Déchargeurs, qui les inscrit et les fait porter à domicile par les facteurs de quartier ; ces facteurs parcourent sans cesse les rues, depuis le grand matin jusqu'à 11 heures, et dans l'après-midi, de 2 heures à 10 heures du soir; ils annoncent leur passage au moyen d'une crécelle, sorte de manche mobile en fer, adapté à une planchette et qui, m'a-t-on dit, porte le nom de « ténèbre ». Par ce moyen, on peut recevoir le soir une réponse à un billet lancé le matin, et le lendemain matin la réponse au billet de la veille....

La prospérité de la petite poste de Paris amena plus tard la création d'établissements analogues dans plusieurs grandes villes de France, notamment à Bordeaux, Lille, Lyon, Nancy, Marseille, Montpellier, Nantes, Rouen, etc.

### LA PETITE POSTE A STRASBOURG.

En 1780, un nommé Auvrest, licencié en droit de l'Université catholique, établit à Strasbourg une petite poste desservant, outre la ville même de Strasbourg et ses faubourgs, 162 localités environnantes dans un rayon de 6 lieues.

### LA PETITE POSTE A VIENNE (AUTRICHE) ET A HAMBOURG.

En 1772, une petite poste fut créée à Vienne (Autriche), à l'instigation d'un Français nommé Hardy, et sur le modèle de la petite poste de Paris.

Le port de la lettre fut fixé proportionnellement à la distance à parcourir, à 1, 3, 5, 17 kreutzers et plus.

Plus tard, Hambourg eut aussi sa petite poste avec des messagers particuliers, qui parcouraient les rues six fois par jour, en annonçant leur passage par une sonnette.

### PROJET DE PETITE POSTE A BRUXELLES (1776).

D'après M. Wauters[1], c'est encore un Français, le chevalier Paris de l'Épinard, qui, en 1776, présenta un projet pour l'établissement à Bruxelles d'une petite poste distribuant les lettres de la ville pour la ville. Il proposait :

1. *Les postes en Belgique*, par M. Wauters.

1° D'établir au centre de la ville un bureau général, où toutes les lettres viendraient se concentrer et qui serait ouvert au public tous les jours, de 7 heures du matin à midi et de 2 heures à 8 heures du soir.

2° De faire effectuer les distributions d'heure en heure en instituant à cette fin, deux facteurs pour chaque quartier de la ville. Ces facteurs recueilleraient les lettres déposées dans les boîtes que l'on placerait aux principaux endroits de leur tournée; ils seraient munis d'un sac en cuir pour renfermer les correspondances, et ils annonceraient leur passage au moyen d'un signal.

3° De faire distribuer les lettres deux fois par jour aux endroits situés dans un rayon de 2 lieues en dehors de la ville et qui ne jouissaient pas soit d'un service de messageries, soit du passage de la poste royale.

4° De donner au public la faculté de pouvoir affranchir d'avance les lettres au moyen de marques, à ce destinées.

5° De frapper chaque lettre d'un timbre indiquant l'heure et la date de la mise à la boîte.

6° D'inviter le public à contresigner les lettres afin qu'on pût les renvoyer aux expéditeurs en cas de non-distribution.

7° D'accepter comme lettre simple tout paquet de papiers ne dépassant pas le poids d'une demi-livre; faisant payer un sol par lettre à distribuer en ville, et 2 sols à l'extérieur; n'exigeant que 18 sols pour 25 lettres expédiées par une même personne, 30 sols pour 50 lettres, 2 florins 5 sols pour 100 lettres et accordant de plus fortes réductions encore pour un plus grand nombre de lettres; dans ce cas, l'expéditeur traiterait avec le directeur de la petite poste.

8° D'admettre à un prix très restreint l'expédition de lettres circulaires s'envoyant en grande quantité.

Ce projet ayant été soumis au procureur général du Brabant, celui-ci conclut au rejet de la proposition. Il alléguait que la petite poste ne pouvait prospérer que dans les grandes villes comme Londres et Paris, et que semblable entreprise ne pourrait subsister longtemps dans une ville de petite étendue où les habitants notables pouvaient très facilement envoyer leurs lettres par les gens à leur service. *Cet établissement ne servirait donc qu'à mettre en circulation des libelles, des pasquinades ou d'autres écrits de même nature que l'on pourrait envoyer à toute heure, sans courir le risque d'être découvert; chose qu'il importe bien plus de défendre que de favoriser.* Mais, en admettant l'existence de ce nouveau service, il conviendrait qu'un homme d'une probité reconnue, en eût la direction et non un *étranger*.

LE DUC DE CHOISEUL, GRAND MAÎTRE ET SURINTENDANT GÉNÉRAL
(13 SEPTEMBRE 1760).

Une circulaire de l'intendant des postes Jannel[1] en date du 10 septembre 1760 notifia aux maîtres de poste la démission du grand maître et surintendant général Rouillé et son remplacement par le duc de Choiseul.

Par une autre circulaire du 20 septembre 1760, nous voyons que les maîtres de poste furent consultés sur la question de savoir s'ils ne préféreraient pas recevoir 75 livres par lieue de service, au lieu et place du privilège d'exemption des impositions dont ils jouissaient. Toute liberté était laissée aux maîtres de poste pour prendre l'un ou l'autre parti.

Un post-scriptum placé à la suite de cette dernière circulaire, nous apprend que, dans le service des postes, la qualification de Monseigneur devait être donnée uniquement au duc de Choiseul, grand maître et surintendant général.

LES POSTES MISES EN RÉGIE POUR LE COMPTE DU ROI.

L'année suivante, en 1761, les postes furent mises en régie pour le compte du Roi.

ARRÊT DU CONSEIL DU 2 MARS 1763 PORTANT ÉTABLISSEMENT DE COURRIERS A PIED DE NANCY A REMIREMONT ET PLOMBIÈRES.

Le service du transport des correspondances s'effectuait avec une extrême lenteur sur la route de Nancy à Mirecourt, Remiremont et Plombières.

Pour remédier à cet état de choses, un arrêt du Conseil du 2 mars 1763 ordonna qu'à partir du 1er avril suivant, il serait établi sur cette route trois ordinaires par semaine, servis par des piétons placés de distance en distance.

L'arrêt contenait, en outre, cette disposition nouvelle :

Et comme les villes à portée seront déchargées des frais de coche et de messagers qu'elles payaient auparavant, elles contribueront à l'augmentation des frais annuels relatifs au nouvel établissement, sur le pied réglé par l'état de distribution arrêté par le commissaire départi, savoir : celles de Remiremont, Épinal et

1. Jannel avait les mêmes attributions que le contrôleur général et une autorité presque souveraine sur le service des postes. Il travaillait seul, avec le Roi auprès duquel il avait ses entrées de jour et de nuit. Nous aurons l'occasion de retrouver ce triste personnage lorsque nous parlerons du Cabinet noir sous Louis XV.

Mirecourt, à raison de 200 livres chacune et celle de Charmes sur le pied de 100 livres. Ordonne en outre Sa Majesté que les sommes ci-dessus seront payées par chacune des dites villes, annuellement et d'avance, entre les mains du directeur des postes à Nancy, et qu'au surplus les piétons, buralistes et distributeurs de lettres sur ladite route, jouiront des franchises, exemptions et privilèges dont jouissent les autres employés des postes.

### ORDONNANCE DU DUC DE CHOISEUL DU 12 MAI 1765 PORTANT DÉFENSES A TOUS COURRIERS ET VA-DE-PIEDS DE TOUTES LES ROUTES DU ROYAUME, DE SE CHARGER D'AUCUNES LETTRES SUR LEUR ROUTE, NI D'AUCUNS PAQUETS DE PAPIERS ÉCRITS A LA MAIN OU IMPRIMÉS DE TELLE NATURE QU'ILS PUISSENT ÊTRE.

Le 27 décembre 1728, une ordonnance du cardinal de Fleury avait formellement interdit aux courriers ordinaires conduisant les malles, de se charger dans leurs voyages, de lettres ou autres papiers écrits à la main ou imprimés, pour les porter à des particuliers dans les villes de leurs routes, à l'insu du fermier des postes ou de ses agents.

En raison de nouvelles plaintes qui lui étaient parvenues, le duc de Choiseul jugea utile de renouveler cette interdiction, par son ordonnance du 12 mai 1765, qui punit les contrevenants d'un an de prison et de l'exclusion du service des postes.

Cette même année 1765, le bail des postes fut renouvelé moyennant 7113000 livres.

### RIGOLEY BARON D'OGNY, INTENDANT GÉNÉRAL DES COURRIERS, POSTES ET RELAIS DE FRANCE (1770).

En 1770, le duc de Choiseul fut exilé dans sa terre de Chanteloup à la suite des intrigues de Mme du Barry. Il fut remplacé à la tête de l'administration des postes par Rigoley, baron d'Ogny, qui prit le titre d'intendant général des courriers, postes et relais de France.

### ARRÊT DU CONSEIL D'ÉTAT DU 15 JANVIER 1771, CONCERNANT LE CONTRESEING ET LA FRANCHISE DES LETTRES.

Les abus de franchise allaient toujours en augmentant et un grand nombre de particuliers se servaient d'enveloppes contresignées par des personnes ayant droit à la franchise, pour expédier leurs lettres et paquets sans en payer le port, au grand préjudice de la ferme générale des postes qui se trouvait ainsi frustrée de ses droits.

Or, comme le bail venait à ce moment d'être renouvelé pour neuf ans avec une augmentation considérable (le nouveau bail avait été adjugé à 7700000 livres et le fermier était même tenu de fournir un cautionnement), le fermier se plaignit au Roi.

C'est ce qui motiva l'arrêt du conseil du 15 janvier 1771, qui confirma les précédents arrêts sur les franchises et notamment ceux des 18 avril 1721, 4 novembre 1727 et 4 novembre 1739, et ordonna qu'incessamment il serait dressé un état de toutes les personnes ayant le droit de franchise et de contreseing et de celles qui seraient dépositaires des cachets du chancelier, du surintendant des postes, des secrétaires d'État et du contrôleur général des finances.

Dans le cas où, pendant le bail en cours, le privilège de la franchise serait étendu à des personnes autres que celles comprises sur l'état général, il devait en être tenu compte au fermier général sur le prix de son bail.

En dehors du chancelier, du surintendant des postes, des ministres secrétaires d'État, du contrôleur général et des intendants des finances, les personnes figurant sur l'état général ne jouiraient de la franchise que trois mois après la cessation de leurs fonctions, et du contreseing que pendant un mois après.

La franchise ni le contreseing ne s'étendraient pas aux lettres venant de l'étranger, ni des villes étrangères où il existait des bureaux français, telles que Rome, Gênes, Genève. Toutes les lettres venant de l'étranger devaient être soumises à la taxe, à l'exception toutefois de celles qui seraient adressées au chancelier, au surintendant des postes, aux ministres secrétaires d'État, au contrôleur général et aux intendants des finances, au premier président et au procureur général du Parlement de Paris, au premier président et au procureur général de la Chambre des comptes de Paris et au lieutenant général de police.

Devaient être soumis à la taxe les lettres et paquets ne concernant pas le service du Roi et le travail des bureaux, qui auraient été insérés sous des enveloppes revêtues du contreseing, ainsi que les correspondances même contresignées qui seraient trouvées dans les boîtes au lieu d'être spécialement remises ou envoyées aux directeurs des postes.

Les paquets *suspects* pouvaient être ouverts d'office par les préposés ou frappés de la taxe, sauf remboursement ultérieur sur demandes dûment justifiées. En cas de refus du paiement de cette taxe et de refus d'ouverture des paquets par les destinataires, les paquets suspects devaient être envoyés au bureau général des postes à Paris après un délai de quinze jours.

### SPÉCIMEN D'UN BREVET DE CONTRÔLEUR PROVINCIAL.

Nous croyons intéressant de reproduire la copie suivante d'un brevet de contrôleur provincial, délivré le 1er juillet 1773; ce document contient l'énumération des droits et prérogatives des contrôleurs provinciaux.

Claude-Jean Rigoley, baron d'Ogny, intendant général des courriers, postes et relais de France.

Sur le compte par nous rendu à Sa Majesté et conformément à ses ordres à nous remis, Nous ordonnons à chacun des maîtres des postes établis sur toutes les routes du royaume, de fournir au sieur Jean-Nicolas-Marie Regnaudet de Rouzières, présent porteur, en qualité de contrôleur provincial des postes, un postillon monté et un cheval pour le conduire gratis et sans frais à la poste voisine et aussi souvent qu'il sera nécessaire: à l'effet par ledit sieur de Rouzières de visiter les bureaux des postes, examiner si le service s'y fait avec la diligence et la fidélité requises; si les entrepreneurs ou ceux qui sont chargés à quelque titre que ce soit du transport ordinaire des dépêches du Roy et du public, ont les chevaux et équipages nécessaires et en état de fournir audit service dans les tems convenables et aux heures prescrites; dont du tout ledit contrôleur dressera son procès-verbal pour nous en rendre compte.

Fait à Paris, ce premier juillet 1773.

*Signé :* RIGOLEY D'OGNY[1].

### CABINET NOIR SOUS LOUIS XV.

Le roi Louis XV mourut, comme on sait, le 10 mai 1774.

C'est sous son règne, flétri par l'histoire, que le *Cabinet noir* reçut une organisation régulière.

Le *Cabinet noir* se composait de quatre employés qui travaillaient sous la surveillance de l'intendant des postes Jannel.

« Ces employés, dit l'auteur du *Dictionnaire universel du* XIXe *siècle*, Pierre Larousse, triaient les lettres qu'il leur était prescrit de décacheter et prenaient l'empreinte du cachet; la lettre ouverte, lue et notée, on la recachetait au moyen de l'empreinte. Louis XV et ses favorites prenaient plaisir à ces indiscrétions, qui leur livraient les preuves des mille intrigues de la ville et de la cour. C'étaient, d'ailleurs, des gens habiles que MM. les employés du Cabinet noir; ils avaient poussé jusqu'à la perfection l'art de décacheter une lettre sans qu'on puisse s'en apercevoir : ils en savaient amollir le cachet avec un talent tout particulier au moyen de l'eau tiède, et la cire se détachait délicatement sans que les initiales ou les armoiries qui s'y trouvaient imprimées perdissent rien de leur relief.

1. Ce document fait partie de la collection de la bibliothèque du ministère des postes et des télégraphes.

« Voici comment fonctionnait cette inquisition épistolaire : on avait formé un comité de vingt-deux membres, qui profitaient des ténèbres de la nuit pour se rendre, à des heures convenues, dans un odieux repaire, d'où ils ne sortaient qu'avec les plus grandes précautions, pour se dérober au regard du public : 50 000 francs par mois pris sur les fonds d'un ministère (celui des Affaires étrangères) servaient à solder ces vils employés... Les extraits de lettres n'étaient pas remis au Roi qui se fût fatigué de tant lire ; il se réservait pour lui les plus friands morceaux, ceux qui étaient de nature à lui procurer un passe-temps agréable, et la partie politique était distribuée aux membres d'une agence spécialement établie pour cet objet.

« Le lieutenant général de la police et le ministre des Affaires étrangères recevaient également des extraits et parfois même, quand besoin en était, des copies entières.

« La *Police dévoilée* cite un passage d'une lettre du surintendant des postes au lieutenant général Lenoir, dans lequel on lit ceci :

« Je joins ici deux copies de lettres de la Douay que j'ay arresté ; je vous prie de les lire et de me mander si vous voulez que je les *lais* aller. En ce cas, elles partiroient demain. Avez-vous remply votre projet, afin que de mon côté je fasse arrêter ces lettres, s'il y en a ?

« Quiconque se fût avisé de protester alors eût été fort mal inspiré. Un commis de la poste, nommé Christian, ayant parlé de l'existence du Cabinet noir et des manœuvres qui s'y pratiquaient, fut arrêté ; il disparut un jour et jamais depuis lors on ne le revit plus. »

« Il ne me sert de rien de cacheter les lettres avec de la cire, écrivait le 2 décembre 1777 la mère du Régent. On a une espèce de composition faite avec du vif-argent et d'autres substances qui enlèvent la cire et lorsque les lettres ont été ouvertes, lues et copiées, on les recachète si adroitement que personne ne peut découvrir si elles ont été ouvertes. Mon fils fait fabriquer cette composition. »

D'un autre côté, M^me^ du Hausset, femme de chambre de M^me^ de Pompadour, dit dans ses *Mémoires* [1] :

Louis XV avait fait communiquer à M. de Choiseul le secret de la poste, c'est-à-dire le secret des lettres qu'on ouvrait, ce que n'avait pas eu d'Argenson malgré toute sa faveur.

J'ai entendu dire que M. de Choiseul en abusait et racontait à ses amis les histoires plaisantes, les intrigues amoureuses que contenaient souvent les lettres qu'on décachetait.

La méthode, à ce que j'ai entendu dire, était fort simple ; six ou sept commis de l'hôtel des postes triaient les lettres qu'il leur était prescrit de décacheter, et prenaient l'empreinte du cachet avec une boule de mercure, ensuite on mettait la

1. *Mémoires* de M^me^ du Hausset, éd. Barrière, pages 33 et suivantes.

lettre du côté du cachet sur un gobelet d'eau chaude qui faisait fondre la cire sans rien gâter; on l'ouvrait, on en faisait l'extrait, et ensuite on la recachetait au moyen de l'empreinte... Voilà comme j'ai entendu la chose.

L'intendant des postes (Jannel) apportait les extraits au Roi le dimanche. On le voyait entrer et passer comme les ministres pour ce redoutable travail.

. . . . . . . . . . . . . . . . . . . . . . . .

Le docteur Quesnay[1] plusieurs fois devant moi s'est mis en fureur sur cet infâme ministère, comme il l'appelait, et à tel point que l'écume lui venait à la bouche : « Je ne dinerais pas plus volontiers avec l'intendant des postes qu'avec le bourreau, » disait le docteur. Il faut convenir que, dans l'appartement de la maîtresse du Roi, il est étonnant d'entendre de pareils propos; et cela a duré vingt ans sans qu'on en ait parlé...

C'était en vue de bien misérables satisfactions, dit un ancien directeur général des postes, M. Étienne Arago[2], que Louis XV faisait des employés des postes ses complices volontaires ou contraints.

Pour connaître une intrigue, un de ces scandales particuliers de la cour ou de la ville, dont il était friand, bien plus que pour une recherche dans le domaine de la politique, le Roi désignait au directeur des postes les personnes dont les correspondances étaient désirées. Le directeur félon faisait afficher leurs noms à la salle des facteurs, sur le tableau des adresses *changées* ou *inconnues*. Après avoir jeté les yeux sur ce cadre, les facteurs, durant le tri, mettaient de côté les lettres portant les noms signalés; ces lettres passaient *au travail* sous les yeux du maître, *ailleurs* qu'à l'administration des postes; puis étaient remises par un affidé, facteur postiche, à la demeure des destinataires, un peu tardivement quelquefois, mais, dans ce cas, avec un timbre de la veille... »

Le comte Beugnot, qui fut directeur général des Postes sous la Restauration, raconte dans ses *Mémoires* le fait suivant qui se rattache à la fois à l'existence du Cabinet noir sous Louis XV et aux abus de franchise sous le ministère Choiseul :

Jadis, sous le ministère de Choiseul, on arrêta à la poste un paquet adressé de Vienne sous le couvert du ministre des affaires étrangères et qui contenait une jolie paire de pantoufles, qu'un employé des bureaux qui avait habité l'Autriche adressait à une amie... l'administration prit sur elle d'éventrer le paquet et la paire de pantoufles d'être produite au grand jour. Le scandale parut trop fort; le ministre fut averti. On députa vers Choiseul ce Jannel qui faisait directement avec Louis XV le travail secret des postes, et de qui on devait supposer que la présence imposerait un peu au ministre. Jannel se présente, explique sa dénonciation et en établit les preuves, M. de Choiseul écoute, regarde et dit à l'envoyé en renforçant le ton hautain qui lui était naturel :

« Je vous trouve, Monsieur, bien insolent de venir jusque dans mon cabinet vanter l'excès le plus grave dont votre administration ait pu se rendre coupable! Vous n'avez trouvé dans le paquet, que mon contre-seing aurait dû rendre sacré, qu'une paire de pantoufles. Qui vous dit que cette paire de pantoufles ne contenait pas le secret de l'État ? Allez à l'instant dans mes bureaux, faites rétablir le

1. Le docteur Quesnay était médecin de M^me^ de Pompadour.

2. *Les Postes en 1848*, par M. Étienne ARAGO.

cachet que vous vous êtes permis de rompre et envoyez le paquet. C'est à cela que se réduit votre mission. Je veux bien vous pardonner pour cette fois. »

Ce Jannel était un homme modeste qui se rapetissait par calcul comme d'autres s'enflent par vanité. Il se glissait par un escalier dérobé jusque dans le cabinet de Louis XV auquel il apportait ainsi la correspondance du comte de Broglie, c'est-à-dire la contre-partie du ministère des affaires étrangères. Le duc de Choiseul le savait et dans cette affaire il aurait cédé à sa hauteur naturelle sans trop se soucier de ce qui en adviendrait.

Jannel ne manqua pas de porter sa plainte bien discrète à Louis XV. Mais le roi ne prit pas feu et avec cette justesse d'esprit qui lui était naturelle :

« Il n'y a ici de torts, dit S. M., ni de part ni d'autre. Vous avez fait votre métier, Choiseul a fait le sien. »

On connaît les détails de la conjuration ourdie par l'ambassadeur d'Espagne à Paris, le prince de Cellamare, à l'instigation du premier ministre d'Espagne, le fameux cardinal Albéroni, conjuration qui avait pour but d'arrêter le Régent dans une fête, d'assembler les États généraux et de confier la régence à Philippe V, roi d'Espagne.

A cette occasion, le Cabinet noir rendit de très utiles services au régent, qui, averti de la conjuration, put s'emparer de documents importants. Il fit intercepter notamment une lettre adressée par Albéroni au duc de Richelieu, ce qui permit d'établir la complicité de ce dernier qui fut jeté à la Bastille.

Ajoutons incidemment que le Régent fut heureux de saisir ce motif pour se venger d'un rival téméraire qui avait osé jeter les yeux sur ses maîtresses.

### LE CABINET NOIR EN AUTRICHE.

Le Cabinet noir n'existait pas seulement en France. Il fonctionnait aussi à la même époque, en Autriche, sur une vaste échelle.

Nous nous bornerons à citer les deux faits suivants :

M. Alfred Michiels rapporte que le directeur de la police autrichienne avait gagné tous les courriers du cabinet prussien, sauf deux.

Sur la frontière de Bohême près de Pirna, une maison avait été spécialement construite dans un lieu convenablement choisi à l'usage des affidés de l'administration qui pouvaient seuls y pénétrer : plusieurs d'entre eux y avaient même leur domicile.

Là, ces Messieurs attendaient le courrier de Berlin, le faisaient monter dans leur chaise de poste, ouvraient sa valise et tandis que les chevaux galopaient, ils décachetaient adroitement les dépêches, les lisaient et en copiaient les passages importants. Le travail terminé, les lettres étaient recachetées et replacées dans la valise. Enfin la chaise atteignait une maison mystérieuse située un peu avant Langenzersdorf, la dernière station de poste sur la route de Vienne. Les honnêtes gens se séparaient et, trois heures après, l'ambassadeur de Prusse recevait des dépêches dont l'Autriche avait déjà la copie entre les mains [1].

Voici un second fait relatif à une mésaventure survenue à l'ambassadeur d'Espagne à Vienne :

Le comte de Torre Palma, alors ambassadeur d'Espagne à la Cour de Vienne, avait cru s'apercevoir que les correspondances qu'il recevait de son gouvernement ne lui parvenaient pas toujours intactes. Une circonstance fortuite lui en fournit des preuves non équivoques.

Il fit remarquer, un jour, à son secrétaire qu'un certain paquet avait dû être ouvert. Or la lettre que renfermait ce paquet ne portait aucune signature et le secrétaire reconnut qu'elle avait dû être écrite par une main allemande et non espagnole. Il affirma, après un nouvel examen, que l'écriture était celle de l'un des commis du ministère des Affaires étrangères d'Autriche. La comparaison des écritures confirma l'exactitude du fait.

Sans perdre de temps, l'ambassadeur s'empressa de se rendre auprès du ministre d'Autriche qui était alors le prince de Kaunitz, le fameux diplomate qui forma Metternich.

« Prince, « dit-il, » ordonnez, je vous prie, à vos commis de me restituer l'original de ma dépêche dont ils m'ont seulement envoyé une copie. »

— Ah! Monsieur l'ambassadeur, répondit le prince, sans paraître le moins du monde embarrassé, je vous demande mille pardons de la peine que vous avez prise; ces étourdis me font tous les jours de pareils traits. »

Il appela aussitôt l'un de ses secrétaires et lui dit :

« Allons donc, Monsieur, rendez la dépêche à M. l'ambassadeur qui n'en a reçu qu'une copie et apprenez, une autre fois, à éviter de pareils quiproquos. »

La dépêche fut aussitôt restituée à l'ambassadeur.

« M. l'Ambassadeur, dit le prince en la lui remettant, je suis mortifié que leur sottise vous ait occasionné ce dérangement », et il le reconduisit fort courtoisement jusqu'à la porte, sans paraître attacher d'autre importance à la bévue commise par ses agents.

On conviendra qu'il eût été difficile de se tirer avec plus d'aisance d'une situation au moins fort délicate!

1. *Grand Dictionnaire universel du* XIX^e^ *siècle*, par Pierre LAROUSSE, au mot Cabinet noir.

DÉSORDRES EXISTANT DANS LE SERVICE DES POSTES.

Les extraits suivants des *Mémoires de la ferme des postes* permettront à nos lecteurs de se faire une idée des désordres qui existaient alors dans le service des postes.

*Extrait des Mémoires de la ferme des postes du 27 décembre 1741.*
*Route de Paris à Lyon.*

Le nommé Jean Vigneron, courrier aspirant, n'est arrivé aujourd'hui 26 qu'à 11 heures du matin.

Il était chargé de plus de 250 livres pesant en truffes et marrons, en sorte qu'il n'est pas extraordinaire qu'il n'ait pas pu faire la diligence convenable, qu'il n'a point rapporté les paquets de Riom, Bourg, Briare, Gien, Neuvy, Sancerre, Saint-Fargeau, etc.

On ne sait s'il les a perdus ou si, pressé d'arriver, il a négligé de les prendre dans la route.

Une pareille conduite devant être réprimée, Monseigneur [1] est supplié de faire expédier un ordre du Roy pour faire arrêter et détenir en prison le dit Jean Vigneron pendant un mois.

En marge est écrit : « Expédier un ordre du Roy pour faire arrêter et détenir pendant un mois. »

Nous avons déjà cité le cas du courrier de Bordeaux condamné à neuf ans de galères le 22 juin 1729, pour avoir transporté à Paris des matières d'or et d'argent qui lui avaient été confiées par des particuliers.

Le 29 janvier 1742, sur la plainte du contrôleur de Montpellier, ordre est donné à l'intendant de cette ville, de faire retenir en prison pendant un mois, le courrier de Paris qui était arrivé avec un retard de 28 heures.

Le retard provenait, d'après le contrôleur, de ce que le courrier qui était porteur d'un quintal de paquets pour différents particuliers, n'avait pu, pour ce motif, faire la diligence ordinaire. Le courrier fut relâché quelques jours après; le retard provenait du courrier de Lyon qui fut emprisonné. Un blâme fut adressé au contrôleur de Montpellier.

Le 5 février, le nommé Langlois, courrier de Paris à Rouen, fut condamné à être détenu pendant un mois, dans les prisons du fort l'Évêque pour avoir été trouvé porteur de deux paquets d'imprimés prohibés.

Le 1<sup>er</sup> avril 1746, un facteur du bureau d'Étampes, convaincu de s'être approprié le montant de diverses taxes indûment appliquées par

1. Qualificatif donné au surintendant général.

lui, fut condamné à être attaché et mis au carcan pendant trois jours de marché consécutifs avec un écriteau portant ces mots : *Facteur de lettres, fabricateur de fausses taxes,* et à être banni de la généralité de Paris pendant trois ans.

Le 23 avril de la même année, un courrier de Nyons, convaincu d'avoir soustrait des correspondances dont il était porteur, de les avoir remplacées par des lettres fausses et simulées et d'en avoir perçu les taxes auprès des destinataires, fut condamné à neuf années de galères, avec marque, à 500 livres de restitution envers les fermiers et à 10 livres d'amende envers le Roi.

Copie de ces deux jugements fut adressée à tous les bureaux par circulaire du 15 mai 1746. Les directeurs furent invités à afficher ces jugements à la porte de leur bureau, après en avoir demandé la permission au juge du lieu.

Par jugement du 6 mai 1748, un facteur des postes de Lyon fut condamné à être appliqué *au carcan* un jour de marché et fut banni pendant trois ans, de la ville et de la généralité de Lyon pour avoir ouvert et décacheté des lettres et commis d'autres infidélités dans le service de la distribution.

Enfin, par jugement du 14 février 1750, le messager de la ville du Mans à Mamers fut condamné *à mort* pour avoir détourné des sommes d'argent que des particuliers lui avaient confiées, en avoir établi de faux reçus et avoir ainsi abusé de la confiance publique.

## ATTENTATS CONTRE LES COURRIERS.

Les courriers étaient, à cette époque, l'objet de nombreux attentats de la part des malfaiteurs.

Aussi trouvait-on dans les almanachs du temps, l'indication précise des passages dangereux où « les voyageurs et les courriers devaient se tenir sur leurs gardes ». De ce nombre étaient, sur la route de Lyon, la montagne de Tarare, et sur la route de Bretagne l'entrée de la forêt de Perceigne et les bois de Tillières, qui, d'après M. le baron Ernouf, étaient encore assez mal famés dans les dernières années de la Restauration.

Les attaques contre les courriers se multiplièrent à un tel point qu'en 1726, une déclaration royale avait interdit *absolument* le transport des articles d'argent.

Voici maintenant, d'après les *Mémoires de la ferme des postes*, le relevé des vols commis sur les courriers de Provence à Lyon, depuis l'année 1738 jusqu'au mois de mars 1745 :

Le 22 octobre 1738, le nommé Vigneron est arrêté à minuit sur la montagne de Châteauneuf-de-Donzerre par cinq individus qui lui volent 150 livres.

Le 8 septembre 1739, la malle est volée au courrier Salvadel.

(Ces deux courriers n'avaient pas de postillons parce qu'alors le service de Lyon à Marseille se faisait par entreprise.)

Le 17 septembre 1741, deux hommes armés de fusils arrêtent le nommé Boulanger et son postillon à Derbières à deux heures du matin et volent la malle.

Le 7 octobre 1742, Claude Michau, courrier, et son postillon, sont arrêtés à 1 heure du matin entre Montélimart et Loriol par deux hommes armés de fusils qui leur font rebrousser chemin, s'emparent de la malle et la conduisent à 100 pas du grand chemin où ils l'éventrent et la volent.

Le 16 février 1743, Simon Jowener et son postillon sont arrêtés, à 10 heures du soir, près de Donzerre, par deux hommes armés de fusils qui les jettent à terre, leur lient les bras, leur bandent les yeux, les attachent enfin dos à dos et s'emparent de la malle.

Le 17 octobre 1743, une mésaventure pareille arrive à Louis Ferlet, courrier, et à son postillon, près Donzerre, qui sont arrêtés, attachés et dévalisés par trois hommes armés de fusils.

Le 2 novembre 1743, Claude Michau et son postillon sont arrêtés à une lieue de Montélimart et couchés en joue par deux malfaiteurs. Le courrier rebrousse chemin pour aller chercher du secours. Les voleurs dépouillent la malle, et prennent en outre « une petite mallette » appartenant personnellement au courrier.

Le 31 mars 1744, le sieur Manin, courrier, et son postillon, sont arrêtés à 11 heures du soir, près de Donzerre, par trois individus armés. Ce vol est opéré dans les mêmes conditions que celui du 16 février 1743.

Le 26 mars 1744, trois des frères Le Doux sont arrêtés à Saint-Paul-Trois-Châteaux.

Pendant la nuit du 29 au 30 août 1744, le courrier Michau est attaqué entre Saint-Laurent et Bagnols par deux hommes qui tirent deux coups de fusil, dont l'un blesse le postillon et l'autre laboure la croupe d'un des chevaux. La fermeté du postillon et la rapidité des chevaux sauvent la malle.

Le 7 septembre 1744, le nommé Gibert, courrier de Montpellier au Pont Saint-Esprit, est attaqué entre Conneau et Bagnols.

Le 28 novembre 1744, le courrier Michau et son postillon sont arrêtés et dévalisés à 6 heures du soir près du Pont-Saint-Esprit dans des conditions identiques au vol des 16 février 1743 et 31 mars 1744.

Le 4 janvier 1745, le nommé Dury, courrier ordinaire de Rome à Lyon, est attaqué près du pont de la Motte, et réussit à échapper à ses trois agresseurs, à remiser la malle dans une grange et à se procurer une escorte à Pont-Saint-Esprit, ce qui lui permit de continuer sa route.

Le 5 janvier 1745, le courrier Manin et son postillon sont arrêtés par cinq hommes armés entre la Pallu et Pierrelatte dans des conditions identiques au vol du 16 février 1743.

Ces audacieux attentats avaient été commis par les mêmes personnes qui furent arrêtées et livrées à la justice. Un prêtre fortement soupçonné d'avoir aidé les criminels fut lui-même mis en état d'arrestation.

### SERVICE INTERNATIONAL.

De nos jours, le service des postes fonctionne d'après ce principe universellement admis, que le droit d'établir des courriers ordinaires et réguliers est un droit de souveraineté appartenant à chaque État. Les correspondances devant transiter par un office déterminé, sont échangées à la frontière et chaque office en effectue le transport à travers son territoire.

Ce principe existait bien au XVIII^e siècle, mais il comportait des exceptions nombreuses.

### RELATIONS ENTRE LA FRANCE ET L'ITALIE.

La France, par exemple, entretenait entre Lyon et Rome un courrier ordinaire régulier qui traversait les différents États de l'Italie Ce courrier portait gratuitement du Pont-de-Beauvoisin jusqu'à Chambéry et Turin les lettres pour la Savoie et le Piémont, et de Gênes à Florence les lettres pour la Toscane. Il desservait même sur sa route, les bureaux de postes italiens et les bureaux français existant alors à Turin, à Gênes et à Rome.

L'établissement de ce courrier à travers le Piémont et la Savoie, qui existait depuis déjà longtemps, fut confirmé par les traités des 29 août 1696 et 28 septembre 1713.

### COURRIER DE FRANCE EN HOLLANDE.

De même, un courrier français transportait des malles closes en Hollande à travers la Belgiqne et avec son consentement, en vertu d'une convention avec la Hollande.

La France payait, en échange, une redevance annuelle de 16 000 livres à l'office de Bruxelles et lui remettait gratuitement les correspondances de Portugal, d'Espagne et de France.

### COURRIER D'ESPAGNE EN ITALIE A TRAVERS LA FRANCE.

De son côté, lorsque don Carlos monta sur le trône des Deux-Siciles, l'Espagne, ayant le plus grand intérêt à communiquer rapidement et sûrement avec Naples, trouva la voie de mer trop dangereuse à cause du grand nombre de pirates qui infestaient la Méditerranée, et établit, sans même consulter l'office de Paris, un courrier, par terre qui, passant par Madrid, Perpignan, Narbonne, Montpellier, Aix, allait s'embarquer à Antibes pour débarquer à Gênes.

Ces courriers, qui se disaient porteurs des dépêches de la cour, se chargeaient, sur leur route en Espagne, de lettres pour les villes de France et d'Italie qu'ils traversaient avec malles closes et déposaient ces lettres chez des particuliers qui en opéraient la distribution clandestine.

Le fait avait été constaté une première fois en 1735. Le 3 septembre 1749, une perquisition pratiquée chez un perruquier de Montpellier, correspondant du courrier d'Espagne, fit découvrir un assez grand nombre de correspondances que ce courrier avait apportées à son retour de Naples et lui avait remises pour être distribuées à des particuliers.

Aux observations légitimes de l'office français, l'Espagne se borna à répondre qu'elle n'avait nullement établi un courrier régulier entre l'Espagne et l'Italie, mais seulement un courrier de cabinet. Elle ne faisait, disait-elle, qu'user d'un droit qui n'avait jamais été contesté à aucun État.

Il est à présumer qu'à la suite de la constatation d'abus aussi flagrants, des mesures furent prises pour en éviter le retour.

L'office français était alors lié par des traités avec presque tous les pays voisins.

### TRAITÉS AVEC LA SUISSE.

Un traité avait été conclu en 1700 avec l'office de Berne, un autre avec l'office de Bâle, le 14 avril 1724.

En vertu de ces traités, les lettres partaient de Paris pour la Suisse les lundi, mercredi et vendredi de chaque semaine et étaient dirigées par Dijon sur Besançon, d'où elles prenaient deux voies différentes.

Celles qui étaient destinées aux cantons de Berne et de Fribourg, à la principauté de Neufchâtel et au pays de Vaud, allaient à Pontarlier, où le courrier de Berne venait les prendre. Elles devaient être affranchies jusqu'à Pontarlier. Les lettres non affranchies étaient dirigées sur l'office de Genève, au compte duquel on inscrivait les taxes à recouvrer.

Les correspondances à destination de Bâle, Zurich, Schaffouse, Glaris, Appenzell, Lucerne, Ury, Schwitz, Soleure, Untervalden, Zug, la principauté de Porentruy, les Grisons, Saint-Gall, Lugano et les bailliages suisses étaient envoyées à Huningue et étaient frappées d'un port double dont l'office de Bâle tenait compte au directeur des postes d'Huningue.

### TRAITÉ AVEC LA HAUTE ALLEMAGNE.

Depuis l'année 1722, l'office français était également lié par un traité avec le prince de la Tour et Taxis pour l'échange des correspondances avec la haute Allemagne.

En vertu de ce traité, l'office de France payait au prince de la Tour et Taxis, sur le prix de l'affranchissement :

| | |
|---|---|
| Pour la lettre simple. . . . . . . . . . . . . . . . . . . . . . | 1 sol. |
| Pour la lettre double . . . . . . . . . . . . . . . . . . . . . | 2 sols. |
| Pour l'once des paquets. . . . . . . . . . . . . . . . . . . . | 3 — |

### TRAITÉ AVEC NAPLES.

Le 20 mai 1741, un traité fut conclu entre la France et l'office de Naples.

### TRAITÉ AVEC L'ANGLETERRE.

Le 2 novembre 1713, les offices des postes de Paris et de Londres avaient également signé un traité pour le transport des correspondances entre la France et l'Angleterre; il avait été stipulé que l'échange des correspondances de ce pays pour l'Espagne, l'Italie et les Échelles du Levant s'effectuerait à Calais. L'article 18 de ce traité était ainsi conçu :

« Les parties contractantes s'obligent réciproquement à empêcher par tous les moïens possibles qu'aucunes lettres et paquets y dénommés soient portés par aucune autre voye que par leurs postes ordinaires. »

La malle anglaise avait déjà acquis une importance considérable puisque, le 9 juin 1750, le fermier général, craignant un moment qu'elle ne fût acheminée par Ostende et Livourne, se faisait fort de prouver que ce transit lui rapportait 50 000 livres par an et demandait en conséquence au surintendant général de vouloir bien intervenir pour que le privilège de ce transport ne lui fût pas enlevé.

SERVICES DES POSTES, COCHES, CARROSSES, DILIGENCES ET MESSAGERIES A LYON EN 1760.

La ville de Lyon, en raison de son importance industrielle et de sa situation géographique sur les routes de Suisse et d'Italie, avait été dotée d'un service de postes et messageries des plus complets, comme le lecteur pourra en juger d'après les renseignements suivants que nous avons empruntés à l'*Almanach de la ville de Lyon pour l'année* 1760[1].

## I. BUREAU GÉNÉRAL DES POSTES

Le bureau général des postes de la ville de Lyon était établi à l'hôtel de Chevrières, place Saint-Jean.

DÉPART ET ARRIVÉE DES COURRIERS ET HEURES AUXQUELLES LES LETTRES DEVAIENT ÊTRE MISES A LA POSTE, POUR NE PAS ÉPROUVER DE RETARD.

### DÉPART

Paris et les villes au delà, savoir :

Par Moulins, les mardi, jeudi, samedi avant 11 heures du matin; par la Bourgogne, les lundi, mercredi, vendredi avant 10 heures du matin.

Route de Bourbonnais, Nivernais, Auvergne, Berry, etc., les mardi, jeudi, samedi avant 11 heures du matin;

Route de Bourgogne, Franche-Comté, Alsace et Allemagne, les lundi, mercredi et vendredi, avant 10 heures du matin;

Route de Bas-Dauphiné, Provence, Languedoc, Gascogne, Béarn, Roussillon et Catalogne, les dimanche, mardi et vendredi avant 11 heures du matin. (Toutefois les lettres pour les petits bureaux dits *de traverse*, ne partaient que les mardi et vendredi à la condition d'avoir été jetées à la boîte avant 9 heures du matin.)

Montbrison, Saint-Étienne, le Puy, les mardi, vendredi et dimanche, avant 11 heures du matin;

1. *Almanach de la ville de Lyon et des Provinces de Lyonnois, Forez et Beaujolois, pour l'année bissextile* 1760, à Lyon, de l'imprimerie d'Aimé Delaroche, seul imprimeur libraire de Monseigneur le duc de Villeroy, du Gouvernement et de la ville, pages 144 et suiv.

Grenoble, mêmes jours et heures que ci-dessus;

Genève, Milan et la Suisse, les mercredi, vendredi et dimanche avant 8 heures du matin et le lundi avant 11 heures;

Savoie, le mardi avant 11 heures du matin et le vendredi avant 9 heures du matin;

Piémont (alors par Genève), les dimanche et mercredi avant 8 heures du matin;

Rome, la Toscane, Naples et Sicile le vendredi avant 9 heures du matin.

### ARRIVÉE

Les différents courriers arrivaient à Lyon, savoir :

De Paris, tous les jours, sauf le mercredi;

Route de Moulins, les dimanche, mardi et vendredi;

Route de Bourgogne et d'Allemagne, les lundi, jeudi et samedi;

Route de Provence et Languedoc, les lundi, jeudi et samedi;

Grenoble, les mardi, jeudi et samedi;

Genève, les dimanche, mardi, jeudi et samedi;

Savoie et Piémont, les jeudi et samedi;

Rome, le lundi et le mardi dans les mauvais temps;

Ces différents courriers parvenaient généralement à Lyon dans la matinée.

### AFFRANCHISSEMENT

Les lettres pour l'*Angleterre*, l'*Écosse* et l'*Irlande* devaient être affranchies jusqu'à Paris.

Celles pour la Haute-Allemagne, la Catalogne, la Savoie, le Piémont, la Toscane et Milan, la ville et le comté de Nice et généralement toutes les autres villes d'Italie (à l'exception de Gênes, Lucques et les États de ces deux républiques. Rome et l'État ecclésiastique et les royaumes de Naples et de Sicile) devaient être affranchies jusqu'à la frontière de France, sinon elles étaient envoyées au bureau général de Paris où elles restaient en rebut.

L'affranchissement était facultatif pour la Suisse.

L'avis suivant nous a paru devoir être reproduit textuellement :

### AVIS

Comme le fermier des postes de France n'a point de correspondance directe avec Venise, les États de cette République et la Lombardie (Milan excepté), et qu'il est obligé d'en envoyer les lettres par Gênes, il convient à MM. les négocians de les adresser à quelque ami de Turin, de Genève ou de Milan, afin qu'elles parviennent plus promptement.

Les lettres qui seront jetées dans les boîtes de Lyon pour Lyon, ne seront point portées à leurs adresses; elles seront mises au rebut, quand même elles viendraient de province.

Il conviendra de payer le port des lettres et paquets qu'on adressera aux procureurs, parce qu'ils font difficulté de les recevoir sans être affranchis et qu'ils restent perdus pour les parties.

On ne mettra ni or ni argent, ni autres choses précieuses dans les lettres et paquets.

Suivaient des recommandations spéciales pour le libellé de la suscription des lettres.

### BOITES AUX LETTRES

Il n'y avait dans la ville de Lyon, que trois boites aux lettres dont la levée n'avait lieu qu'une seule fois par jour, à 7 heures du matin.

Il existait, en outre, une quatrième boîte spécialement destinée aux lettres pour Trévoux et les Dombes : ces correspondances devaient être jetées à la boîte les dimanche, mercredi et vendredi avant 11 heures du matin.

## II. BUREAU GÉNÉRAL DES COCHES

CARROSSES, DILIGENCES A RESSORTS ET MESSAGERIES DE LYON A PARIS, PAR L'UNE ET L'AUTRE ROUTE, BOURGOGNE, CHAMPAGNE, FRANCHE-COMTÉ, BOURBONNOIS ET AUVERGNE, ROUTES ET RETOUR. — AU PORT NEUFVILLE.

### ROUTES DE LYON A PARIS

Les *coches par eau* pour Paris, la Bourgogne et route, partaient régulièrement de Lyon deux fois la semaine, les lundi et jeudi, sans interruption; ils passaient par Trévoux, Mâcon et Tournus; le trajet de Lyon à Châlon s'effectuait en 2 jours et demi; le retour en 2 jours seulement. Ils rentraient à Lyon les lundi et vendredi.

A l'arrivée de ces voitures à Châlon, les marchandises étaient chargées sur des *guimbardes* qui les conduisaient directement à Paris en 8 jours et en toute saison, ce qui faisait que les marchandises étaient transportées en 11 jours de Lyon à Paris et en 10 jours de Paris à Lyon. Ces guimbardes passaient par Arnay-le-Duc, Saulieux, Vermanton, Auxerre, Joigny, Sens, etc.

En été, aussitôt après l'arrivée à Châlon des coches d'eau de Lyon, deux carrosses par semaine partaient les dimanche et jeudi de Châlon pour Auxerre; ils effectuaient ce trajet en 4 jours et communiquaient avec les coches d'eau d'Auxerre à Paris.

Les diligences d'eau de Lyon à Châlon partaient régulièrement de deux jours l'un, et arrivaient dans cette dernière ville en 2 jours en hiver et en 24 heures en été. A l'arrivée de cette voiture à Châlon, il partait pour Paris une diligence *à ressort* qui faisait la route en 4 jours en hiver et en 3 jours et demi en été. Les voyageurs partis de Lyon arrivaient ainsi en hiver le sixième jour à Paris et en été le cinquième jour.

Lorsque la Saône n'était pas navigable, les coches et les diligences venaient directement à Lyon par terre.

Les carrosses de Lyon à Paris passant par le Bourbonnais et par les villes de Tarare, Roanne, la Palisse, Nevers, la Charité et autres partaient régulièrement de Lyon le lundi de chaque semaine et faisaient la route en 10 jours et demi.

## COMMUNICATIONS PAR LA BOURGOGNE

Un *coche d'eau* partait tous les dimanches matin de *Châlon* pour *Auxonne;* il effectuait ce trajet en 2 jours et communiquait avec le coche partant de Lyon tous les jeudis.

A l'arrivée des diligences d'eau à Châlon, il en partait une par terre pour Dijon, passant par Chagny, Beaune et Nuits. La durée du trajet était d'une journée.

De Dijon, un carrosse partait pour Paris les lundis en hiver et les mardis en été, passait par l'Auxerrois et parvenait à Paris en 8 jours en hiver et en 7 jours en été.

Un second carrosse partait également de Dijon pour Paris tous les vendredis, passait par la Champagne et arrivait à Paris, comme le précédent, en 8 jours en hiver et en 7 jours en été.

Enfin, voici, d'après notre almanach, comment étaient réparties les différentes stations de la route suivie par la diligence de *Lyon* à *Paris* :

| Petites journées. | | Grandes journées. | |
|---|---|---|---|
| Riotier | dinée. | Riotier | dinée. |
| Mâcon | couchée. | Mâcon | soupé. |
| Tournus | dinée. | Châlon | dinée. |
| Châlon | couchée. | Arnay-le-Duc | couchée. |
| Yvri | dinée. | Rouvray | dinée. |
| Saulieu | couchée. | Vermenton | couchée. |
| Lucy-le-Bois | dinée. | Joigny | dinée. |
| Auxerre | couchée. | Pons | couchée. |
| Joigny | dinée. | Chailly | dinée. |
| Villeneuve-la-Guerre | couchée. | Paris | couchée. |
| Chailly | dinée. | | |
| Paris | couchée. | | |

Tel était ce laborieux voyage qui s'effectue aujourd'hui en un seul jour!

Il existait aussi à Lyon :

1° Un bureau général des coches et diligences du Rhône, carrosses et messageries, fourgons, guimbardes et autres voitures de Lyon à Avignon, Aix, Marseille, Nîmes, Montpellier et autres villes de Provence et Languedoc ;

2° Un bureau des coches d'eau et des carrosses et messageries pour Seissel, Genève, Grenoble et retour ;

3° Un bureau de messagerie royale du comté de Bourgogne, de Lyon à Strasbourg ;

4° Enfin un autre bureau de messagerie pour Limoges.

### VOYAGES PAR COCHES EN FRANCE.

M. de Foville, dans son très intéressant ouvrage sur *la transformation des moyens de transport et ses conséquences économiques et sociales*, écrit ce qui suit :

Sous Louis XV, ce n'était plus en carrosse, mais en coche qu'on voyageait. Le coche qui allait de Paris à Lyon se composait d'une caisse de 7 pieds de long sur 5 de large, éclairée sur chaque face par trois espèces de meurtrières, et suspendue, à l'aide de soupentes, sur un train qui portait à l'avant le cocher, à l'arrière les bagages. Douze personnes s'entassaient bon gré, mal gré, dans cette boite, et fouette cocher ! Cinq jours en été, six jours en hiver suffisaient désormais, grâce aux travaux de Colbert, pour arriver de Paris à Lyon (125 lieues). Cela faisait, dans la belle saison, 25 lieues par jour, et l'on trouvait cela si beau que le nom flatteur de « diligence » fut précisément inventé pour cette voiture merveilleuse. Le trajet de Paris à Rouen (32 lieues) se faisait en trente-six heures. Pour aller de Paris à Strasbourg (117 lieues), on mettait trois jours de plus que pour traverser aujourd'hui l'océan Atlantique !

Voici le détail de ce laborieux voyage. Le carrosse de Strasbourg partait de la rue Jean-Robert le samedi, à 6 heures du matin : on allait dîner vers midi à Ville-Parisis, et coucher à Meaux. Le dimanche, dîner à La Ferté-sous-Jouarre et coucher à Château-Thierry. Le lundi, dîner à Dornans et coucher à Épernay. Le mardi, dîner à Jalons et coucher à Châlons. Le mercredi, dîner à Pagny et coucher à Vitry-le-François. Le jeudi, dîner à Saint-Dizier et coucher à Bar-le-Duc. Le vendredi, dîner à Saint-Aubin et coucher à Void. Le samedi, dîner à Toul et coucher à Nancy. Le second dimanche, dîner à Lunéville et coucher à Herbéviller. Le lundi, dîner à Héming et coucher à Sarrebourg. Le mardi, dîner à Saverne et coucher à Wiversheim. On aurait pu arriver à Strasbourg le mardi soir ; mais la fermeture des portes ne permettait d'entrer dans la ville que le mercredi matin.

Un écrivain allemand, Grimm [1], qui voyagea en France en 1773, nous a laissé la description suivante du coche qui faisait alors le trajet de Paris à Strasbourg :

Le moyen le plus économique de voyager est le coche ordinaire qui part une

1. Dans son ouvrage intitulé : *Observations d'un voyageur en Allemagne, en France, en Angleterre et en Hollande*. (Extrait du journal l'*Union postale*.)

fois par semaine, le vendredi, pour Paris. Cependant, bien que ce coche soit pourvu d'une caisse suspendue à des chaînes comme d'autres véhicules, qu'il soit rembourré à l'intérieur, et réellement bien meilleur que la voiture de poste allemande, il n'en est pas moins un misérable véhicule. Il est de forme ovale, surmonté par devant et par derrière d'un grand réceptacle en osier tressé, de manière qu'on ne peut apercevoir la caisse que par les côtés. Tout cela n'aurait pas cependant grande importance pour le voyageur; mais comme le coche est bon marché, toute espèce de gens s'y rassemblent. L'on s'y rencontre avec des individus dont, ailleurs, on ne supporterait pas la compagnie pendant un quart d'heure seulement, à plus forte raison pendant des journées entières. Gens de bon ton, mendiants, moines, artistes, femmes de chambre, domestiques, tout prend place dans cette arche de Noé. Comme celle-ci peut contenir huit à dix personnes, assises dans une ellipse, et qu'en raison de la quantité des bagages elle est très lourde, il faut souvent l'atteler de huit chevaux, qui ne peuvent néanmoins faire plus de six lieues par jour. On reste donc onze jours entiers pour aller à Paris.

### LES VOYAGES PAR POSTES EN FRANCE.

Il en coûtait beaucoup plus cher de voyager en voitures particulières[1].

Les tarifs fixés par les ordonnances des 8 décembre 1738 et 28 novembre 1756, étaient de 25 sols par cheval et de 5 sols par postillon pour chaque poste de 2 lieues. L'usage s'établit de donner par postillon 10 sols au lieu de 5 sols.

Comme on n'avait jamais moins de deux chevaux et un postillon, la dépense minimum était de 3 livres par poste, soit de 30 sols par lieue ou 37 centimes et demi par kilomètre.

L'ordonnance du 28 novembre 1756 avait prescrit que tout courrier à franc étrier devait avoir un postillon monté pour lui servir de guide. Les voitures montées sur *deux* roues, avec brancard, et chargées d'une personne, devaient être conduites par un postillon et attelées de deux chevaux. Celles qui étaient chargées de deux personnes, devaient être conduites par un postillon et attelées de trois chevaux. Dans ce cas, le prix de cinq chevaux était exigible.

Quant aux voitures montées sur quatre roues, ayant timon et chargées d'une ou de deux personnes, elles devaient être conduites par deux postillons et attelées de quatre chevaux. On devait alors payer neuf chevaux.

D'après les dispositions de la même ordonnance, une seule personne voyageant en chaise avait, pour un trajet de 100 lieues, 150 livres à payer.

Pour une famille de six personnes, la dépense pour un même voyage était de 640 livres, soit plus de 100 livres par tête.

1. Ces renseignements sont empruntés à l'ouvrage déjà cité de M. de Foville : *la Transformation des moyens de transport et ses conséquences économiques et sociales.*

# LOUIS XVI

(1774-1789.)

TURGOT, contrôleur général des finances. — Réunion des entreprises de messageries au domaine royal. — Administration des diligences et messageries. — TURGOT, surintendant général des postes. — Chute de Turgot. — Son administration. — Correspondance du « chevalier » du Marais. — DE CLUGNY, contrôleur général des finances. — RIGOLEY D'OGNY, surintendant général des postes. — La poste dans le territoire de Seine-et-Marne en 1777. — Les postes en régie. — Les petites postes réunies à l'administration générale des postes. — Compte rendu de l'état général des finances par Necker. — La poste aux lettres séparée de la poste aux chevaux, des relais et des messageries. — RIGOLEY d'OGNY, intendant général. — Réunion des relais et des messageries à l'administration des postes et courriers. — RIGOLEY d'OGNY, intendant général. — Organisation du service des postes à Paris en 1788.

### TURGOT, CONTRÔLEUR GÉNÉRAL DES FINANCES.

En 1774, Louis XVI, sous la pression de l'opinion publique, appela au ministère, en remplacement de Maurepas, un homme de génie, Turgot, qui avait en vue la réforme des abus oppressifs et l'amélioration du sort du peuple. Turgot, d'abord désigné pour la direction de la Marine, fut, un mois après, nommé contrôleur général des Finances. Cette nomination fut accueillie avec enthousiasme par « *tous les gens de bien* », pour nous servir d'une expression du temps.

### ARRÊT DU CONSEIL DU 7 AOUT 1775 PORTANT RÉUNION AU DOMAINE ROYAL DES ENTREPRISES DE MESSAGERIES.

Sur la proposition de Turgot, toutes les entreprises de messageries furent séparées de la ferme des postes et réunies au domaine royal, en vertu d'un arrêt du conseil du 7 août 1775.

Nous lisons dans les considérants de cet arrêt :

Le roi s'étant fait rendre compte des différents arrêts et règlements rendus pour l'administration des messageries, ensemble des concessions, faites par les rois ses prédécesseurs, de différents droits de carrosse et de quelques messageries; Sa Majesté a reconnu que la forme de régie qui a été adoptée pour cette partie ne présente pas à ses sujets les avantages qu'ils devraient en tirer; que la construction des voitures et la loi imposée aux fermiers de ne les faire marcher qu'à journées réglées de dix à onze lieues est très incommode aux voyageurs qui, par la modicité de leur fortune, sont obligés de s'en servir; que le commerce ne peut que souffrir de la lenteur dans le transport de l'argent et des marchandises; que d'ailleurs cette ferme soumet les peuples à un privilège exclusif qui ne peut que leur être onéreux, et qu'il lui serait impossible de détruire s'il continuait d'être exploité par des fermiers; que quoiqu'au moyen dudit privilège cette ferme dût donner un revenu considérable, cependant l'imperfection du service en rend le produit presque nul pour ses finances : Sa Majesté a pensé qu'il était également intéressant pour elle et pour ses peuples, d'adopter un plan qui, en présentant au public un service plus prompt et plus commode, augmentât le revenu qu'elle tire de cette branche de ses finances et préparât en même temps les moyens d'abroger un privilège exclusif onéreux au commerce. Pour y parvenir, Sa Majesté a jugé qu'il était indispensable de distraire du bail des postes les messageries et diligences qui y sont comprises, de retirer des mains de ceux qui en sont en possession, les droits de carrosse concédés par les rois ses prédécesseurs de résilier tous les baux qui ont été passés pour leur exploitation, en assurant tant aux fermiers qu'aux concessionnaires l'indemnité qui se trouvera leur être due. Sa Majesté, désirant faire jouir ses sujets de tous les avantages qu'ils doivent tirer des messageries bien administrées, et se mettre en état de leur en procurer de nouveaux par la suppression du privilège exclusif attaché auxdites messageries, aussitôt que les circonstances pourront le permettre, a résolu de faire rentrer dans sa main tant lesdits droits de carrosses que les messageries, qui font partie du bail général des postes, pour former du tout une administration royale; de substituer aux carrosses dont se servent les fermiers actuels, des voitures légères, commodes et bien suspendues; d'en faire faire le service à un prix modéré, également avantageux au commerce et aux voyageurs; enfin d'astreindre les maîtres de poste à fournir les chevaux nécessaires pour la conduite desdites voitures sans aucun retard et avec la célérité que ce service exige.

A quoi voulant pourvoir : ouï le rapport du sieur Turgot, conseiller ordinaire au conseil royal, contrôleur général des finances.

Le Roi étant en son conseil, a ordonné et ordonne, etc...

L'arrêt prescrivait en conséquence :

Que les privilèges précédemment concédés pour les droits de carrosses et de quelques messageries, seraient réunis au domaine royal, pour être exploités à son profit par l'Administration des diligences et messageries, à partir des jours qui seraient successivement fixés pour les différentes routes ;

Que les baux passés par l'adjudicataire des postes aux différents fermiers des messageries et diligences seraient résiliés ;

Que les messageries seraient distraites du bail général des postes et qu'il en serait tenu compte à l'adjudicataire en déduction du prix de son bail ;

Qu'une Commission serait instituée pour fixer les indemnités dues tant aux fermiers qu'aux concessionnaires pour la perte résultant de la suppression de leurs privilèges ;

Qu'à partir du jour qui serait fixé pour chaque route, il serait établi, sur toutes les grandes routes du royaume, des voitures à huit, à six ou à quatre places, commodes, légères, bien suspendues et tirées par des chevaux de poste, qui partiraient à jours et heures réglés et qui seraient accompagnées d'un commis chargé de veiller à la sûreté des effets.

ARRÊT DU CONSEIL DU 7 AOUT 1775, RÉUNISSANT AU DOMAINE ROYAL LE PRIVILÈGE ACCORDÉ POUR L'ÉTABLISSEMENT DES VOITURES DE LA COUR ET DE SAINT-GERMAIN.

Un second arrêt du même jour, 7 août 1775, réunit également au domaine royal le privilège accordé pour l'établissement des voitures de la Cour et de celles de Saint-Germain, et révoqua les baux passés en vertu de ce privilège.

La Commission chargée de la fixation des indemnités dues tant aux possesseurs des droits de carrosses et messageries qu'aux fermiers, fut nommée par arrêt du conseil, du 7 août 1775 [1].

En vertu d'une décision royale du même jour, la régie et l'Administration des diligences et messageries fut confiée à Denys Bergaut pour une période devant expirer le 30 septembre 1784.

ARRÊT DU CONSEIL DU 7 AOUT 1775 SERVANT DE RÈGLEMENT SUR LES DILIGENCES ET MESSAGERIES DU ROYAUME AUQUEL EST ANNEXÉ LE TARIF QUI SERA SUIVI A L'AVENIR.

Par arrêt de la même date, furent publiés le règlement et le tarif des messageries. Le tarif s'appliquait non seulement au prix des places, mais encore au port des paquets, de l'or, de l'argent, des hardes et des marchandises.

L'article 4 du règlement interdisait à tous commis ou préposés à la perception des droits de péages, passages, traites foraines, coutume, pontonage, travers, Leyde et autres de même nature et sous quelques dénominations qu'ils fussent, d'exiger quoi que ce fut, ni sur les voitures et chevaux des messageries et diligences, ni sur les marchandises et effets transportés, à peine de restitution des droits et de 500 livres d'amende.

Par l'article 5, il était fait très expresses inhibitions et défenses aux

1. Cette commission fut composée de deux intendants des finances, conseillers d'État, MM. de Boullongue et Boutin, d'un conseiller d'État, M. Dufour de Villeneuve et de quatre maîtres des requêtes, MM. de Meulan d'Ablois, Raymond de Saint-Sauveur, de Colonia et Feydeau de Brou.

courriers des malles des dépêches, de transporter des voyageurs, paquets, hardes, marchandises, or, argent, bijoux, volailles, gibier, etc... et de porter autre chose que lesdites malles des dépêches, lesquelles ne pourraient contenir que les lettres, paquets de lettres, or et argent confiés aux bureaux de poste, le tout sous les peines portées par les règlements.

Nous croyons devoir reproduire l'article 6, en raison des dispositions spéciales qu'il renfermait, dispositions qui font connaître l'étendue du monopole de l'État en matière de transport de personnes ou d'objets.

Art. 6.

Renouvelle Sa Majesté les défenses faites aux rouliers, coquetiers, muletiers, fariniers et autres, de transporter sur les routes où le service des messageries sera établi et fait régulièrement, soit par l'administration même, soit par les fermiers auxquels lesdites routes auront pu être affermées, des personnes sur leurs voitures, sans en avoir obtenu la permission dudit Denys Bergaut, de ses cautions ou de ses préposés, et de transporter de même des petits paquets du poids de cinquante livres et au dessous, et d'en former d'un poids plus considérable par l'assemblage de plusieurs. Leur fait pareillement très expresses inhibitions et défenses de se charger du transport d'aucune matière d'or et d'argent; le tout à peine de cinq cents livres d'amende et de confiscation des marchandises saisies et des chevaux et voitures. Ordonne Sa Majesté aux commis et préposés par l'administration des diligences et messageries, de saisir les marchandises, chevaux et équipages des contrevenans et d'en dresser procès-verbal, lequel étant fait en la manière accoutumée, vaudra et sera cru jusqu'à inscription de faux. Et sera le présent article exécuté jusqu'à ce qu'il en soit autrement ordonné.

L'innovation de Turgot fut critiquée, mais l'article 6 fut celui qui souleva les plus vives protestations.

Le nombre des places dans les diligences n'était pas, en effet, toujours en rapport avec celui des voyageurs. D'un autre côté, les voyageurs ayant à parcourir un court trajet étaient sacrifiés à ceux qui allaient plus loin. Certaines personnes se trouvaient aussi, parfois, dans la nécessité de se mettre en route un des jours où la diligence ne marchait pas. Comment sortir alors d'embarras? On se mettait à la recherche d'une voiture, d'une carriole, d'une charrette et quand on l'avait trouvée, à prix d'argent, bien entendu, il fallait alors se rendre au bureau des messageries le plus rapproché et se faire délivrer, à beaux deniers comptant, le *permis réglementaire*. Sans permis, pas de sécurité. Les commis pouvaient, en effet, rencontrer le conducteur, dresser procès-verbal et mettre l'équipage en fourrière, sans préjudice de l'amende.

Le fait se produisait fréquemment et quelquefois dans des conditions révoltantes.

Un paysan rencontrait-il sur sa route un malheureux, un infirme, une femme inspirant la pitié? Il avait peine à résister au penchant naturel d'obliger son prochain et, au risque d'être surpris en contravention, il offrait une place dans son véhicule.

Les charretiers à gages y regardaient encore de moins près que les maîtres et il n'était pas rare de les voir rentrer à la maison sans voitures, ni chevaux, car l'administration des messageries usait de ses droits sans aucun ménagement.

Voici un modèle des permis de circulation délivrés par les messageries :

N° 5046. **Bureau du Bourget.**

*De par le Roy :*

Bureau des carrosses et messageries royales des environs de Paris et autres y réunies.

Il est permis au nommé Bertrand, voiturier de..... de conduire à..... une personne dans un..... attelé de ses chevaux ; ce qu'il a déclaré faire dans un... et parti pour Paris. Pour lequel permis j'ai reçu la somme de six sous avec défense au dit..... de se charger d'un plus grand nombre de personnes que ci-dessus énoncées, et de n'en ramener aucune pour le retour, ni paquets sans une permission expresse d'un des directeurs ou contrôleurs des dites messageries. Il lui est expressément ordonné de n'aller qu'au pas et au trot, journée réglée, et sans relai.

En outre, sera tenu ledit conducteur de faire viser le présent dans les bureaux, même aux contrôleurs, sur les chemins, s'ils l'exigent, aux peines portées par les édits, déclarations, ordonnances et arrêts concernant les dites messageries. Le présent sera nul après les jours ci-dessus expirés.

Fait à Bourget, le..... 1779.

*Signé :* BOMPART.

L'article 8 ordonnait aux commandants des maréchaussées de faire accompagner les diligences par deux cavaliers, lorsqu'elles passeraient, la nuit, dans les forêts et même le jour, sur la réquisition de l'administration des diligences.

Venait ensuite le tarif qui était fixé ainsi qu'il suit :

TARIF ET CONDITIONS.

**Port des paquets, hardes et marchandises.**

| | livres. | sous. | deniers. |
|---|---|---|---|
| Du lieu du départ des voitures jusqu'à dix lieues et au-dessous, sera payé pour le port des paquets, hardes et marchandises, pour chaque livre pesant six deniers, ci. . . . . . . . | » | » | 6 |
| Au-dessus de dix lieues jusqu'à quinze, neuf deniers, ci. . | » | » | 9 |
| Et à proportion des routes plus éloignées, trois deniers en sus par cinq lieues et au-dessous, ci. . . . . . . . . . . . | » | » | 3 |

Tous paquets au-dessous du poids de dix livres, payeront comme s'ils pesaient dix livres.

### Port de l'or et argent monnayé et en matière.

| | livres. | sous. | deniers. |
|---|---|---|---|
| Du lieu du départ jusqu'à vingt lieues et au-dessous, sera payé pour le port de l'or et argent monnayé et en matière, deux livres par mille livres, ci. . . . . . . . . . . . . . | 2 | » | » |
| Pour cinq cents livres et au-dessus, une livre, ci. . . . | 1 | » | » |
| Et au-dessus de cinq cents livres jusqu'à mille livres, à proportion du prix fixé par mille livres. | | | |
| Pour toutes les routes excédant vingt lieues, sera payé à raison de vingt sous par mille livres pour chaque dix lieues, ci. | 1 | » | » |

### Port des étoffes précieuses, bijoux, etc., et effets perdus.

Le port des dentelles fines, galons, étoffes d'or et d'argent, bijoux, pierreries et autres choses précieuses, sera payé sur le pied fixé pour le port de l'or et argent monnayé et ce, d'après l'estimation des dits effets, que ceux qui en feront les envois seront tenus d'inscrire ou de faire inscrire sur le registre du préposé à la recette et en cas de perte desdits effets, ils seront remboursés conformément à la déclaration ou estimation faite sur le registre; en cas de fausse déclaration de la part de ceux qui feront les envois, sera perçu le double du droit fixé par le présent arrêt.

Ceux qui ne feront point sur le registre du préposé la déclaration du contenu dans les valises, coffres, malles et autres fermant à clef, ne pourront demander, pour la valeur des choses qui seront dans les dites valises ou coffres non déclarés, plus que la somme de cent cinquante livres lorsqu'elles seront perdues, en affirmant, par ceux qui les réclameront, qu'elles valaient la somme de cent cinquante livres.

### Précautions à prendre pour les emballages.

Les choses précieuses seront mises dans des caisses couvertes de toile cirée avec un emballage au-dessus, et les marchandises grossières seront emballées de serpillières, paille et cordages; et à faute de ce, il ne sera point tenu compte des dommages que pourraient souffrir les dites marchandises et effets.

### Gibiers et volailles gâtés.

Seront tenus les particuliers auxquels on envoie des volailles, du gibier et autres choses sujettes à corruption, qui ne peuvent leur être portés faute d'adresse, ou par l'inexactitude d'icelle, de les venir ou envoyer chercher au bureau, dans les huit jours après l'arrivée d'iceux, sinon permis au préposé de jeter les dites denrées en cas qu'elles soient corrompues ou gâtées desquelles il sera et demeurera déchargé.

### Port des papiers.

| | livres. | sous. | deniers. |
|---|---|---|---|
| Le port des paquets de papiers sera payé à raison d'un sou la livre pour dix lieues, ci. . . . . . . . . . . . . . . . . | » | 1 | » |
| Et tout paquet au-dessous du poids de dix livres, payera comme s'il pesait dix livres. | | | |

### Prix des places.

| | livres. | sous. | deniers. |
|---|---|---|---|
| Il sera payé pour chaque place dans les diligences, avec dix livres de hardes gratis treize sous par lieue; ci. . . . . | » | 13 | » |
| Et pour toutes autres places en dehors des dites voitures, sept sous six deniers par lieue; ci. . . . . . . . . . . . | » | 7 | 6 |

Au moyen desquels prix l'administration des messageries

| | livres. | sous. | deniers. |
|---|---|---|---|
| étant chargée de toutes dépenses, même du payement des appointements et gratifications des commis-conducteurs, il est très expressément défendu à tous et un chacun des dits commis, de rien recevoir des voyageurs à titre de gratification ou autrement; et ce, sous peine de privation de leurs places. | | | |
| A l'égard des voitures qui marcheront à journées réglées de huit à dix lieues, et qui ne seront point conduites par des chevaux de poste, il ne sera payé, comme par le passé, que dix sous par place pour chaque lieue dans les dites voitures, avec dix livres de hardes gratis; ci. . . . . . . . . . . . . . | » | 10 | » |
| Et dans le panier ou en dehors des dites voitures, six sous par lieue; ci. . . . . . . . . . . . . . . . . . . . . . . . | » | 6 | » |

**Voitures extraordinaires.**

| | livres. | sous. | deniers. |
|---|---|---|---|
| Il sera payé vingt sous par lieue pour chaque place dans les berlines ou chaises que l'on fera marcher extraordinairement, avec dix livres de hardes gratis, le surplus devant être payé conformément au tarif, ci. . . . . . . . . . . . . . . . . . | 1 | » | » |

Les dites voitures extraordinaires ne marcheront que lorsque toutes les places seront remplies ou payées, et les voyageurs veilleront eux-mêmes sur leurs effets, ces voitures n'étant établies que pour la commodité du public et marcheront sans être accompagnées d'un commis.

**Droits de permission.**

Pour aller à six lieues et au delà de la ville de Paris seulement même dans tous les endroits en deça des dites six lieues pour lesquels il y a voitures publiques; et à l'égard des autres villes du royaume à quelques distances que ce soit des dites villes, dès qu'il y aura voitures publiques établies, et que le service des dites routes sera fait régulièrement, soit par la dite administration, soit par les fermiers particuliers auxquels l'exploitation des dites routes pourra être affermée, les loueurs de chevaux et carrosses ne pourront en fournir à des particuliers, sans avoir préalablement obtenu la permission du bureau du lieu de leur départ, ou du lieu le plus prochain; et sera payé pour les droits de permission, le tiers des droits fixés pour chaque place dans les diligences. Seront tenus les loueurs de chevaux et autres, de représenter toutes fois et quantes ils en seront requis par les administrateurs ou leurs préposés, les dites permissions, tant en allant qu'en venant, et ne pourront faire des ventes simulées; le tout sous peine de confiscation des chevaux et équipages, et de cinq cents livres d'amende.

**Distances.**

La distance des lieues pour toutes les routes sera réglée suivant le livre des postes, sur les routes où il y en a d'établies, ou par lieues communes de France de deux cents toises, partout où il n'y a pas de postes établies.

### ARRÊT DU CONSEIL DU 7 AOUT 1775, CONSTITUANT L'ADMINISTRATION GÉNÉRALE DES DILIGENCES, CARROSSES ET MESSAGERIES.

Par un arrêté du conseil du 7 août 1775, l'administration générale des diligences, carrosses et messageries dans toute l'étendue du royaume, fut confiée aux sieurs Bernard, de Saint-Victour, Jacquinot, Raguet, Royer et Morambert, cautions de Denys Bergaut, avec pouvoir de nomination à tous les emplois et de révocation.

### ORDONNANCE ROYALE DU 12 AOUT 1775 RÉGLANT LES DÉTAILS D'ORGANISATION DE L'ADMINISTRATION DES DILIGENCES, CARROSSES ET MESSAGERIES.

Vint enfin l'ordonnance royale du 12 août 1775, qui régla les détails d'organisation et de fonctionnement de la nouvelle administration.

Cette ordonnance prescrivait la substitution aux voitures publiques en usage, de diligences légères, commodes, bien suspendues, à 8 places.

Les maîtres de poste étaient tenus de fournir 6 chevaux pour traîner les diligences dont la charge n'excèderait pas 18 quintaux.

Le nombre des chevaux était porté à sept pour une charge de 21 quintaux et à huit chevaux pour 24 quintaux.

Il devait être payé aux maîtres de poste 20 sous par poste et aux postillons dix sous.

« Et attendu, disait l'ordonnance, que sur plusieurs routes, une diligence à quatre places sera suffisante pour faire le service, il ne sera payé pour ces voitures que quatre chevaux et un postillon, lorsqu'elles seront chargées de 12 quintaux, cinq chevaux lorsqu'elles porteront plus de 15 quintaux, et six chevaux et deux postillons lorsque la charge sera de 18 quintaux et au-dessus. »

Chaque diligence devait être accompagnée d'un *commis-conducteur*, porteur d'une feuille de route destinée à être visée par chaque maître de poste qui devait y inscrire les heures d'arrivée et de départ à chaque station, afin de s'assurer si les diligences marchaient à l'allure réglementaire d'une poste par heure.

Les maîtres de poste devaient, en outre, se tenir en mesure de fournir aux voyageurs des berlines à quatre places, traînées par quatre chevaux et conduites à la même vitesse que les diligences.

Des *inspecteurs généraux des diligences et messageries* étaient institués pour s'assurer du bon état des chevaux.

### ARRÊT DU CONSEIL DU 18 AOUT 1775 DÉFENDANT D'EMPLOYER EN JUSTICE DES LETTRES INTERCEPTÉES [1].

Nous avons montré dans le chapitre précédent les abus scandaleux auxquels donna lieu l'institution du Cabinet noir sous Louis XV.

1 Voir le *Recueil des anciennes lois françaises*, depuis l'an 420 jusqu'à la Révolution de 1789, par MM. JOURDAN, ISAMBERT et DECRUSY. Paris, 1822 à 1833, édition Belin-Leprieur, vol. XXIII, p. 229.

Son successeur, Louis XVI, obéissant sans doute aux sages conseils de son intègre ministre, le grand Turgot, tenta de supprimer cette honteuse institution. S'il n'eut pas l'énergie nécessaire pour accomplir cette tâche, on peut, du moins, citer à son honneur l'arrêt du conseil du 18 août 1775, qui défendit d'employer en justice les lettres interceptées.

Voici le texte de cet arrêt :

Versailles, 18 août 1775.

Le Roi s'étant fait représenter en son conseil la dénonciation faite, le 27 mars dernier, au conseil supérieur du Cap, en l'île Saint-Domingue, par le substitut du procureur général, de deux lettres; l'arrêté du dit conseil même jour, 27 mars, par lequel il a été ordonné que lesdites lettres seraient déposées au greffe, et annexées au registre des délibérations secrètes, et qu'il en serait envoyé des copies au secrétaire d'État ayant le département de la marine, ensemble les dites copies; Sa Majesté considérant que ces lettres ne sont parvenues que par l'abus d'une interception commise sur le navire auquel elles avaient été confiées, abus d'autant plus grave qu'il a moins de moyens de le prévenir dans la correspondance réciproque du royaume et des colonies; que cette voie odieuse ne laissait d'autre parti à prendre que celui du silence et du renvoi des lettres interceptées à la personne à laquelle elles appartenaient; considérant encore Sa Majesté, que des lettres interceptées ne peuvent jamais devenir la matière d'une délibération; que tous les principes mettent la correspondance secrète des citoyens au nombre des choses sacrées, dont les tribunaux comme les particuliers doivent détourner leurs regards, et qu'ainsi le conseil supérieur devait s'abstenir de recevoir la dénonciation qui lui était faite, Sa Majesté aurait jugé nécessaire pour le maintien de l'ordre public, autant que pour la sûreté du commerce et des citoyens, d'ordonner que les auteurs et complices de l'interception seraient poursuivis selon la rigueur des ordonnances, et de ne laisser en même temps subsister aucune trace de la dénonciation, et de l'arrêté du conseil supérieur du Cap; à quoi voulant pourvoir, ouï le rapport.

Le Roi, étant en son conseil, a cassé et annulé, casse et annule l'arrêté du conseil supérieur du Cap du 27 mars dernier; ordonne que ledit arrêté et la dénonciation qui lui a donné lieu seront rayés sur les registres, et que les originaux des lettres déposés au greffe seront envoyés au secrétaire d'État ayant le département de la marine, et fait défense au dit conseil supérieur du Cap de recevoir à l'avenir de pareilles dénonciations et de faire de pareils arrêtés. Ordonne Sa Majesté que, sur la plainte et à la diligence de son procureur au siège de l'amirauté du Havre, il sera informé et procédé extraordinairement par devant les officiers du dit siège, contre les auteurs, fauteurs et complices de l'interception des dites lettres, et de toutes autres, jusqu'à jugement définitif, sauf l'appel au Parlement de Rouen; attribuant à cet effet Sa Majesté, toute cour et juridiction aux dits officiers de l'amirauté du Havre, ainsi qu'au Parlement de Rouen, et icelles interdisant à tous ses autres cours et juges. Ordonne en outre Sa Majesté que le présent arrêt sera imprimé au nombre de cent exemplaires, et qu'il sera transcrit sur les registres du conseil supérieur du Cap, etc.

### TURGOT, SURINTENDANT GÉNÉRAL DES POSTES (3 SEPTEMBRE 1775).

Le 3 septembre suivant, Turgot, tout en conservant le contrôle général des finances, fut nommé surintendant général des postes et refusa les émoluments attachés à cette charge.

### ARRÊT DU CONSEIL DU 5 OCTOBRE 1775 RELATIF AU SERMENT EXIGÉ DES PRÉPOSÉS DES DILIGENCES ET MESSAGERIES.

Un arrêt du conseil du 5 octobre de la même année exigea le serment de tous les préposés de l'administration des diligences et messageries.

### ARRÊT DU CONSEIL DU 11 DÉCEMBRE 1775 RÉUNISSANT AU DOMAINE ROYAL LES PRIVILÈGES DES COCHES ET DILIGENCES D'EAU.

Le 11 décembre, un autre arrêt du conseil réunit au domaine royal les privilèges des coches et diligences d'eau établis sur les rivières de Seine, Marne, Oise, Aisne, Yonne, Aube, Loire, Saône, Rhône, sur le canal de Briare et autres rivières et canaux navigables du royaume.

### INAUGURATION DU SERVICE DES DILIGENCES (1er AVRIL 1776).

Le nouveau service des diligences fut inauguré le 1er avril 1776 ; le public parisien en fut informé par l'avis suivant :

AVIS AU PUBLIC

*Messageries royales. — Nouvelles diligences.*

Le public est averti :

1° Qu'à compter du 1er avril 1776 il partira de Paris une diligence toutes les semaines, la nuit du dimanche au lundi, à minuit pour Nancy, conduite par des chevaux de poste, passant par Meaux, Chaalons, Saint Dizier, Bar-le-Duc et Toul. Elle repartira de Nancy pour Paris, le jeudi à 11 heures du soir.

2° Il partira de Paris, le jeudi de chaque semaine, à 5 heures du matin, une diligence pour Chaalons, passant par Meaux et Epernay, à compter du jeudi 4 avril 1776. Elle repartira de Chaalons pour Paris, le dimanche à 5 heures du matin.

3° Il partira de Paris une diligence pour Sedan, passant par Villers-Coterets, Soissons, Reims, Rethel et Mézières, toutes les semaines le mercredi à 11 heures du soir, à compter du 1er mai 1776. Elle repartira de Sedan pour Paris, tous les dimanches à 5 heures du matin.

4° Il partira de Paris une diligence pour Soissons, le lundi de chaque semaine à 11 heures du soir, à compter du 1er avril 1776. Les voyageurs pour Laon trouveront à Soissons une voiture à quatre places, qui partira aussitôt l'arrivée de la diligence et le retour de Laon à Soissons se fera comme ci-dessus, le jeudi à 11 heures du matin, pour correspondre avec la diligence de Soissons qui repartira tous les vendredis à 6 heures du matin.

5° Il partira de Paris toutes les semaines, pour Saint-Quentin, passant par Senlis, Compiègne et Noyon, une diligence le lundi à 6 heures du matin à compter du 8 avril 1776. Elle repartira de Saint-Quentin pour Paris, le mercredi à 6 heures du matin. Il partira également de Paris pour Saint-Quentin une voiture pour les gros bagages et objets fragiles, le jeudi de chaque semaine. Elle repartira de Saint-Quentin le lundi.

6° Il partira le jeudi de chaque semaine à 6 heures du matin, une diligence pour Noyon; le premier départ se fera le jeudi 11 avril 1776. Elle repartira de Noyon pour Paris le samedi à la même heure.

Les bureaux de ces diligences sont établis à Paris rue Saint Denis, vis-à-vis les Filles-Dieu.

### CHUTE DE TURGOT.

Au mois de mai suivant, Turgot fut renvoyé, sans avoir pu réaliser son programme économique. Il eut cependant la satisfaction de publier, avant sa retraite, six édits importants dont les deux principaux prescrivaient la suppression des corvées dans tout le royaume et celle des maîtrises et jurandes. La noblesse, les parlements et le clergé, indignés d'être assujettis à l'impôt qui remplaçait la corvée et dont le produit devait être employé à l'entretien des routes, protestèrent énergiquement. Malgré ces protestations intéressées, les édits n'en furent pas moins enregistrés dans un lit de justice, mais ce fut là le dernier triomphe de Turgot, triomphe qui fut bientôt après suivi de sa chute.

### COUP D'ŒIL SUR L'ADMINISTRATION DE TURGOT.

Voici ce que nous apprend la correspondance du Chevalier du Marais, à propos des réformes introduites par Turgot dans le service des postes :

Monsieur Turgot est surintendant des postes sans appointements. On dit qu'il va tout changer dans l'administration des postes et dans l'administration en général...

. . . . . . . . . . . . . . . . . . . . . . . . . . . . . . . . . . . . .

Mme Clotilde ferait bien mieux de vous apprendre les changements que Turgot fait dans l'administration des postes. Des huit administrateurs, M. de Montregard est conservé. Il reste chargé en dernier ressort du département des lettres.

Il n'y aura plus de messageries, on ira toujours en poste, au lieu des carrosses, des voitures; on fera faire des carrosses plus légers et qui se prêteront mieux à la célérité de la marche. Chaque cheval, dans le projet, doit se payer vingt sous, mais on dit que dans l'exécution, personne ne se chargera d'en fournir à un prix aussi modique. En attendant, cette opération seule tient sur les épines environ six mille personnes qui crient comme des aigles, mais elles ont affaire à un bien autre aigle qui ne s'embarrasse guère d'eux ni de leurs cris. Il sait qu'il faut sacrifier l'intérêt des individus à l'intérêt public et cette grande vérité politique le rend sourd aux plaintes et inaccessible aux plaignants.

L'invention des diligences valut, en effet, à Turgot des attaques passionnées, parmi lesquelles nous nous bornerons à citer l'épigramme suivante :

> Ministre ivre d'orgueil, tranchant du souverain,
> Toi qui, sans t'émouvoir, fais tant de misérables,
> Puisse ta poste absurde aller un si grand train
> Qu'elle te mène à tous les diables !

Ces attaques étaient souverainement injustes, car les diligences, ou les *turgotines*, comme on les appelait par dérision, constituaient un notable progrès, bien que par certains côtés, et notamment en ce qui concernait l'obligation du permis, elles fussent critiquables.

En combinant le service de la poste aux chevaux avec celui des messageries, le ministre réformateur avait en vue d'augmenter les revenus du Trésor. En outre, il espérait pouvoir parvenir à faire transporter les lettres par les messageries, en un seul jour, au moins à 30 lieues à la ronde de Paris et de là, les faire transmetre par les courriers des malles sur tous les points du royaume.

Le nouveau service présentait, dans tous les cas, un avantage certain, celui de permettre le transport des fonds avec sûreté, rapidité et sans frais, soit des recettes particulières au chef-lieu, soit d'une province à l'autre, ou des provinces à Paris, ou même, enfin, de Paris aux provinces.

Turgot avait conçu de vastes projets qu'il n'eut pas le temps de réaliser, sur la construction et l'entretien des routes qui se rattachent d'une façon si intime à l'exécution du service des postes. Il s'était proposé de faire observer rigoureusement les distances de 4 lieues entre chaque relais. L'inspection des routes devait être confiée aux maîtres de poste intéressés à leur entretien.

Quant aux anciens fermiers dépossédés, ils considérèrent comme très rigoureuse la mesure inattendue qui les privait des avantages considérables dont ils avaient espéré jouir longtemps encore. Mais cette mesure n'en fut pas moins légale, car en reprenant le privilège, l'État ne fit qu'user de la faculté qu'il s'était expressément réservé en le concédant. Les fermiers reçurent d'ailleurs, une indemnité équitable qui compensa la perte qu'ils durent éprouver[1].

## DE CLUGNY, CONTRÔLEUR GÉNÉRAL DES FINANCES (20 MAI 1776). — RIGOLEY D'OGNY, INTENDANT GÉNÉRAL DES POSTES (20 MAI 1776).

Le 20 mai 1776, de Clugny remplaça Turgot au contrôle général des finances et prit la haute main sur l'administration des postes.

1. M. le baron ERNOUF (dans son étude sur l'administration des postes, ouvrage déjà cité).

Rigoley d'Ogny lui fut adjoint en qualité d'intendant général des postes.

ARRÊT DU CONSEIL DU 17 AOUT 1776 RÉUNISSANT, A LA FERME GÉNÉRALE DES POSTES L'EXPLOITATION DES CARROSSES.

Un arrêt du conseil rendu le 17 août 1776, sur la proposition du contrôleur général des finances, réunit à la ferme générale des postes l'exploitation des carrosses et diligences des voitures de Versailles et des coches d'eau. (Art. 1er.)

Le même arrêt autorisait le fermier général à sous-affermer pour neuf ans l'exploitation des messageries et confiait à l'intendant général des postes la police de l'administration des messageries et postes.

Il était enjoint aux fermiers « de continuer les établissements de diligence en poste, même d'en former de nouveaux dans tous les lieux qui en seraient susceptibles ». A cet effet, ils pourraient se servir des chevaux de poste partout où les maîtres de poste y consentiraient, moyennant le prix de vingt-cinq sous par poste et par cheval et de dix sous par poste et par postillon, à raison de six chevaux pendant les six mois d'été et de huit chevaux pendant les six mois d'hiver. (Art. 3.)

Toutefois, dans les lieux où les maîtres de poste se refuseraient à ce service, les fermiers pourraient y établir des relais de chevaux avec l'autorisation de l'intendant général. (Art. 4.)

L'article 5 fixa à 16 sous par personne et par lieue le prix des places dans les voitures conduites en poste.

En notifiant cet arrêt aux maîtres de poste dans sa circulaire du 24 août 1776, l'intendant général Rigoley d'Ogny insistait tout particulièrement sur la nouvelle marque de protection que le Roi avait voulu donner aux maîtres de poste en élevant de 20 à 25 sols le prix qui leur serait payé pour les chevaux de poste à dater du 1er septembre suivant :

Cette grâce dont vous devez sentir l'importance, ajoutait-il, me fait compter sur de nouvelles marques de votre zèle, tant pour le service de ces diligences que pour celui des autres voyageurs, et sur votre exactitude à vous conformer aux ordres que je vous ferai passer relativement à ces différents services.

Le 11 septembre 1776, la ferme des postes, des carrosses, coches d'eau et messageries fut adjugée à Claude Laure moyennant le prix de 8 790 000 livres.

RIGOLEY D'OGNY, INTENDANT GÉNÉRAL.

A la mort de Clugny survenue le 18 octobre 1776, le baron Rigoley d'Ogny resta chargé de l'administration des postes et messageries, en conservant le titre d'intendant général.

### ARRÊT DU CONSEIL DU 23 JANVIER 1777 PORTANT RÈGLEMENT DES DILIGENCES ET MESSAGERIES.

Le 23 janvier 1777 parut un arrêt du conseil portant règlement du service des diligences et messageries.

La marche des diligences conduites à jours et heures fixes par des chevaux de poste, fut réglée à raison de 2 lieues par heure; le prix des places fut fixé à 16 sous par lieue.

Pour ne pas porter préjudice au service de ces diligences, dites *ordinaires*, il était enjoint aux fermiers de messageries d'expédier à des heures différentes les autres diligences qu'ils jugeraient utile d'établir : le prix des places dans ces diligences extraordinaires conduites aussi par des chevaux de poste fut fixé à 23 sous par place et par lieue.

L'article 5 stipulait que les employés des fermes conserveraient le droit de visiter les diligences aux barrières placées à l'entrée des villes et aux douanes.

### ARRÊT DU CONSEIL DU 5 FÉVRIER 1777 CONCERNANT L'ÉTABLISSEMENT DE VOITURES POUR DESSERVIR LES ENVIRONS DE PARIS.

Le 5 février 1777 parut un arrêt du conseil concernant l'établissement de voitures pour desservir par la ferme des messageries les environs de Paris.

« Il serait de l'utilité publique, lisons-nous dans les considérants de cet arrêt, d'établir des voitures à quatre et à six places, ainsi que des charrettes couvertes, pour desservir les environs de Paris, à des conditions avantageuses au public; et ce, concurremment avec les voitures de places et de remises, et les charrettes qui, les fêtes et dimanches, conduisent ceux qui veulent se rendre dans les différents villages des environs de Paris : Sa Majesté, considérant que cet établissement ne peut être qu'utile aux habitants de ladite ville, en leur procurant plus de facilité pour se rendre aux maisons de campagne qui en sont à peu de distance, a jugé nécessaire, en autorisant ledit établissement, de fixer le prix des places dans chacune desdites voitures. »

L'arrêt prescrivait, en conséquence, l'établissement à partir du 1er avril suivant : « de voitures à six places partant tous les jours de Paris et des villages voisins, ainsi que de charrettes couvertes, et même de voitures extraordinaires à quatre ou deux places et attelées d'un ou de deux chevaux, partant de Paris à toute heure et toutes les fois qu'il se présenterait un nombre suffisant de voyageurs pour les remplir, ou des villages compris dans un état annexé audit arrêt ou enfin des lieux intermédiaires.

Le prix des places fut fixé à 6 sols par lieue dans les voitures à six places partant à jours et heures réglés, à 4 sols par lieue dans les charrettes et à 10 sols par lieue dans les carrosses attelés d'un ou de deux chevaux.

## LA POSTE AUX LETTRES DANS LE TERRITOIRE DE SEINE-ET-MARNE EN 1777.

Veut-on savoir comment le service de la poste aux lettres était effectué à cette époque, dans les principales localités du département actuel de *Seine-et-Marne?*

On trouve à ce sujet des renseignements intéressants dans un petit livret in-16 de 66 pages, paru sous le titre « Petit guide des lettres pour l'année 1777 » et présenté par *M. Guyot*, directeur du bureau général des postes, à MM. les intendants et administrateurs des postes de France. Ce guide contient « les jours et heures du départ et de l'arrivée des courriers du bureau général des postes de Paris, le prix de l'affranchissement et le temps qu'elles restent en route ».

Il n'existait alors, dans ce territoire, que 31 bureaux de poste, dont 18 seulement recevaient et expédiaient des lettres tous les jours. Dans trois bureaux, le service était limité à six jours par semaine, dans un seul à quatre jours et dans huit à trois jours. Enfin, le dernier bureau n'avait que deux départs et deux arrivées par semaine : l'intervalle entre les départs était tantôt de trois, tantôt de quatre jours.

Dans l'arrondissement actuel de Coulommiers, le service était quotidien à Coulommiers, à Faremoutiers, à la Ferté-Gaucher et à Rebais. Le bureau de Rozoy n'avait que quatre départs et trois à quatre arrivées hebdomadaires.

Dans l'arrondissement de Melun, les bureaux de Brie, Coubert, Guigues et Mormant avaient un service quotidien. Quant au bureau de Melun, il ne fonctionnait que six jours par semaine. A Chaumes et à Tournan, le service était limité à trois départs et à trois arrivées hebdomadaires, et au Châtelet à deux.

L'arrondissement de Provins était desservi par quatre bureaux dotés d'un service quotidien, ayant leur siège à Bray-sur-Seine, Donnemarie, Nangis et Provins.

Ce qui paraîtra extraordinaire, c'est que l'arrondissement de Fontainebleau ne jouissait d'un service quotidien que très exceptionnellement, quand le Roi habitait le château. Le reste du temps, le bureau de Fontainebleau, comme celui de Melun, ne fonctionnait que pendant six jours la semaine. Il y avait encore dans cet arrondissement quatre bureaux : à Château-Landon, Montereau, Moret et Nemours, n'ayant chacun que trois arrivées et trois départs par semaine.

Le voisinage de Paris constituait un avantage pour Seine-et-Marne. Cependant une lettre devait être mise au bureau central de la poste de Paris avant huit heures du matin pour parvenir le lendemain dans la matinée ou dans la soirée, selon la distance, à l'un des dix-sept bureaux ayant un service quotidien. Il ne fallait pas moins de cinq jours pour recevoir la réponse.

Cette lenteur et ces intervalles étaient néanmoins un privilège réservé aux habitants des localités pourvues d'un bureau de poste. Pour ceux qui demeuraient ailleurs, si rapprochés qu'ils fussent, les lettres à leur adresse restaient à la poste jusqu'au jour où elles étaient réclamées. Le facteur rural n'existait pas encore à cette époque.

Le tarif alors en usage, était celui du 8 juillet 1759. Comme le port était proportionnel à la distance parcourue, la France était partagée en six zones où la lettre simple payait depuis 4 sols jusqu'à 10. Celles de Paris étaient taxées à 4 sols pour le plus grand nombre des bureaux de Seine-et-Marne. A Provins, Bray-sur-Seine et Nemours, elles coûtaient 6 sols. Une lettre sous enveloppe payait un sol en plus.

### ARRÊT DU CONSEIL DU 17 AOUT 1777 CONVERTISSANT LA FERME DES POSTES EN RÉGIE INTÉRESSÉE.

En vertu d'un arrêt du conseil du 17 août 1777, la ferme des postes fut convertie en une régie intéressée pour le compte du Roi. Necker cherchait ainsi à augmenter les revenus du Trésor dans un moment où l'état des finances était de plus en plus précaire.

### ARRÊT DU CONSEIL DU 23 NOVEMBRE 1777, CONCÉDANT AUX ANCIENS FERMIERS LE PRIVILÈGE DE L'EXPLOITATION DES MESSAGERIES.

Par suite de cette conversion, les baux des messageries qui étaient compris dans le bail général de la ferme des postes, se trouvèrent résiliés de plein droit. De riches compagnies offrirent alors de se charger de l'exploitation des messageries en fournissant une redevance annuelle variant entre 1 million et 1800000 livres et en partageant par moitié avec le Roi les profits excédants.

Comme ces propositions représentaient le double du revenu d'alors, Necker s'empressa d'accepter ces propositions, mais les fermiers dépossédés intervinrent et demandèrent la préférence, ce qui leur fut accordé par un arrêt du conseil du 23 novembre suivant.

### ARRÊT DU CONSEIL DU 30 DÉCEMBRE 1777 RÉGLANT L'USAGE DE LA FRANCHISE ET DU CONTRESEING DES LETTRES.

Le 30 décembre 1777, le Roi régla, par arrêt du même jour, l'usage de la franchise et du contreseing des lettres.

#### 1° Franchises.

Les trois premiers articles fixaient les conditions auxquelles la franchise était accordée.

Aucune personne ne pouvait jouir du privilège de la franchise du port des lettres qui lui seraient adressées par la poste, tant à Paris que dans les provinces, s'il n'était compris dans l'état des franchises arrêté par le Roi et seulement pour les lettres et paquets de service le concernant personnellement, ou concernant le service dont il se trouverait chargé en raison de ses fonctions, mais sous la condition de n'aider de son couvert aucune correspondance autre que celles désignées ci-dessus, sous peine d'être privée de la franchise.

En vertu de l'article 2, l'administration des postes était autorisée à faire taxer conformément à la déclaration du 8 juillet 1759 les lettres et paquets de papiers adressés aux personnes jouissant de la franchise, dans le cas où elle croirait reconnaître quelques abus ; « sauf auxdites personnes à faire ou faire faire l'ouverture desdites lettres et paquets, en présence des administrateurs des postes, leurs directeurs ou préposés, lesquels leur feront restituer le prix de la taxe dans le cas où lesdites lettres ou paquets les concerneraient personnellement ou le service dont elles se trouvent chargées ».

Les personnes jouissant de la franchise, qui recevraient des lettres ainsi taxées, pourraient les renvoyer avec les enveloppes aux administrateurs des postes et obtenir le remboursement de la taxe.

Le privilège de la franchise des lettres venant de l'étranger, même de Rome, Gênes et autres lieux où il existait des bureaux de poste français, n'était accordé qu'aux personnes suivantes :

Le chancelier ou garde des sceaux ;

Les secrétaires d'État ;

Le chef du Conseil royal ;

Le contrôleur général ou directeur général des finances ;

Le premier président de la chambre des comptes de Paris ;

Le procureur général de la même chambre ;

Le lieutenant général de police ;

Et enfin les intendants et commissaires placés dans des généralités avoisinant des pays étrangers.

Les articles 5, 6, 7 attribuaient la franchise aux commandants des provinces, aux commandants et intendants de la marine, aux premiers présidents et procureurs généraux des parlements des provinces, ainsi qu'aux intendants et commissaires des provinces, sous le couvert desquels un certain nombre de fonctionnaires tels que les officiers des maréchaussées, les trésoriers des troupes, les ingénieurs des ponts et chaussées, les commissaires inspecteurs des haras pouvaient recevoir en franchise des correspondances concernant leur service.

Ces mêmes articles indiquaient les limites dans lesquelles la correspondance de chacun de ces différents fonctionnaires pourrait circuler en franchise et réglaient le mode de remboursement de ces correspondances à l'administration des postes.

### 2° Contreseing.

Aux termes de l'article 8, les lettres et paquets devaient être contresignés de la main même des personnes jouissant de ce droit, à moins que ces dernières ne fussent forcées de confier leurs cachets à d'autres, auquel cas elles devraient envoyer à l'administration le nom de la personne substituée, avec un spécimen de son écriture.

Le contreseing ne pouvait, en aucun cas, s'appliquer à des correspondances provenant d'un pays étranger. (Art. 9.)

Les articles 10, 11, 12 désignaient les fonctionnaires ayant droit au contreseing.

Dans l'article 13, il était dit que de même que les particuliers étaient tenus de payer la taxe de toutes les correspondances ordinaires qui leur étaient adressées, sous peine de n'en recevoir aucune dans la suite jusqu'à ce que la taxe due eût été acquittée, de même le port des lettres qui, quoique contre-signées, auraient été taxées, devrait être acquitté par les destinataires sous les mêmes peines que ci-dessus; à moins que l'ouverture des lettres contresignées en présence des préposés de l'administration, n'eût fait reconnaître que la taxe avait été indûment appliquée.

### ORDONNANCE DU 13 MARS 1778 PORTANT ÉTABLISSEMENT DU SERVICE PAR LES MAÎTRES DE POSTE, DE TROIS ORDINAIRES CHAQUE SEMAINE POUR LE TRANSPORT DES DÉPÊCHES DE PARIS A BREST ET RETOUR.

Par une ordonnance du 13 mars 1778, l'intendant général Rigoley d'Ogny[1] prescrivit qu'à partir du 1er mai suivant, le transport des

1. En tête de cette ordonnance, l'intendant général est qualifié ainsi qu'il suit :

« Claude-Jean Rigoley, baron d'Ogny, grand'croix, prévôt, maître des cérémonies de l'ordre royal et militaire de Saint-Louis, intendant général des courriers, postes, relais et messageries de France. »

malles entre Paris et Brest, précédemment confié à des entrepreneurs, serait exécuté trois fois chaque semaine par des courriers spécialement établis par la régie des postes. Les maîtres de poste furent tenus de fournir, tant à l'aller qu'au retour, trois chevaux pour chacun des trois ordinaires.

Une circulaire adressée le même jour par l'intendant général à tous les maîtres de poste, nous apprend qu'il serait attribué à chacun de ces derniers, indépendamment des 180 livres de gages ordinaires, 10 sols par cheval et par poste et 5 sols par poste pour les guides du postillon.

Nous remarquons aussi cette innovation que les malles entre Paris et Brest ne seront plus transportées à cheval, mais dans des *brouettes* légères faites exprès et dans lesquelles sera placé le courrier.

ARRÊT DU CONSEIL DU 28 JUIN 1780 PORTANT RÉUNION DE LA RÉGIE DES PETITES POSTES A CELLE DE L'ADMINISTRATION GÉNÉRALE DES POSTES DU ROYAUME.

La petite poste de Paris et les petites postes établies dans les villes de province furent réunies à l'administration générale des postes à partir du 1er juillet 1780, en vertu de l'*arrêt du conseil* du 28 juin 1780 ainsi conçu :

Sa Majesté s'étant fait rendre compte du produit et de l'administration des petites postes établies dans le royaume, ainsi que des améliorations et des économies qui pourroient résulter de la réunion de ce service à la grande poste :

Ouï le rapport du sieur Moreau de Beaumont, conseiller d'État ordinaire et au conseil royal des finances.

Le Roi, étant en son conseil, a ordonné et ordonne qu'à compter du 1er juillet prochain, et jusqu'au dernier décembre mil sept cent quatre-vingt trois, époque de la cessation de la régie actuelle des postes, les administrateurs généraux des postes feront, aux conditions qui seront fixées par Sa Majesté, la régie de la petite poste établie à Paris, ainsi que de celles établies en province, qu'il aura été jugé utile de conserver; à l'effet de quoi, Sa Majesté a révoqué et révoque, à compter dudit jour, premier juillet prochain, les permissions par elle ci-devant accordées à différens particuliers pour faire lesdits établissements.

COMPTE RENDU AU ROI DE L'ÉTAT GÉNÉRAL DES FINANCES (JANVIER 1781).

Au mois de janvier 1781, Necker adressa au Roi le compte rendu de l'état général des finances.

Nous relevons dans cet important document le passage suivant relatif au service des postes et messageries :

Le produit des postes et de la petite poste, en y comprenant la part du Roi dans les augmentations survenues depuis l'époque de la régie actuelle, est dans ce moment-ci d'environ. . . . . . . . . . . . . . . . . . . . . . . . 9 620 000 livres.

Le produit des messageries est plus incertain ; le dernier bail était de dix-huit cent mille livres ; mais les fermiers n'y ont pas satisfait ; et Votre Majesté a refusé d'accepter les offres des compagnies qui voulaient prendre leur place aux mêmes conditions, afin de ne pas les exposer à se compromettre, avant que V.M. eût pris une connaissance plus certaine des produits. Elle a établi en conséquence une régie intéressée qui conduit cette affaire avec soin. On ne peut pas juger encore avec précision de ce qu'elle rendra ; on croit cependant qu'on ne s'écarte pas des probabilités en évaluant ce revenu en temps de paix à. . . . . . 1 500 000 livres.

## ARRÊTS DU CONSEIL D'ÉTAT DES 28 JUIN ET 5 JUILLET 1783 PRESCRIVANT L'ÉTABLISSEMENT DE PAQUEBOTS ENTRE LA FRANCE ET LES ÉTATS-UNIS D'AMÉRIQUE.

Deux arrêts du conseil des 28 juin et 5 juillet 1783 prescrivirent l'établissement d'un service de paquebots qui aurait lieu tous les mois entre la France et les États-Unis d'Amérique et réciproquement.

Ce fut là la conséquence des préliminaires de paix conclus à Versailles le 10 janvier 1783 entre l'Angleterre et les États-Unis. Le traité définitif ne fut signé que le 3 septembre suivant. L'Angleterre reconnut par ce traité l'indépendance des États-Unis et restitua à la France les îles Saint-Pierre et Miquelon, le Sénégal et Tabago et nos places de l'Inde, notamment Pondichéry.

L'administration des postes de France traita, pour le transport des lettres échangées entre la France et l'Amérique septentrionale, avec avec MM. Le Coulteux qui furent chargés de la direction et de l'administration du nouveau service de paquebots.

Les directeurs d'un certain nombre de bureaux de poste français établis dans les principaux ports de l'océan Atlantique furent, en conséquence, invités par une circulaire du 15 mai 1784 à se conformer aux instructions suivantes qui leur étaient données pour le cas où, par suite de vents contraires ou pour toute autre cause, les paquebots franco-américains viendraient à relâcher dans le port de leur ville :

Dès la réception de la malle et de la feuille d'avis, le directeur était tenu d'en vérifier le contenu en présence du directeur de la régie des paquebots ou du capitaine commandant le bâtiment et de dresser un état indiquant le nombre des lettres simples, des lettres avec enveloppe, des lettres doubles et le poids des paquets.

Le directeur devait diriger sur Paris la malle contenant les correspondances autres que celles destinées à son bureau. Quant à ces dernières, elles devaient être taxées ainsi qu'il suit :

20 sols la lettre simple ;
21 sols la lettre avec enveloppe ;
38 sols la lettre double.
La taxe de l'once des paquets était fixée à 40 sols.

La circulaire ajoutait que toutes les lettres apportées des États-Unis d'Amérique pour la France par des bâtiments marchands devaient aussi être remises aux directeurs des mêmes bureaux à l'arrivée des navires et qu'en cas d'infraction à cette règle, l'administration devait en être immédiatement informée.

ARRÊT DU CONSEIL DU 20 NOVEMBRE 1785 SÉPARANT L'ADMINISTRATION DE LA POSTE AUX LETTRES DE CELLE DES POSTES AUX CHEVAUX, RELAIS ET MESSAGERIES.

Un arrêt du conseil du 20 novembre 1785, portant règlement sur l'administration de la poste aux lettres et sur celle de la poste aux chevaux, relais et messageries, sépara les deux administrations et régla les limites de leurs fonctions respectives.

Le service de la poste aux chevaux, des relais et messageries fut placé sous l'autorité d'un directeur général, M. de Polignac, présidant le conseil d'administration et relevant directement du Roi.

Quant à la régie de la poste aux lettres et des courriers, elle continua à être administrée par un intendant général relevant aussi directement de l'autorité royale et chargé de présider les assemblées de l'administration des postes.

Le baron Rigoley d'Ogny fut maintenu à la tête de l'administration de la poste aux lettres.

Cet arrêt, qui fut mis à exécution à partir du 1er janvier 1786, fut rendu sur la proposition du contrôleur général des finances, de Calonne.

ARRÊT DU CONSEIL DU 31 MAI 1786 PRESCRIVANT LA DISTRIBUTION DES LETTRES ORIGINAIRES DES VILLES NON POURVUES D'UN SERVICE DE PETITE POSTE ET A DESTINATION DE CES MÊMES VILLES OU DE LEUR ARRONDISSEMENT POSTAL.

Nous avons vu que la petite poste de Paris et les établissements similaires existant dans d'autres villes avaient été réunis à l'administration générale des postes par arrêt du 28 juin 1780.

Un arrêt du conseil du 31 mai 1786 étendit le bénéfice de la petite poste aux villes qui en étaient dépourvues.

L'article premier de cet arrêt était ainsi conçu :

Autorise, Sa Majesté, l'administration générale des postes à ordonner à ses directeurs établis dans les différentes villes du royaume où il n'y a point de petites postes établies, de recevoir toutes les lettres et paquets de papiers qui seront remis dans leurs bureaux, et adressés à des personnes domiciliées dans les villes ou dans l'arrondissement du bureau des postes, établi dans chacune desdites villes; à la charge par ceux qui les remettront, de payer d'avance par droit d'entrepôt et de port, 2 sols par chaque lettre simple, soit qu'il y ait enveloppe ou non et qui ne pèseront pas une once, et 3 sols par chaque paquet qui excédera une once.

Les lettres adressées à l'intérieur des villes devaient être distribuées en même temps que celles apportées par les courriers ordinaires.

Quant aux lettres à remettre dans la circonscription postale du bureau, elles devaient être envoyées à leur adresse par la voie employée pour les correspondances arrivées par les courriers ordinaires ou par les commodités les plus promptes et les plus sûres qu'il serait possible de se procurer.

Les correspondances pour lesquelles le droit d'entrepôt n'aurait pas été acquitté d'avance, devaient être versées au rebut conformément à la déclaration du 8 juillet 1759.

### ARRÊT DU CONSEIL DU 31 MAI 1786 FIXANT A 150 LIVRES L'INDEMNITÉ DUE POUR PERTE D'OBJETS CHARGÉS.

Différents arrêts du conseil des 3 décembre 1687, 18 mars 1715, 26 avril 1738 et 7 août 1775 avaient fixé à 150 livres le montant de l'indemnité due par les fermiers des messageries pour la perte des paquets qui leur étaient confiés sans déclaration ni évaluation du contenu.

Le bénéfice de ces dispositions fut étendu par l'arrêt du 31 mai 1786 aux objets chargés envoyés par la poste et qui auraient été détruits, égarés ou perdus par l'inadvertance des préposés des postes ou anéantis par le frottement des autres dépêches.

Toutefois l'administration se trouvait déchargée de toute responsabilité, en cas de vol ou de force majeure.

### ÉDIT D'AOUT 1787 RÉUNISSANT LE SERVICE DES RELAIS ET MESSAGERIES A L'ADMINISTRATION DES POSTES ET COURRIERS.

Au moment de la chute de Necker, la dette exigible s'élevait à 646 millions. Calonne, son successeur, qui avait creusé plus profondément encore le déficit, crut devoir réunir, le 27 février 1787, l'Assemblée des notables pour lui demander de nouveaux sacrifices. L'Assemblée le renversa le 8 avril suivant. Sa chute entraîna bientôt celle de Polignac.

Un édit du mois d'août 1787 réunit le service des relais et messageries à celui des postes et courriers.

Ces deux administrations furent confiées au baron Rigoley d'Ogny, qui prit le titre d'intendant général des courriers, postes, relais et messageries de France.

L'état des finances allait toujours en s'aggravant et le cardinal archevêque de Toulouse, Loménie de Brienne, qui avait remplacé Calonne à la tête de l'administration des finances, loin de conjurer l'orage qui menaçait la monarchie, allait encore par ses fautes précipiter le dénouement.

Vainement on essaya d'atténuer le déficit en réduisant les dépenses publiques; on chercha à réduire celles de l'administration des postes au moyen de la limitation du droit de franchise et de la suppression des paquebots franco-américains.

ARRÊT DU CONSEIL DU 12 AOUT 1787 CONCERNANT LES CONTRESEINGS ET FRANCHISES DES LETTRES.

La première de ces mesures fit l'objet de l'arrêt du conseil du 12 août 1787.

Les considérants de cet arrêt témoignent des inquiétudes, parfaitement justifiées d'ailleurs, qui assiégeaient l'esprit de Brienne :

Le Roi étant dans la ferme résolution, comme il l'a annoncé, de porter sur chaque partie de la recette et de la dépense les retranchemens et bonifications, au plus haut point qu'il est possible d'atteindre, Sa Majesté s'est fait représenter l'état des contre-seings et des franchises de ports de lettres et paquets qui avoient été accordés par Elle ou ses prédécesseurs; et ayant considéré qu'il y en avoit plusieurs que le service public, seule mesure équitable de cette espèce d'exemption, n'exigeoit pas, Elle s'est déterminée à les resteindre.

C'est avec peine que Sa Majesté retire à des personnes qu'Elle honore de sa bienveillance, une faveur dont elles ont joui; mais il en est aucune qui se permette des regrets quand elle saura que la reine et les princes frères du Roi ont été les premiers à renoncer à leurs contre-seings, et que les sacrifices particuliers prescrits par ce règlement et qui sont peu sensibles à ceux qui les éprouvent, produiront par leur réunion une augmentation de plus d'un million.

A quoi voulant pourvoir, vu la soumission faite le 15 juillet dernier, par les fermiers des postes, d'augmenter de douze cent mille livres le prix annuel de leur bail pendant la durée d'icelui, aux conditions portées en leur dite soumission.

Le Roi, étant en son conseil, a ordonné et ordonne ce qui suit...

Toutes les concessions de franchises furent retirées et une instruction jointe à l'arrêt contenait une nouvelle liste de bénéficiaires dont le nombre était considérablement réduit.

ARRÊT DU CONSEIL DU 5 JUILLET 1788 PORTANT SUPPRESSION DES VINGT-QUATRE PAQUEBOTS ÉTABLIS POUR LA CORRESPONDANCE AVEC LES COLONIES FRANÇAISES ET LES ÉTATS-UNIS D'AMÉRIQUE.

Ce fut l'année suivante, par un arrêt du 5 juillet 1788, que le service des paquebots entre la France et l'Amérique septentrionale fut supprimé.

Nous lisons dans les considérants de l'arrêt :

Le Roi s'étant fait représenter les arrêts de son Conseil d'État des 28 juin 1783, 14 et 20 décembre 1786, concernant les paquebots destinés à la correspondance du royaume avec les Colonies françaises et avec les États-Unis de l'Amérique, et ayant voulu qu'il lui fût rendu compte de la situation actuelle de cet établissement, il a été reconnu que le public n'en avoit pas retiré les avantages qu'on s'en étoit promis, et que l'utilité des paquebots étoit même plus que balancée par de grands inconvéniens. Sa Majesté a été touchée des réclamations et des plaintes presque unanimes qui lui ont été adressées tant des ports et des provinces maritimes du royaume, que de toutes ses possessions situées au delà des mers. Un examen scrupuleux a constaté, de plus, que non seulement il a résulté de cette innovation beaucoup de gênes et une surcharge de frais pour les sujets du Roi, et spécialement pour le commerce, mais qu'elle a été constamment onéreuse aux finances même de l'État, et que les droits imposés sur le transport des lettres, passagers et marchandises n'ont jamais produit qu'une recette très insuffisante pour subvenir aux dépenses des expéditions. L'expérience ayant donc prouvé qu'il convient de renoncer à un essai que des vues d'utilité générale avoient fait entreprendre; Sa Majesté s'étant d'ailleurs assurée que le commerce de ses sujets est assez actif pour que, sans l'intervention du gouvernement, il soit entretenu par les navires des particuliers une correspondance régulière entre la Métropole et toutes les colonies, Elle s'est rendue au vœu de ses cours de justice, des chambres de commerce, des colons, des négociants et a résolu d'abolir le dit établissement des paquebots. Se réserve néanmoins Sa Majesté d'en faire expédier par la suite de nouveaux pour le continent de l'Amérique septentrionale, si le commerce ne fournissant pas des occasions assez fréquentes de communication entre la France et les États-Unis, l'intérêt des deux nations et la nécessité de leur correspondance réciproque requéroient un jour ce moyen subsidiaire.

A quoi voulant pourvoir etc...

L'établissement des vingt-quatre paquebots fut en conséquence supprimé et il fut enjoint à tous capitaines de bâtiments marchands de continuer, comme par le passé, à transporter gratuitement les lettres adressées au lieu de destination de leurs navires, tant des ports de France pour les colonies que des colonies pour les ports de France. Il leur fut interdit d'appareiller desdits ports « sans avoir reçu préalablement du directeur ou préposé de la poste du lieu, les lettres et paquets renfermés dans un coffre cacheté, et sans s'être munis d'un certificat signé par lui, constatant la remise dudit coffre, ainsi que de la quantité des lettres et paquets y contenus ».

L'article 7 de l'arrêt nous apprend que les quatorze navires qui avaient été jusqu'à cette époque affectés au service des paquebots, seraient remis au Roi par le concessionnaire Le Coulteux de la Norraïe, ainsi que leurs canons, armes, munitions, agrès et apparaux, dans l'état où ils se trouvaient.

### ORGANISATION DU SERVICE DES POSTES A PARIS EN 1788.

L'*Almanach royal de l'année* 1788 fait connaître quelle était, à cette époque, l'organisation du service des postes à Paris (personnel supérieur de l'administration, levées de boîtes, départ et arrivée des courriers, etc.....) :

*Intendans généraux des postes aux lettres et aux chevaux, courriers, relais et messageries :* M. Rigoley, baron d'Ogny, grand-croix, prévôt, maître des cérémonies honoraire de l'Ordre royal et militaire de Saint-Louis.

La cour, la police générale des postes aux lettres, des messageries et diligences, les postes aux chevaux, à l'Intendance des postes, rue Coq-Héron.

M. le comte d'Ogny, adjoint en survivance.

M. Thiroux de Monregard, conseiller d'État.

M. Mesnard de Conichard, adjoint à M. Thiroux de Monregard.

*Contrôleurs généraux :* MM. Le Brun et Bazin.

*Secrétaire des postes :* M. Rivière.

*Visiteurs généraux :* MM. Gibert, Jacquesson d'Olivotte, de l'Épine, Gamain.

*Payeur des gages des maîtres des postes :* M. Rouillé de l'Étang.

*Postes aux chevaux de Paris :* M. Péan, chargé de ce service.

#### Distribution des passeports.

La distribution des passeports pour courre la poste aux chevaux se fait rue Contrescarpe Saint-André-des-Arts. Le bureau est ouvert jour et nuit.

On en délivre aussi dans le jour, au bureau de l'Intendance générale, rue Coq-Héron.

NOTA : On ne peut avoir de chevaux sans un passeport.

#### Postes aux lettres.

| *Administrateurs généraux :* | DÉPARTEMENTS. |
|---|---|
| MM. Thiroux de Monregard, conseiller d'État . . . | La Bourgogne, le Charolois, le Bourbonnois, le Lyonnois, la Franche-Comté, la Marche, le Nivernois et partie du Berri. |
| Grimod de la Reynière[1]. . | La Normandie et partie du Perche. |
| Richard, conseiller d'État. | Le Dauphiné, la Provence, le Comtat Venaissin, le Roussillon, le bas Languedoc, le Vivarais, le Forez et l'île de Corse. |

1. Grimod de la Reynière, fils d'un charcutier, s'était successivement élevé aux fonctions de fermier général et d'administrateur des postes. Il fut le père du fameux Grimod de la Reynière (Alexandre-Balthazar-Laurent), qui représenta le type accompli du gourmet spirituel et délicat et dont Brillat-Savarin a dit, dans sa *Physiologie du goût :* « Un des man-

| *Conseillers généraux :* | DÉPARTEMENTS : |
|---|---|
| D'Arboulin de Richebourg. | L'Orléanais, la Beauce, la Touraine, l'Anjou, le Maine et partie du Perche. |
| Mesnard de Conichard. . | La Champagne, la Brie, le Soissonnois, le Laonnois, la Lorraine et l'Alsace. |
| Gauthier de Lizolles. . . | La Picardie, le Boulonois, l'Artois, la Flandre, et le Hainaut. |
| La Lage de Chaillou. . . | La Guyenne, le Quercy, le Rouergue, la Gascogne, le haut Languedoc, la Navarre et le Béarn. |
| Marquet de Montbreton. . | La Bretagne. |
| Papillon de la Ferté. . . | Le Poitou, la Saintonge et l'Aunis. |
| De Vallongue. . . . . . | Le Limousin, le Périgord et partie du Berri. |

Nous lisons l'avis suivant en tête de la liste des jours et heures de départ et d'arrivée des courriers, tant pour la province que pour l'étranger :

Le public est averti que les heures du départ des postes, indiquées ci-après, sont les heures précises auxquelles les lettres doivent être mises dans la boîte de l'Hôtel des Postes, rue Plâtrière; et que lesdites heures étant passées, il ne sera plus possible de faire partir les lettres que par l'ordinaire suivant. A l'égard des boîtes qui sont répandues dans la ville pour la commodité du public, il faut observer qu'elles sont levées exactement trois fois par jour; savoir : à 8 heures et à 11 heures du matin et à 7 heures du soir; et pendant le séjours du Roi et de la cour à Compiègne et à Fontainebleau, elles sont levées le soir une heure plus tôt, c'est-à-dire à 6 heures. Toutes les lettres dont le départ est indiqué à 10 heures du matin et à midi, doivent être mises avant 8 heures du matin dans les boîtes de la ville; celles qui sont indiquées à 1 heure après midi doivent y être mises à 11 heures du matin et celles qui sont pour la cour, avant la dernière levée du soir. Lorsque lesdites heures seront passées, il faudra envoyer les lettres à la boîte de l'Hôtel des Postes, rue Plâtrière, autrement elles ne partiront qu'à l'ordinaire suivant.

Suivait le tableau indiquant les heures de départ et d'arrivée des courriers de et pour la province et l'étranger.

Nous donnons ces renseignements pour les principales villes de France et de l'étranger.

geurs les plus savants, les plus inventifs et les plus originaux de notre siècle et de tous les siècles, fut sans contredit Grimod de la Reynière, le créateur de la littérature gastronomique en France, l'auteur de l'*Almanach des gourmands* et du *Manuel des amphitryons*. — Le célèbre gourmand se fit remarquer par le faste de sa maison, le mérite d'avoir le meilleur cuisinier de France et une foule de petits travers dont les mémoires de Bachaumont et la correspondance de Grimm ont conservé le souvenir.

| BUREAUX. | DÉPARTS DE PARIS. | ARRIVÉES A PARIS. |
|---|---|---|
| **Bordeaux**. . . . . . | Mardi et samedi, à midi. Mercredi et dimanche, à une heure. . . . . . | Mardi, mercredi, samedi. |
| **Lille** . . . . . . . . | Tous les jours, à midi. . | Tous les jours. |
| **Lyon** . . . . . . . . | Mardi, à dix heures du matin . . . . . . . . Tous les autres jours, à midi. . . . . . . . . | Tous les jours, sauf le mercredi. |
| **Nantes** . . . . . . . | Lundi, à midi. . . . . . Mercredi, jeudi, samedi, dimanche, à une heure. | Mardi, vendredi, dimanche. |
| **Marseille** . . . . . . | Tous les jours, à une heure, sauf le dimanche . . . | Tous les jours, sauf le mercredi. |
| **Toulouse** . . . . . . | Mardi, jeudi, dimanche, à une heure . . . . . . | Lundi, mercredi, samedi. |
| **Strasbourg** . . . . . | Tous les jours, sauf le mercredi, à midi. . . . . | Tous les jours, sauf le vendredi. |

## PAYS ÉTRANGERS

### Espagne et Portugal.

Les lettres pour Madrid et toute l'Espagne, Lisbonne et tout le Portugal partent les mardis et samedis à 10 heures du matin.

On ne peut point affranchir les lettres pour l'Espagne et le Portugal.

### Angleterre.

Les lettres pour Londres et pour toute l'Angleterre, l'Écosse et l'Irlande partent les lundis et jeudis à 10 heures du matin.

Il faut absolument les affranchir jusqu'à Calais, et celles qui n'auront point été affranchies, resteront au rebut.

### Pays-Bas, Autrichiens et Hollandois.

Les lettres pour Bruxelles, Anvers, Bruges, Charleroi, Courtray, etc..., tout le Brabant et le Hainaut autrichien partent tous les jours à 10 heures du matin.

On ne peut point affranchir.

Pour le duché de Luxembourg, les lundis, jeudis et samedis à 10 heures du matin. On ne peut point affranchir.

### Allemagne.

Les lettres pour Vienne, la Bohême, la Moravie, la Hongrie, Munich, etc., partent les lundis, mardis, jeudis, vendredis, samedis et dimanches à 10 heures du matin.

Il faut également affranchir jusqu'à la frontière de France toutes les lettres pour tous ces endroits, autrement elles resteront au rebut.

Les départs pour Berlin ont lieu les lundis, mardis, vendredis et samedis à 10 heures du matin. On ne peut point affranchir.

### Suisse.

Les départs pour Genève, les lundis, mardis, jeudis et samedis à 10 heures du matin. L'affranchissement est facultatif pour toute la Suisse.

### Observations essentielles.

Il est très défendu de mettre de l'or et de l'argent dans les lettres.

Il y a un bureau à l'Hôtel des Postes où l'on reçoit l'argent que l'on veut envoyer dans les provinces.

Il y a aussi un bureau pour recevoir tous les paquets qui contiennent des effets de conséquence.

Il faut que toutes les lettres pour les colonies françaises de l'Amérique et pour les Indes soient affranchies jusqu'au port de mer par lequel elles doivent passer, autrement elles resteront au rebut.

Les lettres pour les États-Unis de l'Amérique septentrionale resteront aussi au rebut, lorsqu'elles n'auront point été affranchies.

Il est bon d'affranchir toutes les lettres pour messieurs les majors des régiments, les curés, les procureurs et autres personnes publiques parce qu'ils les refusent, lorsque le port n'en est pas payé.

Il faut apporter au bureau général des postes, rue Plâtrière, toutes les lettres qui sont sujettes à l'affranchissement. Les autres peuvent être mises dans les boites qui sont placées dans les différents quartiers de la ville.

Suivait une liste indiquant l'emplacement des 77 boites aux lettres existant alors à Paris. — Le nombre des bureaux de poste de Paris était de 9.

Un avis placé à la suite de cette liste avertissait le public « de ne point mettre dans les boites de la grande poste, des lettres pour la ville de Paris parce qu'elles ne sont jamais rendues à leurs adresses ».

Une courte notice est consacrée à la petite poste :

### Petite poste de Paris et des environs.

*Bureau général de la Régie, rue des Déchargeurs.*

Il y a en cette ville une poste intérieure. Elle est si connue et les bureaux si multipliés pour le service, que nous nous bornons à mettre sous les yeux ses objets d'utilité et le peu de dépense dont elle est :

On ne paye que deux sols pour le port de chaque lettre, carte ou billet et au-dessous du poids d'une once, et trois sols l'once pour les paquets.

La taxe des envois pour les maisons hors de l'enceinte des barrières de la ville et faux-bourgs de Paris, est d'un sol plus forte.

*Inspecteur général de la Régie :* M. Davrange de Noiseville, officier d'infanterie.

Voici maintenant quel était le tarif des messageries pour le transport des voyageurs et des paquets :

PRIX DES PLACES.

| | | | |
|---|---|---|---|
| Dans les diligences : . . . . . . . . . . . | 16 sols par place et par lieue. | | |
| — cabriolets . . . . . . . . . . . | 10 | — | — |
| — carrosses. . . . . . . . . . . . | 10 | — | — |
| — paniers . . . . . . . . . . . . | 6 | — | — |
| — fourgons . . . . . . . . . . . | 6 | — | — |

Un sac de nuit gratis pesant 10 livres.

PRIX DU PORT DES EFFETS.

| | |
|---|---|
| Prix de la livre pesant jusqu'à 10 livres. . . . . . . . . . . . . | 6 deniers. |
| Depuis 10 lieues jusqu'à 15. . . . . . . . . . . . . . . . . . . . | 9 — |
| Trois deniers en sus de 9 deniers par 5 lieues et au-dessous pour les routes au-dessus de 15 lieues. . . . . . . . . . . . . . . . . | 3 — |

PORT DE L'OR ET DE L'ARGENT.

| | |
|---|---|
| Par 1 000 livres pour 20 lieues et au-dessous . . . . . . . . . . | 2 livres. |
| Pour 3 000 livres et au-dessous . . . . . . . . . . . . . . . . . . | 1 — |

Sur les routes plus longues, à raison de 20 sols par 1 000 livres par 10 lieues.

Le port des effets précieux comme celui de l'or et de l'argent.

Le port des papiers est d'un sol par livre pesant pour 10 lieues.

On fait des compensations pour le port des bagages, malles, ballots, etc., par les voitures à journées réglées.

Tel était l'état du service des postes et messageries au moment de la convocation des États généraux.

La poste aux lettres, la poste aux chevaux et les messageries n'avaient eu jusque-là que des règles confuses et précaires. La Révolution va donner à ces différents services une organisation définitive et régulière. Ces réformes ne se feront pas, il est vrai, sans quelques tâtonnements; mais on comprendra sans peine que la reconstitution de tous nos grands services publics, précédemment abandonnés à l'arbitraire et au bon plaisir des régimes monarchiques, était une œuvre laborieuse et difficile.

L'éternel honneur de la Révolution française sera d'avoir accompli son immense tâche au milieu des effroyables tourmentes et des terribles convulsions sociales et politiques qui font de cette époque la période la plus agitée de notre histoire et la plus féconde en résultats.

# RÉVOLUTION FRANÇAISE

## ASSEMBLÉE CONSTITUANTE.

(21 juin 1789-30 septembre 1791.)

Ouverture des États généraux. — Vœux des cahiers. — L'Assemblée nationale refuse la franchise postale. — L'Assemblée nationale et le secret des lettres. — Affaire du baron de Castelnau. — Discussion : Camus, Mirabeau, Robespierre. — Affaire de Baraudin. — Les postes à Paris en 1790. — Rapport sur les postes par M. de Biron. — Poste aux lettres, poste aux chevaux, messageries. — Secret des lettres : Affaire de la municipalité de Saint-Aubin. — Réunion des postes aux lettres, postes aux chevaux et messageries. — D'Arboulin de Richebourg, commissaire du Roi près les postes. — Postes et messageries. — D'Arboulin de Richebourg, président du directoire des postes. — Nouveau tarif de la taxe des lettres. — Division de la France en départements. — Peines contre la violation du secret des lettres.

Necker et Turgot, ces deux ministres patriotes, avaient vainement tenté de réduire les dépenses inutiles, pour éviter la banqueroute.

La Cour avait voulu essayer des ministres courtisans. On ne pouvait, dit Michelet, trouver un ministre plus agréable que M. de Calonne, un guide plus rassurant pour s'enfoncer gaiement dans la ruine. A bout de ressources, il convoqua, en 1787, l'Assemblée des notables et fut forcé d'avouer que les emprunts s'étaient élevés en peu d'années, à 1 milliard 646 millions, et qu'il existait dans le revenu un déficit annuel de 140 millions.

Le successeur de Calonne, Brienne, voulut établir de nouveaux impôts que le Parlement refusa d'enregistrer en demandant la convocation des États généraux.

Brienne dut se retirer devant la malédiction publique qui, au dire des mémoires du temps, fondit sur lui comme un déluge. Le Roi effrayé se vit forcé de rappeler Necker qui présida, en réalité, à la convocation des États généraux.

Ce fut le 5 mai 1789 que se réunirent à Versailles les représentants de la noblesse, du clergé et du tiers-état.

Le tiers-état se proclama *Assemblée nationale* le 17 juin 1789 et le

20 juin, *Assemblée nationale constituante*. Le clergé et la noblesse cédèrent quelques jours après et se réunirent au tiers-état.

EXTRAITS DES CAHIERS RELATIFS AU SERVICE DES POSTES.

La nation avait consigné ses vœux dans les *cahiers des bailliages*. Nous avons relevé dans ces cahiers les vœux suivants relatifs aux services des postes et des messageries :

Sénéchaussée d'Anjou :

ART. 12. — La plus grande sûreté des lettres missives sera assurée, le bureau du secret qui en fait l'ouverture sera supprimé.

ART. 20. — Les adjudications des postes et messageries seront faites publiquement, et il sera fait un tarif exact et invariable de tous leurs droits.

Sénéchaussée d'Armagnac :

Demander que d'ores et déjà tout privilège exclusif soit supprimé et notamment celui des messageries comme gênant la liberté et destructif de l'industrie.

L'Isle-en-Jourdain :

La suppression des privilèges exclusifs des voitures publiques, comme très dispendieux au commerce et contraires à la liberté individuelle.

Province d'Artois (noblesse) :

ART. 8. — La liberté des personnes comprend nécessairement celle de voyager ou de fixer sa demeure où l'on veut soit dans l'intérieur du royaume ou au dehors, celle surtout de transmettre secrètement sa pensée par lettres confiées à la poste, sans qu'elles soient exposées au plus honteux de tous les espionnages, puisqu'il consiste dans la violation de la foi publique; les députés prendront toutes les précautions possibles pour que cet abus, qu'on doit regarder comme un délit, soit à jamais proscrit, sous les peines les plus sévères contre ses auteurs, fauteurs et complices.

Sénéchaussée d'Auch :

ART. 23. — Le dépôt des lettres missives a été violé fréquemment; cet attentat, qui compromet la sûreté et la fortune des citoyens, doit être réprimé, en faisant le procès aux coupables suivant la rigueur des lois.

Bailliage d'Autun (clergé et noblesse) :

Chacun a le droit naturel de confier sa pensée; toute violation du secret à la poste sera sévèrement proscrite.

Bailliage d'Autun (clergé) :

ART. 2. — Il s'occupera des moyens de faire respecter inviolablement le sceau de la confiance publique sous lequel le commerce épistolaire est établi par la voie de la poste.

Bailliage d'Autun (tiers-état) :

Que l'on ait le respect le plus absolu pour les lettres confiées à la poste.

Bailliage d'Auxerre (noblesse) :

Art. 24. — Les lettres confiées à la poste, aux messagers et à tous autres, ne pourront dans aucun cas être décachetées, à peine, pour celui qui enfreindra cette loi, d'être poursuivi extraordinairement.

Et il sera fait une loi destructive de l'arbitraire dans la taxe des lettres et qui statuera aussi sur l'inexactitude et l'infidélité des préposés dans l'envoi de toutes sortes de paquets.

Bailliage d'Auxerre (tiers-état) :

Art. 31. — Qu'il soit établi une sûreté inviolable dans le secret des postes.

Noblesse d'Avallon :

Art. 19. — Que le secret des postes soit inviolable et que la surveillance en soit confiée aux états provinciaux.

Bailliage de Bailleul :

Art. 26. — Que le privilège exclusif des messageries soit supprimé; que le secret de la correspondance par la poste soit inviolablement gardé ; que les directeurs des postes ne puissent faire aucun commerce ; que le poids pour les lettres et paquets soit partout le même et que le prix du port, dans la Flandre, soit fixé en monnaie de France, comme dans les autres provinces du royaume.

Bailliage de Calaisis (noblesse) :

Que les abus de confiance si révoltants et si inutiles qui se commettent journellement aux dépôts des lettres, soient défendus sous des peines très sévères et que tous ces écrits ou correspondances particulières soient déclarés sacrés et inviolables.

Tiers-état de Paris :

Le cahier rédigé sous l'inspiration de Bailly, dans le troisième district du quartier du Louvre (Feuillants), contenait notamment le vœu suivant :

Ils voteront :

. . . . . . . . . . . . . . . . . . . . . . . . . . . . .

8° Le secret des lettres confiées à la poste.

Dans le projet de conciliation entre les trois ordres, déposé aux États généraux au nom des députés nobles du bailliage de Touraine, par le baron d'Harambure, le 28 mai 1789, nous lisons :

..... La Constitution, voilà quel doit être le premier objet de nos soins.

J'entends par ce mot les droits généraux assurés à la nation, droits qui nous intéressent tous également en qualité de sujets, et dont voici l'énumération :

1° La liberté individuelle ;

2° L'abolition des lettres de cachet ;

3° Liberté de la presse fixée ;

4° Consentement libre à l'impôt ;

5° États provinciaux ;

6° Propriétés inviolables ;

7° Places ou emplois inamovibles, si n'est ce par un jugement légal.
8° *Respect pour les lettres confiées à la poste.*
9° Concours de la nation pour la formation des lois.
10° Responsabilité des ministres.
11° Périodicité des États généraux.
12° Chartes des droits jurées et proclamées dans tout le royaume pour l'avantage réciproque de la nation et du monarque.

Pour ne pas fatiguer l'attention du lecteur nous arrêterons là nos citations et nous nous bornerons à ajouter que les cahiers étaient unanimes pour réclamer l'inviolabilité du secret des lettres [1].

C'est ce qui résulte, d'ailleurs, de l'extrait suivant du rapport contenant le résumé des cahiers, qui fut lu à l'Assemblée nationale (séance du 27 juillet 1789) par le comte Stanislas de Clermont-Tonnerre :

. . . . . . . . . . . . . . . . . . . . . . . . . . . . . . . .

Enfin les droits des citoyens, la liberté, la propriété sont réclamées avec force par toute la nation française.

Elle réclame pour chacun de ses membres l'inviolabilité des propriétés particulières, comme elle réclame pour elle-même l'inviolabilité de la propriété publique ; elle réclame dans toute son étendue la liberté individuelle, comme elle vient d'établir à jamais la liberté nationale ; elle réclame la liberté de la presse ou la libre communication des pensées ; elle s'élève avec indignation contre les lettres de cachet, qui disposaient arbitrairement des personnes, et *contre la violation du secret de la poste, l'une des plus absurdes et des plus infâmes inventions du despotisme.*

Cette question de l'inviolabilité du secret des lettres fit l'objet d'une intéressante discussion à l'Assemblée dans la séance du 25 juillet 1789, discussion que nous avons cru devoir reproduire ici :

### LE SECRET DES LETTRES ET L'ASSEMBLÉE NATIONALE. — AFFAIRE DU BARON DE CASTELNAU. — SÉANCE DU 25 JUILLET 1789.

Le 25 juillet 1789, le duc de Liancourt, président de l'Assemblée nationale, fit connaître qu'un membre de la Commune de Paris lui avait remis une lettre signée de divers membres du Comité permanent de cette ville, avec un paquet contenant trois lettres ouvertes et une autre cachetée, à l'adresse de M. le comte d'Artois. Ces pièces avaient été saisies dans la nuit du 22 au 23 juillet, sur la personne du baron de Castelnau.

Le président ajouta qu'il avait renvoyé le paquet au Comité permanent sans prendre connaissance du contenu, se basant sur l'inviolabilité du secret des lettres.

1. Nous avons relevé, pour notre part, 156 vœux analogues dans les *Archives parlementaires*, tomes 1, 2, 3, 4, 5, 6.

Un débat contradictoire s'engagea sur ce point. Gouy d'Arcy proposa le projet d'arrêté suivant :

L'Assemblée nationale, prenant en considération les événements actuels, a arrêté et arrête : que tous les papiers relatifs aux circonstances doivent être mis en dépôt et communiqués, quand le cas l'exigera, à l'Assemblée nationale.

Camus s'opposa à cette proposition, en se fondant sur le vœu formel des cahiers.

L'Assemblée nationale, ajoutait-il, ne peut donner l'exemple d'une violation manifeste du secret de la poste demandé unanimement par tous les cahiers, sans combattre par sa conduite contradictoire le vœu unanime de tous les cahiers.

Ce serait vouloir mettre aux prises le législateur et la loi, annuler et anéantir conséquemment les décrets de l'Assemblée.

Ces raisons doivent déterminer à ne pas admettre l'avis du préopinant. Je regarde une lettre cachetée comme une propriété commune entre celui qui l'envoie et celui qui doit la recevoir, ou qui déjà l'a reçue ; et l'on ne peut, sans aller ouvertement contre les droits les plus sacrés, se porter à rompre les sceaux des lettres.

Dans un état de guerre, répondit Gouy d'Arcy, il est permis de décacheter les lettres; et dans ces temps de fermentation et d'orage, de calomnies et de menées, nous pouvons nous regarder et nous sommes réellement dans un état de guerre.

Nous avons donc le plus grand intérêt de connaître les auteurs de nos maux ; et pour pouvoir parvenir à cette connaissance, il faut nécessairement employer les mêmes moyens qu'on emploie à la guerre ; l'on doit être autorisé à intercepter et à décacheter tous paquets, lettres, adresses, venant de pays ou de personnes suspectes, et on doit regarder comme telles toutes personnes en fuite.

Il est essentiel, il est de la première importance que le peuple sache les ennemis qu'il a à combattre, et plus nécessaire encore de faire connaître à ce même peuple que nous nous occupons de tout ce qui peut l'intéresser.

Cette opinion fut combattue en ces termes par l'évêque de Langres, M. de la Luzerne :

Après une grande fermentation dans sa patrie et une guerre civile, le grand Pompée eut la générosité et la grandeur d'âme de livrer au feu toutes les lettres qui auraient pu encore proroger le souvenir des événements funestes et des malheurs de la patrie.

Il est permis d'ouvrir les lettres d'un homme suspect à la patrie ; mais on ne peut regarder comme tel un homme dénoncé.

Je conclus donc qu'il est plus conforme à la générosité de la nation de suivre l'exemple du Romain, et qu'il faut précipiter dans les flammes les papiers dont il est question.

Un membre ajouta :

Si l'insurrection n'a pu être justifiée par aucun droit, c'est qu'il n'y a pas de tribunal propre à poursuivre un crime de lèse-nation ; mais dans le moment actuel, lorsque la paix paraît la mieux consolidée, et qu'il n'existe plus de schisme, plus de division, tout individu quelconque doit être décrété et jugé conformément à la loi.

Le sieur Castelnau ne porte en sa personne aucun caractère de réprobation; on n'a connaissance d'aucun décret contre lui ; il faut donc distinguer entre les papiers pris entre ses mains et ceux pris au moment de l'insurrection.

Duport parla dans le même sens :

Rien n'est plus funeste et plus préjudiciable à l'ordre de la société que le droit de pouvoir violer, sous quelque prétexte que ce soit, l'inviolabilité du secret des postes, je le sais par expérience, non pas personnelle, mais dans la personne d'un ministre qui avait les intentions pures et le cœur droit; je le nomme hautement, M. Turgot a été victime d'une correspondance funeste qui prenait sa cause dans le droit que le ministre s'était arrogé de violer le secret des postes et de pénétrer tous les cœurs pour empêcher les mécontents de se plaindre de l'injustice et du despotisme du ministère.

Il est indigne d'une nation qui aime la justice et qui se pique de loyauté et de franchise, d'exercer une telle inquisition.

Alors s'éleva la puissante voix de Mirabeau :

Est-ce d'un peuple qui veut devenir libre, s'écria-t-il, à emprunter les maximes et les procédés de la tyrannie, peut-il lui convenir de blesser la morale après avoir été si longtemps victime de ceux qui la violèrent? Que ces politiques vulgaires qui font passer avant la justice ce que, dans leurs étroites combinaisons, ils osent appeler l'utilité publique; que ces politiques nous disent, du moins, quel intérêt peut colorer cette violation de la probité nationale. Qu'apprendrons-nous par la honteuse inquisition des lettres? De viles et sales intrigues, des anecdotes scandaleuses, de méprisables frivolités! Croit-on que les complots circulent par les courriers ordinaires? Croit-on même que les nouvelles politiques de quelque importance passent par cette voie? Quelle grande ambassade, quel homme chargé d'une négociation délicate ne correspond pas directement et ne sait pas échapper à l'espionnage de la poste aux lettres? C'est donc sans aucune utilité qu'on violerait les secrets des familles, le commerce des absents, les confidences de l'amitié, la confiance entre les hommes. Un procédé si coupable n'aurait pas même une excuse et l'on dirait de nous dans l'Europe : En France, sous le prétexte de la sûreté publique, on prive les citoyens de tout droit de propriété sur les lettres qui sont les productions du cœur et le trésor de la confiance. Ce dernier asile de la liberté a été impunément violé par ceux même que la nation avait délégués pour assurer tous ses droits. Ils ont décidé par le fait que les plus secrètes communications de l'âme, les conjectures les plus hasardées de l'esprit, les émotions d'une colère souvent mal fondée, pouvaient être transformées en dépositions contre des tiers; que le citoyen, l'ami, le fils, le père, deviendraient ainsi les juges les uns des autres sans le savoir; qu'ils pourront périr un jour l'un par l'autre; car l'Assemblée nationale a déclaré qu'elle ferait servir de base à ses jugements, des communications équivoques et surprises, qu'elle n'a pu se procurer que par un crime.

L'Assemblée ne prit aucune détermination et passa à l'ordre du jour.

La discussion fut reprise le lundi 27 juillet.

Un membre de la noblesse [1], s'appuyant *sur la rigidité des principes,*

1. Le nom de ce membre n'est pas indiqué dans le compte rendu de la séance.

déclara qu'il considérait cette discussion comme un acte de violation du secret des lettres :

L'orage est encore sur nos têtes, lui répondit un autre membre [1], les dangers augmentent tous les jours. Doit-on prendre des ménagements avec les individus qui ont tramé la perte de la nation? Tous les fléaux nous poursuivent et nous menacent; et ils amèneront, si l'on ne prend toutes les précautions nécessaires, la dissolution de l'Assemblée nationale. Je conclus donc qu'il faut que le paquet soit renvoyé à l'Assemblée nationale.

Robespierre parla dans le même sens :

L'Assemblée, dit-il, peut-elle et doit-elle refuser des pièces dénoncées par l'opinion publique, envoyées par le maire de la capitale comme des pièces essentiellement intéressantes et nécessaires aux éclaircissements de la plus fatale conspiration qui fut jamais tramée? Je ne le crois pas. Les ménagements pour les conspirateurs sont une trahison pour le peuple.

L'Assemblée déclara par son vote qu'il n'y avait pas lieu à délibérer.

### L'ASSEMBLÉE NATIONALE REFUSE LA FRANCHISE POSTALE QUI LUI AVAIT ÉTÉ OFFERTE PAR LES ADMINISTRATEURS DES POSTES (24 OCTOBRE 1789).

Dans la séance du 24 octobre, le président de l'Assemblée nationale, Fréteau de Saint-Just, saisit l'Assemblée de l'offre que les administrateurs des postes lui avaient adressée, de remettre francs de port à tous les membres de l'Assemblée les paquets contenant des imprimés qui leur seraient adressés des provinces.

L'Assemblée décida que les administrateurs des postes seraient remerciés par le président, mais elle ne crut pas devoir accepter cette offre.

### INVIOLABILITÉ DU SECRET DES LETTRES. — CORRESPONDANCES DE M. DE RABAUDIN SAISIES SUR L'ABBÉ DE BLINIÈRES. — ASSEMBLÉE NATIONALE (SÉANCE DU 5 DÉCEMBRE 1789).

Une nouvelle question relative à l'inviolabilité du secret des lettres fut portée à la tribune de l'Assemblée nationale dans la séance de nuit du 5 décembre 1789.

Le marquis de Foucault Lardinalie, rapporteur du comité des recherches, exposa à l'Assemblée qu'au mois d'octobre précédent, M. de Sennemont, abbé de Blinières, avait été dénoncé au commandant de la garde nationale d'Angoulême, par le comité de Blansac, comme porteur de lettres suspectes. Le commandant, M. de Bellegarde, l'avait

1. Le nom de ce membre n'est pas indiqué dans le compte rendu officiel de la séance.

fait arrêter sur la route d'Angoulême à Paris et il fut, en effet, trouvé porteur de quatorze lettres toutes décachetées, à l'exception d'une seule adressée par le marquis de Baraudin, chef d'escadre, au marquis de Saint-Simon, membre de l'Assemblée nationale. Cette lettre renfermait, entre autres réflexions sur les journées des 5 et 6 octobre 1789, cette phrase :

Le cratère du volcan est dans l'Assemblée : je me réjouis de la fuite du duc d'O...; il ne reste plus à désirer que la fuite de Mirabeau...

Le rapporteur ajoutait :

M. de Baraudin est convenu que ces expressions étaient échappées à sa sensibilité; qu'au surplus, il avait donné des preuves de son patriotisme, etc. Il offrit et il prêta, en effet, serment de fidélité à la Nation, au Roi et à la Loi.

Parmi les papiers saisis sur M. l'abbé de Blinières, il y avait un paquet de lettres écrites par M. le vicomte de Saint-Simon à M^me son épouse; et ce paquet, après examen, avait été scellé et déposé à l'hôtel de ville d'Angoulême.

Le comité jugea devoir rendre la liberté à M. l'abbé de Blinières, qui se retira à Angoulême avec M. le marquis de Baraudin ; mais tous deux, craignant de ne pas être en sûreté, ont demandé une sauvegarde à l'Assemblée nationale.

Le rapporteur proposait, en conséquence, le projet d'arrêté suivant :

L'Assemblée nationale, après avoir entendu la lecture du procès-verbal dressé par le comité d'Angoulême contre les sieurs abbé de Blinières et marquis de Baraudin, et des lettres y transcrites, déclare que les sieurs de Blinières et de Baraudin sont, comme tous les citoyens, sous la sauvegarde de la loi;

Que n'étant accusés d'aucun délit, ils n'auraient pas dû être arrêtés, ni le secret de leur correspondance violé;

Que le paquet de lettres portant pour suscription : « Correspondance du vicomte de Saint-Simon avec sa femme, » déposé au greffe de l'hôtel de ville d'Angoulême, n'a pas dû y être retenu et qu'il doit être rendu sous le sceau qui y a été apposé; déclare au surplus que, conformément aux principes adoptés par l'Assemblée, le secret des lettres doit être constamment respecté.

Le marquis de Saint-Simon affirma son patriotisme et se rallia au projet d'arrêté du comité des recherches qui, après une courte discussion à laquelle prirent part Briois de Beaumetz, l'abbé Joubert, Le Chapelier et de Cazalès, fut voté par l'Assemblée nationale.

### DÉCRET DU 11 AVRIL 1790 RETIRANT DE L'ARRIÉRÉ UNE SOMME DE 45 000 LIVRES DUE AUX MAÎTRES DE POSTE.

Dans la séance du 11 avril 1790, le baron d'Harambure, député de la noblesse du bailliage de Touraine, informa l'Assemblée que l'intendant des postes, Rigoley d'Ogny, avait écrit au comité des finances une lettre par laquelle il demandait qu'un semestre des gages des maîtres de poste fût acquitté. Le baron d'Harambure proposa à l'Assemblée d'autoriser Necker à fournir cette somme.

Gaultier de Biauzat, député du tiers-état de la sénéchaussée de Clermont en Auvergne, fit remarquer que plusieurs maîtres de poste, qui n'avaient pour tous gages que des privilèges, quittaient leurs fonctions et qu'il était urgent de remédier à cette situation qui pourrait retarder et compromettre un service public.

Cette observation fut renvoyée au comité des finances et le décret suivant fut rendu conformément à la proposition du baron d'Harambure :

L'Assemblée nationale décrète qu'elle autorise le président du comité de liquidation de répondre à M. d'Ogny qu'elle permet qu'on retire de l'arriéré les 45 000 livres dues aux maîtres des postes sur le dernier semestre de ce qui leur est attribué pour les rembourser des frais d'avance pour les courriers, et que cette somme leur soit payée par le trésorier royal, ou par une avance faite par les fermiers des postes.

SÉANCE DU 20 AVRIL 1790. — RAPPORT DU DUC DE BIRON, AU NOM DU COMITÉ DES FINANCES, SUR LES RÉCLAMATIONS DES MAÎTRES DE POSTE. — DÉCRET CONFORME ADOPTÉ DANS LA SÉANCE DU 26 AVRIL 1790.

Dans la séance du 20 avril 1790, le duc de Biron, député de la noblesse de la sénéchaussée du Quercy, déposa, au nom du comité des finances, son rapport sur les réclamations des maîtres de poste aux chevaux de toute la France qui avaient demandé une indemnité en compensation de la perte de leurs privilèges supprimés dans la nuit du 4 août.

Le rapporteur admettait le principe de l'indemnité qui n'avait pas paru contestable au comité des finances et voici dans quels termes il formulait cette opinion :

Votre comité des finances vous observera, Messieurs, que les privilèges accordés aux maîtres de poste étaient sans doute un abus; mais que cet abus ne peut être confondu avec ceux qui n'étaient pas, comme celui-là, le prix et la condition d'un service. Ces privilèges n'ont été accordés aux maîtres de poste qu'à la charge de faire le service des grands courriers, et des courriers de cabinet, à un prix beaucoup trop modique et onéreux pour eux. Le sacrifice du privilège sans remplacement serait fort au-dessus de tous ceux que l'on pourrait exiger du reste des citoyens, car il absorberait pour la plupart des maîtres de poste presque tout le bénéfice sur lequel est fondée leur subsistance et celle de leur famille. Il est très vrai que les maîtres de poste, à vingt-cinq lieues autour de Paris, sont communément plus à leur aise que les autres, et que les postes qui avoisinent la capitale sont, en général, plus avantageuses par un plus grand emploi de chevaux.

On se tromperait cependant en pensant que c'est des gains de la poste que résultent les fortunes de ces maîtres de poste; il est prouvé qu'ils les doivent à leurs anciens priviléges les terres des environs de Paris étant d'un rapport immense lorsqu'elles n'étaient grevées d'aucune des impositions que payaient les non-privilégiés.

L'expérience a constamment prouvé que les maîtres de poste de Paris, de Versailles et des grandes villes, où ils ne pouvaient faire valoir des terres, se sont successivement ruinés dans leurs entreprises, quoiqu'ils aient joui, dans la plupart et notamment à Paris et à Versailles, du sur-prix de la poste royale.

Les maîtres de poste des environs de Paris fussent-ils un peu moins à plaindre que les autres en perdant leurs priviléges, sans indemnité, il ne serait pas de la justice de l'Assemblée nationale de les imposer sur leurs bénéfices passés, en les obligeant pour l'avenir, à des conditions onéreuses ou inégales, à abandonner leurs établissements dont les remplacements deviendraient difficiles et peut-être impossibles, à moins que l'on n'accordât aux nouveaux maîtres de poste les indemnités refusées à leurs prédécesseurs, ce qui serait une injustice et cesserait d'être une économie...

Tous les maîtres de poste étaient loin d'être d'accord entre eux pour l'évaluation de l'indemnité. Après avoir examiné les différents systèmes proposés, le rapporteur soumettait à l'approbation de l'Assemblée le projet de décret suivant :

PROJET DE DÉCRET.

L'Assemblée nationale décrète qu'en indemnité des priviléges supprimés, il sera accordé une gratification annuelle de 30 livres par cheval entretenu pour le service de la poste, à chacun des maîtres de poste, d'après le nombre des chevaux fixé tous les ans par chaque relais; les vérifications et inspections faites à cet effet par les municipalités, suivant le nombre de chevaux qui aura été réglé sur les états présentés par l'intendant et le conseil des postes et arrêtés par chaque législature.

L'Assemblée nationale décrète que les maîtres de poste doivent continuer à être chargés du service des malles à raison de 15 sols; de celui des estafettes à raison de 40 sols par poste, savoir 25 sols pour le cheval et 15 sols pour le postillon; que la dépense extraordinaire des voyages de la Cour demeurera supprimée et que le prix des chevaux de poste demeurera fixé à 25 sols par poste et par cheval.

L'Assemblée nationale décrète que les maîtres de poste seront tenus de fournir à la réquisition des fermiers des messageries deux chevaux à 25 sols par poste et par cheval pour les cabriolets chargés d'une ou deux personnes seulement et de deux porte-manteaux de 25 à 30 livres pesant; trois chevaux à 25 sols par poste et par cheval pour les mêmes voitures chargées de trois personnes et de trois porte-manteaux; trois chevaux à 25 sols par poste et par cheval pour les voitures à quatre roues chargées d'une ou deux personnes, et de 50 à 60 livres d'effets; trois chevaux à 30 sols par poste et par cheval pour les voitures chargées de trois ou quatre personnes et de 100 à 120 livres d'effets, et de 20 sols de plus seulement par poste pour chaque quintal excédant le port d'effets susdit.

Le rapport du duc de Biron était suivi du tableau suivant indiquant la dépense annuelle de l'administration des postes aux chevaux :

[1] Le trésor royal paye pour le service des malles et les gages des maîtres de poste, suivant qu'il est porté au compte des dépenses fixes du premier ministre des finances. . . . . . . . . . . . . . . 298 855l »s

1. Cet article est le montant des 7 sols par poste et par cheval payés aux maîtres de poste par le trésor royal.

| | |
|---|---|
| [1] La caisse des administrateurs des postes paye pour supplément. | 78 701[l] 2[s] |
| [2] La caisse de l'intendance générale des postes paye pour les dépenses d'administration, aussi portées au compte des dépenses fixes rendu par M. Necker . . . . . . . . . . . . . . . . . . . . . . | 169 550 » |
| Total. . . . . | 347 006[l] 2[s] |

Le projet de décret présenté par le duc de Biron, au nom du comité des finances, vint à l'ordre du jour de la séance du 25 avril 1790, et fut voté après une très courte discussion à laquelle prirent part le duc de Biron, rapporteur, Le Chapelier, l'abbé Gouttes, l'abbé Colaud de la Salcette, de Bousmard et Bouche [3].

Ce décret fut promulgué en vertu de lettres patentes du Roi données à Paris le 5 mai 1790.

### DÉCRET DU 19 JUIN 1790, CONCERNANT CERTAINES DÉPENSES DU SERVICE DES POSTES.

Dans la séance du 19 juin 1790, l'Assemblée nationale, sur la proposition de Lebrun, rapporteur, adopta sans discussion le décret suivant qui réduisit certaines dépenses du service des postes.

*Décret du 19 juin 1790* [4].

Article premier. — Les gages attribués aux maîtres des courriers sont rayés du compte de la dépense publique.

Art. 2. — Les gages des maîtres de poste, créés par édit de 1715, et qui ne sont pas appliqués au service des malles, et les indemnités qui leur étaient accordées, sont supprimées, à compter de la date du décret qui a fixé leurs indemnités pour la suppression de leurs privilèges.

Art. 3. — La dépense du travail secret [5], la place et les appointements de l'inspecteur général des postes sont pareillement supprimés.

Art. 4. — Il sera statué sur le traitement de l'intendant des postes et sur le conseil des postes, après le rapport qui sera fait incessamment sur le régime de cette

1. L'article 10 du résultat du conseil, qui passe bail à J.-B. Poinsignon, charge le fermier des postes du payement du supplément de 3 sols par poste et par cheval, qui complète les 10 sols fixés pour les chevaux employés au service des malles.

2. Ces 169 550 livres sont composées des articles suivants :

| | |
|---|---|
| Appointements de MM. les officiers de postes et frais résultant de la formation du conseil des postes, traitement de MM. les visiteurs généraux. | 68 000 livres. |
| Appointements de MM. les employés dans les bureaux et frais de bureaux. | 35 000 — |
| Appointements conservés, pensions, gratifications annuelles . . . . . . | 30 550 — |
| Indemnités accordées aux maîtres de poste, qui ont essuyé des pertes considérables de chevaux et secours à différents relais. . . . . . . . . . . . | 30 000 — |
| Pensions accordées aux postillons infirmes et estropiés. . . . . . . . . | 6 000 — |
| Total . . . . | 169 550 livres. |

3. Voir *Archives parlementaires*, vol. XV, pp. 289 et 290.

4. Voir *Archives parlementaires*, vol. XVI, p. 369.

5. Un crédit de 300 000 francs était prévu chaque année pour le travail secret des postes (voir *Archives parlementaires*, vol. XIII, page 187. Livre rouge (annexe à la séance de l'Assemblée nationale du 21 avril 1790). Chap. 8. — Affaires étrangères. — Affaires secrètes des postes et autres.

partie; et cependant l'intendant des postes et le conseil des postes continueront leurs fonctions comme par le passé.

### RAPPORT CONCERNANT LES POSTES AUX LETTRES ET AUX CHEVAUX DÉPOSÉ LE 9 JUILLET 1790 PAR M. DE BIRON.

Dans la séance du 9 juillet 1790, M. de Biron déposa, au nom du comité des finances, son rapport sur la poste aux lettres et la poste aux chevaux.

Il exposait tout d'abord, les motifs pressants qui exigeaient une décision urgente au sujet de l'organisation de ces services :

Messieurs, disait-il, votre comité des finances ne doit pas vous dissimuler que ce serait exposer à une désorganisation totale le service des postes aux lettres que de tarder plus longtemps à prononcer sur le projet de décret nécessaire au maintien et à la conservation de cette partie.

Il est encore pressant de compléter le décret que vous avez rendu le 25 avril dernier, pour empêcher la cessation du service des postes. Il est aussi indispensable de vous rendre compte des différents projets qui vous ont été présentés pour la réunion du service des postes aux lettres, des postes aux chevaux et des messageries, afin de fixer votre opinion sur l'administration générale de ces trois services. L'examen des plans qui n'ont d'autre objet que les messageries, vous sera soumis postérieurement; la ferme actuelle continue son exploitation; les changements dont elle peut être susceptible ne sont pas instants, et le travail épineux que présente le balancement des avantages et des inconvénients de toutes les propositions ne peut être sitôt achevé.

Le rapporteur passait ensuite en revue les deux projets tendant à la réunion des trois services, réunion que le comité des finances considérait comme dangereuse, impolitique et ruineuse, et il annonçait qu'un projet d'organisation de la ferme des messageries serait ultérieurement présenté.

Il ajoutait relativement au service de la poste aux lettres :

Vous avez été frappés, Messieurs, du danger de la cessation du service dont le mécontentement des maîtres de poste dépouillés de leurs privilèges semblait menacer notre correspondance au dedans et au dehors du royaume, et vous avez décrété, dans votre sagesse, une gratification qui, en évitant encore une grande dépense, a dissipé les inquiétudes : nous devons fixer aujourd'hui votre attention sur un service auquel est essentiellement lié l'intérêt public et particulier, celui des postes aux lettres.

Le bail des postes finit au 31 décembre 1791. Les fermiers ont fait, à titre de don patriotique, et à dater du 1er octobre 1789, jusqu'à l'expiration du bail, l'abandon des trois quarts de la totalité des bénéfices de leur entreprise, et ont déjà payé sur ce don patriotique, au trésor public, une somme de 941 284 livres 3 sous 9 deniers. Cette considération et le danger d'innover au hasard dans un ensemble qui n'existe que par l'accord de tous les moyens, par l'unité d'action de tous les détails, et dont le succès est dépendant du plus léger retard, nous aurait seul déterminé à vous proposer de laisser subsister le bail actuel des postes qui n'a plus que dix-sept mois de durée; mais il y a impossibilité de faire aucun changement dans la forme de cette administration avant cette époque. Dix-huit mois seront à peine suffisants pour préparer le travail qui doit donner à ce service la sûreté et la célérité dont il est susceptible; pour former les établissements que sollicitent les besoins du gouvernement, d'après la nouvelle division du royaume; pour préparer ceux qui peuvent être utiles au commerce; pour mettre l'Assemblée nationale en état de prononcer sur la rectification ou le changement du tarif des lettres qui est insuffisant, improportionnel, souvent inintelligible, absurde et inexécutable; pour examiner les règlements à conserver, à rectifier et à faire, pour aviser à une meilleure répartition de dépenses et aux moyens de porter à toute leur valeur les produits dont cette partie est susceptible.....

Après avoir examiné le plan de réformes élaboré par le comité des finances, le rapporteur soumettait à la sanction de l'Assemblée nationale un projet de décret comprenant 23 articles.

Dès qu'elle eut entendu la lecture de ce remarquable rapport, l'assemblée passa immédiatement à la discussion.

Les deux premiers articles furent seuls adoptés, mais aussitôt après la lecture de l'article 3, Barnave fit la motion suivante :

Cet article et ceux qui le suivent renferment des dispositions importantes, sur lesquelles aucun de vous n'a eu le temps de porter ses méditations. Je demande l'ajournement et le renvoi de la suite de la discussion, soit à la séance de dimanche, soit à celle de lundi.

Cette motion fut mise aux voix et adoptée et la suite de la discussion fut renvoyée à la séance du dimanche 11 juillet, mais ce jour-là, l'assemblée refusa la continuation de la discussion et rendit le décret suivant :

DÉCRET DU 11 JUILLET 1790 AU SUJET DE LA RÉORGANISATION DE LA POSTE AUX LETTRES, DE LA POSTE AUX CHEVAUX ET DES MESSAGERIES.

L'Assemblée nationale a décrété et décrète :

Que le surplus du décret proposé relativement à la poste aux lettres, à la poste aux chevaux et aux messageries, est ajourné :

Que son président se retirera par devers le Roi, pour le supplier de donner les ordres nécessaires pour la continuation du service de la poste aux lettres, de la poste aux chevaux et des messageries;

Que ses comités des finances, des impositions, d'agriculture et du commerce se concerteront pour lui présenter un plan pour l'administration de la poste aux lettres, de la poste aux chevaux et des messageries.

Ce décret fut sanctionné par une proclamation du Roi en date du 8 août 1790.

DÉCRET DU 9 JUILLET 1790 CONCERNANT LA SUPPRESSION DE DIVERSES DÉPENSES, TRAITEMENTS ET PLACES DANS LES POSTES ET MESSAGERIES.

Quant au projet présenté par le comité des finances, il se trouva ainsi réduit à ces deux articles, qui furent promulgués en vertu de lettres patentes du 8 août.

L'Assemblée nationale a décrété et décrète :

ARTICLE PREMIER. — Le traitement de 100 000 livres attaché à l'intendance générale des postes, à cause de la distribution des dépenses secrètes des postes, précédemment existantes, est supprimé, ainsi que les 300 000 livres de dépenses formant le salaire des personnages attachés au secret des postes.

ART. 2. — A dater du 1er août 1790, seront et demeureront supprimés tous titres et traitements des intendants des postes et des messageries, ceux de l'inspecteur général des postes, les gages des maîtres de courriers, ceux des offices de maîtres de postes, créés par édit de 1715, qui ne sont pas appliqués au payement des services de malle, ainsi que les frais de compte.

Seront également supprimés les titres et traitement de la commission des postes et des messageries, ceux des officiers du conseil des postes, les dépenses relatives aux employés et bureaux de l'intendance, celles des indemnités et celles dites de la surintendance, lesdites dépenses formant ensemble la somme de 206 000 livres, et il sera pourvu, sur l'avis du comité des pensions, aux parties de cette dépense qui y sont relatives, ainsi qu'aux réclamations à l'occasion des suppressions ci-dessus ordonnées.

DÉCRET DU 10 AOÛT 1790 BLÂMANT LA MUNICIPALITÉ DE SAINT-AUBIN D'AVOIR DÉCACHETÉ DES PAQUETS ADRESSÉS A DIVERS MINISTRES.

Dans la séance du 10 août 1790, l'Assemblée nationale entendit la lecture d'un rapport déposé par Brulart de Genlis (ci-devant marquis de Sillery), au nom du comité des recherches, sur l'affaire de la municipalité de Saint-Aubin, près Bar-le-Duc, qui s'était permis d'arrêter un courrier venant de Strasbourg et de saisir sur ce courrier un paquet adressé à M. d'Ogny, intendant général des postes.

Ce fait s'était produit dans les circonstances suivantes :

Le courrier n'avait aucun passeport de la municipalité de Strasbourg et était muni seulement d'un ordre du sieur Mouilleseaux, directeur des postes de cette ville, qui lui ordonnait de se rendre à Paris en toute diligence, pour remettre à M. d'Ogny le paquet en question.

La municipalité de Saint-Aubin crut devoir ouvrir ce paquet, bien qu'il portât sur le coin de l'adresse : « Service national, très pressé, » et y trouva plusieurs lettres qu'elle ouvrit également. Parmi ces lettres, l'une était adressée à M. de Montmorin, ministre des affaires étrangères, une seconde au comte de Florida-Blanca, ministre d'Espagne, une troisième au comte de Fernan-Nunez, ambassadeur d'Espagne, une quatrième à un commis des affaires étrangères nommé Tessier.

Après avoir lu les dépêches non chiffrées, la municipalité de Saint-Aubin les avait renfermées dans l'enveloppe adressée à M. d'Ogny et était allée à Bar-le-Duc pour en rendre compte aux officiers municipaux de cette ville qui en avaient eux-mêmes référé au directoire de Bar-le-Duc. Le directoire avait immédiatement expédié le paquet à l'Assemblée nationale et ordonné que le courrier restât à Bar-le-Duc jusqu'à la réception des ordres du Roi.

M. de Montmorin, à qui le comité des recherches s'était empressé de faire remettre le paquet, refusa de l'accepter parce qu'il portait l'adresse de M. d'Ogny. Le paquet fut ouvert par ce dernier, en présence des commissaires de l'Assemblée.

Le rapporteur du comité des recherches proposait en conséquence à l'Assemblée nationale de rendre un décret « pour instruire toutes les municipalités du royaume qu'ayant décrété que le secret des lettres entre particuliers était inviolable, ce principe constitutionnel acquerrait, s'il était possible, un plus grand degré d'importance, lorsqu'il s'agissait de la correspondance des ministres des cours étrangères et de ceux de France ».

Quant au mobile qui avait fait agir la municipalité de Saint-Aubin, le rapporteur l'attribuait à la panique qui s'était produite à la suite de la nouvelle répandue dans le pays que des troupes autrichiennes concentrées sur les frontières ravageaient les moissons et pillaient les villes.

Le rapporteur, en terminant, émettait le vœu que la conduite de la municipalité de Saint-Aubin fût hautement désavouée *à cause de l'ouverture des lettres adressées à des ministres étrangers*.

Malouet proposa que la municipalité fût blâmée, suspendue ou mandée à la barre.

L'Assemblée nationale adopta le décret suivant :

L'Assemblée nationale, après avoir entendu le rapport de son comité des recherches, considérant que le secret des lettres est inviolable, et que, sous aucun prétexte, il ne peut y être porté atteinte, ni par les individus, ni par les corps, décrète :

Qu'elle improuve la conduite de la municipalité de Saint-Aubin, pour avoir ouvert un paquet adressé à M. d'Ogny, intendant général des postes, et plus encore, pour avoir ouvert ceux adressés au ministre des affaires étrangères et aux ministres de la cour de Madrid.

Elle charge son président de se retirer devers le Roi, pour le prier de donner les ordres nécessaires, afin que le courrier porteur de ces dépêches soit mis en liberté, et pour que le ministre du Roi soit chargé de témoigner à M. l'ambassadeur d'Espagne les regrets de l'Assemblée de l'ouverture de ses paquets.

### DÉCRET DE L'ASSEMBLÉE NATIONALE DU 13 AOUT 1790 CONCERNANT LES DÉPENSES DU TRAVAIL DES BUREAUX.

Dans la séance du 13 août 1790, le rapporteur du comité des finances donna lecture d'un projet de décret sur les dépenses du travail des bureaux.

Après quelques courtes observations, l'Assemblée nationale adopta le texte du projet tel qu'il avait été présenté par le rapporteur.

Les trois articles suivants concernaient seuls le service des postes :

ART. 2. — La gratification de 1800 livres au sieur Giraud, directeur de la poste aux lettres à Versailles, est supprimée.

ART. 7. — Le ministre de l'intérieur, le ministre des finances, quand il y aura des courses nécessaires, se feront fournir des courriers et des chevaux par la poste, sur des ordres signés d'eux et datés;

Et sur la présentation de ces ordres, il sera tenu compte de cette dépense aux maîtres des postes.

ART. 8. — Les ministres feront tenir un registre dans lequel ces ordres seront portés à leur date, avec les raisons qui les auront motivés.

### LOI DES 22, 23, 24, 26 ET 29 AOUT 1790 CONTENANT UNE NOUVELLE ORGANISATION DES POSTES AUX LETTRES, DES POSTES AUX CHEVAUX ET DES MESSAGERIES.

Le 21 août 1790, de Lablache présenta à l'Assemblée nationale, au nom des comités d'agriculture et du commerce, des finances et des impositions, un projet de décret sur les postes et messageries.

Ce projet était suivi des considérations suivantes :

Avantages pécuniaires résultant des décrets rendus et à rendre sur le fait des postes aux lettres et des postes aux chevaux, déduction faite des dépenses portées en remplacement.

Les économies résultant des décrets qui ont été présentés sur les postes jusqu'à ce jour et les dépenses qu'ils ont épargnées, s'élevant à 2 043 333 livres, au lieu de 472 333 livres, somme à laquelle le comité des finances les avait évaluées dans son premier aperçu :

**Preuve.**

Le payement du service des malles au prix de 25 francs par poste, fixé par les règlements, se serait élevé à environ 1 500 000 livres; il a été fait un abonnement de 600 000 livres, différence de ci. . . . . . . . . . . . . . . . . . . . . . . . . . . . 900 000 livres.

Le service des postes pour le voyage de la cour faisait une dépense véritable, et dans l'année commune, s'élevait à 200 000 livres. Cette dépense est supprimée, ci. . . . . . . . . . . . 200 000 —

L'obligation de faire accompagner les courriers extraordinaires d'un postillon monté portait à 3 livres 10 sols la dépense

| | |
|---|---|
| du gouvernement, sans le salaire du courrier dépêché. La facilité des expéditions par estaffettes à 2 livres par poste, conformément au décret, offre une économie de. . . . . . . . . . . . . . . | 100 000 livres. |
| Suppression de la dépense des gages des maîtres de courriers. | 21 333 — |
| Des frais de compte. . . . . . . . . . . . . . . . . . . . | 43 000 — |
| Des appointements de l'intendant des postes. . . . . . . . | 100 000 — |
| De la dépense du secret. . . . . . . . . . . . . . . . . . | 300 000 — |
| De l'inspecteur général. . . . . . . . . . . . . . . . . . | 8 000 — |
| De la portion des gages des maîtres de postes non employés à payer des services de malle. . . . . . . . . . . . . . . . | 18 000 — |
| Sur les dépenses des postes aux chevaux, et celles de la surintendance, ci. . . . . . . . . . . . . . . . . . . . . . . | 163 000 — |
| Sur les traitements des chefs d'administration des postes aux lettres qui s'élèvent à 300 000 livres et seront réduits au 1er janvier 1792 à 110 000 livres, économie, de . . . . . . . . . . . | 190 000 — |
| | 2 043 333 livres. |

Indépendamment du bénéfice de l'accroissement graduel de la recette des postes, qui, déduction faite de l'accroissement des dépenses, a été, depuis 25 ans, de 200 000 livres, d'une année sur l'autre; tellement que le bail des postes, qui était en 1765 de 7 millions, est porté aujourd'hui à 12 millions.

La discussion du projet de décret eut lieu les 22, 23, 24 et 26 août.

Le décret qui fut voté et qui fut transformé en loi en vertu de la proclamation du Roi datée du 29 août, était divisé en quatre titres :

Le titre Ier comprenant 6 articles : direction et administration générale, — ordonnait :

RÉUNION DES POSTES AUX LETTRES, POSTES AUX CHEVAUX ET MESSAGERIES SOUS L'AUTORITÉ D'UN COMMISSAIRE DU ROI, D'ARBOULIN DE RICHEBOURG.

Que les postes aux lettres, les postes aux chevaux et les messageries continueraient à être séparées quant à l'exploitation, mais seraient réunies sous l'autorité d'un commissaire des postes nommé par le Roi (art. 1er). (Ces fonctions furent confiées à d'Arboulin de Richebourg.)

SERMENT.

Que les commissaires, les administrateurs et les employés des postes seraient tenus de prêter le serment de garder et observer fidèlement la foi due au secret des lettres et de dénoncer aux tribunaux toutes les contraventions qui pourraient avoir lieu et qui parviendraient à leur connaissance. (Art. 2.)

BAIL.

Que le bail des postes en cours serait maintenu. (Art. 3.)

ORGANISATION ET TARIF.

Qu'avant le 1er janvier 1792, l'organisation et le tarif de la poste aux lettres et des postes aux chevaux seraient modifiés. (Art. 4.)

DIRECTOIRE DES POSTES.

Qu'à dater du 1er janvier 1792, l'administration générale des postes aux lettres, des postes aux chevaux et des messageries serait régie par les soins d'un directoire des postes, composé d'un président et de quatre administrateurs non intéressés dans les produits.

Le titre II était relatif à la poste aux chevaux.

L'article 1er du titre III concernant les messageries supprima le droit si vexatoire de permis.

Enfin dans le titre IV intitulé : *Attributions des vérifications, contestations et plaintes, sur les services des postes aux lettres, des postes aux chevaux et des messageries,* nous signalerons notamment l'article 3 qui prescrivait que la connaissance des contestations en matière d'exécution des décrets, d'application de tarifs et de recouvrement, appartiendrait aux juges ordinaires.

Une disposition insérée dans la loi (article 4) prescrivait que les anciens règlements non abrogés continueraient à être provisoirement suivis.

DÉCRET DU 6 SEPTEMBRE 1790, CONCERNANT LE JUGEMENT DES INSTANCES SUR LE FAIT DES POSTES ET MESSAGERIES.

Nous lisons dans le compte-rendu de la séance de l'Assemblée nationale du 6 septembre 1790 [1] :

M. Gillet de la Jacqueminière, au nom du comité de constitution et de ceux qui ont été chargés du travail relatif aux postes et messageries, expose que l'Assemblée ayant, par décret du 20 octobre, continué provisoirement le conseil dans ses fonctions, on a inféré par erreur, des dispositions de l'article 2 du décret du 9 juillet sur les postes et messageries, que la section du conseil, à laquelle était attribuée la connaissance des instances de cette espèce, devait cesser ses fonctions; comme il est indispensable pour la prompte expédition des affaires, d'ordonner que le conseil statuera sur toutes les instances qui y ont été introduites avant l'époque de la publication du décret du 9 juillet, il propose le décret suivant qui est adopté.

L'Assemblée nationale décrète qu'en vertu de son décret du 20 octobre dernier, qui, sous les exceptions contenues audit décret, a confirmé provisoirement le conseil dans l'exercice de ses fonctions, ce tribunal doit statuer, jusqu'à jugement

1. Voir *Archives parlementaires*, vol. XVIII, p. 624.

définitif, sur toutes les instances sur le fait des postes et messageries, qui étaient pendantes avant l'époque de la publication du décret du 9 juillet dernier, et que la connaissance des contestations sur le fait des postes et messageries, attribuées par le décret des 22, 23, 24 et 26 août dernier, aux tribunaux ordinaires, ne s'entend que de celles sur lesquelles il n'y avait point d'instance introduite au conseil, avant l'époque de la publication des décrets des postes et messageries.

### DÉCRET DU 12 OCTOBRE 1790. — BUREAU DU CONTRESEING DE L'ASSEMBLÉE NATIONALE.

Le 19 octobre 1790, une proclamation royale approuva le décret de l'Assemblée nationale du 12 octobre 1790, portant établissement près l'Assemblée d'un seul bureau de contreseing des lettres et paquets et concernant les franchises et contreseings des corps administratifs.

### D'ARBOULIN DE RICHEBOURG, PRÉSIDENT DU DIRECTOIRE DES POSTES; RICHARD, MESNARD DE CONICHARD, GAUTHIER DE LIZOLLES, DE VALLONGUE, ADMINISTRATEURS (17 OCTOBRE 1790).

La même proclamation, pour satisfaire au vœu exprimé dans l'article 14 du décret de l'Assemblée, nommait d'Arboulin de Richebourg président du directoire des postes, et administrateurs : Richard, Mesnard de Conichard, Gauthier de Lizolles, de Vallongue.

### DÉCRET DU 19 NOVEMBRE 1790 APPROUVÉ PAR LA LOI DU 24 NOVEMBRE SUIVANT, CONCERNANT LA BRULURE ET LE DÉCACHÈTEMENT PRÉALABLE DES LETTRES BLANCHES INCONNUES.

L'administration des postes avait cru devoir consulter l'Assemblée nationale au sujet des précautions à prendre pour les lettres tombées en rebut.

Un rapport sur cette question fut déposé dans la séance du 19 novembre 1790 par Gillet-Lajacqueminière, député du tiers état du bailliage de Montargis, au nom des comités du commerce, des finances et d'imposition.

Le rapporteur fit remarquer qu'on brûlait les lettres simples tombées en rebut, sans les décacheter.

Or il y avait intérêt à décacheter toutes les lettres sans exception, car des effets libellés sur papier très mince et peu sensible au toucher pouvaient avoir été insérés dans les lettres simples.

Cette opération du décachètement n'avait pas paru à la commission pouvoir, sans inconvénient, continuer à être confiée à une seule personne et rester sous sa seule inspection. Tel était aussi l'avis de l'administration des postes qui, d'elle-même, avait prié l'Assemblée de vouloir bien nommer dans son sein deux commissaires qui seraient chargés « d'assister au décachètement et à la brûlure des lettres, toutes les fois que cette opération devrait avoir lieu ».

Tout en approuvant la délicatesse qui avait dicté cette demande, la Commission ne pensait pas qu'elle pût être adoptée.

Sans doute, ajoutait le rapporteur, il faut que des commissaires reconnus assistent à une opération aussi délicate et en garantissent par leur présence toute la fidélité; mais ces commissaires doivent être pris dans le sein même de l'administration des postes. Elle n'est plus comme autrefois subordonnée au despotisme. Les administrateurs sont des fonctionnaires publics. Vous avez même jugé leurs fonctions si importantes et si sacrées, que vous avez décrété qu'ils prêteraient directement serment entre les mains du Roi. Ce devoir est rempli. C'est donc à eux et à eux seuls à s'acquitter de la surveillance qu'ils vous sollicitent d'établir par des commissaires pris dans votre sein. Ils sont responsables; vous atténueriez cette responsabilité, vous la partageriez même dans la personne de vos délégués si vous défériez au désir des administrateurs des postes. C'est à eux à remplir leurs devoirs, à nous d'y tenir la main.

Le rapporteur proposa, en conséquence, à l'Assemblée le décret suivant qui fut voté sans modification :

L'Assemblée nationale, après avoir entendu le rapport des commissaires de ses comités de finances, d'imposition et de commerce, chargés de la suite du travail relatif aux postes et messageries, décrète ce qui suit :

Conformément à la disposition générale de l'article 4 du décret du 22 août dernier et jours suivants sur les postes et messageries, le travail relatif à la brûlure et au décachètement préalable des lettres blanches inconnues, refusées ou non réclamées, continuera provisoirement de se faire comme par le passé, suivant les règlements rendus à ce sujet, et notamment conformément aux arrêts du conseil des 12 janvier 1771, 14 mars 1784 et 25 septembre 1786. Cependant, en dérogeant aux dispositions de ces arrêts, qui confiaient l'inspection et la surveillance de cette opération au seul intendant des postes, et qui prescrivaient que les lettres simples seraient brûlées sans vérification préalable d'incluse, l'Assemblée décrète que ce travail ne pourra avoir lieu dorénavant qu'en présence du président du directoire et d'au moins deux des administrateurs des postes, et qu'il y sera procédé pour les lettres simples de la même manière et avec les mêmes vérifications que pour les lettres doubles ou à enveloppes.

Ce décret fut approuvé et rendu exécutoire par la loi du 24 novembre suivant :

### TRANSMISSION DES ASSIGNATS PAR LA POSTE.

Après le vote de ce décret, un membre de l'Assemblée, Gaultier Biauzat, demanda que les comités des finances et de commerce fussent invités à présenter incessamment un « projet de décret pour procurer la circulation des assignats par la voie de la poste, avec le plus de sûreté et au moindre prix qu'il serait possible ».

Le rapporteur, Gillet-Lajacqueminière, répondit que les comités se préoccupaient de cette motion et qu'ils soumettraient sous peu à l'Assemblée un projet de décret sur cet objet.

LOI DU 5 JANVIER 1791 RENDUE EN EXÉCUTION DU DÉCRET DE L'ASSEMBLÉE NATIONALE DU 27 DÉCEMBRE 1790, CONCERNANT LES BAUX ET SOUS-BAUX DES MESSAGERIES.

En conformité du décret rendu par l'Assemblée nationale le 27 décembre 1790, la loi du 5 janvier 1791 ordonna que les dispositions du décret du 20 décembre 1790 prorogeant jusqu'au 1er avril suivant, les baux et sous-baux des messageries seraient communes aux entrepreneurs et sous-entrepreneurs chargés de la conduite des voitures de messageries, tant par terre que par eau et qu'en conséquence les entrepreneurs et sous-entrepreneurs de ces différents services seraient tenus de les continuer pendant les trois premiers mois de 1791.

LOI DU 19 JANVIER 1791 RENDUE EN EXÉCUTION DU DÉCRET DE L'ASSEMBLÉE NATIONALE DES 6 ET 7 JANVIER 1791, CONCERNANT LES MESSAGERIES ET VOITURES PUBLIQUES, TANT PAR EAU QUE PAR TERRE.

La loi du 19 janvier 1791 sanctionna le décret de l'Assemblée nationale des 6 et 7 janvier 1791, relatif aux messageries et voitures publiques.

En vertu de cette loi, tous les droits des messageries par terre, ceux de voitures d'eau sur les rivières possédées par des particuliers, communautés d'habitants ou états des ci-devant provinces, furent abolis à compter du 1er avril suivant et réunis à la ferme générale des messageries.

Le service des messageries en diligences faisant 25 à 30 lieues par jour et 2 lieues par heure serait maintenu sur toutes les routes où il était déjà établi.

A partir du 1er octobre 1792, les fermiers des messageries ne devraient employer que des diligences légères et commodes qui ne pourraient être chargées de plus de 8 quintaux de bagages, y compris celui des voyageurs.

Les nouvelles voitures seraient d'abord établies sur les principales routes.

Pour le transport des voyageurs et des marchandises, il serait également entretenu ou établi, sur les principales routes, des carrosses et fourgons dont la marche serait de 15 à 20 lieues par jour.

Le nombre des départs et retours ne pourrait être diminué par les fermiers qui seraient seulement libres de l'augmenter.

Les tarifs furent fixés ainsi qu'il suit :

Toutes les distances seraient comptées par lieue de 2283 toises.

| | | | |
|---|---|---|---|
| Prix de chaque place par lieue en diligence. . . . . . . . | | | 12 sols. |
| — | — | dans les cabriolets de diligence. . . . | 8 — |
| — | — | dans les carrosses. . . . . . . . . . | 8 — |
| — | — | dans les paniers des carrosses et dans les fourgons. . . . . . . . . . . | 4 — |

Chaque voyageur était libre de transporter gratuitement avec lui un sac de nuit ou un porte-manteau de 15 livres.

Le prix du transport de l'or et de l'argent monnayé ou non fut fixé à 30 sols par 1 000 livres et par 20 lieues.

Le port des bijoux et objets précieux dont la valeur serait déclarée fut fixé aux mêmes conditions que celui de l'or et de l'argent.

Celui des papiers de procédure et d'affaires serait du double de celui des marchandises.

Quant au port des bagages et marchandises par les diligences, il ne pourrait excéder le prix déjà existant de 6 deniers par livre par 10 lieues, ou 25 livres par quintal pour 100 lieues.

Enfin les mêmes objets transportés par les carrosses et fourgons étaient assujettis à la taxe de 15 livres pour chaque quintal par 100 lieues et à proportion pour les autres distances...

. . . . . . . . . . . . . . . . . . . . . . . . . . . . . . . .

Suivait le tarif pour les voitures d'eau de la haute Seine.

Prix des places de Paris à Auxerre réduit de 9 livres 7 sols 6 deniers à 7 livres 10 sols.

Port du quintal fixé à 5 livres au lieu de 9 livres 7 sols 6 deniers.

Prix des places de Paris à Montargis, réduit à 4 livres au lieu de 5 livres 1 sol 3 deniers, etc.....

Le cautionnement des fermiers fut fixé à 2 millions en immeubles.

Le bail devait commencer le 1er avril 1791 et finir le 31 décembre 1797.

### LOI DU 4 FÉVRIER 1791 SANCTIONNANT LE DÉCRET DU 27 JANVIER PRÉCÉDENT RELATIF AUX ASSIGNATS.

Par une loi du 4 février 1791, le Roi sanctionna le décret suivant, rendu par l'Assemblée nationale le 27 janvier précédent et relatif à la circulation des assignats :

L'Assemblée nationale, sans rien préjuger sur ce qu'elle déterminera d'après le rapport de son comité des finances, relativement aux mesures à prendre pour assurer la circulation des assignats en valeur soit par la poste, soit par les messageries, décrète provisoirement et relativement à l'envoi à la caisse de l'extraordinaire, tant par les receveurs des districts, des assignats annulés, que par les deux membres des directoires des districts qui auront fait la vérification de la caisse des receveurs de districts, en conformité du décret des 12 et 14 novembre dernier, qu'il sera, à la réquisition des receveurs et en présence des directeurs de la poste aux lettres, dressé procès-verbal :

1° De la vérification des assignats, promesses d'assignats, annulés en exécution du décret du 6 décembre dernier et dont l'envoi doit être fait à la caisse de l'extraordinaire aux termes du même décret;

2° De la remise qui en sera faite au directeur de la poste, après que le tout aura été renfermé sous une enveloppe scellée du cachet du district, duquel procès-verbal il sera dressé deux doubles dont l'un restera entre les mains du receveur du district pour lui servir au besoin, et l'autre sera envoyé aux commissaires du Roi au département de la caisse de l'extraordinaire.

### PROCLAMATION DU ROI DU 10 AVRIL 1791, POUR LE SERVICE DES MESSAGERIES NATIONALES, COCHES ET VOITURES D'EAU.

Le Roi réunit et promulgua dans la proclamation du 10 avril 1791 toutes les dispositions des décrets des 6, 7 et 8 janvier précédent déjà sanctionnés par la loi du 29 août 1790, et relatifs à la nouvelle organisation du service des *messageries nationales* qui, avec celui des voitures d'eau, avait été placé sous l'inspection et la surveillance du directoire des postes et messageries.

### FUITE DU ROI (21 JUIN 1791).

Dans la nuit du 20 au 21 juin, Louis XVI, trompant la vigilance de ses gardiens, s'était enfui des Tuileries avec la famille royale, et avait pris la route de Châlons pour gagner l'étranger.

La nouvelle s'était vite répandue dans Paris; la municipalité fit tirer le canon d'alarme, les clubs se déclarèrent en permanence et défense fut publiée de sortir de la ville. La générale battait et les Tuileries furent immédiatement occupées par les hommes *à piques* du 14 juillet.

Dès l'ouverture de la séance du 21 juin, Alexandre Beauharnais, président de l'Assemblée nationale, annonça en ces termes la fuite du Roi :

J'ai une nouvelle affligeante à vous donner. M. Bailly est venu, il n'y a qu'un instant chez moi, m'apprendre que le Roi et une partie de sa famille ont été enlevés cette nuit par les ennemis de la chose publique.

L'Assemblée, qui avait accueilli cette grave communication avec un profond silence, fit preuve de décision et de sang-froid.

Sur la motion de Regnault, député de Saint-Jean d'Angély, elle décréta que les ministres seraient mandés pour recevoir les ordres de l'Assemblée, que des courriers seraient expédiés à l'instant dans tous les départements, par les soins du ministre de l'intérieur, avec ordre à tous les fonctionnaires publics ainsi qu'aux gardes nationales et troupes de ligne d'arrêter ou de faire arrêter toute personne quelconque sortant du territoire. Dans le cas où les courriers joindraient le Roi, la famille royale et ceux qui auraient pu concourir au prétendu enlèvement, toutes les mesures devraient être prises pour arrêter ledit enlèvement.

L'Assemblée ordonna que tous ses décrets seraient immédiatement exécutés dans tout le royaume, chargea son comité militaire de veiller à la sûreté publique, appela à sa barre le commandant de la garde nationale et le maire de Paris et décida, sur la proposition de Le Chapelier, que les administrateurs et officiers municipaux instruiraient les citoyens par une proclamation publiée dans tous les carrefours, que l'Assemblée nationale allait s'occuper avec la plus grande activité, et sans aucune interruption de séance, des moyens propres à assurer le bon ordre.

La proclamation de la municipalité parisienne fut insérée en tête du *Moniteur universel* du lendemain mercredi 22 juin.

### DÉCRET DU 21 JUIN 1791 ORDONNANT QUE LE SERVICE DE LA POSTE AUX LETTRES NE SOUFFRIRAIT AUCUNE INTERRUPTION.

Le 21 juin, après la reprise de la séance de 5 heures, Laville-aux-Bois informa l'Assemblée que, sur la motion de l'une des sections de Paris, le département de Paris avait cru devoir ordonner que la distribution des lettres serait provisoirement suspendue dans cette ville. Les comités demandaient qu'il n'y eût désormais aucune interruption dans le service et que la distribution s'effectuât comme à l'ordinaire.

L'Assemblée décréta, à l'unanimité, « que le service de la poste aux lettres ne souffrirait aucune interruption ».

Dans la même séance, un membre, Gouy d'Arcy, déposa sur le bureau de l'Assemblée deux paquets qui avaient été saisis par la municipalité de Senlis sur la personne de M. Hérard, médecin du Roi, et dont l'un contenait deux lettres adressées à M^me^ Vaudemon et à une autre personne habitant chez elle.

La municipalité n'avait pas cru devoir décacheter ces lettres, obéissant en cela aux décrets de l'Assemblée nationale sur le respect dû au secret des lettres.

Ces lettres furent envoyées à leurs destinataires, en même temps que deux lettres saisies décachetées aux Tuileries et dont l'Assemblée nationale refusa de prendre connaissance *par respect pour l'inviolabilité du secret des correspondances*.

Le 24 juin, une délégation de la municipalité de Paris présenta à l'Assemblée nationale Drouet, maître de poste à Sainte-Menehould, et un nommé Guilhaume qui avaient pris de concert les mesures propres à l'arrestation du Roi.

Drouet rendit compte à l'Assemblée des détails de cette arrestation.

Le président félicita hautement ces deux citoyens de leur zèle et de leur dévouement et les invita à assister à la séance de l'Assemblée.

DÉCRET DU 10 JUILLET 1791 SUR LE SECRET ET L'INVIOLABILITÉ DES LETTRES.

Certaines municipalités ayant, par un zèle excessif, exagéré les précautions ordonnées par le décret de l'Assemblée nationale du 21 juin 1791, le comité des rapports crut nécessaire de demander à l'Assemblée de rendre un nouveau décret sur l'inviolabilité du secret des lettres.

Le rapporteur Muguet s'exprima en ces termes, au nom du comité des rapports, dans la séance du 10 juillet :

Je suis chargé par le comité des rapports de vous présenter un projet qu'il a cru indispensable pour rétablir parfaitement la confiance et le calme. Les événements qui viennent de se passer avaient fait prendre à quelques départements des précautions excessives ; des courriers ont été arrêtés, les correspondances particulières soumises à l'inspection des corps administratifs. Ces précautions, qu'ils avaient cru nécessaires à la sûreté de l'État, doivent cesser en ce moment. Le comité des rapports vous présente en conséquence un projet de décret concerté avec le ministre de l'intérieur :

« L'Assemblée nationale, après avoir entendu son comité des rapports, considérant que les précautions qu'elle a ordonnées pour la sûreté de l'Etat par son décret du 21 juin dernier, ont été exagérées en plusieurs lieux, que par un zèle inconsidéré des corps administratifs et des municipalités avaient cru devoir soumettre à leur surveillance et à leurs recherches la correspondance des particuliers, que l'arrestation qui a été faite, en plusieurs villes, des courriers des malles, les dépôts forcés de leurs paquets en d'autres lieux qu'aux bureaux auxquels ils étaient destinés, les perquisitions faites chez les directeurs des postes, la vérification des lettres et sursis ordonné à leur distribution, ne peuvent qu'interrompre les relations commerciales, considérant que ces moyens ne peuvent être tolérés d'après les mesures qui ont été prises pour la sûreté de l'empire :

Décrète qu'il est enjoint aux corps administratifs de surveiller l'exécution du décret du 10 août 1790 concernant le secret et l'inviolabilité des lettres et de se conformer aux dispositions de l'article 10 du titre des attributions faisant partie du décret du 26 du même mois d'août qui défend aux corps administratifs et aux tribunaux d'ordonner aucun changement dans le service des postes. »

Ce décret fut immédiatement voté, et promulgué le 22 juillet.

LOI DU 22 AOUT 1791 FIXANT LE PRIX DU TRANSPORT DES LETTRES, PAQUETS, OR ET ARGENT PAR LA POSTE, RENDUE EN EXÉCUTION DU DÉCRET DE L'ASSEMBLÉE NATIONALE DU 17 AOUT PRÉCÉDENT.

L'article 4 du décret des 22, 23, 24 et 26 août 1790 avait ordonné qu'avant le 1er janvier 1792, il serait procédé par le Corps législatif à la rectification du tarif de 1759, à celle des règlements et usages des postes, des traités avec les offices des postes étrangères, de l'organisation des postes aux lettres et des postes aux chevaux, aux nouveaux établissements relatifs à la division du royaume, à ceux que sollicitait le commerce et enfin aux améliorations et économies dont ces différents services étaient susceptibles.

Le directoire des postes se mit immédiatement à l'œuvre et, dès le 25 février 1791, il faisait connaître dans un mémoire adressé au ministre des finances Delessart, que ses travaux étaient assez avancés pour pouvoir lui être incessamment présentés.

Nous lisons dans ce mémoire le passage suivant relatif à la question du nouveau tarif à élaborer :

La rectification du tarif a fixé essentiellement l'attention du Directoire; il a considéré :

Que toute contribution générale, même lorsqu'elle est volontaire, doit être proportionnelle ;

Que la clarté et la précision dans le principe, la plus grande facilité dans les moyens d'exécution sont de nécessité indispensable, lorsqu'il s'agit d'une opération, qui, en même temps qu'elle est livrée à une multitude d'agents répandus sur une surface immense, exige la célérité la plus active ;

Que les tarifs de 1759 n'ayant aucun de ces caractères, n'offrant que des taxes incohérentes et arbitraires, exige une refonte absolue ;

Que le principe qui devra être adopté comme règle du tarif ayant une influence directe sur les produits des postes, donne lieu à une question majeure d'économie politique. *Doit-on envisager les postes uniquement sous le rapport de l'utilité publique? Doit-on les regarder comme une partie essentielle du revenu public?*

Que les avis sur cette question peuvent se partager avec d'excellentes raisons de part et d'autre ;

Que le directoire des postes ne devant pas même se permettre une opinion en pareille matière, son devoir se borne à combiner le plan qu'il doit proposer, de manière qu'il puisse s'adapter à celui des deux systèmes que l'on voudra suivre;

Ces différentes considérations ont formé la base du plan qu'il se propose de mettre sous les yeux du ministre des finances très incessamment, en y joignant les tableaux et les détails de l'exécution. Ce travail est assez avancé pour que l'on croie pouvoir prendre l'engagement de mettre le nouveau tarif en activité dans l'espace de trois mois, à compter du jour où la loi sera prononcée.

Si le ministre des finances veut bien considérer que ces moyens préparatoires réduits à une expression aussi simple ne peuvent être que le résultat d'un grand travail, on espère qu'il jugera par lui-même que le directoire des postes n'a rien négligé pour se mettre en mesure de remplir ses devoirs.

Le ministre des finances s'empressa de remercier les membres du directoire de leur communication :

Je suis très satisfait, leur dit-il, de savoir que vous êtes aussi avancés dans vos opérations et je verrai arriver avec plaisir le moment où vous pourrez m'en donner une connaissance particulière. Vous devez vous confier dans mon empressement à vous seconder de toutes mes forces et dans les dispositions où je serai toujours de faire connaître votre zèle, de faire valoir vos succès et de vous en assurer la récompense auprès du Roi, par des preuves de sa satisfaction.

Le travail du directoire ne tarda pas à être soumis à l'Assemblée nationale, car dans la séance du 17 août 1791, Dauchy présenta, au nom des comités réunis des contributions publiques, d'agriculture et commerce et des finances, un projet de décret sur la taxe des lettres, projet qui fut immédiatement discuté.

Dauchy fit précéder des observations suivantes le dépôt de ce projet :

Votre comité des contributions publiques vous a successivement présenté des projets de décrets sur diverses branches de contributions et de revenus publics. Il nous reste encore plusieurs objets à vous présenter et particulièrement un décret relatif au revenu des postes.

Le bail des postes expire au 1er janvier 1792. La législature suivante pourrait n'avoir pas le temps de s'occuper de cet objet assez tôt pour que le service n'en fût pas interrompu. Le tarif actuel rempli d'irrégularités ne peut plus exister. L'Assemblée a désiré mettre le plus de clarté possible dans le système de toutes les espèces de contributions. Le tarif de 1759 est, au contraire, si obscur, si irrégulier, qu'il n'est aucun homme en France qui puisse en savoir les nombreuses combinaisons. Le tarif que votre comité vous propose est, au contraire, tellement clair qu'il n'est aucun homme qui ne puisse facilement le saisir. Votre comité vous propose d'établir un point central dans chaque département. Les distances entre les départements seront calculées de point central en point central, à vol d'oiseau et à raison de 2 283 toises par lieue. Il sera, par ce moyen, très facile aux taxateurs de connaître les différentes combinaisons.

La discussion s'ouvrit immédiatement et l'Assemblée vota le nouveau tarif dont voici les principales dispositions :

Le principe d'une taxe proportionnelle à la distance fut maintenu par les articles 2, 3, 4 et suivants du décret :

ART. 2. — Pour établir les bases de ce tarif, il sera fixé un point central dans chacun des quatre-vingt-trois départements.

ART. 3. — Les distances entre les départements seront calculées de point central en point central, à vol d'oiseau et à raison de 2 283 toises par lieue.

ART. 4. — La taxe des lettres et paquets partant ou arrivant d'un département pour un autre, sera la même pour tous les bureaux des deux départements.

Il est aisé de voir combien peu était équitable un système qui plaçait dans la même catégorie des départements dont les limites s'étendaient dans un cercle très vaste, ou dans une ellipse très allongée, et d'autres dont tous les points se groupaient régulièrement et dans un cercle étroit autour du centre.

Les tarifs furent fixés de la manière suivante :

| | | |
|---|---|---|
| Lettres circulant dans le même arrondissement | | 3 sous. |
| Lettres circulant à l'intérieur du département | | 4 — |
| Lettres circulant hors du département, lettre simple : | | |
| — | jusqu'à 20 lieues | 5 — |
| — | de 20 à 30 — | 6 — |
| — | de 30 à 40 — | 7 — |
| — | de 40 à 50 — | 8 — |
| — | de 50 à 60 — | 9 — |
| — | de 60 à 80 — | 10 — |
| — | de 80 à 100 — | 11 — |
| — | de 100 à 120 — | 12 — |
| — | de 120 à 150 — | 13 — |
| — | de 150 à 180 — | 14 — |
| — | au-dessus de 180 lieues | 15 — |

Les lettres *chargées* payaient double port. Faute de remise de la lettre ou paquet dans le mois de la réclamation, l'administration des postes était tenue de payer 300 *livres* au réclamant.

Le poids d'un port simple était d'un quart d'once.

Le tarif des lettres circulant dans l'intérieur de la même ville restait fixé à deux sous jusqu'au poids d'une once.

Aux termes de l'article 14, le public avait la faculté de refuser les lettres et paquets, sans les ouvrir.

Les échantillons de marchandises n'étaient taxés qu'au tiers du port fixé par le tarif, pourvu que les paquets fussent présentés sous bande et que la nature du contenu fût indiquée. Cependant le port ne devait jamais être inférieur à celui de la lettre simple. (Art. 16.)

La taxe des journaux et autres feuilles périodiques devrait être la même par tout le royaume, savoir : pour ceux paraissant tous les jours, 8 deniers par feuille d'impression et pour les autres 12 deniers. (Art. 17.)

Les livres brochés mis à la poste sous bande n'étaient taxés dans tout le royaume qu'à un sou la feuille. (Art. 18.)

La perte d'un paquet *chargé* donnait lieu au paiement d'une indemnité fixée uniformément à 300 livres, quel que fût le montant des valeurs insérées dans le paquet. (Art. 21.)

Le port des matières d'or ou d'argent, monnayées ou non, était pour tout le royaume de 5 p. 100 de la valeur, et l'Administration était responsable de la totalité de la somme dont elle était chargée. (Art. 22.)

Les lettres et paquets destinés aux colonies françaises étant affranchis jusqu'au port de l'embarquement, le port en était payé conformément au tarif et 2 sols en sus. (Art. 24.)

Les lettres et paquets venant des colonies françaises et remis aux commandants des navires par les directeurs des postes du lieu de départ étaient taxés à 4 sols dans le lieu d'arrivée, lorsqu'ils étaient destinés au port de débarquement.

Ceux dont la destination était plus éloignée étaient taxés conformément au tarif, à raison des distances du lieu de débarquement à celui de leur destination et 2 sols en plus.

L'article 33 autorisait l'administration des postes à former des établissements de *petite poste* partout où elle le jugerait nécessaire.

Ce décret fut approuvé par la loi du 22 août 1791 et rendu exécutoire à partir du 1er janvier 1792, époque à laquelle la ferme des postes devait prendre fin.

DÉCRET DU 6-12 SEPTEMBRE 1791 PORTANT QU'A COMPTER DU 1er JANVIER 1792, IL SERA ÉTABLI SUR LES ROUTES DÉSIGNÉES LE NOMBRE DE COURRIERS DE POSTES AUX LETTRES EN VOITURES, FIXÉ EN L'ÉTAT Y ANNEXÉ.

L'Assemblée nationale, dans ses séances des 15 janvier, 16 et 26 février 1790, avait décrété la division de la France en 83 départements.

Ce décret avait été sanctionné par lettres patentes du Roi en date du 4 mars 1790.

En raison de cette division et comme complément de la réforme des tarifs, il était devenu nécessaire de mettre les services de courriers en harmonie avec la nouvelle organisation administrative.

Cette nouvelle organisation fut proposée à l'Assemblée nationale dans la séance du 6 septembre par Dauchy, qui fit remarquer que, jusqu'à cette époque, la plupart des communications passaient par Paris et qu'il y avait intérêt à en ouvrir de nouvelles dans les départements. Une communication de Dunkerque à Huningue, par exemple, faciliterait le service des places frontières; une autre de Lyon à Bordeaux, sollicitée depuis longtemps déjà, favoriserait le commerce avec les villes maritimes de l'Océan.

Le décret proposé, divisé en neuf articles et comprenant les grandes branches des communications, fut adopté dans la même séance sans aucune modification.

L'article 1er était ainsi conçu :

L'Assemblée nationale décrète qu'à compter du 1er janvier 1792, il sera établi sur les routes ci-après désignées le nombre de courriers de poste aux lettres en voitures fixé dans l'état suivant.

Les nouveaux courriers étaient divisés en courriers de première section et en courriers de deuxième section.

*Les courriers de 1re section étaient ceux de :*

|  |  |
| --- | --- |
| Paris à Valenciennes par Saint-Quentin<br>— à Mézières par Reims<br>— à Cherbourg par Rouen<br>— à Calais et à Dunkerque par Amiens | 1 courrier de départ et d'arrivée chaque jour. |
| — à Nantes par Le Mans | 2 courriers d'arrivée et de départ par semaine. |
| — à Strasbourg par Metz<br>— — par Nancy<br>— à Huningue par Troyes<br>— à Besançon par Dijon<br>— à Lyon par Autun<br>— — par Moulins<br>— à Toulouse par Limoges<br>— à Bordeaux par Poitiers<br>— à Brest par Rennes | 3 courriers de départ et d'arrivée par semaine. |

Il était créé, en outre, 26 courriers de 2e section entre les villes suivantes :

Lille-Strasbourg, Strasbourg-Lyon, Lyon-Bordeaux, Poitiers-La Rochelle, Bordeaux-Rennes, Rennes-Rouen, Rouen-Amiens, Amiens-Dunkerque, Besançon-Poutarlier, Strasbourg-Landau, Strasbourg-Huningue, Lyon-Pont-de-Beauvoisin, Lyon-Genève, Lyon-Grenoble, Lyon-Marseille, Aix-Antibes, Remoulins-Toulouse, Toulouse-Bayonne, Bordeaux-Bayonne, Toulouse-Bordeaux, Moulins-Mende, Moulins-Limoges, Tours-Nantes, Nantes-Brest, Rouen-Havre, Rouen-Dieppe.

Les maîtres de poste aux chevaux seraient chargés de la conduite des malles sur toutes ces routes et ne pourraient s'en dispenser qu'en remettant leurs brevets et en continuant leur service six mois après la date de leur démission. (Art. 3.)

Chaque voiture de poste aux lettres ne serait chargée que d'un seul conducteur et de dépêches. (Art. 5.)

Il serait établi, en outre, des courriers de poste aux lettres en voiture, à cheval ou à pied pour assurer une correspondance directe entre le chef-lieu de chaque département et ceux des départements contigus; il en serait de même établi pour la correspondance entre le chef-lieu de chaque département et les villes sièges d'administrations de district ou de tribunaux et autres lieux qui en seraient susceptibles. (Art. 6.)

COURRIERS D'ENTREPRISE.

L'article 7 ordonnait : « Le transport des malles autres que sur les quarante-une routes ci-dessus désignées sera fait par entreprise. »

En vertu de l'article 8, l'administration des postes, sur l'avis des corps administratifs et sous l'autorisation du ministre des contributions publiques, établirait le nombre de bureaux et celui de préposés utiles au service et ferait tous les traités et adjudications nécessaires pour le transport des dépêches.

Enfin l'article 9 prescrivait que les corps administratifs, ni les tribunaux ne devraient rien ordonner dans le travail, la marche et l'organisation du service des postes aux lettres et que les demandes et les plaintes relatives à ce service seraient adressées au pouvoir exécutif.

CODE PÉNAL, 25 SEPTEMBRE-6 OCTOBRE 1791 : ARTICLE PUNISSANT LA VIOLATION DU SECRET DES LETTRES.

Dans sa séance du 25 septembre 1791, l'Assemblée nationale inséra dans le code pénal (2e partie, titre Ier, section 3) la disposition suivante qui punit la violation du secret des lettres :

ART. 23. — Quiconque sera convaincu d'avoir volontairement et sciemment supprimé une lettre confiée à la poste, ou d'en avoir brisé le cachet et violé le secret, sera puni de la peine de la dégradation civique. Si le crime est commis soit en vertu d'un ordre émané du pouvoir exécutif, soit par un agent du service des postes, le ministre qui en aura donné ou contre-signé l'ordre, quiconque l'aura exécuté, ou l'agent du service des postes qui, sans ordre, aura commis ledit crime, sera puni de la peine de deux ans de *gêne*.

---

## ASSEMBLÉE LÉGISLATIVE

(1er octobre 1791—20 septembre 1792.)

L'Assemblée législative et le secret des lettres : Discussion ; opinion de Vergniaud ; décret conforme. — Visite des courriers aux frontières. — Franchise et contre seing. — BRON, président du directoire des postes. — Conseil d'administration. — Courriers de Paris nommés à l'élection.

L'Assemblée constituante avait terminé ses travaux. Elle avait réorganisé la France, proclamé les droits de l'homme et décrété la nouvelle constitution dite de 1791.

Elle fut remplacée par l'Assemblée législative qui se réunit le 1er octobre 1791.

L'ASSEMBLÉE LÉGISLATIVE ET LE SECRET DES LETTRES. — SÉANCE DU 10 DÉCEMBRE 1791. — VERGNIAUD. — DÉCRET EN FAVEUR DU SECRET DES LETTRES.

Au cours de la séance du 10 décembre, l'Assemblée législative affirma solennellement son respect pour le secret des lettres dans les circonstances suivantes :

L'un des secrétaires de l'Assemblée donna lecture de la lettre qui suit et émanant d'un citoyen de Paris [1] :

J'ai été hier à l'Abbaye; une voix plaintive s'est fait entendre : un prisonnier m'a chargé de mettre une lettre à la poste, en me disant qu'elle était adressée à son frère, pour demander des secours. Il a exigé que je fisse serment de m'acquitter avec fidélité de sa commission ; je me rendis à ses prières et lui promis de remettre la lettre à la poste. Mais le patriotisme dans un citoyen veille toujours. J'allais à la poste, un repentir m'arrêta; une force invisible me détermina à décacheter ladite lettre.

Cette communication fut accueillie par un mouvement d'indignation constaté dans le procès-verbal.

Un membre fit remarquer que, bien qu'il n'approuvât pas la manière dont la lettre du prisonnier était parvenue à l'Assemblée, le salut public exigeait cependant que les faits qu'elle contenait fussent connus.

L'Assemblée, repartit Vergniaud, ne peut délibérer sur le délit dont le particulier qui vous envoie la lettre s'est rendu coupable. Je demande qu'elle décrète sur-le-champ la suppression et le brûlement de la lettre.

Bazire demanda le renvoi de la lettre au comité de surveillance.

Garran lui répondit par ces belles paroles :

*L'Assemblée ne doit point laisser passer cette affaire, sans témoigner sa souveraine indignation contre cette violation de tout ce qu'il y a de plus sacré. On a dit qu'il pouvait être question du salut de la Patrie. La Patrie ne peut être sauvée que par la justice et la loyauté. Je demande le brûlement de la lettre.*

Cette motion fut accueillie par des applaudissements bien mérités et l'Assemblée vota le décret suivant :

L'Assemblée ferme la discussion et décrète que son procès-verbal énoncera que l'Assemblée nationale indignée a passé à l'ordre du jour, après avoir ordonné la suppression et le brûlement de la lettre.

1. *Moniteur universel*. Séance du samedi 10 décembre 1791, p. 1446, col. 2 (nº du dimanche 11 décembre 1791).

BUREAUX DE POSTE ÉTABLIS OU A ÉTABLIR LE LONG DES FRONTIÈRES ET LIEUX D'ENTRÉE EN FRANCE DES COURRIERS INTERNATIONAUX (22 JANVIER 1792).

La visite des courriers par les agents des douanes soulevait d'incessantes contestations entre les deux administrations des postes et des douanes.

Nous relevons dans un mémoire dressé par les membres du directoire des postes, à la date du 22 janvier 1792, les intéressants renseignements qui suivent au sujet des bureaux établis ou à établir le long des frontières et des lieux d'entrée en France des courriers internationaux.

*État des bureaux des postes établis ou à établir sur les frontières, dans les lieux où il se trouve des bureaux de douanes nationales.*

*Calais.* — Cette ville est le lieu du départ et de l'arrivée des courriers de la France pour l'Angleterre et de l'Angleterre pour la France.

Il y a un bureau de poste et un bureau de douanes.

*Lille, Pont-à-Tressin.* — Les dépêches pour la Hollande et une partie des Pays-Bas s'expédient par Lille et celles qui en viennent sont aussi apportées dans cette ville, mais l'échange des unes et des autres se fait à Pont-Tressin, 3 lieues plus au delà sur les fontières.

Il paraît convenable d'établir un bureau de poste dans ce lieu pour la visite des malles à l'entrée et à la sortie.

*Valenciennes.* — Il arrive par Valenciennes des dépêches parties des Pays-Bas. Les employés des douanes peuvent en faire la visite au bureau de la poste.

*Sedan, Bouillon.* — Les courriers de la basse Allemagne arrivent par Bouillon et Sedan. Il y a un bureau de poste à Sedan, on peut en établir un à Bouillon, afin que les malles puissent être visitées dans ces deux villes.

*Thionville, Étange.* — Les dépêches du pays de Luxembourg entrent en France par Thionville, entre cette ville et Frisange, premier endroit du pays de Luxembourg. Il y a un village nommé Étange où il est facile d'établir un bureau de poste pour faciliter les visites.

*Strasbourg.* — Les dépêches de la haute Allemagne entrent dans le royaume par Strasbourg. Les malles peuvent être visitées au bureau de la poste lors de leur entrée et de leur sortie.

*Huningue, Saint-Louis.* — Celles de Bâle et d'une partie des autres cantons suisses entrent par Huningue où il y a un bureau de poste. On peut en établir un à Saint-Louis plus sur la frontière afin de faciliter la visite des employés des douanes qui ont un bureau dans le même lieu.

*Dell, Porentruy.* — Celles de Porentruy entrent en France par Dell où il y a un bureau de poste et où les employés des douanes peuvent accompagner le courrier pour faire la visite de sa malle.

*Pontarlier.* — Les dépêches d'une partie du canton de Berne et de Neufchâtel entrent par Pontarlier où il y a un bureau de poste et un bureau de douanes.

*Versoix, Saint-Genis.* — Celles de Genève et d'une partie du canton de Berne entrent par Saint-Genis et Versoix. La régie des douanes a des bureaux dans ces deux endroits. Il n'y a de bureau de poste qu'à Versoix, mais on peut en établir un à Saint-Genis.

*Pont-de-Beauvoisin.* — Celles d'une partie de l'Italie ou de la Savoie entrent par le Pont-de-Beauvoisin où il y a un bureau de poste et bureau de douanes.

*Antibes, Cagne.* — Celles de la plus grande partie de l'Italie entrent par Antibes où il y a bureau des douanes et bureau de poste, mais en avant de cette ville et plus sur la frontière est le village de Cagne où la régie des douanes a un bureau; on peut y en établir un de poste.

*Perpignan.* — Les dépêches de la Catalogne entrent par Perpignan où il y a bureau de poste et bureau de douanes; toute cette frontière est également garnie de ces deux espèces de bureaux.

*Saint-Jean-de-Luz, Bayonne.* — Celles du reste de l'Espagne arrivent par Saint-Jean-de-Luz et Bayonne; l'échange se fait à *Iron*, premier endroit de la frontière espagnole; les courriers peuvent être visités à Saint-Jean-de-Luz et à Bayonne.

*Lorient.* — Les paquebots qui sont expédiés à New-Yorck arrivent toujours à Lorient, à moins que des vents contraires ne les obligent à entrer dans d'autres ports, mais dans tous les ports de mer du royaume il se trouve des bureaux de poste où les malles peuvent être visitées.

D'après les détails ci-dessus, tous les courriers qui entrent dans le royaume ou qui en sortent pourront être visités à leur entrée ou à leur sortie, au moyen des nouveaux bureaux des postes qu'il convient d'établir dans les lieux où il n'y en a point.

Un grand nombre de bureaux des douanes sont établis dans les lieux par où les courriers ne passent pas, et où par conséquent il ne peut être formé d'établissement de bureaux de poste. Quand même ils y passeraient en longeant les frontières, ils ne devraient être assujettis qu'à une seule visite, sans quoi il serait possible que leur marche fût retardée d'une manière très préjudiciable au bien du service et par conséquent à l'intérêt public.

### VISITE DES COURRIERS AUX FRONTIÈRES.

Depuis le reculement des barrières aux frontières, les courriers circulant dans l'intérieur du royaume ne peuvent faire aucun commerce préjudiciable aux intérêts de la régie des douanes nationales. La contrebande n'est à craindre que de la part de ceux qui entrent de l'étranger en France ou qui passent de France chez l'étranger; les administrateurs des postes doivent chercher tous les moyens de s'opposer à la fraude et les régisseurs des douanes nationales ne doivent rien exiger qui puisse nuire à la sûreté et célérité du service, ni compromettre la foi due au secret des lettres dont l'inviolabilité a été décrétée par l'Assemblée nationale. Il résulte de ce qui vient d'être dit que les courriers de l'étranger pour le royaume et du royaume pour l'étranger doivent subir tant à l'entrée qu'à la sortie la visite de leurs voitures par les préposés à la perception des droits des douanes nationales que s'ils se trouvent porteurs de contrebande, ils doivent être condamnés aux peines décrétées pour ces sortes de contraventions, mais que les dépêches étant inviolables, les malles et sacs de routes ne doivent être ouverts sous quelque prétexte que ce soit, que si cependant un courrier entrant dans une ville frontière du royaume donnait lieu à des soupçons à raison de la grosseur et de la pesanteur de sa malle il doit se laisser accompagner par deux préposés des douanes jusqu'au bureau des postes où il se rendrait au pas et où l'ouverture de la malle serait faite par le directeur de la poste, en présence des préposés des postes et de celle des employés des douanes et sans que cependant ils puissent se permettre de toucher aux dépêches.

Examinons maintenant combien il entre de courriers de l'étranger en France, par où ils entrent et dans quels bureaux ils doivent être visités.

1° Le courrier d'Angleterre arrive en France par Calais; là MM. les préposés des douanes nationales peuvent accompagner le courrier jusqu'au bureau des postes dans lequel, s'ils soupçonnent que la malle contient de la contrebande, ils peuvent requérir que l'ouverture en soit faite par le directeur en leur présence.

2° Les dépêches de la Hollande et d'une partie des Pays-Bas entrent par Lille et l'échange se fait à Pont-à-Tressin qui en est à trois lieues sur la frontière.

Il n'y a point de bureau de poste à Pont-à-Tressin. Si l'administration des douanes pense qu'il est important pour la conservation des droits qu'il en soit établi un, l'administration des postes en fera l'établissement.

3° Il arrive aussi des dépêches des Pays-Bas par Valenciennes où les préposés des douanes peuvent faire fouiller les courriers au bureau des postes.

4° Les courriers de la basse Allemagne entrent en France par Bouillon et Sedan, les préposés des douanes peuvent faire fouiller les courriers à Sedan, mais s'ils jugent que cette visite doit avoir lieu à Bouillon, le directoire des postes y fera établir un bureau.

5° Les dépêches de Luxembourg entrent en France par Thionville ; entre cette ville et Frisange, premier endroit du pays de Luxembourg, il y a un village nommé D'Etange où le directoire des postes pourra faire établir un bureau pour faciliter la visite des courriers, indépendamment du bureau de Thionville où elle pourra aussi le faire.

6° Les dépêches de la haute Allemagne entrent en France par Strasbourg où il y a un bureau et où la visite des courriers peut se faire.

7° Celles de Bâle et d'une partie des autres cantons suisses entrent par Huningue où il y a un bureau de poste.

Si les préposés des douanes croyent qu'il est nécessaire d'établir un bureau de poste à Saint-Louis, le directoire fera cet établissement.

Celles de Porentruy entrent en France par Dell où il y a un bureau de poste et où les employés des douanes peuvent accompagner le courrier pour faire la visite de sa malle.

8° Celles des cantons de Berne et de Neufchâtel entrent par Pontarlier où il y a un bureau de poste.

9° Celles de Genève et celles d'une partie du canton de Berne entrent par Saint-Genis et Versoix où il y a un bureau de poste, et il en sera établi un à Saint-Genis s'il est jugé nécessaire.

10° Celles d'une partie de l'Italie et de la Savoie entrent par le Pont-de-Beauvoisin où il y a un bureau de poste.

11° Celles de la plus grande partie de l'Italie entrent par Antibes en avant duquel est Cagne, dernier village de France où on pourra établir un bureau.

12° Celles de la Catalogne entrent par Perpignan et toute cette frontière est garnie de bureaux de poste.

13° Celles du reste de l'Espagne arrivent par Saint-Jean-de-Luz et Bayonne; l'échange se fait à *Iron*, premier endroit de la frontière espagnole; les courriers peuvent être visités à Saint-Jean-de-Luz et à Bayonne.

14° Il arrive encore des paquebots de New-York qui débarquent toujours à Lorient, à moins de vents contraires, mais dans tous les ports de mer il existe des bureaux de poste où la malle peut être visitée.

On croit, par le détail ci-dessus, avoir satisfait à tout ce que MM. les régisseurs des douanes nationales peuvent désirer. On voit que les voitures de tous les courriers apportant des malles peuvent être visitées à l'entrée du royaume, on voit aussi que les administrateurs des postes ont établi ou établiront des préposés dans tous les lieux d'arrivée, pour qu'en cas de suspicion les malles et valises contenant dépêches puissent être ouvertes dans un bureau de poste, en présence des employés des douanes nationales qui seront d'ailleurs libres d'accompagner le courrier pendant l'espace de deux heures intermédiaires entre la première et la seconde ligne[1].

### LOI DU 8 JUIN 1792 RELATIVE AUX CONTRESEINGS ET AUX FRANCHISES DES LETTRES.

Les abus de franchise s'étaient tellement multipliés que le ministre des Contributions publiques dont relevait le directoire des postes, crut devoir en référer à l'Assemblée nationale qui, dans sa séance du 6 juin 1792, rendit le décret suivant, sanctionné par le Roi le 8 juin et transformé en loi de l'État :

L'Assemblée nationale, après avoir décrété l'urgence, décrète que la franchise et le contre seing des lettres par la poste sont supprimés, excepté pour l'Assemblée nationale, les administrations publiques et les fonctionnaires publics, actuellement en activité et qui en ont joui jusqu'à présent.

### BRON, PRÉSIDENT DU DIRECTOIRE DES POSTES ; MOUILLESSEAU, LEBRUN, GIBERT, BOSC, ADMINISTRATEURS (1792).

Dès qu'ils en eurent reçu communication, les nouveaux membres du directoire des postes, Bron, président, Mouillesseau, Lebrun, Gibert et Bosc, administrateurs, s'empressèrent de notifier le décret de l'Assemblée nationale par une circulaire du 12 juin 1792, aux diverses personnes qui s'étaient indûment arrogé le droit de franchise.

### LOI DU 3 SEPTEMBRE 1792 RELATIVE A LA FRANCHISE ET AU CONTRESEING DES LETTRES.

La loi du 3 septembre 1792 modifia et compléta ainsi qu'il suit celle du 8 juin.

En vertu de l'art. 1er, l'Assemblée nationale, les fonctionnaires publics et les administrations publiques furent seuls autorisés à jouir du bénéfice de la franchise et du contreseing.

Les administrations publiques désignées dans l'état joint à la loi ne pourraient user de la franchise qu'en nom collectif. (Art. 2.)

1. Ces renseignements sont extraits des *Mémoires de la Ferme des postes* classés à la bibliothèque du ministère des postes et télégraphes.

Le contreseing se ferait par une griffe et aucun fonctionnaire public ne pourrait contresigner ni de son nom, ni à la main. (Art. 3.)

Les griffes seraient fournies par l'administration des postes à raison d'une pour chaque administration et fonctionnaire public. (Art. 4.)

Nous remarquons dans l'article 14 que les employés et préposés des postes continueront à jouir de la franchise des lettres simples et que les fermiers des messageries jouiront également de la franchise de port des lettres qu'ils reçoivent par la poste.

L'état des franchises annexé à la loi comprenait :

L'Assemblée nationale,
La haute cour nationale,
Les ministres { de la Justice. / des Affaires étrangères. / de l'Intérieur. / de la Guerre. / de la Marine. / des Contributions publiques.
La trésorerie nationale.
La caisse de l'extraordinaire.
La direction générale de la liquidation.
La comptabilité.
La commission des assignats.
Le directoire des postes.
Les administrateurs de département dans l'étendue du département.
Les généraux d'armée.
Les commandants en chef des divisions militaires dans l'étendue de leur commandement.

### LOI DU 27 JUIN 1792. — TAXE DES LETTRES DESTINÉS AUX ARMÉES.

L'Assemblée nationale avait voté des décrets contre les émigrés qui avaient fait signer aux puissances la déclaration de Pilnitz, et contre les prêtres qui, en refusant de prêter serment à la Constitution, occasionnaient des troubles dans les provinces et notamment en Vendée et en Bretagne.

Le Roi refusa de sanctionner ces décrets. La guerre fut alors déclarée à l'Autriche et à la Prusse ; mais la cour est accusée d'entretenir de secrètes négociations avec l'ennemi et, le 20 juin, le peuple envahit les Tuileries et force le Roi à se coiffer du bonnet rouge.

Quelques jours après, le 23 juin, l'Assemblée nationales, se préoccupant des correspondances adressées aux militaires, vota un décret fixant ainsi qu'il suit la taxe de ces correspondances :

Les lettres adressées aux armées seront taxées conformément au tarif de 1791 jusqu'au dernier poste de la frontière, sans que la taxe puisse être augmentée pour le transport de la frontière aux armées, lorsqu'elles seront sur territoire étranger.

Ce décret, sanctionné par le Roi, devint la loi du 27 juin 1792.

LOI DU 19 SEPTEMBRE 1792 ÉTABLISSANT UN SERVICE DE COURRIERS COMPOSÉ DE CITOYENS ÉLUS DANS CHAQUE SECTION DE PARIS.

Le 25 juillet, le duc de Brunswick en envahissant la France lance son insolent manifeste.

La France y répond en déclarant la *patrie en danger* et en enfermant au temple Louis XVI, allié secret de l'ennemi. La fureur populaire augmente encore à la nouvelle de la prise de Verdun par les Prussiens et se traduit par les massacres de septembre.

L'Assemblée nationale, en présence de la gravité des circonstances, cherche à établir avec l'armée des communications exceptionnelles.

Considérant qu'il est utile et pressant de ne confier qu'à des mains sûres les dépêches importantes de l'Assemblée et des ministres et de multiplier et d'accélérer les moyens de correspondre entre les armées et les départements, elle ordonne, le 19 septembre 1792, l'établissement de courriers recrutés parmi des citoyens élus dans chaque section de Paris [1].

Ce fut là un des derniers actes de l'Assemblée législative qui, le lendemain, 20 septembre, cédait la place à la *Convention nationale*, le jour même où Dumouriez arrêtait l'invasion prussienne par la victoire de Valmy.

La Convention avait pour mission de donner une nouvelle constitution à la France, l'autre ne subsistant plus depuis l'emprisonnement du Roi.

1. Ce décret fut rapporté par un décret de la Convention en date du 3 octobre suivant.

# CONVENTION NATIONALE

(12 septembre 1792—26 octobre 1795).

Élection des directeurs et contrôleurs des postes : Protestation de Roland. — Première instruction générale sur le service des postes. — Attaques contre le service des postes par la section des Piques et par la commune de Paris. — Certificat de civisme. — Les commis des postes et les sections de Paris. — Tarif de la poste aux chevaux. — Réunion de la poste aux lettres, de la poste aux chevaux et des messageries. — Les postes et les messageries en régie nationale. — Nomination de neuf administrateurs des postes et messageries. — Levée en masse; sursis de 15 jours accordés aux agents des postes. — Les agents des postes et la garde nationale. — Incompatibilités. —Tarif des messageries nationales. — Nouveau tarif de la taxe des lettres. — Tarif des petites postes. — Administration générale des postes et messageries. — Nomination de douze administrateurs. — Tarifs de la poste aux lettres et de la poste aux chevaux. — Le Cabinet noir sous la Convention : Jullien de Paris et Carrier.— Philippe Égalité.— Correspondance entre l'administration des postes et Cambacérès, membre du Comité de Salut public.

DÉCRETS DE LA CONVENTION DU 26 SEPTEMBRE 1792 (L'AN Ier DE LA RÉPUBLIQUE), CONCERNANT LA NOMINATION PAR LE PEUPLE DES DIRECTEURS ET CONTRÔLEURS DES POSTES.

Dès sa première séance, la Convention abolit la royauté, proclama la République et de sa réunion fit dater une ère nouvelle. Le 21 septembre 1792 commença l'an Ier de la République.

Elle déclara le même jour que jusqu'à ce qu'il en eût été autrement ordonné, les lois non abrogées seraient exécutées, que les pouvoirs non révoqués ou non suspendus étaient provisoirement maintenus et que les contributions publiques existantes continueraient à être perçues et payées comme par le passé.

Quelques jours après, le 26 septembre, la Convention décrétait :

1° Que les directeurs et contrôleurs des postes seraient nommés par le peuple et qu'il serait incessamment procédé à cette nomination.

2° Que la nomination des directeurs et contrôleurs des postes serait faite provisoirement par les assemblées électorales de district, sous les cautionnements ordinaires et par le même mode que se faisaient les autres élections et que les directeurs et contrôleurs en fonctions étaient éligibles.

Ces décrets furent rendus sur la motion de Buzot, dans les circonstances suivantes :

Dès l'ouverture de la séance, l'un des secrétaires avait donné lecture d'une lettre relative à des abus introduits dans l'administration des postes [1].

1. Le *Moniteur officiel* du 27 septembre ne fait pas connaître la nature des faits reprochés.

Buzot prit alors la parole :

Il faut, dit-il, mander à la barre les administrateurs des postes pour répondre aux inculpations portées contre eux; mais il faut, en même temps, ordonner que les assemblées primaires, qui vont nommer leurs juges de paix, nomment aussi tous les directeurs des postes qui se trouvent dans leur arrondissement. Je dis les *assemblées primaires* et non les *assemblées électorales*, car c'est là, c'est dans les *assemblées primaires* que le peuple est véritablement le peuple.

Cette motion fut accueillie par des applaudissements et les décrets furent immédiatement votés.

PROTESTATION DU MINISTRE DE L'INTÉRIEUR ROLAND CONTRE L'ÉLECTION DES DIRECTEURS DES POSTES.

Dès le lendemain 27 septembre, le ministre de l'intérieur, Roland, ne craignit pas d'adresser au président de la Convention cette énergique protestation :

Je tiens autant que personne à mes principes, mais lorsque leur application peut produire de grands inconvénients dans une partie intéressante de l'administration, il est de mon devoir de les présenter.

Le premier et le plus redoutable est de rompre l'unité d'action si nécessaire et si précieuse dans un grand État. Quel sera le garant de l'exactitude et de la fidélité des directeurs envers des administrateurs qui n'ont plus sur eux aucune espèce d'ascendant et avec lesquels cependant ils doivent journellement correspondre pour la régularité du service?

Celui des postes, dans la plus petite des villes, est un chaînon de la chaîne immense à laquelle tiennent tous les mouvements et toutes les relations de la France. L'ensemble de cette administration est une mécanique savante et bien combinée dont les premiers rouages sont à Paris, dont le pivot doit être unique. Dès que vous établissez de l'indépendance entre les parties, vous détraquez la machine et vous ne pouvez plus combiner ses résultats. Il ne vous manque plus qu'à établir le même mode pour les perceptions des diverses contributions et vous aurez préparé contre vous-même par de telles opérations les républiques fédératives, et les postes ne sont-elles pas un genre de contributions?

..... Mais non seulement vous rompez l'unité d'administration, vous anéantissez encore pour les administrateurs toute espèce de responsabilité, car il serait absurde et illusoire de l'exiger lorsqu'on leur donne des agents qu'ils ne connaissent point; je n'insisterai pas sur la nécessité des connaissances qu'il faut avoir acquises pour remplir les fonctions relatives au service des postes; nécessité si bien sentie par les hommes sages qui sont à la tête de cette administration, qu'ils s'étaient fait une loi de ne porter aux places que les personnes qui avaient déjà plusieurs années d'expérience dans les places inférieures; on juge mal ce qu'on ne connaît pas et c'est, du moins, ce que devraient se dire des citoyens zélés avant de prononcer sur des objets qu'ils n'ont point encore médités.

Quant aux administrateurs même du directoire des postes dont je ne parle ici que secondairement parce que les personnes ne vont jamais à mes yeux qu'après les choses, je leur dois un témoignage éclatant et je le leur rends avec franchise, comme je le ferai avec énergie, même au milieu des clameurs élevées par l'erreur de la prévention. Il est impossible d'apporter aux fonctions dont ils sont chargés plus de zèle, d'activité et de lumières; le sujet même des reproches qu'on leur a fait dernièrement mérite des éloges; ils sont chargés de l'expédition sûre et prompte de tout ce qui leur est adressé; ils ne peuvent ni ne doivent porter atteinte à cette sûreté sans des ordres formels.

Toute espèce de violation du secret leur est défendue par le décret du 9 août 1790; ils doivent dénoncer les abus, vous prévenir de ce qu'ils aperçoivent de contraire au salut public; ils l'ont fait en plusieurs circonstances et c'est d'après eux-mêmes que je proposai dans les premiers moments de mon arrivée au ministère d'ouvrir toutes les lettres aux frontières, comme au seul lieu où l'on pût mieux le faire pour découvrir les trames qu'il nous importait de connaître, sans arrêter le service public dans ses diverses parties.

Ils doivent exercer la plus grande vigilance, ils l'ont fait; et il a fallu autant de courage que de zèle pour y suffire dans ces temps de défiance et d'agitation; assurément ils justifient chaque jour la confiance qui les a appelés dans le poste qu'ils occupent.

Je reviens au décret, je répète qu'il rompt l'unité du gouvernement dans cette partie intéressante, qu'il y porte le trouble et la désorganisation; j'ai dû le dire, je remplis mon devoir et je le fais sans hésiter.

Cette courageuse protestation, qui fait le plus grand honneur à son auteur, fut lue dans la séance de la Convention du 28 septembre.

La Convention ordonna la suspension de ses décrets et chargea son comité des finances de préparer un rapport sur cette question qui vint à l'ordre du jour du 8 octobre et donna lieu à la discussion suivante :

C'est ici le moment, dit Fermont, de fixer le mode du renouvellement des directeurs des postes. La plupart ont été nommés par la faveur, ils sont poursuivis partout par la défiance publique. Quant aux contrôleurs des postes, comme ils appartiennent chacun à plusieurs départements, on ne peut les faire nommer par les assemblées électorales. Je demande qu'ils soient provisoirement maintenus.

Le ministre de l'intérieur, répondit Lanjuinais, vous a déjà observé que ce que propose Fermont tiendrait à détruire la subordination des directeurs envers l'Administration centrale et par conséquent à affaiblir dans cette partie le principe de l'indivisibilité de la République.

Vergniaud intervint.

Je réponds à cette objection : les administrations de département et de district sont nommées par les corps électoraux, et cependant elles sont subordonnées au ministre; elles sont dans sa dépendance, parce qu'il a le droit de les destituer. On peut dire aussi que les directeurs des postes seront destituables par les administrateurs généraux.

La Convention rendit alors le décret suivant, concernant non seulement le renouvellement des directeurs des postes, mais encore celui des corps administratifs, judiciaires et municipaux :

DÉCRET DU 8 OCTOBRE 1792 SUR LE RENOUVELLEMENT DES CORPS ADMINISTRATIFS JUDICIAIRES ET MUNICIPAUX.

Il sera dans la forme et les délais ci-après fixés procédé au renouvellement de tous les corps administratifs, judiciaires et municipaux, ainsi que de leurs secrétaires et greffiers, des suppléants des juges, des juges de paix, assesseurs et greffiers.

Les directeurs des postes seront réélus par les assemblées électorales de districts; ils demeureront néanmoins subordonnés aux administrateurs généraux qui pourront même les suspendre à la charge d'en rendre compte sur-le-champ au pouvoir exécutif qui en référera à la Convention nationale.

Sont exceptés de la disposition ci-dessus ceux de ces corps ou fonctionnaires publics qui ont pu être renouvelés par les assemblées électorales, primaires et de communes depuis le 10 août dernier, lesquels renouvellements sont confirmés.

DÉCRET DU 19 OCTOBRE 1792 (L'AN I^er^ DE LA RÉPUBLIQUE) CONCERNANT LE MODE D'EXÉCUTION DU DÉCRET RELATIF AU RENOUVELLEMENT DES CORPS ADMINISTRATIFS ET JUDICIAIRES.

Le mode d'exécution de ce décret fut réglé par un nouveau décret dont l'article 14 spécifiait relativement aux directeurs des postes :

Les élus aux directions des postes n'entreront en fonctions qu'après avoir fait passer aux administrateurs des postes le procès-verbal de leur élection et fourni le cautionnement qu'il est d'usage d'exiger de ces employés.

PREMIÈRE INSTRUCTION GÉNÉRALE SUR LE SERVICE DES POSTES (26 OCTOBRE 1792).

Le 26 octobre 1792 parut la première instruction sur le service des postes.

Une analyse rapide de ce document qui présente un haut intérêt historique va nous permettre de nous rendre compte de l'état de l'organisation postale à cette époque.

L'Instruction générale était précédée d'une sorte d'introduction intitulée : *Idée générale sur le service des postes*, et dont nous citerons les passages suivants :

De toutes les parties d'administration publique, il n'en est pas de plus propre sans doute que le service des postes, à mériter l'intérêt et à exciter l'émulation de tout bon citoyen appelé à en partager les fonctions.

C'est cet établissement qui donne la vie au commerce et qui en entretient l'activité; c'est par lui que se soutiennent toutes les relations civiles, morales et politiques.....

Enfin c'est à la France que l'Europe, que l'Univers entier doit l'invention de ce même établissement. De quel zèle ne doit pas être animé tout citoyen français chargé de son exécution, et qui peut concourir à en augmenter les avantages, en travaillant à le perfectionner?

Il est nécessaire que chaque directeur, jaloux de bien remplir ses fonctions, se pénètre de l'utilité et de l'importance de ce régime, unique en son genre, qui n'existe que par la confiance, et qui ne souffre même pas le soupçon. C'est sur ces rapports d'utilité et de confiance que doit être réglée la conduite de ceux à qui la société remet le secret de ses pensées, son honneur et sa fortune.

Le premier devoir d'un employé des postes est donc de se concilier la confiance générale par son civisme, par la régularité de ses mœurs, sa discrétion et sa sévère exactitude dans toutes les parties de son service; enfin, par sa modération, son honnêteté envers tous ses concitoyens et sa constante fermeté à s'opposer à tout ce qui pourrait tendre à trahir les secrets dont il est le dépositaire.

Venait ensuite l'énumération des lois principales concernant le service des postes.

*Inviolabilité des correspondances.* — Les décrets des 5 décembre 1789 et 10 août 1790 et la loi du 20 juillet 1791 avaient déclaré que le secret des lettres devait être constamment respecté. La violation du secret des lettres était punie par le Code pénal.

*Serment civique.* — La loi des 14 et 15 août 1792 avait ordonné que tous les fonctionnaires publics et les agents des administrations publiques prêteraient, en présence des municipalités de leur résidence, le serment « d'être fidèles à la nation, de maintenir l'égalité et la liberté, ou de mourir en les défendant ».

*Serment professionnel.* — En vertu de la loi du 29 août 1790 (art. 2), les administrateurs et les employés des postes devaient prêter serment de « garder et observer fidèlement la foi due au secret des lettres et de dénoncer aux tribunaux toutes les contraventions qui pourraient avoir lieu et qui parviendraient à leur connaissance ».

*Directoire des postes.* — L'article 5 de la même loi avait confié l'administration du service des postes à un directoire composé d'un président et de quatre administrateurs.

*Prix du transport des lettres, paquets, or et argent.* — Le prix et les conditions d'envoi de ces différents objets avaient été réglés pour la loi du 22 août 1791. En exécution de cette loi, chaque directeur français devait recevoir prochainement un tarif particulier à l'usage de son bureau.

*Attributions.* — La loi du 29 août 1790 portait dans l'article 1er du titre des attributions, que ni les assemblées et directoires de département et de district, ni les municipalités, non plus que les tribunaux, ne pourraient ordonner aucun changement dans le travail, la marche et l'organisation du service des postes aux lettres et que les demandes et les plaintes relatives à ce service seraient adressées au pouvoir exécutif.

L'article 3 du même titre prescrivait que les contestations qui s'élèveraient à l'occasion de l'exécution des décrets de tarif de perception et des recouvrements, seraient portées devant les juges ordinaires des lieux.

*Marche et organisation des courriers.* — La marche et l'organisation des courriers étaient réglées par la loi du 6 septembre 1791.

*Contreseing et franchise.* — Le droit de contreseing et de franchise était réglé par les lois du 12 octobre 1789, 14 octobre 1791, 6 juin et 3 septembre 1792.

*Lettres tombées en rebut.* — La loi du 19 octobre 1790 avait provisoirement déterminé les époques auxquelles les rebuts devraient être ouverts et brûlés et les conditions dans lesquelles cette opération devrait être effectuée.

*Élection des directeurs des postes.* — Aux termes de la loi du 19 octobre 1792, les directeurs des postes devaient être nommés à l'élection et pouvaient être choisis parmi tous les citoyens et fils de citoyens âgés de 25 ans accomplis, domiciliés depuis un an et n'étant pas en état de mendicité ou de domesticité.

Telles étaient les principales lois rendues sur le service des postes depuis 1789.

D'après l'article 4 de la loi du 29 août 1790, les anciens règlements et usages non abrogés devaient continuer à être suivis.

Le directoire des postes, pour mettre ces anciens règlements en harmonie avec les principes *actuels*, avait soumis un travail d'ensemble à l'Assemblée législative et demandé le vote de lois additionnelles, mais il croyait devoir, sans attendre plus longtemps, adresser l'Instruction générale à tous les directeurs.

La *législation* était suivie d'observations préliminaires sur la composition des directions, la situation et la distribution des bureaux, etc.

A la tête de chaque département était placé un inspecteur (ci-devant contrôleur provincial) chargé de la surveillance générale du service et de l'exécution des règlements et instructions dans les divers bureaux.

Les bureaux de poste étaient confiés à des directeurs.

Les directions étaient, comme aujourd'hui, *simples* ou *composées*.

Les premières étaient gérées par un directeur seul.

Dans les villes importantes, le directeur était assisté d'un contrôleur et de commis.

L'Instruction générale qui concernait aussi bien les directions simples que les directions composées, sauf certaines dispositions spéciales à ces dernières, était divisée en trois sections dont l'objet était ainsi défini :

La première a pour objet de conduire le directeur, en quelque sorte, pas à pas dans ses fonctions, depuis l'instant où il ouvre sa boîte pour en retirer les lettres jusqu'à celui où il remet ses dépêches au courrier.

La seconde le dirige dans toutes les opérations subséquentes à la réception des dépêches des mains des courriers.

La troisième traite de la comptabilité, du versement des fonds à la caisse, des contre-seings et franchises, de la surveillance des courriers et de la correspondance.

Enfin un chapitre spécial renfermait les instructions concernant uniquement les bureaux composés.

## Section I.

DES OPÉRATIONS CONCERNANT L'EXPÉDITION DES LETTRES, PAQUETS, ARTICLES D'ARGENT, JOURNAUX ET AUTRES OBJETS CONFIÉS AU SERVICE DES POSTES.

Sauf les exceptions nécessitées par le passage des courriers, les heures d'ouverture des bureaux étaient ainsi fixées : en été, de 7 heures du matin à midi et de 3 heures à 8 heures du soir; en hiver, de 8 heures du matin à midi et de 3 heures à 7 heures. (Art. 1.)

L'article 2 interdisait aux directeurs de recevoir aucune lettre à la main, sauf pour les affranchir ou les charger, ni de donner aucun certificat constatant qu'une lettre même jetée à la boîte en sa présence, était passée dans le service.

L'article 3 contenait des instructions sur le timbre, le tri, l'application des taxes, l'usage des poids et des balances.

En vertu de l'article 4, les directeurs ne devaient taxer que les lettres destinées aux bureaux avec lesquels ils correspondaient directement, sans intermédiaire. Il appartenait au bureau qui envoyait directement les lettres à destination, de les taxer et d'en faire figurer le montant dans le compte de ses dépêches.

On comprend le retard qui devait résulter de l'obligation où se trouvaient les directeurs des bureaux intermédiaires, de vérifier et de trier les lettres en passe pendant le temps nécessairement restreint du stationnement des courriers.

Dans les localités dépourvues d'une petite poste, les lettres originaires de ces localités et à distribuer dans l'arrondissement postal du bureau, n'étaient remises que s'il avait été payé d'avance un droit d'entrepôt de 2 sols par lettre au-dessous d'une once et de 3 sols l'once des paquets. Dans le cas contraire, les lettres étaient versées en rebut. (Art. 7.)

L'article 9 était relatif aux formalités à remplir pour les envois d'argent ou d'assignats à découvert et rappelait que la loi du 22 août 1791 avait fixé à 5 pour 100 le droit à percevoir.

L'article 10 rappelait également les prescriptions des articles 20 et 21 de la loi du 22 août 1791 relatifs aux envois de lettres et paquets chargés (double port payable d'avance) et celles des lois des 3 septembre 1792 et 22 août 1791 concernant les franchises et contreseings.

Les autres articles de la 1re section traitaient de la dernière levée de boite avant le départ de chaque courrier, de la composition, de la formation et de la fermeture des dépêches, des feuilles d'avis et enfin des *parts* des courriers.

## Section II

TRAITANT DES OPÉRATIONS CONCERNANT LA RÉCEPTION DES DÉPÊCHES, DISTRIBUTION OU REMISE DE LEUR CONTENU ET DU RENVOI DES OBJETS RESTÉS EN SOUFFRANCE.

Les 23 premiers articles de cette section traçaient aux directeurs la ligne de conduite qu'ils avaient à tenir au moment de la réception des dépêches, en cas de manque, d'erreur ou d'altération de dépêche. Ils traitaient aussi des bons trouvés, des moins trouvés, de la tenue des registres, du paiement des articles d'argent, de la délivrance des lettres et paquets chargés, des lettres adressées à des faillis, à des prisonniers, à des femmes, à des mineurs, à des homonymes, à des militaires, à des personnes inconnues ou décédées, des correspondances *poste restante,* des oppositions en paiement d'articles d'argent, de la distribution, des déboursés, des lettres ou paquets mal dirigés, des rebuts, des articles d'argent non acquittés.

L'article 24 était relatif aux bureaux de distribution dont le rôle était ainsi défini :

> L'établissement des bureaux de distribution a pour objet de faciliter la circulation des lettres dans l'arrondissement et sous l'inspection des bureaux de poste dont ils relèvent.
>
> Les fonctions des préposés aux bureaux de distribution se bornent à recevoir les lettres et paquets ordinaires des lieux et pour les lieux où ils sont établis, ainsi que les lettres et paquets des bourgs ou villages voisins, auxquels il peut être utile de se servir desdits bureaux de distribution.
>
> Les commis distributeurs rendent compte du produit des lettres qu'ils distribuent aux directeurs des bureaux de poste dans l'arrondissement desquels ils sont situés et ces directeurs en sont seuls responsables envers le directoire comme s'ils les avaient distribuées eux-mêmes ; c'est à eux de prendre avec ces commis telle sûreté qu'ils jugent à propos, pour la recette qu'ils leur confient.

Enfin l'article 25 était consacré aux entrepôts de dépêches.

### Section III.

La 3e section traitait de la comptabilité, du versement des fonds à la caisse, des franchises et du contreseing, de la surveillance des courriers et de la correspondance.

Une instruction supplémentaire visait uniquement les directions composées dont l'organisation intérieure était ainsi définie :

On a vu que les directions composées sont celles où, indépendamment du directeur, la multiplicité des opérations a obligé le directoire des postes de placer un contrôleur soit seul, soit avec un ou plusieurs commis, ou seulement des commis sans contrôleur.

Dans ces directions, comme dans les autres, le directeur est le chef et le contrôleur est le surveillant de toutes les parties du service.

Les autres employés, quels qu'ils soient, leur sont subordonnés, selon la ligne de démarcation qui va distinguer ces deux principaux agents, qui sont les seuls représentants du directoire dans les bureaux confiés à leur direction et surveillance.

Le directeur était responsable de l'ensemble du service. Il devait, en cette qualité, ordonner et diriger tous les moyens d'exécution, il répartissait le travail entre tous les agents du bureau, le contrôleur excepté, mais à la condition de ne rien ordonner qui pût empêcher ce dernier d'exercer sa surveillance.

Le contrôleur n'était donc nullement subordonné au directeur ; ses devoirs de surveillance étaient ainsi tracés :

Cette surveillance a deux objets : l'un consiste à prévenir ou à réparer les erreurs qui pourraient se commettre au préjudice des citoyens ou à celui du trésor public, à rechercher, découvrir et faire connaître au directoire les abus, négligences et infidélités tant des agents que du directeur lui-même.

Il devait également prendre part aux différents travaux intérieurs tels que le tri, la taxation, la fermeture des dépêches, les travaux préparatoires à la distribution, etc.

L'Instruction générale prescrivait, en outre, aux directeurs et aux contrôleurs de se concerter pour établir un règlement intérieur du bureau.

Telles étaient dans leur ensemble les attributions respectives des directeurs et des contrôleurs.

On conçoit aisément à quelles difficultés devait donner lieu l'exercice de ces deux autorités parallèles. Il en résultait des conflits fréquents préjudiciables à la bonne exécution du service.

Au-dessous venaient les commis dont les devoirs étaient nettement définis. On exigeait d'eux une conduite et une probité irréprochables.

L'Instruction générale disait à cet égard :

Le premier devoir du directoire étant de ne pas exposer le dépôt dont il a juré l'inviolabilité, il prévient les commis qu'il ne conservera au service des postes aucun de ceux qui se rendraient suspects par leur incivisme ou par une conduite irrégulière. Ainsi une mauvaise réputation, sous quelque rapport que ce puisse être, sera pour lui un motif suffisant pour prononcer la révocation d'un employé; mais il se fera toujours un devoir de distinguer et d'avancer tous ceux qui l'auront mérité, tant par leur subordination envers leurs chefs, que par leur zèle et leur exactitude à remplir les devoirs que leur état et la société leur imposent.

Enfin, toute latitude était laissée aux directeurs pour le choix et le remplacement des « garçons de bureau ».

La première Instruction générale était, comme on le voit, un code complet, établi avec méthode et clarté ; aucun détail n'y était omis et les nouveaux directeurs qui allaient être nommés à l'élection, comme l'avait voulu la Convention par une faute regrettable, devaient y trouver de grandes facilités pour se familiariser avec un service auquel la plupart d'entre eux étaient étrangers.

L'erreur de la Convention était d'autant moins excusable que, comme l'avait fait remarquer avec juste raison le ministre de l'intérieur, une grande responsabilité pesait sur les agents de l'administration dans ces temps de défiance et d'agitation.

Le directoire des postes eut l'occasion d'en faire l'expérience quelques mois plus tard.

PLAINTES DE L'ASSEMBLÉE DE LA SECTION DES PIQUES CONTRE LE SERVICE DES POSTES (5 JANVIER 1793). — MÉMOIRE EN RÉPONSE (8 JANVIER 1793).

Sur la déclaration de quelques citoyens, l'assemblée de la section des Piques rendit le 5 janvier 1793 un arrêté signalant que des lettres étaient parvenues décachetées et que d'autres étaient restées sans réponse ou n'étaient pas parvenues à destination.

Le directoire des postes répondit par un mémoire du 8 janvier, dans lequel il repoussait énergiquement ces accusations.

Les administrateurs rappelaient à cette occasion qu'on était allé jusqu'à imputer au *directoire* la non-réception de journaux que les commis des éditeurs avaient négligé d'expédier et même jusqu'à le taxer de malveillance pour les journaux patriotes.

C'est à lui, disaient les administrateurs, c'est à ses coopérateurs que l'on impute également les effets de toutes les erreurs qui se commettent sur les adresses des lettres, tandis qu'il reçoit journellement une quantité prodigieuse de lettres qui, par défaut total d'adresses ou par vice de suscription, restent en rebut, malgré les soins continuels de plusieurs agents uniquement occupés de chercher les moyens de faire parvenir ces lettres à leurs destinations. On peut évaluer le nombre des rebuts à 30 000 *lettres par mois*, y compris celles refusées par certains particuliers ou par les corps administratifs et officiers publics, soit à défaut d'affranchissement pour les unes, soit parce que les autres n'ont pas été adressées dans les formes prescrites pour leur donner la franchise. Paris seul en donne plus de 10 000 par mois.

Est-il une seule des personnes qui les ont écrites qui ne se croie fondée à se plaindre du service des postes et qui ne s'en plaigne, en effet, selon le plus ou moins d'intérêt qu'elle attache à sa lettre? A force de soins et de recherches l'on parvient cependant à faire arriver quelques-unes de ces lettres à leur destination ou à les rendre à ceux qui les ont écrites; mais celui qui les reçoit ne rencontre plus les témoins de ses plaintes et de ses soupçons et les impressions défavorables que ces mêmes plaintes ont produites s'accroissent tous les jours par de semblables plaintes souvent aussi mal fondées.

Nous citerons encore le passage suivant du même mémoire, relatif à la saisie arbitraire des correspondances par les municipalités :

Enfin l'on ignore généralement, et c'est à regret que le directoire se trouve obligé de le dire, que depuis longtemps et notamment depuis six mois, les dépêches et les lettres sont ouvertes par les corps administratifs et municipaux, que, par conséquent, la distribution des lettres et des journaux est subordonnée à l'opinion de ces corps, ou des individus qu'ils chargent d'ouvrir et d'inspecter les dépêches. Le directoire a rempli son devoir en rendant compte de toutes ces entreprises au ministre, conformément à la loi. Il est en état de prouver aussi par des procès-verbaux certifiés de différents corps le nombre des lettres totalement séquestrées par eux; mais rien ne peut constater le nombre de celles qui ont été rendues après avoir été décachetées; rien ne peut non plus constater le nombre de journaux non rendus. Et ce sont les agents des postes que l'on rend responsables de tous les événements qui arrêtent ou retardent le cours des correspondances ou des journaux !

On voit par là que, sous la Convention, on était loin d'appliquer les maximes affirmées par la Législative et par la Constituante, en matière d'inviolabilité du secret des correspondances. Le régime de la Terreur approchait !

### RÉPONSE AUX ACCUSATIONS PORTÉES CONTRE LE DIRECTOIRE DES POSTES PAR LA COMMUNE DE PARIS (2 FÉVRIER 1793).

Les graves accusations portées par la section des Piques n'étaient pas isolées. Elles furent reproduites avec plus de force encore quelques jours après, dans un arrêté de la Commune de Paris invitant les 48 sections de Paris « à délibérer sur l'infidélité qui règne dans le départ et l'arrivée des paquets, de manière qu'il n'arrive rien dans les départements qui puisse éclairer sur la conduite des habitants de Paris, et que les frontières se plaignent de ne rien recevoir de leurs parents et amis ».

Par une lettre datée du 2 février 1793 (l'an II de la République) et insérée au *Moniteur universel* du jeudi 7 février (page 175), le ministre des contributions publiques répondit au corps municipal de la Commune de Paris « que le conseil exécutif provisoire avait déjà été informé qu'il régnait dans la plupart des directions des postes aux lettres des désordres qui retardaient et dérangeaient le service public, mais que les causes de ces désordres tenant principalement à l'état des esprits, on ne pourrait en attendre le remède que de la manifestation de ces causes à mesure qu'elles pourraient être constatées par le calme de l'impartialité, seul moyen de ne pas corriger un abus par un autre également insupportable ».

Le ministre ajoutait que les membres du directoire mandés devant le conseil exécutif avaient répondu :

1° Que des plaintes semblables à celles du conseil lui avaient été directement adressées par la section des Piques, en conséquence d'un arrêté pris par ladite section le 5 janvier;

2° Qu'il avait répondu à ces plaintes;

3° Que par un nouvel arrêté de la même section, pris le 9 du même mois, elle s'était déclarée satisfaite des explications données par le directoire; que pour prouver que ses doutes sur la conduite des administrateurs étaient détruits et qu'il avait regagné son estime, elle avait arrêté que la nomination de commissaires n'aurait pas lieu et qu'extrait du procès-verbal lui serait envoyé;

4° Que le directoire jaloux de se justifier aux yeux de tous ses concitoyens, avait envoyé à chaque section de Paris deux exemplaires de la réponse à la section des Piques, en les invitant aussi à nommer des commissaires à l'effet de prendre connaissance des différentes parties du service et de conférer avec les administrateurs;

5° Qu'aucune des sections de Paris n'avait adopté cette mesure et n'avait porté aucune plainte contre l'administration;

6° Que par conséquent il était fondé à croire que les sections de Paris étaient satisfaites des explications, comme l'avait été la section des Piques.

Le ministre joignait à sa réponse quelques exemplaires du mémoire déjà envoyé à cette section et il terminait par les considérations suivantes :

Enfin le conseil exécutif a fait aux membres du directoire les questions les plus précises ; tous ont répondu que jamais ils ne s'étaient permis et ne se permettraient jamais d'intercepter aucune correspondance ou journaux ; en sorte que, pour les trouver coupables, il faudrait désigner la correspondance qui a été interceptée, le lieu de son départ, celui de l'adresse et savoir si elle était ou non affranchie.

Ces désignations nécessaires manquant absolument, le conseil exécutif pense que le zèle du conseil général l'a emporté trop loin et que les considérations présentées par le directoire doivent calmer ses inquiétudes.

C'est un grand malheur, citoyens, que les accusations les plus graves soient toujours les moins prouvées. Le conseil, témoin des divisions qui en résultent dans un temps où la concorde ne fut jamais plus nécessaire, ne peut que vous recommander sur ce point, comme sur tout autre, le soin de la chose publique en tout ce qui dépend de vous et du conseil général.

Les accusations inconsidérées des membres de la Commune de Paris n'étaient donc pas plus fondées que celles de la section des Piques.

Ces deux exemples suffisent à montrer au milieu de quelles difficultés le directoire des postes faisait exécuter l'important service qui lui était confié !

DÉCRET DU 5 FÉVRIER 1793. — CERTIFICAT DE CIVISME EXIGÉ DES FONCTIONNAIRES.

Un décret rendu par la Convention le 5 février 1793 exigea un certificat de civisme de tous les receveurs de districts, fonctionnaires publics non élus par le peuple et employés payés des deniers de la République.

DÉCRET DU 8 MARS 1793. — CAUTIONNEMENT DES DIRECTEURS DES POSTES.

Le 8 mars 1793, la Convention rendit un décret aux termes duquel les directeurs des postes seraient astreints à fournir, un mois après leur élection, un cautionnement en bien-fonds; ce cautionnement devait être de la valeur du cinquième du produit net de l'année commune des recettes de chaque direction.

DÉCRET DU 9 MARS 1793 AUTORISANT LES COMMIS DES POSTES A NE SE RENDRE A LEURS SECTIONS QU'APRÈS AVOIR REMPLI LEURS FONCTIONS.

Comme tous les citoyens, les commis des postes étaient tenus de se rendre à leurs sections, sous peine d'être accusés *d'incivisme*.

La Convention reconnut et constata par le décret suivant, rendu le 9 mars, l'intérêt qu'il y avait à ne pas entraver l'exécution du service des postes :

La Convention nationale, informée que les commis des postes se sont rendus à leurs sections, considérant qu'il importe à la tranquillité publique que le départ des courriers ne soit pas interrompu,

Décrète que les employés aux bureaux des postes se rendront à l'instant à leurs fonctions, sauf à retourner à leurs sections lorsqu'ils les auront remplies.

DÉCRET DU 29 MARS 1793 FIXANT LE PRIX DES CHEVAUX DE POSTE.

Dans la séance du 29 mars, la Convention rendit, sur la proposition de Lebreton, rapporteur du comité des finances, un décret fixant le prix des chevaux de poste, à compter du 1er avril suivant, et à raison de 40 sous par cheval et par poste et de 15 sous de guide pour le postillon.

Le prix à payer par les courriers des malles restait fixé à 30 sous par cheval et par poste et à 15 sous de guide.

L'article 2 du même décret ordonnait qu'en cas d'abandon du service par quelques maîtres de poste, il serait pourvu à leurs frais à leur remplacement.

C'était là une mesure d'intérêt général commandée par les circonstances.

### DÉCRET DU 7 AVRIL 1793 RETIRANT LA FRANCHISE AUX AGENTS DES POSTES.

Un décret du 7 avril ordonna que nul commis ou employé dans les bureaux de l'administration ou des directeurs des postes ne pourrait, sous aucun prétexte, jouir d'aucune franchise de port de lettres et paquets.

### DÉCRET DU 7 AVRIL ACCORDANT LA FRANCHISE DU PORT DES LETTRES A L'ACCUSATEUR PUBLIC DU TRIBUNAL RÉVOLUTIONNAIRE.

Par un autre décret du même jour, le bénéfice de la franchise du port des lettres et paquets fut attribué à l'accusateur public du tribunal criminel extraordinaire et révolutionnaire.

### DÉCRET DU 9 AVRIL 1793 RÉUNISSANT SOUS UNE SEULE ADMINISTRATION, LA POSTE AUX LETTRES, LA POSTE AUX CHEVAUX ET LES MESSAGERIES.

Au mois de mars 1791, le bail des messageries, coches et voitures d'eau avait été adjugé à Jean-François de Queux pour une période de six ans neuf mois commençant le 1er avril suivant.

Ce bail fut résilié à partir du 1er mai 1793 en vertu d'un décret rendu le 9 avril de la même année.

L'article 5 du décret ordonna que la poste aux lettres, les messageries et la poste aux chevaux seraient, à compter du 1er mai, réunies sous une seule et même administration spécialement chargée de la surveillance et du maintien de l'exécution des trois services.

L'article 6 prescrivait que la poste aux lettres et les messageries seraient exploitées en régie et que le service de la poste aux chevaux serait fait en vertu d'adjudications à l'enchère ou au rabais.

Ces trois services devaient être exécutés exclusivement par les agents et les préposés de la nation.

Le comité des finances était invité par l'article 8, à présenter dans le plus bref délai un plan d'organisation sur le régime et l'administration de ces trois services.

DÉCRET DU 9 MAI 1793 RELATIF AUX LETTRES CHARGÉES OU NON CHARGÉES DANS LES BUREAUX DE POSTE, A L'ADRESSE DES PERSONNES PORTÉES SUR LA LISTE DES ÉMIGRÉS.

L'exécution de Louis XVI (21 janvier) avait été le signal d'une guerre générale. L'Europe entière s'était levée et avait formé contre la France la première coalition. En même temps, la guerre civile avait éclaté en Vendée et à Lyon.

Sur la motion de Danton, la Convention avait institué le tribunal révolutionnaire, chargé de poursuivre les conspirateurs et les traîtres, et organisé le comité de Salut public, qui, concentrant tous les pouvoirs dans ses mains, avait levé quatorze armées et donné une impulsion irrésistible à la défense nationale.

La patrie avait été déclarée en danger.

Une situation exceptionnelle appelait des mesures exceptionnelles.

C'est ainsi que la Convention, sur le rapport de Poulain, membre du comité des finances, vota le 9 mai 1793, le décret suivant relatif aux lettres chargées ou non chargées, adressées à des personnes portées sur la liste des émigrés.

La Convention nationale, sur la proposition d'un membre, décrète ce qui suit :

ARTICLE PREMIER. — Dans tous les lieux où il existe des bureaux de poste, deux officiers municipaux ou deux membres du conseil général de la commune, nommés à cet effet par le conseil, se transporteront chez le directeur et vérifieront s'il n'existe point de lettres chargées ou non chargées à l'adresse des personnes portées sur la liste des émigrés.

ART. 2. — Ces commissaires dresseront procès-verbal du nombre de ces lettres et des noms des personnes émigrées auxquelles elles seront adressées; ils en donneront décharge au directeur, au bas d'un double du procès-verbal qu'ils lui délivreront sur-le-champ.

ART. 3. — Il sera de suite procédé, en l'hôtel commun, à l'ouverture de toutes les lettres et paquets, en présence du conseil général de la commune; il en sera dressé procès-verbal, ainsi que de ce qu'ils pourraient contenir de relatif au salut de la République et des objets de valeur réelle qu'ils pourraient renfermer.

ART. 4. — Les objets de valeur réelle en assignats seront aussitôt versés entre les mains du receveur de la régie des domaines de la République le plus voisin du bureau, lequel sera tenu d'en donner sa reconnaissance au bas du procès-verbal.

ART. 5. — Les effets à ordre et tous autres actes et titres de propriétés mobilières et immobilières seront déposés aux archives du district, avec expéditions doubles de tous les procès-verbaux et reçus; l'un des doubles demeurera aux archives du district et l'autre sera envoyé par l'administration du district à celle du département.

ART. 6. — Les effets à ordre ou autres actes portant sommes au profit des personnes émigrées seront acquittés à la diligence du procureur syndic du district, et le montant en provenant sera versé entre les mains du receveur de la régie; le tout conformément aux lois ci-devant rendues et relatives à la régie des biens et revenus des émigrés.

Les lettres des émigrés étaient transmises au comité de sûreté générale, comme le prouve le passage suivant du discours prononcé par Billaud-Varennes dans la séance de la Convention du 15 juillet, au sujet des 32 membres décrétés d'arrestation dans la journée du 2 juin[1] :

Buzot, Barbaroux, Gorsas et Louvet sont en révolte ouverte avec le traître Wimpfen et les administrateurs non moins coupables des départements de l'Eure, du Calvados et d'Ille-et-Vilaine; Lidon et Chambon étaient dans la même conspiration. Enfin Brissot se rendait à Lyon, et de là vraisemblablement dans les départements coalisés du Midi. Il est même attesté que ces factieux avaient partout de telles intelligences contre-révolutionnaires que, pendant une résidence de quelques jours à Moulins, Brissot a presque réussi à y réaliser la guerre civile.

Vous faut-il des preuves antérieures au moment où cette trame a éclaté ? Mais relisez cette lettre de Salles, que lui-même a rendue publique.....

Voulez-vous des preuves écrites ? Eh bien, demandez au comité de sûreté générale, *des lettres interceptées qui étaient à l'adresse de quelques émigrés, et que les dignes Libon et Chambon leur faisaient passer sous le couvert même de la Convention nationale* ; et tant de complaisance et tant d'intimité décèlent assez la part qu'avaient ces deux meneurs du côté droit dans les machinations des alliés, de Cobourg, de Brunswick et des vils esclaves d'Artois.

Rappelez-vous ces lettres trouvées parmi les papiers de Roland et dont ce qui nous reste indique ce qui nous manque. Dans une lettre de Barbaroux à la femme du *vertueux*[2], vous avez dû lire que lui, Barbaroux, s'était rendu le 28 décembre dernier avec Buzot et Salles au club des Marseillais, que jamais Buzot n'avait parlé avec plus d'éloquence ; qu'il s'était attaché tous les cœurs et qu'il pouvait dire : « J'ai un bataillon d'amis. » Et à quoi était destiné ce bataillon d'amis ?....

## DÉCRETS DES 23, 24 JUILLET 1793 PORTANT ORGANISATION DES POSTES ET MESSAGERIES EN RÉGIE NATIONALE.

En exécution du décret du 9 avril précédent, qui avait ordonné la réunion, sous une même administration, des services de la poste aux lettres, des messageries et de la poste aux chevaux, la Convention rendit les 23 et 24 juillet, sur le rapport de ses comités des finances, du commerce et de l'agriculture, un décret portant organisation des postes et messageries en régie nationale.

Ce décret comprenait 82 articles.

Le titre Ier intitulé *Dispositions générales* ordonnait :

1° L'établissement partout où besoin serait, de bureaux pour le dépôt et la distribution des dépêches, l'enregistrement des voyageurs, le chargement et la remise des sommes et valeurs des paquets, ballots et marchandises ;

2° La constitution d'une nouvelle administration des postes et messageries, com-

1. Voir le *Moniteur universel* du 27 juillet 1793, p. 886.
2. C'est ainsi qu'on désignait Roland.

posée de neuf administrateurs élus par la Convention nationale, sur la présentation du conseil exécutif et renouvelables tous les trois ans.

Le titre II était relatif au service et au régime intérieur de la poste aux lettres.

Nous nous bornerons à mentionner ici les dispositions principales qui faisaient l'objet de ce chapitre.

Le service du transport des lettres et dépêches devait être exécuté par des voitures spéciales, construites à cet effet et qui seraient de deux sortes :

Voitures à quatre roues pouvant transporter à la fois les dépêches, le courrier et quatre voyageurs : elles seraient nommées *grandes malles-poste*.

Voitures à deux roues, dites petites malles-poste, à établir sur les communications moins importantes et disposées de manière à contenir, indépendamment des dépêches et des courriers, un, deux ou trois voyageurs.

Les malles-poste devaient faire au moins deux lieues par heure.

Venait ensuite le tarif qui reproduisait à peu près les dispositions du tarif annexé au décret du 17 août 1791, c'est-à-dire établissement de la taxe d'après un point central dans chaque département, taxe unique pour tous les bureaux d'un même département.

La lettre avec enveloppe ne pesant pas plus d'un quart d'once était taxée un sou de plus que la lettre simple.

Toute lettre ou paquet pesant plus d'un quart d'once et moins d'une demi-once devait payer une fois et demie le port de la lettre simple :

Demi-once et moins de 3/4 d'once, taxe double de celle de la lettre simple; 3/4 d'once et moins d'une once, trois fois le prix de la lettre simple;

Une once et au-dessous de 5/4 d'once, quatre fois le port de la lettre simple, et ainsi de suite par progression de quart d'once.

Les échantillons de marchandises placés sous bande étaient taxées au tiers du tarif ordinaire.

La taxe des journaux et feuilles périodiques était ainsi fixée :

| | | |
|---|---|---|
| Pour ceux paraissant tous les jours. . | 8 deniers | par feuille d'impression. |
| Pour les autres. . . . . . . . . . . . . | 12 — | — — |

avec réduction de moitié pour ceux qui n'avaient qu'une demi-feuille.

Les suppléments étaient taxés à proportion.

Taxe des livres brochés expédiés sous bande : un sou la feuille.

Les lettres et paquets chargés payaient double port.

Les lettres et paquets à destination des Colonies françaises devaient être affranchis jusqu'au port d'embarquement à raison de 2 sous en sus du tarif ordinaire.

L'article 36 autorisait le conseil exécutif à entamer des négociations avec les offices des postes étrangères pour l'entretien et le renouvellement des différents traités existants.

Nous croyons devoir reproduire les deux articles suivants relatifs aux chargements et à la limite de responsabilité de l'administration :

ART. 37. — Toutes sommes et valeurs en assignats, en or et en argent monnayés ou non, seront désormais chargés à vue : la régie sera responsable de la totalité de la somme ou valeur chargée et non de celles qui ne l'auront pas été.

ART. 38. — A l'égard des paquets chargés, s'ils ne sont pas remis à leurs adresses dans le mois de la réclamation, la régie, sauf son recours, s'il y a lieu, contre les agents trouvés en faute, sera tenue de payer une somme de cinquante livres à la partie réclamante ; cette indemnité sera réduite de moitié si le paquet se retrouve ensuite.

Les titres III et IV étaient relatifs, le premier au service des messageries, le second à celui de la poste aux chevaux.

### DÉCRET DU 26 JUILLET 1793. — ADOPTION DU TÉLÉGRAPHE CHAPPE.

Ce fut deux jours après, le 26 juillet, que la Convention, sur un remarquable rapport de Lakanal, rendit le décret suivant au sujet de l'invention du télégraphe de Claude Chappe :

La Convention nationale accorde au citoyen Chappe le titre d'ingénieur *thélégraphe*, aux appointements de lieutenant du génie;

Charge son comité du Salut public d'examiner quelles sont les lignes de correspondance qu'il importe à la République d'établir dans les circonstances suivantes...

### DÉCRETS DES 6 ET 10 SEPTEMBRE 1793. — ADMINISTRATEURS DES POSTES ET MESSAGERIES : LEGENDRE, DRAMARD, CATHERINE-SAINT-GEORGES, MOURET, CABOCHE DIT D'ETILLY, FORTIN, BOUDIN, BUTTEAU ET ROUVIÈRE.

Par décrets des 6 et 10 septembre, la Convention nomma aux fonctions d'administrateurs des postes et messageries les citoyens désignés ci-après :

Jean-Baptiste-Emmanuel LEGENDRE, Jean DRAMARD, Georges CATHERINE-SAINT-GEORGES, Alexandre MOURET, Nicolas-François-Marie CABOCHE dit d'Étilly, Claude-Edme FORTIN, Lazare-Nicolas BOUDIN, François-Marie BUTTEAU l'aîné, et André-François-Claude ROUVIÈRE.

Les nouveaux administrateurs furent installés dans leurs fonctions le 14 septembre, à 8 heures du soir, par le ministre des contributions publiques Destournelles.

DÉCRET DU 23 AOUT 1793 ORDONNANT LA LEVÉE EN MASSE DE TOUS LES CITOYENS DE 18 A 25 ANS.

La Convention avait ordonné par décret du 23 août la levée en masse de tous les citoyens de 18 à 25 ans et, pour assurer la défense nationale, elle rivalisait d'ardeur avec la Commune de Paris qui avait relevé les estrades des enrôlements volontaires.

Dès leur installation, le 16 septembre, les nouveaux administrateurs des postes exposèrent en ces termes, à la Convention le trouble que cette mesure apporterait dans le service si elle était immédiatement et rigoureusement appliquée :

Paris, le 16 septembre 1793,
L'an II de la République française une et indivisible.

Législateurs,

La nouvelle administration des postes et messageries qui n'a d'autre désir que de concourir en tout ce qui peut dépendre d'elle au salut de la République, vous représente que si votre décret du 23 août qui met en réquisition tous les citoyens de 18 à 25 ans était exécuté sur-le-champ et à la rigueur, le service des postes manquerait infailliblement; le bureau du départ seul se trouverait privé de 41 commis absolument nécessaires. Nous recevons dans l'instant l'avis que beaucoup des directeurs des postes des départements sont également requis.

Nous ne nous permettons point, Législateurs, dans ces tems de crise de demander en faveur des agents des postes et messageries une exception qui pourrait paraitre contraire aux principes de l'égalité et nuisible aux intérêts sacrés de la Patrie. Nous demandons seulement un sursis pour les employés des postes, afin d'avoir le tems de pourvoir à leur remplacement. Cette mesure nous paraît la seule qui puisse assurer le service important qui nous est confié.

*Signé :* Caboche, Rouvière, Butteau, Fortin, Legendre.

ARRÊTÉ DU COMITÉ DE SALUT PUBLIC DU 16 SEPTEMBRE 1793 ACCORDANT UN SURSIS DE 15 JOURS AUX EMPLOYÉS DES POSTES, ATTEINTS PAR LE DÉCRET DU 23 AOUT.

Le comité de Salut public rendit le même jour l'arrêté suivant qui donna satisfaction au vœu exprimé par les administrateurs des postes :

*Le comité de Salut public,*

Sur ce qu'il lui a été observé que le service des postes serait à l'instant paralysé si l'on faisait partir en ce moment les jeunes gens attachés à ce service et qui sont dans le cas de la levée générale décrétée le 23 août dernier;

Arrête que les jeunes gens attachés au service des postes resteront à leur poste pendant quinze jours à dater du présent et que, pendant cet intervalle, l'administration des postes pourvoira à leur remplacement par des citoyens non sujets à la levée et pères de famille, sans que le terme indiqué soit prorogé pour quelque raison que ce soit.

*Signé au registre :* Carnot, C.-A. Prieur, Barère, Hérault, Prieur de la Marne, Robespierre et Huriot.

DÉCRET DU 17 SEPTEMBRE 1793 DÉCIDANT QUE LES AGENTS DES POSTES APPELÉS AUX ARMÉES SERONT REMPLACÉS PAR LEURS PARENTS.

Dès l'ouverture de la séance du lendemain 17 septembre, les sections des Tuileries, des Invalides, de la Montagne, vinrent présenter à la Convention les jeunes citoyens de la première classe en réquisition.

Ces jeunes gens défilèrent aux applaudissements de l'assemblée et prêtèrent le serment.

Parmi eux se trouvait un agent des postes, du nom de Lainé, appartenant à la section des Gravilliers, qui demanda à être remplacé par son père pendant le temps de son séjour aux frontières.

La Convention, sur la motion d'un de ses membres, généralisa la mesure et décréta séance tenante :

Que les places et emplois salariés par la Nation et occupés par les jeunes gens de dix-huit à vingt-cinq ans mis en réquisition pour aller combattre les ennemis seront donnés, pendant leur absence, à leurs parents.

DÉCRET DU 24 NOVEMBRE 1793. — CALENDRIER RÉPUBLICAIN.

Sur la proposition de Romme, la Convention avait décrété que la nouvelle Ère des Français commencerait à partir du 22 septembre 1792, c'est-à-dire du lendemain du jour où la Convention avait aboli la royauté.

Romme proposa aussi de changer le nom des mois et ceux des jours et de les remplacer par des dénominations appropriées aux actes et aux idées de la Révolution.

La Convention adopta les divisions du temps qu'il avait imaginées, mais quant aux dénominations elle donna la préférence à celles qui avaient été proposées par le poète Fabre d'Églantine, ami de Danton et de Camille Desmoulins.

Le nouveau calendrier fut mis en usage dès le 25 octobre, date correspondant au 4 brumaire de l'an II de la République.

ARRÊTÉ DU COMITÉ DE SALUT PUBLIC DU 13 GERMINAL AN II (2 AVRIL 1794) ORDONNANT QUE LES EMPLOYÉS DES POSTES SE FERONT REMPLACER DANS LE SERVICE DE LA GARDE NATIONALE OU DE LA FORCE ARMÉE DE PARIS.

Le service de la poste aux lettres à Paris se trouvait fréquemment compromis par suite de l'obligation à laquelle étaient astreints les agents de participer aux services de la garde nationale et de la force armée de Paris. Dans la journée du 13 germinal an II (2 avril 1794), par exemple, 36 agents des postes manquaient à leur bureau et le service de jour ne put même pas être complètement terminé.

Avisé de cette situation, le comité de Salut public arrêta : « que tous les employés de la poste aux lettres de Paris seraient en réquisition pour rester à leur poste et continuer leurs fonctions et qu'ils se feraient remplacer dans le service de la garde nationale ou de la force armée de Paris. »

DÉCRETS DES 12 ET 29 GERMINAL AN II REMPLAÇANT LES SIX MINISTÈRES EXISTANTS PAR DOUZE COMMISSIONS EXÉCUTIVES.

Sur un rapport présenté par Carnot au nom du comité de Salut public, dans la séance du 12 germinal (1er avril), la Convention avait substitué aux six ministères formant le conseil exécutif provisoire les douze commissions suivantes :

1re commission des administrations civiles, police et tribunaux ;
2e — de l'instruction publique ;
3e — de l'agriculture et des arts ;
4e — du commerce et des approvisionnements ;
5e — des travaux publics ;
6e — des secours publics ;
7e — des transports, postes et messageries ;
8e — des finances ;
9e — de l'organisation et du mouvement des armées de terre ;
10e — de la marine et des colonies ;
11e — des armes, poudres et exploitation des mines ;
12e — des relations extérieures.

Ces douze commissions correspondaient avec le comité de Salut public auquel elles étaient subordonnées.

La commission des transports, postes et messageries, composée de deux membres et d'un adjoint remplissant les fonctions de secrétaire, était chargée de tout ce qui concernait le roulage, la poste aux chevaux, la poste aux lettres, les remontes, les charrois, convois et relais militaires de tout genre.

DÉCRET DU 29 GERMINAL AN II. — NOMINATION DES 3 COMMISSAIRES DES TRANSPORTS, POSTES ET MESSAGERIES. — DÉCRET DU 30 GERMINAL AN II PORTANT OUVERTURE D'UN CRÉDIT DE 18 MILLIONS.

Les membres de ces douze commissions furent désignés par décret du 29 germinal. Les citoyens Moreau et Lieuvain furent nommés commissaires des transports, postes et messageries et le citoyen Mercier fut nommé commissaire adjoint.

Un crédit provisoire de 18 millions leur fut ouvert par décret du 30 germinal, pour éviter toute interruption dans le service.

ARRÊTÉ DU COMITÉ DE SALUT PUBLIC DU 30 GERMINAL AN II, RELATIF A LA NOMINATION DES AGENTS EMPLOYÉS DANS LES COMMISSIONS.

Le comité de Salut public, par un arrêté du même jour, ordonna que toute nomination ou révocation de secrétaire ou d'employé dans les bureaux des commissions et de tout autre agent employé par elles, devrait également lui être préalablement soumise.

MESURES PRISES PAR LES MEMBRES DE LA COMMISSION DES TRANSPORTS, POSTES ET MESSAGERIES POUR L'EXPÉDITION DU BULLETIN DES LOIS ET LA TRANSMISSION DES ORDRES DE LA CONVENTION.

Une lettre adressée le 12 prairial an II (31 mai 1794) par les membres de la commission, aux administrateurs des postes et messageries nous fait connaître les réformes qui furent tout d'abord ordonnées pour transmettre rapidement les ordres de la Convention et le Bulletin des lois qui venait d'être créé.

Le but à atteindre consistait « à monter incessamment un service journalier sur toutes les routes, ainsi qu'à établir des communications directes et une correspondance immédiate et journalière entre chaque bureau de poste et les communes de son arrondissement ».

Mais les commissaires avaient jugé convenable de ne suivre qu'en détail l'exécution de ce plan.

Ils recommandaient d'abord aux administrateurs de s'occuper, en premier lieu, de la construction des voitures nécessaires pour établir le service journalier sur les routes dites *de grands courriers*. Ces voitures devaient être construites à Paris et il devait être procédé sur-le-champ à leur adjudication dans la forme ordinaire, en en combinant les dimensions et la forme suivant la nature et l'étendue du service de chaque route.

Quant aux voitures à construire pour le service des dépêches de département à département ou sur les routes d'embranchement, elles devaient, autant que possible, être construites sur les lieux mêmes.

Le troisième point consistait à passer de nouvelles adjudications pour les entreprises de routes particulières aussitôt après l'établissement du service journalier sur les routes des grands courriers et sur celles d'embranchement.

L'article 16 de l'arrêté du comité de Salut public du 7 germinal avait ordonné que la correspondance serait immédiate et journalière entre chaque bureau de poste et les communes de son arrondissement.

Il convenait donc de se préoccuper immédiatement de l'établissement de piétons ou de courriers à cheval pour assurer la distribution des dépêches et des bulletins des lois dans les communes. Les commissaires se ralliaient sur ce point à la proposition des administrateurs d'établir des communications entre les communes avec les directions des postes plutôt qu'avec les chefs-lieux de districts.

Enfin le dernier point consistait à organiser un bureau particulier pour le chargement de tous les paquets du Bulletin des Lois envoyés collectivement aux agents nationaux chargés provisoirement d'en effectuer la distribution.

Quant à la dépense résultant de l'exécution de ces différentes réformes, les commissaires, tout en recommandant aux administrateurs d'y apporter toute l'économie possible, ajoutaient qu'ils feraient ensuite approuver ces dépenses en bloc par la Convention.

Les administrateurs des postes durent mettre tout leur zèle à réaliser immédiatement ces réformes pour se soustraire aux terribles répressions édictées dans les deux décrets suivants qui se trouvaient imprimés non seulement en tête de la lettre que nous venons d'analyser, mais encore de toutes les correspondances émanant des commissaires exécutifs et du comité de Salut public :

Décret du 19e jour du premier mois :

ARTICLE PREMIER. — Le gouvernement provisoire de la France est révolutionnaire jusqu'à la paix.

ART. 6. — L'inertie du gouvernement étant la cause des revers, les délais pour l'expédition des lois et des mesures de salut public seront fixes. La violation des délais sera punie comme un attentat à la liberté.

Décret du 23 ventôse : La résistance au gouvernement révolutionnaire et républicain, dont la Convention nationale est le centre, est un attentat contre la liberté publique ; quiconque s'en rendra coupable, quiconque attentera, par quelque acte que ce soit, de l'avilir, de le détruire ou de l'entraver, sera puni de mort.

Le comité de Salut public destituera, conformément à la loi du 14 frimaire, tout fonctionnaire public qui manquera d'exécuter les décrets de la Convention nationale, ou les arrêtés du comité.

### ARRÊTÉ DU COMITÉ DE SALUT PUBLIC DU 15 PRAIRIAL AN II (3 JUIN 1794) RELATIF AU TRAITEMENT DES ADMINISTRATEURS, CHEFS ET AUTRES AGENTS DES BUREAUX DES COMMISSIONS.

Un arrêté du comité de Salut public du 15 prairial fixa ainsi qu'il suit le traitement moyen et le traitement maximum des divers fonctionnaires:

Le comité de Salut public, considérant qu'il est nécessaire d'établir une base uniforme pour la fixation des appointements des bureaux des commissions, afin qu'il n'existe point dans quelques-uns de ces établissements de disparités qui pourraient nuire aux autres parties du service public,

Arrête :

1° Le taux moyen des appointements annuels des commis dans les commissions et établissements publics ne pourra excéder trois mille livres par individu ; le maximum des traitements des chefs demeurant fixé à six mille livres, conformément à la loi.

2° Les agents qui remplissent les fonctions attribuées ci-devant aux administrateurs ou régisseurs, les caissiers et autres employés sous la surveillance des commissaires de la trésorerie sont mis au même maximum.

*Signé :* Carnot, R. Lindet, Robespierre, Collot d'Herbois, C.-A. Prieur, B. Barère, Couthon, Billaud-Varennes.

ARRÊTÉ DU COMITÉ DE SALUT PUBLIC DU 18 THERMIDOR AN II (5 AOUT 1794). — INCOMPATIBILITÉ DES FONCTIONS D'AGENT DES POSTES AVEC TOUTES AUTRES FONCTIONS PUBLIQUES.

Le 18 thermidor, un arrêté du comité de Salut public décida que les employés de la commission des transports, postes et messageries et des différentes agences qui en dépendaient, ne pourraient exercer en même temps les fonctions publiques des corps administratifs ou des autres autorités constituées tant civiles que militaires et que ceux qui se trouvaient dans ce cas, devraient opter entre ces fonctions et leur emploi.

Les dispositions de cet arrêté furent notifiées aux agents de l'administration, en fructidor, par une circulaire qui se terminait ainsi qu'il suit :

Nous te recommandons, en conséquence, de communiquer ces dispositions à tous les agents de ton bureau, afin que ceux qui sont dans le cas prévu par l'arrêté s'empressent d'opter; ce que tu dois faire toi-même au plus tôt, si tu es pourvu d'une fonction publique.

Cette circulaire était signée des administrateurs Caboche, Butteau, Rouvière, Fortin [1].

Plus tard, la loi du 24 vendémiaire an III édicta sur l'incompatibilité des fonctions administratives et judiciaires, des dispositions qui sont encore en vigueur aujourd'hui.

ARRÊTÉ DU 2 FRUCTIDOR AN II (19 AOUT 1794). — FIXATION DES HEURES DE PRÉSENCE DANS LES BUREAUX DES DIFFÉRENTES COMMISSIONS EXÉCUTIVES.

Un arrêté du 2 fructidor ordonna qu'à dater du 10 du même mois, les séances de travail dans les bureaux des différentes commissions

1. Document classé à la bibliothèque du ministère des postes et télégraphes.

exécutives seraient continues depuis 9 heures précises du matin jusqu'à 4 heures de l'après-midi.

### TRANSPORT DANS PARIS DES LOIS ET ARRÊTÉS DU COMITÉ DE SALUT PUBLIC.

Le « ci-devant ministre de l'intérieur » avait institué dans les différents districts des commissionnaires chargés de porter les lois et les arrêtés du comité de Salut public aux différentes communes de leur arrondissement.

Sur le rapport de la commission des transports, postes et messageries, le comité de Salut public ordonna par un arrêté du 19 fructidor, que les salaires de ces commissionnaires seraient payés par les directeurs des postes sur la recette de leur bureau, que le montant de ces salaires serait réglé et arrêté par les administrateurs de district et qu'à l'avenir les lois et arrêtés du comité de Salut public seraient transportés par les piétons établis pour le transport du Bulletin des lois.

### LOI DU 24 VENDÉMIAIRE AN III (15 OCTOBRE 1794) SUR L'INCOMPATIBILITÉ DES FONCTIONS ADMINISTRATIVES ET JUDICIAIRES.

Des difficultés s'élevaient fréquemment sur l'interprétation de la législation relative à l'incompatibilité des fonctions administratives et judiciaires.

Nous avons déjà parlé de l'arrêté du 18 thermidor qui avait interdit à tous fonctionnaires ou agents de la commission des transports, postes et messageries d'accepter aucunes fonctions administratives.

Les mêmes interdictions furent reproduites avec plus de force et d'autorité dans la loi du 24 vendémiaire an III, dont les dispositions n'ont jamais été abrogées.

En vertu de l'article 2, titre Ier de cette loi, les fonctionnaires de l'ordre judiciaire ne peuvent être employés dans le service des postes.

En vertu des articles 2, 3, 4 du titre II, la même interdiction s'appliquait aux membres des administrations de département ou de district, aux membres des municipalités, aux agents nationaux, aux greffiers, aux officiers de l'état civil et enfin aux membres des comités civils ou de bienfaisance des sections de la Commune de Paris.

L'article 2 du titre IV (dispositions générales) ordonnait aux fonctionnaires publics occupant à ce moment des fonctions incompatibles, « de faire leur option dans le délai d'une décade après la publication de la loi par la voie du Bulletin des lois, à peine d'être destitués des unes et des autres après ce délai expiré ».

L'article 3 du même titre disposait :

Ceux qui seraient appelés à l'avenir à remplir des fonctions incompatibles avec celles qu'ils exerceraient déjà, seront pareillement tenus, sous la même peine, de faire leur option dans la décade qui suivra la notification qui leur sera faite du nouveau choix qui aura eu lieu en leur faveur.

LOI DU 25 VENDÉMIAIRE AN III (16 OCTOBRE 1794) AUTORISANT TOUT PARTICULIER A CONDUIRE OU FAIRE CONDUIRE LIBREMENT LES VOYAGEURS, LES BALLOTS, PAQUETS ET MARCHANDISES.

La loi du 25 vendémiaire an III supprima les restrictions qui entravaient encore la liberté des messageries.

Les entrepreneurs de voitures particulières faisant un service public étaient fréquemment inquiétés dans l'exercice de leur industrie par suite de quelques dispositions introduites dans la loi du 29 août 1790 et notamment dans les articles 2 et 3 de la section III.

Afin de faciliter et d'accélérer par tous les moyens possibles le transport le plus prompt des personnes, comestibles, effets et marchandises dans toute l'étendue du territoire de la République et pour donner à la circulation intérieure tout le ressort et toute l'activité que les circonstances commandaient et pouvaient permettre, l'Assemblée nationale rapporta par la loi du 25 vendémiaire an III, une partie de l'article 2 et l'article 3 tout entier de la section III de la loi du 29 août 1790.

La partie abrogée de l'article 2 défendait à tout particulier ou à toute compagnie autres que les fermiers généraux des messageries, coches et voitures d'eau, d'annoncer leurs départs à jours et heures fixes, d'établir des relais, ni de se charger de reprendre et conduire des voyageurs arrivant en voitures suspendues, si ce n'est après un intervalle d'une nuit entre l'arrivée et le départ de ces voyageurs.

En conséquence, tout particulier fut autorisé à conduire ou à faire conduire librement les voyageurs, ballots, paquets, marchandises aux conditions stipulées avec les voyageurs ou expéditeurs, sans être troublés ni inquiétés pour quelque motif ou sous quelque prétexte que ce fût.

L'article 4 de la même loi annula toute procédure commencée et tout jugement non encore exécuté contre des entrepreneurs de messageries particulières pour contravention aux articles 2 (partie seulement) et 3 de la loi du 29 août 1790.

LOI DU 29 BRUMAIRE AN III RELATIVE A LA CRÉATION DE BUREAUX DE POSTE ET MESSAGERIES.

Conformément aux conclusions du rapport de son comité des transports, postes et messageries, la Convention vota le 29 brumaire an III une loi qui autorisa ce comité à « établir, sur la réquisition des conseils généraux des communes et l'avis des districts, dans tous les lieux de la République où la plus grande utilité l'exigerait, des bureaux pour le dépôt et la distribution des dépêches, l'enregistrement des voyageurs, le chargement et la remise des sommes et valeurs, des paquets, ballots et marchandises ».

Les chargements ou transfèrements des bureaux s'effectueraient de la même manière.

Enfin le comité était également autorisé « à choisir et nommer les directeurs de ces différents établissements tant lors de leur création qu'en cas de vacance par démission, décès ou destitution, parmi trois citoyens qui lui seront présentés par les conseils généraux des communes et sur l'avis des districts ».

CIRCULAIRE DU 11 FRIMAIRE AN III ADRESSÉE AUX INSPECTEURS DES DÉPARTEMENTS POUR RÉCLAMER L'ENVOI DE PIÈCES DE DÉPENSE.

Il nous a paru intéressant de reproduire la circulaire suivante qui fut adressée le 11 frimaire an III à tous les inspecteurs des départements, pour les inviter à faire hâter l'envoi par les directeurs des postes des pièces de dépense se rapportant au précédent exercice :

**Postes aux lettres. — Liberté. — Égalité.**

EXERCICE 1793 COMPOSÉ DE 20 MOIS 21 JOURS DU 1er JANVIER 1793 AU 22 SEPTEMBRE 1794 (VIEUX STYLE) AU 1er VENDÉMIAIRE AN III.

Paris, le 11 frimaire de l'an III de la République Française une et indivisible.

*Les agents nationaux des postes aux lettres au citoyen..... Inspecteur des départements d.....*

Nous t'envoyons, citoyen, un exemplaire de la circulaire que nous adressons à tous les directeurs des postes de la République. Nous t'invitons à tenir la main dans tes départements à ce que les envois de pièces de dépense qui appartiennent à l'année qui a fini le dernier jour des sans-culotides de l'an II, soient par eux effectués d'ici au 30 du présent mois, conformément à ladite lettre; tu t'attacheras particulièrement à ceux d'entr'eux que tu connois pour être le moins exacts dans l'envoy de leurs états et pièces de comptabilités. L'exécution de cette mesure de la part des directeurs intéresse autant ta responsabilité que la nôtre; et, dans le compte que nous avons à rendre, le 1er nivôse prochain, de leur exactitude à remplir les intentions de la commission, nous sommes tenus de faire mention de la surveillance que tu y auras apportée.

*Les agents nationaux des postes aux lettres,*
*Signé :* Caboche, Gauthier, Rouvière.

Quant à la circulaire adressée aux directeurs des postes, elle se terminait ainsi qu'il suit :

..... Il nous est enjoint de rendre compte aux autorités supérieures de l'exactitude que les directeurs auront mis à effectuer cet envoi de pièces, ou des retards qu'ils y auront apportés; et c'est le premier du mois prochain que nous sommes tenus de faire notre rapport à cet égard. Nous ne doutons nullement, citoyen, que ton zèle pour la chose publique ne te porte à mettre le plus grand empressement à partager et seconder notre obéissance à la loi, en te conformant à ce que nous te prescrivons par la présente : *Tu y es d'autant plus intéressé qu'il seroit possible que toutes les dépenses dont les pièces se trouveroient encore entre les mains des directeurs, passé le délai ci-dessus prescrit, fussent rayées de leurs comptes, et tombassent entièrement à leur charge.*

*Les agents nationaux des postes aux lettres,*
*Signé :* Fortin, Rouvière, Buteau, Caboche, Lebarbier, Gauthier.

Il est à présumer qu'avec de pareils arguments, le comité dut avoir raison des directeurs les moins exacts à fournir leurs pièces de comptabilité !

LOI DU 20 NIVÔSE AN III (12 JANVIER 1795) QUI AUTORISE L'AGENCE DES MESSAGERIES NATIONALES A FAIRE PERCEVOIR DANS TOUS SES BUREAUX UNE AUGMENTATION DE MOITIÉ, OUTRE LES PRIX PORTÉS PAR LES TARIFS ACTUELS.

Dans la séance du 20 nivôse an III (12 janvier 1795), Creuzé-Paschal exposa à la Convention, au nom du comité des postes, transports et messageries, que dans le principe, les messageries avaient été instituées uniquement pour le service des voyageurs, de leurs effets et de quelques marchandises d'une grande valeur qui pouvaient supporter des frais de transport alors plus considérables par la voie des messageries que par celle des rouliers.

Or, le tarif des rouliers étant sensiblement plus élevé que celui des messageries, celles-ci avaient été transformées en véritables bureaux de roulage, au grand détriment du trésor public. Le prix des avoines, des foins et des objets d'entretien ayant, en effet, augmenté considérablement, il n'existait plus de proportion entre les dépenses et les recettes, et les feuilles de route présentaient chaque semaine des déficits que le rapporteur qualifiait *d'immenses*. Ces déficits pouvaient s'accentuer encore, car les aubergistes refusaient de tenir les anciens marchés. Chaque cheval entretenu par l'agence ne coûtait pas moins de 12 à 15 livres par jour ; d'un autre côté, les messageries payaient les chevaux à raison de 3 livres par poste, tandis que les voyageurs payaient seulement 42 sous.

Le rapporteur ajoutait qu'il était équitable que les voyageurs et les effets supportassent tous les frais de transport. L'intérêt national ne permettait pas que le trésor public fût grevé d'une dépense excessive et l'ordre qui devait régner dans les finances exigeait que les recettes fussent au moins égales aux dépenses.

Pour atteindre ce but, il était indispensable d'augmenter de moitié les prix du tarif actuel des messageries, soit pour les personnes, soit pour les objets.

C'est ce qui avait déterminé le comité des transports, postes et messageries à présenter un projet de loi ainsi conçu :

A compter du jour de la publication de la présente loi, l'agence des messageries nationales fera percevoir dans tous ses bureaux une augmentation de moitié, outre les prix portés par les tarifs actuels, soit pour les voyageurs, soit pour tous autres objets de transport.

Ce projet fut voté sans discussion et devint la loi du 20 nivôse an III.

### LOI DU 27 NIVÔSE AN III (16 JANVIER 1795) DÉCHARGEANT L'AGENCE DES MESSAGERIES DE TOUTE RESPONSABILITÉ EN CAS D'ÉVÉNEMENTS OCCASIONNÉS PAR FORCE MAJEURE OU DE DOMMAGES CAUSÉS PAR UN DÉFAUT D'EMBALLAGE.

La Convention vota également, le 27 nivôse, une loi qui remplaça ainsi qu'il suit l'article 60 de celle des 23 et 24 juillet 1793 sur les messageries :

L'agence des messageries ne répondra d'aucun événement occasionné par force majeure, ni des dommages auxquels pourrait donner lieu tout défaut d'emballage intérieur, ou de précautions quelconques qui dépendent des parties intéressées. L'agence fera seulement mention, dans l'enregistrement et en présence des parties intéressées, de la forme et qualité extérieure de l'emballage.

### LOI DU 27 NIVÔSE AN III (16 JANVIER 1795) PORTANT AUGMENTATION DU PRIX DU PORT DES LETTRES.

L'état précaire de l'agence des messageries avait déterminé le comité des transports, postes et messageries à demander l'augmentation des tarifs des messageries, qui avait fait l'objet de la loi du 20 nivôse.

Pour des considérations analogues, les membres du comité sollicitèrent avec instance l'augmentation de la taxe des lettres.

Sur le rapport du représentant du peuple Bion, la Convention vota la loi du 27 nivôse an III, qui augmenta ainsi qu'il suit le prix du port des lettres :

Les lettres simples sans enveloppes et dont le poids n'excédait pas un quart d'once furent, à partir du 1er pluviôse, soumises à la taxe suivante :

1° Lettres circulant dans l'intérieur d'un même département, commune de Paris comprise. . . . . . . . . . . . . . . . . . . . . . . . . . . . 5 sols.

2° Hors du département.

| | |
|---|---|
| Jusqu'à 20 lieues inclusivement. . . . . . . . . . . . . | 6 sols. |
| De 20 à 30 lieues. . . . . . . . . . . . . . . . . . . | 7 — |
| — 30 — 40 — . . . . . . . . . . . . . . . . . . . | 8 — |
| 40 — 50 — . . . . . . . . . . . . . . . . . . . | 10 — |
| — 50 — 60 — . . . . . . . . . . . . . . . . . . . | 11 — |
| — 60 — 80 — . . . . . . . . . . . . . . . . . . . | 12 — |
| — 80 — 100 — . . . . . . . . . . . . . . . . . . . | 13 — |
| — 100 — 120 — . . . . . . . . . . . . . . . . . . . | 15 — |
| — 120 — 150 — . . . . . . . . . . . . . . . . . . . | 16 — |
| — 150 — 180 — . . . . . . . . . . . . . . . . . . . | 17 — |
| — 180 et au delà . . . . . . . . . . . . . . . . . . . | 18 — |

Les lettres avec enveloppe ne pesant pas plus d'un quart d'once furent assujetties, pour toute destination dans l'intérieur de la République, à une taxe supplémentaire de 1 sou en sus du port de la lettre simple.

Le port de la feuille d'impression des journaux fut élevé de 8 deniers à 1 sou.

Quant aux journaux ne paraissant pas tous les jours, le prix de la feuille d'impression fut porté de 1 sou à 1 sou 6 deniers.

ARRÊTÉ DU 6 PLUVIÔSE AN III (25 JANVIER 1795) ORDONNANT QUE LES LETTRES CHARGÉES DEVRAIENT ÊTRE FERMÉES AU MOYEN DE 3 OU 5 CACHETS DE CIRE.

Dans un rapport du 3 pluviôse an III, les membres de la 7e commission exposèrent que le pain à cacheter n'offrait pas une garantie suffisante pour empêcher de retirer des lettres chargées les valeurs qui y étaient contenues, ce qu'il était même possible de faire sans qu'il restât aucune trace de violation.

Conformément aux conclusions de ce rapport, le comité des transports, postes et messageries composé des représentants du peuple Mirande, Bion, Estadens, Hourier Éloy, Defrance, Le Breton, Creuzé-

Paschal, Baucheton et Dautriche rendit le 6 pluviôse un arrêté ordonnant que l'exécution des règlements qui prescrivaient la manière dont les lettres chargées devaient être fermées était maintenue;

Que les administrateurs et les fonctionnaires publics étaient légalement tenus de s'y conformer;

Qu'en conséquence les bureaux ne recevraient pas les lettres chargées qui ne seraient pas fermées par 3 ou 5 cachets de cire.

En raison de l'intérêt que cet arrêté présentait pour le public, les membres de l'agence nationale des postes furent invités à faire des démarches auprès des journalistes pour les prier de faire insérer dans leurs feuilles un avis à ce sujet.

ARRÊTÉ DU 26 GERMINAL AN III (15 AVRIL 1795) FIXANT LES FRAIS DE TOURNÉE DES AGENTS NATIONAUX, DES INSPECTEURS GÉNÉRAUX ET DES INSPECTEURS PARTICULIERS.

Un arrêté du comité des transports, postes et messageries en date du 26 germinal an III fixa ainsi les frais de tournée accordés aux divers agents de l'administration :

| | | |
|---|---|---|
| Agents des postes et messageries . . . . . . | 35 livres | par jour. |
| Inspecteurs généraux. . . . . . . . . . . . . . | 25 — | — |
| Inspecteurs particuliers. . . . . . . . . . . . | 15 — | — |

LOI DU 26 GERMINAL AN III (15 AVRIL 1795) ENVOYANT DANS LES DÉPARTEMENTS QUATRE REPRÉSENTANTS DU PEUPLE POUR REMÉDIER AUX ABUS EXISTANT DANS LE SERVICE DES RELAIS ET EXAMINER L'ÉTAT DES BUREAUX DE MESSAGERIES ET DE POSTE AUX LETTRES.

L'exécution de Robespierre avait mis fin au régime de la Terreur qui avait ensanglanté la France. Il se produisit alors dans les esprits une détente générale suivie bientôt après d'un violent mouvement d'opinion contre ceux qui, de près ou de loin, avaient été les complices du « tyran », comme on appelait alors Robespierre, et même contre tous les citoyens qui avaient partagé les idées terroristes.

D'un autre côté, les émigrés s'agitaient.

Dans cette situation, la Convention avait cru devoir rendre, le 19 frimaire, un décret ordonnant qu'il serait procédé à l'épuration du personnel des diverses administrations publiques, non seulement au point de vue politique, mais au point de vue professionnel.

Les représentants du peuple Bion et Mirande furent désignés comme commissaires chargés d'effectuer ce travail d'épuration des bureaux de la poste aux lettres.

Un grand nombre de révocations furent prononcées à la suite de ces enquêtes qui révélèrent également des abus de diverses natures dans le service des postes.

La Convention décréta, en conséquence, que les représentants du peuple Bion, Mirande, Dautriche et Estadens se transporteraient sur les principales routes de la République, pour constater l'état des différents relais, remédier aux abus, prendre de concert avec les autorités locales toutes les mesures qui seraient nécessaires, remonter les relais, les approvisionner, vérifier les bureaux de la poste aux lettres et ceux des messageries.

Ces représentants furent investis de tous les pouvoirs attribués aux représentants du peuple envoyés en mission.

### LOI DU 21 PRAIRIAL AN III (9 JUIN 1795) FIXANT LE PRIX DU PORT DES LETTRES DANS LES BUREAUX DE PETITE POSTE.

La loi du 21 prairial an III fixa ainsi qu'il suit le prix du port des lettres dans les bureaux *de petite poste*.

1° Lettre pour l'intérieur d'une même ville, 3 sous par quart d'once.
2° Lettres distribuées extra-muros, 5 sous par quart d'once.
Le prix de 5 sous pour la petite poste de Paris était maintenu au même taux.

### ARRÊTÉ DU COMITÉ DE SALUT PUBLIC DU 27 PRAIRIAL AN III (5 JUIN 1795) CRÉANT UNE ADMINISTRATION GÉNÉRALE DES POSTES ET MESSAGERIES.

Le comité de Salut public rendit le 27 prairial an III un arrêté qui supprima les agences de la poste aux lettres, de la poste aux chevaux et des messageries et les remplaça, à partir du 1er messidor, par une administration générale des postes et messageries dirigée par les douze administrateurs dont les noms suivent :

1° Lieuvain, membre de la commission des transports, postes et messageries;
2° Michaux, faisant fonctions d'adjoint de la même commission;
3° Brunel, chef d'une des divisions de la même commission, ci-devant directeur des aides;
4° Vauchette, membre de l'agence de la poste aux chevaux;
5° Rouvière, agent de la poste aux lettres;
6° Caboche, agent de la poste aux lettres;
7° Gauthier, agent de la poste aux lettres;
8° Latour, ancien régisseur des messageries;
9° Tabareau, ci-devant directeur des postes de Lyon.
10° Vasselier, ci-devant inspecteur des postes à Lyon;
11° Deaddé, inspecteur des messageries;
12° Aubert, chef d'une des divisions de la commission des transports et messageries et ci-devant contrôleur et régisseur des messageries.

Ces administrateurs toujours réunis pour délibérer sur les mesures d'intérêt général, étaient divisés en sections pour suivre les détails de chacun des trois services intéressés. Leur traitement fut fixé à 10000 livres.

Les maisons occupées par les trois agences devaient continuer à avoir la même affectation.

LOI DU 16 THERMIDOR AN III (3 AOUT 1795) NOMMANT ADMINISTRATEURS DE LA POSTE AUX CHEVAUX, DE LA POSTE AUX LETTRES ET DES MESSAGERIES, CABOCHE, ROUVIÈRE, GAUTHIER, DÉADDÉ, BOUDIN, BOULANGER, JOLIVEAU, SOMPRON, TIRLEMONT, VERNISY, BOSC ET CATHERINE-SAINT-GEORGE.

L'arrêté précédent fut rapporté le 16 thermidor, en ce qui concernait seulement la nomination des douze administrateurs et une loi du même jour nomma membres de l'administration générale : Caboche, Rouvière, Gauthier, Déaddé, Boudin, Boulanger, Joliveau, Sompron, Tirlemont, Vernisy, Bosc et Catherine-Saint-George.

ARRÊTÉ DU 5 MESSIDOR AN III (23 JUIN 1795) AUGMENTANT LE PRIX DES GUIDES EN FAVEUR DES POSTILLONS DE PARIS.

Un maître de poste de Paris, Lauchère, crut devoir adresser une réclamation, pour demander une augmentation de salaire en faveur de ses postillons dont le service était, disait-il, beaucoup plus pénible que celui des postillons des départements.

Le comité de Salut public, considérant le bien fondé de cette réclamation, décida par un arrêté du 5 messidor « qu'à compter du même jour et provisoirement seulement, il serait payé aux postillons attachés à la poste de la commune de Paris, quatre livres de guides pour chaque poste ».

LOI DU 6 MESSIDOR AN III RÉDUISANT D'UN TIERS LE NOMBRE DES EMPLOYÉS DES COMMISSIONS EXÉCUTIVES ET AGENCES.

Sur le rapport de son comité des finances, la Convention vota le 6 messidor, une loi qui réduisit d'un tiers, à compter du 1er thermidor, le nombre des employés des commissions exécutives et agences.

L'article suivant de cette loi indiquait de quelle manière la mesure devait être appliquée :

Seront compris dans la réduction :
1° Ceux qui n'ont pas l'habitude, le goût ou l'aptitude du travail;
2° Ceux qui ne savent pas écrire très lisiblement et correctement;

3° Ceux qui avant d'entrer dans les bureaux, exerçaient une profession utile à l'agriculture, au commerce ou à l'industrie;

4° Ceux qui n'ont pas atteint l'âge de 21 ans accomplis, ou qui se seraient soustraits à la première réquisition, à moins qu'ils n'ayent été blessés au service de la République;

5° Ceux qui ont manifesté des principes contraires à la probité, à la justice, à l'humanité et à la révolution.

Une indemnité d'un mois de traitement fut accordée, à titre de compensation, aux agents congédiés.

Cette mesure fut appliquée à toutes les administrations publiques et l'on conçoit que son application donna lieu à un nombre considérable de réclamations; mais les nécessités financières imposaient des réductions sur les dépenses.

#### LOI DU 3 THERMIDOR AN III (29 JUILLET 1795) FIXANT LES TARIFS DE LA POSTE AUX LETTRES ET DE LA POSTE AUX CHEVAUX.

La même cause porta la Convention à augmenter le tarif du port des lettres de bureau à bureau dans toute l'étendue de la France.

Tel fut l'objet de la loi du 3 thermidor qui établit seulement quatre catégories de taxes fixées d'après les distances, savoir :

La 1re distance jusqu'à 50 lieues du point de départ;
La 2e distance jusqu'à 100 lieues;
La 3e distance jusqu'à 150 lieues;
La 4e distance au delà de 150 lieues;

Dans la première distance :

| | |
|---|---|
| La lettre simple était taxée. . . . . . . . . . . . . . . | 10 sous. |
| La lettre double, ou au-dessus du poids d'un quart d'once. | 15 — |
| Le paquet de 3/4 d'once. . . . . . . . . . . . . . . . | 30 — |
| Celui d'une once. . . . . . . . . . . . . . . . . . . | 40 — |
| Et 10 sous de plus pour chaque quart d'once au-dessus d'une once. | |

Dans la 2e distance :

| | |
|---|---|
| La lettre simple était taxée. . . . . . . . . . . . . . | 15 sous. |
| La lettre double. . . . . . . . . . . . . . . . . . . | 30 — |
| Le paquet de 3/4 d'once. . . . . . . . . . . . . . . . | 45 — |
| Le paquet d'une once . . . . . . . . . . . . . . . . . | 60 — |
| Pour chaque quart d'once au-dessus du poids d'une once. | 15 — |

A la 3e distance :

| | |
|---|---|
| La lettre simple. . . . . . . . . . . . . . . . . . . | 20 sous. |
| La lettre double. . . . . . . . . . . . . . . . . . . | 40 — |
| Le paquet de 3/4 d'once. . . . . . . . . . . . . . . . | 60 — |
| Le paquet d'une once. . . . . . . . . . . . . . . . . | 80 — |

Pour chaque quart d'once au-dessus du poids d'une once, 20 sous.

A la 4e distance :

| | |
|---|---|
| La lettre simple. . . . . . . . . . . . . . . . . . . | 25 sous. |

| | |
|---|---|
| La lettre double. . . . . . . . . . . . . . . . . . . . | 50 sous. |
| 3/4 d'once (le paquet). . . . . . . . . . . . . . . . . | 75 — |
| Une once (le paquet). . . . . . . . . . . . . . . . . . | 100 — |
| Pour chaque quart d'once au-dessus du poids d'une once. | 25 — |

La taxe des livres brochés était de 5 sous par feuille d'impression, celle des journaux et feuilles périodiques de 15 deniers seulement.

En résumé, la loi nouvelle faisait disparaître la catégorie des lettres avec enveloppe et les poids de la demi-once et des 3 gros.

Les taxes étaient élevées dans les proportions suivantes :

Toute lettre simple précédemment soumise à une taxe de 5, 6, 7, 8 et 10 sols était taxée 10 sols;

Toute lettre simple précédemment taxée 15 et 16 sols devait l'être à 20 sols ;

Enfin les taxes de 17 et 18 sols pour les lettres simples, étaient élevées à 25 sols.

L'article 1er de la même loi était relatif au service de la poste aux chevaux et ordonnait qu'à compter du jour de la publication de la loi, il serait provisoirement et pour un mois payé 30 livres par cheval et par poste et 7 livres 10 sous de guides au postillon.

Le tarif du transport des personnes dans les voitures des messageries fut fixé ainsi qu'il suit par la loi du 7 thermidor :

Pour chaque voyageur, par lieue, dans les malles-poste, 20 livres.
Dans l'intérieur des diligences, 12 livres 10 sous;
Dans le cabriolet, 10 livres ;
Sur l'impériale, 7 livres 10 sous;
Dans l'intérieur des carrosses, 10 livres ;
Dans les paniers de ces mêmes carrosses, 5 livres;
Dans les fourgons, 5 livres.

ARRÊTÉ DU COMITÉ DES TRANSPORTS, POSTES ET MESSAGERIES DU 24 THERMIDOR AN III (11 AOUT 1795), RÉPARTISSANT LES DOUZE ADMINISTRATEURS EN TROIS SECTIONS.

En vertu d'un arrêté du 24 thermidor an III, l'administration générale des postes et messageries fut divisée en trois sections.

La 1re section, composée de cinq membres, était chargée du service de la poste aux lettres ;

La 2e section, composée également de cinq membres, était chargée du service des messageries.

Enfin la 3e section, composée de deux membres, était chargée de la poste aux chevaux.

### LOI DU 17 FRUCTIDOR AN III (3 SEPTEMBRE 1795) NOMMANT UN CAISSIER GÉNÉRAL DES POSTES ET MESSAGERIES.

La loi du 17 fructidor an III institua un caissier général nommé par la Convention, qui serait chargé de centraliser les recettes des différents bureaux de la poste aux lettres et des messageries de la République.

Le titulaire de cet emploi fut nommé le 6 vendémiaire par la Convention.

### ARTICLE 638 DU CODE DES DÉLITS ET DES PEINES DU 3 BRUMAIRE AN IV RELATIF A LA VIOLATION DU SECRET DES LETTRES.

Nous avons déjà vu que l'article 3, part. 2, titre I^er du Code pénal du 25 septembre 1791, punissait de la dégradation civique toute violation du secret des lettres et prescrivait que dans le cas où le crime aurait été commis par un employé de l'administration sur l'ordre de l'autorité supérieure, l'employé et le ministre qui aurait contresigné l'ordre seraient punis de la peine de deux ans de gêne.

L'article 638 du code des délits et peines du 3 brumaire an IV reproduisit les mêmes dispositions, mais avec cette exception qui sanctionnait légalement l'existence du *cabinet noir*, du moins en ce qui concernait la correspondance internationale :

Il n'est porté par le présent article aucune atteinte à la surveillance que le gouvernement peut exercer sur les lettres venant des pays étrangers ou destinées pour ces mêmes pays.

### FIN DE LA CONVENTION 4 BRUMAIRE AN IV (26 OCTOBRE 1795).

La Convention tint sa dernière séance le 4 brumaire an IV (26 octobre 1795) et remit ses pouvoirs au Directoire *exécutif* composé de cinq membres renouvelables tous les ans par cinquième et de deux Conseils, celui des Cinq-Cents et celui des Anciens, qui formaient ensemble le Corps législatif.

## LE CABINET NOIR SOUS LA CONVENTION

### JULLIEN DE PARIS ET CARRIER.

Dans le journal d'une bourgeoise pendant la Révolution publié en 1881 par son arrière-petit-fils, M. Édouard Lockroy, M^me Jullien, à la fois instruite comme Mme Roland et jacobine comme Éléonore Duplay, nous cite un fait de décachetage des lettres, qui faillit coûter la vie à son fils Jullien de Paris.

On sait qu'avant même sa sortie du collège, Jullien de Paris fut un homme politique, et, avant sa vingtième année, un dictateur.

Son zèle et ses succès lui valurent la confiance la plus entière du comité de Salut public, dont il reçut, le 10 septembre 1793, une mission de la plus haute gravité. Ses instructions portaient qu'il irait au Havre, à Cherbourg, Saint-Malo, Brest, Nantes, Rochefort, La Rochelle, Bordeaux et qu'il reviendrait par Bayonne, Avignon, Toulon, Marseille et Lyon, à titre d'inspecteur et d'excitateur de l'esprit public. Il pourrait prendre des mesures dictatoriales, à condition d'avoir l'appui des représentants du peuple qui se trouveraient sur les lieux de sa mission. Mais cette restriction n'était que de pure forme et de ménagement parlementaire : en réalité, le jeune envoyé du comité avait pleins pouvoirs.

Quand il passa à Nantes, Carrier l'indigna. Il écrivit au comité pour demander le rappel de l'entrepreneur des noyades. Carrier intercepta sa lettre, le fit arrêter et voulut le fusiller : « C'est donc toi..., lui cria-t-il, c'est donc toi qui m'as dénoncé comme ultra-révolutionnaire ; mais je te tiens et tu ne m'échapperas pas. » Jullien n'eut garde de sourciller : tous ses souvenirs romains, tous les traits classiques d'héroïsme juvénile lui revinrent à l'esprit et il se redressa fièrement en apostrophant Carrier du ton d'un personnage de Tite-Live. Il se déclara prêt à mourir; mais fort de l'amitié de Robespierre, il menaça Carrier de la vengeance de la Convention et il le fit avec tant d'autorité que l'autre eût peur et le laissa partir.

### PHILIPPE-ÉGALITÉ.

Dans son *Histoire de la vie politique et privée de Louis-Philippe*, Alexandre Dumas fait connaître comment une lettre interceptée adressée par le duc de Chartres à son père Louis-Philippe d'Orléans (Philippe-Égalité) amena l'arrestation et la mise en accusation de ce dernier.

Le général Dumouriez, traître à la France, était passé à l'ennemi le 4 avril 1793.

Le futur Roi de France, Louis-Philippe, alors duc de Chartres, un des héros de Jemmapes, accompagna Dumouriez dans sa fuite, mais on peut dire, à son honneur, qu'il préféra le pain de l'exil à la proposition que lui fit le prince de Saxe-Cobourg d'entrer au service de l'Empire avec le grade qu'il avait dans l'armée française.

Cette fuite du duc de Chartres, dit Alexandre Dumas, retombait directement, comme on le comprend bien, sur Philippe-Égalité : le duc et Sillery eurent beau se présenter immédiatement au comité et solliciter un examen scrupuleux de leur conduite, les susceptibilités de la Convention ne furent point désarmées; le comité délivra des mandats d'arrêt contre madame de Genlis, contre le général Valence, contre les ducs de Chartres et de Montpensier et enfin contre Montjoie et Servan.

. . . . . . . . . . . . . . . . . . . . . . . . . . . . . . . .

Le 7 avril, on proposa la mise en arrestation des membres de la famille d'Orléans. Château-Randon monta à la tribune.

« J'appuie, dit-il, la proposition de faire mettre en état d'arrestation la femme et les enfants de Valence et la citoyenne Montesson, mais je réclame aussi cette mesure contre la femme Égalité; *parmi les lettres prises sur le courrier expédié par Valence*, il en existe deux d'Égalité fils, l'une à sa mère, l'autre à son père; dans celle qu'il écrit à son père, il dit : « *C'est la Convention qui a précipité la France dans l'abîme.* » Si Égalité fils écrit dans ce sens, vous comprenez qu'il est important de s'assurer de la mère; je demande donc qu'elle soit mise en état d'arrestation. »

. . . . . . . . . . . . . . . . . . . . . . . . . . . . . . . .

Puis Buzot, à son tour, demanda qu'on lût à l'Assemblée cette fameuse lettre du duc de Chartres à son père, dans laquelle il était dit que la Convention avait tout perdu en France.

La motion de Buzot appuyée, la lettre fut lue.

Voici cette lettre; elle était de quatre jours antérieure à la fuite du duc de Chartres et correspondait au jour même où Dumouriez livrait aux Autrichiens Bréda et Gertruidenberg :

Tournai, 30 mars.

« Je vous ai écrit de Louvain, cher papa, le 21, c'est le premier instant dont j'ai pu disposer depuis la malheureuse bataille de Neerwinden; je vous ai encore écrit de Bruxelles et d'Enghien, ainsi vous voyez qu'il n'y a point de ma faute, mais on n'a pas idée avec quelle promptitude les administrations de la poste font retraite : j'ai été dix jours sans lettres et sans papiers publics. Il y a dans ces bureaux-là comme dans tout le reste un désordre admirable.

« Mon « couleur de rose » est à présent bien passé; il est changé en le noir le plus profond. Je vois la liberté perdue, je vois la Convention nationale perdre tout à fait la France par l'oubli de tous les principes; je vois la guerre civile allumée; je vois des armées innombrables fondre de tous côtés sur notre malheureuse patrie et je ne vois point d'armée à leur opposer. Nos troupes de ligne sont presque détruites, nos bataillons les plus forts sont de quatre cents hommes, le brave régiment des Deux-Ponts est de cent cinquante hommes et il ne leur vient pas de recrues; tout va dans les volontaires et dans les nouveaux corps. En outre le décret qui assimile les troupes de ligne aux volontaires les a animés les uns contre les autres; les volontaires désertent et fuient de toutes parts; on ne peut pas les arrêter. Et la Convention croit qu'avec de tels soldats elle peut faire la guerre à toute l'Europe. Je vous assure que pour peu que ceci dure, elle sera bientôt détrompée. Dans quel abîme elle a précipité la France!

« Ma sœur ne se rendra point à Lille où l'on pourrait l'inquiéter sur son émigration. Je préfère qu'elle aille habiter un village aux environs de Saint-Amand.

« Égalité fils. »

La lecture de cette lettre produisit une effroyable rumeur dans l'Assemblée et, sur la proposition de la Révellière-Lépeaux, amena un décret qui ordonna que le duc d'Orléans et Sillery seraient gardés à vue.

Marat alla plus loin et demanda plus; il demanda la mise à prix de la tête du duc de Chartres, étendant cette motion à tous les Bourbons fugitifs. L'amendement de Marat fut rejeté, mais le soir, au moment où le duc d'Orléans donnait une leçon d'histoire au duc de Beaujolais, on entra dans son cabinet et on l'arrêta.

Après une détention de plusieurs mois, il comparut le 6 novembre suivant devant le tribunal révolutionnaire qui le condamna à mort.

L'exécution eut lieu le même jour.

ORGANISATION DU CABINET NOIR SOUS LA CONVENTION. — CORRESPONDANCE ENTRE L'AGENCE DES POSTES ET CAMBACÉRÈS. — SOUSTRACTION DE LETTRES OU DE VALEURS CONTENUES DANS LES LETTRES.

Les documents suivants que nous avons empruntés en entier au registre des correspondances de l'administration des postes (an III) [1] nous font connaître l'organisation et le fonctionnement du Cabinet noir sous la Convention après l'époque du 9 thermidor.

10 pluviôse an III.

*Les agens nationaux des postes aux lettres au citoyen Cambacérès, représentant du peuple, membre du comité de Salut public de la Convention nationale.*

Citoyen,

Nous t'adressons notre réponse aux articles de ta lettre du 9 de ce mois relatifs aux deux commissions établies à la maison des postes.

Nous croyons devoir ajouter à ces réponses l'avis que nous reçûmes hier par le directeur des postes à Aix que les représentans du peuple dans les départemens des Bouches-du-Rhône et du Var ont, par arrêté du 16 nivôse, chargé de l'exécution de la loi du 7 septembre 1793 (vieux style), une commission déjà établie par eux le 27 frimaire à l'effet de vérifier les lettres venant de l'étranger.

Au moyen duquel arrêté ces lettres ne seront plus envoyées à Paris, et celles reconnues non suspectes seront envoyées directement.

10 pluviôse an III.

*Les agens nationaux des postes aux lettres au citoyen Cambacérès, représentant du peuple, membre du comité de Salut public.*

Citoyen,

Nous t'adressons notre réponse aux articles de la lettre du 9 de ce mois relatifs aux deux commissions établies à la maison des postes.

Nous croyons devoir ajouter à ces réponses copie d'un arrêté des représentans du peuple dans les départemens des Bouches-du-Rhône, relatif aux lettres venant de l'étranger; c'est notre directeur à Aix qui nous l'a adressé.

1. La collection de ces registres est classée à la bibliothèque du ministère des postes et des télégraphes.

## RÉPONSE DE L'AGENCE DES POSTES

### QUELLE EST L'ORGANISATION DES DEUX COMMISSIONS SECRÈTES ÉTABLIES DANS LA MAISON DES POSTES?

L'une de ces commissions composée de trois membres, établie par arrêté du comité de Salut public en date du... surveille et visite les lettres arrivantes de l'étranger.

L'autre composée de six membres a été établie en vertu de l'arrêté du même comité en date du... surveille et visite les lettres destinées pour l'étranger et qui se sont trouvées accumulées dans les bureaux de postes frontières lors de l'interruption de notre correspondance avec les puissances ennemies de la République, ces mêmes lettres ayant été renvoyées à Paris, conformément à l'arrêté du comité de Salut public en date du...

Les lettres trouvées actuellement dans les boîtes des bureaux de postes de département et destinées pour l'étranger sont encore en ce moment renvoyées à Paris et remises à la dite commission en conformité du susdit arrêté.

On observe que les lettres partantes de Paris et adressées seulement chez les puissances ennemies sont remises à ladite commission.

### QUELS SONT LES MEMBRES QUI LES COMPOSENT?

La commission dite des trois est composée des citoyens Robert, Denis et Boitard:

Celle des six, des citoyens Maisoncelle, La Porte, Roussel, Bunel, Lafontaine et Chardin.

### LEUR TRAITEMENT?

Les agens des postes l'ignorent, ces citoyens n'étant point salariés par la caisse des postes.

### CELUI DES EMPLOYÉS QUI LEUR SONT ATTACHÉS?

Même réponse que la précédente; on observe de plus que les membres des deux commissions remplissent tous les mêmes fonctions et qu'ils n'ont chacun qu'un secrétaire pour le cachètement des lettres ouvertes.

### LEURS FONCTIONS SE BORNENT-ELLES A DÉCACHETER LES LETTRES QUI VONT A L'ÉTRANGER OU QUI VIENNENT? LES OUVRENT-ILS TOUTES SANS DISTINCTION DE CELLES QUI ÉMANENT DU COMITÉ DE SALUT PUBLIC OU QUI LEUR SONT ADRESSÉES?

Dans le mémoire que les agents des postes ont adressé au citoyen Cambacérès le..., ils observent que n'ayant jamais eu aucune part au travail des membres composant les deux commissions, ils ne pouvaient pas bien rendre compte de ce travail. Les agents des postes ont seulement remarqué que ces commissaires ouvrent indistinctement tout ce qui est adressé au nom individuel et ne peuvent assurer si les lettres adressées au comité de Salut public ou qui en émanent, sont assujetties à cette ouverture. On observe, en outre, que la commission des trois surveille particulièrement l'insertion des faux assignats dans les lettres et paquets, venant de l'étranger et que quand elle en trouve elle les fait vérifier avant de les remettre en circulation.

NE RENDENT-ILS COMPTE DE LEURS OPÉRATIONS QU'AU COMITÉ DE SALUT PUBLIC? QUAND ET DANS QUELLE FORME LE FONT-ILS?

La commission des trois est dans l'usage de dresser chaque jour un verbal par duplicata de la quantité de lettres qu'elle juge à propos de retirer des dépêches. L'un des ces procès-verbaux reste ès mains de l'agence; on croit que l'autre sert à rendre compte au comité de Salut public et qu'indépendamment de ce verbal, les commissaires produisent des extraits pour les articles qu'ils jugent à propos de soumettre au comité.

Quant aux opérations de la commission des six, elles consistent à remettre à l'agence et presque journellement une plus ou moindre quantité de lettres cachetées du sceau de la commission; ces lettres sont revêtues de l'adresse des signataires, et sont accompagnées d'une liste énonciative de cette quantité.

Au reste, les agens des postes ne savent point comment la commission des six procède dans son intérieur, quelle est la forme de son travail et comment elle en rend compte. On présume que c'est à la commission des transports, postes et messageries qui l'a installée à la maison des postes.

On pense que pour obtenir plus d'éclaircissement le comité doit appeler près de lui les membres des deux commissions afin de les interroger sur les diverses questions auxquelles on vient de répondre.

*Au citoyen Cambacérès, représentant du peuple, membre du comité de Salut public.*

11 pluviôse an III.

Le comité de Salut public nous a instruit par ton organe que sa correspondance avait été violée dans les bureaux des postes et qu'on y avait soustrait des valeurs-assignats insérées dans des lettres particulières.

Nous avons mûrement réfléchi sur ces objets importans. Ils nous ont suggéré les observations contenues dans le mémoire ci-joint, que nous le prions instamment de lire avant d'en référer au comité, d'autant que nous lui demandons un ordre nécessaire à l'exécution des moyens que nous proposons pour prévenir les abus dont on se plaint.

Nous croyons pouvoir nous flatter qu'il te mettra à même de justifier au comité notre zèle et notre surveillance pour le service qui nous est confié.

## MÉMOIRE

Le 23 du courant les agens nationaux de la poste aux lettres ont été appelés au comité de Salut public, section des relations extérieures, où le représentant du peuple, le citoyen Cambacérès, leur a dit:

Que des lettres et paquets venant de l'étranger pour le comité de Salut public par lui envoyés à l'étranger, notamment à Genève, avaient été violés et qu'il se commettait aussi des vols et soustractions d'assignats dans des lettres particulières confiés à la poste.

D'après cette plainte, les agens des postes ont cherché tous les moyens d'acquérir des renseignements capables de les éclairer et de satisfaire en même temps le comité, mais n'ayant point de données positives sur les délits attribués à la poste, ils ne peuvent que soumettre au comité les observations suivantes :

**1er objet : violation du secret des lettres.**

Il n'est point parvenû à la connaissance des agens des postes qu'aucuns de leurs employés se permettent d'ouvrir les lettres ni du gouvernement ni des particuliers, car si un de ces employés était seulement soupçonné de ce crime, non seulement il serait sur-le-champ évincé du service, mais l'agence des postes se ferait un devoir de rechercher sa conduite pour le dénoncer à la justice.

Les agens des postes observeront au comité que l'opinion publique a quelquefois taxé les employés des postes et même l'administration d'avoir violé le secret des lettres, mais on peut assurer que cette violation n'a jamais eu lieu que par le fait des autorités constituées qui en ont usé comme mesure de sûreté générale.

Dans ce moment même, il existe encore beaucoup de communes où des membres de comités de surveillance se transportent dans les bureaux de postes et exigent que les directeurs n'ouvrent qu'en leur présence les paquets de dépêches, et ces commissaires, après avoir examiné la généralité des lettres, gardent et rendent celles qu'ils jugent à propos.

Il existe ainsi dans la maison des postes à Paris deux commissions secrètes, l'une pour la visite et la surveillance des lettres arrivant de l'étranger et l'autre pour celles qui y sont adressées.

La 1re, composée de trois membres, est établie par ordre du comité de Salut public depuis le.....

La 2e, composée de six membres, est également établie par le comité de Salut public depuis le.....

Ces commissions, quoique dans la maison des postes, sont absolument distinctes et séparées de l'agence qui n'a aucune part à leurs opérations et ne communique jamais avec ses membres.

Ils rendent compte de leur travail au comité de Salut public qui les salarie.

Enfin si quelqu'un à la maison des postes peut connaître dans quel état arrivent les lettres et paquets venant de l'étranger, c'est la commission composée des trois membres.

Les seules dépêches arrivantes actuellement de l'étranger entrent en France par Huningue, Ferney, Pontarlier et Nice. Aussitôt que ces dépêches sont déposées par les courriers dans le bureau de Paris, elles sont remises ficelées et cachetées à ladite commission de sorte que les lettres qu'elles renferment ne sont touchées par les employés des postes qu'après leur examen et qu'il est facile de constater l'état des cachets avant que ces lettres soient remises au bureau de la distribution où elles ne séjournent d'ailleurs que très peu de temps.

Cependant, pour assurer de l'état dans lequel les lettres de l'étranger arriveront aux bureaux frontières, l'agence va charger les directeurs de ces bureaux de le constater et de lui en rendre compte exactement de même que pour connaître dans quel état aussi les lettres adressées au comité de Salut public seront remises.

**1er objet : violation du secret des lettres.**

L'agence observe d'abord sur ce premier objet qu'il n'est point à sa connaissance qu'aucun employé des postes se permette d'ouvrir les lettres ni du gouvernement ni des particuliers, que cette violation lorsqu'elle a lieu n'est le fait que des autorités constituées qui par mesure de sûreté générale se transportent dans les bureaux des postes, exigent de la part des directeurs l'ouverture des dépêches en leur présence, et ouvrent à volonté, gardent ou rendent les lettres qu'ils jugent à propos.

L'agence ignore si à Huningue, à Nice, à Ferney et à Pontarlier, seuls bureaux où arrivent les lettres étrangères actuellement, les autorités constituées font ces opérations soit à l'arrivée comme au départ. Elle écrit ce jour même aux directeurs de ces bureaux pour s'en informer, elle aura soin de rendre compte au comité de Salut public de ce qu'elle aura appris à cet égard.

La violation des lettres arrivantes de l'étranger ne peut avoir lieu par les employés de la poste à Paris, attendu que les dépêches des bureaux frontières ne sont point ouvertes par eux. Elles le sont par les membres de la comission secrète que le comité de Salut public a établie et salarie dans la maison des postes depuis, pour ouvrir et surveiller cette correspondance, ce n'est que plusieurs heures après qu'elles ont été entre les mains des membres de la commission qu'elles sont rapportées aux chefs des bureaux de la poste pour leur donner cours.

Afin de connaître l'état dans lequel sera remise à l'avenir aux employés des postes par la commission secrète, l'agence propose au comité de l'autoriser à dresser chaque jour un petit verbal imprimé qui lui serait remis avec les lettres. Ce verbal très court serait conçu en ces termes :

« L'agence des postes reçoit aujourd'hui des mains des membres de la commission de surveillance des paquets venant de l'étranger et fait passer au comité de Salut public (quantité) de lettres et paquets à son adresse dont (nombre) ont leurs cachets intacts, et (nombre) dont les cachets sont altérés venant de... »

Ce verbal servirait à prouver que l'altération des cachets (lorsqu'il y en aura de ce genre) n'aurait point été faite à Paris et donnerait à l'agence les soins de prendre des informations positives aux bureaux frontières qui les aurait reçues. Mais afin de ne rien laisser à désirer sur cette mesure, nous prions le comité de donner ordre aux membres de sa commission secrète séante aux postes de signer le verbal au moment de la remise qu'ils nous feront de ces lettres. Sans un ordre, il est à croire que la commission se refuserait à ce moyen qu'elle n'a pas suivi jusqu'à présent.

Quant à la violation des lettres adressées par le comité de Salut public aux agents de la République en pays étrangers, elle peut provenir de plusieurs causes : ou elles ont lieu au bureau du départ à Paris, ou elle a lieu au bureau frontière chargé de remettre les lettres aux courriers étrangers, ou elle a lieu dans le pays même par où elles passent avant que d'arriver au lieu de sa destination.

Si c'est en terre étrangère qu'elle a lieu, l'agence des postes n'y peut rien ; mais si ce délit se commet à Paris, elle y remédiera en chargeant les inspecteurs du bureau du départ à Paris, de constater au moment que les paquets du comité pour pays étrangers sont portés à la poste, l'état dans lequel ils seront remis, et en obligeant les directeurs des bureaux frontières qui les recevront à consulter également l'état dans lequel ils lui parviendront. Si ce moyen n'indique pas sur-le-champ à l'agence l'auteur de la violation, elle le mettra sans doute à portée d'en suivre la trace et de le découvrir.

Le comité rendra sans doute justice au zèle des agents en se persuadant de leur empressement à livrer les coupables de délits aussi graves.

**2e objet : vol et soustraction d'assignats renfermés dans des lettres.**

L'agence ne connaît que trop que des vols se commettent dans quelques bureaux des postes, puisqu'elle a déjà livré au glaive de la justice deux employés et un conducteur qu'elle est parvenue à force de peines et de soins à convaincre de ces crimes. Cependant il existe une vérité, c'est que toutes les plaintes qu'on porte à ce sujet contre les postes sont loin d'être toutes fondées.

Les vols des assignats envoyés dans des lettres par la poste sont vrais ou supposés.

Ils peuvent être supposés : 1° ou par ceux qui, devant en faire l'envoi, les gardent et prétendent couvrir leur mauvaise foi en disant et criant bien fort que leur paquet a été volé à la poste ; 2° ou par ceux qui, les ayant bien effectivement reçus, trouvent qu'il est de leur intérêt de le nier afin d'obliger leur débiteur à leur faire un second payement : dans l'un et l'autre cas la poste est accusée et assurément bien injustement.

Si les vols sont réellement existants, ils peuvent avoir été faits de trois manières :

Ou par un porteur infidèle avant de remettre le paquet à la poste ;

Ou par quelque employé des postes après que le paquet a été jeté à la boëte ;

Ou par les portiers et autres personnes dans les communes et par certains vaguemestres dans les armées à qui le paquet aura été livré par la poste, pour être remis au propriétaire.

De ces cinq hypothèses il n'y en a qu'une qui s'applique aux employés des postes aussi, en suivant cette proportion, sur cent plaintes qui s'élèvent contre les postes pour les assignats, il n'y en aurait que vingt qui pourraient être fondées contre les employés de cette agence.

S'il est difficile de reconnaître dans les quatre premières hypothèses les coupables du vol, il ne l'est pas moins dans la cinquième, c'est-à-dire dans celle où le vol aurait été véritablement commis à la poste et c'est ici que l'agence se trouve tous les jours dans l'impossibilité de prononcer avec justice.

Une lettre jettée à la boëte, soit qu'elle renferme ou ne renferme aucun effet, passe successivement si c'est dans les départements dans] les mains des employés et du directeur, et si c'est à Paris sur des bureaux composés ensemble de 300 commis ; si elle disparaît, si elle est soustraite par un de ces employés, on n'en porte plainte que longtemps après et comment alors deviner l'auteur du délit ?

Si elle arrive au bureau de sa destination, elle a souvent passé avant par des bureaux qu'on appelle de passe, où elle a été manipulée par divers commis, et enfin à sa destination elle est encore mise entre les mains du directeur, des employés et des facteurs, rien ne constate son existence, elle n'est portée et ne peut l'être sur aucun registre ; si elle disparaît, il n'en reste aucune trace, et l'agence se trouve sans moyen de découvrir parmi tant de mains celle qui a commis l'infidélité.

Si la lettre est chargée, sa soustraction devient plus difficile parce que le registre atteste son existence ; mais que peut le registre contre l'astuce de la mauvaise foi ?

Un bureau annonce à un autre bureau une lettre chargée. Le bureau qui devait la recevoir répond qu'il ne l'a point trouvée dans la dépêche, le 1er bureau assure l'y avoir inséré ; un des deux est fautif, un des deux a commis le vol, mais comment reconnaître le coupable ? les punir l'un et l'autre, chasser les deux directeurs, ce serait nécessairement être injuste envers l'un des deux et peut-être envers tous les deux, car un commis adroit au moment de la fermeture du paquet a pu faire disparaître la lettre sans que le directeur s'en aperçût, ou le courrier, avec des cachets contrefaits, aurait pu dans la route ouvrir *la* dépêche, en soustraire le chargement et la refermer ensuite de manière à n'être pas soupçonné.

Peut-être même, le bureau envoyeur du paquet chargé l'aura, par erreur, enfermé dans une autre dépêche que celle où il devait être, et avoir ainsi été cause involontaire de sa perte.

Tel est l'embarras où se trouve journellement l'agence ; obligée par la loi d'accorder aux réclamants d'une lettre chargée non rendue à sa destination une indemnité de 50 fr., elle est toujours dans une nouvelle peine pour savoir par qui elle doit la faire supporter; de quelque manière qu'elle prononce, c'est toujours avec incertitude et ce n'est qu'à force de peine et de soin que depuis 15 mois elle est parvenue à découvrir trois voleurs dont deux ont payé leur crime par la mort, le 3e par une condamnation à plusieurs années de gêne. L'un des trois jouissait dans sa commune de la meilleure réputation ; il était un des coryphées de la société populaire de Nantes, et il a été trouvé muni après 3 mois de recherches les plus secrètes et les plus actives de 175 m. [1] par lui volés dans des lettres.

Le comité de Salut public verra par ces détails que toutes les plaintes poussées contre la poste ne sont point toujours fondées, et que les infidélités qui se commettent réellement par des employés sont de nature à échapper à la vigilance la plus exacte et la plus ardente.

La poste est un établissement de confiance dans lequel tout homme ne devrait pas être indifféremment admis. La probité la plus exacte devrait être l'apanage de quiconque se voue à cet état, et dans un métier où il est si facile de commettre des infidélités et si difficile d'être pris sur le fait, le seul soupçon, la seule défiance devraient autoriser les chefs à écarter irrévocablement d'auprès d'eux tout employé de la probité duquel ils auraient quelque motif de douter.

Ce ne sera qu'en rendant aux chefs de cette partie l'autorité que le bien de la chose exige qu'ils ayent et qui leur manque qu'on pourra y établir l'ordre et l'exactitude nécessaire; mais surtout il serait bien à désirer que le public et tout fonctionnaire de l'État, jaloux de se conformer à la loi des 23 et 24 juillet 1793 s'abstinssent de renfermer des assignats dans les lettres et voulussent se résoudre à faire tous leurs envois à découvert. Alors l'objet de la soustraction des lettres n'existerait plus, la cupidité de certains hommes ne serait plus excitée. Les infidélités n'auraient plus lieu, les plaintes cesseraient et la poste, cet établissement si utile et qui ne peut subsister que par la confiance publique, ne cesserait plus de la mériter.

## COMITÉ DES TRANSPORTS, P. ET M. DE LA CONVENTION NATIONALE.

27 pluviôse.

L'agence nationale des postes aux lettres a reçu, en différentes circonstances, des réclamations soit de la part des directeurs et même des communes relativement à la violation du secret des lettres.

Les comités révolutionnaires et quelquefois les communes s'arrogeaient le droit d'inspecter les lettres et de soustraire celles qu'ils jugeaient à propos. Souvent

1. Il s'agit, sans doute, de 175 mandats.

cette inspection se faisait successivement par les diverses autorités constituées et quelquefois simultanément.

L'agence a cru de son devoir d'envoyer copie des pièces de chaque réclamation qui lui parvenait, à la 7e commission exécutive; elle l'a fait; la commission, à son tour, a communiqué à l'agence les réclamations qui lui étaient adressées immédiatement par les comités de la Convention.

L'agence n'a cessé de demander un mode général et uniforme qui pût tout à la fois assurer le salut de la République, inspirer la confiance aux citoyens qui font le dépôt de leurs lettres et rendre aux directeurs la tranquillité dont ils doivent jouir en remplissant leurs fonctions avec zèle et intégrité.

La commission en a reconnu la nécessité, mais sans doute des circonstances plus impérieuses encore que l'objet de notre demande ont retardé l'exécution d'un plan général et uniforme.

Le maire de la commune de Donne-Marie écrit, en date du 24 du même mois, que le comité révolutionnaire qui d'abord avait commencé à inspecter les lettres en sa présence, voulait les emporter au comité sans permettre au directeur d'en faire le compte; le 28 du même mois, il fait l'envoi de la copie d'un arrêté dudit comité, en date du 27, portant que deux de ses membres se transporteront au bureau de poste à l'ouverture des paquets et emporteront toutes les lettres au comité pour y être inspectées et ensuite reportées à la poste.

Suivent les différentes époques auxquelles l'agence a reçu des réclamations depuis le 9 thermidor an 2e.

Avant cette date, cet usage était universellement établi et depuis le 9 du mois, beaucoup de directeurs dans les communes desquels il existe encore, ont gardé le silence croyant que cette mesure était autorisée par une loi.

Le 6 thermidor an 2, le directeur des postes à Sedan adressa à l'agence l'extrait d'un arrêté du comité révolutionnaire de cette commune, portant que les lettres et paquets chargés venant de l'étranger ou des frontières seront visités, mais que ledit arrêté n'aura son exécution qu'après avoir été revêtu de la sanction du représentant du peuple Levasseur.

Le directeur des postes à Brienne écrit le 1er fructidor, que les commissaires nommés pour inspecter les lettres ne se rendent pas aux heures indiquées et que le service éprouverait de grands retards.

Le bien du service l'engagea à faire des représentations aux commissaires qui d'abord parurent les accueillir en lui permettant de commencer l'ouverture des paquets en son absence, mais bientôt cette permission fut désavouée et on lui fit éprouver les plus grands désagrémens.

Le 2 du même mois, l'agent national du district de Boussac écrit à l'agence pour lui demander si les commissaires de surveillance, les officiers municipaux, les administrateurs et agens de districts ont le droit d'inspecter les lettres.

Envoi par le directeur de Dijon d'un état de 22 lettres saisies par sa commune, pendant les mois de thermidor et fructidor.

Le 19 brumaire an 3me, renvoi d'une lettre du citoyen Fennon adressée au comité de commerce de la Convention et transmise à l'agence par la commission par laquelle il se plaint de ce que les comités de surveillance brisent le sceau des lettres.

Le 22 du même mois, envoi d'une lettre du directeur de la Rochefoucauldt adressée au comité de Salut public et transmise à l'agence par laquelle il se plaint de ce que l'agent national du district exige que les dépêches lui soient présentées pour en faire la visite.

Le 13 frimaire, envoi d'une lettre à la commission du directeur de Quintin qui expose l'embarras où il se trouve à l'égard des autorités constituées qui veulent inspecter les lettres.

Le directeur de la Mortagne, le 22 du même mois, fait part à l'agence qu'un ou plusieurs membres de plusieurs autorités constituées tantôt séparément et tantôt simultanément se présentent pour inspecter les lettres, qu'ils ouvrent celles qu'ils jugent à propos et que la même inspection a lieu au départ des courriers.

Le 24 du même mois, le directeur des postes à Chateaubriand fait passer à l'agence la copie d'un arrêt du comité de surveillance de cette commune portant que deux membres se transporteront au bureau de poste pour y retirer les lettres et paquets adressés à des personnes détenues ou suspectes desquels ils donneront un reçu au directeur et que les lettres qui devront être remises à leur destination seront fermées et scellées du cachet du comité de surveillance.

Le 26 nivôse, le directeur des postes à Domfront a communiqué un arrêté du comité révolutionnaire de cette commune du 23 du même mois, portant en substance que les paquets et lettres ne pourront être ouverts et distribués qu'en présence d'un des membres dudit comité et que les lettres et paquets adressés aux autorités constituées et papiers nouvelles seront délivrés sur-le-champ à l'arrivée du courrier même de la nuit.

Le maire, officiers municipaux et l'agent national de la commune de Bonnières, district de Mantes, ont adressé le 15 pluviôse, une pétition énergique à l'agence par laquelle ils demandent la suppression de deux commissaires nommés avant le 9 thermidor, pour inspecter les lettres dont l'un en démence et l'autre compagnon menuisier, toujours ivre, voyant partout du suspect, que la municipalité, pour inconduite, a été obligé de chasser de son sein.

Le directeur de Dreux écrit à l'agence en date du 16 pluviôse qu'un nouveau comité de surveillance vient d'être nommé et que le 14 et le 15 ils ont voulu inspecter les lettres à l'arrivée du courrier.

Enfin le directeur de Rethel en date du 27 du même mois demande à l'agence si les commissaires ont toujours le droit de venir inspecter les lettres à leur arrivée; il observe qu'à Reims cette inspection n'a plus lieu.

## LE COMITÉ DE SURETÉ GÉNÉRALE.

28 pluviôse.

Citoyens,

Nous croyons devoir mettre sous vos yeux le paquet ci-joint venu de Bruxelles à notre adresse, sans missive ni aucun avis; après l'avoir ouvert, nous y avons trouvé le paquet que vous y verrez sous le timbre de Bâle, tout ouvert comme il l'est sans autre papier que le journal qu'il contient. S'il nous vient ultérieurement quelqu'avis sur cet envoi, nous vous en ferons part.

*Au citoyen Bion, membre du Comité d. T. P. et M.*

Du 29 pluviôse.

Citoyen,

Nous t'adressons les diverses pièces que vous nous avez demandées tant relativement à l'établissement des deux commissions qui existent à la maison des postes pour la vérification des lettres de l'étranger, que par rapport aux différentes violations du secret des lettres dans les départements; nous y joignons aussi un mémoire contenant un projet de décret ainsi que des pièces relatives à deux réclamations de sommes insérées dans des lettres qui sont parvenues à leurs destinations revêtues du cachet de l'une de ces commissions.

*Les membres composant le Comité des T. P. et M. de la Convention nationale.*

Du 1er ventôse.

Citoyens représentans,

Nous vous transmettons la copie d'une lettre du citoyen Martin l'aîné, de la commune de Cette, qui se plaint de recevoir ses lettres décachetées ou recachetées ; cette lettre, citoyens, vient à l'appui du mémoire que nous vous avons remis à ce sujet, et prouve que la violation du secret des lettres a encore lieu dans diverses communes de la République.

*État des différens bureaux qui ont envoyé des notes sur la violation du secret des lettres communiquées le 29 pluviôse dernier au Comité des T. P. et messageries sur sa demande.*

| | |
|---|---|
| Sedan . . . . . . . . . . . . . . . . . . . . | Le 6 thermidor an 2e. |
| Donnemarie . . . . . . . . . . . . . . . . . | 24 d° |
| Brienne . . . . . . . . . . . . . . . . . . | 1er fructidor. |
| Dijon . . . . . . . . . . . . . . . . . . . | Therm. et fructidor. |
| Boussac . . . . . . . . . . . . . . . . . . | 2 fructidor. |
| L'Orient . . . . . . . . . . . . . . . . . . | 19 brumaire. |
| La Rochefoucault. . . . . . . . . . . . . . | 22 brumaire an 3e. |
| Quintin . . . . . . . . . . . . . . . . . . | 13 frim. an 3e. |
| Mortagne . . . . . . . . . . . . . . . . . | 22 d° |
| Château-Briand. . . . . . . . . . . . . . . | 24 d° |
| Domfront . . . . . . . . . . . . . . . . . | 26 nivôse. |
| Bonnières . . . . . . . . . . . . . . . . . | 15 pluviôse. |
| Dreux . . . . . . . . . . . . . . . . . . . | 16 d° |
| Rethel. . . . . . . . . . . . . . . . . . . | 23 d° |
| Depuis l'envoy au comité. | |
| Cette . . . . . . . . . . . . . . . . . . . | Cette réclamation a été envoyée séparément le 1er de ce mois au comité et à la commission. |
| Rouffach. . . . . . . . . . . . . . . . . . | 7 ventôse. L'envoi n'est pas encore fait à la commission ni au comité. |
| Mortagne-l'Orme. . . . . . . . . . . . . . | 17 germinal an 3e. |

Le directeur envoie une copie d'un arrêté du corps municipal portant qu'il sera nommé deux de ses membres pour assister à l'ouverture et à la fermeture des dépêches et inspecter toutes les lettres qui pourront paraître suspectes.

# DIRECTOIRE EXÉCUTIF

(27 octobre 1795 au 9 novembre 1799.)

Tarif de la poste aux lettres. — Saisie des correspondances en provenance ou à destination des pays occupés par les Chouans. — Poste aux lettres et messageries. — Situation du service des postes d'après le mémoire présenté par les administrateurs. — Plaintes portées contre les administrateurs : Mémoire en réponse. — Nouveau tarif de la poste aux lettres. — Mise en ferme de la poste aux lettres. — Suppression des franchises. — GAUDIN, commissaire du Directoire près l'administration des postes. — Bail à ferme du produit de la poste aux lettres. — Monopole. — Tarif de la poste aux chevaux.

Les cinq *directeurs* élus, La Révellière-Lépeaux, Carnot, Rewbell, Letourneur et Barras, prirent le pouvoir au milieu de circonstances difficiles. La Vendée relevait la tête et la guerre étrangère était loin d'être terminée.

LOI DU 6 NIVÔSE AN IV (27 DÉCEMBRE 1795) CONTENANT UN NOUVEAU TARIF DE LA POSTE AUX LETTRES. — RAPPORT LEBRETON.

La déplorable situation des finances fit sentir la nécessité d'augmenter les revenus du trésor et de rétablir l'équilibre entre les recettes et les dépenses. La loi du 6 nivôse an IV, qui éleva les tarifs de la poste aux lettres, de la poste aux chevaux et des messageries fut un des moyens employés pour atteindre ce résultat.

Lorsque la loi vint en discussion au conseil des Anciens, dans la séance du 4 nivôse, l'assemblée nomma pour l'examiner les représentants Lacuée, Johannot, Lebrun, Lecoulteux et Lebreton. Ce dernier fit, dans la séance du 6 nivôse, un rapport dont nous citerons le passage suivant :

Par l'insuffisance du tarif actuel, on avait calculé dans le courant du mois dernier que les indemnités des maîtres des postes devaient monter à 1 752 millions pour une année. La perte sur les transports des messageries s'élevait, en même temps, à près de 5 millions par jour, et les produits de la poste aux lettres étaient presque nuls.

Cet écroulement de la fortune publique est trop considérable pour ne pas fixer les regards du gouvernement. Le tarif qui vous est présenté dans les trois résolutions soumises à votre examen, a pour objet d'y apporter remède.

A-t-on choisi des moyens convenables? A-t-on l'espoir d'égaler ou du moins de rapprocher la recette de la dépense? Convient-il dans les circonstances actuelles, de chercher ce niveau? Telles sont les questions que la commission a cru devoir examiner et qu'elle a prises pour bases de sa décision.

Plus les finances sont embarrassées, plus les circonstances deviennent impérieuses et plus elles exigent le niveau ou du moins une sorte de rapprochement entre la recette et la dépense; cependant nous remarquons d'abord que le produit des postes et messageries ne doit se calculer actuellement qu'en raison de l'activité du service et de la qualité des objets qui se transportent; or il est certain qu'il circule beaucoup moins qu'autrefois, par les voitures publiques, de ces objets de détail, de luxe ou d'aisance, qui rapportent le plus. Le service est tellement ralenti qu'à peine les voitures qui opéraient leurs retours en 15 jours, peuvent les effectuer en un mois ou un mois et demi.

A cette première considération qui répond à ceux qui recherchent les 12 ou les 14 millions de produit de 1790, nous ajouterons que l'état de la fortune publique, sans être pour le moment aussi satisfaisant qu'on peut le désirer, offre des ressources assurées; que rien ne nous empêche de déférer à la situation actuelle des choses et de sacrifier quelques sommes toujours avantageusement placées, lorsqu'elles servent à assurer le service national et à entretenir les communications et la circulation dans l'État.

Mais votre commission chargée de l'examen des trois résolutions n'a point pris pour base de l'opinion la nécessité de faire des sacrifices; elle s'est convaincue par des calculs incontestables, que les produits doivent à peu près couvrir la dépense et que s'il y a encore quelque différence, elle est fondée sur des principes d'utilité générale qu'on ne doit jamais perdre de vue dans un bon gouvernement.

Par exemple, on avait été frappé de la fixation dans la taxe des lettres à un prix en assignat qui ne représente que dix capitaux pour un, tandis qu'on ne reçoit l'assignat qu'à cent capitaux pour un dans l'emprunt forcé.

Cette considération doit entraîner tous les esprits qui seraient encore dans l'indécision. A ce prix de dix capitaux pour un de la taxe des lettres, il est prouvé que le poids d'un quintal paie 32 000 livres. Cette somme est énorme en comparaison du prix de tous autres transports.

Originairement le tarif de la poste aux lettres a été calculé au vingtième de la dépense qu'est censé faire le commissionnaire allant à pied et aux moindres frais possibles. Mais les relations sont tellement multipliées aujourd'hui qu'il est possible de ne pas s'arrêter à des calculs si rigoureux et qu'on peut ne raisonner que sur le poids en masse, excepté pour les petits bureaux que l'une des résolutions permet de supprimer.

Enfin l'on doit considérer que les riches, les gros capitalistes, les gens de commerce et les faiseurs d'affaires ne sont pas les seuls à recevoir des lettres.

Nos défenseurs qui sont aux frontières, leurs familles entretiennent aussi des correspondances qu'il convient de favoriser. Nous avons par conséquent des motifs de nous consoler, lors même que nos finances éprouveraient des pertes sur la taxe *modérée* des lettres.

Après tout, si l'on veut tirer un grand parti des lettres, que n'abolit-on les franchises et les contre-seings?

A quoi bon établir ou laisser subsister des privilèges? Ne peut-on pas charger les administrations d'employer les frais de leurs ports de lettres comme objets de dépenses, ainsi que leurs frais de bureaux ?

Mais ceci n'est présenté que comme observation ; il nous suffit de savoir que le *bas prix des lettres* est capable de couvrir la dépense, pour adopter la résolution relative à cet objet.

C'est à la suite de ce rapport que fut votée la loi du 6 nivôse an IV.

Nous allons voir si les nouvelles taxes étaient aussi *modérées* que le déclarait le rapporteur.

L'article 1er éleva ainsi qu'il suit le port de la lettre simple dans l'intérieur :

1° Distance jusqu'à 50 lieues, taxe élevée de 10 sous à 2 livres 10 sous;
2° De 50 à 100 lieues, 15 sous à 5 livres;
3° De 100 à 150 lieues, 1 livre à 7 livres 10 sous;
4° Au delà de 150 lieues, 1 livre 5 sous à 10 livres.

La taxe des lettres échangées entre les départements et Paris fut fixée à 5 livres.

Les lettres simples de Paris pour Paris furent taxées 15 sous.

Entre Paris et la banlieue, la taxe fut élevée à 1 livre 10 sous.

Les lettres pesant demi-once furent taxées au double de la lettre simple;

Celles de trois quarts d'once, au triple;

Celles d'une once, au quadruple; et ainsi de suite en suivant la même progression.

Le port des journaux et feuilles périodiques fut fixé à 1 livre 10 sous par feuille d'impression.

Celui des livres brochés à 2 livres 10 sous par feuille d'impression.

Ce tarif vécut six mois!

ARRÊTÉ DU DIRECTOIRE DU 27 NIVÔSE AN IV (17 JANVIER 1796) EXIGEANT LE SERMENT POLITIQUE DES FONCTIONNAIRES ET AGENTS.

Quelques jours après, le 27 nivôse an IV (17 janvier 1796), le Directoire prescrivit que tous les chefs d'administrations civiles et militaires exigeraient de tous leurs agents, à l'occasion de la fête qui devait être célébrée le 21 janvier, jour anniversaire de l'exécution de Louis XVI, le serment écrit d'être sincèrement attachés à la République et de vouer une haine éternelle à la royauté.

ARRÊTÉ DU DIRECTOIRE DU 27 NIVÔSE AN IV (17 JANVIER 1796) ORDONNANT QUE TOUTES LES LETTRES EN PROVENANCE OU A DESTINATION DES PAYS OCCUPÉS PAR LES CHOUANS SERONT INTERCEPTÉES.

Par un second arrêté du même jour (27 nivôse), le Directoire ordonna que toutes les lettres en provenance ou à destination des pays occupés par les Chouans seraient interceptées.

Voici, du reste, le texte de cet arrêté :

ARTICLE PREMIER. — Dans les bureaux de poste les plus limitrophes des communes sous la domination des Chouans, tous paquets et lettres venant de ces communes ou destinés pour elles y seront retenus.

ART. 2. — Ils seront ouverts journellement et lus en présence de deux commissaires nommés par le département dans l'arrondissement duquel seront situés les bureaux de poste dont il s'agit.

ART. 3. — Ces commissaires saisiront les lettres et paquets qui leur offriront des objets dangereux et contraires à la chose publique, dresseront sur-le-champ, procès-verbal des lettres et paquets saisis, adresseront le tout à l'administration du département laquelle le fera passer au ministre de l'Intérieur.

ART. 4. — Les citoyens des communes au pouvoir des brigands pourront venir ou envoyer retirer au dit bureau les lettres ou paquets à leur adresse et ils leur seront remis, s'il y a lieu, après avoir été lus, comme il est dit dans l'article précédent.

ART. 5. — Les dits commissaires laisseront suivre la destination pour l'intérieur des lettres ou paquets dont le contenu ne leur aura présenté rien de préjudiciable à la chose publique.

Un nouvel arrêté du 20 ventôse suivant ordonna que les lettres saisies devraient être transmises non au ministre de l'intérieur, mais au ministre de la police générale.

LOI DU 6 MESSIDOR AN IV (24 JUIN 1796) CONTENANT UN NOUVEAU TARIF POUR LA POSTE AUX LETTRES ET LES MESSAGERIES.

Après une expérience de six mois seulement, on reconnut l'impossibilité de maintenir plus longtemps le tarif du 6 nivôse.

Loin de se combler, le déficit se creusait de plus en plus, conséquence de toute élévation excessive de tarif. Nous lisons, en effet, dans les considérants de la loi du 6 messidor an IV qui abrogea et remplaça celle du 6 nivôse :

Le conseil des Cinq-Cents......... considérant que le service des postes et messageries présente un déficit dans ses recettes comparées aux dépenses, ruineux pour le Trésor national et qu'il est aussi pressant qu'utile d'améliorer le produit de ce service, déclare qu'il y a urgence...

La nouvelle loi éleva le poids de la lettre simple du quart d'once jusqu'à la demi-once et réduisit les taxes dans une très forte proportion.

La taxe de la lettre simple fut fixée de la manière suivante, d'après les distances calculées du point central d'un département à un point central des autres départements, comme l'avait prescrit la loi du 22 août 1791 ;

Jusqu'à 50 lieues, le port de la lettre simple fut abaissé de 2 livres 10 sous à 3 décimes (ou 6 sous);

De 50 à 100 lieues, de 5 livres à 5 décimes (ou 10 sous);

De 100 à 150 lieues, de 7 livres 10 sous à 7 décimes (ou 14 sous);

Au delà de 150 lieues, 10 livres à 9 décimes (ou 18 sous);

Les lettres de et pour l'étranger étaient taxées moitié en sus des lettres de et pour la France et suivant les proportions des quatre distances établies pour les lettres de la France et sans égard aux fractions qui seraient toujours calculées en faveur de la taxe.

Aux termes de l'article 5, la taxe urbaine (banlieue comprise) était de moitié de celle de la lettre simple dans la première distance, pour les lettres du poids de moins d'une once. Elle était de 2 décimes (ou 4 sous) en sus par once, pour les paquets.

La taxe des *ouvrages périodiques* était, pour chaque feuille d'impression et au-dessous, de 5 centimes pour la ville où le journal était déposé ainsi que pour la banlieue et de 1 décime pour toutes les autres distances. Le port devait en être payé à l'avance, sinon les correspondances étaient versées aux rebuts.

Les lettres chargées étaient taxées au double et le port devait en être payé à l'avance. L'indemnité en cas de perte, ne pouvait dépasser 50 francs par chaque lettre. Cette indemnité n'était pas due en cas d'insertion frauduleuse dans les lettres chargées de papier-monnaie, de matières d'or ou d'argent ou de bijoux.

Les imprimés ou brochures autres que les journaux ne pouvaient être transportés par la poste qu'autant que la taxe en aurait été payée à l'avance au tarif des lettres.

Le transport des espèces par la poste devait continuer à avoir lieu à découvert à raison de 5 pour 100. L'indemnité en cas de perte était la même que pour les lettres chargées.

L'article 11 contenait cette disposition singulière, qu'au-dessus de un franc, la taxe des lettres ou paquets serait payée en mandat « valeur représentative du prix de 10 livres de blé-froment pour chaque franc de taxe.

Comme l'a fait remarquer M. de Foville, c'était la monnaie à la mode et le législateur s'évertuait à faire tout payer de cette façon, depuis l'impôt foncier jusqu'au salaire des nourrices!

LOI DU 4 THERMIDOR AN IV (22 JUILLET 1796) RÉDUISANT LA TAXE DES OUVRAGES PÉRIODIQUES, BROCHURES, JOURNAUX, CATALOGUES OU PROSPECTUS.

La loi du 4 thermidor an IV modifia les articles 6 et 9 de la loi du 6 messidor fixant la taxe des ouvrages périodiques, journaux, brochures, prospectus ou catalogues.

Le conseil des Cinq-Cents avait fait précéder le texte de la loi des considérants suivants :

Le conseil des Cinq-Cents, considérant qu'il importe de faciliter la circulation des ouvrages périodiques, brochurés, catalogues et prospectus tant pour encourager la libre communication des pensées entre les citoyens de la République que pour augmenter le total du revenu public.....

Quant au nouveau tarif, il fut fixé ainsi qu'il suit par l'article 2 de la loi :

Il sera payé à compter de ce jour, d'avance et en numéraire métallique, pour chaque feuille d'ouvrage périodique ou journal, quatre centimes, et pour les livres brochés, catalogues ou prospectus réunis sous bandes cinq centimes pour chaque feuille ; la moitié de cette somme pour chaque demi-feuille et le quart pour chaque quart de feuille.

LOI DU 5 THERMIDOR AN IV (23 JUILLET 1796) ACCORDANT LE BÉNÉFICE DE LA FRANCHISE AUX MILITAIRES ET MARINS EN ACTIVITÉ DE SERVICE.

Une loi du 5 thermidor an IV accorda le bénéfice de la franchise postale aux militaires soit de terre, soit de mer, en activité de service, présents sous les drapeaux et sous les pavillons de la République.

SITUATION GÉNÉRALE DU SERVICE DES POSTES D'APRÈS LE MÉMOIRE DES ADMINISTRATEURS DES POSTES (VENDÉMIAIRE AN V).

Lors de la discussion au conseil des Cinq-Cents de la loi du 6 messidor an IV sur le service des postes et messageries, quelques orateurs, en émettant leur opinion en faveur du système des *fermes* contre celui des *régies*, avaient avancé que « les régisseurs de ces établissements étaient coupables de dilapidations épouvantables, d'insouciance, d'impéritie et d'œuvres criminelles, ou tout au moins vicieuses, au moyen desquelles ils avaient amassé des fortunes scandaleuses ».

Bien que ces accusations eussent été combattues à la tribune par d'autres orateurs, elles furent répétées dans plusieurs journaux de manière à émouvoir l'opinion publique.

Les cinq administrateurs de la poste aux lettres Rouvière, Caboche, Mouillessaux, Lebarbier et Carouge ne voulurent pas rester sous le coup de semblables imputations et publièrent au mois de vendémiaire an V un mémoire en réponse à ces attaques.

Nous relevons dans ce mémoire[1] les précieux renseignements qui suivent sur la situation générale du service des postes :

. . . . . . . . . . . . . . . . . . . . . . . . . . . . . . .

... L'administration des postes et messageries est divisée en trois sections. Celle des postes aux lettres est composée de cinq administrateurs, celle des relais de deux et celle des messageries de quatre. Chacune de ces sections régit séparément le service qui lui est propre.

Il ne s'agira ici que de la section des lettres; les autres sections trouveront comme elle dans leur conduite les moyens de détruire les inculpations à leur charge.

Les dilapidations épouvantables reprochées aux régisseurs partent de l'époque de cinq années. On a prétendu que, depuis ce temps, il en a coûté des sommes énormes au trésor public.

Vérifions si ce reproche est fondé.

La régie nationale des postes a commencé au premier janvier 1792. A cette époque, les régisseurs étaient chargés de la généralité des recettes et des dépenses.

A dater du premier janvier 1793, cet ordre de choses changea. Les directeurs des départements durent, en vertu de la loi du 19 septembre 1792, verser le net de leurs recettes dans les caisses de district, à la déduction de leurs appointements et du salaire des entrepreneurs de transport des dépêches sur les routes non servies en poste.

Le gouvernement, qui, avant 1792, ne laissait à la charge de l'administration, dans le payement des chevaux de poste employés à la conduite des malles, que trois sous par cheval et par poste, se chargea de la dépense entière; il la fit payer d'abord par les receveurs des districts, et dix mois après, il en fit remettre les fonds aux régisseurs, pour en faire la distribution aux maîtres de poste.

Les régisseurs, dès ce moment, n'eurent à leur disposition que les produits de la recette à Paris, sur lesquels ils durent payer, savoir : les traitements des employés et les frais de bureaux de Paris; ceux des courriers des malles en poste dans toute l'étendue de la République, y compris les guides, ceux de l'entretien des voitures-malles et les dépenses de route des inspecteurs chargés de la mission.

(Suivait le détail de l'ordonnancement de ces différentes dépenses.)

On peut juger par ces détails aussi simples que vrais s'il existe pour les régisseurs des moyens de dilapider la fortune publique et d'amasser par des œuvres criminelles des fortunes scandaleuses.

Cette assertion avancée à la tribune des Cinq-Cents sera complètement détruite par l'aperçu des dépenses des régisseurs pour chacune des cinq années de la régie nationale :

1. Document classé à la bibliothèque du ministère des postes et des télégraphes.

**Aperçu des dépenses faites par les régisseurs des postes aux lettres.**

| ANNÉES de GESTION. | NATURE des DÉPENSES. | INDICATION des DÉPENSES de 1790 pour servir de comparaison à celles de la régie. | SOMMES DÉPENSÉES pendant chaque année de régie, provenant : DES PRODUITS. | | DES DENIERS de subvention du Trésor national. | | RÉDUCTION EN VALEUR de 1790 au cours moyen de l'assignat pendant l'année. | DIFFÉRENCE EN VALEUR MÉTALLIQUE des dépenses faites par la régie à celles faites en 1790. | | VERSEMENTS EN ASSIGNATS FAITS | |
|---|---|---|---|---|---|---|---|---|---|---|---|
| | | | assignats. | numéraire | assignats. | numéraire | | en plus | en moins. | par les régisseurs au Trésor. | par les directeurs aux receveurs des districts. |
| | | liv. | liv. s. d. | liv. | liv. | liv. | liv. s. d. | | liv. s. d. | liv. s. | liv. |
| 1792 | Toutes celles d'exploitation sans aucune exception. . . . . . . | 1 654 961 | 6 887 172 12 11 | » | » | » | 1 132 303 7 8 | » | 522 657 12 4 | 6 024 393 13 | » |
| Exercice de 29 mois 21 jours, du 1er janvier 1792 au 1er vendémiaire an III . . . . | Traitement des employés, des frais de bureau à Paris, frais des courriers de malles en poste et de missions des inspecteurs . . . . . . . . . . . | 4 201 292 | 7 035 510 » » | » | » | » | 2 622 947 10 » | » | 1 578 344 10 » | » | 14 185 080 |
| An III . . . | Traitement des employés, des frais de bureau à Paris, frais des courriers de malles en poste et de missions des inspecteurs et autres extraordinaires pour la construction des voitures nécessitées pour le transport des lois. . . . . . | 2 435 532 | 13 103 694 » » produits de l'an III; 3 689 540 » » pris sur l'an IV. | » | 982 121 | » | 679 950 13 » | » | 1 755 581 7 » | » | 6 268 862 |
| An IV . . . | Toutes les dépenses d'exploitation, à l'exception du paiement des chevaux employés à la conduite des malles-poste. Nota. — En 1790, ce dernier objet était compris dans les dépenses de cette année pour 105 000 livres dont les 2/3 sont prélevés ci-contre pour les 9 mois ci-désignés. | 3 412 471 | 68 632 729 » » | 222 542 | 36 188 168 | 3 623 414 | 969 271 » » | » | 2 443 200 » » | » | » |

Il résulte de ce tableau qu'il est faux que la régie des postes ait été onéreuse au gouvernement jusqu'en l'an 4e; qu'au contraire, la dépense de chacune de ces années, réduite en valeur métallique, a été inférieure à celle de 1790; qu'en conséquence, il ne s'est commis et n'a pu se commettre par les régisseurs aucune dilapidation ni épouvantable, ni énorme, ni d'aucun genre; que le gouvernement a retiré des postes, pendant tout ce temps, un revenu aussi avantageux qu'il pouvait l'espérer de la non-valeur qu'il se croyait obligé de laisser aux prix des lettres et que si, dans les neuf premiers mois de la cinquième année de la régie, qui font partie de l'an quatre républicain, le trésor national a dû supporter des dépenses sans retirer de produits, c'est parce que le prix moyen de la lettre à cette époque, n'étant que la quarantième partie de celui de l'an 1790, il était physiquement impossible de faire avec trente-neuf quarantièmes de moins qu'en 1790, les dépenses et les versements qui avaient lieu à cette époque[1].

... Plus de deux cents lettres écrites par les régisseurs aux commissaires du pouvoir exécutif dans les différens départemens, après avoir épuisé leurs propres moyens, prouveraient leur constante sollicitude à poursuivre l'apurement de la comptabilité des départemens, retardée par l'incurie, l'ignorance et la mauvaise volonté d'un grand nombre d'agens successivement nommés et révoqués, pour la plupart à l'insu de l'administration, par l'incarcération, la fuite ou la mort de ceux qu'ils remplaçaient, par les effets de l'invasion de quelques parties du territoire de la République et plus encore par les ravages de la guerre de Vendée et autres départemens, qui ont occasionné l'adhirement et la perte totale d'un grand nombre de registres, de pièces comptables et de dépêches; enfin par le défaut de cautionnement et par la double comptabilité des directeurs envers l'administration et les receveurs de district. Il n'y a donc pas à s'étonner qu'au milieu de tant de causes de désordre, les régisseurs ne puissent pas encore produire un compte général.

Si, par le tableau de l'aperçu des dépenses, les régisseurs ont évidemment prouvé la fausseté de l'accusation faite contre eux en dilapidation des sommes mises à leur disposition, ils prouveront d'une manière aussi victorieuse, par un autre calcul, que le reproche qui leur est fait d'avoir créé sans nécessité une nuée d'employés, n'a pas plus de fondement :

En 1790, les employés des postes, tant à Paris que dans les départemens, étaient au nombre de 2950. Ils sont au nombre de 4192, partant il y a eu augmentation de 1242. Dans ce nombre, environ 250 sont attachés à 215 bureaux ou créés depuis 1790 dans les chefs-lieux de district, ou réunis à la France avec le territoire sur lequel ils sont situés.

En exécution de la loi du 22 août 1791, il a fallu placer dans les bureaux de chaque chef-lieu de département un contrôleur : cette disposition a exigé une augmentation de 80 employés; quant aux autres placés tant à Paris que dans les différens bureaux de la République, on concevra facilement la nécessité de leur création, si l'on considère les circonstances qui y ont donné lieu. Quatorze armées

1. Le prix moyen de la lettre, en 1790, était de 10 sous numéraire. Dans l'an IV, il a été, pendant trois mois, de 17 sous 6 deniers assignats et ensuite de 6 livres. Ces prix ne représentaient, au cours de l'assignat, qu'environ 3 deniers. Or 3 deniers font la quarantième partie de 10 sous. Conséquemment la recette des postes, en l'an IV, a été réduite, par l'effet des tarifs et de la dépréciation du signe monétaire, au quarantième de ce qu'elle était en 1790.

Dans cette même année 1790, la dépense de la Régie est montée environ au tiers de la recette. Conséquemment les lettres, au prix moyen de 10 sous, ont coûté, l'une portant l'autre pour être remises à leurs destinations, environ le tiers de leur valeur. Mettons-les

composées de douze cent mille hommes, entretenant la correspondance la plus active avec leurs parens, leurs amis, produisant une circulation de papier-monnaie et d'espèces soixante-dix fois plus forte qu'avant la guerre, et donnant par conséquent aux postes un travail considérable par leurs changements rapides et fréquens, de villes, de camps, de bataillons, divisions, etc., n'ont pu être desservies par le même nombre d'hommes qui existaient dans les bureaux avant cette époque. Le service devenu journalier sur toutes les routes de France, les bulletins des lois et 80 000 exemplaires de journaux partant de Paris tous les jours, pour les départemens, le mauvais travail des hommes nouveaux dans la partie des postes, qu'on a tout à coup substitués aux anciens directeurs, en vertu d'une loi subversive de tout principe de bonne administration; la privation d'un grand nombre de bons employés, enlevés par la réquisition et leur remplacement forcé par des personnes inexpérimentées, enfin les absences occasionnées par les gardes militaires : telles sont les causes légitimes de l'accroissement du nombre des employés qu'on reproche à l'administration.

... L'augmentation des commis n'ayant été nécessitée que par les circonstances et surtout par celles de la guerre, il n'est pas douteux qu'à la paix on ne puisse en réduire le nombre, déjà depuis six mois, à mesure que le service l'a permis, toutes les suppressions qui ont pu s'opérer se sont effectuées, et elles continueront d'avoir lieu, tant qu'elles pourront se faire sans être nuisibles au service.

. . . . . . . . . . . . . . . . . . . . . . . . . . . . . . . . . . . . . . . .

Ces détails doivent justifier les régisseurs du vice d'inertie ou d'insouciance qui leur est reproché. Comment, en effet, les accuser d'insouciance, lorsque, malgré les entraves multipliées que les circonstances et la malveillance n'ont cessé de leur susciter ; lorsque malgré la dépréciation du signe monétaire, le manque d'argent et de matériaux, la mortalité des chevaux, le défaut de subsistance, la ruine des chemins, la surcharge des dépêches, la destitution des anciens directeurs, l'impéritie des hommes qu'on leur substituait, l'insubordination des nouveaux venus, qui se regardaient comme indépendans d'une administration qui ne les nommait pas; lorsqu'enfin, malgré le dégoût, le découragement de tous, l'abandon d'une partie des relais et les secousses de la révolution dont il était impossible que la commotion n'atteignît pas le service des postes, ils ont non seulement toujours soutenu ce service de manière qu'il n'a jamais manqué, mais qu'ils ont encore doublé et maintenu son activité, en le rendant journalier pendant deux ans, en le multipliant sur divers points de la République où il n'existait point précédemment, en l'établissant dans tous les pays conquis, ainsi que dans toutes les divisions de nos nombreuses armées, et en ne cessant d'ailleurs de provoquer près du gouvernement des mesures propres à le soutenir et à l'améliorer.

. . . . . . . . . . . . . . . . . . . . . . . . . . . . . . . . . . . . . . . .

à 3 sous seulement : si elles coûtaient 3 sous en 1790, elles ne devaient pas coûter moins dans l'an IV. Or elles ne représentaient, dans l'an IV, que 3 deniers, valeur métallique; comment prétendre qu'on dût couvrir, avec 3 deniers de recette, 3 sous de dépense, et surtout comment peut-on ne trouver dans les effets de cette impossibilité que des motifs de dilapidation, que des œuvres criminelles ou vicieuses! Il est à croire que les calculs bien simples qu'on vient de présenter, ont échappé aux citoyens qui se sont occupés d'écrire ou de parler contre la gestion des régisseurs des postes.

CIRCULAIRE DU 21 BRUMAIRE AN V INVITANT LES INSPECTEURS DES POSTES A EFFECTUER UNE TOURNÉE GÉNÉRALE DANS LEURS DÉPARTEMENTS RESPECTIFS.

Ces injustes attaques surexcitèrent encore l'activité et le zèle des régisseurs, si nous en jugeons par la circulaire qu'ils adressèrent le 21 brumaire suivant, à tous les inspecteurs des postes des départements :

Le service des postes, citoyen, disaient-ils, n'eut jamais plus besoin d'une inspection sévère et approfondie que dans ce moment; toutes les secousses qu'il a éprouvées par les mutations des directeurs si souvent répétées et par la diversité des taxes, des modes de perception et de versemens, y ont introduit une infinité d'erreurs, de négligences et d'abus qu'il importe essentiellement à l'administration de faire cesser.

C'est dans ces vues qu'elle a arrêté que les inspecteurs feraient, au reçu de la présente, une tournée générale. Nous vous recommandons, en conséquence, de commencer la vôtre dans le plus court délai, et de nous tenir exactement informés de l'itinéraire de votre route, afin que nous sachions toujours où vous adresser les ordres que nous aurions à vous donner.

L'attention des inspecteurs était tout particulièrement appelée sur la comptabilité des bureaux, les rebuts et déboursés, la marche et la sûreté des courriers, l'état des routes, le service des maîtres de poste, les coïncidences des courriers, les articles d'argent, les chargements.

Enfin les administrateurs ajoutaient en terminant :

Des circonstances urgentes ont nécessité, depuis quelques années, des créations de bureaux de distribution, d'entrepôts, de places de commis et de facteurs, ainsi que plusieurs augmentations dans les dépenses ordinaires, que la régularisation du service peut et doit rendre pour la plupart inutiles aujourd'hui. Il s'est également introduit dans les bureaux, à la faveur des mêmes circonstances, beaucoup d'agens peu propres au travail; nous vous recommandons expressément de nous indiquer, sans aucun ménagement, toutes les réformes et suppressions dont chaque bureau sera susceptible; nous vous recommandons également, nous vous l'enjoignons même, sous votre responsabilité, de nous donner un avis motivé sur la capacité, l'intelligence, l'assiduité et la moralité de tous les directeurs, contrôleurs et employés quelconques de vos départements. Nous vous demandons, à cet égard, sincérité et impartialité; de votre côté, comptez sur notre prudence et sur notre discrétion dans l'usage que nous ferons de vos observations à ce sujet.

Nous ne vous dissimulons pas que l'état actuel du service le rend également susceptible de la suppression de plusieurs places d'inspecteurs et que ce sera d'après l'exactitude, l'intelligence, le zèle et la célérité avec lesquels les inspecteurs s'acquitteront de cette tournée que l'administration déterminera son choix sur ceux à conserver en fonctions.

Il vous sera alloué, pour cette tournée, trois livres par lieue parcourue et six livres par jour de séjour reconnu nécessaire par le résultat de vos procés-verbaux...

Il est à présumer que la menace de renvoi contenue dans l'avant-dernier alinéa de cette circulaire, dut donner à réfléchir aux inspecteurs les plus négligents.

NOUVELLES ATTAQUES CONTRE LES ADMINISTRATEURS DES POSTES. NOUVEAU MÉMOIRE EN RÉPONSE, 13 FRIMAIRE AN V (3 DÉCEMBRE 1796).

Les administrateurs des postes et messageries furent attaqués de nouveau dans une brochure sans nom d'auteur, qui leur reprochait notamment d'avoir, par leur faiblesse, occasionné en l'an II des vols considérables et multipliés dans le bureau du départ à Paris et dans les bureaux de département; l'auteur anonyme signalait aussi un vol de 1470 chargements commis par un directeur et les fraudes journalières des courriers de malles.

En réponse à ces nouvelles accusations, les administrateurs publièrent un second mémoire [1].

La première accusation était réfutée en ces termes :

De tout temps, il s'est malheureusement commis des infidélités dans le service des postes, parce que de tout temps il a été exécuté par des hommes, et par la même raison, il sera difficile qu'il ne s'en commette pas encore.

A l'époque dont il s'agit, les occasions d'en commettre se multipliaient en proportion de l'augmentation du nombre de chargements et envois à découvert. La cupidité croissait en proportion de la démoralisation; le besoin, à mesure de la dépréciation des assignats; l'audace, en raison des dangers auxquels l'esprit ultra-révolutionnaire exposait les chefs de bureaux qui avaient le courage d'exercer strictement leur surveillance; l'espoir de l'impunité en proportion de la difficulté d'acquérir des preuves dans un service où tout est de confiance; l'insubordination, enfin, en raison de la complaisance et de la ténacité des protecteurs.

Que pouvaient faire dans ces circonstances les régisseurs ? Surveiller eux-mêmes chaque individu ? On ne peut pas le supposer praticable : tenir la main à une surveillance générale ? C'est ce qu'ils ont constamment observé. En effet, la vigilance de l'administration fut telle,que dans le temps même dont il s'agit ici, elle parvint à traduire successivement devant les tribunaux savoir, à Paris cinq commis et deux dans les départements, qui ont tous subi la peine de leur crime.

Un commis, à Nantes, avait tellement trompé la confiance des autorités et de tous les citoyens de cette commune, par l'apparence d'une conduite régulière, que, quoique coupable, il sût encore se soustraire à une première recherche faite, sur les ordres de l'administration, par un de ses agents qu'elle envoya exprès sur les lieux. L'administration affligée, mais non rebutée de ce mauvais succès, envoya de nouveau à Nantes, et dans tous ses bureaux correspondants, un autre de ses agents, avec les instructions les plus précises; et celui-ci plus heureux, après deux mois de fatigues et de voyages continuels, trouva enfin le coupable, qui restitua cent soixante-quinze mille livres et périt sur l'échafaud.

A peu près dans le même temps, pareille opération fut faite sur la route de

1. Ce document se trouve classé à la bibliothèque du ministère des postes et des télégraphes.

Chaumont à Nancy. L'administration, après des recherches aussi secrètes que multipliées, parvint à découvrir que les vols commis sur les dépêches de cette route, l'étaient par un courrier qui, à l'aide d'un faux cachet, refermait les dépêches après les avoir spoliées en route. Il fut traduit en justice et condamné à quatre années de fers.

Ces exemples et plusieurs destitutions prononcées sur des soupçons suffisants pour la conviction morale de l'administration font connaître sa surveillance et la difficulté de l'exercer toujours avec succès.

*Réponse au sujet du vol de 1470 paquets chargés, par un directeur, constaté par un inspecteur général.*

Nul directeur de département n'a été saisi de 1470 paquets chargés.

Ici, on a sans doute voulu parler d'un procès-verbal de visite faite par le citoyen Déaddé, en frimaire an 3e, au bureau des postes de l'une des armées du Nord; mais le reproche fait par cet inspecteur, non au directeur de ce bureau, mais à un commis, ne frappe nullement sur le nombre des lettres chargées qu'il y trouva, et qui n'était pas de 1470, mais de 1483, parce qu'il aurait pu même y en trouver davantage, sans que le directeur ni son commis fussent répréhensibles. Ce reproche porte sur des irrégularités et négligences dont l'administration n'a nullement à se disculper, attendu que ce bureau n'était point dans sa dépendance, ayant été mis, par arrêté des représentants du peuple près cette armée, sous l'administration et surveillance d'un agent particulier, indépendant de l'administration des postes.

Enfin les administrateurs répondaient ainsi qu'il suit, en ce qui concernait les fraudes commises par les courriers :

La correspondance de l'administration avec la commission des transports prouve sa sollicitude et sa surveillance pour la fraude des courriers. Elle a eu occasion, dans le temps, de prouver à cette commission qu'en l'an 2 seulement, elle avait prononcé cinquante-six destitutions ou mises à pied. Dans ce même temps, elle a établi deux contrôleurs à cheval à Paris pour surveiller les courriers à leur arrivée et à leur départ.

Depuis ce temps, l'administration actuelle et les précédentes ont usé de la même sévérité, en prononçant aussi un très grand nombre de punitions et ont redoublé la surveillance, en étendant sur les courriers celle des inspecteurs et contrôleurs du département de Paris, et ce indépendamment des ordres généraux et particuliers donnés à cet égard à tous les inspecteurs, directeurs et contrôleurs des autres départements de la République.

## LOI DU 5 NIVÔSE AN V (25 DÉCEMBRE 1796) CONTENANT UN NOUVEAU TARIF POUR LA POSTE AUX LETTRES.

Le tarif du 6 messidor an IV fut, après quelques mois d'application, reconnu trop peu élevé pour couvrir les frais d'exploitation et pour contribuer dans une proportion suffisante au paiement général des charges publiques. Il fut augmenté par la loi du 5 nivôse an V, qui rétablit les taxes proportionnelles de 1791 variant de 10 lieues en

10 lieues depuis un prix minimum de 20 centimes jusqu'à un maximum de 75 centimes.

Le poids de la lettre simple restait fixé à une demi-once et le nombre des zones fut de nouveau porté de 4 à 12 :

Dans l'intérieur du même département, 2 décimes ou. . . . . . . . . 4 sous.
Entre deux départements contigus, 2 décimes 5 centimes ou. . . . . 5 —
Entre deux départements et jusqu'à 15 myriamètres ou 30 lieues inclusivement, 3 décimes ou. . . . . . . . . . . . . . . . . . . . 6 —
De 15 à 20 myriamètres ou de 30 à 40 lieues, 3 décimes 5 centimes ou. . . . . . . . . . . . . . . . . . . . . . . . . . . . . . 7 —
De 20 à 25 myriamètres ou de 40 à 50 lieues, 4 décimes ou. . . . . 8 —
De 25 à 30 myriamètres ou de 50 à 60 lieues, 4 décimes 5 centimes ou. . . . . . . . . . . . . . . . . . . . . . . . . . . . . . 9 —
De 30 à 40 myriamètres ou de 60 à 80 lieues, 5 décimes ou . . . . . 10 —
De 40 à 50 myriamètres ou de 80 à 100 lieues, 5 décimes 5 centimes ou. . . . . . . . . . . . . . . . . . . . . . . . . . . . . . 11 —
De 50 à 60 myriamètres ou de 100 à 120 lieues, 6 décimes ou. . . . . 12 —
De 60 à 75 myriamètres ou de 120 à 150 lieues, 6 décimes 5 centimes ou. . . . . . . . . . . . . . . . . . . . . . . . . . . . . . 13 —
De 75 à 90 myriamètres ou de 150 à 180 lieues, 7 décimes ou. . . . . 14 —
De 90 myriamètres ou de 180 lieues et au delà, 7 décimes 5 centimes ou 15 —

Les distances étaient toujours calculées de point central à point central de chaque département conformément aux lois des 22 août 1791 et 6 messidor an IV.

Étaient considérées comme lettres simples celles dont le poids était inférieur à une demi-once.

L'article 4 faisait revivre la surtaxe de l'enveloppe et frappait d'un supplément de taxe de 5 centimes les lettres simples avec enveloppe.

Quant à la taxe des lettres pesant demi-once et plus, elle était fixée de la manière suivante :

Les lettres de demi-once et au-dessous de l'once payaient 3 sous, celles d'une once 4 sous et progressivement 1 sou de plus par demi-once au delà de la première once.

La taxe des lettres simples et au-dessous, du poids de demi-once de et pour la même ville était fixée à 1 décime.

A partir du poids d'une demi-once et au-dessous de l'once, la taxe était de 1 décime 5 centimes; à partir d'une once, elle était de 2 décimes et progressivement de 5 centimes de plus par demi-once au delà de la première once.

Entre une ville et sa banlieue, la taxe était augmentée de 5 centimes.

Le tarif de 1759 était maintenu pour la taxe des lettres de et pour l'étranger, mais le directoire était autorisé à passer de nouveaux traités avec les offices étrangers pour fixer la taxe des lettres entre l'étranger et les pays nouvellement conquis. Ces traités devaient être établis sur des bases également et réciproquement avantageuses et de telle sorte que la taxe des lettres de et pour l'étranger fut celle des lettres de l'intérieur, en y ajoutant le prix de remboursement dont l'office des postes de France pourrait être chargé envers l'office étranger.

Pour les Colonies comme pour les États-Unis, les correspondances devaient être affranchies jusqu'au port d'embarquement, avec la surtaxe d'un décime.

La taxe des lettres simples adressées aux militaires sous les drapeaux était fixée à 15 centimes pour une distance quelconque; l'affranchissement était obligatoire.

Telles étaient les dispositions principales de la loi du 5 nivôse an V.

Le projet primitif contenait les deux articles suivants relatifs à la taxe des journaux, ouvrages périodiques, suppléments, avis, prospectus susceptibles d'y être joints, brochures et autres imprimés.

ART. XIV. *La taxe des journaux et ouvrages périodiques, supplémens, avis, prospectus susceptibles d'y être joints, sera payée d'avance à raison de 15 deniers pour chaque feuille d'impression.*

*La demi-feuille et le quart de feuille paieront en proportion de cette taxe.*

ART. XV. *Les brochures et tous imprimés, autres que ceux ci-dessus désignés, paieront aussi le port d'avance, et il sera le double de celui fixé par l'article précédent pour les ouvrages périodiques.*

Ces deux articles avaient été adoptés sans discussion, ainsi que l'ensemble du projet, par le conseil des Cinq-Cents, dans la séance du 24 frimaire, mais ils donnèrent lieu à une vive discussion au conseil des Anciens, dans la séance du 2 nivôse.

La commission du conseil des Anciens avait proposé de voter la résolution telle qu'elle était présentée.

Detorcy combattit ces conclusions pour deux motifs :

D'abord les distances étaient indiquées d'après les anciennes dénominations. Or une loi prononçait des peines très graves contre les fonctionnaires publics qui ne suivraient pas dans leurs actes le nouveau système des poids et mesures : et le conseil des Cinq-Cents approuverait une résolution qui violait ouvertement cette loi? Ce serait annoncer à tous les fonctionnaires qu'ils pouvaient la violer aussi.

Le second argument était présenté dans les termes suivants :

Mais il y a un motif plus déterminant pour rejeter la résolution, c'est que, comme la commission en convient, elle anéantit les journaux les plus nécessaires à l'instruction. N'y a-t-il donc pas assez de temps qu'elle est suspendue dans les départements? N'a-t-elle pas souffert des atteintes assez grandes pour qu'on ne doive plus suspendre les moyens de la régénérer?

Je demande le rejet de la résolution et l'impression du rapport.

Le conseil des Anciens, dit à son tour *Baudin*, ne repousse aucune résolution par caprice ni par opiniâtreté; mais aussi il n'en admettra jamais aucune par faiblesse ou par lassitude. L'empressement des citoyens à rechercher les papiers qui les instruisent des actes de leurs législateurs est extrêmement louable; il faut l'encourager; car, sans cela, il n'y aurait point d'esprit public. L'empressement de ceux qui cherchent l'instruction dans les ouvrages périodiques n'est pas moins louable et ne mérite pas moins d'encouragement : ainsi et les papiers-nouvelles et les ouvrages périodiques d'instruction sont également utiles; et dès qu'il est prouvé qu'en les taxant sur le pied de l'ancien tarif les frais de poste sont avantageusement couverts, vous ne devez point approuver une résolution qui double le droit. On a beau dire que le conseil des Cinq-Cents réduira cette taxe, il est possible que ce conseil n'écoute pas votre vœu, ou n'ait pas le temps de s'en occuper; et vous ne devez pas, sur une aussi incertaine espérance, risquer d'arrêter la circulation des nouvelles et des lumières, risquer de ruiner la poste elle-même, en ruinant les établissements particuliers qui l'alimentent.

On se plaint du peu de produit que rendent les postes dans le moment actuel; la raison en est simple, c'est que le service est encore livré à toute la désorganisation révolutionnaire. Dès l'Assemblée législative, on crut faire merveille en mettant toutes les administrations en régie, et celle de la poste fut du nombre. La mesure était peut-être nécessaire alors; mais elle n'en est pas moins éversive de toute comptabilité. Il a fallu établir des bureaux partout; puis à mesure qu'un club, qu'un représentant en mission, qu'une municipalité, qu'une députation avait un patriote à placer, on créait une place de plus.

C'est ainsi qu'il y a aujourd'hui 45 contrôleurs principaux des postes, tandis qu'il n'y en avait autrefois que onze.

Mais on a porté le prix des transports à des sommes exorbitantes et on a accordé aux maîtres de poste des indemnités qui excèdent de beaucoup celles qu'ils recevaient autrefois. Si vous voulez avoir un service des postes, il faut enfin que l'administration ait sur ses subalternes toute l'autorité nécessaire pour les forcer à bien faire leur devoir, que les partis ne lui forcent pas successivement la main, et ne lui disent pas alternativement : Destituez celui-ci parce que c'est un royaliste; destituez celui-là parce que c'est un anarchiste. Il faut que celui qui fera bien son service soit sûr d'être conservé. Autrefois les places de directeurs des postes ne rapportaient pas beaucoup; mais elles étaient recherchées et le service était soigneusement fait, parce qu'on avait attaché à ces places une sorte de considération et qu'elles étaient devenues, pour ainsi dire, héréditaires dans les familles qui s'étaient distinguées par leur zèle et leur exactitude.

Je vote contre la résolution.

Conformément à ces conclusions, le conseil des Anciens repoussa le projet.

Un nouveau projet fut présenté au conseil des Cinq-Cents le 4 nivôse; il ne différait de l'ancien que par la substitution du mot *kilomètre* au mot *lieue* et la suppression pure et simple des articles 14 et 15.

Le projet ainsi modifié fut adopté le même jour, 4 nivôse, par le conseil des Cinq-Cents et le lendemain 5 nivôse, par le conseil des Anciens.

Le rejet de l'article 15 relatif à la taxe sur le transport des livres fut la conséquence du rejet de l'article 14 relatif à la taxe des journaux.

Cette résolution du conseil des Anciens répondait bien au sentiment de l'opinion publique, si nous en jugeons par l'article suivant publié dans le *Journal de Paris* (n° du 13 nivôse an V).

*Sur la taxe du port des livres.*

Le conseil des Anciens a sagement rejetté pour la troisième fois la résolution qui augmentoit le port des journaux. Le motif du rejet n'a jamais porté sur la taxe double qu'on imposoit sur les livres qui circulent par la poste, et cet objet a besoin d'être éclairci et discuté. On veut que le libraire paye par feuille d'impression le double de ce que paie le journaliste, tandis que, s'il devoit y avoir une distinction, ce seroit le libraire à payer moitié moins. L'entreprise du journaliste est assurée; il ne court aucune chance, il ne fait aucune avance; il est couvert de tous les frais; il a même mis dans sa poche tous les bénéfices avant que de dépenser un sou pour ses souscripteurs. — Il n'en est pas de même du libraire et de l'auteur, qui font imprimer un livre et l'annoncent par la poste. Ils n'ont rien reçu d'avance; ils ont été obligés de fournir à tous les frais de l'entreprise; ils n'ont aucune certitude du succès. Dans tous les cas, la rentrée de leurs fonds se fait lentement, et le bénéfice est toujours tardif à se montrer.

Mais, n'est-ce pas nuire au progrès des lumières, que d'établir un impôt qui doit nécessairement restreindre de beaucoup la circulation des livres? ne seroit-il pas absurde de faire payer 3 livres 15 sous de port, pour un volume de 30 feuilles, qui ne se vend que 3 livres? croit-on que le particulier se résoudra à payer un ouvrage plus du double de sa valeur, pour avoir le plaisir de le recevoir par la poste. Un vieux proverbe dit: qui veut trop, n'a rien: et moi je dis: *qui taxe trop, ne taxe rien.*

Les livres payent à présent un sou la feuille. Ils payent trop, et beaucoup trop. L'ancien régime, qui s'entendoit en finances, pour le moins aussi bien que le nouveau, faisoit transporter d'un bout de la France à l'autre, un volume in-8, pour 12 sous, et il est prouvé qu'il y gagnoit. On payoit alors pour la distribution de 60 000 prospectus d'une feuille la somme modique de 200 livres; et aujourd'hui, avec la taxe telle qu'elle est, le même prospectus coûteroit 3 000 livres, et avec la réaugmentation projettée, 7 500 livres. Ajoutez à cela les frais de bureau chez les différents journalistes pour l'insertion, ceux du papier, de l'impression, etc., et on verra s'il est possible désormais de faire la plus petite entreprise; s'il y aura un libraire ou un homme de lettres assez fou pour dépenser, seulement en frais de port, pour l'annonce d'un ouvrage dont le débit est incertain, 7 500 livres? Toute l'édition vendue ne rapporteroit peut-être pas cette somme.

Lorsque l'ancien gouvernement avoit taxé à un prix modique les journaux, les prospectus, les annonces, les catalogues, il avoit pensé que tous les commerces ensemble ne font peut-être pas écrire autant de lettres que celui de la librairie; que le nombre des lettres se multiplie en raison des catalogues, des annonces, des prospectus, des journaux; et ceux-ci, en raison de la facilité qu'on trouve à les faire circuler. Il avoit fait entrer dans ses calculs l'envoi à découvert, de l'argent que recevoit la poste pour les demandes de livres et de journaux; le mouvement que des ventes promptes et multipliées donnoit par contre-coup à l'imprimerie, aux manufactures de papier, aux fonderies en caractères; les gens de lettres, les artistes, les ouvriers en plus d'un genre que ce commerce alimentoit; enfin, plusieurs autres avantages qu'il seroit trop long de détailler.

Il n'y a pas encore plus de 60 ans que les Hollandais étoient en possession du commerce de la librairie française. Il seroit utile d'examiner par quels moyens nous sommes parvenus à nous en ressaisir; mais à coup sûr, ce n'est pas par des taxes immodérées. On parle tous les jours de la régénération du commerce : et on le tue à tout moment par des lois avides et voraces ! et on étouffe l'industrie à sa naissance ! Et..... ! Et..... ! Je le répète : *Qui taxe trop, ne taxe rien.*

A.-J. DUGOUR.

LOI DE FINANCES DU 9 VENDÉMIAIRE AN VI (30 SEPTEMBRE 1797) ORDONNANT LA MISE EN FERME DE LA POSTE AUX LETTRES, ET LA SUPPRESSION DES FRANCHISES ET CONTRESEINGS.

L'article 1er (titre I) de la loi de finances du 9 vendémiaire an VI arrêta à la somme de 616 millions l'état des fonds nécessaires pour les dépenses générales ordinaires et extraordinaires de l'an VI.

Aux termes de l'article 4, les postes et messageries devaient contribuer à cette dépense de 616 millions, pour une quote-part de 14 millions.

Mais pour arriver à faire produire à ces deux services la somme de 14 millions demandée, il était nécessaire d'en modifier l'organisation.

Aussi les titres VI et VII de la loi ordonnaient-ils les réformes suivantes :

TITRE VI

**Poste aux lettres.**

LXIV. — La poste aux lettres sera affermée: l'usage du contre-seing et de la franchise est supprimé, excepté pour le bulletin des lois. Il sera accordé des indemnités aux différents fonctionnaires publics.

Le représentant du peuple, Crétet, avait, dans la séance du conseil des Anciens du 8 vendémiaire, développé ainsi qu'il suit les considérations qui avaient porté la commission des finances à présenter cet article[1] :

Ce titre composé d'un seul article porte que la poste aux lettres sera affermée, que le contre-seing est supprimé, sauf l'indemnité qui sera accordée aux fonctionnaires publics.

Tous les vœux se réunissaient depuis longtemps pour voir convertir en une ferme utile une régie qui ne donne que des produits très faibles : ce mode était incompatible avec le contre-seing ou plutôt avec les abus énormes qu'il entraîne ; on espère par ce moyen que les postes pourront produire 14 millions, y compris les messageries qui en produiront un au moins.

Ce calcul infiniment probable pour des tems de paix et de prospérité, pourra en commençant, éprouver des réductions, en considérant surtout que les indemnités qui seront accordées aux fonctionnaires publics en forment un assez considérable. Nous devons croire aussi que la ferme sera combinée de manière à con-

1. *Moniteur Universel* du 12 vendémiaire an VI p. 49.

server à la nation un intérêt dans les produits excédant une somme déterminée.

Mais on reconnaîtra peut-être qu'il sera nécessaire de déclarer ce qui n'est que sous-entendu ; c'est-à-dire que la nation se réserve exclusivement le transport et la distribution des lettres. Les amendes les plus fortes devront garantir ce droit, et il faut se hâter d'arracher les spéculations qui se multiplient sur le transport des lettres en concurrence avec l'établissement national.

Le titre VII de la loi, relatif aux Messageries, était ainsi conçu :

TITRE VII

**Messageries.**

LXV. — Au 1er nivôse prochain, la régie des messageries nationales cessera toutes fonctions.

LXVI. — Dans le délai de deux mois, à dater de la publication de la présente, il sera procédé, par enchères et par affiches faites un mois d'avance, à la vente et adjudication de tous les effets mobiliers dépendans des messageries nationales, et à la location des maisons et bureaux servant à leur exploitation.

LXVII. — Si, par la suppression de l'entreprise nationale des messageries, une ou plusieurs communications dans la République étaient menacées d'interruption, le Directoire exécutif y pourvoira par les mesures provisoires qui lui paraîtront les plus convenables, à charge d'en informer le Corps législatif.

Il est à cet effet autorisé à distraire de la vente des objets mobiliers dépendants des messageries nationales ceux qu'il jugera nécessaire de conserver.

LXVIII. — A compter du 1er brumaire prochain, il sera perçu, au profit du trésor public, un dixième du prix des places dans les voitures exploitées par les entrepreneurs particuliers. Il ne sera rien perçu sur les effets et marchandises portées par lesdites voitures, ni sur les places établies sur l'impériale.

LXIX. — Tout citoyen qui entreprendra des voitures publiques, de terre ou d'eau, partant à jour et heures fixes, et pour des lieux déterminés, sera tenu de fournir aux préposés de la régie d'enregistrement sa déclaration, contenant :

1° L'énonciation de la route ou des routes que sa voiture ou ses voitures doivent parcourir.

2° L'espèce, le nombre des voitures qu'il emploiera et la quantité de places qu'elles contiennent dans l'intérieur de la voiture et du cabriolet qui y tiendrait.

3° Le prix de chaque place, par suite de laquelle déclaration les dites voitures seront vérifiées, inventoriées et estampillées.

LXX. — Tout entrepreneur de voitures suspendues, partant d'occasion ou à volonté, sera tenu de fournir la déclaration de sa voiture ou de ses voitures, et de payer chaque année, pour tenir lieu du dixième imposé sur les autres voitures publiques, ainsi qu'il suit :

A 2 roues et 2 places, 20 francs.
— et 4 — 35 —
— et 6 — 45 —
— et 8 — 60 —
— et 9 — et au-dessus, 70 francs.
A 4 roues et 4 places, 20 francs.
— et 6 — 50 —
— et 8 — 65 —
— et 9 — et au-dessus, 75 francs.

LXXI. — Le calcul du produit de chaque voiture sera fait dans la supposition que toutes les places seraient occupées; l'entrepreneur sera tenu de verser, chaque décade, au receveur du droit d'enregistrement, le dixième de ce produit, sous la déduction abonnée par la présente loi, d'un quart, pour tenir lieu d'indemnité pour les places vuides que pourraient éprouver lesdites voitures.

LXXII. — Tout entrepreneur, convaincu d'avoir omis de faire sa déclaration, ou d'en avoir fait une fausse, sera condamné à la confiscation des voitures, harnois, et à une amende qui ne pourra être moindre de 100 francs et plus forte de 1000 francs.

LXXIII. — Quant aux voitures d'eau, la régie de l'enregistrement est autorisée à régler leur abonnement d'après le nombre moyen des voyageurs qu'elles transportent annuellement; et dans le cas de contestation ou de difficulté sur la quotité de cet abonnement, le ministre des finances prononcera.

Le rapporteur expliquait de la manière suivante ces dispositions :

Les messageries sont abandonnées à l'industrie des citoyens, mais avec les précautions convenables pour assurer le service des routes jusqu'à ce que cette industrie, éclairée par le temps et familiarisée par l'habitude puisse exploiter toutes les communications sans crainte de les voir interrompues.

La résolution établit le droit d'un dixième sur le prix des places dans les voitures régulières : elle établit aussi une patente sur les voitures d'occasion et partant à volonté. La régie de l'enregistrement sera chargée de cette perception, qui est extrêmement simple : elle pourra produire au delà d'un million, condition préférable sans doute à la régie actuelle, qui perd considérablement sur son entreprise traversée par les entrepreneurs particuliers.

### ARRÊTÉ DU 27 VENDÉMIAIRE AN VI (18 OCTOBRE 1797) PORTANT SUPPRESSION DES FRANCHISES ET CONTRESEINGS.

En exécution de l'article 64 de la loi du 9 vendémiaire an VI, les franchises furent supprimées par l'arrêté du 27 vendémiaire; un commissaire fut nommé près l'administration des postes par l'arrêté du 7 floréal suivant et la poste aux lettres fut affermée; le bail passé le 1er prairial de la même année fut approuvé le 27 prairial par le Directoire exécutif.

L'article 1er de l'arrêté du 27 vendémiaire an VI portant suppression des franchises et contreseings ordonnait qu'à dater du 1er brumaire, toutes personnes autres que les fonctionnaires publics spécialement désignés seraient tenues de payer d'avance le port des lettres, paquets et dépêches qu'elles adresseraient au Directoire exécutif, collectivement ou à chacun de ses membres en particulier, au secrétaire général, aux ministres, aux commissaires de la Trésorerie nationale, au bureau de la comptabilité, aux directeurs de la liquidation de la dette publique et des émigrés, aux corps administratifs et judiciaires et généralement à tous les fonctionnaires publics; faute de quoi, les lettres et paquets seraient versés au rebut.

De même, les lettres et communications adressées par les fonctionnaires publics aux particuliers seraient soumises à la taxe.

L'article 3 désignait les fonctionnaires du Directoire exécutif, des ministères de la Justice, de l'Intérieur, des Finances, de la Guerre, de la Marine, des Relations extérieures et de la Police, et ceux du service de la Trésorerie nationale ayant droit à la franchise.

Les correspondances émanant de ces fonctionnaires devaient être déposées directement et *en particulier* aux guichets des bureaux de poste, accompagnées d'un état sommaire « au bas duquel le prix du port serait calculé et mentionné pour être porté au débet du compte de ceux qui les auraient écrites » ; elles devraient être ensuite frappées du timbre de port payé.

Toutefois les indigents pouvaient envoyer des lettres non affranchies au Directoire ou aux ministres, à la condition de mettre leur nom sur ces correspondances et de les faire certifier par les commissaires du Directoire près la municipalité du lieu du bureau de départ.

Enfin, nous lisons dans l'article 9 :

S'il arrive que quelques fonctionnaires publics abusent de la faculté qui leur est donnée par le présent, en mettant à la charge de la République des objets qui lui sont étrangers, leurs noms seront rendus publics, sans préjudice des autres peines et condamnations auxquelles ils auront pu s'exposer.

### ARRÊTÉ DU 7 FLORÉAL AN VI (26 AVRIL 1798) NOMMANT GAUDIN COMMISSAIRE DU DIRECTOIRE EXÉCUTIF PRÈS L'ADMINISTRATION DES POSTES.

Pour surveiller la gestion du fermier, le Directoire nomma Gaudin commissaire près l'administration des postes, par l'arrêté qui suit, en date du 7 floréal an VI :

Le Directoire exécutif considérant que les produits du service des postes étant spécialement affectés pendant dix années au paiement de l'intérêt et au remboursement successif du capital de l'emprunt pour l'expédition de la guerre contre l'Angleterre, tout ce qui peut contribuer à l'augmentation de ces produits et à la diminution des dépenses que ce service occasionne, appelle plus que jamais son attention et sa surveillance particulière. »

Arrête :

ARTICLE PREMIER. — L'administration des postes sera dirigée et surveillée par un commissaire du Directoire exécutif, lequel sera tenu de résider habituellement dans le logement qui sera disposé et meublé à cet effet, à la maison des Postes, à Paris.

ART. 2. — Le traitement dudit commissaire sera de huit mille livres, avec l'option d'une remise de demi pour cent sur la diminution de toutes les dépenses comparativement à celles de la régie de l'an V et d'un huitième pour cent de tous les produits nets.

ART. 3. — Le détail des fonctions dudit commissaire sera réglé et déterminé par une instruction particulière. Il s'occupera dès ce moment de toutes les dispositions et du travail nécessaire à la réorganisation de ce service pour le 1er prairial prochain.

ART. 4. — Le citoyen Gaudin est nommé à ladite place. . . . . . . . . . .

Le Président du Directoire exécutif, *signé* : MERLIN. »

BAIL A FERME DU PRODUIT DE LA POSTE AUX LETTRES PASSÉ LE 1er PRAIRIAL AN VI.

La ferme des postes fut adjugée le 1er prairial an VI, au citoyen Anson, agissant tant pour lui qu'au nom de ses associés et cautions, Lanoue, Mahuet, Merlin (de Thionville) et Monneron.

Ce bail fut consenti aux conditions suivantes :

La durée du bail était fixée à dix années commençant le 1er messidor an VI et finissant le 30 prairial an XVI.

Les adjudicataires étaient « chargés de la perception de la taxe conformément au tarif, de la perception des droits dus à cause des services des petites postes et des transports de lettres, paquets et autres objets portés par la voie des courriers ordinaires dans toute l'étendue du territoire de la République française aux armées et en Europe » sur le pied des concordats existants ou de ceux qui seraient passés par le gouvernement avec les puissances étrangères.

En vertu de l'article 9, le gouvernement devait prélever quartier par quartier un centime par franc du produit brut indépendamment du prix de la ferme et sans diminution. Cette somme devait être versée à la Trésorerie nationale.

Le Directoire exécutif s'engageait à demander au Corps législatif de rétablir le tarif de 1759, en maintenant toutefois celui qui existait pour les lettres de et pour la commune de Paris, et l'article 7 de la loi du 5 nivôse an V contenant un nouveau tarif pour la poste aux lettres.

Il était stipulé dans l'article 14 que le prix du bail serait payable par dixième, dans chaque première décade des dix premiers mois de l'année, à compter de l'entrée en jouissance et que le prix serait versé dans la caisse des commissaires de l'emprunt contre l'Angleterre, jusqu'à concurrence de ce qui y était affecté ; l'excédent serait versé à la Trésorerie nationale.

Il était interdit aux fermiers de supprimer aucun bureau sans la permission du gouvernement. Ils produiraient l'état de leurs employés au Directoire exécutif qui se réservait le droit de révocation, droit dont les fermiers pourraient user également, mais après délibération. La réintégration des agents révoqués était subordonnée à l'autorisation du gouvernement.

Un commissaire central du Directoire exécutif serait placé près l'administration des postes. Il serait assisté du secrétaire général. Le secrétaire général, les inspecteurs et contrôleurs de Paris et des départements seraient nommés par le gouvernement. Les fermiers-régisseurs payeraient annuellement sans aucune déduction, ni diminution du prix du bail, une somme de 100000 francs par portions égales, de mois en mois, tant pour le traitement du commissaire central et de ses substituts, que pour frais de bureau et de voyages et tous autres, sur un état arrêté par le Directoire exécutif.

Le commissaire central était chargé de veiller à l'exécution de toutes les clauses du bail, ainsi qu'au maintien de l'ordre, de la sûreté, de la célérité et de l'économie qui devaient régner dans toutes les parties du service, il devrait assister à toutes les assemblées des fermiers et, en cas d'empêchement, se faire suppléer par l'un de ses substituts. Il viserait toutes les délibérations de service et les commissions des employés.

Les voitures chargées de dépêches devraient parcourir 2 lieues par heure, et au moins 40 lieues par chaque journée de 24 heures.

Le gouvernement renouvellerait ou ferait renouveler tous les règlements relatifs aux prohibitions de s'immiscer dans le transport des lettres et paquets dont la poste était exclusivement chargée. Les fermiers feraient toutes les diligences nécessaires pour connaître les auteurs des contraventions.

L'article 32 prescrivait qu'il y aurait chaque année un compte général entre le gouvernement et les fermiers. Il serait dressé par ceux-ci et à leurs frais, examiné et visé par le commissaire du gouvernement et arrêté par le ministre des Finances. Le chapitre de la recette serait composé du prix des ports de lettres, dépêches et paquets quelconques.

Le chapitre de la dépense comprendrait les frais de régie et administration, y compris le traitement du commissaire et de ses substituts et frais de bureau quelconques. Le dixième de la dépense faite pour la première mise en état, le montant des autres dépenses de réparation et entretien de l'année acquittées, la partie relative aux nouvelles constructions, la contribution foncière et les sommes payées au gouvernement pour fermages, les frais de régie, d'administration, de bureaux et réparations ne pourraient excéder 6 millions par année en sus du droit pour l'entretien des routes.

Le Directoire exécutif pourrait même retrancher des comptes pour les années suivantes les articles de dépenses qui lui sembleraient excessifs et abusifs.

Aux termes de l'article 33, les bénéfices constatés seraient partagés entre les fermiers et le gouvernement de la manière suivante :

Sur le premier million, huit dixièmes pour le gouvernement, deux dixièmes pour le fermier; sur le second sept dixièmes pour le gouvernement, trois dixièmes pour le fermier; sur le troisième six dixièmes pour le gouvernement, quatre dixièmes pour le fermier; sur le quatrième six dixièmes pour le gouvernement, quatre dixièmes pour le fermier; sur le cinquième et le surplus, moitié pour le gouvernement, moitié pour les fermiers.

L'article 36 fixait le cautionnement à 3 millions en immeubles.

#### RÈGLEMENT POUR LE MODE D'EXPLOITATION ET D'ADMINISTRATION DU SERVICE DES POSTES.

Un règlement indiquant le mode d'exploitation et d'administration du service était annexé au cahier des charges.

Les principales dispositions de ce règlement étaient les suivantes :

La ferme des postes serait administrée par quatre intéressés au moins, cinq au plus, sous la surveillance du commissaire du Directoire près l'administration.

Il y aurait tous les jours deux administrateurs de garde à la maison des postes, l'un au bureau de l'arrivée, depuis l'ouverture jusqu'à la clôture du travail de la distribution générale, l'autre au bureau du départ, depuis l'ouverture jusqu'à la fin du travail.

Le premier de chaque mois, il serait adressé au ministre un bordereau certifié par les administrateurs et visé par le commissaire du Directoire, des recettes et dépenses de la caisse générale et de la situation de ladite caisse.

Dans les départements, le service serait surveillé par 24 inspecteurs particuliers et 120 contrôleurs résidant dans les directions centrales.

Il y aurait 120 directions centrales placées au chef-lieu de département et dans les 18 bureaux du plus fort produit qui n'étaient pas chefs-lieux de département.

Les directions donnant un produit net de 2 000 francs seraient érigées en directions départementales.

Les bureaux d'un produit de 500 francs à 2000 francs seraient des directions secondaires; les bureaux d'un produit inférieur à 500 francs seraient des bureaux de distribution.

Dans les communes dont le produit dépasserait 2 000 francs, les lettres seraient distribuées par facteurs.

Les services de petite poste déjà existant seraient maintenus.

Les directions centrales correspondraient avec Paris, les bureaux de leur département et le premier bureau de passe des routes aboutissant au département.

Les directions départementales correspondraient avec Paris, le bureau central et le bureau de leur route jusqu'au premier bureau de passe.

Les directions secondaires seraient en correspondance avec leur bureau central et ceux de leur route jusqu'au premier bureau de passe.

Quant aux distributions, elles ne correspondraient qu'avec le bureau dont elles relevaient.

L'article 4 stipulait que les services journaliers existant au 21 décembre 1791, sur les routes directes seraient rétablis; quant à ceux qui étaient placés sur les embranchements de ces routes, ils seraient également rétablis si les routes en question desservaient ou un chef-lieu de département ou un bureau dont le produit net s'élèverait à 10000 francs.

Tous les autres services, faits de deux jours l'un, seraient continués pour les bureaux d'un produit supérieur à 500 francs, mais pour les bureaux dont le produit serait de 500 francs au moins, ils pourraient être réduits à deux services par décade.

Les services par entreprise seraient, à prix égal, donnés de préférence d'abord aux courriers et entrepreneurs de la régie existante, ensuite aux maîtres de poste. Mais les services aboutissant à Paris seraient mis entre les mains d'un seul et même entrepreneur.

Telles étaient les conditions du nouveau bail.

### ARRÊTÉS DU DIRECTOIRE EXÉCUTIF DES 2 NIVÔSE AN VI (DÉCEMBRE 1797) ET 7 FRUCTIDOR AN VI (23 AOUT 1798) CONCERNANT LE MONOPOLE.

Pour obéir au vœu exprimé par le rapporteur de la loi du 9 vendémiaire an VI, le Directoire exécutif prit, le 2 nivôse an VI, un arrêté qui renouvela les défenses faites aux entrepreneurs de voitures libres, de se charger du port des lettres et ouvrages périodiques, sous peine d'être poursuivis et condamnés à 300 livres d'amende par chaque contravention.

Cet arrêté ne fut guère respecté. Nous lisons, en effet, dans les considérants d'un nouvel arrêté du 7 fructidor an VI, relatif au même objet :

> Le Directoire exécutif, considérant que l'intention qu'il avait eue, par son arrêté du 2 nivôse an VI, concernant le transport des lettres et journaux par toute autre voie que par celle de la poste, d'assurer l'exécution des lois antérieurement rendues à ce sujet, notamment de celles des 24 août 1790 et 21 septembre 1792, n'a point été remplie; que les avis qu'il reçoit de toutes parts, prouvent que ces lois sont ouvertement violées, et son arrêté du 2 nivôse, absolument sans exécution; qu'un tel état de choses indépendamment de ce qu'il accuserait la surveillance et l'activité du gouvernement, s'il pouvait subsister plus longtemps, occasionne une perte considérable sur le produit à attendre des postes aux lettres; et qu'il entraîne l'inconvénient plus grave encore de favoriser les correspondances clandestines et criminelles.
>
> Arrête.....

L'article 1er confirmant les dispositions de l'arrêté du 2 nivôse an VI interdisait expressément à tous les entrepreneurs de voitures libres et à toute autre personne étrangère au service des postes, de s'immiscer dans le transport de lettres, paquets et papiers du poids d'un kilogramme et au-dessous, journaux, feuilles à la main et ouvrages périodiques, dont le port était exclusivement réservé à l'administration des postes aux lettres.

Étaient seulement exceptés de cette prohibition les sacs de procédure, les papiers uniquement relatifs au service personnel des entrepreneurs de voitures et les paquets d'un poids supérieur à 2 livres.

Les directeurs, contrôleurs et inspecteurs des postes, les employés des douanes et la gendarmerie étaient autorisés à faire ou à faire faire toutes perquisitions et saisies sur les messagers, piétons, voitures et même sur les ordonnances portant régulièrement la correspondance relative au service militaire afin de constater les contraventions; ils pouvaient, au besoin, requérir la force armée.

Les procès-verbaux devaient être adressés aux commissaires du Directoire près le tribunal correctionnel de l'arrondissement, par les préposés des postes; les contrevenants étaient passibles d'une amende de 300 francs irréductible et dont la moitié appartiendrait à celui ou à ceux qui auraient découvert et dénoncé la fraude et à ceux qui auraient coopéré à la saisie.

DÉLIBÉRATION DE L'ADMINISTRATION DES POSTES DU 4 THERMIDOR AN VI CONCERNANT LES ARTICLES D'ARGENT.

L'administration reconnut les inconvénients résultant de la transmission en nature des articles d'argent et notamment des sommes en monnaie de billon, qui surchargeaient les malles et dégradaient les dépêches.

D'un autre côté, les agents étaient tenus, au moment du dépôt des fonds, d'indiquer sur les registres, sur les feuilles d'avis et sur les récépissés délivrés aux envoyeurs, la nature des différentes pièces françaises ou étrangères, d'or, d'argent ou de billon, ce qui compliquait singulièrement les opérations. Cette obligation, qui avait sa raison d'être sous le régime du papier-monnaie dont la valeur était subordonnée aux fluctuations de l'agiotage et à la quantité variable du numéraire en circulation, était devenue inutile depuis la suppression des assignats.

Aussi, pour simplifier le service et « afin de préparer les moyens d'éviter à l'avenir, autant qu'il serait possible, l'envoi du numéraire d'une destination à une autre », les administrateurs généraux prirent-ils, dans une délibération du 4 thermidor an VI, les décisions suivantes :

1° A compter du 15 de ce mois, il ne sera reçu de monnaie de billon et de cuivre pour envois d'argent, que jusqu'à la concurrence de l'appoint qui ne pourrait pas être payé en monnaie d'argent.

2° Il ne sera plus fait mention sur les registres, sur les feuilles d'avis ni sur les reconnaissances délivrées pour les envois d'argent, des différentes pièces d'or et d'argent ou de monnaie nationale dans lesquelles chaque article aura été remis au bureau de départ, mais seulement du montant de chaque article, lequel montant sera payé par le bureau de destination, en pièces d'or ou d'argent nationales, sauf l'appoint en cuivre ou billon, ainsi qu'il a été prescrit ci-dessus, sans avoir égard à la quotité de pièces d'or, d'argent, de cuivre ou de billon qui auront été remises au bureau de départ.

Les citoyens qui présenteraient des pièces d'or seront prévenus que l'administration ne prend point l'engagement de faire payer en or exclusivement, mais en pièces d'or ou d'argent.

Quant aux articles qui seront composés de pièces de monnaie étrangères, ils continueront d'être reçus et payés en pièces étrangères pour la valeur donnée aux dites pièces par les envoyeurs; en conséquence, le nombre des pièces et le montant de la valeur pour laquelle elles auront été remises, continueront d'être portées tant sur les registres et feuilles d'avis que sur les reconnaissances; et les pièces reçues continueront d'être transmises à leur destination pour être remises en nature aux citoyens auxquels elles seront adressées.

Toutefois, l'enregistrement était maintenu pour le cas d'envoi d'argent composé de monnaie française et de monnaie étrangère.

Les espèces devaient continuer à être envoyées en masse, attachées à la feuille d'avis.

Enfin la circulaire ajoutait, en terminant, que les directeurs étant responsables de la valeur des pièces d'or et d'argent nationales qu'ils recevraient, ils étaient autorisés à refuser celles qui seraient altérées.

Cette délibération fut aussitôt notifiée à tous les agents.

### ARRÊTÉ DU DIRECTOIRE EXÉCUTIF, DU 29 NIVÔSE AN VII, CONTENANT DES MESURES POUR ASSURER LE SERVICE DE LA POSTE A L'ÉGARD DES MEMBRES DU DIRECTOIRE ET DES MINISTRES.

Le ministre de l'intérieur exposa aux membres du Directoire que depuis que l'affranchissement des correspondances adressées tant aux directeurs qu'aux ministres, avait été rendu obligatoire, ces lettres ne parvenaient pas toutes et il proposa, en conséquence, un arrêté tendant à rétablir l'ordre dans cette importante partie du service, de manière à prévenir les abus et à en assurer la découverte ou la répression.

Voici le texte de cet arrêté qui fut rendu par le Directoire, le 29 nivôse :

ARTICLE PREMIER. — Toutes les lettres adressées aux membres du Directoire exécutif ou aux différents ministres seront inscrites sur un registre particulier que tiendra à cet effet chaque bureau de la poste; et il en sera délivré au porteur un récépissé par un bulletin contenant le nom du ministre auquel s'adressera la lettre, la somme payée, et la date avec le numéro d'enregistrement.

ART. 2. — Il y aura au secrétariat général de chaque ministère un préposé particulièrement employé à recevoir les lettres, à les vérifier et à émarger la feuille ou le registre de chargement que le facteur devra toujours lui en présenter.

ART. 3. — Dans le cas où le nombre des lettres rendues se trouverait moindre que celui des lettres enregistrées, il sera payé par l'administration des postes 150 francs d'indemnité aux porteurs des bulletins de celles qui manqueraient.

ART. 4. — Les lettres ainsi chargées pour les membres du Directoire exécutif ou les ministres ne seront assujetties qu'à la taxe simple et ne paieront point le port double comme celles pour les particuliers.

Le ministre des finances est chargé de l'exécution du présent arrêté qui sera imprimé, affiché et inséré au bulletin des lois.

### LOI DU 19 FRIMAIRE AN VII (9 DÉCEMBRE 1798) SUR LA POSTE AUX CHEVAUX.

Le service de la poste aux chevaux fut réorganisé par la loi du 19 frimaire an VII qui interdit à toute personne autre que les maîtres de poste munis d'une commission spéciale, d'établir des relais particuliers, et de relayer ou conduire à titre de louage, des voyageurs d'un relais à un autre, à peine d'être contrainte de verser une indemnité égale au prix de la course au profit des maîtres de poste et des postillons qui auraient été frustrés.

Toutefois, cette prohibition ne s'appliquait pas aux conducteurs de petites voitures non suspendues, connues sous le nom de pataches ou carrioles et allant à petites journées.

Les maîtres de poste étaient exempts du droit de patente.

L'article 7 prescrivait que le service des malles serait fait par les maîtres de poste sur les routes suivantes :

Paris à Caen par Rouen;
— à Lille par Amiens et Arras;
— à Bruxelles par Saint-Quentin et Valenciennes;
— à Mézières;
— à Strasbourg, par Châlons et Metz;
— à — par — et Nancy;
— à Besançon, par Troyes et Dijon;
— à Belfort, par — et Langres;
— à Bayonne, par Orléans, Limoges et Toulouse;
— à — par — Poitiers et Bordeaux;

Paris à Lyon par Auxerre et Châlon-sur-Saône ;
— à — par Moulins ;
— à Nantes par le Mans ;
Marseille à Bordeaux et Lyon à Marseille.

Quant au tarif pour le transport des malles, il était fixé à 3 fr. 25, y compris les guides, par poste, sur les routes et parties des routes où il existait chaque jour une malle montante et une malle descendante, et à 3 fr. 75, y compris les guides, par poste, sur les routes où il n'y avait qu'une seule malle soit montante, soit descendante par jour.

Des gages étaient attribués aux maîtres de poste sur le pied de 40 francs par chacun des cinq premiers chevaux, 30 francs par chacun des cinq suivants et 20 francs par chacun des cinq derniers.

Une retraite qui ne pouvait être inférieure à 150 francs, ni supérieure à 200 francs, pouvait être accordée aux postillons en rang après vingt ans de services en cette qualité, ainsi que dans le cas d'accident ou d'infirmité les mettant dans l'impossibilité de se procurer par un travail quelconque des moyens d'existence.

En vertu de l'article 15, l'administration des relais était supprimée et remplacée par un conseil d'administration composé du commissaire du Directoire exécutif chargé également de la poste aux lettres, et de trois inspecteurs principaux, ayant tous voix délibérative.

L'article 18 prescrivait qu'il serait mis annuellement à la disposition du Directoire exécutif une somme qui, pour l'an VII, était fixée à 750000 francs. Cette somme devait être affectée aux frais d'administration et d'inspection des relais, aux gages annuels des maîtres de poste, aux secours extraordinaires et aux pensions des postillons.

Il serait prélevé sur cette somme de 750000 francs prise sur le prix du bail de la poste aux lettres, celle de 30000 francs destinée à servir de fonds de retraite pour les pensions des postillons.

Enfin l'article 26 laissait au Directoire exécutif le soin de faire tous les règlements d'ordre et de police nécessaires sur les postes aux chevaux.

### ARRÊTÉ DU DIRECTOIRE EXÉCUTIF DU 1er PRAIRIAL AN VII (20 MAI 1799) CONTENANT RÈGLEMENT SUR LE SERVICE DE LA POSTE AUX CHEVAUX [1].

Ce règlement fit l'objet de l'arrêté du Directoire du 1er prairial an VII (20 mai 1799).

Il était divisé en neuf paragraphes dont nous nous bornerons à rappeler les titres :

§ 1. Des maîtres de poste et postillons ;
§ 2. Service à franc étrier.

1. Voir *Bulletin des Lois*, n° 911, an VII.

§ 3. Service en voiture.
§ 4. Des voitures montées sur deux roues et ayant brancard.
§ 5. Des voitures montées sur quatre roues ayant un seul fond et à limonière.
§ 6. Des voitures montées sur quatre roues, ayant timon ;
§ 7. Du chargement des chevaux et voitures;
§ 8. Droit du troisième cheval ;
§ 9. Police et ordre dans le service.

ARRÊTÉ DU DIRECTOIRE EXÉCUTIF DU 9 FRIMAIRE AN VII CONCERNANT LE PORT DES LETTRES ADRESSÉES AUX JUGES DE PAIX, AUX ACCUSATEURS PUBLICS, AUX COMMISSAIRES PRÈS LES TRIBUNAUX ET AUX DIRECTEURS DE JURY D'ACCUSATION.

La suppression des franchises et contreseings fit sentir la nécessité de prescrire les mesures propres à assurer le paiement des lettres taxées, adressées aux fonctionnaires publics.

Tel fut l'objet de l'arrêté du 9 frimaire an VII, relatif aux correspondances adressées aux juges de paix, aux accusateurs publics, aux commissaires près les tribunaux et aux directeurs du jury d'accusation.

Nous donnons ci-dessous le texte de cet arrêté :

Le Directoire exécutif, après avoir entendu le rapport du ministre des finances sur l'exécution des lois et des arrêtés relatifs à la suppression des franchises et des contre-seings et à la correspondance des fonctionnaires publics.

Arrête :

ARTICLE PREMIER. — Les juges de paix, les accusateurs publics, les commissaires du Directoire exécutif auprès des tribunaux criminels et de police correctionnelle, les présidents des mêmes tribunaux et les directeurs de jury d'accusation, sont autorisés à tenir avec le bureau de la poste aux lettres de leur résidence un compte ouvert sur lequel ils rapporteront jour par jour la mention et le montant des lettres taxées qui leur parviendront : le compte sera arrêté le 30 de chaque mois.

ART. 2. — Les fonctionnaires publics mentionnés dans l'article 1er feront ordonnancer par le président du tribunal criminel le montant des ports de lettres relatives au service public; l'ordonnance sera acquittée par le receveur de l'enregistrement et des domaines, de la même manière qu'il paie les frais des exécutoires de justice.

ART. 3. — Le compte des ports de lettres reçues par les fonctionnaires mentionnés dans l'article 1er sera par eux acquitté, au plus tard, le 15 de chaque mois, pour le mois précédent, entre les mains du directeur du bureau de la poste aux lettres avec lequel le compte sera tenu. Ils ne pourront porter en dépense que celles concernant le service public ; ils paieront le port de celles qui leur seront particulières.

Le ministre des finances est chargé de l'exécution du présent arrêté, qui sera imprimé dans le Bulletin des lois.

# CONSULAT

(18 brumaire an VIII [9 novembre 1799] au 18 mai 1804).

Laforest, commissaire central près les postes. — Résiliation du bail de la ferme des postes. — Administration de la poste aux lettres par une régie intéressée. — Lavalette, commissaire central du gouvernement près les postes. — Courriers entre Paris et Saint-Cloud en 1802. — Tarif de la poste aux lettres. — Tarif des correspondances échangées entre la France et l'Angleterre. — Création d'une direction générale des postes. — Lavalette, directeur général.

## LAFOREST, COMMISSAIRE CENTRAL PRÈS LES POSTES, 24 BRUMAIRE AN VIII (15 NOVEMBRE 1799).

Par le coup d'État du 18 brumaire, Bonaparte supprima le Directoire et fit la Constitution de l'an VIII qui établit trois consuls, mais il concentra, en réalité, tous les pouvoirs dans ses mains en se faisant nommer premier consul.

Quelques jours après, le 24 brumaire, un arrêté appela Laforest aux fonctions de commissaire central près les postes, en remplacement de Gaudin, qui fut nommé ministre des finances.

## LOI DU 23 FRIMAIRE AN VIII (14 DÉCEMBRE 1799) AUGMENTANT LE TARIF DE LA POSTE AUX CHEVAUX.

Le tarif de la poste aux chevaux fut augmenté par la loi du 23 frimaire an VIII, qui porta à 1 fr. 50 par poste le prix de la course de chaque cheval, éleva de 25 centimes par poste le tarif des personnes voyageant par les malles et accorda aux maîtres de poste une augmentation provisoire de 50 centimes par poste sur le prix du transport des dépêches.

LOI DU 25 FRIMAIRE AN VIII. — RÉSILIATION DU BAIL DE LA POSTE AUX LETTRES. — ADMINISTRATION DE LA POSTE AUX LETTRES PAR UNE RÉGIE INTÉRESSÉE.

Sur la demande des fermiers, le bail de la poste aux lettres fut résilié en vertu de la loi du 25 frimaire an VIII, qui ordonna que cette administration serait dirigée, à compter du 1er nivôse an VIII, par une régie intéressée composée de cinq membres.

L'article 7 ordonnait qu'il y aurait près de l'administration des postes un commissaire du gouvernement assisté, suivant les besoins, de substituts.

Les autres articles fixaient ainsi qu'il suit les traitements des régisseurs et du commissaire :

ART. 8. — Les émoluments tant des régisseurs que du commissaire seront composés de traitements fixes et de remises graduées et proportionnelles.

ART. 9. — Le traitement fixe de chacun d'eux sera de 12000 francs.

ART. 10. — Les remises seront attribuées sur l'augmentation du produit net.

ART. 11. — La totalité des remises ne pourra s'élever à une somme plus forte que le traitement fixe.

ART. 12. — Les émoluments des substituts se composeront : 1° d'un fixe de 6000 francs; 2° de remises proportionnelles et graduées, qui, réunies au traitement, ne pourront excéder 8000 francs.

L'article 13 laissait aux consuls le soin de déterminer par un règlement l'usage des franchises et contreseings et de désigner les fonctionnaires qui devraient en jouir.

LOI DU 27 FRIMAIRE AN VIII (18 DÉCEMBRE 1799) FIXANT UN NOUVEAU TARIF POUR LA POSTE AUX LETTRES.

Quant à la taxe des lettres, elle fut de nouveau modifiée par la loi du 27 frimaire an VIII.

Malgré l'extension du territoire de la République, une diminution de près d'un quart avait été constatée dans les produits de la poste.

Afin de pouvoir tirer de cette branche tout le revenu qu'on était en droit d'en attendre, on dut rechercher si le tarif du 5 nivôse ne présentait pas quelques imperfections.

Comme nous l'avons déjà exposé, les bases de ce tarif étaient les suivantes :

Les lettres étaient taxées 4 sous dans l'intérieur d'un même département et 5 sous entre deux départements limitrophes. Quant aux lettres échangées entre les autres départements, leur taxe était établie progresssivement selon les distances calculées de ligne droite en ligne droite et à vol d'oiseau entre le point central de chacun des départements d'origine et de destination.

Avec ce tarif, une lettre d'Angerville pour Étampes, par exemple, avait à parcourir une distance de 4 lieues et payait 4 sous, tout comme une lettre d'Angerville pour Magny qui était à 36 lieues.

Une lettre de Gravelines pour Dunkerque (distance 5 lieues) payait 4 sous, c'est-à-dire la même taxe qu'une lettre de Gravelines pour Avesnes (distance 50 lieues).

La taxe d'une lettre de Saint-Béat pour Montrejeau (distance 6 lieues et demie) était également de 4 sous, comme celle d'une lettre de Saint-Béat pour Saint-Nicolas-de-la-Grave (distance 55 lieues).

Une lettre qui parcourait 36, 50 et 55 lieues ne payait donc pas plus cher qu'une lettre qui ne parcourait que 4, 5 et 6 lieues.

Des anomalies analogues existaient dans la taxe des lettres échangées entre deux départements différents. C'est ainsi qu'une lettre parcourant 3, 4 ou 5 lieues payait 5 sous, comme une lettre qui avait à parcourir 54, 64, 71 et même 83 lieues.

Le gouvernement faisait donc transporter sur toute la surface de la République, des lettres à des distances considérables pour une somme très modique qui ne pouvait dédommager le trésor des frais d'exploitation et c'était seulement sur les petites distances qu'il était possible de retrouver une compensation au déficit résultant du transport à grandes distances. Mais on ne pouvait le faire sans commettre une injustice flagrante au préjudice des petites distances, et sans donner un appât à la fraude.

L'administration consultée répondit qu'il fallait, à son avis, absolument abandonner les bases du tarif existant et établir les nouvelles taxes d'après un principe vrai : elle estimait que la poste aux lettres ayant à faire des dépenses proportionnées aux distances effectivement parcourues par ses courriers, il était équitable et naturel que ces mêmes distances formassent la base du prix à percevoir et qu'en même temps, la taxe des lettres fut calculée suivant la distance la plus courte qu'il était possible de parcourir d'après les services établis, au lieu de l'être en raison de la route effectivement suivie par les courriers.

Un nouveau tarif permettrait, en outre, de mettre en usage les nouveaux poids et mesures et d'adopter sur toute la surface de la République les opérations très simples du calcul décimal. Les distances parcourues par les courriers d'après les services établis, au lieu d'être calculées par lieues de 2 283 toises, le seraient par kilomètres dont 5 équivalaient à 2 566 toises.

La taxe serait également progressive de décime en décime par

100 kilomètres. Il était, d'ailleurs, nécessaire, pour la facilité de la taxe et du comptage des lettres, d'avoir une unité, le décime, qui simplifiât les opérations au lieu de les compliquer.

Ces considérations prévalurent et un projet de loi fut préparé en conséquence.

Lorsque ce projet vint à l'ordre du jour du conseil des Cinq-Cents dans la séance du 27 vendémiaire [1], le rapporteur Destrem fit remarquer que tout le monde était d'accord pour reconnaître la nécessité d'un nouveau tarif, que le système des nouveaux poids et des nouvelles monnaies rendait nécessaire un changement dans la taxe, *que les besoins de l'État exigeaient impérieusement que cette branche des revenus nationaux fût aussi productive que possible* [2]. La main-d'œuvre ayant augmenté d'environ moitié par rapport aux prix de 1790 et l'exploitation des postes exigeant presque en totalité des dépenses de ce genre, il fallait augmenter aussi la taxe des lettres.

Le rapporteur ajoutait que, dans le nouveau projet, la taxe avait été calculée suivant la distance effectivement parcourue par les courriers et non à vol d'oiseau comme dans le tarif de 1791, qu'il avait paru juste de proportionner cette taxe au poids, de telle sorte que la loi ne pût être éludée par l'insertion de plusieurs lettres sous une même enveloppe. La taxe serait graduée de 7 en 7 grammes, le poids de 7 grammes représentant, à peu de chose près, celui de la lettre simple.

Nous relevons incidemment dans ce discours la *déclaration suivante relative au secret des lettres :*

> La commission dont je suis l'organe a pensé, citoyens représentants, que la violation du secret des lettres est un crime capital ; la libre communication des pensées est une conséquence de la liberté individuelle pour laquelle nous combattons depuis longtemps. Il est sans doute plus oppressif de captiver l'essor des facultés intellectuelles que d'enchaîner l'usage des facultés physiques.
>
> L'inquisition de la poste détruit le commerce de la confiance, les plus grandes douceurs de l'amitié, la consolation des absents.
>
> En vain la politique voudrait-elle prétendre que l'ouverture des lettres peut procurer des découvertes utiles à l'ordre social ? Mais quel fruit peut-on tirer d'un moyen qui devient stérile dès qu'il est connu ?...
>
> . . . . . . . . . . . . . . . . . . . . . . . . . . . . . .

Le projet présenté fut renvoyé à la commission et définitivement voté après quelques modifications.

Voici enfin quelles furent les dispositions principales de la loi du 27 frimaire an VIII.

1. *Moniteur universel*, du 28 vendémiaire an VIII, p. 108, col. 2 et 3.

2. Dans la séance du 24 vendémiaire, le conseil des Anciens avait approuvé une résolution présentée par le représentant du peuple Picault, tendant à autoriser le Directoire à emprunter une somme de 30 millions sur les recettes de l'an VII, pour faire face aux dépenses de l'an VIII. *Moniteur universel*, 27 vendémiaire an VIII, p. 104, col. 2.

Cette loi, qui fit revivre le tarif de 1759, fixa à 7 grammes le poids de la lettre simple, réduisit de 11 à 8 le nombre des zones et détermina de la manière suivante la taxe des lettres en raison des distances à parcourir par la voie la plus courte, d'après les services des postes *actuellement* existants, le kilomètre étant pris comme unité de longueur sans fraction :

1° *Lettres simples de bureau à bureau :*

| | | |
|---|---|---|
| Jusqu'à 100 kilomètres inclusivement | 0,2 | décimes. |
| De 100 à 200 id. | 0,3 | — |
| De 200 à 300 id. | 0,4 | — |
| De 300 à 400 id. | 0,5 | — |
| De 400 à 500 id. | 0,6 | — |
| De 500 à 600 id. | 0,7 | — |
| De 600 à 800 id. | 0,8 | — |
| De 800 à 1000 id. | 0,9 | — |
| Au-dessus de 1000 kilomètres | 1 | franc. |

La lettre du poids de 7 grammes et jusqu'à 10 grammes exclusivement payait 1 décime en sus du port simple.

La lettre ou paquet du poids de 10 à 15 grammes exclusivement payait moitié en sus du port simple et ainsi de suite de 5 en 5 grammes jusqu'à 100 grammes.

De 100 grammes à 200 grammes par chaque poids de 10 grammes, la moitié du port simple en sus.

A 200 grammes, une fois le port en sus pour chaque 30 grammes.

2° *Lettres de et pour la même commune :*

| | | |
|---|---|---|
| Lettres simples au-dessous de 15 grammes | 1 | décime. |
| Lettre ou paquet de 15 à 30 grammes exclusivement | 2 | — |
| Id. de 30 à 60 id. | 3 | — |

Et ainsi de suite à raison de 1 décime en sus par chaque poids de 30 grammes.

Pour le service des environs ou arrondissements des grandes communes, il n'était perçu que :

| | | |
|---|---|---|
| Pour la lettre simple | 2 | décimes. |
| Id. de 7 grammes et au-dessous de 15 | 3 | — |
| Id. de 15 à 30 grammes exclusivement | 4 | — |
| Et pour chaque poids de 15 grammes en sus | 1 | — |

### LOI DU 7 VENTÔSE AN VIII (26 FÉVRIER 1800) RELATIVE AU CAUTIONNEMENT A FOURNIR PAR LES AGENTS DES POSTES.

En vertu de la disposition suivante de la loi du 7 ventôse an VIII, les agents des postes furent astreints à verser un cautionnement.

Le montant des cautionnements à fournir par les administrateurs, inspecteurs, chefs de division, caissiers, sous-caissiers, receveurs et payeurs, chefs de bureaux, sous-chefs, premiers commis, taxateurs, vérificateurs et directeurs de l'administration des postes est fixé à la somme de 500 000 francs.

Cette somme fut répartie de la manière suivante, à la charge des différents agents, par l'arrêté des administrateurs des postes, du 7 ventôse an VIII.

1° Pour les administrateurs, chefs et employés comptables ;

A 23 francs 88 centimes p. 100 du net de leur traitement annuel, 20me de retenue déduit ;

2° Pour les chefs et autres employés non comptables ;

A 15 francs 44 centimes p. 100 du même net de leurs appointements, 20me également déduit.

L'arrêté ordonnait que, conformément à une décision du ministre des finances, seraient assujettis au cautionnement les traitements des employés de tous grades et de toutes dénominations tant comptables que non comptables à Paris, *depuis et compris* 1 600 *francs de brut jusqu'au taux le plus élevé.*

### CIRCULAIRE DU 21 GERMINAL AN VIII (11 AVRIL 1800).

Une circulaire du 21 germinal nous montre avec quel soin l'administration s'efforçait de veiller à la bonne exécution des moindres détails du service.

Les administrateurs recommandaient à tous les directeurs de formuler avec la plus grande régularité leurs demandes de registres et imprimés qui devraient être dorénavant adressées au bureau des impressions, récemment créé, d'accuser réception des livraisons par le courrier le plus prochain, d'apporter le plus grand soin au timbrage des correspondances pour que les empreintes soient toujours d'une netteté irréprochable, et enfin de remplir bien exactement les *parts* des courriers, en indiquant le nombre et la nature des dépêches, la date et les heures de départ et d'arrivée des courriers.

### ARRÊTÉ DU 27 PRAIRIAL AN VIII (16 JUIN 1800) PORTANT RÈGLEMENT SUR LES FRANCHISES ET CONTRESEINGS.

L'article 13 de la loi du 25 frimaire an VIII avait laissé aux consuls le soin de déterminer par un règlement l'usage des franchises et de désigner les fonctionnaires qui devraient en jouir.

Ce règlement fut publié sous forme d'arrêté rendu le 27 prairial an VIII sur le rapport du Ministre des finances, et le Conseil d'Etat entendu.

Il était divisé en 10 sections :

I

*Franchise et contreseing.* — L'article Ier accordait la franchise et le contreseing illimités aux consuls seuls.

II

*Franchise.* — L'article 2 désignait les personnages et les administrations ayant droit à la franchise illimitée pour les correspondances qui leur étaient adressées, mais ne jouissant pas tous du même privilège pour le contreseing.

De ce nombre étaient les présidents du Sénat conservateur, du Corps législatif et du Tribunat, les ministres, les conseillers d'État occupant des fonctions dans des administrations publiques, le président du conseil des prises maritimes, le secrétaire d'État, les secrétaires généraux des consuls et du conseil d'État, les généraux en chef et ordonnateurs en chef de chaque armée, les administrateurs de la Trésorerie nationale et l'administration générale des postes.

D'après l'article 3, le caissier général et le caissier des recettes journalières de la Trésorerie nationale ainsi que les quatre payeurs généraux et l'archiviste de la République étaient autorisés à jouir de la franchise, mais seulement pour les lettres et paquets qui leur seraient adressés dûment contresignés par l'un des fonctionnaires ayant droit à la franchise.

III

*Contreseing limité.* — Le contreseing était accordé par l'article 4 aux ministres, aux généraux en chef et ordonnateurs en chef de chaque armée, aux conseillers d'État chargés de services administratifs, aux administrateurs de la Trésorerie nationale, au président du conseil des prises maritimes, au secrétaire d'État, au secrétaire du conseil d'État et à l'administration générale des postes.

Toutefois, il était stipulé que ce contreseing n'opérerait la franchise qu'à l'égard des autorités constituées et des fonctionnaires compris dans l'état annexé au règlement, et seulement lorsque leurs qualités seraient énoncées dans la suscription des lettres.

Quant au contreseing de l'administration générale des postes, il opérerait la franchise tant à l'égard des autorités constituées ou des fonctionnaires publics qu'à l'égard de ceux auxquels des communications seraient adressées pour objets relatifs au service des postes.

## IV

*Franchise et contreseing limités.* — La franchise et le contreseing limités étaient attribués aux généraux, aux chefs d'état-major des armées et des diverses divisions militaires, aux inspecteurs généraux dépendant du ministre de la guerre ainsi qu'aux préfets maritimes, ces derniers dans l'étendue de leur commandement.

## V

*Franchise illimitée, mais sous bande.* — Le Bulletin des lois continuerait à circuler sous bande dans toute l'étendue de la République et conformément à la loi du 9 vendémiaire an VI ; cette franchise était étendue à la correspondance relative au Bulletin dans les mêmes conditions, c'est-à-dire sous bande.

## VI

*Franchise illimitée sous bande et contreseing limité.* — En vertu de l'article 9, la franchise sous bande était accordée au directeur de la liquidation de la dette publique, au directeur de la liquidation de la dette des émigrés pour le département de la Seine et en nom collectif au conseil des mines, à la comptabilité nationale, ainsi qu'à la comptabilité intermédiaire. Le privilège du contreseing leur était accordé, mais pour la correspondance avec les préfets seulement.

## VII

*Franchise et contreseing sous bande limités.* — Les préfets civils de police ou maritimes jouiraient de la franchise dans l'étendue de leur préfecture, mais sous bande, pour toutes les lettres et paquets qui leur seraient adressés par les autorités constituées et fonctionnaires de leur préfecture désignés dans l'état annexé à l'arrêté.

Il en serait de même pour les lettres et paquets adressés au préfet par le commandant de la division militaire dont la préfecture faisait partie.

Le contreseing des préfets n'opérait la franchise sous bande, qu'à l'égard des commandants en chef des divisions militaires dont leur préfecture faisait partie, des conseils d'administration et des autorités ou fonctionnaires désignés dans l'état joint à l'arrêté.

Les sous-préfets jouiraient de la franchise et du contreseing dans leurs arrondissements respectifs, de même que les commissaires généraux de police dans l'étendue de leur département.

## VIII

*Franchise limitée et sous bande sans contreseing.* — Les receveurs généraux et particuliers, les directeurs, inspecteurs et contrôleurs des contributions publiques d'un même département pouvaient correspondre en franchise entre eux, mais sous bande, pour les objets concernant leur franchise.

Il en était de même des commissaires des guerres et de l'inscription maritime, des inspecteurs et sous-inspecteurs aux revues, des directeurs des fortifications, des commandants d'armes et des officiers de gendarmerie dans l'étendue de leur arrondissement.

## IX

Les directeurs des postes devaient continuer à tenir des états de crédit pour les juges de paix, les commissaires du gouvernement près les tribunaux criminels et de première instance, ainsi que pour ces mêmes tribunaux en nom collectif et les directeurs du jury d'accusation, relativement aux lettres taxées concernant leurs fonctions seulement.

Ils étaient tenus de se faire rembourser par ces mêmes fonctionnaires au plus tard le 15 de chaque mois, le crédit du mois précédent, conformément à l'arrêté du 9 frimaire an VII et à la circulaire du 26 nivôse suivant.

Quant aux fonctionnaires eux-mêmes, ils étaient remboursés par les receveurs d'enregistrement sur la production des états rendus exécutoires par les présidents des tribunaux criminels et visés par les préfets.

## X

*Dispositions réglementaires.* — Le privilège de contresigner au moyen d'une griffe était exclusivement limité aux consuls, aux ministres, aux généraux en chef et ordonnateurs en chef de chaque armée, aux conseillers d'État de l'instruction publique, des ponts et chaussées, des colonies et des domaines nationaux, au directeur et aux administrateurs du trésor public, au président du conseil des prises maritimes, au secrétaire d'État, au secrétaire du conseil d'État, aux différents préfets et à l'administration générale des postes.

Tous les autres fonctionnaires devaient contresigner au moyen de leur signature précédée de la désignation de leurs fonctions.

En aucun cas, les plis contresignés ne devaient être jetés à la boîte sous peine d'être taxés. Ils devaient être remis dans les départements aux directeurs des postes, et à Paris au bureau du départ de l'administration générale des postes.

Quant aux lettres et paquets contresignés qui étaient destinés à être chargés, ils ne pourraient être acceptés et expédiés en franchise qu'à la condition d'être accompagnés d'une réquisition signée des autorités ou fonctionnaires dont ils émanaient.

Il était interdit, conformément à des règlements déjà anciens, de comprendre dans les paquets expédiés en franchise ou sous contreseing, aucune lettre, billet, papier ou objet quelconque étranger au service.

En cas de suspicion de fraude ou d'omission de l'une des formalités prescrites, les préposés étaient autorisés à taxer les lettres et paquets en totalité, ou à exiger la vérification du contenu; les fraudes constatées donnaient lieu à l'établissement d'un procès-verbal dont une copie devait être envoyée au commissaire du gouvernement près l'administration générale des postes.

Enfin l'article 21 rappelait que, conformément à la loi du 28 août 1791 (art. 14), les ports de lettres et paquets seraient payés comptant. Cependant tout particulier était libre de refuser chaque lettre ou paquet, au moment même où il serait présenté et avant de l'avoir décacheté.

### ARRÊTÉ DU 27 PRAIRIAL AN IX (16 JUIN 1801) RENOUVELANT LES DÉFENSES FAITES AUX ENTREPRENEURS DE VOITURES LIBRES DE TRANSPORTER LETTRES, JOURNAUX, ETC. — MONOPOLE DE L'ÉTAT.

Le gouvernement s'est attribué le monopole exclusif du transport des lettres, monopole qui, comme l'a dit Dalloz, est beaucoup plus facile à justifier que beaucoup d'autres, car il n'a pas été démontré que le transport des lettres laissé à la concurrence de l'industrie privée offrît à la société la sécurité et les avantages qu'elle y trouve aujourd'hui.

Le principe du monopole avait été déjà consacré dans l'arrêt du conseil du 18 juin 1681, interprété par un second arrêt du 29 novembre suivant, qui punissait d'une amende de 300 francs ceux qui se chargeraient de porter des lettres sans en avoir reçu le droit ou le pouvoir du fermier des postes.

Ces dispositions furent renouvelées dans la déclaration royale du 3 février 1728, l'ordonnance royale du 16 mai 1765, les décrets du 26 août 1790, 3$^{e}$ partie, art. 4, — 9 avril 1793, art. 7, 24 juillet 1793, art. 6, — 25 vendémiaire an III, art. 3, — 27 nivôse an III, art. 4. — les arrêtés du Directoire exécutif des 2 nivôse an VI, 7 fructidor an VI, 26 ventôse an VII et enfin dans l'arrêté des consuls du 27 prairial an IX qui est encore en vigueur aujourd'hui et dont nous allons énumérer les dispositions :

L'article 1er de cet arrêté confirmait les prescriptions contenues dans les lois des 26 août 1790 (art. 4) et 21 septembre 1792 et renouvelait les défenses faites à tous les entrepreneurs de voitures libres, ainsi qu'à toute autre personne étrangère au service des postes, de s'immiscer dans le transport des lettres, journaux, feuilles à la main et ouvrages périodiques, paquets et papiers du poids d'un kilogramme et au-dessous dont le port était exclusivement confié à l'administration des postes.

Étaient exceptés de ces prohibitions les sacs de procédure, les papiers uniquement relatifs au service personnel des entrepreneurs de voitures, et les paquets d'un poids supérieur à 2 livres (art. 2).

L'article 3 autorisait, dans l'intérêt de l'administration, des perquisitions à l'effet de constater les infractions à l'arrêté, sur les messagers piétons chargés de porter les dépêches, voituriers de messageries et autres de même espèce et la saisie des objets transportés en fraude. Ce droit de perquisition était accordé aux directeurs, contrôleurs et inspecteurs des postes, aux employés des douanes aux frontières et à la gendarmerie nationale.

L'article 5 portait que procès-verbal serait dressé à l'instant et que copie des lettres et paquets saisis devait être remise à l'administration des postes, « pour les dites lettres et paquets être envoyés aussitôt à leur destination avec la taxe ordinaire ».

(Cette disposition a été modifiée par l'art. 1er du 2 messidor an XII, qui ordonne l'envoi des lettres saisies par le bureau le plus voisin de la saisie, en rebut à Paris pour n'être rendues que sur réclamation et contre paiement du double de la taxe ordinaire.)

Le même article prononçait une amende de 150 francs, au moins, et de 300 francs au plus contre les contrevenants.

L'article 6 déterminait le mode de poursuite du payement de l'amende; il prescrivait la saisie-exécution des établissements, voitures, meubles, à défaut de paiement dans les dix jours du jugement.

L'article 7 indiquait le lieu où devait se payer l'amende.

Quant au produit des amendes, il était ainsi réparti d'après l'art. 8; un tiers à l'administration, un tiers aux hospices des lieux, un tiers à ceux qui auront découvert et dénoncé la fraude étant coopérateurs de la saisie.

L'article 9 rendait les maîtres de poste, les entrepreneurs de voitures libres et messageries, personnellement responsables des contraventions de leurs postillons, conducteurs, porteurs et courriers, sauf recours contre eux.

### ARRÊTÉ DU PREMIER CONSUL DU 26 BRUMAIRE AN X (17 NOVEMBRE 1801) NOMMANT LAVALETTE COMMISSAIRE CENTRAL DU GOUVERNEMENT PRÈS LES POSTES.

Un arrêté du premier consul, en date du 26 brumaire an X, nomma aux fonctions de commissaire central du gouvernement près les postes, en remplacement de Laforest, le citoyen Lavalette, administrateur de la caisse d'amortissement, qui resta à la tête de l'administration des postes jusqu'à la chute de Napoléon.

### ARRÊTÉ DES CONSULS DU 7 NIVÔSE AN X CONCERNANT LE BRULEMENT DES LETTRES ET PAQUETS.

L'arrêté du 7 nivôse an X fixa ainsi qu'il suit, les époques de l'ouverture et du *brûlement* des rebuts.

En vertu de cet arrêté, les lettres simples ou doubles chargées ou non chargées et les paquets également chargés ou non chargés, tombés en rebut pour une cause quelconque, devaient être ouverts six mois après leur mise à la poste; les lettres simples ou doubles non chargées et les paquets également non chargés qui seraient jugés à la lecture non intéressants, devaient être brûlés sur-le-champ. Tous les autres, sans exception, devaient être conservés quatre ans et demi après leur ouverture et brûlés après ce délai.

Les lettres *poste restante* et celles venant de l'étranger, simples ou doubles ainsi que les paquets chargés ou non chargés tombés en rebut pour une cause quelconque, devaient être ouverts un an après leur mise à la poste et brûlés sur-le-champ s'ils ne présentaient aucun intérêt; dans le cas contraire, ils seraient brûlés après avoir été conservés pendant quatre ans à compter de la date de leur ouverture.

Les lettres venant des colonies, simples ou doubles, et les paquets chargés seraient ouverts deux ans après leur mise à la poste, conservés indistinctement trois ans après leur ouverture et brûlés ensuite.

Enfin, quant aux lettres et paquets à adresses blanches ou illisibles, ils seraient ouverts au moment de leur mise en rebut et brûlés sur-le-champ s'ils ne présentaient aucun intérêt, et dans le cas contraire, conservés pendant cinq ans.

RÈGLEMENT DU 20 VENDÉMIAIRE AN XI (12 OCTOBRE 1802) POUR LE SERVICE ORDINAIRE DES COURRIERS; POUR LE SERVICE DES DÉPÊCHES DE SAINT-CLOUD A PARIS; ET POUR LE SERVICE DU BUREAU DE POSTE ÉTABLI PRÈS LE GOUVERNEMENT A SAINT-CLOUD.

On sait que le premier consul avait établi sa résidence à Saint-Cloud. De là, la nécessité d'organiser un service spécial de courriers du gouvernement entre Saint-Cloud et Paris. Cette organisation fit l'objet du règlement du 20 vendémiaire an XI qui s'appliquait :

1° Au service ordinaire des courriers ;
2° Au service des dépêches de Saint-Cloud à Paris ;
3° Au service du bureau de poste près le gouvernement à Saint-Cloud.

*Service ordinaire des courriers.* — Les courriers du gouvernement étaient chargés d'assurer le service des dépêches de Paris à Saint-Cloud et celui des dépêches pour l'intérieur de la République et les pays étrangers.

Ce service fut réparti entre les courriers titulaires et les courriers surnuméraires.

Si l'un des quatre courriers de service à Saint-Cloud était expédié à l'intérieur de la République ou à l'étranger, il devait être immédiatement remplacé par un autre courrier qui jouirait d'une indemnité de 3 francs par jour.

Les courriers expédiés *en dépêche* étaient tenus de se présenter au bureau de départ de la secrétairerie d'État, pour faire enregistrer leurs dépêches et, au retour, leurs récépissés et recevoir un passeport et un ordre de fonds.

Les difficultés concernant le service et la comptabilité devaient être déférées au secrétaire d'État.

*Service des dépêches de Saint-Cloud à Paris.* — Le service des dépêches de Saint-Cloud à Paris et autres lieux voisins devait être exécuté au moyen de quatre chevaux stationnés à Saint-Cloud, par quatre courriers du gouvernement, tant titulaires que surnuméraires.

Chaque jour, le premier de ces courriers qui serait expédié en dépêche à Paris, sans avoir reçu ordre de rapporter réponse, devait y attendre au bureau, de la poste du gouvernement, d'être réexpédié à Saint-Cloud avec dépêche.

Si un second courrier était également expédié ensuite de Saint-Cloud à Paris sans être tenu de rapporter réponse, le premier courrier devait rentrer à Saint-Cloud et céder son poste au dernier venu, et ainsi de suite jusqu'au lendemain matin 6 heures.

Une indemnité de 3 francs par jour était allouée à chacun des quatre courriers en sus de son traitement. Le prix de chaque cheval employé était fixé à 6 francs par jour, mais il était réduit à 3 francs dans le cas où le premier consul s'absenterait pendant plus de 10 jours.

Le chef des courriers du gouvernement était chargé de fournir et d'entretenir les chevaux, palefreniers, selles, harnais et accessoires.

Les frais de service devaient être acquittés par l'administration générale des postes, ainsi qu'il avait été fait précédemment pour le service des dépêches du cabinet entre Paris et la Malmaison.

*Service du bureau de poste près le gouvernement, à Saint-Cloud.* — Cinq courriers à cheval devaient être expédiés chaque jour de Saint-Cloud à Paris aux heures suivantes :

A 8 heures du matin en hiver et à 7 heures et demie en été;

A 11 heures du matin;

A 1 heure et demie;

A 6 heures du soir;

A 11 heures du soir;

Le courrier expédié à 8 heures du matin serait chargé de toutes les dépêches pour Paris déposées depuis le dernier courrier expédié la veille à 11 heures du soir.

Celui de 11 heures du matin porterait les dépêches pour Paris préparées depuis 8 heures.

Celui de 1 heure et demie serait porteur des dépêches pour Paris, les départements et l'étranger.

Celui de 6 heures serait chargé des dépêches pour Paris préparées depuis 2 heures.

Enfin celui de 11 heures du soir transporterait les dépêches du soir.

Les mêmes courriers faisaient le service du portefeuille du premier consul.

Le service de Paris à Saint-Cloud était fait par les mêmes courriers de la manière suivante :

Le courrier parti de Saint-Cloud à 11 heures du soir était réexpédié de Paris à 8 heures le lendemain matin.

Celui qui était parti de Saint-Cloud à 8 heures du matin serait réexpédié de Paris à 11 heures du matin.

Celui de 11 heures du matin repartirait de Paris à 3 heures du soir.

Celui de 1 heure et demie du soir repartirait de Paris à 7 heures du soir.

Celui de 6 heures du soir repartirait de Paris à 10 heures du soir.

Les lettres et dépêches seraient remises à chaque courrier par les directeurs de Saint-Cloud et de Paris, en un seul paquet, sous le sceau du bureau de départ et adressé au directeur du bureau destinataire. Le paquet devait contenir une feuille destinée à recevoir l'inscription nominative des dépêches à distribuer dans Paris.

Dès l'arrivée des courriers, les directeurs devaient mettre immédiatement en distribution les dépêches reçues, de telle sorte que la remise à domicile pût en être effectuée à Saint-Cloud dans l'espace d'une demi-heure et à Paris dans l'espace d'une heure au plus tard.

Les dépenses étaient à la charge de l'administration des postes qui devait les faire figurer dans ses comptes.

Ce règlement fut immédiatement notifié au commissaire central près l'administration des postes par le ministre des finances, qui avait déjà pris la haute main sur l'administration des postes.

### ARRÊTÉ DES CONSULS DU 9 PLUVIÔSE AN X (9 JANVIER 1802) AUTORISANT L'ADMINISTRATION DES POSTES A TRADUIRE DIRECTEMENT SES AGENTS DEVANT LES TRIBUNAUX.

D'après l'article 75 de la Constitution de l'an VIII, abrogé le 19 septembre 1870, aucun agent des postes ne pouvait être poursuivi pour faits relatifs à ses fonctions qu'en vertu d'une décision du Conseil d'État.

Mais sur un rapport du ministre des finances et sur l'avis conforme du Conseil d'État, les consuls prirent le 9 pluviôse an X un arrêté qui autorisa l'administration générale des postes à traduire devant les tribunaux, sans recourir à la décision du Conseil d'État, les agents qui lui étaient subordonnés.

### CIRCULAIRE DU 1er VENTÔSE AN X (20 FÉVRIER 1802) CONCERNANT LE TRAITEMENT DES DIRECTEURS DES BUREAUX A REMISES.

Une circulaire des administrateurs généraux des postes, en date du 1er ventôse an X, modifia ainsi qu'il suit les bases de traitement des directeurs des bureaux *à remises* [1]:

L'administration, citoyen, prenant en considération les frais auxquels sont assujettis les directeurs des bureaux à remises, dont le traitement est au minimum de 210 francs, a décidé qu'à dater du 1er vendémiaire an X, la base de 1 200 francs qui fixait le minimum à 210 francs, sera portée à 1 714 francs et que tous les bureaux qui n'auront pas ce produit, jouiront d'un traitement annuel de 300 francs.

Quant à ceux dont le produit excédera la somme de 1 714 francs, leur remise pour l'excédant continuera d'être prélevée, comme elle l'est aujourd'hui, sur la recette excédant 1 200 francs.

En conséquence, les directeurs auxquels cette mesure donnerait une augmen-

1 Les bureaux *à remises* étaient ceux dont les directeurs n'avaient pas de traitement fixe et recevaient des indemnités proportionnelles au chiffre des recettes.

tation, doivent employer, dans leurs comptes du quartier courant, celle qui leur revient depuis le 1er vendémiaire dernier.

Cette circulaire était signée : Anson, Forié, Auguié, Sieyès, Bellavene.

ARRÊTÉ DES CONSULS DU 19 GERMINAL AN X (9 AVRIL 1802) CONTENANT UN TARIF POUR LES CORRESPONDANCES MARITIMES ET COLONIALES.

Il existait dans les ports de mer des établissements de petite poste destinés aux correspondances d'outre-mer. Le public y déposait ses lettres qui étaient expédiées par chaque bâtiment partant. A leur retour, les capitaines transmettaient par la même voie celles qu'ils rapportaient des colonies.

Cette petite poste devait nécessairement rentrer sous l'autorité de l'administration qui, seule, était en mesure d'en assurer l'important service dans des conditions de régularité et de sécurité suffisantes.

L'arrêté du 19 germinal an X réorganisa ce service de la manière suivante :

L'article 1er rappelant les lois des 22 août 1791, 23 et 24 juillet 1793, 5 nivôse an V et 27 frimaire an VIII, renouvelait les défenses expresses faites à toutes personnes de tenir, même dans les villes et endroits maritimes, soit bureau, soit entrepôt, pour l'envoi, réception et distribution des lettres et paquets de et pour les colonies françaises ou étrangères, du poids d'un kilogramme et au-dessous, à peine de l'amende prononcée par l'article V de l'arrêté du 27 prairial an IX.

Les directeurs ou préposés des bureaux de poste des villes ou autres endroits maritimes étaient exclusivement chargés du service des lettres et paquets de et pour les colonies.

Les capitaines de navire furent tenus de faire connaître aux directeurs des postes, dans les ports où leurs bâtiments seraient en chargement, au moins un mois à l'avance, l'époque présumée de leur départ. Ils ne pouvaient appareiller que munis d'un certificat du directeur, constatant qu'ils avaient reçu la malle des dépêches adressées au lieu de destination du navire ou qu'il n'y avait pas de dépêche pour cette destination.

A l'arrivée au port destinataire, tout capitaine devait remettre le certificat et les dépêches dont il était porteur, à l'agent des postes ou, à défaut d'agent des postes, au préfet maritime, au commandant du port ou à tout autre agent civil, maritime ou militaire de la colonie, s'en faire délivrer un reçu qu'il devait, à son retour dans l'un des ports de la République, remettre au directeur des postes contre une reconnaissance.

Les mêmes formalités étaient exigées au départ des colonies et à l'arrivée en France.

L'indemnité due aux capitaines était fixée à un décime par lettre ou paquet, conformément à l'article 26 de la loi du 22 août 1791.

En visitant les navires, les agents des douanes devaient s'assurer si le capitaine et les gens de l'équipage ne transportaient pas des correspondances en fraude; en cas de contravention, ces correspondances étaient saisies et remises au bureau de poste.

Si un navire était obligé de faire quarantaine, les lettres et paquets devaient être livrés à l'administration de la santé publique, qui, après les opérations sanitaires, les remettait à l'agent des postes pour les distribuer.

Les correspondances destinées aux colonies et pays d'outre-mer devaient être affranchies du point de départ à Paris; l'administration devait les expédier par les premiers bâtiments partant d'un port quelconque.

Étaient exemptées de l'affranchissement du tarif, les lettres déposées dans l'un des trente ports suivants d'où quelques navires se trouveraient en partance. Dans ce cas, les lettres et paquets pour les pays de destination de ces bâtiments ne paieraient que 2 décimes.

Les trente ports étaient :

| | | |
|---|---|---|
| Antibes. | Fécamp. | Nice. |
| Bayonne. | Granville. | Noirmoutiers. |
| Bordeaux. | Honfleur. | Ostende. |
| Boulogne. | La Rochelle. | Quimper. |
| Brest. | Le Havre. | Rochefort. |
| Calais. | Port de la Liberté. | Saint-Brieuc. |
| Cette. | Lorient. | Saint-Malo. |
| Cherbourg. | Marseille. | Saint-Valery (S.-Inf^re). |
| Dieppe. | Montivilliers. | Saint-Valery (s. Somme). |
| Dunkerque. | Nantes. | Toulon. |

Quant au tarif jusqu'au port d'embarquement, il était établi conformément à la loi du 27 frimaire an VIII.

ARRÊTÉ DES CONSULS DU 8 FLORÉAL AN X (28 AVRIL 1802) RELATIF AUX VOLS DES DENIERS PUBLICS.

A la suite d'un certain nombre de vols de deniers publics, les comptables avaient demandé au ministre des finances décharge des valeurs soustraites.

Pour garantir les intérêts du Trésor, les consuls rendirent, le 8 floréal an X, un arrêté aux termes duquel « tout receveur, caissier, dépositaire, percepteur ou préposé quelconque, chargé de deniers publics, ne pourrait obtenir décharge d'aucun vol, s'il n'était justifié que ce vol était l'effet d'une force majeure et que le dépositaire, outre les précautions ordinaires, avait eu celle de coucher ou de faire coucher un homme sûr dans le lieu où il tenait ses fonds et, en outre, si c'était un rez-de-chaussée, de le tenir solidement grillé ».

En exécution de cet arrêté, le conseil d'État laissa à la charge des directeurs de Chambéry, de Montpellier, de Lezoux (Puy-de-Dôme) et de Hagueneau, qui n'avaient pas pris les précautions prescrites, les sommes suivantes qui leur avaient été soustraites :

| | |
|---|---|
| Directeur de Chambéry | 11f 030c82 |
| — de Montpellier | 355 90 |
| — de Lezoux | 93 45 |
| — de Hagueneau | 420 46 |

LOI DE FINANCES DU 14 FLORÉAL AN X (4 MAI 1802) MODIFIANT LE TARIF DE LA POSTE AUX LETTRES.

Les articles 2 à 5 de la loi de finances du 14 floréal an X apportèrent quelques modifications au tarif de la poste aux lettres :

Les lettres pesant moins de 6 grammes étaient considérées comme lettres simples ;

A partir du poids de 6 grammes, la taxe fut fixée ainsi qu'il suit :

De 6 à 8 grammes exclusivement, un décime en sus du port de la lettre simple ;

De 8 à 10 grammes inclusivement, une fois et demie le port de la lettre simple.

De 10 à 15 grammes exclusivement, 2 ports ;

De 15 à 20 grammes exclusivement, 2 ports et demi, et ainsi de suite, à raison d'un demi-port en sus par chaque poids de 5 grammes.

Les lettres sous enveloppe, même d'un poids inférieur à 6 grammes, furent frappées d'une taxe supplémentaire de 5 centimes.

ARRÊTÉ DES CONSULS DU 4 MESSIDOR AN X (29 JUIN 1802) RELATIF A LA TAXE DES LETTRES ET PAQUETS EXPÉDIÉS DE FRANCE EN ANGLETERRE ET D'ANGLETERRE EN FRANCE.

L'arrêté du 4 messidor an X fixa ainsi qu'il suit le tarif des correspondances échangées entre la France et l'Angleterre.

L'affranchissement des lettres et paquets de Calais pour la Grande-Bretagne et l'Irlande fut fixé à 3 décimes par lettre d'un poids inférieur à 6 grammes, savoir :

De la ville au port de mer . . . . . . . . . . . . . . . . . . . 1 décime.
Et pour le trajet de mer de Calais à Douvres, conformément à l'article 5 de la loi du 14 floréal an X. . . . . . . . . . . . . . 2 —
Total. . . . 3 décimes.

Et proportionnellement pour les lettres et paquets pesant 6 grammes et au-dessus, à raison de leur poids, selon les progressions établies par la loi du 14 floréal.

L'affranchissement des lettres et paquets de tous les autres lieux de la République pour la Grande-Bretagne et l'Irlande serait perçu par lettre au-dessous du poids de 6 grammes, d'après la taxe de tous les bureaux de l'intérieur jusqu'à Calais, plus 2 décimes pour la voie de mer; et proportionnellement pour les paquets d'un poids inférieur à 6 grammes, selon les progressions ordonnées par la loi du 14 floréal an X.

Les lettres d'un poids inférieur à 6 grammes, venant de la Grande-Bretagne et d'Irlande et à destination de Calais, furent soumises à la taxe de 6 décimes.

La taxe des lettres et paquets d'un poids inférieur à 6 grammes et provenant de la Grande-Bretagne pour Paris, Rouen, Le Havre, Dieppe et autres lieux intermédiaires, fut fixée à 12 centimes.

Quant aux lettres et paquets compris dans les dépêches britanniques pour Paris et réexpédiés de cette ville pour toute destination autre que les villes ci-dessus, ils furent soumis à la taxe due pour Paris, augmentée de celle de Paris jusqu'à destination.

### ARRÊTÉ DU PREMIER CONSUL DU 28 VENTÔSE AN XII (19 MARS 1804) CRÉANT UNE DIRECTION GÉNÉRALE DES POSTES. LAVALETTE, DIRECTEUR GÉNÉRAL.

L'administration des postes avait été, jusqu'à cette époque, placée sous la surveillance d'un commissaire du gouvernement. Pour rehausser cette institution, le premier consul supprima les fonctions de commissaire du gouvernement par un arrêté du 28 ventôse an XII et créa une Direction générale des postes qui fut confiée à Lavalette.

En vertu de l'arrêté du 28 ventôse, le directeur général travaillait seul avec le ministre des finances et lui adressait les rapports sur les questions intéressant le service des postes. Il présidait aux délibérations des administrateurs dont le nombre venait d'être réduit de 5 à 3, approuvait, s'il y avait lieu, ces délibérations, et nommait, sur le rapport des administrateurs, aux divers emplois autres que ceux d'inspecteurs et de directeurs de bureaux d'un produit supérieur à 3000 francs.

# PREMIER EMPIRE

## NAPOLÉON Ier

(18 mai 1804—30 mars 1814.)

Serment de fidélité à l'Empereur. — Décret relatif aux conscrits. — Nomination aux emplois administratifs dans les pays conquis. — Les entrepreneurs de voitures publiques et messageries et les maitres de poste. — Réorganisation du service des malles. — Tarif de la poste aux chevaux. — Estafettes entre Paris et Milan et entre Paris et Strasbourg. — Mémoires de Lavalette. — Service journalier de courriers à cheval entre Alexandrie et Naples. — Tarif de la taxe des lettres. — Blocus des iles Britanniques. — Suspension de la correspondance avec l'Angleterre. — L'invasion. — Entrée des alliés à Paris. — Abdication de Napoléon.

### SERMENT DE FIDÉLITÉ A L'EMPEREUR.

Bonaparte, qui s'était fait nommer consul à vie en 1802, profita de l'émotion causée par quelques complots royalistes contre sa personne pour se faire proclamer empereur le 18 mai 1804, sous le nom de Napoléon Ier.

Dès la proclamation de l'Empire, tous les fonctionnaires de l'administration des postes furent invités à prêter le serment de fidélité au nouveau régime.

### DÉCRET IMPÉRIAL DU 13 PRAIRIAL AN XII (2 JUIN 1804) AU SUJET DES PERSONNES DÉTENUES POUR DETTES OU SOUS LE COUP DE LA CONTRAINTE PAR CORPS.

L'Empereur, *voulant*, disait-il, *marquer le moment de son avènement par des actes d'indulgence et de bienfaisance,* ordonna par décret du 13 prairial an XII (2 juin 1804) que les ministres du Trésor public et des Finances lui adresseraient un rapport sur chacun des individus détenus pour dettes à la requête de l'agent du Trésor public ou des préposés à la perception des contributions publiques, pour lui permettre de juger quels étaient ceux qui pourraient être élargis ou déchargés de la contrainte par corps.

Un certain nombre de directeurs des postes reconnus débiteurs envers le Trésor purent bénéficier de cette mesure gracieuse par suite de l'annulation de la contrainte par corps décernée contre eux.

DÉCRET DU 2 MESSIDOR AN XII (21 JUIN 1804). — LETTRES ET PAQUETS SAISIS EN EXÉCUTION DE L'ARRÊTÉ DU 27 PRAIRIAL AN IX.

Un décret du 2 messidor suivant ordonna que les lettres et paquets saisis en exécution de l'arrêté du 27 prairial an IX seraient expédiés par le bureau le plus voisin du lieu de la saisie, au service des rebuts à Paris, où ils ne pourraient être rendus que sur réclamation et à la charge de payer le double de la taxe ordinaire.

DÉCRET IMPÉRIAL DU 17 THERMIDOR AN XII (5 AOUT 1804) RELATIF AUX CONSCRITS.

Un autre décret impérial daté du Pont de Brique, le 17 thermidor an XII, prescrivait dans son article 2 : « que tout Français qui, en exécution des lois, avait été depuis et compris l'an X, ou serait, à l'avenir, soumis à la conscription militaire, ne pourrait être admis, en quelque qualité que ce fut, jusqu'à ce qu'il eût atteint sa trentième année, pour faire un service salarié dans les bureaux des ministres, des grandes administrations de l'État, des régies ou compagnies, préfectures, sous-préfectures et municipalités, dans ceux des entrepreneurs généraux ou particuliers des services de la guerre ou de la marine, sans avoir prouvé qu'il avait rempli les obligations imposées à tous les Français par les lois sur la conscription militaire. »

Ce décret fut notifié à tous les ministres par le maréchal Berthier, qui, dans sa circulaire, insistait sur la disposition du décret en vertu de laquelle serait puni de la révocation, indépendamment de toutes autres peines édictées par les lois des 24 brumaire an VI et 17 ventôse an VIII, tous fonctionnaires ou agents qui, au mois de fructidor de l'an XIII et pour chaque année à la même époque, n'auraient pas fait exécuter ces prescriptions à l'égard des conscrits employés sous leurs ordres.

De son côté, le ministre des finances s'empressa de donner des instructions pressantes à l'administration des postes pour l'exécution du décret.

LETTRE DU MINISTRE DES FINANCES AU DIRECTEUR GÉNÉRAL DES POSTES, QUATRIÈME JOUR COMPLÉMENTAIRE DE L'AN XII (21 SEPTEMBRE 1804), RELATIVE A LA NOMINATION AUX EMPLOIS ADMINISTRATIFS DANS LES PAYS CONQUIS.

Le territoire de la France s'était singulièrement accru par la conquête. La lettre suivante adressée à M. de Lavalette par le ministre des finances, Gaudin, nous fait connaître la volonté de l'Empereur de confier à des habitants des pays conquis les emplois administratifs :

L'intention de S. M. l'Empereur, Monsieur, est que les places et emplois qui viendront à vacquer dans les six nouveaux départements du cy-devant Piémont, dans les neuf qui composaient l'ancienne Belgique et dans les quatre situés sur la rive gauche du Rhin, ne soient donnés qu'à des habitants du pays. Je vous prie de vous conformer à cette disposition pour toutes les nominations d'emplois dépendans de l'administration confiée à votre surveillance.

LOI DU 15 VENTÔSE AN XIII (6 MARS 1805) CONCERNANT L'INDEMNITÉ A PAYER PAR LES ENTREPRENEURS DE VOITURES PUBLIQUES ET MESSAGERIES AUX MAÎTRES DES RELAIS DE POSTE DONT ILS N'EMPLOIERONT PAS LES CHEVAUX.

La loi du 15 ventôse an XIII ordonna que tout entrepreneur de voitures publiques et de messageries qui ne se servirait pas des chevaux de poste serait tenu de payer par poste et par cheval, pour chacune de ses voitures, *vingt-cinq centimes* au maître des relais dont il n'emploierait pas les chevaux.

Étaient exemptés de cette disposition les loueurs allant à petites journées et avec les mêmes chevaux, les voitures de place allant également avec les mêmes chevaux et partant à volonté et les voitures non suspendues.

Les contrevenants seraient poursuivis devant les tribunaux correctionnels pour s'entendre condamner à une amende de 500 francs dont moitié au profit des maîtres de poste et moitié pour l'administration des relais.

Cette loi qui avait pour but de contribuer à la restauration des postes aux chevaux, avait été présentée à la suite des considérations suivantes qui étaient développées dans l'exposé des motifs :

L'établissement des postes aux chevaux avait tiré jusqu'en 1789 une partie de sa prospérité, de la concentration de la fortune dans une portion privilégiée de la nation, des convenances rigoureuses qui prescrivaient des distinctions jusque sur les routes, et surtout des nombreux privilèges dont jouissaient les maîtres de poste. Ces privilèges avaient été abolis, et les différentes législatures qui s'étaient succédé, avaient cru dédommager suffisamment les maîtres de poste en augmentant leurs gages, en leur accordant des indemnités plus fortes et en élevant le tarif. Malgré toutes ces mesures, les relais étaient tombés dans un état de langueur et d'inactivité auquel il importait de remédier dans l'intérêt de l'État et des relations commerciales.

Cette situation provenait de ce que le nombre d'individus qui se servaient de la poste avait considérablement diminué et de ce que les maîtres des relais s'épuisaient en dépenses stériles pour nourrir des chevaux qui n'étaient pas utilisés, ou laissaient leurs relais incomplets. Les voyageurs continuaient, d'ailleurs, à s'éloigner peu à peu de la poste, dans la crainte de ne pas être conduits avec exactitude.

D'un autre côté, les messageries dont le nombre s'était singulièrement multiplié, négligeaient de se servir des chevaux de poste et avaient, contrairement aux prescriptions de la loi de 1790, organisé, sur toutes les routes, des relais indépendants.

On avait vainement tenté de remédier à cet état de choses, mais aucun des projets proposés n'avait paru pouvoir atteindre le but désiré.

Le rétablissement des privilèges des maîtres de poste eût été une atteinte au principe d'égalité. L'augmentation de leurs indemnités ou de leurs gages n'aurait pas été sans présenter des inconvénients; trop forte, elle eût été onéreuse pour le trésor; modérée, elle fut demeurée sans effet; d'ailleurs, avec ce moyen, les relais qui en auraient eu le plus besoin et qui étaient placés sur les routes les moins fréquentées, eussent été les moins favorisés.

Une ferme des messageries, obligée de se servir des relais de poste, aurait privé le public de la multiplicité des moyens de communication existants.

On s'était donc arrêté à une combinaison des voitures publiques avec le service de la poste.

Cette combinaison consistait à obliger les nombreuses diligences ou messageries marchant par relais, à se servir des chevaux de poste ou à payer aux maîtres de poste une indemnité à peu près équivalente au bénéfice que ces derniers auraient retiré de l'utilisation des chevaux.

Quant à l'augmentation du prix des places qui en résulterait, elle serait peu élevée; d'ailleurs elle serait supportée par les voyageurs et le commerce qui pouvaient aisément subir une légère aggravation de dépense.

La loi n'atteignait pas, en effet, toutes les petites voitures qui faisaient le service à proximité des grandes villes puisqu'elle exceptait de la mesure toutes les voitures publiques parcourant de courtes distances et qui, par conséquent, ne relayaient point. Elle ne concernait pas, non plus, les voitures existant dans quelques départements et connues sous le nom de *pataches*, qui marchaient sans relais et partaient à volonté, ni celles qui, n'ayant pas d'époques déterminées pour leur départ, allaient à petites journées avec les mêmes chevaux.

DÉCRET DU 30 VENTÔSE AN XIII (21 MARS 1805) DÉSIGNANT LES ROUTES SUR LESQUELLES LES MAÎTRES DE POSTE SERAIENT CHARGÉS DU TRANSPORT DES MALLES.

Quelques jours après, le 30 ventôse, parut un décret qui désigna les routes sur lesquelles les maîtres de poste seraient chargés du transport des malles tant à l'aller qu'au retour; ces routes étaient les suivantes :

Paris-Calais ; Paris-Nantes ; Lille-Gand ; Bruxelles-Anvers ; Mézières-Liège, Liège-Reuss ; Strasbourg-Mayence ; Lyon-Strasbourg ; Lyon-Turin ; Turin-Milan ; Turin-Plaisance ; Bourgoin-Gap ; Aix-Nice ; Moulins-Limoges ; Poitiers-la Rochelle ; la Rochelle-Bordeaux ; Nantes-Brest ; Nantes-La Rochelle ; Caen-Cherbourg ; Rouen-le Havre.

Le service des malles devait être journalier sur les routes suivantes :

| | |
|---|---|
| Paris-Calais ; | Lyon-Turin ; |
| Lille-Gand ; | Turin-Milan ; |
| Bruxelles-Anvers ; | Turin-Plaisance ; |
| Mézières-Liège ; | Bourgoin-Gap ; |
| Liège-Reuss ; | Caen-Cherbourg. |

Sur les autres routes, le service serait fait de deux jours l'un.

Le tarif à payer comptant aux maîtres de poste fut fixé à 3 fr. 75 par poste, y compris les guides, sur les routes de Lille à Gand, Bruxelles à Anvers et Mézières à Liège, et de 3 fr. 25 sur toutes les autres routes.

A partir du 1er vendémiaire an XIV, un seul voyageur pourrait être reçu dans chaque malle.

DÉCRET DU 20 FLORÉAL AN XIII (10 MAI 1805) MODIFIANT LE TARIF DU PRIX DES CHEVAUX DE POSTE.

Un décret daté de Milan le 20 floréal an XIII modifia le tarif du prix des chevaux de poste, en cabriolet, limonières et berlines.

### ORGANISATION DU SERVICE D'ESTAFETTES.

Jusqu'en 1872, les dépêches d'une importance exceptionnelle pouvaient être expédiées par des postillons à cheval qui se les transmettaient de relais en relais jusqu'au point de destination.

C'est ce qu'on appelait des estafettes.

Les estafettes ne pouvaient être expédiées que sur la réquisition des fonctionnaires les plus élevés ou sur l'ordre ou l'autorisation du directeur général.

Ce mode d'expédition des dépêches reçut une organisation très perfectionnée du temps du premier Empire pour les correspondances d'État.

Voici ce que raconte à ce sujet M. de Lavalette dans ses mémoires :

> C'est à l'époque de 1805 que je fis usage en grand du système des estafettes que l'Empereur me commanda d'organiser et dont les bases lui appartenaient.
>
> Il avait senti l'inconvénient de faire franchir à un seul homme d'énormes distances.
>
> Il arriva plusieurs fois que des courriers excédés de fatigue ou mal servis n'arrivaient pas au gré de son impatience. Il ne lui convenait pas non plus de mettre entre les mains d'un seul homme des nouvelles dont la prompte réception pouvait avoir une influence grave et quelquefois décisive sur les événements les plus importants. J'organisai donc par son ordre le service d'estafettes qui consistait à faire passer par les postillons de chaque station les dépêches de cabinet enveloppées dans un portefeuille dont nous avions, lui et moi, chacun une clef. Chaque postillon transmettait à la station suivante un livret où le nom de chaque poste était inscrit et où l'heure de l'arrivée et du départ devait être relatée. Une amende et des peines sévères, suivant la récidive, punissaient la perte du livret et la négligence du maître de poste à inscrire l'heure de l'arrivée et du départ. J'eus beaucoup de peine à obtenir l'exécution de ces formalités.
>
> Mais avec une surveillance active et constante j'en vins à bout et ce service s'est fait pendant onze ans avec un succès complet et des résultats prodigieux. Je pouvais me rendre compte d'un jour de retard dans l'espace de 400 lieues. L'estafette partait et arrivait tous les jours de Paris et aux points les plus éloignés, Naples, Milan, les Bouches du Cattaro, Madrid, Lisbonne et par suite Tilsitt, Vienne, Presbourg et Amsterdam. C'était d'ailleurs une économie relative, les courriers coûtaient par poste 7 fr. 50, l'estafette ne coûtait pas 3 francs. L'Empereur recevait le huitième jour les réponses écrites aux lettres à Milan et le quinzième à Naples. Ce service lui fut très utile. Il fut, je puis le dire sans vanité, un des éléments de ses succès.

### DÉCRET DU 27 THERMIDOR AN XIII (15 AOUT 1805) CRÉANT UN SERVICE QUOTIDIEN D'ESTAFETTES ENTRE PARIS ET MILAN.

L'un des premiers services d'estafettes fut organisé entre Paris et Milan, en vertu du décret du 27 thermidor an XIII. Il était notamment chargé du transport quotidien des correspondances de l'armée ; ces correspondances étaient assujetties à la taxe ordinaire, dont le montant était inscrit au compte du ministère de la guerre.

DÉCRET DU DEUXIÈME JOUR COMPLÉMENTAIRE AN XIII (19 SEPTEMBRE 1805) CRÉANT UN SERVICE QUOTIDIEN D'ESTAFETTES ENTRE PARIS ET STRASBOURG.

Ce service fut inauguré le 1er vendémiaire suivant, en vertu d'un nouveau décret du deuxième jour complémentaire de l'an XIII, qui ordonna, en même temps, l'établissement à partir de la même date, 1er vendémiaire, d'un service quotidien d'estafette de Strasbourg à Paris et de Paris à Strasbourg.

DÉCRET DU 7 AVRIL 1806 [1]. — SERVICE DE COURRIERS A CHEVAL ENTRE ALEXANDRIE ET NAPLES.

Un service journalier de courriers à cheval fut aussi établi d'Alexandrie à Naples à partir du 1er mai 1806, par le décret du 7 avril de la même année, qui fixait ainsi qu'il suit les gages des maîtres de poste et le salaire des courriers :

ARTICLE 2.

Le prix de ce service sera payé aux maîtres de poste :

| | | |
|---|---|---|
| Dans notre empire, à raison de | 1f,50 | par poste. |
| Dans notre royame d'Italie | 2, 82 | — |
| Dans les États du pape | 3, 13 | — |
| Et dans le royaume de Naples | 3, 10 | — |

ARTICLE 3.

Le salaire des courriers est fixé, y compris les frais extraordinaires :

| | | |
|---|---|---|
| Dans notre empire, à raison de | 1f,50 | par poste. |
| Et en Italie | 2, 25 | — |

Chaque courrier en arrivant aux postes devait y laisser le cheval qui serait ramené par le courrier de retour.

La course d'Alexandrie à Naples et retour devait être faite en 100 heures au maximum.

Tout courrier en retard subirait 24 heures d'arrêts pendant lesquelles il serait admis à se justifier.

Tout courrier convaincu de négligence serait renvoyé à la troisième fois et ne pourrait plus être admis dans le service des postes.

1. L'usage du *calendrier grégorien* fut repris à dater du 1er janvier 1806 en vertu du décret du 24 fructidor an XIII (11 septembre 1805).

Serait également renvoyé tout courrier qui ferait le service en voiture.

Les courriers ne pouvaient faire leur service qu'en uniforme et en portant leur plaque.

Les maîtres de poste sur la route d'Alexandrie à Naples étaient tenus de servir ces courriers de préférence à tous autres, à l'exception, toutefois, des courriers de cabinet. Ils étaient punis de la prison ou de la destitution s'ils occasionnaient des retards à leur marche.

A Paris, à Lyon, à Parme et à Naples, le public pouvait utiliser ce service pour l'expédition de ses correspondances, mais en payant trois fois la taxe ordinaire.

L'article 9 ordonnait l'établissement d'un directeur des postes françaises à Naples.

### LOI DU 24 AVRIL 1806 DÉTERMINANT DE NOUVELLES PROGRESSIONS POUR LA TAXE DES LETTRES.

Le tarif du 14 floréal an X fut modifié par la loi du 24 avril 1806 qui fixa ainsi qu'il suit la taxe des lettres :

| | | |
|---|---|---|
| Jusqu'à 50 kilomètres | . . . . . . . . . . . | 2 décimes. |
| De 50 à 100 — | . . . . . . . . . . . | 3 — |
| 100 à 200 — | . . . . . . . . . . . | 4 — |
| 200 à 300 — | . . . . . . . . . . . | 5 — |
| 300 à 400 — | . . . . . . . . . . . | 6 — |
| 400 à 500 — | . . . . . . . . . . . | 7 — |
| 500 à 600 — | . . . . . . . . . . . | 8 — |
| 600 à 800 — | . . . . . . . . . . . | 9 — |
| 800 à 1000 — | . . . . . . . . . . . | 10 — |
| 1000 à 1200 — | . . . . . . . . . . . | 11 — |
| Au-dessus de 1200 | . . . . . . . . . . . | 12 — |

Voilà, comme l'a dit M. de Foville, des distances qu'on n'avait pas eu à faire figurer dans les tarifs antérieurs et qu'on ne retrouvera plus dans celui de 1827. C'est que les conquêtes de l'Empire avaient considérablement élargi le domaine des postes françaises.

Quant à la taxe des lettres transportées dans l'intérieur de la ville et des faubourgs de Paris, elle était portée de 10 à 15 centimes.

### BLOCUS DES ÎLES BRITANNIQUES. — SUSPENSION DE TOUTE CORRESPONDANCE AVEC L'ANGLETERRE.

Encouragée par sa victoire navale de Trafalgar (1805), l'Angleterre avait recommencé sa lutte contre Napoléon et décidé la Prusse à prendre les armes. La victoire d'Iéna (14 octobre 1806) fut la sanglante réponse de Napoléon à la provocation prussienne.

Se retournant alors contre l'Angleterre, Napoléon, de son camp de Berlin, jeta à la face de son éternelle ennemie le décret du 21 novembre 1806 déclarant les îles Britanniques en état de blocus. L'article 2 du décret suspendait toute correspondance avec ce pays :

Tout commerce et *toute correspondance* avec les îles Britanniques sont interdits. En conséquence, les lettres ou paquets adressés ou en Angleterre, ou à un Anglais, ou écrits en langue anglaise, n'auront pas cours aux postes et seront saisis. (Art. 2.)

Les lettres suivantes extraites de la correspondance de Napoléon Ier [1] montrent tout l'intérêt que l'Empereur attachait à la stricte exécution de cet article.

*A M. Gaudin.*

Posen, 1er décembre 1806.

Faites une circulaire et prenez des mesures pour que, dans l'étendue de l'Empire, toutes lettres venant d'Angleterre ou écrites en anglais et par des Anglais soient mises au rebut. Tout cela est fort important, car il faut absolument isoler l'Angleterre.

Napoléon.

*Au prince Eugène.*

Posen, 1er décembre 1806.

Mon fils, vous aurez reçu le décret relatif au blocus de l'Angleterre. Ayez bien soin que toutes les lettres écrites en anglais ou par des Anglais soient arrêtées et mises au rebut. Il faut empêcher toute communication de l'Angleterre avec le continent.

Napoléon.

*Au maréchal Mortier, à Hambourg.*

Posen, 2 décembre 1806.

... Vous donnerez ordre aussi au cordon le long de Holstein de ne laisser passer aucun courrier sans être visité et d'enlever toutes lettres pour l'Angleterre écrites par des Anglais. Enfin, il est bien important de placer à Hambourg, à Brême et à Lubeck un employé des postes françaises pour arrêter toutes les lettres anglaises.

Napoléon.

*Au même.*

Posen, 2 décembre 1806.

Réitérez l'ordre qu'à la poste aux lettres on retienne toutes les lettres adressées en Angleterre.

Napoléon.

*A M. Fouché.*

Posen, 2 décembre 1806.

Je vous prie de lire avec attention mon décret sur le blocus de l'Angleterre ; faites tout ce qui dépendra de vous pour le faire exécuter strictement sur les frontières, aux postes, et même en Hollande.

Napoléon.

1. *Correspondance de Napoléon Ier*, publiée par ordre de l'empereur Napoléon III, vol. XIV. Paris, 1863.

RÈGLEMENT DU CONSEIL DES POSTES DU 17 DÉCEMBRE 1808 POUR LE PAIEMENT A VUE DES ARTICLES D'ARGENT JUSQU'A 50 FRANCS INCLUSIVEMENT AUX MILITAIRES ET AUTRES PERSONNES ATTACHÉES AUX ARMÉES.

Le 17 décembre 1808, le conseil des postes publia un règlement portant qu'à dater du 1er avril 1809, les reconnaissances des sommes de 50 francs et au-dessous expédiées à découvert par la poste pour les militaires et autres personnes attachées aux armées, seraient acquittées à vue, mais seulement pendant trois mois et par les bureaux de poste des armées qui desservaient les corps auxquels les destinataires étaient attachés.

Une circulaire explicative adressée pas M. de Lavalette à tous les directeurs le 15 février 1809 nous fait connaître que ces reconnaissances pouvaient être délivrées pour les troupes françaises stationnées alors dans le royaume d'Italie, dans le royaume de Naples, dans les États romains et dans toutes autres parties de l'Italie, aussi bien que pour les armées de Dalmatie, du Rhin et d'Espagne et enfin pour tous les militaires français en service hors du territoire de l'Empire, mais non pour ceux qui seraient en France.

DÉCRET DU 9 FÉVRIER 1810 ÉLEVANT DE 15 A 25 CENTIMES LA TAXE DES LETTRES SIMPLES ADRESSÉES AUX SOUS-OFFICIERS ET SOLDATS.

La loi du 5 nivôse an V avait fixé uniformément à 15 centimes la taxe des lettres simples adressées aux militaires de tous grades présents sous les drapeaux. Mais le tarif des lettres ayant été élevé depuis cette époque, en raison de l'augmentation des dépenses d'exploitation du service des postes, et d'un autre côté, la solde des troupes ayant été depuis lors payée en numéraire, on voulut maintenir la même proportion entre le tarif ordinaire et le tarif appliqué aux lettres adressées aux militaires.

En conséquence, le décret du 9 février 1810 ordonna que « le droit d'affranchir, moyennant une taxe fixe, les lettres adressées aux militaires, employés tant dans les armées que dans les divisions de l'intérieur, ne serait accordé que pour les lettres destinées aux sous-officiers et soldats ».

L'article 2 ordonnait que « ce droit d'affranchissement serait, quelle que fût la distance que les lettres eussent à parcourir, de 25 centimes par lettre simple ».

### INCINÉRATION DES CORRESPONDANCES EN PROVENANCE OU A DESTINATION DE L'ANGLETERRE (1811).

En 1811, toute relation est de nouveau suspendue avec l'Angleterre et ordre est donné de brûler les correspondances en provenance ou à destination de ce pays. Cette interdiction, qui ne dura d'abord que quelques mois, fut levée ensuite avec quelques restrictions, puis rétablie.

### 1812-1813.

Les années 1812 et 1813 ne présentent aucun fait concernant le service des postes qui mérite d'être mentionné. Les mauvais jours avaient commencé pour Napoléon et pour la France.

### 1814. — INVASION. — ENTRÉE DES ALLIÉS A PARIS. — ABDICATION DE NAPOLÉON.

En 1814, l'invasion du territoire français par les armées des puissances alliées nécessite des mesures exceptionnelles.

Toute correspondance est suspendue avec les pays conquis et les bureaux de poste sont évacués au fur et à mesure de l'approche de l'ennemi qui, malgré les héroïques journées de Champaubert, de Montmirail et de Montereau, s'avance sur Paris.

Le 30 mars de cette fatale année, le comte de Lavalette recevait du duc de Gaëte la lettre suivante :

Monsieur le comte,

Je pars pour me rendre auprès de Sa Majesté l'Impératrice. D'après les intentions de l'Empereur, vous devez, vu le péril dans lequel la capitale se trouve d'être envahie, vous en éloigner s'il est possible, ou tout au moins vous mettre en mesure de ne remplir aucunes fonctions pendant que Paris serait occupé par l'ennemi. Je vous invite à donner les mêmes instructions aux divers employés de votre administration.

Je vous prie d'agréer, etc.

*Signé :* Le duc DE GAËTE[1].

Le même jour, Paris était contraint d'ouvrir ses portes à l'étranger[2].

Napoléon signa son abdication à Fontainebleau le 11 avril suivant et se retira à l'île d'Elbe.

1. Une copie certifiée conforme de cette lettre est classée à la bibliothèque du ministère des postes et des télégraphes.

2. La nouvelle de l'entrée des alliés à Paris mit treize jours pour parvenir à Berlin. (François Lewof, dans son ouvrage : *les Postes depuis les temps les plus reculés jusqu'à nos jours.*

# PREMIÈRE RESTAURATION

## LOUIS XVIII

(31 mars 1814—20 mars 1815.)

DE BOURRIENNE, directeur général des postes. — Ses mémoires. — LE COMTE FERRAND, directeur général. — Malles-poste.

### M. DE BOURRIENNE, DIRECTEUR GÉNÉRAL DES POSTES (31 MARS 1814).

Le 31 mars 1814, de Bourrienne, ancien secrétaire intime de Napoléon et disgracié deux fois par lui en raison de certaines spéculations douteuses, recevait l'ordre suivant qui le nommait provisoirement directeur général des postes :

Monsieur de Bourrienne se rendra à l'administration des postes et y remplira provisoirement les fonctions de directeur général.

Paris, ce 31 mars 1814.

Par ordre de S. M. l'Empereur de toutes les Russies au nom des puissances alliées.

*Signé* : le comte NESSELRODE, secrétaire d'État [1].

M. de Bourrienne dit à ce propos dans ses mémoires :

Dans la soirée du 31 mars, je revins chez M. de Talleyrand ; l'empereur Alexandre qui s'y trouvait, à onze heures du soir, s'approcha de moi et me dit : Monsieur de Bourrienne, il faut que vous vous chargiez de la direction générale des postes. Je ne pus me refuser à une invitation aussi précise et d'ailleurs Lavalette était parti la veille.

Deux jours après, le gouvernement provisoire, dans sa première

1. Une copie de cette pièce, certifiée conforme par M. de Bourrienne lui-même, est classée à la bibliothèque du ministère des postes et télégraphes.

séance, confirmait la nomination de De Bourrienne, comme le montre le document suivant :

Extrait du procès-verbal de la première séance du gouvernement provisoire.

Paris, le 2 avril 1814.

M. de Bourrienne, ancien conseiller d'État, est nommé directeur général des postes.

*Signé :* Le prince de Benévent; le duc de Dalberg; le général comte de Beurnonville; François de Jaucourt; l'abbé de Montesquiou.

Par le gouvernement provisoire :

*Signé :* Dupont de Nemours, secrétaire [1].

Dès le 1er avril, le nouveau directeur général publiait, au nom des puissances alliées, l'ordre de service suivant :

ORDRE DE SERVICE INVITANT TOUS LES FONCTIONNAIRES ET AGENTS DE L'ADMINISTRATION DES POSTES A REPRENDRE LEURS FONCTIONS (31 MARS 1814).

Le directeur général provisoire des postes, Vu l'urgence et en vertu des pouvoirs qu'il a notifiés à MM. les administrateurs :

Ordonne l'enregistrement sur le livre des délibérations de l'administration, de l'ordre dont suit copie et dont la minute restera déposée au secrétariat :

Il est ordonné aux administrateurs de la poste aux lettres et de la poste aux chevaux, aux secrétaires généraux et à tous les employés de cette administration, de reprendre sur-le-champ l'exercice de leurs fonctions, et à cet effet, de se rendre demain matin à huit heures précises à leur poste habituel.

Paris, ce 31 mars 1814.

Au nom des puissances alliées.

*Signé :* le comte de Nesselrode, secrétaire d'État.

Ordonne également aux chefs de division de reprendre immédiatement l'exercice de leurs fonctions et d'y rappeler tous les employés sous leurs ordres.

Fait à la salle du Conseil d'administration des postes, MM. Forié et Auquié étant présents.

Paris, le 1er avril 1814.

*Signé :* Bourrienne [2].

REPRISE DU SERVICE POSTAL A PARTIR DU 1er AVRIL 1814.

D'après l'extrait suivant des mémoires de Bourrienne, le service postal s'effectua régulièrement dès le 1er avril :

La Valette étant parti la veille, le service aurait été suspendu le lendemain, ce qui aurait été extrêmement préjudiciable au mouvement de restauration

1. Une copie de cette pièce, certifiée conforme par M. de Bourrienne lui-même, est classée à la bibliothèque du ministère des postes et des télégraphes.

2. La pièce originale est classée à la bibliothèque du ministère des postes et des télégraphes.

que nous voulions favoriser. Je me rendis sur-le-champ à l'hôtel de la rue J.-J. Rousseau, où je trouvai, en effet, que non seulement il n'y avait point d'ordre pour le départ du lendemain, mais qu'il y avait contre-ordre. J'allai dans la nuit même, chez les administrateurs qui se rendirent à mes instances. Secondé par eux, je parvins à faire revenir pour le lendemain matin tous les employés à leur poste, je réorganisai le service et le départ eut lieu le 1er avril, comme il avait eu lieu ordinairement.

Bourrienne ajoute que, sur l'ordre du régime déchu, un grand nombre de lettres interceptées avaient été mises en rebut. « Dès que j'en fus informé, dit-il, j'envoyai le 4 avril au *Moniteur* l'avis suivant, qui fut inséré le lendemain :

Le public est prévenu que l'immense quantité de lettres retenues depuis plus de trois ans dans le dépôt des rebuts de l'administration des postes, tant celles venant d'Angleterre et des autres pays étrangers que celles destinées pour ces pays, vont être expédiées à leur adresse.

Le directeur général des postes, BOURRIENNE.

Cet avis procura à l'administration des postes une recette de plus de 300 000 francs.

Bourrienne oublie de dire que cette mesure lui fut suggérée par le commissaire provisoire de la police générale. C'est, du moins, ce qui paraît ressortir de la lettre suivante, portant la date du 4 avril et dont nous avons l'original sous les yeux :

COMMISSARIAT PROVISOIRE DE LA POLICE GÉNÉRALE.

Paris, le 4 avril 1814.

Monsieur,

Une des mesures qui paraîtraient les plus propres à donner à l'opinion publique une bonne direction et qui satisferaient généralement serait la distribution de toutes les lettres retenues depuis deux mois par le gouvernement à la direction générale des postes;

J'ai l'honneur de vous prier de me faire connaître si ces dépêches n'ont pas été détruites par le feu et si elles existent à votre disposition. D'après cette assurance et après nous être concertés ensemble, nous proposerions au gouvernement provisoire d'autoriser à leur donner cours le plus promptement possible.

J'ai l'honneur d'être, etc.

*Le commissaire provisoire de la police générale,*
*Signé :* ANGLÈS [1].

*A Monsieur le directeur général des postes.*

Le même jour, 4 avril, le baron Louis, commissaire du gouvernement provisoire pour les ministères des finances, du trésor et de l'administration des douanes, rendait l'arrêté suivant :

ARTICLE PREMIER. — Il est enjoint aux directeurs généraux et particuliers, aux administrateurs, aux secrétaires généraux et autres employés des ministères et des

1. L'original de cette lettre est classé à la bibliothèque du ministère des postes et des télégraphes.

régies ou administrations des finances, de reprendre sur-le-champ leurs fonctions, et en cas de refus, nous proposerons leur remplacement.

ART. 2. — Les directeurs généraux nous transmettront sous le plus bref délai la liste de ceux des employés sous leurs ordres qui auraient refusé de continuer leur service.

ART. 3. — La perception des contributions directes et indirectes et de tous les revenus publics continuera d'être faite dans la forme et suivant les règlements existants.

De Bourrienne s'empressa de notifier cet arrêté à tous les agents de l'administration.

Une lettre du baron Louis, datée également du 4 avril, interdisait au directeur général d'acquitter aucune dépense sans l'autorisation du ministre des finances, à l'exception, toutefois, de celles relatives aux courriers des malles, aux estafettes et aux courriers du gouvernement. Les bordereaux de toutes les autres dépenses, tant pour le matériel que pour le personnel devaient être adressés en double expédition au ministre pour être revêtus de son approbation.

L'épuisement des finances obligea le Trésor à faire rentrer dans ses caisses toutes les ressources existant en France. Aussi, le 8 avril 1814, le baron Louis écrivait-il à Bourrienne pour l'inviter à faire verser « dans le jour, à la caisse de service, toutes les sommes ou valeurs actives qui pouvaient se trouver dans la caisse centrale des postes appartenant aux fonds de retraite de cette administration.

« J'aurai soin, ajoutait-il, de pourvoir à leur remplacement aussitôt que les circonstances le permettront. »

L'article 8 des conventions signées à Paris le 23 avril stipulait que les puissances alliées devraient rendre immédiatement aux autorités françaises nommées par le lieutenant général du royaume, l'administration des départements composant le territoire français en 1792.

Une lettre du ministre des finances, en date du 25 avril, invita en conséquence le directeur général des postes à prescrire aux préposés qui avaient fait leur adhésion, à reprendre immédiatement leur service dans les divers départements où ils se trouvaient respectivement employés.

### LE COMTE FERRAND, DIRECTEUR GÉNÉRAL DES POSTES (13 MAI 1814).

Le 3 mai, le roi Louis XVIII faisait son entrée à Paris.

Quelques jours après, le 13 mai, le comte Ferrand fut nommé directeur général des postes en remplacement de Bourrienne qui en apprit inopinément la nouvelle par la voie du *Moniteur*, comme il le dit plaisamment dans le passage suivant de ses mémoires :

Étant, comme de coutume, rentré de fort bonne heure dans mon cabinet donnant sur la rue Coq-Héron, j'ouvris machinalement le *Moniteur* que je trouvai sur mon bureau et je me mis à le parcourir. Qu'y lus-je? que M. le comte Ferrand était nommé directeur général des postes à ma place! Pas un avertissement! pas un avis écrit! point d'arrêté! point d'ordonnance! En vérité, je croyais rêver. Je ne pouvais m'expliquer un tel manque d'égards et de procédés!

Bourrienne se consola de sa mésaventure lorsqu'il fut appelé plus tard à la tête de la préfecture de police, où il devint l'un des agents les plus actifs de la Terreur blanche.

Une ordonnance royale du 24 mai 1814 porta à 40000 francs le traitement du comte Ferrand.

Dans une lettre du 12 septembre 1814, le ministre de la police informe le ministre des finances que les chefs de division ou de bureau de l'administration des postes ne seront plus, à l'avenir, portés sur les contrôles de la garde nationale sédentaire de Paris.

ORDONNANCE ROYALE DU 11 NOVEMBRE 1814 PRESCRIVANT QU'A PARTIR DU 1er JANVIER SUIVANT, DOUZE SERVICES DE MALLES S'EFFECTUERONT PAR ENTREPRISE.

Une ordonnance royale du 11 novembre 1814 prescrit qu'à dater du 1er janvier 1815, le service des malles, tant à l'aller qu'au retour, s'effectuera par entreprise sur les routes suivantes ;

Nantes à Brest.
Poitiers à La Rochelle.
Lyon à Chambéry.
Grenoble à Gap.
Aix à Nice.
Caen à Cherbourg
Nantes à Bordeaux.
Strasbourg à Lyon,
Bourgoin à Grenoble.
Moulins à Limoges.
Strasbourg à Landau.
Rouen au Havre.

# LES CENT JOURS

## NAPOLÉON Ier

(20 mars au 22 juin 1815.)

Retour de l'île d'Elbe. — Lavalette, directeur général : sa prise de possession de l'administration des postes, d'après ses mémoires. — Le préfet de police et les courriers. — Serment politique. — Waterloo. — Le service des courriers sous le Consulat et l'Empire d'après les mémoires de Bourrienne et ceux du comte Beugnot. — Régiments voyageant en poste. — Le Cabinet noir sous le Consulat et l'Empire d'après la correspondance de Napoléon, Bourrienne, Lavalette, le *Mémorial de Sainte-Hélène* et M. Maxime du Camp (de l'Académie française). — Circulaire de Carnot.

Échappé de l'île d'Elbe le 26 février à 5 heures du soir, Napoléon débarquait le 1er mars au golfe Juan et le 20 mars, à 8 heures du soir, il entrait dans la cour des Tuileries à la tête des troupes que Louis XVIII avait envoyées contre lui [1].

### DE LAVALETTE DIRECTEUR GÉNÉRAL DES POSTES (20 MARS 1815).

La famille royale avait quitté Paris dans la nuit du 19 au 20 mars. Ce même jour, 20 mars, à 7 heures du matin, Lavalette se présentait à l'hôtel des Postes et prenait, « au nom de l'Empereur, possession de l'administration ».

Il donna aussitôt après l'ordre d'arrêter tous les journaux et notam-

1. Le *Moniteur* du 7 mars contenait l'ordonnance suivante :

« Sur le rapport de notre amé et féal chevalier chancelier de France, le sieur Dambray, commandeur de nos ordres, nous avons ordonné et ordonnons, déclaré et déclarons ce qui suit :

« Article premier. — Napoléon Bonaparte est déclaré traître et rebelle pour s'être introduit à main armée dans le département du Var ; il est enjoint à tous les gouverneurs-commandants de la force armée, gardes nationales, autorités civiles et même simples citoyens, de lui courir sus, de l'arrêter et de le traduire incontinent devant un conseil de guerre qui, après avoir reconnu l'identité, prononcera contre lui l'application des peines portées par la loi.

« Art. 2. — Seront punis des mêmes peines et comme coupables des mêmes crimes, les

ment le *Moniteur*, expédia un courrier à l'Empereur qui était encore à Fontainebleau et adressa aux directeurs des postes la circulaire suivante :

Paris, le 20 mars 1815.

A quatre heures du soir.

L'Empereur sera à Paris dans deux heures et peut-être avant.

La capitale est dans le plus grand enthousiasme.

Tout est tranquille, et, quoi qu'on puisse faire, la guerre civile n'aura lieu nulle part.

Vive l'Empereur!

*Le conseiller d'État, directeur général des postes,*
Comte Lavalette[1].

Voici comment Lavalette a raconté lui-même, dans ses mémoires, sa prise de possession de l'administration des postes :

Le 20 mars, j'apprends que le Roi et toute sa cour avaient quitté Paris pendant la nuit.

En sortant, je rencontrai le général Sébastiani en cabriolet; il me donna la nouvelle du départ du Roi. Mais il n'en avait aucune sur l'Empereur : j'ai bien envie, lui dis-je, d'aller en chercher à la poste.

En entrant dans la salle d'audience qui précède le cabinet du directeur général, je trouvai un jeune homme établi devant un bureau, à qui je demandai si le comte Ferrand était encore dans l'hôtel. Sur sa réponse affirmative, je lui donnai mon nom en le priant de demander pour moi quelques instants d'entretien au comte Ferrand. Je ne l'avais jamais vu, mais j'avais appris que c'était un homme âgé, infirme et père de famille. J'étais étonné du retard qu'il avait mis à s'éloigner et par un sentiment généreux, je voulus protéger sa retraite et garantir sa sûreté. M. Ferrand se présenta, mais sans s'arrêter et sans m'écouter, il ouvrit son cabinet, je ne l'y suivis pas, et j'allai dans une autre pièce où je trouvai tous les chefs de division charmés de me revoir et disposés à tout faire pour m'obliger. M. Ferrand, après avoir pris ses papiers, se retira, et laissa son cabinet à ma disposition. J'avais un vif désir de courir à Fontainebleau pour embrasser l'Empereur; mais je voulais voir ma femme avant de partir et pour concilier ces deux mouvements, je pris la résolution d'écrire à Fontainebleau. On me donna un courrier qui partit à l'instant. J'annonçai à l'Empereur le départ du Roi et je lui demandai ses ordres pour la poste, puisque M. Ferrand avait abandonné l'administration.

militaires et employés de tout grade qui auront suivi ledit Bonaparte, à moins que dans le délai de huit jours ils ne viennent faire leur soumission.

« Art. 3. — Seront pareillement poursuivis et punis comme fauteurs et complices de rébellion, tous les administrateurs civils et militaires, chefs ou employés, payeurs ou receveurs de deniers publics, même les simples citoyens qui prêteraient directement ou indirectement aide et assistance à Bonaparte.

« Art. 4. — Seront punis des mêmes peines ceux qui, par des discours tenus dans des lieux ou des réunions publiques, par des placards-affiches ou par des écrits imprimés, auraient pris part ou engagé les citoyens à prendre part à la révolte ou à s'abstenir de le repousser.

« Donné au château des Tuileries, le 6 mars 1815 et de notre règne le vingtième.

« *Signé :* Louis. »

1. La bibliothèque du ministère des postes et des télégraphes possède les exemplaires originaux de cette circulaire, qui ont été adressés aux bureaux de poste de Versailles, Metz et Châlons.

Immédiatement après le départ du courrier, j'allai chez moi et j'y restai jusqu'à une heure.

J'étais bien loin de penser que cette démarche si simple me serait imputée à crime.

. . . . . . . . . . . . . . . . . . . . . . . . . .

En attendant la réponse de Fontainebleau, je fus bien étonné d'apprendre que le comte Ferrand n'était pas encore parti. Mais il me fit demander par sa femme un permis de poste. Il voulait avoir une pièce où une signature se trouvât. C'est pour sa sûreté, me dit sa femme. A ce mot, je ne balançai plus et je le lui délivrai [1].

Un de mes crimes a été d'arrêter le *Moniteur* et les autres journaux; je fis une faute...

Vers onze heures du soir, je reçus l'ordre de me rendre aux Tuileries. L'Empereur en me voyant s'avança vers moi et me faisant entrer dans une autre pièce, il me poussa doucement devant lui et me dit, en me tirant l'oreille :

— Ah! vous voilà, monsieur le conspirateur!

Il termina en m'offrant le ministère de l'intérieur : « Non, Sire, je préfère l'administration des postes. — Eh bien, soit. » Enfin, vers trois heures, l'Empereur rentra dans le salon. « Vous expédierez des brevets à tous ces messieurs, dit-il à son secrétaire. Quant à Lavalette, il n'en a pas besoin, il a conquis la poste. »

Il y avait dans ce peu de mots je ne sais quoi de malicieux et même d'aigre, qui me fit sentir qu'il était piqué de ma conduite. Effectivement, j'administrai la poste sans brevet pendant trois mois.

Lavalette reçut un traitement de 30 000 francs en vertu du décret du 6 avril, qui fixa uniformément à ce chiffre le traitement des directeurs généraux.

### LE PRÉFET DE POLICE ET LES COURRIERS DE MALLES.

L'Empereur avait le plus grand intérêt à être tenu au courant jour par jour de l'état de l'opinion publique dans les départements et l'on pensa que les conducteurs et courriers seraient, à cet égard, les meilleurs agents d'information. Aussi le comte de Lavalette reçut-il, dès le 7 avril, la lettre suivante du préfet de police :

Monsieur le comte et cher collègue,

J'ai chargé le sieur Hervé, officier de paix, de voir chaque jour les conducteurs de diligences et les courriers de la malle qui arrivent à Paris, de causer avec eux et de recueillir les observations qu'ils auraient été dans le cas de faire sur les points d'où ils viennent.

Par ce moyen, la police a déjà reçu plusieurs avis importants et qui se rattachent à des faits qui n'étaient encore qu'imparfaitement connus.

Je vous prie, monsieur le comte et cher collègue, de vouloir bien donner des

1. Ce permis, signé de M. de Lavalette, fut produit comme preuve à l'appui de sa culpabilité dans le procès qu'il eut à subir.

ordres pour que l'officier de paix Hervé soit facilité dans son service, en ce qui concerne votre Administration.

Je vous renouvelle, mon cher collègue, etc.

*Le conseiller d'État, préfet de police,*
*Signé :* Réal.[1].

Le comte de Lavalette s'empressa de répondre au préfet de police que dès la réception de sa lettre, il avait donné au chef de la division de l'arrivée les instructions les plus précises pour faciliter à l'agent Hervé l'accomplissement de sa mission.

### SERMENT.

Le 8 avril, un décret impérial ordonna à tous les fonctionnaires publics, civils et judiciaires, aux préfets, maires, adjoints et conseillers municipaux de prêter, dans la huitaine, le serment suivant prescrit par l'article 36 du sénatus-consulte du 28 floréal an XII : « Je jure obéissance aux constitutions de l'Empire et fidélité à l'Empereur. »

On dut aussi se préoccuper de parer au désarroi que le retour inopiné de l'Empereur avait jeté dans les administrations publiques. Un décret rendu le 20 avril 1815, sur le rapport du ministre de l'Intérieur, ordonna, en conséquence, l'envoi dans toutes les divisions militaires de commissaires extraordinaires avec pouvoir de remplacer provisoirement les fonctionnaires et employés des différentes régies et administrations publiques qui seraient absents de leurs postes ou qui ne pourraient continuer de les occuper. Ces commissaires devaient rendre compte aux ministres compétents des mutations ou remplacements qu'ils auraient jugés nécessaires et adresser des propositions motivées pour les nominations définitives.

Mais le 18 juin 1815 survint le désastre de Waterloo, et le 8 août, Napoléon s'embarquait pour Sainte-Hélène [2].

### LE SERVICE DES COURRIERS SOUS LE CONSULAT ET L'EMPIRE.

Sous le Consulat et l'Empire, les malles ne servaient pas seulement au transport des correspondances et des voyageurs. Elles

1. L'original de cette lettre est classé à la bibliothèque du ministère des postes et des télégraphes.

2. On raconte qu'un banquier célèbre fit usage de pigeons voyageurs à Waterloo pour informer sa maison de Londres de l'issue de cette journée si fatale à la France.

La succursale de Londres, informée trois jours avant le gouvernement anglais de la défaite de Napoléon, eut le temps de faire des achats à la Bourse sur une vaste échelle, à des prix de guerre, et réalisa des bénéfices fabuleux lorsque la nouvelle tomba dans le domaine public et provoqua une hausse générale sur tous les fonds.

(Voir le *Journal officiel* du 30 septembre 1876.)

étaient également utilisées pour l'alimentation des tables princières.

Nous nous bornerons à citer les deux exemples suivants pour donner une idée des abus qui en étaient résultés :

Pendant la durée du Congrès de Lunéville, dit Bourrienne dans ses mémoires, le premier consul informé que les courriers des malles transportaient une foule d'objets et surtout des provisions délicates pour les personnes favorisées, donna l'ordre que désormais le service des postes fût seulement consacré au service des dépêches. Dès le soir même, Cambacérès entra dans le salon où j'étais seul avec le premier consul qui avait ri d'avance de l'embarras où il mettait son collègue. « Eh bien, qu'y a-t-il donc à cette heure, Cambacérès?

— Je viens vous demander une exemption à l'ordre que vous avez donné aux directeurs des postes. Comment voulez-vous qu'on se fasse des amis si l'on ne peut plus donner des mets recherchés? Vous savez, vous-même, que c'est, en grande partie, par la table qu'on gouverne? »

Le premier Consul en rit beaucoup, l'appela gourmand et finit par lui dire, en lui frappant sur l'épaule : « Consolez-vous, mon pauvre Cambacérès, et ne vous fâchez pas : les courriers continueront à transporter vos dindes aux truffes, vos pâtés de Strasbourg, vos jambons de Mayence et vos bartavelles! »

Le comte Beugnot dit, à son tour, dans ses mémoires :

Je reçus de Bayonne l'ordre de me rendre sur-le-champ à Dusseldorf pour y recevoir le grand-duché de Berg des mains des ministres de l'ancien possesseur et pour en prendre l'administration[1].

. . . . . . . . . . . . . . . . . . . . . . . . . . . . .

Je me décidai à partir le lendemain. Je me rendis sur-le-champ chez l'archichancelier pour prendre congé. Le prince me reçut avec sa grâce accoutumée, fit des vœux pour le succès de ma nouvelle mission dans laquelle il me souhaita toute sorte de bonheur et il ajouta :

« Mon cher Beugnot, l'Empereur arrange les couronnes comme il l'entend; voilà le grand-duc de Berg qui passe à Naples, à la bonne heure! Je le trouve fort bien; mais le grand-duc m'envoyait tous les ans deux douzaines de jambons de son grand-duché et je vous préviens que je n'entends pas les perdre; vous vous arrangerez en conséquence.

Je prétexte à Son Altesse que je suis très honoré de remplacer en ce point le grand-duc de Berg et qu'il s'en apercevra à mon exactitude. Oncque n'ai manqué d'acquitter la dette aussi longtemps que j'ai administré le grand-duché; et si quelque retard survenait de la part de ceux que j'y employais, Son Altesse faisait écrire par l'un de ses secrétaires à mon maître d'hôtel pour l'en gourmander vertement. Mais quand les jambons arrivaient exactement, Son Altesse ne manquait jamais d'écrire elle-même à ma femme pour la remercier.

Ce n'est pas tout ; il fallait aussi que ces jambons arrivassent francs de port. J'étais obligé de les réunir à Cologne d'où on les confiait successivement aux courriers de la malle qui ne devaient en charger que deux à la fois. Ce petit tripotage occasionnait des mécomptes qu'il me fallait réparer, et il ne m'en aurait pas coûté davantage de payer le port. Le prince ne l'aurait pas permis. Il y avait un concordat entre Lavalette et lui pour que les courriers apportassent gratis de tous les

1. Ce fait remonte à l'année 1806.

points de l'Empire les tributs qu'on payait à sa table et Monseigneur tenait apparemment à l'accomplissement de ce traité autant qu'à la fourniture des jambons.

### RÉGIMENTS VOYAGEANT EN POSTE.

Napoléon Ier, qui usait de tant de tolérance à l'égard des dindes truffées de Cambacérès, se servait parfois des chevaux de poste sur une plus grande échelle, mais dans un but plus utile. Qu'on en juge plutôt par la lettre suivante qu'il écrivait en 1809 à son ministre de la guerre :

*Au général Clark, comte d'Hunebourg, ministre de la guerre.*

Paris, 24 mars 1809.

*Toute l'infanterie de ma Garde qui arrive d'Espagne se rendra à Paris en poste.* Elle consiste en trois convois :

1° 1 000 hommes de chasseurs et de grenadiers qui doivent être demain à Poitiers.

2° Deux régiments de fusiliers et le reste des grenadiers et chasseurs qui doivent être actuellement à Bayonne.

3° Trois bataillons d'arrière-garde des chasseurs, grenadiers et fusiliers formant 1 200 hommes, qui seront dans peu de jours à Bayonne.

... Donnez ordre aux chirurgiens de ma Garde de venir à Paris *en poste.*

NAPOLÉON.

Des régiments entiers voyageant en poste, c'est là, croyons-nous, un fait sans précédent !

### LE CABINET NOIR SOUS LE CONSULAT ET L'EMPIRE.

Le gouvernement de Napoléon, en raison même de son origine, ne pouvait ni reconnaître ni appliquer ce grand principe si magnifiquement formulé par l'Assemblée constituante :

La libre communication des pensées et des opinions est un des droits les plus précieux de l'homme ; tout citoyen peut parler, écrire, imprimer librement, sauf à répondre de l'abus de cette liberté dans les cas prévus par la loi.

Aussi, à la suite du coup d'État du 18 brumaire, tous les journaux qui étaient de nature à porter ombrage au pouvoir furent-ils supprimés. Quant à ceux dont on toléra l'existence, ils furent placés sous la main du ministre de la police.

La constitution de l'an VIII et le sénatus-consulte organique de la constitution du 16 thermidor an X (4 août 1802) ne parlèrent même pas de la liberté de la presse. La censure fut officiellement établie en septembre 1803 et son existence fut de nouveau consacrée par le décret du 5 février 1810.

On conçoit dès lors que le gouvernement impérial n'était pas fait pour respecter le secret des lettres.

Les preuves abondent et les témoignages que nous allons invoquer sont irrécusables.

Voici d'abord une série de lettres extraites de la *Correspondance de Napoléon Ier* publiée sous le second Empire par ordre de Napoléon III:

*Au citoyen Régnier, grand juge, ministre de la justice.*

Paris, vendémiaire an XII (30 septembre 1803).

Je crois, citoyen ministre, qu'il est convenable que d'Avaray ne reste pas à Paris. Faites-le arrêter, de manière à pouvoir saisir ses papiers, et si l'on n'y trouve rien (parce que cet homme doit être sur le qui-vive), vous l'enverrez à soixante lieues de Paris, dans une petite ville où il soit en surveillance.

*Envoyez un homme adroit à Besançon pour se lier avec Courvoisier, pour connaître ses liaisons et tâcher de découvrir comment on pourrait saisir sa correspondance avec les ennemis de l'État.*

BONAPARTE.

*Au citoyen Lavalette, commissaire central près l'administration des postes.*

Boulogne, 16 brumaire an XII (8 novembre 1803).

Je vois avec peine qu'il est envoyé de Paris aux étrangers un grand nombre de bulletins contraires au gouvernement. Ordinairement ces bulletins ne circulaient pas.

BONAPARTE.

*Au citoyen Lavalette.*

Paris, 25 pluviôse an XII (15 février 1804).

Citoyen Lavalette, commissaire du gouvernement près les postes, on m'assure qu'un des directeurs de la poste recevrait les lettres du général Moreau. Arrêtez ces paquets et faites-les ouvrir pour en tirer les lettres adressées à ce général, qui, à l'heure qu'il est, doit être arrêté.

BONAPARTE.

*A M. Fouché.*

Pont de Briques, 30 thermidor an XII (18 août 1804).

Dans votre dernier rapport, il est question d'un Grouin de la Maisonneuve; si c'est le même qui est compromis *dans toutes les correspondances interceptées*, vous ne devez pas différer d'un instant à le faire arrêter. Quand vous aurez la certitude qu'il a des correspondances avec le secrétaire de M. de Cobenzl, prenez des mesures pour le faire arrêter à la pointe du jour, et saisir en même temps ses papiers.

. . . . . . . . . . . . . . . . . . . . . . . . . . . . . .

NAPOLÉON.

*A M. Fouché.*

Paris, 26 frimaire an XIII (17 décembre 1804).

Monsieur Fouché, mon ministre de la police générale, j'ai pris connaissance des différentes pièces de correspondance avec les ennemis de l'État et des notes originales annexées au rapport que vous m'avez fait et constatant l'existence dans les mois de novembre et décembre 1803, janvier et février 1804 d'un complot ayant le même but que celui de Georges, Pichegru et Moreau...

NAPOLÉON.

*A M. Fouché.*

Fontainebleau, 7 octobre 1807.

Je vous envoie une correspondance interceptée du comte de Lille. Elle m'a paru intéressante. Je vous prie de me faire un rapport sur tout ce que vous pourrez y comprendre. Il me semble que la correspondance de Fauche Borel y joue un rôle.

NAPOLÉON.

*A Alexandre, prince de Neuchâtel, major général de l'armée d'Allemagne à Strasbourg.*

Paris, 10 avril 1809, midi.

Mon cousin, je vous ai écrit par le télégraphe la dépêche ci-jointe. Des dépêches interceptées, adressées à M. de Metternich par sa cour et la demande qu'il a faite de ses passeports font assez comprendre que l'Autriche va commencer les hostilités, si elle ne les a déjà commencées.....

NAPOLÉON.

Écoutons maintenant Bourrienne dans ses mémoires :

M. de Laforest, directeur général des postes, travaillait quelquefois avec le premier consul et l'on sait ce que cela veut dire quand un directeur général des postes travaille avec le chef d'un gouvernement. Ce fut dans une de ces séances laborieuses que le premier consul vit une lettre de Kellermann à Lasalle, dans laquelle il lui disait :

« Croirais-tu, mon ami, que Bonaparte ne m'a pas fait général de division, moi qui viens de lui mettre la couronne sur la tête. »

La lettre recachetée fut envoyée à son adresse, mais Bonaparte n'en oublia jamais le contenu.

Barbé-Marbois[1] a écrit ceci au duc de Rovigo :

J'ai lu chaque matin, pendant trois ans, le portefeuille sortant du cabinet noir. Je déclare franchement qu'excepté ce vil moyen d'intrigues, je n'ai jamais vu dans la correspondance la justification et le fondement des craintes exagérées que l'indignation publique, portée beaucoup trop loin, s'est crue autorisée à élever contre cette espèce de comité des recherches d'autant plus redouté qu'il était moins connu. En effet, sur 30 000 lettres environ qui partaient chaque soir de Paris pour la France et le monde, dix ou douze seulement étaient copiées et souvent par extraits de quelques lignes. Ce simple extrait faisait un numéro d'ordre dans le nombre journalier de 10 ou 12 lettres.

Le 1er Consul voulait d'abord envoyer au ministre que cela concernait, la copie entière de la lettre interceptée, mais de très simples observations de ma part le firent facilement consentir à ce que je ne fisse parvenir que l'extrait qui regardait le ministre.

Je faisais ces extraits et je les transmettais avec ces mots : « Le 1er Consul me charge de vous informer qu'il vient de recevoir l'avis suivant : »

Il fallait deviner d'où l'avis venait.

Comme je l'ai indiqué, le 1er Consul recevait presque chaque jour la douzaine de ces lettres simulées et conventionnelles dans lesquelles on dépeignait un ennemi comme frondeur du gouvernement, où l'on exaltait le dévouement pour le pouvoir de quelque ami, afin de détruire de hautes préventions ou de relever la médiocrité

1. Barbé-Marbois qui avait été ministre sous le Consulat, devint pair de France sous la Restauration.

des talents par l'exagération de la louange. Mais le but caché de ces dégoûtantes correspondances fut bientôt entrevu, et si, malgré l'ordre de n'en plus copier, il s'en glissait encore quelques débris, ils n'excédaient plus que le mépris et pourtant j'en fus victime...

En prenant les rênes de l'administration des postes, dit Lavalette dans ses mémoires, j'y trouvai établie la funeste habitude de livrer à la police de tous les coins de la France les lettres qu'elle réclamait comme suspectes. Je détruisis violemment cet abus en éloignant de l'administration ceux des directeurs qui l'avaient commis et du moins les secrets du citoyen ne furent point prostitués à la pire espèce des hommes...

Napoléon Ier, dit M. Maxime du Camp[1], a fait, lui-même, au sujet de l'existence du Cabinet noir, des aveux qui ont été recueillis à Sainte-Hélène par les compagnons de sa captivité :

« C'est une mauvaise institution qui fait plus de mal que de bien. Il arrive si souvent au souverain d'être de mauvaise humeur, fatigué, influencé par des causes étrangères à l'objet soumis à sa décision, et puis les Français sont si légers, si inconséquents dans leurs correspondances comme dans leurs paroles! J'employais le plus souvent le Cabinet noir à connaître les correspondances intimes de mes ministres, de mes chambellans, de mes grands officiers, de Berthier, de Duroc lui-même. »

Un de ses ministres, un homme dont le dévouement n'est point suspect, et qui servait avec ardeur dans toutes les opérations secrètes, Savary, blâme énergiquement la violation des lettres, non pas au point de vue de la morale, qui paraît l'inquiéter assez peu, mais uniquement au point de vue de l'utilité qu'on en peut tirer. Il n'hésite pas à dire : « C'est ainsi que plus d'une fois on s'est servi, pour porter le mensonge jusqu'au chef de l'État, d'un moyen destiné à lui faire connaître la vérité. A l'aide de cette institution, un individu qui en dénonce un autre peut donner du poids à sa délation. Il lui suffit de jeter à la poste des lettres conçues de manière à confirmer l'opinion qu'on veut accréditer. Le plus honnête homme du monde peut se trouver compromis par une lettre qu'il n'a pas lue ou qu'il n'a pas comprise », et Savary, ajoute ces paroles qui méritent de faire réfléchir lorsqu'on se rappelle les fonctions qu'il a exercées : « J'en ai fait l'expérience par moi même. »

Le *Mémorial de Sainte-Hélène* contient les intéressants renseignements qui suivent sur le fonctionnement du Cabinet noir sous le gouvernement impérial :

Quant au secret des lettres sous le gouvernement de Napoléon, quoi qu'on en ait dit dans le public, on en lisait très peu à la poste, assurait l'Empereur; celles qu'on rendait aux particuliers ouvertes ou recachetées n'avaient pas été lues la plupart du temps; jamais on n'en eût fini. Ce moyen était employé bien plus pour prévenir les correspondances dangereuses que pour les découvrir. Les lettres réellement lues n'en conservaient aucune trace; les précautions étaient des plus complètes. Il existait, depuis Louis XIV, disait l'Empereur, un bureau de police politique pour découvrir les relations avec l'étranger. Depuis ce souverain, les mêmes familles en étaient demeurées en possession, les individus et leurs fonctions étaient inconnus,

1. *Revue des Deux Mondes* (n° du 1er janvier 1867).

c'était un véritable emploi. Leur éducation s'était achevée à grands frais dans les diverses capitales de l'Europe ; ils avaient leur morale particulière, et se prêtaient avec répugnance à l'examen des lettres de l'intérieur : c'était pourtant eux qui l'exerçaient. Dès que quelqu'un se trouvait couché sur la liste de cette importante surveillance, ses armes, son cachet, étaient aussitôt gravées par le bureau, si bien que ses lettres, après avoir été lues, parvenaient néanmoins intactes et sans aucun indice de soupçon à leur adresse. Ces circonstances, les graves inconvénients qu'elles pouvaient amener, les grands résultats qu'elles pouvaient produire, faisaient la principale importance du directeur général des postes, et commandaient dans sa personne beaucoup de prudence, de sagesse et de sagacité.

L'Empereur a donné à ce sujet de grandes louanges à M. Lavalette; il n'était nullement partisan, du reste, de cette mesure, disait-il, car, quant aux lumières diplomatiques qu'elle pouvait procurer, il ne pensait pas qu'elles pussent répondre aux dépenses qu'elles occasionnaient. Ce bureau coûtait 600 000 francs. Et quant à la surveillance exercée contre les lettres des citoyens, il croyait qu'elle pouvait causer plus de mal que de bien. Rarement, disait-il, les conspirations se traitent par cette voie; et quant aux opinions individuelles obtenues par les correspondances épistolaires, elles peuvent devenir plus funestes qu'utiles au prince, surtout avec notre caractère. De qui ne nous plaignons-nous pas avec notre expansion et notre mobilité nationale ? Tel que j'aurai maltraité à mon lever, observait-il, écrira dans le jour que je suis un tyran : il m'aura comblé de louanges la veille, et le lendemain, peut-être, il sera prêt à donner sa vie pour moi. La violation du secret des lettres peut donc faire perdre au prince ses meilleurs amis, en lui inspirant à tort de la méfiance et des préventions d'autant plus que les ennemis capables d'être dangereux sont toujours assez rusés pour ne pas s'exposer à ce danger. Il est tel de mes ministres dont je n'ai jamais pu surprendre une lettre.

### CIRCULAIRE DE CARNOT[1] CONTRE LE CABINET NOIR (8 MAI 1815).

Citons enfin, à l'honneur de Carnot, la circulaire suivante qu'il adressa aux préfets pendant les Cent Jours pour interdire la violation du secret des lettres. Cette circulaire fut motivée par la saisie d'office, des correspondances privées que certains préfets avaient cru devoir prescrire par mesure de salut public.

Paris, le 8 mai 1815.

Je suis informé, Monsieur le Préfet, que dans plusieurs parties de l'Empire, le secret des correspondances a été violé par des agents de l'administration. Qui peut avoir autorisé de pareilles mesures? Leurs auteurs diront-ils qu'ils ont voulu servir le gouvernement et chercher sa pensée? point de pareils procédés dans l'administration ; ce n'est point servir l'Empereur, c'est calomnier Sa Majesté! Elle ne demande point, elle rejette les hommages d'un dévouement désavoué par les lois. Or les lois ne sont-elles pas accordées, depuis 1789, à prononcer que le secret des lettres est inviolable? Tous nos malheurs aux diverses époques de la Révolution sont venus de la violation des principes; il est temps d'y rentrer. Vous voudrez

1. Par décret du 20 mars 1815, inséré au *Moniteur* du 22 mars, le général Carnot avait été nommé comte de l'empire, en récompense de sa belle défense d'Anvers.

Par un second décret du même jour, le général comte Carnot avait été nommé par Napoléon ministre de l'intérieur.

donc bien, Monsieur le Préfet, faire poursuivre, d'après toute la rigueur des lois, ces infractions contre l'un des droits les plus sacrés de l'homme en société. La pensée d'un citoyen français doit être libre comme sa personne.

*Le Ministre de l'Intérieur*, CARNOT.

Nos lecteurs ont pu voir combien Napoléon s'écartait, dans la pratique, des principes professés par le grand et honnête Carnot.

Nous terminerons ce chapitre par une curieuse anecdote :

Le prince de Metternich, ambassadeur d'Autriche à Paris, avait de fortes raisons de croire aux indiscrétions de la poste impériale, mais il ne savait quel moyen employer pour empêcher le viol de ses dépêches, ni pour surprendre le Cabinet noir en flagrant délit. Il avait bien fait fabriquer deux cachets spéciaux ; le premier resta entre ses mains, le second fut expédié au ministre des affaires étrangères de Vienne, mais le prince s'aperçut que, malgré ces précautions, le cabinet français prenait connaissance des dépêches qu'il échangeait avec son gouvernement. Il se fit alors envoyer le cachet qui se trouvait à Vienne et chargea un graveur d'appliquer sous ses propres yeux, un coup de poinçon au milieu de chacun des deux cachets.

Les agents du *cabinet noir* continuèrent, comme si de rien n'était, à ouvrir les correspondances du prince et à les recacheter avec la même confiance, après en avoir pris copie. Au retour du courrier de Vienne; ils ne s'aperçurent pas davantage de la légère modification qu'avait subie le cachet.

Tenant enfin la preuve qu'il cherchait, le prince de Metternich envoya le cachet au directeur des postes, avec le billet qui suit :

Monsieur,

J'ai l'honneur de vous faire remarquer que mon cachet a, par malheur, reçu un coup de poinçon. Veuillez donc donner des ordres pour en faire autant au vôtre, afin que je continue à ne m'apercevoir de rien.

Agréez, etc.

La leçon était rude, mais la police impériale n'en continua pas moins à user du *cabinet noir*. Il est à présumer, toutefois, qu'une verte semonce, assurément bien méritée, dut être administrée aux agents de ce triste service dont la clairvoyance avait été si manifestement surprise en défaut.

# SECONDE RESTAURATION

## LOUIS XVIII

(22 juin 1815—1824.)

Lavalette invité par les puissances alliées à continuer provisoirement ses fonctions. — Le comte Beugnot, directeur général. — Extraits de ses mémoires. — Le marquis d'Herbouville, directeur général. — Procès de Lavalette. — Sa condamnation à mort. — Rejet de son pourvoi. — Son évasion (extraits des mémoires du maréchal Marmont, duc de Raguse). — Procès intenté aux trois Anglais complices de l'évasion. — Dupleix de Mézy, directeur général. — Nomination de trois administrateurs. — Réunion des relais aux postes. — Le duc de Doudeauville, directeur général. — Nomination de trois administrateurs et d'un secrétaire général ; leurs attributions. — Améliorations introduites dans le service de Paris. — Le marquis de Vaulchier, directeur général.

### LA DÉMISSION DE LAVALETTE N'EST PAS ACCEPTÉE.

Aussitôt après la déchéance de Napoléon, Lavalette s'était empressé de donner sa démission des fonctions de directeur général, mais sur la triple injonction de la commission de gouvernement, du général baron de Müttling, gouverneur de Paris, et du général Zieten, commandant le 1er corps de l'armée prussienne, il dut continuer à diriger le service des postes jusqu'à la désignation de son successeur [1].

1. Voici les trois lettres qui furent adressées à Lavalette; elles existent à la bibliothèque du ministère des postes et des télégraphes, celle du gouvernement à l'état de copie certifiée conforme par Lavalette lui-même et les deux autres en originaux authentiques revêtus d'un cachet en cire rouge aux armes prussiennes.

« Paris, le 6 juillet 1815.

« La commission de gouvernement désapprouve la pratique que vous avez prise de donner votre démission sans prendre son attache. Elle vous donne ordre de reprendre vos fonctions et de faire arrêter toute personne qui se présenterait sans pouvoir.

« *Signé :* le duc d'Otrante, Carnot, Caulaincourt,
« de Vicence, comte Grenier. »

« Le général baron de Müttling, gouverneur de Paris, déclare à M. le comte de Lavalette sur sa lettre, qu'il aurait été son devoir, en cas de démission, de donner l'invitation du gouverneur de se rendre chez lui, à son successeur.

« Comme M. le comte Lavalette n'a pas de successeur, il ne peut se regarder comme

LE COMTE BEUGNOT, DIRECTEUR GÉNÉRAL DES POSTES (9 JUILLET 1815).

Le 8 juillet 1815, Louis XVIII faisait sa seconde entrée à Paris et dès le lendemain, 9 juillet, le comte Beugnot était nommé directeur général des postes en remplacement de Lavalette.

Nous ne voyons guère qu'un fait à signaler pendant la courte administration de Beugnot.

Jusqu'à cette époque, les directeurs adressaient directement à la caisse générale des postes à Paris les fonds provenant de leurs recettes; ce mode fut remplacé par celui du versement des produits à la caisse des receveurs particuliers des finances.

EXTRAIT DES MÉMOIRES DU COMTE BEUGNOT. — SERVICE DES COURRIERS.

Le comte Beugnot a laissé des mémoires intéressants.

Nous nous bornerons à citer le passage suivant relatif au service des courriers :

Après avoir promené mes regards sur les produits de l'administration des postes, j'essayai de reconnaître comment se faisaient les dépenses, et ici encore, les abus sautaient aux yeux. Le transport des dépêches avait lieu par des voitures lourdes, grossières et dont le dessin n'avait pas changé peut-être depuis l'établissement des postes en France, quelle que soit la forme de ces bahuts qu'on appelait malles, elles ont en général beaucoup plus de capacité qu'il n'en faut pour contenir les dépêches et le courrier. L'excédant est rempli sur chaque route par des productions les plus renommées des pays parcourus dont le courrier se charge pour les apporter à la capitale, soit par commission, soit qu'il en fasse le trafic pour son compte. On conçoit combien est précieux ce moyen de transport accéléré pour les comestibles, et surtout pour les objets qui sont susceptibles d'une prompte détérioration. Aussi les malles font un double service, celui du roi et celui des courriers, et je ne saurais dire lequel des deux les charge le plus[1]. Les places de courriers en deviennent excellentes ; aussi sont-elles singulièrement recherchées. Outre le tableau des courriers (en pied), il en existe un autre des aspirants destinés à le devenir, et une

suspendu et le gouverneur n'avouera pas sa démission, c'est pourquoi qu'il l'invite pour la seconde fois de se rendre chez lui, demain à huit heures du matin.

« Paris (hôtel de Wagram), le 7 juillet 1815. »

(Sans signature.)

« Je suis chargé, Monsieur, par le gouverneur général de Paris, de vous intimer l'ordre de continuer sur-le-champ vos fonctions en qualité de directeur général des postes. Je vous envoye à cet effet mon aide de camp, M. d'Engstroem, qui est autorisé à rester près de vous jusqu'à ce que vous vous serez rendu aux intentions du gouvernement.

« Paris, le 8 juillet 1815. »

« *Signé :* ZIETEN, lieutenant-général commandant « en chef le 1er corps de l'armée prussienne. »

1. Une décision ministérielle du 11 avril 1845 arrêta ces abus en réglant le poids et la nature des objets de commission que les courriers seraient autorisés à emporter avec eux dans les malles.

place sur ce second tableau a cependant assez d'importance pour que les puissances de la cour, que les princesses elles-mêmes, les sollicitent pour des protégés. Ce peuple de courriers est une espèce d'hommes à part; presque tous sont forts, alertes, de santé admirable, et loin que le mouvement continuel de leur métier les fatigue, ils y puisent un surcroît de vie. J'ai essayé de m'en rendre raison. Je remarque d'abord que le courrier ne trouve qu'assez peu de dépense intellectuelle à faire, ce qui ne contribue pas peu à la bonne santé et même au vrai bonheur; chez lui, le système gastrique joue le premier rôle, et comme ses facultés physiques s'exaltent par un exercice assidu, il boit, il mange, il dort, il fait tout mieux qu'un autre. Aucun rapport avec ses semblables qui ne soit de bienveillance; il a mille occasions d'obliger, pas une de nuire; il annonce de bonnes nouvelles, il console des mauvaises. Beaucoup de gens vont au-devant de lui, il ne va au-devant de personne. Pas d'aurore, pas de printemps, pas de belle nuit d'automne qui soit perdue pour lui; et s'il trouve encore la fortune à traverser une vie aussi complète, il ne faut pas s'étonner qu'une telle situation trouve bon nombre d'amateurs.....

### LE MARQUIS D'HERBOUVILLE, DIRECTEUR GÉNÉRAL DES POSTES (2 OCTOBRE 1815).

Le 2 octobre 1815, le marquis d'Herbouville, pair de France, était nommé directeur général des postes, en remplacement du comte Beugnot.

### PROCÈS DE LAVALETTE, SA CONDAMNATION A MORT, REJET DE SON POURVOI, SON ÉVASION.

Lavalette, arrêté par ordre du préfet de police Decazes et mis au secret, comparaissait le 20 novembre 1815 devant la Cour d'assises de la Seine comme accusé d'usurpation de fonctions publiques et de complicité dans l'attentat commis au mois de février et de mars contre la personne du Roi et ayant pour but de changer et de détruire le gouvernement et d'exciter les citoyens et habitants à s'armer contre l'autorité royale [1].

Sa circulaire du 20 mars, que nous avons reproduite plus haut, fut un des principaux griefs qui lui furent reprochés.

Il avait choisi pour défenseurs deux avocats célèbres, Tripier et le vieux Delacroix-Frainville.

1. Le *Moniteur* du 24 juillet 1815 contenait une ordonnance de Louis XVIII, dont l'article premier était ainsi conçu :

« Les généraux et officiers qui ont trahi le Roi avant le 23 mars, ou qui ont attaqué la France et le gouvernement légitime, seront arrêtés et traduits devant les conseils de guerre compétents; sont compris dans cette catégorie : Ney, Labédoyère, les deux frères Lallemant, Drouet-d'Erlon, Brayer, Mouton-Duvernet, Gilly, Grouchy, Clausel, Laborde, Bertrand, Cambronne, *Lavalette* * et Rovigo. »

* Une nouvelle ordonnance supprima Lavalette de cette liste et le replaça dans la catégorie des accusés civils, ce qui impliquait la mort sur l'échafaud en cas de condamnation.

Le jury, par huit voix contre quatre, déclara l'accusé coupable. Il était près de minuit lorsque le chef du jury donna lecture de la déclaration. La Cour prononça la peine de mort. Lavalette tira sa montre et se penchant vers Tripier qui restait accablé sur son banc : « Que voulez-vous? lui dit-il, c'est un boulet de canon!... »

Puis il ajouta en se tournant vers le public composé en grande partie de fonctionnaires et agents de l'administration des postes : « Messieurs de la poste, je vous fais mes adieux. »

Les plus pressantes démarches furent faites pour que la terrible sentence ne fût pas exécutée.

Voici notamment ce que dit, à ce propos, dans ses mémoires, le maréchal Marmont, duc de Raguse, qui s'employa activement pour arracher le malheureux Lavalette à l'échafaud :

Lavalette, ancien directeur général des postes sous l'Empire et allié au vice-roi d'Italie et à la reine Hortense, dont il avait épousé la cousine germaine, avait repris la direction de son administration dès le 20 mars, après le départ du roi. Assurément, cette action était sans importance, puisque Napoléon devait entrer à Paris peu d'heures après; mais on lui appliqua le principe de la loi; et, comme il avait usurpé le pouvoir tandis que le Roi était encore en France, il était passible de la peine de mort. Arrêté longtemps après le retour du Roi, il fut envoyé aux assises comme n'étant plus militaire. J'avais été fort lié avec Lavalette; notre amitié ne l'avait pas empêché de se ranger parmi mes ennemis à la première Restauration, et je ne le voyais plus. La peine ne me paraissait pas devoir dépasser quelque temps de prison. J'en étais peu occupé, quand tout à coup le jugement rendu me fit connaître l'état des choses. Il m'est difficile d'exprimer ce que je ressentis à cet instant, et à quel point mon amitié pour lui se réveilla. Je me hâtai de m'offrir à lui pour faire toutes les démarches dans le but de le sauver. J'allai chez le Roi et lui parlai avec instance et chaleur de ce malheureux, beaucoup plus victime des passions du temps que de ses erreurs et de ses fautes; mais le Roi fut inexorable. Je lui apportai et lui fis lire une lettre où la conclusion de sa demande était d'être fusillé, et non guillotiné[1]. Le Roi lut la lettre, en entier, et me répondit avec sécheresse : « Non, il faut qu'il soit guillotiné! »

On remua ciel et terre pour intéresser en sa faveur la famille royale. M. de Richelieu voulut essayer de l'intervention de Mme la duchesse d'Angoulême pour lui obtenir sa grâce, en lui représentant que cette action lui serait utile dans

1. Lettre du comte de Lavalette au duc de Raguse :

« La Conciergerie, mercredi.

« Je viens d'apprendre au fond de ma prison que vous avez bien voulu vous rappeler mon nom, et que vous avez mêlé à des expressions de compassion des souvenirs touchants d'une ancienne amitié. Je suis embarrassé pour vous en remercier, mon général, si mon affreux malheur n'avait pas dû effacer de votre cœur des sentiments et des procédés qu'il faut bien que je me reproche, puisqu'une prévoyance plus saine et plus élevée les a condamnés. Cependant nous nous trouvons l'un et l'autre placés dans des positions si différentes, que j'ai besoin de franchir l'espace de beaucoup d'années pour pouvoir retrouver mon ancien compagnon d'armes, et de lui présenter l'homme qu'il estimait sur le bord d'un abîme dont il ne peut être écarté que par une main amie. Ma tête est dévouée, j'ai pu entendre, sans trouble, l'arrêt fatal qui l'a proscrite; mais, je vous l'avoue, ce n'est pas sans horreur que je me vois entouré de bourreaux et marchant à l'échafaud. Mourir, pour

l'opinion. Elle avait d'abord consenti; mais cette coterie ultra-affamée de vengeance dont elle était entourée eut bientôt fait changer ses résolutions, et la perte d'un homme inoffensif, de mœurs douces, d'un esprit aimable et cultivé, fut résolue plus que jamais.

Je vis Mme de Lavalette pour concerter avec elle les démarches à faire dans l'intérêt de son mari. Elle me parla alors du projet de son évasion, qu'elle croyait pouvoir effectuer. Je lui dis de bien se garder d'en faire usage en ce moment; car, si elle échouait, son mari était alors perdu sans ressource. Il fallait auparavant essayer de tous les moyens de salut fondés sur la clémence; implorer elle-même sa grâce auprès du Roi, en se jetant en public à ses pieds. Je me chargerais de lui donner le bras dans cette pénible circonstance. Ce projet arrêté, nous primes jour pour son exécution.

On eut connaissance à la Cour de la tentative projetée, et l'ordre fut donné aux gardes du corps d'empêcher Mme de Lavalette d'entrer au château. Cette pauvre femme, infirme et souffrante, ne pouvant marcher qu'avec peine, il lui fallait une chaise à porteurs, pour le moindre trajet, et cela donnait une sorte d'éclat à ses démarches. Il y avait donc bien des difficultés à vaincre; mais je ne désespérai pas d'y parvenir. D'abord, je décidai que nous nous rendrions dans la salle des gardes pendant le temps où le Roi serait à la messe. Si nous nous y fussions établis auparavant, le Roi, instruit de sa présence, aurait plutôt renoncé à entendre la messe ce jour-là que de s'exposer à recevoir la requête préparée. Le Roi étant passé et arrivé dans la chapelle, nous nous présentâmes. Par un bonheur très grand, le suisse du bas du grand escalier n'avait pas de consigne, et nous montâmes sans obstacle; mais, arrivés à la salle des gardes, là était la difficulté. La porte étant ouverte, j'attendis, pour entrer, le moment où le garde du corps en faction, se promenant dans le sens opposé à l'entrée, s'en éloignerait. Une fois introduit de dix pas environ, le factionnaire se retourne, me voit, et s'approche respectueusement, mais avec une contenance ferme, et me dit que je ne pouvais pas entrer avec la dame à laquelle je donnais le bras. Je discutai avec lui; mais lui, toujours avec le même calme et la même persistance, se place devant moi et m'empêche d'avancer, en réclamant l'exécution de sa consigne. Ne pouvant obtenir rien de favorable, je lui

nous, vieux soldats, est peu de chose, nous avons bravé la mort sur de nobles champs de bataille; mais la Grève !... Oh! cela est horrible! Si j'avais méconnu mes devoirs : si, lié par un serment ou engagé par de simples obligations de position, j'avais cru les oublier, je serais coupable. Mon malheur est de ne pas avoir assez distingué la nuance délicate qui séparait l'intervalle de l'autorité légitime qui s'éloignait, de la violence qui la poursuivait. Hélas! notre éducation de sujets a été si mauvaise et si mal dirigée! J'ai consulté le mouvement de mon cœur, ainsi que j'ai toujours fait, et la différence de quelques heures a suffi pour me jeter dans l'abime.

« La gravité de la cause, plus que l'intérêt que vous m'auriez conservé, vous a, sans doute, bien instruit des fautes qu'on me reproche, et des crimes qu'on m'impute. Je suis étranger aux malheurs de la France. Je suis étranger à l'infortune de notre souverain. Je me suis cru libre d'agir quand je n'ai plus aperçu les traces de l'autorité légitime et sacrée. Hélas! mon général, aujourd'hui, ma malheureuse compagne est tombée aux pieds de Louis XVIII, dans cette même salle où, il y a vingt-trois ans, au 10 août, que, confondu avec les gardes suisses, je venais prodiguer ma vie pour Louis XVI et son auguste famille. Vous m'avez connu à l'armée peu d'années après; nous avons sans cesse été unis : ai-je jamais contribué aux malheurs de la France? ai-je jamais propagé ou partagé les principes empoisonnés qui ont corrompu l'esprit public et les mœurs nationales? Ai-je été travaillé de cette ambition inquiète qui troublait ma patrie et l'Europe? Non, non! Occupé de devoirs obscurs, trouvant mon bonheur dans ma famille et dans la société de mes amis, j'ai laissé passer tranquillement devant moi tous les ambitieux. Ainsi, étranger à la Révolution, à ses principes et à ses désastres, je croyais avoir acquis le droit de ne plus craindre aucun

demandai d'appeler l'officier de garde, dont j'espérais avoir meilleure composition. Heureux d'être débarrassé de la responsabilité, ce garde du corps ne se le fit pas dire deux fois, et me voilà aux prises avec le sous-lieutenant des gardes, le marquis de Bartillac, mari d'une demoiselle de Béthune, et, par là, neveu du duc d'Havré, officier de cour, du reste bon homme. Il arrive près de moi en sautillant et me dit : « Monsieur le maréchal, je me rends à vos ordres, » et se place à mon côté. Tout en marchant pour arriver au fond de la salle, je lui dis qu'on avait voulu m'empêcher d'entrer. Il s'approche de mon oreille et me dit : « C'est M^me^ de Lavalette que vous accompagnez; elle est consignée ici.— On vient de me le dire ; cependant répondez nettement; vous avez eu l'ordre de l'empêcher d'entrer, mais avez-vous eu celui de la faire sortir ?

— Non, me dit-il.

— Eh bien, ajoutai-je, laissez-la en paix. Elle vient demander la grâce de son mari, et j'espère qu'elle l'obtiendra. Que risquez-vous? Est-ce au neveu du duc d'Havré à avoir rien à craindre? Le pis aller pour vous est de subir quelques jours d'arrêts, et en vous soumettant à ce danger, vous courez la chance de sauver la vie d'un homme. On n'a pas souvent une occasion aussi favorable de faire une bonne action. C'est une bonne fortune, ne la laissez pas échapper! » Cette phrase alla droit au bon cœur et à la vanité de M. de Bartillac. Il me répondit qu'il s'en rapportait à moi et que M^me^ de Lavalette pouvait rester. Je l'établis près de la porte d'entrée des appartements, et nous attendîmes la fin de la messe.

Aussitôt la tribune de la chapelle ouverte, M. le baron de Glandevès, major des gardes du corps, vint à moi pour me répéter que M^me^ de Lavalette était consignée. « Oui, lui dis-je ; mais apportez-vous l'ordre du Roi de la faire sortir? — Non, répondit-il. — Eh bien, répliquai-je, elle restera. » Le Roi arriva. M^me^ de Lavalette se jeta à ses pieds, et, en lui remettant son placet, elle cria : « Grâce, sire, grâce! »

Le Roi, avec beaucoup de noblesse, mais avec fermeté, lui répondit ces propres paroles : « Madame, je prends part à votre juste douleur, mais j'ai des devoirs qui me sont imposés, et je ne puis me dispenser de les remplir. » Et il passa. Un symptôme de l'esprit passionné du temps, c'est qu'après ces paroles, les gardes du corps s'abandonnèrent à l'inconvenance de proférer en cette circonstance des cris de « Vive le Roi! » qui avaient quelque chose de féroce et sentaient le cannibale.

danger. Je croyais même pouvoir défier l'envie d'approcher de moi, lorsqu'un affreux bouleversement de terre bouleversa tout, lorsqu'un épouvantable volcan s'éleva et envahit tout. Il fallait fuir ou se cacher. Les plus braves et les plus sensés l'ont fait. J'ai attendu le volcan, je l'ai vu arriver, je l'ai reconnu, et je m'y suis mêlé comme tant d'autres. Mais l'échafaud pour une étourderie, tout ce que l'ignominie a de plus exécrable pour une erreur, oh! mon Dieu ! la proportion n'y est plus. Mon général, mon ancien compagnon de dangers, dites au Roi que je suis un homme d'honneur, un homme de cœur, un homme de sens, et que, dans ces temps déplorables, il faut distinguer la volonté malveillante de l'erreur précipitée. S'il faut livrer ma tête aux bourreaux, je suis tout préparé. Mais qu'y gagnera l'autorité? quel avantage pour le souverain auguste qui s'honore du titre de petit-fils du grand Henri! Henri IV punit une fois avec éclat, mais c'était un traître. Il pardonna toujours, et ses fidèles serviteurs furent innombrables. L'histoire a fait de sa clémence le plus noble et le plus brillant fleuron de sa couronne. C'est celle qui a ceint la tête de notre monarque révéré.

« Hélas! cette vie si traversée de malheurs, cette vie si courte, il faudra la perdre; mais, au nom de notre ancienne amitié, au nom de nos anciens périls, ne souffrez pas qu'un de vos anciens compagnons d'armes monte à l'échafaud! Qu'un piquet de braves grenadiers la termine : en mourant, du moins, je pourrai me faire une illusion dernière : c'est au champ d'honneur que je vais tomber.

« Adieu, Monsieur le maréchal, recevez avec bonté l'expression bien sincère de mon ancienne amitié et de mon profond respect.

« LAVALETTE. »

Mme de Lavalette avait une autre pétition pour Mme la duchesse d'Angoulême, qui suivait le Roi : elle voulut la lui remettre. Celle-ci l'évita par un mouvement violent et un écart, et en lui lançant un regard furieux, impossible à peindre.

Le Roi étant rentré, je ramenai Mme de Lavalette à sa chaise à porteurs, et de là chez elle. C'était le 18 décembre. Cette pauvre femme s'abusait sur les intentions du Roi ; mais moi j'y voyais clair ; car l'occasion était trop belle, la circonstance trop dramatique, pour n'en pas profiter et être clément si on n'avait pas eu des intentions contraires. Cependant je résolus une nouvelle tentative pour le lendemain, jour de naissance de Mme la duchesse d'Angoulême et anniversaire de sa sortie du Temple.

Je fis transporter Mme de Lavalette dans l'antichambre du capitaine des gardes de service, dont le suisse m'était dévoué ; de là, elle devait se jeter aux pieds de Madame au moment où elle monterait l'escalier dit l'escalier du Roi. Mais des postes, des gardes du corps, mis partout et jusqu'aux combles, les factionnaires multipliés, des portes condamnées pour être à l'abri des surprises, donnèrent à Mme la duchesse d'Angoulême le moyen de circuler en liberté. Ce jour aurait dû lui rappeler qu'elle n'était pas étrangère à l'humanité par les hautes infortunes qui avaient été aussi son partage.

Dès ce moment, les esprits les plus prévenus ne pouvaient s'y tromper, on voulait à toute force la mort de Lavalette et sa pauvre femme s'abandonnait encore à l'idée que le seul but était de l'effrayer. Ses meilleurs amis, Mme la princesse de Vaudemont, le duc Charles de Plaisance, l'entretenaient dans cette illusion. Mme de Lavalette me disait : « Monsieur le maréchal, ils veulent n'accorder la grâce à mon mari que sur l'échafaud.

— Gardez-vous de vous y fier, lui répondis-je ; s'il y monte il est mort. Vous m'avez dit avoir moyen d'assurer son évasion. Voilà l'instant d'en faire usage et je vous engage à ne pas différer : le moment est pressant. »

Le lendemain, on dressait l'échafaud pour s'en servir le jour d'après. Ce fut au moment où on était occupé à ces horribles préparatifs, qu'elle exécuta la généreuse résolution dont le succès a été si complet, les circonstances si singulières et si dramatiques.

On connait les détails de cette évasion.

Le 20 décembre, vers les trois heures de l'après-midi, Mme de Lavalette entrait à la Conciergerie dans une chaise à porteurs, accompagnée de sa fille, d'une vieille servante, la veuve Dutoit, et d'un valet de chambre Bonneville. Ce dernier s'arrêta à la grille de la Conciergerie et utilisa le temps que Mme de Lavalette passa auprès de son mari pour s'occuper des derniers préparatifs de l'évasion du condamné.

M. et Mme de Lavalette, leur fille et la gouvernante dînèrent ensemble dans un appartement séparé ; la comtesse prit ensuite les vêtements de son mari et lui donna les siens. La scène des adieux fut déchirante et à 7 heures du soir environ, trois femmes reparurent dans la salle du greffe. L'une d'elles sanglotait et avait le visage couvert d'un mouchoir blanc ; la jeune fille qui la soutenait poussait des gémissements. Tout enfin présentait le spectacle d'une famille abîmée dans la douleur d'une dernière séparation.

Le concierge Roquette, attendri, n'osa pas soulever le voile qui cachait les traits de la personne déguisée et lui présenta même la main pour la conduire jusqu'à la chaise que le valet Bonneville s'était empressé de faire approcher.

A une certaine distance de la Conciergerie, Lavalette descendit de la chaise où il fut remplacé par sa fille et se fit conduire en voiture chez un ancien conventionnel, Bresson, chef de division au ministère des affaires étrangères, qui le cacha jusqu'au 8 janvier.

Le concierge Roquette s'aperçut bientôt de la fuite de son prisonnier; l'alarme fut donnée et la chaise rejointe, mais on n'y trouva plus que Mlle de Lavalette.

La comtesse fut arrêtée et mise au secret, mais elle ne tarda pas à être relâchée.

Quant à Lavalette, aidé de trois notables anglais, MM. Bruce, résidant à Paris, le général sir Robert Wilson et le capitaine des gardes Hutchinson, il sortit de Paris, déguisé en officier supérieur anglais, le 8 janvier 1816, à 7 heures et demie du matin dans un cabriolet découvert. Le général Wilson était dans la voiture avec lui et le capitaine Hutchinson galopait à la portière. C'est ainsi qu'ils purent arriver à Mons après avoir traversé les lignes anglaises.

Le préfet de police eut connaissance des détails de cette évasion par une lettre du général Wilson, datée du 11 janvier 1816, qui avait été interceptée.

#### PROCÈS INTENTÉ AUX TROIS ANGLAIS COMPLICES DE L'ÉVASION.

Un procès fut intenté aux trois Anglais qui furent condamnés chacun à trois mois de prison; la conduite du général Wilson et du capitaine Hutchinson fut, en outre, sévèrement blâmée par le commandant général des troupes anglaises, dans un ordre du jour daté du 10 mai 1816.

Lavalette fut grâcié en 1822, mais il eut la douleur de ne pouvoir se faire reconnaître de sa malheureuse femme qui avait perdu la raison à la suite des dramatiques événements que nous venons de rappeler.

Nous reprenons notre récit au moment de l'avènement du marquis d'Herbouville, comme directeur général des postes.

#### ORDONNANCE ROYALE DU 22 NOVEMBRE 1815 CONCERNANT L'ADMISSION DES SERVICES MILITAIRES DANS LA LIQUIDATION DES PENSIONS DE RETRAITE DES EMPLOYÉS DES RÉGIES ET ADMINISTRATEURS DES FINANCES.

Deux ordonnances en date des 25 novembre et 9 décembre 1814 avaient autorisé les agents des deux administrations des impositions directes et de la loterie à faire valoir dans la liquidation de leur pension de retraite les services militaires non récompensés.

L'ordonnance royale du 22 novembre 1815 étendit le bénéfice de la mesure aux agents de toutes les administrations dépendant du ministère des finances, mais sous certaines réserves.

Voici, d'ailleurs, le texte de l'article premier de cette ordonnance :

Les services militaires non récompensés seront (à l'exception de ceux qui auront cessé pour cause de participation à la révolte du 20 mars 1815) admis à l'avenir et ajoutés aux services administratifs pour servir de base à la liquidation des pensions de retraite à accorder aux employés par les diverses administrations qui dépendent du département des finances, pourvu toutefois que l'employé ait au moins dix ans de service dans l'administration de laquelle il réclame la pension, et sans qu'il soit dérogé par la présente ordonnance à aucun des réglemens en vigueur.

### ARRÊTÉ DU 31 DÉCEMBRE 1815 RÉFORMANT LA COMPTABILITÉ DE L'ADMINISTRATION DES POSTES.

Un arrêté du directeur général en date du 31 décembre 1815 institua un nouveau mode de comptabilité à dater du 1er janvier suivant.

En vertu de cet arrêté, tous les versements en numéraire ou valeur effectives faits à l'administration centrale à un titre quelconque devraient entrer sans intermédiaire à la caisse générale qui, seule, avait qualité aussi pour acquitter toute espèce de dépenses.

Les caisses particulières dites des articles et des passes étaient supprimées et remplacées par une division des articles d'argent sans maniement de fonds qui devait être uniquement chargée de la direction des écritures concernant le travail des articles.

Enfin, il était institué un bureau central de comptabilité dont les écritures devaient être tenues en partie double :

Les comptes principaux à ouvrir étaient les suivants :

Un compte à chacun des agents comptables de l'administration.

Des comptes de recettes par produit et par exercice ;

Des comptes de dépenses définitives par nature et par exercice ;

Des comptes d'avances par nature ;

Des comptes pour les reconnaissances à destination et autres engagements à l'administration.

Chacun de ces comptes devait être appuyé de livres auxiliaires destinés à présenter les développements qu'il comportait et notamment à séparer les recettes sur les produits des postes et celles des articles d'argent.

Le but de cette réforme était de permettre à l'administration de pouvoir se rendre compte journellement de la situation de tous les comptables et de la situation de l'administration elle-même.

DUPLEIX DE MEZY, DIRECTEUR GÉNÉRAL DES POSTES (3 NOVEMBRE 1816).

Par une ordonnance royale du 3 novembre 1816, le marquis d'Herbouville fut remplacé à la direction générale des postes par Dupleix de Mézy, préfet du département du Nord.

ARRÊTÉ DU 8 FÉVRIER 1817 CRÉANT DEUX DIVISIONS DE COMPTABILITÉ.

Le nouveau directeur général institua par arrêté du 8 février 1817 deux divisions de comptabilité, l'une de la comptabilité courante et journalière ou centrale, l'autre de la comptabilité générale de vérification sur pièces.

Ces deux divisions furent placées sous la surveillance d'un administrateur.

RÈGLEMENT DU 24 FÉVRIER 1817 SUR LE SERVICE DES ARTICLES D'ARGENT.

Une autre réforme, bien plus importante encore, fut réalisée par le règlement du 24 février 1817, qui transforma radicalement l'organisation du service des articles d'argent.

Jusqu'à cette époque, les espèces déposées à découvert par les particuliers pour être expédiées par la voie de la poste et que l'on désignait sous le nom d'*articles d'argent*, étaient transmises en nature de bureau à bureau, comme les valeurs cotées. (On entendait par *valeur cotée* les dépôts de bijoux, de monnaies étrangères et de toutes valeurs analogues à expédier en nature aux destinataires.)

Le règlement de 1817 ordonna que les sommes déposées sous le titre d'articles d'argent seraient, à l'avenir, directement envoyées à Paris.

Un droit de 5 p. 100 devait être payé d'avance au moment du dépôt sur la somme nette à envoyer. Ce droit était indépendant du droit de timbre ordinaire fixé à 35 centimes par reconnaissance.

Il était délivré pour chaque article déposé une reconnaissance et un bulletin de dépôt.

Le déposant devait envoyer la reconnaissance au destinataire et conserver le bulletin par devers lui pour le cas de réclamation.

Le bureau expéditeur devait donner immédiatement avis au bureau de la résidence du destinataire, du paiement qu'il aurait à faire. Cet avis consistait en un talon détaché de la reconnaissance. Par le fait de la réception de l'avis et sur la production de la reconnaissance, le bureau destinataire se trouvait chargé d'acquitter l'article. En cas d'insuffisance de fonds, il pouvait demander des fonds de subvention aux receveurs du trésor.

La suppression du mouvement matériel des fonds entre bureaux et le nouveau mode de remboursement avec les formes simples de la banque réalisèrent ainsi une amélioration des plus utiles.

Cette amélioration remédiait, en partie, à un mode reconnu vicieux, dès l'origine, en raison du double inconvénient qu'il présentait, de surcharger les courriers dont la marche s'en trouvait ralentie et de tenter la cupidité des malfaiteurs.

Son application paraît avoir donné les meilleurs résultats si nous en jugeons par l'extrait suivant du rapport sur l'administration des finances que le comte de Chabrol adressa au Roi en 1830 :

> L'exactitude et la célérité de ce nouveau régime (des articles d'argent) ont si bien prévenu les erreurs et les retards précédents que les réclamations des parties ont été réduites de cent soixante mille à trois mille par année.

Le règlement de 1817 réorganisa aussi de la manière suivante le service des valeurs cotées.

En vertu de l'article 71, les directeurs ne pouvaient recevoir qu'à découvert les bijoux en or et en argent, montres, pierres précieuses, etc. mais seulement jusqu'à concurrence de la valeur de 600 francs au plus et de 6 francs au moins.

Les dépôts de pièces d'or et d'argent en monnaies étrangères devaient s'effectuer de la même manière que les bijoux, etc... et sur l'estimation faite par l'envoyeur.

Des reconnaissances spéciales étaient délivrées aux expéditeurs qui devaient acquitter au moment du dépôt le droit de 5 p. 100.

La responsabilité de l'administration était très nettement déterminée par l'article 80 ainsi conçu :

> L'administration est responsable du prix de l'estimation donnée par l'envoyeur à la valeur cotée chargée si elle vient à se perdre.

## ORDONNANCE DU 17 MAI 1817 NOMMANT TROIS ADMINISTRATEURS DES POSTES.

L'ordonnance du 17 mai 1817 réduisit à trois le nombre des administrateurs des postes.

Ces trois administrateurs, qui prirent, peu de temps après, le titre d'inspecteurs généraux, devaient former le conseil des postes.

MM. Gouin, chef de départ, Boulanger, inspecteur général des relais, et Mollière-Laboullaye, chef du contentieux, furent nommés à ces emplois par arrêté du ministre des finances en date du 20 mai.

## ORDONNANCE DU 9 JUIN 1817 RÉUNISSANT LES RELAIS AU SERVICE DES POSTES.

Une autre ordonnance du 9 juin 1817 réunit à l'administration des postes le service des relais dont l'exploitation à part coûtait environ 800 000 francs par an au Trésor. Les inspecteurs des relais, anciennement désignés sous la dénomination de visiteurs des relais, furent supprimés et leurs fonctions furent réunies à celles des inspecteurs des postes dont le nombre fut réduit à trente et qui eurent ainsi, presque tous, trois départements dans leur circonscription.

## ORDONNANCE DU 6 AOUT 1816 SUR LES FRANCHISES ET CONTRESEINGS.

Les correspondances qui bénéficiaient de la franchise et du contreseing augmentaient d'année en année.

Pour remédier à ces abus, l'ordonnance du 6 août 1817 supprima toutes les franchises qui ne paraissaient ni justifiées par l'éminence du rang, ni commandées par l'intérêt de l'État.

D'une manière générale, la plus grande partie des fonctionnaires et préposés de chaque département ministériel, désignés dans les États annexés à l'ordonnance furent obligés de mettre sous bande leurs paquets et lettres (art. 4), de les contresigner de leur main (art. 8), de les faire déposer au bureau de poste du lieu de leur départ (art. 9) et de les couvrir de bandes d'une largeur proportionnée à la dimension de la dépêche (art. 10).

Les directeurs devaient soumettre rigoureusement à la taxe toute dépêche qui n'aurait pas été revêtue d'un contreseing expressément autorisé ou qui, même étant bien contresignée, n'aurait pas été expédiée dans la forme ou suivant les conditions exigées. Toutefois avis devait en être préalablement donné au fonctionnaire expéditeur.

Telles étaient les dispositions principales de ce règlement qui abrogea tous les règlements antérieurs.

## ÉTABLISSEMENT DE MALLES-POSTE A QUATRE PLACES (1818).

Les voitures lourdes et grossières servant au transport des malles et établies sur un modèle remontant à l'année 1791 étaient de plus en plus délaissées par les voyageurs qui leur préféraient les voitures publiques beaucoup plus confortables.

En 1818, on substitua à ces anciennes voitures des malles-poste à quatre places, d'une forme élégante et commode, montées sur ressorts et sur quatre roues et menées par quatre chevaux.

C'est sur le désir exprimé par le Roi que cette substitution fut opérée, comme l'a raconté M. Gouin, administrateur des postes, dans le passage suivant de son Essai historique sur le service des postes :

Frappée des inconvéniens toujours renaissans de la construction vicieuse des malles en 1791, l'administration des postes dont M. de Mézy était directeur général, s'occupa avec lui, en 1818, du soin de faire construire d'autres malles. Une considération de la plus haute importance les y engagea : c'était le désir de remplir les intentions du Roi à cet égard.

S. M., à son retour en France, avait aperçu sur la route de Calais la malle du courrier, et, la comparant aux malles-poste d'Angleterre, elle fut frappée du mauvais goût qui avait présidé à sa construction, et parut désirer qu'elle fût changée. Ce fut un ordre pour M. de Mézy qui s'empressa de faire faire le dessin d'un nouveau modèle de malle, et le présenta au Roi, qui daigna l'approuver.

Lorsque la première malle fut exécutée, S. M. permit qu'on la lui fît voir à son relais de Besons, au retour de sa promenade. S. Majesté en témoigna sa satisfaction, en ajoutant qu'elle la trouvait de meilleur goût que les malles anglaises : et surtout plus commode pour les voyageurs.

J'étais au nombre des personnes qui accompagnaient la nouvelle malle, et je fus l'heureux témoin de ce qui s'est passé à ce sujet...

### ORDONNANCE DU 20 JANVIER 1819 SUR LES LETTRES TOMBÉES EN REBUT.

La législation sur les lettres tombées en rebut établie par les édits de 1771 et du 14 mars 1784, l'arrêt du conseil du 25 septembre 1786, la loi des 23 et 24 juillet 1793 et l'arrêté du 7 nivôse an X, fut modifiée par l'ordonnance royale du 20 janvier 1819.

En vertu de cette ordonnance, les lettres et paquets à adresses blanches, incomplètes ou illisibles ou adressés à des personnes inconnues, ainsi que les lettres et paquets adressés à des fonctionnaires publics et refusés en raison de leur taxe, devaient être renvoyés à Paris pour y être ouverts sur-le-champ, réexpédiés immédiatement d'après les renseignements fournis par l'ouverture, ou renvoyés suivant le cas, soit aux expéditeurs, soit aux fonctionnaires destinataires : à défaut de renseignements suffisants ou si les paquets ou lettres étaient dépourvus d'intérêt, ils étaient brûlés au bout de six mois : si, au contraire, les dits paquets ou lettres présentaient de l'intérêt, ou refermaient des effets ou des valeurs, ils étaient brûlés après cinq ans seulement à compter de la date d'ouverture.

Les lettres simples ou doubles, chargées ou non chargées, et les paquets également chargés ou non chargés tombés en rebut pour une cause quelconque, de même que les lettres et paquets pour l'étranger qui n'auraient pas été expédiés, faute d'affranchissement, devaient être ouverts six mois après leur mise à la poste. Les lettres simples ou doubles non chargées, ainsi que les paquets non chargés qui étaient jugés dépourvus d'intérêt devaient être brûlés sur-le-champ ; tous les autres indistinctement étaient conservés quatre ans et demi après leur ouverture et brûlés à l'expiration de ce délai.

Quant aux lettres poste restante ou venant de l'étranger, simples, doubles ou paquets chargés tombés en rebut pour une cause quelconque, l'ouverture devait en être faite un an après leur mise à la poste et la destruction devait en être opérée sur-le-champ s'ils ne présentaient aucun intérêt : dans le cas contraire, ils étaient conservés pendant quatre ans après l'ouverture et brûlés après ce délai.

Les lettres venant des colonies, simples, doubles ou paquets chargés ou non chargés ou adressés poste restante, devaient être ouverts deux ans après leur mise à la poste. Les lettres simples ou doubles et les paquets non chargés ou adressés poste restante étaient brûlés sur-le-champ s'ils ne présentaient aucun intérêt. Tous les autres indistinctement devaient être brûlés trois ans après la date de leur ouverture.

### LE DUC DE DOUDEAUVILLE, DIRECTEUR GÉNÉRAL (26 DÉCEMBRE 1821).

Par une ordonnance du 26 décembre 1821, et sur le rapport de M. de Villèle, ministre des finances, le duc de Doudeauville, pair de France, fut nommé directeur général des postes, en remplacement de M. de Mézy.

Les attributions de cet emploi furent définies ainsi qu'il suit :

Le directeur général dirige et surveille, sous les ordres du ministre des finances, toutes les opérations relatives au service. Il travaille seul, avec le ministre des finances. Il correspond, seul, avec les autorités militaires, administratives et judiciaires.

Il a seul le droit de recevoir et d'ouvrir la correspondance. Il signe, seul, les ordres généraux de service.

Le duc de Doudeauville conserva, en même temps, le privilège d'être admis à travailler seul avec le Roi, privilège dont avaient joui de tout temps les divers chefs de l'administration des postes, conseillers grands maîtres des coureurs de France, contrôleurs généraux, généraux, surintendants et intendants généraux des postes.

### ORDONNANCE DU 9 JANVIER 1822 NOMMANT TROIS ADMINISTRATEURS ET UN SECRÉTAIRE GÉNÉRAL DE L'ADMINISTRATION DES POSTES.

Une autre ordonnance du 9 janvier 1822 nomma trois administrateurs des postes (le marquis de Bouthillier, membre de la Chambre des députés; Gouin, inspecteur général; de Rancogne, inspecteur extraordinaire) et confirma M. Roger dans ses fonctions de secrétaire général de l'administration des postes.

ARRÊTÉ DU 12 JANVIER 1822 FIXANT LES ATTRIBUTIONS DES ADMINISTRATEURS ET DU SECRÉTAIRE GÉNÉRAL.

Un traitement de 15 000 francs fut alloué à chacun de ces fonctionnaires dont les attributions furent déterminées par l'arrêté du ministre des finances du 12 janvier 1822.

DÉCISION DU 27 DÉCEMBRE 1822 ORDONNANT QUE LES LETTRES TOMBÉES EN REBUT SERONT LIVRÉES AU PILON AU LIEU D'ÊTRE BRULÉES.

Une décision du conseil des postes datée du 27 décembre 1822 et approuvée par le ministre des finances Villèle, ordonna qu'à l'avenir, les lettres tombées en rebut cesseraient d'être brûlées et seraient vendues pour être converties en pâte à carton sous la surveillance d'un préposé de l'administration.

Le conseil estimait à 1300 ou 1500 francs l'augmentation de recette qui en résulterait pour le Trésor.

ORDONNANCE DU 5 MARS 1823, RELATIVE AUX IMPRIMÉS ET OUVRAGES PÉRIODIQUES.

Le 5 mars 1823 parut une ordonnance qui modifia les tarifs édictés par les lois des 4 thermidor an IV et 9 vendémiaire an VI relativement au transport par la poste des imprimés et ouvrages périodiques.

Cette ordonnance était ainsi conçue :

ARTICLE PREMIER. — La dimension de la feuille d'impression pour les ouvrages périodiques ou journaux, livres brochés, catalogues et prospectus est fixée conformément à l'article 58, titre 3 de la loi du 9 vendémiaire an VI, à 24 centimètres sur 38 pour chaque feuille et à 12 centimètres 1/2 pour chaque 1/2 feuille. En conséquence, l'administration des postes est autorisée à appliquer les proportions de cette dimension à toute feuille, demi-feuille, etc. d'ouvrages périodiques, journaux, livres brochés catalogues et prospectus présentés sous bandes, pour être admis à jouir de la modération du port accordée par l'art. 2 de la loi du 4 thermidor an IV.

ART. 2. — Les personnes qui voudront user pour l'impression des ouvrages périodiques, journaux, livres brochés, prospectus ou catalogues, de papier dont la dimension serait supérieure à 25 centimètres pour la feuille, pourront le faire en payant une augmentation de port de 1 centime pour 5 centimètres d'excédant.

AMÉLIORATIONS APPORTÉES AU SERVICE DE PARIS (1er SEPTEMBRE 1823).

A partir du 1er septembre 1823, d'importantes améliorations furent réalisées dans le service de Paris et des communes environnantes.

A Paris, les piétons chargés de la distribution des lettres dans les divers bureaux sont remplacés par des facteurs à cheval, ce qui permet de distribuer avant midi les lettres des département et de l'étranger dont la distribution se prolongeait souvent jusqu'à cinq heures du soir.

Les lettres n'étaient reçues, au départ, que jusqu'à 3 heures, on les admet jusqu'à cinq et tous les courriers partent une heure après.

Les lettres de Paris pour Paris seront dorénavant recuillies et distribuées sept fois par jour en toute saison, au lieu de six fois en été et cinq fois en hiver.

Autour de Paris, on crée vingt bureaux qui correspondent, ainsi que Versailles et Saint-Germain, trois fois par jour avec la capitale. La distribution des lettres est faite à domicile jusque dans les habitations les plus écartées.

Enfin, un double service journalier est établi entre Paris et toutes les villes situées dans un rayon de 12 lieues.

Ces différentes mesures font progresser rapidement les recettes du département de la Seine et celles des départements limitrophes. A la fin de l'année 1824, l'augmentation de produits qu'elles avaient procurée se trouva bien supérieure à la dépense qu'elles avaient occasionnée.

LE MARQUIS DE VAULCHIER, DIRECTEUR GÉNÉRAL DES POSTES (ORDONNANCE DU 4 AOUT 1824).

Par ordonnance du 4 août 1824, le marquis de Vaulchier, directeur général des douanes, fut appelé à la direction générale des postes en remplacement du duc de Doudeauville.

# CHARLES X

(1824-1830)

Centralisation au ministère des finances de la comptabilité journalière du service des postes. — Création de directeurs comptables. — Tarif de la taxe des lettres. — Service journalier entre tous les bureaux de poste français. — Adoption du timbre à date. — Création de sous-inspecteurs. — BARON VILLENEUVE DE BARGEMONT, directeur général. — Création de lettres recommandées : historique. — Création du service rural. — Les postes sous la Restauration. — Rapport de M. de Chabrol, ministre des finances. — Le Cabinet noir d'après Froment et M. Maxime (du Camp, de l'Académie française).

ORDONNANCE DU 4 NOVEMBRE 1824, RATTACHANT DIRECTEMENT AU MINISTÈRE DES FINANCES CERTAINES ATTRIBUTIONS QUI AVAIENT ÉTÉ MAINTENUES DANS LES RÉGIES FINANCIÈRES. — ARRÊTÉ DU 6 NOVEMBRE 1824 POUR L'EXÉCUTION DE L'ORDONNANCE DU 4 NOVEMBRE 1824. — ARRÊTÉ DU MINISTRE DES FINANCES DU 3 DÉCEMBRE 1824 RÉGLANT LE SERVICE DES RECETTES ET DES PAYEMENTS A PARIS ET LE SERVICE DU MATÉRIEL.

Dans un but d'économie, l'ordonnance du 4 novembre 1824 prescrivit que certaines attributions qui avaient été précédément maintenues aux administrations ressortissant au département des finances, seraient, à partir du 1er janvier 1825, réunies aux services semblables existant à ce ministère, savoir :

Matériel relatif au service central des administrations financières, ordonnancement et comptabilité des dépenses, recettes et paiements effectués à Paris ;

Liquidation des retraites des employés de tout grade desdites administrations.

Comptabilité des préposés des administrations financières ;

Cautionnements et poursuite des débets des comptables des administrations financières.

C'était, en somme, la centralisation au ministère des finances de la comptabilité courante et journalière des préposés de l'administration.

Les détails d'exécution de cette mesure furent réglés par l'arrêté du ministre des finances en date du 6 novembre.

Dans un mémoire du 17 novembre, le directeur général protesta énergiquement contre la mesure qui n'était pas sans présenter de sérieux inconvénients.

Le ministre des finances se rendit à ces observations et, en raison de l'isolement de l'administration des postes par rapport au ministère des finances, modifia de la manière suivante son arrêté en ce qui concernait le service des recettes et des payements à Paris et celui du matériel central.

La caisse centrale de l'administration des postes fut supprimée et un agent comptable fut institué, avec mission d'effectuer les recettes et les payements de toute nature opérés dans l'intérieur de l'hôtel des postes.

Les directeurs des 12 bureaux de distribution dans Paris devaient verser tous les jours leurs recettes au caissier du Trésor.

Quant au service du matériel, il fut maintenu à l'administration des postes et continua à être dirigé comme par le passé.

ORDONNANCE DU 12 JANVIER 1825 PORTANT RÈGLEMENT GÉNÉRAL SUR LES PENSIONS DE RETRAITE DES FONCTIONNAIRES ET EMPLOYÉS DU DÉPARTEMENT DES FINANCES.

Jusqu'à cette époque, le ministère des finances et les six administrations qui en relevaient (enregistrement et domaines, forêts, douanes, contributions indirectes, postes, loterie) avaient chacun une caisse des retraites distinctes.

L'ordonnance du 12 janvier 1825 supprima toutes ces caisses et les fondit en une caisse unique qui prit le nom de : « Caisse générale des pensions de retraite des fonctionnaires et employés des finances. »

26 SEPTEMBRE 1825. — LE MINISTRE DES FINANCES REFUSE D'APPROUVER UNE DÉLIBÉRATION DU CONSEIL DES POSTES TENDANT A ACCORDER DES PLACES GRATUITES DANS LES MALLES-POSTE AUX AGENTS ENVOYÉS EN MISSION OU VOYAGEANT POUR LE SERVICE.

Les règlements sur le service des voyageurs accordaient une réduction de moitié sur le prix des places dans les malles aux agents des postes en activité de service, mais ces agents ne pouvaient profiter de la réduction qu'en vertu d'une autorisation préalable donnée par le directeur général soit au bureau des voyageurs, soit au directeur des postes du bureau auquel le réclamant devait prendre sa place.

A défaut de cette autorisation, l'agent devait consigner, à l'avance, le prix entier de sa place, sauf à solliciter ensuite le remboursement de moitié, qui ne pouvait être accordé qu'en vertu d'une décision du conseil d'administration.

Toutefois, comme l'administration s'était réservé la faculté de pouvoir, dans certains cas, accorder à ses agents des places entièrement gratuites, le conseil crut devoir prendre, à la date du 9 mars 1825, une décision aux termes de laquelle les agents envoyés en mission ou voyageant pour le service voyageraient gratuitement dans les malles-postes.

Mais le ministre des finances de Villèle informa le directeur général, par lettre du 28 septembre 1825, qu'il ne pouvait donner son approbation à une semblable mesure qui constituerait une véritable dissimulation de recettes dont le produit serait employé à accroître indirectement le budget des recettes de l'administration des postes, puisque cette administration avait un crédit spécialement affecté aux frais de voyage.

### ORDONNANCE DU 14 DÉCEMBRE 1825 SUR LES FRANCHISES.

L'ordonnance du 14 décembre 1825, qui modifia celles des 6 août 1817 et 19 août 1818 sur les franchises, se borna à les compléter en raison des changements survenus parmi les membres de la famille royale et dans le personnel des administrations publiques et des grands dignitaires de l'État.

### ORDONNANCE DU 18 FÉVRIER 1827 CRÉANT UN DIRECTEUR COMPTABLE DES POSTES DANS CHAQUE DÉPARTEMENT.

Jusqu'à cette époque, chaque directeur des postes du royaume était, comme comptable, justiciable direct de la cour des Comptes, ce qui constituait pour cette cour un travail excessif qu'il importait de réduire à ses justes limites.

Le Roi prescrivit, en conséquence, par l'ordonnance du 18 février 1827, qu'il y aurait dans chaque département un directeur nommé par le ministre des finances sur la proposition du directeur général des postes.

Ce fonctionnaire, qui prendrait le titre de *directeur comptable*, rattacherait à sa comptabilité celle de tous les directeurs du même département et serait seul comptable et justiciable direct de la Cour des comptes.

Toutefois, il ne serait responsable que des faits de sa gestion personnelle et de la validité des pièces justificatives de dépense qu'il aurait admises dans sa comptabilité après les avoir reçues des autres directeurs.

Telle fut l'origine de nos *receveurs principaux* actuels.

LOI DU 15 MARS 1827 RELATIVE AU TARIF DE LA POSTE AUX LETTRES.

La loi du 27 frimaire an VIII avait admis une même progression de poids pour toute espèce de lettres et la taxe avait été calculée d'après cette progression combinée avec celle des distances à parcourir.

D'autre part, on avait voulu que les distances réellement parcourues fussent mesurées par la voie la plus courte. Cette disposition était sage, mais en ajoutant « d'après les services des postes aux lettres actuellement existants », on avait introduit un mauvais principe dans la loi, car les services existant à cette époque n'avaient pas le caractère de fixité nécessaire pour pouvoir servir de règle dans l'avenir. Aussi beaucoup de communes réclamèrent-elles contre une fausse application du tarif à leur égard.

Ces considérations firent sentir la nécessité de refondre la loi et d'établir le tarif sur des bases plus stables: on ne trouva rien de mieux que de revenir au système de la loi de 1791 qui mesurait les distances à vol d'oiseau.

D'un autre côté, en ce qui concerne la taxe des journaux et imprimés, l'ordonnance du 5 mars 1823 avait eu pour but de parer au silence de la loi du 4 thermidor an IV qui n'avait pas fixé la dimension de la feuille d'impression pour les ouvrages périodiques ou journaux, livres brochés, catalogues et prospectus, et elle avait, en conséquence, édicté des dispositions empruntées à la loi du 13 vendémiaire an VI, qui avait réglé la dimension de la feuille pour l'application et la perception des droits de timbre. Mais pouvait-on le faire par une simple ordonnance, alors que la loi du 4 thermidor an IV, au moins par son silence, admettait l'extension illimitée de la feuille? L'illégalité de l'ordonnance de 1823 avait été soutenue devant les tribunaux et elle fut même reconnue en 1835 par des jugements du tribunal de la Seine.

Dès 1823, les journaux intéressés avaient réclamé avec vivacité au point que l'application en avait été à peu près suspendue et qu'il parut nécessaire de recourir à l'autorité de la loi.

Tel fut l'objet de la loi des 15-17 mars 1827, dont le projet fut présenté par le marquis de Vaulchier dans la séance de la Chambre des députés du 29 décembre 1826.

RAPPORT. — DISCUSSION.

Le rapport fut déposé dans la séance du 27 janvier 1827 par le comte de Saint-Cricq ; la discussion à laquelle prirent part Benjamin Constant, de Noailles, Casimir-Périer, de Vaulchier, directeur général des postes, occupa les séances des 1, 2, 3 et 5 février. Le rapport fut déposé à la Chambre des pairs le 6 mars par le marquis d'Herbouville et le projet de loi fut adopté le 10 mars, après une discussion à laquelle prirent part le comte Boissy-d'Anglas, de Chateaubriant, de Barante, etc...

Le nouveau tarif, basé sur la distance en ligne droite d'un bureau à l'autre, fut établi conformément au tableau suivant :

| Lettres simples au-dessous du poids de 7 grammes 1/2 pour une distance de 40 kilomètres | | 2 décimes. |
|---|---|---|
| De 40 à 80 kilomètres | | 3 décimes. |
| De 80 à 150 | — | 4 — |
| De 150 à 220 | — | 5 — |
| De 220 à 300 | — | 6 — |
| De 300 à 400 | — | 7 — |
| De 400 à 500 | — | 8 — |
| De 500 à 600 | — | 9 — |
| De 600 à 750 | — | 10 — |
| De 750 à 900 | — | 11 — |
| Au-dessus de 900 | — | 12 — |

Les lettres du poids de 7 grammes et demi jusqu'à 10 grammes exclusivement payaient la moitié en sus du port de la lettre simple ;

Celles de 10 à 15 grammes deux fois le port de la lettre simple :

Celles de 15 à 20 grammes exclusivement 2 fois et demie le port ;

Et ainsi de suite en ajoutant la moitié du port de la lettre simple de 5 en 5 grammes.

Ces diverses taxes devaient être perçues en décimes, et sans fraction de décime, conformément au cinquième paragraphe de l'article 7 de la loi du 27 frimaire an VIII. (Art. 3.)

Les taxes des lettres de et pour la même commune étaient maintenues.

Les lettres remises à un bureau de poste pour être portées par les agents de l'administration à un bureau de distribution relevant de ce même bureau, étaient taxées suivant les progressions de poids ci-après :

| | |
|---|---|
| Au-dessous de 7 grammes 1/2 | 2 décimes. |
| De 7 grammes 1/2 à 15 grammes exclusivement | 3 — |
| De 15 grammes à 30 grammes exclusivement | 4 — |
| Et de 30 grammes en 30 grammes | 1 décime en sus. |

Quant aux lettres simplement déposées dans un bureau de poste ou dans un bureau, de distribution et destinées à une autre commune dépendant de l'arrondissement du bureau, elles n'étaient soumises qu'à un droit fixe d'un décime par lettre. (Art. 4.)

### Lettres de et pour la Corse.

Les lettres de France ou passant par la France à destination de la Corse, et les lettres de ce département pour la France ou devant passer par la France, n'étaient assujetties à aucune taxe pour le parcours dans le département de la Corse. En conséquence, la taxe ne serait perçue que pour le trajet du point de départ jusqu'au lieu d'embarquement pour la Corse, et réciproquement du point d'arrivée de la Corse jusqu'au lieu de destination.

Il était perçu, en outre, un décime pour la voie de mer. (Art. 5.)

### Lettres de et pour les colonies et pays d'outre-mer.

Les lettres pour les colonies et pays d'outre-mer (l'Angleterre exceptée) seraient affranchies du point de départ au lieu d'embarquement indiqué sur l'adresse.

Si le lieu d'embarquement n'était pas désigné, la lettre serait expédiée à Paris, et la taxe serait perçue du point de départ jusqu'à Paris, en ajoutant la taxe des lettres de Paris pour les colonies, taxe fixée uniformément à 5 décimes.

Dans les cas indiqués plus haut, il serait perçu, en sus du port, un décime pour la voie de mer.

Les lettres des colonies et pays d'outre-mer (l'Angleterre exceptée) étaient taxées d'après la distance du point de débarquement jusqu'au lieu de destination, plus 1 décime pour la voie de mer.

Les lettres déposées dans les bureaux de poste des lieux d'embarquement pour les colonies et pays d'outre-mer (l'Angleterre exceptée), et les lettres venant des mêmes lieux pour les ports de débarquement étaient taxées comme lettres de la ville pour la ville, plus 1 décime pour la voie de mer. (Art. 6.)

### Échantillons.

La lettre à laquelle serait attaché un échantillon de marchandises serait taxée d'après le tarif ordinaire.

L'échantillon était, en outre, soumis à une taxe réduite au tiers de la taxe d'une lettre du même poids, mais seulement lorsque l'échantillon était présenté sous bande ou de manière à ne laisser aucun doute sur sa nature et à la condition de ne contenir d'autre écriture à la main que des numéros d'ordre.

Si l'échantillon était envoyé isolément, la taxe serait également réduite au tiers du port fixé par les articles ci-dessus, sans pouvoir néanmoins être, en aucun cas, inférieure à la taxe de la lettre simple. (Art. 7.)

### Journaux et ouvrages périodiques.

Le port des journaux, gazettes et ouvrages périodiques transportés hors des limites du département où ils étaient publiés, et quelle que fût la distance parcourue dans le royaume, était fixé à 5 centimes pour chaque feuille de la dimension de 30 décimètres carrés et au-dessous. Ce port était augmenté de 5 centimes pour chaque 30 décimètres ou fraction de 30 décimètres excédant.

Les mêmes feuilles ne payeraient que la moitié des prix fixés ci-dessus, toutes les fois qu'elles seraient destinées à l'intérieur du département où elles auraient été publiées.

Dans tous les cas, le port était payable d'avance. (Article 8.)

### Imprimés.

Les imprimés ne pouvaient être expédiés que sous bandes ne couvrant pas plus du tiers de la surface du paquet.

Ils ne pouvaient contenir ni chiffres, ni aucune espèce d'écriture à la main, si ce n'est la date et la signature.

Toutefois, les avis imprimés de naissance, mariage ou décès, pourraient être présentés à l'affranchissement sous forme de lettres, mais de manière à pouvoir être facilement vérifiés et à la condition de ne pas contenir d'écriture manuscrite.

Chacun de ces avis était passible d'une taxe de 1 décime, quelle que fût la distance à parcourir dans l'étendue du royaume. Cette taxe était réduite à 5 centimes pour les avis destinés à être distribués dans l'arrondissement du bureau expéditeur.

La dimension de la feuille d'impression de ces avis était limitée à 11 décimètres carrés : le port était doublé pour les feuilles dépassant cette dimension. (Art. 9.)

### SERVICE JOURNALIER ENTRE TOUS LES BUREAUX DE POSTE FRANÇAIS.

La loi du 15 mars 1827 fut mise à exécution le 1er janvier 1828.

A dater de la même époque, la correspondance fut rendue *journalière* entre tous les bureaux de poste français et toutes les lettres confiées à la poste furent, en outre, frappées d'un *timbre à date* tant au bureau de départ qu'au bureau d'arrivée, ce qui permit au public de contrôler lui-même le service des agents de l'administration.

ARRÊTÉ DU 24 MARS 1827, CRÉANT DES SOUS-INSPECTEURS DES POSTES.

Le service de l'inspection des postes et relais fut réorganisé par un arrêté du ministre des finances du 24 mars 1827.

A partir de cette époque, les contrôleurs des postes prirent le titre de sous-inspecteurs et furent placés sous l'autorité immédiate des inspecteurs des postes qui pouvaient leur confier toute espèce de mission concernant le service, mais seulement « sur l'autorisation générale ou particulière que l'inspecteur aurait reçue à cet égard du directeur général.

Les sous-inspecteurs étaient nommés par le ministre des finances, sur la proposition du directeur général. »

LE BARON VILLENEUVE DE BARGEMONT, DIRECTEUR GÉNÉRAL DES POSTES (13 NOVEMBRE 1828).

Le 13 novembre 1828, le baron de Villeneuve de Bargemont fut nommé directeur général des postes en remplacement du marquis de Vaulchier.

ORDONNANCE DU 11 JANVIER 1829 CRÉANT LES LETTRES RECOMMANDÉES. — MOTIFS DE LA MESURE. — RAPPORT AU MINISTRE DES FINANCES.

Avec l'ordonnance du 11 janvier 1829, nous voyons apparaître les lettres recommandées.

Des soustractions frauduleuses de lettres qui avaient eu lieu, à différentes reprises, avaient excité les plus vives réclamations de la part du public.

Les enquêtes les plus minutieuses n'avaient pas permis de découvrir si ces actes coupables devaient être imputés à des agents de l'administration ou à des personnes étrangères, par les mains desquelles passaient les correspondances soit avant d'entrer dans les boîtes, soit avant d'être remises aux destinataires.

Le public n'en était pas moins porté à accuser les agents des postes d'infidélité. C'est pour mettre un terme à une situation aussi intolérable que l'administration fut amenée à rechercher les moyens de donner au public et particulièrement au commerce la sécurité dont il avait besoin; elle s'arrêta à un nouveau mode de correspondance qui permettrait de suivre la marche des lettres importantes depuis leur entrée au bureau de poste jusqu'à la remise au destinataire.

Ce mode consistait à créer, des départements pour Paris seulement, une catégorie de dépêches qui, sous le titre de *lettres recommandées*, seraient soumises à des conditions de fermeture, de dépôt, d'expédition et de remise à domicile tout à fait spéciales.

Dans l'état de la législation à cette époque, les lettres chargées devaient être fermées par 2 ou 5 cachets et étaient assujetties au double droit; on ne pouvait les retirer à Paris qu'à la *grande poste*, soit personnellement, soit par un mandataire, porteur d'une procuration spéciale et notariée.

Ces formalités gênantes et surtout celle du double port éloignaient les particuliers qui préféraient, malgré les risques, expédier par la voie ordinaire, les lettres les plus importantes.

Or les lettres recommandées ne payeraient que la taxe ordinaire et seraient remises à domicile dans un délai aussi court que les lettres ordinaires, avantages très appréciables surtout pour le commerce qui tenait à épargner et son temps et son argent.

L'administration était d'avis, toutefois, de ne créer des lettres recommandées que pour la destination de Paris seulement, l'expérience ayant démontré que si des lettres contenant des valeurs de commerce avaient été soustraites ailleurs qu'à Paris, ce n'était qu'à Paris que les malfaiteurs avaient eu l'audace de se présenter pour en toucher le montant.

En soumettant ce projet à l'approbation du ministre des finances, le directeur général terminait son rapport par les considérations suivantes :

Si, comme j'ai lieu de le penser, Votre Excellence adopte la mesure que j'ai l'honneur de lui proposer, l'administration des postes aura quelque droit de dire au public et au commerce en particulier :

Des lettres importantes ont été perdues; il est possible qu'elles l'aient été par la négligence ou l'infidélité de nos agents, mais il est tout aussi probable qu'elles ont été enlevées par les individus que vous avez chargé de les jeter dans les boites et qui pouvaient avoir une connaissance directe de leur contenu, par les gagistes de toute espèce entre les mains desquels elles ont été déposées. Mais, pour obvier, autant qu'il est en nous, à de semblables accidents, nous vous offrons un moyen qui vous donne une certitude aussi complète qu'il est possible, que les lettres réellement remises entre les mains de ses agents seront portées à votre propre domicile pour y être échangées contre votre reçu.

Cette tâche ne nous est imposée par aucune loi, par un aucun réglement; nous le créons volontairement, sans nous en dissimuler les conséquences, dans le seul but de faire cesser les plaintes fondées ou non qui se sont élevées contre notre administration. Le moyen de sécurité que nous vous offrons pour votre correspondance importante est simple, facile et sans frais extraordinaires. Nous ne vous demandons pour récompense du surcroît de travail que nous nous imposons, que de pouvoir prouver au public que les soustractions dont il se plaindrait à l'avenir ne viennent pas du fait des agents des postes, ou que si elles sont de leur fait, la découverte et la punition du coupable pourra, grâce à nos soins, suivre plus sûrement et plus immédiatement le délit.

Le ministre approuva la proposition qui, après avoir reçu la sanction royale, devint l'ordonnance du 11 janvier 1829.

A dater du 1er mars prochain, disait l'article 1er de cette ordonnance, « il sera reçu dans tous les bureaux de poste du royaume, *mais à la destination de Paris seulement*, des lettres qui seront enregistrées à présentation et qui ne seront délivrées aux destinataires que sur leurs récépissés.

Ces lettres désignées sous le nom de *lettres recommandées* devaient être placées sous enveloppe et scellées de deux cachets en cire, avec empreinte et porter en caractères lisibles, sur la suscription, le nom et la demeure du destinataire.

Elles ne pouvaient être ni affranchies ni être adressées poste restante.

Les lettres recommandées seraient inscrites sur un registre à souche et le numéro d'enregistrement de chaque lettre serait porté sur un bulletin qui serait détaché de sa souche et remis à l'envoyeur.

Elles porteraient le numéro correspondant à l'enregistrement, et elles seraient frappées, en outre, du timbre du bureau expéditeur, de celui du jour de départ, et de plus d'un timbre particulier.

Elles devaient être réunies et expédiées en un paquet spécial accompagnées d'une liste nominative indiquant le numéro du registre et le nom du destinataire.

A l'ouverture des dépêches à Paris, elles devaient être, après vérification, taxées conformément au tarif et d'après les distances et le poids.

L'ordonnance ne modifiait en rien les règlements sur les chargements, qui seuls, en cas de perte, donnaient lieu à un recours en indemnité conformément à la loi du 5 nivôse an V.

Le service des lettres recommandées fut rendu applicable dans tous les bureaux de poste par la loi du 21 juillet 1844, supprimé par la loi du 20 mai 1854 et enfin rétabli et développé par la loi du 25 janvier 1873 encore en vigueur aujourd'hui.

### LOI DES 3-10 JUIN 1829 PORTANT ÉTABLISSEMENT D'UN SERVICE DE POSTE DANS TOUTES LES COMMUNES DE FRANCE.

Jusqu'en 1830, il n'existait des facteurs que dans les bureaux composés et dans ceux de la banlieue de Paris.

Dans les autres bureaux, aussi bien que dans les 35 580 communes (dont 1300 chefs-lieux de canton) qui étaient dépourvues d'établissement de poste, la correspondance administrative était seule distribuée à domicile par des piétons, et encore cette distribution n'avait-elle lieu qu'une ou deux fois par semaine.

Les particuliers ne pouvaient recevoir leurs lettres que par quelque occasion fortuite, ou par des messagers qui voulaient bien s'en charger moyennant une rétribution qui venait s'ajouter au port de la lettre. Cette rétribution jointe à la somme de 916 000 francs que les communes de France inscrivaient annuellement à leur budget pour la rémunération des piétons administratifs, représentait pour l'ensemble de la France, une charge considérable ne procurant en échange aux autorités locales que des relations insuffisantes et aux particuliers qu'un service précaire, sans unité, sans surveillance, sans responsabilité et nécessairement restreint aux communes les mieux situées par rapport aux lignes suivies par les courriers.

Quant aux communes écartées et privées de relations avec les bureaux de poste, leurs habitants étaient forcés d'aller réclamer eux-mêmes ou de faire réclamer par un mandataire au bureau dont ils relevaient, une lettre attendue qui, parfois, n'était pas arrivée et de renouveler ainsi plusieurs fois leur voyage avec aussi peu de fruit.

Les communications entre chaque commune et le reste de la France étaient donc incertaines et mal assurées; dans un très grand nombre de localités, les lettres parvenaient après de si longs intervalles qu'en arrivant entre les mains du destinataire, elles avaient parfois, disait-on, une date aussi ancienne que si elles fussent parties du nouveau monde! souvent même, elles ne parvenaient pas du tout, personne ne s'étant présenté pour les retirer, dans les trois mois; elles étaient alors versées en rebut. Le nombre de lettres qui se trouvaient dans ce cas, s'élevait annuellement à près de 300 000.

Indépendamment de la perte importante qui en résultait pour le Trésor, il y avait là une question d'intérêt général à laquelle l'administration ne voulut pas rester indifférente.

Elle se mit donc résolument à l'œuvre et après deux ans d'études, elle présenta à la sanction du parlement, un projet tendant à l'établissement d'un service de poste dans toutes les communes de France.

Ce projet fut adopté et devint la loi des 3-10 juin, dont le texte suit:

Article premier. — A partir du 1er avril 1830, l'administration des postes fera transporter, distribuer à domicile et recueillir de *deux jours l'un au moins, dans les communes où il n'existe pas d'établissement de poste*, les correspondances administratives et particulières, ainsi que les journaux, ouvrages périodiques et autres imprimés dont le transport est attribué à l'administration des postes.

Art. 2. — Toute lettre transportée, distribuée ou recueillie par les facteurs établis à cet effet, à l'exception des correspondances administratives, payera, en sus de la taxe progressive résultant du tarif des postes, un droit fixe d'un décime.

Art. 3. — Les dispositions pénales relatives au transport des lettres en contravention ne seront pas applicables à ceux qui feront prendre et porter leurs lettres dans les bureaux de poste circonvoisins de leur résidence.

Art. 4. — La taxe progressive des lettres déposées dans un bureau de poste pour une distribution dépendante de ce bureau et réciproquement établie par la loi du 15 mars 1827, est réduite et demeure fixée ainsi qu'il suit :

Au-dessous de 7 grammes 1/2. . . . . . . . . . . . 1 décime.
De 7 grammes 1/2 à 15 grammes exclusivement. . . . 2 —
De 15 grammes à 30 grammes exclusivement. . . . . 3 —
De 30 en 30 grammes. . . . . . . . . . . . . . . 1 décime en sus.

Art. 5. — Les sommes actuellement allouées au budget des communes pour service des messagers piétons seront versées au Trésor royal pour subvenir aux dépenses du nouveau service. Toutefois, cette subvention n'aura lieu que dans la proportion nécessaire pour élever les recettes au niveau des dépenses; dans tous les cas, elle cessera d'être exigée des communes à partir du 1er janvier 1833.

Art. 6. — Les dispositions de la présente loi ne sont pas applicables au département de la Seine.

En 1829, l'administration appréciait dans les termes suivants la grande réforme qui allait être mise à exécution quelques mois plus tard :

A dater du 1er avril 1830, cinq mille facteurs devront recueillir et distribuer les lettres dans toutes les communes rurales du royaume. Cette grande et utile mesure fait cesser l'espèce d'isolement dans lequel sont placés les sept dixièmes de la population de la France. Les facteurs ruraux parcourront de deux jours l'un, au moins, les trente-cinq mille communes qui ne possèdent pas d'établissement de poste. La marche de chaque facteur devant être d'environ cinq lieues par jour; ce service sera le plus actif qui ait jamais été conçu et exécuté en ce genre, puisque le parcours journalier sera de vingt-cinq mille lieues environ.

La dépense est évaluée à 3 millions de francs par an. Pour la couvrir, il faut obtenir (à 10 centimes par lettre) trente millions de lettres; ce qui revient à une lettre et un quart par chaque habitant des communes appelées à jouir du bienfait de cette institution.

Dans tous les cas, il y aura, à compter de 1833, économie des sommes qu'elles consacrent au service des messagers piétons, dépense qui ne s'élève pas à moins de 900 000 francs par an.

L'administration française pouvait s'enorgueillir, à juste titre, de l'initiative hardie qu'elle avait prise en fondant ce magnifique service rural dont l'éloge n'est plus à faire. D'autres pays ont suivi la France dans cette voie, mais aucun d'eux n'a pu la surpasser.

Comme on l'a remarqué, l'article 1er de la loi du 3 juin 1829 instituait un service de distribution à domicile dans les communes non pourvues de bureau de poste.

Or il existait déjà des facteurs dans les bureaux composés seulement et il n'était pas possible de priver du bénéfice de la loi les localités qui étaient pourvues d'un bureau simple. L'administration alloua, en conséquence, une indemnité sous forme d'abonnement à chaque receveur de bureau simple, à charge par lui de faire opérer la distribution des lettres dans toute l'étendue de la commune.

Ce mode de procéder ayant provoqué quelques abus, l'indemnité fut supprimée par décision ministérielle du 11 juillet 1844, et à partir du 1er janvier 1845, la distribution fut opérée par des facteurs commissionnés et salariés directement par l'administration.

Plus tard encore, une décision ministérielle du 14 juillet 1851 institua la haute paye en faveur des facteurs ruraux les plus méritants. Cette haute paye se cumula avec le traitement des facteurs pour la liquidation de leur pension de retraite, lorsque la loi du 9 juin 1853 les admit au bénéfice de la pension de retraite.

### LOI DU 4 JUILLET 1829 CONCERNANT L'ÉTABLISSEMENT D'UN SERVICE PAR PAQUEBOTS ENTRE LA FRANCE ET L'AMÉRIQUE ET D'UN SERVICE PAR ESTAFETTES ENTRE PARIS ET CALAIS.

La loi du 4 juillet 1829 régla les conditions auxquelles les correspondances pourraient être échangées entre la France et l'Amérique (art. 1er) et entre Paris, Calais et l'Angleterre (art. 2).

L'article 1er était ainsi conçu :

Les lettres transportées au moyen de paquebots réguliers, aux frais de l'État, pour le service de la correspondance entre la France et les deux continents d'Amérique et les îles qui en dépendent, paieront, en sus du port fixé par l'article 1er de la loi du 15 mars 1827, une taxe de voie de mer de quinze décimes par lettre simple.

Les lettres transportées par un semblable service d'un port de France dans les parages de la Méditerranée paieront une taxe de voie de mer de dix décimes.

La progression de cette taxe sera la même que celle qui est déterminée par l'article 3 de la dite loi ;

Lorsque les lettres seront transportées par les bâtiments de commerce, elles ne seront passibles que de la taxe fixée par l'article 6 de la loi précitée.

Les gazettes, brochures, lettres d'avis ou de part, imprimés français ou étrangers, paieront pour la voie de mer, soit à l'expédition, soit au retour, le quadruple de la taxe qui est fixée par la loi du 15 mars 1827 pour ces objets, à raison de leur transport sur le territoire français.

L'article 2 relatif aux relations avec l'Angleterre disposait :

Les lettres de France pour l'Angleterre, l'Écosse et l'Irlande et réciproquement, qui seront transportées au moyen d'un service extraordinaire par estafette entre Paris et Calais, paieront, en sus du port fixé par les tarifs en vigueur, une taxe de trois décimes par lettre simple.

La progression de cette taxe supplémentaire sera la même que celle qui est déterminée par l'article 3 de la loi du 15 mars 1827.

En exécution de cette loi, l'administration établit, à partir du 1er août 1829, entre Paris et Calais, une estafette chargée de transporter les dépêches pour l'Angleterre; ces dépêches comprenaient les lettres de Paris et du département de la Seine et celles des départements qui dirigeaient sur Paris leurs correspondances à destination de l'Angleterre.

L'estafette partait de Paris les mardi, mercredi, samedi et dimanche à 5 heures du soir et arrivait à Calais pour le départ du paquebot à vapeur faisant le service entre Calais et Douvres, et en même temps que la malle-poste partie de Paris 24 heures plus tôt. Les dépêches parvenaient ainsi à Londres en 36 heures.

Au retour, l'estafette partait de Calais les mardi, mercredi, vendredi et samedi et arrivait à Paris les mercredi, jeudi, samedi et dimanche à 8 heures du matin.

Les lettres expédiées par cette voie devaient porter sur la suscription la mention *par estafette*, mais le public était libre d'employer la voie des malles-poste partant toujours de Paris les lundi, mardi, vendredi et samedi.

L'année suivante, en 1830, deux lignes nouvelles de communications par paquebots furent ouvertes entre la France et l'Amérique, l'une sur Buénos-Ayres, l'autre sur Rio-Janeiro. Une troisième ligne existait déjà depuis le mois de septembre 1827, entre la France et le Mexique et partait, tous les mois, de Bordeaux pour la Vera-Cruz.

Le service fut également établi une fois par mois sur les deux nouvelles lignes.

Entre la France et New-York, l'échange des dépêches avait lieu trois fois par mois.

Nous mentionnerons également ici qu'à partir du 1er mai 1830, deux bateaux à vapeur partant toutes les semaines de Toulon, l'un pour Bastia, l'autre pour Ajaccio, remplacèrent les bateaux de poste à voile qui n'assuraient qu'imparfaitement les communications entre la France et la Corse. La durée du trajet ne devait pas excéder 24 heures.

Vint la révolution de Juillet 1830 qui emporta le trône de Charles X.

## COUP D'ŒIL GÉNÉRAL SUR LE SERVICE DES POSTES SOUS LA RESTAURATION (1815-1830).

Dès l'année 1800, le service des postes avait été replacé sous la main du chef de l'État qui avait formé une direction générale pour le service des lettres et un conseil particulier des relais.

Ces deux administrations avaient été, en 1814, réunies sous les ordres d'un directeur général entouré d'abord de six administrateurs et ensuite de trois administrateurs seulement.

Le comte de Lavalette avait laissé la comptabilité dans le plus grand désordre. La reddition des comptes était arriérée de dix ans ; et 20 millions de dépenses provisoires n'avaient pu être régularisées. Les caisses étaient si mal surveillées qu'un déficit de 2591000 francs fut constaté dans la caisse d'un comptable de Paris.

Avant la fin de 1819, les comptes généraux et d'apurement pour la période de 1806 à 1818, purent être remis à la Cour des Comptes : toutes les dépenses arriérées furent régularisées et les valeurs en caisse qui s'élevaient, en 1815, à 3924000 francs furent réduites à moins de 400000 francs.

La suppression du mouvement matériel des articles d'argent entre les bureaux de poste et le paiement des fonds par tous les bureaux sur le vu de la rèconnaissance du dépôt, réalisa une importante réforme. Le mandat-poste était créé.

La direction des fonds et le contrôle des écritures replacés entièrement sous la surveillance immédiate du ministre des finances permirent d'éviter les déplacements onéreux des valeurs recouvrées, de simplifier les formes de la comptabilité, de les rendre plus sévères, plus promptes et moins dispendieuses par la centralisation de leurs résultats au chef-lieu de chaque département et par la réduction de 1400 à 86 du nombre des comptables justiciables directs de la Cour des Comptes.

En même temps, une rapidité plus grande était imprimée à la marche des courriers et à la remise des correspondances.

La substitution aux malles-poste à trois chevaux et à deux roues, de nouvelles voitures commodes et légères attelées de quatre chevaux et contenant quatre places réservées aux voyageurs, accéléra considérablement le transport des dépêches, tout en augmentant de 2 millions environ le produit annuel.

Le comte de Chabrol, ministre des finances, exposait ainsi qu'il suit les résultats obtenus, dans le remarquable rapport sur l'administration des finances, qu'il présenta au Roi, en 1830, rapport auquel nous avons déjà emprunté en partie les renseignements qui précèdent :

Un trajet de cent lieues, qui ne pouvait autrefois, être parcouru que dans le délai de soixante heures, se franchit aujourd'hui en moins de quarante. Les divers intérêts de la société sont servis avec une exactitude et une célérité qui les mettent à l'abri de toute chance imprévue, et qui satisfont en même temps, à tous les calculs de la prévoyance. Le Havre et Calais sont devenus le centre des opérations les plus étendues, par suite de leur situation naturelle, et surtout à cause de leur proximité de la ville de Paris. Aussitôt l'administration s'est empressée de seconder les relations importantes et multipliées qui réunissent ces trois points principaux, en établissant une estafette particulière sur chacun de ces deux ports, et d'accélérer ainsi, de près de vingt-quatre heures, la correspondance avec l'Angleterre.

La facilité et la fréquence des communications établies entre tous les points du royaume sont un fréquent sujet d'éloges de la part des habitants et des étrangers. L'administrateur offre non seulement le secours de sa course hâtive aux papiers que le public lui confie, mais elle transporte le voyageur avec la même rapidité, et pour une rétribution modique, dans tous les lieux où il veut se rendre. Quatre-vingt-six heures suffisaient à peine pour courir les 77 postes qui nous séparent de Bordeaux : 45 heures nous y conduisent aujourd'hui ; il fallait 87 heures pour arriver à Brest : on s'y rend maintenant en 62 heures ; la route de Lyon exigeait 68 heures : elle n'en demande plus que 47 ; Toulouse était à 110 heures de Paris ; il n'en est plus qu'à 72 heures. L'emploi du temps, si fécond en résultats pour une population industrieuse, est soigneusement ménagé à toutes les professions utiles, par un service de poste qui parvient à conserver des heures et des jours entiers aux efforts du travail et de la production. Le départ des malles a été fixé à 6 heures du soir, ce qui permet de recevoir des lettres jusqu'à 5 heures, et de satisfaire ainsi des convenances et des habitudes nombreuses. Enfin, les frais de poste ont été modérés par une disposition qui dégrève le voyageur du paiement d'un cheval de renfort dans 129 relais, et qui lui accorde encore la même faveur dans 117 autres relais où ce supplément était précédemment exigé pendant six mois de l'année.

Il sera possible un jour de proportionner les ressources aux besoins du service des relais de chaque localité, en formant un fonds commun des 25 centimes imposés aux messageries en faveur de chaque maître de poste, et en le leur répartissant d'après les charges respectives qu'ils ont à supporter pour l'entretien des chevaux.

Nous avons déjà rendu compte des améliorations apportées en 1823 dans le service de Paris.

Cette ville, siège du gouvernement, centre du commerce, des arts et de la civilisation, était plus mal servie qu'un grand nombre des moindres villes du royaume, tant au point de vue de la distribution que sous le rapport de la levée des boîtes.

La *petite poste* n'effectuait que *cinq* distributions par jour et ces distributions étaient si lentes qu'il était impossible de recevoir dans la journée la réponse à une lettre déposée dès le matin à la boîte.

L'emploi de facteurs à cheval, l'élévation de 5 à 7 du nombre des distributions effectuées par la petite poste, une plus grande latitude laissée au public pour le dépôt de ses correspondances dans les boîtes, permirent de remédier, dans une certaine mesure, à ces inconvénients dont le public se plaignait à bon droit. Le service de la banlieue fut aussi notablement amélioré.

Des avantages non moins importants furent accordés aux départements.

La correspondance fut rendue journalière entre tous les bureaux français.

Les départements eurent la faculté d'adresser à Paris leurs traites et effets à terme, sans aucun risque, au moyen de lettres recommandées.

A toutes ces réformes, nous devons ajouter l'organisation d'un service de malles-poste qui venait d'être établi entre Lyon et Bordeaux et qui desservait les villes industrieuses de Saint-Étienne, Montbrison, Thiers, Clermont, Ussel, Tulle, Brives, Périgueux et Libourne.

Le nombre des établissements de poste porté de 1300 à 1400, celui des relais de 1250 à 1320, celui des localités desservies par les malles de 400000 à 787000, celui enfin des lieues parcourues par les courriers d'entreprise porté de 4 millions à près de 6 millions, l'organisation du service rural dans toutes les communes de France, telles furent les améliorations réalisées dans les départements.

Nous ne parlerons que pour mémoire du tarif de 1827, qui, bien que longuement préparé pendant cinq années de méditations et de travaux, était cependant sujet à bien des critiques. Nous verrons ces critiques se produire fréquemment et avec énergie dans nos assemblées, pendant les dix années qui précédèrent l'adoption du tarif uniforme.

D'heureuses négociations permirent de signer des traités de poste avantageux, avec les offices des pays limitrophes[1].

Des relations plus fréquentes s'établirent entre la France et les pays étrangers par la voie des paquebots, notamment avec la Vera-Cruz, Buenos-Ayres et New-York.

Passant ensuite aux résultats généraux de l'exploitation, le ministre des finances s'exprimait ainsi qu'il suit dans son rapport :

Les produits de la taxe des lettres ont reçu, depuis quatorze ans, un accroissement proportionné au développement successif de notre prospérité publique. Paris seul, en effet, offre l'exemple le plus frappant, puisqu'on distribue maintenant 43000 lettres par jour au lieu de 28000 et que le départ journalier des dépêches qu'il expédie, sans y comprendre les paquets du gouvernement, a été porté de 65000 à 118000.

Cette progression de l'activité industrielle et commerciale a élevé la taxe de 18 à 27 millions; les droits de 5 p. 100 sur les articles d'argent ont augmenté d'un tiers, représentant plus de 200000 francs; les malles-poste ont créé un revenu qui dépasse 2 millions. Enfin la recette totale est parvenue de 19 à 31 millions.

Nonobstant l'accroissement de travail que l'administration n'a pas craint de supporter pour procurer de nouvelles facilités et de nouveaux avantages à tous les intérêts qu'elle est chargée de soutenir et de favoriser, les frais du personnel de la direction générale sont restés les mêmes. Cette administration s'est appliquée à opposer constamment la ressource des économies ou de plus grands efforts de zèle

1. La France était liée par des traités diplomatiques avec l'Angleterre, l'Autriche, Bade, la Bavière, les Pays-Bas, la Prusse, la Sardaigne et les postes de la Tour et Taxis.

aux changements de services qui lui créaient une tâche plus laborieuse. La nécess de fortifier l'action extérieure a ajouté 515 000 francs aux dépenses des préposés des départements, 440 000 francs à leur matériel, 3 780 000 francs au transport des dépêches et 61 000 francs à l'entretien des relais. En définitive, les charges de cette administration sont aujourd'hui de 16 470 000 francs au lieu de 11 676 000 francs; cette augmentation de 4 794 000 francs ne paraîtra pas d'une grande importance, si on la compare à l'accroissement considérable de son service, aux heureuses conséquences qui en sont résultées pour le public, et aux produits qu'elle a créés pour le Trésor.

La proportion des recettes et des dépenses du service des postes se trouve ainsi successivement réduite de 56 p. 100 à 33 1/10 p. 100 par l'effet d'un meilleur système d'administration et d'une plus grande activité de la correspondance...

Quant à la ville de Paris, elle était alors divisée en 9 arrondissements de distribution, ayant chacun un bureau pourvu de facteurs chargés d'effectuer la remise des lettres dans leur circonscription respective.

Ces bureaux étaient ouverts au public de 8 heures du matin à 8 heures du soir et les dimanches et fêtes jusqu'à 5 heures seulement.

Voici quel était leur emplacement :

Bureau A, rue Lenoir Saint-Honoré.
— B, rue des Tournelles.
— C, rue du Grand-Chantier.
— D, rue Bergère.
— E, rue Desèze.
— F, rue de Verneuil.
— G, rue de Condé.
— H, rue des Fossés Saint-Victor.
— I, rue Notre-Dame des Victoires.

Il y avait 7 levées de boites et 7 distributions quotidiennes.

Ces distributions étaient effectuées aux heures suivantes :

8 h., 9 h. et 11 h. du matin;
1 h., 3 h., 5 h. et 7 h. du soir.

Le service dit *de la petite banlieue* ne comprenait que les quartiers situés aux extrémités les plus éloignées des faubourgs; il ne différait du service de Paris qu'en ce qu'il avait une distribution de moins (celle de 7 heures du soir).

On voit par là que le service des postes avait fait de réels progrès sous la Restauration qui compléta dignement l'œuvre de la Révolution.

La Révolution, abandonnant le régime impopulaire des fermes, avait constitué l'administration moderne et définitivement rendu à l'État l'exploitation directe de son monopole.

L'Empire avait placé plus directement encore le service des postes sous la main du chef de l'État en instituant une direction générale.

Enfin, grâce à des administrateurs habiles, la Restauration avait réalisé les utiles réformes que nous venons d'énumérer. Mais il y a une ombre à ce tableau, nous voulons parler du *cabinet noir*.

### LE CABINET NOIR SOUS LA RESTAURATION.

Comme nous l'avons déjà vu, ce fut grâce au Cabinet noir que les trois Anglais qui avaient facilité l'évasion de Lavalette, MM. Wilson, Bruce et Hutchinson, avaient pu être convaincus de complicité, poursuivis et condamnés.

Les accusés protestèrent, dit Froment, avec une juste indignation contre cette violation du secret des correspondances, contre cet odieux abus de confiance dont la police osait faire un titre à ses poursuites, et tel était alors l'aveuglement de l'esprit de parti, que parmi les magistrats qui siégaient, parmi ces magistrats qui devaient être les vengeurs et les gardiens de la foi publique, il ne s'en trouva pas un qui osa élever la voix pour désavouer la turpitude à laquelle la police prenait la tâche de les associer. On les vit avec regret donner suite à une accusation fondée sur un moyen qui était bien plus digne de leur sévérité que l'accusation même à laquelle il servait de base [1].

Ce courage que n'eurent pas les juges des généreux complices de Lavalette, se rencontra cependant chez un autre magistrat de la Restauration, M. de Golberg, dont la conduite reçut même l'approbation du conseil des ministres.

Écoutons plutôt Eugène Pelletan, qui prononçait les paroles suivantes du haut de la tribune du Corps législatif, dans la séance du 22 février 1867 [2] :

Arriva la Restauration. Vous savez tous qu'à cette époque, éclata sur notre frontière un complot militaire, le complot de Belfort. Le préfet du Haut-Rhin, dans ces circonstances d'insurrection où un préfet aime, en général, à invoquer les doctrines de salut public, crut devoir saisir les lettres qui incriminaient certains inculpés, et le juge d'instruction, qui était alors M. de Golberg, refusa de joindre cette lettre au dossier d'accusation. Un conflit éclata entre l'autorité préfectorale et l'autorité judiciaire. Le conflit fut porté au conseil des ministres.— car alors on avait un conseil des ministres, — et le conseil des ministres donna raison au juge d'instruction contre le préfet...

Le Cabinet noir, dit à son tour M. Maxime du Camp [3], ne disparut pas avec l'Empire, et il a fait beaucoup parler de lui sous les Bourbons. Il coûtait alors, comme sous le régime précédent, 600 000 francs soldés par les fonds secrets du ministère des affaires étrangères et était desservi par vingt-deux employés dont plusieurs étaient de hauts personnages. En 1828, lorsque M. de Villèle tomba, en-

1. *La Police dévoilée*, par FROMENT.
2. *Moniteur* du 23 février 1867, p. 195.
3. *L'Administration et l'hôtel des Postes*, article paru dans la *Revue des Deux Mondes* (n° du 1er janvier 1867, p. 180).

traînant dans sa chute le préfet de police *Delaveau*, chute qui nous valut l'étrange publication du *Livre noir*, le nouveau ministère déclara officiellement que le cabinet du secret des lettres n'existait plus à l'administration des postes. C'était une supercherie, on s'était contenté de le faire déménager. Après la révolution de Juillet, on n'eut pas de longues recherches à faire pour découvrir et prouver qu'il avait fonctionné jusqu'au dernier moment. Un procès curieux occupa même l'attention publique dans les premiers mois qui suivirent l'avènement de la maison d'Orléans. Une jeune personne d'excellente famille avait épousé vers 1821, un employé supérieur des postes, personnage important, en relation directe avec les Tuileries et émargeant un gros traitement. Ses fonctions sur lesquelles il ne s'était pas expliqué, exigeaient presque tous les soirs sa présence à son bureau, et souvent il y passait une partie de la nuit. Après les événements de Juillet, la triste vérité apparut tout entière; le mari était l'un des principaux membres du Cabinet noir. Sa femme indignée en recevant une telle révélation, à laquelle elle était loin de s'attendre, forma immédiatement près du tribunal civil de la Seine une demande en séparation de corps et de biens. Malgré tout le talent de son avocat, elle perdit son procès; mais l'opinion du monde était pour elle, et jamais elle ne consentit à revoir celui qui l'avait abusée sur sa situation et l'avait entraînée dans une honte qu'elle ne soupçonnait pas.

Je me souviens d'avoir été conduit, lorsque j'étais jeune chez un vieillard qui habitait un médiocre château dans l'Orléanais. Je vis un homme grand, d'excellentes façons, poudré avec un soin qui ressemblait bien à de la coquetterie, vêtu d'un pantalon à pied et d'une veste en molleton d'une blancheur éblouissante, aimable causeur, ne regardant guère les gens en face, se disant fort désintéressé des choses de ce bas monde et accusant dans toute sa manière d'être les habitudes d'une société disparue. Il était très savant, parlait sept ou huit langues, s'occupait de chimie à ses moments perdus et faisait beaucoup de bien autour de lui. Je me rappelle qu'il me montra un gnomon nouvellement établi devant sa maison, et que, par esprit de douce raillerie, il me pria de lui traduire les quatre mots latins qui entouraient le cadran demi-circulaire. — C'était l'inscription de l'horloge d'Urrugne : *Vulnerant omnes, ultima necat.* Il m'expliqua la légende et la commenta avec une tristesse et un charme que je n'ai point oubliés. Les vieillards du pays l'aimaient et à cause de sa bienfaisance, l'avaient surnommé le saint : les jeunes gens s'en éloignaient et inscrivaient souvent des mots injurieux pour lui sur les murs de sa propriété. Je ne l'ai jamais revu, et depuis j'ai appris ce qu'il avait été. C'était le comte de..., ancien chef du Cabinet noir sous la Restauration...

# LOUIS-PHILIPPE

1830-1848

M. Chardel, directeur général. — M. Conte, président du conseil des postes. — Cautionnement et timbre des journaux. — Conseil d'administration. — M. Conte, directeur de l'administration. — Service rural journalier. — Distribution dans Paris. — Paquebots à vapeur entre la France et le Levant : Organisation; Escales ; Tarifs. — Réforme postale en Angleterre : Ancien régime ; Rowland Hill ; résultats de la réforme anglaise. — Luttes pour la réforme en France. — Relevé des discussions parlementaires du 24 juillet 1839 au 24 février 1848. — Lettres recommandées. — Ordonnance de 1844 sur les franchises : Historique. — M. Conte, directeur général. — Abolition du décime rural. — Le comte Dejean, directeur général. — Révolution de février.

## M. CHARDEL, DIRECTEUR GÉNÉRAL DES POSTES (29 JUILLET AU 6 SEPTEMBRE 1830).

Dès le 29 juillet 1830, le député Chardel fut désigné pour aller remplacer le baron de Villeneuve à la direction générale des postes. Chardel se rendit à l'hôtel des postes en même temps que son collègue Bavoux allait prendre possession de la préfecture de police. Il y resta un mois.

## M. CONTE, PRÉSIDENT DU CONSEIL DES POSTES (6 SEPTEMBRE 1830).

Le 6 septembre, le baron Louis, ministre des finances, rendit un arrêté chargeant provisoirement des fonctions de secrétaire général M. Conte, ancien inspecteur général des postes, qui était, à ce moment, chef de la comptabilité des postes, de la loterie et des monnaies à la comptabilité générale des finances.

Aux termes de cet arrêté, les attributions de M. Conte étaient ainsi définies.

Il portera sa surveillance sur toutes les parties du service.

Il présidera le conseil d'administration. Il travaillera avec nous et nous soumettra les nominations dans la forme habituelle pour les directions comptables des départements.

Il conservera son traitement de chef à la comptabilité générale et ne touchera rien à l'administration des postes.

Un arrêté du 22 octobre suivant fixa à 24 000 francs le traitement de M. Conte.

### SERMENT POLITIQUE.

En exécution de la loi du 31 août 1830, le nouveau président du Conseil des postes invita, par une circulaire du 10 septembre suivant, tous les agents de l'administration à prêter le serment de fidélité au roi des Français et d'obéissance à la Charte constitutionnelle et aux lois du royaume.

### LOI DU 14 DÉCEMBRE 1830 SUR LE CAUTIONNEMENT, LE DROIT DE TIMBRE ET LE PORT DES JOURNAUX OU ÉCRITS PÉRIODIQUES.

La loi du 14 décembre 1830, qui eut pour objet de réduire le cautionnement et le timbre des journaux, se borna à abaisser le droit de poste de 5 à 4 centimes, en maintenant, d'ailleurs, toutes les autres dispositions de la loi du 15 mars 1827.

Mais à peine cette loi était-elle rendue que deux journaux dont l'un venait d'agrandir son format au delà de 30 décimètres carrés et dont l'autre ajoutait habituellement à sa feuille un supplément, élevèrent la prétention de n'être assujettis qu'à un droit de poste de 4 centimes, soutenant que la loi de 1830 avait implicitement assimilé, sous ce rapport, le droit de poste au droit de timbre et les avait rendus fixes l'un et l'autre pour la feuille de 30 décimètres carrés et au-dessus.

Cette interprétation fut admise par le ministre des finances. (Décisions ministérielles des 10 janvier 1831 et 25 avril 1836.)

### ORDONNANCE DES 5-26 JANVIER 1831. — CONSEIL D'ADMINISTRATION DES POSTES.

L'ordonnance des 5-26 janvier 1831 supprima les fonctions de directeur général, d'administrateurs et de secrétaire général des postes, et prescrivit que l'administration des postes serait dirigée à l'avenir par un directeur, au traitement de 20 000 francs, assisté de deux sous-directeurs, au traitement de 12 000 francs, formant avec lui le Conseil d'administration dont il aurait la présidence.

Le directeur était nommé par le Roi, les sous-directeurs par le ministre des finances

M. CONTE, DIRECTEUR DE L'ADMINISTRATION DES POSTES (5 JANVIER 1831).

M. Conte fut, en conséquence, maintenu à la tête de l'administration des postes en qualité de directeur.

NOUVELLE INSTRUCTION GÉNÉRALE SUR LE SERVICE DES POSTES (1832).

Le 29 mars 1832, un arrêté du baron Louis, ministre des finances, approuva l'impression d'une nouvelle instruction générale sur le service des postes.

Ce document était divisé en 12 parties :

I. — Des postes en général;
II. — Personnel et matériel des établissements de poste;
III. — Poste aux lettres;
IV. — Service du Bulletin des lois et des arrêts de la cour de cassation;
V. — Service des envois de la loterie;
VI. — Cautionnements;
VII. — Pensions;
VIII. — Relais;
IX. — Articles d'argent;
X. — Inspections des postes;
XI. — Comptabilité;
XII. — Postes militaires.

Voici les motifs qui avaient déterminé l'administration à faire paraître ce document.

L'instruction qui régissait à cette époque le service des postes, remontait à l'année 1808, et l'édition en était même épuisée depuis longtemps.

Au moment de sa rédaction même, ce code postal n'était pas suffisant : plusieurs opérations importantes du service se faisaient encore par tradition à défaut de prescriptions écrites. Or, si cette instruction était déjà incomplète au moment de sa publication, elle était devenue presque entièrement inutile en 1832, par suite des changements qui avaient été successivement apportés dans toutes les parties du service actif et du service administratif. Plus de 1 500 circulaires, ordres ou décisions sur l'administration des postes avaient paru depuis 1808 et comme beaucoup de ces circulaires avaient été faites à différentes époques et se trouvaient, en tout ou en partie, abrogées les unes par les autres, elles paraissaient être en contradiction et leur ensemble présentait aux agents des postes, au milieu d'une immense quantité de renseignements et de prescriptions inutiles, quelques documents exacts, il est vrai, mais qu'il était à peu près impossible aux bureaux de découvrir et d'appliquer.

Les directeurs nommés depuis la révolution de Juillet n'avaient aucun guide pour leur travail et ce défaut d'instructions avait occasionné des erreurs parfois très graves.

Les agents des postes avaient donc le plus urgent besoin d'un règlement complet, d'une loi écrite qui fit cesser toute hésitation de leur part aussi bien vis-à-vis de l'administration qu'à l'égard du public.

Ces considérations déterminèrent le ministre des finances à autoriser la publication de la nouvelle instruction générale et sa mise en vigueur à partir du 1er juillet 1832. Les dispositions contenues dans l'instruction générale de 1832 furent rendues obligatoires par deux arrêts en date des 24 novembre 1846 et 10 janvier 1847, émanant le premier de la cour de cassation (chambre des requêtes), le second de la chambre d'appel de Nancy.

### LOI DE FINANCES DU 21 AVRIL 1832 CRÉANT UN SERVICE JOURNALIER DANS LES COMMUNES DÉPOURVUES D'UN ÉTABLISSEMENT DE POSTE.

En vertu de l'article 47 de la loi de finances du 21 avril 1832 dont le texte est reproduit ci-dessous, le service rural devint journalier dans toutes les communes de France dépourvues d'un établissement de poste :

ARTICLE 47.

A partir du 1er juillet, l'administration des postes fera transporter, distribuer à domicile et recueillir tous les jours, dans les communes dépourvues d'établissements de poste, les correspondances administratives et particulières, ainsi que les journaux, ouvrages périodiques et autres imprimés dont le transport est attribué à l'administration des postes.

Néanmoins l'établissement du service journalier dans ces communes n'aura lieu que successivement et en raison des besoins des localités, constatés par les délibérations des conseils municipaux et les avis des préfets et sous-préfets.

Le décime rural institué par la loi du 3 juin 1829 fut supprimé par la loi du 3 juillet 1846.

### LOI DES 31 JANVIER-9 FÉVRIER 1833 RELATIVE AUX SOMMES D'ARGENT DÉPOSÉES DANS LES BUREAUX DE POSTE.

La loi des 31 janvier et 9 février 1833 fixa ainsi qu'il suit le délai de prescription des sommes d'argent déposées dans les caisses de l'administration des postes pour être expédiées à destination.

ARTICLE PREMIER. — Seront définitivement acquises à l'État les sommes versées aux caisses des agents des postes pour être remises à destination et dont le remboursement n'aura pas été réclamé par les ayants droit dans un délai de huit années à partir du jour du versement des fonds. — Les délais pour les versements faits antérieurement à la promulgation de la présente loi courront à partir de cette promulgation.

ART. 2. — Les dispositions ci-dessus seront insérées dans les récépissés délivrés au public par les bureaux de poste.

### ARRÊTÉ MINISTÉRIEL DU 31 JUILLET 1834 SUR LES INCOMPATIBILITÉS.

Le 31 juillet 1834 parut l'arrêté suivant du ministre des finances sur les incompatibilités :

ARTICLE PREMIER. — Les fonctions de directeur des postes sont incompatibles avec l'état de négociant ou commerçant et cette incompatibilité est étendue aux femmes des directeurs ou aux maris des directrices.

ART. 2. — Un bureau de poste ne peut être établi dans le même local où un commerce ou une industrie quelconque appellent le public.

ART. 3. — Les directeurs ou directrices qui se trouvent dans cette situation sont tenus d'opter dans le délai de deux mois, à compter de la notification du présent arrêté.

### ORDONNANCE DES 24 AVRIL-14 MAI 1835 CONCERNANT LES LETTRES QUI SONT ADRESSÉES DE FRANCE AUX MILITAIRES ET MARINS EMPLOYÉS AUX COLONIES ET LES LETTRES QU'ILS ADRESSENT EN FRANCE.

Une ordonnance des 24 avril et 14 mai 1835 modifia la législation qui régissait les lettres adressées de France aux militaires et marins employés aux colonies et les lettres que les militaires et marins adressaient, eux-mêmes, des colonies en France.

Cette ordonnance était ainsi conçue :

ARTICLE PREMIER. — Les lettres de France adressées aux militaires et marins de tout grade employés aux colonies françaises pourront être expédiées pour leur destination sans avoir été affranchies. La taxe de ces lettres sera perçue, dans les colonies, pour le compte de l'administration des postes, à raison de 50 centimes par lettre au-dessous du poids de 7 grammes 1/2 et proportionnellement d'après l'article 3 de la loi du 15 mars 1827.

Il sera perçu, en outre, un décime fixe par lettre pour la voie de mer.

ART. 2. — Les lettres que les militaires et marins de tout grade, employés aux colonies, voudront affranchir jusqu'à destination en France, seront reçues à l'affranchissement pour le compte de la même administration, à raison de 50 centimes par lettre au-dessous du poids de 7 grammes 1/2 et proportionnellement d'après le tarif du 15 mars 1827, plus un décime fixe de voie de mer.

ORDONNANCE DU 26 JUIN 1835 RELATIVE AU SERVICE DES POSTES DANS LES POSSESSIONS FRANÇAISES AU NORD DE L'AFRIQUE.

Les premiers renseignements concernant l'organisation du service des postes en Algérie sont fournis par un arrêté ministériel du 1er septembre 1834, rendu en exécution de l'ordonnance du 22 juillet de la même année.

Cette ordonnance avait confié la haute administration des possessions françaises dans le nord de l'Afrique à un gouverneur général relevant du ministre de la guerre et ayant sous ses ordres tous les services civils et militaires de la colonie.

Quant à l'arrêté ministériel du 1er septembre 1834, il avait réglé les attributions des fonctionnaires institués par l'ordonnance du 22 juillet et placé le service des postes sous le contrôle d'un directeur des finances chargé de tous les services financiers de l'Algérie.

A mesure que s'étendait la conquête et que notre domination se consolidait, on sentait la nécessité d'organiser d'une manière plus complète l'administration civile de l'Algérie dans les pays occupés par nos troupes.

L'ordonnance du 22 juillet 1834 et l'arrêté ministériel du 1er septembre suivant avaient eu pour but de répondre à cette préoccupation; mais on sentit bientôt la nécessité de développer le service postal qui n'avait été organisé jusqu'alors que de manière à répondre aux besoins de l'armée. Il devenait nécessaire de l'adapter aux besoins de la population civile, de fixer la taxe à percevoir pour les correspondances échangées entre la France et l'Algérie et entre les divers points de la colonie, et de régler aussi les conditions dans lesquelles devait être admise à circuler en franchise la correspondance officielle des fonctionnaires.

Tel fut l'objet de l'ordonnance du 26 juin 1835.

AMÉLIORATIONS APPORTÉES DANS LE SERVICE DE LA DISTRIBUTION DANS PARIS A PARTIR DU 21 FÉVRIER 1837. — DÉCISIONS DU MINISTRE DES FINANCES DES 9 ET 19 NOVEMBRE 1836.

M. Conte s'était attaché à donner une vive impulsion au transport des dépêches et à la distribution des lettres sur presque tous les points de la France.

Les distances parcourues sur les routes desservies par les malles-poste partant de Paris, étaient franchies dans la moitié moins de temps qu'autrefois. Sur quelques-unes de ces routes, l'accélération obtenue était plus grande encore. Le trajet de Paris à Calais, par exemple, s'exécutait maintenant en 18 heures au lieu de 38 heures; celui de Paris au Havre, qui se faisait aussi en 38 heures, n'en exigeait plus que 13 au mois de novembre 1836.

La distribution des lettres dans les villes avait suivi le mouvement imprimé au service du transport des correspondances.

C'est ainsi qu'à Lille, le nombre des distributions quotidiennes avait été porté de 2 à 3 et l'administration étudiait même le moyen d'en établir une quatrième. Aussi les lettres de Paris qui précédemment ne pouvaient pas être remises aux destinataires avant 2 heures de l'après-midi, étaient-elles distribuées maintenant avant 10 heures du matin.

Le nombre des distributions à Lyon avait été également élevé de 2 à 4 et les lettres apportées par le courrier de Paris, qui ne pouvaient antérieurement être remises aux destinataires que six heures après l'arrivée de la malle, c'est-à-dire à 7 heures du soir, étaient distribuées deux heures après l'arrivée de ce courrier et avec une telle promptitude que la distribution était entièrement terminée à 10 heures du matin.

Tandis que l'administration était ainsi parvenue à satisfaire et quelquefois même à devancer les vœux d'un grand nombre de villes, des plaintes portant sur les lenteurs de la distribution dans Paris, des lettres venant des départements et de l'étranger s'élevaient de temps à autre et démontraient que l'organisation de ce service ne présentait plus à un degré suffisant les conditions de célérité et de régularité réclamées impérieusement par les besoins du commerce.

Ces plaintes étaient parfaitement justifiées; la ville de Paris était, en effet, moins bien desservie que Lyon, Lille et un grand nombre d'autres villes de moindre importance puisque les lettres apportées par les courriers arrivant à Paris avant 5 heures du matin n'étaient entièrement distribuées qu'à 1 heure de l'après-midi; ce qui gênait et entravait bien des transactions commerciales, qui, par leur nature, demandaient à être entamées et conclues dans la matinée même.

De plus, l'exécution récente d'une convention postale qui avait été conclue le 27 mai 1826, entre la France et la Belgique et dont les combinaisons procuraient aux correspondances du nord de l'Europe pour la France une accélération de 24 heures, avait aggravé la situation de Paris par rapport à ses relations avec les départements traversés par la malle estafette de Valenciennes qui apportait ces correspondances.

Malgré la vitesse imprimée à la marche de cette malle qui parcourait plus de 4 lieues à l'heure, les lettres de Valenciennes, de Saint-Quentin, de Compiègne et de Senlis, arrivant à Paris à une heure de l'après-midi, étaient rarement distribuées avant 6 heures du soir dans tous les quartiers.

Il était donc absolument impossible aux habitants de Paris, non seulement de répondre le même jour, comme ils en avaient la faculté auparavant, aux lettres originaires des villes désignées ci-dessus, mais encore d'entamer les affaires que ces lettres concernaient. L'avantage même de la rapidité des communications existant à cette époque entre la Belgique et la France, qui permettait de recevoir des nouvelles de Bruxelles en 19 heures et d'Anvers en 22 heures, avait donc tourné contre les intérêts des relations commerciales que Paris entretenait avec les principales villes des départements du Nord, de l'Aisne et de l'Oise.

Aussi les réclamations et les plaintes du public parisien étaient-elles devenues si nombreuses et si pressantes que l'administration se vit dans la nécessité de ne pas différer plus longtemps l'étude des moyens les plus propres à faire cesser un état de choses aussi fâcheux.

Cette étude fit l'objet de deux rapports en date des 5 et 14 novembre 1836, que M. Conte adressa au ministre des finances, M. Duchâtel.

Dans le premier de ces rapports, l'état de l'organisation du service de la distribution était exposé ainsi qu'il suit :

Toutes les malles-poste, hors une (celle de Valenciennes), arrivent à Paris vers 5 heures du matin. Les travaux préparatoires à la distribution des lettres destinées pour Paris doivent commencer immédiatement. Ces travaux sont partagés ou divisés, non par nature, mais selon l'origine des dépêches, en autant de bureaux ou routes qu'il existe de malles-poste. Les routes étaient au nombre de 15 [1]. Les employés attachés à chaque route ont à reconnaître d'abord le nombre des dépêches et leur état; ils font ensuite la séparation par nature, des objets qui composent ces dépêches ; puis vient la vérification du compte des taxes auxquelles ces objets sont soumis; enfin il est procédé au tri ou répartement des lettres entre les différents bureaux d'arrondissement auxquels sont attachés des facteurs par qui ces lettres doivent être distribuées. Ces bureaux sont au nombre de neuf. Lorsque les écritures nécessaires sont faites, pour la constatation de la dette en taxe de lettres à la charge de chacun des directeurs de ces bureaux, les dépêches qui ont été formées de ces lettres sont réunies, de toutes les routes dont elles sont originaires, et envoyées par des hommes à cheval aux bureaux d'arrondissement.

Il est fait trois envois de ces lettres. Le premier à 7 heures un quart du matin; le second à 8 heures un quart; le troisième et dernier, consacré exclusivement aux lettres dont le port a été acquitté par les envoyeurs, ne peut avoir lieu qu'une heure après, c'est-à-dire à 9 heures et quart.

Les lettres composant les deux premiers envois sont réparties entre des facteurs

1. 1° Route de Calais. | 6° Route de Strasbourg. | 11° Route de Bordeaux.
2° — Lille. | 7° — Besançon. | 12° — Nantes.
3° — Mézières. | 8° — Lyon. | 13° — Brest.
4° — Valenciennes. | 9° — Marseille. | 14° — Caen.
5° — Forbach. | 10° — Toulouse. | 15° — Havre.

qui sortent de leurs bureaux respectifs pour entrer en distribution au plus tôt à 9 heures du matin.

Les lettres affranchies, qui composent le troisième et dernier envoi, moins favorisées encore que les premières, ne sont mises en distribution qu'à 10 heures.

Enfin ces deux distributions finissent à peu près en même temps, c'est-à-dire à midi et souvent plus tard.

Telles sont les différentes phases que parcourent ces lettres, depuis leur arrivée à Paris jusqu'à leur entière distribution.

M. Conte n'hésitait pas à attribuer la cause de ce retard dans la distribution, à l'inutile translation des lettres dans les bureaux d'arrondissement ; puis il mettait ainsi en parallèle le service de la distribution à Paris avec le service similaire de la ville de Londres :

Aucune distribution de lettre n'étant faite à Londres le dimanche, il s'ensuit que la distribution du lundi comprend les lettres de deux courriers et doit être, par conséquent, plus laborieuse que celle des autres jours de la semaine.

Nous trouvons dans des documents officiels rapportés d'Angleterre par les agents de l'administration qui furent envoyés à Londres au mois de juin de cette année pour régler les mesures d'exécution de la convention du 30 mars, que les travaux concernant l'arrivée des dépêches du lundi, 6 juin, la préparation de la distribution des lettres et cette distribution ont offert les résultats dont nous allons rendre compte :

I. *Arrivée des dépêches et préparation de la distribution.*

Vingt-sept malles-poste arrivent tous les jours (le dimanche excepté) dans la matinée à Londres. La dernière malle arrivée le 6 juin, est entrée au Post-Office à 7 heures moins 5 minutes.

Le nombre des lettres apportées par ces malles-poste s'élevait à 77 224 et comportait 87 500 francs de taxes à recouvrer. Le dernier compte des taxes données en charge aux facteurs a eu lieu à 8 heures 48 minutes, et les derniers facteurs sont entrés en distribution à 9 heures 20 minutes. Il ne s'était donc écoulé entre l'arrivée de la dernière malle-poste et le départ du dernier facteur que 2 heures 25 minutes.

II. *Distribution des lettres.*

Voyons maintenant combien il avait fallu de temps pour opérer la distribution de ces 77 000 lettres et le recouvrement de 87 500 francs de taxes dont elles étaient frappées.

| | | | | | | | |
|---|---|---|---|---|---|---|---|
| | 110 | facteurs | avaient | achevé leur | distribution | à. . . | 11 h. 20′ |
| | 9 | id. | — | id. | — | à. . . . . | 11 h. 25′ |
| | 21 | id. | — | id. | — | à. . . . . | 11 h. 30′ |
| | 11 | id. | — | id. | — | à. . . . . | 11 h. 35′ |
| Total | 151 | facteurs | avaient | employé. . . | . . . . . . . | . . . . . | 2 h. 27′ |

Il résulte donc de ces faits que les travaux préparatoires à la distribution elle-même, dans Londres, des lettres de deux courriers réunis, au nombre de 77 000 et comportant 87 500 francs de taxes, n'ont exigé que quatre heures et demie environ.

Si nous passons de cet exemple à celui d'un jour ordinaire, en prenant au hasard le 24 juin, nous constatons les faits ci-après :

Arrivée de la dernière malle-poste à Londres, à 7 heures du matin.

Le nombre des lettres apportées s'élève à 46 893 et les taxes à recouvrer à 36 300 francs.

Le dernier compte des taxes données en charge aux facteurs a lieu à 8 heures.

Les derniers facteurs entrent en distribution à 8 heures 27 minutes.

La distribution s'effectue dans les délais qui suivent :

| | | |
|---|---|---|
| | 105 facteurs ont achevé leur distribution à. . . . | 10 h. » |
| | 29 id. — id. — à . . . . . . . . | 10 h. 10' |
| | 16 id. — id. — à . . . . . . . . | 10 h. 50' |
| Total : | 151 facteurs ayant employé en moyenne. . . . . | 1 h. 38' |

Il résulte de ce second exemple choisi dans un jour ordinaire, que de l'arrivée de la dernière malle-poste à la distribution de la dernière lettre, il ne faut, pour préparer la distribution et distribuer dans Londres 46 893 lettres, comprenant plus de 36 000 francs de taxes, que trois heures dix minutes.

Afin de mieux apprécier ces résultats, nous présenterons les considérations suivantes :

1° La superficie de la ville de Londres étant de 96 885 hectares, la portion moyenne de cette superficie revenant à chacun des 151 facteurs chargés de la distribution des lettres des provinces et de l'étranger, se trouve être de 642 hectares. La superficie de Paris n'est que de 34 395 hectares. Le service de la distribution des lettres des départements étant fait par 116 facteurs, la portion moyenne de cette superficie est donc, pour chaque facteur à Paris, de 297 hectares seulement.

2° La population contenue dans le cercle postal où s'exerce la distribution urbaine des lettres à Londres (*two penny post*) ne peut pas être évaluée à moins de 1 500 000 habitants, ce qui donne en moyenne, par facteur, 9 934 habitants. Le recensement qui s'achève en ce moment à Paris portera, dit-on, la population de la capitale à 900 000 âmes; c'est donc seulement par facteur 7 759 habitants.

3° Le nombre des maisons à Londres dépasse 100 000; et toutes ces maisons sont fermées, l'usage des portiers ou concierges dans cette ville étant inconnu, d'où il suit que les facteurs doivent frapper et attendre l'ouverture des portes, à chaque maison où ils ont des lettres à remettre. A Paris, le nombre des maisons n'est guère que de 29000 dont 11 000 ont des portes cochères et un bien plus grand nombre des portiers ou concierges, lesquels sont autorisés à recevoir les lettres pour les habitants, usage qui tend à accélérer la distribution.

4° Enfin le minimum du nombre des lettres venant des provinces et de l'étranger à distribuer dans Londres, chaque jour, est de 46 000 comprenant 36 000 francs de ce qui revient par facteur à 305 lettres et à 238 francs de taxes à recouvrer. Le maximum du nombre des lettres mises en distribution à Paris, à 9 heures du matin, ne dépasse pas 23 000 et leurs taxes 14 000 francs, ce qui donne pour moyenne par facteur 175 lettres et 113 francs de taxes.

De ces divers rapprochements on est forcé de conclure que les travaux préparatoires à la distribution et la distribution même des lettres à Londres emploient quatre fois moins de temps que la même opération à Paris.

Après avoir examiné en détail les procédés de l'organisation du service de la distribution à Londres, M. Conte proposait à l'approbation du ministre des finances l'introduction en France de ceux de ces procédés qui paraissaient pouvoir le mieux s'adapter aux formes générales de l'organisation du service de Paris.

Les mesures proposées étaient les suivantes :

Centralisation à l'hôtel des postes, manipulation et tri par arrondissement de toutes les correspondances apportées par les malles-poste ;

Transport en omnibus partant de l'hôtel des postes jusqu'à la limite de leur circonscription respective, de tous les facteurs chargés du service de la distribution dans Paris.

Ces mesures approuvées par le ministre des finances les 9 et 19 novembre, 1836 furent mises à exécution à partir du 21 février 1837.

Un avis publié par l'administration le 12 mars 1837 exposait ainsi qu'il suit les avantages réalisés par la nouvelle organisation :

Le directeur des postes fait remarquer qu'il résulte de la nouvelle organisation du service de la poste de Paris de nombreux et importants avantages pour le public, non seulement par rapport à la petite poste, mais encore à l'égard des lettres venant des départements ou de l'étranger, ou destinées pour les départements et l'étranger.

Un avantage qui est commun au service de la petite poste et aux lettres venant des départements, c'est l'impossibilité désormais de faire ce qu'on appelle des fausses directions de lettres, c'est-à-dire d'envoyer des lettres d'un quartier dans un autre. En effet, ces erreurs, qui s'élevaient quelquefois jusqu'à mille par jour, sont réparées, par l'effet de la centralisation du travail des facteurs à l'hôtel des postes, au moment même où elles sont reconnues, ce qui ne pouvait avoir lieu quand les lettres étaient envoyées aux facteurs dans chaque bureau d'arrondissement; alors ces lettres perdaient quatre ou six heures pour revenir à leurs destinataires.

Quant aux lettres venant des département et de l'étranger, la centralisation des facteurs à l'hôtel des postes en a avancé la distribution le matin de quatre heures, puisque les distributions n'étaient achevées, avant l'adoption de cette mesure qu'à 11 heures et demie et qu'à présent elles doivent être terminées à 9 heures et demie au plus tard.

Les dépêches si importantes apportées par le courrier de Belgique, qui arrive vers une heure de l'après-midi, ne pouvaient être entièrement distribuées avant 6 heures du soir; elles seront distribuées avant 3 heures de l'après-midi.

On distinguait dans Paris quelques quartiers excentriques sous le nom de *petite banlieue;* ces quartiers étaient privés de la dernière levée des boites et de la dernière distribution des lettres. Ils seront placés désormais, sous ce rapport, sur la même ligne que les quartiers du centre de la capitale.

En ce qui concerne les lettres pour les départements, le public gagne à cette nouvelle organisation de pouvoir déposer ses lettres dans les boîtes de quartiers et des bureaux d'arrondissement une demi-heure plus tard que précédemment.

L'administration des postes va faire placer auprès de chaque boite de quartiers un écriteau qui indiquera l'heure précise de la distribution ou de l'expédition d'une lettre par rapport au moment où elle sera jetée à la boîte.

Enfin elle fera connaître tous les jours par une affiche placée à la Bourse l'heure à laquelle les lettres apportées par chaque courrier auront été mises en distribution.

Paris, le 12 mars 1837.

*Le maître des requêtes, directeur de l'administration des postes,*

CONTE.

### APPLICATION EN 1837 DE LA LOI DU 2 JUILLET 1835 RELATIVE A L'ÉTABLISSEMENT DE PAQUEBOTS A VAPEUR DESTINÉS AU TRANSPORT DES DÉPÊCHES DANS LA MÉDITERRANÉE ENTRE LA FRANCE ET LE LEVANT.

Comme l'a dit M. Riant (rapport du mois d'octobre 1877), la création des services maritimes postaux a été la conséquence de l'application de la vapeur à la navigation, car, avec ce nouveau moteur, les deux conditions essentielles à tout service postal, c'est-à-dire la régularité et la rapidité des transmissions, étaient complètement assurées. Désireux de provoquer par l'exemple le développement de la navigation à vapeur encore à ses débuts et d'établir dans l'intérêt du commerce des communications régulières avec les pays les plus rapprochés, l'État commença par relier Douvres à Calais au moyen d'une ligne de paquebots lui appartenant.

En 1837, des services furent créés dans la Méditerranée sur l'Égypte, Constantinople et les Échelles du Levant. Ces services étaient exploités, comme celui de la Manche, directement par l'État que représentait le département des Finances.

L'établissement de paquebots à vapeur dans la Méditerranée, qui avait été prescrit par la loi du 2 juillet 1835, fut inauguré au mois d'août 1837.

Ce service avait pour objet le transport des correspondances et des voyageurs entre Marseille et les ports d'Italie et du Levant. Il était divisé en deux lignes :

La première partait de Marseille et aboutissait à Constantinople en passant par Livourne, Civita-Vecchia, Naples, Malte, Syra et Smyrne.

La seconde partait d'Athènes pour Alexandrie en passant par Syra.

Le point d'intersection de ces deux lignes était le port de Syra, où devaient se rencontrer les paquebots venant à la fois de Marseille, de Constantinople, d'Athènes et d'Alexandrie : c'est là que s'effectuait l'échange des correspondances et le transbordement des voyageurs d'une ligne sur l'autre.

Les départs et les retours, ainsi que les passages dans chaque station avaient lieu tous les dix jours. Les départs de Marseille avaient lieu les 1er, 11 et 21 de chaque mois ; ceux de Constantinople en retour, les 5, 15 et 25, de sorte que le trajet entre ces deux villes s'effectuait en quinze jours.

Dix paquebots à vapeur de la force de 160 chevaux, commandés par des officiers de la marine royale et montés chacun de 42 hommes d'équipage, étaient affectés à ce service.

L'administration des postes entretenait dans chaque station où devaient aborder ses paquebots, des agents spéciaux, qui étaient chargés de la réception et de la transmission des lettres, échantillons de marchandises, journaux et imprimés de toute nature transportés par les paquebots.

Les lettres et échantillons de marchandises, déposés dans les bureaux de poste de France, ainsi que dans les ports de relâche des paquebots et à destination d'Alexandrie, de Constantinople et de Smyrne pouvaient être expédiés sans être affranchis.

La même faculté était accordée aux lettres et échantillons de marchandises originaires de ces trois villes et à destination de la France.

L'affranchissement des lettres et échantillons était obligatoire pour toute autre destination.

Il ne pouvait être expédié des lettres chargées qu'à destination d'Alexandrie, de Constantinople et de Smyrne.

Quant à la taxe de voie de mer des lettres ordinaires, elle avait été fixée par la loi du 3 juillet 1835, à 1 franc par lettre simple pour un rayon de 250 lieues marines en ligne droite et à 2 francs pour les distances au delà de 250 et jusqu'à 500 lieues marines.

Il n'était perçu que le tiers du port pour les échantillons de marchandises dont le poids excédait 20 grammes.

Les journaux, gazettes et ouvrages périodiques payaient 20 centimes par feuille, pour le port territorial et le port de voie de mer réunis, quelle que fût la distance parcourue.

Les imprimés de toute nature payaient 25 centimes par feuille d'impression.

L'affranchissement des journaux et imprimés était obligatoire, quelle que fût leur destination.

### RÈGLEMENT DU 10 AOUT 1837 CONCERNANT LE TRANSPORT DES MATIÈRES D'OR ET D'ARGENT PAR LES PAQUEBOTS DE LA MÉDITERRANÉE.

Un règlement du 10 août 1837 détermina les conditions auxquelles l'administration des postes consentait à se charger du transport des espèces et matières d'or et d'argent par ses paquebots de la Méditerranée.

Ces espèces et matières ne pouvaient être reçues que dans les stations où l'administration entretenait des agents et pour ces mêmes stations.

Le prix de ce transport était fixé en raison de la distance parcourue et conformément au tarif suivant :

| | PRIX A PERCEVOIR POUR 100 FRANCS DE VALEURS sur les espèces et matières | |
|---|---|---|
| | d'or. | d'argent. |
| Jusqu'à 50 lieues marines | 15 centimes. | 20 centimes. |
| De 51 lieues à 100 lieues | 20 — | 25 — |
| De 101 — à 150 — | 25 — | 30 — |
| De 151 — à 200 — | 30 — | 40 — |
| De 201 — à 300 — | 50 — | 60 — |
| De 301 — à 400 — | 60 — | 80 — |
| A 401 lieues et au-dessus | 80 — | 1 franc. |

Ces espèces et matières n'étaient pas acceptées à découvert; elles devaient être présentées par les envoyeurs, soit sous la forme de groups convenablement ficelés et cachetés, soit en caisses bien closes et solidement construites, soit en barils bien cerclés.

Les caisses et barils devaient, en outre, être assujettis par des cordes fixées à leur extrémité par le cachet de l'envoyeur appliqué sur cire.

LOI DES 30 MAI-2 JUIN 1838 CONCERNANT LE TRANSPORT DES CORRESPONDANCES PAR LES PAQUEBOTS FRANÇAIS DU LEVANT.

La loi du 2 juillet 1835 avait soumis les lettres transportées par les paquebots du Levant à une taxe de voie de mer fixée à 1 franc par lettre simple parcourant moins de 250 lieues marines et à 2 francs pour celles qui avaient un plus long trajet à parcourir.

La taxe des gazettes, brochures et imprimés transportés par la même voie était fixée par la loi du 4 juillet 1829 au quadruple de la taxe que payaient les mêmes objets à raison de leur transport sur le territoire français.

Cette tarification trop élevée qui n'avait pas été réglée suivant une assez juste appréciation des distances à parcourir, détournait une grande partie des correspondances du Levant de la voie des paquebots français qui avaient à soutenir dans les mers du Levant une lutte redoutable contre les bateaux à vapeur autrichiens partant régulièrement de Vienne, de Trieste et de Malte.

Par l'abaissement de leurs prix, les bateaux autrichiens étaient déjà parvenus à enlever aux bateaux français presque toute la correspondance des ports intermédiaires qu'il importait à l'administration française de reconquérir au moyen d'habiles modérations de taxes.

Le besoin de remédier à un tel état de choses s'était déjà fait sentir très vivement au début de l'exploitation. Aussi le gouvernement, averti à la fois par son propre intérêt et les réclamations du commerce, s'empressa-t-il de présenter un projet de loi ayant pour objet d'abroger la taxe établie par les lois des 4 juillet 1829 et 2 juillet 1835 et de faire décider qu'à l'avenir le prix du port des lettres, journaux et autres imprimés transportés par les paquebots de la Méditerranée serait réglé par des ordonnances royales.

La Chambre des Députés et la Chambre des Pairs s'empressèrent de voter le projet qui devint la loi du 30 mai 1838.

L'article unique de cette loi disposait :

Des ordonnances royales insérées au Bulletin des lois détermineront le prix du port des lettres, journaux, gazettes et imprimés de toute nature qui seront transportés par les paquebots français du Levant.

Les dispositions des lois des 4 juillet 1829 et 2 juillet 1835 sont abrogées en ce qu'elles ont de contraire à la présente.

ORDONNANCE ROYALE DU 30 MAI 1838 RELATIVE A LA TAXE DES LETTRES, JOURNAUX ET IMPRIMÉS TRANSPORTÉS PAR LES PAQUEBOTS FRANÇAIS DE LA MÉDITERRANÉE.

En exécution de la loi du 30 mai 1838, le Roi rendit le même jour, l'ordonnance suivante :

ARTICLE PREMIER. — La taxe de voie de mer à appliquer aux lettres transportées par les paquebots français de la Méditerranée sera réglée, pour chaque lettre pesant moins de 7 grammes et demi, d'après la distance en ligne droite existant entre le port d'embarquement et le port de débarquement, conformément au tarif ci-après :

| | |
|---|---|
| Jusqu'à 50 lieues marines inclusivement. . . . . . | 4 décimes. |
| De 51 à 100 — — — | 5 — |
| — 101 à 150 — — — | 6 |
| — 151 à 200 — — — | 7 — |
| — 201 à 300 — — — | 8 — |
| — 301 à 400 — — — | 9 — |
| — 401 et au-dessus. . . . . . . . . . . . . . . . | 10 — |

La progression de la taxe de celles des lettres ci-dessus mentionnées dont le poids atteindra ou dépassera 7 grammes et demi sera celle qui est déterminée par l'article 3 du 15 mars 1827.

ART. 2. — Les journaux, gazettes, ouvrages périodiques, livres brochés, brochures, papiers de musique, catalogues, prospectus, annonces et avis divers imprimés, lithographiés ou autographiés, qui seront transportés par les paquebots sus-mentionnés supporteront, outre la taxe voulue par les lois des 15 mars 1827 et 14 décembre 1830, une taxe de voie de mer, qui est fixée à 4 centimes par chaque feuille de journal ou d'écrit périodique, et à 5 centimes pour chaque feuille de tous autres imprimés.

Toutefois, les journaux, ouvrages périodiques et imprimés de toute nature, déposés dans les bureaux de poste des ports d'embarquement de ces paquebots et destinés pour les ports auxquels abordent ces mêmes paquebots, ne supporteront que la taxe de voie de mer ci-dessus fixée.

### ORDONNANCE DES 25-28 DÉCEMBRE 1839 CONCERNANT LA POSTE AUX CHEVAUX.

Le service de la poste aux chevaux fut réorganisé par l'ordonnance du 25 décembre 1839, qui prescrivit qu'à partir du 1er janvier 1840, toutes les distances des postes seraient comptées par myriamètres et kilomètres et modifia le tarif de la poste aux chevaux pour les particuliers, le prix de conduite des malles-poste, celui des chevaux employés au service des estafettes, celui des guides des postillons et enfin le tarif des places de voyageurs dans les malles-poste.

## **Réforme postale en Angleterre** (10 janvier 1840).

### ANCIEN RÉGIME.

La date du 10 janvier 1840 occupe une place considérable dans les annales de la poste.

C'est, en effet, ce jour-là que Rowland Hill appliqua en Angleterre la taxe uniforme de 10 centimes dont Émile de Girardin avait déjà formulé le principe en France dès 1832.

Examinons d'abord quel était, à cette époque, l'état du service des postes en Angleterre.

Les taxes postales, disait le journal le *Times* dans un article du 28 août 1879, étaient élevées et arbitraires, le service restreint et irrégulier. Il y avait des districts plus grands que le comté de Middlessex dans lesquels le facteur postal ne mettait jamais le pied. Dans les 11 000 paroisses de l'Angleterre et du comté de Galles, il n'existait que 3 000 bureaux de poste. Le port d'une lettre simple de Londres pour Edimbourg était de 1 sh. 1 1/2 denier. Si elle renfermait une feuille supplémentaire quelque petite qu'elle fût, comme par exemple, une quittance, la taxe était portée au double. Le poids n'était pas pris en considération. Deux petits morceaux de papier de soie expédiés dans une enveloppe auraient coûté deux fois autant que la lettre la plus lourde écrite sur une seule feuille de papier.

Nous croyons, d'ailleurs, devoir reproduire ici l'échelle des tarifs alors en vigueur en Angleterre :

I. — *En Grande-Bretagne.*

| | |
|---|---|
| Pour toute distance n'excédant pas 15 milles[1] | 4 pence. |
| De 15 à 20 milles | 5 — |
| — 20 à 30 — | 6 — |
| — 30 à 50 — | 7 — |
| — 50 à 80 — | 8 — |
| — 80 à 120 — | 9 — |
| — 120 à 170 — | 10 — |
| — 170 à 230 — | 11 — |
| — 230 à 300 — | 12 — |

et un penny en plus sur chaque lettre simple, pour chaque 100 milles au delà de 300, avec addition, dans le cas où les lettres seraient transportées par la poste dans toutes les parties de l'Écosse, de la somme d'un demi-penny.

II. — *En Irlande.*

| | |
|---|---|
| Pour toute distance n'excédant pas 7 milles | 0sh, 2 pence. |
| De 7 à 15 milles | 0, 3 — |
| — 15 à 25 — | 0, 4 — |
| — 25 à 35 — | 0, 5 — |
| — 35 à 45 — | 0, 6 — |
| — 45 à 55 — | 0, 7 — |
| — 55 à 65 — | 0, 8 — |
| — 65 à 95 — | 0, 9 — |
| — 95 à 120 — | 0, 10 — |
| — 120 à 150 — | 0, 11 — |
| — 150 à 200 — | 1, 0 — |
| — 200 à 250 — | 1, 1 — |
| — 250 à 300 — | 1, 2 — |

et un penny en sus sur chaque lettre simple, par chaque 100 milles, au delà de 300.

Ces prix étaient uniquement applicables aux lettres simples; jusqu'à ce moment, les lettres doubles étaient passibles d'un double port, les lettres triples d'un triple port.

III. — *Dans l'intérieur de Londres.*

Pour chaque lettre n'excédant pas un poids de 4 onces, transmise entre les localités situées dans les limites de la poste. . . . . . . . . . . . . . 2 pence.

Pour chaque lettre n'excédant pas un poids de 4 onces transmise entre une localité située dans ces limites et une autre localité située au delà. . . . 3 pence.

Ces taxes élevées, dit M. François Ilwof, étaient bien plus préjudiciables encore au commerce qu'aux affaires de famille; aussi y avait-il de nombreuses tentatives de fraude. Dans les environs des grandes villes, il existait de vrais bureaux secrets de transport de lettres organisés à l'aide de femmes et de petits enfants. Ces con-

1. Un mille vaut 1 kil. 669.

traventions postales étaient faites sur une large échelle surtout en Irlande où des charretiers ou conducteurs s'occupaient formellement du transport des lettres moyennant une rémunération fort modique. Les journaux qui étaient expédiés gratuitement étaient aussi une sorte de correspondance secrète ; selon le mode de rédaction de l'adresse, un négociant annonçait à un autre la réception ou l'envoi de marchandises, etc... Afin d'épargner les ports multiples dus pour l'envoi de plusieurs traites, les banquiers firent graver des plaques permettant d'imprimer 12 traites sur une même feuille et il leur restait encore une feuille pour la lettre ; ils n'acquittaient ainsi que la taxe simple, et le destinataire n'avait qu'à découper la feuille pour en remettre les différentes parties à qui de droit. Plusieurs personnes se réunissaient encore pour écrire, sur une même feuille, plusieurs lettres à différents destinataires de la même localité. Toutes ces fraudes constituaient pour la poste un préjudice sérieux et que l'on ne pouvait compenser, car il était reconnu qu'il passait autant de lettres en fraude que par la poste elle-même [1]....

Nous empruntons à M. Pierre Zaccone un exemple touchant des fraudes qui se commettaient alors en Angleterre :

La scène se passe en Irlande, dans une pauvre bourgade que les géographes ont, je crois, négligé de mentionner sur la carte, et dont j'ai moi-même oublié le nom.

Sir Rowland Hill, qui n'était pas encore secrétaire du General Post Office de Londres, s'arrête un jour dans ce village, entre dans une auberge et s'y repose.

Il n'y avait, en ce moment, dans l'auberge, qu'une jeune fille, une belle enfant de dix-huit ans qui faisait l'office de servante.

Sir Rowland Hill était-il curieux, ou, ce qui est plus vraisemblable, la jeune fille était-elle un peu bavarde? Nous ne saurions l'affirmer.

Toujours est-il qu'au bout de cinq minutes, la belle enfant avait confié au futur secrétaire général le plus doux secret de sa vie.

Elle avait un fiancé ; ce fiancé habitait Londres, et il devait revenir l'épouser dès qu'il aurait fait fortune.

Sir Rowland Hill se prêtait de bonne grâce au récit qui lui était fait, et il paraissait porter une attention sérieuse à ce bavardage d'enfant.

— Y a-t-il longtemps que votre fiancé est parti? demanda-t-il avec intérêt.

— Deux ans, Votre Honneur, répondit la servante.

— Mais vous avez eu de ses nouvelles au moins?

— Oh! souvent...

— Il vous écrit...

— Toutes les semaines!.. »

Sir Rowland fit un geste étonné.

— Toutes les semaines, répéta-t-il, mais les lettres coûtent cher pour venir de Londres en Irlande, et cette correspondance doit singulièrement entamer votre dot.

La jeune fille sourit avec malice.

— Cela serait ainsi en effet, répondit-elle, mais nous avons inventé, Patrick et moi, un moyen de correspondre qui ne coûte absolument que le papier et l'encre.

— Vraiment, et quel est ce moyen?

— Voici : A l'aide de certains signes, disposés de certaines manières, et convenus d'avance entre nous, nous n'avons besoin que de voir l'adresse des lettres que nous

1. *Les Postes depuis les temps les plus reculés jusqu'à nos jours*, par François Ilwof (Graetz, 1880.)

échangeons, pour deviner ce que ces lettres contiennent : de sorte que jusqu'à ce jour, et bien que j'aie expédié ou reçu plus de cent lettres, je n'ai pas donné encore le moindre penny au facteur. Que dites-vous de cela, Votre Honneur?

Sir Rowland Hill avoua que le moyen était ingénieux, mais il se prit à réfléchir à ce qu'il venait d'entendre, et trouva que cette fraude, toute naïve qu'elle fût, constituait un abus qui avait dû causer à l'administration bien des préjudices.

Le résultat de ces réflexions fut qu'il n'y avait qu'un moyen d'obvier à cet abus, et dès ce moment, dans son esprit, l'affranchissement obligatoire fut résolu [1].

Certains auteurs placent cette anecdote en 1838, c'est-à-dire à une époque où la lutte pour la réforme était déjà engagée.

ROWLAND HILL. — RÉALISATION DE LA RÉFORME.

Quoi qu'il en soit, en l'année 1837, sir Rowland Hill publia une brochure qui porta le premier coup aux vieilles taxes postales anglaises.

Il exposait dans cette brochure intitulée *Post Office Reforms* le projet d'une réforme basée sur le principe d'une taxe uniforme à 10 centimes.

Ce travail, traité avec dédain par les autorités de Saint-Martin-le-Grand, éveilla, en revanche, les sympathies du public, et la presse prit énergiquement le parti du réformateur.

Le 9 mai 1837, sir Wallace appela l'attention du lord chancelier sur les avantages de ce projet.

En 1838, des pétitions de presque toutes les villes du Royaume-Uni vinrent se joindre à sir Rowland Hill et demander l'adoption d'urgence de la mesure hardie qu'il avait proposée.

Au mois de mai de la même année, une députation composée de plus de 150 membres du Parlement, tous dévoués au gouvernement, fit une démarche imposante dans le même sens auprès du premier ministre, lord Melbourne.

Daniel O'Connell porta la parole en ces termes :

Songez donc, mylord, qu'une lettre pour l'Irlande et la réponse à cette lettre coûtent à des milliers et à des milliers de mes pauvres et chers compatriotes, beaucoup plus de la cinquième partie de leur salaire hebdomadaire. Ils sont trop pauvres pour trouver d'autres moyens d'expédier leurs correspondances, et si vous leur fermez les bureaux de poste, comme vous le faites maintenant, vous excluez des cœurs aimants et de généreuses affections la possibilité de communiquer avec leur foyer, avec leurs parents et avec leurs amis.

Le gouvernement finit par céder malgré l'opposition du Post Office dont le secrétaire général, le colonel Maberly, affirmait que la *taxe uniforme* était repoussée par l'opinion publique ;

Que le nombre des lettres ne doublerait pas la première année quand même tout le peuple anglais aurait la franchise ;

1. *La Poste anecdotique et pittoresque*, par M. Pierre ZACCONE. Paris, 1867 ; pag. 193-196.

Qu'on aurait beau réduire les tarifs, les pauvres n'écriraient pas plus de lettres;
Qu'il en serait de même du commerce qui ne reculait pas devant les tarifs élevés.

La Chambre des communes nomma une commission pour examiner la proposition de sir Rowland Hill, et quelques semaines plus tard, en juin 1839, sur l'avis favorable de ce comité, elle adopta le principe de la réforme. Enfin, le 10 janvier 1840, la taxe uniforme à 10 centimes de la lettre simple de demi-once (environ 15 grammes) fut mise en vigueur [1].

Pour expliquer un succès aussi éclatant, nous ne pouvons mieux faire que de citer les lignes suivantes empruntées à un article de M. Léon Faucher paru dans la *Revue des Deux Mondes* (numéro du 1er mai 1847).

J'accorde que le réformateur a été pour beaucoup dans le prompt succès de la réforme. D'autres avaient eu pour instruments ou pour appuis des intérêts fortement organisés ou des associations puissantes. M. Rowland Hill n'a pu compter que sur lui-même pour agir sur les esprits; il n'a pas eu d'autre levier que son intelligence et sa volonté. L'autorité qui s'attache à une position élevée ne lui manquait pas moins que celle d'un talent reconnu, et c'étaient là des causes réelles d'impuissance ou d'infériorité, dans un pays éminemment aristocratique. M. Rowland Hill n'était ni un grand seigneur comme lord Grey [2], ni un administrateur émérite comme sir Henry Parnell ou sir James Graham. La nature ne l'avait pas armé de cette éloquence qui passionne les grandes réunions d'hommes quand elles entendent vibrer la parole d'O'Connell ou de Cobden. En revanche, M. Rowland Hill était doué à un degré peu commun, même en Angleterre, de l'intelligence des détails et de la résolution la plus persévérante. Il appartenait à cette classe d'hommes politiques qui se cramponnent à une idée, qui la reproduisent dans toutes les circonstances, et qui ne l'abandonnent pas qu'elle n'ait triomphé : mais à la différence de M. Plumptree et de sir Robert Inglis, il avait jeté son dévolu sur une conception vraiment utile, et cette conception, au lieu de se borner à la produire à l'état d'une généralité plus ou moins vague, il l'avait élaborée de manière à présenter un ensemble complet, les moyens d'exécution à côté des principes. La simplicité du plan, la clarté de l'exposition, la logique et la vigueur que l'auteur portait dans le débat contradictoire, voilà ce qui lui attira d'emblée l'assentiment unanime et enthousiaste du pays.

### RÉSULTATS FINANCIERS DE LA RÉFORME POSTALE EN ANGLETERRE.

Examinons maintenant quels ont été les résultats financiers de la réforme postale anglaise.

1. Rowland Hill est mort en Angleterre au mois de septembre 1879, à l'âge de 84 ans. Il jouissait d'une pension annuelle de 50 000 francs et, en outre, d'une somme de 500 000 francs que la nation anglaise lui avait offerte à titre de récompense nationale.

Dans le courant du mois de juin 1882, on lui a érigé à Londres, dans le voisinage de la Bourse, un monument qui porte cette simple inscription en lettres d'or : *Rowland Hill Il créa le port unique d'un penny*, 1840.

2. Allusion à la réforme électorale de 1832 due à l'influence du ministre lord Grey.

La première année du *penny-postage*, les lettres firent plus que doubler, et bien que, dans la suite, l'augmentation ait été naturellement moins rapide, elle a été néanmoins si constante que chaque année, sans exception, a présenté une avance considérable sur celle qui la précédait.

Quant au produit, il a subi d'abord un déficit important.

| | |
|---|---|
| Le revenu brut qui, pour l'exercice 1839-1840, avait été de | 59 769 075 fr. |
| descendit après l'application de la réforme à | 33 986 650 |
| Soit une diminution de produits de | 25 782 425 fr. |
| ou de 43 p. 100. | |
| Les produits de la deuxième année de la réforme anglaise s'élevaient à | 37 485 450 |
| Les dernières recettes antérieures à la réforme s'étaient élevées à | 59 769 075 |
| Soit une diminution de produits de | 22 283 625 |
| ou de 37,24 p. 100 | |
| Enfin les produits de la troisième année de la réforme anglaise se sont élevés à | 39 453 625 |
| Ce qui ne donne plus qu'un déficit de | 20 315 450 |

ou 33,98 p. 100 sur les produits de la période annuelle antérieure à la réforme.

En continuant cette comparaison, on constate pour la quatrième année de la réforme anglaise une diminution de produits de 32,22 p. 100.

Le déficit, comme on le voit, va en décroissant d'année en année et, d'après les statistiques officielles établies par l'administration anglaise, on constate que c'est en 1852, c'est-à-dire douze ans après l'application du penny-postage, que les produits postaux ont atteint les produits antérieurs à la réforme.

## Luttes pour la réforme en France.

LA RÉFORME POSTALE EN FRANCE. — QUESTION ADRESSÉE AU MINISTRE DES FINANCES PAR M. LHERBETTE. — SÉANCE DE LA CHAMBRE DES DÉPUTÉS (24 JUILLET 1839).

La lutte pour la réforme fut beaucoup plus longue et plus vive en France qu'elle ne l'avait été en Angleterre.

Nous allons en suivre les différentes phases.

La question de la réforme postale fut soulevée pour la première fois devant la Chambre des députés dans la séance du 24 juillet 1839, à l'occasion de la discussion du budget.

Voici comment s'exprima M. Lherbette qui prit le premier la parole :

M. Lherbette. — Messieurs, veuillez me permettre d'adresser une question à M. le Ministre des finances, de lui demander si son intention serait, dans l'intervalle de la session, de s'occuper d'un projet de loi pour diminuer la taxe des lettres, soit avec maintien du principe de proportionnalité, soit, comme cela va avoir lieu en Angleterre, avec substitution d'un droit fixe au droit proportionnel. De cet abaissement dans la taxe résulteraient de grands avantages, par la multiplication des communications et des affaires, et cela sans que le Trésor en souffrît au bout de quelque temps : car on sent parfaitement que l'effet de la diminution des taxes est, en général, et cela aurait lieu ici, d'augmenter la consommation, dès lors le nombre des objets frappés de la taxe, et en définitive, la perception du fisc. J'engagerai donc M. le Ministre à vouloir bien préparer dans l'intervalle des sessions un projet de loi à cet égard.

M. Cibiel appuya en ces termes l'opinion émise par M. Lherbette :

..... Les lettres devraient n'avoir qu'une taxe uniforme ou presque uniforme.

Je ne présente pas d'amendement basé sur ce système ; cette idée a besoin d'être examinée, d'être mûrie ; je viens seulement prier M. le Ministre de nous dire s'il prendra en considération mes observations, s'il fera étudier la question, pour nous présenter à la session prochaine un projet de loi dans ce sens, s'il trouve ces observations justes. Une nation plus avancée que nous en économie politique l'a pensé ainsi. L'Angleterre a réduit les taxes sur les lettres à un chiffre uniforme de 10 centimes. Le produit du Trésor diminuerait sans doute, si nous prenions ce chiffre pour base ; mais je pense qu'il serait facile d'en adopter un qui, sans diminuer les produits de l'impôt, le rendrait conforme à l'équité.

M. Passy, ministre des finances, se borna à répondre :

..... Quant à ce qui concerne la taxe des lettres, il est possible, il est probable même qu'il y a des améliorations à y apporter, mais pour la réduction demandée relativement à la taxe, je crois qu'il sera prudent d'attendre les résultats de l'expérience anglaise.

L'Angleterre s'engage dans cette expérience ; nous verrons ce que produira la diminution, et alors nous agirons avec quelque certitude.

M. Glais-Bizoin, qui était destiné à prendre une part des plus actives à la réalisation de la réforme, intervint alors dans la discussion.

..... L'Angleterre, dont les charges sont plus pesantes que celles de la France, dit-il, vient de prendre une grande, une haute mesure qui atteste qu'il y a à la tête de ses affaires, comme dans son parlement, de véritables hommes d'État.

Je me plais à reconnaître que l'administration des postes a introduit de notables améliorations dans le service ; elle a fait de nombreux pas dans la voie du progrès. Mais il y en a un plus grand et qui ne peut l'être sans l'intervention du cabinet tout entier ; la question de la réduction de la taxe ne doit pas seulement être modifiée sur une raison de justice distributive, mais encore par des considérations puisées dans l'intérêt de la plus haute moralité, je pourrais dire de toute la sociabilité moderne, et personne ne contestera qu'il n'y a aucune question qui intéresse à un plus haut degré le développement de la pensée.

M. Cibiel reprit encore une fois la parole :

..... J'ai dit, je crois, qu'en Angleterre le chiffre était trop bas pour ne pas faire redouter une grande perte pour le Trésor, s'il était adopté en France. Fixez un chiffre plus élevé, si vous le voulez, afin que le produit ne diminue pas, mais faites contribuer également chacun à ce bénéfice du Trésor.

La Chambre passa ensuite à son ordre du jour.

### LA RÉFORME EN FRANCE. — DEUXIÈME QUESTION SOULEVÉE DANS LA SÉANCE DE LA CHAMBRE DES DÉPUTÉS DU 15 MAI 1841. M. MONIER DE LA SIZERANNE.

La question se représenta l'année suivante, dans la séance du 15 mai 1841, à propos de la discussion du budget des dépenses pour l'exercice 1842.

Elle fut soulevée par *M. Monier de la Sizeranne* qui exprima l'avis que rien n'était plus dangereux que de laisser naître et grandir dans l'esprit des populations, des espérances qu'il serait plus tard impossible de réaliser, espérances au nombre desquelles il plaçait la taxe uniforme des lettres. L'orateur invitait, en conséquence, le gouvernement à faire cesser toute incertitude à cet égard. A son avis, il était préférable d'abaisser les taxes élevées, que de suivre l'Angleterre dans la voie où elle s'était engagée imprudemment.

M. Humann, ministre des finances, fit remarquer que le régime postal anglais antérieur à la réforme n'était rien moins que libéral, qu'en France le minimum de la taxe d'une lettre simple était de 20 centimes, tandis qu'en Angleterre il atteignait 40 centimes. En outre, les imprimés étaient, en Angleterre, assimilés aux lettres, ce qui facilitait la fraude. Enfin, le Post Office s'était vu obligé d'une façon impérieuse à régénérer ses services.

Le ministre ajoutait :

Les innovations combinées dans ce but, ont-elles réussi ? Non, messieurs. Si l'expérience était à faire, nos voisins ne la tenteraient plus.

Ils avaient raison de croire que la modicité du port des lettres imprimerait une plus grande activité aux correspondances.

Ils s'abusaient quand ils en calculaient les résultats par analogie avec les taxes de consommation.

Le bas prix d'une denrée fait qu'on en consomme généralement davantage; le bas prix du port des lettres ne généralise point, ne fait point pénétrer dans toutes les classes de la société l'habitude et le besoin de correspondre.

Je vous dis, messieurs, que l'abaissement de la taxe des lettres augmente l'activité de la correspondance; mais s'imaginer qu'on recouvrerait par le transport d'une masse de lettres plus considérables ce qu'on perdait sur la taxe, c'est une erreur.

Aussi les mesures prises en Angleterre ont-elles été suivies de graves mécomptes; le transport des lettres qui avait valu au Royaume-Uni un revenu net de 40685839 francs en 1839, n'a produit que 11194932 francs en 1840.

La perte est de près des trois quarts de l'ancien revenu et des hommes compétents en ces matières présagent que si l'avenir amène la compensation, on le devra, non pas à la réduction des taxes, mais à d'autres causes.

. . . . . . . . . . . . . . . . . . . . . . . . . . .

L'administration observe et étudie les faits; quand elle pourra vous proposer des innovations judicieuses, des innovations qui ne seront pas aventureuses et de nature à compromettre gravement le revenu public, elle s'empressera d'en prendre l'initiative. Quant à présent, je ne crois pas qu'il y ait le moins du monde à s'occuper d'imiter le système qui se pratique en Angleterre.

M. Dugabé, député de l'Ariège, qui était, à ce moment, chargé de rapporter une pétition relative à la taxe des lettres, combattit l'opinion des deux orateurs qui l'avaient précédé.

En acceptant l'exagération du système anglais, dit-il en terminant, on arrive à un résultat désastreux. Je ne conseillerai jamais de le tenter, je ne m'associerai jamais à une proposition de ce genre, mais je repousserai avec la même énergie la pensée formulée par M. Monier de la Sizeranne.

Il ne faut pas proscrire une amélioration par cela seul qu'on la craint, tant qu'il est impossible de ne pas reconnaître qu'elle peut devenir d'une grande importance pour le pays qui l'appliquera sagement. Je crois donc que l'administration ne pouvait pas se prononcer d'une manière absolue; ce qu'il faut, c'est qu'elle étudie sérieusement la question.

Après avoir ainsi formulé son opinion sur la taxe des lettres, M. Dugabé demanda l'abolition du *décime rural* qu'il qualifiait de taxe injuste.

M. Fould soutint que la taxe actuelle devait être maintenue. On pourrait seulement examiner s'il ne serait pas juste que des militaires qui reçoivent des lettres de leurs familles moyennant une taxe de 25 centimes, pussent répondre de même par des lettres soumises aussi à un droit fixe.

M. de Beaumont (de la Somme) estimait, au contraire, que l'impôt sur les lettres ressemblait à tous les autres impôts.

Tous les Français, dit-il, sont égaux devant la loi et doivent supporter les mêmes charges : je ne sais donc pas pourquoi l'habitant de Bayonne, ou de toute autre partie éloignée de la France, payerait les lettres plus cher que l'habitant de Saint-Denis, ou de toute autre localité des environs de Paris.

Enfin, M. de Beaumont demandait également la suppression du décime rural qui pesait plus particulièrement sur les pauvres et sur l'agriculture, et l'établissement du service journalier dans toutes les communes de France.

M. Glais-Bizoin réfuta, en ces termes, les diverses opinions émises par les adversaires de la taxe unique.

Les murmures de la Chambre, il n'y a qu'un instant, viennent de faire justice de l'opinion stationnaire ou plutôt rétrograde émise par l'honorable M. Fould. Je m'attends au même sort en exprimant un avis diamétralement opposé, et que la Chambre peut trouver trop avancé.

Quant à moi, je déclare que je suis pour la taxe uniforme, et je m'étonne d'avoir vu M. le Ministre des finances monter à la tribune et déclarer que, dans un pays voisin où cette expérience se fait, l'opinion générale était que, si elle était à commencer, on se garderait bien de la tenter.

M. le Ministre. — J'en suis convaincu.

M. Glais-Bizoin. — Je répondrai à la *conviction* de M. le Ministre par un document officiel qui devrait être à sa connaissance et que je n'ai pas sous la main, parce que je croyais que le débat actuel ne devait s'élever qu'au budget des recettes.

Il y a à peine quelques semaines, c'est le 20 du mois dernier, que le chancelier de l'Échiquier, dans son tableau de l'état des finances présenté au Parlement, s'est félicité et a félicité sur l'heureux résultat de cette grande mesure. Les prévisions, a-t-il dit, ont été dépassées de beaucoup : chaque semestre apporte dans la recette une amélioration rapide. Ce qui le touche surtout, c'est l'accroissement prodigieux des correspondances de toute nature, accroissement que le ministre regarde comme la juste récompense de cette courageuse tentative.

L'Angleterre, messieurs, est un pays où l'on envisage avec sang-froid un déficit; car en présence de celui qui a été apporté dans les finances de l'État, pas une voix ne s'est élevée pour critiquer cette grande mesure. J'ai donc le droit de dire à M. le Ministre des finances que sa *conviction* est loin d'être partagée de l'autre côté de la Manche.

. . . . . . . . . . . . . . . . . . . . . . . . . . . . . .

Je suis persuadé, quelles que soient les réclamations qui s'élèvent dans cette enceinte, quelle que soit la résistance de M. le Ministre des finances, que le pays l'emportera, que les vœux de 62 conseils généraux seront exaucés dans un avenir assez prochain.

Je suis convaincu que le nombre de voix de ces conseils généraux en faveur de cette mesure civilisatrice ne fera que s'accroître; et qu'enfin les généreuses tendances en ce point comme en tout autre triompheront des vues étroites et égoïstes.

Après quelques paroles prononcées par M. Larabit dans un sens favorable à la réforme, la Chambre continua la discussion du budget.

### RAPPORT AU ROI PAR M. DUCHATEL AU SUJET DES VŒUX DES CONSEILS GÉNÉRAUX (31 MAI 1841).

L'extrait ci-joint d'un rapport adressé au Roi par le ministre de l'intérieur, M. Duchâtel, à la date du 31 mai 1841, sur les vœux émis par les conseils généraux, montre l'intérêt que l'opinion publique attachait à la réforme immédiate des tarifs :

Postes.

Dans tout ce qui se rapporte à cet élément si actif de la civilisation, les améliorations déjà réalisées, et que l'on s'est plu à reconnaître, ne servent qu'à en faire désirer de nouvelles.

C'est ainsi que 54 conseils ont demandé l'établissement de nouveaux bureaux de poste et que 60 ont réclamé, pour les plus petites localités de la France, le bénéfice d'une distribution journalière de lettres. Enfin l'importante question de l'abaissement et de l'uniformité des tarifs a occupé 43 conseils généraux, dont les votes pressants ou réitérés, tous favorables à la mesure, en réclament la prompte réalisation.

### M. GLAIS-BIZOIN DEMANDE LA TAXE UNIFORME DE 20 CENTIMES. CHAMBRE DES DÉPUTÉS : SÉANCE DU 3 MAI 1842.

L'année suivante, dans la séance du 3 mai 1842, au moment de la discussion du budget devant la Chambre, M. Glais-Bizoin appela l'attention du ministre des finances sur la nécessité d'opérer la réforme postale et d'adopter la taxe uniforme de 20 centimes.

Des pétitions nombreuses et concluantes pour cette mesure attendaient vainement une solution.

M. Monier de la Sizeranne, tout en combattant le principe d'une taxe uniforme, demanda la revision des zones actuelles qui, selon lui, étaient vicieuses et il invita le Gouvernement à se préoccuper de la nécessité de faire étudier la question pour la session suivante.

Le nouveau ministre des finances, M. Lacave-Laplagne, qui avait succédé à M. Humann, se borna à répondre par des signes de dénégation au discours de M. Glais-Bizoin, mais il ne crut pas devoir prendre la parole.

### RAPPORT DE PÉTITIONS PAR M. DUPRAT, DÉPUTÉ : SÉANCE DE LA CHAMBRE DU 4 JUIN 1842.

Un mois après, dans la séance du 4 juin, M. le baron Duprat, député de Tarn-et-Garonne, déposa son rapport sur une pétition par laquelle divers habitants de Paris demandaient :

1° Qu'il fût établi en France une taxe modérée et uniforme des ports de lettres ;

2° Que le décime rural en tant que concernant les lettres expédiées de Paris ou des bureaux entre eux fût supprimée.

3° Que la taxe des lettres venant d'Angleterre actuellement à 2 francs fût diminuée ;

4° Que la taxe des lettres écrites par un soldat venant d'Alger fût abolie ;

5° Que le droit de 5 p. 100 sur les articles d'argent confiés à la poste fût réduit à 2 1/2 p. 100 ;

6° Que les lettres arrivées le matin à Paris n'éprouvassent pas un retard de 12 heures jusqu'au départ de 6 heures du soir.

Tout en se montrant très peu partisan du principe de la taxe uniforme, le rapporteur conclut au renvoi de la 1re question au ministre des finances, en exprimant le vœu que le Gouvernement prît une résolution qui pût être soumise aux Chambres dans la session suivante.

M. Monier de la Sizeranne qualifia d'*illusion* la demande d'une taxe uniforme, demande qui fut défendue par M. Glais-Bizoin.

Les quatre premières propositions furent renvoyées au ministre des finances.

La 5e proposition (droit sur les articles d'argent) sur laquelle le rapporteur demandait l'ordre du jour, fut, au contraire, renvoyée comme les autres à l'examen du gouvernement, sur la demande de MM. Glais-Bizoin et Fulchiron qui démontrèrent combien le rapporteur était dans l'erreur en redoutant un mouvement de fonds rendu plus considérable par la réduction des droits de poste sur les envois d'argent, en exprimant la crainte que l'administration, faisant concurrence aux banquiers, se transformât elle-même en une vaste maison de banque et en demandant pour ce motif le maintien du droit trop élevé, selon eux, de 5 p. 100.

Enfin l'ordre du jour fut adopté sur la 6e proposition.

### ORDONNANCE DU 19 FÉVRIER 1843 AUTORISANT L'ADMINISTRATION DES POSTES A TRANSIGER DANS TOUTES LES AFFAIRES CONTENTIEUSES CONCERNANT SON SERVICE.

Nous avons à enregistrer ici une importante ordonnance en date du 19 février 1843, qui autorisa l'administration des postes à transiger dans toutes les affaires contentieuses concernant son service.

Cette ordonnance était ainsi conçue.

Vu les arrêtés du gouvernement des 27 prairial an IX et 19 germinal an X;
Vu la loi du 15 ventôse an XIII :

Considérant que les contraventions aux dispositions des arrêtés et de la loi ci-dessus visés peuvent, dans certains cas, présenter des circonstances atténuantes, par suite desquelles il y a lieu de transiger avec les contrevenants.

ARTICLE UNIQUE.

L'administration des postes est autorisée à transiger, avant comme après jugement, sauf l'approbation du ministre des finances, dans toutes les affaires contentieuses qui concernent son service.

### PÉTITIONS DEMANDANT LA RÉFORME POSTALE. — CHAMBRE DES DÉPUTÉS : SÉANCE DU 25 MARS 1843. — M. MERMILLIOD RAPPORTEUR.

Dans la séance de la Chambre des députés du 25 mars 1843, M. Mermilliod, député de la Seine-Inférieure, déposa son rapport sur

« plusieurs pétitions signées d'un grand nombre de citoyens tant de Paris que des départements ayant pour but d'appeler l'attention des Chambres et de l'administration sur la nécessité d'une réforme postale. »

Les six propositions des pétitionnaires qui étaient identiques à celles qui avaient fait l'objet du rapport de M. le baron Duprat (séance du 4 juin 1842) s'appuyaient sur les vœux de 65 conseils généraux parmi lesquels figurait le conseil général de la Seine.

Par l'organe de son rapporteur, la commission se déclara partisan de la taxe uniforme et exprima l'avis que « si nos théories d'économie politique en matière d'impôts ne permettaient pas de trancher aussi vivement une semblable question, au moins était-il juste et raisonnable d'abandonner sans délai un système de taxe que le gouvernement avait condamné, lui-même, en ne soumettant le port des journaux et imprimés qu'à une prestation modique et uniforme pour toute l'étendue du pays ».

Le rapporteur n'était pas moins pressant pour demander l'abolition du décime rural.

Le gouvernement n'a-t-il pas pris dès 1829, à l'époque même de l'établissement du service rural, l'engagement de supprimer le décime supplémentaire aussitôt que les produits excéderaient la dépense nécessitée par ce service et n'était-ce pas un devoir pour lui de réaliser sa promesse depuis que le résultat avait dépassé toutes les prévisions ?

M. Lacave-Laplagne, ministre des finances, en répondant au rapporteur, fit des déclarations importantes.

..... Le système de la taxe uniforme se recommande, dit-il, par sa simplicité, il a des avantages qu'on ne saurait méconnaître. D'abord, en assujettissant à la même taxe toutes les lettres, il simplifie le contrôle de l'administration, et peut, sous ce rapport, faciliter l'action de ce contrôle et prévenir les abus.

On peut supposer ensuite qu'avec une taxe réduite dans une proportion assez considérable, la fraude s'exercerait sur une moins grande échelle ; et enfin, on ne saurait se dissimuler que notre système progressif de taxes marche dans une voie plus rapide que l'augmentation des frais de transport ; qu'il en résulte, par conséquent, que les lettres venant des points les plus éloignés sont celles qui supportent la part la plus forte de l'impôt, qui entre pour partie dans le prix du port payé.

Il y a, sous ce rapport, quelque chose de contraire à la justice, surtout dans un pays de grande centralisation qui oblige les points éloignés comme les points rapprochés d'avoir des rapports fréquents avec la capitale.

Mais, messieurs, ces avantages-là sont-ils accompagnés de ceux qui ont été indiqués ici ? Est-il bien exact de dire que, si on arrivait à la taxe uniforme de 20 centimes, qui est celle qui a été indiquée, non seulement on retrouvera bientôt par les recettes ce dont on fera le sacrifice immédiat, mais qu'il y aura, et avant peu, un bénéfice pour le Trésor ?

Sur ce point, je ne dois point cacher à la Chambre que j'ai beaucoup de doutes. Ces doutes sont fondés, et sur ce qui se passe dans le pays, et sur ce qui se passe dans les pays étrangers, surtout dans celui où l'expérience est faite depuis quelques années.

Après avoir essayé de justifier son assertion par des chiffres, le ministre continuait en ces termes :

Je ne crois pas qu'en principe, on puisse admettre que l'égalité des charges soit l'état régulier à l'égard du service des postes.

Dans ce service, il n'y a pas seulement un impôt, il y a encore et principalement un service rendu. Il n'y a rien que de très juste à faire supporter plus à celui pour lequel on dépense davantage.

J'ai commencé par reconnaître qu'il y avait, dans notre système de taxe, injustice entre ceux qui écrivaient à des points rapprochés : mais l'inégalité existerait en sens contraire si on admettait la réforme que l'on vous propose. En effet, avec une taxe égale pour tous, ce seraient ceux qui écriraient à des points rapprochés qui supporteraient proportionnellement la plus forte charge...

Quant au service rural, le ministre déclarait que le décime rural rapportait 1 900 000 francs, tandis que la dépense atteignait 3 400 000 francs. La situation budgétaire ne permettait pas d'abandonner ces 2 millions.

Pour les articles d'argent, la difficulté qui s'opposait à la réduction des droits provenait de ce que, par suite de l'augmentation des mandats, l'administration serait dans la nécessité de parer de tous côtés à l'insuffisance des fonds des bureaux de poste pour assurer le payement de ces mandats. Néanmoins le ministre s'engageait à examiner la question.

Après quelques paroles de MM. Glais-Bizoin, Monier de la Sizeranne et Sapey, la Chambre vota le renvoi au ministre des finances de la 1re question relative à la taxe uniforme et le renvoi à la commission du budget et du ministre des finances des deux questions de l'abolition du décime rural et de la réduction des droits sur les envois d'argent.

### PROPOSITIONS DE M. DE SAINT-PRIEST, TENDANT A L'ÉTABLISSEMENT D'UNE TAXE UNIFORME ET A LA RÉDUCTION DU DROIT SUR LES ARTICLES D'ARGENT. — CHAMBRE DES DÉPUTÉS. — SÉANCE DU 19 MARS 1844.

Aucune de ces trois questions ne fut soulevée au moment du vote du budget (séance du 29 juin 1843); mais dans la séance du 19 mars 1844, M. de Saint-Priest déposa sur le bureau de la Chambre la proposition de loi suivante :

A compter du 1er janvier 1846, la loi du 15 mars 1827, relative au tarif de la poste aux lettres, sera modifiée ainsi qu'il suit :

« La taxe de toute lettre simple, ayant à franchir plus de 40 kilomètres, sera de 3 décimes. »

Continueront à être taxées à 2 décimes les lettres qui n'ont pas à franchir plus de 40 kilomètres.

Le maximum du poids d'une lettre simple sera porté à 10 grammes.

Au-dessus de ce poids, les lettres seront graduellement frappées des surtaxes établies par la loi précitée.

Les lettres écrites à leurs familles par des sous-officiers, soldats et marins ne seront soumises qu'à une taxe de 25 centimes.

A dater du 1er janvier 1845, le droit de 5 p. 100 établi au profit du Trésor par la loi du 3 nivôse an V, sur les articles d'argent envoyés par la poste, sera réduit à 2 p. 100 pour toute somme n'excédant pas 50 francs.

M. de Saint-Priest développa sa proposition dans la séance du 30 mars.

Le ministre des finances combattit la proposition en s'appuyant sur les considérations suivantes :

La perte pour le Trésor qui résulterait de l'adoption de la progression ne serait pas inférieure à 12 millions.

L'application de la réforme anglaise avait occasionné une perte sur le revenu net variant entre 29 et 30 millions.

Le ministre reconnaissait que, comme il l'avait dit, lui-même, le premier à la tribune, avec la centralisation qui existait en France, il n'était pas équitable que les points les plus éloignés payassent davantage, ce qui était un argument en faveur de la taxe unique.

D'un autre côté, ajoutait-il, quand on a proposé ce qui se pratique aujourd'hui en Angleterre, on a fait valoir un argument d'un très grand poids. On a dit : Une fois que toutes les lettres auront la même taxe, il n'y aura plus besoin de calculer et d'indiquer les taxes à payer en proportion des distances ; cela se réduit à un simple comptage, et cette opération se fera au moyen d'un timbre compteur. Il est impossible de rien établir de semblable dans tout autre système.

De plus, avec ce système d'uniformité et d'une taxe basse, vous arriverez à l'affranchissement forcé de manière que les lettres ne soient transportées qu'après que le port aura été payé, soit directement, soit indirectement, par l'emploi d'enveloppes timbrées.

La distribution se réduira à la remise de la lettre à domicile. Tout le monde reconnaît qu'il en résultera une grande accélération de distribution. Voici les avantages que présentait le système uniforme et que la proposition de M. de Saint-Priest ne prouve pas.

Quant à la réduction des droits sur les articles d'argent, l'administration n'était pas encore en mesure, malgré ses efforts incessants, de résoudre la question.

Contrairement à l'avis du ministre des finances, la proposition fut prise en considération et renvoyée à l'examen d'une commission qui choisit pour son rapporteur M. Chegaray.

Le rapport fut déposé dans la séance du 5 juillet 1844.

RAPPORT DE M. CHEGARAY SUR LA PROPOSITION SAINT-PRIEST. — SÉANCE DU 5 JUILLET 1844.

L'avis de la majorité de la commission était résumé dans les termes suivants :

La majorité de la commission a pensé que de tous les plans de réforme proposés, celui qu'il convenait de recommander le plus spécialement à l'attention des Chambres et de l'administration, c'était le plus radical, et par là même le plus énergique et le plus complet de tous, à savoir, la taxe unique à 20 centimes. Il lui a paru, en effet :

1° Que dans tout autre système, l'inconvénient capital de l'inégalité de la taxe subsisterait encore dans une proportion beaucoup trop forte ;

2° Que tout autre système aurait, en outre, l'inconvénient de n'améliorer que partiellement la condition des contribuables ; tous, au contraire, seraient soulagés et satisfaits si la taxe la plus basse s'appliquait, à l'avenir, indistinctement aux correspondances circulant dans toute l'étendue du royaume ;

3° Que même au point de vue financier, toute réforme de ce genre devait tendre à un développement aussi considérable que possible, de la correspondance, résultat qui ne saurait être espéré que d'un extrême bon marché ;

4° Que la réforme devait tendre, en même temps, à l'anéantissement de la fraude, autre résultat qui ne peut être atteint que par la diminution aussi forte que possible de la prime offerte aux fraudeurs par l'élévation de la taxe ;

5° Que dans l'état actuel des choses, une portion considérable des recettes légitimes du Trésor paraît lui être enlevée par l'extension excessive et abusive des franchises; or, si la taxe était abaissée à 20 centimes, il serait facile de détruire cet abus en supprimant toutes les franchises, et en ouvrant à chaque administration, pour le paiement de ses ports de lettres, un crédit d'ordre dont elle userait sous sa responsabilité et dont l'emploi pourrait être beaucoup plus facilement contrôlé que ne l'est l'usage du contre-seing.

6° Que la taxe unique à 20 centimes pourrait se lier à une grande simplification du service administratif et à une économie correspondante, si l'on en subordonnait le bienfait à l'affranchissement obligatoire constaté par l'apposition d'estampilles vendues à l'avance par l'administration, suivant un mode analogue aux procédés adoptés à cet égard dans un pays voisin.

7° Que, suivant toute apparence, l'économie dont il vient d'être parlé jointe à la suppression de la fraude et de l'abus des franchises, et au développement nécessaire et certain de circulation que le bon marché des ports de lettres amènerait avec lui, aurait pour résultat prochain et peut-être immédiat de restituer au Trésor toutes les ressources que l'adoption de la proposition semblerait, au premier abord, devoir lui enlever ;

8° Enfin que l'exemple si souvent cité de l'Angleterre n'était nullement un argument contre la réforme dont il s'agit, puisque cette réforme maintiendrait en France les ports de lettres à un taux très peu élevé sans doute, mais double encore de ce qu'elles payent en Angleterre, ce qui suffit assurément pour justifier la confiance dans des résultats financiers tout différents, car si, au lieu de la taxe de 10 centimes, l'Angleterre avait adopté la taxe à 20 centimes, ses finances auraient beaucoup gagné à la réforme, en même temps que le pays se serait assuré à un degré presque égal les immenses avantages sociaux que cette réforme a produits et que nul ne saurait nier.

Telles sont les considérations qui portent la majorité de la commission à insister pour que les études de l'administration se dirigent principalement vers un plan qui tendrait à réduire toutes les taxes à 20 centimes, à charge d'affranchissement.

### DISCUSSION ET REJET DE LA PROPOSITION SAINT-PRIEST. — CHAMBRE DES DÉPUTÉS : SÉANCE DU 7 FÉVRIER 1845.

La proposition de M. de Saint-Priest vint à l'ordre du jour de la Chambre le 7 février 1845.

MM. Muteau et Monier de la Sizeranne, membres de la minorité de la commission, proposèrent l'amendement suivant :

A compter du 1er janvier 1846, la loi du 15 mars 1827 relative aux tarifs de la poste aux lettres, sera modifiée ainsi qu'il suit :

Toute lettre simple du poids de 7gr 1/2 circulant dans l'intérieur de la France de bureau à bureau sera soumise à une taxe uniforme de 20 centimes.

Cet amendement combattu par le ministre des finances, et défendu par ses deux promoteurs et par M. Odilon Barrot qui exprima le regret de ne pas en avoir pris l'initiative, fut ensuite adopté par 130 voix contre 129; il remplaça les trois premiers articles de la proposition Saint-Priest (séance du 8 février).

Les articles 4 et 5 de la proposition Saint-Priest relatifs aux droits sur les articles d'argent et à la suppression du décime rural furent ensuite adoptés avec la substitution du 1er janvier 1847 au 1er janvier 1846 comme date d'exécution, demandée par le ministre des finances.

Mais le vote sur l'ensemble du projet de loi donna un résultat tout à fait inattendu :

170 voix pour l'adoption.
170 voix contre l'adoption.

En conséquence, au moment de la proclamation du résultat du scrutin, le président déclara que la Chambre n'avait pas adopté le projet de loi.

### ORDONNANCE ROYALE DU 21 JUILLET 1844 CONCERNANT LES LETTRES RECOMMANDÉES.

Pendant l'intervalle de la discussion de la proposition Saint-Priest, le Roi avait publié l'ordonnance du 21 juillet 1844 qui avait modifié le régime des lettres recommandées :

Article premier. — A dater du 1er septembre prochain, il sera reçu en France, en Algérie et dans les pays où la France entretient des bureaux de poste, des lettres recommandées pour tous les lieux situés en France, en Algérie et dans les pays où la France entretient des bureaux de poste.

ART. 2. — Les lettres recommandées ne pourront être admises que sous enveloppe et fermées au moins de deux cachets en cire avec empreinte.....

ART. 5. — Le port des lettres recommandées pourra être acquitté d'avance ou laissé à la charge du destinataire, au choix de l'envoyeur.

Ces lettres ne seront passibles que de la taxe ordinaire, mais lorsqu'elles devront être distribuées par les facteurs ruraux, elles supporteront, en outre, la taxe supplémentaire d'un décime établi par la loi du 3 juin 1829.

ART. 6. — La perte ou le retard d'une lettre recommandée ne donnera lieu à aucun recours avec l'administration des postes ou ses agents.

ART. 7. — Les lettres recommandées seront portées au domicile des destinataires à moins que l'adresse ne porte les mots de « poste restante ou bureau restant ».

ART. 8. — Les facteurs ou distributeurs seront pourvus d'un livre journal destiné à recevoir les décharges des lettres recommandées.

Ce livre-journal sera porté avec la lettre chez le destinataire et celui-ci, en recevant la lettre, en donnera décharge sur ce livre.

Un pareil livre sera tenu dans tous les bureaux de poste pour recevoir l'inscription et la décharge des lettres recommandées qui porteront sur l'adresse les mots de *poste restante* ou *bureau restant*.

ART. 9.......

ART. 10. — Les dispositions de la présente ordonnance relatives à la distribution des lettres recommandées et à la perception de la taxe rurale seront applicables aux lettres et paquets chargés et aux bulletins des lois et des arrêts de la cour de cassation.

ART. 11. — Sont annulées les dispositions de l'ordonnance du 11 janvier 1829 qui seraient contraires à la présente ordonnance.

### ORDONNANCE DU 17 NOVEMBRE 1844 SUR LES FRANCHISES.

Les franchises et contreseings qui, avant 1792, étaient devenus, comme on l'a déjà vu, un abus général avaient été supprimés par le décret du 6 juin 1792. Une exception avait été faite, toutefois, en faveur des membres de l'Assemblée nationale et des fonctionnaires en activité, qui en avaient joui jusqu'à cette époque. Bien qu'un décret du 3 septembre 1792 eût réglementé l'usage des franchises et contreseings en énumérant les fonctionnaires qui y auraient droit, cette limitation n'avait pas réussi à faire complètement disparaître les abus. Aussi la loi du 9 vendémiaire an VI supprima-t-elle les franchises pour accorder aux fonctionnaires une indemnité de correspondance. Cette mesure n'ayant pas procuré les résultats qu'on en attendait, la loi du 25 frimaire an VIII rétablit la franchise en accordant au pouvoir exécutif le droit de la réglementer.

L'article 13 de cette loi contenait, en effet, la disposition suivante :

Les consuls détermineront par un règlement l'usage des franchises et contreseings et les fonctionnaires qui devront en jouir.

La législation était désormais fixée. Les fonctionnaires publics en activité de service pouvaient seuls prétendre aux immunités postales; elles étaient refusées irrévocablement à toutes autres personnes.

L'arrêté des consuls, du 27 prairial an VIII, régla le mode d'exécution de l'article 13 précité et désigna les fonctionnaires auxquels ces immunités postales furent accordées.

Les consuls de la République devaient jouir seuls indéfiniment de la franchise et du contreseing;

Suivait une liste des fonctionnaires civils et militaires admis à jouir, à cette époque, des droits de franchise et de contreseing.

Un autre arrêté des consuls du 15 brumaire an IX, additionnel à celui du 27 prairial an VIII, avait complété la liste des bénéficiaires.

Le 19 août 1808 parut un règlement général sur la matière. Ce règlement n'était, à proprement parler, qu'une reproduction de l'arrêté du 27 prairial an VIII, avec les modifications apportées par le changement de gouvernement, dans les attributions ou dénominations des fonctionnaires, et avec les additions résultant de ce changement. Il resta en vigueur jusqu'à la fin de l'Empire.

Lors de la première Restauration, les directeurs généraux M. Bourrienne et M. le comte Ferrand, firent revivre les dispositions de l'arrêté du 23 avril 1786, dans la pensée que les franchises qui existaient autrefois étaient virtuellement rétablies par le seul fait du rétablissement du gouvernement du Roi.

Cette interprétation et les événements politiques qui s'étaient succédé avaient amené une confusion extrême dans la matière des franchises.

Le 13 juillet 1815, le comte Beugnot, directeur général des postes, rendait compte de la situation au ministre des finances et signalait comme urgente la nécessité de reviser les anciens règlements pour les approprier au nouvel ordre des choses.

Cette revision fut effectuée et donna lieu à l'ordonnance royale du 6 août 1817 qui détermina à nouveau les grands dignitaires et les fonctionnaires admis à jouir des droits de franchise et de contreseing.

Depuis lors, plusieurs ordonnances furent rendues. La principale fut celle du 14 décembre 1825 qui réservait de nouveau exclusivement au pouvoir exécutif l'octroi des concessions de franchise; sur le rapport du ministre des finances.

A dater de la révolution de Juillet jusqu'aux premiers mois de 1844, on ne trouve aucune trace de l'intervention du chef de l'État dans les nombreuses concessions de franchises qui avaient été accordées pendant ces quatorze années, comme le témoignent les circulaires de l'administration des postes. A ce moment, le ministre des finances reconnut, sur les observations de l'administration, qu'il convenait de revenir aux voies régulières; mais en provoquant le retour aux prescriptions légales par une ordonnance du 19 mai 1844, le ministre jugea indispensable de faire régulariser et coordonner entre elles toutes les concessions autorisées par les décisions ministérielles postérieures à l'ordonnance du 14 décembre 1825.

De là l'ordonnance du 17 novembre 1844, aujourd'hui en vigueur, qui, comme celles des 6 août 1817 et 14 décembre 1825, repose sur les bases organiques de l'arrêté des consuls du 27 prairial an VIII (16 juin 1800).

Cette ordonnance, dont une circulaire remarquable de l'administration des postes du 12 février 1845 donne un long commentaire, présente sur les précédentes l'avantage d'un ordre plus méthodique, de définitions plus nettes et plus précises; elle tend, en outre, tout en renouvelant les combinaisons des anciens règlements ayant pour but de fortifier la surveillance des agents des postes, à en atténuer les effets dans ce qu'elles pouvaient avoir de préjudiciable à la correspondance de service.

Ainsi elle autorise les fonctionnaires à se faire suppléer par des fondés de pouvoir dans les opérations relatives à la vérification des dépêches contresignées taxées à leur adresse.

Elle ordonne qu'à l'avenir, la vérification des dépêches de l'espèce ne sera plus laissée à la discrétion des fonctionnaires; elle la rend obligatoire au bureau de poste de destination, de manière à permettre la délivrance immédiate en franchise de celles qui seront reconnues concerner le service.

Elle dispose enfin que cette vérification limitée jusque-là aux dépêches revêtues d'un contreseing valable, c'est-à-dire émanant de fonctionnaires autorisés à correspondre entre eux en franchise, sera étendue à toutes les dépêches revêtues d'un contreseing quelconque, c'est-à-dire aux dépêches mêmes auxquelles l'immunité de taxe n'est pas légalement attribuée, et qui précédemment devaient être acceptées moyennant l'acquit de la taxe, sous peine de tomber en rebut.

D'autre part, l'ordonnance du 17 novembre 1844 essaya de résoudre les graves difficultés d'interprétation auxquelles avaient donné lieu le transport des publications non-officielles, des approvisionnements d'imprimés, et le poids des paquets pouvant circuler en franchise, difficultés qui, nonobstant des décisions ministérielles multipliées, ne sont pas encore absolument tranchées aujourd'hui.

Mais l'ordonnance dont il s'agit, par cela même peut-être qu'elle s'était attachée à préciser et à définir plus clairement les conditions de la franchise, excita, au début, et n'a pas cessé depuis, de soulever les réclamations des services publics.

Plusieurs ministères, et notamment celui de l'intérieur, lui reprochèrent une sorte de vice originel résultant de ce qu'elle n'avait pas été, au préalable, l'objet d'une entente entre les divers départements ministériels.

Une note de l'administration, du 27 janvier 1845, répondit à ce reproche :

La communication de la nouvelle ordonnance aux divers départements ministériels, avant sa présentation à la signature du Roi, n'aurait pu être utilement faite, à supposer qu'elle eût dû l'être, que par M. le ministre des finances. Son Excellence connaît parfaitement les motifs qui l'ont engagé à s'abstenir, et nous n'avons par conséquent aucune explication à fournir à cet égard. Toutefois nous ferons remarquer que la communication dont il s'agit eût été complètement inutile et aurait pu fort bien ne pas être sans inconvénient.

Elle eût été inutile, attendu que, suivant le plan qu'on s'était tracé, la nouvelle ordonnance n'innovait rien et ne faisait que reproduire les dispositions existantes, discutées, concertées et arrêtées depuis longtemps; elle eût présenté des inconvénients parce que précisément elle eût tout remis en question, et qu'il n'y aurait pas eu peut-être une seule disposition sur laquelle, avant de tomber d'accord, on n'eût dû se livrer à de nouvelles et interminables discussions.

Quoi qu'il en soit, l'ordonnance du 17 novembre 1844, mal accueillie par les fonctionnaires publics et source incessante de dissentiments fâcheux entre eux et le service des postes, ne fut pas jugée suffisante par le ministre même, M. Lacave-Laplagne, qui l'avait présentée à la sanction royale.

Depuis plusieurs années, cependant, les commissions du budget de la Chambre des députés s'étaient fait rendre compte du mouvement des correspondances transportées en exemption de port et elles avaient conclu du nombre et du poids toujours croissant de cette correspondance, rapprochés de l'état stationnaire sinon rétrograde du produit des postes, que la franchise devait couvrir beaucoup d'abus. L'attention des Chambres avait été, en outre, tout particulièrement appelée sur ce sujet par la proposition de M. de Saint-Priest, relative à la réforme postale.

Dans la séance du 21 juin 1843, M. Duprat, rapporteur du budget, avait insisté « sur la nécessité d'assurer le maintien et la conservation des divers droits qui constituent légalement le produit des postes », il avait demandé :

Que toutes les franchises qui ne seraient pas déterminées par la loi et commandées par les besoins du service fussent interdites;

Que les fonctionnaires fussent attentifs à surveiller l'emploi de leur *couvert,* afin d'empêcher qu'il ne fût détourné de la taxe des lettres et paquets qui devraient y être assujettis;

Que l'usage des doubles enveloppes fût sévèrement proscrit.

Et il avait terminé ainsi ses conseils et ses avertissements :

Le gouvernement anglais ne sentit tellement les besoins de la réforme postale qu'à raison de l'extension du droit de franchise que s'étaient attribué les membres du Parlement. Craignons de tomber dans de semblables inconvénients. Montrons-nous sévères contre de tels abus, s'ils menacent de s'introduire, afin de garantir dans son intégrité le produit des postes qui forme une branche importante du revenu public.

L'année suivante, séance du 5 juillet 1844, M. Chégaray, rapporteur de la proposition de M. de Saint-Priest, après avoir fait une étude approfondie de tous les détails du service des postes, était venu de nouveau agiter la question des franchises. Au nom de la majorité de la commission, le rapporteur avait cru pouvoir avancer :

Que dans l'état des choses, une portion considérable des recettes légitimes du Trésor lui était enlevée par l'extension abusive des franchises.

Et il avait exprimé l'avis, pour le cas où la taxe postale serait abaissée à 20 centimes :

Qu'il serait facile de détruire cet abus en supprimant toutes les franchises, et en ouvrant à chaque administration pour le paiement de ses ports de lettres un crédit d'ordre dont elle userait, sous sa responsabilité, et dont l'emploi pourrait être beaucoup plus facilement contrôlé que ne l'est l'usage du contreseing.

On ne saurait se dispenser d'arrêter un moment l'attention sur cette opinion qui se reproduisait, avec l'autorité attachée à la parole de l'éminent rapporteur, après un demi-siècle environ, après une expérience du système des franchises, un instant supprimé par la loi du 9 vendémiaire an VI et restauré par celle du 25 frimaire an VIII.

Cette réserve faite, il convient maintenant de rappeler le sentiment du gouvernement sur la question portée tour à tour à la tribune de la Chambre des députés par MM. Duprat et Chégaray.

Dans la séance du 7 février 1845, le ministre des finances, Lacave-Laplagne, qui avait contresigné l'ordonnance du 17 novembre 1844, s'exprima ainsi :

Il y a encore une autre source d'accroissement qui résulterait de la suppression des franchises.

Je n'hésite pas à reconnaître que les franchises que la nécessité de l'administration a fait accorder à un grand nombre d'agents de l'État sont une grande occasion d'abus. C'est une chose qui est reconnue par toutes les administrations; nous y faisons la guerre autant que nous le pouvons, mais je reconnais que ce n'est que la plus petite partie des abus qui sont commis que nous pouvons atteindre.

Ainsi je n'hésite pas à dire qu'il y a une perte pour l'État résultant du système des franchises. Le moyen d'y remédier est une très grave question; c'est une question qui ne cesse pas d'exciter la sollicitude de l'administration, mais c'est une question qu'elle ne peut pas considérer comme résolue. Seulement, je dirai que, si le remède s'obtient, la taxe uniforme n'est pas une condition essentielle de ce remède; que l'on pourra remédier aux abus des franchises dans tous les systèmes, et qu'on ne peut pas en faire un argument en faveur de la taxe uniforme.

Lors de la préparation de l'ordonnance du 17 novembre 1844, l'administration avait demandé infructueusement qu'il y fût inséré une disposition autorisant à poursuivre le payement de la double taxe par les voies usitées en matière de recouvrement des contributions publiques :

La nécessité disait le rapport, d'introduire cette disposition dans le projet d'ordonnance se prouve par les faits qui nous environnent. Quand on voit des préfets, des procureurs généraux, des sous-préfets et jusqu'à des employés infimes du ministère de la guerre, résister aux injonctions du ministre des finances lui-même, fondées sur le texte précis d'une ordonnance royale, il est évident que cette ordonnance renferme une lacune qu'il importe de combler.

L'obligation de payer le double port de lettres particulières que leurs auteurs ont tenté de faire circuler en franchise, en employant des déguisements et des stratagèmes tout à fait indignes du caractère et de la position élevée de ceux qui se les permettent, doit être considérée comme une peine bien modérée, si on la compare à celle qu'aura encourue un simple voiturier sur lequel aura été saisie une seule lettre. Ni son ignorance des lois, ni sa pauvreté ne pourra le soustraire à l'amende de 150 francs prononcée par l'arrêté des consuls du 27 prairial an IX et de 300 francs en cas de récidive.

La répression contre laquelle s'insurgent, en quelque sorte, quelques fonctionnaires, ne peut pas être comparée non plus à celles que portaient la loi du 14 octobre 1791, et l'arrêté du Directoire du 27 vendémiaire an VI.[1]

La rigueur de ces mesures n'est plus de notre temps. Mais l'impunité des abus nombreux qui se pratiquent aujourd'hui, à la faveur d'un système de franchise pour ainsi dire sans limite et presque sans contrôle a duré trop longtemps; il est urgent d'y mettre un terme.

La demande de l'administration n'était sans doute pas du domaine de l'ordonnance; elle l'avait renouvelée en 1845, en proposant d'introduire la clause de la contrainte dans la loi du budget de 1846; cette fois encore elle avait échoué dans ses efforts pour faire respecter dans des conditions qui ne pourraient être taxées d'excessives, les règlements dont l'exécution lui était confiée.

Des faits blâmables ne cessaient de se produire, en effet, avec la circonstance aggravante de la déclaration mensongère des expéditeurs, qu'il y avait *nécessité de fermer*, c'est-à-dire que le contenu frauduleux des envois soustraits à la taxe concernait le service public

1. La loi du 14 octobre 1791 traduisait devant les tribunaux les commissaires des guerres prévenus d'avoir abusé de la franchise et les soumettait à une amende de 100 écus, et au double en cas de récidive. Ces mesures avaient été étendues par la loi des 3-10 septembre 1792 au service de la gendarmerie.

L'arrêté du 27 vendémiaire ordonnait que les noms des fonctionnaires publics convaincus des mêmes abus fussent rendus publics, sans préjudice des autres peines ou condamnations auxquelles ils avaient pu s'exposer.

et était de nature confidentielle et secrète, et l'administration des postes remplissait un devoir de conscience en signalant l'étendue du mal.

L'ordonnance de 1844 est encore en vigueur aujourd'hui.

Ajoutons, en terminant, que la question des franchises qui a été depuis cette époque, maintes fois agitée dans nos Parlements, est loin d'être résolue. L'administration des postes est toujours impuissante pour empêcher les abus de franchise et pour obtenir une réduction raisonnable du nombre des bénéficiaires.

### M. CONTE, DIRECTEUR GÉNÉRAL (21 DÉCEMBRE 1844).

M. Conte avait été nommé directeur général des postes le 21 décembre 1844.

### PROJET DE LOI PRÉSENTÉ PAR LE MINISTRE DES FINANCES LE 26 FÉVRIER 1846, TENDANT A UNE RÉFORME POSTALE. — DÉPÔT. — RAPPORT. —

Le 26 février 1846, le ministre des finances déposa, au nom du gouvernement, un projet de loi tendant :

1° A fixer le tarif des lettres d'après l'échelle suivante :

| | |
|---|---|
| Jusqu'à 20 kilomètres. . . . . . . . . . . . . . . . | 10 centimes. |
| De 20 à 40. kilomètres . . . . . . . . . . . . . | 20 — |
| De 40 à 120. — . . . . . . . . . . . . . | 30 — |
| De 120 à 300. — . . . . . . . . . . . . . | 40 — |
| Au-dessus de 300. — . . . . . . . . . . . . . | 50 — |

2° A abolir le décime rural ;

3° A réduire de 5 p. 100 à 2 p. 100 les droits sur les envois d'argent par la poste.

Le ministre exposa à la Chambre qu'il n'avait pas paru sage d'adopter une réforme aussi radicale que celle qui avait été réalisée en Angleterre, mais qu'il avait cru plus prudent de se borner à amender dans un sens libéral, la loi en vigueur, en s'attachant à ce que la taxe d'une lettre ne s'élevât pas désormais en moyenne au-dessus de 30 centimes.

Le système qui avait paru le plus équitable au gouvernement et qui ménageait le mieux tous les intérêts était un système de taxe croissante de 10 en 10 centimes selon 5 zones de plus en plus étendues, mais on maintenait à 7 gr. 1/2 le poids de la lettre simple.

Cette combinaison entraînait l'abolition du décime rural.

Enfin, le ministre exprimait l'espoir que la réduction des droits sur les envois d'argent et l'ensemble du système proposé n'atteindraient pas trop profondément les recettes du Trésor.

Le projet du gouvernement fut renvoyé à l'examen d'une commission qui proposa une rédaction nouvelle et désigna M. Vuitry comme rapporteur.

Le rapport fut déposé dans la séance du 13 avril 1846.

Nous détachons de ce rapport le passage suivant qui en fera connaître l'esprit général :

La réforme de la taxe des lettres est une question dont la solution suffisamment préparée, impatiemment attendue, ne peut être retardée plus longtemps... La nécessité d'une réforme est un fait désormais acquis. Le tarif des zones éloignées est d'une exagération qui tout à la fois produit une véritable inégalité dans les charges et entrave les développements de la correspondance. Les intérêts du commerce et de l'industrie sont donc sérieusement engagés dans cette question dont on ne peut méconnaître non plus le côté moral.....

SÉANCE DU 6 MAI 1846. — RETRAIT DU PROJET PRÉSENTÉ PAR LE MINISTRE DES FINANCES LE 26 FÉVRIER 1846 ET PRÉSENTATION D'UN NOUVEAU PROJET.

Moins d'un mois après le dépôt de ce rapport, dans la séance du 6 mai, le ministre des finances donna lecture à la Chambre d'une ordonnance royale qui, vu l'époque avancée de la session, retirait le projet de loi sur la réforme postale et y substituait un nouveau projet ayant simplement pour objet la suppression du décime rural et la réduction à 2 p. 100 des droits sur les envois d'argent.

LOI DU 3 JUILLET 1846 PORTANT SUPPRESSION DU DÉCIME RURAL ET RÉDUCTION DU DROIT SUR LES ENVOIS D'ARGENT.

Le nouveau projet était ainsi conçu :

ARTICLE PREMIER. — A partir du 1er janvier 1847, la taxe d'un décime établie par l'article 2 de la loi du 3 juin 1829 sur les lettres recueillies ou adressées dans les communes où il n'existe pas d'établissement de poste cessera d'être perçue.

ART. 2. — A partir également du 1er janvier 1847, la taxe à percevoir sur les envois de fonds ou de la valeur d'objets précieux confiés à la poste sera fixée à deux pour cent du montant des envois ou de la valeur des objets.

Lorsque cette proposition vint à l'ordre du jour de la Chambre, le 18 juin 1846, MM. Monier de la Sizeranne, Muteau, de Saint-Priest, Émile de Girardin et Sapey présentèrent l'amendement suivant :

ARTICLE PREMIER. — A partir du 1er janvier 1847, toute lettre simple du poids de

7 grammes et demi circulant dans l'intérieur de la France de bureau à bureau de poste sera soumise à une taxe uniforme de 20 centimes.

M. Monier de la Sizeranne exprima le regret, en défendant cet amendement, que le gouvernement eût retiré son projet primitif et il fit remarquer que l'amendement en discussion était conçu dans les mêmes termes que celui que la Chambre avait adopté une première fois dans la séance du 7 février 1845.

M. Vuitry, rapporteur, combattit ce projet en faisant remarquer qu'une question aussi sérieuse devait être discutée avec maturité, condition que l'état avancé de la session ne permettait pas de remplir.

L'amendement fut ensuite attaqué par M. Chaix d'Est-Ange, défendu par M. de Saint-Priest et finalement repoussé par la Chambre par 176 voix contre 87 sur 263 votants.

Les articles 1 et 2 furent adoptés sans discussion.

Le 1er juillet suivant, le projet de loi fut voté sans modification à la Chambre des Pairs par 94 voix contre 9 sur 103 votants.

Au cours de la discussion à la Chambre des Pairs, le marquis de Boissy demanda l'établissement d'un service journalier dans les 10000 communes qui en étaient encore privées.

Le rapporteur, M. le marquis de Barthélemy, estima que le service rural ainsi établi était déjà onéreux par le Trésor et que, d'ailleurs, un service quotidien dans les communes rurales serait inutile puisque dans la plupart de ces boîtes on ne recueillerait rien ou presque rien.

Quoi qu'il en soit, cette loi devint la loi du 3 juillet 1846 et elle réalisa, du moins, deux importantes réformes, la suppression du décime rural et la réduction du droit sur les envois d'argent.

### PROPOSITION GLAIS-BIZOIN, DU 22 FÉVRIER 1847, TENDANT A L'ÉTABLISSEMENT DE LA TAXE UNIFORME DE 20 CENTIMES.

Le 22 février 1847, M. Glais-Bizoin présenta le projet de loi suivant :

A partir du 1er janvier 1848, toute lettre simple du poids de 7 grammes et demi circulant dans l'intérieur de la France de bureau à bureau de poste sera soumise à une taxe uniforme de 20 centimes [1].

M. Glais-Bizoin développa sa proposition dans la séance de la Chambre du 27 février et nous ne pouvons mieux faire que de citer ici la conclusion de son remarquable discours.

. . . . . . . . . . . . . . . . . . . . . . . . . . . . . . . .

A toutes ces considérations, M. le ministre des finances viendra-t-il à cette tri-

1. On remarquera que cette proposition est celle qui avait déjà été présentée le 7 février 1845 et le 18 juin 1846.

bune opposer le mot fatal d'inopportunité? Nous le craignons bien : il importe donc d'y répondre d'avance. Deux mots nous suffisent.

L'établissement de la taxe uniforme à 20 centimes n'imposera, même la première année, aucun sacrifice au Trésor, si son application est confiée à des mains amies[1] ; en second lieu, la Chambre peut assigner à la mise à exécution de la mesure l'époque qu'elle jugera le plus convenable; mais son ajournement est impossible. Une réforme dont la nécessité a été proclamée par deux commissions, par un vote de la Chambre, par le cabinet lui-même, ne s'ajourne pas; il n'est pas permis d'ajourner la réforme d'un tarif reconnu inégal, injuste, inconstitutionnel par deux commissions. Invoquerai-je en finissant l'honneur national qui nous dit qu'il y a honte à entrer les derniers dans une carrière où se sont engagés si heureusement, si glorieusement l'Angleterre, l'Amérique et à leur suite, quoique plus timidement, la Prusse, l'Autriche et même la Russie ?....

..... Dieu veuille qu'il (le parti conservateur) n'oublie pas que dans un pays de petite propriété comme la France, et d'une grande superficie territoriale, tout déplacement des personnes est onéreux, même par la voie des chemins de fer, que l'immobilité de la personne et de la pensée à la fois est une cause d'infériorité morale pour une nation; que cette infériorité est constante chez nous, puisqu'il est certain que la poste française ne reçoit en moyenne que trois lettres par habitant, tandis qu'en Angleterre, elle en reçoit plus de douze.

Preuve affligeante que, grâce aux tarifs si intelligents de notre administration postale, les intérêts écrivent, mais les sentiments, non; ils restent au fond du cœur. Abaissez, abaissez hardiment, largement votre tarif, et ils en sortiront en foule ; et ils deviendront pour l'État une source de produit inespéré, presque sans limite. Ce qui se passe de l'autre côté du détroit s'accomplira chez nous, n'en doutons pas; mais pas de demi-mesure; plutôt rester comme nous sommes, dans cet état honteux contre lequel, au moins, tout le monde se récrie. Pas de demi-mesure, répètерons-nous sans cesse : une taxe uniforme à 20 centimes pour les lettres non affranchies et à 10 centimes pour les lettres affranchies; c'est la réforme parfaite. Si le courage vous manque pour son adoption dans les circonstances présentes, acceptez ma proposition et j'ose croire que les réformateurs en France vous en remercieront encore bien sincèrement.

### DÉPÔT DU RAPPORT D'ÉMILE DE GIRARDIN (17 AVRIL 1847).

Cette proposition fut prise en considération; le rapport fut déposé sur le bureau de la Chambre par Émile de Girardin dans la séance du 17 avril suivant.

Ce rapport, très étudié, très complet, était un éloquent plaidoyer en faveur de la taxe uniforme :

Seule depuis vingt ans, disait le député de la Creuse, la taxe des lettres est restée stationnaire : hâtons-nous d'ajouter en France! car en Angleterre, en Espagne, en Russie, la taxe uniforme a été adoptée; aux Etats-Unis, en Autriche,

1. M. Glais-Bizoin venait de dénoncer hautement le directeur général des postes (M. Conte) comme étant un « ennemi avoué, irréconciliable de la taxe uniforme et peut-être de toute réforme ». Quelques mois après M. Conte était mis à la retraite.

en Prusse, en Sardaigne, le port des lettres a été plus ou moins considérablement abaissé.

Il est vrai qu'en 1673 le port de la lettre simple qui varie aujourd'hui de 10 centimes à 1 fr. 20 c. n'était que de 10 à 25 centimes. Loin de faire aucun progrès dans la voie où l'Angleterre nous a devancés, nous avons donc rétrogradé de plus d'un siècle et demi.

M. E. de Girardin présentait ensuite le tableau suivant qui indiquait la taxe moyenne d'un port de lettre dans les divers états de l'Europe :

| | |
|---|---|
| Angleterre, taxe unique | 10 centimes. |
| Prusse, 8 zones | 26 — |
| Espagne, taxe unique | 27 — |
| États-Unis d'Amérique, 3 zones | 29 — |
| Sardaigne, 7 zones | 34 — |
| Autriche, 2 zones | 34 — |
| Russie, taxe unique | 40 — |
| France, tarif de 1827 | 43 — |

Le moment n'est-il pas venu, continuait le rapporteur, de changer un tarif dont on proposait, en 1827, de ne voter l'application que jusqu'au 1er janvier 1831, parce que déjà on le trouvait excessif?

L'état actuel de nos finances nous permet-il d'aller au-devant d'une diminution dans nos recettes, quelle qu'elle soit, et ne dût-elle être que d'une courte durée?

Cette question serait la première qui devrait s'offrir à notre examen, s'il était possible de ne placer qu'au second rang la question de droit constitutionnel, qui, en 1827, fut seulement effleurée.

Le tarif en vigueur est-il contraire au principe fondamental de l'égalité de l'impôt devant la Charte?

Est-il obligatoire, opportun, possible de le modifier, au risque d'une diminution de produits permanente ou temporaire?

Le tarif nouveau doit-il être uniforme ou gradué?

Convient-il de favoriser l'affranchissement? Est-il nécessaire de changer le poids de la lettre simple?

A quelle cause doit-on attribuer le nombre des rebuts?

Comment réprimer l'abus des franchises résultant de la qualité des destinataires et de l'apposition du contreseing?

Tel est l'ordre dans lequel se présentent les questions qui font l'objet de ce rapport, et sur lesquelles vous aurez à délibérer.

Sur la question de constitutionnalité, le rapporteur rappelait cette incontestable vérité qui jaillit dans la discussion à laquelle donna lieu la loi du 15 mars 1827 :

Dès que le service exige plus que les frais d'exploitation, il devient un impôt.

Or l'état comparatif suivant dressé par la commission de 1844 faisait ressortir les taxes payées, les dépenses occasionnées et l'impôt apporté par chaque lettre :

| ZONES OU DISTANCES EN KILOMÈTRES. | TAXE. | COUT. | IMPOT OU DIFFÉRENCE de LA TAXE A LA DÉPENSE. |
|---|---|---|---|
| | fr. c. | c. | c. |
| Moins de 40. . . . . . . . | » 20 | 9 3/4 | » 10 1/4 |
| De 40 à 80 . . . . . . . | » 30 | 10 1/4 | » 10 3/4 |
| De 80 à 150 . . . . . . . | » 40 | 10 3/4 | » 29 1/4 |
| De 150 à 220 . . . . . . . | » 50 | 11 1/4 | » 38 3/4 |
| De 220 à 300 . . . . . . . | » 60 | 11 3/4 | » 48 1/4 |
| De 300 à 400 . . . . . . . | » 70 | 12 1/4 | » 57 3/4 |
| De 400 à 500 . . . . . . . | » 80 | 12 3/4 | » 67 1/4 |
| De 500 à 650 . . . . . . . | » 90 | 13 1/4 | » 76 3/4 |
| De 600 à 750 . . . . . . . | 1 » | 13 3/4 | » 86 1/4 |
| De 750 à 900 . . . . . . . | 1 10 | 14 1/4 | » 95 3/4 |
| Plus de 900. . . . . . . . | 1 20 | 14 3/4 | 1 05 1/4 |

Qu'est-ce que la somme ajoutée dans la taxe, au prix du service rendu par l'État aux citoyens dans le transport de leurs lettres ? Est-ce, comme on l'a prétendu, un bénéfice ? Non ; c'est, ce ne peut être qu'un impôt. L'État ne fait pas le commerce. Quand il se réserve le monopole de certains services rendus aux contribuables ou la vente de certains produits, ce qui dépasse le prix de revient dans la somme pour laquelle il les leur rend ou les leur livre est un impôt. Et il ne peut y avoir exception, à cet égard, pour la somme qui, dans les différentes taxations des lettres, dépasse le remboursement de la dépense faite par l'État.

C'est donc un impôt, dès lors il doit être le même pour deux lettres d'égal poids.

Revenant sur la même idée, le rapporteur ajoutait :

Qu'il s'agisse de personnes ou qu'il s'agisse de choses, la loi, dans l'un comme dans l'autre cas, ne doit avoir qu'un poids et qu'une mesure. Deux lettres simples ne doivent payer que le même impôt. Quand la base varie avec elle, c'est de la justice, mais quand la base ne change pas, que l'impôt s'élève ou s'abaisse sans raison, c'est de l'arbitraire. Cet arbitraire a pu subsister tant qu'il s'est caché ; mais maintenant qu'il est découvert, il faut qu'il renonce à se défendre.

Arrivant à la question d'opportunité, le rapporteur disait que la même objection d'inopportunité pouvait être opposée à toute réduction d'impôts.

Quand un impôt est excessif, on ne doit pas craindre de le dégrever ; à fortiori lorsque cet impôt est inconstitutionnel.

M. de Girardin résumait de la manière suivante les phases diverses qu'avaient subies nos tarifs :

De 1791 à 1827, le tarif est changé ou modifié 8 fois ; finalement le tarif de 1827 est plus élevé que les tarifs du 24 mars 1673, du 8 décembre 1703, du 8 juillet 1759, du 22 août 1791, du 6 messidor an IV, du 5 nivôse an V et du 27 frimaire an VIII.

D'après le tarif de 1827, au-dessus de 900 kilomètres la lettre simple coûte . . . . . . . . . . . . . . . . . . . . . . . . . . . 1f 20
D'après le tarif de 1673, elle eût coûté. . . . . . . . . . . . » 25
— de 1703 — . . . . . . . . . . . . » 50
— de 1759 — . . . . . . . . . . . . » 70
— de 1791 — . . . . . . . . . . . . » 75
— de l'an IV — . . . . . . . . . . . . » 90
— de l'an V — . . . . . . . . . . . . » 75
— de l'an VIII — . . . . . . . . . . . . 1 »

Il ne nous est pas possible de suivre le rapport dans tous ses développements et nous nous bornerons à en citer l'entraînante conclusion :

Si nous avons su, messieurs, vous faire partager les convictions qui ont animé la majorité de votre commission, vous n'hésiterez pas à adopter la proposition dont vous nous avez confié l'examen ;

Vous n'hésiterez pas, parce que le tarif de 1827 est en opposition manifeste avec la Charte de 1830 ;

Vous n'hésiterez pas, parce qu'un ajournement plus longtemps prolongé risquerait de devenir indéfini et en quelque sorte dérisoire.

Vous n'hésiterez pas, parce qu'il ne s'agit point d'imiter la réforme dont l'Angleterre a pris l'initiative, dans ce qu'elle a eu d'excessif et d'inconsidéré, mais seulement dans ce qu'elle a de raisonnable et d'éprouvé.

Vous n'hésiterez pas parce les principaux arguments présentés contre la taxe à 10 centimes sont décisifs en faveur de la taxe à 20 centimes.

Vous n'hésiterez pas, parce qu'il suffira, pour que la différence de produit causée par la taxe à 20 centimes soit compensée par l'augmentation du nombre des lettres, que ce nombre s'élève à 220 millions de lettres, ce qui, en moyenne, représente 6 lettres par habitant et par an.

Vous n'hésiterez pas, parce que vous tiendrez compte des 8 millions et demi d'habitants que la France compte de plus que l'Angleterre, et de la centralisation qui multiplie à l'infini les rapports de nos 85 départements avec Paris.

Vous n'hésiterez pas, parce que vous ferez ce calcul que les cinq catégories de taxes actuelles de 86 centimes à 1 fr. 27 c. ne comprennent que 7 millions de lettres : or, pour ces cinq catégories, le dégrèvement étant dans la proportion de 80 à 120 p. 100 ne saurait manquer d'exercer une influence considérable, surtout lorsqu'il pourra se combiner avec le changement apporté dans toutes les distances et dans toutes les relations pour les chemins de fer.....

Vous n'hésiterez pas, parce que c'est vraiment une contradiction dans la loi que deux taxes : l'une graduée selon les distances pour les lettres ; l'autre uniforme pour les journaux et imprimés.

Vous n'hésiterez pas, parce que ce sera une satisfaction donnée à la presque unanimité des conseils généraux (77 sur 86), et, quoi qu'on en dise, un véritable soulagement pour un immense nombre de familles pauvres et pour le petit commerce, ainsi que l'a formellement reconnu la commission de 1844, chargée de l'examen du projet du Gouvernement.

Vous n'hésiterez pas, enfin, parce qu'il est certain que la diminution dans les produits ne sera que de courte durée.

. . . . . . . . . . . . . . . . . . . . . . . . .

**Projet présenté par la commission.**

Article premier. — A partir du 1er janvier 1848, toute lettre au-dessous du poids de 7 grammes et demi, circulant dans l'intérieur de la France de bureau de poste à bureau de poste sera soumise à une taxe uniforme de 20 centimes.

DISCUSSION ET REJET DU PROJET DE LOI.

La discussion générale s'ouvrit le 24 mai et occupa toute la séance du 24 et celle du 25.

Les orateurs favorables au projet de la commission et qui prirent la parole dans la discussion furent MM. de Falloux, Monier de la Sizeranne, E. de Girardin, rapporteur, Léon Faucher.

Les orateurs hostiles furent MM. de Rainneville, Muret de Bort, Deslongrais, Paul de Gasparin, Dumon, ministre des finances.

La discussion des articles se prolongea pendant les séances des 26 et 27 mai et donna lieu à une lutte des plus vives à laquelle prirent part les orateurs dont les noms suivent.

26 *mai.*

Orateurs favorables au projet : M. Dufaure; orateurs hostiles : MM. Vuitry, Laplagne, ancien ministre des finances.

27 *mai*

Orateurs favorables : MM. Muteau, de la Farelle qui proposait le 1er janvier 1850 comme date d'exécution ; E. de Girardin ; orateurs hostiles : MM. de Rainneville, de Golbéry, Demesmay, promoteur de l'abaissement de l'impôt sur le sel avant toute autre réforme, de Morny, Muret de Bort, Vuitry, Dumon, ministre des finances.

Au cours de ces discussions, quatre contre-propositions ou amendements furent successivement présentés :

1° Projet présenté par MM. Muret de Bort et Vuitry tendant à réduire au maximum de 0 fr. 50 toutes les zones du tarif graduel qui aujourd'hui dépassent ce taux et à maintenir la loi de 1827 en ce qui concerne les zones actuelles de 0 fr. 30 et au-dessous.

Ce contre-projet repoussé par le ministre des finances ne fut pas adopté par la Chambre (séance du 26 mai).

2° Contre-projet de M. de Rainneville établissant 4 zones en adoptant la taxe minimum de 0 fr. 15 et la taxe maximum de 50 centimes.

Cette proposition fut retirée par son auteur dans la séance du 27 mai.

3° Amendement de M. Muteau ayant pour but de substituer comme date d'exécution le 1er janvier 1849 au 1er janvier 1848, date indiquée dans le projet de la commission. *Amendement accepté par la commission.*

4° Article additionnel présenté par M. Gasparin tendant à frapper d'une double taxe les lettres non affranchies.
Article subordonné au sort du projet de la commission.

Enfin le projet de la commission fut repoussé le 27 mai par une majorité de 187 voix contre 162 sur 349 votants.

### LE COMTE DEJEAN, DIRECTEUR GÉNÉRAL DES POSTES (22 JUIN 1847).

Le 22 juin 1847, le comte Dejean, membre de la Chambre des députés et conseiller d'État, était nommé directeur général des postes en remplacement de M. Conte...

Veut-on savoir quelle était alors la situation du service des postes ?

Il y avait à cette époque :

2 548 bureaux de poste et 1 034 bureaux de distribution.

Le service du transport des dépêches était fait par 11 malles de première section partant de Paris, 17 de deuxième section partant des principales villes après l'arrivée de la malle de Paris.

Les bureaux ambulants circulaient sur les lignes de Corbeil, Vierzon, Tours, le Havre, Lille, Valenciennes, et sur celles de Bordeaux à la Teste, de Nimes à Montpellier, de Strasbourg à Mulhouse. Les malles parcouraient annuellement 7 430 000 kilomètres avec une vitesse de 100 kilomètres dans 7 heures. Le parcours annuel des bureaux ambulants était de 770 880 kilomètres.

### PROPOSITION PRÉSENTÉE PAR M. DUMON, MINISTRE DES FINANCES (3 JANVIER 1848).

Le projet de loi portant fixation du budget de l'exercice 1849 déposé le 3 janvier 1848 par M. Dumon, ministre des finances, contenait les dispositions suivantes relatives au service des postes :

TITRE II

**De la taxe des lettres et des journaux.**

ART. 18. — A partir du 1er janvier 1850, la taxe des lettres circulant dans l'intérieur du royaume et de bureau de poste à bureau de poste sera perçue conformément au tarif ci-après :

Pour les lettres simples jusqu'à 40 kilomètres inclusivement, 2 décimes.

Au-dessus de 40 kilomètres jusqu'à 80 kilomètres. . . . 3 décimes.
Au-dessus de 80 — — 150 — . . . . 4 —
Et au-dessus de 150 kilomètres. . . . . . . . . . . 5 —

ART. 19. — Il n'est rien changé aux progressions fixées par l'article 3 de la loi du 15 mars 1827, par rapport à la perception des taxes établies en raison du poids des lettres.

ART. 20. — Le port des journaux, gazettes et ouvrages périodiques transportés hors des limites du département où ils auront été publiés et quelle que soit la distance parcourue dans le royaume, est fixé à 4 centimes pour toute feuille de 72 décimètres carrés et au-dessous.

Ce port sera augmenté de un centime pour chaque 18 décimètres carrés ou fractions de 18 décimètres excédant.

Les mêmes feuilles ne payeront que la moitié des prix fixés ci-dessus toutes les fois qu'elles seront destinées pour l'intérieur du département où elles auront été publiées.

ART. 21. — Un supplément qui n'excédera pas 72 décimètres carrés, publié par les journaux et ouvrages périodiques, sera exempt du droit de poste, sous la condition qu'il sera uniquement consacré aux nouvelles politiques, aux débats des chambres et des tribunaux, à la reproduction ou à la discussion des actes du gouvernement.

Dans le cas où un supplément excéderait le maximum de dimension fixé ci-dessus, l'excédent sera taxé à raison d'un centime pour chaque 18 décimètres carrés ou fraction de 18 décimètres.

Les suppléments, quel qu'en soit le nombre, ajoutés au *Moniteur universel*, seront admis en exemption de droit de poste.

ART. 22. — Les lois concernant la taxe des lettres, journaux et imprimés de toute nature continueront à recevoir leur exécution dans toutes celles de leurs dispositions qui ne sont pas contraires à la présente loi.

Fait au palais des Tuileries, le 3 janvier 1848.

LOUIS-PHILIPPE.

Par le Roi :

*Le ministre secrétaire d'État au département des finances,*

S. DUMON.

Ce projet n'eut aucune suite, mais on voit par là que le ministre des finances persistait quand même à vouloir maintenir le système suranné de la tarification par zones.

Un mois après éclata la révolution de Février qui renversa la royauté.

Nous devons ajouter que c'est sous la monarchie de Juillet que furent établis en France les premiers chemins de fer, dont la France se prépare à fêter le cinquantième anniversaire en 1887, et les premiers bureaux ambulants.

Le service ambulant fut définitivement organisé en 1854. On en trouvera l'historique à cette date.

### ABUS EXISTANT DANS L'ADMINISTRATION DES POSTES SOUS LA MONARCHIE DE JUILLET.

Dans sa brochure « *les Postes en* 1848 », M. Étienne Arago, directeur de l'administration des postes sous la seconde république, signale quelques abus qui existaient au moment de son arrivée et qu'il fit disparaître dès qu'il en eut connaissance :

Les malles, dit M. Étienne Arago, emportaient gratis, tous les jours, des masses de paquets et de caisses de toute nature; les personnages les plus élevés ne se faisaient aucun scrupule d'envoyer en franchise des cadeaux qui souvent même passaient la frontière.

Je pourrais nommer un magistrat député qui faisait partir de Paris son linge sale et recevait son linge propre par ce moyen peu ruineux. Le jour de mon entrée, une malle devait emporter une immense quantité de pots de confitures pour la Belgique.

Les *surcharges des voitures*, c'est-à-dire les tolérances pour paquets non taxés, que l'on accordait aux courriers, me parurent trop fortes; je les diminuai, mais, en même temps, je pensai à rendre meilleure la fin de la carrière de ces intéressants employés.

Je ne sais pas si les malles, en rentrant à Paris, avaient pour habitude quotidienne de verser à l'office des directeurs qui m'avaient précédé les poulets, les dindons, les pâtés, les écrevisses, les bourriches que m'envoyèrent des directeurs et des directrices des départements. Ce qui est certain, c'est que je coupai court à ces prébendes plus ou moins volontaires, par une circulaire où je disais que, devinant l'honorable destination de l'objet envoyé, je l'avais fait vendre au profit des blessés de Février. J'étais si fermement résolu à détruire les abus, qu'après avoir supprimé la franchise des lettres à nombre de personnes qui n'avaient aucun droit à cette faveur, j'avais préparé avec M. Piron une note concernant les constituants. Le ministre des finances, d'accord avec le président de l'Assemblée, me demanda d'en ajourner la publication.

« Un usage, disais-je, s'était établi parmi les membres des dernières Chambres législatives, de recevoir en franchise les lettres de leurs commettants sous le couvert du président, et de renvoyer leurs réponses, franches aussi, au moyen de la griffe d'un ministre. Cet usage, explicable sous un régime de sollicitations universelles, ne peut plus exister maintenant que l'Assemblée nationale vient d'interdire à ses membres toute recommandation en faveur d'intérêts personnels. »

Pour juger, en effet, des conséquences financières que la continuation d'un semblable abus pourrait entraîner, il suffit de faire remarquer que l'envoi des lettres sous le couvert du président par les membres de l'ancienne Chambre des députés causait une perte, pour le Trésor, d'environ 900 000 francs par an. Or cette Chambre ne comptait que 450 membres.

Sous la monarchie de Juillet, les traités de poste internationaux étaient parfois conclus au détriment des intérêts de la France, comme le montre l'exemple suivant cité par M. Arago.

Par suite d'un traité conclu le 1er janvier 1848, entre la France et la Belgique, les conditions d'affranchissement des journaux et imprimés avaient été réglées de manière à favoriser exclusivement la presse belge aux dépens de la presse française. Ainsi les journaux publiés à Lille et à Valenciennes payaient à la poste 4 centimes de port pour un grand nombre de localités voisines : Béthune, Saint-Omer, Maubeuge, Vervins, etc... et pour ces mêmes localités, les journaux belges, qui étaient distribués par les bureaux de Lille et de Valenciennes, ne payaient que 2 centimes de port. Et pendant que nous accordions aux journaux belges le transport de leurs feuilles chez nous à meilleur marché que nos propres journaux, la Belgique chargeait notre presse de taxes plus lourdes que celles imposées en France!...

# SECONDE RÉPUBLIQUE

(1848)

M. Étienne Arago, directeur de l'administration générale des postes. — Son installation racontée par lui-même. — Circulation des malles-poste. — Réalisation de la réforme en France. — Décret du 30 août 1848. — Taxe uniforme de 20 centimes. — Démission de M. Étienne Arago. — Les postes en 1848.

### M. ÉTIENNE ARAGO, DIRECTEUR DE L'ADMINISTRATION GÉNÉRALE DES POSTES (24 FÉVRIER 1848).

M. Étienne Arago remplaça le comte Dejean à la direction général des postes, mais M. Garnier-Pagès ayant supprimé toutes les directions générales du ministère des finances, il prit le titre de directeur de l'administration générale des postes.

Voici comment M. Étienne Arago a raconté lui-même[1] son entrée en fonctions

Le matin du 24 février 1848, cherchant des armes pour le peuple qui en demandait, j'étais allé avec plusieurs de mes amis m'emparer des fusils des soldats qui étaient de garde à l'Hôtel des Postes, voisin des bureaux du journal la *Réforme* dont j'étais rédacteur. Ces armes conquises, non sans avoir risqué d'être faits prisonniers par un des employés supérieurs, nous nous dirigeâmes mes amis et moi sur les Tuileries.

Arrêtés dans notre course, au château d'eau du Palais-Royal, nous fûmes obligés d'y parlementer d'abord avec des soldats de garde, puis de combattre pendant deux heures.

Une fois cette sorte de forteresse enlevée et les Tuileries envahies, je me dirigeai vers la *Réforme* où l'on nomma un gouvernement provisoire pour répondre à celui qui venait d'être proclamé au *National*.

Le nôtre fut composé ainsi : François Arago, Ledru-Rollin, Dupont (de l'Eure), Ferdinand Flocon, Louis Blanc, Albert (ouvrier).

Aussitôt je pris la parole et m'adressant à la foule qui encombrait les salles et la cour :

« Citoyens, dis-je, vous venez de nommer un gouvernement provisoire ; c'est très

1. *Les Postes en* 1848, par M. Étienne Arago.

bien ; mais je me souviens, moi, de 1830 ; j'en étais ; permettez-moi donc de vous dire ce qui fut fait, le 29 juillet, par M. Baude et moi à l'Hôtel de Ville où nous étions installés. Nous avions compris que les positions les plus périlleuses, en temps de révolution, sont celles de préfet de police et de directeur général des postes ; par la première on tient Paris, par la seconde on parle à tous les départements.

« Eh bien ! nous priâmes les deux premiers députés qui osèrent se présenter à l'Hôtel de Ville d'accepter ces deux fonctions. M. Bavoux se porta à la préfecture, M. Chardel se rendit aux postes. »

A peine avais-je parlé que je fus désigné pour suivre l'exemple de M. Chardel.

« Je vous ai dit qu'il y avait du danger, répondis-je ; je ne puis donc pas refuser ; mais si je ne sais pas comment est construite une boîte aux lettres, je sais que le dévouement et l'activité ne me feront pas défaut. »

Quelques-uns des citoyens qui, le matin, avaient touché barre à l'hôtel voisin m'accompagnèrent.

M. Piron, un des quatre administrateurs des postes, avec qui j'avais parlementé peu d'heures auparavant, se présenta de nouveau devant moi. Je lui dis en quelle qualité improvisée j'arrivais cette fois et je m'avançai vers le cabinet du directeur général.

M. Dejean était à son bureau.

Ici, ajoute M. Arago, je laisse la place à un journal du 12 mars 1848. Le narrateur était un des témoins de cette scène :

« Au nom de la République, dit le citoyen Arago, citoyen Dejean, vous êtes destitué ! au nom de la République, je viens vous remplacer en qualité de directeur général des postes.

« Mais... Monsieur, répondit M. Dejean, qui était debout, avez-vous une commission ? un titre ?

— Je n'en ai pas ; j'ai ma parole.

— Mais, Monsieur, cependant...

— J'ai ma parole, je me nomme Étienne Arago.

— Enfin, reprit M. Dejean après un moment de silence et d'hésitation, avant de quitter la direction des postes, je désire qu'au moins vous me donniez votre signature et qu'une pièce quelconque me reste dans les mains.

— Volontiers, » dit Étienne Arago en s'asseyant dans le fauteuil de M. Dejean.

Et il apposa sa signature au bas de quelques lignes.

Dans un autre passage de son ouvrage, M. Étienne Arago reproduit ainsi qu'il suit le texte de cette pièce :

« Le gouvernement provisoire m'ayant nommé directeur général des postes, fonction que j'ai acceptée *provisoirement* dans le seul but de ne pas voir un service public interrompu, je me suis transporté dans le bureau de M. Dejean où j'ai pris position, disposé à donner ma démission quand tout danger public aura cessé, ou à rester à ce poste de confiance si ma confirmation est jugée nécessaire. »

Cette pièce que M. Dejean m'avait prié de rédiger, ajoute M. Arago, il la laissa tomber en sortant de ce cabinet historique, où M. de Lavalette, en 1815, avait attaché un souvenir qui aurait pu ne pas être tout à fait rassurant pour l'homme qui venait y prendre place en temps de révolution.

Mon usurpation [1] cessa d'ailleurs avant la fin du 24 février. Mon ami Flocon m'apporta à 11 heures et demie ma nomination :

« Le gouvernement provisoire arrête :

« M. Arago (Étienne) est nommé directeur de l'administration des postes.

*Signé :* Garnier-Pagès, Ad. Crémieux, Marie, Ledru-Rollin, Ferdinand Flocon, Louis Blanc [2]. »

Après le départ de M. Dejean, M. Étienne Arago fit appeler les chefs de service et leur dit :

« Messieurs, il faut que les lettres partent ce soir. On portera les paquets à dos d'hommes jusqu'aux barrières et s'il le faut, je porterai moi-même le premier paquet. »

A 7 heures du soir, ajoute M. Arago, toutes les malles-poste brûlaient le pavé des routes, emportant avec elles les dépêches qui allaient annoncer à la France entière la glorieuse victoire du peuple et la constitution du gouvernement républicain.

Grâce aux mesures prises par le nouveau directeur des postes, la malle des Indes partie de Londres, marcha, sous bonne escorte, de son point d'arrivée en France à son point de sortie, en traversant les barricades encore debout et les populations soulevées.

Par une lettre du 4 mars 1848, le vicomte Palmerston, chef du *Foreign Office*, chargea l'ambassadeur d'Angleterre à Paris, le marquis de Normanby, d'exprimer à M. Étienne Arago la reconnaissance du gouvernement britannique pour les mesures qu'il avait prises dans cette circonstance.

### CIRCULAIRE ADRESSÉE AU PERSONNEL DE L'ADMINISTRATION DES POSTES PAR M. ÉTIENNE ARAGO (25 FÉVRIER 1848).

Le lendemain de son installation, le nouveau directeur adressa au personnel de l'administration la circulaire suivante :

Paris, le 25 février 1848.

*A Messieurs les inspecteurs, directeurs, sous-inspecteurs et employés des postes.*

Messieurs,

Le gouvernement provisoire m'a nommé, par son arrêté du 24 février, directeur général des postes. J'ai dû prendre immédiatement possession de ces fonctions importantes.

Je compte, Messieurs, trouver en vous le zèle et le dévouement que le gouvernement qui vient d'être proclamé avec tant de gloire au nom du peuple français, est en droit d'attendre de votre loyal et utile concours. Je saurai faire prévaloir toujours la justice, comme aussi vous prendrez à tâche de justifier la confiance entière que le gouvernement a en vous.

*Le directeur général des postes,*
*Signé :* Étienne Arago.

1. M. Étienne Arago avait été accusé d'avoir usurpé les fonctions de directeur général des postes.
2. *Les Postes en* 1848, par M. Étienne Arago ; Paris, 1867, pp. 8 à 12 et pp. 20 et 21.

### ARRÊTÉ DU GOUVERNEMENT PROVISOIRE DU 25 FÉVRIER 1848, POUR LA CIRCULATION DES MALLES-POSTE A PARIS ET DANS LES DÉPARTEMENTS.

Le même jour, 25 février, le gouvernement provisoire rendait l'arrêté suivant par lequel il faisait appel au concours de tous les citoyens pour faciliter la circulation des malles-poste et l'exécution du service postal sur toutes les parties du territoire français :

Au nom du peuple français, le gouvernement provisoire arrête :

Les chefs de poste et tous les citoyens préposés à la garde des barrières et des barricades, tant à Paris que dans toute la France, prendront les mesures nécessaires pour livrer passage aux malles-poste chargées du transport des dépêches.

Un extrait de cet arrêté sera adressé par le directeur général des postes partout où besoin sera.

Le gouvernement provisoire compte sur le patriotisme des citoyens pour prêter la main à l'exécution de cet arrêté si important pour la communication des nouvelles publiques dans toutes les parties du pays.

Hôtel de Ville, 25 février 1848.

Par délégation :
*Les membres du gouvernement provisoire.*
*Signé :* GARNIER-PAGÈS, LEDRU-ROLLIN, Ad. CRÉMIEUX, MARIE.

Par ampliation :
*Le directeur général des postes,*
ÉTIENNE ARAGO.

*Vive la République !*

Grâce à l'initiative et à l'activité de M. Étienne Arago, le service des postes n'eut à subir aucune interruption et le gouvernement provisoire s'empressa de le féliciter de ce prodigieux résultat.

M. Étienne Arago fait même connaître, dans son ouvrage, les mouvements de la correspondance parisienne pendant les journées des 23, 24 et 25 février :

| | |
|---|---|
| 23 février. . . . . . . . . . | 20 à 25 000 lettres. |
| 24 — . . . . . . . . . . . | 8 à 10 000 — |
| 25 — . . . . . . . . . . . | 45 à 50 000 — |

### ARRÊTÉ DU MINISTRE DES FINANCES PORTANT RÉORGANISATION DE L'ADMINISTRATION CENTRALE DES POSTES (16 MARS 1848).

Le 16 mars suivant, un arrêté du ministre des finances modifia ainsi qu'il suit l'organisation des divers services de l'administration centrale des postes :

Les bureaux de l'administration centrale des postes sont partagés entre trois divisions.

La 1re division se composera du personnel, du secrétariat et des affaires réservées.

La 2e division aura dans ses attributions la surveillance générale du service dans les départements, l'organisation, les tarifs, les malles-poste, les relais, les paquebots, les services par entreprise, l'ordonnancement des dépenses et la vérification des comptes.

La 3e division comprendra le service d'exploitation à Paris, le départ et l'arrivée, la distribution des lettres dans Paris, les rebuts, le matériel et la caisse centrale.

Le directeur général se réserva la direction des affaires de la 1re division et un administrateur fut nommé à la tête de chacune des deux autres divisions.

### RÉALISATION DE LA RÉFORME EN FRANCE.

M. Étienne Arago adressa également à M. Garnier-Pagès, ministre des finances, un rapport sur la nécessité de la réforme. Nous extrayons de ce rapport le passage suivant :

La réduction de la taxe des lettres a déjà été l'objet de plusieurs projets de loi. Des hasards parlementaires, un certain mépris des intérêts généraux, une indifférence malheureuse pour le bien-être et le développement intellectuel du peuple, des retards enfin, je dirai providentiels, ont réservé à la République la gloire de cette généreuse et fraternelle réforme.

Vous savez, citoyen ministre, que la réduction aura pour premier résultat de faire baisser les recettes dans une certaine proportion, mais l'expérience radicale de l'Angleterre nous démontre, et je peux affirmer dès à présent, que l'accroissement considérable et successif du nombre des lettres en circulation, résultat immédiat et certain de la taxe uniforme, doit compenser en peu de temps la perte momentanée causée par l'adoption d'une mesure aussi juste, aussi fraternelle, aussi universellement désirée que la réforme postale.

J'ai donc l'honneur de proposer d'appeler le gouvernement provisoire à ajouter la réduction de la taxe des lettres à la série des améliorations qu'il a assurées au pays...

Dès le 8 mai, le gouvernement provisoire annonçait en ces termes, dans son *rapport sur la situation financière et économique de la France au moment de la Révolution*, le prochain dépôt d'un projet de réforme postale :

. . . . . . . . . . . . . . . . . . . . . . . . . . . . .

POSTES

D'un autre côté, citoyens, le service des postes régulièrement assuré dès le premier jour et pour ainsi dire sous le feu des barricades, par l'énergie et l'activité du directeur actuel (M. Étienne Arago), promet un notable accroissement de recettes. Il en sera tenu compte dans le détail des prévisions du budget de 1848. Préparée par les soins du même directeur, la réforme postale vous sera présentée sur le budget de 1849.

### PROPOSITION DE SAINT-PRIEST (19 MAI).

Le 19 mai, M. de Saint-Priest déposa sur le bureau de l'Assemblée nationale, avec une pétition d'un grand nombre de citoyens, réclamant la réforme postale, la proposition de loi suivante :

ARTICLE PREMIER. — Les lettres ne pesant pas plus de 7 grammes et demi, et circulant à l'intérieur de bureau à bureau, seront soumises à la même taxe.

ART. 2. — Cette taxe sera de 20 centimes.

ART. 3. — Les lettres pesant plus de 7 grammes et demi seront surtaxées dans la proportion établie par la loi du 15 mars 1827.

Sur la demande de M. de Saint-Priest, la discussion de la proposition fut fixée au 1er juin.

M. Duclerc, ministre des finances, fit remarquer que le gouvernement avait pris, lui-même, l'initiative d'une réforme postale et que le projet allait être déposé prochainement.

### DÉPÔT DU PROJET DU GOUVERNEMENT (26 MAI).

En effet, le 26 mai, M. Duclerc déposait le projet de décret suivant :

ARTICLE PREMIER. — A dater du 1er janvier 1849, le prix du transport d'une lettre simple, dans toute l'étendue de la France, sera fixée à 20 centimes.

ART. 2. — Le poids de la lettre simple est étendu à 10 grammes.

ART. 3. — L'administration des postes est autorisée à transporter, comme lettres, des paquets de papiers cachetés, du poids de 10 à 125 grammes. Ces paquets seront taxés d'un port fixe de 1 franc, quel que soit le trajet à parcourir en France.

ART. 4. — Un règlement d'administration, approuvé par le ministre des finances, fixera les moyens d'exécution et mettra les mesures ici présentées en rapport avec les dispositions de la loi du 15 mars 1827 qui ne sont pas abrogées par le présent décret.

ART. 5. — Le ministre des finances est chargé de l'exécution du présent décret.

### RETRAIT DE LA PROPOSITION DE M. DE SAINT-PRIEST (1er JUIN).

Le 1er juin, lorsque sa proposition vint à l'ordre du jour, M. de Saint-Priest renonça à la développer, le projet du gouvernement l'ayant rendue inutile.

### RAPPORT DE M. DE SAINT-PRIEST SUR LE PROJET PRÉSENTÉ PAR LE GOUVERNEMENT (17 AOUT).

M. de Saint-Priest nommé rapporteur du projet du gouvernement déposa son rapport dans la séance du 17 août. Ce rapport était si clair, si lumineux, si complet, il établissait si nettement la nécessité et l'utilité d'une réforme postale et le peu d'inconvénients qu'elle présenterait pour le Trésor, que l'assemblée ne pouvait refuser aux conclusions qu'il renfermait son assentiment et son vote.

Le rapport débutait par ces considérations générales bien dignes assurément de frapper vivement les esprits :

Citoyens représentants, il est peu de questions d'un intérêt plus général, plus universel, que celui du tarif des lettres; il en est peu, par conséquent, qui soient plus dignes de frapper votre attention.

Les lettres forment une des grandes transmissions de la pensée, et la pensée transmise est l'élément de toutes les relations, de toutes les transactions sociales.

Rien n'est donc plus contraire à l'intérêt de la société que les restrictions apportées à cette communication des hommes entre eux. Or c'est là l'effet que produisent des tarifs de la poste élevés. Ils s'interposent, comme une gêne, un obstacle, entre les plus saintes affections; ils compriment le mouvement des affaires et nuisent au progrès des sciences et des arts. Au point de vue politique, ces tarifs ne méritent pas plus de faveur; une correspondance multipliée parce qu'elle serait peu coûteuse, aurait pour résultat de resserrer les liens de confraternité qui doivent unir les habitants d'une même république; elle fortifierait l'esprit de famille et l'esprit de famille, qui moralise les peuples, est une puissante garantie de l'esprit de nationalité....

Le rapporteur examinait ensuite la réforme postale comme question sociale, comme question de justice en matière de répartition d'impôts et enfin comme question purement fiscale.

D'accord avec le gouvernement, la commission proposait la rédaction suivante :

Article premier. — A dater du 1er janvier 1849, toute lettre du poids de 7 grammes et demi et au-dessous circulant à l'intérieur de bureau à bureau sera taxée à 0 fr. 20.

Les lettres de et pour la Corse et l'Algérie seront soumises à la même taxe.

Art. 2. — Les lettres dont le poids excédera 7 grammes et demi et qui ne pèseront pas plus de 15 grammes seront taxées à 0 fr. 40.

Art. 3. — Les lettres et paquets de papiers d'un poids excédant 15 grammes et n'excédant pas 100 grammes seront taxés à 1 franc.

Les lettres ou paquets dont le poids dépassera 100 grammes seront taxés à 1 franc par chaque 100 grammes ou fraction de 100 grammes excédant.

Art. 4. — Les lettres recommandées et les lettres chargées seront soumises au double port. L'affranchissement de ces lettres sera obligatoire.

Art. 5. — L'administration des postes est autorisée à faire vendre au prix de 0 fr. 20, 0 fr. 40 et 1 franc des timbres ou cachets dont l'apposition suffira pour en opérer l'affranchissement.

Art. 6. — Il est interdit à tout fonctionnaire ou agent de l'administration d'envoyer dans un paquet administratif ou de contre-signer pour les affranchir, des lettres étrangères au service qui leur est confié.

La contravention à cet article sera punie conformément aux dispositions de la loi du 27 prairial an IX sur la lettre transportée en fraude.

Art. 7. — Toute lettre adressée à une personne ayant la franchise et qui serait destinée à un tiers, sera immédiatement envoyée au bureau de poste pour y être taxée.

Art. 8. — Un règlement d'administration approuvé par le ministre des finances, fixera les moyens d'exécution et mettra les mesures réglées par le présent décret en rapport avec les dispositions de la loi du 15 mars 1827 qui ne sont pas abrogées.

Art. 9. — Le ministre des finances est chargé de l'exécution du présent décret.

DISCUSSION (24 AOUT). — AMENDEMENTS.

Au cours de la discussion qui eut lieu le 24 août, plusieurs amendements furent présentés :

### 1° Amendement Bastiat.

Article premier. — A dater du 1er janvier 1849, l'administration des postes ne fera transporter et remettre à domicile que les lettres du poids de 10 grammes et au-dessous qui seront revêtues d'un timbre-cachet destiné à en opérer l'affranchissement.

Art. 2. — Ces timbres-cachets seront vendus à 5 centimes par les soins de l'administration.

Art. 3. — Les lettres et paquets de papiers au-dessus de 10 grammes et n'excédant pas 100 grammes seront affranchis à la poste moyennant l'apposition faite par le préposé d'un timbre dont le prix sera de 1 franc.

Art. 4. — Toutes les lois concernant le transport des lettres par toute autre voie que celle de la poste sont abrogées.

Amendement soutenu par son auteur et repoussé par l'assemblée.

### 2° Amendement Cordier.

Tendant à porter de 7 grammes 1/2 à 10 grammes le poids de la lettre simple.

Après le rejet de ces deux amendements, l'article 1er présenté par la commission fut adopté.

### 3° Amendement Wolowski.

Après l'adoption des sept premiers articles, M. Wolowski proposa deux articles additionnels ainsi conçus :

Art. 8. — A partir du 1er janvier 1849, le droit perçu sur les articles d'argent sera réduit à 1 p. 100 et l'administration des postes sera autorisée à faire des recouvrements au même taux.

Art. 9. — L'administration des postes fera, moyennant le même droit de 1 p. 100, le recouvrement des mandats qui lui seront confiés et elle en rendra compte dans un délai de huitaine à partir du jour de l'échéance de ces mandats.

Elle percevra, en outre, un droit de 0 fr. 25 sur chaque mandat acquitté ou non qu'elle aura fait présenter au domicile du débiteur.

Sur l'affirmation de M. Goudchaux, ministre des finances, que cette question était à l'étude, M. Wolowski retira son amendement qui fut ensuite repris par M. Gréat pour son propre compte et finalement repoussé par l'Assemblée nationale.

### 4° Amendement Carla.

Un amendement analogue à celui de M. Wolowski fut présenté par M. Carla et retiré par son auteur.

### 5° Amendement Saint-Priest.

Comme complément de l'article 6 déjà voté, M. de Saint-Priest, rapporteur, proposa l'article additionnel suivant qui ne fut pas adopté :

Dans tous les cas de contravention aux dispositions, tant de la présente loi que des lois antérieures qui restent en vigueur, les tribunaux, s'ils reconnaissent des circonstances atténuantes, pourront faire application de l'article 463 du Code pénal, sans que toutefois l'amende puisse être réduite au-dessous de 16 francs.

Cette rédaction fut remplacée par l'amendement suivant présenté par M. Duplan :

### 6° Amendement Duplan.

Dans tous les cas de contravention prévus par le présent décret ou par les lois antérieures dont les dispositions restent en vigueur, les tribunaux pourront, suivant les circonstances, modérer la peine et réduire l'amende à 16 francs.

Cet amendement devint l'article 8.

### VOTE DU PROJET. — DÉCRET-LOI DU 30 AOUT 1848 SUR LA TAXE DES LETTRES.

Les deux articles suivants furent votés sans discussion, ainsi que l'ensemble du décret-loi qui fut promulgué le 30 août 1848 et dont le texte suit :

*Décret relatif à la taxe des lettres (24 août 1848).*

ARTICLE PREMIER. — A dater du 1er janvier 1849, toute lettre du poids de 7 gr. 1/2 et au-dessous, circulant à l'intérieur de bureau à bureau, sera taxée à 20 centimes.

Les lettres de et pour la Corse et l'Algérie seront soumises à la même taxe.

ART. 2. — Les lettres dont le poids excédera 7 gr. 1/2 et qui ne pèseront pas plus de 15 grammes seront taxées à 40 centimes.

Art. 3. — Les lettres et paquets de papiers d'un poids excédant 15 grammes et n'excédant pas 100 grammes seront taxés à 1 franc.

Les lettres ou paquets dont le poids dépassera 100 grammes seront taxés à 1 franc par chaque 100 grammes ou fraction de 100 grammes excédant.

Art. 4. — Les lettres recommandées et les lettres chargées seront soumises au double port. L'affranchissement de ces lettres sera obligatoire.

Art. 5. — L'administration des postes est autorisée à faire vendre, au prix de 20 centimes, 40 centimes et 1 franc, des timbres ou cachets, dont l'apposition sur une lettre suffira pour en opérer l'affranchissement.

Art. 6. — Il est interdit à tout fonctionnaire ou agent de l'administration d'envoyer dans un paquet administratif ou de contre-signer, pour les affranchir, des lettres étrangères au service qui lui est confié.

La contravention à cet article sera punie conformément aux dispositions de la loi du 27 prairial an IX sur le transport des lettres en fraude (art. 12).

Art. 7. — Toute lettre adressée à une personne ayant la franchise et qui serait destinée à un tiers sera immédiatement envoyée au bureau de poste pour y être taxée.

Art. 8. — Dans tous les cas de contravention prévus par le présent décret ou par les lois antérieures dont les dispositions restent en vigueur, les tribunaux pourront, suivant les circonstances, modérer la peine et réduire l'amende à 16 francs.

### DÉMISSION DE M. ÉTIENNE ARAGO (10 DÉCEMBRE 1848).

Le 10 décembre 1848, dès qu'il eut connaissance des résultats du vote nommant le prince Louis-Napoléon, président de la République, M. Étienne Arago s'empressa de se démettre de ses fonctions de directeur de l'administration des postes.

En donnant aujourd'hui ma démission, disait-il dans la circulaire qu'il adressa au personnel des postes, je me fais un devoir d'adresser mes remerciements à tous mes collaborateurs. Nous avons eu à traverser des temps difficiles. Sans votre zèle, j'aurais certainement succombé à ma tâche. Mais quand je vous rends cette justice, vous me rendrez celle de reconnaître que je ne vous ai rien demandé qui fût contraire aux lois et à la plus stricte probité, que la *sécurité* et la *célérité* ont été pour moi les deux bases de notre belle administration.

Ma conscience, qui me dicte ma résolution, me laisse le regret de n'avoir pu accomplir, après la réforme postale, d'autres améliorations projetées avec MM. Piron et Gouin.

### LES POSTES EN 1848.

M. Étienne Arago qui s'est dépeint tout entier dans les quelques lignes que nous venons de rapporter, donna un rare exemple de désintéressement en refusant de toucher, pendant tout le temps qu'il occupa les fonctions de directeur de l'administration des postes, le traitement attaché à ces fonctions.

Nous avons montré le zèle et l'activité qu'il déploya pour assurer la régularité du service dès le 24 février et à travers les barricades.

Ce zèle et cette activité, loin de se démentir, redoublèrent, au contraire, dans toutes les circonstances analogues, c'est-à-dire pendant les émeutes et les mouvements populaires.

C'est ainsi que le service ne fut jamais interrompu un seul jour, ni pendant les troubles qui suivirent l'envahissement de la Chambre, le 15 mai, ni pendant les fatales journées de juin.

Le 15 mai, M. Arago put écrire, en toute vérité, aux membres de la commission exécutive :

Citoyens,

Comme au premier jour de la République, le service des malles a été assuré. Toutes sont parties de six heures à sept heures et demie, escortées par de forts piquets de gardes nationaux.

Je vous préviendrai de leur sortie de Paris et de l'arrivée de plusieurs d'entre elles aux chemins de fer, dès que les gardes nationaux seront rentrés à l'hôtel des postes.

*Vive la République!*

ÉTIENNE ARAGO.

Les difficultés furent encore plus grandes en juin qu'en février et en mai. Plusieurs barrières étaient, en effet, aux mains de l'insurrection et les rails de chemins de fer avaient été enlevés sur plusieurs points tant dans les gares qu'aux environs de Paris. Force fut donc de tracer des routes nouvelles pour les malles et d'improviser des relais. Les dépêches pour Rennes, Nantes, Bordeaux, Limoges, Clermont et Marseille, par exemple, furent acheminées par des voitures spéciales qui prirent la route de Versailles, Rambouillet et Dourdan pour rejoindre Étampes, où un convoi spécial les attendait pour les conduire à Orléans.

Dans toutes ces circonstances, M. Arago fit preuve d'initiative et donna la mesure de son énergie.

M. Garnier-Pagès en cite un nouvel exemple dans le passage suivant de son *Histoire de la Révolution de* 1848 :

M. Étienne Arago, directeur des postes, avait songé dès les premiers jours à utiliser le service des courriers et des facteurs ruraux pour renseigner le gouvernement, aviser les populations et dissiper les mutuelles appréhensions de Paris et des départements. Du succès de cette innovation naquit l'idée de propager et d'afficher dans toutes les communes, jusque dans les campagnes les plus reculées, une feuille intitulée *Bulletin de la République*, portant la suscription du ministère de l'intérieur, et destinée à exposer les faits, à détruire les fausses rumeurs, à calmer les alarmes, à faire connaître les actes et les proclamations du gouvernement. L'utilité ou le péril de ce bulletin était renfermé dans sa rédaction même.

Le ministre accepta l'idée; et le 13 mars parut le premier numéro[1].

1. *Histoire de la Révolution de* 1848, par GARNIER-PAGÈS. Éd. Pagnerre. Paris, 1866 : t. III, page 332.

M. Arago eut, comme nous l'avons vu, l'honneur de faire inscrire la réforme postale dans le programme du Gouvernement provisoire.

On peut encore ajouter que la probité la plus scrupuleuse fut toujours la règle de sa conduite.

C'est dire que le *cabinet noir* ne pouvait pas exister sous son administration. Il suffit, du reste, de lire sa brochure: *les Postes en* 1848, pour voir quelle haute idée il s'était faite des devoirs de directeur général des postes :

Le jour même de mon entrée à l'administration des postes, dit M. Étienne Arago, après avoir assuré le départ des malles, je demandai qu'on me conduisit au *cabinet noir*, ma volonté bien arrêtée étant de le supprimer sur l'heure.

Les sous-directeurs présents se prirent à sourire et me déclarèrent que le cabinet noir n'existait pas.

Après bien des questions renouvelées dans les premiers jours, et auxquelles M. Gouin, que je sondais le plus ardemment, répondait avec une sincérité indignée, après des recherches personnelles, accomplies même dans la nuit, force fut à mon incrédulité d'être convaincue. J'appris que depuis 1827, sous la direction de M. de Villeneuve, le cabinet noir avait été aboli. Mais j'acquis plus tard la preuve non moins certaine que, depuis l'époque où l'on ne décachetait plus les lettres à l'administration des postes, certains directeurs soumis servilement aux fantaisies du souverain régnant avaient *travaillé* avec lui, pour me servir de l'expression de Bourrienne, qui nous montre dans ses mémoires M. Delaforest, directeur des postes, *travaillant* ainsi avec le premier consul.

On pourrait me demander comment ces lettres pouvaient alors quitter les bureaux de la poste, sans y éveiller des soupçons. Mais rien ne prouve que ces soupçons ne furent pas éveillés et qu'ils n'y inspirèrent pas de pénibles sentiments, n'y causèrent pas de secrètes révoltes de conscience parmi les employés, dont l'honorabilité s'est souvent indignée pour de moindres causes...

Je ne dévoilerai aucun des moyens employés pour décacheter les lettres, par la raison que j'ai voulu les ignorer toujours et que — je l'atteste sur l'honneur — dans les moments même où la conspiration contre la République était flagrante, si on eût osé me demander de briser un seul cachet ou d'ouvrir une enveloppe, ma démission eût volé à la face de l'homme qui aurait eu la hardiesse de me faire cette proposition.

M. Arago ajoute, cependant, qu'un jour sa destitution fut agitée au conseil des ministres pour un fait de lettres illicitement ouvertes dans les circonstances suivantes :

Un matin, dit-il, je reçus dans mon bureau le chef de cabinet d'un ambassadeur. Il venait se plaindre de la violation de ses dépêches par la poste de France. Pour répondre à mes vives dénégations, il me présenta une lettre adressée à un autre ambassadeur que le sien, et qui s'était trouvée dans une enveloppe à celui-ci destinée. Son accusation assez nettement exprimée ne me laissa pas le sang-froid nécessaire pour voir tout de suite qu'il y avait eu réellement échange entre les lettres des deux ambassades et qu'un maniement odieux était évident. Je répondis avec assez de rudesse à mon visiteur pour qu'il se retirât peu satisfait de mon accueil.

Le soir même, je reçus de mon ami, M. Foissy, secrétaire particulier du général Cavaignac, une lettre dans laquelle il m'apprenait qu'il avait été longuement question de moi au conseil des ministres, que, sur la plainte du diplomate dont j'avais reçu la visite, ma destitution avait été demandée par deux ministres, mais que, ayant été défendu par les autres et par le chef du pouvoir exécutif, on avait résolu de s'en tenir avec moi à l'ordre formel d'avoir à faire cesser un procédé postal que j'avais sans doute trouvé fonctionnant, mais qui était indigne d'un gouvernement républicain.

— Quittez cette place à l'instant, me dit un parent, témoin de ma légitime colère, envoyez votre démission.

— Non pas, répondis-je, on ne se retire pas sur une accusation semblable.

Je fis appeler MM. Piron et Gouin et je leur lus la lettre de M. Foissy. Ils échangèrent entre eux une parole rapide, et, revenant vers moi :

— S'il peut être prouvé, me dirent-ils, qu'on ouvre des lettres ici, nous résignerons nos fonctions, car il sera prouvé aussi par ce fait, que nous sommes des traîtres ou des incapables : incapables, puisqu'une manœuvre aussi grave aurait passé inaperçue à notre surveillance ; traîtres, si nous agissons contrairement à vos intentions et à vos principes.

Fort de cette double déclaration, je me transportai sur-le-champ à l'hôtel des Affaires étrangères, désireux de convaincre M. Bastide, mon ami, et l'un des ministres devant qui avait été portée l'accusation contre moi.

M. Bastide écouta avec attention ma plainte ; puis s'approchant amicalement de moi :

— Dis qu'on agit à la poste contrairement à ta volonté, je le crois ; mais il est certain qu'on y décachette les lettres. J'ai deux fois demandé à ton ministre que l'on te dise de ne pas donner suite aux rapports quotidiens qui me sont envoyés de chez toi.

— De chez moi ? des rapports !... jamais !

— Voilà celui de ce matin.

Je m'en emparai vivement.

— Très bien, dis-je ; nous en connaîtrons l'origine. L'employé qui te l'a remis le tenait de quelqu'un ; ce quelqu'un l'a reçu d'une troisième personne... En remontant ainsi, nous arriverons à la main qui les écrit tous.

Le ministre des affaires étrangères ne se refusa pas à l'expérience ; l'employé qui lui remettait les rapports fut appelé et interrogé.

— Ces rapports nous viennent de la poste, n'est-ce pas ?

— Non, Monsieur le Ministre.

— Où donc sont-ils rédigés ?

— Ici, dans votre ministère et dans le bureau de la sûreté générale, au ministère de l'Intérieur.

Rien ne saurait rendre la stupéfaction du loyal M. Bastide.

— Ici ! ici ! disait-il... mais comment ?

La poste, en effet, était étrangère à cet acte. A chaque ambassade il y a un sac dans lequel bien des nationaux habitant Paris vont journellement glisser leurs lettres à côté de celles de chaque ambassade et qui voyagent ainsi en franchise. Eh bien ! le porteur du sac était vendu. Il apportait son sac au bureau du décachetage à la sûreté générale, on l'ouvrait, on choisissait les lettres jugées suspectes, puis le porteur allait vider le sac à la poste. Une opération en sens inverse était faite à l'arrivée des correspondances étrangères à Paris. L'homme au sac allait chercher les lettres à la poste ; elles passaient par le bureau secret où plusieurs étaient décachetées et recachetées, avant d'arriver à leur destination.

Cela a été pratiqué par tous les gouvernements qui ont précédé la république. Nonobstant les observations, les prières de M. Carlier, alors directeur de la sûreté générale au ministère de l'Intérieur et qui faisait voir la France désarmée en face des puissances étrangères moins scrupuleuses, sur ce point, que nous n'allions l'être, M. Bastide brisa d'une main indignée cet instrument de règne monarchique dont on ne lui avait pas jusque-là révélé l'existence dans son ministère.

Je pourrais nommer des employés du bureau mystérieux, ceux mêmes qui faisaient servir la science aux facilités du travail manuel de décachetage; je n'en ferai rien. Après vingt ans de discrétion entière, je me suis cru forcé, pour faire cesser les diffamations, les calomnies d'un journal monarchique, de soulever un coin du rideau administratif, et de mettre au jour un des procédés dont usaient les patrons de ce journal; mais j'ai dit tout ce qui importait et je ne veux pas en révéler plus long. Il me suffit d'avoir mis hors d'atteinte l'honneur des employés de l'administration que je dirigeais.

Nous bornerons là nos citations qui suffisent à montrer en quelles dignes mains avait été placé le service des postes sous la seconde République.

Pour terminer ce chapitre, nous mentionnerons enfin, à l'honneur du gouvernement provisoire, le fait suivant rapporté par Eugène Pelletan :

« A la suite des troubles du 15 mai, un homme est arrêté : il est poursuivi pour insurrection à main armée et, du fond de sa prison, il écrit une lettre, à qui? Au roi Jérôme Napoléon. La lettre est apportée par le directeur de la prison à la commission exécutive, et voici le procès-verbal de la commission exécutive que je demande la permission de lire tout entier : « Le préfet de police envoie à la commission « une lettre cachetée qu'un prisonnier de Sainte-Pélagie adresse au « citoyen Jérôme Bonaparte. »

La commission décide que cette lettre sera envoyée au préfet de police qui la fera parvenir telle qu'elle est au destinataire » [1].

1. Discours d'Eugène Pelletan, prononcé devant le Corps législatif, séance du 22 février 1867. *Moniteur universel*, année 1867, p. 195, col. 4.

PRÉSIDENCE

# DE LOUIS-NAPOLÉON BONAPARTE

(1848-1852)

M. Thayer, directeur de l'administration générale des postes. — Timbres-poste. — Élévation de 20 à 25 centimes de la taxe des lettres. — Cautionnement des journaux et timbre des écrits périodiques et non périodiques. — Droits des préfets en matière de saisie de lettres et de journaux. — Service maritime entre la France et la Corse. — Décret organique sur la presse. — Timbre des journaux et écrits périodiques et non périodiques. — Décentralisation administrative.

## M. THAYER, DIRECTEUR DE L'ADMINISTRATION GÉNÉRALE DES POSTES (21 DÉCEMBRE 1848).

Le 21 décembre 1848, M. Thayer remplaça M. Etienne Arago dans ses fonctions de directeur de l'administration générale des postes.

## ARRÊTÉ MINISTÉRIEL DU 13 DÉCEMBRE 1848 POUR L'EXÉCUTION DU DÉCRET DU 24 AOUT 1848. — TIMBRES-POSTE.

Les détails d'exécution du décret-loi du 24 août 1848 furent réglés par l'arrêté ministériel du 13 décembre suivant.

La réforme fut mise en vigueur à partir du 1er janvier 1849 et quelques jours après, le 4 janvier, le *Moniteur universel* contenait l'avis suivant :

La nouvelle loi sur le port des lettres à 20 centimes fonctionne depuis avant-hier. Un grand nombre de lettres reçues des départements à Paris portent la petite vignette carrée, figure de l'affranchissement. Cette vignette est à l'effigie de la République, se détachant en blanc sur fond noir. La poste frappe cette vignette avant la distribution, pour que l'on n'ait pas même la tentation de s'en servir une seconde fois.

En Angleterre, le port a été abaissé à 10 centimes. L'affranchissement est devenu en quelque sorte obligatoire, puisque la lettre non affranchie est bien remise au destinataire, mais frappée d'un double port. Les timbres d'affranchissement sont devenus en quelque sorte une monnaie courante. On en porte sur soi, et pas un marchand ne les refuse comme appoint, puisqu'il a un emploi immédiat pour sa correspondance.

Lors de l'application de la réforme en Angleterre, le Post-Office avait procédé à la première émission de timbres-poste.

L'exemple de l'Angleterre fut suivi en 1843 par le Brésil, en 1844 par Genève, en 1845 par la Finlande, en 1846 par les États-Unis d'Amérique, en 1848 par la Russie, en 1849 par la France, la Belgique et la Bavière, en 1850 par l'Autriche, la Prusse et la Saxe et plus tard par les autres pays.

Les timbres-poste créés en France par l'application du décret-loi du 24 août 1848 étaient de trois valeurs différentes : 20 centimes, 40 centimes et 1 franc; la vente de ces timbres fut réservée exclusivement aux agents de l'administration des postes.

Après le rejet des propositions de l'ingénieur anglais Perkins, le gouvernement confia la fabrication des timbres-poste à un Français, M. Hulot, graveur général des monnaies, avantageusement connu pour ses procédés spéciaux de reproduction de la gravure, qui avait offert ses services sans conditions et à l'entreprise, à un prix ferme pour une période de quinze années.

Un arrêté du ministre des finances du 2 avril 1851 chargea définitivement de cette fabrication M. Hulot, moyennant une somme de 1 fr.50 par 1000 timbres, quel que fût le nombre de timbres fabriqués.

Comme conséquence de la loi du 24 août 1848 qui avait créé les timbres-poste, il parut nécessaire de garantir contre la fraude les intérêts du Trésor.

Tel fut l'objet de la loi du 16 octobre 1849, qui édicta les dispositions suivantes :

LOI DU 16 OCTOBRE 1849 QUI PRONONCE DES PEINES CONTRE LES INDIVIDUS QUI FERAIENT USAGE DE TIMBRES-POSTE AYANT DÉJA SERVI A L'AFFRANCHISSEMENT DES LETTRES.

Quiconque aura sciemment fait usage d'un timbre-poste ayant déjà servi à l'affranchissement d'une lettre sera puni d'une amende de 50 francs à 1000 francs.

En cas de récidive, la peine sera d'un emprisonnement de cinq jours à un mois et l'amende sera doublée.

Sera punie des mêmes peines, suivant les distinctions sus-établies, la vente ou tentative de vente d'un timbre-poste ayant déjà servi (art. 13).

L'article 463 du Code pénal sera applicable dans les divers cas prévus par le présent article de la loi.

DÉCRET DU 26 AVRIL 1850 RELATIF A L'ORGANISATION DE L'ADMINISTRATION CENTRALE DES POSTES.

Le service d'exécution à Paris avait été, jusqu'à cette époque, confondu avec celui de l'administration centrale.

L'article 1er suivant du décret du 26 avril 1850 modifia cette situation :

Article premier. — Le service actif d'exploitation des postes à Paris formera une division séparée du service administratif.

LOI DE FINANCES DU 15 MAI 1850. — TITRE V RELATIF A LA TAXE DES LETTRES.

Le progrès réalisé par la loi du 24 août 1848 ne fut malheureusement pas de longue durée. La loi du 15 mai 1850 dont nous allons suivre l'historique, devait nous faire rétrograder encore.

*Projet de loi présenté par le gouvernement* (*14 novembre* 1849). — Dans la séance du 14 novembre 1849, M. Achille Fould, ministre des finances, présenta à l'Assemblée législative l'exposé de la situation financière.

Cet exposé contenait la présentation du projet de loi suivant :

Article unique. — A partir du 1er janvier 1850, la taxe établie par les art. 1, 2 et 3 du décret du 24 août 1848 sur les correspondances circulant de bureau à bureau sera augmentée d'un décime pour les lettres et paquets non affranchis.

Le tarif actuellement en vigueur continuera à être applicable aux lettres et paquets affranchis ainsi qu'aux lettres chargées et recommandées.

*Exposé des motifs.* — D'après l'exposé des motifs, cette proposition tendait à faire répandre l'usage des timbres-poste afin de diminuer les frais d'exploitation augmentés depuis la réforme. En réalité, le but financier poursuivi par le ministre, était d'obtenir de la poste un revenu plus élevé pour compenser la perte de 12 millions qu'avait entraînée l'application de la loi du 24 août 1848.

*Rapport* (*8 mars* 1850). — *M. Gouin rapporteur.* — Le rapport fut déposé dans la séance du 8 mars 1850.

La commission, par l'organe de M. Gouin, fit connaître que le moyen proposé par le ministre n'était qu'un expédient incapable d'amener le résultat attendu.

Après avoir successivement écarté deux systèmes qui rappelaient plus ou moins la division de la France en zones avec taxes progressives, la commission, d'accord avec le ministre des finances, proposa d'adopter le projet de loi suivant :

*Projet de la commission. — Titre V. — Sur la taxe des lettres.* — ART. 11. — A partir de 1850, la taxe établie par les art. 1er et 2 du décret du 24 août 1848 sur les correspondances circulant de bureau à bureau sera portée à 25 centimes pour toute lettre du poids de 7 grammes 1/2 et au-dessous, et à 50 centimes pour toutes celles dont le poids excédera 7 grammes 1/2 et qui ne pèseront pas plus de 15 grammss.

ART. 12. — A partir de la même époque, l'affranchissement des lettres recommandées cessera d'être obligatoire. La surtaxe à leur apposer pour frais de recommandation, au lieu du double port fixé par l'art. 4 du décret du 24 août 1848, ne sera qu'un supplément de 25 centimes, quel que soit le poids des lettres et quelle que soit la taxe qu'elles devront supporter à raison de ce poids.

ART. 13. — Les prix de 20 et 40 centimes fixés par l'article 5 du décret du 24 août 1848 pour la vente des timbres ou cachets destinés à l'affranchissement d'une lettre seront de 25 et 50 centimesà partir de la même date.

Le ministre des finances est également autorisé à émettre et à faire circuler des timbres-poste au-dessous de 25 centimes pour l'affranchissement des lettres de correspondances locales.

*Discussion* (17 *mai* 1850). — *M. de Saint-Priest.* — Lorsque, dans la séance du 17 mai 1850, la discussion de ce projet vint à l'ordre du jour de l'Assemblée législative, M. de Saint-Priest, qui, comme promoteur et comme rapporteur, avait pris une part si active à l'élaboration du décret loi de 1848, s'opposa énergiquement à l'adoption du nouveau projet.

Mais ce fut en vain qu'il fit ressortir quelle preuve d'inconséquence donnerait le parlement en défaisant le lendemain l'ouvrage de la veille.

De quoi vous plaignez-vous? ajoutait-il. Depuis l'application de la réforme, la circulation a déjà augmenté de 50 pour 100. Ce chiffre s'augmentera encore si vous avez la patience de continuer l'expérience encore pendant six mois au moins.

Modifiez, si vous voulez, l'échelle des poids dépassant 15 grammes, mais ne touchez pas à cette belle réforme...

Vainement aussi M. Sainte-Beuve prêta à M. de Saint-Priest l'appui de sa parole en faisant ressortir que l'abaissement de la taxe avait donné au mouvement commercial une impulsion plus vive, plus féconde et que l'on avait retrouvé sous une autre forme beaucoup plus que ce que la réforme avait fait perdre momentanément au Trésor.

Ces considérations puissantes vinrent se heurter contre le parti pris de la commission et du commissaire du gouvernement, M. Magne, qui ne voulaient voir dans la réforme que l'intérêt fiscal du moment.

*Amendement Saint-Priest.* — L'amendement de M. de Saint-Priest ainsi conçu : « La taxe des lettres établie par la loi du 24 août 1848 est maintenue, » fut repoussé par 374 voix contre 291 sur 665 votants et le projet de la commission fut ensuite adopté avec les modifications suivantes :

1° Sur la demande du rapporteur :

Substitution des termes :

A partir du 1er juillet 1850.

à ceux de

A partir de 1850.

*Amendement Oudinot.* — 2° Sur la demande de M. Oudinot, disposition additionnelle :

Le tarif établi par le décret du 24 août 1848 restera applicable aux lettres adressées aux sous-officiers et soldats des armées de terre et de mer en activité de service.

Art. 13. — Sur la demande du commissaire du gouvernement, substitution des mots *affranchissement des correspondances* à *affranchissement des lettres de correspondances locales*, ce qui réduisait à ces termes le deuxième paragraphe de l'art. 13.

Le ministre des finances est également autorisé à émettre et à faire circuler des timbres-poste au-dessous de 25 centimes pour l'affranchissement des correspondances.

Cette disposition avait pour but de permettre l'usage des timbres de 10 et 15 centimes pour l'affranchissement des correspondances étrangères.

Voici le texte de la loi du 15 mai 1850 :

Art. 13. — A partir du 1er juillet 1850, la taxe établie par les articles 1er et 2 du décret du 24 août 1848, sur les correspondances circulant de bureau à bureau, sera portée à 25 centimes pour toute lettre du poids de 7 grammes 1/2 et au-dessous, et à 50 centimes pour toutes celles dont le poids excédera 7 grammes 1/2 et ne dépassera pas 15 grammes.

Le tarif établi par le décret du 24 août 1848 restera applicable aux lettres adressées aux sous-officiers et soldats des armées de terre et de mer en activité de service.

Art. 14. — A partir de la même époque, l'affranchissement des lettres recommandées cessera d'être obligatoire. La surtaxe à leur apposer pour frais de recommandation, au lieu du double port fixé par l'article 4 du décret du 24 août 1848, ne sera qu'un supplément de 25 centimes, quel que soit le poids des lettres et quelle que soit la taxe qu'elles devront supporter à raison de ce poids.

Art. 15. — Le prix de 20 et 40 centimes fixés par l'article 5 du décret du 24 août pour la vente des timbres ou cachets destinés à l'affranchissement d'une lettre seront de 25 et 50 centimes, à partir de la même date.

Le ministre des finances est également autorisé à émettre et à faire circuler des timbres-poste au dessous de 25 centimes, pour l'affranchissement des correspondances.

Ainsi fut perdu le bénéfice de la loi libérale du 24 août 1848 !

### TIMBRES-POSTE.

A partir du 1er juillet 1850, le timbre-poste de 20 centimes fut remplacé par un timbre de 25 centimes et on créa, en outre, deux nouveaux timbres, l'un à 15 centimes, l'autre à 10 centimes, qui, réunis, pouvaient remplacer le timbre à 25 centimes et qui, pris isolément, servaient le premier, à l'affranchissement des lettres de Paris pour Paris, et le second, à l'affranchissement des lettres circulant dans l'intérieur de la circonscription d'un bureau de poste.

### LOI DU 16 JUILLET 1850 SUR LE CAUTIONNEMENT DES JOURNAUX ET LE TIMBRE DES ÉCRITS PÉRIODIQUES ET NON PÉRIODIQUES. — RÉUNION DES DROITS DE TIMBRE ET DE POSTE.

Dans la séance du 21 mars 1850, M. Rouher, ministre de la justice, avait déposé sur le bureau de l'assemblée un projet de loi sur le timbre et le cautionnement des journaux.

Le projet était divisé en deux parties relatives, la première au cautionnement, la seconde au timbre.

Cette deuxième partie était conçue en ces termes :

TITRE II

**Du timbre.**

Art. 5. — Dans les quinze jours qui suivront la promulgation de la présente loi, un droit de timbre fixe sera établi sur les journaux et écrits périodiques, quelle que soit la dimension de leur format.

Ce droit sera de 4 centimes par feuille sur les journaux et écrits ou gravures périodiques ayant moins de dix feuilles d'impression, publiés dans les départements de la Seine, de Seine-et-Oise, de Seine-et-Marne et du Rhône, et dans les arrondissements qui renferment une ville de 50 000 âmes et au-dessus.

Les journaux et écrits périodiques publiés partout ailleurs payeront un droit de timbre de 2 centimes par feuille.

Les recueils et écrits périodiques qui étaient dispensés du timbre avant le décret du 4 mars 1848 continueront à jouir de cette exemption.

Art. 6. — Tous les écrits non périodiques traitant de matières politiques ou d'économie sociale, et publiés en une ou plusieurs livraisons ayant moins de dix feuilles d'impression, payeront un timbre de 4 centimes pour chaque feuille de 30 décimètres carrés et au-dessous. Pour chaque 7 décimètres 1/2 carrés en sus il sera payé un centime.

Les articles 7, 8 et 9 visaient spécialement les contraventions et le recouvrement des droits et amendes de contravention.

M. Rouher ne dissimulait pas le but politique de la loi ; il suffit, pour s'en convaincre, de lire l'exposé des motifs dont nous extrayons le passage suivant qui en est la conclusion :

Ces mesures atteignent un double résultat : d'abord elles ajoutent à notre budget des recettes un revenu qu'on ne peut évaluer à moins de 6 millions ; ensuite elles sauvegardent la société contre de détestables doctrines, en pesant surtout sur ces mauvais imprimés que l'on répand à bas prix dans les villes et dans les campagnes, où ils propagent les préjugés, entretiennent les erreurs, excitent les passions et corrompent la conscience publique.

Quoi qu'il en soit, le rapport sur cette proposition fut fait par M. de Chasseloup-Laubat et déposé dans la séance du 29 juin.

La commission avait modifié le projet du gouvernement.

La discussion publique eut lieu dans les séances des 8, 9, 10, 11, 12, 13, 15 et 16 juillet.

Voici la loi qui sortit de ces délibérations :

. . . . . . . . . . . . . . . . . . . . . . . . . . . . . . . . . . . . .

*Du 16 juillet 1850*

TITRE I

**Du cautionnement.**

. . . . . . . . . . . . . . . . . . . . . . . . . . . . . . . . . . . . .

TITRE II

**Du timbre.**

Art. 12. — A partir du 1er août prochain, les journaux ou écrits périodiques ou les recueils périodiques de gravures ou lithographies politiques de moins de dix feuilles de 25 à 32 décimètres carrés, ou de moins de cinq feuilles de 50 à 72 décimètres carrés, seront soumis à un droit de timbre.

Ce droit sera de 5 centimes par feuille de 72 décimètres carrés et au-dessous, dans les départements de la Seine et de Seine-et-Oise, et de 2 centimes, pour les journaux, gravures ou écrits périodiques publiés partout ailleurs.

Art. 13. — Les écrits non périodiques traitant de matières politiques ou d'économie sociale qui ne sont pas actuellement en cours de publication ou qui, antérieurement à la présente loi, ne sont pas tombés dans le domaine public, s'ils sont publiés en une ou deux livraisons ayant moins de trois feuilles d'impression de 25 à 32 décimètres carrés, seront soumis à un droit de timbre de 5 centimes.

Pour chaque 10 décimètres carrés ou fraction en sus, il sera perçu 1 centime et demi.

Cette disposition est applicable aux écrits non périodiques publiés à l'étranger, lesquels seront, à l'importation, soumis aux droits de timbre fixés pour ceux publiés en France.

Art. 14. — Tout roman-feuilleton publié dans un journal ou dans son supplément sera soumis à un timbre de 1 centime par numéro.

Ce droit ne sera que d'un demi-centime pour les journaux des départements autres que ceux de la Seine et de Seine-et-Oise.

Art. 15. — Le timbre servira d'affranchissement au profit des éditeurs de journaux et écrits, savoir :

Celui de 5 centimes pour le transport et la distribution sur tout le territoire de la République.

Celui de 2 centimes pour le transport des journaux et écrits périodiques dans l'intérieur du département (autre que ceux de la Seine et de Seine-et-Oise) où ils sont publiés et des départements limitrophes.

Les journaux ou écrits seront transportés et distribués par le service ordinaire de l'administration des postes.

Art. 16. — Les journaux ou écrits périodiques frappés du timbre de 2 centimes devront, pour être transportés et distribués hors des limites déterminées par le troisième § de l'article précédent, payer un supplément de prix de 3 centimes.

Ce supplément de prix sera acquitté au bureau de poste du départ et le journal sera frappé d'un timbre constatant l'acquittement de ce droit.

Art. 17. — L'affranchissement résultant du timbre ne sera valable pour les journaux et écrits périodiques que pour le jour et pour le départ du lieu de leur publication. Pour les autres écrits, il ne sera valable que pour un seul transport et le timbre sera maculé au départ par les soins de l'administration.

Toutefois les éditeurs des journaux ou écrits périodiques auront le droit d'envoyer en franchise à tout abonné, avec la feuille du jour, les numéros publiés depuis moins de trois mois.

Art. 18. . . . . . . . . . . . . . . . . . . . . . . . . .

Art. 19. — Quiconque autre que l'éditeur voudra faire transporter un journal ou écrit par la poste sera tenu d'en payer l'affranchissement à raison de 5 centimes ou de 2 centimes par feuille, selon les cas prévus par la présente loi.

Le journal sera frappé au départ d'un timbre indiquant cet affranchissement. A défaut de cet affranchissement, le journal sera, à l'arrivée, taxé comme lettre simple.

Art. 20. . . . . . . . . . . . . . . . . . . . . . . . . .

Art. 21. — Un règlement déterminera le mode d'apposition du timbre sur les journaux ou écrits, la place où devra être indiqué le jour de leur publication, le mode de pliage, enfin les conditions à observer pour la remise à la poste des journaux ou écrits par les éditeurs qui voudront profiter de l'affranchissement.

. . . . . . . . . . . . . . . . . . . . . . . . . . . .

En résumé, au point de vue purement postal, on voit que la loi du 16 juillet 1850 consacra ce principe : « Le timbre vaut l'affranchissement. »

LOI DE FINANCES DU 7 AOUT 1850. — ARTICLE RELATIF AUX LETTRES ADRESSÉES AUX SOUS-OFFICIERS, SOLDATS OU MARINS.

La loi de finances du 7 août 1850 portant fixation du budget des recettes de l'exercice 1851 modifia la loi du 18 mai 1850 de la manière suivante :

TITRE I

. . . . . . . . . . . . . . . . . . . . . . . . . . . .

**Section II.**

Art. 16. — Seront taxées à 20 centimes pour tout droit fixe lorsqu'elles seront affranchies et lorsqu'elles ne dépasseront pas le poids de 7 grammes et demi les lettres adressées aux sous-officiers, soldats ou marins présents sous les drapeaux ou pavillons.

Le deuxième paragraphe de l'article 13 de la loi du 18 mai 1850 est abrogé.

DROITS DES PRÉFETS EN MATIÈRE DE SAISIE DE LETTRES ET DE JOURNAUX DANS LES BUREAUX DE POSTE (EXÉCUTION DE L'ARTICLE 10 DU CODE D'INSTRUCTION CRIMINELLE). — CIRCULAIRE DU MINISTRE DE L'INTÉRIEUR DU 8 AVRIL 1851.

Le principe de l'inviolabilité du secret des lettres dont l'honneur revient, comme nous l'avons déjà constaté, à l'Assemblée constituante, comporte plusieurs exceptions qui sont résumées de la manière suivante dans le remarquable cours d'exploitation postale, professé à l'école supérieure de télégraphie par M. Ansault, chef du bureau de la correspondance étrangère au ministère des postes et des télégraphes :

1° Lettres adressées à un failli, à remettre au syndic (article 696 de l'instruction générale sur le service des postes, et article 471 du code de commerce); protection des créanciers.

2° Lettres saisies par l'autorité judiciaire, comme éléments d'instruction d'un crime (articles 699-704) : *mesure de sûreté générale, conforme au code d'instruction criminelle;* sans cela, bien des crimes demeureraient impunis (arrêts de cassation et décision du Conseil d'État).

3° Lettres dont la propriété est attribuée par un acte judiciaire à une personne autre que celle désignée sur la suscription. Déférence de la poste sous la responsabilité du juge (articles 697 et 698 de l'instruction générale.)

4° Lettres en rebut, ouvertes pour découvrir le destinataire ou l'expéditeur (ordonnance du 20 janvier 1819). Mesure d'intérêt général. L'expéditeur peut, du reste, prévenir cette ouverture, en mettant son nom et son adresse sur la suscription.

En somme, dans ces cas d'exception, le destinataire se trouve suppléé par un ayant-droit autorisé par la loi. Donc l'exception réside plutôt dans l'application du principe que dans le principe lui-même.

L'article 10 du Code d'instruction criminelle auquel il est fait allusion dans le deuxième paragraphe ci-dessus, est ainsi conçu :

Les préfets des départements et le préfet de police à Paris pourront faire personnellement ou requérir les officiers de police judiciaire, chacun en ce qui le concerne, de faire tous actes nécessaires à l'effet de constater les crimes, délits et contraventions et d'en livrer les auteurs aux tribunaux chargés de les punir, conformément à l'article 8 ci-dessus.

L'exécution de cet article avait rencontré certaines difficultés au début de l'année 1851.

A diverses reprises, le ministre de l'intérieur avait prescrit aux préfets de faire saisir dans les bureaux de poste les exemplaires de certains journaux poursuivis par la justice et d'arrêter dans tous les cas, ou d'interdire la distribution de ces mêmes feuilles.

Un certain nombre de directeurs des postes eurent le courage de résister aux réquisitions et aux intimidations des préfets. Ils firent valoir qu'en requérant la saisie des journaux, les préfets excédaient leur droit puisqu'aux termes de l'article 529 de l'instruction générale de 1832 sur le service des postes, les directeurs ne devaient déférer en pareille matière « qu'aux réquisitions des procureurs de la République ».

Cette attitude ne pouvait être tolérée par le gouvernement du futur empereur.

Le ministre de l'intérieur, M. Vaïsse, adressa le 8 avril 1851, sous le timbre de la direction de la Sûreté générale, une circulaire aux préfets pour leur faire connaître dans quelle limite ils devaient user des droits qui leur appartenaient en pareille matière :

L'article 10 du Code d'instruction criminelle, disait le ministre, vous donne le le droit de faire personnellement ou de requérir les officiers de police judiciaire, chacun en ce qui le concerne, de faire tous actes nécessaires à l'effet de constater les crimes, délits et contraventions et d'en livrer les auteurs aux tribunaux.

Ainsi la loi vous donne, en matière de saisie de journaux (et de lettres) à la poste, le droit d'agir *personnellement* et les agents de cette administration ne sauraient valablement vous le contester, en élevant une fin de non-recevoir, basée sur une expression des instructions générales, expression qui doit être entendue dans le sens de la loi, et non dans un sens restrictif.

Il est toutefois convenable de préciser dans quel sens le mot *personnellement*, introduit dans l'article 10 du Code d'instruction criminelle, doit être entendu par les préfets.

La loi semble avoir voulu que les préfets se transportent de leur personne dans les lieux où ils jugent convenable de faire directement et sans recourir aux officiers de police judiciaire, des perquisitions ou actes d'information propres à constater un délit. Or, dans l'espèce et surtout lorsqu'il s'agit de faire saisir dans plusieurs bureaux de poste à la fois, des journaux et des lettres, le préfet d'un département ne saurait être présent partout au moment de la saisie; il peut donc être considéré comme ayant agi personnellement, lorsqu'il a fait parvenir aux directeurs des postes une réquisition directe et signée de lui, d'arrêter la distribution de ces lettres ou de ces journaux. Je pense, d'ailleurs, que, dans ce cas, le préfet doit se borner à cet ordre, justifié par l'urgence, et donner immédiatement avis à l'autorité judiciaire des dispositions qu'il a prises, pour la mettre en demeure d'agir à son tour, de se faire remettre les papiers saisis et de poursuivre l'information.

En matière de presse, et aux termes de l'article 7 de la loi du 26 mai 1819, la saisie proprement dite ne peut être ordonnée que par le juge d'instruction. La saisie des journaux et écrits imprimés, ordonnée d'urgence par les préfets, ne peut donc être considérée que comme une main mise provisoire sur les instruments du délit. Les injonctions qu'ils adressent aux directeurs des postes doivent donc se renfermer dans cette limite. Il convient d'examiner maintenant dans quels cas les préfets, lorsqu'ils se borneront à requérir le ministère d'un officier de police judiciaire, pourront se dispenser de s'adresser au juge d'instruction. Ces cas sont nécessairement exceptionnels et il faudra qu'il y ait toujours flagrant délit.

En effet, l'article 10 du Code d'instruction porte que les préfets pourront requérir les officiers de police judiciaire, chacun en ce qui le concerne : or, dans le cas de flagrant délit, le procureur de la République et ses auxiliaires, aux termes des articles 32, 35, 36 et 49 du Code d'instruction criminelle, sont compétents pour opérer des perquisitions et des saisies. Les préfets peuvent donc, si le flagrant délit existe, adresser indistinctement leurs réquisitoires à l'un ou l'autre de ces officiers de police judiciaire.

Lorsque l'autorité compétente a prescrit la saisie d'un journal, la distribution de ce même journal, opérée contrairement aux ordres de la justice, constitue à elle seule un cas de flagrant délit; en pareille matière il peut donc y avoir lieu à ce que les préfets procèdent exceptionnellement, comme il vient d'être dit, et ils sont alors fondés à requérir d'urgence tout officier de police judiciaire, autre que le juge d'instruction, afin que la distribution du journal ou des écrits saisis ne puisse être opérée.

Telle est la marche qu'il convient de suivre en pareille matière : je n'ai pas besoin, monsieur le préfet, de vous rappeler que le pouvoir qui vous est conféré par l'article 10 du Code d'instruction criminelle a un caractère exceptionnel qu'il faut en user avec une grande réserve, de peur d'entraver la marche régulière de la justice et de paraître vouloir substituer l'autorité administrative à celle des magistrats de l'ordre judiciaire; qu'enfin vous ne devez y avoir recours que dans les cas d'urgence bien démontrée, et lorsqu'il y a intérêt public à ce que vous y ayez recours.

Agréez, etc....

Le ministre de l'intérieur,
*Signé :* VAÏSSE.

De son côté, M. Thayer adressa à tous les agents de l'administration des postes copie de la circulaire du ministre de l'intérieur en les invitant à s'y conformer à l'avenir et en ajoutant à l'instruction générale sur le service des postes un article 529 *bis* ainsi conçu :

Les préfets des départements, agissant en vertu de l'article 10 du Code d'instruction criminelle, ont aussi le droit d'opérer personnellement ou de requérir les officiers de police judiciaire, chacun en ce qui le concerne, d'opérer des saisies de lettres et de journaux.

Un préfet devra être considéré comme ayant agi personellement, toutes les fois qu'il aura fait parvenir aux directeurs des postes un réquisitoire direct et signé de lui, ayant pour objet d'arrêter la distribution des lettres ou des journaux désignés dans ce réquisitoire.

Les réquisitoires émanés des préfets, soit que la transmission en ait lieu directement, soit qu'elle ait lieu par l'intermédiaire des officiers de police judiciaire, resteront entre les mains des directeurs des postes.

## RÉTABLISSEMENT DE LA DIRECTION GÉNÉRALE DES POSTES.

La direction générale des postes, supprimée en 1848, fut rétablie par le décret du 30 novembre 1851. Ce décret prescrivait que « le service des postes serait régi, au nom et pour le compte de l'État, par une administration spéciale qui formerait une des directions générales du ministère des finances. »

M. Thayer prit, en conséquence, le titre de directeur général des postes.

SERVICE MARITIME. — LIGNES DE LA CORSE ET DE LA MÉDITERRANÉE.

C'est en 1850 que l'idée de prêter à la navigation commerciale le concours de l'État pour établir des services de poste, avait commencé à se produire utilement; à cette époque, un service de transport avait été créé entre la Corse et le continent, en vertu de la loi du 10 juillet 1850 : l'État ne se substituait pas à l'industrie privée, il lui venait en aide, favorisait son essor, et, en échange de certains services nettement déterminés, il lui allouait une subvention qui représentait le prix de ces services.

En 1851, la Compagnie des messageries traita avec le gouvernement, et moyennant 3 millions par an, elle se chargea du service postal de la Méditerranée, jusqu'alors exploité par la marine de l'État.

Le traité fut approuvé par la loi du 8 juillet 1851 ; à partir de ce moment, une véritable transformation s'opéra dans le service maritime; aux anciens bâtiments furent substitués des bâtiments plus agiles et mieux disposés; l'esprit commercial succéda à l'esprit administratif, des relations nouvelles s'établirent; la facilité des communications amena le développement des transactions et, suivant une expression de M. Vandal, « le Levant se rapprocha de Marseille ». Sous une impulsion plus vive, la flotte commerciale s'étendit, augmenta ses moyens d'action et quand vint plus tard la guerre de Crimée, elle fut un précieux auxiliaire pour la marine impériale.

DÉCRET ORGANIQUE SUR LA PRESSE, DU 17 FÉVRIER 1852.

Après le coup d'État du 2 décembre 1851, Louis-Napoléon Bonaparte prit, dans l'intérêt du pouvoir personnel qu'il allait désormais exercer sans contrôle, une série de mesures destinées à écarter de sa route les obstacles qui pouvaient encore le séparer de la couronne impériale.

Au nombre de ces mesures, nous citerons le décret organique sur la Presse, du 17 février 1852, dont les articles 2 et 13 intéressaient le service des postes :

ART. 2. — Les journaux politiques ou d'économie sociale publiés à l'étranger ne pourront circuler en France qu'en vertu d'une autorisation du gouvernement.

Les introducteurs ou distributeurs d'un journal étranger dont la circulation n'aura pas été autorisée seront punis d un emprisonnement d'un mois à un an et d'une amende de 100 francs à 5 000 francs.

Art. 13. — En outre des droits de timbre fixés par la présente loi, les tarifs existant antérieurement à la loi du 16 juillet 1850, pour le transport par la poste des journaux et autres écrits, sont remis en vigueur.

DÉCRET DU 1er MARS 1852 RELATIF AU TIMBRE DES JOURNAUX ET ÉCRITS PÉRIODIQUES ET DES ÉCRITS NON PÉRIODIQUES TRAITANT DE MATIÈRES POLITIQUES OU D'ÉCONOMIE SOCIALE PUBLIÉS A L'ÉTRANGER ET IMPORTÉS EN FRANCE.

Le décret du 1er mars 1852 édicta les dispositions suivantes à l'égard des journaux et écrits périodiques et non périodiques traitant de matières politiques ou d'économie sociale publiés à l'étranger et importés en France.

Article premier. — Les journaux et écrits périodiques et les écrits non périodiques traitant de matières politiques ou d'économie sociale, désignés dans les art. 8 et 9 du décret du 17 février 1852, publiés à l'étranger et importés en France par la voie de la poste, seront frappés par les agents de l'administration des postes, d'un timbre spécial à date, portant à l'encre rouge le nom du bureau de poste par lequel ils seront entrés sur le territoire français.

Les droits de timbre exigibles, sauf conventions diplomatiques contraires, seront perçus par addition aux droits de poste.

Art. 2. — Les expéditeurs, introducteurs d'écrits de ces catégories, adressés en France par une autre voie que celle de la poste, devront faire à un des bureaux de douane désignés pour l'importation des livres et écrits périodiques à l'étranger, une déclaration des quantité et dimension des écrits assujettis au timbre. L'exactitude de cette déclaration sera vérifiée par les vérificateurs, inspecteurs de la librairie, ou, à défaut de ces agents, par les employés délégués à cet effet par les préfets.

Les écrits ainsi importés seront, après acquittement ou consignation des droits de douane, dirigés sous plomb et par acquits-à-caution aux frais des déclarants, sur le chef-lieu du département le plus voisin ou de tout autre chef-lieu de département que les redevables auront indiqué, pour y recevoir l'application du timbre moyennant le payement des droits dus.

Art. 3. — (A défaut de déclarations, saisie des imprimés et poursuites s'il y a lieu.)

DÉCRET DU 25 MARS 1852 SUR LA DÉCENTRALISATION ADMINISTRATIVE.

Vint ensuite le décret de décentralisation administrative, dont l'article 5, reproduit ci-après, réserva aux préfets, sur la proposition du directeur du département, la nomination aux emplois de receveurs de bureaux simples de début et de facteurs (de ville, boîtiers, locaux et ruraux).

### Décret du 25 mars 1852.

*Décentralisation administrative.*

Art. 5. — Les préfets nommeront directement, sans l'intervention du gouvernement et sur la proposition des divers chefs de service, aux fonctions et emplois suivants :

. . . . . . . . . . . . . . . . . . . . . . . . . . . . . . . . . . . .

18° Les directeurs des bureaux de poste aux lettres dont le produit n'excède pas 1 000 francs.

19° Les distributeurs et facteurs des postes.

Art. 6. — Les dispositions des articles 1, 2, 3, 4 et 5 ne sont pas applicables au département de la Seine.

Les détails d'exécution du décret du 25 mars 1852 furent réglés par l'arrêté ministériel du 3 mai suivant, qui détermina les conditions générales d'admission aux emplois réservés à la nomination préfectorale.

Arrêté ministériel du 29 avril 1852 concernant le serment a prêter par les fonctionnaires et employés ressortissant au ministère des finances.

Le 29 avril 1852, le ministre des finances, M. Bineau, rendit, pour l'exécution du décret du 28 avril sur le serment politique et de l'article 14 de la Constitution, un arrêté prescrivant à tous les fonctionnaires ressortissant au ministère des finances, d'avoir à prêter sans retard le serment politique.

# SECOND EMPIRE

## NAPOLÉON III

(1852-1870)

Taxe des lettres affranchies de Paris pour Paris : Prime à l'affranchissement. — Correspondances par les paquebots français de la Méditerranée. — Correspondances avec l'Algérie. — M. Stourm, directeur général. — Taxe des lettres de bureau à bureau. — Timbres-poste. — Organisation du service des bureaux ambulants : historique. — Tarif des journaux, imprimés et échantillons. — Distribution à Paris : Séparation des lettres et des imprimés. — M. Vandal, directeur général. — Extension des services maritimes français : paquebots-poste entre la France, le Mexique, les Antilles, les États-Unis, le Brésil, la Plata et l'Indo-Chine. — Taxe des lettres de bureau à bureau. — Droit sur les mandats. — Taxe des lettres de et pour un même bureau. — Lettres expédiées après les levées générales. — Rapport de M. Vandal au ministre des finances sur l'ensemble de la situation du service des postes. — Nouvelle instruction générale. — Loi sur la presse. — Mandats télégraphiques. — Débats législatifs.

En vertu du sénatus-consulte du 7 novembre 1852, du plébiscite des 21 et 22 du même mois, de la déclaration du Corps législatif du 1er décembre suivant et de la loi du 2 décembre, Louis-Napoléon Bonaparte, président de la République, fut proclamé Empereur des Français sous le nom de Napoléon III.

Un décret du même jour, 2 décembre, ordonna la substitution sur les monnaies françaises de la légende « Empire français » à celle de « République Française ».

Les timbres-poste subirent une modification analogue.

### LOI DES 3-7 MAI 1853 RELATIVE A L'ÉCHANGE DES CORRESPONDANCES ENTRE LA FRANCE ET SES COLONIES.

L'échange des correspondances entre la France et ses colonies fut réglé par la loi des 3-7 mai 1853, dont le texte suit :

Article premier. — A partir du 1er septembre 1853, les lettres échangées entre la France ou l'Algérie d'une part et les colonies françaises d'autre part, au moyen des bâtiments à voiles naviguant entre les ports de la métropole et ceux de ses colonies, seront soumises aux mêmes conditions de taxe et de transmission que les lettres échangées en France de bureau à bureau.

Il sera perçu en outre, par chaque lettre, quel que soit son poids, une taxe supplémentaire de 10 centimes pour voie de mer.

Il ne pourra être transmis de lettres chargées ou recommandées que lorsqu'un décret aura fixé les conditions spéciales auxquelles sera soumis ce mode de transmission.

Art. 2. — Seront acquises à l'administration des postes métropolitaines les taxes perçues en France et en Algérie sur les lettres non affranchies originaires des colonies françaises et sur les lettres affranchies à destination de ces colonies.

Feront partie des recettes du service colonial les taxes perçues dans les colonies françaises sur les lettres non affranchies originaires de France ou d'Algérie et sur les lettres affranchies à destination de la France et de l'Algérie.

Art. 3. — La rétribution allouée par les lois et règlements en vigueur aux capitaines des navires, au moyen desquels s'effectuera le transport des objets de correspondance entre la France et ses colonies, sera acquittée à l'avenir par le bureau de poste de débarquement.

Art. 4. — Des décrets détermineront par application des conventions de poste actuellement en vigueur ou qui interviendraient les taxes applicables aux correspondances échangées entre la France et ses colonies, par l'intermédiaire des offices étrangers, ainsi que les taxes à percevoir, dans les colonies françaises, sur les correspondances échangées entre ces colonies et les pays étrangers par la voie de la France.

## LOI DES 7-10 MAI 1853 RÉDUISANT LA TAXE DES LETTRES AFFRANCHIES DE PARIS POUR PARIS.

La loi des 7-10 mai 1853 réduisit de 15 à 10 centimes la taxe des lettres affanchies de Paris pour Paris.

Sur une observation faite au Corps législatif par M. Devinck, député, dans la séance du 30 mars, il fut entendu que cette réduction ne s'étendrait pas à la banlieue de Paris.

L'article unique de la loi était ainsi conçu :

A dater du 1er juillet 1853, la taxe des lettres de Paris pour Paris sera réduite de cinq centimes pour les lettres affranchies.

Ce fut la première application aux lettres de la *prime à l'affranchissement*.

La raison d'être de la prime à l'affranchissement a été exposée d'une façon lumineuse par M. Ansault :

De ce que la liberté du public doit être respectée, dit M. Ansault, il ne s'ensuit pas que la taxe doive être la même pour la lettre non affranchie que pour la lettre affranchie. La rétribution doit être corrélative au service rendu. Si, avant l'usage des timbres-poste, il pouvait y avoir égalité de frais d'administration dans les deux cas, le service est, aujourd'hui, plus onéreux d'un côté que de l'autre.

La lettre affranchie ne donne lieu à aucun décompte, à aucune inscription, à aucun risque ; la lettre non affranchie exige, au contraire, des dispositions spéciales au départ et à l'arrivée (comptabilité, responsabilité pécuniaire des agents, risques de pertes pour le Trésor, en cas de rebut). Cette dernière lettre doit donc payer plus cher. S'il en était autrement, d'ailleurs, on arriverait à faire peser sur ceux qui paient d'avance, les frais d'administration spéciaux nécessités par ceux qui imposent à la poste l'obligation de recouvrer sa rémunération après l'accomplissement du service. L'injustice serait d'autant plus criante que le public est libre de son action et que celui qui n'affranchit pas agit de propos délibéré; il doit donc supporter seul les frais du supplément de service qu'il réclame[1].

### CORRESPONDANCES ÉCHANGÉES ENTRE LA FRANCE ET LES COLONIES.

L'échange des correspondances entre la France et les colonies donna lieu, pendant le cours de l'année 1852, à plusieurs décrets réglant leur transmission :

Celui du 3 mai, que nous avons déjà reproduit, visait le transport des correspondances par la voie des navires à voiles naviguant entre les ports de la métropole et ceux des colonies.

Viennent ensuite :

Un décret du 22 juin relatif aux correspondances de ou pour la Martinique, la Guadeloupe, le Sénégal et les établissements français dans l'Inde par la voie des paquebots étrangers :

Un autre décret du même jour, concernant les correspondances des colonies avec les pays étrangers transportées dans les bâtiments à voiles naviguant entre les ports de la métropole et ceux des colonies.

Celui du 21 novembre ayant trait aux correspondances échangées par voie anglaise entre la France d'une part et la Guyane française et les îles Saint-Pierre et Miquelon d'autre part.

Enfin celui du 7 décembre concernant les correspondances transportées par les paquebots français de la Méditerranée.

### M. STOURM, DIRECTEUR GÉNÉRAL DES POSTES. — DÉCRET DU 27 DÉCEMBRE 1853.

Par décret du 27 décembre 1853, M. Stourm fut nommé directeur général des postes, en remplacement de M. Thayer.

### LOI DES 20-25 MAI 1854 SUR LA TAXE DES LETTRES.

Dans la séance du 4 avril 1854, le gouvernement présenta un nouveau projet de loi sur la taxe des lettres.

Le rapporteur, M. Monier de la Sizeranne, déposa son rapport le

1. *Cours d'exploitation postale*, professé par M. Ansault à l'École supérieure de télégraphie (ouvrage déjà cité).

1er mai, et le 4 mai, la loi fut discutée, et adoptée à l'unanimité de 235 votants.

Voici le texte de cette loi qui inaugura, pour les lettres de bureau à bureau, le système de la prime à l'affranchissement déjà expérimenté pour celles de Paris pour Paris et qui réuni en une seule catégorie les lettres *chargées* et les lettres *recommandées*.

Article premier. — A dater du 1er juillet 1854, la taxe des lettres affranchies circulant de bureau à bureau est réduite à 20 centimes par lettre simple. Les lettres non affranchies sont taxées à 30 centimes.

Les lettres dont le poids excédera 7 grammes et demi et qui ne pèseront pas plus de 15 grammes, seront taxées à 40 centimes si elles sont affranchies, et à 60 centimes si elles ne sont pas affranchies.

Les lettres et paquets de papiers d'un poids excédant 15 grammes et n'excédant pas 100 grammes sont taxés à 80 centimes en cas d'affranchissement, et à 1 fr. 20 c. en cas de non-affranchissement.

Les lettres ou paquets dont le poids dépassera 100 grammes seront taxés à 80 centimes ou 1 fr. 20 c. par chaque 100 grammes ou fraction de 100 grammes excédant, selon qu'ils auront été ou qu'ils n'auront pas été affranchis.

Les lettres et paquets de et pour la Corse et l'Algérie sont soumis aux mêmes taxes.

Toute lettre revêtue d'un timbre insuffisant sera considérée comme non affranchie, et taxée comme telle, sauf déduction du prix du timbre.

Le ministre des finances est autorisé à émettre les nouveaux timbres-poste nécessaires pour l'affranchissement des correspondances.

Art. 2. — Le port des imprimés et journaux, des circulaires ou avis divers, imprimés, lithographiés ou autographiés sous quelque forme qu'ils aient été expédiés sans affranchissement préalable, sera payé par l'expéditeur au prix du tarif des lettres lorsque, pour une cause quelconque, il n'aura pas été acquitté au point de destination. En cas de refus de payement, l'acte de poursuite pour le recouvrement dudit port s'opérera par voie de contrainte décernée par le directeur du bureau expéditeur, visée et déclarée exécutoire par le juge de paix du canton.

Art. 3. — A l'avenir les lettres chargées et les lettres recommandées ne formeront qu'une seule catégorie de lettres, sous le titre de lettres chargées.

Il sera perçu pour chaque lettre chargée un taxe fixe de 20 centimes en sus du port réglé par les tarifs pour la lettre ordinaire.

L'affranchissement sera obligatoire.

Sont maintenues les autres dispositions de la loi du 5 nivôse an V concernant les lettres chargées.

### TIMBRES-POSTE.

Les modifications de tarif édictées par les lois des 7 mai 1853 et 20 mai 1854 firent sentir la nécessité de modifier aussi l'échelle des timbres-poste.

Les timbres de 15 et de 25 centimes furent donc supprimés et l'administration fit rétablir le timbre à 20 centimes qui avait déjà existé du 1er janvier 1849 au 1er juillet 1850.

On remplaça, en même temps, le timbre à 1 franc par le timbre à 80 centimes pour servir à opérer l'affranchissement des lettres circulant de bureau à bureau dont le poids supérieur à 15 grammes ne dépassait pas 100 grammes.

Enfin pour compléter la série des timbres déjà existants, le 31 août 1854, on créa celui de 5 centimes reconnu utile pour l'affranchissement des imprimés et pour payer la fraction que présentaient, dans certains cas, les affranchissements pour l'étranger.

En résumé, il existait alors cinq espèces différentes de timbres, savoir :

Timbre vert à 5 centimes.
— bistre à 10 —
— bleu à 20 —
— orange à 40 —
— rose à 80 —

Dans le but de populariser de plus en plus l'affranchissement des correspondances, une décision ministérielle du 21 janvier 1850 avait autorisé l'administration à faire vendre des timbres-poste par les boîtiers, les entreposeurs de dépêches et les débitants de tabac ; mais ceux-ci auxquels on voulait imposer un travail non rétribué, qui les exposait à des chances de perte par l'achat en gros et le débit en détail, ne prêtèrent qu'un bien faible concours.

Le 31 août 1853, pour stimuler leur zèle, une remise de 2 p. 100 fut accordée à titre d'essai, sur les timbres vendus par les boîtiers et les débitants de tabac de Paris. Lorsque les bons effets de cette mesure eurent été constatés, le 3 juin 1854, tous les agents et sous-agents chargés de la vente des timbres-poste furent appelés à jouir du bénéfice de la remise de 2 p. 100, qui fut même accordée aux vaguemestres des armées de terre et de mer à dater du 21 décembre 1854.

Le tableau suivant fait voir la progression suivie dans la vente des timbres-poste depuis leur création jusqu'en 1854 :

| ANNÉES. | PRODUIT de LA VENTE des timbres-poste. | NOMBRE des TIMBRES VENDUS. | OBSERVATIONS. |
|---|---|---|---|
| | fr. c. | | |
| 1849. . . . | 4 446 766 36 | 21 232 665 | |
| 1850. . . . | 5 021 060 74 | 21 523 175 | |
| 1851. . . . | 5 934 722 50 | 25 848 113 | |
| 1852. . . . | 6 602 765 64 | 28 589 540 | |
| 1853. . . . | 7 213 599 37 | 31 254 226 | |
| 1854. . . . | 17 098 535 43 | 83 359 350 | Loi du 20 mai 1854 (prime accordée à l'affranchissement). |

Il paraît intéressant d'examiner aussi l'influence exercée sur la circulation des lettres par la création des timbres-poste, ainsi que la progression des lettres affranchies qui fut la conséquence de l'application de la loi du 20 mai 1854.

| ANNÉES. | NOMBRE DE LETTRES | | NOMBRE total DE LETTRES. | PROPORTION DES LETTRES | |
|---|---|---|---|---|---|
| | AFFRANCHIES. | TAXÉES. | | AFFRANCHIES. | TAXÉES. |
| 1847 | 12 648 000 | 113 832 000 | 126 480 000 | 10 p. 100 | 90 p. 100 |
| 1848 | 12 214 040 | 109 926 360 | 122 140 400 | 10 — | 90 — |
| 1849 | 23 740 200 | 134 527 800 | 158 268 000 | 15 — | 85 — |
| 1850 | 31 900 000 | 127 600 000 | 159 500 000 | 20 — | 80 — |
| 1851 | 33 000 000 | 132 000 000 | 165 000 000 | 20 — | 80 — |
| 1852 | 39 820 000 | 141 180 000 | 181 000 000 | 22 — | 78 — |
| 1853 | 40 819 240 | 144 722 760 | 185 542 000 | 22 — | 78 — |
| 1854 | 104 068 650 | 108 316 350 | 212 385 000 | 49 — | 51 — |
| 1855 | 198 489 450 | 35 027 550 | 233 517 000 | 85 — | 15 — |

Ce tableau[1] démontre que sous l'influence de la loi de réforme du 24 août 1848 qui réduisit la taxe des lettres à 20 centimes à partir du 1er janvier 1849, le chiffre de la circulation s'accrut brusquement de 36 millions de lettres.

L'application à partir du 1er juillet 1854 de la loi du 20 mai 1854 sur la taxe différentielle eut également pour effet de réduire de 78 p. 100 (chiffre de l'année 1853) à 51 p. 100 en 1854 (6 mois d'application) et à 15 p. 100 en 1855 le nombre des lettres non affranchies.

### LOI DE FINANCES DU 22 JUIN 1854 (ART. 20) AUTORISANT LES AGENTS DES POSTES ASSERMENTÉS A EXERCER LES SAISIES ET PERQUISITIONS ET ADRESSER LES PROCÈS-VERBAUX AUTORISÉS PAR L'ARRÊTÉ DU 27 PRAIRIAL AN IX.

L'article 20 de la loi des finances du 22 juin 1854 donna aux employés et agents des postes assermentés le droit d'opérer les saisies et perquisitions et de dresser les procès-verbaux autorisés par l'arrêté du 27 prairial an IX. Cet article était ainsi conçu :

ART. 20. — Les employés et agents des postes assermentés et tous les agents de l'autorité ayant qualité pour constater les délits et contraventions, pourront, concurremment avec les fonctionnaires dénommés dans l'arrêté du 27 prairial an IX, opérer les saisies et perquisitions et dresser les procès-verbaux autorisés par ledit arrêté.

1. Les chiffres qui figurent dans ce tableau sont empruntés à l'Annuaire des Postes pour l'année 1856.

ORGANISATION DÉFINITIVE DU SERVICE DES BUREAUX AMBULANTS EN FRANCE. DÉCISION MINISTÉRIELLE DU 8 AOUT 1854. — HISTORIQUE DE LA QUESTION.

A partir du moment où une accélération plus rapide avait été imprimée à la marche des voitures publiques et, en particulier, des malles-poste, l'on avait senti que ce moyen était encore insuffisant pour assurer un bon service postal, complet et homogène.

La diffusion des correspondances sur les différents points de la France ne s'effectuait pas autant qu'aujourd'hui, par dépêches closes expédiées directement du bureau d'origine au bureau de destination : elle s'opérait surtout par une combinaison dite *service des passes*, c'est-à-dire que les courriers de malles, parcourant, avec une vitesse moyenne de 2 lieues et demie à 3 lieues à l'heure, de longues lignes qui reliaient Paris aux principales villes de France, s'arrêtaient de distance en distance à des bureaux de poste principaux dits *bureaux de passe,* auxquels ils livraient les correspondances recueillies en cours de voyage : ces correspondances étaient aussitôt triées et mises en distribution ou réparties au moyen de services secondaires directs, entre les petits bureaux de poste voisins. Celles qui étaient destinées à des bureaux de poste plus éloignés étaient expédiées à d'autres bureaux de passe plus rapprochés du point de destination et qui opéraient, à leur tour, comme il vient d'être dit.

Ce service donnait généralement satisfaction à peu près égale aux besoins des différentes localités dans leurs rapports entre elles, mais il présentait l'inconvénient d'entraver la marche rapide des courriers. — Pour obvier à cet inconvénient, les points extrêmes des grandes lignes parcourues par les malles-poste et un certain nombre de grandes villes demandèrent l'accélération de leur correspondance avec Paris.

C'est afin de satisfaire à ce vœu que la marche des courriers avait reçu une impulsion progressive telle que 36 heures suffirent à franchir des distances qui en exigeaient précédemment 96, mais pour obtenir de pareils résultats aux points extrêmes, il avait fallu supprimer ou restreindre presque partout, dans le cours du trajet, le travail des *passes,* c'est-à-dire la fusion et la répartition de distance en distance des lettres des petites localités entre ces dernières. Une inégalité choquante se révélait dans la transmission des correspondances. A des localités qui recevaient en 14 heures des lettres venant de 50 lieues de distance, il fallait jusqu'à 36 et 40 heures pour recevoir des lettres provenant de bureaux distants de 10 lieues seulement, mais placés hors des grandes voies artérielles suivies par les malles.

On fit bien tout ce qui était possible alors, pour donner une compensation aux petites localités ; on créa, à grands frais, de nouveaux bureaux, de nouveaux services secondaires, des correspondances directes plus nombreuses et plus étendues, mais ce n'étaient là que des palliatifs.

On sentait déjà vaguement que le seul moyen de tout concilier était de conserver le travail des *passes* et d'imprimer, en même temps, à la marche des courriers une allure rapide ; mais comme l'idéal eût été de pouvoir effectuer en route le tri et la répartition des lettres, on considérait déjà le problème comme insoluble. Il n'était pas possible, en effet, d'accomplir alors le travail de manipulation des lettres dans des voitures et sur des routes ordinaires.

Tel était l'état de la question lorsque survint la révolution économique introduite dans les moyens de transport, par l'invention des chemins de fer.

Le nouvel agent de transport étant trouvé, la poste dut modifier son organisation et, après quelques tâtonnements, elle créa le service *des bureaux ambulants*.

L'Angleterre et la Belgique avaient précédé la France dans cette voie, mais c'est à la Belgique que revient l'honneur d'avoir fait les premiers essais de bureaux ambulants [1].

En France, la première expérience eut lieu à la fin de l'année 1844 sur la ligne de Paris à Rouen ; ce service embryonnaire ne comportait que des wagons à bagages ouverts à tous les vents et ne contenant d'abord qu'un simple coffre à dépêches, puis des tablettes et des casiers.

Une décision du ministre des finances, M. Lacave-Laplagne, du 29 janvier 1845, créa définitivement deux services ambulants sur la ligne de Paris à Rouen pour la transmission, la taxation et le contrôle des correspondances passant par cette ligne. Aux termes du cahier des charges passé avec la compagnie, les bureaux ambulants devaient être construits aux frais de la compagnie d'après les plans fournis par l'administration. Les frais de transport de ces bureaux qui devaient être mis en circulation à dater du 1er mai 1845, furent fixés à 200 000 francs par an.

En 1846, des services analogues furent établis sur les lignes de Strasbourg à Mulhouse, de Paris à Valenciennes, de Paris à Tours ;

1. C'est en 1835 que la Belgique a été dotée des chemins de fer, grâce à l'illustre Rogier dont le nom a été solennellement acclamé le 17 août 1885, dans la séance de clôture du premier *Congrès international des chemins de fer*, qui s'était réuni à Bruxelles, sur l'initiative de la Belgique pour fêter le cinquantième anniversaire de l'inauguration des voies ferrées dans ce pays.

mais l'organisation des bureaux ambulants était alors très imparfaite et elle donna lieu à des plaintes si nombreuses qu'en 1848 M. Étienne Arago, après avoir fait étudier sérieusement la question, avait voulu supprimer entièrement le service ambulant.

Plus tard, l'administration créa de nouveaux bureaux ambulants au fur et à mesure du développement des voies ferrées.

Ce fut enfin une décision ministérielle du 8 août 1854 qui organisa complètement et définitivement le service des bureaux ambulants de nuit et de jour sur les neuf lignes suivantes :

1° Ligne du Nord, comprenant Boulogne, Calais, Valenciennes, Saint-Quentin.
2° Ligne de l'Est, comprenant lignes principales et embranchements.
3° Ligne de Lyon, — — —
4° Ligne du Centre, comprenant Clermont et Limoges.
5° Ligne du Sud-Ouest, comprenant Bordeaux et Nantes.
6° Ligne de l'Ouest, comprenant Rennes et embranchements ou prolongements.
7° Ligne du Nord-Ouest, comprenant Cherbourg, le Havre, Dieppe; etc.;
8° Ligne de la Méditerranée, comprenant lignes principales et embranchements.
9° Ligne des Pyrénées, comprenant Bordeaux à Cette et à Bayonne.

493 agents furent d'abord affectés à ce service, dont l'exécution exigea, l'année suivante, 520 agents et 59 voitures.

L'administration et le public ne tardèrent pas à se féliciter des résultats obtenus.

Nous lisons, à ce propos, dans l'Annuaire des postes pour l'année 1856 :

L'organisation des bureaux ambulants de jour et de nuit a pour résultats :

De diminuer notablement le travail qui s'exécutait antérieurement dans les bureaux sédentaires, et plus particulièrement dans les bureaux du service d'exploitation à Paris.

De faire opérer la manipulation des lettres recueillies dans les boîtes de quartier et leur envoi aux bureaux ambulants par les bureaux d'arrondissement à Paris ; de sorte que la levée des boîtes n'a lieu qu'à la dernière limite d'heure et que les expéditeurs trouvent plus de facilité et plus de temps pour l'expédition de leur correspondance.

De permettre d'établir dans toutes les principales gares de France des boîtes mobiles qui sont levées par les employés des bureaux ambulants eux-mêmes, au moment de leur passage, et dans lesquelles les lettres sont jetées utilement quelques minutes encore avant le départ du train.

De recevoir les journaux jusqu'à l'heure la plus rapprochée du départ des convois, ce qui donne la possibilité aux journaux de Paris de profiter des départs du soir et d'être remis entre les mains des abonnés des départements aussi rapidement qu'ils le sont aux abonnés de Paris. — Ainsi, si un abonné demeurant à Paris peut lire son journal à 8 heures du matin, le même journal, portant la même date, donnant les mêmes nouvelles, parvient à la même heure à l'abonné demeurant à Lyon.

De supprimer les temps d'arrêt imposés aux correspondances dans les différents bureaux de l'Empire pour y opérer le travail des passes. Ce travail exécuté par les bureaux ambulants en cours de voyage procure une accélération importante, souvent de 12 à 14 heures, aux lettres que les départements du Nord et du Midi, de l'Est et de l'Ouest échangent entre eux, ainsi qu'à celles de l'étranger pour la France, ou pour les pays voisins et réciproquement, toutes ces lettres gagnent, à cette activité incessante des bureaux ambulants et à la mise en correspondance de ces bureaux entre eux, de n'éprouver entre l'expédition et la remise à destination aucun autre délai que celui que mettent les chemins de fer à franchir l'espace.

Diverses combinaisons furent également prises pour faciliter l'expédition des journaux en dernière limite d'heure.

C'est ainsi qu'un arrêté ministériel du 25 novembre 1854 obligea les éditeurs de journaux tant à Paris que dans les départements, à payer à l'avance et en même temps que les droits de timbre, entre les mains du receveur du timbre, le prix d'affranchissement pour tous les exemplaires destinés à être transportés en dernière limite d'heure. D'un autre côté, les éditeurs furent tenus de se conformer aux ordres de service de l'administration pour faire effectuer par leurs propres agents un tri préparatoire dans des conditions déterminées.

Grâce à ces mesures, les journaux purent être expédiés par les bureaux ambulants du soir. Chaque exemplaire de journal qui devait précédemment être frappé de deux timbres dont l'empreinte servait à constater l'acquittement du droit du timbre et du droit de poste, ne portait plus qu'une seule empreinte attestant que les deux droits avaient été régulièrement perçus.

La décision de principe du 8 août 1854 avait prescrit l'établissement, dans l'intérieur des six principales gares de Paris, de bureaux supplémentaires chargés de recevoir les lettres et les journaux que le public était autorisé à expédier jusqu'à la dernière limite d'heure le matin et le soir, par les bureaux ambulants.

Il n'était pas moins nécessaire de mettre chaque bureau d'arrondissement de Paris, en communication avec les diverses lignes de bureaux ambulants. A cet effet, la même décision avait ordonné la création à l'hôtel des postes d'une section, dite du *transbordement*, qui serait chargée de la surveillance générale des courriers convoyeurs et des chargeurs, ainsi que de la réception et de l'expédition des dépêches échangées entre les bureaux ambulants et les bureaux de poste de Paris.

Dans les départements, le service du transbordement fut confié à des préposés, en vertu d'une décision administrative du 20 avril 1855. Ces préposés classés dans le personnel des bureaux ambulants, eurent pour mission d'assurer l'échange et l'entrepôt des dépêches dans les gares, de surveiller les chargeurs et les courriers d'entreprise et de remettre aux bureaux ambulants, au moment du passage des trains, les boîtes mobiles placées dans les gares.

Enfin, lors de la loi de 1857 qui fusionna les chemins de fer en six grandes compagnies, la situation de la poste fut uniformément réglée dans les cahiers des charges de ces compagnies.

A dater de ce moment, les malles-poste et les chaises de poste disparaissent peu à peu devant les chemins de fer. Elles ne sont plus aujourd'hui qu'un souvenir légendaire [1].

LA CHAISE DE POSTE.

La chaise de poste ! a dit M. Ed. Thierry, le rêve de nos vingt ans ! La voiture où l'on n'est que deux, celle que regardaient passer avec un soupir le marchand derrière les glaces de son magasin, l'avocat portant ses paperasses sous son bras et nos chicanes dans sa tête, le comédien las de son rôle, le journaliste las du feuilleton qu'il vient de finir. La chaise de poste ! la voiture où l'on bouclait et débouclait ses malles à volonté ; la voiture que l'on avait à soi. Une fois le marchepied relevé, la portière close, le pavé écrasé à grand bruit sous les fers des chevaux qui semblaient s'abattre, vous étiez à vous, vous n'apparteniez à personne, vous étiez le mortel heureux qui s'appelait le voyageur (on dit aujourd'hui les voyageurs dans les omnibus !) et qui ne ressemblait plus au commun de l'espèce. Vous aviez devant vous le chemin libre, la plaine, la pente rapide avec le pont dans le bas et de l'autre côté la montagne. Vous aviez la montée dure où soufflaient les chevaux à petits pas et où vous marchiez à côté d'eux en regardant le paysage. Vous traversiez les villes et les hameaux, par le milieu, par la grand'rue, par la grand'place. Vous tourniez le long de l'église ; les enfants couraient après la voiture et, aussitôt qu'elle était arrêtée, toutes les mères des alentours, avec leurs nourrissons sur les bras, venaient par passe-temps voir dételer les chevaux. Tout cela vivait, tout cela sentait son goût de terroir. Il y avait longtemps qu'on ne respirait plus l'air de Paris. La nuit venue, les lanternes s'allumaient, deux grosses lanternes, superbes, à plein cristal et qui rayonnaient au loin comme des phares. Peu à peu, on n'entendait plus que le galop régulier des chevaux, les grelots nettement secoués à leur cou, le souffle d'un naseau frémissant et le fouet du postillon sonnant sa fanfare !

LOI DE FINANCES DU 5 MAI 1855 DONT L'ARTICLE 17 DÉTERMINE LE DÉLAI DE PRESCRIPTION DES VALEURS DÉPOSÉES OU TROUVÉES DANS LES BUREAUX DE POSTE.

L'article 17 de la loi du 5 mai 1855 portant fixation du budget général des dépenses et des recettes de l'exercice 1856 détermina

1. En 1855, le nombre des malles-poste était réduit à sept. Aucune d'elles n'avait son point d'attache à Paris. Ce fut enfin une décision du ministre des finances, en date du 4 mars 1873, qui supprima définitivement les dernières lignes de poste et les derniers relais en France. La dernière ligne supprimée fut celle de Grenoble à Embrun. La redevance de 25 centimes par cheval et par poste cessa, en vertu de la même décision, d'être exigée des entrepreneurs de voitures publiques ou de transport de dépêches.

(*Bulletin mensuel des postes*, instruction n° 83 du 31 mars 1873.)

ainsi qu'il suit le délai de prescription des valeurs déposées ou trouvées dans les bureaux de poste :

Sont définitivement acquises à l'État, dans un délai de huit années, les valeurs cotées et toutes autres quelconques, déposées ou trouvées dans les boîtes ou aux guichets des bureaux de poste, renfermées ou non dans des lettres que l'administration des postes n'aura pu remettre à destination, et dont la remise n'aura pas été réclamée par les ayants droit.

Ce délai courra à partir du jour où les valeurs cotées auront été déposées, et de celui où les autres valeurs susmentionnées auront été trouvées dans le service des postes.

Pour les valeurs ci-dessus désignées, qui existent actuellement en dépôt à la direction générale des postes, le délai de huit années courra à partir de la promulgation de la présente loi.

### L'ALMANACH DES POSTES. — DÉCISION DU 17 AOUT 1855.

Ce fut une décision de M. Stourm, en date du 17 août 1855, qui autorisa les facteurs à distribuer à l'occasion du renouvellement de l'année de préférence à tous autres, l'*Almanach des postes*.

Cette publication modeste autant qu'utile, a aussi son histoire.

Avant la Révolution, chaque *généralité* de province avait son annuaire complété par l'indication des départs des courriers et par le tableau du service général des diligences et messageries royales. Le lecteur a pu, du reste, en juger par les extraits que nous avons donnés des almanachs royaux du temps et d'un almanach de la ville de Lyon.

Plus tard, les facteurs des postes prirent l'habitude de distribuer au public, au moment du renouvellement de l'année, des calendriers contenant l'indication des mois, des jours et quelques notions astronomiques. Par une circulaire du 15 novembre 1849, M. Thayer autorisa les facteurs à continuer la distribution de ces calendriers à leur profit et pour leur compte, *conformément à un usage depuis longtemps établi*, mais sous la réserve expresse que les dits calendriers ne contiendraient pas d'autres renseignements que ceux spécifiés ci-dessus.

Or, ces renseignements n'étaient pas de nature à satisfaire entièrement le public et l'administration comprit qu'elle était elle-même intéressée à ajouter au calendrier non seulement des notions générales et officielles sur le service des postes, mais encore les indications particulières que les chefs de service jugeraient de nature à intéresser telle ou telle localité. Tel fut l'objet de la décision du 17 août 1855.

Par la même décision, le titre d'*almanach des postes* fut substitué à celui de *calendrier*, mais les inspecteurs départementaux furent invités à tenir la main à ce que les notions générales fournies par l'administration fussent reproduites textuellement.

C'est à partir de ce moment, que l'almanach des postes fut considéré comme étant un document de service.

Deux ans après, le petit almanach était en pleine prospérité : il était partout à la ville comme au hameau, accomplissant peu à peu son œuvre de vulgarisation.

Un inspecteur des postes, celui de la Charente, eut l'idée d'ajouter à l'almanach quelques renseignements particuliers au département, tels que l'indication des bureaux de poste et le nom des communes rattachées à chacun d'eux. Plus tard, on y joignit encore le tableau des foires et des marchés, la marche des courriers, le nombre et les heures de distribution, etc.

L'effet de ces améliorations ne se fit pas longtemps attendre et nos modestes facteurs y trouvèrent leur profit surtout à partir de l'année 1858. L'administration eut, en effet, l'idée de publier dans son *Bulletin mensuel* de février 1857, un relevé par département, de la distribution de l'almanach des postes de 1857 et le classement des départements en raison de l'importance du nombre proportionnel des almanachs distribués dans chacun d'eux. Le département d'Eure-et-Loir venait au premier rang sur cette liste avec 18790 exemplaires distribués pour une population de 291 074 habitants, soit une proportion de 64,5 almanachs par 1000 habitants. Le département de la Seine ne venait qu'au septième rang avec 38496 exemplaires pour une population de 1 174346 habitants, soit 32,7 par 1000 habitants. Enfin le département de l'Ariège venait au dernier rang avec une proportion de 6,3 exemplaires distribués par 1 000 habitants.

Le nombre total des exemplaires distribués en 1857 s'était élevé pour toute la France à 812 453. Il s'élevait à 1 278823 en 1860 et à 1 787 019 en 1863 [1].

Le privilège de la publication de l'almanach précédemment, concédé à M. Mary Dupuis en 1859 et à M. Oberthur en 1860, a été supprimé par deux décisions ministérielles des 28 octobre et 14 décembre 1867, et, depuis l'année 1870, tout éditeur peut, à ses risques et périls, publier cet almanach en se conformant aux prescriptions réglementaires et notamment en soumettant une épreuve type à l'approbation du directeur départemental.

1. Nous n'avons pu, à notre grand regret, compléter ces données pour les années postérieures.

LOI DU 25 JUIN 1856. — NOUVEAU TARIF POUR LES JOURNAUX ET IMPRIMÉS. — MODÉRATION DE PORT ACCORDÉE AUX ÉCHANTILLONS DE MARCHANDISES ET AUX PAPIERS D'AFFAIRES.

Depuis longtemps, la confusion qui existait dans la législation relative au transport des journaux et des imprimés soulevait de nombreuses réclamations.

Pour donner satisfaction aux plaintes légitimes du public, le gouvernement déposa devant le Corps législatif, dans la séance du 22 avril 1856, un projet de loi relatif au transport des imprimés, des échantillons et des papiers d'affaires ou de commerce.

L'économie générale du projet était présentée en ces termes, dans l'exposé des motifs :

**Exposé des motifs.**

A un projet dont l'application littérale serait aujourd'hui impossible, le projet propose de substituer des taxes mieux ordonnées et moins élevées, surtout en ce qui touche les imprimés de la 3e catégorie (livres brochés, brochures, catalogues, prospectus, papiers de musique, annonces et avis divers).

Mais avant d'expliquer et de justifier ces différentes dispositions, il faut établir le principe même du système nouveau de tarification. Jusqu'ici les taxes perçues par la poste pour le transport des lettres, des échantillons ou des paquets de papiers, ont eu pour base le poids des objets transportés. Il en a toujours été autrement des imprimés, et les lois qui les concernent ont toujours établi les droits de poste auxquels ils sont assujettis d'après la dimension de la feuille d'impression. Ce défaut d'unité dans les tarifs de la poste présente des inconvénients que le projet tend à faire cesser en substituant pour les imprimés de toute nature la taxe au poids à la taxe de dimension aujourd'hui en vigueur.

La taxe au poids sera d'une application tout à la fois plus facile et plus certaine. Pour déterminer la taxe d'un imprimé suivant sa dimension, il faut en enlever la bande, le déplier, le mesurer en hauteur et en largeur, et faire un calcul pour passer de ses dimensions linéaires à la dimension de sa surface. S'il s'agit d'une publication accompagnée d'accessoires, de dessins, de musique, l'opération devient encore plus compliquée, puisqu'elle doit se renouveler pour chaque objet. Le service en est ralenti et les inexactitudes dans l'application des tarifs en sont naturellement plus fréquentes.

La taxe au poids prévient tous ces inconvénients ; pour l'appliquer, il suffit de placer l'imprimé dans le plateau d'une balance sans en enlever la bande, sans le déplier, qu'il se compose d'une ou plusieurs feuilles de contexture ou de dimensions différentes. Elle permet de joindre à certains imprimés, tels que prospectus ou prix courants, des échantillons, sans qu'il en résulte, pour son application, aucune complication, et ce sera une facilité précieuse pour le commerce et l'industrie.

. . . . . . . . . . . . . . . . . . . . . . . . . . . . . . . . . . . . . . . . . . . .

Avant de terminer nous devons dire un mot des résultats qu'aura le projet de loi au point de vue financier. Le produit de la taxe des imprimés n'est pas très élevé relativement au produit général des postes ; ce dernier ayant été, en 1855, d'environ 52 millions, les imprimés des diverses catégories y figurent pour une somme de 3 700 000 francs, les taxes proposées par le projet de loi pour les deux premières catégories d'imprimés, les ouvrages périodiques, politiques et non politiques, ne diffèrent pas assez des taxes actuelles pour qu'il puisse en résulter un changement notable dans les recettes. Sur la troisième catégorie d'imprimés, l'abaissement de la taxe est considérable, et l'administration des postes estime qu'il produira une diminution dans les recettes d'environ 189 000 francs; mais assurément cette diminution sera plus que compensée par l'augmentation probable du nombre d'objets transportés et par les produits nouveaux que donnera le transport des échantillons et des papiers de commerce et d'affaires. Il est difficile d'avoir, à cet égard, des prévisions bien précises; mais il est certain que la loi nouvelle augmentera plutôt qu'elle ne diminuera les recettes du Trésor. En tous cas, elle doit être envisagée beaucoup moins au point de vue financier qu'au point de vue de la satisfaction qu'elle donne aux besoins du commerce, de l'industrie et des relations privées en général.

Le rapport sur ce projet de loi fut fait par M. O'Quin, député au Corps législatif, et déposé dans la séance du 28 mai.

La discussion eut lieu dans la séance du 31 mai, et la loi dont la teneur suit, adoptée le même jour à la majorité de 242 suffrages contre 1, fut votée par le Sénat le 11 juin :

Article premier. — Le port des journaux et ouvrages périodiques traitant, en tout ou en partie, de matières politiques ou d'économie sociale, et paraissant au moins une fois par trimestre est de 4 centimes par chaque exemplaire du poids de 40 grammes et au-dessous.

Au-dessus de 40 grammes, le port est augmenté de 1 centime par chaque 10 grammes ou fraction de 10 grammes excédant.

Art. 2. — Le port des journaux, recueils, annales, mémoires et bulletins périodiques, uniquement consacrés aux lettres, aux sciences, aux arts, à l'agriculture et à l'industrie et paraissant au moins une fois par trimestre est de 2 centimes par chaque exemplaire du poids de 20 grammes et au-dessous.

Au-dessus de 20 grammes, le port est augmenté de 1 centime par chaque 10 grammes ou fraction de 10 grammes excédant.

Les ouvrages périodiques spécifiés dans le présent article sont exceptés de la prohibition établie par l'article 1, de l'arrêté du 27 prairial an 9, s'ils forment un paquet dont le poids dépasse 1 kilogramme, ou s'ils font partie d'un paquet de librairie qui dépasse le même poids.

Art. 3. — Les journaux et ouvrages périodiques destinés pour l'intérieur du département dans lequel ils sont publiés, ne payent que la moitié du port fixé par les articles précédents.

Les journaux et ouvrages périodiques publiés dans les départements autres que ceux de la Seine et de Seine-et-Oise, et destinés pour les départements limitrophes de celui où ils sont publiés, ne payent également que la moitié du port fixé par les articles précédents.

Dans le cas où le port comprend une fraction de centime, cette fraction est comptée comme un centime entier.

Art. 4. — Le port des circulaires, prospectus, catalogues, avis divers et prix courants, avec ou sans échantillons, livres, gravures, lithographies, en feuille, brochés ou reliés et en général de tous les imprimés autres que ceux qui sont spécifiés par les articles précédents, est de 1 centime par chaque exemplaire du poids de 5 grammes et au-dessous.

Le port des échantillons est également de 1 centime par chaque paquet du poids de 5 grammes et au-dessous.

Le port est augmenté de 1 centime par chaque 5 grammes ou fraction de 5 grammes excédant.

Lorsque le poids des objets spécifiés au présent article dépasse 50 grammes, ou lorsque ces objets sont réunis en un paquet d'un poids excédant 50 grammes, adressé à un seul destinataire, le port est de 10 centimes jusqu'à 100 grammes inclusivement.

Lorsque le poids dépasse 100 grammes, le port est augmenté de 1 centime par chaque 10 grammes ou fraction de 10 grammes excédant.

Art. 6. — Les objets compris dans les articles précédents ne peuvent être expédiés que sous bandes mobiles, couvrant au plus le tiers de la surface.

S'ils sont réunis en paquet et s'il y a nécessité, ils peuvent être placés sous enveloppe. Cette enveloppe doit être suffisante pour protéger les objets qu'elle recouvre, mais elle doit rester ouverte aux deux extrémités ou être disposée de manière que la vérification du contenu du paquet puisse avoir lieu facilement.

L'administration n'est, dans aucun cas, responsable des détériorations.

Le poids des bandes, enveloppes, ficelles et cachets est compris dans le poids soumis à la taxe.

Art. 7. — Les avis, imprimés ou lithographiés, de naissance, de mariage ou décès peuvent être expédiés sous forme de lettres et sous enveloppe, mais de manière qu'ils soient facilement vérifiés. Dans ce cas, le port est de 10 centimes pour chaque avis du poids de 10 grammes et au-dessous, circulant à l'intérieur, de bureau à bureau, et de 5 centimes pour chaque avis du même poids circulant dans la circonscription d'un bureau.

Au-dessus de 10 grammes et par chaque 10 grammes ou fraction de 10 grammes excédant, le port est augmenté de 10 centimes pour chaque avis circulant dans la circonscription d'un bureau.

Ces dispositions peuvent être étendues par arrêtés du ministre des finances aux prospectus, catalogues, circulaires, prix courants, avis divers et cartes de visite.

Art. 8. — Les objets compris dans la présente loi ne seront admis au bénéfice des taxes, qu'elle établit qu'autant qu'ils ont été affranchis. S'ils ont été expédiés sans affranchissement, ils sont taxés au prix du tarif des lettres.

S'ils ont été affranchis en timbres-poste et que l'affranchissement soit insuffisant, ils sont frappés en sus d'une taxe égale au triple de l'insuffisance de l'affranchissement.

Les taxes prévues par les deux paragraphes qui précèdent sont payées par l'expéditeur lorsque par une cause quelconque, elles n'ont pas été acquittées par le destinataire. En cas de refus de payement, le recouvrement en est opéré comme il est dit en l'art. 2 de la loi du 20 mai 1854.

Art. 9. — Les imprimés affranchis en vertu des dispositions de la présente loi ne doivent contenir, sauf le cas d'autorisation mentionné dans l'art. 10, ni chiffre ni aucune espèce d'écriture à la main, si ce n'est la date et la signature.

Il est en outre défendu d'insérer dans un imprimé, ainsi que dans un paquet d'imprimés, d'échantillons, de papiers de commerce ou d'affaires, ou une lettre ou note ayant le caractère d'une correspondance ou pouvant en tenir lieu.

En cas de contravention, les imprimés contenant de l'écriture ou un chiffre mis à la main, ainsi que les lettres ou notes insérées en fraude, sont saisis, et le contrevenant est poursuivi conformément aux dispositions de l'arrêté du 27 prairial an IX et de la loi du 22 juin 1854.

Art. 10. — Le ministre des finances détermine par des arrêtés, le mode de confection, le maximum du poids et la dimension des paquets confiés au service des postes, ainsi que les délais dans lesquels s'en effectuent le transport et la distribution, soit au domicile, soit au guichet du bureau.

Il peut autoriser, l'inscription sur certaines classes d'imprimés, de mots ou de chiffres écrits à la main, autres que la date et la signature.

Art. 11. — La présente loi est exécutoire à partir du 1er août 1856. A dater de la même époque, les dispositions de la loi du 4 thermidor an IV, de l'ordonnance du 5 mars 1823, des lois des 15 mars 1827, 14 décembre 1830 et 16 juillet 1850 et du décret du 17 février 1852, art. 13, relatives au prix du port et à la dimension des journaux ouvrages périodiques et autres imprimés, ainsi qu'au prix du port des échantillons de marchandises, sont et demeurent abrogées.

La loi du 25 juin 1856, exécutoire à partir du 1er août suivant, remédiait à tous les inconvénients signalés ; elle fixait, moyennant un tarif réduit, le prix de transport des journaux et des imprimés, celui des échantillons et celui des papiers d'affaires ou de commerce. La taxe suivant la dimension, qui était d'une application difficile, était supprimée. Ainsi que pour les lettres, le poids seul servait de base à l'établissement du prix à percevoir sur les journaux, les imprimés, les échantillons et les papiers de commerce circulant en France, en Corse et en Algérie. Des traités contractés avec les puissances étrangères donnaient les mêmes avantages à une partie notable des imprimés de toute nature à destination de l'étranger. Pour tous, des réductions importantes dans les tarifs procurèrent de nouvelles facilités au public, sans nuire aux intérêts du Trésor.

L'arrêté ministériel du 9 juillet 1856 détermina les objets qui pourraient désormais bénéficier des dispositions de l'article 7 de la loi du 25 juin 1856 et spécifia les conditions auxquelles ce bénéfice serait accordé.

La loi du 25 juin 1856 a subi bien des modifications (lois du 2 mai 1861, 11 mai 1868 ; décret du 16 octobre 1870 ; lois des 24 août 1871, 29 décembre 1873 et 6 avril 1878), mais elle n'en subsiste pas moins encore aujourd'hui quant à ses dispositions essentielles et on peut dire que, sinon dans ses détails, du moins dans son ensemble, elle règle de nos jours le transport des objets à prix réduits.

### IMPRIMÉS ORIGINAIRES OU A DESTINATION DE L'AUTRICHE, DE LA GRÈCE, DES ÉTATS D'ALLEMAGNE DESSERVIS PAR L'OFFICE DE LA TOUR ET TAXIS, ETC.

Des modifications conformes aux principes sur lesquels repose la loi du 25 juin 1856 furent introduites à partir du 1er août suivant, dans le tarif des taxes applicables à ceux des imprimés originaires ou à destination de l'extérieur qui n'étaient taxés à la feuille qu'en raison de la législation française. Ces modifications qui firent l'objet du décret impérial du 12 juillet 1856, concernant les imprimés originaires ou à destination de l'empire d'Autriche, de la Grèce, des États d'Allemagne desservis par l'office des postes de la Tour et Taxis, des États qui correspondaient avec la France par l'intermédiaire des postes d'Autriche ou de la Tour et Taxis, et enfin des colonies et autres pays d'outre-mer par la voie des bâtiments du commerce.

Les taxes ou droits à percevoir par l'administration des postes sur les imprimés originaires ou à destination de ces divers pays furent établis d'après le poids brut de chaque paquet d'imprimés portant une adresse particulière, à raison d'une taxe ou d'un droit simple par chaque poids de 40 grammes ou fraction de 40 grammes, sans égard au nombre ou à la nature des imprimés contenus dans le paquet.

### SÉPARATION DES LETTRES ET DES IMPRIMÉS DANS LE SERVICE DE LA DISTRIBUTION A PARIS.

La loi du 25 juin 1856 devant avoir pour effet d'augmenter le nombre des imprimés confiés à la poste, ainsi que celui des échantillons et des papiers d'affaires, l'administration prit les mesures nécessaires pour que ces objets fussent toujours distribués avec la même régularité que les lettres.

Il était à craindre que dans les bureaux de l'hôtel des postes, où les correspondances arrivaient chaque jour en nombre plus considérable, la réunion des lettres et des imprimés ne produisît une certaine confusion. Afin d'obvier à cet inconvénient, le nombre des facteurs de Paris fut augmenté de 40 par décision ministérielle du 22 juillet 1856 et il fut admis en principe que la distribution des lettres se ferait séparément de celle des imprimés, des échantillons et des papiers d'affaires. Cette utile mesure permit de faire comprendre dans la première distribution, les imprimés de toute nature dont la remise aux destinataires était ajournée à la deuxième.

### CONVENTION CONCLUE LE 29 MAI 1857 ENTRE L'ÉTAT ET LA COMPAGNIE DES MESSAGERIES MARITIMES. — SERVICE DE LA MÉDITERRANÉE ET DE LA MER NOIRE.

Le 29 mai 1857, une convention fut conclue entre l'État et la compagnie des Messageries maritimes à l'effet d'établir deux services de paquebots-poste français dans la mer Noire. En même temps, les services affectées au transport des correspondances entre Marseille et l'Italie, Malte, la Grèce, la Turquie et l'Égypte furent remaniés.

La nouvelle organisation fut mise en vigueur à partir du 1er juillet suivant et comprenait les 11 lignes suivantes :

| | |
|---|---|
| Service hebdomadaire. . . . | Marseille à Malte (par Gênes, Livourne, Civita-Vecchia, Naples, Messine).<br>Marseille à Naples (par Civita-Vecchia). |
| Service par quinzaine. . . . | Marseille à Alexandrie (par Malte).<br>Alexandrie à Smyrne.<br>Marseille à Smyrne (par Malte et Syra)<br>Le Pirée à Smyrne (par Syra). |
| Service hebdomadaire. . . . | Smyrne à Constantinople (par les Dardanelles, et Gallipoli).<br>Marseille à Constantinople (par Messine et le Pirée). |
| Service par quinzaine. . . . | Le Pirée à Constantinople (par Volo, Salonique, les Dardanelles, etc.). |
| Service hebdomadaire. . . . | Constantinople à Ibraïla.<br>Constantinople à Trébizonde. |

LOI DU 17 JUIN 1857. — CRÉATION DE SERVICES MARITIMES ENTRE LA FRANCE ET NEW-YORK, LES ANTILLES, LE MEXIQUE, ASPINWALL ET CAYENNE, LE BRÉSIL ET BUENOS-AYRES.

Les services maritimes postaux dans l'océan Atlantique furent créés en vertu de la loi du 17 juin 1857, qui autorisa le ministre des finances à s'engager, au nom de l'État, au paiement, pendant vingt années consécutives, d'une subvention annuelle de 14 millions au maximum pour l'exploitation de trois services de correspondance par paquebots à vapeur entre la France et :

1° New-York ;

2° Les Antilles, le Mexique, Aspinwall et Cayenne ;

3° Le Brésil et Buenos-Ayres.

Les deux premiers services furent concédés à la Compagnie Victor Marzion et Cie ; celui du Brésil et de la Plata à la Compagnie des messageries maritimes, qui s'engagea à assurer un double service partant l'un de Bordeaux, l'autre de Marseille.

LOI DU 4 JUIN 1859 SUR LES VALEURS DÉCLARÉES.

La loi du 4 juin 1859 fut, pour les valeurs déclarées, ce qu'avait été la loi du 25 juin 1856 pour les objets transportés par la poste et les règles qu'elle a tracées forment encore la base de notre législation actuelle.

Le projet fut présenté au Corps législatif le 25 février 1859 et, dans son remarquable rapport déposé le 1er avril, M. O'Quin exposait en ces termes l'historique de la question :

**Rapport O'Quin.** — C'est dans un règlement du 16 octobre 1627 qu'apparaît pour la première fois la prohibition d'insérer dans les lettres confiées à la régie des postes « de l'or, de l'argent, des pierreries ou autres choses précieuses ». Cette interdiction, confirmée par l'édit royal du 9 avril 1644, fut reproduite dans la déclaration du 8 juillet 1759, qui admit toutefois le transport des objets d'or et d'argent, du consentement des fermiers, directeurs et commis des postes, « lesquels ne pourront s'en charger sans une remise au-dessous de celle portée au tarif ». La même déclaration réglementa le service des chargements en soumettant la lettre chargée à l'acquittement d'un double port et à l'affranchissement. Celui des valeurs cotées existait antérieurement à cette disposition ; quant au service des articles d'argent, il avait été établi par le règlement de 1627, autorisant l'envoi par la poste de sommes qui ne pouvaient être supérieures à 100 francs, moyennant le payement d'un droit proportionnel aux distances, réduit plus tard à un droit fixe de 5 p. 100.

Ainsi, dès 1759, nous voyons l'administration des postes mettre en jeu tous les rouages du mécanisme qu'elle conserve encore aujourd'hui, non sans l'avoir sensiblement perfectionné. Elle transporte les lettres ordinaires ; elle reçoit des lettres chargées, dans lesquelles il est interdit d'insérer des valeurs, et dont la perte n'entraîne pour elle aucune responsabilité, quoiqu'elle prenne l'engagement en échange du payement d'une double taxe, d'entourer leur expédition de formalités spéciales ; elle accepte des valeurs cotées, dont le montant doit être restitué par elle, en cas de perte, au destinataire ; elle se charge enfin, moyennant une remise proportionnelle, de faire compter dans un de ses bureaux, à une personne déterminée, une somme d'argent versée entre ses mains.

Le 13 mai 1786 intervient un arrêt du conseil qui autorise formellement l'insertion dans les lettres chargées des billets de la caisse d'escompte ou autres effets quelconques et qui admet pour la première fois le principe de l'indemnité à payer par la régie des postes en cas de perte de ces lettres. Le montant de l'indemnité est fixé à 150 livres ; plus tard il fut porté à 300 livres par le décret du 17 août 1791.

Mais le décret des 23 et 24-30 juillet 1793 sur l'organisation des postes et messageries ne tarda pas à rétablir la prohibition absolue d'insérer des valeurs dans les lettres de toute nature pour n'autoriser que le chargement à vue de toutes sommes et valeurs en assignats, en or ou en argent monnayé ou non. La régie fut rendue responsable du montant des sommes ou des objets ainsi déclarés : quant aux lettres chargées, demeurant l'interdiction remise en vigueur, leur perte n'entraîna plus, en vertu de cette loi, que l'obligation de payer une indemnité de 50 francs.

La défense renouvelée par la loi de 1793 fut maintenue dans celles du 6 mars an IV et du 5 nivôse an V, dont l'article 16, encore aujourd'hui en vigueur, est ainsi conçu :

« Nul ne pourra insérer dans les lettres chargées ou autres, ni papier-monnaie, ni matière d'or et d'argent, ni bijoux. »

Cette prohibition est dépourvue de toute sanction, aussi bien dans la loi de nivôse an V que dans les lois, ordonnances et règlements qui l'avaient antérieurement édictée. Il est permis de penser que ce silence du législateur ne tient pas à un oubli difficile à comprendre et de supposer que les abus qu'il voulait prévenir n'avaient pas été jusqu'alors assez fréquents pour nécessiter l'introduction dans la loi d'une clause pénale.

. . . . . . . . . . . . . . . . . . . . . . . . . . . . . . . . . . . .

Le gouvernement pourvoyait alors, par la régie des postes, au service des lettres ordinaires et chargées, des valeurs cotées et des articles d'argent, et il assurait, en même temps, par la régie des messageries, le transport des colis des valeurs papiers, des valeurs monnayées et des deniers publics. Mais la loi du 9 vendémiaire an V ayant supprimé la régie des messageries, les expéditeurs des articles dont elle s'était chargée jusque-là ne purent les confier qu'à des entreprises privées qui ne présentaient pas les mêmes conditions de célérité, et le public dut être d'autant plus porté à préférer pour l'expédition des valeurs papiers le mode de transmission plus rapide, quoique peu sûr, de leur insertion dans les lettres, que leur nombre et leur circulation devenaient plus importants, en proportion du développement progressif des relations commerciales.

Après cet exposé, le rapporteur, se basant sur des statistiques officielles, estimait au chiffre de 2 700 000 000 francs le montant des valeurs circulant annuellement en France par la poste. Sur ce nombre 2 100 000 000 environ étaient expédiées par lettres chargées et le reste dans des lettres ordinaires.

De 1847 à 1857, les sommes sur lesquelles portaient les réclamations pour perte de lettres ordinaires contenant des valeurs, s'étaient élevées de 250 000 francs à plus de 400 000 francs et d'après les calculs établis par le rapporteur, on pouvait évaluer à 1 demie sur 100 000 ou à 10 par jour la proportion des lettres avec valeurs, perdues.

Par suite, la responsabilité morale de l'administration était directement engagée et cette situation ne pouvait se prolonger plus longtemps sans préjudice pour l'administration et pour le public.

C'est afin d'y mettre un terme, continuait le rapporteur, que le projet de loi a été présenté. Il n'est pas conçu dans un but fiscal, quoiqu'il soit de nature à augmenter les recettes du Trésor plutôt qu'à accroître ses charges; c'est, on l'a dit avec raison, un cri de détresse de l'administration des postes qui vient demander au Corps législatif de la sauvegarder contre le péril auquel l'exposent des imprudences dont le public est à la fois l'auteur et la victime.

La loi fut discutée au Corps législatif et votée dans la séance du 9 avril par 234 voix contre 7.

Voici le texte de la loi :

*Loi du 4 juin 1859. — Transport par la poste de valeurs déclarées.*

Article premier. — L'insertion dans une lettre de billets de banque ou de bons, coupons de dividende et d'intérêts payables au porteur est autorisée jusqu'à concurrence de 2000 francs et sous condition d'en faire la déclaration.

Art. 2. — Cette déclaration doit être portée, en toutes lettres, sur la suscription de l'enveloppe, et énoncer en francs et centimes, le montant des valeurs expédiées.

ART. 3. — L'administration des postes est responsable jusqu'à concurrence de 2 000 francs et sauf le cas de perte par force majeure, des valeurs insérées dans les lettres et déclarées conformément aux dispositions des articles 1 et 2 de la présente loi.

Elle est déchargée de cette responsabilité par la remise des lettres dont le destinataire ou son fondé de pouvoirs a donné reçu.

En cas de contestation, l'action en responsabilité est portée devant les tribunaux civils.

ART. 4. — L'expéditeur des valeurs déclarées payera d'avance, indépendamment d'un droit fixe de 10 centimes et du port de la lettre selon son poids, un droit proportionnel de 10 centimes par chaque 100 francs ou fraction de 100 francs.

ART. 5. — Le fait d'une déclaration frauduleuse de valeurs supérieures à la valeur réellement insérée dans une lettre est puni d'un emprisonnement d'un mois au moins et d'un an au plus, et d'une amende de 16 francs au moins et de 500 francs au plus.

L'article 463 du Code pénal peut être appliqué au cas prévu dans le paragraphe précédent.

ART. 6. — L'administration des postes, lorsqu'elle a remboursé le montant des valeurs déclarées non parvenues à destination, est subrogée à tous les droits du propriétaire.

Celui-ci est tenu de faire connaître à l'administration, au moment où elle effectue le remboursement, la nature des valeurs, ainsi que toutes les circonstances qui peuvent faciliter l'exercice utile de ses droits.

ART. 7. — Les valeurs de toute nature, autres que l'or ou l'argent, les bijoux ou autres effets précieux, peuvent être insérées dans les lettres chargées sans déclaration préalable.

La perte des lettres chargées continuera à n'entraîner pour l'administration des postes que l'obligation de payer une indemnité de 50 francs, conformément à l'art. 14 de la loi du 5 nivôse an V.

ART. 8. — Le poids des lettres simples, lorsqu'elles sont chargées ou qu'elles contiennent des valeurs déclarées, est porté à 10 grammes.

En conséquence, et indépendamment du droit fixe de 20 centimes, la taxe des lettres chargées ou de celles contenant des valeurs déclarées circulant de bureau de poste à bureau de poste, dans l'intérieur de la France, celles des lettres de même nature de la France pour la Corse et l'Algérie, et réciproquement, est ainsi fixée :

Jusqu'à 10 grammes inclusivement. . . . . . . . . 20 centimes.
Au-dessus de 10 grammes jusqu'à 20 grammes. . . . inclusivement. . . . . . . . . . . . . . . . . . . 40 —
Au-dessus de 20 grammes jusqu'à 100 grammes inclusivement. . . . . . . . . . . . . . . . . . . . 80 —

Les lettres chargées ou contenant des valeurs déclarées, dont le poids dépasse 100 grammes, sont taxées 80 centimes par chaque 100 grammes ou fraction de 100 grammes excédant les 100 premiers grammes.

ART. 9. — Est punie d'une amende de 50 à 500 francs :

1° L'insertion dans les lettres de l'or et de l'argent, des bijoux et autres effets précieux;

2° L'insertion des valeurs énumérées dans l'article premier de la présente loi dans les lettres non chargées ou non soumises aux formalités prescrites par les art. 2 et 3.

La poursuite est exercée à la requête de l'administration qui a le droit de transiger.

Quelques-unes des dispositions de cette loi ont été modifiées par les lois des 24 août 1871 et 25 janvier 1873.

Les détails d'exécution de la loi du 4 juin 1859 furent réglés par l'arrêté ministériel du 6 juillet suivant.

Ajoutons enfin qu'une décision ministérielle du 19 juin 1863 fixa les conditions dans lesquelles l'administration pourrait exercer le droit de transiger en matière de contravention à la loi du 4 juin 1859, qui lui était attribué par l'article 9 de cette loi.

### AFFRANCHISSEMENT DES IMPRIMÉS AU MOYEN DE TIMBRES-POSTE.

La loi du 24 août 1848 qui avait créé les timbres-poste pour l'affranchissement des lettres, n'avait pas parlé de l'affranchissement des imprimés par le timbre. Il y avait à cela plusieurs raisons. La première et la plus sérieuse était qu'il fallait que le public fît son éducation préalable, car il devenait responsable de l'affranchissement plus ou moins régulier des objets qu'il confiait à la poste ; il encourrait alors, en cas d'erreur, la pénalité de la double taxe recouvrable sur le destinataire. Le public pouvait aisément affranchir lui-même les *lettres*; l'opération était facile puisqu'il y avait taxe uniforme de distance et seulement 3 degrés de progression de poids. Or était-il juste et possible d'obliger le public à s'initier du jour au lendemain à la multiplicité des tarifs auxquels les imprimés étaient assujettis selon leur nature et leur dimension ? L'administration des postes ne l'avait pas pensé.

Mais, depuis lors, la loi du 25 juin 1856 avait simplifié la taxation des imprimés en substituant le *poids* à la *dimension* et de plus l'affranchissement en numéraire imposait un surcroît énorme de travail au personnel et des déplacements gênants pour le public.

Ces considérations déterminèrent l'administration des postes à prendre l'initiative de substituer l'affranchissement au moyen des timbres-poste, à l'affranchissement en numéraire pour les imprimés. Le ministre des finances approuva la mesure par une décision du 17 octobre 1859 qui autorisa la création de nouveaux timbres-poste à 1, 2 et 4 centimes.

Le directeur général des postes décida, en conséquence, qu'à partir du 1er novembre 1860, les nouveaux timbres seraient mis en circulation et qu'en outre, l'oblitération des timbres-poste apposés sur les imprimés aurait lieu par l'application, sur les figurines, du timbre à date du bureau expéditeur.

LOI DU 2 MAI 1861 QUI EXEMPTE DU TIMBRE ET DES DROITS DE POSTE LES SUPPLÉMENTS DES JOURNAUX LORSQUE CES SUPPLÉMENTS SONT EXCLUSIVEMENT CONSACRÉS A LA PUBLICATION DES DÉBATS LÉGISLATIFS.

Le décret du 24 novembre 1860 et le sénatus-consulte du 2 février 1861 avaient ajouté aux prérogatives constitutionnelles des deux Chambres le droit d'exprimer leur opinion sur la politique intérieure et extérieure du gouvernement. Le décret du 24 novembre avait voulu assurer la prompte et complète reproduction des débats parlementaires et, dans son rapport sur le sénatus-consulte du 2 février, M. Troplong, président du Sénat, avait démontré la justice et l'opportunité d'une mesure qui étendrait à tous les journaux, pour les suppléments spécialement affectés aux débats des assemblées et aux documents officiels, la dispense des droits de timbre et de poste exclusivement accordée jusqu'alors au *Moniteur*.

C'est pour répondre à cette pensée que le gouvernement présenta un projet de loi dans la séance du Corps législatif du 18 février 1861.

M. Chauchard, rapporteur de la commission, déposa son rapport le 11 avril suivant. La discussion devant le Corps législatif vint à l'ordre du jour de la séance du 17 avril et la loi dont le texte suit fut votée le même jour à l'unanimité de 215 suffrages :

ARTICLE PREMIER. — Sont exempts de timbre et de droit de poste les suppléments des journaux, lorsque ces suppléments sont exclusivement consacrés soit à la publication des débats législatifs, reproduits par la sténographie ou par le compte rendu conformément à l'article 42 de la constitution, soit à l'insertion des exposés des motifs de projets de lois ou de sénatus-consultes, des rapports de commissions et des documents officiels déposés au nom du Gouvernement sur le bureau du Sénat et du Corps législatif.

Pour jouir de l'exemption sus-énoncée, les suppléments doivent être publiés sur feuilles détachées du journal.

La même exemption s'appliquera aux suppléments des journaux non quotidiens des départements autres que ceux de la Seine et de Seine-et-Oise, publiés en dehors des conditions de périodicité déterminées par leur cautionnement et leur autorisation.

ART. 2. — Sont exempts de timbre toutes autres publications périodiques exclusivement consacrées aux matières indiquées dans l'article premier.

ART. 3. — Il sera tenu compte aux ayants droit des perceptions qui pourraient être opérées, en vertu des lois en vigueur, pour les suppléments publiés à partir du 4 février 1861, dans les conditions prescrites par l'article premier ci-dessus.

Cinq amendements avaient été présentés et examinés par la commission.

1° Amendement Curé, Darimon, Jules Favre, Ménon, Émile Olivier et Picard tendant à réduire le timbre des journaux et à fixer la taxe postale à 1 centime et à 2 centimes au lieu de 2 et 4 centimes, tout en maintenant les exemptions contenues dans le projet de loi.

2° Amendement Paul Dupont ainsi formulé :

> Seront également exemptés des droits de timbre et des frais de poste les numéros des journaux auxquels seront joints les suppléments, à la condition que ces numéros ne contiendront aucune annonce industrielle.

Ces deux amendements avaient été repoussés par la commission. Le premier constituait non un amendement, mais un projet spécial ; le second était considéré comme nuisible aux intérêts mêmes des journaux.

3° Amendement Mariani :

> Le timbre imposé aux journaux par l'art. 6 de la loi du 17 février 1852 sera diminué de un centime pour les journaux des départements de la Seine et de Seine-et-Oise, à la condition qu'ils publieront in-extenso les débats du Sénat et du Corps législatif, et également de un centime pour les journaux des autres départements qui publieront soit la sténographie, soit le compte rendu de ces séances.

Amendement accepté par la commission, mais repoussé par le Conseil d'État.

4° Amendement de M. Chauchard, député, rapporteur. Cet amendement devint le troisième paragraphe de l'article 1er.

5° Amendement du marquis de Sainte-Hermine.

Cet amendement devint l'article 2, après avoir été modifié par le Conseil d'État (substitution des termes, *publications périodiques* à ceux de *publications périodiques ou non périodiques* proposés par M. de Saint-Hermine).

### DÉCRET DU 11 MAI 1861.

Le décret du 11 mai 1861 exempta pareillement de tout droit de poste, à raison de leur parcours, sur le territoire de la métropole et sur le territoire colonial, les suppléments de journaux expédiés de France pour les colonies françaises, lorsque ces suppléments seraient consacrés à la publication des débats législatifs.

### M. VANDAL, DIRECTEUR GÉNÉRAL DES POSTES (25 MAI 1861).

Par un décret du 25 mai 1861, M. Vandal, directeur général de l'administration des contributions indirectes, fut nommé directeur général des postes en remplacement de M. Stourm, élevé à la dignité de sénateur.

### LOI DU 28 JUIN 1861 SUR LA TAXE DES LETTRES DE BUREAU A BUREAU (RÉDUCTION A 0 FR. 20).

En présentant, le 2 mars 1861, le projet de budget pour l'exercice 1862, le gouvernement proposa la disposition suivante qui fut votée par le Corps législatif et devint l'article 18 de la loi de finances du 28 juin 1861 :

ART. 18. — A dater du 1er janvier 1862, la taxe des lettres ordinaires, circulant de bureau de poste à bureau de poste dans l'intérieur de la France et des lettres de même nature de la France pour la Corse et l'Algérie, et réciproquement, sera ainsi fixée :

| | | | |
|---|---|---|---|
| Jusqu'à 10 grammes inclusivement. | Lettres affranchies . . . | » 20 | centimes. |
| | Lettres non affranchies. | » 30 | — |
| Au-dessus de 10 grammes jusqu'à 20 grammes inclusivement. | Lettres affranchies . . . | » 40 | — |
| | Lettres non affranchies. | » 60 | — |
| Au-dessus de 20 grammes jusqu'à 100 grammes inclusivement. | Lettres affranchies . . . | » 80 | — |
| | Lettres non affranchies. | 1,20 | — |
| Au-dessus de 100 grammes et pour chaque 100 grammes excédant. | Lettres affranchies . . . | » 80 | — |
| | Lettres non affranchies. | 1,20 | — |

L'exposé des motifs portait que cet article avait pour but de « donner satisfaction à un vœu si souvent exprimé devant le Corps législatif ».

### LOI DU 3 JUILLET 1861. — SERVICES MARITIMES ENTRE LA FRANCE, LES ÉTATS-UNIS ET LES ANTILLES.

Les services maritimes de grande navigation reçurent de nouvelles extensions en vertu de la loi du 3 juillet 1861 portant approbation de la convention du 24 avril précédent, par laquelle la Compagnie générale maritime, devenue plus tard « Compagnie générale Transatlantique » se fit rétrocéder les services entre la France, les États Unis et les Antilles, par la Société Victor Marzion et Cie qui en avait été reconnue concessionnaire en vertu de la loi du 17 juin 1857 et du décret du 20 février 1858.

Aux termes du cahier des charges de la concession (article 42 reproduit dans l'article 2 de la convention du 24 avril 1861), le traité devait durer vingt années consécutives, décomptées à partir de trois ans après la date de la concession, ou à partir de l'époque à laquelle tous les services seraient en pleine activité, si cette époque était antérieure aux trois ans.

Le décret de concession étant daté du 22 juillet 1861, la durée du traité devait donc commencer au plus tard le 22 juillet 1864.

*Convention du* 17 *février* 1862. — Mais les circonstances de l'expédition du Mexique amenèrent le gouvernement à conclure avec la Compagnie, la convention du 17 février 1862 stipulant l'exécution, à partir du 1er avril 1862, d'un voyage mensuel entre Saint-Nazaire et la Vera-Cruz avec escale à la Martinique et à Santiago de Cuba.

Ce n'était là qu'une partie des services prévus par le traité primitif, ou, pour mieux dire, un service provisoire créé en vue des nécessités de l'expédition du Mexique. Il ne s'agissait, en effet, que d'assurer l'exécution d'un voyage mensuel entre Saint-Nazaire et la Vera-Cruz par la Martinique et Santiago de Cuba, et de transporter, à des tarifs fixés par la convention, le personnel et le matériel embarqué sur réquisition de l'État. La convention du 17 février 1862 ne devait avoir d'effet que jusqu'au 22 juillet 1864, date normale et extrême de l'ouverture définitive de tous les services concédés à la Compagnie.

*Convention du* 8 *mars* 1864. — Une nouvelle convention du 8 mars 1864 vint proroger le service provisoire jusqu'au 22 juillet 1865. Les conditions des prix de transport des chevaux et mulets, ainsi que du matériel, étaient notablement diminuées.

*Convention du* 17 *avril* 1865. — C'est en prévision de cette échéance définitive de mise en vigueur de tous les services (22 juillet 1865), qui devenait la date initiale des 20 années de concession, que fut conclue la convention du 17 avril 1865.

Les itinéraires prévus d'abord au cahier des charges étaient remaniés et fixés ainsi qu'il suit :

| | |
|---|---|
| 2 lignes principales. . . . . . . | de Saint-Nazaire à Colon-Aspinwall.<br>de Saint-Nazaire à la Vera-Cruz. |
| 5 lignes annexes. . . . . . . . | de Fort-de-France à Cayenne ;<br>de Fort-de-France à Saint-Thomas ;<br>de Fort-de-France à la Basse-Terre ;<br>de Saint-Thomas à la Jamaïque ;<br>de la Vera-Cruz à Matamoros. |

Ligne du Havre à New-York avec escale à Brest.

Le nombre total de lieues marines à parcourir annuellement était de 160 040. Savoir :

| | | L. M. |
|---|---|---|
| Ligne du Havre à New-York. . . . . . . . . . . . . . . . . . | | 55 016 |
| Mexique et Antilles | lignes principales . . . . . . . . . . . . . | 81 200 |
| | id. annexes . . . . . . . . . . . . . . | 23 824 |
| | Total égal. . . . . | 160 040 |

Le nombre des navires à affecter à ces lignes était élevé de 16 à 17, d'une force totale de 9 615 chevaux-vapeur.

Les vitesses en marche et le temps de marche réglementaire étaient modifiés.

C'est dans les conditions d'itinéraires fixés par la convention du 17 avril 1865, que les services de la Compagnie générale Transatlantique dans l'Océan furent définitivement exécutés.

*Convention du* 16 *mars* 1866. — Une convention datée du 16 mars 1866 et approuvée par la loi du 11 juillet suivant créa deux nouvelles lignes :

1° De la Havane à la Nouvelle-Orléans;
2° De Fort-de-France à Porto-Cabello.

*Convention du* 16 *février* 1868. — Une autre convention du 16 février 1868, approuvée par la loi du 16 juillet suivant, portait création d'une ligne de Saint-Thomas à Colon-Aspinwall, qui n'était autre que la ligne de Saint-Thomas à la Jamaïque prolongée jusqu'à Colon; et une ligne de Panama à Valparaiso dans le Pacifique.

*Inauguration de la ligne du Havre à New-York.* — Quoi qu'il en soit, ce fut le 15 juin 1864 qu'eut lieu au Havre l'inauguration solennelle de la ligne des paquebots-poste français entre cette ville et New-York.

M. Vandal prononça, à cette occasion, un discours très remarqué.

Après avoir retracé à grands traits l'historique des services maritimes français, M. Vandal terminait ainsi son discours :

Nos subventions maritimes se sont développées avec le mouvement du siècle; elles ont grandi avec la richesse publique, et elles en ont été les serviteurs, les auxiliaires et les appuis : c'est le développement de la prospérité générale et non l'augmentation de taxes qui a fait les frais de ces dépenses fécondes. Que l'esprit de dénigrement signale l'accroissement progressif de nos budgets, c'est son rôle, et nous n'avons pas à nous en étonner; mais vous, armateurs du Havre, de Marseille et de Bordeaux; vous, fabricants de Lyon, de Mulhouse et de Rouen; vous, constructeurs de navires et de machines; vous, travailleurs de toutes sortes qui vivez du salaire acquis; vous, consommateurs qui recherchez le bon marché du produit; vous, tous enfin qui aimez votre pays, dites-nous si 25 millions sont inutilement dépensés qui ouvrent des débouchés à vos produits, des emplois à vos capitaux, qui donnent des salaires à vos bras et de la grandeur à la patrie? Répondez, répondez, et que le cri de la nation reconnaissante s'associe à vos acclamations!

Et vous, administrateurs habiles qui présidez à ces grandes entreprises, recevez une part de notre gratitude; l'histoire de l'industrie moderne conservera le souvenir de vos noms et de vos services. Déjà l'un de vous a été appelé à l'honneur d'apporter dans les conseils du Gouvernement l'expérience acquise en créant une flotte et en dirigeant l'une des plus grandes entreprises de la mer. La Compagnie Transatlantique s'anime de l'esprit de deux hommes, de deux frères, dont la vue profonde, dont la sagacité, dont l'énergie, inspirent la confiance et commandent le succès.

Partout où ils ont porté l'application de leur esprit, le succès les a suivis, aucun revers n'a attristé les entreprises qu'ils ont fondées, et ils auraient le droit d'écrire sur leur blason plébéien ce que Mahomet, dans son orgueil fataliste, écrivait sur ses babouches : « Je n'ai jamais mis le pied sur un bâtiment qui ait fait naufrage. » Non, Messieurs, le naufrage n'est pas à craindre quand la résolution et l'habileté sont au gouvernail : la Compagnie Transatlantique fournira son heureuse carrière comme le *Washington* suivra la sienne à travers l'Océan, et comme ses aînés l'ont fournie à travers la Méditerranée et la mer des Indes.

Allez donc, nobles vaisseaux, fils de l'air et du feu, obéissez à l'âme embrasée qui bout dans vos entrailles; allez vers les pays où le soleil se lève, allez vers les pays où le soleil se couche, et portez sous les plis de votre pavillon l'influence et le génie de la France, le nom et la grandeur de son souverain. Nos vœux vous accompagnent et notre confiance promet à cette pacifique Armada les vents et la fortune.

Buvez donc, Messieurs, avec sympathie, avec fierté et avec reconnaissance au succès et à la prospérité de la Compagnie Transatlantique [1].

Cette entraînante péroraison souleva l'enthousiasme de tous les assistants et M. Vandal dut la répéter, à la demande générale, au milieu d'une indescriptible émotion.

LOI DU 3 JUILLET 1861. — SERVICE POSTAL DE L'INDO-CHINE.

En vertu d'une convention passée le 22 avril 1861, l'exploitation d'un service postal de navigation entre Suez et la Chine, avec embranchement sur la Réunion, les Indes françaises, néerlandaises et espagnoles, fut confiée à la Compagnie des *Messageries maritimes*.

Le service à exécuter comprenait :

Une ligne principale et cinq services annexes, savoir :

| | |
|---|---|
| Ligne principale, 12 voyages aller et retour par an. . . . . . . | de Suez à Aden;<br>d'Aden à Pointe-de-Galles;<br>de Pointe-de-Galles à Penang;<br>de Penang à Singapore;<br>de Singapore à Saïgon. |
| Services annexes à raison de 12 voyages par an pour chaque service . . . . . . . . . . . | d'Aden à la Réunion et Maurice;<br>de Pointe-de-Galles à Calcutta et Chandernagor;<br>de Singapor à Batavia;<br>de Saïgon à Manille;<br>de Saïgon à Shang-Haï. |

Les stipulations financières de cette convention furent approuvées

1. *Moniteur universel*, numéro du 17 juin 1864, page 853.

par la loi du 3 juillet 1861 et le décret de concession fut signé le 22 juillet.

### SERVICES DU BRÉSIL ET DE LA PLATA.

L'article 9 de la convention conclue le 22 avril entre le ministre des finances et la Compagnie des Messageries maritimes pour le service de l'Indo-Chine contenait la clause suivante :

La Compagnie est dispensée de l'exécution de la seconde ligne du Brésil et de la Plata partant de Marseille.

Les clauses de la convention du 16 septembre 1857 et du cahier des charges y annexé, relatives à cette seconde ligne, sont et demeurent annulées.

Le service du Brésil et de la Plata se trouva donc ainsi limité à une ligne principale partant de Bordeaux et à trois lignes annexes, savoir :

1° Ligne principale : Bordeaux, Lisbonne, Gorée, Fernanbouc, Bahia, Rio-de-Janeiro.

2° Ligne annexe : Rio-de-Janeiro, Montevideo, Buenos-Ayres.

Jusqu'en 1866, la ligne principale ne toucha pas au Sénégal, auquel elle était reliée par un service annexe entre Gorée et Saint-Vincent exécuté par la Compagnie. Mais, au mois d'octobre de cette année 1866, les travaux du port de Dakar étant terminés, l'itinéraire normal fut pratiqué.

Quatre paquebots assuraient le service de la ligne principale. La ligne annexe était exécutée par un paquebot de moindre force.

A partir du mois d'octobre 1869, la ligne annexe de Rio-de-Janeiro, à Montevideo et Buenos-Ayres fut desservie par quatre paquebots partant de Bordeaux qui, précédemment, transbordaient à Rio leur changement sur le paquebot annexe. En d'autres termes, il n'y eut plus entre Bordeaux et Buenos-Ayres qu'une seule ligne principale desservie par le même paquebot, sans rompre charge, au grand avantage du service et du trafic, qui y gagnèrent en sécurité et en célérité.

### LOI DE FINANCES DU 2 JUILLET 1862. — RÉDUCTION A 1 P. 100 DE LA TAXE A PERCEVOIR SUR LES ENVOIS DE FONDS OU SUR LES VALEURS CONFIÉES A LA POSTE. — RÉDUCTION A 0 FR. 10 DE LA TAXE DES LETTRES NÉES ET DISTRIBUABLES DANS LA CIRCONSCRIPTION D'UN MÊME BUREAU.

Le projet de budget de l'exercice 1863 présenté au Corps législatif le 6 mars 1862 contenait une disposition tendant à réduire de 2 p. 100

à 1 p. 100 la taxe à percevoir sur les envois de fonds ou sur la valeur des objets confiés à la poste.

Le rapport fut déposé dans la séance du 3 juin.

La commission, par l'organe de son rapporteur, M. Alfred Leroux, expliquait de la manière suivante le but de cette disposition :

Cette réduction sera un véritable bienfait pour les petites bourses et les relations de famille. Dès 1855, notre honorable collègue, M. Busson, avait émis et n'a cessé de reproduire la demande qui est réalisée aujourd'hui. Toutes les commissions du budget l'avaient recommandée. Nous nous associons à sa pensée libérale comme à la satisfaction qu'inspire une bonne œuvre réussie. On pense que la réduction, en multipliant les envois d'argent ou de valeurs, ne causera pas de perte au Trésor.

Un amendement ainsi conçu avait été présenté à la commission par M. le vicomte de Grouchy :

A partir du 1er juillet 1862, la taxe des lettres ordinaires affranchies, ou non affranchies, partant d'une direction de poste pour une distribution relevant de cette direction, et réciproquement, ou d'une commune pour une autre commune du même arrondissement postal, sera fixée ainsi en France, en Corse et en Algérie.

| | | |
|---|---|---|
| Jusqu'à 10 grammes inclusivement | 10 | centimes. |
| Au-dessus de 10 grammes jusqu'à 20 grammes inclusivement | 20 | — |
| Au-dessus de 20 grammes jusqu'à 40 grammes inclusivement | 30 | — |
| Au-dessus de 40 grammes jusqu'à 80 grammes inclusivement | 40 | — |

Ainsi de suite, en ajoutant 10 centimes pour chaque 40 grammes ou fraction de 40 grammes excédant.

A partir de la même époque, la taxe des lettres chargées partant d'une direction de poste pour une distribution relevant de cette direction et réciproquement, ou d'une commune pour une autre commune du même arrondissement postal, sera fixée ainsi en France, en Corse et en Algérie.

| | | |
|---|---|---|
| Jusqu'à 10 grammes inclusivement | 30 | centimes. |
| Au-dessus de 10 grammes jusqu'à 20 grammes inclusivement | 40 | — |
| Au-dessus de 20 grammes jusqu'à 40 grammes inclusivement | 50 | — |
| Au-dessus de 40 grammes jusqu'à 80 grammes inclusivement | 60 | — |

Et ainsi de suite en ajoutant 10 centimes pour chaque 40 grammes ou fraction de 40 grammes excédant.

A partir du 1er juillet 1862, le poids déterminant la limite supérieure des lettres simples, doubles, triples, etc..., affranchies ou non, chargées ou non, circulant en France, en Corse et en Algérie, sera toujours compris inclusivement dans cette limite, de sorte que les taxes seront uniformément établies dans la forme suivante :

Jusqu'à 10 grammes inclusivement, de 10 grammes à 20 grammes inclusivement, etc., etc.

Jusqu'à 15 grammes inclusivement, de 15 grammes à 30 grammes inclusivement, etc., etc.

La commission adopta seulement le principe de l'amendement et, de concert avec le Conseil d'État, elle prépara la rédaction suivante pour l'ensemble de l'article :

*Dispositions spéciales sur les postes.*

ART. 29. — A partir du 1er janvier 1863, la taxe à percevoir sur les envois de fonds ou sur la valeur des objets précieux confiés à la poste sera fixée à 1 p. 100 du montant des envois ou de la valeur des objets.

A partir de la même époque, la taxe des lettres originaires d'un bureau de poste, et distribuables dans la circonscription du même bureau, sera fixée ainsi qu'il suit :

| POIDS DES LETTRES | LETTRES | |
|---|---|---|
| | affranchies. | non affranchies. |
| | fr. c. | fr. c. |
| Jusqu'à 10 grammes inclusivement . . . . . . . . . . . . | 0 10 | 0 15 |
| Au-dessus de 10 grammes jusqu'à 20 grammes . . . . . | 0 20 | 0 30 |
| Au-dessus de 20 grammes jusqu'à 100 grammes. . . . . . | 0 40 | 0 60 |
| Au-dessus de 100 grammes et par chaque 100 grammes ou fraction de 100 grammes excédant . . . . . . . . . . . | 0 40 | 0 60 |

L'article ainsi rédigé fut adopté sans discussion par le Corps législatif dans la séance du 24 juin et devint l'article 28.

Sur le rapport de M. le marquis d'Audiffret, la loi fut votée par le Sénat le 1er juillet.

La même loi, dans les dispositions relatives au timbre, éleva le droit de timbre de 35 à 50 centimes par mandat au-dessus de 10 francs.

Nous signalerons incidemment qu'au cours de la discussion du budget des dépenses devant la Chambre, MM. Lafond de Saint-Mûr et Monier de la Sizeranne rappelèrent au gouvernement que l'opinion publique réclamait depuis longtemps que chaque timbre-poste fût séparé du timbre voisin par une ligne ponctuée et percée, ainsi que cela se pratiquait en Angleterre.

M. Lafond de Saint-Mûr demanda, en outre, l'établissement d'un réseau pneumatique souterrain pour transporter les correspondances postales dans les différents quartiers de Paris et principalement entre le bureau central et les gares de chemin de fer. Ce seraient, disait-il, les avantages de la télégraphie électrique moins ses inconvénients.

M. Vandal répondit que la première question allait recevoir une solution très prochaine ; mais que, quant à la seconde, l'établissement de la poste pneumatique, il ne serait possible de l'étudier que lorsqu'il aurait été statué sur l'emplacement du nouvel hôtel des postes.

LOI DU 9 MAI 1863. — TAXES SUPPLÉMENTAIRES SUR LES LETTRES EXPÉDIÉES APRÈS LES LEVÉES GÉNÉRALES.

Le projet de loi présenté au Corps législatif le 17 mars 1863 et ayant pour but de permettre l'expédition des lettres déposées après les levées générales, moyennant l'acquittement de taxes supplémentaires, fut, sur le rapport du baron de Veauce, voté sans modification dans la séance du 27 avril.

Il fut ensuite, sur le rapport de M. Stourm, voté par le Sénat dans la séance du 5 mai et la loi dont la teneur suit fut promulguée le 13 mai suivant :

ARTICLE PREMIER. — Les lettres déposées après les heures fixées pour les dernières levées peuvent être admises, dans les délais déterminés et moyennant une taxe supplémentaire, à profiter du plus prochain départ.

ART. 2. — La durée des délais pendant lesquels les lettres sont admises à la taxe supplémentaire sera fixée par des décrets impériaux insérés au bulletin des lois.

ART. 3. — La taxe supplémentaire, quel que soit le poids des lettres, sera de :

20 centimes pour le premier délai.

40 centimes pour le deuxième délai.

60 centimes pour le troisième et dernier délai.

Les lettres ne seront admises à profiter des délais accordés qu'autant qu'elles porteront le timbre d'affranchissement de la taxe principale et de la taxe supplémentaire.

DÉCRET DU 16 MAI 1863 RENDU EN EXÉCUTION DE LA LOI DU 9 MAI 1863 ET FIXANT LES DÉLAIS PENDANT LESQUELS LES LETTRES POURRONT ÊTRE ADMISES AVEC TAXE SUPPLÉMENTAIRE.

En exécution de l'article 2 de la loi ci-dessus, le décret du 16 mai 1863, fixa les délais pendant lesquels les lettres pourraient être admises avec taxe supplémentaire.

ARTICLE PREMIER. — Sont fixés ainsi qu'il suit les délais pendant lesquels les lettres déposées après les levées générales pourront être expédiées moyennant une taxe supplémentaire :

1er délai (taxe supplémentaire de 20 centimes), le premier quart d'heure qui suit la dernière levée générale ;

2e délai (taxe supplémentaire de 40 centimes), le quart d'heure suivant ;

3e délai (taxe supplémentaire de 60 centimes), jusqu'à la clôture des dépêches.

ART. 2. — Provisoirement les dispositions du présent décret ne seront applicables qu'à Paris pour les courriers du soir, et dans les bureaux qui seront désignés par le directeur général des postes.

DÉCRET DU 19 MARS 1864 FIXANT LES CAUTIONNEMENTS DES DIRECTEURS DES POSTES.

Le décret du 19 mars 1864 fixa les cautionnements des directeurs des postes dans les départements, d'après le montant total des recettes de toute nature effectuées pendant l'année précédant leur nomination et d'après les bases ci-après :

10 p. 100 jusqu'à 100 000 francs;
5 p. 100 sur les 500 000 francs suivants;
2 p. 100 sur les 500 000 francs venant ensuite;
1 p. 100 sur l'excédent.

Le minimum de 500 francs fut maintenu pour le cautionnement le plus faible.

Quant aux directeurs de Paris, ils devaient continuer à être régis par le décret du 31 octobre 1850 qui avait fixé le montant de leur cautionnement à une somme égale à trois jours de recette.

Le cautionnement de l'agent comptable de la Seine demeurait fixé à 60 000 francs.

LOI DE FINANCES DU 8 JUIN 1864. — RÉDUCTION DU DROIT DE TIMBRE POUR RECONNAISSANCES DE VALEURS COTÉES OU QUITTANCES DE MANDATS-POSTE.

L'article 6 de la loi de finances du 8 juin 1864 réduisit le droit de timbre de 50 à 20 centimes et réalisa une réforme avantageuse qui avait déjà été écartée comme inopportune au moment du vote de la loi du 2 juillet 1862 (droit sur les envois d'argent).

Cet article était ainsi conçu :

ART. 6. — A partir du 1er janvier 1865 est réduit à 20 centimes le droit de timbre dû pour les reconnaissances de valeurs cotées ou les quittances de sommes au-dessus de 10 francs envoyées par la poste.

DÉCRET DU 27 NOVEMBRE 1864 PORTANT QUE LES INSPECTEURS DES POSTES DANS LES DÉPARTEMENTS PRENDRONT LE TITRE DE DIRECTEURS ET QUE LA DÉNOMINATION ACTUELLE DE DIRECTEUR DES POSTES SERA REMPLACÉE PAR CELLE DE RECEVEUR DES POSTES.

Un décret du 27 novembre 1864 modifia ainsi qu'il suit les dénominations des inspecteurs et des directeurs des postes.

ARTICLE PREMIER. — Les chefs du service des postes dans les départements, qui portent aujourd'hui le titre d'inspecteur, prendront celui de directeurs.

Tous les établissements de poste du département dans lequel ils exercent leurs fonctions sont placés sous leurs ordres.

Art. 2. — La dénomination actuelle de directeur des postes sera remplacée par celle de receveur des postes.

Les directeurs comptables prendront le titre de receveurs principaux. Les receveurs des postes remplissent leurs fonctions sous l'autorité des directeurs chefs de service.

Art. 3. — Le service des postes dans le département de la Seine recevra une organisation semblable à celle des autres départements de l'Empire.

RAPPORT AU MINISTRE DES FINANCES PAR M. VANDAL (26 JANVIER 1866).

Le 26 janvier 1866, M. Vandal adressa au ministre des finances un rapport indiquant les progrès accomplis depuis le 1er janvier 1861 jusqu'au 31 décembre 1865 et ceux qui restaient encore à réaliser.

Pendant cette période, les recettes postales s'étaient élevées de 63 965 726 francs à 77 719 584 francs, soit, en faveur de cette dernière année, une augmentation de 13 753 858 francs ou de 21,5 p. 100; le nombre total des objets manipulés était monté de 507 859 737 à 700 440 676, soit une augmentation de 192 500 939 objets ou de 37,92 p. 100 [1]; le nombre de boîtes aux lettres avait été porté à 43 000, celui des établissements de poste (bureaux composés, bureaux simples, distributions, facteurs boîtiers) avait été élevé de 4 239 à 4 776, soit 537 établissements nouveaux, le parcours annuel des bureaux ambulants avait été augmenté de 7 millions de kilomètres.

En 1866, 16 406 facteurs ruraux parcouraient quotidiennement une étendue de 428 256 kilomètres, c'est-à-dire une étendue égale à dix fois et demie le tour du globe.

Les services maritimes accusaient également les développpements suivants :

| OBJET | 1860. | 1865. |
|---|---|---|
| Nombre de bateaux affectés au service postal | 66 | 117 |
| Force en chevaux. . . . . . . . . . . . . . | 14 680 | 27 920 |
| Nombre de lieues marines parcourues . . . | 273 209 | 537 811 |
| Subventions allouées . . . . . . . . . . . | 6 701 000 fr. | 20 426 000 fr. |
| Agents des paquebots. . . . . . . . . . . | 32 | 68 |
| Nombre d'escales. . . . . . . . . . . . . | 46 | 85 |

La proportion du nombre des lettres, tombées en rebut par rapport

1. Le nombre total des objets manipulés pour le service de Paris s'était élevé pendant la même période de 183 072 516 à 283 595 921, soit une augmentation de 100 523 405 ou de 54 p. 100.

au nombre de lettres en circulation était descendue de 82 p. 100 à 73 p. 100.

Le mouvement des articles d'argent avait subi une marche progressive indiquée par le tableau suivant :

| NOMBRE ET MONTANT DES MANDATS | 1860. | 1865. |
|---|---|---|
| Nombre total de mandats émis. . . . . . . | 3 492 701 | 4 124 556 |
| Montant total des sommes versées . . . . . | 87 297 198 fr. | 120 236 788 fr. |

Le nombre de lettres contenant des valeurs déclarées qui était de 693684 en 1860 s'était élevé à 1298816 en 1865 : quant au montant des sommes déclarées, il s'était également élevé de 427338000 à 775824000 francs, soit une augmentation de 605132 sur le nombre et de 348486800 francs sur le montant de ces correspondances.

Tandis que le mouvement de la circulation postale s'était accru de 37 p. 100 en 5 ans, le personnel de l'administration n'avait été augmenté que de 9 p. 100.

Le caractère dominant de l'exploitation postale depuis cinq ans, disait M. Vandal, dans le résumé de son rapport, c'est un développement né de l'expansion économique du pays; la loi de ce développemnnt se révèle à chacune des branches de notre exploitation; lettres, journaux, imprimés, mandats de poste, transports de valeurs déclarées, correspondance étrangère, l'accroissement est constant et il ne paraît pas prêt à s'arrêter. Si les chiffres proprement dits accusent depuis cinq ans un accroissement de plus d'un tiers dans le nombre des objets transportés, la nature du travail, qui s'appliquent surtout aux objets dont la manipulation exige le plus de soin, permet d'affirmer que la somme du travail à exécuter par l'administration des postes s'est accrue de moitié pendant la même période. Or, les moyens d'action du service ne s'étant pas développés dans une proportion semblable, il en résulte que le service est relativement dans une situation moins favorable qu'il y a cinq ans. Et néanmoins, pendant ce laps de temps, que de progrès réalisés ! Le nombre des établissements de poste accru, le service rural développé, le travail ambulant simplifié, le service maritime étendu, la correspondance étrangère favorisée, tous ces faits témoignent des efforts accomplis par le service des postes. Les jouissances des populations ont été augmentées, le fait est incontestable, mais l'opinion publique est peu disposée à tenir compte des efforts accomplis tant que d'autres efforts restent à accomplir, et sans connaître les détails, elle a la conscience que les forces de l'exploitation postale sont inférieures aux besoins de cette exploitation...

M. Vandal faisait, en terminant, un pressant appel à la sollicitude du gouvernement pour obtenir de larges subventions qui permettraient de faire face aux nécessités nouvelles et d'élever les ressources du service des postes au niveau de ses besoins. Il était urgent de prendre une décision, disait M. Vandal, au moment où allait s'ouvrir l'Exposition universelle de 1867.

Cet appel ne fut malheureusement pas entendu.

INTERPELLATION D'EUGÈNE PELLETAN LE 22 FÉVRIER 1867. — CIRCULAIRE DE M. VANDAL A L'OCCASION DE LA SAISIE DU MANIFESTE DU COMTE DE CHAMBORD.

Le 22 février 1867, Eugène Pelletan développa devant le Corps législatif son interpellation au sujet d'une circulaire de M. Vandal, du 24 janvier précédent, prescrivant aux agents de l'administration des postes de saisir toutes les correspondances suspectes de renfermer un manifeste du comte de Chambord, daté de Frohsdorff le 9 décembre 1866.

Nous ne pouvons résister au désir de rappeler ces nobles et éloquentes paroles d'Eugène Pelletan :

Il y a un point sur lequel nous sommes tous d'accord ici, c'est l'inviolabilité du secret des lettres. Non pas parce que cette inviolabilité est inscrite dans le code pénal, et qu'elle est entourée de garanties, de peines sévères. Non, messieurs, mais parce que l'inviolabilité du secret des lettres ne fût-elle pas inscrite dans le code pénal, elle n'en serait pas moins gravée en caractères ineffaçables au fond de la conscience, dans la morale publique, et qu'aucun code ne pourrait s'empêcher de la faire respecter. Et, en effet, le secret des lettres, pour tout homme d'honneur, n'est pas moins sacré que le secret de la confession. Notre législation déclare que la vie privée doit être murée ; elle va même jusqu'à mettre la vie privée sous la protection de la loi sur la diffamation, qui ne permet pas de faire la preuve des faits diffamatoires. Or, si la vie privée doit être murée, à plus forte raison la pensée privée doit être respectée ; violer le sanctuaire de la pensée privée, c'est commettre, en quelque sorte, un attentat contre la pudeur de l'âme humaine, c'est frapper ce que nous avons de plus intime, de plus personnel, ce que nous disons à Dieu seul ou à un seul homme digne de toute notre confiance.

Ainsi, messieurs, à toutes les époques, sous tous les régimes, même sous le régime antérieur à la Révolution, le secret des lettres a été regardé dans cette France, cette terre classique de la loyauté, comme la seconde religion, et je dois dire que les parlements, si sévère que fût leur code d'instruction criminelle, puisqu'il allait jusqu'à employer la torture, n'ont jamais permis que des lettres saisies à la poste pussent servir de texte, de base à une accusation. J'en ai les preuves authentiques dont je pourrais vous donner lecture, si je ne tenais à ménager vos instants. Et d'ailleurs, quelques-uns d'entre vous ont pu lire l'arrêt du Parlement de 1775, qui condamne un officier à restituer une lettre saisie à son bord, et à faire amende honorable de cet abus de confiance...[1]

L'orateur soutenait en terminant que la circulaire du 24 janvier était illégale puisqu'elle laissait le soin d'opérer la saisie des lettres

1. *Moniteur universel*, numéro du 23 février 1867, page 195, col. 3.

suspectes non à des officiers de police judiciaire, mais aux agents des postes; de plus, elle était inutile puisque le public avait eu connaissance du manifeste du comte de Chambord. L'orateur espérait qu'elle serait désavouée par le gouvernement.

M. Vandal, qui prit la parole en qualité de commissaire du gouvernement, affirma que le secret des lettres avait toujours été respecté et que l'administration s'était d'ailleurs conformée, en ordonnant la saisie, à une réquisition régulière du préfet de police agissant comme magistrat judiciaire.

Ernest Picard, qui répliqua à M. Vandal, soutint vivement les accusations portées par Eugène Pelletan contre l'administration des postes et demanda la suppression du *cabinet noir* que, par un ingénieux euphémisme, il appelait le *bureau du retard*.

M. Rouher donna lecture de la réquisition du préfet de police dont il défendit la parfaite légalité. Quant au *cabinet noir*, il en niait formellement l'existence :

> Je proteste, dit-il, de la manière la plus énergique contre de pareilles allégations, et, j'ajoute qu'il ne devrait être permis à un galant homme comme l'est l'honorable M. Picard, de les produire à cette tribune que s'il en apportait des preuves matérielles et certaines.

Ces paroles furent couvertes par les applaudissements de la majorité du Corps législatif qui s'empressa de voter l'ordre du jour pur et simple; mais l'opinion publique ne fut pas aussi facile à convaincre et elle persista à croire à l'existence du cabinet noir, jusqu'à la chute du régime impérial.

### NOUVELLE INSTRUCTION GÉNÉRALE SUR LE SERVICE DES POSTES (1868).

Le 20 mars 1868, le ministre des finances revêtit de son approbation une nouvelle instruction générale sur le service des postes, destinée à remplacer l'instruction générale qui avait été publiée en 1856.

Cette nouvelle instruction, qui fut mise en vigueur à partir du 1<sup>er</sup> juillet 1868, différait essentiellement de la précédente dans sa forme et dans son esprit.

Elle comprenait (le service spécial de l'inspection mis à part) trois grandes parties principales : la constitution du service, son exécution et sa direction. Elle faisait d'abord connaître l'objet du service des postes, les obligations et les droits des agents; elle réglementait ensuite l'exécution du service dans l'ordre logique des opérations; enfin elle réunissait les mesures d'organisation en vertu desquelles les agents devaient procéder et les moyens de contrôle dont leur travail était l'objet, en une dernière partie qui n'avait été qu'incomplètement traitée par l'instruction précédente.

Enfin l'ouvrage se terminait par un recueil de législation et de jurisprudence indispensable au personnel supérieur de l'administration et qui devait être constamment tenu au courant des actes de l'espèce à intervenir.

La dernière partie de l'instruction ne figurait pas dans l'édition spéciale destinée aux receveurs de bureau simple et aux distributeurs [1].

### LOI DU 11 MAI 1868 SUR LA PRESSE.

La loi du 11 mai 1868 sur la *Presse* contenait les dispositions suivantes intéressant le service des postes :

ART. 5. — Sont exempts de timbre et de droits de poste les suppléments des journaux ou écrits périodiques assujettis au cautionnement lorsque ces suppléments ne comprennent aucune annonce, de quelque nature qu'elle soit et quelque place qu'elle y occupe, et que la moitié au moins de leur superficie est consacrée à la reproduction des documents énumérés en l'art. 1er de la loi du 2 mai 1861.

### LOI DU 4 JUILLET 1868. — PARTICIPATION DU SERVICE TÉLÉGRAPHIQUE AUX ENVOIS D'ARGENT PAR LA POSTE.

Nous devons mentionner ici l'article 4 de la loi du 4 juillet 1868 ainsi conçu :

Un règlement d'administration publique déterminera les mesures propres à faire concourir le service télégraphique aux envois d'argent par la poste.

Ce règlement fut publié par voie de décret le 25 mai 1870.

### DÉCRET DU 26 DÉCEMBRE 1868 DÉTERMINANT LES BASES DE LA FIXATION DU CAUTIONNEMENT DES COMPTABLES DES POSTES.

Les bases du décret du 19 mars 1864 qui avait déterminé le cautionnement à fournir par les receveurs des postes, furent modifiées ainsi qu'il suit par un nouveau décret du 26 décembre 1868 :

10 p. 100 jusqu'à 50 000 francs.
4 p. 100 sur les 150 000 francs suivants.
1 p. 100 sur les 800 000 francs qui viennent ensuite.
1/2 p. 100 sur le surplus.

1. *L'Instruction générale de* 1868, dont une nouvelle édition a été publiée en 1876, est encore en vigueur aujourd'hui. Elle est destinée à disparaître dans un avenir très rapproché et à être remplacée par une nouvelle *Instruction générale sur le service des postes et des télégraphes*, actuellement en préparation.

## DÉCISION MINISTÉRIELLE DU 11 FÉVRIER 1869 CONCERNANT LES COMPTES RENDUS OFFICIELS DES DÉBATS LÉGISLATIFS.

Mentionnons enfin une décision ministérielle du 11 février 1869 ainsi conçue :

Les comptes rendus officiels des débats législatifs seront expédiés en exemption des droits de poste, aux éditeurs des journaux des départements, et ces éditeurs pourront les réexpédier également en exemption des droits de poste, à leurs abonnés, à la condition expresse qu'ils seront joints à la feuille. Lorsque les comptes rendus seront expédiés isolément, ils seront considérés comme écrits politiques et seront, par conséquent, soumis aux mêmes droits que ces écrits.

Il est bien entendu que, pour jouir de l'immunité de port, les envois doivent être adressés à l'éditeur d'un journal pour le service du journal, tout autre destinataire restant soumis au droit commun.

# LES POSTES EN 1870-1871

## LES POSTES PENDANT LA GUERRE

Utilité du service postal en temps de guerre. — M. RAMPONT-LÉCHIN, député, directeur général. — Délégation de Tours — M. Le Libon, délégué. — M. STEENACKERS, directeur général des postes et des télégraphes. — Correspondance entre Paris et les départements. — Ballons, pigeons, cartes-poste, boules. — Messagers. — Dévouement des sous-agents. — Service des postes dans Paris. — La poste dans les départements. — Correspondance avec les départements occupés. — La poste aux armées. — Vaguemestres. — La poste militaire allemande. — Décret sur les périodiques. — Arrangement avec la Belgique. — Capitulation de Paris. — Démission de M. Steenackers. — Convention avec l'Allemagne.

### UTILITÉ DU SERVICE POSTAL EN TEMPS DE GUERRE.

Le 19 juillet 1870, la guerre éclate entre la France et l'Allemagne. Nous allons assister, pendant cette douloureuse période, aux efforts continus faits pour maintenir les communications postales entre les diverses parties du territoire : besogne ardue, d'autant plus hérissée de difficultés que toutes les prévisions se trouvent trompées par la précipitation des événements. Tous les efforts de l'ennemi devaient, en effet, se porter tout d'abord sur la suppression des communications existantes.

Le rôle de la poste, si important en temps de paix, allait donc grandir pendant la guerre et devenir encore plus utile et plus précieux, alors que les circonstances le rendraient moins sûr et plus compliqué.

La poste reflète exactement, en effet, l'agitation des esprits, les préoccupations générales et il est facile de comprendre que le nombre des correspondances devait augmenter dans une large mesure. Une grande partie de la population étant sous les drapeaux, les correspondances entre les militaires et leurs familles anxieuses devaient atteindre un chiffre considérable : d'où la double nécessité d'organiser le service d'armée et de parer, en même temps, aux exigences croissantes du service privé. La situation se compliquait, en outre, par le fait de l'appel sous les drapeaux, d'un grand nombre d'agents de l'administration.

La tâche du personnel n'était donc pas aisée et M. Vandal, en exposant cet état de choses dans sa circulaire du 4 août [1], n'avait que trop raison de faire appel au dévouement et au patriotisme de tous les agents. Nous verrons que cet appel fut entendu.

### LOI DU 24 JUILLET 1870. — FRANCHISE ACCORDÉE AUX MILITAIRES OU MARINS FAISANT PARTIE DES ARMÉES EN CAMPAGNE.

Une des premières préoccupations fut de faciliter aux militaires l'envoi ou la réception de lettres et mandats. Le 24 juillet, le ministre des finances déposait et le Corps législatif adoptait une loi, aux termes de laquelle, pendant toute la durée de la guerre, les lettres à destination de militaires faisant partie des corps d'armée de terre et de mer en campagne leur parviendraient en franchise. Les lettres envoyées de ces corps d'armée jouiraient du même avantage [2].

En outre, les mandats envoyés par l'intermédiaire de la poste aux militaires faisant partie des corps d'armée en campagne, étaient exemptés des frais de poste et de timbre jusqu'à la somme de 50 francs.

Les dispositions de cette loi ne s'appliquaient qu'aux lettres *simples*, c'est-à-dire ne pesant pas plus de 10 grammes. Tous les autres objets, lettres chargées, journaux, imprimés, échantillons, etc., restaient soumis aux taxes en vigueur [3].

Il était à prévoir que les facilités accordées par la loi du 24 juillet allaient décupler le nombre des correspondances de ou pour l'armée. Le service de la trésorerie et des postes aux armées en campagne n'était pas encore entièrement organisé et les bureaux militaires ne fonctionnaient pas, en outre, partout où se trouvaient des détachements. On obvia, en partie, à ces inconvénients en invitant les receveurs des bureaux sédentaires à recevoir les lettres de la troupe, sous la seule condition qu'elles seraient remises par les vaguemestres.

1. *Bulletin mensuel des postes*, n° 26 (août 1870). Instruction n° 35.

2. *Bulletin mensuel*, n° 26 (août 1870). Le bénéfice de la loi du 24 juillet était étendu aux gardes nationaux mobiles à partir du jour de leur appel à l'activité. Il fut appliqué plus tard (*Bulletin mensuel*, septembre 1870) aux militaires et marins des escadres de la mer du Nord et de la Baltique. Il convient de remarquer, d'autre part, que la loi dont il s'agit ne visait que les corps engagés dans la guerre franco-allemande.

3. *Bulletin mensuel*, n° 25 (juillet 1870). Instruction n° 33.

### CORRESPONDANCE AVEC LES PRISONNIERS DE GUERRE.

En outre, la décision ministérielle du 6 mai 1859 concernant les lettres adressées aux prisonniers de guerre était remise en vigueur, de même que, dès le commencement de septembre, nos premiers désastres rendirent nécessaire l'expédition par la Belgique ou l'Allemagne, des lettres pour les parties du territoire français occupées par l'ennemi [1]. Enfin, par suite d'une entente établie entre la France et la Suisse [2], l'office de ce dernier pays se chargeait de la transmission des mandats destinés aux prisonniers français internés en Allemagne [3].

On ne soupçonnait pas encore dans quelles proportions cette dernière mesure allait être appliquée, lorsque, le 2 septembre, survint comme un coup de foudre, la capitulation de Sedan.

### 4 SEPTEMBRE 1870. — M. RAMPONT-LÉCHIN, DIRECTEUR GÉNÉRAL.

Paris accueillit cette désastreuse nouvelle par une révolution : le 4 septembre, l'Empire était renversé et remplacé par un gouvernement provisoire [4], dont le premier souci fut de s'occuper de la défense nationale [5] : les Allemands accouraient, en effet, à marches forcées sur la capitale. Mais il était également urgent de chercher à sauvegarder, dans la mesure du possible, les communications menacées sur tous les points. M. Vandal avait donné sa démission : par décret du 9 septembre, M. Rampont-Léchin [6] était nommé directeur général.

### DÉLÉGATION DE TOURS.

Le 13 du même mois, la délégation de la Défense nationale quittait Paris pour s'installer à Tours ; l'administration des postes y était repré-

1. *Bulletin mensuel*, n° 27 (septembre 1870).
2. Les sommes déposées étaient converties en mandats internationaux *à destination de Bâle*, et le bureau de Bâle délivrait, à son tour, des mandats internationaux suisses-allemands payables à la résidence des prisonniers. Les mandats ne pouvaient excéder 200 francs.
3. L'office prussien avait avisé l'administration que les lettres des ou pour les prisonniers français internés en Allemagne seraient passibles du port allemand. Les correspondances des prisonniers allemands furent, par réciprocité, frappées de la taxe territoriale française.
4. Composé de 12 membres : MM. général Trochu, Jules Favre, Emmanuel Arago, Crémieux, Jules Ferry, Gambetta, Jules Simon, Garnier-Pagès, Glais-Bizoin, Ernest Picard, Pelletan, Rochefort.
5. Il convient de signaler, toutefois, qu'un décret du 6 septembre abrogeant l'art. 15 de la loi du 16 juillet 1850 abolit l'impôt du timbre sur les journaux. Le décret du 5 du même mois avait aboli le serment politique.
6. Né à Chablis (Yonne), en 1809. Fut un des combattants qui, en 1830, renversèrent Charles X. Chef de l'opposition dans le département de l'Yonne, il fut élu en 1848 député

sentée par M. Le Libon, qui prit le titre de directeur intérimaire[1]. M. Le Libon n'exerça ses fonctions que jusqu'au 12 octobre, date du décret de Tours qui réunit l'administration des postes à celle des télégraphes, sous la direction unique de M. Steenackers.

### M. STEENACKERS, DIRECTEUR GÉNÉRAL DES POSTES ET DES TÉLÉGRAPHES (12 OCTOBRE 1870).

Cette mesure nouvelle, qui ne devait recevoir que 8 années plus tard sa consécration définitive, parut s'imposer à un moment où la concentration dans les mêmes mains de tous les moyens de communication ne pouvait qu'être profitable à la défense en assurant l'unité absolue d'action. Il en résultait aussi une plus grande facilité pour les deux services de se prêter un mutuel concours dans l'œuvre commune de la délivrance. Les récits qui vont suivre en donneront d'ailleurs la preuve.

### CORRESPONDANCE ENTRE PARIS ET LES DÉPARTEMENTS.

La tâche qui incombait tant à M. Steenackers qu'à M. Rampont n'était pas aisée : les correspondances avaient augmenté d'une façon considérable et leur transport ne pouvait s'effectuer qu'à la condition de changer sur quelques points, chaque jour, la direction des courriers. D'un autre côté, dès le 19 septembre, l'investissement de Paris était à peu près complet et le cercle qui enserrait la ville allait de jour en jour devenir plus étroit.

M. Rampont concentra ses premiers efforts sur l'établissement de nouveaux moyens de communication avec les départements. Il fut secondé pendant quelques jours par M. Vandal, qui, sur la demande même du gouvernement, avait consenti à conserver provisoirement son poste dans l'intérêt de la défense[2]. C'est ainsi que furent organisés des services de voitures et de piétons au moyen desquels on espérait tromper la vigilance de l'ennemi. M. Rampont s'occupa enfin de la correspondance par ballons.

à l'Assemblée constituante et fut persécuté lors du coup d'État de décembre. Il échoua aux élections de 1866, mais en 1869, il fut envoyé par ses concitoyens au Corps législatif, où il siégea parmi les députés républicains et vota notamment avec eux contre le gouvernement impérial au moment de la déclaration de guerre.

1. Rapport de M. Lallié sur les actes du gouvernement de la Défense nationale (*Journal officiel*, séance du 22 décembre 1872).

2. *Journal officiel* du 11 septembre 1870. — En prévision du blocus de Paris, M. Vandal changea le point d'attache de diverses lignes de bureaux ambulants.

### BALLONS.

La question passa rapidement de la phase d'études à celle d'exécution. Un ballon d'essai, le *Neptune,* monté par l'aéronaute Duruof, quitta Paris avec des dépêches, le 23 septembre, et alla atterrir près d'Évreux. L'heureuse issue de cette tentative amena immédiatement l'organisation d'un service régulier de transport de correspondances pour la province. M. Rampont fonda deux ateliers de fabrication de ballons, à la tête desquels furent placés MM. Godard et d'Artois [1].

### DÉCRETS DU 26 SEPTEMBRE RELATIFS A L'EXPÉDITION DES LETTRES PAR BALLONS.

En même temps, le décret du 26 septembre 1870 [2] consacrait l'expédition des lettres ordinaires par cette voie nouvelle. Ces lettres, dont le poids ne devait pas dépasser 4 grammes, étaient taxées 20 centimes et leur affranchissement était obligatoire.

Un autre décret, en date du même jour, autorisait l'administration des postes à transporter par *aérostats libres et non montés* [3] des *cartes-poste* en carton vélin, du poids de 3 grammes au maximum et de 11 centimètres de long sur 7 de large. La taxe en était de 10 centimes pour la France et l'Algérie. Pour l'étranger, elles supportaient le tarif des lettres ordinaires.

Ainsi organisé, le service des ballons prit un développement considérable. Du 23 septembre 1870 au 28 janvier 1871, il est parti de Paris 65 ballons montés, dont 47 par les soins de l'administration des postes. Leur direction fut confiée aux hommes les plus compétents en matière d'aérostation tels que MM. Tissandier, Mangin, Godard, etc.; plus tard, les marins des forts furent plus spécialement chargés de ce périlleux service [4] et ils s'en acquittèrent avec un dévouement et une intrépidité que le siège de Paris a rendus légendaires.

Il y avait, en effet, un danger réel à affronter un élément encore

1. Chacun de ces ateliers confectionna une trentaine de ballons.
2. *Journal officiel* du 29 septembre 1870.
3. Ces petits ballons, en papier gommé, pouvaient supporter un poids de 50 kilogrammes. Mais leur emploi fut vite abandonné, l'adoption du papier pelure pour les correspondances par ballon monté ayant rendu largement suffisant ce dernier mode de transport.
4. Cette mesure fut prise sur la proposition de l'amiral la Roncière le Noury : habitués aux périls de la navigation, les marins ne faisaient que changer d'élément. Choisis parmi les plus intelligents et les plus intrépides, ils suivaient préalablement les cours d'une école aéronautique, où ils s'initiaient à leur nouveau rôle. (M. Steenackers, *les Télégraphes et les postes pendant la guerre.*)

indompté, sous le feu des Allemands [1], au risque d'être entraîné soit vers la mer, soit en pays occupé par l'ennemi. Les aventures des aéronautes furent nombreuses et souvent des plus dramatiques; les dépêches furent maintes fois sacrifiées ou perdues : mais le récit de ces divers voyages aériens nous entraînerait loin de notre sujet [2].

Au point de vue de l'exploitation, le service de la correspondance par ballons fut loin d'être onéreux pour l'État. Le prix de construction et de gonflement d'un aérostat était, en moyenne, de 6 000 francs : mais le nombre des dépêches emportées était considérable et dépassa même 400 kilogrammes [3]. A leur arrivée, les correspondances privées étaient aussitôt portées au bureau ambulant le plus voisin qui en opérait le tri et les dirigeait sur leurs destinations respectives. Quant au sac contenant les plis officiels, il était confié à un agent des postes du département où s'opérait la descente, qui allait aussitôt en effectuer la remise à Tours, puis à Bordeaux.

### PIGEONS.

Le problème du transport des correspondances de Paris pour les départements était donc résolu. Il n'en était pas de même pour les lettres ayant Paris pour destination. Malgré les efforts persévérants de MM. Revilliod et Tissandier, plusieurs essais de direction de ballons ne donnèrent aucun résultat. Les Parisiens durent se contenter des nouvelles irrégulièrement apportées par les *pigeons voyageurs*.

Ce mode de correspondance n'était d'ailleurs pas nouveau. Le sultan d'Égypte, Noureddin, aurait établi dès 1146, d'une manière permanente, une poste aux pigeons [4]; il aurait même eu à sa disposition des pigeons de race spéciale, qui franchissaient d'un seul vol de longues distances, telles que celle de Damas au Caire. D'après Makrizi, en 1288, les seuls pigeonniers du Caire ne comptaient pas moins de 1 900 volatiles et le sultan se faisait toujours suivre, en voyage, d'une

1. Les aérostats lancés en plein jour étant suivis par les Prussiens et exposés à recevoir des projectiles, les départs eurent lieu la nuit et secrètement, à partir du 18 novembre.

2. Nous nous bornerons à citer les ballons l'*Armand-Barbès*, qui, le 7 octobre, emporta MM. Gambetta et Spuller; le *Montgolfier*, qui atterrit en Hollande; la *Bretagne*, le *Galilée* et le *Daguerre*, qui furent pris par les Prussiens; la *Ville-d'Orléans*, qui, après un voyage des plus aventureux et des plus dramatiques, descendit à Christiania; la *Ville-de-Paris*, qui atterrit à Wetzlar (Prusse) et fut naturellement saisi; enfin le *Jacquard* et le *Richard-Wallace*, qui ont été emportés vers l'Océan et dont on n'a jamais plus eu aucune nouvelle.

3. Rapport de M. Lallié sur les actes du Gouvernement de la Défense nationale. Le *Victor-Hugo* emporta 440 kilog. de dépêches et le *Colonel-Charras* 460.

4. Il organisa 10 lignes, dont quelques-unes avaient une longueur considérable. Des pigeonniers relais étaient établis à distances déterminées (tous les 7 milles environ). (THIEME, *la Poste des sultans d'Égypte.*)

cage remplie de pigeons à l'aide desquels il transmettait ses ordres en tous lieux[1].

Mais l'utilisation de ces volatiles dans les sièges remonte à une époque bien plus éloignée. D'après Pline et Frontin, Decimus Brutus, assiégé par Antoine dans Modène, aurait communiqué à l'aide de pigeons avec le consul Hirtius chargé de le délivrer. En 1088, les croisés s'en servirent lors du siège d'Hasar, près d'Alep, et c'est grâce à un renseignement militaire porté par un pigeon, que les Égyptiens battirent, en 1280, les Tartares qui avaient envahi la Syrie[2].

Les pigeons voyageurs furent également employés au siège de Harlem, en 1573, ainsi qu'au siège de Leyde. On a d'ailleurs retrouvé récemment en Syrie des traces de cet usage, et il existe encore aujourd'hui en Perse un service postal régulier établi par pigeons entre Téhéran et Tauris. Enfin, en 1830, les pigeons étaient utilisés entre Paris et Bruxelles pour la transmission des cours et des nouvelles de bourse[3] et, avant l'établissement du télégraphe électrique d'Aix-la-Chapelle à Bruxelles, l'agence Reuter employait des pigeons pour faire parvenir rapidement des nouvelles d'Allemagne.

Cette idée s'imposait donc tout naturellement comme moyen de communication entre la province et Paris assiégé. C'est M. Ségalas[4] qui, dès le 30 août 1870, la suggéra et il fut autorisé, quelques jours avant le 4 septembre, à installer un certain nombre de pigeons dans la tour de la direction générale des télégraphes. Plusieurs colombiers existaient d'ailleurs dans différents quartiers de Paris et lorsqu'on eût réuni une assez grande quantité de volatiles, on songea à organiser un service périodique et régulier.

Les ballons assurant, ainsi que nous l'avons vu, le transport des lettres à destination des départements, les pigeons devaient uniquement servir au transport des lettres à destination de Paris. A cet effet, on

1. On connaît l'histoire du vizir du sultan Aziz. — Celui-ci ayant eu la fantaisie de faire un voyage dispendieux uniquement pour manger des cerises de Damas, le vizir temporisa et dépêcha dans cette ville 600 pigeons voyageurs qui rapportèrent au Caire une quantité de cerises plus que suffisante pour satisfaire l'envie du souverain. (Thieme, *la Poste des sultans d'Égypte*.)

2. Thieme, *la Poste des sultans d'Égypte*.

3. Béranger a, au sujet de ces nouveaux *courriers de bourse*, composé une de ses jolies chansons, de laquelle nous détachons cette strophe :

Pigeons, vous que la muse antique
Attelait aux chars des amours,
Où allez-vous? Las! en Belgique
Des rentes vous portez le cours!
Ainsi de tout faisant ressource,
Nobles tarés, sots parvenus
Transforment en courriers de bourse
Les doux messagers de Vénus!...

4. Mari de Mme Anaïs Ségalas, connue par ses poésies.

confia à chaque aéronaute un panier de pigeons qui devaient être remis à la délégation de la Défense nationale, à Tours, où étaient centralisées toutes les dépêches à diriger sur la capitale. Ils étaient préalablement numérotés et classés d'après leur degré d'instinct, de force et de sécurité dans le vol [1].

Il s'agissait tout d'abord de trouver un système permettant de confier aux pigeons, dont le bagage devait être forcément très léger, le plus grand nombre possible de dépêches. Au début, elles étaient écrites à la main, sur du papier très mince, mais sur une seule face et en plusieurs expéditions [2]. — Vers le milieu d'octobre, M. Barreswill eut l'idée de reproduire par la photographie les épreuves à transmettre et les premiers résultats de cette mesure furent excellents. Les procédés se perfectionnèrent, dans la suite, à un tel point que l'on put introduire dans un tube de plume de 5 centimètres de longueur, une douzaine de pellicules photographiques [3] pouvant contenir jusqu'à 30 000 dépêches. On fixait ensuite ce tube à l'aide de fils de soie, à l'une des maîtresses plumes de la queue du pigeon, que des colombophiles allaient lancer dans le rayon le plus rapproché de Paris, opération délicate et qui nécessitait des connaissances tout à fait spéciales.

A leur arrivée dans les colombiers, les pigeons étaient recueillis par un facteur de la poste qui les apportait chez le directeur général lequel, à son tour, les faisait remettre au gouverneur de Paris; et c'est chez ce dernier que s'en firent tout d'abord la lecture à la loupe et la répartition entre les divers destinataires; ces formalités avaient été réglées par un décret spécial. L'extension que prit ce service et l'arrivée des pellicules Dagron obligèrent d'abandonner la loupe et de créer un atelier spécial à l'administration des lignes télégraphiques; par l'emploi de l'électricité et de lentilles grossissantes du plus puissant effet, les dépêches étaient projetées sur un transparent où les employés les lisaient et les transcrivaient aisément. Quant à la question de savoir à quelle administration devaient appartenir ces dépêches, elle souleva des discussions entre les services intéressés, mais une délibération du gouvernement de la Défense les attribua à l'administration des postes [4].

1. Rapport de M. Eschassériaux (*Officiel* de juillet 1871). M. Eschassériaux avait été chargé, immédiatement après la conclusion de l'armistice, de reconnaître l'état de nos communications postales et télégraphiques et de proposer les améliorations à y introduire d'urgence, dans le cas où les hostilités auraient été reprises.

2. M. Steenackers, *les Télégraphes et les postes pendant la guerre de* 1870-71, chapitre VII.

3. C'est à M. Dagron que revient l'initiative de ce procédé; l'idée du tuyau de plume appartient à M. Georges Blay qui était plus spécialement chargé du lancer des pigeons.

4. Séance du 22 novembre 1870 (rapport de M. Chaper, député à l'Assemblée nationale, page 78). Rapport de Lallié, *Officiel*, séance du 22 décembre 1872.

DÉCRET DU 4 NOVEMBRE 1870 RELATIF A LA CORRESPONDANCE PAR PIGEONS.

Le décret de Tours, en date du 4 novembre 1870, fixa les conditions pécuniaires de ce nouveau mode de correspondance. La taxe était de 50 centimes par mot, avec un maximum de vingt mots. Les dépêches pouvaient indifféremment être déposées dans les bureaux de la poste ou du télégraphe. Elles étaient réunies sous une même enveloppe et adressées à la direction générale à Tours avec la mention spéciale : *pigeons voyageurs* [1], mais les expéditeurs furent prévenus que l'État n'assumait aucunement la responsabilité de la perte et que la taxe ne serait remboursée en aucun cas.

Le public accueillit avec d'autant plus d'empressement ce genre spécial de correspondance avec Paris qu'il était le seul à offrir quelques chances de succès et les dépêches par pigeons ne tardèrent pas à affluer à Tours.

CARTES-POSTE.

D'autre part, les facilités de communication furent augmentées par l'adoption des *cartes-poste* : les ballons emportaient des cartes à destination des départements, et les destinataires renvoyaient la réponse, par *oui* ou par *non;* cette réponse était transmise à Paris par pigeons. Le prix de la dépêche-réponse était fixé uniformément à 1 franc. Par le même procédé, on pouvait expédier à Paris et dans l'enceinte fortifiée des mandats-poste jusqu'à concurrence de 300 francs. La taxe en fut fixée à 3 francs, en sus des droits ordinaires.

Ces différentes dispositions furent établies par décret de Tours en date du 25 novembre 1870.

Enfin la régularité relative avec laquelle les messagers ailés accomplirent leur précieux service permit d'abaisser de 50 centimes à 20 centimes la taxe des dépêches ordinaires (décret de Bordeaux du 8 janvier).

SERVICES RENDUS PAR LES PIGEONS.

Nous avons dit *régularité relative* : il fallait prévoir, en effet, que les Allemands ne négligeraient rien pour déjouer ces tentatives. Indépendamment de la chasse au fusil faite à tout volatile approchant de

1. Arrêté de Tours du 4 novembre 1870.

Paris, ils lançaient fréquemment des faucons[1]. Il est douloureux d'ajouter que les balles que les pigeons avaient à redouter n'étaient pas uniquement des balles prussiennes et que l'ignorance de quelques paysans servit parfois d'auxiliaire à nos ennemis. M. Crémieux dut même provoquer un décret de protection des pigeons (23 janvier 1871).

Quoi qu'il en soit, sur les 302 pigeons qui, en 47 départs, furent dirigés sur Paris, du 16 octobre 1870 au 3 février 1871, 59 seulement arrivèrent à destination. Il faut remarquer, en outre, que le lancer devint bien plus difficile vers la fin de la guerre, à cause du froid, du bombardement et de l'extension de l'occupation allemande.

D'ailleurs, pour remédier autant que possible à toute perte éventuelle, les mêmes dépêches étaient réexpédiées plusieurs fois. Chaque série portait un numéro d'ordre, et lorsqu'une feuille manquait, Paris en demandait la répétition. C'est ainsi que, le 3 décembre, M. Steenackers avisait le public que sur 40 envois de dépêches privées faits à cette date, 32 étaient parvenus à Paris et que les dépêches non reçues seraient réexpédiées.

Le 8 janvier au soir, un pigeon arrivait à Paris porteur d'un tube renfermant 38 700 dépêches réparties en 21 pellicules et représentant une valeur de plus de 300 000 francs[2]. Un autre apportait le 19 janvier une longue série de dépêches officielles, huit feuilles de dépêches privées, deux feuilles de cartes-réponses et deux feuilles de dépêches-mandats, en tout 30 000 dépêches environ. Un pigeon, qui avait reçu le nom de *Gambetta,* sorti quatre fois de Paris en ballon, y rapporta quatre fois les dépêches qui lui furent confiées.

Il serait intéressant de recueillir les nombreuses anecdotes qui se rattachent à ce singulier mode de correspondance. Nous nous bornerons à citer deux extraits de journaux de Paris qui reflètent fidèlement la curiosité ou mieux l'anxiété publique.

On lit dans le *Progrès* du 19 décembre 1870 :

> Il nous est arrivé à midi un pigeon qui s'en est allé tout droit à son colombier.
>
> Mais voici qui ferait un petit poème et qu'il faudrait dire en beaux vers :
>
> A quatre heures, le soleil se couchant dans une immense nappe rouge, un deuxième messager nous apportait les dépêches de Gambetta, sans doute quelques bonnes nouvelles de nos armées.

1. Le prince Frédéric-Charles se montra particulièrement acharné à la destruction des pigeons. Il faisait tuer incontinent tous ceux que le hasard amenait entre ses mains. Un seul, capturé dans un ballon échoué au milieu de son armée, trouva grâce devant lui : le prince l'envoya à sa mère, qui le mit dans une volière, au milieu de plusieurs de ses congénères teutons. Mais un jour, — quatre ans après ! — l'oiseau patriote trouvant la porte ouverte, s'échappa ; puis, après s'être orienté, s'envola à tire-d'aile vers la France, et vint s'abattre, en quelques heures, à son colombier de la rue de Clichy. Il est mort, en 1878, au Jardin d'acclimatation.

2. M. Steenackers, *les Télégraphes et les postes pendant la guerre.*

Le messager était un pigeon blanc taché de rouge. Il était las de sa longue course et je le vis battre de l'aile dans la rue Rivoli. Il hésita un instant entre la cour du Carrousel et l'hôtel du général Trochu ; puis il se porta sur la tête d'une statue.

Il allait s'endormir sur la tête de Hoche !

Trois ou quatre cents curieux s'attroupaient et criaient.

On apporta une échelle. Et le pigeon effrayé alla d'un coup d'aile se réfugier au deuxième étage, sur l'épaule de Masséna !

J'ai vu cela et j'aurais voulu croire aux présages.

D'un autre côté, le *Français*, du 8 janvier, publiait la note suivante :

Les pigeons voyageurs arrivés hier sont allés se poser tous indistinctement, dès leur entrée à Paris, sur le sommet de l'Arc de Triomphe. On sait, en effet, que ces intelligents oiseaux, lorsqu'ils se trouvent près du lieu où ils doivent prendre terre, ont coutume de choisir un poste élevé d'où ils peuvent prendre le vent, comme l'on dit en terme du métier, et s'orienter à coup sûr.

Les pigeons qui appartiennent au colombier de la rue Simon-le-Franc vont invariablement établir leur observatoire d'arrivée au haut de la tour Saint-Jacques ; c'est de là qu'ils repartent pour gagner leur logis, dont ils ne sont plus séparés d'ailleurs que par quelques coups d'ailes.

Nos messagers d'hier ont jeté leur dévolu sur l'Arc de Triomphe. Serait-ce un présage ?

Il est, croyons-nous, inutile d'insister sur les services rendus pendant la guerre de 1870-1871 par les pigeons-voyageurs, tant au point de vue postal qu'au point de vue militaire et politique. Si les résultats de cette innovation furent à peu près satisfaisants, c'est en grande partie à l'initiative et à l'activité de M. Steenackers qu'ils sont dus. Secondé dans sa tâche par un personnel dévoué, assuré du concours de colombophiles dont quelques-uns étaient même de nationalité étrangère, il put improviser rapidement le service des pigeons et l'étendre de manière à satisfaire aux inquiétudes croissantes du public. Dès le mois de novembre, et en prévision de tout événement, il s'occupait d'approvisionner de ballons et de pigeons les villes de Lille, Lyon et Besançon. L'armistice rendit ces dispositions inutiles : la correspondance par pigeons fut suspendue le 1er février 1871 [1].

### BOULES.

Les essais de communication avec Paris furent nombreux. Un des systèmes qui parurent avoir le plus de chances de succès fut celui des *boules*. Ce système consistait en boules sphériques en zinc, d'un

1. L'emploi des pigeons voyageurs, surtout au point de vue militaire, a été longuement étudié depuis 1870. De nombreux colombiers ont été ouverts dans les différentes régions : le décret du 15 septembre 1885 règlemente le droit de réquisition et le mode de recensement des pigeons. Contrairement aux craintes manifestées par M. Steenackers, on n'a donc pas oublié les services rendus par eux pendant la guerre.

certain diamètre, dans l'intérieur desquelles on mettait les lettres. On les livrait ensuite au courant de la Seine, et elles devaient être arrêtées par des filets établis à un endroit désigné et recueillies. Elles étaient préalablement lestées de manière à flotter toujours à une profondeur moyenne. Ce nouveau moyen de correspondance était utilisable de Paris aussi bien que des départements.

Une convention fut passée avec les inventeurs et un décret fut rendu le 26 décembre 1870 pour régler les conditions du service.

Aux termes de ce décret :

Les lettres de la France et de l'Algérie que le public voudra confier à ce système devront être préalablement affranchies au moyen de timbres-poste représentant une taxe d'un franc.

Leur poids maximum est fixé à 4 grammes.

Elles seront centralisées à un bureau de poste à déterminer par l'administration.

La somme d'un franc perçue pour le port de chaque lettre sera acquise, savoir :

Pour 20 centimes à l'administration des télégraphes et des postes.

Et pour 80 centimes aux inventeurs du système : moitié leur sera payée au moment de la remise en leurs mains de chaque lettre, et moitié portée à leur crédit ou payée à leur représentant à Paris, par le receveur principal de la Seine, à la réception de chaque lettre de Paris.

Les lettres qui devaient être acheminées sur la capitale par les boules submersibles étaient centralisées à Moulins et portaient indistinctement comme suscription : « à Paris, par Moulins (Allier). » De cette dernière ville, elles étaient dirigées sur les bords de la Seine, en amont.

Le service fut commencé le 4 janvier, mais aucune boule n'arriva à Paris. M. Rampont faisait cependant relever régulièrement et quelquefois sous le feu de l'ennemi, par des équipes de courriers convoyeurs, les filets établis à Port à l'Anglais. Le cours de la Seine était surveillé d'une manière toute particulière par les Allemands qui avaient en outre, construit plusieurs barrages. D'un autre côté, la saison était rigoureuse, les glaces survinrent, les filets furent brisés et la plupart des boules disparurent. Quelques-unes toutefois, jetées près de Fontainebleau, furent retrouvées, après l'armistice, dans les environs de Corbeil et une boule expédiée de Paris, fut recueillie également après la levée du siège, à l'embouchure de la Seine. Elle contenait 700 lettres qui furent transmises à leurs destinataires [1]. Le service des boules fut suspendu le 31 janvier.

1. Rapport de M. Eschassériaux. *Officiel* du 31 juillet 1871.

### ESSAI DE CHIENS.

Les ballons, les pigeons et les boules furent les seuls moyens employés à titre régulier pour la transmission et l'échange des correspondances. Mais on eut recours à une foule d'autres expédients. L'imagination, à cet égard, ne connaissait pas de bornes[1].

On eut l'idée de recourir aux chiens de berger : plusieurs de ces animaux, habitués à conduire hors Paris des troupeaux de bœufs et à y entrer, furent expédiés, le 13 janvier, par le ballon le *Général-Faidherbe*. On les munit de colliers spéciaux dans lesquels étaient introduites les dépêches et on lâcha les animaux aussi près que possible de Paris, dans la direction du Nord-Ouest. Aucun d'eux n'arriva. Il en fut de même des bûches flottantes, des tonneaux, des radeaux, etc. etc.

### MESSAGERS. — DÉVOUEMENT DE PLUSIEURS SOUS-AGENTS DES POSTES.

Toutes les bonnes volontés furent accueillies avec empressement ; on ne pouvait dès lors oublier les messagers qui s'offraient pour essayer de franchir les lignes prussiennes. Plus de 200 tentatives furent faites dans ce but, mais c'est à peine si une dizaine de messagers purent accomplir leur mission. Nous avons le devoir de constater que l'administration des postes est largement représentée dans cette légion de braves.

Nous citerons en première ligne M. Ayroles, courrier convoyeur à Tours, qui fut chargé d'une mission officielle par la délégation de la Défense le 25 septembre 1870. Ce sous-agent réussit, trois jours après, à gagner Paris en traversant la Seine à la nage.

M. Ayroles essaya ensuite, à plusieurs reprises, de sortir de la ville assiégée. Il fut fait prisonnier, condamné à mort, puis enfin relâché avec ordre de rentrer dans la capitale[2].

Son collègue Brare, gardien de bureau à Paris, fut moins heureux.

1. A titre de spécimen, nous signalerons le système de télégraphe aérien proposé par un Américain. Un ballon captif maintenu à 1 000 ou 1 500 mètres de hauteur, recevrait un câble télégraphique dont l'extrémité libre serait prise par un ballon voyageur. Celui-ci déroulerait « tout naturellement » le câble dans l'espace jusqu'au point d'atterrissement, qu'on aurait soin de choisir au delà du territoire occupé par l'ennemi. Grâce au procédé de l'inventeur, le câble se serait maintenu à une hauteur suffisante pour défier les atteintes des Prussiens! Et il s'est trouvé des journaux qui ont énergiquement patronné ce système et même accusé le gouvernement de négligence pour n'avoir pas essayé de s'en servir. (Voir à cet égard le rapport de M. Chaper sur les actes du gouvernement de la Défense. *Officiel* de janvier 1871.)

2. M. Ayroles a été nommé chevalier de la Légion d'honneur en janvier 1882, sur la proposition de M. Cochery, ministre des postes et des télégraphes. Il avait obtenu en 1873 une médaille d'argent ; en 1882, il obtint également la médaille d'honneur d'argent spéciale à l'administration des postes et télégraphes.

Après avoir réussi une première fois à traverser les lignes d'investissement pour livrer des dépêches à Saint-Germain et à Triel, il est fait prisonnier dans une autre tentative, s'évade et gagne Tours où il se met à la disposition de la délégation, pour un nouveau voyage sur Paris. Il part, franchit les lignes et en traversant la Seine à la nage, près d'atteindre le but, il meurt frappé d'une balle à la tête.

Par application du décret du 30 octobre 1870, ses enfants ont été adoptés par la France.

Les tentatives de sortie de Paris furent nombreuses, surtout dans les commencements du siège ; elles eurent d'abord pour objet de faire parvenir des dépêches à un bureau situé hors des lignes d'investissement, qui les dirigeait sur leurs destinations respectives. C'est principalement à l'Ouest, sur Saint-Germain et Triel que se portaient les efforts des courriers. Un certain nombre de sous-agents se sont courageusement offerts pour ce périlleux service et nous ne saurions taire leurs noms : c'est d'abord M. Gème, chargeur, qui part à sept reprises différentes, combinant ses efforts avec ceux du malheureux Brare, et réussit à échanger plusieurs fois des kilogrammes de lettres [1]. Ce sont notamment : MM. Poulain, Chourier, Loyer, Bécoulet, facteurs à Paris, Létoile, facteur à Fontenay-aux-Roses, qui essaient, à leur tour, de déjouer la vigilance des Prussiens et qui y parviennent souvent; ce sont enfin MM. Flamand et Dauvergne, gardiens de bureau à Paris, qui vont porter à la délégation de Tours les messages dont ils sont chargés [2].

Il est évident que ces départs forcément irréguliers et aléatoires ne pouvaient servir de base à l'organisation d'un service de transport périodique. Avec le temps, le blocus devint, d'ailleurs, de plus en plus rigoureux et il fut aussi difficile de sortir de Paris que d'y pénétrer. Mais on n'en doit pas moins un tribut d'admiration à ces modestes volontaires du devoir dont la plupart payèrent de leur vie ou d'une dure captivité les actes que leur dictait leur patriotisme et c'est aussi un titre de gloire pour l'administration des postes d'en avoir fourni son contingent.

### SERVICE DES POSTES DANS PARIS.

Quant au service des postes dans l'intérieur de Paris et dans la banlieue, il ne subit que quelques modifications de détail. L'isolement de la capitale avait eu naturellement pour conséquence de diminuer le

1. M. Gème a été nommé au mois de juillet 1881, chevalier de la Légion d'honneur. Il reçut, en juin 1882, la médaille d'honneur d'argent du ministère des postes et des télégraphes.
2. Tous ces braves ont reçu la médaille d'honneur.

nombre des correspondances et une partie du personnel se trouvait inoccupée. M. Loiseau, sous-chef de bureau à l'administration centrale, prit alors l'initiative d'organiser un corps de volontaires exclusivement recruté parmi les *postiers* pour marcher à l'ennemi. 500 agents et sous-agents répondirent à son appel. Le bataillon de la poste (111e de la garde nationale) fit son devoir aux avant-postes du fort d'Issy et au combat de Buzenval.

L'organisation du service de la trésorerie et des postes aux armées opérant sous Paris ne rencontra également aucun obstacle. « Quelques jours suffisent pour l'établir, dit M. Eschassériaux[1], avec les anciens agents des armées, au grand quartier général, dans les cinq corps de l'armée active, dans l'armée de réserve et pour les troupes de la garnison de Versailles. En deux mois et demi, ce personnel spécial a manipulé 10 000 lettres chargées, payé 2 millions de francs de mandats, effectué un mouvement de fonds de près de 3 millions de francs et distribué une énorme quantité de correspondances. »

### LA POSTE DANS LES DÉPARTEMENTS.

Tout autre était la situation dans les départements. L'investissement de Paris avait eu pour première conséquence de déplacer brusquement le centre de direction administrative[2], en même temps qu'une grande quantité de lettres adressées dans cette ville avaient été arrêtées dans leur cours. De là, un encombrement auquel il n'était pas possible de remédier. Les commerçants parisiens qui avaient quitté la capitale avant l'investissement, réclamaient la réexpédition de leurs correspondances sur leur nouvelle résidence. Quelques-unes de ces demandes purent recevoir satisfaction, mais l'opération était si laborieuse et le nombre des lettres en souffrance si considérable qu'on ne put généraliser la mesure.

Nous venons de voir les efforts tentés pour communiquer avec Paris. Ceux qui durent être faits pour assurer la transmission de la correspondance entre les diverses parties de la France ne furent pas moindres[3]. Par suite des progrès rapides de l'invasion, il était nécessaire de changer presque journellement la direction d'un grand nombre de courriers. De plus, les transports de la Guerre encombraient les

1. Rapport à l'Assemblée nationale (janvier 1871).

2. Les directeurs départementaux reçurent l'ordre de n'envoyer à Tours ni rebuts, ni dossiers des questions impossibles à traiter, tant que les communications avec Paris seraient interrompues. On décentralisa autant que l'on put en faveur de ces chefs de service.

3. En raison de la difficulté des communications, l'office anglais nous enleva le transit de la malle de l'Inde en transportant le port d'attache de Marseille à Brindisi. Il en résulta, en outre, une élévation du tarif des lettres françaises pour l'Orient (décret du 21 décembre 1870).

lignes de chemins de fer et entravaient la marche régulière des trains. La circulaire de Gambetta, en date du 16 octobre 1870, prescrivait bien que « le service des postes devait être maintenu soit en conservant les trains qui lui sont affectés, soit en introduisant dans les trains spéciaux de la guerre les bureaux ambulants et les courriers de la poste ». Mais l'intérêt supérieur que présentait le transport immédiat des troupes et du matériel de guerre, les modifications journalières inhérentes à la situation amenaient forcément des retards, dont le moindre occasionnait un défaut de concordance entre les trains et par suite une grande perturbation dans l'acheminement des correspondances.

En outre, le transit par Paris n'existant plus, les détours obligés étaient considérables. Ainsi le transport des dépêches de Bordeaux à Lille n'exigeait pas moins de sept jours, en admettant qu'il y eût exacte coïncidence des différents trains, et ces dépêches devaient suivre l'itinéraire ci-après : Poitiers, Niort, la Poissonnière, Nantes, Redon, Rennes, Dol de Bretagne, Saint-Lô, Lison, Cherbourg, Southampton, Londres, Douvres, Calais et Lille!

### CORRESPONDANCE AVEC LES DÉPARTEMENTS OCCUPÉS.

L'échange de la correspondance avec les régions envahies offrait encore plus de difficultés; on était obligé de recourir au transit par la Belgique et la Suisse. Les autorités prussiennes des départements, fidèles en cela à la théorie de M. de Moltke, que « la guerre doit être poursuivie à outrance et par tous les moyens » ne reculaient pas devant la violation des correspondances [1].

M. Steenackers eut, un instant, comme il l'a dit lui-même, l'intention d'user de représailles en déférant aux parquets toutes les correspondances à destination ou en provenance des États d'Allemagne. Mais M. Crémieux, délégué au ministère de la justice, se refusa formellement à sanctionner, même en principe, une telle violation du droit des gens.

Quoi qu'il en soit, il s'agissait d'assurer la transmission des dépêches dans les contrées envahies ou menacées; dans ce but, des directeurs départementaux furent chargés de missions spéciales, pour

1. Un fonctionnaire prussien administrait la poste dans les départements occupés. Il édictait les règlements. Les lettres devaient notamment être déposées ouvertes et être retirées aux guichets des bureaux, dont les receveurs français restaient le plus souvent chargés. Les lettres étant acheminées par la Prusse, la Suisse ou la Belgique, l'échange s'en faisait avec une lenteur inconcevable. Quant aux valeurs et mandats à échanger entre les contrées envahies et le reste de la France, l'office prussien refusa absolument de les laisser circuler.

seconder les chefs de service locaux et ils s'acquittèrent tous de leur tâche avec zèle, intelligence et dévouement.

Nous devons également une mention toute particulière à l'attitude courageuse et patriotique du personnel des facteurs de ville, locaux et ruraux des départements occupés. Beaucoup d'entre eux se dévouèrent pour effectuer clandestinement la distribution des correspondances et l'échange des courriers. Menacés, frappés, incarcérés, ils ne reculèrent devant aucun danger. Plus de 500 sous-agents ont obtenu, en récompense de leur belle conduite, les uns des médailles d'honneur décernées par le ministère de l'intérieur, les autres des lettres de félicitations et lorsque, plus tard, en 1882, M. Cochery institua des médailles d'honneur en faveur des sous-agents ayant fait preuve de dévouement au service, ceux qui avaient bravé l'ennemi en 1870-1871 furent appelés les premiers à recevoir cette distinction.

A un autre point de vue, il nous est agréable de rappeler ici la belle conduite de la receveuse de Lamarche (Vosges), Mlle Antoinette Lix, d'origine alsacienne, qui, au début de la guerre, donna sa démission pour s'engager dans les francs-tireurs des Vosges. Son courage lui valut le grade de lieutenant et, à la tête de sa petite troupe, elle prit une part active et brillante à plusieurs combats. Elle devint ensuite chef d'ambulance. Mlle Lix a obtenu la croix de bronze des ambulances en 1871, la médaille d'or de 1re classe en 1872, et en 1873 la médaille des zouaves pontificaux que lui offrit le général de Charette.

La *Société nationale d'encouragement au bien* lui a décerné une médaille de bronze, le 5 mai 1872, et les dames alsaciennes lui ont offert une splendide épée d'honneur [1].

### LA POSTE AUX ARMÉES.

Il nous reste à parler du service de la trésorerie et des postes aux armées.

Au début de la campagne, le service de la trésorerie et des postes comportait :

1° Un payeur général chargé et de centraliser les opérations des différents corps d'armée et relevant de la Direction générale des Postes et du ministère des finances pour le service du Trésor.

2° Dans chaque corps d'armée, un payeur principal, assisté de deux ou trois agents.

3° Dans chaque division, un payeur particulier, assisté de deux agents.

1. *Le Livre d'or des postes*, par M. Henri Issanchou; Paris, 1885, p. 125.

Par mesure d'économie, les fonctions de payeur principal ne tardèrent pas à être supprimées.

Ce service avait acquis une importance considérable : une grande partie de la nation était sous les drapeaux et il y avait un intérêt majeur à assurer la régularité des communications entre les soldats et leurs familles. M. Steenackers crut devoir, dans ce but, séparer le service des postes du service de la trésorerie, et le décret du 27 novembre 1870 plaça le premier sous sa direction exclusive.

Par application de cette mesure, on créa, dans chaque corps d'armée, un bureau spécial centralisateur des correspondances, muni de tous les renseignements sur la composition et les cantonnements des corps d'armée.

> Les bureaux centraux étaient établis auprès du grand quartier général et placés, par décret du 3 décembre 1870, sous l'autorité du commandant en chef... En outre on maintint, comme auparavant, auprès du quartier général de chaque corps d'armée et de chaque division d'autres agents spéciaux en correspondance directe avec le bureau central de leur région et chargés de la distribution des lettres ainsi que du paiement des mandats de poste aux militaires par l'intermédiaire du vaguemestre. Le tout était placé sous la direction d'un chef de service spécial par corps d'armée en rapport constant avec l'état-major de ce corps[1].

Les opérations postales aux armées furent très irrégulières et donnèrent lieu à de nombreuses plaintes. Il y avait à cela plusieurs causes. D'abord les tâtonnements causés par un brusque changement d'organisation : on fut obligé d'improviser des moyens de transport à l'usage spécial des agents des postes, qui, de plus, manquaient parfois de provision suffisante pour payer les mandats qui leur étaient présentés.

Mais hâtons-nous d'ajouter que les plus nombreuses causes d'erreurs étaient indépendantes du fait de l'administration des postes.

Les lettres des militaires à leurs familles, en général, parvinrent à destination, quoique avec des retards. Ainsi que nous l'avons vu précédemment, le timbre du vaguemestre suffisait pour leur donner la franchise, et elles étaient portées en bloc au bureau de poste le plus voisin. Mais les lettres pour l'armée étaient moins favorisées. L'incorrection des adresses, les mouvements des troupes qui obligeaient la poste à faire suivre quatre et cinq fois la même lettre, paralysaient le service de la distribution. « Très souvent, dit M. Eschassériaux, dans l'ignorance absolue où se trouvait le service des postes sur les étapes successives des corps de troupes, les lettres s'accumulaient forcément sur certains points jusqu'à ce que les agents des postes eussent pu obtenir pour les

1. M. Eschassériaux, Rapport de janvier 1871.

réexpédier, des renseignements qui se faisaient beaucoup attendre, qui souvent ne parvenaient pas du tout ou n'étaient plus exacts quand on les recevait ou enfin qui étaient refusés comme pouvant présenter des inconvénients au point de vue militaire. »

### DÉFECTUOSITÉ DU SERVICE DES VAGUEMESTRES.

L'administration avait cependant pris quelques mesures pour diminuer les cas de non-distribution : des avis réitérés étaient périodiquement affichés sur toutes les boites rurales, dans les bureaux de poste et reproduits par la presse, indiquant au public la manière de libeller les adresses des lettres destinées à l'armée et donnant des exemples pour chaque cas.

Mais l'une des causes qui jeta le plus de perturbation dans le service des postes, fut la négligence ou l'ignorance de la plupart des vaguemestres. On sait, en effet, que les lettres destinées à un corps de troupe doivent être remises en bloc au vaguemestre qui est chargé d'en opérer la distribution. Or, « la plupart de ces vaguemestres, surtout dans l'armée auxiliaire, ignoraient complètement la nature de leurs fonctions. Beaucoup n'avaient pas la liste de leurs hommes ou ne la tenaient pas au courant des mutations. Dans d'autres cas, ils étaient séparés de leurs corps ou manquaient de renseignements pour la transmission des lettres[1].

Le résultat de cette situation fut déplorable. Beaucoup de correspondances et de mandats furent perdus, des milliers de lettres restèrent en souffrance, et leur nombre atteignit même une telle proportion qu'à un moment l'administration dut les faire retirer et renvoyer à leurs expéditeurs respectifs avec les mandats qu'elles pouvaient contenir.

Comme il est aisé de le voir, l'administration des postes ne pouvait être rendue responsable de toutes les irrégularités qui se produisaient. Des réformes sérieuses s'imposaient donc dans le service des postes aux armées[2] qui fut plus tard réorganisé par le décret du 24 mars 1877.

Aux termes de ce décret, le service de la trésorerie et des postes aux armées ne forme plus qu'une seule et même administration. Le

1. ESCHASSÉRIAUX, Rapport (*Officiel* de janvier 1871).

2. M. Eschassériaux fait remarquer à cet égard que, pendant la guerre de 1870-1871, le directeur des postes d'un corps d'armée prussien avait toujours un peloton de cavalerie sous ses ordres, tandis qu'en France, un chef de service ne pouvait même pas avoir une estafette.

Dans un autre ordre d'idées, M. Eschassériaux ajoute que les armées prussiennes sont toujours suivies de fourgons spéciaux, exclusivement affectés au transport des objets, colis, destinés aux soldats, tels que denrées alimentaires, vêtements, lingerie, souvent plus utiles qu'une lettre.

personnel comprend : un payeur général au quartier général de chaque armée; un payeur principal, au quartier général de chaque corps d'armée; un payeur particulier, au quartier général de chaque division d'infanterie ou de cavalerie, des agents (payeurs adjoints et commis de trésorerie); des sous-agents (gardiens de bureau ou de caisse). Il est pourvu par les ministres de la guerre et des finances à l'organisation des bureaux d'étapes. Tous les payeurs suivent les mouvements des quartiers généraux auxquels ils sont respectivement attachés. Ils relèvent du ministre des finances pour le personnel, l'alimentation des caisses, la comptabilité et la partie professionnelle ou technique du service.

Pour toutes les autres mesure telles que la marche générale du service, les ordres de route, de campement, et d'expédition des courriers, ils sont placés sous les ordres du commandement militaire. La direction générale des postes assure par ses propres moyens le service postal jusqu'aux stations têtes d'étapes de guerre. Elle établit à chacune de ces stations un bureau qui échange ses correspondances avec les bureaux du service de la trésorerie et des postes aux armées. Ces derniers exécutent au delà des stations têtes d'étapes de guerre le service des postes pour les armes, corps d'armée, divisions, brigades ou service auprès desquels ils sont placés. Elle fournit le matériel spécial au service des postes.

### LA POSTE MILITAIRE ALLEMANDE.

Nous avons cru devoir indiquer sommairement ici quelle était l'organisation de la poste allemande pendant la guerre et les ressources dont disposaient les divers corps d'armée ennemis pour leur correspondance.

La poste de campagne allemande était organisée d'après le système prussien, de la manière suivante :

Un bureau de poste supérieur au grand quartier général pour suivre le général en chef des armées ;

Un bureau de poste par armée ;

Un bureau de poste par corps d'armée.

En dehors de ces divers bureaux, chaque division d'infanterie et chaque corps d'artillerie (réserve) reçut un service particulier de poste en campagne. On joignit aussi un service de poste aux divisions de cavalerie qui devançaient l'armée pour en couvrir les mouvements ; ce service divisionnaire ne le cédait pas en vitesse aux uhlans.

Les pays du Sud joignirent leur personnel à celui des États de la confédération du Nord. Il fut résolu que les lettres et les paquets destinés aux militaires seraient affranchis de toute taxe.

Le bureau de poste supérieur de campagne se composait de 4 employés, 11 facteurs et postillons et 6 soldats du train ; il avait à sa disposition 5 voitures et 20 chevaux. Les bureaux de poste de campagne se composaient chacun de : 7 employés, 14 facteurs et postillons, 10 soldats du train, 6 voitures et 27 chevaux. Chaque bureau fut pourvu des ustensiles nécessaires et même de tout ce qu'il fallait pour l'imprimerie.

Dès le 25 juillet 1870, la formation de tous les bureaux de poste de campagne fut terminée. Les bureaux suivants furent aussitôt mis en campagne :

1° Un bureau de poste supérieur ; 2° 3 bureaux de poste d'armée ; 3° 13 bureaux de poste pour les corps d'armée ; 4° 33 services divisionnaires de poste, et 5° 3 directions de postes d'étapes, adjointes aux 3 inspections générales d'étape. Dans le courant de la campagne, le nombre des bureaux fut porté à 76 et à 5 directions d'étapes. A la fin de la campagne, le nombre des établissements de poste s'élevait à 411.

Les renseignements qui suivent permettront au lecteur de se rendre compte de l'importance du service de la poste allemande pendant la guerre :

| Du 16 juillet 1870 au 31 mars 1871 : | | |
|---|---|---|
| Lettres et cartes de correspondance . . . . . . | 89 659 000 | plis. |
| Journaux. . . . . . . . . . . . . . . . . . | 2 354 000 | exemplaires. |
| Envois d'argent pour le service militaire, comprenant 16 842 460 thalers . . . . . . . . . | 36 705 | paquets. |
| Envois d'argent pour affaires privées, comprenant 143 023 460 thalers . . . . . . . . . . . | 2 779 020 | |
| Paquets pour le service militaire . . . . . . . | 125 916 | — |
| Paquets privés destinés aux soldats. . . . . . | 1 853 686 | — |
| Le personnel de la poste de campagne s'élevait à : | 1 826 | personnes. |
| On avait, en outre, envoyé des employés à Reims, en Alsace et en Lorraine. . . . . . . . . . | 314 | — |
| Appelés sous les drapeaux. . . . . . . . . . . | 3 761 | — |
| De sorte qu'il y avait sur le théâtre de la guerre. | 5 901 | employés. |

On employa au service de la poste de campagne 1 933 chevaux et 465 voitures. Il y avait des dépôts de chevaux à Metz, Nancy, Épinal. Châlons-sur-Marne et Château-Thierry. La somme dépensée par la poste pour le service de la campagne s'éleva à 1 500 000 thalers.

Après la paix, une direction supérieure de poste fut organisée pour le service d'occupation de la France.

DÉCRET DU 16 OCTOBRE 1870 SUR LES JOURNAUX ET ÉCRITS PÉRIODIQUES.

L'enchaînement du récit ne nous a pas permis d'exposer les actes de M. Steenackers au point de vue purement administratif. Mais nous ne pouvons passer sous silence le décret du 16 octobre 1870 grâce auquel tous les journaux ou écrits périodiques, de quelque matière qu'ils traitent, peuvent être transportés par toute autre voie que celle de la poste, sous la seule condition d'être expédiés en paquets de 1 kilogramme au minimum. Ce décret essentiellement libéral, faisait disparaître une mesure restrictive due à l'Empire et la presse fut unanime à l'applaudir.

ARRANGEMENT AVEC LA BELGIQUE.

M. Steenackers conclut avec la Belgique un arrangement aux termes duquel les bureaux de poste français pouvaient recevoir et transmettre, moyennant paiement du simple droit belge de 10 centimes par 10 francs, des mandats au profit de nos soldats restés entre les mains de l'ennemi dans l'Alsace-Lorraine. Un autre arrangement permettait d'adresser aux militaires français internés en Belgique des mandats dans les mêmes conditions sous la réserve toutefois de l'acquittement du même droit belge.

FABRICATION DES TIMBRES-POSTE A BORDEAUX.

D'un autre côté, les départements manquaient de timbres-poste[1], l'atelier de fabrication se trouvant à Paris, M. Steenackers passa, dès le 28 octobre, un traité avec le directeur de la monnaie de Bordeaux : du 15 novembre 1870 à la fin du mois de février suivant, cet établissement a fabriqué et livré des timbres-poste pour une valeur de 120 millions[2].

Enfin M. Steenackers s'occupa du nouveau traité postal à conclure entre la France et les États-Unis. L'ancien était périmé depuis le mois de décembre 1869 et M. Vandal ne l'avait pas renouvelé. Mais les négociations n'aboutirent pas.

1. En prévision de la pénurie des timbres-poste, M. Le Libon avait prescrit, par sa circulaire du 30 septembre, que l'affranchissement serait effectué en numéraire dans les bureaux d'ordre secondaire.

2. La fabrication était placée sous la surveillance de M. Péligot, membre de l'Institut. Elle fut poussée avec une telle activité qu'en moins de dix jours, tous les bureaux furent approvisionnés des quantités réglementaires.

### CAPITULATION DE PARIS. — DÉMISSION DE M. STEENACKERS.

Le 28 janvier 1871, Paris capitulait; un armistice de 21 jours était conclu, et les électeurs étaient convoqués le 8 février suivant, pour donner une assemblée à la France.

Le rôle de M. Steenackers était terminé. Il offrit sa démission le 8 février et la donna définitivement le 20 du même mois.

### CONVENTION AVEC L'ALLEMAGNE.

Aussitôt après la signature des préliminaires de paix, la poste avait repris son autonomie sous la direction de M. Rampont [1].

Il s'agissait, tout d'abord, de renouer les communications tant intérieures qu'internationales et M. Rampont fit, dans ce but, de nombreux voyages à Versailles pour s'entendre avec les autorités allemandes.

Voici le texte de l'*arrangement complémentaire* qui fut conclu, le 3 février 1871 entre les représentants des administrations allemande et française, en vertu de l'article 15 de la *convention d'armistice* du 28 janvier :

Entre les soussignés :

M. Rampont, directeur général des postes à Paris, et M. le docteur Rosshirt, administrateur des postes dans les territoires français occupés par les troupes allemandes,

A été convenu ce qui suit, pour l'exécution de l'art. 15 de la convention d'armistice conclue le 28 janvier 1871 :

ARTICLE PREMIER. — Les lettres simples de Paris pour le territoire français occupés par les troupes allemandes et *vice versa*, supporteront une taxe de 40 centimes. Chacune des parties contractantes percevra 20 centimes, de façon qu'il ne soit établi aucun décompte pour l'échange de ces lettres. Pour les lettres dont le poids dépassera 10 grammes, la taxe sera établie d'après la progression française des lettres affranchies. Les lettres dont il s'agit seront livrées à l'office allemand, à Versailles, triées par départements.

ART. 2. — L'office allemand percevra une taxe de 4 centimes par 40 grammes sur les journaux et imprimés à destination du territoire occupé. Le poids de chaque paquet ne pourra dépasser 240 grammes.

ART. 3. — Les lettres de Paris pour le territoire non occupé et *vice versa* supporteront un droit de transit de 10 francs par kilogramme. Les journaux et imprimés supporteront un droit de 2 francs par kilogramme.

Le poids des lettres, des journaux et imprimés contenus dans chaque dépêche sera constaté sur un bulletin spécial : à chaque envoi une feuille récapitulative indiquera le poids total de l'expédition. L'échange des dépêches entre l'office fran-

1. Notification en fut faite à la Délégation de Bordeaux, le 10 février.

çais et l'office allemand aura lieu à la gare du chemin de fer de Versailles. L'office allemand transportera les dépêches de Paris pour le territoire non occupé et *vice versa*, entre Versailles et Amiens pour les départements du Nord et du Pas-de-Calais et entre Versailles et le Mans pour le reste de la France. L'échange à Amiens et au Mans aura lieu par les soins de l'office français.

Art. 4. — Les lettres pour l'étranger seront livrées à découvert à l'office allemand, qui les traitera, à partir de Versailles, comme lettres nées en territoire occupé. L'office français remboursera à l'office allemand les taxes dont seront grevées les lettres non affranchies provenant de l'étranger.

Art. 5. — Le paiement des taxes et des droits prévus dans la présente convention aura lieu chaque semaine.

Art. 6. — L'office français s'engage à expédier gratuitement à la recette des postes allemandes, à Versailles, trois exemplaires de chacun des journaux qui seront compris dans la dépêche.

Art. 7. — Cette convention sera mise immédiatement en vigueur sous réserve de l'approbation du directeur général des postes à Berlin, approbation dont M. le docteur Rosshirt donnera l'avis à M. Rampont dans le délai de quatre jours.

Fait à Versailles, le 3 février 1871.

*Signé :* Rosshirt.
*Signé :* G. Rampont.

Enfin nous reproduisons ci-après le texte de la circulaire qui fut adressée aux chefs de service de l'administration des postes françaises, en conséquence d'une *convention complémentaire* conclue le 14 février.

**Direction générale des postes.**

*1re division. — 2e bureau.*

ORGANISATION DU SERVICE LOCAL.

Paris, le 18 février 1871.

Monsieur le directeur,

L'article 3 d'une convention conclue le 14 février courant entre les administrations française et allemande est ainsi conçu :

Les agents des postes français dans les territoires occupés pourront opérer le relevage et la distribution des correspondances, moyennant remboursement à l'office allemand des taxes dont ces correspondances sont passibles.

En vous notifiant cette décision, je ne doute pas que vous n'en reconnaissiez l'importance pour nos concitoyens, et notamment pour les habitants des communes rurales. L'administration ne peut, d'ailleurs, dans l'état des choses, que s'en remettre à votre initiative, à votre tact et à votre discernement pour en assurer le bénéfice aux intéressés, sans froissement et sans conflit avec les autorités allemandes.

Recevez, etc., etc.

*L'administrateur chargé de la direction,*

*Signé :* Béchet.

# LES POSTES PENDANT LA COMMUNE

Insurrection du 18 mars. — M. Theisz, directeur général à Paris. — Transfert du service à Versailles. — Le service des postes à Paris, par Catulle Mendès. — Tentatives pour le rétablissement des communications. — Réinstallation du service à Paris. — Conclusion.

## INSURRECTION DU 18 MARS. — M. THEISZ, DIRECTEUR GÉNÉRAL A PARIS.

La série des épreuves n'était malheureusement pas terminée et de même que pour tous les autres services publics, la réorganisation de la poste subit un temps d'arrêt[1] par suite de l'insurrection communaliste.

Le jour où elle éclata, le 18 mars, M. Rampont resta courageusement à Paris. Mais la Commune ayant secoué le joug de l'Assemblée nationale et s'étant érigée elle-même en gouvernement, M. Rampont reçut d'elle l'invitation de cesser ses relations avec Versailles. En même temps, M. Theisz, nommé directeur général par la Commune, venait prendre possession de son poste.

## TRANSFERT DU SERVICE A VERSAILLES.

M. Rampont quitta Paris le 30 mars seulement, après avoir fait transporter à Versailles le matériel postal et l'approvisionnement de timbres; le 31 mars, le service était entièrement installé dans cette résidence, où presque tout le personnel avait suivi le directeur général. Enfin des instructions furent données pour que les bureaux ambulants n'entrassent plus dans Paris : Versailles devenait désormais la tête de toutes les lignes.

Cette retraite précipitée fut un coup de foudre pour la Commune; c'est en vain que M. Theisz multiplia ses efforts : il ne pouvait sup-

1. Dès le 4 mars, après la ratification des préliminaires de paix par l'assemblée de Bordeaux, les directeurs avaient reçu l'ordre de procéder au rétablissement normal du service.

pléer au manque de personnel, de matériel et d'argent. Ses affirmations réitérées, ses avis au public étaient constamment démentis par les faits.

#### LE SERVICE DES POSTES A PARIS PAR CATULLE MENDÈS.

Catulle Mendès a tracé de cette situation le tableau humoristique qu'on va lire [1] :

Plus de lettres! comme au temps du siège. Si vous tenez absolument à avoir des nouvelles de votre mère ou de votre femme, il faudra, s'il vous plait, vous adresser à des somnambules ou à des tireuses de cartes...

Vous objecterez que vous préféreriez vous en tenir à l'ancienne méthode et qu'il vous serait plus agréable de recevoir une lettre que de consulter un charlatan! Ah! vraiment, je ne vous conseille pas de dire cela tout haut... et quelles que soient vos inquiétudes à l'égard de votre famille ou de vos affaires. Je vous engage à les dissimuler soigneusement. Faites mieux; affectez un air souriant. Supposons que vous rencontrez un de vos meilleurs camarades :

— Ah! mon cher ami, vous dit-il, vous devez être bien inquiet?

— Inquiet moi! pas du tout, Je ne me suis jamais trouvé au contraire dans une disposition d'esprit plus paisible.

— Je croyais que votre tante était malade? Et comme en ce moment vous ne recevez pas de lettres...

— Je ne reçois pas de lettres! qui vous a conté cela?

— J'en reçois plus que jamais, plus que je n'en veux. Pas de lettres! quelle idée!

— Il faut que vous soyez bien favorisé, car enfin, depuis que le citoyen Theisz s'est installé à l'hôtel des postes, les communications sont interrompues.

— Mais pas du tout! C'est un bruit que les réactionnaires font courir. Oh! ces réactionnaires! N'ont-ils pas été jusqu'à imaginer que la Commune a emprisonné des prêtres, arrêté des journalistes et supprimé des journaux?

— Vous avez beau dire, une proclamation du citoyen Theisz lui-même annonce que les communications avec les départements ne seront pas rétablies avant plusieurs jours.

— Pure modestie de sa part! Il lui a suffi d'apparaître pour nous réorganiser le service compromis par ces gueux de réactionnaires.

— De sorte que vous avez journellement des nouvelles de votre tante?

— Journellement.

— Eh bien, j'en suis ravi. Car un de mes amis qui arrive de Marseille m'avait annoncé que votre pauvre tante était morte.

— Morte! Ah! mon Dieu! que me dites-vous là! Attendez donc, j'y songe, ce matin je n'ai pas reçu de lettre.

— Là, vous voyez?

Mais ne vous laissez pas emporter par le chagrin au point de hasarder votre sûreté personnelle et répondez :

— Je vois, Monsieur, je vois que si, par extraordinaire, je n'ai pas eu de nouvelles aujourd'hui, c'est que le citoyen Theisz, qui est un excellent homme, a voulu m'épargner un chagrin!

1. CATULLE MENDÈS, *Les 73 journées de la Commune*. Lachaud, éditeur.

### TENTATIVES POUR LE RÉTABLISSEMENT DES COMMUNICATIONS.

La Commune, devant son impuissance à assurer le fonctionnement du service postal, dut faire des ouvertures au gouvernement de Versailles; elles furent toujours repoussées. Plusieurs tentatives faites auprès de M. Thiers par des industriels et des commerçants parisiens n'obtinrent pas plus de succès. Ceux-ci purent seulement aller retirer leurs lettres à Versailles. D'un autre côté, des agences s'étaient fondées à Paris et dans les environs, qui, moyennant une légère rétribution, se chargeaient de transporter et de recueillir à un bureau de poste déterminé les lettres de leurs clients et de les remettre ensuite à leur domicile.

Le manque d'argent obligea la Commune à suspendre, dès le 3 avril, l'envoi et le payement des mandats. M. Theisz avait suppléé au défaut de timbres en faisant affranchir les correspondances au moyen d'un signe particulier tracé à la plume [1]. Quant aux tentatives d'expédition de courriers, elles furent déjouées; les courriers étaient arrêtés et les lettres saisies.

### RÉINSTALLATION DU SERVICE A PARIS.

Lorsque les troupes régulières eurent fait leur entrée dans Paris. l'hôtel des postes fut immédiatement occupé par le général Douai (23 mai) et M. Rampont s'y installa aussitôt : son prédécesseur l'avait quitté dans la matinée après avoir réussi, non sans peine, à le soustraire à l'incendie.

Peu de jours suffirent aux agents pour regagner Paris et, avant même la fin de la lutte, le service avait déjà repris sa marche régulière.

Nous devons ajouter que M. Rampont, par une mesure de clémence qui l'honore, se borna à sévir administrativement, et en dehors de l'action de l'autorité militaire, contre le très petit nombre d'agents qui avaient servi la Commune. L'amnistie administrative précéda ainsi de quelques années l'amnistie politique et il faut savoir gré à M. Rampont d'avoir, en ce qui le concerne, facilité l'apaisement des esprits.

1. On épuisa à cet égard les ressources qui se présentaient. C'est ainsi qu'on mit en vente des timbres dont un petit stock avait été découvert à la Monnaie. Ils étaient à l'effigie de Napoléon III !

## CONCLUSION.

Ainsi finit l'année terrible !

Avant de clore cette page doublement douloureuse de notre histoire, nous pouvons dire hardiment qu'à tous les degrés de la hiérarchie, le personnel des postes, comme d'ailleurs celui des télégraphes, fut constamment à la hauteur de sa noble mission. Soit à Paris, soit dans les départements, il ne recula ni devant les fatigues, ni devant le danger, pour maintenir et développer au besoin, dans toute la mesure du possible, les communications postales et télégraphiques entre les diverses parties du territoire et concourir ainsi à l'œuvre sacrée de la défense de la patrie !...

# TROISIÈME RÉPUBLIQUE

(4 septembre 1870).

Augmentation des taxes postales (loi du 24 août 1871.). — Création des cartes postales : historique. — Réduction à 1 p. 100 du droit sur les mandats (loi de finances du 20 décembre 1872). — Modification du régime sur les lettres et objets recommandés et les valeurs cotées (loi du 25 janvier 1873). — M. Le Libon, directeur général. — Modification de la taxe des imprimés et échantillons (loi de finances du 29 décembre 1873). — Traité de Berne créant l'Union générale des postes : historique. — Adhésion de la France. — M. Léon Riant, directeur général des postes. — Rapports adressés par M. Riant au ministre des finances en octobre et novembre 1877 sur la situation générale du service des postes. — M. Adolphe Cochery, député du Loiret, sous-secrétaire d'État des finances, chargé des services des postes et des télégraphes, puis ministre des postes et des télégraphes. — Fusion des postes et des télégraphes. — Réorganisation des deux administrations. — Réforme des tarifs. — Bureaux ambulants. — Services maritimes. — Bureaux de poste. — Boîtes aux lettres. Service rural. — Articles d'argent. — Service de Paris. — Service international. — Congrès postal de Paris. — Recouvrement des effets de commerce. — Abonnements aux journaux. — Caisse nationale d'épargne. — Colis postaux, etc. — Rapport à M. le président de la République sur les services des postes et des télégraphes. — Proposition de loi déposée par M. Talandier, député, tendant à la réduction à 10 centimes de la taxe des lettres. — M. Sarrien, ministre des postes et des télégraphes. — Rapport à M. le président de la République sur le fonctionnement de la caisse nationale d'épargne. — Réformes diverses. — M. Granet, ministre des postes et des télégraphes. — Circulaire adressée aux chefs de service du ministère. — Circulaire relative à la nomination des facteurs des postes par les préfets. — Diffamation par cartes postales : proposition de loi présentée par M. Roque (de Filhol), député. — Proposition de loi présentée par M. Steenackers, député, tendant à la création de *cartes-lettres*. — Décret du 20 mars 1886 portant réunion du *service technique* des télégraphes au service *d'exploitation* et instituant un *comité des travaux*. — Décret du 20 mars 1886 supprimant deux directions du ministère. — Décisions diverses concernant les journaux, imprimés, échantillons et papiers d'affaires. — Loi du 27 mars 1886 portant approbation des actes conclus au congrès postal de Lisbonne : mise en vigueur de cette loi à partir du 1er avril 1886. — Proposition de loi présentée le 6 avril 1886, par M. Beauquier, député du Doubs, et par ses collègues du même département, tendant à modifier la loi du 25 janvier 1873.

### LOI DU 24 AOUT 1871 MODIFIANT LES TAXES POSTALES.

*Dépôt du projet.* — Le 12 juin 1871, M. Pouyer-Quertier, ministre des finances, déposait sur le bureau de l'Assemblée nationale un projet de loi ayant pour objet :

1° De rectifier les voies et moyens du budget de l'exercice 1871 et de fixer le résultat probable de ce budget;

2° D'établir les augmentations d'impôts et des impôts nouveaux pour faire face aux obligations résultant des charges et des dépenses de la guerre et des déficits des budgets de 1870-1871.

*Rapport Caillaux.* — Le rapport concernant les taxes postales fut confié par la commission à M. Caillaux, membre de l'Assemblée nationale, et déposé dans la séance du 24 juillet.

Nous empruntons à ce rapport les extraits qui suivent :

Messieurs, en présence des nécessités budgétaires qu'ont créées la guerre étrangère de 1870 et la guerre civile qui l'a suivie, le gouvernement vous a proposé diverses mesures destinées à augmenter le produit du service des postes et, à cet effet, d'élever :

La taxe des lettres ;

Le droit fixe sur les lettres chargées ;

Le droit proportionnel sur les valeurs déclarées ;

Le port des échantillons, épreuves d'imprimerie corrigées, papiers de commerce ou d'affaires ;

Le droit de poste sur les articles d'argent ;

Il en résultera, suivant les prévisions, une augmentation de recettes de plus de 20 millions, défalcation faite des produits afférents aux départements cédés.

Votre commission du budget vous propose de voter les nouvelles taxes proposées, sous réserve de quelques modifications peu importantes qu'elle espère justifier devant vous et qui ne feront rien perdre du produit sur lequel on croit pouvoir compter.

Après avoir examiné les différents articles du projet, le rapporteur s'exprimait ainsi :

En résumant les diverses augmentations de recettes prévues par les raisons qui viennent d'être exposées, on arrive à un chiffre total de 22 millions.

Si pour se mettre à l'abri de tout mécompte et faire la part des erreurs d'appréciation que le gouvernement a pu faire et que nous avons faites avec lui, on retranche 2 millions de ce chiffre total, il reste encore un produit net au minimum de 20 millions, sur lequel il est assurément permis de compter et qui, sans gêner sensiblement les transactions commerciales, comme on l'a constaté pendant la période de 1850 à 1854, sans modifier les habitudes de correspondance que nous avons prises, augmentera d'autant les ressources indispensables pour faire face aux obligations résultant des charges de guerre et des déficits des budgets de 1870-1871.

*Discussion générale. — M. Wolowski.* — Lorsque la discussion générale s'ouvrit, le 23 août suivant, M. Wolowski, tout en reconnaissant le zèle avec lequel la commission du budget s'était attachée à rechercher une augmentation des ressources publiques, combattit vivement le projet en s'appuyant sur les considérations suivantes :

Partout ailleurs, en Angleterre, en Allemagne, en Belgique, en Russie, dans le monde entier, des facilités nouvelles étaient données à la correspondance.

Or, disait M. Wolowski, nous allons rétrograder tandis que les autres pays avancent, et cela pour arriver à une recette hypothétique que la commission évalue à une vingtaine de millions.....

. . . . . . . . . . . . . . . . . . . . . . . . . . . . . . . . . . . .

La progression du nombre des lettres marche d'une manière parallèle au développement de toutes les relations de l'industrie, du commerce, des échanges. On peut mesurer en quelque sorte, à l'échelle de l'accroissement des correspondances, l'accroissement même de la richesse publique....

. . . . . . . . . . . . . . . . . . . . . . . . . . . . . . . . . . . .

Si nous étions dans des temps moins malheureux que ceux dans lesquels nous vivons maintenant, il y aurait lieu de songer en France, comme ailleurs, à réduire le droit postal, au lieu de l'augmenter; ce serait d'une bonne politique financière.

. . . . . . . . . . . . . . . . . . . . . . . . . . . . . . . . . . . .

On veut doubler le droit sur les articles d'argent. Je crains fort que ce ne soit le cas d'appliquer cette maxime, souvent vraie en matière de finances, que un et un ne font pas toujours deux. Quand vous doublez un droit, vous ne doublez pas la recette; il y a quelquefois chance que vous la diminuiez, et que vous ayez à porter en ligne de compte une perte que vous fera subir l'entrave que vous aurez créée.

L'orateur annonçait ensuite qu'il avait présenté un amendement tendant à créer des *cartes postales* analogues à la *post-card* en usage en Angleterre et à la *carte de correspondance* introduite en Allemagne depuis le mois de juin 1870. Ce nouveau mode de correspondance s'était rapidement popularisé dans ces pays :

Les facilités nouvelles que l'on donne à la circulation des correspondances pour la transmission de la pensée, ces facilités en augmentant les moyens dont on se sert, en augmentant aussi l'emploi, multiplient les avantages nombreux qui se relient à la grande question postale.

Elle n'est pas purement et simplement une question de produit fiscal. Il est de grands pays qui l'envisagent autrement, les États-Unis par exemple, où nous devrions plus souvent aller chercher des exemples.

*M. de Tillancourt. — M. Martial Delpit.* — Après M. Wolowski, M. de Tillancourt signala l'abus monstrueux des franchises postales et M. Martial Delpit demanda le maintien des taxes postales *actuelles*, et d'après lui, si l'on voulait obtenir une augmentation de revenus, c'était une mesure inverse qu'il faudrait adopter, c'est-à-dire qu'il faudrait diminuer le prix du port des lettres.

L'Assemblée nationale passa ensuite à la discussion des articles. Au cours de cette discussion, divers amendements furent présentés.

## AMENDEMENTS.

### 1° Amendement Ducarre.

Dans les grands centres, les lettres non affranchies seront distribuées par un facteur spécial ou renvoyées à une distribution supplémentaire.

Il suffit, disait M. Ducarre, qu'il y ait dans le cours d'une distribution 5 ou 10 p. 100 du courrier qui ne soient pas affranchis, pour que les derniers servis perdent trois quarts d'heure sur les autres. Est-il convenable, est-il permis que celui qui ne voudra pas affranchir impose à ceux qui veulent bien de l'affranchissement le retard qui résulte de son fait ?

L'amendement fut retiré sur la promesse faite par M. Rampont que la question serait sérieusement étudiée et qu'elle serait l'objet d'un règlement d'administration publique.

### 2° Amendement de Barante, Adnet, Chaper.

Il sera établi des cartes postales du prix de 10 centimes pour les correspondances des soldats et de leurs familles.

Cet amendement défendu par M. de Barante ne fut pas adopté par l'Assemblée nationale, conformément aux conclusions de M. Rampont, directeur général des postes, qui fit remarquer qu'en vertu de la loi militaire projetée, tous les Français allaient être soldats, que néanmoins la question serait sérieusement étudiée par l'administration des postes.

### 3° Amendement Wolowski.

L'administration fera fabriquer des postes-cartes destinées à circuler à découvert. Elles seront mises en vente au prix de 10 centimes, pour celles nées et distribuées dans la circonscription du même bureau, ainsi que de Paris pour Paris dans l'étendue dont les fortifications marquent les limites, et au prix de 15 centimes pour celles qui circuleront en France et en Algérie de bureau à bureau.

Cet amendement, déposé dans la séance du 23 août, fut renvoyé à l'examen de la commission.

Le lendemain, 24 août, la commission fit connaître par l'organe de son rapporteur, M. Caillaux, que cette question trouverait mieux sa place dans une proposition de réforme postale : la commission du budget avait, d'ailleurs, trop de questions à examiner pour pouvoir s'occuper de nouvelles réorganisations et de nouvelles réformes.

M. Rampont fit ensuite remarquer que les cartes postales créeraient une concurrence aux lettres, ce qui diminuerait considérablement la recette et irait contre le but même du projet de loi.

A la suite de ces observations, l'amendement ne fut pas pris en considération.

### 4° Amendement Wilson.

Nul dignitaire ou fonctionnaire ne jouira de la faculté de correspondre en franchise par lettres fermées.

Les correspondances sous bande contresignée et s'appliquant au service continueront à être admises en franchise entre les fonctionnaires qui jouissent actuellement de cette faculté et entre ceux auxquels la franchise absolue est retirée.

En développant son amendement, M. Wilson rappela les abus signalés en 1868 devant le Sénat par M. le procureur général Delangle qui avait été chargé de faire un rapport sur les franchises postales.

Le directeur général des postes exprima l'avis qu'il y avait là matière à étude, mais non à une solution immédiate.

L'amendement de M. Wilson ne fut pas adopté.

### 5° Amendement du général Robert.

Les lettres circulant entre deux communes d'un même canton sont assujetties à la même taxe que celles circulant de bureau à bureau.

M. Rampont fit remarquer que l'exception proposée apporterait dans la circulation des correspondances une perturbation profonde.

L'amendement ne fut pas pris en considération.

Après le rejet de ces divers amendements, l'Assemblée nationale vota l'ensemble de la loi qui augmenta les taxes postales dans les proportions suivantes :

*Taxe des lettres ordinaires.*

**1er Tarif.**

*Taxe des lettres de bureau de poste à bureau de poste, y compris les bureaux situés en Corse et en Algérie.* (Art. 1er de la loi du 24 août 1871.)

| INDICATION DU POIDS. | NOUVEAU TARIF. | | ANCIEN TARIF. | |
|---|---|---|---|---|
| | Lettres affranchies. | Lettres non affranchies. | Lettres affranchies. | Lettres non affranchies. |
| | fr. c. | fr. c. | fr. c. | fr. c. |
| Au-dessous de 10 gr. jusqu'à 10 gr. inclusivement. . . . . . . . . . | 0 25 | 0 40 | 0 20 | 0 40 |
| Au-dessus de 10 gr. jusqu'à 20 gr. inclusivement. . . . . . . . . . | 0 40 | 0 60 | 0 40 | 0 60 |
| Au-dessus de 20 gr. jusqu'à 50 gr. inclusivement. . . . . . . . . . | 0 70 | 1 » | Au-dessus de 20 gr. la progression a été changée. | |
| Au-dessus de 50 gr. jusqu'à 100 gr. inclusivement. . . . . . . . . . | 1 20 | 1 75 | | |

Et ainsi de suite, en ajoutant, par chaque 50 grammes ou fraction de 50 grammes excédant, 50 centimes en cas d'affranchissement et 0 fr. 75 en cas de non-affranchissement.

### 2e Tarif.

*Taxe des lettres nées et distribuables dans la circonscription postale du même bureau, Paris excepté.* (Art. 2 de la loi du 24 août 1871.)

| INDICATION DU POIDS. | NOUVEAU TARIF. | | ANCIEN TARIF. | |
|---|---|---|---|---|
| | Lettres affranchies. | Lettres non affranchies. | Lettres affranchies. | Lettres non affranchies. |
| | fr. c. | fr. c. | fr. c. | fr. c. |
| Au-dessous de 10 gr. jusqu'à 10 gr. inclusivement. . . . . . . . . . | 0 15 | 0 25 | 0 10 | 0 15 |
| Au-dessus de 10 gr. jusqu'à 20 gr. inclusivement. . . . . . . . . . | 0 25 | 0 40 | 0 20 | 0 30 |
| Au-dessus de 20 gr. jusqu'à 50 gr. inclusivement. . . . . . . . . . | 0 40 | 0 60 | Au-dessus de 20 gr. la progression a été changée. | |
| Au-dessus de 50 gr. jusqu'à 100 gr. inclusivement. . . . . . . . . . | 0 65 | 1 » | | |

Et ainsi de suite, en ajoutant, par chaque 50 grammes ou fraction de 50 grammes excédant, 0 fr. 25 en cas d'affranchissement et 40 centimes en cas de non-affranchissement.

### 3e Tarif.

*Taxe des lettres de Paris pour Paris.* (Art. 3 de la loi du 24 août 1871.)

| INDICATION DU POIDS. | NOUVEAU TARIF. | | ANCIEN TARIF. | |
|---|---|---|---|---|
| | Lettres affranchies. | Lettres non affranchies. | Lettres affranchies. | Lettres non affranchies. |
| | fr. c. | fr. c. | fr. c. | fr. c. |
| Jusqu'à 15 gr. exclusivement . . . . | 0 15 | 0 25 | 0 10 | 0 15 |
| De 15 gr. à 30 gr. exclusivement . . | 0 30 | 0 50 | 0 20 | 0 25 |
| De 30 gr. à 60 gr. exclusivement . . | 0 45 | 0 75 | 0 30 | 0 35 |

Et ainsi de suite, en ajoutant, par chaque 30 grammes, 0 fr. 15 pour les lettres affranchies et 0 fr. 25 pour les lettres non affranchies.

*Taxe des chargements.*

L'article 4 de la loi du 24 août 1871 éleva de 20 à 50 centimes le droit fixe de chargement.

### *Taxe des lettres chargées contenant des valeurs déclarées.*

L'article 5 de la même loi éleva de 10 à 20 centimes par 100 francs le droit proportionnel à percevoir sur le montant des valeurs déclarées renfermées dans les lettres.

### *Échantillons, épreuves d'imprimerie, papiers de commerce et d'affaires.*

Les échantillons, qui, sous le régime de la loi du 25 juin 1856, étaient soumis au tarif des imprimés (taxe minimum 1 centime, voir le tableau ci-après) furent rangés en une catégorie à part avec les papiers de commerce et d'affaires et les épreuves d'imprimerie corrigées.

L'article 7 de la loi du 24 août 1871 fixa à 30 centimes le port de ces divers objets jusqu'à 50 grammes, avec augmentation à partir de 50 grammes, de 10 centimes par 50 grammes ou fraction de 50 grammes.

### *Avis de réception de chargement.*

La taxe des avis de réception de chargement fut élevée de 10 à 20 centimes. (Art. 6.)

*Taxe des circulaires, prospectus, catalogues, avis divers et prix-courants, livres, gravures, lithographies, en feuilles, brochés ou reliés, et, en général, de tous les imprimés autres que les journaux et ouvrages périodiques, expédiés sous bandes.* (Art. 9 de la loi du 24 août 1871.)

| INDICATION DU POIDS. | NOUVEAU TARIF. — PRIX par chaque exemplaire. | ANCIEN TARIF. — PRIX par chaque exemplaire. |
|---|---|---|
| | fr. c. | fr. c. |
| De 5 grammes et au-dessous | 0 02 | 0 01 |
| Au-dessus de 5 grammes jusqu'à 10 grammes inclusivement | 0 03 | 0 02 |
| De 10 à 15 grammes | 0 04 | 0 03 |
| De 15 à 20 — | 0 05 | 0 04 |
| De 20 à 25 — | 0 06 | 0 05 |
| De 25 à 30 — | 0 07 | 0 06 |
| De 30 à 35 — | 0 08 | 0 07 |
| De 35 à 40 — | 0 09 | 0 08 |
| De 40 à 45 — | 0 10 | 0 09 |
| De 45 à 50 — | 0 11 | 0 10 |

Sous l'ancien tarif, la taxe était invariablement de 10 centimes de

50 à 100 grammes, avec augmentation de 1 centime par 10 grammes au-dessus de 10 grammes. Sous le nouveau tarif, l'augmentation de 1 centime par 100 grammes fut fixée à partir de 50 grammes. Il en résultait que la taxe de tout objet dépassant 100 grammes était plus élevée de 6 centimes qu'avant.

*Articles d'argent.*

Le droit de poste à percevoir sur les sommes confiées à l'administration à titre d'articles d'argent fut porté de 1 à 2 pour 100 (article 8 de la loi du 24 août 1871), et le droit de timbre sur les mandats excédant 10 francs de 20 à 25 centimes. (Article 2.)

On remarquera que la loi du 24 août 1871 augmenta presque en entier les tarifs applicables aux correspondances transportées par le service des postes. Il n'y eut d'exception que pour les journaux et les imprimés expédiés sous forme de lettres. Les taxes édictées par cette loi furent mises en vigueur le 1er septembre suivant.

Un décret rendu le 24 novembre 1871 éleva, en outre, de 10 à 15 centimes le port des avertissements en conciliation, des juges de paix.

*Timbres-poste.*

Après le vote de la loi du 24 août 1871 élevant la taxe à 15 et à 25 centimes, des timbres-poste des deux catégories purent être mis en circulation grâce aux planches de 1848. Pour les timbres de 1, 2, 4 et 5 centimes, il fut nécessaire de confectionner de nouvelles planches. On profita de cette circonstance pour imprimer en caractères de plus grande dimension le chiffre indiquant le prix des timbres. Ces nouvelles figurines furent mises en vente au mois de mai 1872. Les timbres de 30 et de 80 centimes furent livrés au mois de septembre. Les chiffres indicateurs de la valeur, quoique moins gros que dans les catégories précédentes, étaient cependant plus apparents que ceux de 15, 25 et 40 centimes. Enfin, les timbres de 5 francs ne furent pas modifiés, l'approvisionnement existant ayant paru suffisant pour satisfaire aux besoins d'une période de 20 années encore.

RÈGLEMENT DU 6 FÉVRIER 1872 APPROUVÉ PAR DÉCISION MINISTÉRIELLE DU 22 FÉVRIER 1872 RELATIF A L'AFFRANCHISSEMENT PAR LE TIMBRAGE PRÉALABLE DES BANDES DES JOURNAUX AUTORISÉS A ÊTRE DÉPOSÉS EN DERNIÈRE LIMITE D'HEURE.

Un règlement du 6 février 1872, approuvé par décision ministérielle du même jour, détermina dans quelles conditions les journaux auxquels était accordée la faculté de dépôt en dernière limite d'heure, seraient soumis à l'affranchissement au moyen du timbrage préalable des bandes.

CONVENTION FRANCO-ALLEMANDE (12 FÉVRIER 1872). — DÉCRET Y RELATIF (24 MAI 1872).

Quelques jours après, le 12 février 1872, une convention de poste, applicable à partir du 25 mai suivant, fut conclue entre la France et l'Allemagne.

Cette convention, rendue exécutoire par le décret du 24 mai 1872, fit cesser les effets des conventions du 21 mai 1858 avec la Prusse, du 25 novembre 1861 avec la Tour et Taxis, du 14 octobre 1856 avec le grand-duché de Bade, et du 19 mars 1858 avec la Bavière.

Les tarifs de la correspondance échangée entre la France (Algérie comprise) et l'empire d'Allemagne furent fixés ainsi qu'il suit par la nouvelle convention.

| | | |
|---|---|---|
| Lettres ordinaires ou cartes de correspondance | | 40 centimes par 10 grammes ou fraction de 10 — |
| Journaux | adressés par les éditeurs aux bureaux de poste allemands | même taxe que pour les journaux circulant en France hors du département et des départements limitrophes. |
| | autres que ceux désignés plus haut | 10 centimes par 50 grammes ou fraction de 50 — |
| Imprimés non périodiques | | 10 centimes par 50 grammes ou fraction de 50 — |
| Échantillons | | 40 centimes jusqu'à 50 gr. au-dessus, taxe supplémentaire de 10 centimes par 50 grammes. |
| Papiers de commerce ou d'affaires | | 40 centimes jusqu'à 50 gr. même taxe supplémentaire que ci-dessus au delà de 50 grammes. |

HISTORIQUE DE LA CARTE POSTALE.

Les *cartes postales* existaient depuis quelques années déjà dans d'autres pays, lorsqu'elles furent introduites en France par la loi de finances du 20 décembre 1872, sur la proposition de M. Wolowski. La première idée de la carte postale est due au secrétaire d'État des postes de l'Empire germanique, M. le docteur Stephan, qui, en 1865, communiqua un mémoire à cet effet, à la cinquième conférence postale, ayant son siège à Carlsruhe. La carte postale imaginée par M. le docteur Stephan consistait en une *feuille-poste* ouverte destinée à recevoir au recto l'adresse du destinataire et au verso la communication manuscrite, et dont le port, abaissé autant que possible, serait d'environ un silbergros (15 centimes 1/2) sans égard à la distance.

Ce projet ne fut pas immédiatement adopté en Allemagne. Ce fut seulement en 1869 que de nouvelles tentatives furent faites à Vienne pour mettre l'idée en pratique. Le professeur-docteur Emmanuel Hermann y avait démontré qu'il circulait un grand nombre de lettres dont le contenu n'était pas en rapport avec la peine et les formalités dépensées à leur sujet et que l'on pourrait fort bien se dispenser de fermer. Il avait calculé que 100 lettres occasionnaient une dépense de 12 fl. 62 (31 fr. 55), soit à peu près 12 kreutzer 6/10 (0 fr. 31 1/2) par lettre, alors qu'un tiers de toutes les lettres ne renfermaient que de simples informations.

Ce qu'il importait, dès lors, c'était de pouvoir expédier à prix réduit les lettres de l'espèce ouvertes, sans formalités et sans enveloppe.

Le docteur Hermann soumit son idée à l'administration des postes autrichienne qui accueillit favorablement son projet et le mit à exécution dès le 1er octobre 1869.

Les nouvelles cartes répondaient complètement à la pensée de leur premier inventeur M. Stephan ; émises par l'administration, elles avaient le format spécial primitivement désigné ; le recto portait la formule imprimée pour l'adresse, le verso était réservé aux communications manuscrites ; quant au port, il fut fixé au taux réduit de 2 neukreutzer (4[c] 44).

Le nouveau moyen de correspondance obtint immédiatement un succès énorme. Durant le 1er trimestre d'essai, 2926102 cartes furent vendues.

Ce succès éveilla l'attention des autres États et l'Allemagne suivit en 1870 l'exemple de l'Autriche. Le 1er juillet 1870, le service des cartes-correspondance fut inauguré dans l'Allemagne du Nord.

Le port en fut fixé d'abord au prix de la lettre simple, 1 silbergros (15 centimes 1/2) ; l'on avait seulement en vue d'introduire un système plus court et plus facile de correspondance et non d'abaisser encore les taxes internes qui venaient d'être considérablement réduites dans le ressort postal de la confédération.

Le premier jour où les cartes-correspondance furent mises en vente à Berlin, il s'en vendit 45468.

Les États de l'Allemagne du Sud adoptèrent les uns en même temps, les autres un peu après, la carte-correspondance qui fut aussi introduite dans le Luxembourg le 1er septembre 1870 ; dans ces divers pays comme dans l'Allemagne du Nord, cette innovation prit une extension nouvelle à la suite d'un arrangement que conclurent les administrations intéressées, en vue d'admettre les cartes-correspondance dans leurs échanges réciproques.

Dans l'intervalle, la question de l'introduction de la carte postale était poursuivie avec activité dans d'autres pays.

En Angleterre, à l'occasion d'une interpellation qui fut adressée au Parlement à la fin de mai 1870, le post-master général fit connaître que le gouvernement avait décidé d'émettre au prix de 1/2 penny (0 fr. 05), correspondant à la taxe réduite des journaux et des imprimés, des cartes postales dont un côté pourrait servir à l'inscription de l'adresse et l'autre côté à recevoir les communications manuscrites ou imprimées.

Le 1er octobre 1870 eut lieu l'émission d'une carte de l'espèce pour les relations entre toutes les localités du Royaume-Uni.

En Belgique, la question fut également produite devant les Chambres et la loi du 15 mai 1870 portant abaissement du port interne des lettres à 10 centimes, donna à l'administration des postes le droit d'émettre des cartes postales à 0 fr. 05.

Dans ce dernier pays, la circulation des cartes fut d'abord limitée à la circonscription des bureaux. Ce n'est qu'à partir du 1er janvier 1872, qu'elle fut étendue à toutes les localités du royaume.

En Suisse, la carte postale fut introduite à partir du 1er octobre 1870 au prix de 0 fr. 05.

L'année 1871 donna à la carte postale de nouveaux partisans. Le 1er janvier de cette année, les Pays-Bas adoptèrent la carte à 2 cents 1/2 (0 fr. 05).

Les royaumes scandinaves, Danemark, Suède et Norvège, s'occupèrent également de la question et, après plusieurs délibérations, il fut émis par le Danemark, le 1er avril 1871, des cartes postales à 2 et 4 shillings (8 et 16 centimes) et le 1er janvier 1872 la Suède et la Norvège en émettaient à 6 et à 12 öres (7 et 14,4) ainsi qu'à 2 et 3 shillings (8 et 12) centimes.

L'Empire de Russie en fut doté en 1872. La taxe des formulaires timbrés fut fixée à 3 kopeks (0 fr. 117).

### LOI DE FINANCES DU 20 DÉCEMBRE 1872. — CARTES POSTALES. — RÉDUCTION A 1 P. 100 DU DROIT SUR LES ENVOIS D'ARGENT.

Enfin, comme nous l'avons déjà dit, la carte postale fut introduite dans le service français par la loi de finances du 20 décembre 1872, sur la proposition de M. Wolowski, qui reproduisit devant la commission du budget de l'exercice 1873 l'amendement qu'il avait déjà présenté devant la précédente commission du budget.

Cet amendement était ainsi conçu :

L'administration fera fabriquer des cartes postales destinées à circuler à découvert.

Elles seront mises en vente au prix de 10 centimes pour celles envoyées et distribuées dans la circonscription du même bureau, ainsi que de Paris pour Paris, dans l'étendue dont les fortifications marquent la limite, et au prix de 15 centimes pour celles qui circulent en France et en Algérie, de bureau à bureau.

Le droit sur les envois d'argent sera de 1 p. 100.

Lorsque cette proposition vint à l'ordre du jour de l'Assemblée nationale, dans la séance du 19 décembre 1872, M. Wolowski la soutint énergiquement en ces termes :

Lorsque j'ai eu l'honneur de faire une proposition analogue, il y a seize mois, on m'a répondu que l'expérience n'était pas encore faite, qu'il fallait attendre qu'elle ait prononcé, et qu'alors je pourrais renouveler ma proposition.

Aujourd'hui l'expérience est faite et bien faite; non seulement elle est faite en Angleterre et dans l'empire d'Allemagne, mais elle est faite dans les autres pays de l'Europe; car, par un triste privilège, il ne reste plus en Europe que deux pays où l'on ne voie pas circuler la carte postale et où elle ne se trouve même pas en préparation : ces deux pays, ce sont la Turquie et la France; toutes les autres l'ont déjà adoptée ou se préparent à le faire.

A l'exemple de l'Angleterre, la Belgique, la Hollande, le Danemark, la Suède, la Norvège, l'empire d'Allemagne, la Suisse, l'empire d'Autriche, la Russie, l'Espagne, voient déjà circuler des cartes-correspondance et en recueillent de grands avantages.

Je ne veux pas entrer dans de longs développements à ce sujet. Qu'il me suffise de vous signaler ce fait qui est connu de tout le monde.

La seule objection qui a été faite dans une intention que je respecte fort, concernait les recettes du Trésor. On craignait que l'introduction de la carte postale ne portât atteinte aux recettes. Voici la seule question que je vous demande la permission de traiter.

En Angleterre, l'expérience a démontré que, loin de nuire aux recettes de la correspondance ordinaire, les cartes postales tendent à les augmenter.

Je me bornerai à citer un chiffre. Dans les cinq années qui ont précédé l'introduction de la carte postale, la moyenne annuelle de l'accroissement des lettres ordinaires envoyées par la poste a été de 4 p. 100; depuis l'introduction de la carte-poste la moyenne annuelle de l'augmentation est montée à 6 p. 100. Voilà pour l'Angleterre.

. . . . . . . . . . . . . . . . . . . . . . . . . . . . . .

En Allemagne, en Suisse, depuis l'introduction de la carte-poste, le chiffre proportionnel de l'accroissement normal des lettres ordinaires s'est accru au lieu de diminuer, et le directeur général de la poste de l'empire d'Allemagne, dans une lettre adressée à M. le directeur général de France, en explique parfaitement le motif. Des relations nouvelles s'établissent; on envoie d'abord ces cartes-poste et souvent les réponses sont faites en lettres ordinaires. Quand les relations se multiplient, les lettres se multiplient. L'avantage que recueillent le commerce et l'industrie, loin de nuire au Trésor, devient une source de bénéfice pour le Trésor.

. . . . . . . . . . . . . . . . . . . . . . . . . . . .

Sur la demande de M. de Soubeyran, rapporteur de la commission du budget, et avec l'assentiment de M. Wolowski, l'Assemblée nationale vota la division des deux parties de l'amendement.

M. Caillaux combattit alors la première partie de cet amendement de crainte que son adoption n'entraînât pour le Trésor un déficit assez considérable qui viendrait s'ajouter à tous ceux que l'Assemblée avait déjà constatés.

D'un autre côté, il eût été préférable, selon lui, que cet amendement qui constituait une véritable proposition, eût été renvoyée non à la commission du budget, mais à une commission spéciale.

Enfin l'expérience n'était pas encore faite en Angleterre ni en Allemagne.

Toutefois, à titre de transaction, M. Caillaux proposait de créer au prix de 10 centimes des *cartes-poste* qui seraient nées et distribuables seulement dans la circonscription d'un même bureau. Ce nouveau mode de correspondance serait spécialement applicable à Paris et dans les grandes villes. Avec ce système, on ne risquerait pas de perdre plus de 1 300 000 francs et l'on ne serait pas exposé, comme avec le système de M. Wolowski, à perdre 12 millions et plus.

M. Caillaux se déclarait, en terminant, partisan de la réduction de 2 à 1 p. 100 des droits sur les envois d'argent.

M. Rampont, directeur général des postes, répondit que s'il s'était posé l'année précédente en adversaire de la proposition de M. Wolowski, éclairé qu'il était par les expériences faites à l'étranger, il avait complètement changé d'opinion.

La commission, par l'organe de son rapporteur, déclara que la situation financière ne permettait pas de tenter des expériences, et qu'il était préférable de s'abstenir, ou, tout au moins, de renvoyer la question à l'examen d'une commission spéciale.

La première partie de l'amendement fut alors votée par l'Assemblée.

Quant à la deuxième partie qui était acceptée par le directeur général des postes, par la commission du budget et par M. Caillaux, elle fut aussi votée sans modification.

Cet amendement devint ainsi l'article 22 de la loi de finances du 20 décembre 1872.

Dès le mois de janvier suivant, l'administration française mit en circulation deux formulaires de cartes non timbrées, dont l'un, sur carton jaune foncé, était réservé au service local et devait être revêtu d'un timbre-poste de 10 centimes, l'autre formulaire, sur carton blanc, devait servir aux relations entre les divers bureaux de poste et être affranchi au moyen d'un timbre-poste de 15 centimes. Enfin, lors de la réforme postale du 1er mai 1878, un seul type fut adopté au prix de 10 centimes.

### LOI DU 25 JANVIER 1873 CONCERNANT LES LETTRES ET OBJETS RECOMMANDÉS, VALEURS COTÉES.

Le gouvernement, dans l'exposé des motifs qui précédait la présentation d'un projet de loi concernant les lettres et objets recommandées et valeurs cotées, expliquait de la manière suivante l'économie générale et le but de ce projet.

Pour les lettres recommandées, la complication de l'enveloppe et des cachets constituait des difficultés et une perte de temps sans profit tant pour l'envoyeur, que pour la poste et le moment était venu d'adopter un système plus simple et plus expéditif, c'est-à-dire de n'exiger pour les lettres recommandées aucun mode spécial de fermeture.

L'admission à la recommandation des échantillons et autres objets donnerait satisfaction aux demandes réitérées du commerce.

Quant aux valeurs cotées, une législation spéciale était nécessaire, alors que la poste ne garantissait pas le montant des valeurs au porteur renfermées dans les lettres. Il n'en était plus de même depuis la loi du 4 juin 1859, et il n'y avait que justice tardive à assujettir les valeurs cotées et les valeurs déclarées à un même régime.

En résumé, le but du projet était d'accorder au public de nouvelles facilités pour l'expédition des lettres ne renfermant aucune valeur et des garanties au sujet des envois d'échantillons, livres, gravures, etc., et de traiter ainsi d'une manière identique les lettres ou boîtes contenant des valeurs.

Le projet de loi présenté par le ministre des finances, M. de Goulard, dans la séance du 21 mars 1872, fut, l'urgence déclarée, renvoyé à la commission chargé alors d'examiner la convention postale avec l'Allemagne.

Le rapport fut déposé par M. Lefébure dans la séance du 27 mai suivant.

La discussion eut lieu le 25 janvier 1873 et la loi dont la teneur suit, fut votée le même jour, sans discussion :

*Loi du 25 janvier 1873.*

ARTICLE PREMIER. — Le public est admis à recommander les lettres, les cartes postales, les échantillons, les papiers de commerce et d'affaires, les journaux, les imprimés et généralement tous les objets rentrant dans le monopole de la poste, ou dont le transport peut lui être confié en vertu des lois en vigueur.

Art. 2. — Les lettres recommandées ne sont assujetties à aucun mode spécial de fermeture.

Les cartes postales, les échantillons, les papiers de commerce et d'affaires, les journaux et autres objets circulant à prix réduit restent, en cas de recommandation, soumis aux conditions spéciales qui leur sont imposées.

Art. 3. — Les objets recommandés sont déposés aux guichets des bureaux de poste. L'administration en est déchargée, en ce qui concerne les lettres, par leur remise contre reçu au destinataire ou à son fondé de pouvoirs; en ce qui concerne les autres objets, par leur remise, contre reçu, soit au destinataire, soit à une personne attachée au service du destinataire ou demeurant avec lui.

Art. 4. — L'administration des postes n'est tenue à aucune indemnité soit pour détérioration, soit pour spoliation des objets recommandés. La perte, sauf le cas de force majeure, donnera seule droit, au profit du destinataire, à une indemnité de 25 francs.

Art. 5. — Les objets recommandés payeront en sus de la taxe qui leur est applicable, selon la classe à laquelle ils appartiennent, un droit fixe. Ce droit sera de 50 centimes pour les lettres et de 25 centimes pour les autres objets. Taxe et droit fixe seront acquittés par l'expéditeur.

Art. 6. — La faculté donnée par l'article 7 de la loi du 4 juin 1859, relative à l'insertion des valeurs au porteur dans les lettres chargées sans déclaration de valeur, s'appliquera aux lettres recommandées.

Art. 7. — L'expéditeur d'un objet recommandé peut en réclamer l'avis de réception moyennant la taxe fixée par l'article 6 de la loi du 24 août 1871.

Art. 8. — Les bijoux ou objets précieux circulant jusqu'à présent par la poste sous le titre de « valeurs cotées » sont assimilés aux lettres renfermant des valeurs déclarées, quant aux formalités relatives au dépôt, à la déclaration, à la remise au destinataire, à la responsabilité de l'administration, et circulant à l'avenir sous le titre de « valeurs déclarées ».

Ces objets acquittent le droit fixe de chargement de 50 centimes et une taxe de 1 p. 100 de leur valeur jusqu'à 100 francs et de 50 centimes par chaque 100 francs ou fraction de 100 francs en plus jusqu'à 10 000 francs, suivant la déclaration faite par l'expéditeur. Cette valeur ne peut être inférieure à 50 francs.

Ils sont déposés à la poste dans des boîtes closes d'avance, dont les parois doivent avoir une épaisseur d'au moins 8 millimètres et dont les dimensions ne peuvent excéder 5 centimètres de hauteur, 8 centimètres de largeur et 10 centimètres de longueur.

En cas de perte ou de détérioration résultant de la fracture de boîtes ne réunissant pas ces conditions, la poste n'est tenue à aucune indemnité.

Le droit de timbre auquel les reconnaissances de valeurs cotées sont assujetties par l'article 2 de la loi du 23 août 1871 est aboli.

Art. 9. — Il est interdit, sous les peines édictées par l'article 9 de la loi du 4 juin 1859 :

1° D'insérer dans les lettres ou autres objets recommandés des pièces de monnaie, des matières d'or ou d'argent, des bijoux ou autres objets précieux;

2° D'insérer dans les objets recommandés, affranchis au prix du tarif réduit, des billets de banque ou valeurs payables au porteur;

3° D'expédier dans des boîtes comme valeurs déclarées des monnaies françaises ou étrangères.

Il est, en outre, défendu, sous les peines édictées par l'arrêté du 27 prairial an IX et la loi du 22 juin 1854, d'insérer des lettres dans les boites contenant des bijoux ou objets précieux confiés à la poste.

L'administration peut vérifier le contenu de ces boites, en présence du destinataire, lorsqu'elle le juge convenable.

Art. 10. — La limite de garantie des valeurs déclarées contenues dans une même lettre ou dans une même boite est portée à 10 000 francs.

### M. LE LIBON, DIRECTEUR GÉNÉRAL DES POSTES (9 AOUT 1873).

Par décret du 9 août 1873, M. Le Libon fut nommé directeur général des postes en remplacement de M. Rampont.

### LOI DU 6 DÉCEMBRE 1873 RELATIVE A LA FUSION TÉLÉGRAPHIQUE ET POSTALE DANS LES BUREAUX MUNICIPAUX ET AUTRES D'ORDRE INFÉRIEUR.

Nous devons mentionner également la loi du 26 décembre 1873 qui ordonna que les bureaux télégraphiques municipaux et autres d'ordre inférieur seraient, à l'avenir, gérés par les agents des Postes.

Dans les autres bureaux, l'usage de la poste et l'usage du télégraphe devaient être affectés au public dans la même maison ou dans les meilleures conditions de proximité.

Cette loi reçut une consécration éclatante quelques années après.

### LOI DE FINANCES DU 29 DÉCEMBRE 1873. — MODIFICATION DE LA TAXE DES IMPRIMÉS ET ÉCHANTILLONS.

Au moment de la discussion du budget de l'exercice 1874, le 27 décembre 1873, un certain nombre de propositions ou d'amendements concernant le service des postes furent présentés à l'Assemblée nationale :

**1° Amendement Martial Delpit.**

A partir du 1er juillet 1874, le prix du transport des lettres sera ramené à 20 centimes pour les lettres affranchies transportées de bureaux à bureaux, et à 10 centimes pour les lettres affranchies transportées dans le périmètre du même bureau.

M. Martial Delpit développa cet amendement et ajouta :

Je ne descendrai pas de la tribune sans remercier notre excellent rapporteur (M. Chesnelong) de la bienveillance avec laquelle il a rendu compte de mon amendement en en adoptant la pensée pour l'avenir. Je le retire pour cette année, mais je le recommande à votre attention pour l'année 1875.

**2° Amendement Wolowski.**

Réduire de 10 à 5 centimes les prix des cartes portales envoyées et distribuées dans la circonscription du même bureau, ainsi que de Paris pour Paris dans l'étendue dont toutes les fortifications marquent les limites;

Et réduire de 15 à 10 centimes le prix des cartes postales qui circulent en France et en Algérie, de bureau à bureau.

En soutenant son amendement, M. Wolowski fit remarquer que, depuis l'adoption des cartes postales, les recettes s'étaient accrues, mais cependant pas autant qu'on l'avait espéré, à cause du prix trop élevé des cartes postales. En appliquant le tarif proposé, la taxe serait encore plus élevée que dans les autres pays de l'Europe.

Le rapporteur combattit l'amendement en se basant sur ce que l'expérience des cartes postales était encore trop récente, et demanda l'ajournement de la mesure proposée.

L'amendement ne fut pas adopté.

**3° Amendement Ganivet, André** (de la Charente) **et Boreau-Lajanadie.**

Le port des circulaires, prospectus, catalogues, avis divers et prix courants, livres, gravures, lithographies en feuilles, brochées ou reliées, et en général de tous les imprimés autres que les journaux et ouvrages périodiques, est, pour chaque exemplaire ou chaque paquet, adressé à un seul destinataire, ainsi fixé suivant le poids :

| | |
|---|---|
| De 5 grammes et au-dessous | 2 centimes. |
| De 5 à 10 grammes | 3 — |
| De 10 à 15 — | 4 — |
| De 15 à 40 — | 5 — |
| De 40 à 80 — | 10 — |

Au-dessus de 80 grammes, il y aura une augmentation de trois centimes par chaque vingt grammes ou fraction de vingt grammes excédant.

L'article 9 de la loi du 24 août 1871 est abrogé, sauf en ce qui concerne l'exception faite pour les circulaires électorales et bulletins de vote.

M. Ganivet exposa à l'Assemblée nationale que, sous l'empire de la loi du 24 août 1871, un imprimé du poids de 40 grammes, par exemple, circulant à l'intérieur était frappé d'une taxe de 10 centimes, tandis que le même imprimé venant de certains États voisins, comme la Belgique ou la Suisse, n'avait à supporter qu'une taxe de 5 centimes, c'est-à-dire moitié moindre.

Par suite, le négociant français avait tout intérêt à faire imprimer et mettre à la poste à l'étranger les circulaires qu'il voulait adresser à ses commettants. En vertu des conventions internationales, l'office de départ (la Suisse) gardant la taxe entière, tout était profit pour la Suisse et perte pour la France.

Malgré l'avis contraire de la commission qui demandait le renvoi de la question à l'administration des postes, l'amendement de M. Ganivet fut voté par 333 voix contre 284 et devint l'article 7 de la loi de finances.

#### 4° Amendement de Tillancourt.

La franchise absolue des correspondances adressées aux grands fonctionnaires de l'État est supprimée.

Est conservée la franchise des fonctionnaires entre eux pour les besoins du service et dans la voie hiérarchique, au moyen de lettres sous bandes ou closes par nécessité et avec contreseings.

Sur la demande de la commission du budget et de M. Lefébure, sous-secrétaire d'État des finances, cet amendement fut rejeté.

#### 5° Amendement Charles Rolland.

Le port des lettres, cartes de visite, imprimés, non affranchis ou insuffisamment affranchis, sera payé par l'expéditeur lorsque, pour une cause quelconque, il n'aura pas été acquitté au point de destination.

En cas de refus de paiement, l'acte de poursuite pour le recouvrement dudit port s'opérera par voie de contrainte décernée par le receveur du bureau expéditeur, visée et déclarée exécutoire par le juge de paix du canton.

En défendant son amendement, M. Charles Rolland estimait que le nombre d'objets non affranchis et refusés par le destinataire n'était pas moindre de 1 900 000 par an et il évaluait à 322 000 francs la perte directe qui en résultait pour le Trésor.

La poste pourrait retirer de l'application de l'amendement un boni de 150 000 francs; en outre, comme elle n'aurait pas à faire son service onéreux de rebut, comme les facteurs seraient exonérés d'une peine, on arriverait ainsi à faire disparaître rapidement les abus.

Cet amendement, repoussé par la commission, ne fut pas adopté par l'Assemblée.

#### 6° Amendement Guibal.

Le port des échantillons de marchandises est réduit à 15 centimes par 50 grammes; à partir de 50 grammes, il est augmenté de 5 centimes par 50 grammes ou fraction de 50 grammes.

L'article 7 de la loi du 24 août 1871 est abrogé en ce qu'il a de contraire au présent article.

M. Guibal exposa que cet amendement avait pour but, sans nuire en aucune façon au Trésor, d'accorder des facilités nouvelles à l'industrie et au commerce auxquels les dures nécessités du budget allaient imposer de nouvelles charges.

Cet amendement, pris en considération, fut renvoyé à l'examen de la commission, qui, dès le 19 décembre, fit connaître par l'organe de son rapporteur qu'elle était d'avis d'adopter l'amendement malgré l'opinion contraire de l'administration des postes.

M. Lefébure, sous-secrétaire d'État des finances, s'opposa à l'adoption du projet qui entrainerait une perte considérable pour le Trésor.

L'amendement de M. Guibal n'en fut pas moins voté par l'Assemblée nationale et il devint l'article 9 de la loi de finances du 29 décembre 1873 dont l'amendement de M. Ganivet forma l'article 7.

Nous reproduisons ces deux articles :

Art. 7. — Le port des circulaires, prospectus, catalogues, avis divers et prix courants, livres, gravures, lithographies en feuilles, brochés ou reliés, et en général de tous les imprimés autres que les journaux et ouvrages périodiques, est, pour chaque exemplaire ou chaque paquet adressé à un seul destinataire, ainsi fixé suivant le poids :

| | | |
|---|---|---|
| De 5 grammes et au-dessous | . . . . . . . . . . . . . | 2 centimes. |
| De 5 à 10 grammes | . . . . . . . . . . . . . . | 3 — |
| De 10 à 15 — | . . . . . . . . . . . . . . | 4 — |
| De 15 à 40 — | . . . . . . . . . . . . . . | 5 — |
| De 40 à 80 — | . . . . . . . . . . . . . . | 10 — |

Au-dessus de 80 grammes, il y aura une augmentation de 3 centimes par chaque 20 grammes ou fraction de 20 grammes excédant.

L'article 7 de la loi du 24 août 1871 est abrogé, sauf en ce qui concerne l'exception faite pour les circulaires électorales et bulletins de vote.

Art. 8. — Le port des échantillons de marchandises est réduit à 15 centimes par 50 grammes ; à partir de 50 grammes, il est augmenté de 5 centimes par 50 grammes ou fraction de 50 grammes.

L'article 7 de la loi du 24 août 1871 est abrogé en ce qu'il a de contraire au présent article.

On remarquera que l'article 7 a eu pour effet de substituer pour les imprimés la taxe au poids *par paquet* à la taxe au poids *par exemplaire*.

Jusqu'à 20 grammes, ce tarif était semblable au tarif édicté par la loi du 24 août 1871. Au-dessus de ce poids il différait de l'ancien au double point de vue de la progression du poids et de la taxe. La taxe d'un imprimé de 30 grammes se trouvait réduite de 6 centimes à 5 centimes et la taxe d'un imprimé de 100 grammes de 16 à 13 centimes.

Quant à la taxe des échantillons, elle était diminuée de moitié au moins à tous les degrés de l'échelle.

Cette loi fut mise en vigueur le 1er janvier 1874.

## TRAITÉ DE BERNE (1874). — UNION GÉNÉRALE DES POSTES.

Les relations postales de peuple à peuple, dit M. Ansault [1], sont réglées quant aux principes par des actes *diplomatiques* et quant aux mesures d'application par des actes administratifs. Les premiers ne sont exécutoires qu'en vertu d'une loi ; ainsi le veut l'article 8 de la loi constitutionnelle sur les rapports des pouvoirs publics. Les seconds sont les corollaires des actes diplomatiques qui les autorisent.

A défaut de convention, l'échange des correspondances entre deux pays est

1. *Cours d'exploitation postale*, p. 138. Ouvrage déjà cité.

réglé par le droit commun, c'est-à-dire que chaque pays obéit à sa législation et perçoit à son gré les taxes représentant la rémunération de son service. Toutefois, lorsque ces correspondances empruntent l'intermédiaire d'un pays tiers avec lequel l'État expéditeur ou destinataire est lié par une convention de poste, elles sont soumises par cet État aux conditions résultant de ladite convention.

Jusqu'à l'année 1875, les correspondances échangées entre la France et l'étranger étaient soumises à un régime distinct pour chaque pays. C'est ainsi qu'au moment où éclata la guerre de 1870, nous étions liés par des conventions particulières avec l'Angleterre, l'Autriche, Bade, la Bavière, la Belgique, le Brésil, le Danemark, l'Espagne, les États romains, la Grèce, l'Italie, le Luxembourg, les Pays-Bas, le Portugal, la Prusse, la Suède et la Norvège, la Suisse et la maison de la Tour et Taxis.

La convention avec ce dernier office n'existait qu'en vertu du traité conclu à Berlin, le 28 janvier 1867, c'est-à-dire au lendemain de Sadowa, entre la Prusse et l'office féodal des postes d'Allemagne. L'article 5 de ce traité rendait le gouvernement prussien garant des actes qui liaient le prince de la Tour et Taxis aux puissances étrangères.

L'annexion des États romains au royaume d'Italie avait naturellement fait disparaître la convention franco-romaine.

Le traité conclu le 12 février 1872 entre la République française et le nouvel empire d'Allemagne avait annulé les conventions qui nous liaient avec Bade, la Bavière, la Prusse et la Tour et Taxis.

Une autre convention remontant à l'année 1860, nous liait aussi avec le Brésil; elle fut remplacée par celle du 30 mars 1874, qui fut approuvée par la loi du 1er août 1874.

D'autres avaient été amendées ou complétées, telles que la convention additionnelle franco-italienne du 15 mai 1874 portant réduction du prix de transit;

La déclaration franco-allemande du 15 mai 1874 qui avait abaissé le tarif des échantillons;

La déclaration franco-belge des 20 et 29 juillet 1874 relative au transit par la Belgique des chargements de valeurs déclarées échangées avec les Pays-Bas;

L'entente franco-britannique à la suite de laquelle la malle de l'Inde avait repris la voie française à partir de 1872.

Citons enfin les conventions nouvelles qui avaient été conclues avec la *Russie*, 1er novembre 1872 (loi du 18 mars 1873), les *États-Unis*, 28 avril 1874 (loi du 25 juin 1874), l'*Uruguay*, 10 janvier 1874 (loi du 13 juillet 1874), le *Pérou*, 29 septembre 1874 (loi du 7 août 1874).

Indépendamment de ces conventions qui ne s'appliquaient qu'aux correspondances proprement dites, nous en avions également conclu d'autres pour l'échange des mandats de poste internationaux avec les pays suivants : Italie (8 avril 1864 [1]) Belgique (1er mars 1865), Suisse 22 mars 1865), Luxembourg (28 janvier 1868), Grande-Bretagne (30 avril 1870).

En résumé, la France était liée par des traités postaux avec 16 pays. Il en était de même des autres États de l'Europe. L'Allemagne, par exemple, comptait 17 traités, l'Angleterre 12, la Belgique 15, etc.

Telle était la situation de la France au moment où se réunit le congrès de Berne.

Déjà quelques années auparavant, l'idée d'une uniformité de taxes et de règles s'était fait jour en raison de la variété des tarifs et de la multiplicité des régimes résultant de conventions isolées.

Dès 1863, sur la proposition des États-Unis, une commission internationale s'était réunie à Paris dans le but de rechercher les mesures les plus propres à établir des règles uniformes dans les relations postales internationales, mais cette tentative n'avait eu aucun résultat pratique.

La conférence se borna à discuter et à proclamer des principes généraux, sans chercher à en poursuivre l'application effective en adoptant un régime unique pour les correspondances.

Il était réservé au congrès de Berne de réaliser cette idée.

Le congrès s'ouvrit le 15 septembre 1874 et aboutit le 9 octobre suivant à un traité qui créa l'Union générale des postes, comprenant tous les États de l'Europe, l'Égypte et les États-Unis de l'Amérique du Nord [2].

Le traité de Berne eut pour but de former de tous les États contractants, au point de vue postal, un seul territoire dans toute l'étendue duquel l'affranchissement, le conditionnement et la transmission des correspondances seraient soumis à un régime aussi uniforme que possible, en tenant compte, dans une certaine mesure, des convenances monétaires, ou autres, particulières à chaque État. C'est ainsi, par exemple, qu'après avoir fixé à 25 centimes la taxe normale de la lettre affranchie, il a laissé à chaque pays la latitude de se mouvoir entre 20 et 32 centimes.

Toutefois, lorsque les correspondances auraient à franchir, dans le ressort de l'*Union*, une distance supérieure à 300 milles marins, il pourrait être ajouté à la taxe de l'Union une surtaxe maritime déterminée.

Quant aux progressions de poids, aux conditions d'envoi, aux limites maximum de poids et de dimension, aux modes de fermeture, etc., ils étaient exactement les mêmes, pour chaque catégorie de correspondances, sur tout le teritoire de l'Union.

La France était dans une situation financière trop critique pour

1. La convention franco-italienne est la première qui ait réglé l'échange des mandats internationaux entre la France et l'étranger.

2. M. Besnier, actuellement directeur au ministère des postes et des télégraphes, représentait la France au congrès de Berne.

pouvoir s'imposer immédiatement les sacrifices que devait entraîner son adhésion complète aux résolutions du congrès. Elle dut se recueillir. Après de mûres délibérations, le gouvernement français se prononça pour l'affirmative et, le 3 mai 1875, notre plénipotentiaire, M. le comte d'Harcourt, signait à Berne le procès-verbal d'adhésion de la France, sauf approbation de l'Assemblée nationale et moyennant certaines concessions, notamment celle en vertu de laquelle l'entrée de la France serait ajournée du 1er juillet 1875 au 1er janvier 1876.

M. Léon Say, ministre des finances, prit donc l'initiative de présenter le 3 juin 1875, à l'Assemblée nationale, un projet de loi tendant à l'approbation du traité de Berne et à l'entrée de la France dans l'Union.

### LOI DU 3 AOUT 1875 APPROUVANT LE TRAITÉ DE BERNE ET MODIFIANT LE RÉGIME POSTAL A L'INTÉRIEUR.

En présentant ce projet, M. Léon Say expliqua que la modification des taxes internationales rendait nécessaire la réduction des taxes intérieures, et qu'un article dans ce sens avait été inséré dans le projet.

On lit dans l'exposé des motifs :

Il y a, suivant nous, obligation stricte de mettre nos tarifs postaux intérieurs en harmonie avec nos tarifs internationaux, pour éviter les critiques fondées que soulèveraient l'élévation des premiers par rapport aux seconds et les anomalies qui en résulteraient. En d'autres termes, étant donnée la progression de la taxe des lettres par 16 grammes dans les relations avec l'étranger, il ne faut pas qu'une lettre de 14 grammes expédiée de Paris à Versailles coûte 40 centimes, alors que cette même lettre, si elle était adressée à Saint-Pétersbourg, ne coûterait que 30 centimes.

Or, c'est ce qui arriverait si, après avoir accédé à l'Union générale des postes, nous conservions notre progression de poids intérieure. L'article 3 du projet de loi ci-joint aurait donc pour objet de réformer cette progression de manière à prévenir l'anomalie signalée, et, en même temps, à grever le moins possible les ressources du Trésor. La taxe des lettres nées et distribuables en France et en Algérie et circulant soit de bureau à bureau, soit dans la circonscription du même bureau, Paris compris, serait désormais calculée de la manière suivante :

La limite de poids de la lettre simple serait portée à 15 grammes au lieu de 10 grammes ; le second échelon qui va aujourd'hui de 10 à 20 grammes, comprendrait les lettres de 15 à 30 grammes, et le troisième, celles de 30 à 50 grammes ; au lieu de celles de 20 à 50 grammes au-dessus de 50 grammes, la progression actuelle par 50 grammes, serait conservée.

Quant au prix de port, il serait maintenu au taux actuel pour le premier degré et comporterait une légère aggravation à partir du second échelon, comparativement aux taxes en vigueur ; mais si le public a à subir une petite augmentation pour les lettres de 15 à 20 grammes et celles pesant plus de 30 grammes, il trouve une très large compensation dans la diminution du tarif des lettres de 10 à 15 grammes et de 20 à 30 grammes. Cette diminution constitue, en somme, un avantage incontestable, car les lettres de ces deux dernières catégories sont autrement nombreuses que celles dont la taxe se trouve légèrement relevée.

En ce qui concerne spécialement les lettres de Paris pour Paris, la modification de taxe dont elles seraient l'objet n'aggraverait, et d'une manière insensible, que le port des très rares lettres pesant plus de 50 grammes. Mais elle aurait pour avantage de supprimer le tarif particulier à Paris et d'établir un tarif uniforme pour toutes les lettres de la correspondance locale, quelle qu'en soit l'origine.

Les deux tableaux ci-dessous présentaient la comparaison du tarif en vigueur avec le tarif proposé :

**I. Lettres circulant de bureau à bureau.**

| TARIF ACTUEL | | | TARIF PROPOSÉ | | |
|---|---|---|---|---|---|
| POIDS. | AFFRANCHIES. | NON AFFRANCHIES. | POIDS. | AFFRANCHIES. | NON AFFRANCHIES. |
| | fr. c. | fr. c. | | fr. c. | fr. c. |
| Jusqu'à 10 grammes. | 0 25 | 0 40 | Jusqu'à 15 grammes. | 0 25 | 0 40 |
| De 10 à 20 grammes. | 0 40 | 0 60 | De 15 à 30 grammes. | 0 50 | 0 80 |
| De 20 à 50 grammes. | 0 70 | 1 » | De 30 à 50 grammes. | 0 75 | 1 20 |
| Pour chaque 50 grammes ou fraction de 50 grammes excédant. . . . . . . | 0 50 | 0 75 | Pour chaque 50 grammes ou fraction de 50 grammes excédant. . . . . . . | 0 50 | 0 75 |

**II. Lettres circulant dans la circonscription du même bureau** (Paris compris).

| TARIF ACTUEL — Lettres circulant dans la circonscription du même bureau | | | TARIF ACTUEL — Lettres de Paris pour Paris. | | | TARIF UNIQUE PROPOSÉ | | |
|---|---|---|---|---|---|---|---|---|
| POIDS. | AFFRANCHIES. | NON AFFRANCHIES. | POIDS. | AFFRANCHIES. | NON AFFRANCHIES. | POIDS. | AFFRANCHIES. | NON AFFRANCHIES. |
| | fr. c. | fr. c. | | fr. c. | fr. c. | | fr. c. | fr. c. |
| Jusqu'à 10 grammes . | 0 15 | 0 25 | Jusqu'à 15 grammes . | 0 15 | 0 25 | Jusqu'à 15 grammes . | 0 15 | 0 25 |
| De 10 à 20 grammes . | 0 25 | 0 40 | De 15 à 30 grammes . | 0 30 | 0 50 | De 15 à 30 grammes . | 0 30 | 0 50 |
| De 20 à 50 grammes . | 0 40 | 0 60 | De 30 à 60 grammes . | 0 45 | 0 75 | De 30 à 50 grammes . | 0 45 | 0 75 |
| Chaque 50 grammes ou fraction de 50 grammes excédant. . | 0 25 | 0 40 | Chaque 30 grammes ou fraction de 30 grammes excédant. . | 0 15 | 0 25 | Chaque 50 grammes ou fraction de 50 grammes excédant. . | 0 25 | 0 40 |

L'article 3 du projet de loi relatif à la taxe intérieure était ainsi conçu :

ART. 3. — La taxe des lettres nées et distribuables en France et en Algérie sera fixée, à partir du 1er janvier 1876, conformément aux indications du tableau suivant :

| POIDS DES LETTRES. | LETTRES CIRCULANT de BUREAU A BUREAU | | LETTRES NÉES et DISTRIBUABLES dans la circonscription du même bureau et de Paris pour Paris | |
|---|---|---|---|---|
| | affranchies. | non affranchies. | affranchies. | non affranchies. |
| | fr. c. | fr. c. | fr. c. | fr. c. |
| Jusqu'à 15 grammes inclusivement . | 0 25 | 0 40 | 0 15 | 0 25 |
| Au-dessus de 15 grammes jusqu'à 30 grammes inclusivement . . . . . | 0 50 | 0 80 | 0 30 | 0 50 |
| Au-dessus de 30 grammes jusqu'à 50 grammes inclusivement . . . . . | 0 75 | 1 20 | 0 45 | 0 75 |
| Au-dessus de 50 grammes ou fraction de 50 grammes excédant. . . | 0 50 | 0 75 | 0 25 | 0 40 |

La modification proposée ne souleva aucune objection au sein de la commission et, dans son rapport déposé le 17 juillet, M. Lefébure s'exprima en ces termes :

Nous pouvons motiver d'un mot cette unanimité : il suffit de rappeler que, du moment où le public français jouira de la progression par 15 grammes pour la taxe de ses lettres à destination de l'étranger, nous ne saurions lui refuser un avantage analogue pour sa correspondance intérieure. Nous répondrons d'ailleurs ainsi aux vœux réitérés de l'opinion publique.

Le projet du gouvernement fut voté sans discussion dans la séance du 3 août 1875, et à partir du 1er janvier 1876, la France entrait dans l'Union postale.

### DÉCRET DU 29 OCTOBRE 1875 RENDU EN EXÉCUTION DE LA LOI DU 3 AOUT 1875 APPROUVANT LE TRAITÉ DE BERNE.

Les dispositions de la loi du 3 août 1875 furent rendues exécutoires en vertu du décret du 29 octobre 1875 qui fixa ainsi qu'il suit les taxes à percevoir pour l'affranchissement des lettres ordinaires, des cartes postales, des papiers d'affaires, des échantillons, des journaux et autres imprimés expédiés de la France, de l'Algérie et des bureaux de poste français établis en Turquie, en Égypte, à Tunis et à Tanger, à destination des pays compris dans l'Union.

| DESTINATION. | NATURE des CORRESPONDANCES. | AFFRANCHISSEMENT. | TAXES. |
|---|---|---|---|
| Allemagne, Autriche, Belgique, Danemarck, Espagne, Grande-Bretagne, Grèce, Hongrie, Italie, Luxembourg, Montenegro, Norvège, Pays-Bas, Portugal, Roumanie, Russie, Serbie, Suède, Suisse, Turquie, Égypte, Tanger, Tunis. . . . . . | Lettres ordinaires. . . . . . | Facultatif. . . . | 30 centimes par 15 grammes ou fraction de 15 grammes. |
| | Cartes postales . | Obligatoire. . . | 15 centimes. |
| | Papiers d'affaires, échantillons, journaux et autres imprimés. . . | Obligatoire. . . | 5 centimes par 50 grammes ou fraction de 50 grammes. |
| États-Unis. . . . . . . | Lettres ordinaires. . . . . . | Facultatif. . . . | 40 centimes par 15 grammes ou fraction de 15 grammes. |
| | Cartes postales . | Obligatoire. . . | 20 centimes. |
| | Papiers d'affaires, journaux, échantillons et autres imprimés. . . . . | Obligatoire. . . | 8 centimes par 50 grammes ou fraction de 50 grammes. |

L'adhésion de la France aux résolutions du congrès de Berne fut l'occasion de manifestations sympathiques à l'égard de notre pays.

Nous citerons notamment l'article suivant qui fut publié, quelques jours après, par le journal la *Revista de Correos* de Madrid, sous la signature de M. E. C. de Navasquès, chef de bureau à l'administration des postes d'Espagne :

L'Assemblée nationale de France a, dans sa séance du 3 août, approuvé le projet de loi qui autorise le gouvernement à faire partie de l'Union générale des postes, à dater du 1er janvier 1876. La loi a été promulguée au *Journal officiel* du 14 du même mois et la *Revista de Correos* a déjà porté cette importante décision à la connaissance de ses lecteurs.

Ainsi se trouvent heureusement confirmées nos prévisions. En dépit de certains sentiments contraires, nous n'avons jamais douté de l'assentiment de l'Assemblée française ; nous n'avons jamais pensé que l'œuvre de Berne pût rester incomplète. Bien avant que la France ait apposé sa signature au traité du 9 octobre 1874, nous avions la conviction que l'administration française ne se refuserait pas à donner son adhésion à la grande manifestation postale de notre époque ; dès la première heure, nous estimions que la Chambre de ce pays ne voudrait ni ne pourrait vouloir que le peuple français restât en dehors du mouvement général qui se produisait et de l'essor que le traité de Berne allait imprimer aux relations internationales. Nos conjectures sont heureusement réalisées et sont passées dans le domaine d'un fait accompli qui ne tardera pas à recevoir son exécution pratique.

Aussi félicitons-nous hautement l'administration française de son concours et le gouvernement de son patriotisme en même temps que du désintéressement dont il a fait preuve pour obtenir l'approbation de l'Assemblée nationale. En effet, répétant ce que déjà nous avons dit au mois de mai, si dans l'intérêt général des peuples il a été consenti des sacrifices pour mener à bonne fin l'œuvre du congrès de Berne, l'administration française s'est imposée les plus grands et les plus douloureux. Le monde postal a donc, à ce point de vue, contracté vis-à-vis de la France une dette de gratitude qui doit demeurer impérissable, en même temps que l'on doit enregistrer avec honneur cet acte de noble désintéressement dans les pages de l'histoire générale des postes.

*Entrée des colonies françaises dans l'Union.*—Dès la fin de l'année 1875, la France réclamait l'accession de toutes ses colonies, en même temps que l'Inde britannique sollicitait, elle-même, son entrée dans l'Union.

Une conférence se réunit, à cet effet, à Berne, le 17 janvier 1876, et la France proposa d'étendre purement et simplement les dispositions du traité aux colonies de toute nationalité, ainsi qu'aux autres pays d'outre-mer disposés à en réclamer le bénéfice. Après des négociations laborieuses, la conférence adopta un régime de transition.

Retenant d'abord de la proposition française le principe fondamental de l'uniformité de traitement due à tous les nouveaux adhérents, elle adopta ensuite un tarif maritime, combiné de manière à ne pas contraindre un pays à laisser ses colonies dans un état d'infériorité vis-à-vis des autres pays de l'Union.

Enfin le délégué de la France, M. Ansault, obtint l'entrée de toutes nos colonies dans l'Union à l'égal de l'empire de l'Inde britannique.

LOI DE FINANCES DU 3 AOUT 1875 PORTANT MODIFICATION DU TARIF DES ÉCHANTILLONS, DES ÉPREUVES D'IMPRIMERIE CORRIGÉES ET DES PAPIERS DE COMMERCE OU D'AFFAIRES.

Le projet de loi portant fixation du budget général des dépenses et des recettes de l'exercice 1876, présenté le 11 mai 1875 par M. Léon

Say, ministre des finances, contenait les deux dispositions suivantes qui devinrent les articles 6, 7 et 8 de la loi de finances du 3 août 1875.

Art. 6. — Le port des échantillons de marchandises avec ou sans imprimés, des épreuves d'imprimerie corrigées et des papiers de commerce ou d'affaires est fixé, pour chaque paquet, portant une adresse particulière à 5 centimes par 50 grammes ou fraction de 50 grammes.

Art. 7. — Le port des circulaires, prospectus, catalogues, avis divers et prix courants, livres, gravures, lithographies en feuilles, brochés ou reliés, et en général de tous les imprimés expédiés sous bande, autres que les journaux, ouvrages périodiques, circulaires électorales et bulletins de vote, est ainsi fixé :

| | |
|---|---|
| De 5 grammes et au-dessous . . . . . . . . . . . . . . . . . | 0f,02 |
| Au-dessus de 5 grammes jusqu'à 10 grammes inclusivement. . . | 0,03 |
| Au-dessus de 10 grammes jusqu'à 15 grammes inclusivement . . | 0,04 |
| Au-dessus de 15 grammes jusqu'à 50 grammes inclusivement . . | 0,05 |

Au-dessus de 50 grammes, le port est augmenté de 5 centimes pour chaque 50 grammes ou fraction de 50 grammes.

Art. 8. — Sont maintenues toutes les dispositions des lois sur les taxes postales auxquelles il n'est pas dérogé par la présente loi.

Le rapporteur général de la commission du budget, M. Wolowski (rapport déposé dans la séance du 14 juillet 1875, Annexe n° 3183), avait résumé de la manière suivante l'avis de la commission :

La première innovation concerne le tarif des imprimés, échantillons et papiers d'affaires transportés par la poste. La question a été posée devant l'Assemblée en 1873, et elle n'a pu être complètement résolue par les articles 7 et 8 de la loi du 29 décembre 1873. La constitution de l'union postale de Berne doit mettre fin à toute hésitation. Il y a lieu de mettre notre tarif intérieur en ce qui concerne ces articles spéciaux, sur le même pied que le tarif international, sous peine de nous trouver dans un état intolérable d'infériorité.

La perte qui en résultera pour le Trésor n'est pas considérable, puisque les intéressés s'adressaient aux offices étrangers qui n'étaient pas tenus de compter avec nous.

### TIMBRES-POSTE.

Pendant le cours de la discussion de cette loi, M. de Saint-Pierre (de la Manche), membre de l'Assemblée nationale, avait émis le vœu que le chiffre indicatif de la valeur des timbres-poste fût rendu très apparent.

M. Léon Say avait répondu qu'il serait tenu compte de ce vœu au moment du prochain concours qui allait s'ouvrir pour l'adoption d'un nouveau type.

L'administration se préoccupait, en effet, à ce moment, de la modification des timbres-poste existant. Cette modification fut décidée pour les motifs suivants :

1° Réclamations incessantes du public pour obtenir des chiffres plus apparents;

2° Imperfection de la vignette en usage;

3° Facilités que le type existant pouvait donner aux tentatives de contrefaçon.

A la suite du concours ouvert à cette occasion, le ministre des finances adopta le projet déposé par M. Sage et représentant « *le Commerce et la Paix s'unissant et régnant sur le monde* ».

Les nouveaux timbres furent exécutés par la Banque de France. Comme nous l'avons déjà dit, l'État avait fait fabriquer jusqu'alors les timbres-poste par l'industrie privée, moyennant un prix qui, fixé au début à 1 fr. 50 le mille, était progressivement descendu jusqu'à 0 fr. 60.

Dans la pensée que ce chiffre pouvait être encore diminué, le gouvernement chercha une combinaison qui lui fournît le moyen de ne plus recourir à l'intermédiaire d'un entrepreneur. Il s'adressa à la Banque de France pourvue depuis longtemps d'un atelier spécial pour la fabrication de ses billets, et la pria de faire l'expérience pour le compte de l'État. Un traité fut alors signé et le système de la régie adopté d'un commun accord.

Sous ce nouveau régime, le prix de revient des timbres s'abaissa sensiblement d'année en année à 0 fr. 587 par mille en 1876, à 0 fr. 390 en 1877, et enfin à 0 fr. 343 par mille en 1878.

Le traité avec la Banque de France expira définitivement au 1er juillet 1880, époque à laquelle l'administration des postes se substitua à cet établissement pour la location d'un atelier situé rue d'Hauteville et racheta le matériel nécessaire à la fabrication. M. Cochery obtint, à cet effet, du parlement l'inscription au budget de 1880 d'un crédit supplémentaire de 17 000 francs.

Le prix de revient des timbres-poste, qui était en 1879 de 0 fr. 34 le mille, descendit en 1880 à 0 fr. 319, en 1881 à 0 fr. 277, en 1882 à 0 fr. 276 et à 0 fr. 269 en 1883.

### M. LÉON RIANT, DIRECTEUR GÉNÉRAL DES POSTES (27 MAI—20 DÉCEMBRE 1877).

Le décret du 27 mai 1877 nomma M. Léon Riant directeur général des postes.

Aussitôt après son installation, le nouveau directeur général voulut « s'éclairer sur la situation exacte du service des postes et rechercher, à la lumière des faits constatés, si les moyens d'action étaient en harmonie avec les exigences d'une aussi vaste exploitation comme avec les besoins du public ».

Les résultats de cette enquête furent consignés dans un premier rapport adressé dès le 24 octobre au ministre des finances.

RAPPORT SUR L'ADMINISTRATION DES POSTES EN 1877.

**Résultats généraux de l'exploitation.** — Le chapitre Ier de ce rapport, intitulé *Résultats généraux de l'exploitation*, embrassait l'étude du développement progressif du mouvement postal en France du 1er janvier 1865 au 1er janvier 1876.

Nous y voyons que le montant des recettes avait subi pendant cette période décennale une augmentation de 43 279 890 francs ou de 56,98 p. 100; le total des recettes de 1875 s'était élevé à 119 249 587 fr. tandis que le chiffre correspondant de l'année 1865 avait été seulement de 75 969 697 francs, déduction faite des produits réalisés cette même année en Alsace-Lorraine.

Pendant la même période, le nombre total des objets transportés par le service des postes s'était accru de 170 938 314 objets ou 26,93 p. 100 : ce nombre, qui avait été de 634 642 498 en 1865, s'était élevé en 1875 à 805 580 812.

La progression des recettes avait donc été beaucoup plus accentuée que celle des objets en circulation. M. Riant attribuait ce résultat à l'application de la loi du 24 août 1871 qui, en élevant sensiblement la plupart des taxes intérieures, avait occasionné un ralentissement momentané dans le mouvement général de la correspondance.

**Tarifs.** — Dans le chapitre II (tarif), le directeur général, tout en reconnaissant l'infériorité de la France vis-à-vis des autres pays sous le rapport du tarif intérieur des lettres, établissait cependant la supériorité du régime français sur le régime anglais, notamment au point de vue de la distribution.

En France, disait M. Riant, il n'est pas de hameau, pas d'habitation même parmi les plus écartées, qui ne puisse recevoir chaque jour la visite du facteur. En Angleterre, il existe encore plus de 400 localités qui ne sont desservies que de une à cinq fois par semaine et un certain nombre d'écarts où la distribution à domicile fait défaut.

En France, la distribution a lieu partout le dimanche. Elle n'est faite ce jour-là en Angleterre que dans un certain nombre de localités.

En France, les correspondances sont portées partout à domicile gratuitement, tandis qu'en Angleterre les habitants des écarts ne peuvent obtenir leurs lettres qu'en venant les chercher au bureau de poste ou en payant une taxe supplémentaire moyennant laquelle le postmaster les leur fait parvenir.

La France possède 45 000 boîtes aux lettres, l'Angleterre 22 000. Nous avons 19 010 facteurs ruraux, l'Angleterre n'en a pas même 6000.

Si nous entrons maintenant dans l'examen comparatif des deux tarifs eux-mêmes, nous y pourrons découvrir des particularités non moins favorables à la cause française.

Tous les objets de correspondance autres que les lettres (journaux, imprimés, papiers d'affaires), transportés par l'office britannique, sont passibles de taxes qui ne comportent pas de fraction de demi-décimes et la poste anglaise ne touche pas un objet à moins de cinq centimes. L'administration française, au contraire, transporte des imprimés aux prix de 1, 2, 3 et 4 centimes. Elle transporte des échantillons de marchandises pour 5 centimes, alors qu'à l'intérieur de la Grande-Bretagne, la poste ne se charge même pas d'un semblable transport.

Les lettres échangées entre la France et toutes ses colonies lointaines coûtent 40 centimes; celles que la métropole britannique échange avec la plupart de ses possessions sont passibles de taxes variant de 60 centimes à 1 fr. 25 c.

L'envoi de la plus faible somme d'argent par la poste donne lieu, en Angleterre, à la perception d'un droit minimum de 10 centimes; en France, l'envoi de 1 franc coûte 1 centime, l'envoi de 2 francs coûte 2 centimes, l'envoi de 5 francs coûte 5 centimes, etc.

Le chargement de valeurs déclarées, si apprécié en France, est absolument inconnu en Angleterre.

Quant au droit de recommandation, il est en Angleterre de 40 centimes uniformément; en France, il est de 50 centimes pour les lettres et de 25 centimes pour les autres objets. En cas de perte d'un objet recommandé, l'administration française paye à l'expéditeur une indemnité de 25 francs; l'office anglais ne paye rien.

Ces quelques exemples suffisent bien pour démontrer que nous n'avons pas tout à emprunter aux étrangers, en matière d'organisation ou de tarifs.

**Exploitation postale.** — Dans le chapitre III, les principaux organes de l'exploitation postale étaient passés en revue. (Établissements de poste sédentaires, Services ambulants, Services de transport par chemins de fer et par terre, Service rural.)

*Établissements de poste sédentaires.* — Les établissements de poste sont divisés en quatre espèces :

Bureau composé, comprenant un receveur assisté de commis;

Bureau simple dont le receveur peut se faire assister par un ou plusieurs aides choisis et rétribués par lui au moyen d'une allocation spéciale qu'il reçoit de l'administration.

Bureau de distribution [1] en Algérie, que le distributeur gère seul.

Établissement de facteur boîtier qui effectue la distribution des correspondances et assure la réception et l'expédition des dépêches ainsi que le service intérieur.

De 1865 à 1875, le nombre des bureaux composés avait été élevé de 225 à 295 et celui des bureaux simples de 2996 à 5003. Le chiffre total des établissements de poste avait été porté de 4 776 à 5536, soit 760 en plus, ou une augmentation de près de 16 p. 100, déduction faite des 128 bureaux de poste cédés à l'Allemagne.

En raison de l'insuffisance des crédits budgétaires pour les créations de bureau de poste, le ministre des finances avait, par une déci-

1. Les bureaux analogues qui existaient précédemment en France avaient été supprimés en vertu d'une décision du ministre des finances, du 8 juillet 1873, approuvée le 22 décembre de la même année par l'Assemblée nationale.

sion du 3 mars 1877, autorisé l'administration à poursuivre la création de nouveaux établissements de facteurs boîtiers (municipaux), avec le concours pécuniaire des communes.

Après avoir passé ensuite en revue les améliorations réalisées dans le service de la distribution urbaine, M. Riant ajoutait :

A ce propos, je ne saurais me dispenser de faire remarquer que la France se trouve distancée par l'Allemagne, quant au développement de la distribution urbaine. L'ensemble des localités pourvues de bureaux de poste comprend :

En France, 17 786 158 habitants desservis par 7 163 facteurs ;

En Allemagne, 17 003 000 habitants desservis par 8 349 facteurs :

Soit, en moyenne, 1 facteur par 2 483 habitants en France et par 2 036 seulement en Allemagne.

C'est ce qui permet à la poste allemande de faire deux distributions quotidiennes dans 4 600 localités, trois dans 2 500 et de quatre à huit dans 1 200 ; tandis que la poste française dessert seulement :

| | | |
|---|---|---|
| Deux fois par jour. . . . . . . . . . . . . . | 3950 | localités. |
| Trois fois par jour. . . . . . . . . . . . . . | 910 | — |
| Et plus de trois fois. . . . . . . . . . . . | 270 | — |

Les boîtes supplémentaires[1] qui existaient au nombre de 4 784 en 1866 dans les localités dotées de bureaux de poste et dans les communes rurales atteignent aujourd'hui le chiffre de 8 811, c'est-à-dire près du double. La mutiplication de ces boîtes est vivement appréciée du public, pour lequel elles représentent une économie de temps ; mais elles constituent une lourde charge pour le service, en raison de l'obligation où il se trouve d'en faire recueillir le contenu une ou plusieurs fois par jour. De là, nécessité ou d'augmenter les emplois ou d'imposer un surcroît de travail à un personnel qui est déjà surmené.

M. Riant signalait, en ces termes, l'insuffisance numérique des établissements de poste, et les conditions défectueuses de leur aménagement intérieur :

Indépendamment de l'insuffisance numérique de nos établissements sédentaires et des défectuosités de l'organisation présente, il est notoire que les bureaux de poste laissent généralement beaucoup à désirer comme aspect extérieur et comme aménagement intérieur. Les salles réservées au public sont trop étroites, le jour y fait défaut, tout l'ensemble trahit une organisation gênée peu digne, en un mot d'une grande administration publique. Cette situation tend à s'aggraver chaque jour en proportion du développement des correspondances et du renchérissement des loyers, et il paraît difficile d'ajourner encore le vote des crédits complémentaires strictement nécessaires pour doter le service des postes d'une installation décente et en rapport avec les intérêts qu'il a pour mission de servir.

*Service ambulant.* — Arrivant au service ambulant, il s'exprimait ainsi qu'il suit :

Ces bureaux, exclusivement affectés à la transmission et sans aucun rapport avec le public, jouent un rôle considérable dans l'ensemble de l'exploitation postale.

1. On appelle boîtes supplémentaires celles qui sont établies en sus de la boîte de chaque bureau de poste ou de chaque commune.

Leur fonction consiste à recevoir, au point de départ, les correspondances pour tout le bassin qu'ils desservent, à recueillir également les correspondances aux gares de leur parcours, à trier les unes et les autres en route et à les acheminer vers leur destination respective.

En jetant les yeux sur une carte du tracé des chemins de fer français, on reconnaît aisément que leur réseau comprend d'abord un ensemble de lignes partant de Paris pour s'étendre vers les divers points du périmètre et aboutir à quelques villes frontières ou maritimes importantes. Cette centralisation indiquait la marche à suivre pour l'établissement du service ambulant; des wagons-poste partant de Paris et parcourant une ligne jusqu'à son extrémité : d'autres wagons-poste moins importants ou des courriers convoyeurs desservant les voies ferrées secondaires telle était l'organisation naturelle.

Chaque jour 35 bureaux ambulants partent de Paris, et un même nombre de bureaux ambulants marchant en sens inverse y arrivent, soit, en somme, 70 wagons-poste. 40 de ces wagons fonctionnent la nuit; les trente autres voyagent le jour.

Avec l'addition de ceux qui voyagent de Calais à Lille, de Lyon à Marseille, de Mâcon au mont Cenis, de Bordeaux à Irun, de Bordeaux à Cette, etc., on trouve un total de 49 lignes de bureaux ambulants et un roulement quotidien de plus de 100 voitures. En outre, un bureau ambulant spécialement affecté à la manipulation des correspondances à destination ou provenant de l'extrême Orient circule chaque semaine entre Paris et Modane, avec le train de la malle de l'Inde.

Les bureaux ambulants sont desservis par des agents spéciaux soumis à la juridiction de huit directeurs particuliers, qui ont chacun sous leur surveillance une des parties du réseau ferré.

Le service de chaque ligne est assuré par un certain nombre d'agents divisés en 2, 3, 4 ou 5 brigades partant à tour de rôle.....

. . . . . . . . . . . . . . . . . . . . . . . . . . . .

Un bureau ambulant à 4 brigades reçoit et expédie en moyenne 300 dépêches par voyage; les statistiques les plus exactes évaluent de 12 000 à 17 000 le nombre des objets manipulés par chaque employé.

La pratique a démontré d'une manière indubitable qu'en règle générale, la fonction du bureau ambulant est excellente; sa création a répondu à de nouveaux besoins de célérité provoqués par l'établissement des chemins de fer et son emploi, maintenu dans de sages limites, ne peut donner que de bons résultats. On doit pourtant constater que l'exiguïté des locaux, et notamment l'insuffisance de l'hôtel des postes à Paris, ont placé l'administration dans l'obligation d'imposer trop souvent aux bureaux ambulants un travail qui devrait normalement être effectué dans les bureaux sédentaires.

Le service des bureaux ambulants est aujourd'hui surchargé outre mesure : le peu d'espace dont disposent les agents, au milieu des monceaux de correspondances qui encombrent le wagon, rend leur tâche des plus difficiles et nuit à la bonne exécution du service.

Pour faire face aux nécessités de la situation là où l'insuffisance des ressources budgétaires ne permettait pas l'établissement de bureaux ambulants, l'administration avait confié à des courriers convoyeurs le soin de recueillir, de manipuler les lettres ordinaires à l'exclusion des autres objets.

La mesure ayant donné de bons résultats, l'administration l'avait généralisée et ce service était exécuté, en 1873, par 376 courriers convoyeurs et par 325 courriers auxiliaires, soit au total 701 sous-agents. Mais ce n'était là qu'un expédient.

Il est urgent, ajoutait M. Riant, que des crédits plus larges permettent à l'administration de faire circuler un plus grand nombre de bureaux ambulants et de ne confier le travail de manipulation aux sous-agents que sur des lignes peu importantes et d'un parcours fort limité.

*Services de transport par chemins de fer.* — Les chemins de fer qui transportent les bureaux ambulants ainsi que les courriers convoyeurs concourent avec les services de transport par terre en voiture, à cheval ou à pied, à assurer les communications une ou plusieurs fois par jour entre les établissements de poste sédentaires.

Depuis 10 ans, le nombre des bureaux ambulants avait été élevé de 70 à 115, non compris les allèges de la malle des Indes.

526 hommes (406 agents et 120 gardiens de bureau) prenaient place en 1866 dans les bureaux ambulants, leur nombre avait été porté à 755.

*Services de transport par terre.* — Le nombre des parcours par terre, en voiture, à cheval et à pied doit nécessairement s'affaiblir en raison même de l'extension des voies ferrées. Et, en effet, disait M. Riant, « la longueur des parcours par terre, qui était annuellement au commencement de l'année 1866, de 51 700 000 kilomètres (y compris la partie du territoire cédée à l'Allemagne), n'est plus aujourd'hui que de 48 700 000, soit une diminution de 3 millions de kilomètres, en face d'une augmentation de 13 millions de kilomètres dans le parcours par chemin de fer. Le pays a donc profité, depuis 1866, d'un accroissement annuel de parcours de 10 millions de kilomètres. »

Quant aux relais et aux lignes de poste, une décision ministérielle du 4 mars 1873 les avait définitivement supprimés.

*Service rural.* — Depuis 10 ans, le nombre des facteurs ruraux avait été porté de 16 405 à 19 010, soit une augmentation de 15 87 p. 100.

Ces 19 010 sous-agents parcouraient quotidiennement 513 000 kilomètres.

Nous relevons dans ce chapitre une intéressante comparaison entre le service rural français et les services similaires de l'étranger.

Mais il est aussi des améliorations qui s'imposent avec autorité au point de vue de l'organisation même du service rural. Si, en effet, nous avons trois fois plus de facteurs ruraux que l'Angleterre, et si nous comptons un facteur rural par 1 200 habitants desservis, alors qu'on en compte un en Allemagne par 1 659 habitants, et en Belgique par 2 153, il ne s'ensuit pas que notre population n'ait rien à envier de ses congénères étrangers. Ainsi, en Belgique, sur 2 113 communes rurales dépourvues d'un bureau de poste, il en est :

| | | | | |
|---|---|---|---|---|
| 6 | qui jouissent de | 7 | distributions | par jour. |
| 11 | — | 4 | — | |
| 24 | — | 3 | — | |
| 446 | — | 2 | — | |

Et 1 425, c'est-à-dire plus des deux tiers, sont dotées de plusieurs levées de boites qui permettent aux habitants de répondre le même jour aux lettres reçues le matin.

Or, en France, sur les 30 540 communes qui ne sont pas siège d'un établissement de poste, nous en comptons seulement :

| | | | |
|---|---|---|---|
| 712 | desservies | 2 fois | par jour; |
| 34 | — | 3 | — |
| 4 | — | 4 | — |

et 7 194, c'est-à-dire moins d'un quart, dotées de plusieurs levées de boites.

En Angleterre, le service rural quoique moins étendu qu'en France est organisé, sur un grand nombre de points, de telle sorte que le facteur, après un temps d'arrêt de plusieurs heures à la limite extrême de sa course, rentre le soir au bureau en passant par chacune des communes où il a déposé le matin la correspondance arrivante et en y recueillant conséquemment la correspondance partante. Dans ce système, le facteur rural fait l'office d'un courrier plutôt que d'un distributeur; les principales communes de son parcours sont desservies par des agents secondaires (*sub-postmasters*), comme ceux qui s'appellent en France facteurs boitiers, auxquels il remet le matin les correspondances à distribuer et desquels il reçoit le soir les correspondances à expédier.

En un mot, la préoccupation dominante, en Angleterre comme en Belgique, est d'assurer au public le moyen de répondre le jour même aux lettres reçues.

Cette préoccupation est aussi celle de l'administration française qui ne saurait méconnaître l'infériorité dont est entaché, sous ce rapport, son régime actuel, ni rester sourde aux réclamations légitimes d'un grand nombre de localités pour lesquelles, à défaut d'un bureau de poste, il est indispensable de procéder à une réorganisation de notre poste rurale devenue insuffisante.

**Service de Paris.** — Le chapitre IV montrait l'importance exceptionnelle du service de Paris et l'impossibilité d'assurer convenablement ce service avec les moyens d'action dont disposait alors l'administration.

L'hôtel des postes, notamment, ne répondait plus depuis longtemps aux besoins de l'exploitation en raison de l'exiguïté de ses locaux à l'intérieur, de la surface restreinte de ses cours, et de l'insuffisance de ses dégagements.

Dans cet espace étroit où 800 000 objets en moyenne étaient manipulés ou entreposés chaque jour, 1 500 agents et sous-agents devaient trouver place.

En outre, les services du départ et de l'arrivée, du transit et de la distribution à domicile exigeaient l'emploi de 16 voitures-omnibus pour le transport des facteurs (ces 16 voitures ne fournissaient pas moins de 154 courses par jour); de 12 tilburys effectuant chacun 8 voyages sur leur ligne de relevage, soit, pour l'aller et le retour, 192 courses; et enfin d'un nombre considérable de fourgons faisant 208 fois en 24 heures, le trajet du centre aux différentes gares.

Le mouvement à l'hôtel des postes se traduisait donc quotidiennement par 554 courses, sans compter le va-et-vient des voitures particulières, des fourgons d'administrations publiques et des véhicules de toute sorte des éditeurs et des maisons de commerce.

L'insuffisance numérique du personnel n'était pas moins notoire que celle du local.

Depuis dix ans, en effet, le mouvement de la correspondance avait presque doublé et l'effectif du personnel de l'hôtel des postes n'avait été élevé que d'un quart pendant la même période. Cette augmentation, d'après M. Riant, était illusoire et, ajoutait-il, ce n'est un mystère pour personne qu'à Paris, plus que partout ailleurs, le service s'effectue dans les conditions les plus défavorables.

Quant au service de la distribution, il présentait aussi des difficultés de plus en plus grandes en raison des exigences croissantes du public et de l'insuffisance du nombre de facteurs, eu égard au chiffre considérable de la circulation.

M. Riant établissait ensuite que le mouvement général de la France qui s'était accru de 1/4 en dix ans, s'était élevé de près de 3/4 dans la ville de Paris. La plus large part appartenait aux chargements, c'est-à-dire aux objets qui donnaient lieu à des opérations particulièrement minutieuses.

Le nombre total des objets manipulés à Paris, qui était de 173 406 903 en 1865, s'était élevé, en 1875, à près de 300 000 000, ce qui représentait 37,14 p. 100 ou près des 2/5 de la circulation totale en France et une manipulation d'environ 820 000 objets par jour.

D'un autre côté, depuis 1866 le nombre des agents d'exécution à Paris avait été accru seulement dans la proportion suivante :

1865 : 679 agents, 1 182 facteurs, 166 gardiens de bureau et chargeurs, soit au total 2 027 agents et sous-agents.

1877 : 817 agents, 1 445 facteurs, 211 gardiens de bureau et chargeurs, soit au total 2 473 agents et sous-agents.

Tandis que l'augmentation totale du personnel de Paris (agents et sous-agents) n'avait été que de 446 ou de 22 p. 100, la circulation s'était élevée dans la proportion de 72,54 p. 100.

Aussi, pendant que le service de Paris n'employait que 2 473 agents, celui de la ville de Londres était exécuté par 10 380 agents dont 5 500 appartenaient au bureau central de Saint-Martin-le-Grand.

Ces chiffres sont éloquents, ajoutait M. Riant, et démontrent d'une manière évidente l'insuffisance des moyens actuels d'exécution et la nécessité qui s'impose de doter plus largement le service de Paris pour le mettre à même de faire face aux exigences d'une manipulation chaque jour plus compliquée et à laquelle l'Exposition de 1878 va imprimer une extension et une activité encore plus grandes.

**Service international.** — Le chapitre V était consacré au service international.

Après avoir comparé le régime des correspondances internationales antérieurement à la fondation de l'Union postale avec le nouveau régime résultant du traité de Berne, M. Riant montrait l'extension croissante du service des mandats internationaux depuis l'origine de ce service qui remontait au 1er octobre 1864 (convention franco-italienne).

En rapprochant les chiffres de l'année 1876 de ceux de l'année 1866, il constatait un accroissement, savoir :

De 316 p. 100 sur le nombre des mandats émis en France;

De 284 p. 100 sur le montant de ces mandats;

De 264 p. 100 sur le nombre des mandats émis à l'étranger.

Le droit perçu au profit du Trésor francais sur les articles d'argent internationaux, qui n'avait donné en 1866 que 60 272 fr. 40, s'était élevé pour 1876 à 192 831 fr. 65, soit une augmentation de 219 p. 100 pour la dernière période décennale.

Ces résultats étaient, on le voit, des plus satisfaisants.

L'administration ne cessait, d'ailleurs, de travailler au développement d'une institution aussi utile au public que profitable au Trésor. C'est ainsi que le droit d'émettre et de payer des mandats internationaux, droit qui était antérieurement limité aux principaux bureaux, venait d'être étendu à tous les bureaux de recette indistinctement tant en France qu'en Algérie.

Quant au tarif, il était uniformément fixé à 20 centimes par 10 francs ou fraction de 10 francs pour tous les pays avec lesquels ce mode de transmission était adopté (Italie, Suisse, Belgique, Luxembourg, Angleterre, Allemagne, Pays-Bas).

**Service maritime.** — Dans le chapitre VI, M. Riant exposait les développements successifs du service maritime depuis sa création. Il rappelait que le succès de nos lignes de la Méditerranée, l'extension qu'avait reçue les transactions commerciales, les services rendus à l'état pendant la guerre de Crimée par les paquebots de la Compagnie des Messageries maritimes qui furent alors utilisés pour le transport des troupes, et enfin l'exemple même de l'Angleterre dont les paquebots sillonnaient déjà les grandes mers, avaient été de puissants motifs pour créer des lignes maritimes postales de grande navigation.

Le but qu'on se proposait était de rattacher, au moyen de services réguliers de paquebots, la France aux principaux pays d'outre-mer et de desservir nos colonies disséminées dans toutes les parties du monde.

C'est à cela que pourvurent :

La loi du 17 juin 1857, qui établit un service sur le Sénégal, le Brésil et la Plata;

Celle du 3 juillet 1861, qui constitua le réseau des lignes des États-Unis, des Antilles, du Mexique et de la Guyane française;

Et celle de la même date, 3 juillet 1861, qui créa les lignes de la Réunion, des Indes, de l'Indo-Chine et de l'extrême Orient.

Ces différentes lignes furent concédées à deux grandes sociétés maritimes : la Compagnie générale Transatlantique et la Compagnie des Messageries maritimes.

A la Compagnie générale Transatlantique étaient échues les lignes des États-Unis, du Mexique et des Antilles.

A la Compagnie des Messageries maritimes furent dévolus les réseaux des lignes du Brésil et de la Chine.

Par le fait d'une juste répartition, chacun de nos grands ports avait été doté de l'attache de l'une de ces lignes de navigation. Le Havre avait le service des États-Unis, Saint-Nazaire celui des Antilles et du Mexique, Bordeaux celui du Brésil et de la Plata, enfin Marseille celui de la Chine.

L'ensemble des réseaux de nos services maritimes postaux se trouva dès lors constitué et par suite de modifications successives, il comprenait, en octobre 1877, les parcours suivants :

*Manche.* — 1 ordinaire journalier entre Calais et Douvres.

*Corse.* — 1 ordinaire direct hebdomadaire entre Marseille et Bastia avec prolongement sur Livourne;

1 ordinaire indirect hebdomadaire entre Marseille et Bastia avec escale à Nice et prolongement sur Livourne;

1 ordinaire hebdomadaire entre Marseille et Calvi ou l'Ile-Rousse, alternativement;

1 ordinaire hebdomadaire entre Marseille et Ajaccio, avec embranchement sur Porto-Torrès, d'une part, Bonifacio et Propriano, alternativement, d'autre part.

*États-Unis.* — 1 voyage tous les 14 jours, entre le Havre et New-York (du 1er avril au 31 octobre, les départs étaient hebdomadaires).

*Mexique et Antilles.* — 1 ordinaire mensuel entre Saint-Nazaire et la Vera Cruz; 1 ordinaire mensuel entre Saint-Nazaire et Colon, avec embranchement à Fort-de-France sur Cayenne;

1 ordinaire mensuel entre le Havre-Bordeaux et Colon-Aspinwall.

*Brésil et Plata.* — 2 ordinaires mensuels entre Bordeaux et Buenos-Ayres.

*Chine.* — 1 départ tous les 14 jours de Marseille pour Shang-Haï et le Japon, avec embranchement pour Batavia, Calcutta, et Maurice. Les deux derniers embranchements de Calcutta et de Maurice n'étaient desservis, toutefois, que tous les 28 jours.

*Méditerranée.* — 1 ordinaire hebdomadaire entre Marseille et Constantinople, se dirigeant, une semaine par le Pirée, et, l'autre semaine, par Syra et Smyrne,

1 ordinaire hebdomadaire (dit ligne circulaire des côtes de Syrie) desservant le contour du bassin de la Méditerranée, une semaine dans le sens de Smyrne-Alexandrie, et la semaine suivante, dans le sens inverse, d'Alexandrie-Smyrne.

1 ordinaire tous les 14 jours entre Marseille et Alexandrie.

L'ensemble de toutes ces lignes représentait un parcours annuel de 736 455 lieues marines, à l'accomplissement desquelles était affectée une flotte de 94 paquebots de la force totale de 37 295 chevaux-vapeur de 200 kilogrammètres. Le nombre des escales desservies était de 75.

**Franchises.** — Le chapitre VII était consacré aux franchises et aux rebuts.

M. Riant démontrait que, pendant l'année 1873, l'administration des postes avait transporté en franchise au minimum 56 millions et demi de paquets pesant ensemble près de 4 millions de kilogrammes et qui, s'ils avaient été soumis, selon leur nature, à la taxe des objets affranchis, auraient donné lieu à une perception totale de plus de 40 millions de francs. Or les chiffres relevés en 1873 avaient dû augmenter sensiblement depuis quatre ans puisque le nombre des concessions de franchises s'était constamment accru.

On avait vainement tenté de restreindre la franchise postale.

M. Riant émettait le vœu que les différents ministères et les administrations publiques fussent invités à confier exclusivement aux entreprises de messageries ou aux compagnies de chemins de fer l'acheminement des paquets de service d'un poids élevé ou d'une dimension encombrante qui ne font pas partie du monopole de la poste, c'est-à-dire ceux qui ne pèsent pas moins d'un kilogramme et ne contiennent pas de correspondances.

L'administration se trouverait ainsi débarrassée d'une grande partie d'objets qui sont une cause continuelle de gêne et de difficultés pour l'exécution de son service et qui contribuent à occasionner, dans le poids des wagons-poste, des surcharges dont se plaignent les compagnies.

**Rebuts.** — Si le régime des franchises imposait à la poste des charges considérables sans aucune compensation, l'administration avait également à effectuer un travail d'une autre nature mais tout aussi improductif. Ce travail consistait dans la manipulation des lettres tombées en rebut, c'est-à-dire refusées par les destinataires ou impossibles à distribuer par suite de la défectuosité des adresses, de l'absence ou de l'insuffisance de l'affranchissement, etc....

Un nombreux personnel était absorbé par le travail des rebuts et ses efforts parvenaient fréquemment à assurer la remise aux destinataires de correspondances dont les suscriptions étaient de véritables énigmes, ou à reconstituer le nom et l'adresse des expéditeurs au moyen des indices révélés par l'examen extérieur des lettres ou par les indications recueillies à l'intérieur.

Toutefois, la proportion des objets versés en rebut par rapport aux correspondances mises en circulation avait une tendance à décroître graduellement et, d'autre part, la proportion entre le nombre total d'objets tombés en rebut et le nombre d'objets remis en distribution et placés suivait une progression inverse.

Ces résultats favorables devaient être attribués au développement de l'instruction publique dans les classes inférieures, à l'habitude qui se propageait de plus en plus d'affranchir préalablement les correspondances et enfin au redoublement d'attention dans l'étude des suscriptions réputées, à première vue, incomplètes ou illisibles.

**Articles d'argent.** — A travers diverses fluctuations expliquées par les événements, l'émission des mandats d'articles d'argent avait continué son mouvement ascensionnel.

En 1871, les nécessités budgétaires ayant fait relever le droit proportionnel de 1 à 2 p. 100, le produit de ce droit s'était accru légèrement :

En 1870. . . . . . . . . . . . . . . . . . . . 1 534 272 francs.
En 1871 . . . . . . . . . . . . . . . . . . . . 1 659 023 —

tandis qu'au contraire, le montant des sommes déposées diminua d'environ 28 millions de francs dans cette même année et de 52 millions encore dans l'année suivante.

En 1870. . . . . . . . . . . . . . . . . . 167 860 655 francs.
En 1871 . . . . . . . . . . . . . . . . . . 139 172 385 —
En 1872. . . . . . . . . . . . . . . . . . 87 392 468 —

Le droit ayant été ramené à 1 p. 100 à dater du 1er janvier 1873, il en était immédiatement résulté un abaissement de recettes au préjudice du Trésor :

En 1872. . . . . . . . . . . . . . . . . . . . 2 224 731 francs.
En 1873. . . . . . . . . . . . . . . . . . . . 1 577 869 —

Mais le terrain perdu avait été regagné et au delà, puisqu'en 1876 le droit sur les envois d'argent s'était élevé à 1 962 878 francs, chiffre qui n'avait été atteint à aucune époque.

La comparaison des années 1866 et 1876 faisait ressortir les augmentations suivantes :

Nombre de mandats de 10 francs et au-dessous. { en 1866 : 1 885 813. / en 1876 : 3 268 700.

Soit une augmentation, en faveur de 1876, de 73 p. 100.

Nombre de mandats au-dessus de 10 francs. . . { en 1866 : 2 569 178. / en 1876 : 3 429 793.

Soit, en faveur de 1876, une augmentation de 33 p. 100.

Sommes versées, 10 francs et au-dessous. . . . { en 1866 : 14 143 597f. / en 1876 : 24 559 963f.

Soit, en faveur de 1876, une augmentation de 73 p. 100.

Sommes versées au-dessus de 10 francs. . . . . { en 1866 : 119 636 713f. / en 1876 : 171 579 130f.

Soit, en faveur de 1876, une augmentation de 43 p. 100.

**Mandats télégraphiques.** — Le service des mandats télégraphiques, inauguré depuis le 1er août 1872, avait également subi une progression considérable.

De 1873 à 1876, le nombre des mandats émis s'était accru de 96 p. 100 :

En 1873. . . . . . . . . . . . . . . . . . . 23 400 mandats.
En 1876. . . . . . . . . . . . . . . . . . . 45 450 —

Et le montant de 95 p. 100 :

En 1873. . . . . . . . . . . . . . . . . . . 7 580 254f, 10c,
En 1876. . . . . . . . . . . . . . . . . . . 14 779 458f, 88c,

**Valeurs déclarées**. — Antérieurement à la mise en vigueur de la loi du 24 août 1871, qui avait élevé de 10 à 20 centimes le droit proportionnel perçu sur le montant des valeurs déclarées, le nombre de ces objets augmentait tous les ans dans une proportion sensible, mais sous l'influence du nouveau tarif, le mouvement des chargements de valeurs déclarées avait subi un ralentissement notable. M. Riant estimait que la cause de ce ralentissement devait être attribuée à ce que la banque et le haut commerce expédiaient la plupart des valeurs dans des lettres simplement recommandées pour ne pas acquitter le droit de 20 centimes par 100 francs.

Le retrait des petites coupures de billets de banque et la facilité accordée au public d'envoyer des sommes importantes en mandats de poste par le télégraphe devaient aussi avoir contribué à amener cet état de choses.

De 1865 à 1869, le montant des déclarations s'était accru de 25,73 p. 100.

En 1865. . . . . . . . . . . . . . . . . . 756 378 800 francs.
En 1869. . . . . . . . . . . . . . . . . . 950 969 700 —

En comparant les résultats de 1869 à 1875, on était amené, au contraire, à constater une diminution de 24,16 p. 100.

En 1869. . . . . . . . . . . . . . . . . . 950 969 700 francs.
En 1875. . . . . . . . . . . . . . . . . . 721 205 000 —

Le total des transmissions, soit par mandats d'articles d'argent, soit au moyen de chargements de valeurs déclarées et de lettres recommandées se chiffrait, pour l'année 1875, ainsi qu'il suit :

| NATURE DES ENVOIS. | NOMBRE | SOMMES. |
|---|---|---|
| | | fr. |
| Mandats de poste. . . . . . . . . . . . . . | 6 131 012 | 193 321 000 |
| Valeurs déclarées. . . . . . . . . . . . . . | 1 636 567 | 721 205 000 |
| Lettres recommandées et chargements . . . | 5 082 533 | » |
| Totaux. . . . . | 12 850 112 | 914 526 000 |

C'était donc un total de près de 13 millions de transmissions, dont deux catégories seules, celles des valeurs déclarées et des mandats de poste, représentaient un mouvement de valeurs de plus de 900 millions, et encore, ajoutait M. Riant, « il ne faut pas perdre de vue que le montant des valeurs déclarées est souvent bien au-dessous de la vérité. Les banquiers envoient, par exemple, dans une lettre 20 000 francs en billets de banque, déclarent 100 francs seulement et vont ensuite trouver une compagnie d'assurances, qui, moyennant une prime légère, assure la somme de 20 000 francs. C'est là encore, au moins en grande partie, l'une des conséquences de la surélévation de tarif apportée par la loi de 1871, et il n'est pas douteux qu'à l'exemple des mandats de poste, les valeurs déclarées ne pourront reconquérir et dépasser leur situation de 1869 que par un retour au tarif de cette époque (0 fr. 10 par 100 fr.) »

Sur plus de 5 millions d'objets recommandés, 28 cas de perte seulement avaient donné lieu, en 1876, à des indemnités qui n'avaient pas dépassé 750 francs.

Sur plus de 700 millions de francs déclarés, l'administration n'avait eu à rembourser, pendant le même exercice, que 8 157 francs.

Soit un total de 8 907 francs.

M. Riant considérait, à bon droit, un pareil résultat comme un témoignage certain de la régularité et de la moralité générale du service.

Les extraits suivants des chapitres IX (Personnel) et X (Résumé) feront mieux ressortir que nous ne saurions le faire, la situation lamentable du personnel et l'insuffisance des moyens d'action mis à la disposition du service des postes :

*Personnel.* — Aucune administration publique n'impose à son personnel une somme de travail approchant du labeur incessant des agents des postes.

Pour le personnel des postes, il n'y a ni fêtes, ni dimanches, ni congés réguliers.

1 476 agents et sous-agents ambulants travaillent 12, 14 et 15 heures de suite dans des wagons de chemins de fer, souffrant également de la chaleur, du froid et du manque d'air. Beaucoup de bureaux sédentaires ne ferment jamais et une partie du personnel de ces bureaux est également astreinte à un travail de nuit extrêmement pénible pour lequel elle ne reçoit qu'une rémunération tout à fait insuffisante. Et encore les commis du service sédentaire, aussi bien que les receveurs de bureaux simples et les facteurs, doivent-ils se faire remplacer à leurs frais lorsque la maladie ou un événement grave les contraint de s'absenter.

D'un autre côté, le service augmente sans cesse.....

..... Cependant il est manifeste que les moyens d'exécution n'ont pas été mis en rapport avec l'étendue du travail. De 1865 à 1875, le mouvement postal s'est accru de 26,93 p. 100 ce qui équivaut à dire que, durant cette période de dix ans, les charges se sont accrues de plus d'un quart, tandis que les bras disponibles ne s'augmentaient même pas d'un septième. Et encore les chiffres sont-ils impuissants à traduire une pareille situation, car ils ne représenteront jamais la véritable somme de travail et de responsabilité résultant des modifications incessantes du service.

Du haut en bas de l'échelle hiérarchique, les agents des postes ont infiniment plus de travail et de responsabilité que tous les autres fonctionnaires, que tous les employés de commerce, de l'industrie, voire même que les ouvriers. Ce sont eux cependant qui sont les moins rétribués.

Aussi les concours de surnumérariat provoqués trois ou quatre fois chaque année à grand renfort de réclames dans les journaux et d'affiches apposées à côté des 45 000 boîtes aux lettres ne donnent-ils que des résultats misérables. Les « quelques » candidats placés « en tête » des listes d'admissibles sont « passables » ou « médiocres ; le reste n'a ni instruction, ni tenue, ni éducation.

Les agents supérieurs des postes ne sont pas suffisamment rétribués ; leur situation est de beaucoup inférieure à celle de leurs collègues des autres régies financières, et nullement en rapport avec les charges et la responsabilité qu'ils ont à supporter.

Le personnel d'exécution est absolument insuffisant comme nombre dans toutes les branches de l'exploitation.

A Paris, le service du départ est très pénible ; les agents du guichet sont très peu nombreux.

Quant aux départements, le personnel n'y a, pour ainsi dire, nul repos, beaucoup de bureaux ne ferment jamais, et dans certains bureaux des gares de chemins de fer, les commis passent toutes les nuits. Le langage énergique, mais juste, du personnel appelle ces bureaux-gares « *les pontons* ».

Comme les agents supérieurs, le personnel d'exécution est insuffisamment rétribué et n'a pas de quoi vivre.

Les sous-agents n'ont pas une meilleure situation.

Le Gouvernement ne peut pas laisser ainsi tomber celui de ses grands services qui touche de plus près aux intérêts du public. Il est urgent d'aviser et d'accorder à l'administration les crédits dont elle a absolument besoin, d'abord pour mettre au point de vue du nombre des agents et des sous-agents son personnel en mesure de faire face aux exigences toujours croissantes de l'exploitation ; ensuite, pour donner à ce personnel la rémunération convenable que la plus stricte équité, autant que la plus simple prévoyance, commandent de lui accorder.....

*Résumé*. — Voilà, Monsieur le ministre, la situation, navrante mais vraie, de la Poste ; voilà les difficultés présentes ; voilà ses besoins, besoins d'autant plus impérieux que l'avenir s'annonce comme devant nous apporter à très bref délai une nouvelle recrudescence de travail dont la perspective serait un objet d'effroi si le *statu quo* devait se prolonger davantage.

Il est pour moi de toute évidence que « le service a atteint les dernières limites d'une tension excessive ; que tous les expédients sont épuisés ; que le personnel actuel produit plus qu'il n'est convenable d'exiger des forces humaines ; que l'insuffisance de notre matériel se trahit à tous les instants » ; qu'en un mot et suivant une métaphore parfaitement juste que j'emprunte à l'un de mes prédécesseurs, l'administration se trouve en présence « d'une marée qui monte sans cesse et qui menace de submerger le service ». Or, si le directeur général des Postes pouvait s'exprimer ainsi à la veille de l'Exposition universelle de 1867, à plus forte raison ai-je le droit et le devoir de jeter le cri d'alarme aujourd'hui, c'est-à-dire alors que, depuis dix ans, la situation générale n'a fait qu'empirer; les moyens d'action sont loin de s'être développés en proportion de la somme de travail imposée au service. A plus forte raison ai-je encore le droit et le devoir de constater que si les remèdes voulues se font attendre plus longtemps, la Poste sera au-dessous de sa mission au moment de l'Exposition de 1878. Donnerons-nous aux étrangers que cette solennité réunira à Paris, et en particulier aux membres du Congrès postal auxquels nous devons préparer une hospitalité digne de la France et de Paris, le spectacle douloureux de l'indigence présente de notre organisation ?...

De toutes parts on nous demande de nouveaux établissements de poste, des distributions plus rapides, des facteurs ruraux plus nombreux, des bureaux de poste plus accessibles au public, des lignes de courriers plus multipliées, pour mettre en rapport des localités dont l'importance s'accroît chaque jour, et enfin un personnel plus nombreux d'agents donnant un service plus agile et répondant davantage aux besoins de rapidité qui sont dans l'esprit du siècle.

L'administration croit avoir tiré tout le parti possible des moyens d'action dont elle pouvait disposer ; « elle a obtenu de ses agents ce que les forces humaines peuvent donner », et elle ne pense pas qu'il soit possible d'imposer de nouveaux efforts à un service surmené.

Dans cette situation, et « en présence d'une marée qui monte sans cesse et qui menace de submerger le service », il n'est que deux partis à prendre :

Le premier, de restreindre les jouissances du public en écartant du service des postes, par des combinaisons de tarifs plus élevés, une partie des objets qui, tels que les imprimés, les prospectus, les échantillons, l'accablent aujourd'hui ;

Le second, d'adopter des mesures héroïques, c'est-à-dire d'allouer de larges subventions pour faire face aux nécessités nouvelles et pour mettre le service des postes au niveau de ses besoins.

Je n'hésite pas à me prononcer pour le second parti : la poste est un monople : elle a pour mission de servir les intérêts du pays dans une mesure qui n'a d'autre limite que la limite de ces intérêts ; c'est dans ce sens qu'elle est entendue par tous les pays du monde. En outre, la poste est une exploitation bienfaisante, et « l'administrer à un point de vue fiscal, c'est déroger à l'esprit de son institution ».

Nous croyons devoir rapprocher des conclusions de ce remarquable rapport celles du rapport que M. Vandal avait adressé le 25 janvier 1866 au ministre des finances et qui étaient entièrement conformes à celles de M. Riant:

Une cause d'affaiblissement du service postal, disait M. Vandal, c'est la modicité des rémunérations, lesquelles sont moins élevées dans l'administration des postes que dans la plupart des autres administrations de l'Empire. En présence du développement considérable de la correspondance, l'administration est toujours obligée de consacrer les faibles ressources mises à sa disposition à augmenter le nombre des bras employés à ses manipulations, et cette obligation tend à réduire les salaires et à altérer le recrutement.

DEUXIÈME RAPPORT DE M. RIANT DU 11 NOVEMBRE 1877.

Dans un second rapport daté du 11 novembre 1877, M. Riant exposait en détail les différentes réformes qu'il importait d'introduire sans retard dans le service des postes.

Les dépenses nécessaires se répartissaient ainsi qu'il suit:

| OBJET. | DÉPENSES ANNUELLES. | DÉPENSES une fois payées. |
|---|---|---|
| | fr. | fr. |
| Organisation | 7 286 157 | 606 000 |
| Matériel | 552 250 | 741 790 |
| Personnel | 8 050 005 | » |
| TOTAL | 15 888 412 | 1 347 790 |

Il s'agit donc, ajoutait M. Riant en terminant, d'augmenter le budget annuel des dépenses de l'administration des postes de 15 millions environ. Je pense que cette augmentation pourrait être répartie sur cinq exercices, ce qui donnerait environ 3 millions par an. Or, depuis onze ans, le budget de la poste s'est accru annuellement de 1 million en moyenne, et, en ajoutant pendant cinq ans 2 millions à cet accroissement, on réaliserait, sans secousses, sans apporter aucun trouble sérieux dans l'équilibre des budgets de l'État, toutes les améliorations impérieusement réclamées par le service des postes.

Jusqu'ici les augmentations de crédits accordées à l'administration des postes n'ont été, en réalité, que de véritables expédients destinés à faire face, pour ainsi dire au jour le jour, à des exigences qu'il était impossible d'ajourner.

Cette marche suivie avec persévérance depuis longtemps sans aucun plan d'ensemble mûrement étudié, n'a pas produit des résultats en rapport avec les efforts apparents qu'elle a coûté et j'ai la conviction que le seul moyen de remédier au mal présent est de mesurer courageusement l'étendue de ce mal, de le préciser une bonne fois et de régler la répartition des crédits que je demande aujourd'hui suivant les besoins réels et reconnus, c'est-à-dire en commençant par ce qui est indispensable et en continuant la répartition suivant une marche étudiée et réglée à l'avance.

Aucune sanction ne fut donnée à ces deux rapports.

M. Riant tomba, en effet, avec le cabinet présidé par le général de Rochebouët et avec lui disparut le dernier directeur général des postes.

### M. ADOLPHE COCHERY, SOUS-SECRÉTAIRE D'ÉTAT DES FINANCES, CHARGÉ DE LA HAUTE DIRECTION DES SERVICES DES POSTES ET DES TÉLÉGRAPHES (28 DÉCEMBRE 1877).

Après les élections du 14 octobre 1877, M. Adolphe Cochery, député du Loiret, ancien rapporteur général de la commission du budget, fut nommé sous-secrétaire d'État des finances (20 décembre 1877) et par décret du 22 décembre suivant, les services des postes et des télégraphes furent placés sous sa haute direction.

Un décret du 27 décembre 1877 supprima l'emploi de directeur général des postes, attribua au sous-secrétaire d'État des finances la présidence du conseil d'administration et lui conféra les droits et prérogatives des anciens directeurs généraux.

Par décret du 27 février 1878, l'administration des télégraphes fut détachée du ministère de l'intérieur, réunie au ministère des finances et placée dans les attributions du sous-secrétaire d'État, qui, en vertu de l'article 3 du même décret, reçut la mission de prendre toutes les mesures nécessaires pour assurer la réunion des deux administrations des postes et des télégraphes.

### M. ADOLPHE COCHERY, MINISTRE DES POSTES ET DES TÉLÉGRAPHES (5 FÉVRIER 1879).

Enfin, un autre décret du 5 février 1879 érigea ces deux services en un ministère spécial et nomma M. Cochery ministre des postes et des télégraphes.

Nous venons de voir, par le rapport de M. Riant, quel était l'état déplorable du service des postes au mois de novembre 1877. Nos tarifs étaient trop élevés; la circulation postale était inférieure à ce qu'elle était chez la plupart des autres nations européennes, le personnel mal rétribué, surmené, mais toujours dévoué, succombait sous le poids de sa tâche et enfin l'insuffisance des moyens d'action se trahissait manifestement dans toutes les branches de l'exploitation.

Il était donc urgent de prendre des mesures énergiques pour régénérer ce grand service.

Telle était la tâche difficile et laborieuse qui incombait à M. Cochery. On sait avec quelle activité et avec quel rare bonheur il sut s'en acquitter.

L'œuvre de M. Cochery de 1877 à 1885 (sans parler du service des télégraphes qui n'entre pas dans le cadre de notre ouvrage) embrasse les questions suivantes que nous allons successivement examiner :

*Fusion des postes et des télégraphes. Réforme des tarifs. Service ambulant et courriers. Services maritimes. Bureaux de poste et boîtes aux lettres. Service rural. Articles d'argent. Service de Paris. Recouvrement des effets de commerce. Abonnements aux journaux. Caisse nationale d'épargne. Congrès de Paris* (1878). *Colis postaux.*

FUSION DES DEUX SERVICES DES POSTES ET DES TÉLÉGRAPHES.

La question de la fusion des deux services des postes et des télégraphes avait été agitée à diverses reprises dans nos assemblées parlementaires et dans les conseils du gouvernement, notamment en 1862 et en 1864 devant le Corps législatif, en 1871 et en 1872 devant l'Assemblée nationale. « La logique apparente des choses », disait M. Charles Rolland membre de l'Assemblée nationale, dans son rapport du 21 juin 1872, semble confondre ces deux services qui « ont le même but, la charge commune de la correspondance ».

Toutefois, l'assemblée nationale s'était bornée, sur la demande du gouvernement, à prescrire, par la loi du 6 décembre 1873, la réunion des deux services dans les bureaux d'ordre secondaire.

Ce fut, comme nous l'avons dit plus haut, le décret du 27 février 1878 qui autorisa le sous-secrétaire d'État des finances *à prendre toutes les mesures nécessaires pour assurer définitivement la réunion des deux services.*

Un premier arrêté du 15 avril 1878 réunit dans des conditions toutes transitoires, les divers organes des deux administrations centrales qui furent constituées par les décrets des 19 mars, 16 juillet et 6 décembre 1881.

En vertu de ces décrets, l'administration centrale des postes et des télégraphes fut divisée en six directions : Direction du cabinet et du service central, Direction du personnel, Direction de la comptabilité, Direction du matériel et de la construction, Direction des services sédentaires, Direction des correspondances postales.

Une septième direction fut créée lors de l'établissement de la caisse nationale d'épargne, mais nous devons ajouter que cette caisse, ayant son budget spécial, doit plutôt être considérée comme un service annexe de l'administration centrale des postes et télégraphes.

Une inspection générale, dite de contrôle, fut créée pour porter sur les diverses branches de l'administration la surveillance directe du ministre.

Quant aux services d'*exploitation* des postes et des télégraphes dans les départements, ils furent complètement unifiés et placés sous l'autorité d'un seul chef, le directeur départemental.

Seuls les organes des postes ou des télégraphes n'ayant pas de similaires dans l'un ou l'autre service, tels que, pour les télégraphes, le service de la construction des lignes, les bureaux télégraphiques ayant une importance technique spéciale (bureaux de dépôt) et, pour la poste, les bureaux ambulants et les paquebots conservèrent leur autonomie.

DÉCRET DU 23 AVRIL 1883 PORTANT ORGANISATION DES SERVICES EXTÉRIEURS DU MINISTÈRE DES POSTES ET DES TÉLÉGRAPHES.

Les services extérieurs du ministère des postes et des télégraphes furent réorganisés par le décret du 23 avril 1883, inséré au *Bulletin des lois*, n° 768.

Il ne nous est pas possible de citer le texte entier de ce document, en raison de son étendue; nous nous bornerons à en reproduire les 22 premiers articles :

LE PRÉSIDENT DE LA RÉPUBLIQUE FRANÇAISE,

Vu le décret du 25 mars 1852[1] sur la décentralisation administrative;

Vu le décret du 20 janvier 1862[2] sur l'organisation de l'administration des lignes télégraphiques;

Vu le décret du 27 novembre 1864[3] sur l'organisation du service des postes;

Vu le décret du 27 février 1878[4] relatif à la fusion des postes et des télégraphes,

DÉCRÈTE :

ARTICLE PREMIER. — Les services extérieurs du ministère des postes et des télégraphes comprennent :

1° Le service technique;

2° Le service d'exploitation;

3° Le service ambulant;

4° Le service maritime;

5° Les services spéciaux, savoir :

L'inspection générale du contrôle; la télégraphie sous-marine; la réception et la vérification du matériel; les services des timbres-poste; l'école supérieure de télégraphie.

ART. 2. — Le service technique est chargé :

1° De la construction et de l'entretien des lignes, des appareils et du matériel postal et télégraphique;

2° De l'installation, de l'appropriation et de l'approvisionnement des bureaux;

3° De l'enseignement,

4° De la télégraphie militaire.

ART. 3. — Le service technique est organisé par régions.

Le territoire de la France continentale avec la Corse est divisé en quinze régions. Le territoire de l'Algérie forme une seizième région.

ART. 4. — A la tête de chaque région est placé un directeur-ingénieur. Il est assisté d'inspecteurs-ingénieurs, de sous-ingénieurs et de contrôleurs. Il dispose éga-

1. xe série, Bull. 508, n° 3855.
2. xie série, Bull. 995, n° 9885.
3. xie série, Bull. 1254, n° 12794.
4. xiie série, Bull. 382, n° 6817.

lement de commis pour le service sédentaire de la direction, et assure l'exécution des travaux avec l'aide de chefs surveillants, de surveillants et d'équipes d'ouvriers.

Le nombre par région des agents ci-dessus désignés et leur résidence sont fixés d'après les besoins du service. Les directeurs-ingénieurs sont ordonnateurs secondaires des dépenses du service technique.

Art. 5. — L'exploitation comprend l'exécution des opérations postales et télégraphiques et la perception des taxes dans les bureaux sédentaires de poste et de télégraphe, l'acheminement, la transmission et la remise des correspondances.

Art. 6. — A la tête de l'exploitation dans chaque département est placé un directeur des postes et des télégraphes responsable du service et assisté, pour la surveillance et la vérification des bureaux, d'inspecteurs et de sous-inspecteurs.

Il dispose de commis pour l'exécution des travaux sédentaires de la direction et de brigadiers-facteurs. Le nombre de ces divers agents est fixé, pour chaque direction départementale, d'après les besoins du service.

Un arrêté ministériel détermine les exceptions qu'il peut y avoir lieu d'apporter aux dispositions qui précèdent en ce qui concerne le département de la Seine.

Art. 7. — L'exécution du service est confiée dans chaque bureau à un receveur des postes et des télégraphes qui relève du directeur départemental pour l'ensemble de l'exploitation, mais il est placé sous le contrôle du service technique pour l'entretien du matériel et des appareils télégraphiques, ainsi que pour toutes les opérations du ressort du service technique auxquelles il peut être appelé à participer. Dans chaque département, le receveur placé au chef-lieu a le titre de receveur principal. Il centralise la comptabilité des recettes et des dépenses de tous les bureaux du département, mais sans exercer aucune autorité sur les autres receveurs; il est justiciable direct de la cour des comptes. Toutefois il n'est responsable que des faits de sa gestion personnelle et de la validité des pièces justificatives de dépenses qu'il a admises dans sa comptabilité, après les avoir reçues des autres receveurs du département.

Les receveurs sont assistés, s'il y a lieu, par des commis principaux, des commis ordinaires, des commis auxiliaires et des surnuméraires. Des chefs et des sous-chefs de section leur sont adjoints dans les bureaux d'une importance exceptionnelle.

Le cadre des bureaux peut également comprendre un ou plusieurs gardiens de bureau chargés des travaux d'ordre intérieur, et, s'il y a lieu, du relevage des boites.

La distribution des correspondances postales et télégraphiques est effectuée par des facteurs titulaires et par des facteurs auxiliaires. Des facteurs peuvent également être chargés du relevage des boites.

Art. 8. — Le service ambulant chargé du transport et du tri des correspondances sur les chemins de fer est réparti en huit lignes; chaque ligne est divisée en sections de ligne; chaque section de ligne comporte un certain nombre de brigades.

Art. 9. — A la tête de chaque ligne de bureaux ambulants est placé un directeur assisté d'inspecteurs, de sous-inspecteurs et de commis.

Le cadre des brigades comprend des chefs de brigade, des commis principaux et des commis. Les chefs de brigade remplissent, sur les bureaux ambulants, les fonctions dévolues aux receveurs des bureaux sédentaires; toutefois ils ne sont chargés d'effectuer aucune recette.

Art. 10. — Le service maritime a pour objet le transport des correspondances échangées avec les pays d'outre-mer.

Des fonctionnaires du service des postes et des télégraphes en résidence dans les ports d'attache des lignes de paquebots sont désignés par le ministre pour y remplir les fonctions de commissaires du gouvernement ou de délégués de ces commissaires. Ils veillent à l'exécution du cahier des charges des compagnies subventionnées.

Des agents embarqués peuvent être placés sur certaines lignes pour effectuer le service postal à bord des paquebots, et pour y exercer les attributions qui leur sont dévolues par les règlements.

Des commissions de surveillance sont instituées dans les ports d'attache des lignes de paquebots. Des commissions spéciales procèdent à la réception et aux essais du matériel naval affecté au service postal.

Art. 11. — Les directeurs des postes et des télégraphes, les directeurs des lignes de bureaux ambulants et les commissaires du gouvernement exercent, chacun dans la sphère de ses attributions, les fonctions de chef de service.

Ils correspondent seuls avec le ministre. Ils procèdent à l'étude des mesures d'organisation et pourvoient aux moyens d'exécution. Ils surveillent l'ensemble du service dont la direction leur est confiée, et en demeurent responsables.

En cas d'urgence, ils prennent, sous leur responsabilité, l'initiative des mesures nécessaires pour assurer le service : ils rendent compte immédiatement au ministre des dispositions qu'ils ont prises.

Les directeurs départementaux sont ordonnateurs secondaires des dépenses de l'exploitation imputées sur les crédits qui leur sont délégués. Ils sont, en outre, chargés de la vérification de la comptabilité dans leur département.

Art. 12. — L'inspection générale du contrôle est chargée de surveiller les diverses branches de l'exploitation et de renseigner directement le ministre sur l'état du service et l'exécution des règlements.

Art. 13. — Le service de la télégraphie sous-marine a pour objet la réception, la pose et l'entretien des câbles sous-marins appartenant à l'État. L'usine de la Seyne-sur-Mer, chargée de la fabrication et de la réparation des câbles, est rattachée à ce service.

Art. 14. — Le service de la vérification du matériel a dans ses attributions la réception des fournitures générales de matériel ; il procède aux essais nécessaires et surveille, s'il y a lieu, dans les usines, les travaux de construction et d'entretien effectués pour le compte de l'administration par les fournisseurs. Le dépôt central du matériel et les ateliers du service télégraphique y sont rattachés.

Art. 15. — Les services des timbres-poste comprennent l'atelier de fabrication, l'agence comptable, le magasin central. La fabrication comprend les timbres-poste, enveloppes et bandes timbrées, chiffres-taxes, cartes-télégrammes, bons de poste, timbres épargne, et en général tous les papiers de valeur dont l'administration se réserve la fabrication.

Art. 16. — L'école supérieure de télégraphie est destinée spécialement à recruter le personnel des ingénieurs. Le nombre des élèves, les conditions du programme d'admission, la durée et les matières des cours sont déterminés par arrêté ministériel.

Art. 17. — Des cours sont établis à l'école supérieure de télégraphie pour les agents des postes et des télégraphes qui se préparent à cette école ou à l'examen pour l'emploi de contrôleur.

Sont également institués, à Paris et dans les départements, des cours théoriques et pratiques dans le but de développer les connaissances générales et l'instruction professionnelle des agents. Le ministre détermine les conditions dans lesquelles les commis et les surnuméraires peuvent être appelés à suivre ces cours.

Art. 18. — En dehors des services permanents désignés dans les articles précédents, des services spéciaux peuvent, en outre, être constitués à titre temporaire pour l'exécution des travaux extraordinaires, lorsque cette création est nécessitée par les besoins du service.

Art. 19. — Les grades et les traitements du personnel sont fixés ainsi qu'il suit :

| | EMPLOIS. | MINIMUM. | TRAITEMENTS INTERMÉDIAIRES. | MAXIMUM. |
|---|---|---|---|---|
| | | fr. | | fr. |
| Service technique et services spéciaux. | Inspecteurs généraux. . . . | 10 000 | 12 000 fr. . . . . . . . . | 15 000 |
| | Directeurs-ingénieurs et ingénieurs chefs d'un service | 8 000 | 9 000 fr. . . . . . . . . | 10 000 |
| | Inspecteurs du contrôle. . . | 6 000 | 7 000, 8 000, 9 000 fr. . | 10 000 |
| | Inspecteurs-ingénieurs . . . | 4 000 | 5 000, 6 000, 7 000 fr. . | 8 000 |
| | Sous-ingénieurs . . . . . . | 2 500 | 3 000 fr. . . . . . . . . | 3 500 |
| | Inspecteurs adjoints du contrôle . . . . . . . . . . | 4 000 | 4 500, 5 000 fr. . . . . | 5 500 |
| | Élèves-ingénieurs . . . . . | . . . . . | 1 800 fr. . . . . . . . . | » |
| | Contrôleurs . . . . . . . . | 2 500 | 3 000, 3 500, 4 000 fr. . | 4 500 |
| | Mécaniciens. . . . . . . . | 1 800 | 2 100, 2 400, 2 700, 3 000 f. | 3 500 |
| | Chefs surveillants . . . . . | 1 400 | 1 600, 1 800, 2 000, 2 200 f. | 2 400 |
| | Ouvriers aux machines. . . | 1 500 | 1 600 fr. . . . . . . . . | 1 700 |
| Service d'exploitation et service ambulant. | Directeur des postes de Paris | 8 000 | 9 000, 10 000, 11 000 fr. | 12 000 |
| | Directeur des postes et des télégraphes dans les départements et directeurs des bureaux ambulants. . . . | 6 000 | 7 000, 8 000, 9 000 fr. . | 10 000 |
| | Inspecteurs principaux à Paris . . . . . . . . . . | 6 000 | 7 000 fr. . . . . . . . . | 8 000 |
| | Inspecteurs . . . . . . . . | 4 000 | 4 500, 5 000 fr . . . . . | 5 500 |
| | Sous-inspecteurs. . . . . . | 3 000 | . . . . . . . . . . . . . | 3 500 |
| | Brigadiers-facteurs. . . . . | 1 000 | 1 200, 1 400, 1 600, 1 800, 2 000, 2 200 fr. . . . | 2 400 |
| | Receveur principal des postes de la Seine. . . . . . | 8 000 | 9 000 fr. . . . . . . . . | 10 000 |
| | Receveurs des bureaux composés . . . . . . . . . . | 3 000 | 3 500, 4 000, 4 500, 5 000, 6 000, 7 000 fr. . . . | 8 000 |
| | Chefs de brigade des bureaux ambulants. . . . . | 2 700 | 3 000, 3 300, 3 600 fr. . | 4 000 |
| | Receveurs des bureaux simples. . . . . . . . . . . | 800 | 1 000, 1 200, 1 400, 1 600, 1 800, 2 000, 2 200, 2 400 fr. . . . . . . | 2 700 |
| | Dames employées . . . . . | 800 | Avancements par échelons successifs de 100 francs . . . . . . . . | 1 800 |
| | Sous-agents du matériel des bureaux ambulants. . . . | 1 000 | | 2 000 |
| | Facteurs-chefs, courriers convoyeurs et entreposeurs . | 1 000 | | 1 800 |
| | Facteurs de ville des postes et facteurs des télégraphes. | 1 000 | | 1 500 |
| Service maritime. | Agents embarqués. . . . . | 2 100 | 2 400, 2 700, 3 000, 3 300, 3 600 fr. . . . . . . . | 4 000 |
| Emplois communs aux divers services. | Chef de section, agent comptable de la fabrication des timbres-poste . . . . | 5 000 | 5 500, 6 000, 7 000 fr. . | 8 000 |
| | Sous-chefs de section, garde-magasin central des timbres-poste. . . . . . . . | 3 500 | 4 000, 4 500 fr. . . . . . | 5 000 |
| | Commis principaux . . . . | 2 700 | 3 000, 3 300, 3 600 fr. . | 4 000 |
| | Commis ordinaires. . . . . | 1 500 | 1 800, 2 100, 2 400 fr. . | 2 700 |
| | Brigadiers-chargeurs. . . . | 1 000 | Avancements successifs par échelons de 100 francs. . . . . . . . | 2 000 |
| | Surveillants, gardiens de bureau et chargeurs . . . | 1 000 | | 1 800 |

Le traitement des facteurs chargés de la distribution des correspondances postales dans les localités les moins importantes et dénommés facteurs locaux et ruraux est fixé d'après le service effectué et sur la base du parcours kilométrique.

Ces sous-agents peuvent, en outre, obtenir successivement, après dix, quinze et vingt ans de services, trois hautes payes de cinquante francs chacune, dont le montant, sujet à la retenue, concourt avec le traitement pour la liquidation de la pension de retraite.

Dans les villes sièges des bureaux les plus importants et désignés à cet effet comme bureaux composés, la distribution et le relevage des boîtes sont effectués par des facteurs, dits *facteurs de ville*, dont le traitement est fixé uniformément, pour toutes les tournées, sur la base indiquée au tableau ci-dessus.

Des agents et sous-agents auxiliaires peuvent être placés dans les bureaux en dehors du cadre normal pour faire face aux exigences du service.

Les titulaires des bureaux de moindre importance et désignés sous le nom de *Bureaux simples* peuvent recevoir un abonnement spécial destiné à leur permettre de s'adjoindre des aides rétribués directement par eux.

Art. 20. — La rétribution des auxiliaires, les frais de mission et les indemnités diverses qui peuvent être allouées aux agents de toute classe, les cadres des divers services, des directions et des bureaux sédentaires et ambulants sont fixés, dans la limite des crédits budgétaires, par arrêté du ministre des postes et des télégraphes.

Art. 21. — La nomination aux fonctions d'inspecteur-général, de directeur-ingénieur et de directeur de l'exploitation est faite par décret.

La nomination aux autres emplois est faite par arrêté ministériel, sauf en ce qui concerne les agents désignés à l'article 5 du décret du 25 mars 1852.

Art. 22. — Les conditions d'admission au surnumérariat, aux emplois de dames et de sous-agents sont déterminées par arrêté ministériel.

Sont également fixées dans la même forme les conditions des examens spéciaux pour le grade d'ingénieur, l'emploi de contrôleur, et de l'examen dit *du second degré*, pour les emplois supérieurs du service de l'exploitation.

Les autres articles du décret sont relatifs à l'avancement, aux congés, à la mise en disponibilité et aux peines disciplinaires.

## LOI DU 6 AVRIL 1878. — RÉFORME POSTALE.

La loi du 24 août 1871 qui avait augmenté presque toutes les taxes postales, subsista jusqu'au vote de la loi du 6 avril 1878.

En raison de l'importance de cette dernière loi, nous avons pensé qu'il ne serait peut-être pas sans intérêt d'entrer dans quelques développements et d'exposer les phases diverses qu'elle a eu à subir, ainsi que les propositions et les amendements auxquels elle a donné lieu.

La loi du 6 avril 1878 qui édicta l'abaissement des taxes postales, fut votée à la suite d'un grand nombre de propositions que nous allons successivement examiner.

1° *Proposition de MM. A. Talandier, César Bertholon*, etc. (séance du 7 avril 1876) demandant l'affranchissement obligatoire, l'adoption d'une taxe unique de 10 centimes pour 15 grammes pour toutes les lettres circulant en France, avec augmentation de 5 centimes par 10 grammes en sus et la fixation d'une taxe unique de 5 centimes pour les cartes postales.

Projet repoussé par la commission chargée de l'examiner.

2° *Proposition de M. Ménier*, député, (séance du 10 mai 1876) tendant à exonérer de toute taxe les lettres émanant des soldats et des sous-officiers jusqu'au grade d'adjudant inclusivement.

Proposition écartée comme étant impraticable.

3° *Proposition de MM. Jules Le Cesne, Cherandier*, etc. (séance du 29 mai 1876) tendant à rendre l'affranchissement obligatoire et demandant l'application des taxes suivantes :

1° Lettres. — Taxe unique, 15 centimes jusqu'à 15 grammes ; 30 centimes de 15 à 30 grammes et 10 centimes par 10 grammes au-dessus.

2° Cartes postales. — Taxe unique, 10 centimes.

3° Publications périodiques uniquement consacrées aux lettres et aux sciences, aux arts, au commerce, à l'agriculture, à l'industrie, à l'économie politique : 1 centime par exemplaire de 20 grammes avec augmentation de 1 centime par 10 grammes au-dessus.

4° Journaux politiques autres que ceux circulant dans un même département ou départements limitrophes, ceux de Seine et Seine-et-Oise non compris dans cette exception : 3 centimes jusqu'à 50 grammes, avec accroissement de 1 centime par chaque excédent de 10 grammes ou fraction de 10 grammes ;

5° Circulaires, prospectus, catalogues, prix-courants et avis divers : 1 centime par exemplaire et par 10 grammes ;

6° Mandats de poste, 1/2 p. 100 ;

7° Lettres contenant des valeurs déclarées. Droit fixe : 30 centimes ; droit proportionnel, 10 centimes p. 100.

Cette proposition fut repoussée par la commission du budget ; la perte totale résultant de son adoption avait été évaluée à 49 500 000 francs répartis en cinq années.

4° *Projet de loi présenté au nom du gouvernement* (séance du 4 juillet 1876) par M. Léon Say, ministre des finances, ayant pour objet d'abaisser le droit proportionnel à percevoir sur le montant des valeurs déclarées.

1° Réduction de 20 centimes à 5 centimes par 100 francs du droit proportionnel.

2° Obligation pour le public de déclarer toutes les valeurs renfermées dans les lettres chargées.

Ce projet, qui avait soulevé plusieurs objections notamment de la la part de la compagnie des agents de change et de la chambre de commerce de Lyon, fut repoussé par la commission du budget.

5° *Projet de loi présenté au nom du gouvernement* (séance du 17 juillet 1876) par M. Léon Say, ministre des finances, ayant pour objet de modifier les taxes applicables aux imprimés circulant à l'intérieur sous enveloppes ouvertes ou sous forme de lettres non fermées.

Imprimés sous enveloppe ouvertes : 1 centime par 10 grammes.

Un amendement à ce projet fut présenté par M. Girault, député du Cher (séance du 28 juillet 1876) :

Imprimés sous enveloppes ouvertes : 1 centime par 10 grammes, avec augmentation de 1 centime par 10 grammes ou fraction de 10 grammes. A l'exception des avis imprimés ou lithographiés de naissance, mariage, décès, cartes de visite.

Le projet du gouvernement ainsi que l'amendement de M. Girault firent l'objet d'un rapport de la commission du budget.

*M. Cochery rapporteur.* — Ce rapport, déposé par M. Adolphe Cochery dans la séance du 14 juillet 1876, concluait à l'adoption du projet du gouvernement, sauf l'addition d'un nouvel article indiqué ci-après et au rejet de l'amendement de M. Girault.

Voici le projet de loi présenté par la commission :

1° Imprimés de toute nature sous enveloppes ouvertes :
*Taxe unique :* 5 centimes par 50 grammes.
2° *Journaux politiques :* 2 centimes par chaque exemplaire du poids de 20 gr.

*Nouveau projet présenté par le gouvernement.* — Le 11 novembre 1876, M. Léon Say présentait, au nom du gouvernement, un nouveau projet tendant à réduire à 20 centimes la taxe des lettres jusqu'à 15 gr. et à 10 centimes celle des cartes postales.

Quatre amendements au projet du gouvernement furent renvoyés à la commission du budget et réunis dans un même rapport.

M. Cochery, rapporteur, s'exprimait en ces termes :

M. le ministre des finances nous proposait de ramener la taxe des lettres circulant de bureau à bureau, à 20 centimes et celle des cartes postales à 10 centimes. Nous avons jugé cette réforme insuffisante; elle ne serait pas de nature à donner une satisfaction réelle à notre industrie et à accélérer suffisamment le mouvement de la correspondance. On pouvait discuter peut-être l'opportunité de la mesure; mais dès que cette mesure est reconnue nécessaire, elle doit être complète, de manière à produire tous ses effets.

Nous ne voulons d'autre argument en faveur de notre opinion que celui qui est présenté par M. le ministre lui-même, dans l'exposé des motifs qui sert de préambule au projet de budget pour 1878.

Il faut, dit M. Léon Say, procéder par des abaissements importants quand il s'agit d'impôts de consommation que l'on veut conserver en les rendant plus légers. On doit, dans ce cas, chercher à compenser la perte qui provient de la diminution des tarifs par l'augmentation des produits qui est la conséquence de l'accroissement des quantités imposables. Pour y arriver, il faut, pour ainsi dire, frapper un grand coup et provoquer la consommation par un abaissement considérable des prix.

Le système des réductions progressives s'applique, au contraire, aux impôts qui ne doivent pas être conservés et qu'on n'a pas besoin de perfectionner puisqu'on veut les abolir. Il est certain qu'un abaissement de 5 centimes sur les cartes postales déterminerait un faible accroissement dans les correspondances. La réduction passerait, pour ainsi dire, inaperçue, elle diminuerait immédiatement les recettes du Trésor et ne trouverait pas sa contre-partie dans l'augmentation sensible de la circulation des lettres.

Après avoir examiné la proposition de M. Talandier (réduction de la taxe des lettres à 10 centimes), qui n'avait pas paru pouvoir être admise, à cause du déficit considérable qui en résulterait pour le Trésor, le rapporteur passait à l'examen de la proposition de M. Le Cesne, et s'exprimait ainsi :

La même objection ne saurait être faite à la proposition de M. Le Cesne.

Il nous demande de réduire uniformément, à l'intérieur, la taxe des lettres, à 15 centimes, et celle des cartes postales à 10 centimes.

Il en résulterait une réduction de 10 centimes, soit des deux cinquièmes, pour près des neuf dixièmes des lettres circulant en France : c'est effectuer une réforme importante, c'est, comme le demandait M. le ministre des finances, frapper un grand coup et par suite provoquer une abondante production.

La réduction d'un tiers serait applicable aux cartes postales circulant de bureau à bureau qui ne paieraient plus que 10 centimes.

Les lettres et les cartes, circulant dans la circonscription d'un bureau ne profiteraient actuellement d'aucune réduction, nous le regrettons; mais étendre la réforme à cette partie de la correspondance, c'était accroître notre déficit provisoire, et par suite aggraver la difficulté financière de le combler. Nous préférons débuter par une réforme importante s'appliquant à la presque totalité des correspondances.

Il y a, du reste, un avantage que l'on ne saurait manquer d'apprécier, dans l'établissement d'une taxe unique. Elle évite les erreurs : elle simplifie le service.

Le ministre des finances évaluait à 12 millions se répartissant sur plusieurs années la perte qui résulterait de la réduction de la taxe à 20 centimes et à 15 126 964 francs pour la première année dans l'hypothèse de la réduction à 15 centimes.

En acceptant cette évaluation, la commission du budget estimait que la perte totale s'élèverait à 27 380 892 fr. se répartissant sur trois années.

A ce propos, M. Cochery s'exprimait ainsi :

La réforme à 20 centimes entraînerait donc un déficit total de 12 millions et celle à 15 centimes de 27 millions.

Le rapprochement de ces deux chiffres suffit à démontrer que le sacrifice n'est pas assez considérable pour hésiter à faire une réforme complète en réduisant immédiatement la taxe à 15 centimes.

En résumé, le projet présenté par la commission était le suivant :

Article premier. — La taxe des lettres est fixée conformément aux indications du tableau suivant :

| POIDS DES LETTRES. | AFFRANCHIES | NON AFFRANCHIES. |
|---|---|---|
| | fr. c. | fr. c. |
| Jusqu'à 15 grammes inclusivement. . . . . . . . | 0 15 | 0 30 |
| Au-dessus de 15 grammes jusqu'à 30 grammes. . . | 0 30 | 0 60 |
| Au-dessus de 30 grammes jusqu'à 50 grammes. . . | 0 50 | 1 » |
| Au-dessus de 50 grammes par chaque 50 grammes ou fraction de 50 grammes . . . . . . . . . . | 0 50 | 1 » |

ART. 2. — La taxe des cartes postales est fixée à 10 centimes.

ART. 3. — La taxe des journaux, recueils, annales, mémoires et bulletins périodiques paraissant au moins une fois par trimestre, et traitant de matières politiques ou non politiques, est, par exemplaire, de :

2 centimes jusqu'à 15 grammes inclusivement;

3 centimes au-dessus de 15 grammes, jusqu'à 30 grammes inclusivement;

Au-dessus de 30 grammes, le port est augmenté de 1 centime par chaque 10 grammes ou fraction de 10 grammes.

ART. 4. — Les journaux et écrits périodiques, désignés en l'article précédent, ne paient que la moitié du port fixé par cet article, quand ils circulent dans l'intérieur du département où ils sont publiés, ou dans les départements limitrophes.

Ceux publiés dans les départements de la Seine et de Seine-et-Oise ne jouissent de cette réduction que dans l'intérieur du département où ils sont publiés.

La perception de la taxe se fait soit en timbres-poste, soit en numéraire pour les journaux expédiés en nombre, mais le centime entier n'est dû que pour la fraction de centime du port total.

ART. 5. — Les journaux, recueils, annales, mémoires et bulletins périodiques, ainsi que tous les imprimés, sont exceptés de la prohibition établie par l'article premier de l'arrêté du 27 prairial an IX, quel que soit leur poids, mais à la condition d'être expédiés soit sous bandes mobiles ou sous enveloppes ouvertes, soit en paquets non cachetés et faciles à vérifier.

ART. 6. — Le port : 1° Des circulaires, prospectus, avis divers et prix courants, livres, gravures, lithographies, en feuilles, brochés ou reliés;

2° Des avis imprimés ou lithographiés de naissance, mariage, ou décès, des cartes de visite, des circulaires électorales ou bulletins de vote;

3° Et généralement de tous les imprimés expédiés sous bandes, autres que les journaux et ouvrages périodiques

Est fixé ainsi qu'il suit par chaque paquet portant une adresse particulière :

1 centime par 5 grammes jusqu'à 20 grammes, 5 centimes au-dessus de 20 grammes jusqu'à 50 grammes, au-dessus de 50 grammes 5 centimes par 50 grammes ou fraction de 50 grammes excédant.

Les bandes doivent être mobiles et ne pas dépasser un tiers de la surface des objets qu'elles recouvrent. Dans le cas contraire, la taxe fixée par l'article suivant est appliquée.

ART. 7. — Les objets désignés en l'article précédent peuvent être expédiés sous forme de lettres ou sous enveloppes ouvertes, de manière qu'ils soient facilement vérifiés. Dans ce cas, le port est, pour chaque paquet portant une adresse particulière, de 5 centimes par 50 grammes ou fraction de 50 grammes.

ART. 8. — 1° Le droit à payer pour l'expédition de valeurs envoyées par lettre est abaissé de 20 à 10 centimes par 100 francs ou fraction de 100 francs déclarés.

2° La taxe des avis de réception des valeurs déclarées et des lettres ou autres objets recommandés est abaissée de 20 à 10 centimes.

ART. 9. — Les dispositions des articles qui précèdent, ne sont applicables qu'aux lettres, journaux et autres imprimés confiés à la poste, nés et distribuables en France et en Algérie. Elles sont exécutoires à partir du 1er juillet 1877.

A partir de la même date, sont abrogées toutes les dispositions des lois postales antérieures contraires à la présente loi.

Les articles 10, 11, 12, 13, 14, 15 étaient relatifs à la correspondance officielle expédiée en franchise.

Le 16 Mai et la dissolution ajournèrent la réalisation de ces utiles réformes.

*Projet présenté par M. Caillaux.* — M. Caillaux, ministre des finances, s'appropriant les conclusions du rapport de la commission du budget, en fit la base d'un nouveau projet de loi qu'il présenta à la Chambre des députés dans la séance du 17 novembre 1877.

La commission du budget examina ce projet et, à la suite de nouvelles études, elle élabora un nouveau rapport (M. Ad. Cochery, rapporteur) et proposa les modifications suivantes aux résolutions formulées dans son premier rapport :

*Lettres affranchies :* 15 centimes par 15 grammes ou fraction de 15 grammes.
*Lettres non affranchies :* taxe double de celle des lettres affranchies.
*Journaux et ouvrages périodiques traitant ou non de matières politiques :*

2 centimes jusqu'à 20 grammes; au-dessus de 20 grammes, 1 centime par 20 grammes; moitié de ces taxes pour les journaux circulant dans l'intérieur du département où ils sont publiés, ou dans les départements limitrophes (sauf pour la Seine et Seine-et-Oise).

Le rapporteur justifiait ainsi ces modifications :

1° *En ce qui concerne les lettres :* La commission du budget de 1877 vous proposait de décider que de 15 grammes à 30 grammes, les lettres acquitteraient une taxe de 30 centimes; de 30 à 50 grammes une taxe de 50 centimes et enfin qu'au-dessus de 50 grammes, la progression serait de 50 centimes par 50 grammes.

Il nous a paru plus logique, précisément à cause de la grande simplicité qui en résulterait, d'adopter un tarif ne comportant que les multiples exacts du poids et de la taxe applicables aux lettres simples.

Celles-ci étant assujetties à une taxe de 15 centimes par 15 grammes, les lettres d'un poids supérieur seraient soumises à une taxe calculée à raison de 15 grammes, et la taxe des lettres non affranchies serait double de celle des lettres régulièrement affranchies

2° *Relativement aux journaux et imprimés divers expédiés sous bande :*

Dans notre rapport du 15 mars 1877, nous avons proposé :

1° D'adopter une tarification nouvelle en ce qui concerne le transport des journaux par la poste;

2° D'abaisser la taxe applicable aux imprimés expédiés sous bande par la même voie;

3° Enfin, d'admettre que les journaux et imprimés sous bandes pourraient être transportés par ballots sans se servir de la poste et sans limite de poids.

Les taxes proposées pour le transport des journaux par la poste étaient de :

2 centimes jusqu'à 15 grammes;

3 centimes de 15 à 30 grammes;

Au-dessus de 30 grammes, ce port était augmenté de 1 centime par 10 grammes ou fraction de 10 grammes.

Il a été justifié à votre commission que cet abaissement de taxe ne profiterait pas aux journaux; en effet, le papier des journaux à 5 centimes pèse plus de 15 grammes et leur dimension ne saurait être réduite.

D'un autre côté, le poids des grands journaux dépasse 30 grammes.

Donc, pour faire profiter la presse, et surtout ses lecteurs d'une légère réduction de taxe, votre commission a été amenée à modifier les poids auxquels s'appliqueront les taxes nouvelles.

Elle vous propose d'accepter :

2 centimes jusqu'à 20 grammes;

3 centimes de 20 à 40 grammes.

Au-dessus de 40 grammes, le port serait augmenté de 1 centime par 20 grammes ou fraction de 20 grammes.

Les journaux des départements circulant dans l'intérieur des départements où ils sont publiés ou dans les départements limitrophes, continueraient à payer moitié de la taxe applicable aux journaux publiés dans les départements de la Seine et de Seine-et-Oise.

Ces dispositions pourront entraîner une perte temporaire pour le Trésor. Cette erte, qui ne devra pas atteindre un million, sera bientôt compensée :

1° Par l'accroissement du nombre des journaux qui seront confiés à la poste;

2° Par l'augmentation du format de certains journaux et par suite, par l'augmentation du produit de l'impôt sur le papier.

A propos de l'abandon du monopole de la poste sur les expéditions de journaux par ballots, M. Cochery reproduisait les observations présentées dans son précédent rapport :

Nous rappellerons enfin une mesure également importante pour laquelle votre commission du budget de 1877 avait obtenu l'adhésion du gouvernement. Depuis longtemps, la presse réclame contre les entraves apportées au transport des journaux par ballots. D'après l'arrêté du 27 prairial an IX, amendé déjà par la loi du 25 juin 1856 et par les décrets de Tours du 16 octobre 1870, les journaux, pour être expédiés par une autre voie que par la poste, doivent constituer des paquets d'un poids excédant un kilogramme. On a longtemps discuté sur la réduction de ce poids. Aujourd'hui nous vous proposons, comme nous l'avons déjà fait dans notre premier rapport, de permettre le transport par ballots, en dehors de la poste, sans limite de poids, et d'étendre cette faveur à tous les imprimés. La poste n'y perdra rien et l'industrie trouvera, dans cette mesure, de plus grandes facilités.

Le rapporteur s'exprimait ainsi quant au délai pour la mise à exécution de la loi et quant à son opportunité :

Le projet du gouvernement proposait (art. 1er) que la loi sur laquelle vous avez à délibérer ne reçût son application que dans un délai de trois mois, à partir du jour de sa promulgation. Ce délai paraissait nécessaire pour préparer les moyens pratiques d'assurer la mise à exécution des dispositions nouvelles, dont l'effet sera d'exiger le concours d'un personnel et d'un matériel plus considérables.

Nous avons pensé qu'il fallait abréger le plus possible le temps qui nous sépare de la réalisation effective des améliorations sur lesquelles vous êtes appelés à prononcer. Deux mois nous ont semblé suffisants, et encore laissons-nous à l'Administration la faculté de diminuer ce délai. Un décret fixera la date de l'application des nouvelles mesures.

L'administration des postes redoublera certainement d'efforts pour être prête en temps utile, de manière que l'accomplissement de l'œuvre que nous poursuivons précède l'ouverture de l'Exposition universelle, ou tout au moins coïncide avec elle.....

Nous croyons utile de remettre sous vos yeux le passage suivant de notre premier rapport.

« En vous proposant la réforme des taxes postales, nous avons cru répondre aux besoins généraux de l'activité laborieuse du pays et faciliter nos relations commerciales. Nous ne doutons pas que le résultat ne réponde à nos espérances. Le développement du produit des postes ne tardera pas à justifier la mesure.

Mais il faut que l'administration aide à ces résultats, en améliorant sans cesse le service des postes. Des publications récentes ont cherché à établir que, dans des pays voisins, les communications postales étaient plus faciles que chez nous. Il nous serait difficile de contrôler la vérité de ces allégations. Le ministre les conteste. Ce qui est néanmoins certain, c'est que des plaintes nombreuses se formulent sur l'heure des distributions dans nos grandes villes, et surtout à Paris. Le service de nos communes rurales est bien incomplet. Les habitants ne peuvent pas toujours transmettre, le même jour, les réponses aux lettres que leur apporte le courrier. Sur certains points, les distributions ne se font qu'à une heure très avancée de la journée.

Nous comprenons que l'amélioration du service ne puisse se faire que successivement, et sans charger, avec trop de précipitation, votre budget des dépenses; mais on doit tendre sans cesse à cette amélioration; c'est le meilleur moyen de développer les correspondances.

Nous avons justifié, au cours de ce rapport, que la production des lettres plaçait la France à un rang bien inférieur à d'autres nations. Évidemment cela tient ou à l'insuffisance du service, ou à l'élévation de nos taxes, peut-être faut-il attribuer ce résultat à l'une et à l'autre cause... »

Voici quel fut le projet de loi présenté par la commission :

## Projet de loi.

### TITRE PREMIER

Article premier. — La taxe des lettres affranchies est fixée à 15 centimes par 15 grammes ou fraction de 15 grammes.

La taxe des lettres non affranchies est fixée à 30 centimes par 15 grammes ou fraction de 15 grammes.

Art. 2. La taxe des cartes postales est fixée à 10 centimes.

### TITRE II

Art. 3. — La taxe des journaux, recueils, annales, mémoires et bulletins périodiques, paraissant au moins une fois par trimestre, et traitant de matières politiques ou non politiques, est, par exemplaire, de 2 centimes jusqu'à 20 grammes.

Au-dessus de 20 grammes, le port est augmenté de 1 centime par 20 grammes ou fraction de 20 grammes.

Art. 4. — Les journaux et écrits périodiques, désignés en l'article précédent, ne paient que la moitié du port fixé par cet article, quand ils circulent dans l'intérieur du département où ils sont publiés ou dans les départements limitrophes.

Ceux publiés dans les départements de la Seine et de Seine-et-Oise ne jouissent de cette réduction que dans l'intérieur du département où ils sont publiés.

La perception de la taxe se fait en numéraire pour les journaux expédiés en nombre, et le centime entier n'est dû que pour la fraction de centime du port total.

Art. 5. — Le port :

1° Des circulaires, prospectus, avis divers et prix courants, livres, gravures, lithographies, en feuilles, brochés ou reliés;

2° Des avis imprimés, ou lithographiés, de naissance, mariage ou décès, des cartes de visite, des circulaires électorales ou bulletins de vote;

3° Et généralement de tous les imprimés expédiés sous bandes, autres que les journaux et ouvrages périodiques.

Est fixé ainsi qu'il suit, par chaque paquet, portant une adresse particulière :

1 centime par 5 grammes jusqu'à 20 grammes;

5 centimes au-dessus de 20 grammes, jusqu'à 50 grammes;

Au-dessus de 50 grammes, 5 centimes par 50 grammes ou fraction de 50 grammes excédant.

Les bandes doivent être mobiles et ne pas dépasser un tiers de la surface des objets qu'elles recouvrent. Dans le cas contraire, la taxe fixée par l'article suivant est appliquée.

Art. 6. — Les objets désignés en l'article précédent peuvent être expédiés sous forme de lettres ou sous enveloppes ouvertes, de manière qu'ils soient facilement vérifiés. Dans ce cas, le port est pour chaque paquet portant une adresse particulière de 5 centimes par 50 grammes ou fraction de 50 grammes.

Art. 7. — Les journaux, recueils, annales, mémoires et bulletins périodiques, ainsi que tous les imprimés sont exceptés de la prohibition établie par l'article 1er de l'arrêté du 27 prairial an IX, quel que soit leur poids, mais à la condition d'être expédiés soit sous bandes mobiles ou sous enveloppes ouvertes, soit en paquets non cachetés et faciles à vérifier.

TITRE III

Art. 8. — 1° Le droit à payer pour l'expédition des valeurs envoyées par lettres est abaissé de 20 à 10 centimes par 100 francs ou fraction de 100 francs déclarés;

2° La taxe des avis de réception des valeurs déclarées et des lettres ou autres objets recommandés est également abaissée de 20 à 10 centimes.

TITRE IV

Art. 9. — Les dispositions des articles qui précèdent ne sont applicables qu'aux lettres, imprimés, confiés à la poste, nés et distribuables en France et en Algérie.

La date de l'exécution ne pourra être retardée plus de deux mois après la promulgation de la présente loi; elle sera fixée par décret.

A partir de la même date seront abrogées toutes les dispositions des lois postales antérieures contraires à la présente loi.

Neuf amendements que nous allons successivement examiner, furent présentés :

**1° Amendement de M. Laroche-Joubert** (séance du 18 janvier 1878).

1re partie. — Cartes de visite, cartes d'adresses et imprimés quelconques sous enveloppes ouvertes et blanches. Taxe unique, 5 centimes jusqu'à 10 grammes avec augmentation de 5 centimes de 10 à 20 grammes. En cas de non-affranchissement ou d'affranchissement insuffisant, la taxe serait doublée. — Même taxe double si on emploie des enveloppes de couleur.

2° partie. — Lettres ou manuscrits de toutes sortes, pesant 10 grammes au plus (enveloppe comprise) expédiés sous enveloppe de couleur ouvertes, taxe unique 10 centimes. — Au-dessus de 10 grammes, 5 centimes d'augmentation par chaque 5 grammes ou fraction de 5 grammes. Taxe doublée en cas de non-affranchissement.

Le système de M. Laroche-Joubert fut jugé impraticable à cause de l'impossibilité de déterminer la taxe sans vérification préalable du contenu de l'enveloppe. En outre, le tarif proposé aurait été plus élevé que le tarif international lequel était de 5 centimes par 50 grammes.

L'admission de lettres sous enveloppes ouvertes aurait, en outre, entraîné une diminution de recettes de plusieurs millions.

Enfin, d'une part, les cartes postales répondaient aux besoins signalés par M. Laroche-Joubert et d'autre part, l'adoption de ce projet eût compliqué le service par suite de la diversité de couleurs d'enveloppes, des conditions de poids et de la nécessité d'une minutieuse vérification.

**2° Amendement de M. René Brice** (séance du 16 février 1878).

Après l'article 4, insérer un article 5 qui serait ainsi conçu :

Sont exempts de droits de poste, à raison de leur parcours sur le territoire de la métropole ou sur le territoire colonial, les suppléments des journaux lorsque la moitié au moins de leur superficie est consacrée à la reproduction des débats des Chambres, des exposés des motifs des projets de lois, des rapports de commissions, des actes et documents officiels et des cours officiels ou non, des halles, bourses et marchés.

Pour jouir de l'exemption sus-énoncée, les suppléments devront être publiés sur feuilles détachées du journal.

Est abrogée l'interdiction édictée par la loi du 11 mai 1868, de publier des annonces dans les suppléments exempts des droits de poste.

La commission du budget, d'accord avec M. Cochery, devenu sous-secrétaire d'État, se rallia à cet amendement sous la double condition :

1° Que l'étendue du supplément ne dépasserait pas celle du journal;
2° Qu'il ne serait pas publié d'annonces dans le supplément.

**3° Amendement de M. Ganivet** (séance du 19 février 1878).

Ajouter à l'article 1er du projet de loi la disposition suivante :

Néanmoins la taxe des lettres nées et distribuables dans la circonscription postale du même bureau et de Paris pour Paris, est fixée à 10 centimes pour les lettres affranchies, et à 15 centimes pour les lettres non affranchies, par poids de 15 grammes ou fraction de 15 grammes.

Considéré au point de vue international, l'amendement aurait eu tout le caractère d'un anachronisme et d'une mesure rétrograde.

Le système des zones de tarification postale était, en effet, un système suranné, abandonné depuis longtemps déjà par la grande majorité des États d'Europe.

L'unité de tarif avait été, au contraire, consacrée par le congrès postal de Berne, et il n'aurait pas été admissible que la France appliquât dans le régime intérieur un système contraire aux doctrines qu'elle se préparait à soutenir dans le congrès postal de Paris!

L'amendement de M. Ganivet fut repoussé.

**4° Amendement de M. Viette** (séance du 22 février 1878).

Dans la séance du 22 février 1878, M. Viette déposa sur l'article 3 un amendement ainsi conçu :

La taxe des journaux, recueils, annales, mémoires et bulletins périodiques, paraissant au moins une fois par trimestre et traitant de matières politiques ou non politiques, est, par exemplaire, de 2 centimes jusqu'à 30 grammes.

Au-dessus de 30 grammes, le port est augmenté de 1 centime par 10 grammes ou fraction de 10 grammes.

Cette nouvelle rédaction différait, sous plusieurs rapports, de celle du projet de loi adopté par la commission :

1° Le minimum du poids qui servait de base à l'application de la taxe était élevé de 20 à 30 grammes;

2° Le tarif proposé par M. Viette n'aurait pas offert plus d'avantages aux journaux dépassant le poids de 30 grammes, puisqu'à partir de ce poids minimum l'échelle des taxes serait établie d'après la progression de 1 centime par 10 grammes, tandis que dans les projets du gouvernement et de la commission, l'échelle était de 1 centime par 20 grammes seulement au-dessus des premiers 20 grammes.

Le tarif proposé dans l'amendement aurait cessé d'être favorable aux journaux du poids de 30 à 50 grammes et c'était le plus grand nombre, et au-dessus de 50 gr. il leur serait même devenu désavantageux.

En résumé, l'amendement aurait laissé la grande majorité des journaux dans la même situation que le projet du gouvernement. Les journaux dépassant légèrement le poids de 30 grammes auraient pu être tentés de diminuer le poids de leurs exemplaires, afin de profiter du tarif minimum de 2 centimes.

Quant à ceux dépassant le poids de 50 grammes tels que les revues, les journaux littéraires et scientifiques, ils étaient traités par l'amendement avec une rigueur véritablement excessive.

Pour ces motifs, l'amendement de M. Viette ne fut pas adopté.

**5° Amendement de M. Ménier** (séance du 23 février 1878).

L'amendement de M. Ménier tendant à exonérer de toute taxe les lettres émanant des simples soldats, enfants de troupe, matelots, mousses et apprentis marins au service de l'État, fut écarté comme étant impraticable.

**6° Amendement de M. Girault** (séance du 26 février 1878).

Modifier l'article 5 de la manière suivante :

Le port : 1° des circulaires, prospectus, avis divers et prix courants, livres, gravures, lithographies, en feuilles, brochés ou reliés, des circulaires électorales ou bulletins de vote.

2° Et généralement de tous les imprimés expédiés sous bandes, autres que les journaux et ouvrages périodiques et ceux désignés au paragraphe 2 de l'article 5 (la suite du paragraphe 3 devenu paragraphe 2, comme au projet présenté par la commission).

Ajouter à l'article 6 :

Le port des avis imprimés ou lithographiés, de naissances, mariages ou décès, des cartes de visites, sous bandes, sous forme de lettres ou sous enveloppes ouvertes, est pour chaque paquet portant une adresse particulière, de 10 centimes par 50 grammes ou fraction de 50 grammes.

Cette proposition fut repoussée; si elle eût été adoptée, les correspondances pour l'intérieur auraient été moins bien traitées que celles échangées avec l'étranger; elle n'était pas avantageuse pour le public et elle aurait apporté des complications dans l'exécution du service. Enfin elle aurait détruit, sans profit appréciable pour le Trésor, l'harmonie de l'ensemble du projet de réforme postale.

**7° Amendement de M. Ed. Marion** (séance du 28 février 1878).

La taxe des lettres recommandées qui est actuellement de 50 centimes sera abaissée à 30 centimes.

Le sous-secrétaire d'État des finances, M. Cochery, promit de mettre immédiatement la question à l'étude. Cette question était d'ailleurs comprise dans le programme du congrès postal de Paris.

L'amendement ne fut pas adopté.

**8° Amendement de M. Talandier** (séance du 4 mars 1878).

Modifier l'article 1 comme suit :

La taxe des lettres est fixée à 15 centimes par 15 grammes ou fraction de 15 grammes.

L'affranchissement est obligatoire.

Modifier l'article 2 comme suit : La taxe des cartes postales est fixée à 5 centimes.

Ajouter à l'article 8 deux paragraphes ainsi conçus :

3° Le droit fixe de 25 centimes dont sont frappés aujourd'hui tous les mandats est supprimé.

4° La taxe des lettres recommandées qui est actuellement de 50 centimes es abaissée à 25 centimes.

Amendement repoussé comme étant contraire au principe de l'affranchissement facultatif consacré par le traité de Berne et comme enlevant aux indigents la possibilité de correspondre.

Quant à l'abaissement à 5 centimes de la taxe des cartes postales, il aurait entraîné un déficit énorme dans les recettes.

Sur la demande du sous-secrétaire d'État, la question de la suppression du droit fixe de 25 centimes dont étaient frappés les mandats et celle de l'abaissement de la taxe des lettres recommandées, furent ajournées.

**9° Amendement de M. Noirot** (séance du 7 mars 1878).

Ajouter à l'article 5 la disposition additionnelle suivante :

Les formules imprimées adressées à des débiteurs et contenant une invitation à payer sont comprises parmi les imprimés qui bénéficient du tarif édicté par le présent article ainsi que par l'article suivant.

Amendement repoussé comme ouvrant la porte à des abus sans nombre et comme devant entraîner un déficit considérable dans les recettes.

Dans la séance du 12 mars 1878, le projet de loi fut adopté par la Chambre des députés et transmis au Sénat.

Le 28 mars suivant, M. Cordier déposa le rapport fait au nom de la commission des finances du Sénat.

Le rapporteur approuvait le projet sans restriction.

Cette réforme sera, disait-il, certainement accueillie avec une vive satisfaction par toute la France. L'élévation des tarifs postaux édictés par la loi du 24 août 1871 est, sans contredit, un des impôts les plus pénibles que le pays a eu à supporter pour arriver à faire face aux charges écrasantes résultant de nos désastres dans la dernière guerre.

. . . . . . . . . . . . . . . . . . . . . . . . . . . . . . . . . . . .

Tout ce qui peut être fait dans le sens de l'abaissement des taxes est un acheminement vers la perfection, attendu que le bas prix a pour effet de multiplier les communications postales, ce qui est le but vers lequel doivent tendre toutes les combinaisons et les efforts.

Le service postal, comme entreprise de production, est soumis aux effets économiques de bon marché ; plus il lui sera possible d'abaisser ses prix, plus le nombre de ses consommateurs grandira et plus les besoins à satisfaire se multiplieront.

Le rapporteur appréciait en ces termes les résultats financiers de la réforme :

Il nous reste encore à rechercher quels peuvent être les résultats financiers qui découlent du projet de loi qui vous est proposé. Nous nous trouvons en présence d'une série de calculs, de probabilités, dont les données sont actuellement discutables ; tous se basent sur l'observation des faits. L'honorable M. Caillaux, dans son projet de loi du 17 novembre, suppose qu'il faudra quatre années avant que l'on ait retrouvé le niveau des recettes actuelles et il évalue la perte du Trésor à une quarantaine de millions.

Les calculs que M. le ministre des finances nous a présentés ne s'éloignent pas sensiblement de ce chiffre. L'honorable M. Cochery, dans son rapport du 13 décembre 1877, admet volontiers que le chiffre du déficit, abstraction faite des frais et dépenses que nécessiterait la réforme, pourrait s'élever à 27 millions. Mises en regard des conséquences économiques que l'on est fondé à attendre, ainsi que nous nous sommes efforcé de le démontrer en commençant, les atténuations de recettes que ces mesures entraineront pour le Trésor ne nous permettent pas d'hésiter sur leur adoption.

La discussion du projet de loi eut lieu le 2 avril 1878 devant le Sénat.

Un seul amendement fut déposé par M. Pàris. Cet amendement proposant de modifier l'article 4 du projet de loi était ainsi conçu :

Les journaux et écrits périodiques désignés en l'article précédent et publiés dans les départements de la Seine et de Seine-et-Oise, ne payent que la moitié du prix fixé par l'article 3, quand ils circulent dans l'intérieur du département où ils sont publiés.

Les journaux publiés dans les autres départements payent également la moitié du prix fixé par l'article 3, quand ils circulent dans le département où ils sont publiés ou dans les départements limitrophes; mais leur poids peut s'élever à 50 grammes, sans qu'ils payent plus de 1 centime. Au-dessus de 50 grammes, la taxe supplémentaire est de un demi-centime par 25 grammes ou fraction de 25 grammes.

Après le discours de M. Pàris, M. Cordier se rallia à l'amendement proposé :

La commission des finances a, dit-il, accueilli avec faveur l'amendement de l'honorable M. Pàris.

Si vous avez jeté un coup d'œil sur le rapport, vous avez pu voir que la commission était allée d'elle-même au-devant des observations si judicieuses qui viennent de vous être présentées.

En effet, nous avons pensé qu'il était bon de vous pénétrer de la volonté, de l'idée qui avait présidée à la rédaction de la loi de 1856. Cette loi avait voulu établir, entre le régime qui concerne les journaux de Paris et celui qui concerne les journaux de province, une différence, un écart de 2 centimes par numéro, soit pour l'année 3 fr. 60 c. ou 3 fr. 65 c. Cet écart était donc favorable à la presse des départements.

En raison de l'économie de la loi nouvelle, on arrive à un écart de 1 fr. 80 c. seulement contre 3 fr. 65 c. Eh bien, l'amendement de M. Pàris satisfait complètement aux préoccupations qui étaient nées de l'examen du projet de loi. Nous ne faisons aucune objection à cet amendement et nous l'acceptons tel qu'il vous est présenté.

Le ministre des finances accepta aussi le principe de l'amendement qui fut adopté aussitôt après par le Sénat. L'ensemble de la loi fut, dans la même séance, voté à l'unanimité.

Le même jour, 2 avril, le projet de loi ainsi amendé fut voté par la Chambre des députés et devint la loi du 6 avril 1878.

Les tarifs édictés par cette loi peuvent se résumer ainsi :

1° *Lettres.*

Taxe uniforme de :
15 centimes par 15 grammes pour les lettres affranchies;
30 centimes par 15 grammes pour les lettres non affranchies.

2° *Cartes postales.*

Taxe uniforme de 10 centimes.

3° *Journaux.*

Suppression de toute distinction entre les journaux politiques ou non politiques.

Taxe de 2 centimes par exemplaire du poids de 25 grammes avec augmentation de 1 centime par 25 grammes ou fraction de 25 grammes excédant.

Les journaux publiés dans les départements de la Seine et de Seine-et-Oise circulant dans l'intérieur de leur département ne payent que la moitié de ce prix.

Les journaux publiés dans les autres départements ne payent également que la moitié des prix ci-dessus fixés, quand ils circulent dans le même département ou dans les départements limitrophes; mais leur poids peut s'élever à 50 grammes sans qu'ils payent plus d'un centime.

Au-dessus de 50 grammes, taxe supplémentaire de un demi-centime par 25 grammes ou fraction de 25 grammes.

4° *Imprimés autres que les journaux.*

*Sous bandes.* — Taxe par paquet portant une adresse particulière; jusqu'à 20 grammes. — 1 centime par 5 grammes.

De 20 à 50 grammes, 5 centimes.

Au-dessus de 50 grammes, 5 centimes par 50 grammes ou fraction de 50 grammes excédant.

Suppression du tarif exceptionnel applicable aux circulaires électorales et bulletins de vote.

*Sous enveloppes ouvertes.* — 5 centimes par 50 grammes ou fraction de 50 grammes pour chaque paquet portant une adresse particulière.

Suppression du monopole de la poste pour le transport des journaux et imprimés expédiés sous bandes, sous enveloppes ouvertes ou en paquets non cachetés et faciles à vérifier quel que soit leur poids.

5° *Valeurs déclarées.*

Réduction de 20 à 10 centimes par 100 francs du droit à percevoir sur les valeurs déclarées.

Réduction de 20 à 10 centimes du port des avis de réception des valeurs déclarées et des lettres et autres objets recommandés.

La loi du 6 avril 1878 modifia donc presque toutes les taxes postales. Elle fut mise à exécution le 1er mai 1878, jour de l'inauguration de l'Exposition universelle.

La loi du 26 décembre suivant abaissa de 50 à 25 centimes le droit fixe à percevoir pour les lettres et boîtes chargées avec déclaration de valeurs, et pour les lettres recommandées.

RÉSULTATS DE LA RÉFORME AU POINT DE VUE DES PRODUITS.

L'abaissement des taxes devait entraîner une diminution dans les recettes.

La commission du budget avait évalué :

| | |
|---|---|
| Pour la 1re année à . . . . . . . . . . . . . . | 18 000 000 |
| — 2e année à . . . . . . . . . . . . . . | 12 000 000 |
| — 3e année à . . . . . . . . . . . . . . | 4 800 000 |

les pertes à prévoir sur les évaluations des produits de la poste pour 1878.

Elle estimait que ce serait seulement dans la quatrième année après la réforme, que l'on obtiendrait des recettes égales aux évaluations primitives des produits de 1878, établies d'après les anciens tarifs.

Le tableau suivant montre dans quelle proportion ces prévisions ont été dépassées :

| ANNÉES DE RÉFORME. | PRODUITS. | PRÉVISIONS RECTIFIÉES de la Commission du budget. | EXCÉDENT DES PRODUITS sur les prévisions. | |
|---|---|---|---|---|
| | fr. | fr. | fr. | Soit une augmentation de |
| 1er mai 1878 au 30 avril 1879 . . . . . . . . | 100 497 717 | 95 876 000 | 4 621 717 | 4,82 p. 100 |
| 1er mai 1879 au 30 avril 1880 . . . . . . . . | 106 538 855 | 101 876 000 | 4 622 855 | 4,54 p. 100 |
| 1er mai 1880 au 30 avril 1881 . . . . . . . . | 116 533 709 | 109 076 000 | 7 457 709 | 6,84 p. 100 |

SERVICE AMBULANT.

L'énorme accroissement de la circulation postale rendit indispensable une augmentation considérable des divers organes chargés du transport des correspondances.

Le plus important de ces organes est, sans contredit, le service ambulant dont le personnel fut augmenté, du 1er janvier 1878 au 1er janvier 1884, de 3 inspecteurs, 89 chefs de brigade, 557 commis ou commis principaux, 129 gardiens de bureau, 52 chargeurs, 95 courriers convoyeurs, 12 entreposeurs en gare.

Au 1er janvier 1884, le personnel des bureaux ambulants comprenait 8 directeurs[1], 11 inspecteurs ou sous-inspecteurs, 238 chefs de brigade, 174 commis principaux, 958 commis, 344 gardiens de bureau, 485 courriers convoyeurs, 156 chargeurs, 169 entreposeurs en gare, 8 sous-agents du matériel.

La dotation du service ambulant pour 1884 s'élevait à plus de 9 millions de francs.

Le nombre des services de bureaux ambulants quotidiens qui était de 50 en 1877, s'élevait à 84 en 1883.

Le parcours quotidien qui était, en 1877, de 30 190 kilomètres, s'élevait à 48 400 kilomètres en 1883, soit un accroissement total de 18 210 kilomètres en 6 ans ou de 60 p. 100 et un accroissement moyen de 3 310 kilomètres par an ou de 11 p. 100, alors que de 1860 à 1877, l'augmentation moyenne annuelle ne dépassait pas 344 kilomètres.

La progression du parcours annuel a été analogue. Ce parcours qui, en 1877, était de 11 019 350 kilomètres, s'élevait, en 1883, à 17 666 000, soit un accroissement total de 6 646 650 kilomètres.

Quant aux wagons-poste, leur nombre qui était de 212 au 31 décembre 1877, s'élevait au 31 décembre 1883 à 372, soit une augmentation de 160.

### COURRIERS.

La création de nouveaux services de courriers convoyeurs se trouve subordonnée en partie au développement du réseau secondaire. C'est ainsi que 156 nouvelles sections de chemins de fer, représentant une longueur de 6 114 kilomètres, ont été utilisées pour le service postal depuis 1877 jusqu'en 1884.

Aussi le nombre des services des courriers en chemin de fer fut-il porté de 837 à 1 281, depuis le mois de janvier 1878 jusqu'au 1er janvier 1884.

Quant au parcours, il fut élevé de 126 712 à 180 352 kilomètres par jour, et de 46 249 880 à 65 828 480 kilomètres par an.

Le nombre des courriers en voiture et à cheval, qui était de 2 872 en 1877, s'élevait, en 1884, à 2 212. Quant à leur parcours quotidien, il était descendu de 97 389 à 95 312 kilomètres.

Cette diminution de parcours s'explique par la suppression, à la

1. Par suite de la réunion des deux lignes de bureaux ambulants de l'*Ouest* et du *Nord Ouest*, sous l'autorité d'un même directeur, le nombre des directeurs ambulants a été, depuis, ramené de 8 à 7.

suite d'ouvertures de lignes ferrées, d'un certain nombre de services importants, effectués par des courriers en voiture.

Le nombre des courriers à pied qui était de 3 031 en 1877, s'élevait au 1er janvier 1884, à 4 003. Leur parcours quotidien a été porté de 36 704 à 43 389 kilomètres; leur parcours annuel, de 13 396 960 à 15 836 985 kilomètres; soit, depuis le 1er janvier 1878, une augmentation totale de 972 courriers à pied, 6 685 kilomètres de parcours quotidien, et 2 440 025 kilomètres de parcours annuel.

Depuis 1877 jusqu'au 1er janvier 1884, l'ensemble des parcours annuels des courriers en voiture, à cheval ou à pied fut augmenté de 1 681 920 kilomètres, tandis que les parcours par chemins de fer augmentaient de 26 025 250 kilomètres.

### SERVICES MARITIMES.

Voici quelle était la situation des services maritimes français à la fin de l'année 1883.

Ces services comprenaient :

1° Les lignes de l'*Algérie*.

Le 1er juillet 1880, expirait le contrat entre les départements de l'intérieur et de la guerre et la compagnie Valéry, pour l'exploitation des lignes maritimes reliant la France à l'Algérie.

En vertu de la loi du 16 août 1879, l'adjudication nouvelle eut lieu le 11 octobre 1879. Le parcours annuel fut porté de 99 592 à 163 540 lieues marines, et la subvention réduite de 958 000 francs à 493 500 francs. Un supplément de 11 560 lieues marines fut obtenu ultérieurement moyennant une augmentation de subvention de 6 500 francs.

Des lignes nouvelles furent crées plus tard pour assurer les relations constantes de l'Algérie, de Tunis et de l'Europe continentale.

Ces lignes firent l'objet d'une convention conclue le 29 septembre 1881, avec la Compagnie Transatlantique concessionnaire des services maritimes entre la France et l'Algérie, en exécution de loi du 30 juillet 1881.

Les lignes de paquebots qui établissent nos relations avec l'Algérie et la Tunisie comprennent par semaine 3 départs de Marseille et un de Port-Vendres pour Alger, un départ de Marseille et un de Port-Vendres pour Oran, deux départs de Marseille pour Philippeville, deux départs de Marseille pour Bône, deux départs de Marseille pour Tunis et Tripoli; en outre des embranchements desservent Tanger et Malte et la ligne côtière d'Alger à Bône.

Le parcours annuel, qui était de 99592 lieues marines, était de 257 278 lieues au 1er janvier 1884.

2° Les services entre le continent et la Corse avaient été adjugés le 9 juillet 1873 à la Compagnie Fraissinet et comprenaient :

Une ligne hebdomadaire entre Marseille et Ajaccio, avec prolonlongements sur Porto-Torres en Sardaigne et sur Bonifacio ou Propriano ;

Une ligne hebdomadaire de Marseille à Bastia.

Une ligne hebdomadaire de Marseille à Calvi ou à l'Isle-Rousse.

Une ligne hebdomadaire de Marseille à Bastia, avec escale à Nice.

L'ensemble de ces lignes représentait un parcours de 31 650 lieues marines pour une subvention annuelle de 375 000 francs ;

La date d'expiration du marché était le 31 juillet 1883 ;

Ce service fut adjugé à la compagnie Morelli, en exécution de la loi du 28 juillet 1882. L'ensemble des lignes présente un parcours annuel de 44 061 lieues marines pour une subvention de 355 000 francs.

3° Le service quotidien de Calais à Douvres.

Ce service est encore aujourd'hui effectué, sous pavillon français, par la compagnie de South Eastern Railway and London Chatham, en vertu d'une convention conclue le 29 septembre 1872, et venue à expiration le 30 septembre 1884. Le montant de la subvention annuelle était de 100 000 francs.

Le renouvellement de ce traité a été autorisé par la loi du 9 juillet 1883. Le montant de la subvention a été maintenu.

Ce service fonctionne le jour, tandis que le service similaire anglais, qui reçoit une subvention double, effectue son trajet pendant la nuit.

Viennent ensuite les lignes de grande navigation.

De ce nombre sont :

4° Les lignes du *Havre à New-York* et des *Antilles*, qui desservent les États-Unis, le Mexique et les Antilles.

Ces deux lignes avaient été créées par les lois des 17 juin 1857, 3 juillet 1861, 11 juillet 1866 et 22 janvier 1874 qui assuraient l'exécution de ces divers services jusqu'au 21 juillet 1885, date de l'expiration de la concession faite à la Compagnie générale Transatlantique.

Précédemment un voyage s'effectuait toutes les semaines en été et tous les quatorze jours en hiver sur la ligne du Havre à New-York (parcours 2066 lieues marines 2/3 aller et retour).

Sur les lignes du Mexique et des Antilles, trois voyages étaient effectués mensuellement : le 1er entre Saint-Nazaire et la Vera-Cruz (parcours 3 703 lieues par voyage complet aller et retour) ; le 2e entre Saint-Nazaire et Colon-Aspinwall (parcours 3 284 lieues par voyage complet aller et retour) et le 3° entre le Havre, Bordeaux et les Antilles, sur un parcours de 3 800 lieues par voyage complet aller et retour.

A ces parcours principaux s'ajoutaient, trois parcours annexes mensuels savoir : de Fort-de-France à Saint-Thomas (250 lieues par voyage) de Fort-de-France à Cayenne (710 lieues) de Saint-Thomas à la Jamaïque (785 lieues).

Le montant de la subvention annuelle afférente à ces diverses lignes était de 9 958 606 francs pour un parcours annuel total de 229 035 lieues marines.

De nouveaux cahiers des charges portèrent la longueur du parcours annuel des lignes de l'Atlantique de 229 033 à 253 803 lieues marines. La ligne du Havre à New-York qui n'était obligatoirement hebdomadaire que du 1er avril au 31 octobre de chaque année, fut astreinte à effectuer pendant toute l'année un service chaque semaine. La vitesse moyenne imposée à la ligne du Havre à New-York fut élevée de 11 nœuds 1/2 à 15 nœuds, ce qui donne, en réalité, 16 nœuds à l'heure pendant la belle saison. Celle des lignes des Antilles fut portée de 9 et 10 nœuds 1/2 à 11 nœuds 1/2.

La ligne du Havre à New-York fut adjugée le 23 juillet 1883 à la Compagnie Transatlantique moyennant une subvention de 5 480 000 fr. par an.

Les trois lignes mensuelles principales de Saint-Nazaire à Colon-Aspinwall, de Saint-Nazaire à la Vera-Cruz et du Havre-Bordeaux à Colon-Aspinwall et les trois lignes annexes mensuelles : 1° de Fort-de-France à Cayenne, 2° de Fort-de-France à Saint-Thomas, 3° de Saint-Thomas à la Jamaïque, furent adjugées à la même compagnie le 3 décembre 1883 moyennant une subvention annuelle de 4 478 000 francs.

La subvention totale se trouve ainsi fixée à 9 958 000 francs tandis qu'elle était précédemment de 9 958 606 francs :

5° Les lignes de la *Méditerranée;*

6° Celles du *Brésil et de la Plata ;*

7° Celles de l'*Indo-Chine ;*

8° Celle de l'*Australie* et de la *Nouvelle-Calédonie.*

Ces quatre services sont effectués par la compagnie des Messageries maritimes.

Les services de la *Méditerranée* institués par la loi du 8 juillet 1851 et réorganisés par celle du 2 août 1875 comportent un voyage par semaine entre Marseille et Constantinople et *vice versa* alternativement par le Pirée et Smyrne (998 et 1017 lieues marines par voyage) un voyage par semaine entre Marseille et Alexandrie et la côte de Syrie (lignes circulaires desservant la côte de Syrie, une semaine dans un sens et une semaine dans l'autre (1 323 lieues marines par voyage), un voyage par quinzaine entre Marseille et Alexandrie et *vice versa* (976 lieues marines par voyage).

En dehors de ces deux voyages qui constituent un service direct de huitaine sur Alexandrie, cette ville et Port-Saïd sont desservis tous les 14 jours par la ligne de l'Indo-Chine, et Port-Saïd l'est, en outre, tous les 28 jours par la ligne de l'Australie.

Le service du *Brésil et de la Plata* créé par la loi du 17 juin 1857, et dont la concession fut prorogée par la loi du 2 août 1875, comporte deux voyages par mois de Bordeaux sur Buenos-Ayres et *vice versa* avec escales à Lisbonne, Gorée, Rio-de-Janeiro et Montevideo (longueur 4 148 lieues marines aller et retour).

Les lignes de l'*Indo-Chine* organisées par les lois des 17 juin 1857, 2 juillet 1861, 6 juillet 1862, 17 mai 1865, 4 juillet 1868 et 2 août 1875, comportent un voyage tous les 14 jours entre Marseille et Shang-Haï et *vice versa* avec embranchements de Hong-Kong sur Yokohama, et toutes les quatre semaines de Singapore à Batavia et de Colombo à Calcutta (longueur du trajet 7 844 lieues marines aller et retour).

Le montant des subventions afférentes à ces différentes lignes est de 12 118 807 francs ; les conventions conclues avec la compagnie des Messageries expirent le 21 juillet 1888.

La *Nouvelle-Calédonie* était la seule de nos colonies importantes qui ne fût pas reliée à la métropole par un service régulier de paquebots.

Cette lacune a été comblée.

En vertu d'une convention conclue, le 15 janvier 1881, pour 15 ans avec la compagnie des Messageries maritimes, et approuvée par la loi du 23 juin 1881, la compagnie concessionnaire s'est engagée à effectuer 13 voyages, par an, entre Marseille et Nouméa, en passant par l'isthme de Suez, Aden, la Réunion et Maurice, Adélaïde, Melbourne et Sydney.

Le parcours entre Marseille et Nouméa comporte 7 894 lieues marines par voyage, aller et retour.

Le montant de la subvention supplémentaire allouée à la compagnie est de 2 460 736 francs qui viennent s'ajouter à la somme de 836 480 francs, prélevée sur la subvention des lignes de l'Indo-Chine et afférente au parcours entre Aden et Maurice qui formait précédemment un embranchement du réseau de l'Indo-Chine, et qui se confond aujourd'hui avec la ligne de l'Australie et de la Nouvelle-Calédonie. Le service de Marseille à Nouméa fut inauguré par M. Cochery le 23 novembre 1882.

L'ensemble de nos grandes lignes maritimes de paquebots-poste comporte actuellement 1 129 282 lieues marines.

BUREAUX DE POSTE.

Les bureaux de poste sont divisés en 3 catégories :

La *recette composée* qui comprend un receveur et un certain nombre de commis sous ses ordres, nommés par l'administration.

La *recette simple* dont le titulaire seul, nommé par l'administration, peut se faire assister par un ou plusieurs aides, choisis par lui.

Enfin le *facteur boîtier* qui effectue, indépendamment du travail intérieur du bureau, un service de distribution à domicile.

Le nombre des bureaux de poste qui était, en 1877, de 5 570, s'élevait au 1er janvier 1884 à 6486, dont 412 bureaux composés, 5781 recettes simples et 293 facteurs boîtiers, soit une augmentation de 916 bureaux, ou de 16 p. 100.

Parmi ces bureaux, le nombre des bureaux ouverts, à la fois, au service postal et télégraphique était de 3 702.

En 1877, il n'y avait en France qu'un bureau de poste par 6 625 habitants, tandis qu'au 1er janvier 1884, il n'y avait plus que 5 814 habitants par bureau de poste.

Il résulte des documents statistiques pour 1884, publiés par le bureau international de l'Union postale universelle que la population moyenne par bureau de poste dans les divers pays d'Europe s'élevait à cette époque :

| | |
|---|---|
| En Suisse à | 964 |
| Dans les îles Britanniques à | 2 188 |
| En Suède à | 2 342 |
| En Danemark à | 2 845 |
| Dans les Pays-Bas à | 3 358 |
| En Allemagne à | 2 931 |
| En Portugal à | 4 329 |
| En Autriche à | 5 283 |
| En France à | 5 719 |
| En Belgique à | 6 691 |
| En Russie à | 21 272 |
| En Roumanie à | 20 322 |

Une circulaire ministérielle du 31 mars 1879 a donné de nouvelles facilités aux communes désireuses d'obtenir un établissement secondaire de facteur boîtier municipal, en attendant le moment où elles seraient, par leur importance, en mesure de prétendre à l'une des créations autorisées, chaque année, par la loi de finances, sous la condition de rembourser à l'administration les suppléments de dépense qui en résultent.

Une autre circulaire du 15 juin 1879 donna également aux communes les moyens d'obtenir immédiatement l'ouverture d'une recette de plein exercice, dans les mêmes conditions, et moyennant un sacrifice légèrement plus élevé.

BOÎTES AUX LETTRES.

Quant aux boîtes aux lettres de toute catégorie, leur nombre fut porté en 6 ans de 49 163 à 55 240 et celui des levées augmenté aussi dans une proportion considérable.

SERVICE RURAL.

Le nombre des facteurs locaux et ruraux, qui était de 19 473 en 1877, s'élevait au 1er janvier 1884 à 22 539; leur parcours quotidien fut porté de 513 474 kilomètres à 618 478 kilomètres et leur parcours annuel de 187 418 000 kilomètres à 225 744 470 kilomètres.

REBUTS.

Malgré l'énorme accroissement de la circulation postale, il est à remarquer que le rapport du nombre des objets tombés en rebut ou restés en souffrance au chiffre total des objets confiés au service n'a cessé d'aller en diminuant depuis 1877.

ARTICLES D'ARGENT.

Le tableau suivant fait connaître le mouvement des mandats d'articles d'argent français depuis 1877 jusqu'au 1er janvier 1884 :

| ANNÉES. | NOMBRE des MANDATS. | MONTANT | DROIT PERÇU. |
|---|---|---|---|
| | | fr. c. | fr. c. |
| 1877. . . . . . . | 8 084 057 | 230 608 747 50 | 2 307 944 13 |
| 1878. . . . . . . | 9 471 740 | 284 846 258 93 | 2 850 714 45 |
| 1879. . . . . . . | 11 348 472 | 357 515 516 97 | 3 606 941 33 |
| 1880. . . . . . . | 13 058 815 | 430 071 228 33 | 4 312 926 86 |
| 1881. . . . . . . | 14 657 062 | 463 951 311 07 | 4 540 333 79 |
| 1882. . . . . . . | 16 136 125 | 511 692 265 00 | 4 940 694 96 |
| 1883. . . . . . . | 17 236 830 | 544 309 231 37 | 5 238 283 00 |

L'augmentation de 1883 sur l'année 1877 a été :

Sur le nombre, de 9 152 773 francs ou de 113 p. 100.
Sur le montant, de 313 700 484 francs ou de 136 p. 100.
Sur le produit, de 2 930 339 francs ou de 127 p. 100.

En 1877, la moyenne du montant des mandats était de 28 fr. 72; en 1883 elle s'élevait à 31 fr. 65.

### MANDATS-CARTES ET BONS DE POSTE.

La création des mandats-cartes (février 1879) et des bons de poste (loi du 28 juin 1882) ont donné au public des facilités nouvelles pour les envois d'argent, tout en simplifiant les opérations du guichet.

### MANDATS TÉLÉGRAPHIQUES.

En 1877, le montant des mandats télégraphiques était de 15 millions seulement; il s'élevait en 1883 à 50 millions seulement; soit une augmentation de 35 millions : quant au nombre de ces mandats, il avait plus que quintuplé pendant cette période.

Ajoutons que le service des mandats télégraphiques, étendu d'abord à nos relations avec le grand-duché de Luxembourg (loi du 16 juillet 1885) et la Suisse (loi du 1er août 1884), a été adopté dans les rapports internationaux par les pays représentés au Congrès de Lisbonne.

### VALEURS DÉCLARÉES.

Les sommes importantes envoyées par la poste sont le plus généralement expédiées sous forme de lettre recommandée ou de valeur déclarée.

Par suite de l'abaissement des taxes des valeurs déclarées (loi de réforme postale et loi du 26 décembre 1878), le montant des déclarations de valeurs qui était seulement de 700 millions en 1877, s'est élevé à 1700 millions en 1883; et encore faut-il tenir compte de ce fait que les déclarations sont généralement de beaucoup inférieures au contenu réel.

### MANDATS DE POSTE INTERNATIONAUX.

Inauguré d'abord avec l'Italie en vertu de la convention du 8 avril 1864, le service des articles d'argent a été successivement étendu à nos relations avec la Belgique (1er mars 1865), la Suisse (22 mai 1865), le Luxembourg (28 janvier 1868), la Grande-Bretagne (30 avril 1870), l'Allemagne (1er février 1876), les Pays-Bas (1er décembre 1876), les Indes néerlandaises (1er janvier 1878), la Suède (1er mai 1878), le Danemark (1er mai 1878), la Norvège (15 juillet 1878), l'Autriche-Hongrie (1er septembre 1878).

Le Congrès de Paris inaugura un nouveau régime; un arrangement fut conclu entre la plupart des États pour l'échange des mandats et voici quels furent les résultats obtenus sous ce nouveau régime.

*Tableau de la progression des mandats d'articles d'argent internationaux émis en France et en Algérie depuis 1877.*

| ANNÉES. | NOMBRE des MANDATS. | MONTANT. | DROIT PERÇU. |
|---|---|---|---|
| | | fr. c. | fr. c. |
| 1877 ...... | 314 619 | 13 176 768 43 | 277 810 06 |
| 1878 ...... | 392 469 | 16 870 493 51 | 354 837 98 |
| 1879 ...... | 492 902 | 22 483 746 52 | 326 974 66 |
| 1880 .... | 621 381 | 30 704 736 60 | 391 640 67 |
| 1881 ..... | 733 682 | 37 184 982 07 | 469 129 38 |
| 1882 ..... | 854 099 | 44 386 465 22 | 553 452 35 |
| 1883 ...... | 897 557 | 47 401 631 86 | 562 365 24 |

Ainsi, il y a eu en 1883 une augmentation sur 1877 :

De 582 938 ou de 185 p. 100 sur le nombre des mandats;
De 34 224 963 francs ou de 259 p. 100 sur leur valeur;
De 284 544 francs ou de 102 p. 100 sur le produit, malgré la réduction du tarif.

Le tableau suivant donne le nombre des mandats originaires de l'étranger et payés en France.

| ANNÉES. | NOMBRE des MANDATS. | MONTANT. |
|---|---|---|
| | | fr. c. |
| 1877................ | 203 290 | 9 536 190 72 |
| 1878................ | 233 590 | 11 260 883 60 |
| 1879................ | 266 975 | 14 040 910 61 |
| 1880................ | 309 263 | 17 685 408 60 |
| 1881................ | 345 783 | 20 033 009 51 |
| 1882................ | 381 122 | 22 035 172 15 |
| 1883................ | 429 453 | 23 819 166 40 |

Soit une augmentation de 150 p. 100 du montant des mandats payés en 1883 sur 1877.

## Service de Paris.

*Service de Paris.* — Le service postal de Paris a une importance exceptionnelle, en raison de la situation de la capitale qui, placée aux points de jonction de tous les chemins de fer, est non seulement un centre où convergent la majeure partie des correspondances intérieures et internationales, mais encore un lieu de transit pour une fraction très considérable des correspondances échangées par les départements entre eux et avec l'étranger.

L'hôtel de la recette principale est, en outre, le centre d'un mouvement continu de va-et-vient avec les gares et les divers bureaux.

*Levées de boites.* — Depuis le 1er janvier 1878 jusqu'au 1er janvier 1884, le nombre des levées de boites a été élevé de 7 à 8.

Indépendamment de ces huit levées, une levée exceptionnelle est effectuée à partir de 3 heures du matin aux boîtes des bureaux du nouveau Paris et à partir de 4 heures aux boites des bureaux de l'ancien Paris.

De plus, dans 28 bureaux compris dans l'enceinte de l'ancien Paris, on fait des levées avec taxe supplémentaire et en dehors des levées générales; 24 levées supplémentaires sont effectuées à l'hôtel des postes.

Les boites des bureaux sont divisées en quatre compartiments (Paris, départements, étranger, imprimés).

13 lignes de tilburys légers apportent 8 fois par jour tous les objets de correspondance expédiés par les bureaux de Paris, à 17 bureaux spéciaux appelés bureaux de passe, dont le bureau d'origine est le satellite.

Ces bureaux de passe répartissent entre les divers bureaux ambulants les correspondances à destination des départements et de l'étranger et joignent à leur envoi les liasses spéciales des correspondances préparées par les bureaux satellites à destination de Paris et de la banlieue.

Toutes ces correspondances parviennent ainsi à la recette principale de la Seine [1].

*Bureaux de poste et de télégraphe à Paris.* — Il n'existait au 1er janvier 1878 que 61 bureaux de poste et 57 bureaux télégraphiques dans Paris.

Le 1er janvier 1884, le public pouvait s'adresser à 84 bureaux de poste et à 92 bureaux télégraphiques.

1. L'organisation du service de la Recette principale de la Seine étant exposée dans la notice spéciale que nous avons consacrée à l'hôtel des postes de Paris, nous prions le lecteur de vouloir bien se reporter à cette notice.

L'ensemble des deux services comprenait à Paris et dans le département de la Seine 3681 agents et sous-agents en 1877 et 6830 en 1883 : soit une augmentation de 3149 agents et sous-agents, ou de 86 p. 100.

Les trois tableaux suivants permettent de se rendre compte de l'extension progressive du service postal de Paris depuis l'année 1877.

1° TABLEAU DES RECETTES POSTALES

EFFECTUÉES DANS LES BUREAUX DE PARIS DE 1877 A 1884

| ANNÉES. | RECETTES EFFECTUÉES PAR LA RECETTE PRINCIPALE. | RECETTES EFFECTUÉES PAR LES BUREAUX DE PARIS. | RECETTES TOTALES. |
|---|---|---|---|
| | fr. c. | fr. c. | fr. c. |
| 1877 . . . . . . | 10 112 633 98 | 21 491 938 08 | 31 604 572 06 |
| 1878 . . . . . . | 13 068 437 06 | 25 678 906 96 | 38 747 344 02 |
| 1879 . . . . . . | 13 674 611 15 | 28 064 781 74 | 41 739 392 89 |
| 1880 . . . . . . | 14 196 087 85 | 31 889 946 08 | 46 086 033 93 |
| 1881 . . . . . . | 16 159 451 19 | 36 828 453 » | 52 987 904 19 |
| 1882 . . . . . . | 15 442 854 18 | 36 073 174 96 | 51 516 029 14 |
| 1883 . . . . . . | 15 490 861 07 | 36 647 362 25 | 52 138 223 32 |
| 1884 . . . . . . | 15 672 611 43 | 39 074 980 73 | 54 747 592 16 |

2° MOUVEMENT DES LETTRES DE PARIS POUR PARIS

| ANNÉES. | LETTRES ORDINAIRES affranchies DE PARIS POUR PARIS. | | LETTRES ORDINAIRES taxées DE PARIS POUR PARIS. | |
|---|---|---|---|---|
| | NOMBRE. | TAXE. | NOMBRE. | TAXE. |
| | | fr. c. | | fr. c. |
| 1877 . . . . . . . . . | 27 295 432 | 4 128 768 78 | 1 072 578 | 286 116 19 |
| 1878 . . . . . . . . . | 30 673 466 | 4 651 332 86 | 1 065 186 | 324 282 90 |
| 1879 . . . . . . . . . | 30 913 090 | 4 683 715 53 | 891 108 | 283 937 49 |
| 1880 . . . . . . . . . | 40 694 166 | 6 165 382 97 | 769 357 | 250 149 28 |
| 1881 . . . . . . . . . | 42 450 765 | 6 442 496 58 | 622 037 | 204 654 36 |
| 1882 . . . . . . . . . | 42 566 752 | 6 478 352 52 | 539 874 | 187 095 87 |
| 1883 . . . . . . . . . | 44 286 334 | 6 740 031 28 | 511 370 | 177 217 20 |
| 1884 . . . . . . . . . | 47 223 511 | 7 168 529 21 | 489 589 | 176 449 97 |

### 3° MANDATS FRANÇAIS DÉLIVRÉS PAR LES BUREAUX DE PARIS

| ANNÉES D'ÉMISSION. | NOMBRE de MANDATS. | MONTANT des DÉPÔTS. | MONTANT du DROIT PERÇU. | OBSERVATIONS |
|---|---|---|---|---|
| | | fr. c. | fr. c. | |
| 1877. . . . | 1 083 743 | 36 103 760 13 | 361 188 14 | |
| 1878. . . . | 1 292 833 | 45 263 301 56 | 452 859 49 | |
| 1879 . . . | 1 708 316 | 59 222 768 72 | 592 986 25 | |
| 1880. . . . | 1 808 554 | 67 907 682 81 | 679 148 80 | |
| 1881. . . . | 1 988 596 | 69 645 300 50 | 691 939 29 | |
| 1882. . . . | 2 143 952 | 74 212 093 03 | 734 319 31 | |
| 1883. . . . | 2 160 183 | 73 846 916 70 | 728 905 72 | |
| 1884. . . . | 2 262 666 | 76 851 873 28 | 759 210 27 | |

#### RECOUVREMENT DES EFFETS DE COMMERCE PAR LA POSTE.

C'est la loi du 7 avril 1879 qui a autorisé le service des postes à opérer le recouvrement des valeurs commerciales, dont le montant maximum d'abord fixé à 500 francs, puis à 1 000 francs, par décret du 3 janvier 1880, peut atteindre aujourd'hui 2 000 francs en vertu du décret du 19 juin 1882.

Le déposant insère lui-même les effets à recouvrer dans une enveloppe recommandée, adressée au bureau de poste dans la circonscription duquel habite le débiteur.

Ce bureau est ainsi directement chargé du recouvrement; la somme encaissée, déduction faite de la taxe, est transformée par ce receveur en un mandat de poste au nom du déposant. Ainsi, un seul bureau est, en réalité, occupé du recouvrement; le bureau expéditeur ne doit intervenir que pour des opérations ordinaires, l'expédition d'une lettre recommandée, le payement d'un mandat.

Les taxes correspondant à chacune de ces opérations sont : un droit de recommandation de 25 centimes, un prélèvement de 5 centimes par 20 francs au profit de chacun des agents chargés de l'encaissement (receveur et facteur), avec maximum de 25 centimes pour chacun d'eux et enfin le droit de mandat de 1 p. 100.

Le décret du 10 mai 1879 avait excepté temporairement la Corse et 40 villes importantes où il pouvait se présenter au début quelques difficultés; dès le 28 juin de la même année, le nombre des villes exclues du bénéfice de la loi était réduit à 6; le décret du 9 juillet suivant faisait disparaître les dernières exceptions, l'étendait à tout le territoire de la France continentale et de la Corse. Enfin un décret du 31 mars 1880 permettait d'accepter les effets payables dans les villes de l'Algérie.

Le nouveau service fonctionna, dès le début, avec la plus grande régularité.

Du 15 juin au 31 décembre 1879, 425 981 effets ou valeurs montant à la somme de 9 564 288 francs, furent déposés aux guichets; les sommes perçues de ce chef au profit du Trésor s'élevaient déjà à 96 616 francs et les prélèvements en faveur des receveurs et des facteurs atteignaient 43 494 francs.

En vertu de la loi du 17 juillet 1880, le service des postes fut autorisé à se charger du recouvrement des effets protestables. Cette loi est entrée en vigueur à partir du 1er juillet 1881. Un règlement d'administration publique en date du 6 février 1881 a déterminé les règles à suivre soit entre le public et l'administration, soit entre le public et les officiers ministériels chargés d'effectuer le protêt.

La loi du 5 avril 1879 avait fixé au taux uniforme de 1 p. 100 le droit à percevoir pour la transformation de la somme recouvrée en un mandat de poste.

Les frais qui en résultaient étaient peu sensibles quand il s'agissait de valeurs s'élevant à une somme relativement peu importante; ils restaient alors souvent au-dessous de la commission qu'aurait prélevée un banquier et n'atteignaient même pas le taux adopté par la Suisse et par l'Allemagne. Mais lorsque le montant de l'effet à recouvrer s'élevait à une somme relativement importante, la taxe de recouvrement devenait trop élevée. Aussi la plupart des valeurs confiées à la poste étaient-elles inférieures à 50 francs. Le nombre de celles qui dépassaient cette somme était relativement restreint.

La loi du 17 juillet 1880, sur le recouvrement des effets protestables, réduisit à 1/2 p. 100 pour la partie excédant 50 francs, le droit proportionnel sur les mandats émis en remboursement des valeurs recouvrées. La loi laissait, en outre, au Gouvernement la faculté d'abaisser par décret jusqu'au taux uniforme de 1/2 p. 100 le droit de 1 p. 100 perçu sur toute somme inférieure à 50 francs.

La réduction du droit perçu, fixée par la loi du 17 juillet 1880, fut appliquée à partir du 1er août de la même année, et loin de provoquer une diminution dans les recettes, elle en augmenta le chiffre dans des proportions considérables.

Le service des recouvrements fut étendu aux relations internationales.

Huit conventions ont été successivement signées dans ce but avec la Suisse (6 janvier 1880), la Belgique (17 mars 1880), l'Allemagne (24 mars 1880), le Luxembourg (27 mars 1880), les Pays-Bas (21 avril

1880), la Roumanie (21 mai 1880), la Suède (30 juin 1880), et le Portugal (26 juillet 1880).

Le montant maximum des effets à recouvrer est, pour chaque envoi, de 2 000 francs avec la Belgique, de 1 000 francs avec la Suisse, la Roumanie, le Portugal, de 500 francs, dans les relations avec l'Allemagne, le Luxembourg, la Suède, et de 300 francs dans les rapports avec les Pays-Bas.

Le droit perçu pour le retour des sommes encaissées est le même que pour les mandats internationaux ordinaires. En outre, toutes les conventions accordent à l'office chargé du recouvrement une rémunération qui est précisément égale au montant des remises que nos règlements attribuent au receveur et au facteur chargés du recouvrement.

Enfin, M. Cochery réserva également la faculté d'étendre le service des recouvrements aux valeurs protestables, par un simple accord avec les pays intéressés, sans qu'il fût nécessaire de recourir à un nouvel acte diplomatique. Deux arrangements postérieurs autorisèrent l'échange des valeurs protestables entre la France d'une part, l'Allemagne et la Belgique d'autre part.

Le tableau qui suit montre le développement du service des recouvrements de 1879 à 1883.

| ANNÉES. | VALEURS A RECOUVRER. | |
|---|---|---|
| | NOMBRE. | MONTANT. |
| | | fr. c. |
| 1879[1] | 425 981 | 9 564 298 02 |
| 1880[2-3] | 1 652 447 | 38 995 806 60 |
| 1881 | 2 937 382 | 68 173 449 79 |
| 1882[4] | 4 300 344 | 107 059 725 23 |
| 1883 | 5 777 541 | 140 221 988 47 |
| TOTAUX GÉNÉRAUX | 15 093 495 | 364 015 268 11 |

1. Service inauguré le 15 juin 1879.
2. 16 janvier 1880. — Élévation de 500 francs à 1 000 francs du maximum des valeurs.
3. 1er août 1880. — Réduction de 1 p. 100 à 0 fr. 50 p. 100 du droit de mandat perçu sur les valeurs au-dessus de 50 francs.
4. 1er juillet 1882. — Élévation de 1 000 à 2 000 francs du maximum des valeurs.

## ABONNEMENTS AUX JOURNAUX FRANÇAIS ET ÉTRANGERS.

### *Service français.*

L'article 9 de la loi du 7 avril 1879 avait autorisé l'administration des postes à recevoir des abonnements aux journaux, revues, recueils périodiques publiés en France moyennant un droit de 3 p. 100. Cette disposition était la conséquence de la loi qui autorisait le service des postes à effectuer le recouvrement des effets de commerce.

La mise en vigueur de ce nouveau service fut fixée par le décret du 5 mai, au 1er juin de la même année.

Le droit primitivement fixé à 3 p. 100 a été réduit par une nouvelle loi du 17 juillet 1880, à 1 p. 100 plus un droit fixe de 10 centimes par abonnement.

La faculté d'émettre des mandats de cette nature, limitée d'abord aux établissements de poste en France, fut successivement étendue aux bureaux de l'Algérie, de la Tunisie, à tous les bureaux français du Levant ainsi qu'aux agents embarqués à bord des paquebots et enfin au bureau français de Tanger (Maroc).

Les sommmes versées soit pour abonnements, soit pour envoi de primes, sont transmises, par les soins de l'administration, aux directeurs des journaux, revues, etc. etc.

Les droits légaux sont préalablement déduits du prix de l'abonnement pour les journaux dont les éditeurs prennent ces droits à leur charge.

Pour les autres publications, les abonnements sont reçus d'après les déclarations des souscripteurs, sous leur propre responsabilité, et le payement du droit légal est acquitté par eux en sus du prix de l'abonnement.

*Service international.* — Le service des abonnements aux journaux étrangers fonctionne actuellement en vertu d'arrangements conclus entre la France d'une part :

La Belgique, la Suisse, les Pays-Bas, le Danemark (non compris d'Islande et les îles Féroë), l'Italie, la Suède, la Norvège et le Portugal, l'autre part.

Les droits applicables aux abonnements souscrits par l'intermédiaire de la poste sont de 3 p. 100, avec minimum de 50 centimes dans les rapports avec la Suisse et avec minimum de 25 centimes dans les rapports avec les autres pays.

Suivant les conditions indiquées par les directeurs des journaux, revues ou recueils, les droits sont prélévés sur le prix d'abonnement ou acquittés en sus par l'abonné.

### CAISSE NATIONALE D'ÉPARGNE.

La loi du 9 avril 1881 qui a créé en France la caisse d'épargne postale, appelée depuis *caisse nationale d'épargne*, a réalisé une amélioration qui existait déjà dans plusieurs pays étrangers, notamment en Angleterre, en Belgique, en Italie, en Autriche et en Prusse.

Cette question avait été portée devant le Sénat de l'empire, en 1869, à l'occasion de vœux émis par plusieurs conseils généraux, mais aucune suite ne fut donnée au rapport de la commission. L'étude en fut reprise, en 1875, à la suite d'une proposition de loi présentée par MM. Fournier, Tallon et de Chabaud-Latour, proposition qui fut rejetée dans son ensemble. Toutefois, pour répondre au désir manifesté par l'Assemblée nationale, le décret du 23 août 1875 autorisa les caisses d'épargnes à réclamer, sous certaines conditions, le concours des receveurs des postes et celui des percepteurs. Ce n'était là qu'une demi-mesure, un expédient, qui n'obtint, du reste, aucun succès puisqu'à la date du 31 décembre 1879, le décret de 1875 n'était effectivement appliqué que dans 158 recettes des postes.

Le 7 mai 1878, M. Arthur Legrand présentait à la Chambre des députés une proposition tendant à la création d'une caisse d'épargne postale. Cette proposition fut prise en considération le 5 avril 1879, sur l'avis conforme du gouvernement et renvoyée au conseil d'État en même temps que le projet de loi préparé par l'administration.

Tel est, en quelques mots, l'historique de la caisse nationale d'épargne qui fut, comme nous l'avons dit, créée par la loi organique du 9 avril 1881 et placée sous la garantie immédiate et absolue de l'État.

La nouvelle institution s'est trouvée ainsi investie de la confiance qu'inspire le crédit même de la France. Aussi son succès s'est-il affirmé plus nettement d'année en année depuis le 1er janvier 1882, date de sa mise en vigueur, à tel point qu'au 31 décembre 1883, c'est-à-dire à la fin de sa deuxième année d'existence, ses bénéfices lui permettaient déjà non seulement de couvrir intégralement ses frais généraux et de se suffire à elle-même, mais encore de rembourser un tiers des avances de premier établissement qui lui avaient été consenties par l'État. C'est la meilleure preuve que la création de cette caisse répondait à un besoin réel.

Un intérêt de 3 p. 100 est servi aux déposants. — Chaque versement ne peut être inférieur à un franc. — Le compte ouvert à chaque déposant ne peut excéder le chiffre de 2000 francs versés en une ou plusieurs fois. — Les mineurs et les femmes mariés sont admis à se faire ouvrir des livrets sans l'assistance de leur représentant légal ou de leur mari.

Telles sont les conditions générales de son fonctionnement.

Pour satisfaire aux besoins variés de l'épargne, la caisse nationale d'épargne s'est préoccupée d'améliorer sans cesse son organisation et de créer des branches nouvelles en faisant profiter plus complètement ses déposants des facilités offertes par le double service postal et télégraphique. C'est ainsi qu'elle a été amenée à organiser un service de remboursement à vue à Paris et un service international entre la France et la Belgique et à créer le bulletin d'épargne, les timbres-épargne, les remboursements par mandats-poste et les remboursements par versements à la caisse des retraites.

Voici en quoi consistent ces innovations :

*Remboursements à vue.* — En vertu du décret du 31 août 1881, toute demande de remboursement doit, avant d'être autorisée, être rapprochée pour examen de la signature, de la demande de livret conservée à Paris par la direction centrale.

Or depuis le 16 janvier 1882, un service de remboursement à vue avait été organisé au bureau de poste situé 103, rue de Grenelle, à Paris.

Aujourd'hui l'administration tient à la disposition du public, dans tous les bureaux de poste et de télégraphe de Paris des cartes-télégrammes spéciales, du prix de 60 centimes, sur lesquelles les déposants peuvent rédiger leurs demandes de retraits de fonds. Après un délai de deux heures en moyenne, les déposants reçoivent l'autorisation qui leur permet de toucher au bureau de leur quartier, les fonds dont ils ont demandé le remboursement.

*Service international.* — En vertu d'un arrangement conclu, le 31 mai 1882, entre la Belgique et la France, les déposants à la caisse nationale d'épargne qui viennent à fixer leur résidence en Belgique peuvent obtenir, sans frais, le transfert de leur compte à la caisse générale d'épargne et de retraite belge.

Ils ont encore la faculté, en prévision de leur retour en France, de conserver leur livret français et de se faire rembourser, pendant leur séjour en Belgique, tout ou partie de leurs économies par l'intermédiaire des bureaux des postes belges.

Les mêmes avantages sont assurés en France, aux titulaires de livrets émis par la caisse générale d'épargne et de retraite de Belgique.

Il serait certainement désirable que les caisses d'épargne d'État de tous les pays formassent une Union à l'exemple de l'Union postale et de l'Union télégraphique universelles. Dans cet ordre d'idées, les délégués français ont proposé, au congrès postal tenu à Lisbonne en 1885, de réunir en conférence les directeurs des différentes caisses d'épargne publiques. Cette motion a été adoptée et l'on pense que la conférence pourra se réunir en 1886. Elle aura pour mission d'établir et d'unifier, pour les pays adhérents, les règles qui devront régir le service international des caisses d'épargne postales.

*Bulletins d'épargne.* — Le minimum des dépôts est, comme nous l'avons dit, fixé à un franc; mais, pour faciliter à tous la pratique journalière de l'épargne, le décret du 30 novembre 1882 a créé le *bulletin d'épargne* que le public peut se procurer gratuitement dans tous les bureaux et sur lequel les économies les plus minimes sont successivement représentées par des timbres-poste. Dès que la valeur des timbres-postes atteint la somme de 1 franc, le bulletin d'épargne est accepté dans les agences de la caisse nationale d'épargne.

*Timbres épargne.* — Les « timbres épargne » créés par la loi du 3 août 1882 et mis en service à partir du 1er avril 1883 présentent le double avantage de laisser aux titulaires la disposition constante de leur livret et les dispensent de se rendre deux fois au bureau de poste à chaque versement.

*Remboursement par mandats-poste.* — Depuis le 1er juin 1884, tout titulaire d'un livret émis par la caisse nationale d'épargne peut demander le remboursement d'une somme à valoir sur son compte, au moyen d'un mandat-poste dont il acquitte les frais d'envoi.

*Versement à la caisse de retraites pour la vieillesse.* — En vertu d'une instruction préparée en 1884 et dont les dispositions ont été appliquées au début de 1885, la caisse nationale d'épargne, à l'exemple des caisses privées, sert d'intermédiaire entre ses déposants et la caisse des retraites pour la vieillesse, soit pour opérer des versements, soit pour la transmission des pièces relatives à la liquidation des rentes viagères, soit, enfin, pour la remise aux titulaires des inscriptions de rente de cette nature qui leur sont délivrées.

Les résultats déjà connus permettent d'espérer que, dans un avenir prochain, cette branche d'opération prendra un développement appréciable.

*Création de succursales de la caisse nationale d'épargne dans chaque division des équipages de la flotte et à bord des bâtiments de l'État.* — Il nous reste à signaler enfin le décret du 18 mars 1885, mis à exécution à partir du 1er juillet suivant, qui établit une succursale de la caisse nationale d'épargne dans chacune des divisions des équipages de la flotte et à bord de chacun des bâtiments de l'État.

### CONGRÈS POSTAL DE PARIS.

Le congrès de Berne qui avait créé l'Union générale des postes, avait été le congrès constituant.

Le congrès qui s'ouvrit à Paris le 1er mai 1878 sous la présidence de M. Cochery, établit les lois organiques de l'Union[1].

1. La France était représentée à ce congrès par MM. Cochery, Besnier, directeur, et Ansault, chef de bureau.

A Berne, les États adhérents étaient au nombre de 22 et représentaient une population de 350 millions d'habitants; à Paris siégèrent les plénipotentiaires de 33 États, représentant une population de 653 millions d'habitants.

L'Union générale des postes était devenue l'*Union postale universelle*.

Le Congrès de Paris ne se borna pas aux améliorations multiples réalisées par la convention principale; il élabora deux arrangements nouveaux qui réglaient l'échange international des valeurs déclarées et des mandats de poste.

L'Union comprenait, au 1er avril 1878, l'Allemagne, la République Argentine, l'Autriche-Hongrie, la Belgique, le Brésil, le Danemark et les colonies danoises, l'Égypte, l'Espagne et les colonies espagnoles, les États-Unis de l'Amérique du Nord, la France et les colonies françaises, la Grande-Bretagne, l'Inde britannique, diverses autres colonies anglaises, la Grèce, l'Italie, le Japon, le Luxembourg, le Monténégro, la Norvège, les Pays-Bas et les colonies néerlandaises, le Portugal et les colonies portugaises, la Roumanie, la Russie, la Serbie, la Suède, la Suisse, la Turquie et la Perse.

Elle s'est accrue, soit au congrès de Paris, soit depuis et jusqu'à la réunion du congrès de Lisbonne, du Canada, du Mexique, du Pérou, du Salvador, de la république de Libéria, de l'État du Honduras, des colonies anglaises d'Antigoa, de la Dominique, de Montserrat, de Nevis, de Saint-Christophe, de la Grenade, de Sainte-Lucie, de Tabago, des îles Turques, de la Barbade, de Saint-Vincent, de Terre-Neuve, des îles Fakland, des îles Bahama, de la côte occidentale d'Afrique, des îles Vierges, de l'Équateur, de l'Uruguay, de la République dominicaine, des îles Sandwich, du Chili, des États-Unis de Colombie, du Venezuela, du Paraguay, de Haïti, du Guatemala, du Nicaragua et de Costa-Rica.

Trois actes importants furent élaborés par le congrès.

*Convention principale.* — Par la convention principale, les droits de transit ont été sensiblement réduits, grâce aux sacrifices des États maritimes; on a pu ainsi rendre possible, dans le régime de l'Union postale universelle, une uniformité de tarif vivement appréciée du public.

La taxe de l'Union, pour les lettres, a été fixée uniformément à 25 centimes; celle des cartes postales a été abaissée à 10 centimes, la taxe des papiers d'affaires, échantillons et imprimés a été fixée à 5 centimes par 50 grammes, avec minimum de 25 centimes (taxe d'une lettre) pour les papiers d'affaires et de 10 centimes pour les échantillons. La faculté de percevoir une surtaxe maritime sur ces différentes catégories de correspondances a été maintenue.

Le poids maximum des papiers d'affaires et des imprimés a été élevé de 1 à 2 kilogrammes.

Le droit normal de recommandation a été abaissé à 25 centimes.

Enfin, la responsabilité, en cas de perte d'un objet recommandé, n'atteignait, jusque-là, que les pays pour lesquels cette responsabilité existait à l'intérieur. Elle a été étendue à tout le ressort de l'Union, sauf de rares exceptions en faveur des pays hors d'Europe, qui ont dû en être provisoirement dispensés.

*Arrangement concernant les valeurs déclarées.* — Par l'arrangement concernant les valeurs déclarées, ce service qui ne se pratiquait avant 1879 qu'avec l'Allemagne, la Belgique, le Luxembourg, les Pays-Bas et la Suisse et encore d'après des règles diverses, a été étendu dans des conditions uniformes, aux relations de la France avec 14 pays nouveaux, savoir : l'Autriche, la Hongrie, le Danemark, les colonies danoises, l'Égypte, les colonies françaises, l'Italie, la Norvège, le Portugal, les colonies portugaises, la Roumanie, la Russie la Serbie et la Suède.

Le maximum de déclaration a été élevé, en règle générale, à 10 000 francs par envoi.

Le droit proportionnel d'assurance s'est trouvé abaissé de moitié dans les relations avec l'Allemagne, la Belgique, le Luxembourg, les Pays-Bas et la Suisse. Depuis lors, le même service a été étendu aux échanges avec la Bulgarie et l'Espagne.

*Arrangement concernant l'échange des mandats de poste.* — L'arrangement, concernant l'échange des mandats de poste, compta parmi ses signataires tous les pays d'Europe sauf l'Angleterre, l'Espagne, la Grèce, la Russie, la Serbie et la Turquie. Il a ainsi étendu ce service à nos relations avec trois pays nouveaux, l'Égypte, le Portugal et la Roumanie. Il a, en outre, pour les rapports avec les pays qui échangeaient déjà des mandats avec la France, substitué à des régimes variés des règles uniformes.

Le maximum du montant des mandats a été élevé à 500 francs.

Enfin, au droit proportionnel de 20 centimes par 10 francs, a été substitué le droit de 25 centimes par 25 francs, soit une réduction moyenne de 50 p. 100.

Ces trois arrangements, signés à Paris le 1er et le 4 juin 1878, devinrent exécutoires, en vertu de trois lois du 19 décembre de la même année, à partir du 1er avril 1879.

### COLIS POSTAUX.

Le 9 octobre 1880, une nouvelle conférence internationale se réunissait à Paris pour élaborer une convention tendant à introduire dans les relations internationales le service des *colis postaux* qui fonctionnait depuis déjà plusieurs années dans divers États voisins.

La conférence se termina par une convention signée le 3 novembre 1880 entre la France, l'Allemagne, l'Autriche, la Hongrie, la Belgique, la Bulgarie, le Danemark, l'Égypte, l'Espagne, la Grande-Bretagne et l'Irlande, l'Inde britannique, l'Italie, le Luxembourg, le Monténégro, les Pays-Bas, la Perse, le Portugal, la Roumanie, la Serbie, la Suède, la Norvège, la Suisse et la Turquie [1].

Cette convention permettait d'échanger, sous la dénomination de *Colis postaux*, des paquets ne dépassant pas le poids de 3 kilogrammes, le volume de 20 décimètres cubes, et la dimension, sur une face quelconque, de 60 centimètres, et ne renfermant ni matières explosibles, inflammables ou dangereuses, ni lettres ou notes ayant le caractère de correspondance, ni enfin des articles prohibés par les lois ou règlements de douane ou autres.

Pour faciliter l'adhésion des pays, qui, comme la France, ne disposaient ni d'immeubles nécessaires pour la réception des colis, ni d'un service de messagerie pour le transport aux gares, ni d'un factage organisé pour la distribution aux destinataires, une clause spéciale permit à ces pays de confier le trafic des colis postaux aux compagnies de chemins de fer et de navigation.

C'est en vertu de cette clause, que fut signée par anticipation, dès le 3 novembre, une convention avec les grandes compagnies de chemins de fer et avec les compagnies maritimes subventionnées. Ces compagnies s'engagèrent à se substituer aux obligations du gouvernement français, tant pour le service international que pour le service des colis postaux à l'intérieur.

La loi du 3 mars 1881 approuva la convention internationale et les conventions conclues avec les grandes compagnies de chemins de fer et les compagnies maritimes subventionnées.

La date d'exécution fixée d'abord par la conférence au 1er octobre 1881 put être avancée et portée au 1er mai 1881, pour le régime intérieur et dans les relations avec l'Allemagne, la Belgique, le Luxembourg et la Suisse.

Par décret du 24 juillet 1881, le service des colis postaux fut étendu aux ports de la Corse, de l'Algérie de la Tunisie, des colonies françaises, du Sénégal, de la Guadeloupe, de la Martinique, de la Guyane, de la Réunion, de Pondichéry, de Karikal et de la Cochinchine.

Usant des facultés que lui laissait l'article 4 de la loi du 3 mars 1881,

1. MM. Ad. Cochery, ministre, Besnier et Chassinat directeurs, au ministère, et M. Ansault, chef de bureau, représentaient la France à cette conférence.

M. Cochery conclut un traité avec la compagnie des Messageries nationales pour le transport des colis postaux à l'intérieur de Paris, dans les limites de l'ancien octroi : 10 bureaux étaient ouverts au public pour ces envois; la taxe fut fixée à 25 centimes, y compris le droit de factage pour la remise à domicile, et de 60 à 80 centimes pour les colis expédiés contre remboursement, suivant que le prix en est remboursé au bureau d'expédition ou au domicile de l'expéditeur.

Enfin, à partir du 1er décembre 1881, la Compagnie Transatlantique a établi un factage pour les colis à destination des principaux ports de la France, de l'Algérie et la Tunisie, transportés par les services que la compagnie entretient dans la Méditerranée.

La législation sur le service des colis postaux fut modifiée l'année suivante, afin de rendre possible le transport des colis postaux dans les conditions de tarifs fixées par la convention.

C'est ainsi que la loi du 3 mars 1881 avait déjà réduit à 10 centimes le droit de timbre applicable aux bulletins d'expédition des colis postaux et elle avait affranchi le transport de ces colis de l'impôt sur la grande vitesse.

La loi du 24 juillet 1881 supprima le droit de timbre applicable aux colis qui traversaient notre territoire en transit, et pour lesquels ce droit ne pouvait être perçu ni sur l'expéditeur, ni sur le destinataire ; elle fixa au taux uniforme de 10 centimes le droit de timbre afférent à l'expédition d'un colis postal transporté successivement par voie terrestre et maritime ; elle supprima le droit de timbre des acquits-à-caution et passavants de douane, à l'égard des colis postaux transitant à travers la France ou l'Algérie, ou échangés entre les ports français et algériens ; enfin elle affranchit ces mêmes colis de la taxe du plombage.

A partir du 1er octobre 1881, le service des colis postaux a été inauguré dans les relations avec l'Autriche-Hongrie, la Bulgarie, le Danemark, l'Égypte, l'Italie, le Monténégro, la Norvège, la Roumanie, la Serbie, la Suède et la Turquie.

Il a été successivement étendu : en 1882 à nos relations avec le Portugal, les Açores et Madère, les Pays-Bas, les bureaux français du Levant et la Nouvelle-Calédonie ; en 1883, aux colonies françaises de Sainte-Marie de Madagascar, de Mayotte et de Nossi-Bé, et aux colonies danoises des Antilles.

Les limites de volume et de dimensien ont été supprimées à l'égard des colis postaux échangés par les ports de la Corse, soit entre eux, soit avec la France, la Belgique, le Luxembourg et la Suisse. Enfin, le régime de l'envoi contre remboursement a été appliqué aux colis circulant à l'intérieur de la Corse, ou échangés entre la France et la Corse.

La création du service des colis postaux a été très apprécié par le public, si l'on en juge par les chiffres suivants :

Du 1er mai 1881 au 1er octobre 1883, il a été transporté dans le service intérieur continental plus de 25563000 colis; la moyenne a été de 533000 colis par mois en 1881, de 788000 en 1882 et de 991000 en 1883.

Du 1er mai 1881 au 31 décembre 1883, 2 940 colis ont été échangés entre la France d'une part, la Corse, l'Algérie, les colonies et l'étranger, d'autre part. La moyenne mensuelle, qui était de 42 000 en 1881, s'est élevée à 90 000 en 1882 et à 126 000 en 1883.

42 500 colis postaux ont circulé à l'intérieur de l'Algérie et de la Tunisie, du 1er août 1881 au 31 décembre 1883.

Telle est, dans son ensemble, l'œuvre de M. Cochery, car nous n'avons pu en indiquer que les lignes principales, pour rester dans les limites de notre cadre.

Quant aux autres améliorations qui ont été réalisées tant en faveur du personnel qu'en faveur du public, le lecteur en trouvera le détail dans le remarquable rapport adressé par M. Cochery à M. le Président de la République le 4 mai 1884 [1]. Dans ce document qui embrasse la période du mois de décembre 1877 au 1er janvier 1884, M. Cochery a exposé lui-même les réformes qu'il a su réaliser. Le 6 avril 1885, il descendait du pouvoir avec la satisfaction d'avoir rempli son programme, en régénérant les deux grands services des postes et des télégraphes.

### PROPOSITION DE M. TALANDIER TENDANT A LA RÉDUCTION A 10 CENTIMES DE LA TAXE DES LETTRES.

Pour compléter la période d'administration de M. Cochery, il nous reste à parler de la proposition déposée pour la deuxième fois par M. Talandier, député de la Seine, le 14 janvier 1882 et ayant pour but l'abaissement de 15 à 10 centimes de la taxe des lettres, et comme corollaires, l'affranchissement obligatoire et la suppression des franchises.

On se rappelle que cette proposition avait été déjà examinée par le Parlement lors de la discussion de la réforme postale de 1878 et qu'elle

1. Le rapport de M. Cochery a été publié au *Journal officiel* (nos portant les dates des 19, 20 et 21 juin 1884). Nous avons emprunté à ce document les renseignements qui précèdent.

avait été écartée à la suite des restrictions suivantes formulées par le rapporteur :

« Nous reconnaissons qu'il ne faudrait pas dépasser la mesure ; aussi nous ne vous proposons pas d'adopter actuellement la proposition de M. Talandier et de réduire à 10 centimes les taxes postales de bureau à bureau. Il en résulterait un déficit considérable dans nos recettes, il faudrait trop de temps pour l'effacer. »

En 1882, dans son rapport fait au nom de la commission chargée d'examiner la proposition de M. Talandier, M. Belon estimait que cette proposition était assurément digne des préoccupations de la Chambre et d'une discussion approfondie, et, lorsque le 12 juin de la même année, cette proposition vint à l'ordre du jour, la Chambre la prit en considération et en ordonna le renvoi à titre d'amendement, à la commission du budget de l'exercice 1883.

M. Ribot, rapporteur général de la commission du budget, conclut, dans son rapport, au rejet de cet amendement et la Chambre, dans sa séance du 7 décembre 1882, approuva ces conclusions.

Toutefois, M. Ribot déclara à la tribune que la réforme proposée méritait la sollicitude du gouvernement et celle de la Chambre, mais qu'elle exigerait des sacrifices temporaires qui dépassaient les possibilités de l'exercice 1883.

La réduction de 0 fr. 15 à 0 fr. 10 de la taxe des lettres est incontestablement très désirable. Sa réalisation a été maintes fois réclamée par un grand nombre de Conseils généraux, mais avant de faire un pas aussi hardi en avant, il importe de bien envisager toutes ses conséquences financières.

La perte que la réforme ferait subir au Trésor peut être évaluée, d'après les résultats de la réforme de 1878, à environ 30 millions, répartis sur trois exercices, soit approximativement 10 millions par an.

En présence d'un déficit de cette importance à infliger même momentanément au Trésor, il paraît prudent de se rallier aux conclusions des rapporteurs des commissions du budget de 1878 et de 1883 et d'attendre le moment où l'état de nos finances permettra au gouvernement d'en reprendre utilement l'examen.

### M. SARRIEN, MINISTRE DES POSTES ET DES TÉLÉGRAPHES.

Le 6 avril 1885, M. Sarrien, député de Saône-et-Loire et président de la commission du budget, fut nommé ministre des postes et des télégraphes en remplacement de M. Cochery.

Les améliorations introduites dans les services des postes et des télégraphes par M. Sarrien peuvent se résumer ainsi qu'il suit :

Mise en vigueur, à partir du 1er juin 1885, de la loi du 12 juillet 1884 portant introduction du service des mandats de poste internationaux dans les relations de la France avec la Perse;

Extension du service des *mandats de poste internationaux* aux rapports de la France avec la Bulgarie (décret du 13 juin 1885);

Échange des *colis postaux avec l'Annam* (décret du 31 mai 1885) et avec l'Espagne (décret du 13 juin 1885);

Mise en vigueur, à partir du 1er juillet 1885, du décret du 18 mars 1885, instituant des succursales navales de la caisse nationale d'épargne dans chacune des divisions des équipages de la flotte et à bord des bâtiments de l'État.

DÉCRET DU 29 OCTOBRE 1885 PORTANT CRÉATION DE SUCCURSALES DE LA CAISSE NATIONALE D'ÉPARGNE A L'ÉTRANGER.

Le décret du 29 octobre 1885, rendu sur la proposition de M. Sarrien, autorisa également la création de succursales de la caisse nationale d'épargne à l'étranger, mais seulement dans les villes pourvues d'un bureau de poste français [1].

Cette réforme avait été, à diverses reprises, instamment demandée, notamment par les Français résidant à Constantinople, par la Chambre de commerce de la même ville et par le receveur des postes françaises à Alexandrie (Égypte).

Comme le disait M. Sarrien dans le rapport qu'il adressa le 23 novembre 1885 à M. le Président de la République, nos nationaux ont ainsi le moyen de placer leurs économies journalières d'une manière assurée et ils peuvent aujourd'hui profiter des avantages que la caisse nationale d'épargne offre à tous les citoyens de la République pour la gestion de leurs intérêts pécuniaires.

RAPPORT DE M. SARRIEN SUR LA GESTION DE LA CAISSE D'ÉPARGNE EN 1884.

Dans le rapport auquel nous venons de faire allusion, M. Sarrien, montrait la prospérité toujours croissante de la caisse nationale d'épargne, prospérité qui avait dépassé les espérances les plus optimistes :

Libre de toutes charges extérieures, disait le ministre, elle peut consacrer ses

1. Ces bureaux sont : Alexandrie (Égypte) ; Beyrouth (Syrie) ; Constantinople, Salonique (Turquie d'Europe) ; Smyrne (Turquie d'Asie) ; Shang-Haï (Chine).

revenus disponibles à l'amélioration incessante de toutes les parties de l'exploitation et à la constitution d'un fonds de dotation qui, joint à la réserve légale, la met à l'abri de toutes les éventualités.

Le revenu obtenu pendant l'exercice 1884 a été supérieur à la somme applicable aux frais d'administration et une portion notable a pu, conformément à la loi de 1881, en être portée au crédit du compte de dotation. Bien plus, le coût moyen de chaque opération qui était de 69 centimes en 1883, est descendu à 59 centimes en 1884 et il tend même à baisser encore.

On avait redouté les facilités accordées par la loi aux mineurs et aux femmes mariées de déposer leurs épargnes sans autorisation des parents ou des tuteurs et du mari. Or, il ne s'est produit que dix oppositions de la part des maris et deux oppositions de représentant légal pour les mineurs depuis l'application de la loi.

Nous voyons encore par ce rapport qu'à la fin de l'année 1884, la clientèle épargnante comprenait pour plus du tiers les mineurs et 109 309 femmes mariées ayant agi sans autorisation maritale.

En dehors des mineurs sans profession, 35 1/2 p. 100, les déposants les plus nombreux étaient les propriétaires et rentiers, sans profession un peu plus de 15 p. 100 ; puis, les journaliers et employés agricoles, un peu moins de 15 p. 100, Ses employés du commerce, de l'industrie, etc., font 10 1/2 p. 100; les ouvriers 6 1/2, même proportion que les patrons; les professions libérales 4 1/4 ; les domestiques 3 1/2 et 3 les militaires et marins.

Le tableau des premiers versements comparés aux remboursements intégraux présentait pour les trois années 1882. 1883 et 1884, la proportion de 7. 21, 25 p. 100, infiniment moindre que celle des versements qui étaient quadruples.

Sur 657 424 comptes anciens, la Caisse nationale d'épargne en avait soldé 116101. Elle comptait, au 31 décembre 1884, un total de 541 323 clients.

Vous venez de le voir, Monsieur le président, ajoutait en terminant M. Sarrien, les efforts de l'administration des postes et des télégraphes pour donner satisfaction au public sous toutes les formes, pour aller même au-devant de ses désirs, ont été couronnés de succès.

Le nombre des déposants à la Caisse d'épargne de l'État atteint environ, à l'heure actuelle, le chiffre de 700 000, et il s'accroît chaque mois de plus de 15 000 adhérents nouveaux.

Il est permis de penser qu'en 1887, à moins de circonstances imprévues, ce nombre s'élèvera à près d'un million et que le chiffre des dépôts ne sera pas inférieur à 230 millions de francs.

Mais il ne suffit pas de constater de pareils résultats et de s'en réjouir. Il faut les justifier par de nouveaux progrès, et l'organisation actuelle, bonne dans son ensemble, peut recevoir encore plus d'une modification heureuse. Je m'en préoccupe sans cesse et j'apporte tous mes soins à assurer de plus en plus dans ce service la simplicité, la promptitude et la sécurité du travail.

M. FÉLIX GRANET, MINISTRE DES POSTES ET DES TÉLÉGRAPHES.

Après la démission du ministère présidé par M. Henri Brisson, M. Sarrien fut appelé au ministère de l'intérieur par décret du 7 janvier 1886, et, par un autre décret du même jour, il fut remplacé au ministère des postes et des télégraphes par M. Félix Granet, député des Bouches-du-Rhône.

CIRCULAIRE ADRESSÉE LE 28 JANVIER AUX CHEFS DE SERVICE DU MINISTÈRE DES POSTES ET DES TÉLÉGRAPHES.

Dans sa déclaration du 16 janvier, le nouveau cabinet exposait les principes qu'il était résolu à soutenir et réclamait des fonctionnaires, à tous les degrés de la hiérarchie, un concours loyal et dévoué au gouvernement de la République.

Conformément aux principes formulés dans cette déclaration, chacun des ministres traça au personnel placé sous ses ordres la ligne de conduite qu'il aurait à tenir. Nous reproduisons ci-après la circulaire très nette et très remarquée que M. Granet adressa à cette occasion aux chefs de service relevant du département des postes et des télégraphes :

Paris, le 28 janvier 1886.

Monsieur le Directeur,

La déclaration ministérielle du 16 janvier vous a déjà rappelé les principes qui doivent régler votre conduite.

Si le gouvernement de la République s'honore de respecter dans le fonctionnaire l'indépendance du citoyen, il n'en est que plus fondé à exiger de ses agents, à tous les degrés de la hiérarchie, la fidélité aux institutions. Ce devoir de loyauté, monsieur le directeur, n'est pas le seul que vous ayez à remplir. En dehors même de l'accomplissement de vos obligations professionnelles, vous êtes tenu de seconder l'action générale du Gouvernement.

Le préfet est, dans le département, le représentant direct du pouvoir politique. Son contrôle s'exerce sur l'ensemble des services publics. A ce titre, il a le droit de compter sur votre collaboration et sur votre dévouement. L'administration ne répondrait, en effet, ni à son mandat ni à la confiance du pays, si les divers fonctionnaires prenaient l'habitude de se considérer comme étrangers les uns aux autres, et de se renfermer dans un état regrettable d'isolement. Ils doivent se persuader, au contraire, qu'ils sont les associés d'une même œuvre, les auxiliaires d'une tâche commune. Ce concert de vues, cette unité d'action, sont la garantie nécessaire d'une bonne gestion des affaires publiques.

J'attache pour ma part le plus grand prix à ce que vous ne cessiez de vous inspirer de ces recommandations. Je vous invite à ne négliger aucune occasion d'entrer en rapport personnel avec l'autorité préfectorale, de lui témoigner votre déférence, et de lui apporter en toute circonstance un concours dévoué.

J'ai la ferme confiance que, de votre côté, vous tiendrez la main à ce que ces prescriptions soient suivies par vos subordonnés.

En les leur rappelant, vous ne leur laisserez pas ignorer que, dans l'appréciation que je serai appelé à porter sur les titres de chacun d'eux, je suis résolu à tenir compte de l'empressement qu'ils auront mis à se conformer à cette règle de conduite.

Je vous prie de porter les présentes instructions à la connaissance du personnel placé sous vos ordres et de m'en accuser réception.

*Le ministre des postes et télégraphes,*
F. GRANET.

CIRCULAIRE DU 2 FÉVRIER 1886 CONCERNANT LA NOMINATION DES FACTEURS DES POSTES PAR LES PRÉFETS.

Par une nouvelle circulaire du 2 février 1886, le ministre donna aux directeurs départementaux le moyen de seconder d'une manière plus large et plus directe l'action de l'autorité préfectorale.

L'article 5 du décret du 25 mars 1852 sur la décentralisation administrative attribue aux préfets le droit de nomination aux emplois de facteurs des postes sur la proposition des chefs de service départementaux, mais les listes de présentation des candidats devaient avoir été préalablement approuvées par l'administration.

M. Granet, par sa circulaire précitée, a supprimé cette dernière formalité et invité les directeurs des postes et des télégraphes à adresser directement leurs propositions au préfet pour les nominations aux emplois de facteur boîtier, local, rural ou de facteur de ville soit pour les candidats nouveaux réunissant d'ailleurs les conditions réglementaires, soit de sous-agents déjà en fonctions.

Quant au droit de prononcer les mesures disciplinaires, il est expressément réservé au ministre.

Les prescriptions contenues dans la circulaire du 2 février sont entrées en vigueur à dater du 1er mars 1886.

DIFFAMATION PAR CARTES POSTALES. — PROPOSITION DE LOI PRÉSENTÉE AU PARLEMENT PAR M. ROQUE (DE FILHOL), DÉPUTÉ.

La carte postale a donné lieu à de graves abus qui ont vivement ému l'opinion publique. On a fait notamment à ce mode de correspondance le reproché fondé de faciliter la diffamation : des faits récents (procès de Mme Clovis Hugues) ont, en effet, montré quelle arme terrible peut devenir la carte postale entre les mains d'un ennemi se cachant sous le voile de l'anonyme.

Le Parlement est actuellement saisi de plusieurs propositions de loi sur cet objet.

M. Roque (de Filhol), député de la Seine, a proposé de considérer comme délictueuses et passibles des peines portées par la loi, la diffamation et l'injure commises au moyen des cartes postales [1].

### CARTE-LETTRE. — PROPOSITION DE LOI PRÉSENTÉE PAR M. STEENACKERS, DÉPUTÉ.

De son côté, M. Steenackers, député de la Haute-Marne, réclame la suppression pure et simple de la *carte postale* et son remplacement par la *carte-lettre* déjà en usage en Belgique depuis le mois de décembre 1882 [2].

Nous lisons dans l'exposé des motifs :

La *carte-lettre*, dont nous avons trouvé l'idée première dans un petit opuscule, l'*Almanach illustré des Postes et Télégraphes de* 1885, existe en Belgique depuis le 15 décembre 1882 ; mais M. Henri Issanchou, le promoteur de ce nouveau mode de correspondance, l'avait déjà préconisé dans la presse en 1879 et bien avant son adoption par la Belgique.

Du reste, la substitution de la *carte-lettre* à la carte postale n'est pas, comme on pourrait le croire, une révolution : en pliant la carte postale actuelle en deux, en la pointillant sur les bords des trois côtés latéraux et en la gommant tout autour, on aura la *carte-lettre* avec tous les avantages de sa sœur aînée et sans aucun de ses inconvénients.

L'intérieur de la *carte-lettre* serait blanc, et l'extérieur pourrait être teinté rose, pour qu'il n'y ait pas confusion avec les télégrammes et les cartes-télégrammes [3].

Voici enfin le texte de la proposition de loi présentée par M. Steenackers :

### PROPOSITION DE LOI.

Article premier. — La carte postale est remplacée par la *carte-lettre* qui circulera sur tout le territoire français au même prix d'affranchissement, c'est-à-dire 10 centimes.

Art. 2. — La *carte-lettre* sera aussi établie avec réponse payée.

Art. 3. — Toute carte dont l'extérieur serait partiellement utilisé pour la correspondance devra être retournée d'office par l'administration des postes, à l'envoyeur, ou être détruite à l'expiration de trois mois, si ce dernier est inconnu.

Art. 4. — Les correspondances par carte postale avec l'étranger subsisteront jusqu'à ce que le gouvernement ait obtenu des États faisant partie de l'Union postale la taxe fixe de 10 centimes pour la *carte-lettre*.

1. Propositions de loi déposées les 29 novembre 1884 et 30 novembre 1885.
2. Proposition de loi déposée le 14 janvier 1886.
3. M. Henri Issanchou, cité par M. Steenackers, est un agent des postes qui s'est fait remarquer par différents travaux sur la matière. Il a notamment publié le « *Livre d'or des Postes* », qui contient d'intéressants détails biographiques et bibliographiques sur les personnages qui ont successivement dirigé l'administration des postes et sur les auteurs d'ouvrages relatifs à cette administration.

Le rapport tendant à la prise en considération de la proposition de M. Steenackers a été déposé le 18 février 1886 par M. Lecointre, député. Dans la séance du même jour, la Chambre a adopté les conclusions de ce rapport et, sur la demande de M. Steenackers, renvoyé la proposition de loi à l'examen de la commission précédemment désignée pour examiner le projet présenté par M. Roque (de Filhol)[1].

DÉCRET DU 20 MARS 1886 PORTANT RÉUNION DU SERVICE TECHNIQUE DES TÉLÉGRAPHES AU SERVICE D'EXPLOITATION ET INSTITUANT UN COMITÉ DES TRAVAUX.

La fusion des deux services des postes et des télégraphes, commencée en 1878 par M. Cochery, a été définitivement terminée par M. Granet.

Le décret du 3 avril 1883 portant organisation des services extérieurs du ministère avait laissé en dehors de l'action des directeurs départementaux le service ambulant, le service maritime et le service technique des télégraphes.

Par leur nature essentiellement mobile, les deux premiers de ces services, bien que constituant deux branches spéciales de l'exploitation, échappent complètement à l'action des directions départementales, auxquelles on ne pourrait songer à les rattacher.

Il n'en était pas de même du service *technique* dont la coexistence à côté de celui de l'*exploitation* était une source constante de fausses manœuvres, de lenteurs, de froissements et de perpétuels conflits.

Cette dualité fâcheuse a disparu.

Le décret du 20 mars 1886 vient de prescrire la réunion du service *technique* et du service d'*exploitation* entre les mains des *directeurs départementaux* et la création à Paris d'un *comité des travaux* fonctionnant sous l'autorité immédiate du ministre et composé de six inspecteurs principaux chargés chacun du contrôle de l'une des grandes artères du réseau télégraphique.

Cette mesure d'unification a réalisé une amélioration qui avait été, à diverses reprises, réclamée par la commission du budget.

1. Le rapport de la commission n'a pas encore été déposé, au moment où nous mettons sous presse.

DÉCRET PORTANT SUPPRESSION DE LA DIRECTION DU SERVICE CENTRAL ET DE LA DIRECTION DU PERSONNEL, ET RÉPARTISSANT LES ATTRIBUTIONS DE CES DEUX DIRECTIONS ENTRE LES AUTRES SERVICES DU MINISTÈRE.

Un autre décret du même jour a supprimé deux directions du ministère et réparti ainsi qu'il suit leurs attributions entre les autres services de l'administration centrale.

Le Président de la République française,

Vu le décret du 19 mars 1881, portant organisation de l'administration centrale du ministère des postes et télégraphes;

Vu le décret du 16 juillet 1881, portant création de la direction du personnel de ce ministère,

Décrète :

Article premier. — La direction du service central et la direction du personnel au ministère des postes et des télégraphes sont supprimées.

Art. 2. — Les attributions de ces deux services sont réparties ainsi qu'il suit entre les autres services du ministère;

Le 1er et le 2e bureau de la direction du service central, constituant le service central proprement dit, sont réunis et rattachés à la direction du matériel et de la construction.

Le service du contentieux, les services des travaux législatifs, de la bibliothèque, de la statistique, des publications et de l'autographie, ainsi que le service intérieur du ministère, constituent un premier bureau rattaché au cabinet du ministre.

Les services constituant la direction du personnel forment un deuxième bureau également rattaché au cabinet.

Art. 3. — Toutes les questions relatives aux réclamations sont centralisées et traitées dans le bureau qui porte actuellement ce titre. Ce bureau est rattaché à la direction de la comptabilité.

Paris, le 20 mars 1886.

Jules GRÉVY.

Par le Président de la République :

*Le ministre des postes et des télégraphes,*

F. Granet.

DÉCISIONS DIVERSES CONCERNANT LES JOURNAUX, IMPRIMÉS, ÉCHANTILLONS ET PAPIERS D'AFFAIRES.

Depuis son arrivée au ministère, M. Granet a pris en faveur des journaux, des imprimés, des échantillons et des papiers d'affaires, un ensemble de mesures libérales qui ont reçu du public l'accueil le plus favorable.

Nous nous bornons à rappeler sommairement ces décisions :

*Décision du* 10 *janvier* 1886. — Suppression de l'engagement écrit qui devait être fourni par les destinataires d'objets transportés ou expédiés en contravention, contre la remise de ces objets.

22 *janvier*. — Admission au tarif réduit des formules imprimées de lettres de convocation à une réunion, sur lesquelles sont ajoutées, soit à la main, soit au moyen d'un timbre ou d'un autre procédé, les indications relatives au jour, à l'heure, au lieu et à l'objet de la réunion.

3 *février*. — Admission au tarif réduit :

1° Des avis imprimés de passage de voyageurs, avec indication manuscrite du nom du voyageur, des localités qu'il doit visiter, les dates et les endroits où il descend dans ces localités;

2° Des formules imprimées annonçant la mise en adjudication de fournitures avec indication manuscrite de la date d'adjudication, de la désignation des fournitures, des délais pour rabais, du chiffre du cautionnement ;

3° Des formules imprimées annonçant les départs ou les arrivées de navires, avec indication manuscrite du nom du bâtiment, de la date d'arrivée ou de départ et de la nature du chargement;

4° Des catalogues, prix courants et mercuriales portant, outre les chiffres ou mentions faisant connaître les prix, les indications de poids, mesures ou quantités et les indications d'articles ou objets autres que ceux énumérés dans le texte imprimé des formules.

5 *février*. — Autorisation d'employer les bandes timbrées vendues par l'administration pour l'envoi des imprimés ayant droit à la taxe réduite sans que la largeur de ces bandes, par rapport aux objets qu'elles recouvrent, puisse, en aucun cas, être un empêchement à l'admission au bénéfice de la taxe fixée par l'article 6 de la loi du 6 avril 1878.

10 *mars*. — Admission au tarif réduit des avertissements pour recouvrement de taxes de cotisations émanées des receveurs ou percepteurs, des associations syndicales *autorisées par le gouvernement*, et contenant les indications manuscrites que comporte le texte imprimé des formules.

23 *mars*. — 1° Application du tarif des imprimés, aux articles ou fragments de journaux expédiés isolément ou en nombre, sous la même bande ou la même enveloppe;

2° Autorisation de porter sur les journaux, en regard d'articles, des réflexions ou critiques concernant ces articles et n'ayant pas le caractère de correspondance personnelle;

3° Autorisation de compléter par des chiffres ou mots écrits à la main les journaux dont une partie du texte consacré à des prix courants ou à des cours de vente est laissée en blanc.

DÉCRET DU 16 MARS 1886 AUTORISANT LA CRÉATION DE SUCCURSALES DE LA CAISSE NATIONALE D'ÉPARGNE EN ALGÉRIE ET EN TUNISIE.

Nous devons ajouter enfin qu'un décret du 16 mars 1886 vient d'autoriser la création de succursales de la Caisse nationale d'épargne en Algérie et en Tunisie.

Cette mesure, qui sera appliquée à partir du 1er juillet 1886, sera, nous en sommes certain, accueillie avec faveur par nos populations algériennes et tunisiennes, qui trouveront ainsi des facilités nouvelles pour déposer en toute sécurité leurs épargnes dans les caisses de nos bureaux de poste, et qui verront là une nouvelle marque de la sollicitude du gouvernement républicain à leur égard.

LOI DU 27 MARS 1886 PORTANT APPROBATION DES ACTES ISSUS DU CONGRÈS POSTAL DE LISBONNE.

Le congrès postal de Paris avait décidé que la future assemblée plénière se tiendrait en 1884 à Lisbonne, mais en raison de l'état sanitaire de plusieurs pays d'Europe et des quarantaines qui en furent la conséquence, la réunion du congrès fut ajournée à l'année suivante.

Ce fut seulement le 4 février 1885, que le troisième congrès postal, où soixante-trois États s'étaient fait représenter, s'ouvrit à Lisbonne sous la présidence de M. de Barros, directeur général des postes, des télégraphes et des phares du Portugal. Cette assemblée termina ses travaux le 21 mars suivant[1].

La convention principale de l'Union, les arrangements relatifs aux lettres avec valeurs déclarées et aux mandats de poste et la convention concernant les colis postaux, qui avaient été signés en 1878 et en 1880 à Paris, ayant été maintenus dans leurs parties essentielles, le congrès de Lisbonne n'a pas cru devoir procéder à la refonte complète des conventions et arrangements dont il s'agit. Les résolutions tendant à modifier, à étendre ou à compléter les dispositions antérieures ont été traduites sous la forme d'*actes additionnels aux conventions et arrangements de Paris*.

Par contre, le service des recouvrements par la poste, qui n'existait précédemment qu'en vertu d'accords directs dans les rapports entre certains pays de l'Union, a fait l'objet, à Lisbonne, *d'un arrangement*,

1. La France était représentée au congrès de Lisbonne par MM. de Laboulaye, ministre de France à Lisbonne, Besnier, directeur au ministère des postes et des télégraphes, et Ansault, chef du bureau de la correspondance étrangère au ministère des postes et des télégraphes.

d'un caractère général, au bas duquel la France a apposé sa signature.

Voici le bilan des travaux du congrès tel qu'il a été résumé dans le projet de loi portant approbation des nouveaux arrangements conclus à Lisbonne, qui a été déposé par le gouvernement sur le bureau de la Chambre des députés dans la séance du 20 novembre 1885.

ACTE ADDITIONNEL A LA CONVENTION DE L'UNION POSTALE UNIVERSELLE.

ART. 2. — Les cartes postales avec réponse payée, dont l'emploi tend à se généraliser, sont ajoutées à l'énumération des correspondances admises à circuler dans l'Union.

ART. 4. — Chaque partie de la carte postale double sera passible de la taxe d'affranchissement d'une carte postale simple.

ART. 3. — Les frais de transit pour les transports par mer, dans le ressort de l'Union primitive, sont fixés à 5 francs par kilogramme de lettres et à 0 fr. 50 par kilogramme d'autres objets. Cette clause n'innove en rien; elle ne fait que consacrer à nouveau, sous une forme plus précise, une stipulation de la convention de Paris du 1er juin 1878.

ART. 5 *bis*. — La faculté pour l'expéditeur de retirer une correspondance en cours de transport ou d'en faire rectifier l'adresse est admise en règle générale. Cette clause est conforme à notre régime intérieur et aux dispositions que nous appliquons déjà dans les rapports avec plusieurs pays.

ART. 6 *bis*. — Le principe du payement d'une indemnité de 50 francs, en cas de perte d'une correspondance recommandée, était déjà inscrit dans la convention de Paris. La nouvelle rédaction a pour objet de mieux définir les responsabilités et de réglementer le payement de l'indemnité aux ayants droit.

ART. 9 *bis*. — Ce nouvel article a pour objet de régir la remise des correspondances par exprès dans les pays qui consentent à se charger de ce service.

Les envois à remettre par exprès supporteront une surtaxe spéciale de 0 fr. 30 s'ils sont à destination d'une localité siège d'un bureau de poste. Dans le cas où le lieu de destination ne possédera pas de bureau de poste, l'office distributeur pourra percevoir une taxe complémentaire basée sur son tarif intérieur.

Notre participation à cette clause est subordonnée à l'établissement en France du service de remise par exprès qui est actuellement à l'étude.

ART. 11. — Une modification de rédaction enlève tout caractère absolu à l'interdiction d'expédier par la poste des matières d'or ou d'argent, des bijoux, etc. Les pays qui n'en seront pas empêchés par leur législation particulière pourront se concerter entre eux pour effectuer l'échange des objets dont il s'agit.

ART. 17. — Énumération de nouveaux cas pouvant motiver un jugement arbitral lorsqu'il y a dissentiment entre deux ou plusieurs membres de l'Union.

La Bolivie et le royaume de Siam sont venus à Lisbonne se joindre aux pays participant à la convention principale de l'Union postale. Si, comme il est permis de l'espérer, l'adhésion de l'Australie entière et des établissements anglais de l'Afrique méridionale est acquise prochainement, le ressort de l'Union embrassera désormais tous les pays dotés d'une organisation postale régulière.

ACTE ADDITIONNEL A L'ARRANGEMENT CONCERNANT LES LETTRES AVEC VALEURS DÉCLARÉES.

Le minimum de déclaration est élevé à 10 000 francs par lettre. Précédemment, certains pays se refusaient, en s'appuyant sur une clause de l'arrangement en vigueur, à admettre des envois dont la déclaration dépassait 5 000 francs

La déclaration frauduleuse de valeurs supérieures à celles que renferment les lettres était interdite ; une sanction est apportée à cette interdiction.

Les conditions dans lesquelles doit s'effectuer le remboursement, en cas de perte totale ou de spoliation partielle des valeurs, sont mieux définies, d'après l'expérience acquise.

Tous les pays d'Europe (moins l'Angleterre), l'Égypte, les colonies françaises, danoises et portugaises avaient antérieurement souscrit à l'arrangement dont il s'agit. La République dominicaine et le Vénézuéla y ont, en outre, adhéré à Lisbonne.

ACTE ADDITIONNEL A L'ARRANGEMENT CONCERNANT LES MANDATS DE POSTE.

L'expéditeur de tout mandat de poste peut obtenir un avis de payement de ce mandat par le destinataire en acquittant la simple taxe applicable aux avis de réception des correspondances ordinaires. En France, la taxe de ces avis est de 0 fr. 10.

Les mandats pourront être échangés, par la voie télégraphique, entre pays contractants. L'expéditeur aura à payer le droit ordinaire afférent aux mandats de poste et la taxe d'envoi d'un télégramme comportant le même nombre de mots. La France avait conclu, l'année dernière, sur les mêmes bases, avec le Luxembourg et la Suisse, des arrangements qui ont déjà reçu la sanction parlementaire (lois du 16 juillet et du 1er août 1884). L'acte additionnel signé à Lisbonne donnera une grande extension à l'institution récente des télégrammes-mandats internationaux.

En vertu des nouvelles adhésions qui se sont produites à Lisbonne, l'échange des mandats pourra être pratiqué dans les rapports avec de nouveaux pays, savoir : République Argentine, Brésil, Chili, République dominicaine, Libéria, Uruguay et Vénézuéla.

ACTE ADDITIONNEL A LA CONVENTION CONCERNANT LES COLIS POSTAUX.

Le poids maximum des colis postaux est élevé de 3 à 5 kilogrammes ;

Les envois contre remboursement sont admis jusqu'à concurrence de 500 francs par colis ;

Est admise également la déclaration de la valeur des envois, avec garantie de la valeur déclarée ;

Les colis dépassant 1$^{m}$,50, dans un sens quelconque, ou exigeant, en raison de leur forme ou de leur nature, des précautions particulières, ne seront plus exclus du transport ; ils formeront, sous la dénomination de *colis encombrants*, une catégorie particulière qui sera soumise à une taxe additionnelle de 50 p. 100.

Ces innovations, toutefois, n'ont pas un caractère obligatoire. En raison de la situation particulière de ceux des États adhérents — et c'est le cas de la France — qui ont rétrocédé à des compagnies privées l'exploitation du service des colis postaux, chacun reste libre de les appliquer à son heure.

Le gouvernement se réserve donc d'entrer en négociations avec les Compagnies françaises pour que le service des colis postaux puisse recevoir ultérieurement en France l'extension que comportent les décisions du congrès de Lisbonne.

En outre, une nouvelle clause prévoit la faculté, pour l'expéditeur, de se faire adresser, moyennant un droit fixe de 0 fr. 25 au maximum, un avis de réception du colis par le destinataire.

De nouvelles adhésions à la convention des colis postaux s'étant produites à Lisbonne, ce service recevra prochainement une grande extension. Il pourra être pratiqué dans les relations avec la République Argentine, le Brésil, le Chili, la Grèce, l'Uruguay, le Paraguay et le Vénézuéla.

ARRANGEMENT CONCERNANT LE SERVICE DES RECOUVREMENTS.

Les congrès de Berne et de Paris n'avaient pas eu à s'occuper du service des recouvrements qui n'était alors effectué par la poste que dans un nombre de pays très restreint. C'est en 1879 seulement que ce service a été inauguré en France et, dans le cours des deux années suivantes, il a été successivement introduit, en vertu d'arrangements particuliers, qui tous ont reçu la sanction parlementaire, dans nos rapports avec huit pays : Allemagne, Belgique, Luxembourg, Pays-Bas, Portugal, Roumanie, Suède, Suisse.

Le développement du service des recouvrements a permis de conclure à Lisbonne un arrangement d'une portée générale qui a reçu les signatures de la France, des pays ci-dessus désignés (moins les Pays-Bas et la Suède) comme pratiquant déjà avec la France le service des recouvrements en vertu d'arrangements particuliers, et, en plus, de l'Autriche-Hongrie, de l'Égypte, de l'Italie, de Libéria et des colonies portugaises.

En outre de l'extension que reçoit le service des recouvrements, un régime uniforme se substitue à des régimes qui, dans les détails, présentaient, par rapport à chaque pays, quelques différences. Le public et le service ne peuvent qu'y gagner.

L'arrangement général signé à Lisbonne se rapproche, du reste, intimement, des Arrangements particuliers précédemment conclus par la France.

Les valeurs à recouvrer pourront atteindre le maximum de 1 000 francs par envoi. Elles seront expédiées sous pli recommandé et acquitteront la taxe d'affranchissement d'une lettre recommandée du même poids.

Toutefois, la France conserve la faculté de percevoir, comme aujourd'hui, une taxe fixe de 25 centimes par envoi.

Un récépissé de l'envoi sera remis gratuitement au déposant.

Le même envoi pourra renfermer plusieurs valeurs à recouvrer par un même bureau sur des débiteurs différents au profit d'une même personne.

Le droit d'encaissement est fixé à 10 centimes par valeur; mais celles des administrations participantes qui ont actuellement un tarif plus élevé conservent la faculté de le maintenir, à la condition de se contenter, d'autre part, d'une taxe fixe d'affranchissement de 25 centimes par envoi. Cette réserve intéresse la France, où le droit d'encaissement, attribué aux agents, est actuellement fixé, en vertu de la loi du 5 avril 1879, à 10 centimes par 20 francs avec maximum de 50 centimes.

Les sommes recouvrées seront transmises à l'expéditeur au moyen d'un mandat de poste qui supportera la taxe ordinaire des mandats. Les droits fiscaux dont les valeurs à recouvrer pourraient être passibles seront prélevés, le cas échéant, au profit du Trésor.

Les administrations des postes des deux pays contractants pourront se concerter pour faire effectuer le protêt des effets de commerce dans leurs relations réciproques.

La commission de la Chambre des députés, chargée d'examiner le projet de loi, désigna pour rapporteur M. Georges Cochery, député du

Loiret, qui déposa son rapport le 22 décembre 1885. Ce document très étendu dans lequel les différentes réformes résultant du congrès de Lisbonne étaient successivement passées en revue, faisait ressortir d'une manière saisissante, les importants progrès réalisés depuis douze ans pour l'échange des correspondances internationales et concluait à l'adoption du projet.

C'est en envisageant les résultats obtenus dans le passé, disait le rapporteur, que l'on peut prévoir ceux que l'on doit attendre de l'avenir.

Depuis 1873, le nombre des correspondances internationales originaires ou à destination de la France a doublé.

De 58 millions, chiffre de 1873, il s'est élevé en 1884 à plus de 125 millions.

Les correspondances transitant par la France passaient, pendant le même intervalle, de 17 millions à 60 millions; augmentant de 250 pour 100.

Le montant des mandats internationaux émis en France, progressait dans des proportions encore plus considérables : de 1877 à 1885, il passait de 13 millions à 40 millions, atteignant 47 millions en 1883.

Les mandats internationaux payés en France représentaient, en 1877, 9 millions 500000 francs, et en 1885, près de 27 millions.

Plus de 2 millions de colis postaux sont déjà échangés annuellement entre la France et l'étranger. Les valeurs à recouvrer dans le régime international atteignent environ 2 millions. Et cependant l'organisation du premier de ces services ne date que d'hier; le second ne fonctionne encore qu'avec quelques pays à peine : il n'a pas encore reçu l'importante extension qu'il doit trouver dans l'application de l'arrangement de Lisbonne.

Ces chiffres se passent de commentaires; en les rapprochant, on voit quels énormes services, grandissant chaque jour, la poste rend aux échanges internationaux. Elle rapproche bien réellement les peuples, et leur apprend à se connaître et à s'apprécier.

C'est là une œuvre féconde de civilisation à laquelle la France a largement contribué pour sa part.

Arrivant enfin à l'examen des articles du projet, M. Georges Cochery s'exprimait ainsi qu'il suit :

L'article 1er du projet de loi est relatif à la ratification des actes de Lisbonne sur lesquels nous venons de nous expliquer.

L'article 2 autorise le gouvernement à fixer par décrets les taxes, dans les cas où les conventions internationales laissent une certaine latitude aux offices contractants; une disposition identique avait été insérée dans la loi portant ratification de la convention de Paris.

Votre commission, enfin, d'accord avec le gouvernement, a reconnu que les dispositions, en vertu desquelles sont fixées les taxes pour les bureaux français à l'étranger, ont besoin d'être complétées. Elles résultent, en effet, d'articles des lois de concession de services maritimes, articles spéciaux à chaque service et rédigés, ou à peu près ainsi :

« *Des décrets insérés au* Bulletin des lois *détermineront le prix du port des correspondances qui seront transportées par les paquebots français.* »

Or, cette rédaction ne saurait répondre entièrement aux perfectionnements actuels du service postal, et pour la mettre en harmonie avec les conditions nouvelles dans lesquelles il s'exécute, il a paru utile d'ajouter au projet de loi, tel qu'il nous est présenté, un article 3 ainsi conçu :

« *Seront également fixées par décrets insérés au* Bulletin des lois, *les conditions de tarif ou autres applicables dans les relations postales des bureaux français à l'étranger, soit entre eux, soit avec la France et l'Algérie, soit avec les colonies françaises et les pays étrangers.* »

Cette rédaction, sans donner au gouvernement des pouvoirs de nature différente de ceux qu'il tenait des lois antérieures, répond plus complètement à la situation nouvelle.

Le projet ainsi amendé fut voté sans discussion par la Chambre des députés dans la séance du 15 janvier 1886.

Transmis au Sénat le 26 février, le projet fut soumis à l'examen d'une commission qui nomma rapporteur M. Scheurer-Kestner. Le rapport fut déposé le 20 mars suivant.

L'acte additionnel concernant le régime des colis postaux a donné lieu à une intéressante discussion au Sénat.

M. Scheurer-Kestner s'était fait l'interprète des vœux exprimés à cet égard par la commission, dans le passage suivant de son rapport :

ACTE ADDITIONNEL CONCERNANT LES COLIS POSTAUX.

Le poids maximum des colis postaux est élevé de 3 à 5 kilogrammes. Cette modification, réclamée depuis longtemps par les commerçants français, n'est malheureusement pas applicable immédiatement en France, et, cependant, elle semble s'imposer comme une véritable nécessité commerciale. Dans les pays étrangers qui nous avoisinent, les expéditions par colis postaux se font sur une vaste échelle, grâce à la tolérance d'un poids plus considérable, et cela au grand bénéfice des affaires qui se font plus facilement, parce que les envois suivent les ordres de beaucoup plus près.

Chez nous, nous sommes malheureusement aux prises avec les compagnies de chemins de fer qui n'ont pas voulu admettre cette augmentation de poids, même dans le régime intérieur, et nous nous trouvons de leur fait dans des conditions d'infériorité vis-à-vis des pays voisins. Votre commission exprime le vœu que le gouvernement entre en négociations avec les Compagnies françaises afin d'obtenir d'elles le transport des colis postaux de 5 kilogrammes qu'elles peuvent difficilement lui refuser. En effet, les procès-verbaux de la conférence de Paris constatent que le poids avait été primitivement fixé à 5 kilogrammes, *d'accord avec les représentants des Compagnies*, et que c'est seulement à la demande d'un État étranger qu'il a été réduit à 3 kilogrammes.

Les envois contre remboursement sont admis jusqu'à concurrence de 500 francs par colis.

Est admise également la déclaration de la valeur des envois, avec garantie de la valeur déclarée.

Enfin, il est créé, sous le nom de *colis encombrants*, une catégorie particulière qui sera soumise à une taxe additionnelle de 50 p. 100.

En présence des modifications apportées aux expéditions postales et internationales des colis postaux par la présente convention, il devient nécessaire de mettre notre régime intérieur en harmonie avec le régime international sous peine de laisser le commerce français dans des conditions inférieures à celles faites au commerce étranger. Votre commission appelle sur cette importante question la sollicitude et la vigilance du ministre, notamment en ce qui concerne les envois de matières précieuses et des colis postaux avec valeur déclarée. Il serait, en effet, inadmissible que nos voisins fussent autorisés à faire traverser la France à leurs colis, tandis que nos nationaux seraient dans l'impossibilité de le faire. C'est ce qui aura lieu dès que la présente convention sera mise en vigueur. Mais votre commission pense qu'il suffit qu'elle ait signalé à M. le ministre des postes et des télégraphes cette situation vraiment intolérable, pour qu'il y soit porté un prompt remède.

Lorsque le projet de loi vint à l'ordre du jour de la séance du 25 mars, M. Oudet, président de la commission, appela l'attention de M. le ministre des postes et des télégraphes sur les quatre points suivants :

1° *Poids maximum des colis postaux.* — Les conventions conclues entre l'Administration française et les Compagnies de chemins de fer limitaient à 3 kilogrammes le poids maximum des colis postaux. Dans l'état actuel, le commerce français d'exportation ne pourrait pas profiter du bénéfice de l'élévation à 5 kilogrammes.....

2° *Colis postaux avec valeur déclarée.* — La convention de 1880, dit M. Oudet, n'admettait le transport que du colis postal sans valeur déclarée. La convention de Lisbonne admet le colis avec valeur déclarée, c'est-à-dire avec une responsabilité réglée d'avance avec l'expéditeur en cas de perte ou avarie. Et quant à l'étendue de cette responsabilité, la convention porte que les adhérents qui voudront profiter de cette disposition nouvelle seront tenus d'accepter qu'ils ne pourront refuser les colis en valeur déclarée jusqu'à concurrence d'une limite de 500 francs, au-dessous de laquelle ils ne pourront, dans leur régime intérieur, réduire le maximum de leurs engagements, sous peine de ne pouvoir, même à un chiffre moindre, être admis à l'échange et au transport de cette nature de colis.

Or, le régime intérieur de la France n'admet, quant à présent, la déclaration de valeur des colis postaux que jusqu'à concurrence d'un maximum de 100 francs. D'où il suit que jusqu'à un changement dans notre régime, c'est-à-dire jusqu'à ce que notre législation autorise la circulation des colis postaux en valeur déclarée pouvant s'élever au chiffre de 500 francs, chiffre obligatoirement posé par la convention de Lisbonne, la France se trouve, pour cette sorte d'expédition, écartée absolument du bénéfice de l'Union postale et qu'elle n'a pas la même possibilité de faire accepter par les autres nations un colis quelconque portant valeur déclarée de 100 francs ou au-dessous.

Une déchéance de cette gravité n'a pas besoin de commentaire. Une réforme de notre régime s'impose, sous ce rapport, au gouvernement dans des conditions d'une absolue nécessité.

Voilà un second point sur lequel j'appelle l'attention du Sénat et la sollicitude du Gouvernement.....

3° *Colis postaux contre remboursement.* — La convention de Lisbonne dit qu'on pourra expédier des colis postaux contre remboursement, c'est-à-dire que l'expéditeur pourra, à quelque nation adhérente qu'il appartienne, et quelque long voyage que doive faire son colis, imposer au bureau postal chargé de remettre le colis au destinataire, quel qu'il soit, l'obligation, en remettant le colis, d'exiger de ce destinataire le payement immédiat de la somme portée en remboursement, et ensuite l'obligation de renvoyer à l'expéditeur par la voie ou le mode prévu par la convention la somme payée par le destinataire. La convention fixe le maximum du remboursement à 500 francs; toutefois, elle n'impose pas ce maximum comme une obligation pour tous les adhérents; chacun d'eux reste libre de fixer dans son règlement intérieur un maximum moindre comme limite de remboursement.

Seulement, l'adhérent qui aura fixé un chiffre moindre pour les colis qu'il aura à prendre en charge ne pourra imposer à ses coadhérents un colis à livrer à destination contre un remboursement dépassant le maximum qu'il aura limité lui-même. C'est là le résultat du principe de réciprocité expressément formulé pour ce cas dans la convention de Lisbonne.

Il y a donc dans le maximum de la valeur déclarée établie par la convention de Lisbonne et dans le maximum du remboursement, que dans le premier cas, il faut que l'adhérent ait accepté formellement au moins 500 francs comme maximum pour pouvoir remettre au coadhérent un colis en valeur déclarée, quelque minime que puisse être, en fait, la déclaration; tandis que dans le second cas, celui du remboursement, la convention s'exécute sur le chiffre le plus bas posé comme maximum dans les régions intérieures des coopérants.

Or, le régime intérieur français fixe à 100 francs seulement le maximum des remboursements; donc les expéditeurs français ne pourront imposer à aucune nation adhérente un remboursement supérieur à 100 francs, alors même que, dans son régime intérieur, cette nation se serait conformée au maximum de 500 francs, prévu dans la convention.....

4° *Envoi par colis postaux de matières précieuses.* — Je représente un pays où l'on travaille beaucoup les matières d'or et d'argent, c'est-à-dire la boîte de montre. Le département du Doubs fabrique des quantités considérables de montres à boîtier d'or et à boîtier d'argent. C'est la grande industrie de cette partie de la France. Et nous avons l'espoir de la conserver longtemps encore, en raison de la qualité de nos produits, si notre régime intérieur ne nous enlève pas les moyens de lutter contre la concurrence étrangère.

Sous ce rapport, la convention de Lisbonne, modifiant et développant la convention de Paris de 1880, admet que le colis postal ordinaire, celui que vous connaissez et qui circule à très bas prix, pourra, à l'avenir, contenir des matières précieuses, des monnaies, des objets d'or et d'argent, de l'horlogerie, de la bijouterie, mais à une condition: c'est que, pour ces matières-là, il y aura une valeur déclarée, dans tous les cas et obligatoirement.

Donc aujourd'hui toutes les nations peuvent expédier, en colis postal, la bijouterie, l'orfèvrerie, l'horlogerie, les boîtiers d'argent et les boîtiers d'or, avec le bénéfice exceptionnel du tarif de l'Union postale universelle, toutes le peuvent, toutes excepté la France, adhérente cependant de la convention de Lisbonne.

Comment une pareille anomalie peut-elle avoir lieu? Elle a lieu par le fait de nos règlements intérieurs qui nous interdisent le transport de ces matières en colis postaux, ou plutôt qui n'en permettent le transport que par l'entremise directe de la poste et dans des enveloppes ou boîtes spéciales d'une forme déterminée. L'horloger de Besançon ne peut pas envoyer des montres d'or, ni des montres d'argent en colis postal, même en France.

Les bijoutiers de Paris et tous expéditeurs de matières précieuses sont soumis à la même règle.....

Nous reproduisons ci-dessous, d'après le compte-rendu du *Journal officiel*, la réponse très catégorique de M. le ministre des postes et des télégraphes :

M. Granet, *ministre des postes et des télégraphes*. — Messieurs, je demande à l'honorable M. Oudet la permission de dégager, dans son discours, les considérations qui ne me paraissent présenter qu'un intérêt d'ordre purement historique. Je veux me renfermer seulement dans l'examen, je ne dirai pas des critiques qu'il a dirigées contre le projet qui vous est soumis, — car, si je ne me trompe, il est prêt à le voter, — mais des points sur lesquels il a cru devoir appeler l'attention et la sollicitude du gouvernement, dans l'intérêt du commerce français et de notre industrie nationale.

Ces observations, si j'en ai bien compris le sens et la portée, me semblent viser deux points : le premier a trait aux améliorations apportées dans le service postal, en matière de colis postaux par la convention de Lisbonne ; le deuxième se rattache à l'infériorité de la France en ce qui concerne plus particulièrement son commerce de bijouterie, d'horlogerie et des industries annexes.

Sur le premier point je n'hésite pas à déclarer que je suis en complet accord avec l'honorable M. Oudet. Le congrès de Lisbonne a consacré, en effet, des améliorations très importantes dans le service des colis postaux. Tout d'abord, il a élevé de 3 à 5 kilos le poids des colis postaux ; il a introduit dans nos relations internationales, au moins en principe, — nous verrons tout à l'heure ce qui se passe dans la pratique, — la faculté d'expédier, avec déclaration de valeur, les colis postaux ; enfin, il a créé la faculté d'expédition contre remboursement.

Messieurs, la signature de la France a été acquise sans réserve à toutes ces réformes, mais je dois dire que leur application reste subordonnée à une entente ultérieure à établir avec nos compagnies de chemins de fer auxquelles nous avons rétrocédé, par la convention de 1880, le service des colis postaux.

La convention de 1880, — peut-être est-ce une lacune, mais il faut la prendre telle qu'elle est, — a limité le poids des colis postaux à 3 kilos, sans prévoir l'élévation possible de cette quantité. Elle a exclu la déclaration de valeur et elle n'a pas prévu, elle a omis le service du remboursement. Sur ce dernier point, cependant, je dois dire — et l'honorable M. Oudet ne l'ignore pas — qu'une convention particulière a organisé le service du remboursement jusqu'à concurrence d'une valeur de 100 francs.

Le département des postes et des télégraphes n'a pas hésité, dès la première heure, à s'occuper de l'application de ces diverses réformes. Il s'est d'abord préoccupé d'obtenir le consentement du ministre des finances. En effet, aux termes de la convention de Lisbonne, le Trésor n'aurait plus, si cette convention venait à être appliquée, qu'à percevoir une taxe de 10 centimes, au lieu de la taxe de 35 centimes et de l'impôt de grande vitesse.

Après quelques hésitations, dans un intérêt public, le ministère des finances n'a pas hésité à donner son assentiment à des négociations qui devaient être entreprises dans ce but, quelles qu'en fussent les conséquences pour le Trésor et ces conséquences se chiffraient par une diminution de recettes de 2 millions.

On s'est donc mis en rapport avec les grandes Compagnies ; mais j'ai le regret de dire que, de ce côté, on s'est heurté à des résistances, à des difficultés et à des prétentions qui n'ont pas été jugées admissibles. On est encore dans la période des négociations, et vous comprenez quelle doit être la réserve de mon langage. Tout ce que je puis dire, c'est que l'appel adressé à la sollicitude du gouvernement sera entendu, et vous pouvez avoir confiance que toute son activité, tous ses efforts tendront à obtenir un arrangement qui, je l'espère, donnera satisfaction à l'intérêt public. (Très bien ! très bien !)

Sur le second point, je crois que les observations de l'honorable M. Oudet, qu'il me permette de le lui dire, reposent non pas sur une erreur, mais sur un malentendu qu'il importe de dissiper.

Dans aucunes relations internationales, la poste ne se charge, sous une forme quelconque, du transport des objets de bijouterie, de matières d'or et d'argent ; c'est une erreur qui s'explique parce que, dans certains pays, notamment en Suisse et en Allemagne, le service postal est confondu avec le service des messageries. Par conséquent, lorsque M. Oudet parle des envois faits du territoire français dans les colonies, lorsqu'il affirme que ces envois sont reçus par le bureau de poste, transportés par l'administration postale et remis au destinataire à Saïgon — puisque c'est l'exemple qu'il a choisi — par les soins de l'administration des postes, il se trompe.

La poste reçoit les objets qui lui sont confiés comme une lettre ; elle les transmet au service des messageries qui les expédie pour son compte. Le service de transport des matières d'or et d'argent par la voie postale ne s'effectue qu'à l'intérieur, mais il n'a jamais lieu dans les relations internationales. Par conséquent, ce n'est pas ici une question de service postal, c'est une question de tarif de messageries.

Eh bien, s'il est vrai — et j'ai tout lieu de croire exacts les faits relatés par l'honorable M. Oudet — que la Suisse ou d'autres nations profitent de tarifs plus avantageux que la France, c'est là une question sur laquelle je n'ai, quant à moi, ni autorité ni compétence ; c'est une question de tarifs de messageries et non pas, je le répète, une question de service postal.

L'administration des postes ne peut pas intervenir en cette matière.

Sur un point particulier, l'honorable M. Oudet a critiqué le mode de transport à l'intérieur même des objets de bijouterie et d'horlogerie par l'administration postale, et il s'est plaint des exigences de cette administration. Il a relevé contre elle les plaintes du commerce de Besançon, notamment en ce qui concerne la dimension des boîtes dans lesquelles sont placés les objets d'horlogerie et de bijouterie.

Messieurs, ce n'est pas là encore une question qui m'appartienne, elle est du domaine législatif. C'est, en effet, la loi de 1873 qui a fixé les dimensions de ces envois postaux et il faudrait mettre en mouvement l'appareil législatif pour donner satisfaction aux réclamations de l'honorable M. Oudet. J'ajoute cependant, — et, sur ce point, je ne suis pas éloigné de donner non pas satisfaction, mais d'apporter une espérance à M. Oudet, — j'ajoute que, dans l'état de crise que traverse, en effet, cette industrie, s'il était nécessaire de réaliser quelques modifications et d'accorder quelques tolérances pour l'envoi des objets de la nature de ceux auxquels s'intéresse M. Oudet, je serais très disposé, quant à moi, à y prêter la main et à prendre l'initiative.

Telles sont, messieurs, les très courtes observations que j'avais à présenter en réponse à l'honorable M. Oudet, et je les résume en quelques mots.

Les résultats de la convention de Lisbonne sont consacrés en principe, ils ne le sont pas encore en fait. Nous avons besoin pour y arriver de nouer des négociations ou plutôt de poursuivre celles qui ont été déjà entreprises avec les Compagnies de chemins de fer.

Vous pouvez, messieurs, voter en toute sécurité de conscience le projet de loi qui vous est soumis et vous en remettre à la fermeté et à la vigilance du gouvernement, qui usera de tous les moyens de persuasion et, dans la mesure où il pourra le faire, de tous les moyens d'action dont il dispose pour arriver, avec les Compagnies, à un accord destiné à sauvegarder les intérêts publics que, comme vous, nous avons à cœur de sauvegarder et de défendre. (Très bien ! très bien ! à gauche.)

A la suite d'une nouvelle intervention de M. Oudet, M. Granet reprit une seconde fois la parole en ces termes :

Sous le régime actuel, et tant que la convention de Lisbonne ne sera pas entrée dans le domaine des faits pratiques, l'administration des postes reçoit seulement les boîtes contenant les matières d'or et d'argent, et elle les remet à des services de messageries terrestres ou maritimes qui les transportent.

Par conséquent, vous voyez, messieurs, que quand on parle de tarifs postaux, de taxe postale, on commet une confusion, confusion qui provient de ce que l'on raisonne d'après le régime appliqué en Suisse et en Allemagne, où les deux services sont réunis.

Voilà pour le présent.

Quant à l'avenir, je suis d'accord avec l'honorable M. Oudet pour souhaiter, dans l'intérêt de notre commerce et de l'industrie qu'il représente plus particulièrement, que le régime du colis postal avec valeur déclarée soit adopté et fonctionne le plus tôt possible ; mais j'ai eu l'honneur d'expliquer au Sénat qu'il est nécessaire, pour en venir là, d'établir un accord avec les Compagnies de chemins de fer ; car, aux termes de la convention de 1880 qui nous lie à ces Compagnies, nous ne pouvons pas créer le colis postal avec valeur déclarée.

Il faut donc, messieurs, et c'est la première chose à faire, que l'accord dont je parle soit réalisé pour que ce moyen de transport passe dans la pratique de notre service postal, et c'est dans le débat que nous aurons à engager à cet égard avec les Compagnies, que nous tâcherons de donner, dans une mesure aussi large que possible, satisfaction aux très légitimes préoccupations de l'honorable M. Oudet.

Après ces paroles, qui, suivant l'expression de M. le ministre, donnaient, dans toute la mesure du possible, satisfaction au vœu exprimé par MM. Scheurer-Kestner et Oudet, le projet de loi fut voté sans modification par le Sénat.

La loi fut ensuite promulguée le 27 mars, et quelques jours après, le 1er avril, les actes émanés du congrès de Lisbonne entraient en vigueur.

### CHAMBRE DES DÉPUTÉS. — SÉANCE DU 6 AVRIL 1886. — PROPOSITION DE LOI TENDANT A MODIFIER LA LOI DU 25 JANVIER 1873.

Comme conséquence de la discussion que nous venons de rapporter, les députés du Doubs, MM. Beauquier, Gros, Viette, Ordinaire et Bernard, ont déposé le 6 avril, sur le bureau de la Chambre des députés, une proposition de loi ainsi conçue, tendant à modifier la loi du 25 janvier 1873, relativement à la dimension des boîtes contenant des objets d'or ou d'argent ou valeurs déclarées :

PROPOSITION DE LOI

Modifier de cette façon le paragraphe 2 de l'article 8 de la loi de janvier 1873 :

Les bijoux et objets précieux sont déposés à la poste, dans des boîtes dont les parois doivent avoir une épaisseur d'au moins 8 millimètres et dont les dimensions ne peuvent excéder 0,055mm *de hauteur*, 0,085mm *de largeur et* 0,105mm *de longueur*[1].

Tels sont, dans leur ensemble, les faits qui constituent l'histoire des postes depuis la récente arrivée au ministère de M. Granet.

Les améliorations déjà réalisées pendant cette courte période suffisent à démontrer que les services des postes et des télégraphes sont placés en des mains fermes et habiles et que, loin de se ralentir, leur développement ira encore grandissant de jour en jour.

1. La commission chargée d'examiner ce projet de loi n'a pas encore été nommée au moment où nous mettons sous presse.

# CONCLUSION

Si, maintenant, parvenu au terme de notre tâche, nous reportons nos regards en arrière pour mesurer l'étendue du chemin parcouru depuis que Louis XI créa, parmi les débris de la grande féodalité, une poste politique, nous voyons cette puissante machine de gouvernement se développer et s'organiser pendant le XVIe siècle pour subir ensuite une profonde transformation au siècle suivant, lorsque les particuliers furent officiellement admis à profiter de la nouvelle institution.

Au fur et à mesure que l'organisation se fortifie, les relations se multiplient entre les diverses parties du royaume.

De là, la nécessité de créer de nouveaux courriers, d'en régulariser la marche et de fixer des tarifs déterminant les conditions du transport. Telle fut l'œuvre de Richelieu qui, devançant son siècle, pressentit l'avenir financier et social de la poste.

Depuis Richelieu jusqu'à Louvois, tous les actes de l'autorité tendent à consolider le monopole de l'État si fortement battu en brèche par des concurrents redoutables, au premier rang desquels nous voyons apparaître ces *messageries de l'Université* qui, jusqu'à la fin du XVIe siècle, avaient assuré le transport à peu près exclusif de la correspondance privée.

A son tour, Louvois introduit dans le service des postes un grand ordre et une grande discipline. Il signe des traités de poste internationaux et inaugure l'ère des fermes qui dura jusqu'à la Révolution.

Sous ce nouveau régime, le revenu de la poste ne cesse de s'accroître (le chiffre du premier bail, 1672, est de 1 200 000 livres; il dépasse 10 millions en 1777), mais, en revanche, à partir des dernières années de Louis XIV, des symptômes de décadence commencent à se manifester dans le service des postes qui, peu à peu, va en se désagrégeant à l'exemple de la vieille monarchie mourante.

Vient la Révolution qui, par la puissance prodigieuse de son immortel génie, fonde une France nouvelle sur les ruines de la Monarchie.

La poste est régénérée et le XIXe siècle va la trouver prête à suivre hardiment la loi du progrès.

Trois grands événements marquent l'histoire générale de la poste pendant ce siècle : l'invention de la vapeur qui a donné naissance aux paquebots et aux bureaux ambulants, l'application de la taxe uniforme qui a imprimé une immense impulsion à l'activité épistolaire, et enfin la fondation de l'Union postale universelle, qui, par une conception admirable, assimilant à un seul et même territoire tous les pays adhérents de l'ancien et du nouveau monde, a simplifié les tarifs, supprimé les frontières et contribué ainsi dans une large mesure à faciliter les échanges internationaux.

Nous avons vu comment la poste française a su transformer successivement son organisation et ses procédés pour profiter de ces progrès. Après avoir suivi pas à pas ses développements à travers toutes les époques de notre histoire, nous pouvons dire qu'elle est aujourd'hui constituée sur des bases solides et de manière à répondre à toutes les exigences. Surgissent de nouveaux besoins et elle saura constamment se tenir à la hauteur de sa mission.

Le passé et le présent répondent de l'avenir.

---

# NOTICE

SUR

# L'HOTEL DES POSTES DE PARIS

Il est difficile de préciser avec exactitude l'emplacement qu'occupa à Paris le premier hôtel des postes. Les renseignements fournis à cet égard par l'histoire de la capitale nous apprennent que la « Grande Poste » était installée depuis longtemps dans la rue des Déchargeurs, lorsque, vers l'an 1700, le service fut transféré rue des Poulies (aujourd'hui rue du Louvre en face de la Colonnade), dans un hôtel précédemment habité par le surintendant général des bâtiments du Roi.

L'accroissement des correspondances ne tarda pas à provoquer l'agrandissement des locaux, et Law, comprenant l'utilité qu'il y avait à placer la Poste au centre des affaires, avait acheté plusieurs maisons de la rue Vivienne ainsi que le jardin du Palais-Royal, pour y faire construire côte à côte la Poste et la Bourse. Son projet ne survécut pas à sa chute; mais les nécessités devenant de plus en plus impérieuses, la ferme des postes acheta, en 1757, un immeuble situé entre les rues Plâtrière[1], Coq-Héron, des Vieux-Augustins et Coquillière.

Cet immeuble avait appartenu aux comtes de Flandre: en 1545, les confrères de la Passion, chassés de l'hôpital de la Trinité, en louèrent une partie et y jouèrent plusieurs fois des mystères ; il devint plus tard la propriété du duc d'Épernon qui le vendit 180 000 livres à d'Herward, contrôleur général des finances sous Louis XIV. Disgrâ-

1. En 1283, on l'appelait rue *Maverse où il y a une plâtrière;* puis on la désigna simplement sous le nom de rue *Plâtrière*, qu'elle conserva jusqu'au 4 mai 1791, jour où elle fut consacrée à la mémoire de J.-J. Rousseau.

cié en 1666, par suite, dit-on, de sa passion effrénée pour le jeu, d'Herward se retira dans cet hôtel, qu'il avait fait reconstruire et qui devint le rendez-vous de tous les poètes ou artistes de valeur. Mignard y exécuta de nombreuses peintures ; Boileau était un des familiers de la maison et La Fontaine y trouva un asile jusqu'à sa mort (1695).

Les héritiers de d'Herward vendirent l'hôtel au garde des sceaux Fleuriau d'Armenonville et il appartenait en 1757 au comte de Morville, secrétaire d'État des affaires étrangères, lorsque Louis XV en ordonna l'acquisition pour l'affecter au service des postes.

Deux ans plus tard, la « Petite Poste » fut fondée et établie dans l'ancien local de la rue des Déchargeurs ; quant à la poste aux chevaux, elle était depuis le commencement du XVIIIe siècle, dans la rue Contrescarpe (quartier de Saint-André-des-Arts).

Nous lisons dans l'acte d'acquisition de l'hôtel d'Armenonville, qui porte la date du 1er mars 1757 :

> Le notaire expose que Sa Majesté ayant ordonné, pour l'embellissement de la ville de Paris, les réparations nécessaires à la façade du vieux Louvre, du côté de la rue des Poulies, et, en conséquence, la démolition de la maison que Sa Majesté avait accordée pour le service de la Ferme des Postes, elle avait chargé Robert Jeannelle, chevalier de ses ordres et intendant général des postes et relais de France, de chercher un terrain sur lequel il y eût déjà des constructions qui pussent servir au but que Sa Majesté se proposait ; que de toutes les maisons qui ont été offertes et dont les plans ont été remis, il n'y en a aucune qui, pour le public en général et pour le commerce en particulier, soit plus convenablement et plus commodément située que l'hôtel d'Armenonville, dont la principale entrée est dans la rue Plâtrière ; qu'en faisant dans ledit hôtel quelques changements et constructions nouvelles, le service des postes s'y fera avec d'autant plus d'aisance et de commodité pour le public, qu'on peut donner audit hôtel des issues sur trois rues différentes ; que le sieur Destouches a offert de le céder à Sa Majesté pour la somme de 550 000 livres ; qu'en conséquence, Sa Majesté ayant bien voulu en faire l'acquisition en son nom, elle a ordonné par son arrêt du conseil d'État du 6 avril 1756 que le sieur David, en sa qualité d'adjudicataire de la Ferme générale des Postes, acquérait dudit sieur Destouches, au nom et pour le compte de Sa Majesté, ledit hôtel d'Armenonville, bâtiments et terrains en dépendant, le tout situé sur les rues Plâtrière, Coq-Héron et Verdelet, moyennant le prix et somme de 550 000 livres, outre 20 000 livres de gratification.

Suit la désignation de l'immeuble : « Un grand hôtel, appelé hôtel d'Armenonville, sis à Paris, rue Plâtrière, faisant deux des coins de la rue Verdelet (plus tard rue Pagevin), et l'un des coins de la rue Coq-Héron, consistant en une grande cour, plusieurs corps de logis, bâtiments, édifices, jardins, cours, fontaines et autres appartenances et dépendances. » Étaient compris dans la vente « les glaces, trumeaux, dessus de portes, armoires, bibliothèques et tableaux se trouvant dans l'hôtel ».

L'architecte du roi, Destouches, prévoyant sans doute les intentions de son maître, avait acquis dès 1755 l'immeuble pour son compte personnel, au prix de 350 000 livres : il réalisa ainsi un important bénéfice. Les travaux d'appropriation, évalués d'abord à 1 792 000 livres, dépassèrent 2 millions et demi.

L'emplacement fut, cette fois, définitif; mais des modifications nombreuses furent ultérieurement apportées à l'édifice. En 1786, on acquit deux maisons voisines, et, en 1793, la réunion des messageries aux postes rendit indispensables de nouveaux agrandissements.

On songea à abandonner l'immeuble, et un hôtel des postes fut même commencé sur l'emplacement actuel de la place de la Bourse. Le projet n'aboutit pas et, le 10 messidor an II, le Comité de Salut public, « considérant que le travail de l'agence des postes aux lettres relativement aux lettres chargées et principalement à l'envoi des lois exige une augmentation de local pour l'établissement des bureaux, considérant qu'il est nécessaire de donner à l'agence des postes aux relais qui a été séparée de l'ancienne administration un local pour l'établissement de ses bureaux », ordonna l'acquisition des maisons Gouffier et Massiac, cette dernière située 16, place des Victoires.

Les événements du Consulat et des premières années de l'Empire détournèrent l'attention du gouvernement des améliorations à introduire dans le service des postes. Ce n'est qu'en 1811 que la question fut reprise. Par une lettre du 29 août [1], le duc de Gaëte, ministre des finances, adressait au directeur général des postes, M. de Lavalette, la copie d'un décret du 26 du même mois portant qu'il serait construit un nouvel hôtel des postes sur le terrain situé entre les rues de Rivoli, Neuve du Luxembourg, du Mont-Thabor et de Castiglione. Un premier crédit de 500 000 francs fut mis, l'année suivante, à la disposition de la caisse générale des postes et l'on procéda aux travaux de construction. — Mais la Restauration changea la destination de l'immeuble; les plans furent modifiés et à la place destinée à l'hôtel des postes s'éleva le Ministère des Finances [2].

On dut chercher une autre combinaison et l'on revint pour la troisième fois à l'idée de s'agrandir sur place : cinq maisons, situées rue Jean-Jacques-Rousseau et rue Coq-Héron, furent acquises, au prix de 699 000 francs [3], pour être démolies et faire place à une construction répondant à sa destination. Ce dernier projet ne fut pas réalisé et l'on

1. L'original de cette lettre se trouve à la bibliothèque du ministère des postes et des télégraphes.

2. Ces bâtiments ont été incendiés en 1871.

3. L'ordonnance autorisant l'achat de l'une de ces maisons n'est pas dépourvue d'intérêt : En voici le texte :

« ARTICLE PREMIER. — L'acquisition faite par le directeur général des postes aux prix,

dut relier tant bien que mal, par des escaliers obscurs et tournants, les différents immeubles.

En 1825, le départ des courriers, qui jusqu'alors ne s'effectuait que tous les deux jours pour la plupart des directions, devint journalier pour toute la France. On dut reprendre le projet d'abattre les maisons récemment acquises et, les Chambres l'ayant ratifié, les travaux furent entrepris et terminés en 1833. Depuis cette époque, l'hôtel ne reçut ni agrandissements, ni modifications sensibles jusqu'en 1881, époque de sa reconstruction intégrale. La superficie était de 6 453 mètres, dont 2 700 environ en portion non bâtie.

Cependant les correspondances augmentaient dans des proportions imprévues, les besoins devenaient de jour en jour plus urgents. Dès 1838, le service de la distribution était concentré à l'hôtel des postes et l'on agita la question de vitrer la grande cour dite « des malles ». La disposition des locaux fit abandonner ce plan et la situation empira au point qu'en 1847, le ministre des finances la signalait déjà comme intolérable. Les différents projets qui ont été proposés depuis 1852 n'ont pas eu un meilleur sort que leurs aînés : les Menus-Plaisirs, le Ministère des Affaires étrangères, le quai de Gesvres, l'Hôtel du Louvre, le quai de la Mégisserie, enfin le Cours-la-Reine furent successivement désignés et rejetés. Un traité intervint, cependant, entre le Ministère des Finances et le Préfet de la Seine le 28 avril 1854 en vue d'une reconstruction sur la place du Châtelet. Le terrain offert par la Ville avait une surface de 8 200 mètres, soit près de 1 800 mètres de plus que l'emplacement de la rue Jean-Jacques-Rousseau. Comme les autres, ce projet n'aboutit pas et le traité fut résilié en 1858.

Enfin, une dernière proposition fut faite pour l'installation de l'hôtel à l'Assomption, rue Saint-Honoré. Ce projet fut déclaré d'utilité publique par décret du 9 août 1864, mais le Corps législatif refusa de voter le crédit de 6 millions demandé pour cet objet.

Encore une fois, on eut recours à des expédients : on loua le premier étage d'une maison contiguë à l'hôtel rue Jean-Jacques-Rousseau ainsi que la maison de la rue Coq-Héron portant le n° 8, appartenant à la Ville. L'augmentation des objets de correspondance

clauses et conditions stipulées dans le procès-verbal d'adjudication du 29 avril 1820, d'une maison dite *Hôtel Coq-Héron* et située rue Coq-Héron, n° 12, est approuvée.

« Art. 2. — Notre ministre des finances est autorisé à faire payer la somme de 44 600 francs à laquelle s'élève, en y comprenant les frais d'adjudication, le prix de cette acquisition.

« Art. 3. — Cette dépense sera prélevée sur les fonds du budget de l'administration des postes pour 1820 et *devra se compenser avec une réduction relative des autres dépenses de ce budget de manière que le montant total du crédit ouvert à cette administration ne soit pas dépassé.*

« Donné au château des Tuileries, le 5 mai de l'an de grâce 1820, et de notre règne le 25e.

« Louis. »

démontra bientôt l'insuffisance de toute mesure analogue. Cet état de choses fut sans cesse signalé à l'autorité supérieure.

M. Vandal, en effet, s'exprimait ainsi en 1864 :

L'intérieur de l'hôtel est une véritable ruche, une sorte de fourmilière où plus de 1 500 agents travaillent et manipulent des dépêches dans des salles basses, étroites, sans lumière, sans air, à travers des escaliers et des couloirs qui ne donnent passage qu'à un homme à la fois et où les instruments de travail, les tables, les casiers, les sacs, les corbeilles produisent le plus fâcheux encombrement. Tous les artifices de l'art de construire ont été employés pour conquérir de l'espace; des cours ont été couvertes, des galeries vitrées sont accrochées aux flancs des murs, des escaliers, presque des échelles ont été pratiqués partout où s'offrait le moindre emplacement et malgré ces merveilles d'appropriation, malgré tous ces efforts, les employés sont comme submergés par un flot de dépêches qui monte parfois des pieds jusqu'à la ceinture.

De son côté, M. Riant, dans son rapport de 1877, demandait qu'à l'occasion de l'Exposition Universelle, « l'on ne donnât pas aux étrangers accourus à Paris, et en particulier aux membres du congrès postal, le spectacle douloureux de l'indigence présente de l'administration ».

La réforme postale de 1878 rendit la situation encore plus critique. La commission supérieure des bâtiments civils et palais nationaux fut saisie de la question de reconstruction. « L'urgence est extrême, disait le rapporteur M. Spuller, les services des postes à Paris sont dans l'état le plus déplorable. Aucune réforme, aucune amélioration sérieuse n'est possible, ne peut même être tentée dans l'état actuel des locaux. Il y a risque d'incendie dans toutes les parties de l'hôtel. Les employés sont établis dans des conditions d'insalubrité et d'incommodité qui rendent inexplicables le soin et le zèle avec lesquels ils s'acquittent de leur tâche. Tel qu'il est, dans l'état de vétusté, de dégradation et de sordidité où il se montre aux étrangers, l'hôtel des postes est une honte pour Paris transformé. »

Une solution s'imposait donc à bref délai. La constitution du ministère des postes et des télégraphes donna encore plus de poids au représentant de l'administration et, sur l'initiative de M. Cochery, le gouvernement se prononça pour la reconstruction de l'hôtel.

Le 19 mai 1879, MM. Léon Say, ministre des finances, et de Freycinet, ministre des travaux publics, déposèrent devant la Chambre des députés un projet de loi relatif à la concentration des services de divers ministères et à la réédification de l'hôtel des postes. Le projet de loi fut renvoyé à l'examen de la commission du budget; mais, vu l'urgence qui s'attachait à la reconstruction de l'hôtel des postes, la commission eût été disposée à isoler cette question du projet de loi pour la rapporter d'urgence, si le gouvernement n'eût proposé la reconstruction sur l'emplacement actuel.

La question soulevée par cette proposition était, en effet, d'une importance exceptionnelle. Le quartier Jean-Jacques-Rousseau présentait des débouchés très restreints et, d'un autre côté, le prix élevé des terrains rendait très onéreux aussi bien l'élargissement des voies que l'acquisition des immeubles nécessaires au nouvel hôtel. Si cette dernière dépense incombait exclusivement à l'État, il était évident que la Ville devait entrer pour une large part dans les dépenses de voirie et il était dès lors indispensable qu'une convention intervînt préalablement à cet égard, sous peine de voir ultérieurement l'hôtel édifié, manquer de débouchés.

D'un autre côté, si l'emplacement de l'ancienne Cour des Comptes, quai d'Orsay, avait été rejeté, grâce à l'insistance de M. Cochery, il n'en est pas moins vrai que le maintien du service principal au centre de la Ville, entre les Halles, la Bourse et la Banque, en plein Paris commercial, donnait satisfaction aux intérêts municipaux plutôt qu'aux intérêts de l'État, et constituait une raison puissante pour demander la participation de la Ville à des dépenses qui eussent été bien moins onéreuses pour l'État dans un autre quartier.

Pour ces motifs, la commission du budget ajourna tout examen jusqu'au moment où l'administration serait en mesure de justifier des engagements de la Ville pour les opérations de voirie inséparables de la reconstruction.

Des pourparlers furent engagés et, le 25 octobre 1879, le conseil municipal de Paris [1] adhérait à une convention dont voici les dispositions principales :

1° Prolongement de la rue aux Ours, depuis la rue de Montorgueil jusqu'à la place des Victoires et ouverture d'une section de la rue du Louvre.

2° Paiement par l'État à la Ville de Paris du terrain exproprié qui sera réuni à l'hôtel au prorata de la dépense totale nécessitée par l'expropriation de certains immeubles. L'État paiera également, au prix de 1 000 fr. par mètre carré, la partie du sol des rues englobée dans le périmètre du nouvel hôtel.

3° Ouverture aux frais exclusifs de l'État d'une rue d'isolement de 14 mètres de largeur entre les rues Coq-Héron et J.-J.-Rousseau (rue Gutenberg), et qui sera néanmoins la propriété de la Ville. L'État prendra en outre à sa charge la moitié des frais de viabilité afférents aux sections à ouvrir de la rue aux Ours et de la rue du Louvre au droit de l'hôtel et des terrains domaniaux restants.

4° La Ville paiera à l'État, à raison de 1 000 francs le mètre, le terrain de l'ancien hôtel nécessaire à l'élargissement de la rue J.-J.-Rousseau et à l'ouverture de la rue du Louvre.

5° L'État versera à la Ville une avance de 7 millions, sauf règlement ultérieur de comptes au prorata de la dépense totale.

6° La Ville s'engage à ouvrir, dans le délai de 4 années à dater du 1er avril 1880,

1. Rapporteur, M. Engelhard.

la section de la rue aux Ours comprise entre la rue Montorgueil et la rue Montmartre ainsi que la section de cette rue comprise entre la rue d'Argout et la place des Victoires.

Les dépenses incombant dans ces conditions à la Ville de Paris furent évaluées à 18 millions environ. Quant à celles que la reconstruction devait entraîner pour l'État, elles furent ainsi calculées :

| | |
|---|---|
| 1° Construction de l'hôtel. . . . . . . . . . . . | 8 422 805 f 81 c |
| 2° Pavage des abords. . . . . . . . . . . . . . . | 30 000 f » |
| 3° Baraquements provisoires. . . . . . . . . . . | 600 000 f » |
| 4° Dépense d'installation du matériel postal. . . . | 600 000 f » |
| Total. . . . | 9 652 805 f 81 c |
| Avance faite par l'État à la Ville. . . . . . . . | 7 010 780 f » |
| Total. . . . | 16 663 585 f 81 c |
| Bénéfice provenant de la revente de terrains. . . . | 2 500 000 f » |
| Coût définitif. . . . | 14 163 585 f 81 c |

Il n'était pas possible de maintenir le service rue Jean-Jacques-Rousseau pendant la période de construction : il fut décidé qu'on élèverait des baraquements provisoires sur la place du Carrousel et, comme on vient de le voir, une somme de 600 000 francs fut affectée à cette opération.

L'ensemble du projet fut adopté le 12 décembre 1879 par la Chambre des députés et, le 15 du même mois, par le Sénat [1].

Les expropriations ne devaient commencer qu'après le 15 avril 1880 : on ne put dès lors procéder aux démolitions que vers la fin de cette même année. Mais on s'occupa, aussitôt après le vote de la loi, de construire et d'aménager les baraquements du Carrousel. Six mois y suffirent et, dans la nuit du 7 au 8 août 1880, la Recette principale de la Seine et la direction de Paris quittèrent leur antique demeure : malgré les difficultés de cette opération, le service ne subit aucune interruption.

M. Guadet, architecte, ancien prix de Rome, et professeur à l'École des Beaux-Arts, fut chargé de la construction du nouvel Hôtel des Postes. Muni des indications techniques fournies par l'administration, M. Guadet se rendit à Londres et à Berlin pour y étudier la disposition des hôtels des Postes de ces capitales.

Il nous paraît utile de rappeler, à ce propos, le fonctionnement des divers services de la recette principale de la Seine, qui doivent être installés dans le nouvel hôtel.

La recette principale de la Seine est divisée en quatre grandes sections :

1. Rapporteurs : à la Chambre des députés, M. Rouvier ; au Sénat, M. Varroy. La loi a été promulguée le 19 décembre 1879.

1° *Section du transbordement*. Sauf les dépêches nées dans quelques bureaux de Paris se trouvant à proximité des gares, cette section reçoit, cachetés, les sacs contenant les correspondances du monde entier. Ce n'est, en réalité, qu'un lieu de passage et d'inscription : les sacs étiquetés sont transmis, suivant leur nature, au service de la *distribution* ou à celui du *départ*. Ce dernier les renvoie, à son tour, au service du transbordement, après manipulation, pour être dirigés sur leurs routes respectives [1].

C'est également le *transbordement* qui surveille le chargement et le déchargement des voitures affectées au transport des dépêches.

2° *Section du départ*. — Cette section du départ est le point de concentration de toutes les correspondances provenant des bureaux ambulants et des bureaux de Paris ou de la banlieue qui ne font pas de *dépêche directe* pour les gares. — C'est là que les dépêches sont ouvertes et réparties dans les divers services, suivant qu'il s'agit de chargements, de lettres pour l'étranger, de lettres pour la banlieue, enfin d'imprimés, ou de correspondances expédiées en franchise (contreseings).

Le tri s'effectue, d'une part, par lignes de bureaux ambulants, ceux-ci étant chargés de la répartition par bureaux de destination dans les départements; — d'autre part, par bureaux de petite et de grande banlieue (ce dernier terme s'applique aux villes trop rapprochées de Paris pour que les ambulants puissent avoir trié à temps); — enfin par bureaux de grandes villes, telles que Lyon, Marseille, Bordeaux, etc., (dépêches directes) qui reçoivent un nombre de correspondances assez considérable pour justifier un tri à part.
Quand le travail du tri est terminé, les sacs sont renvoyés au transbordement qui est chargé de les expédier.

Ajoutons que la section du départ reçoit fréquemment les lettres des départements pour Paris, lorsque les bureaux ambulants n'ont pu les trier, faute de temps.

3° *Section de la distribution* (*à domicile*). Ce service s'occupe exclusivement de la distribution des correspondances à destination de Paris. Il reçoit de la section du départ, et de celle du transbordement, les correspondances déjà séparées par rayons. Le rayon central sépare, à son tour, par rayons, les objets provenant de l'étranger et de la banlieue.

Après le tri par rayons, effectué par des commis, a lieu le tri par quartier, laissé aux soins des facteurs. Ceux-ci, avant de monter dans leurs omnibus respectifs [2], doivent préalablement faire leur boîte, c'est-

1. En 1883, le poids des dépêches transitant par la recette principale s'est élevé à 15 300 000 kilogrammes pour 900 millions d'objets de correspondance.

2. En 1883, ces voitures, au nombre de 175 et desservies par 340 chevaux, faisaient journellement 882 courses représentant 4 310 kilomètres.

à-dire classer les correspondances par rue et dans l'ordre des maisons qu'ils visiteront.

La répartition des chargements se fait d'une façon analogue, mais avec des formalités toutes spéciales.

4° *Section de la caisse.* Cette section comprend quatre subdivisions : 1° La caisse, qui est en rapport avec le public pour les mandats d'articles d'argent et les opérations de la caisse d'épargne; elle est chargée, en outre, du recouvrement des effets de commerce et centralise la comptabilité de tous les bureaux de poste et télégraphe de la Seine. — 2° L'affranchissement des lettres, les réclamations et la poste restante. C'est à la poste restante que se trouvent les boîtes de commerce, et que sont gardées en dépôt les correspondances destinées à la garnison de Paris, aux administrations, ainsi que les imprimés et échantillons trop lourds ou trop volumineux pour pouvoir être distribués par les facteurs. — 3° L'affranchissement des journaux, imprimés, échantillons, etc. — 4° Enfin les rebuts de Paris, où sont classées et enregistrées les lettres non remises pour une cause quelconque.

Le nouvel Hôtel des Postes a la forme d'un quadrilatère à côtés inégaux, compris entre les rues Jean-Jacques-Rousseau, Gutenberg, du Louvre et Étienne-Marcel. C'est sur cette dernière rue que se développe la plus longue façade, de 119 mètres environ; la façade principale donne sur la rue du Louvre et mesure 76 mètres de longueur.

Bien que la surface bâtie ne dépasse pas de 8 000 mètres carrés, il a été possible, grâce à la superposition des étages [1], d'affecter, en réalité, une superficie de plus de 23 000 mètres, à l'installation des services, tout en réservant pour les besoins ultérieurs une surface de 1 200 mètres environ.

Le bâtiment est monumental dans son ensemble et se distingue par la sobriété des détails et la régularité des lignes.

*Sous-sol.* — Le sous-sol est divisé en immenses salles affectées à des usages divers.

L'une d'elles a été transformée en écurie pouvant contenir 100 chevaux. Bien que le service du transport des dépêches à Paris, soit concédé à l'entreprise, il a paru utile de ménager aux chevaux un lieu de repos pendant leur stationnement à l'hôtel. On y accède par un plan incliné tournant ayant issue sur la rue Jean-Jacques-Rousseau.

Trois autres salles contiennent les machines à vapeur, les généra-

1. Dans son rapport de 1861, sur la reconstruction de l'hôtel des postes, M. Vandal insistait particulièrement sur la nécessité de placer tous les services au rez-de-chaussée ; il ne croyait pas que la mécanique pût faire disparaître les inconvénients résultant, pour la rapidité des opérations, de la disposition par étages.

teurs et les réservoirs d'air pour le service des tubes du réseau pneumatique.

La machinerie jouant un rôle important dans le nouvel Hôtel des Postes, nous avons cru devoir entrer, à cet égard, dans quelques développements sommaires.

C'est ainsi que deux machines à vapeur, chacune de la force de 100 chevaux, sont destinées à actionner les monte-charges[1] et à alimenter d'eau les différentes parties de l'édifice.

Deux autres machines, d'une force égale, doivent être affectées aux services pneumatiques ; chacune d'elles doit actionner deux compresseurs, l'un pour la production de l'air comprimé, l'autre pour la production de l'air raréfié. Leur force a été calculée de façon à pouvoir suppléer, au besoin, à l'insuffisance des appareils du bureau télégraphique de la Bourse.

Enfin, en prévision de l'emploi éventuel de l'éclairage électrique dans l'hôtel, une vaste salle a été réservée pour l'installation des machines dynamo-électriques.

Quant à l'eau nécessaire à l'alimentation des chaudières et aux divers besoins de l'hôtel, elle est fournie par deux puits artésiens creusés dans le sous-sol.

*Rez-de-chaussée.* — C'est au rez-de-chaussée que se trouve la partie de la recette principale ouverte au public : guichets, caisse, poste restante, boîtes de commerce et boîtes aux lettres.

Sous le péristyle sont disposées quatre boîtes monumentales, deux pour les lettres, deux pour les imprimés. Un cadran placé au-dessus de chacune d'elles indiquera et sonnera l'heure de la levée.

Une partie du rez-de-chaussée interdite au public est affectée au service du *transbordement*. Les voitures de transport des dépêches entreront par la porte donnant accès au quai d'arrivée. Les dépêches directes pour les gares seront déposées dans de grandes armoires, les autres portées par les monte-charges au service du départ.

*Premier étage.* — Le premier étage est presque entièrement consacré au service de la distribution. Le travail sera effectué dans deux grandes salles destinées l'une à la distribution des imprimés, l'autre à la distribution des lettres.

*Deuxième étage.* — Le deuxième étage de l'hôtel est affecté au service du départ, qui recevra par les monte-charges les correspondances venant de la section du transbordement. Après les opérations de tri et

1. Les monte-charges sont d'un nouveau système, imaginé par M. l'ingénieur Bonnet. Comme ils doivent élever ou abaisser 150 plateaux par heure, M. Bonnet les a disposés en chaîne sans fin, comme une noria ; l'un des deux monte-charges a sa base au rez-de-chaussée pour le transbordement ; l'autre, dans le sous-sol, pour les périodiques, etc. L'espacement entre deux plateaux est de $1^{m},85$.

la confection des sacs, les correspondances redescendront par des *trémies* disposées en spirales parallèles, jusqu'au rez-de-chaussée, pour être chargées sur les voitures stationnant au quai de *départ*.

Nous ne pourrions, sans sortir de notre rôle, entrer ici dans l'examen détaillé de la machinerie et de l'outillage du nouvel hôtel.

Nous nous bornerons à ajouter que l'architecte s'est inspiré à la fois des progrès les plus récents de la science moderne et des exigences multiples du service.

L'hôtel, aujourd'hui terminé, va être inauguré dans quelques jours. Ce monument, qui ne le cède en rien aux édifices similaires de l'étranger, est, nous pouvons le dire, digne de Paris et de la France.

---

# APPENDICES

I

# TARIFS

SUCCESSIVEMENT APPLIQUÉS AUX DIVERS OBJETS DE CORRESPONDANCE

DEPUIS L'ORIGINE JUSQU'A NOS JOURS

## TARIFS SUCCESSIVEMENT APPLIQUÉS A LA LETTRE SIMPLE DE BUREAU A BUREAU

## [T]ARIFS SUCCESSIVEMENT APPLIQUÉS A LA LETTRE SIMPLE DE BUREAU A BUREAU

## TARIFS SUCCESSIVEMENT APPLIQUÉS

AUX LETTRES SIMPLES CIRCULANT DANS L'INTÉRIEUR D'UNE MÊME CIRCONSCRIPTION, DE 1759 A 1878

### 1° Lettres de Paris pour Paris

| LOIS. | TAXE DES LETTRES | | POIDS. |
|---|---|---|---|
| | AFFRANCHIES. | NON AFFRANCHIES. | |
| Déclaration du 8 juillet 1759. — Première réglementation de la petite poste à Paris. . . . | 2 sols. | » | par once. |
| Décret des 17-22 août 1791. — L'administration est autorisée à établir des petites postes dans tous les lieux où elle le juge nécessaire. . . . . . . | 2 sous. | » | par once. |
| Loi du 27 nivôse an III (7 janvier 1795). . . . . . . . . . . . . . . . | 5 sous. | » | 1/4 d'once. |
| Loi du 6 nivôse an IV (27 décembre 1795). . . . . . . . . . . . . . . | 15 sous. | » | 1/4 d'once. |
| Loi du 6 messidor an IV (24 juin 1796). . . . . . . . . . . . . . . . | 3 sous. | » | par once. |
| Loi du 27 frimaire an VIII (18 décembre 1799). . . . . . . . . . . . . | 1 décime. | » | par 15 grammes. |
| Loi du 24 avril 1806. . . . . . . . . . . . . . . . . . . . . . . . | 15 centimes. | » | par 15 grammes. |
| Loi des 7-10 mai 1853. — Inauguration du système des primes à l'affranchissement. . . . | 10 centimes. | 15 centimes. | par 15 grammes. |
| Loi du 24 août 1871. . . . . . . . . . . . . . . . . . . . . . . . | 15 centimes. | 25 centimes. | par 15 grammes. |
| Loi du 3 août 1875. . . . . . . . . . . . . . . . . . . . . . . . | 15 centimes. | 25 centimes. | par 15 grammes. |
| Loi du 6 avril 1878. . . . . . . . . . . . . . . . . . . . . . . . | 15 centimes. | 30 centimes. | par 15 grammes. |

**2° Lettres pour l'intérieur de la même ville et pour la circonscription postale du même bureau.**

| LOIS. | VILLE | | | CIRCONSCRIPTION POSTALE. | | |
|---|---|---|---|---|---|---|
| | TAXE DES LETTRES | | POIDS. | TAXE DES LETTRES | | POIDS. |
| | affranchies. | non affranchies. | | affranchies. | non affranchies. | |
| Décret des 17-22 août 1791. — Établissement des petites postes dans les villes de province. . . . . . . | 2 sous. | » | l'once. | 3 sous. | » | l'once. |
| Loi du 27 nivôse an III (16 janvier 1795). . . . . . . . . . . . | 5 sous. | » | 1/4 d'once. | 5 sous. | » | 1/4 d'once. |
| Loi du 21 prairial an III (9 juin 1795). . . . . . . . . . . . | 3 sous. | » | 1/4 d'once. | 5 sous. | » | 1/4 d'once. |
| Loi du 6 messidor an IV (27 décembre 1795). . . . . . . . . . . | 3 sous. | » | l'once. | 3 sous. | » | l'once. |
| Loi du 27 frimaire an VIII (18 décembre 1799). . . . . . . . . | 1 décime. | » | 15 grammes. | 2 décimes. | » | 7 grammes. |
| Loi des 15-17 mars 1827. . . . . . . . . . . . . . . . | 1 décime. | » | 7 gr. 1/2. | 1 décime. | » | 7 gr. 1/2. |
| Loi des 3-10 juin 1829. — Création du service rural. — Droit fixe d'un décime, en sus de la taxe ordinaire pour toute lettre transportée, distribuée ou recueillie par les facteurs ruraux, dans les communes où il n'existait pas d'établissement de poste. . . . . . . . | 1 décime. | » | 7 gr. 1/2. | 2 décimes. | » | 7 gr. 1/2. |
| Loi du 3 juillet 1846. — Abolition de la taxe d'un décime établie par la loi de 3-10 juin 1829. . . . . | 1 décime. | » | 7 gr. 1/2. | 1 décime. | » | 7 gr. 1/2. |
| Loi du 2 juillet 1862. — (Exécutoire à partir du 1er janvier 1863.) Prime à l'affranchissement. . . . . | 10 centimes. | 15 centimes. | 10 grammes. | 10 centimes. | 15 centimes. | 10 grammes. |
| Loi du 24 août 1871. . . . . . . . . . . . . . . . . | 15 centimes. | 25 centimes. | 10 grammes. | 15 centimes. | 25 centimes. | 10 grammes. |
| Loi du 3 août 1875. . . . . . . . . . . . . . . . . | 15 centimes. | 25 centimes. | 15 grammes. | 15 centimes. | 25 centimes. | 15 grammes. |
| Loi du 6 avril 1878. . . . . . . . . . . . . . . . . | 15 centimes. | 30 centimes. | 15 grammes. | 15 centimes. | 30 centimes. | 15 grammes. |

# CARTES POSTALES

LOI DU 20 DÉCEMBRE 1872.

1° De bureau à bureau. . . . . . . . . . . . . . . . . . . . . . . 15 centimes.
2° Circonscription du même bureau . . . . . . . . . . . . . . . . 10 —

ARRÊTÉ MINISTÉRIEL DU 7 OCTOBRE 1875.

Admission de cartes postales fabriquées par l'industrie privée.

LOI DU 6 AVRIL 1878.

Taxe unique. . . . . . . . . . . . . . . . . . . . . . . . . . . 10 centimes.

ARRÊTÉ DU 21 JUIN 1879.

Création de cartes postales avec réponse payée . . . . . . . . . . 20 centimes.
Droit fixe de recommandation. . . . . . . . . . . . . . . . . . . 25 —
Avis de réception. . . . . . . . . . . . . . . . . . . . . . . . . 10 —
Admission de cartes postales avec réponse payée fabriquées par l'industrie privée.

# LETTRES RECOMMANDÉES

CRÉÉES PAR ORDONNANCE DU 11 JANVIER 1829.

ORDONNANCE DU 11 JANVIER 1829.

(Lettres recommandées à destination de Paris seulement.)

Taxées uniformément au tarif des lettres ordinaires et d'après les distances et le poids.

ORDONNANCE ROYALE DU 21 JUILLET 1844.

(Lettres recommandées admises dans tous les bureaux de France et de l'Algérie.)

Taxées uniformément au tarif des lettres ordinaires et d'après les distances et le poids.

DÉCRET DU 24 AOUT 1848.

Double port. — Affranchissement obligatoire.

LOI DU 18 MAI 1850.

Droit fixe de 25 centimes. — L'affranchissement n'est plus obligatoire.

LOI DU 20 MAI 1854.

Suppression des lettres recommandées qui sont assimilées aux lettres chargées. Droit fixe de 20 centimes par lettres chargée. — Affranchissement obligatoire.

LOI DU 25 JANVIER 1873.

(Rétablissement des lettres et objets recommandés.)

Admission à la recommandation des lettres, cartes postales, papiers d'affaires et autres objets.

| | | |
|---|---|---|
| Lettres (droit fixe payé par l'expéditeur) | 50 | centimes. |
| Autres objets (droit fixe payé par l'expéditeur) | 25 | — |
| Avis de réception | 20 | — |

LOI DU 6 AVRIL 1878.

Réduction de 20 à 10 centimes de la taxe des avis de réception.

LOI DU 26 DÉCEMBRE 1878.

Droit fixe abaissé de 50 à 25 centimes.

# TAXES DES LETTRES ET PAQUETS CHARGÉS

DÉCLARATION ROYALE DU 8 JUILLET 1759.

Taxe double de celle des lettres et paquets expédiés dans les conditions ordinaires.

DÉCRET DES 17-22 AOUT 1791.

Double port.

LOI DU 6 MESSIDOR AN IV

Double port payé d'avance (en cas de perte, indemnité de 50 francs par lettre).

LOI DU 5 NIVÔSE AN V.

Double port payé d'avance (en cas de perte, indemnité de 50 francs par lettre).

DÉCRET DU 24 AOUT 1848.

Double port payé d'avance (en cas de perte, indemnité de 50 francs par lettre).

LOI DU 20 MAI 1854.

Réunion en une seule catégorie sous la dénomination de *Lettres chargées* des lettres chargées et recommandées.
Droit fixe de 20 centimes par lettre chargée. — Affranchissement obligatoire.

LOI DU 4 JUIN 1859.

En sus du droit fixe de 20 centimes :

| | |
|---|---|
| Jusqu'à 10 grammes inclusivement. . . . . . . . . . . . . . . . | 20 centimes. |
| Au-dessus de 10 grammes jusqu'à 20 grammes inclusivement. . . | 40 — |
| — 20 — 100 — — | 80 — |

(Les lettres chargées ou contenant des valeurs déclarées dont le poids dépassait 100 grammes étaient taxées 80 centimes par chaque 100 grammes excédant les 100 premiers grammes.)

LOI DU 24 AOUT 1871.

Élévation à 50 centimes du droit fixe de chargement en sus du port de la lettre ordinaire.

## VALEURS DÉCLARÉES

### CRÉÉES PAR LA LOI DU 4 JUIN 1859.

#### LOI DU 4 JUIN 1859.

Droit proportionnel de 10 centimes par 100 francs ou fraction de 100 francs indépendamment d'un droit fixe de 20 centimes et de la taxe de la lettre dont le poids est élevé à 10 grammes.

La taxe était indépendamment du droit proportionnel :

| | |
|---|---|
| Jusqu'à 10 grammes inclusivement. . . . . . . . . . . . . . . | 20 centimes. |
| Au-dessus de 10 grammes jusqu'à 20 grammes inclusivement. . . | 40 — |
| — 20 — 100 — — | 80 — |

Les lettres chargées ou contenant des valeurs déclarées dont le poids dépassait 100 grammes étaient taxées 80 centimes par chaque 100 grammes ou fraction de 100 grammes excédant les 100 premiers grammes.

Limite de garantie fixée à 2 000 francs au maximum.

#### LOI DU 24 AOUT 1871.

Droit fixe de 50 centimes.
Droit proportionnel de 20 centimes par 100 francs.
Avis de réception, 20 centimes.

#### LOI DU 25 JANVIER 1873.

La limite de garantie des valeurs déclarées est portée de 2 000 à 10 000 francs.

#### LOI DU 6 AVRIL 1878.

Réduction du droit proportionnel fixe de 20 à 10 centimes par 100 francs.
Réduction de 20 à 10 centimes du port des avis de réception des valeurs déclarées et des lettres et autres objets recommandés.

#### LOI DU 26 DÉCEMBRE 1878.

Réduction du droit fixe de 50 à 25 centimes.

# TARIF DES VALEURS COTÉES

RÈGLEMENT DU 24 FÉVRIER 1817.

5 p. 100 plus 35 centimes par reconnaissance.

LOI DU 3 JUILLET 1846.

2 p. 100.

LOI DE FINANCES DU 2 JUILLET 1862.

1 p. 100.

LOI DU 8 JUIN 1864.

Réduction à 20 centimes du droit de reconnaissance.

LOI DU 25 JANVIER 1873.

Assimilation des valeurs cotées aux valeurs déclarées. — Elles circuleront sous le titre de valeurs déclarées. — Droit de 1 p. 100 jusqu'à 100 francs et de 50 centimes par 100 francs au-dessus, avec minimum de déclaration de 50 francs.
Droit fixe de chargement . . . . . . . . . . . . . . . . . . . 50 centimes.

LOI DU 26 DÉCEMBRE 1878.

Réduction du droit fixe de chargement de 50 à 25 centimes.

# TARIF DES JOURNAUX ET FEUILLES PÉRIODIQUES

### DÉCRET DES 17-22 AOUT 1791.

Journaux paraissant tous les jours. . . . . . 8 deniers par feuille d'impression.
Autres journaux . . . . . . . . . . . . . . . 12 deniers. — —
La taxe était de moitié pour les ouvrages ne dépassant pas une demi-feuille, les suppléments étaient taxés en proportion.

### LOI DU 27 NIVÔSE AN III.

Journaux paraissant tous les jours . . . . . . . . 1 sou par feuille d'impression.
Autres journaux . . . . . . . . . . . . . . . . . 1 sou 6 deniers —

### LOI DU 3 THERMIDOR AN III.

Journaux paraissant tous les jours . . . . . . . . . . . . . . . . . . 15 deniers.

### LOI DU 6 NIVÔSE AN IV.

Journaux paraissant tous les jours . . . . . 1 livre 5 sous par feuille d'impression.
Journaux de Paris pour Paris et banlieue . . 5 sous par feuille entière, demi-feuille ou quart de feuille séparés.

### LOI DU 4 THERMIDOR AN IV.

Journaux paraissant tous les jours . . . . . . . . 4 centimes par feuille. 2 centimes par demi-feuille.

### LOI DU 6 MESSIDOR AN IV.

Pour la ville où le journal est déposé et pour la banlieue . . . . . . . . . . . . . . . . . . . . . 5 centimes par feuilles d'impression et au-dessous.
Pour toute autre destination . . . . . . . . . . . 10 centimes.

### ORDONNANCE ROYALE DU 5 MARS 1823.

La dimension de la feuille d'impression pour les ouvrages périodiques ou journaux, livres brochés, catalogues et prospectus est fixée à 24 centimètres sur 38 pour chaque feuille et à 12 centimètres et demi pour chaque demi-feuille.
Pour les journaux ou ouvrages ayant plus de 25 centimètres par feuille . . . . 1 centime par 5 centimètres d'excédant.

LOI DES 15-18 MARS 1827.

| | |
|---|---|
| Journaux expédiés hors des départements où ils sont publiés . . . . . . . . . | 5 centimes par feuille de 30 décimètres carrés et au-dessous, avec augmentation de 5 centimes par chaque 30 décimètres carrés ou fraction excédant. |
| Mêmes journaux adressés à l'intérieur du département où ils sont publiés . . . | Moitié de la taxe ci-dessus. |

LOI DU 16 JUILLET 1850.

Réunion des droits de poste et de timbre. Le timbre vaut l'affranchissement.
Sur tout le territoire de la République. . . . . . . . . . . . . . . . 5 centimes.
Dans l'intérieur du département où ils sont publiés et départements limitrophes (excepté Seine et Seine-et-Oise) . . . . . . . . . . 2 centimes.

DÉCRET DU 17 FÉVRIER 1852.

Rétablissement des droits de poste en outre des droits de timbre édictés par ce décret.

LOI DU 25 JUIN 1856.

| | |
|---|---|
| 1° Journaux et ouvrages périodiques politiques paraissant au moins une fois par trimestre . . . . . . . . | 4 centimes par exemplaire de 40 gr. et au-dessous. Au-dessus de 40 gr., augmentation de 1 centime par 10 gr. ou fraction de 10 gr. Moitié de ces prix pour les journaux périodiques destinés pour le département où ils sont publiés et pour les journaux et ouvrages périodiques publiés dans les départements autres que la Seine et Seine-et-Oise et destinés pour les départements limitrophes de celui où ils sont publiés. |
| 2° Journaux et ouvrages périodiques non politiques paraissant au moins une fois par trimestre. . . . . . . | 2 centimes par exemplaire de 20 gr. et au-dessous. Au-dessus de 20 gr., augmentation de 1 centime, par 10 gr. ou fraction de 10 gr. excédant. |

LOI DU 2 MAI 1861.

Exemption de timbre et de droits de poste pour les suppléments de journaux lorsque ces suppléments sont consacrés à la reproduction des débats législatifs, exposés de motifs, etc...et lorsqu'ils sont publiés sur feuilles détachées du journal.
Même exception pour les suppléments de journaux non quotidiens de départements autres que ceux de Seine et Seine-et-Oise, publiés en dehors des conditions de périodicité déterminées par leur cautionnement et leur autorisation.

LOI DU 11 MAI 1861.

Exemption des droits de poste pour les suppléments des journaux ne contenant aucune annonce et consacrés pour la moitié au moins à la reproduction des documents officiels.

DÉCRET DU 5 SEPTEMBRE 1870.

Suppression de l'impôt du timbre sur les journaux.

DÉCRET DU 16 OCTOBRE 1870 (TOURS).

Assimilation, quant au monopole, des journaux politiques et non politiques.

LOI DU 6 AVRIL 1878.

Taxes des journaux, recueils, annales, mémoires et bulletins périodiques paraissant au moins une fois par trimestre et traitant de matières politiques ou non politiques : 2 centimes jusqu'à 25 grammes ;

Au-dessus de 25 grammes le port est augmenté de 1 centime par 25 grammes ou fraction de 25 grammes.

La taxe est de moitié pour les journaux publiés dans les départements de Seine et de Seine-et-Oise et circulant dans ces départements. Même réduction pour les journaux des autres départements circulant dans le département où ils sont publiés ou dans les départements limitrophes, mais leur poids peut s'élever à 50 grammes sans payer plus d'un centime. Au-dessus de 50 grammes, la taxe supplémentaire est d'un demi-centime par 25 grammes ou fraction de 25 grammes.

Sont exempts de droits de poste, à raison de leur parcours sur le territoire de la métropole ou sur le territoire colonial, les suppléments de journaux, lorsque la moitié au moins de leur superficie est consacrée à la reproduction des débats législatifs, documents et cours officiels.

Ces suppléments qui ne pourront dépasser en dimension et en étendue la partie du journal soumise à la taxe devront être publiés sur feuilles détachées du journal.

Les journaux, recueils, annales, mémoires et bulletins périodiques, ainsi que tous les imprimés, sont exceptés de la prohibition établie par l'article 1er de l'arrêté du 27 prairial an IX, quel que soit leur poids, mais à la condition d'être expédiés sous bandes mobiles ou sous enveloppes ouvertes, soit en paquets non cachetés faciles à vérifier.

LOI DU 8 JUILLET 1882.

Autorisant l'envoi des journaux expédiés sous un fil croisé sans bandes à la condition de porter l'adresse du destinataire écrite d'une manière très apparente sur la bordure extérieure du journal.

## LIVRES, BROCHURES ET PUBLICATIONS PÉRIODIQUES

DÉCRET DES 17-22 AOUT 1791.

Livres brochés sous bandes . . . . . . . . . . . . . . . . . 1 sou la feuille.

LOI DU 3 THERMIDOR AN III.

Livres brochés . . . . . . . . . . . . . . . . . 5 sous par feuille d'impression.

LOI DU 6 NIVÔSE AN IV.

Livres brochés . . . . . . . . . . . . 2 livres 10 sous par feuille d'impression.

LOI DU 4 THERMIDOR AN IV.

Livres brochés, catalogues ou prospectus sous bandes . . . . . . . . . . 5 centimes par feuille. Moitié de 5 centimes par 1/2 feuille, 1/4 de ce prix par 1/4 de feuille.

LOI DU 6 MESSIDOR AN IV.

Même taxe que pour les lettres.

ORDONNANCE ROYALE DU 5 MARS 1823.

La dimension de la feuille d'impression pour les ouvrages périodiques ou journaux, livres brochés, catalogues et prospectus, est fixée à 24 centimètres sur 38 pour chaque feuille et à 12 centimètres 1/2 pour chaque 1/2 feuille.

Pour les journaux et ouvrages ayant plus de $0^{m},25$ par feuille . . . . . . 1 centime par 5 centimètres d'excédant.

LOI DES 15-17 MARS 1827.

Avis imprimé de naissance, mariage ou décès expédiés sous forme de lettres ouvertes et quelle que soit la distance . . . . . . . 10 centimes.

Dans l'arrondissement du même bureau de poste . . . . . . . . . 5 —

La dimension de ces avis est fixée à 11 décimètres carrés; le port est double pour les feuilles dépassant cette dimension.

LOI DU 25 JUIN 1856.

Imprimés sous bandes . . . . . . . .
- 1 centime par 5 gr. ou fraction de 5 gr. jusqu'à 50 grammes.
- 10 centimes de 50 à 100 grammes.
- 1 centime par chaque 10 gr. ou fraction de 10 gr. excédant 100 grammes.

| | |
|---|---|
| Imprimés sous enveloppes ouvertes ou sous forme de lettres non fermées . . . . . . . . . . . . . . | 10 centimes par exemplaire de 10 gr. et au-dessus circulant de bureau à bureau.<br>5 centimes par exemplaire du même poids circulant dans la circonscription d'un même bureau. |
| Papiers d'affaires . . . . . . . . . . . | 50 centimes par paquet de 500 gr. et au-dessous; au-dessus de 500 gr. augmentation de 1 centime par 10 gr. ou fraction de 10 gr. excédant. |

LOI DU 24 AOUT 1871.

| | |
|---|---|
| Échantillons, épreuves d'imprimerie corrigées.— Papiers de commerce ou d'affaires sous bandes ou sous enveloppes non fermées . . . . . . . . | 30 centimes jusqu'à 50 grammes.<br>10 centimes d'augmentation à partir de 50 gr. et par 50 gr. ou fraction de 50 grammes. |
| Circulaires, prospectus, catalogues, avis divers et prix courants; livres, gravures, lithographies ou feuilles, brochés ou reliés et généralement tous imprimés autres que les journaux. . . . . . . . . . . . . . . | 2 centimes par exemplaire de 5 gr. sous bandes.<br>1 centime d'augmentation par 5 gr. ou fraction de 5 gr. excédant.<br>1 centime d'augmentation par 10 gr. ou fraction de 10 gr. lorsque le poids dépasse 50 gr. et est adressé au même destinataire. |

LOI DU 29 DÉCEMBRE 1873.

(Substitution de la taxe aux poids par paquet à la taxe au poids par exemplaire.)

| | |
|---|---|
| Jusqu'à 5 grammes . . . . . . . . . . . . . . . . . . . . . . | 2 centimes. |
| De 5 à 10 — . . . . . . . . . . . . . . . . . . . . . . | 3 — |
| De 10 à 15 — . . . . . . . . . . . . . . . . . . . . . . | 4 — |
| De 15 à 40 — . . . . . . . . . . . . . . . . . . . . . . | 5 — |
| De 40 à 80 — . . . . . . . . . . . . . . . . . . . . . . | 10 — |
| Au-dessus, pour chaque 20 grammes ou fraction de 20 grammes excédant. . . . . . . . . . . . . . . . . . . . . . . | 3 — |

LOI DU 6 AVRIL 1878.

1° Tous imprimés autres que les journaux expédiés sous bandes : 1 centime par 5 grammes jusqu'à 20 grammes, 5 centimes de 20 à 50 grammes, au-dessous de 50 grammes, 5 centimes par 50 grammes ou fraction de 50 grammes.

Suppression du tarif exceptionnel applicable aux circulaires électorales et bulletins de vote.

2° Imprimés expédiés sous enveloppes ouvertes : 5 centimes par 50 grammes ou fraction de 50 grammes pour chaque paquet portant une adresse particulière.

Abandon du monopole de la poste pour les journaux et imprimés expédiés sous bandes, sous enveloppes ouvertes ou en paquets non cachetés et faciles à vérifier quel que soit leur poids.

# TAXE DES ÉCHANTILLONS

DÉCRET DES 17-22 AOUT 1791.

Tiers du port fixe par le tarif des lettres, sans que le port puisse jamais descendre au-dessous de celui de la lettre simple.

LOI DES 15-17 MARS 1827.

Tiers du port fixé par le tarif des lettres sans que le port puisse jamais descendre au-dessous de celui de la lettre simple.

DÉCRET DU 24 AOUT 1848.

Même taxe que pour les lettres.

LOI DU 25 JUIN 1856.

1 centime par 5 grammes ou fraction de 5 grammes jusqu'à 50 grammes. — 10 centimes de 50 à 100 grammes. — 1 centime pour chaque 10 grammes ou fraction de 10 grammes excédant 100 grammes.

LOI DU 24 AOÛT 1871.

30 centimes jusqu'à 50 grammes. — 10 centimes d'augmentation à partir de 50 grammes par 50 grammes ou fraction de 50 grammes.

LOI DU 29 DÉCEMBRE 1873.

15 centimes jusqu'à 50 grammes. — 5 centimes d'augmentation par 50 grammes ou fraction de 50 grammes excédant.

LOI DU 3 AOUT 1875.

| | |
|---|---|
| Échantillons, épreuves d'imprimerie corrigées et papiers d'affaires. . . . . | 5 centimes par 50 gr. ou fraction de 50 gr. pour chaque paquet portant une adresse particulière. |

# ARTICLES D'ARGENT

## 1° *Mandats.*

RÈGLEMENT DU 16 OCTOBRE 1627.

Maximum de la somme à envoyer : 100 livres. Prix établi d'après la distance des lieux.

DÉCLARATION ROYALE DU 8 JUILLET 1759.

5 p. 100. L'administration était responsable de la totalité de la somme.

DÉCRET DES 17-22 AOUT 1791.

5 p. 100. L'administration était responsable de la totalité de la somme.

RÈGLEMENT DU 24 FÉVRIER 1817.

(Substitution de la transmission par mouvement de fonds entre comptables à la transmission en nature.)

5 p. 100 plus 35 centimes par reconnaissance.

LOI DU 3 JUILLET 1846.

2 p. 100.

LOI DE FINANCES DU 2 JUILLET 1862.

1 p. 100. Droit de timbre élevé de 35 à 50 centimes par mandat au-dessus de 10 francs.

LOI DU 8 JUIN 1864.

Réduction à 20 centimes du droit de timbre sur les quittances des sommes au-dessus de 10 francs.

LOI DU 24 AOUT 1871.

2 p. 100.

LOI DU 20 DÉCEMBRE 1872.

1 p. 100.

LOI DU 18 MARS 1879.

Suppression du droit de timbre des mandats d'article d'argent.

LOI DU 25 MARS 1879.

Création d'une taxe spéciale de 10 centimes applicable aux avis de mandat, sur la demande des expéditeurs.

2° *Bons de poste.*

1 franc, 2 francs, 5 francs . . . . . . . . . . . . . . 5 centimes.
10 — . . . . . 10 —
20 — . . . . . 20 —

Les bons de poste sont prescrits au bout d'un an. Quand ils ont trois mois de date, ils sont passibles d'une surtaxe égale à la taxe primitivement perçue pour chaque trimestre écoulé depuis l'émission.

II

# TABLEAUX STATISTIQUES

## CIRCULATION POSTALE DE 1850 A 1884

SERVICE INTÉRIEUR

| ANNÉES. | LETTRES. | CARTES POSTALES. | OBJETS RECOMMANDÉS et chargements de toute nature. | JOURNAUX. | ÉCHANTILLONS. | PAPIERS D'AFFAIRES. | IMPRIMÉS sous forme de LETTRES. | AUTRES IMPRIMÉS. | TOTAUX. |
|---|---|---|---|---|---|---|---|---|---|
| 1850 | 148 463 000 | » | 293 500 | 58 146 868 | » | » | 1 356 190 | 28 778 742 | 237 638 300 |
| 1851 | 132 441 000 | » | 321 800 | »(1) | » | » | 1 447 035 | 25 713 565 | 179 926 400 |
| 1852 | 157 098 000 | » | 425 500 | 53 329 48 | » | » | 1 526 607 | 32 668 220 | 254 991 900 |
| 1853 | 170 443 000 | » | 474 200 | 55 880 044 | » | » | 1 683 905 | 34 167 754 | 262 568 900 |
| 1854 | 195 950 000 | » | 517 600 | 65 262 654 | » | » | 1 873 211 | 39 904 735 | 303 588 200 |
| 1855 | 212 908 000 | » | 628 100 | 69 815 893 | » | » | 2 003 901 | 42 688 806 | 328 044 700 |
| 1856 | 231 015 000 | » | 711 900 | 71 529 777 | 3 088 539 | 39 747 | 2 046 293 | 40 392 445 | 348 723 700 |
| 1857 | 231 124 000 | » | 844 100 | 79 533 187 | 3 611 425 | 50 354 | 2 584 584 | 48 163 653 | 365 910 400 |
| 1858 | 230 521 000 | » | 940 200 | 82 314 419 | 3 785 422 | 64 200 | 2 645 813 | 51 542 940 | 371 814 000 |
| 1859 | 234 695 000 | » | 1 445 100 | 87 370 962 | 4 324 659 | 166 263 | 2 920 108 | 58 247 308 | 389 169 400 |
| 1860 | 237 816 000 | » | 1 680 000 | 91 194 504 | 5 120 378 | 143 786 | 3 299 476 | 66 637 466 | 405 261 700 |
| 1861 | 245 746 000 | » | 1 917 800 | 94 498 226 | 5 636 589 | 128 530 | 3 969 976 | 70 677 179 | 422 574 300 |
| 1862 | 253 870 000 | » | 2 159 000 | 98 587 426 | 6 676 063 | 145 088 | 4 684 847 | 77 626 076 | 443 149 100 |
| 1863 | 258 732 000 | » | 2 316 800 | 100 974 306 | 7 407 333 | 158 707 | 5 232 212 | 82 615 342 | 457 436 700 |
| 1864 | 267 158 000 | » | 2 719 000 | 128 383 840 | 7 503 254 | 175 672 | 5 762 757 | 105 679 677 | 517 412 200 |
| 1865 | 278 282 000 | » | 3 077 700 | 133 707 820 | 7 695 204 | 196 336 | 5 770 954 | 110 080 036 | 538 819 100 |
| 1866 | 284 952 000 | » | 3 375 200 | 135 681 015 | 7 771 844 | 197 314 | 5 950 797 | 121 620 830 | 559 555 000 |
| 1867 | 301 448 000 | » | 3 619 900 | 141 006 075 | 7 908 295 | 200 838 | 6 888 579 | 129 636 213 | 590 737 900 |
| 1868 | 307 307 000 | » | 3 991 500 | 149 292 110 | 8 517 208 | 253 147 | 8 580 442 | 157 707 593 | 645 748 000 |
| 1869 | 313 360 723 | » | 4 369 875 | 152 621 116 | 9 754 970 | 311 012 | 9 871 600 | 139 572 420 | 629 867 116 |
| 1870 | 243 203 000 | » | 3 591 500 | 229 411 219 | 2 536 915 | 575 840 | 5 306 347 | 80 885 879 | 574 511 300 |
| 1871 | 271 201 000 | » | 3 882 200 | 184 447 405 | 3 489 427 | 927 080 | 6 092 652 | 74 698 776 | 544 738 600 |
| 1872 | 292 466 678 | » | 4 868 541 | 169 926 781 | 3 461 981 | 1 187 637 | 7 066 140 | 101 452 534 | 581 030 192 |
| 1873 | 285 330 341 | 16 451 421 | 5 395 025 | 173 760 709 | 3 540 002 | 1 160 001 | 7 839 108 | 103 567 217 | 597 063 976 |
| 1874 | 291 820 980 | 15 847 806 | 5 722 461 | 174 691 151 | 5 267 964 | 1 478 024 | 9 131 644 | 133 955 644 | 637 915 064 |
| 1875 | 304 865 173 | 20 534 409 | 5 696 710 | 168 206 706 | 6 544 173 | 1 649 297 | 10 399 934 | 137 240 164 | 655 136 640 |
| 1876 | 310 661 504 | 26 004 606 | 5 685 148 | 186 663 709 | 8 644 432 | 2 738 403 | 12 628 578 | 181 649 235 | 734 845 585 |
| 1877 | 318 659 158 | 30 909 802 | 5 589 027 | 192 746 219 | 11 350 742 | 6 744 177 | 14 435 854 | 182 795 494 | 763 230 470 |
| 1878 | 355 454 282 | 29 567 189 | 5 623 369 | 211 383 486 | 12 033 634 | 8 779 606 | 30 181 883 | 199 412 621 | 852 136 067 |
| 1879 | 403 853 626 | 25 503 170 | 6 758 513 | 252 429 642 | 12 062 284 | 10 067 116 | 34 677 220 | 244 272 198 | 990 610 766 |
| 1880 | 438 674 712 | 27 571 487 | 8 126 282 | 290 328 542 | 16 359 464 | 11 896 803 | 41 123 057 | 256 491 069 | 1 090 482 004 |
| 1881 | 481 130 349 | 30 032 370 | 10 087 376 | 320 188 636 | 17 633 850 | 12 818 808 | 50 291 926 | 287 232 386 | 1 209 023 824 |
| 1882 | 490 129 808 | 30 701 930 | 11 412 438 | 298 185 306 | 21 218 795 | 13 161 120 | 55 886 632 | 243 018 378 | 1 163 816 807 |
| 1883 | 507 235 234 | 31 448 500 | 12 536 824 | 308 590 203 | 21 960 680 | 13 624 381 | 57 840 477 | 257 475 248 | 1 210 711 527 |
| 1884 | 516 453 036 | 32 519 746 | 13 019 117 | 318 633 710 | 23 074 123 | 13 646 809 | 58 629 006 | 260 697 068 | 1 236 671 814 |

(1) En 1851, le service des Postes a transporté, en outre, environ 65 millions d'exemplaires de publications affranchies au moyen du timbre de l'Enregistrement, et dont le produit, dépassant 1 500 000 francs, ne figure dans les écritures. (Loi du 16 juillet 1850, appliquée du 1er août suivant au 1er mars 1852.)

# CIRCULATION POSTALE DE 1850 A 1884[1]

SERVICE INTERNATIONAL. (France et Algérie comprises)

| ANNÉES | NOMBRE DES CORRESPONDANCES originaires de la France pour l'étranger et de l'étranger pour la France. | | | | |
|---|---|---|---|---|---|
| | LETTRES | CHARGEMENTS | CARTES POSTALES | JOURNAUX, échantillons et imprimés | TOTAL |
| 1850 | [illegible] | [illegible] | - | [illegible] | [illegible] |
| 1851 | [illegible] | [illegible] | - | [illegible] | [illegible] |
| 1852 | [illegible] | [illegible] | - | [illegible] | [illegible] |
| 1853 | [illegible] | [illegible] | - | [illegible] | [illegible] |
| 1854 | [illegible] | [illegible] | - | [illegible] | [illegible] |
| 1855 | [illegible] | [illegible] | - | [illegible] | [illegible] |
| 1856 | [illegible] | [illegible] | - | [illegible] | [illegible] |
| 1857 | [illegible] | [illegible] | - | [illegible] | [illegible] |
| 1858 | [illegible] | [illegible] | - | [illegible] | [illegible] |
| 1859 | [illegible] | [illegible] | - | [illegible] | [illegible] |
| 1860 | [illegible] | [illegible] | - | [illegible] | [illegible] |
| 1861 | [illegible] | [illegible] | - | [illegible] | [illegible] |
| 1862 | [illegible] | [illegible] | - | [illegible] | [illegible] |
| 1863 | [illegible] | [illegible] | - | [illegible] | [illegible] |
| 1864 | [illegible] | [illegible] | - | [illegible] | [illegible] |
| 1865 | [illegible] | [illegible] | - | [illegible] | [illegible] |
| 1866 | [illegible] | [illegible] | - | [illegible] | [illegible] |
| 1867 | [illegible] | [illegible] | - | [illegible] | [illegible] |
| 1868 | [illegible] | [illegible] | - | [illegible] | [illegible] |
| 1869[2] | [illegible] | [illegible] | - | [illegible] | [illegible] |
| 1870 | [illegible] | [illegible] | - | [illegible] | [illegible] |
| 1871 | [illegible] | [illegible] | - | [illegible] | [illegible] |
| 1872 | [illegible] | [illegible] | - | [illegible] | [illegible] |
| 1873 | [illegible] | [illegible] | - | [illegible] | [illegible] |
| 1874 | [illegible] | [illegible] | - | [illegible] | [illegible] |
| 1875 | [illegible] | [illegible] | - | [illegible] | [illegible] |
| 1876[3] | [illegible] | [illegible] | [illegible] | [illegible] | [illegible] |
| 1877 | [illegible] | [illegible] | [illegible] | [illegible] | [illegible] |
| 1878 | [illegible] | [illegible] | [illegible] | [illegible] | [illegible] |
| 1879 | [illegible] | [illegible] | [illegible] | [illegible] | [illegible] |
| 1880 | [illegible] | [illegible] | [illegible] | [illegible] | [illegible] |
| 1881 | [illegible] | [illegible] | [illegible] | [illegible] | [illegible] |
| 1882 | [illegible] | [illegible] | [illegible] | [illegible] | [illegible] |
| 1883 | [illegible] | [illegible] | [illegible] | [illegible] | [illegible] |
| 1884 | [illegible] | [illegible] | [illegible] | [illegible] | [illegible] |

| ANNÉES | NOMBRE DES CORRESPONDANCES échangées entre les pays étrangers par l'intermédiaire de la France. (Transit à découvert et en dépêches closes.) | | | | |
|---|---|---|---|---|---|
| | LETTRES | CHARGEMENTS | CARTES POSTALES | JOURNAUX, échantillons et imprimés | TOTAL |
| 1850 | [illegible] | - | - | [illegible] | [illegible] |
| 1851 | [illegible] | - | - | [illegible] | [illegible] |
| 1852 | [illegible] | - | - | [illegible] | [illegible] |
| 1853 | [illegible] | - | - | [illegible] | [illegible] |
| 1854 | [illegible] | - | - | [illegible] | [illegible] |
| 1855 | [illegible] | - | - | [illegible] | [illegible] |
| 1856 | [illegible] | - | - | [illegible] | [illegible] |
| 1857 | [illegible] | - | - | [illegible] | [illegible] |
| 1858 | [illegible] | - | - | [illegible] | [illegible] |
| 1859 | [illegible] | - | - | [illegible] | [illegible] |
| 1860 | [illegible] | - | - | [illegible] | [illegible] |
| 1861 | [illegible] | - | - | [illegible] | [illegible] |
| 1862 | [illegible] | - | - | [illegible] | [illegible] |
| 1863 | [illegible] | - | - | [illegible] | [illegible] |
| 1864 | [illegible] | - | - | [illegible] | [illegible] |
| 1865 | [illegible] | - | - | [illegible] | [illegible] |
| 1866 | [illegible] | - | - | [illegible] | [illegible] |
| 1867 | [illegible] | - | - | [illegible] | [illegible] |
| 1868 | [illegible] | - | - | [illegible] | [illegible] |
| 1869[2] | [illegible] | [illegible] | - | [illegible] | [illegible] |
| 1870 | [illegible] | [illegible] | - | [illegible] | [illegible] |
| 1871 | [illegible] | [illegible] | - | [illegible] | [illegible] |
| 1872 | [illegible] | [illegible] | - | [illegible] | [illegible] |
| 1873 | [illegible] | [illegible] | - | [illegible] | [illegible] |
| 1874 | [illegible] | [illegible] | - | [illegible] | [illegible] |
| 1875 | [illegible] | [illegible] | - | [illegible] | [illegible] |
| 1876[3] | [illegible] | [illegible] | [illegible] | [illegible] | [illegible] |
| 1877 | [illegible] | [illegible] | [illegible] | [illegible] | [illegible] |
| 1878 | [illegible] | [illegible] | [illegible] | [illegible] | [illegible] |
| 1879 | [illegible] | [illegible] | [illegible] | [illegible] | [illegible] |
| 1880 | [illegible] | [illegible] | [illegible] | [illegible] | [illegible] |
| 1881 | [illegible] | [illegible] | [illegible] | [illegible] | [illegible] |
| 1882 | [illegible] | [illegible] | [illegible] | [illegible] | [illegible] |
| 1883 | [illegible] | [illegible] | [illegible] | [illegible] | [illegible] |
| 1884 | [illegible] | [illegible] | [illegible] | [illegible] | [illegible] |

1. Extrait du rapport déposé par M. Georges Cochery, député, sur le projet de loi présenté par le Gouvernement pour l'approbation des actes conclus au Congrès postal de Lisbonne.
2. Entrée de la France dans l'Union postale. Le nombre des chargements en transit, très faible du reste, était confondu dans le compte des lettres ordinaires antérieurement à 1869.
3. [illegible] de l'emploi des cartes postales aux relations de la France avec l'étranger. [illegible] Loi du 3 août 1875.)

## PRODUITS DES POSTES

DE 1816 à 1884

| ANNÉES. | PRODUIT de la taxe des correspondances. | DROIT PERÇU sur les articles d'argent. | DROIT PERÇU sur les valeurs déclarées cotées. | PRODUIT du transport des monnaies d'or et d'argent et des marchandises par les paquebots. | PRODUIT des places dans les malles-postes. | PRODUIT des places dans les paquebots. | DROIT PERÇU sur les ... | TAXES PERÇUES pour le transport des malles postes. | SOLDES des comptes avec les offices étrangers. | RECETTES diverses et accidentelles. | TOTAUX. |
|---|---|---|---|---|---|---|---|---|---|---|---|
| 1816 | [illegible] | [illegible] | - | - | [illegible] | - | - | - | [illegible] | [illegible] | [illegible] |
| 1817 | [illegible] | [illegible] | - | - | [illegible] | - | - | - | [illegible] | [illegible] | [illegible] |
| 1818 | [illegible] | [illegible] | - | - | [illegible] | - | - | - | [illegible] | [illegible] | [illegible] |
| 1819 | [illegible] | [illegible] | - | - | [illegible] | - | - | - | [illegible] | [illegible] | [illegible] |
| 1820 | [illegible] | [illegible] | - | - | [illegible] | [illegible] | - | - | [illegible] | [illegible] | [illegible] |
| 1821 | [illegible] | [illegible] | - | - | [illegible] | [illegible] | - | - | [illegible] | [illegible] | [illegible] |
| 1822 | [illegible] | [illegible] | - | - | [illegible] | [illegible] | - | - | [illegible] | [illegible] | [illegible] |
| 1823 | [illegible] | [illegible] | - | - | [illegible] | [illegible] | - | - | [illegible] | [illegible] | [illegible] |
| 1824 | [illegible] | [illegible] | - | - | [illegible] | [illegible] | - | - | [illegible] | [illegible] | [illegible] |
| 1825 | [illegible] | [illegible] | - | - | [illegible] | [illegible] | - | - | [illegible] | [illegible] | [illegible] |
| 1826 | [illegible] | [illegible] | - | - | [illegible] | [illegible] | - | - | [illegible] | [illegible] | [illegible] |
| 1827 | [illegible] | [illegible] | - | - | [illegible] | [illegible] | - | - | [illegible] | [illegible] | [illegible] |
| 1828 | [illegible] | [illegible] | - | - | [illegible] | [illegible] | - | - | [illegible] | [illegible] | [illegible] |
| 1829 | [illegible] | [illegible] | - | - | [illegible] | [illegible] | - | - | [illegible] | [illegible] | [illegible] |
| 1830 | [illegible] | [illegible] | - | - | [illegible] | [illegible] | - | - | [illegible] | [illegible] | [illegible] |
| 1831 | [illegible] | [illegible] | - | - | [illegible] | - | - | - | [illegible] | [illegible] | [illegible] |
| 1832 | [illegible] | [illegible] | - | - | [illegible] | - | - | - | [illegible] | [illegible] | [illegible] |
| 1833 | [illegible] | [illegible] | - | - | [illegible] | [illegible] | - | - | [illegible] | [illegible] | [illegible] |
| 1834 | [illegible] | [illegible] | - | - | [illegible] | [illegible] | - | - | [illegible] | [illegible] | [illegible] |
| 1835 | [illegible] | [illegible] | - | - | [illegible] | [illegible] | - | - | [illegible] | [illegible] | [illegible] |
| 1836 | [illegible] | [illegible] | - | - | [illegible] | [illegible] | - | - | [illegible] | [illegible] | [illegible] |
| 1837 | [illegible] | [illegible] | - | [illegible] | [illegible] | [illegible] | - | - | [illegible] | [illegible] | [illegible] |
| 1838 | [illegible] | [illegible] | - | [illegible] | [illegible] | [illegible] | - | - | [illegible] | [illegible] | [illegible] |
| 1839 | [illegible] | [illegible] | - | [illegible] | [illegible] | [illegible] | - | - | [illegible] | [illegible] | [illegible] |
| 1840 | [illegible] | [illegible] | - | [illegible] | [illegible] | [illegible] | - | - | [illegible] | [illegible] | [illegible] |
| 1841 | [illegible] | [illegible] | - | [illegible] | [illegible] | [illegible] | - | - | [illegible] | [illegible] | [illegible] |
| 1842 | [illegible] | [illegible] | - | [illegible] | [illegible] | [illegible] | - | - | [illegible] | [illegible] | [illegible] |
| 1843 | [illegible] | [illegible] | - | [illegible] | [illegible] | [illegible] | - | - | [illegible] | [illegible] | [illegible] |
| 1844 | [illegible] | [illegible] | - | [illegible] | [illegible] | [illegible] | - | - | [illegible] | [illegible] | [illegible] |
| 1845 | [illegible] | [illegible] | - | [illegible] | [illegible] | [illegible] | - | - | [illegible] | [illegible] | [illegible] |
| 1846 | [illegible] | [illegible] | - | [illegible] | [illegible] | [illegible] | - | - | [illegible] | [illegible] | [illegible] |
| 1847 | [illegible] | [illegible] | - | [illegible] | [illegible] | [illegible] | - | - | [illegible] | [illegible] | [illegible] |
| 1848 | [illegible] | [illegible] | - | [illegible] | [illegible] | [illegible] | - | - | [illegible] | [illegible] | [illegible] |
| 1849 | [illegible] | [illegible] | - | [illegible] | [illegible] | [illegible] | - | - | [illegible] | [illegible] | [illegible] |
| 1850 | [illegible] | [illegible] | - | [illegible] | [illegible] | [illegible] | - | - | [illegible] | [illegible] | [illegible] |
| 1851 | [illegible] | [illegible] | - | [illegible] | [illegible] | [illegible] | - | - | [illegible] | [illegible] | [illegible] |

| ANNÉES. | PRODUIT net DE LA TAXE des correspondances. | DROIT PERÇU sur LES ARTICLES d'argent. | DROIT PERÇU sur LES VALEURS déclarées et cotées. | PRODUIT du TRANSPORT des matières d'or et d'argent et des marchandises par les paquebots. | PRODUIT des PLACES dans les malles-postes. |
|---|---|---|---|---|---|
| 1852 | 43 479 109 | 1 124 061 | » | 8 | 624 077 |
| 1853 | 45 886 992 | 1 199 515 | » | 35 | 504 341 |
| 1854 | 50 019 801 | 1 539 079 | » | » | 418 455 |
| 1855 | 49 544 698 | 1 710 317 | » | » | 268 554 |
| 1856 | 51 565 341 | 1 746 756 | » | » | 143 209 |
| 1857 | 52 010 082 | 1 666 608 | » | » | 14 738 |
| 1858 | 53 034 882 | 1 625 168 | » | » | » |
| 1859 | 56 688 350 | 1 829 243 | 158 061 | » | » |
| 1860 | 58 251 571 | 1 703 365 | 454 861 | » | » |
| 1861 | 61 330 183 | 1 709 441 | 550 650 | » | » |
| 1862 | 64 073 808 | 1 772 146 | 634 487 | » | » |
| 1863 | 67 216 365 | 1 077 372 | 604 672 | » | » |
| 1864 | 68 235 653 | 1 163 916 | 757 121 | » | » |
| 1865 | 72 041 107 | 1 221 893 | 842 487 | » | » |
| 1866 | 74 507 302 | 1 353 098 | 938 517 | » | » |
| 1867 | 78 581 664 | 1 488 124 | 904 145 | » | » |
| 1868 | 81 319 585 | 1 507 141 | 1 058 495 | » | » |
| 1869 | 86 579 745 | 1 695 711 | 1 131 926 | » | » |
| 1870 | 66 038 784 | 1 395 511 | 955 298 | » | » |
| 1871 | 86 431 948 | 1 687 514 | 1 471 415 | » | » |
| 1872 | 100 482 174 | 1 803 002 | 1 636 110 | » | » |
| 1873 | 103 430 461 | 1 137 036 | 1 719 564 | » | » |
| 1874 | 105 939 173 | 1 468 452 | 1 781 271 | » | » |
| 1875 | 110 744 167 | 1 745 839 | 1 715 328 | » | » |
| 1876 | 110 046 350 | 2 067 633 | 1 675 500 | » | » |
| 1877 | 113 934 424 | 2 496 286 | 1 607 765 | » | » |
| 1878 | 96 139 309 | 3 105 726 | 1 280 792 | » | » |
| 1879 | 97 215 923 | 3 817 230 | 1 281 801 | » | » |
| 1880 | 105 263 888 | 4 563 247 | 1 481 042 | » | » |
| 1881 | 115 214 953 | 4 847 226 | 1 624 816 | » | » |
| 1882 | 117 129 357 | 5 293 492 | 1 961 930 | » | » |
| 1883 | 121 508 313 | 5 571 564 | 2 115 537 | » | » |
| 1884 | 123 523 696 | 5 847 926 | 2 166 832 | » | » |

| ANNÉES. | PRODUIT des PLACES dans les paquebots. | DROIT PERÇU sur les BONS DE POSTE. | TAXES PERÇUES pour LE TRANSPORT des colis postaux. | SOLDES des COMPTES avec les offices étrangers. | RECETTES DIVERSES et accidentelles. | TOTAUX. |
|---|---|---|---|---|---|---|
| 1852 | 74 265 | » | » | 1 182 771 | 39 814 | 46 524 083 |
| 1853 | 54 374 | » | » | 1 288 780 | 462 126 | 49 396 176 |
| 1854 | 55 916 | » | » | 1 296 900 | 388 201 | 53 628 442 |
| 1855 | 7 773 | » | » | 2 168 887 | 454 140 | 54 154 369 |
| 1856 | » | » | » | 1 929 546 | 379 638 | 55 794 550 |
| 1857 | » | » | » | 1 957 608 | 352 055 | 56 001 091 |
| 1858 | » | » | » | 2 555 327 | 340 578 | 57 355 953 |
| 1859 | » | » | » | 2 564 231 | 337 384 | 61 574 878 |
| 1860 | » | » | » | 2 668 790 | 338 317 | 63 416 850 |
| 1861 | » | » | » | 2 771 487 | 344 011 | 66 765 772 |
| 1862 | » | » | » | 3 383 828 | 43 068 | 69 907 937 |
| 1863 | » | » | » | 3 947 553 | 34 250 | 72 940 212 |
| 1864 | » | » | » | 4 234 930 | 61 088 | 74 392 708 |
| 1865 | » | » | » | 4 536 122 | 52 055 | 78 683 594 |
| 1866 | » | » | » | 5 418 405 | 56 760 | 82 274 091 |
| 1867 | » | » | » | 5 283 224 | 65 208 | 86 413 365 |
| 1868 | » | » | » | 5 226 174 | 91 520 | 89 292 912 |
| 1869 | » | » | » | 5 474 590 | 46 644 | 94 628 616 |
| 1870 | » | » | » | 3 893 263 | 16 509 | 72 500 365 |
| 1871 | » | » | » | 2 394 227 | 24 310 | 91 619 414 |
| 1872 | » | » | » | 4 638 431 | 35 020 | 108 595 637 |
| 1873 | » | » | » | 4 250 950 | 53 372 | 110 591 383 |
| 1874 | » | » | » | 4 677 451 | 81 592 | 113 887 939 |
| 1875 | » | » | » | 5 019 723 | 86 974 | 119 312 031 |
| 1876 | » | » | » | 471 840 | 67 750 | 114 329 082 |
| 1877 | » | » | » | 1 426 002 | 56 600 | 119 521 077 |
| 1878 | » | » | » | 1 784 288 | 45 545 | 102 355 650 |
| 1879 | » | » | » | 2 339 487 | 38 836 | 104 713 588 |
| 1880 | » | » | » | 1 390 377 | 48 338 | 112 687 492 |
| 1881 | » | » | 37 | 1 907 460 | 44 083 | 123 638 575 |
| 1882 | » | 24 736 | 1 007 | 1 879 803 | 42 978 | 126 333 323 |
| 1883 | » | 151 834 | 3 261 | 2 710 849 | 69 361 | 132 130 719 |
| 1884 | » | 72 931 | 3 623 | 1 940 127 | 71 651 | 133 320 788 |

## NOMBRE ET MONTANT DES ARTICLES D'ARGENT (Algérie et Tunisie y comprises).

| ANNÉES. | MANDATS FRANÇAIS DÉLIVRÉS. | | MANDATS INTERNATIONAUX ÉMIS ET PAYÉS. | | DROITS PERÇUS SUR LES MANDATS | |
|---|---|---|---|---|---|---|
| | NOMBRE. | MONTANT. | NOMBRE. | MONTANT. | FRANÇAIS. | INTERNATIONAUX. |
| | | fr. c. | | fr. c. | fr. c. | fr. c. |
| 1869 | 5 650 090 | 164 435 661 41 | 169 505 | 8 114 269 71 | 1 645 599 97 | 101 788 60 |
| 1870 | 6 259 789 | 167 894 392 74 | 216 443 | 8 836 403 09 | 1 534 377 87 [1] | 117 398 85 |
| 1871 | 5 626 672 | 139 167 898 86 | 172 622 | 8 434 316 00 | 1 659 028 91 [2] | 107 420 07 |
| 1872 | 3 895 247 | 87 392 469 17 [3] | 188 765 | 8 980 086 78 | 1 717 236 80 | 122 741 97 |
| 1873 | 4 081 352 | 106 707 434 12 | 188 420 | 9 252 584 35 | 1 070 814 19 [4] | 122 767 54 |
| 1874 | 4 807 401 [5] | 130 917 136 30 | 206 301 | 9 989 489 59 | 1 310 288 36 | 122 721 50 |
| 1875 | 5 789 676 | 161 573 465 26 | 260 748 [6] | 12 030 388 44 | 1 616 957 70 | 145 015 62 |
| 1876 | 6 664 333 | 189 715 323 20 | 403 767 | 18 396 974 16 | 1 898 638 16 | 214 055 52 |
| 1877 | 8 084 057 | 230 608 747 50 | 517 909 | 22 712 959 15 | 2 307 944 13 | 277 810 06 |
| 1878 | 9 471 740 | 284 846 258 93 | 626 059 | 28 131 377 11 | 2 850 714 45 | 354 837 98 |
| 1879 | 11 348 472 | 357 315 516 97 | 759 877 | 36 524 657 13 | 3 606 941 33 | 326 974 66 [7] |
| 1880 | 13 058 815 | 430 071 228 33 | 930 644 | 48 390 165 20 | 4 312 926 86 | 391 640 67 |
| 1881 | 14 657 062 | 463 931 311 07 | 1 079 465 | 57 217 994 38 | 4 540 333 79 | 469 129 38 |
| 1882 | 16 136 125 | 511 692 265 00 | 1 235 221 | 66 421 577 37 | 4 940 694 96 | 553 452 35 |
| 1883 | 17 236 830 | 544 309 231 37 | 1 327 010 | 71 220 798 26 | 5 244 474 39 | 562 365 24 |
| 1884 | 18 505 886 | 576 262 659 45 | 1 333 565 | 69 713 096 41 | 5 563 806 79 | 531 055 25 |
| 1885 | 19 581 960 | 603 458 528 44 | 1 309 771 | 66 581 783 18 | 5 782 127 52 [8] | 478 367 35 |

1. Les mandats au profit des militaires ont été, en vertu de la loi du 22 juillet 1870, exemptés des droits de poste jusqu'à la somme de 50 francs.
2. Maintien, jusqu'au mois d'août 1871, de l'exemption des droits de poste pour les mandats inférieurs à 50 francs, destinés aux militaires en campagne. A partir du 1er septembre 1871, le droit de poste a été élevé de 1 à 2 p. 100.
3. Dans ce chiffre sont compris les mandats télégraphiques, dont l'émission a commencé le 1er août 1872.
4. A partir du 1er janvier 1873, le droit de poste a été réduit de 2 à 1 p. 100. (Loi du 20 décembre 1872.)
5. Dans ces chiffres et ceux qui les suivent ne sont pas comprises les opérations effectuées dans les colonies depuis le 1er juillet 1874 (date de l'ouverture du service).
6. Extension à toute la France, à compter du 1er avril 1875, de l'échange des mandats internationaux avec l'Angleterre, échange qui était primitivement restreint aux rapports entre le bureau de Paris et les bureaux britanniques.
7. La diminution de 1879 sur 1878 résulte de l'application, le 1er avril 1879, de l'arrangement du 4 juin 1878.
8. Moins le droit perçu au Tonkin.

# NOMBRE DES COLIS POSTAUX

## ÉCHANGÉS A L'INTÉRIEUR ET AVEC L'ÉTRANGER [1]

**Service intérieur** (*France*).

| | | | | |
|---|---|---|---|---|
| Moyenne mensuelle en | 1881 . . . . . | 533 022 | soit pour l'année | 4 203 417 [2] |
| — | 1882 . . . . | 788 085 | — | 9 457 023 |
| — | 1883 . . . . . | 990 221 | — | 11 882 646 |
| — | 1884 . . . . . | 1 153 991 | — | 13 847 897 |
| — | 1885 . . . . . | 1 270 499 | — | 15 245 988 |

**Service extérieur** (*y compris la Corse, l'Algérie et la Tunisie*).

| | | | | |
|---|---|---|---|---|
| Moyenne mensuelle en | 1881 . . . . . | 42 225 | soit pour l'année | 387 799 [2] |
| — | 1882 . . . . . | 89 841 | — | 1 078 102 |
| — | 1883 . . . . . | 126 750 | — | 1 520 997 |
| — | 1884 . . . . . | 141 973 | — | 1 703 682 |
| — | 1885 . . . . . | 170 318 | — | 2 043 816 |

1. Extrait du rapport déposé par M. Georges Cochery, député, sur le projet de loi présenté par le gouvernement pour l'approbation des actes conclus au congrès postal de Lisbonne.

2. De mai à décembre.

## CAISSE NATIONALE D'ÉPARGNE

### Résultats généraux, par nature d'opérations, des années 1883 et 1884 comparés aux résultats généraux des années antérieures.

| PÉRIODES COMPARÉES. | DÉPÔTS REÇUS. Premiers versements. Nombre. | | Versements ultérieurs. Nombre. | | Total. Nombre. | | Remboursements partiels. Nombre. | |
|---|---|---|---|---|---|---|---|---|
| | | Montant. fr. c. | | Montant. fr. c. | | Montant. fr. c. | | Montant. fr. c. |
| Année 1882 | 227 438 | 47 606 879 75 | 245 717 | 17 027 502 06 | 473 155 | 64 634 381 81 | 36 682 | 9 551 577 7[illegible] |
| Année 1883 | 207 827 | 40 419 833 07 | 489 606 | 32 594 936 14 | 697 433 | 73 005 771 20 | 102 365 | 24 7[illegible] 40 |
| Année 1884 | 222 159 | 46 780 630 82 | 694 972 | 47 316 475 00 | 917 131 | 94 097 114 82 | 156 556 | 35 [illegible] 619 38 |
| TOTAUX GÉNÉRAUX depuis le 1er janvier 1882 | 657 424 | 134 828 352 61 | 1 430 295 | 96 938 915 19 | 2 087 719 | 231 767 267 83 | 295 603 | 69 9[illegible] 727 48 |
| COMPARAISON des années 1883 et 1884 avec les antérieures. | | | | | | | | |
| 1883 comparé à 1882. En plus | – | – | 243 889 | 15 567 436 07 | 224 278 | 8 401 389 39 | 65 683 | 15 18[illegible] |
| 1883 comparé à 1882. En moins | 19 611 | 7 166 046 68 | » | » | » | » | » | » |
| 1884 comparé à 1883. En plus | 14 332 | 6 320 806 75 | 205 366 | 14 721 536 86 | 219 698 | 21 091 343 62 | 54 191 | 10 8[illegible] |
| 1884 comparé à 1883. En moins | » | » | » | » | » | » | » | » |
| 1884 comparé à 1882. En plus | » | » | 449 255 | 30 288 972 94 | 443 976 | 29 462 733 01 | 119 874 | 26 01[illegible] |
| 1884 comparé à 1882. En moins | 5 279 | 826 239 93 | » | » | » | » | » | » |

| PÉRIODES COMPARÉES. | DÉPÔTS REMBOURSÉS. Remboursements intégraux. Nombre. | | Achats de rentes. Nombre. | | Total. Nombre. | | EXCÉDENT des versements sur les remboursements. | OPÉRATIONS DE TOUTE NATURE (Versements et remboursements.) Nombre. | |
|---|---|---|---|---|---|---|---|---|---|
| | | Montant. fr. c. | | Montant. fr. c. | | Montant. fr. c. | fr. c. | | Montant. fr. c. |
| Année 1882 | 15 856 | 6 810 295 15 | 1 416 | 1 399 622 25 | 53 954 | 17 810 [illegible] 15 | 46 823 [illegible] 66 | 527 111 | 82 444 [illegible] 06 |
| Année 1883 | 43 569 | 17 381 408 21 | 2 877 | 2 889 457 10 | 148 811 | 45 044 [illegible] 75 | 27 991 335 45 | 846 [illegible] | 118 [illegible] 95 |
| Année 1884 | 56 674 | 20 416 372 56 | 2 661 | 2 927 258 25 | 215 891 | 58 953 250 11 | 35 143 864 71 | 1 133 022 | 153 050 364 93 |
| TOTAUX GÉNÉRAUX depuis le 1er janvier 1882 | 116 101 | 44 617 075 92 | 6 954 | 7 216 337 60 | 418 658 | 121 808 126 01 | 109 959 541 57 | 2 506 377 | 353 575 393 84 |
| COMPARAISON des années 1883 et 1884 avec les antérieures. | | | | | | | | | |
| 1883 comparé à 1882. En plus | 27 713 | 10 562 113 [illegible] | 1 461 | 1 489 829 85 | 94 855 | 27 233 995 60 | » | 319 131 | 35 633 381 99 |
| 1883 comparé à 1882. En moins | » | » | » | – | » | » | 18 832 105 96 | – | » |
| 1884 comparé à 1883. En plus | 13 105 | 3 034 964 35 | » | 37 806 15 | 67 080 | 13 908 811 36 | 7 152 529 26 | 286 778 | 34 970 557 98 |
| 1884 comparé à 1883. En moins | » | » | 216 | – | – | – | – | » | » |
| 1884 comparé à 1882. En plus | 40 816 | 13 591 077 70 | 1 245 | 1 527 636 00 | 161 935 | 41 142 [illegible] 96 | » | 605 911 | 70 605 542 87 |
| 1884 comparé à 1882. En moins | » | » | » | » | » | » | 11 680 076 95 | » | » |

### Résumé général des opérations effectuées depuis le 1er janvier 1882 jusqu'au 31 décembre 1884.

| ANNÉES. | NOMBRE DE BUREAUX DE POSTE correspondants de la Caisse nationale d'épargne. | MOYENNE DES DÉPÔTS. | INTÉRÊTS CRÉDITÉS AUX DÉPOSANTS. | ARRÉRAGES PERÇUS sur les inscriptions de rentes en dépôt. | MOYENNE des remboursements. | FRAIS D'ADMINISTRATION. | COÛT MOYEN de chaque opération. | NOMBRE de comptes ouverts. | NOMBRE de comptes soldés. | NOMBRE de comptes restant ouverts au 31 décembre. | MOYENNE PAR BUREAU du nombre des comptes restant ouverts au 31 décembre. |
|---|---|---|---|---|---|---|---|---|---|---|---|
| | | fr. c. | fr. c. | fr. c. | fr. c. | fr. c. | fr. c. | | | | |
| 1882 | 6 024 | 136 60 | 775 940 68 | 12 50 | 330 16 | 364 245 22 | 0 69 | 227 438 | 15 858 | 211 580 | 35 |
| 1883 | 6 193 | 104 72 | 1 831 129 44 | 230 00 | 302 09 | 481 036 50 | 0 58 | 207 827 | 43 560 | 375 836 | 60 |
| 1884 | 6 478 | 102 59 | 2 810 053 46 | 476 25 | 273 07 | 679 454 60 | 0 50 | 222 159 | 56 674 | 541 320 | 85 |
| TOTAUX ou moyennes générales | . . . | 111 01 | 5 417 123 58 | 718 75 | 290 95 | 1 524 735 72 | 0 61 | 657 424 | 116 101 | » | » |

| ANNÉES. | SOMMES DUES aux déposants au 31 décembre. (Intérêts compris.) | MOYENNE DU CRÉDIT DE CHAQUE COMPTE au 31 décembre. | RAPPORT P. 100 DES FRAIS D'ADMINISTRATION au montant des sommes dues aux déposants au 31 décembre. | SOLDE au 31 décembre des capitaux placés en compte courant à la Caisse des dépôts et consignations. | INTÉRÊTS servis à la Caisse d'épargne sur le capital placé en compte courant. | CAPITAL employé à l'acquisition de rentes pour le compte de la Caisse d'épargne. | ARRÉRAGES perçus sur les inscriptions appartenant à la Caisse nationale d'épargne. | PRIMES d'amortissement. | SOMMES au crédit du compte de dotation. |
|---|---|---|---|---|---|---|---|---|---|
| | fr. c. | fr. c. | fr. c. | fr. c. | fr. c. | fr. c. | fr. c. | fr. c. | fr. c. |
| 1882 | 47 501 638 91 | 224 97 | 0 76 | 9 547 768 13 | 179 337 00 | 37 393 057 90 | 913 495 75 | 517 30 | » |
| 1883 | 77 431 414 91 | 206 05 | 0 62 | 15 197 341 90 | 409 150 60 | 24 657 417 16 | 1 982 657 00 | 47 511 41 | » |
| 1884 | 115 402 034 14 | 213 21 | 0 58 | 22 385 673 97 | 612 240 16 | 29 928 228 95 | 3 042 997 00 | 28 469 45 | 64 836 54 |
| TOTAUX ou moyennes générales | » | » | » | » | 1 200 727 76 | 91 988 699 01 | 5 960 151 75 | 76 518 16 | 64 836 54 |

# PARCOURS DES FACTEURS

LOCAUX, RURAUX ET BOÎTIERS

| ANNÉES. | NOMBRE de TOURNÉES. | NOMBRE DE KILOMÈTRES PARCOURUS | | OBSERVATIONS. |
|---|---|---|---|---|
| | | PAR JOUR. | PAR AN. | |
| 1868 . . . . . | 16 864 | 424 501 | 154 942 865 | |
| 1869 . . . . . | 16 878 | 425 275 | 155 225 375 | |
| 1870 . . . . . | 17 039 | 429 850 | 156 895 250 | |
| 1871 . . . . . | 17 194 | 464 598 | 169 578 270 | |
| 1872 . . . . . | 17 880 | 469 755 | 171 460 575 | |
| 1873 . . . . . | 18 783 | 474 933 | 173 350 545 | |
| 1874 . . . . . | 18 883 | 484 429 | 176 816 585 | |
| 1875 . . . . . | 18 933 | 494 341 | 180 434 465 | |
| 1876 . . . . . | 19 215 | 508 384 | 185 560 160 | |
| 1877 . . . . . | 19 473 | 513 474 | 187 418 010 | |
| 1878 . . . . . | 19 809 | 533 484 | 194 721 660 | |
| 1879 . . . . . | 20 287 | 544 156 | 198 616 940 | |
| 1880 . . . . . | 20 826 | 571 748 | 208 688 020 | |
| 1881 . . . . . | 21 926 | 607 820 | 221 854 300 | |
| 1882 . . . . . | 22 318 | 608 800 | 222 212 000 | |
| 1883 . . . . . | 22 539 | 618 478 | 225 744 470 | |
| 1884 . . . . . | 22 740 | 622 502 | 227 213 230 | |
| 1885 . . . . . | 23 197 | 630 371 | 230 085 415 | |

## NOMBRE ET PARCOURS DES COURRIERS CHARGÉS D'UN TRANSPORT DE DÉPÊCHES (1860 A 1885)

| ANNÉES. | COURRIERS en chemin de fer. | | | COURRIERS en voiture et à cheval. | | | COURRIERS à pied. | | | OBSERVATIONS |
|---|---|---|---|---|---|---|---|---|---|---|
| | NOMBRE. | PARCOURS KILOMÉTRIQUE (aller et retour). | | NOMBRE. | PARCOURS KILOMÉTRIQUE (aller et retour). | | NOMBRE. | PARCOURS KILOMÉTRIQUE (aller et retour). | | |
| | | Journalier. | Annuel. | | Journalier. | Annuel. | | Journalier. | Annuel. | |
| 1860 | 136 | 18 456 | 6 006 440 | 2 157 | 126 072 | 46 016 280 | 1 031 | 22 872 | 8 348 180 | |
| 1861 | 192 | 24 768 | 9 040 320 | 2 148 | 124 832 | 45 563 680 | 1 495 | 23 014 | 8 400 610 | |
| 1862 | 234 | 29 018 | 10 591 570 | 2 139 | 123 714 | 45 155 610 | 1 722 | 23 208 | 8 470 920 | |
| 1863 | 257 | 33 667 | 12 288 455 | 2 122 | 121 815 | 44 462 475 | 1 914 | 23 595 | 8 612 175 | |
| 1864 | 310 | 38 432 | 14 027 680 | 2 118 | 119 394 | 43 578 810 | 2 084 | 23 817 | 8 693 205 | |
| 1865 | 342 | 41 592 | 15 181 080 | 2 113 | 117 644 | 42 938 922 | 2 179 | 24 002 | 8 761 070 | |
| 1866 | 372 | 50 608 | 18 471 920 | 2 109 | 114 303 | 41 722 420 | 2 247 | 25 832 | 9 428 680 | |
| 1867 | 427 | 61 725 | 22 529 625 | 2 104 | 109 179 | 39 850 335 | 2 401 | 27 015 | 9 860 475 | |
| 1868 | 469 | 70 841 | 25 856 965 | 2 107 | 106 715 | 38 950 975 | 2 483 | 29 364 | 10 717 860 | |
| 1869 | 502 | 79 332 | 28 956 180 | 2 102 | 104 824 | 38 260 760 | 2 517 | 31 183 | 11 381 795 | |
| 1870 | 536 | 85 018 | 31 031 570 | 2 101 | 103 453 | 37 760 345 | 2 594 | 32 617 | 11 905 205 | |
| 1871 (a) | 548 | 87 973 | 32 110 145 | 2 083 | 98 922 | 36 106 530 | 2 518 | 31 984 | 11 674 160 | |
| 1872 | 573 | 98 217 | 35 849 205 | 2 105 | 102 397 | 37 374 905 | 2 614 | 33 327 | 12 164 355 | (a) Les chiffres afférents à l'année 1871 s'expliquent par la cession de l'Alsace-Lorraine. |
| 1873 | 609 | 105 406 | 38 473 190 | 2 113 | 102 932 | 37 570 180 | 2 648 | 34 705 | 12 668 420 | |
| 1874 | 612 | 109 546 | 39 984 290 | 2 097 | 100 628 | 36 729 220 | 2 748 | 35 387 | 12 916 255 | |
| 1875 | 667 | 114 222 | 41 691 030 | 2 078 | 98 474 | 35 933 010 | 2 867 | 36 302 | 13 250 230 | |
| 1876 | 705 | 120 326 | 43 918 990 | 2 091 | 97 912 | 35 737 880 | 2 952 | 36 683 | 13 389 295 | |
| 1877 | 837 | 126 712 | 46 249 880 | 2 072 | 97 389 | 35 546 985 | 3 031 | 36 704 | 13 397 960 | |
| 1878 | 864 | 129 443 | 47 246 695 | 2 064 | 96 047 | 35 057 155 | 3 190 | 37 202 | 13 578 730 | |
| 1879 | 918 | 135 387 | 49 416 255 | 2 082 | 95 523 | 34 865 895 | 3 342 | 38 342 | 13 994 830 | |
| 1880 | 1 000 | 146 063 | 53 303 485 | 2 098 | 94 282 | 34 413 570 | 3 524 | 39 718 | 14 497 070 | |
| 1881 | 1 132 | 158 078 | 57 698 470 | 2 144 | 94 984 | 34 669 160 | 3 749 | 41 824 | 15 265 760 | |
| 1882 | 1 252 | 176 092 | 64 273 580 | 2 177 | 94 990 | 34 671 350 | 3 944 | 43 039 | 15 709 235 | |
| 1883 | 1 281 | 180 352 | 65 828 480 | 2 212 | 95 312 | 34 788 880 | 4 003 | 43 389 | 15 836 985 | |
| 1884 | 1 333 | 186 067 | 67 914 455 | 2 263 | 97 324 | 35 523 260 | 4 162 | 44 794 | 16 349 840 | |
| 1885 | 1 397 | 193 681 | 70 693 465 | 2 288 | 98 475 | 35 943 375 | 4 298 | 45 659 | 16 667 883 | |

## SERVICES QUOTIDIENS

EFFECTUÉS PAR LES BUREAUX AMBULANTS

| ANNÉES. | NOMBRE de SERVICES de bureaux ambulants quotidiens. | LONGUEUR KILOMÉTRIQUE des LIGNES PARCOURUES — (Aller et retour) | | NOMBRE des WAGONS-POSTE. | OBSERVATIONS. |
|---|---|---|---|---|---|
| | | quotidiennement | annuellement. | | |
| 1860. . . . | 39 | 24 690 | 9 011 850 | 143 | |
| 1861. . . . | 40 | 25 490 | 9 303 850 | 147 | |
| 1862. . . . | 42 | 27 180 | 9 940 700 | 156 | |
| 1863. . . . | 42 | 27 180 | 9 940 700 | 157 | |
| 1864. . . . | 37 (a) | 24 752 | 9 034 480 | 163 | (a) Modifications dans l'organisation générale du service ambulant. Établissement de bureaux de passe sédentaires. |
| 1865. . . . | 40 | 25 546 | 9 324 290 | 163 | |
| 1866. . . . | 44 | 26 120 | 9 533 800 | 163 | |
| 1867. . . . | 44 | 26 386 | 9 630 890 | 163 | |
| 1868. . . . | 45 | 26 386 | 9 630 890 | 169 | |
| 1869. . . | 48 | 27 310 | 9 968 150 | 169 | |
| 1870. . . . | 50 | 28 856 | 10 532 440 | 171 | |
| 1871. . . . | 48 (b) | 28 156 | 10 276 940 | 177 | (b) Réorganisation du service des bureaux ambulants sur la ligne de l'Est, par suite de la cession de l'Alsace-Lorraine. |
| 1872. . . . | 48 | 28 896 | 10 547 040 | 200 | |
| 1873. . . . | 49 | 29 598 | 10 803 270 | 212 | |
| 1874. . . . | 49 | 29 598 | 10 803 270 | 212 | |
| 1875. . . . | 50 | 29 678 | 10 832 470 | 212 | |
| 1876. . . . | 50 | 29 678 | 10 832 470 | 212 | |
| 1877. . . . | 50 | 30 190 | 11 019 350 | 212 | |
| 1878. . . . | 60 | 35 710 | 13 034 150 | 224 | |
| 1879. . . . | 63 | 37 804 | 13 798 460 | 260 | |
| 1880. . . . | 68 | 39 635 | 14 466 775 | 290 | |
| 1881. . . . | 77 | 46 620 | 17 016 300 | 312 | |
| 1882. . . . | 80 | 47 567 | 17 361 955 | 339 | |
| 1883. . . . | 84 | 48 400 | 17 666 000 | 372 | |
| 1884. . . . | 84 | 48 400 | 17 666 000 | 386 | |
| 1885. . . . | 83 | 48 068 | 17 544 820 | 386 | |

# SERVICES MARITIMES FRANÇAIS

## SUBVENTIONNÉS

| ANNÉES | SERVICES MARITIMES SUBVENTIONNÉS. | NOMBRE de LIGNES par service. | NOMBRE de LIGNES par an. | LONGUEUR du PARCOURS en lieues marines par service. | LONGUEUR du PARCOURS en lieues marines par an. | MONTANT des SUBVENTIONS payées. | OBSERVATIONS. |
|---|---|---|---|---|---|---|---|
| 1860. | Calais à Douvres | 1 | 18 | 7 | 4 839 | 6 701 151 | |
| | Corse | 7 | | 315 | | | |
| | Méditerranée et mer Noire | 8 | | 2 465 | | | |
| | Brésil et Plata | 2 | | 2 052 | | | |
| 1861. | Calais à Douvres | 1 | 19 | 7 | 5 099 | 7 582 679 | 1. Création d'un service provisoire annexe entre Saint-Vincent et Gorée. |
| | Corse | 7 | | 315 | | | |
| | Méditerranée et mer Noire | 8 | | 2 465 | | | |
| | Brésil et Plata | 3 | | 2 212 [1] | | | |
| 1862. | Calais à Douvres | 1 | 21 | 7 | 6 942 | 10 622 647 | 2. Création de la ligne du Mexique avec annexe sur la Guadeloupe. (Service provisoire.) |
| | Corse | 7 | | 315 | | | |
| | Méditerranée et mer Noire | 8 | | 2 465 | | | |
| | Brésil et Plata | 3 | | 2 212 | | | |
| | Mexique et Antilles | 2 | | 1 943 [2] | | | |
| 1863. | Calais à Douvres | 1 | 26 | 7 | 9 928 | 16 063 475 | 3. Création des deux lignes de Nice en Corse. |
| | Corse | 9 | | 420 [3] | | | 4. Création de la ligne principale de la Chine et 2 annexes, de Hong-Kong à Shanghaï; de Pointe-de-Galles à Calcutta. |
| | Méditerranée et mer Noire | 8 | | 2 465 | | | |
| | Brésil et Plata | 3 | | 2 212 | | | |
| | Mexique et Antilles | 2 | | 1 943 | | | |
| | Indo-Chine | 3 | | 3 351 [4] | | | |
| 1864. | Calais à Douvres | 1 | 30 | 7 | 14 083 | 17 701 388 | 5. Remaniements sur la Méditerranée. |
| | Corse | 9 | | 420 | | | 6. Création de la ligne des États-Unis. |
| | Méditerranée et mer Noire | 9 | | 2 451 [5] | | | 7. Ouverture de la ligne du Japon. |
| | Brésil et Plata | 3 | | 2 212 | | | |
| | Mexique, Antilles, New-York | 3 | | 3 030 [6] | | | |
| | Indo-Chine | 5 | | | | | |

| ANNÉES | SERVICES MARITIMES SUBVENTIONNÉS. | NOMBRE de LIGNES par service. | NOMBRE de LIGNES par an. | LONGUEUR du PARCOURS en lieues marines par service. | LONGUEUR du PARCOURS en lieues marines par an. | MONTANT des SUBVENTIONS payées. | OBSERVATIONS. |
|---|---|---|---|---|---|---|---|
| **1865.** | Calais à Douvres. . . . . . | 1 | 35 | 7 | 15 658 | 20 902 707 | 8. Ouverture du réseau du Mexique et des Antilles (période définitive). Introduction de l'escale de Brest dans la ligne des États-Unis. 9. Création de la ligne de la Réunion et Maurice. |
| | Corse . . . . . . . . . . . | 9 | | 420 | | | |
| | Méditerranée et mer Noire . | 9 | | 2 451 | | | |
| | Brésil et Plata. . . . . . . | 3 | | 2 212 | | | |
| | Mexique, Antilles, New-York | 7 | | 5 339 [8] | | | |
| | Indo-Chine . . . . . . . . | 6 | | 5 229 [9] | | | |
| **1866.** | Calais à Douvres. . . . . . | 1 | 38 | 7 | 15 844 | 23 447 625 | 10. Création de la ligne annexe de Singapore à Batavia. |
| | Corse . . . . . . . . . . . | 9 | | 420 | | | |
| | Méditerranée et mer Noire . | 9 | | 2 451 | | | |
| | Brésil et Plata. . . . . . . | 3 | | 2 212 | | | |
| | Mexique, Antilles, New-York | 7 | | 5 339 | | | |
| | Indo-Chine. . . . . . . . . | 7 | | 5 412 [10] | | | |
| **1867.** | Calais à Douvres. . . . . . | 1 | 38 | 7 | 16 217 | 23 854 723 | 11. Suppression du service annexe provisoire de Saint-Vincent à Gorée. Escale à Dakar. 12. Création des services annexes . . . Vera-Cruz à Matamoras. La Havane à la Nouvelle-Orléans. Fort-de-France à Porto-Cabello. |
| | Corse. . . . . . . . . . . . | 9 | | 420 | | | |
| | Méditerranée et mer Noire . | 9 | | 2 451 | | | |
| | Brésil et Plata. . . . . . . | 2 | | 2 083 [11] | | | |
| | Mexique, Antilles, New-York | 10 | | 5 902 [12] | | | |
| | Indo-Chine. . . . . . . . . | 7 | | 5 412 | | | |
| **1868.** | Comme en 1867 . . . . . . | " | 38 | " | 16 217 | 23 556 097 | |
| **1869.** | Calais à Douvres. . . . . . | 1 | 35 | 7 | 15 901 | 23 399 721 | 13. Réunion des deux lignes en un seul parcours. 14. Suppression des services annexes De Vera-Cruz à Matamoras. De la Havane à la Nouvelle-Orléans. |
| | Corse. . . . . . . . . . . . | 9 | | 420 | | | |
| | Méditerranée et mer Nire. | 9 | | 2 451 | | | |
| | Brésil et Plata. . . . . . . | 1 [13] | | 2 083 | | | |
| | Mexique, Antilles, New-York | 8 | | 5 528 [14] | | | |
| | Indo-Chine. . . . . . . . . | 7 | | 5 412 | | | |
| **1870.** | Calais à Douvres. . . . . . | 1 | 35 | 7 | 15 838 | 23 340 176 | 15. Remaniement de parcours. 16. Suppression de parcours et remaniement. |
| | Corse . . . . . . . . . . . | 9 | | 420 | | | |
| | Méditerranée et mer Noire . | 9 | | 2 451 | | | |
| | Brésil et Plata. . . . . . . | 1 | | 2 083 | | | |
| | Mexique, Antilles, New-York | 8 | | 5 465 [15] | | | |
| | Indo-Chine. . . . . . . . . | 7 | | 5 412 | | | |
| **1871.** | Calais à Douvres. . . . . . | 1 | 33 | 7 | 15 436 | 22 473 902 | 17. Prolongement jusqu'à Colon de la ligne de Saint-Thomas à la Jamaïque. 18. Ouverture du canal de Suez. — Suppression de la ligne de communication de Marseille à Alexandrie. |
| | Corse . . . . . . . . . . . | 9 | | 420 | | | |
| | Méditerranée et mer Noire . | 8 | | 2 226 | | | |
| | Brésil et Plata. . . . . . . | 1 | | 2 083 | | | |
| | Mexique, Antilles, New-York | 8 [16] | | 5 735 [17] | | | |
| | Indo-Chine. . . . . . . . . | 6 | | 4 965 [18] | | | |

| ANNÉES | SERVICES MARITIMES SUBVENTIONNÉS. | NOMBRE de LIGNES par service. | NOMBRE de LIGNES par an. | LONGUEUR du PARCOURS en lieues marines par service. | LONGUEUR du PARCOURS en lieues marines par an. | MONTANT des SUBVENTIONS payées. | OBSERVATIONS. |
|---|---|---|---|---|---|---|---|
| 1872. | Calais à Douvres. . . . . . | 1 | 32 | 7 | 16 245 | 26 198 610 | 19. Fusion de la ligne annexe de Vénézuéla avec la ligne principale de Colon. — Suppression du service annexe de la Martinique à la Guadeloupe. — Création de la ligne du Pacifique Sud. |
| | Corse . . . . . . . . . . . | 9 | | 420 | | | |
| | Méditerranée et mer Noire | 8 | | 2 226 | | | |
| | Brésil et Plata. . . . . . | 1 | | 2 083 | | | |
| | Mexique, Antilles, New-York | 7 | | 6 544 [19] | | | |
| | Indo-Chine. . . . . . . . . | 6 | | 4 965 | | | |
| 1873. | Calais à Douvres. . . . . . | 1 | 33 | 7 | 18 282 | 26 022 083 | 20. Modification des parcours par suite de la réadjudication des services. 21. Doublement du service du Brésil et de la Plata. |
| | Corse . . . . . . . . . . . | 9 | | 392 [20] | | | |
| | Méditerranée et mer Noire . | 8 | | 2 226 | | | |
| | Brésil et Plata. . . . . . | 2 | | 4 148 [21] | | | |
| | Mexique, Antilles, New-York | 7 | | 6 544 | | | |
| | Indo-Chine. . . . . . . . | 6 | | 4 965 | | | |
| 1874. | Calais à Douvres. . . . . . | 1 | 32 | 7 | 17 256 | 24 769 744 | 22. Suppression de la ligne du Pacifique Sud. |
| | Corse . . . . . . . . . . . | 9 | | 392 | | | |
| | Méditerranée et mer Noire . | 8 | | 2 226 | | | |
| | Brésil et Plata . . . . . . . | 2 | | 4 148 | | | |
| | Mexique, Antilles, New-York | 6 | | 5 518 [22] | | | |
| | Indo-Chine. . . . . . . . | 6 | | 4 965 | | | |
| 1875. | Calais à Douvres. . . . . . | 1 | 32 | 7 | 17 198 | 24 793 068 | 23. Suppression de l'escale de Brest. |
| | Corse . . . . . . . . . . . | 9 | | 392 | | | |
| | Méditerranée et mer Noire . | 8 | | 2 226 | | | |
| | Brésil et Plata. . . . . . | 2 | | 4 148 | | | |
| | Mexique, Antilles, New-York | 6 | | 3 460 [23] | | | |
| | Indo-Chine. . . . . . . . | 6 | | 4 965 | | | |
| 1876. | Calais à Douvres. . . . . . | 1 | 27 | 7 | 18 728 | 24 574 523 | 24. Suppression des lignes partant de Constantinople sur Braïla, Trébizonde et Salonique. — Remaniement de parcours. 25. Suppression de la ligne de Saint-Thomas à Fort-de-France. |
| | Corse . . . . . . . . . . . | 9 | | 392 | | | |
| | Méditerranée et mer Noire. | 4 [24] | | 2 314 | | | |
| | Brésil et Plata. . . . . . | 2 | | 4 148 | | | |
| | Mexique, Antilles, New-York | 5 [25] | | 6 902 [26] | | | |
| | Indo-Chine. . . . . . . . | 6 | | 4 965 | | | |
| 1877. | Comme en 1876 . . . . . . | " | 27 | " | 18 728 | 23 352 129 | 26. Ligne de Saint-Thomas à Colon rattachée aux ports du Raon et de Bordeaux. |
| 1878. | Comme en 1876 . . . . . . | " | 27 | " | 18 728 | 23 345 350 | |
| 1879. | Calais à Douvres. . . . . . | 1 | 29 | 7 | 19 045 | 23 388 893 | 27. Remaniement du réseau des Antilles. |
| | Corse. . . . . . . . . . . | 9 | | 392 | | | |
| | Méditerranée et mer Noire . | 4 | | 2 314 | | | |
| | Brésil et Plata. . . . . . . | 2 | | 4 148 | | | |
| | Mexique, Antilles, New-York | 7 | | 7 219 [27] | | | |
| | Indo-Chine. . . . . . . . . | 6 | | 4 965 | | | |

| ANNÉES | SERVICES MARITIMES SUBVENTIONNÉS. | NOMBRE de LIGNES | | LONGUEUR du PARCOURS en lieues marines | | MONTANT des SUBVENTIONS payées. | OBSERVATIONS. |
|---|---|---|---|---|---|---|---|
| | | par service. | par an. | par service. | par an. | | |
| 1880. | Calais à Douvres | 1 | 40 | 7 | 21 031 | 23 648 643 | 28. Services mis à exécution à dater du 1er juillet 1880. — Précédemment rattachés aux départements de la guerre et de l'intérieur. |
| | Corse | 9 | | 392 | | | |
| | Méditerranée et mer Noire | 4 | | 2 314 | | | |
| | Brésil et Plata | 2 | | 4 148 | | | |
| | Mexique, Antilles, New-York | 7 | | 7 219 | | | |
| | Indo-Chine | 6 | | 4 965 | | | |
| | Algérie et Tunisie[28] | 11 | | 1 986 | | | |
| 1881. | Calais à Douvres | 1 | 42 | 7 | 21 624 | 23 882 393 | 29. Nouveaux services sur la Tunisie par l'Italie. — Prolongement de Tripoli sur Malte. |
| | Corse | 9 | | 392 | | | |
| | Méditerranée et mer Noire | 4 | | 2 314 | | | |
| | Brésil et Plata | 2 | | 4 148 | | | |
| | Mexique, Antilles, New-York | 7 | | 7 219 | | | |
| | Indo-Chine | 6 | | 4 965 | | | |
| | Algérie et Tunisie[29] | 13 | | 2 579 | | | |
| 1882. | Calais à Douvres | 1 | 44 | 7 | 25 638 | 24 619 884 | 30. Ouverture de la ligne de Cette, Marseille, Alger (10 octobre 1881). 31. Ouverture de la ligne de Marseille à Nouméa (21 décembre 1882). |
| | Corse | 9 | | 392 | | | |
| | Méditerranée et mer Noire | 4 | | 2 314 | | | |
| | Brésil et Plata | 2 | | 4 148 | | | |
| | Mexique, Antilles, New-York | 7 | | 7 219 | | | |
| | Indo-Chine | 6 | | 4 965 | | | |
| | Algérie et Tunisie | 14[30] | | 2 646 | | | |
| | Marseille à Nouméa | 1[31] | | 3 947 | | | |
| 1883. | Comme en 1882 | " | 44 | " | 25 638 | 26 707 984 | |
| 1884. | Comme en 1882 | " | " | " | " | " | |

## Liste des pays faisant partie de l'Union postale universelle *

| ÉTATS OU PAYS. | ÉTENDUE en kilomètres carrés. | POPULATION | CONVENTIONS spéciales auxquelles ils participent. | DATE de L'ENTRÉE EFFECTIVE dans l'Union. |
|---|---|---|---|---|
| **Allemagne** | 539 401 | 45 234 061 | Val. décl. Mandats Col. post. | 1er juillet 1875. |
| **Amérique (États-Unis d')** | 10 360 178 | 50 152 866 | — | Id. |
| **Argentine (République)** | 3 027 088 | 3 000 000 | — | 1er avril 1878. |
| **Autriche-Hongrie (1)** | 622 426 | 37 887 337 | V. M. C. | 1er juillet 1875. |
| **Belgique** | 29 455 | 5 655 197 | V. M. C. | Id. |
| **Brésil** | 8 337 218 | 12 002 978 | — | 1er juillet 1877. |
| **Bulgarie** | 62 021 | 1 998 983 | V. C. | 1er juillet 1879. |
| **Canada** | 8 301 503 | 4 324 810 | — | 1er juillet 1878. |
| **Chili** | 665 224 | 2 412 949 | — | 1er avril 1881. |
| **Colombie (États-Unis de)** | 830 760 | 3 000 000 | — | 1er juillet 1881. |
| **Costa-Rica** | 51 760 | 185 000 | — | 1er janvier 1883. |
| **Danemark (2)** | 144 420 | 2 052 705 | V. M. C. | 1er juillet 1875. |
| **Colonies danoises (3)** | 88 458 | 43 520 | V. M. C. | 1er sept. 1877. |
| **Dominicaine (République)** | 53 343 | 300 000 | — | 1er octobre 1880. |
| **Égypte (4)** | 3 021 354 | 16 517 627 | V. M. C. | 1er juillet 1875. |
| **Espagne (5)** | 507 488 | 17 039 715 | V. | Id. |
| **Colonies espagnoles** | 429 123 | 7 987 965 | — | 1er mai 1877. |
| **Équateur** | 643 295 | 946 033 | — | 1er juillet 1880. |
| **France (6)** | 528 593 | 37 674 927 | V. M. C. | 1er janvier 1876. |
| **Algérie et Tunisie** | 595 300 | 5 310 412 | | |
| **Colonies françaises (7)** | 725 600 | 19 259 170 | V. (8) | 1er juillet 1876. |
| **Grande-Bretagne (9)** | 326 758 | 35 956 248 | — | 1er juillet 1875. |
| **Groupe des Colonies britanniques (10) :** | | | | |
| Ceylan | 63 976 | 2 763 984 | | |
| Straits Settlements | 3 742 | 423 384 | | |
| Laboan | 78 | 6 298 | | |
| Maurice et dépendances | 2 656 | 390 764 | | |
| Bermudes | 50 | 14 559 | — | 1er avril 1877. |
| Jamaïque | 10 859 | 580 804 | | |
| Trinité | 4 544 | 154 281 | | |
| Guyane britannique | 221 243 | 257 473 | | |
| Hong-Kong | 83 | 160 402 | | |
| Côte d'Or | 38 850 | 408 070 | | |
| Gambie | 179 | 14 150 | | |
| Lagos | 189 | 75 270 | | |
| Sierra-Léone | 2 600 | 60 546 | — | 1er janvier 1879. |
| Iles Falkland | 12 532 | 1 583 | | |
| Honduras britannique | 19 585 | 27 452 | | |
| Terre-Neuve | 110 670 | 179 509 | | |

(*) Extrait du rapport déposé par M. Georges Cochery, député, sur le projet de loi présenté par le Gouvernement pour l'approbation des actes conclus au Congrès postal de Lisbonne.

(1) Y compris la principauté de Liechtenstein comme relevant de l'Administration des postes d'Autriche. — (2) Avec les îles Féroë et l'Islande. — (3) Le Groënland et les Antilles danoises. — (4) Y compris les possessions égyptiennes au Soudan. — (5) Y compris les Baléares, les Canaries et les possessions espagnoles de l'Afrique septentrionale, ainsi que, comme relevant de l'Administration des postes espagnoles, la République du Val d'Andorre. — (6) Y compris la principauté de Monaco, comme relevant de l'Administration des postes de France. — (7) Y compris les protectorats français. — (8) La plupart des Colonies françaises prennent, en outre, part à l'échange des colis postaux. — (9) Y compris Malte, Chypre, Héligoland et Gibraltar. — (10) L'Empire de l'Inde et le Dominion du Canada, assimilés aux États indépendants, sont désignés séparément au présent tableau, suivant l'ordre alphabétique.

| ÉTATS OU PAYS. | ÉTENDUE en kilomètres carrés. | POPULATION | CONVENTIONS spéciales auxquelles ils participent. | DATE de L'ENTRÉE EFFECTIVE dans l'Union. |
|---|---|---|---|---|
| Iles Vierges, Antigoa, Dominique, Montserrat, Nevis, Saint-Christophe | 1 827 | 119 399 | | 1er juillet 1879. |
| Iles Bahama | 13 960 | 43 521 | | 1er juillet 1880. |
| La Grenade et les Grenadines, Sainte-Lucie, Tabago et les iles Turques. | 1 364 | 106 990 | V. | 1er février 1881. |
| Barbade et Saint-Vincent | 811 | 212 408 | | 1er sept. 1881. |
| **Grèce** | 63 606 | 1 973 463 | | 1er juillet 1875. |
| **Guatemala** | 121 140 | 1 278 311 | — | 1er août 1881. |
| **Haïti** | 23 911 | 550 000 | — | 1er juillet 1881. |
| **Hawaï** | 16 946 | 60 000 | — | 1er janvier 1882. |
| **Honduras (République)** | 120 480 | 351 700 | — | 1er avril 1879. |
| **Inde britannique** (1) | 3 580 870 | 253 926 681 | — | 1er juillet 1876. |
| **Italie** (2) | 296 305 | 28 951 374 | V. M. C. | 1er juillet 1875. |
| **Japon** | 382 450 | 37 017 302 | — | 1er juin 1877. |
| **Libéria** | 37 200 | 1 068 000 | — | 1er avril 1879. |
| **Luxembourg** | 2 587 | 209 570 | V. M. C. | 1er juillet 1875. |
| **Mexique** | 1 945 723 | 9 787 629 | — | 1er avril 1879. |
| **Monténégro** | 9 030 | 236 000 | C. | 1er juillet 1875. |
| **Nicaragua** | 133 800 | 275 815 | — | 1er mai 1882. |
| **Norvège** | 318 195 | 1 928 000 | V. M. C. | 1er juillet 1875. |
| **Paraguay** | 238 290 | 346 048 | — | 1er juillet 1881. |
| **Pays-Bas** | 32 870 | 4 225 065 | V. M. C. | 1er juillet 1875. |
| **Colonies néerlandaises :** | | | | |
| Indes orientales néerlandaises | 1 583 000 | 26 777 471 | — | |
| Guyane néerlandaise | 119 321 | 53 853 | | 1er mai 1877. |
| Antilles néerlandaises | 1 130 | 44 153 | — | |
| **Pérou** | 1 068 460 | 3 000 000 | | 1er avril 1879. |
| **Perse** | 1 651 000 | 6 500 000 | — | 1er sept. 1877. |
| **Portugal** (3) | 92 346 | 4 708 178 | V. M. C. | 1er juillet 1875. |
| **Colonies portugaises** | 1 825 252 | 3 333 700 | V. | 1er juillet 1877. |
| **Roumanie** | 160 150 | 5 040 000 | V. M. C. | 1er juillet 1875. |
| **Russie** | 22 038 861 | 95 000 000 | V. | 1er juillet 1875. |
| **Salvador** | 18 720 | 553 882 | — | 1er avril 1879. |
| **Serbie** | 48 582 | 1 865 683 | V. C. | 1er juillet 1875. |
| **Suède** | 442 818 | 4 579 115 | V. M. C. | Id. |
| **Suisse** | 41 389 | 2 831 787 | V. M. C. | Id. |
| **Turquie** (4) | 2 152 871 | 22 815 081 | V. C. (5) | Id. |
| **Uruguay** | 186 920 | 505 207 | — | 1er juillet 1880. |
| **Vénézuéla (États-Unis de)** | 1 137 615 | 2 075 245 | — | 1er janvier 1880. |
| **Siam** | 726 850 | 5 750 000 | | 1er juillet 1885. |
| **Bolivie** | 1 222 250 | 2 803 009 | | 1er avril 1886. |
| **Congo** | 2 735 400 | 27 000 000 | | 1er janvier 1886. |
| TOTAUX | 84 976 848 | 871 864 663 | | |

(1) Hindoustan (y compris les États indigènes), Birmanie britannique et Aden. — (2) Y compris la République de Saint-Marin, comme relevant de l'Administration des postes d'Italie. — (3) Y compris Madère et les Açores. — (4) Y compris la Roumélie orientale, la Bosnie et l'Herzégovine. — (5) La mise à exécution de la Convention concernant l'échange des colis postaux a été ajournée par la Turquie.

# LISTE CHRONOLOGIQUE

DES

## PERSONNAGES QUI ONT DIRIGÉ LE SERVICE DES POSTES

EN FRANCE

| | Années. |
|---|---|
| **Robert Paon,** contrôleur des chevaucheurs de l'écurie du Roi | 1479 |
| [1] **Jean du Mas,** contrôleur général des postes | 1565 |
| **Hugues du Mas,** contrôleur général des postes | 1581 |
| **Guillaume Fouquet de la Varenne,** contrôleur général des postes | 1595 |
| **Pierre d'Alméras,** général des postes et relais (18 novembre) | 1615 |
| **René d'Alméras,** nommé en survivance (18 novembre) | — |
| **Nicolas de Mey,** surintendant général | 1630 |
| **Arnould de Nouveau,** surintendant général | 1632 |
| **Jérôme de Nouveau,** surintendant général | 1634 |
| **Louvois,** surintendant général des courriers, postes et chevaux de louage | 1668 |
| **Claude Lepelletier,** surintendant général | 1691 |
| **Marquis de Pomponne,** surintendant général | 1697 |
| **Colbert marquis de Torcy,** surintendant général | 1699 |
| **Cardinal Dubois,** grand maître et surintendant général des postes | 1721 |
| **Philippe d'Orléans,** grand maître et surintendant général (10 août 1723) | 1723 |
| **Duc de Bourbon, prince de Condé,** grand maître et surintendant général | — |
| **Cardinal de Fleury,** grand maître et surintendant général | 1726 |
| **Comte d'Argenson,** grand maître et surintendant général | 1743 |
| **Rouillé comte de Jouy,** grand maître et surintendant général | 1757 |
| **Duc de Choiseul,** grand maître et surintendant général (13 septembre) | 1760 |
| **Rigoley baron d'Ogny,** intendant général des courriers, postes et relais de France | 1770 |
| **Turgot,** surintendant général des postes (3 septembre) | 1775 |
| **De Clugny,** contrôleur général des finances (20 mai) | 1776 |

1. Les noms des personnages qui ont dirigé le service des postes entre Robert Paon et Jean du Mas ont échappé à toutes nos recherches.

| | Années |
|---|---|
| **Rigoley baron d'Ogny** [1], intendant général des postes (20 mai) | 1776 |
| **Rigoley baron d'Ogny**, intendant général des postes et messageries (18 octobre) | — |
| **D'Arboulin de Richebourg**, commissaire du Roi et président du directoire des postes | 1790 |
| **Bron**, président du directoire des postes | — |
| **Mouillesseau**, administrateur | 1792 |
| **Lebrun**, administrateur | — |
| **Gilbert**, administrateur | — |
| **Bosc**, administrateur | — |
| **Le Gendre**, administrateur des postes et messageries (10 septembre) | 1793 |
| **Dramard**, administrateur des postes et messageries | — |
| **Saint-Georges**, administrateur des postes et messageries | — |
| **Mouret**, administrateur des postes et messageries | — |
| **Caboche dit d'Etilly**, administrateur des postes et messageries | — |
| **Fortin**, administrateur des postes et messageries | — |
| **Boudin**, administrateur des postes et messageries | — |
| **Butteau**, administrateur des postes et messageries | — |
| **Rouvières**, administrateur des postes et messageries | — |
| **Caboche**, administrateur de la poste aux chevaux, de la poste aux lettres et des messageries (3 août) | 1795 |
| **Rouvière**, administrateur de la poste aux chevaux, de la poste aux lettres et des messageries | — |
| **Gauthier**, administrateur de la poste aux chevaux, de la poste aux lettres et des messageries | — |
| **Déaddé**, administrateur de la poste aux chevaux, de la poste aux lettres et des messageries | — |
| **Boudin**, administrateur de la poste aux chevaux, de la poste aux lettres et des messageries | — |
| **Boulanger**, administrateur de la poste aux chevaux, de la poste aux lettres et des messageries | — |
| **Joliveau**, administrateur de la poste aux chevaux, de la poste aux lettres et des messageries | — |
| **Sompron**, administrateur de la poste aux chevaux, de la poste aux lettres et des messageries | — |
| **Tirlemont**, administrateur de la poste aux chevaux, de la poste aux lettres et des messageries | — |
| **Vernisy**, administrateur de la poste aux chevaux, de la poste aux lettres et des messageries | — |
| **Bosc**, administrateur de la poste aux chevaux, de la poste aux lettres et des messageries | — |
| **Catherine Saint-Georges**, administrateur de la poste aux chevaux, de la poste aux lettres et des messageries | — |
| **Gaudin**, commissaire du Directoire exécutif près l'administration des postes (26 avril) | 1798 |
| **Laforest**, commissaire central près les postes (15 novembre) | 1799 |
| **Lavalette**, commissaire central du Gouvernement près les postes (17 novembre) | 1801 |

1. A la mort de De Clugny, le baron Rigoley d'Ogny resta chargé de l'administration des postes et messageries, en conservant le titre d'Intendant général.

| | Années. |
|---|---|
| **Lavalette,** directeur général des postes (19 mars) . . . . . . . . . . . . . . . . | 1804 |
| **De Bourrienne,** directeur général des postes (31 mars) . . . . . . . . . . . . | 1814 |
| **Le comte Ferrand,** directeur général des postes (13 mai). . . . . . . . . . . | — |
| **Lavalette,** directeur général des postes (20 mars) . . . . . . . . . . . . . . . . | 1815 |
| **Le comte Beugnot,** directeur général des postes (9 juillet). . . . . . . . . . | — |
| **Le marquis d'Herbouville,** directeur général des postes (20 octobre) . . . | — |
| **Dupleix de Mézy,** directeur général des postes (3 novembre). . . . . . . . . | 1816 |
| **Le duc de Doudeauville,** directeur général des postes (20 décembre). . . . . | 1821 |
| **Le marquis de Vaulchier,** directeur général des postes (ordonnance du 4 août). | 1824 |
| **Le baron Villeneuve de Bargemont,** directeur général des postes (13 novembre). | 1828 |
| **Chardel,** directeur général des postes (du 2 août au 6 septembre). . . . . . . . | 1830 |
| **Conte** — président du conseil des postes (6 septembre). . . . . . . . . . . . . | — |
| **Conte** — directeur de l'administration des postes (5 janvier). . . . . . . . . . | 1831 |
| **Conte** — directeur général des postes (21 décembre). . . . . . . . . . . . . . | 1844 |
| **Le comte Dejean,** directeur général des postes (22 juin). . . . . . . . . . . . | 1847 |
| **Étienne Arago,** directeur de l'administration générale des postes (24 février) . . | 1848 |
| **Thayer** — directeur de l'administration générale des postes (21 décembre). . . . | — |
| **Thayer** — directeur général des postes (30 novembre). . . . . . . . . . . . . | 1851 |
| **Stourm,** directeur général des postes (27 décembre). . . . . . . . . . . . . . | 1853 |
| **Vandal,** directeur général des postes (25 mai). . . . . . . . . . . . . . . . . . | 1861 |
| **Rampont-Léchin,** directeur général des postes (9 septembre) . . . . . . 1870- | 1870 |
| **Steenackers,** directeur général des télégraphes et des postes à Tours et à Bordeaux pendant la guerre franco-allemande (12 octobre) . . . . . . . . . . . . | — |
| **Le Libon,** directeur général des postes (août 1873). . . . . . . . . . . . . . . | 1873 |
| **Léon Riant,** directeur général des postes (27 mai au 20 décembre) . . . . . . . | 1877 |
| **Adolphe Cochery** — sous-secrétaire d'État des finances, chargé de la haute direction des services des postes et des télégraphes (20 décembre). . . . . . . . . . . . . . . . . . . . . . | — |
| **Adolphe Cochery** — ministre des postes et des télégraphes (5 février). . . . . . | 1879 |
| **Sarrien,** ministre des postes et des télégraphes (6 avril). . . . . . . . . . . . | 1885 |
| **Granet,** ministre des postes et des télégraphes (7 janvier). . . . . . . . . . . | 1886 |

# INDEX ALPHABÉTIQUE

DES

## NOMS DE TOUS LES AUTEURS ET PERSONNAGES CITÉS

FIN DE L'INDEX ALPHABÉTIQUE.

# TABLE DES MATIÈRES

## CHARLES IX

## ASSEMBLÉE LÉGISLATIVE



## CONVENTION NATIONALE



## DIRECTOIRE EXÉCUTIF



## CONSULAT



## PREMIER EMPIRE (NAPOLÉON Ier)

## PREMIÈRE RESTAURATION (Louis XVIII)



## LES CENT JOURS (Napoléon Ier)



## SECONDE RESTAURATION (Louis XVIII)



## CHARLES X



## LOUIS-PHILIPPE



## SECONDE RÉPUBLIQUE

## APPENDICES



Paris. — Typographie de Firmin Didot et Cie, 56, rue Jacob. — 19672.